책 구입 시 드리는 혜택

- 전 과목 이론 동영상 강의 평생 무료 제공
- 최근 기출문제 동영상 강의 평생 무료 제공
- 우수회원 인증 후 2015년 ~ 2017년 3개년 추가 기출문제(해설 포함) 제공

2026 개정 18판

평생무료

평생 무료 동영상과 함께하는 ▶ YouTube Daum

소방설비산업기사
필기 - 기계편

뇌에 박히는 상세해설

이론 + 8개년 기출문제 + 무료강의

강석민 · 정진홍 공저

이론과 문제 풀이를 동시에 해결 | 저자 1대1 질의응답 카페 운영

무료 동영상 강의

▶ YouTube 정진홍
Daum 정진홍소방세상 http://cafe.daum.net/sobangpass

SEJIN Books 세진북스
www.sejinbooks.kr

머리말

인류문명의 발전으로 건축물은 대형화·고층화와 함께 우리의 삶은 풍요롭고 안락한 생활을 할 수 있게 되었으나 경제발전의 속도보다 화재피해의 증가속도는 빠르게 진행되고 있습니다.

따라서 그 어느 때 보다도 화재예방과 화재진압에 대한 체계적이고 전문적인 지식을 갖춘 소방전문인력의 필요성이 크게 대두되고 있는 현실입니다.

이에 저자는 소방 전문 인력이 되기 위한 소방설비기사 및 소방설비산업기사 등 각종 소방분야의 자격시험에 응시하고자 하는 많은 수험생들을 위하여 본서를 집필하게 되었습니다.

이 책의 특징은

1. 모든 과목에 대한 **핵심 요약정리**를 통하여 학습시간을 단축할 수 있고
2. 최근 8년간의 과년도문제를 총정리하여 초보자 입장에서 상세한 해설을 하였으며
3. 한국 산업인력공단의 출제기준을 토대로 최근 **출제경향을 완전 분석**할 수 있습니다.
4. 소방 관계 법규 해설 란의 참고사항은 아래와 같습니다.
   ① 소방기본법 ◉ 기본법
   ② 소방시설 설치 및 관리에 관한 법률 ◉ 소방시설법
   ③ 화재의 예방 및 안전관리에 관한 법률 ◉ 화재예방법
   ④ 소방시설공사업법 ◉ 공사업법
   ⑤ 위험물안전관리법 ◉ 위험물법

부족한 부분은 신속히 수정·보완하여 소방분야 수험서로서 최고가 되도록 열심히 노력할 것을 약속드리며 이 수험서가 출간하기까지 애써주신 세진북스 편집부 직원과 홍세진 사장님께 감사드리며 수험생 여러분의 합격을 진심으로 기원합니다.

저자 정 진 홍(119sbsb@hanmail.net)드림

출제기준

1. 필기

직무분야	안전관리	중직무분야	안전관리	자격종목	소방설비산업기사(기계분야)	적용기간	2026. 1. 1~2027. 12. 31

• **직무내용** : 소방시설(기계)의 설계, 공사, 감리 및 점검업체 등에서 소방설비 도서류를 바탕으로 공사업무를 수행하고 완공된 소방설비의 점검 및 유지관리업무와 소방계획수립을 통해 소화, 화재통보 및 피난 등의 훈련을 실시하는 소방안전관리자로서의 소방안전관련 일반사항을 수행하는 직무이다.

필기검정방법	객관식	문제수	80	시험시간	2시간

과목명	문제수	주요항목	세부항목	세세항목
소방원론	20	1. 연소이론	1. 연소 및 연소현상	1. 연소의 원리와 성상 2. 연소생성물과 특성 3. 열 및 연기의 유동의 특성 4. 열에너지원과 특성 5. 연소물질의 성상
		2. 화재현상	1. 화재 및 화재현상	1. 화재의 정의, 화재의 원인과 영향 2. 화재의 종류, 유형 및 특성 3. 화재 진행의 제요소와 과정
			2. 건축물의 화재현상	1. 건축물의 종류 및 화재현상 2. 건축물의 내화성상 3. 건축구조와 건축내장재의 연소 특성 4. 방화구획 5. 피난공간 및 동선계획 6. 연기확산과 대책
		3. 위험물	1. 위험물 안전관리	1. 위험물의 종류 및 성상 2. 위험물의 연소특성 3. 위험물의 방호계획
		4. 소방안전	1. 소방안전관리	1. 가연물·위험물의 안전관리 2. 화재시 소방 및 피난계획 3. 소방시설물의 관리유지 4. 소방안전관리계획 5. 소방시설물 관리
			2. 소화론	1. 소화원리 및 방식 2. 소화부산물의 특성과 영향 3. 소화설비의 작동원리 및 점검
			3. 소화약제	1. 소화약제이론 2. 소화약제 종류와 특성 및 적응성 3. 약제유지관리
소방 유체역학	20	1. 소방유체역학	1. 유체의 기본적 성질	1. 유체의 정의 및 성질 2. 차원 및 단위 3. 밀도, 비중, 비중량, 음속, 압축률 4. 체적탄성계수, 표면장력, 모세관현상 등 5. 유체의 점성 및 점성측정
			2. 유체정역학	1. 정지 및 강체유동(등가속도)유체의 압력 변화, 부력 2. 마노미터(액주계), 압력측정 3. 평면 및 곡면에 작용하는 유체력
			3. 유체유동의 해석	1. 유체운동학의 기초, 연속방정식과 응용 2. 베르누이 방정식의 기초 및 기본응용 3. 에너지 방정식과 응용 4. 수력기울기선, 에너지선 5. 유량측정(속도계수, 유량계수, 수축계수), 피토관, 속도 및 압력측정 6. 운동량 이론과 응용
			4. 관내의 유동	1. 유체의 유동형태(층류, 난류), 완전발달유동 2. 무차원수, 레이놀즈수, 관내 유량측정 3. 관내 유동에서의 마찰손실

과목명	문제수	주요항목	세부항목	세세항목
				4. 부차적 손실, 등가길이, 비원형관손실
			5. 펌프 및 송풍기의 성능 특성	1. 기본개념, 상사법칙, 비속도, 펌프의 동작(직렬, 병렬) 및 특성곡선, 펌프 및 송풍기 종류 2. 펌프 및 송풍기의 동력 계산 3. 수격, 서징, 캐비테이션, NPSH, 방수압과 방수량
		2. 소방 관련 열역학	1. 열역학 기초 및 열역학 법칙	1. 기본개념(비열, 일, 열, 온도, 에너지, 엔트로피 등) 2. 물질의 상태량(수증기 포함) 3. 열역학 1법칙(밀폐계, 교축과정 및 노즐) 4. 열역학 2법칙
			2. 상태변화	1. 상태변화(폴리트로픽 과정 등)에 따른 일, 열, 에너지 등 상태량의 변화량
			3. 이상기체 및 카르노사이클	1. 이상기체의 상태방정식 2. 카르노사이클 3. 가역 사이클 효율 4. 혼합가스의 성분
			4. 열전달 기초	1. 전도, 대류, 복사의 기초
소방관계 법규	20	1. 소방기본법	1. 소방기본법, 시행령, 시행규칙	1. 소방기본법 2. 소방기본법 시행령 3. 소방기본법 시행규칙
		2. 화재의 예방 및 안전관리에 관한 법	1. 화재의 예방 및 안전관리에 관한 법, 시행령, 시행규칙	1. 화재의 예방 및 안전관리에 관한 법률 2. 화재의 예방 및 안전관리에 관한 시행령 3. 화재의 예방 및 안전관리에 관한 시행규칙
		3. 소방시설 설치 및 관리에 관한 법	1. 소방시설 설치 및 관리에 관한 법, 시행령, 시행규칙	1. 소방시설 설치 및 관리에 관한 법률 2. 소방시설 설치 및 관리에 관한 시행령 3. 소방시설 설치 및 관리에 관한 시행규칙
		4. 소방시설공사업법	1. 소방시설공사업법, 시행령, 시행규칙	1. 소방시설공사업법 2. 소방시설공사업법 시행령 3. 소방시설공사업법 시행규칙
		5. 위험물안전관리법	1. 위험물안전관리법, 시행령, 시행규칙	1. 위험물안전관리법 2. 위험물안전관리법 시행령 3. 위험물안전관리법 시행규칙
소방기계 시설의 구조 및 원리	20	1. 소방기계 시설 및 화재안전성능기준 · 화재안전기술기준	1. 소화기구	1. 소화기구의 화재안전성능기준 · 화재안전기술기준 2. 설치대상과 기준, 종류, 특징, 동작원리 및 기타 관련사항
			2. 옥내 · 외 소화전설비	1. 옥내소화전설비의 화재안전성능기준 · 화재안전기술기준 및 기타 관련사항 2. 옥외소화전설비의 화재안전성능기준 · 화재안전기술기준 및 기타 관련사항 3. 설치대상과 기준, 종류, 특징, 동작원리 및 기타 관련사항
			3. 스프링클러설비	1. 스프링클러설비의 화재안전성능기준 · 화재안전기술기준 및 기타 관련사항 2. 간이스프링클러소화설비의 화재안전성능기준 · 화재안전기술기준 및 기타 관련사항 3. 화재조기진압용 스프링클러설비의 화재안전성능기준 · 화재안전기술기준 기타 관련사항 4. 설치대상과 기준, 종류, 특징, 동작원리 및 기타 관련사항
			4. 포 소화설비	1. 포 소화설비의 화재안전성능기준 · 화재안전기술기준 2. 설치대상과 기준, 종류, 특징, 동작원리 및 기타 관련사항

출제기준

과목명	문제수	주요항목	세부항목	세세항목
			5. 이산화탄소, 할론, 할로겐화합물 및 불활성기체 소화설비	1. 이산화탄소 소화설비의 화재안전성능기준 · 화재안전기술기준 및 기타 관련사항 2. 할론 소화설비의 화재안전성능기준 · 화재안전기술기준 기타 관련사항 3. 할로겐화합물 및 불활성기체소화설비 화재안전성능기준 · 화재안전기술기준 기타 관련사항 4. 설치대상과 기준, 종류, 특징, 동작원리 및 기타 관련사항
			6. 분말 소화설비	1. 분말소화설비의 화재안전성능기준 · 화재안전기술기준 2. 설치대상과 기준, 종류, 특징, 동작원리 및 기타 관련사항
			7. 물분무 및 미분무 소화설비	1. 물분무 및 미분무 소화설비의 화재안전성능기준 · 화재안전기술기준 2. 설치대상과 기준, 종류, 특징, 동작원리 및 기타 관련사항
			8. 피난구조설비	1. 피난기구의 화재안전성능기준 · 화재안전기술기준 2. 인명구조기구의 화재안전성능기준 · 화재안전기술기준 및 기타 관련사항
			9. 소화 용수 설비	1. 상수도소화용수설비 2. 소화수조 및 저수조화재안전성능기준 · 화재안전기술기준 및 기타관련사항
			10. 소화 활동 설비	1. 제연설비의 화재안전성능기준 · 화재안전기술기준 및 기타 관련사항 2. 특별피난계단 및 비상용승강기 승강장제연설비 3. 연결송수관설비의 화재안전성능기준 · 화재안전기술기준 4. 연결살수설비의 화재안전성능기준 · 화재안전기술기준 및 기타 관련사항 5. 지하구의 화재안전성능기준 · 화재안전기술기준
			11. 기타 소방기계설비	1. 기타 소방기계설비의 화재안전성능기준 · 화재안전기술기준

2. 실기

직무분야	안전관리	중직무분야	안전관리	자격종목	소방설비산업기사(기계분야)	적용기간	2026. 1. 1~2027.12.31

- **직무내용**: 소방시설(기계)의 설계, 공사, 감리 및 점검업체 등에서 소방설비 도서류를 바탕으로 공사업무를 수행하고 완공된 소방설비의 점검 및 유지관리업무와 소방계획수립을 통해 소화, 화재통보 및 피난 등의 훈련을 실시하는 소방안전관리자로서의 소방안전관련 일반사항을 수행하는 직무이다.
- **수행준거**: 1. 소방기계시설의 구성요소에 대한 조작과 특성을 설명 할 수 있다.
  2. 소방시설의 시스템을 설계 할 수 있다.
  3. 소방시설의 배치계획 및 설계서류 작성 및 적산을 수행할 수 있다.
  4. 소방시설의 작동 및 유지관리 업무를 수행할 수 있다.
  5. 소방시설 시공 실무를 수행할 수 있다.

실기검정방법	필답형	시험시간	2시간 30분

실기 과목명	주요항목	세부항목	세세항목
소방기계시설 설계 및 시공 실무	1. 소방기계시설 설계	1. 작업분석하기	1. 현장 여건, 요구사항 분석을 할 수 있다. 2. 기본계획 수립, 기본설계서, 실시설계서를 작성할 수 있다. 3. 공사시방서, 공사내역서, 운영관리지침서를 작성할 수 있다.
		2. 소방기계시설 구성하기	1. 재료의 상호 연관성에 대해 설명할 수 있다. 2. 소방기계시설의 기기 및 부품을 조작할 수 있다. 3. 소방기계시설의 기능 및 특성을 설명할 수 있다.
		3. 소방시설의 시스템 설계하기	1. 소방기계시설을 구성하는 재료의 규격 및 크기를 산정할 수 있다. 2. 소방기계시설의 물량을 결정하기 위한 계산을 수행할 수 있다. 3. 소방기계시설 자료의 활용을 할 수 있다. 4. 도면작성 및 판독을 할 수 있다. 5. 시방서의 작성 등을 할 수 있다.
		4. 소방시설의 배치계획 및 설계서류 작성하기	1. 계통도를 작성할 수 있다. 2. 평면도를 작성할 수 있다. 3. 상세도를 작성할 수 있다. 4. 소방기계시설의 시공 및 감리의 계획수립 및 실무 작업을 수행할 수 있다. 5. 소방기계설비의 적산 등을 할 수 있다.
	2. 소방기계시설 시공	1. 소방기계시설 시공하기	1. 소화기구를 설치할 수 있다. 2. 옥내·외소화전설비를 설치할 수 있다. 3. 스프링클러(간이스프링클러)설비를 설치할 수 있다. 4. 물분무소화설비를 설치할 수 있다. 5. 포소화설비를 설치할 수 있다. 6. 이산화탄소소화설비를 설치할 수 있다. 7. 할론소화설비를 설치할 수 있다. 8. 분말소화설비를 설치할 수 있다. 9. 할로겐화합물 및 불활성기체 소화설비를 설치할 수 있다. 10. 피난기구 및 인명구조기구를 설치할 수 있다. 11. 소화용수설비를 설치할 수 있다. 12. 거실제연 및 특별피난계단 및 비상용 승강기 승강장의 제연설비를 설치할 수 있다. 13. 연결송수관설비, 연결살수설비, 연소방지설비를 설치할 수 있다. 14. 기타 소방기계시설 관련 설비를 설치할 수 있다.
		2. 공사 서류 작성하기	1. 시공된 시설을 검사하여 설계도서와 일치여부를 판단할 수 있다. 2. 시공된 시설을 검사하여 관련 서류를 작성할 수 있다. 3. 공정관리 일정을 계획하여 공사일지를 작성 할 수 있다.
	3. 소방기계시설 유지관리	1. 소방시설의 작동 및 유지 관리하기	1. 소방시설의 기술공무 관리 및 실무 작업을 할 수 있다. 2. 기계시설의 점검 및 조작을 할 수 있다. 3. 계측 및 사고요인을 파악할 수 있다. 4. 재해방지 및 안전관리 업무를 수행할 수 있다. 5. 자재관리 업무를 수행할 수 있다.
		2. 소방기계 시설의 유지보수 및 시험점검 하기	1. 유지보수 관리 및 계획을 수립할 수 있다. 2. 시험 및 검사를 할 수 있다. 3. 기계기구 점검 및 보수작업을 할 수 있다. 4. 설치된 소방시설을 정상 가동하고, 작동기능 점검 사항을 기록할 수 있다. 5. 종합정밀 점검 사항을 기록할 수 있다. 6. 소방시설 운영에 관한 업무 일지를 작성할 수 있다. 7. 기록 사항을 분석하여 보수·정비를 할 수 있다. 8. 보수에 필요한 부품 및 장비를 확보하고, 점검 기록부를 작성 보존할 수 있다.

차례 Contents
핵심요점정리

제 1 편 소방원론 — 13

제 1 장 화 재 론 — 13
- 1-1 화재의 특성과 종류 및 원인 — 13
- 1-2 연소이론과 형태 — 16
- 1-3 열 및 연기에 대한 특성 — 22
- 1-4 건축물의 화재성상 — 24
- 1-5 물질의 화재위험 — 26

제 2 장 방 화 론 — 31
- 2-1 건축물의 내화성상 — 31
- 2-2 건축물의 피난 및 안전계획 — 34
- 2-3 소화방법 및 원리 — 36

제 3 장 약제화학 — 38
- 3-1 물소화약제 — 38
- 3-2 포소화약제 — 39
- 3-3 이산화탄소소화약제 — 42
- 3-4 할로겐화합물소화약제 — 43
- 3-5 분말소화약제 — 47

제 2 편 소방유체역학 — 49

- 제 1 장 유체의 정의 및 성질 — 49
- 제 2 장 유체의 정역학 — 54
- 제 3 장 유체의 운동역학 및 계측 — 58
- 제 4 장 배관의 마찰손실 및 배관 — 67
- 제 5 장 펌프의 종류, 발생현상, 동력계산식 — 70

제 3 편 소방기계시설의 구조 및 원리 — 75

제 1 장 소화설비 — 75
- 1-1 소화기구 및 자동소화장치 — 75
- 1-2 옥내소화전설비(NFTC 102) — 79
- 1-3 옥외소화전설비(NFTC 109) — 85
- 1-4 스프링클러설비(NFTC 103) — 86
- 1-5 물분무소화설비(NFTC 104) — 92
- 1-6 미분무소화설비 — 94
- 1-7 포소화설비(NFTC 105) — 96

1-8 이산화탄소소화설비(NFTC 106) ──────── 100
1-9 할론소화설비(NFTC 107) ──────────── 104
1-10 할로겐화합물 및 불활성기체 소화설비(NFTC 107A) ── 106
1-11 분말소화설비(NFTC 108) ──────────── 109
1-12 연결송수관설비(NFTC 502) ─────────── 111
1-13 연결살수설비(NFTC 503) ──────────── 113
1-14 소화수조 및 저수조(NFTC 402) &
     상수도소화용수설비(NFTC 401) ───────── 114
1-15 지하구의 소방시설(NFTC 605) ────────── 115
1-16 도로터널(NFTC 603) ────────────── 116

제 2 장 피난구조설비(NFTC 301) 118
2-1 피난설비 ──────────────────── 118
2-2 인명구조기구의 화재안전기술기준(NFTC 302) ──── 123

제 3 장 제연설비(NFTC 501) 125
3-1 제연설비 ──────────────────── 125
3-2 특별피난계단의 계단실 및 부속실 제연설비(NFTC 501A) ── 128
3-3 공동주택(NFTC 608) ───────────── 129
3-4 창고시설(NFTC 609) ───────────── 131

제 4 편 소방관계법규 133

제 1 장 소방기본법 133
1-1 소방기본법 ────────────────── 133
1-2 소방기본법 시행령 ────────────── 139
1-3 소방기본법 시행규칙 ───────────── 140

제 2 장 소방시설 설치 및 관리에 관한 법률(약칭 : 소방시설법) 144
2-1 소방시설 설치 및 관리에 관한 법률 ──────── 144
2-2 소방시설 설치 및 관리에 관한 법률 시행령 ───── 148
2-3 소방시설 설치 및 관리에 관한 법률 시행규칙 ──── 164

제 3 장 화재의 예방 및 안전관리에 관한 법률(약칭 : 화재예방법) 168
3-1 화재의 예방 및 안전관리에 관한 법률 ─────── 168
3-2 화재의 예방 및 안전관리에 관한 법률 시행령 ──── 173
3-3 화재의 예방 및 안전관리에 관한 법률 시행규칙 ─── 178

제 4 장 소방시설공사업법 181
4-1 소방시설공사업법 ────────────── 181
4-2 소방시설공사업법 시행령 ─────────── 184
4-3 소방시설공사업법 시행규칙 ──────────── 188

제 5 장 위험물안전관리법 191
5-1 위험물안전관리법 ────────────── 191
5-2 위험물안전관리법 시행령 ─────────── 195
5-3 위험물안전관리법 시행규칙 ────────── 197

Contents

과년도 출제문제

2018년도
- 2018년 3월 4일 시행 ∗ 203
- 2018년 4월 28일 시행 ∗ 225
- 2018년 9월 15일 시행 ∗ 248

2019년도
- 2019년 3월 3일 시행 ∗ 275
- 2019년 4월 27일 시행 ∗ 298
- 2019년 9월 21일 시행 ∗ 321

2020년도
- 2020년 6월 13일 시행 ∗ 345
- 2020년 8월 22일 시행 ∗ 368
- 2020년 9월 CBT 시행 ∗ 389

2021년도
- 2021년 3월 CBT 시행 ∗ 411
- 2021년 5월 CBT 시행 ∗ 431
- 2021년 9월 CBT 시행 ∗ 451

2022년도
- 2022년 3월 CBT 시행 ∗ 475
- 2022년 4월 CBT 시행 ∗ 497
- 2022년 9월 CBT 시행 ∗ 518

2023년도
- 2023년 3월 CBT 시행 ∗ 541
- 2023년 5월 CBT 시행 ∗ 561
- 2023년 9월 CBT 시행 ∗ 581

2024년도
- 2024년 3월 CBT 시행 ∗ 605
- 2024년 5월 CBT 시행 ∗ 625
- 2024년 7월 CBT 시행 ∗ 646

2025년도
- 2025년 2월 CBT 시행 ∗ 669
- 2025년 5월 CBT 시행 ∗ 691
- 2025년 8월 CBT 시행 ∗ 711

무료 동영상과 함께하는 소방설비(기계분야) 필기

핵심요점정리

제 1 편　　　　　소방원론
제 2 편　　　　　소방유체역학
제 3 편　　소방기계시설의 구조 및 원리
제 4 편　　　　　소방관계법규

제1편 소방원론

제1장 화재론

1-1 화재의 특성과 종류 및 원인

1. **화재의 정의**
   (1) 불로 사람의 신체, 생명 및 **재산상 손실을 주는 재앙**
   (2) 소화에 필요성이 있는 불

2. **화재의 분류** ★★ 자주출제(필수암기) ★★

종 류	등 급	색 표 시	주된 소화 방법
일반화재	A급	백색	냉각소화
유류 및 가스화재	B급	황색	질식소화
전기화재	C급	청색	질식소화
금속화재	D급	-	피복소화
주방화재	K급	-	냉각 및 질식소화

필수암기 ★★★★

❶ 화재원인 중 1위 : 전기
❷ 유류화재 시 주수소화 금지 이유 : 화재면 확대
❸ 금속화재 시 주수소화 금지 이유 : 가연성기체(H_2) 발생
❹ 알킬알루미늄 화재 소화약제 : 팽창질석, 팽창진주암, 마른모래
❺ 화재의 일반적 특성 : 확대성, 불안정성, 우발성, 성장성

Pas Point

◎ **전기화재 원인**
① 합선
② 과부하
③ 누전
④ 절연불량

◎ **제4류 위험물**
(석유류 계통)
- 특수인화물
- 제1석유류
- 알코올류
- 제2석유류
- 제3석유류
- 제4석유류
- 동식물유류

◎ **석유류 분류기준**
- 인화점 기준

3. 산불화재 ★

(1) **지표화** : 지표의 **낙엽** 등의 화재
(2) **수관화** : 나무가지의 화재
(3) **수간화** : 나무기둥의 화재
(4) **지중화** : 지표 아래 썩은 나무의 화재

4. 폭굉(폭발)과 폭연의 차이점 ★★★

✪ 폭굉
1000~3500m/s

✪ 폭연
0.1~10m/s

✪ 폭굉유도거리
- 가스가 체류하고 있을 때 완만한 연소가 폭굉으로 변할 때까지 거리
- 폭굉유도거리가 짧을수록 위험

(1) **폭굉**(디토네이션 : Detonation)
  연소속도가 **음속보다 빠르다**.(초음속)
(2) **폭연**(디플러그레이션 : Deflagration)
  연소속도가 **음속보다 느리다**.(아음속)

5. 폭발(연소)범위(explosion limit) ★★

 필수정리 ★★★★

> **폭발범위(연소범위)의 영향인자와 관계**
> ❶ 온도상승 시 : 넓어진다.
> ❷ 압력상승 시 : 넓어진다.(하한계 불변, 상한계 증가)
>   [예외] ㉠ 일산화탄소(CO)는 압력이 상승 시 좁아진다.
>   ㉡ 수소(H_2)는 10기압까지는 좁아지고, 그 이상의 압력에서는 넓어진다.
> ❸ 불활성기체(헬륨, 네온, 아르곤) 첨가 시 : 좁아진다.
> ❹ 산소농도 증가 시 : 넓어진다.

6. 혼합가스의 폭발범위 계산식 ★★자주출제(필수정리)★★

$$\frac{V}{L} = \frac{V_1}{L_1} + \frac{V_2}{L_2} + \frac{V_3}{L_3} + \cdots\cdots + \frac{V_n}{L_n}$$

V : 혼합가스 중 가연성가스의 합계농도
L : 혼합가스의 폭발한계 값(상한값 또는 하한값)
$L_1, L_2, L_3, \cdots$: 각 가스성분의 폭발한계 값(상한값 또는 하한값)
$V_1, V_2, V_3, \cdots$: 각 가스성분의 부피(%)

7. 물리적 폭발과 화학적 폭발 ★★

(1) **물리적 폭발**
① **분진폭발**   ② 가스폭발   ③ 증기운 폭발
④ **미스트 폭발**   ⑤ 유막폭발   ⑥ 고체폭발

(2) **화학적 폭발**
① 산화폭발   ② 분해폭발   ③ 중합폭발

> **폭발범위**
> - 온도 증가시 넓어진다.
> - 압력 상승시 넓어진다.
> - 불활성기체 첨가시 좁아진다.
> - 산소농도 증가시 넓어진다.

8. 주요가스의 공기 중 폭발범위(연소범위)(1atm, 상온에서) ★★

가스명	화학식	하한계(%)	상한계(%)
아세틸렌	C_2H_2	2.5	81
수　소	H_2	4	75
일산화탄소	CO	12.5	74.2
암모니아	NH_3	15	28
메틸알콜	CH_3OH	7.3	36.0
메　탄	CH_4	5	15
에　탄	C_2H_6	3.2	12.4
프 로 판	C_3H_8	2.1	9.5
부　탄	C_4H_{10}	1.8	8.4

※ 연소범위가 가장 넓고, 연소 상한값이 가장 큰 가스 : 아세틸렌

> **일산화탄소(CO)**
> 압력이 상승하면 폭발범위가 좁아진다.

> **수소(H_2)**
> 10기압까지는 압력 상승 시 폭발범위는 좁아지고 그 이상의 압력에서는 넓어진다.

폭발범위와 위험도 관계
❶ 폭발하한계가 낮을수록 위험
❷ 폭발상한계가 높을수록 위험
❸ 폭발범위가 넓을수록 위험

9. 분진폭발 공정설비 ★

① 탄광 : **석탄분진**   ② 섬유공장 : **섬유분진**
③ 제분공장 : **곡물분진**   ④ 제지공장 : 종이분진
⑤ 목재공장 : 목분(나무분진)   ⑥ 고무가공공장 : 배합제분진
⑦ 플라스틱공장 : 플라스틱분진

> **황가루**
> 분진폭발 발생

분진폭발의 농도범위
❶ 하한농도 : 20~60g/m³   ❷ 상한농도 : 2000~6000g/m³
❸ 분진폭발 입자크기 : 100μm 이하

✪ 생석회(CaO)
제3류 위험물

✪ 소석회(Ca(OH)₂)

10. 분진폭발 없는 물질 ★

① 생석회(시멘트의 주성분)
② 석회석 분말
③ 시멘트

11. 위험성의 영향인자 ★★

영향인자	위험성
❶ 온도, 압력, 산소농도	높을수록 위험
❷ 연소범위(폭발범위)	넓을수록 위험
❸ 연소열, 증기압	클수록 위험
❹ 연소속도	빠를수록 위험
❺ 인화점, 착화점, 비점, 융점, 비중, 점성	낮을수록 위험

✪ 화상의 정의
불이나 뜨거운 물에 의한 피부조직의 상해이며 열상이라고도 한다.

12. 화상(火傷, burn)의 정도 ★

(1) **1도 화상** : 국소가 붉어지고 **따끔따끔**
(2) **2도 화상** : 수포(물집)형성 및 **분비액**
(3) **3도 화상** : 국소는 회백색 또는 흑갈색의 덴 **딱지**
(4) **4도 화상** : 화상 입은 부위조직이 **탄화됨**

13. 화재의 소실정도에 따른 분류 ★

(1) **전소 화재** : 전체의 70% 이상이 소실 또는 보수하여 재사용 불가
(2) **반소 화재** : 전체의 30% 이상 70% 미만 소실된 경우
(3) **부분소 화재** : 전소, 반소, 즉소 화재에 해당되지 않는 경우
(4) **즉소 화재** : 즉시 소화된 화재로 인명피해가 없고 피해규모가 경미한 화재로 화재건수에 포함.

1-2 연소이론과 형태

1. 연소의 정의 ★

빛과 발열을 동반한 급격한 산화반응

2. 연소시 색과 온도 ★★★

색	암적색	적색	황색	황적색	백적색	휘백색
온도(℃)	700	850	900	1100	1300	1500

3. 연소의 3요소 및 4요소 ★★★★

(1) **가연물의 조건**
① 산소와 **친화력**이 클 것   ② **발열량**이 클 것
③ **표면적**이 넓을 것   ④ **열전도도**가 작을 것
⑤ **활성화 에너지**가 적을 것   ⑥ **연쇄반응**을 일으킬 것
⑦ 활성이 강할 것

(2) **가연물이 될 수 없는 조건**
① 산화반응이 완전히 끝난 물질
② **질소** 또는 질소산화물(흡열반응하기 때문)
③ 주기율표상 18족 원소(**불활성 기체**)
　He(헬륨), Ne(네온), Ar(아르곤), Kr(크립톤), Xe(크세논), Rn(라돈)

❶ 연소의 3요소 : 가연물 + 산소 + 점화원
❷ 연소의 4요소 : 가연물 + 산소 + 점화원 + 연쇄반응

※ 기화열(기화잠열)은 점화원이 될 수 없다.

4. 열 에너지원의 종류 ★★자주출제(필수정리)★★

(1) **화학 에너지**(chemical energy)
① 연소열(산화물)　② **분해열**　③ 용해열　④ **자연발화**

(2) **전기 에너지**(electric energy)
① 저항가열　② 유도가열　③ **유전가열**
④ 아크가열　⑤ 정전스파크　⑥ **낙뢰**

(3) **기계적 에너지**(mechanical energy)
① 마찰열　② 압축열　③ 충격 스파크

Pass Point

◉ 연소범위가 가장 넓고 연소상한값이 가장 큰 가스 : 아세틸렌

◉ 연소범위
　- 아세틸렌 : 2.5~81%
　- 수소 : 4~75%

◉ 공기의 조성(부피 %)
　- 산소 : 21%
　- 질소 : 78%
　- 아르곤 : 1%

◉ 자연발화의 종류
　- 분해열
　- 산화열
　- 미생물열
　- 흡착열

○ **복사열**
절대온도 4제곱의 차에 비례

5. 열전달의 방법 ★★★

(1) **전도**(Conduction) (2) **대류**(Convection) (3) **복사**(Radiation)

① 스테판-볼츠만(stefan-boltzman)의 법칙

$$Q = aAF(T_1^4 - T_2^4)$$

Q : 복사열(kcal/hr) a : 스테판-볼츠만의 상수
A : 단면적 F : 기하학적 Factor(상수)
T_1 : 고온물체의 절대온도$(273+t℃)°K$
T_2 : 저온물체의 절대온도$(273+t℃)°K$

※ 복사열은 절대온도 4제곱의 차 및 단면적에 비례한다.

② 열전도율 단위 : kcal/m, hr, ℃ 또는 BTU/ft, hr, °F

필수정리 ★★★★

❶ 열의 전달방법 : ㉮ 전도 ㉯ 대류 ㉰ 복사
❷ 화재 시 열전달에 가장 크게 작용하는 열 : 복사열
❸ 화재 시 격리된 건축물에 화재를 옮기는 열 : 복사열
❹ 금속이 비금속보다 열전도율이 큰 이유 : 자유전자흐름
❺ 복사열 흡수되지 않고 통과되는 것 : 질소

6. 연소의 형태 ★★★★★

필수정리 ★★★★

○ **표면연소**
- 물질 자체가 연소하는 현상
- 연쇄반응이 없다.

연소의 종류

❶ 표면연소(surface reaction) : 숯, 코크스, 목탄, 금속분
❷ 증발 연소(evaporating combustion) : 파라핀(양초), 황, 나프탈렌, 왁스, 휘발유, 등유, 경유, 아세톤 등 제4류 위험물
❸ 분해연소(decomposing combustion) : 석탄, 목재, 플라스틱, 종이, 합성수지(고분자)
❹ 자기연소(내부연소) : 질화면 (나이트로셀룰로오즈), 셀룰로이드, 나이트로글리세린등 제5류 위험물
❺ 확산연소(diffusive burning) : 아세틸렌, LPG, LNG 등 가연성 기체
❻ 불꽃연소+표면연소 : 목재, 종이, 셀룰로이드류, 열경화성 합성수지

필수정리 ★★★★

① 화염의 안정범위 넓고 역화위험 없는 연소 : 확산연소
② 불꽃을 내면서 연소하는 것 : 분해연소, 확산연소, 증발연소
③ 작열연소(표면연소, 응축연소) : 연쇄반응과 관계없다.

제 1 장 화재론

Pass Point

◉ 표면연소
 = 응축연소
 = 작열연소

7. 불꽃연소와 표면연소(응축연소, 작열연소) ★

| 산소 | 가연물
불꽃연소
연쇄반응 | 점화원 |

【불꽃연소의 4요소】

| 산소 | 가연물
표면연소 | 점화원 |

【표면연소의 3요소】

① 불꽃연소 : 액체 및 기체연료, 열가소성 합성수지
② 표면연소 : 코크스, 목탄(숯), 금속분(알루미늄, 마그네슘, 나트륨)
③ 불꽃연소+표면연소 : 목재, 종이, 셀룰로이드류, 열경화성 합성수지

8. 블로우 오프(Blow-off) 현상 ★

화염이 노즐에 정착하지 못하고 떨어지게 되어 **화염이 꺼지는 현상**

9. 역화(back fire)현상 ★

가스분출속도가 연소속도보다 느려 화염이 **버너 내부로 들어가 착화하**는 현상

필수정리 ★★★★

① 화염의 안정범위 넓고 역화위험 없는 연소 : 확산연소
② 불꽃을 내면서 연소하는 것 : 분해연소, 확산연소, 증발연소
③ 작열연소(표면연소, 응축연소) : 연쇄반응과 관계없다.
④ 불꽃없이 착화하는 것 : 무염착화
⑤ 가연성 가스의 연소 : 확산연소
⑥ 연소의 형태는 크게 불꽃연소와 표면연소로 나눈다.

◉ 증발연소
 – 제4류 위험물
   (석유류 계통)
 – 파라핀(양초)
   황, 나프탈렌, 왁스

제 1 편 소방원론

10. 자연발화 ★★★★★

(1) **자연발화의 형태**
① **산화열** : 석탄, 건성유, 탄소분말, 금속분, 기름걸레
② **분해열** : 셀룰로이드, 나이트로셀룰로오스, 나이트로글리세린
③ **흡착열** : 활성탄, 목탄분말
④ **미생물열** : 퇴비, 먼지

(2) **자연발화의 방지대책**
① 저장실 주위온도를 **낮춘다**.
② 물질을 **건조하게** 유지
③ **통풍**하여 열의 축적을 방지
④ 저장용기에 불활성기체 봉입하여 **공기접촉 차단**
⑤ 물질의 **표면적을 최소화**

필수정리 ★★★★

❶ 불연성 가스 : He(헬륨), Ne(네온), Ar(아르곤), CO_2
❷ 정전기 발생 방지 대책
   ㉮ 본딩과 접지 ㉯ 공기이온화 ㉰ **상대습도 70% 이상유지**
❸ 자연발화가 쉬운 건성유 : 아마인유
❹ 햇빛에 방치한 기름걸레 자연발화 : 산화열의 축적

11. 연소시 발생하는 유해가스의 종류 ★★★★

✪ **건성유**
 - 아마인유
 - 들기름
 - 오동기름
 - 해바라기기름
 - 아이오딘값 130 이상

✪ **이산화탄소**
 허용농도 : 0.5%

✪ **일산화탄소**
 헤모글로빈과 결합하여 산소운반 방해

✪ **황화수소**
 달걀 썩는 냄새

유해가스	화학식	내　　용
이산화탄소	CO_2	• 연소가스 중 **가장 많은 양**을 차지 • 자체 독성이 없고 호흡속도를 증가시켜 질식사 (20% 농도에서 30분내 사망) • **허용농도는 0.5%(5000ppm)**
일산화탄소	CO	• 연소가스 중 **인명피해**를 가장 많이 준다. • 불완전 연소 시 많이 발생 • 산소와 결합력이 극히 강하여 **질식작용의 독성** • 1시간 치사농도 : 0.4%(4000ppm) 　1시간 위험농도 : 0.2%(2000ppm) • 피 속의 헤모글로빈과 결합(CO+Hb) 산소운반 작용을 **방해**하여 질식사
황화수소	H_2S	• **황 함유** 유기물질이 불완전 연소 시 발생 • **달걀 썩는 냄새**가 난다.
이산화황	SO_2	• 황 함유 유기물질이 **완전연소** 시 발생

제 1 장 화재론

유해가스	화학식	내용
암모니아	NH_3	• **자극성**이며 냉동기의 냉매로도 사용.
포스겐	$COCl_2$	• **염소함유 물질**이 화염에 연소되어 발생한다. • 유해가스 중 독성이 제일 강하다.
아크로레인	CH_2CHCHO	• **석유제품** 또는 **유지류** 등 유기물질 연소 시 발생
염화수소	HCl	• **염소함유 물질**(PVC 등) 연소 시 발생 • 자극성이며 흰색기체이다.
사이안화수소	HCN	• 폴리우레탄, 플라스틱, 직물류 등이 불완전연소 시 발생

◎ **포스겐**
유해가스 중 독성이 가장 크다.

◎ **아크로레인**
석유제품, 유지류 연소시 발생

◎ **염화수소**
PVC 연소시 발생

12. 유류저장탱크 및 가스저장탱크의 화재발생 현상 ★★★★★

 요점정리 ★★★★

❶ 보일 오버 : 탱크 바닥의 물이 비등하여 유류가 연소하면서 분출
❷ 슬롭 오버 : 물이 연소유 표면으로 들어갈 때 유류가 연소하면서 분출
❸ 프로스 오버 : 탱크 바닥의 물이 비등하여 유류가 연소하지 않고 분출
❹ 블레비 : 액화가스 저장탱크 폭발현상

13. 열량, 비열, 현열, 잠열 ★★

(1) **열량**(Quantity of Heat)
 ① cal(kcal) : 표준대기압 상태에서 순수한 물 1g(1kg)을 1℃(14.5℃ → 15.5℃) 높이는데 필요한 열량
 ② BTU : 표준대기압 상태에서 순수한 물 1lb을 1℉ 높이는데 필요한 열량
 ③ Chu : 표준대기압 상태에서 순수한 물 1lb을 1℃ 높이는데 필요한 열량

 1BTU = 252cal   1Chu = 1.8BTU

(2) **비열**(Specific Heat) : 어떤 물질 1g을 1℃ 높이는데 필요한 열량 [cal/g · ℃]

 물의 비열 = 1cal/g · ℃ or 1kcal/kg · ℃

(3) **현열** : 상태 변화 없이 온도 변화에 필요한 열량

 Q_1(현열 : cal)
  $= m$(질량 : g)$\times C$(비열 : cal/g · ℃)$\times \Delta t$(온도차 : ℃)

◎ 1cal = 4.186J

◎ **산소지수[LOI]**
 – 연소가 계속될 수 있는 산소의 최저농도
 – 폴리염화비닐(PVC)이 45%로 가장 높다.

제1편 소방원론

핵심요점정리

● 증기밀도

$$\frac{M(분자량)}{29}$$

(4) 잠열

① 물의 기화잠열(기화열) = 539cal/g 또는 539kcal/kg
② 얼음의 융해잠열(융해열) = 80cal/g 또는 80kcal/kg
   Q(총열량 : cal)
   $= m(g) \times C(cal/g \cdot ℃) \times \Delta t(℃) + r(cal/g) \times m(g)$

14. 인화점, 발화점, 연소점 ★

(1) **인화점**(flash point) : **점화원에 의하여** 점화되는 최저온도
(2) **발화점**(ignition point) : **점화원 없이** 점화되는 최저온도
   ※ 발화점 : 압력이 증가하면 발화점은 낮아진다.

● 연소점
인화점보다 5~10℃
높다.

(3) **연소점**(fire point) : 가연성 물질이 발화한 후 연속적으로 연소할 수 있는 **최저온도**

1-3 열 및 연기에 대한 특성

1. 연기의 이동속도 ★★

이동 방향	수 평	수 직	실내 계단
이동속도(m/s)	0.5~1	2~3	3~5

● 연기 입자크기
0.01~10μm

2. 연기의 이동원인 ★

① 온도상승에 의한 **가스팽창**   ② 굴뚝효과(연돌효과)
③ 외부 풍압의 영향   ④ 건축물 공조설비(강제 환기장치)
⑤ 열, 대류, 공기의 유동

3. 연기로 인한 피해 ★

① 질식사   ② 인지능력감소
③ 정신적 동요(**패닉**(panic)상태)   ④ 가시거리가 짧아져 피난 장애

22

4. 연기의 농도 표시방법 ★

① 중량 농도법(mg/m³) ② 입자 농도법(개/cm³)
③ 투과율법(감광계수)

5. 연기의 농도에 따른 가시거리 ★★★

감광계수	가시거리	상 태
0.1	20~30m	연기 감지기가 작동하는 정도의 연기농도
0.3	5m	피난에 지장을 주기 시작하는 연기농도
0.5	3m	어두움을 느끼기 시작하는 연기농도
1.0	1~2m	거의 앞이 보이지 않을 정도의 연기농도
10	0.2~0.5m	화재 최성기의 연기농도
30	-	출화실에서 연기가 분출될 때의 연기농도

※ **감광계수** : 연기속을 투과한 빛의 양으로 연기농도를 **광화학적**으로 표시하는 **방법**

6. 플래쉬 오버(flash over) 현상 ★★★★

폭발적인 착화현상 및 **급격한 화염의 확대현상**

※ 플래쉬 오버발생시기 : **성장기**
　주요발생원인 : **열의 공급**

7. 플래쉬 오버의 발생시각 ★★

① **개구율**(개구부 크기) : **클수록** 빠르다
② **내장재료** : **가연성**일수록 빠르다
③ **화원의 크기** : **클수록** 빠르다.
④ **열전도율** : **작을수록** 빠르다.
⑤ 내장재료의 두께 : 얇을수록 빠르다.
⑥ 가연물의 표면적 : 넓을수록 빠르다.
⑦ 화재하중 : 클수록 빠르다.

8. 플래쉬 오버의 지연대책 ★★

① 열전도율이 큰 내장재를 사용
② 주요 구조부를 내화구조로 한다.
③ 개구부를 적게 설치
④ 두께가 두꺼운 내장재를 사용

Pass Point

◎ 감광계수 0.1
　- 연기감지기 작동 농도

◎ 감광계수 10
　- 화재 최성기때 농도

◎ 발연량(K)

$K = 발연계수(C_s) \times \dfrac{연기체적(V)}{연소된재료중량(W)}$

◎ 플래쉬 오버
발생시 폭풍 또는 충격파는 없음

제 1 편 소방원론

* 백드래프트 방지 대책
① 적절한 배열
② 환기
③ 폭발력의 억제
④ 격리

⑤ 실내 가연물은 소량씩 분산 저장
⑥ 내장재 불연화

9. 백 드래프트(Back Draft) 현상 ★★★

폭발적 연소와 함께 폭풍을 동반하여 화염이 외부로 분출되는 현상

※ 백드래프트의 발생 시기 : **감쇠기**
　주요 발생원인 : 산소의 공급
※ 백드래프트 현상 발생 시 폭풍 또는 충격파 있음

1-4 건축물의 화재성상

* 목조건축물 화재
 - 고온 단시간형
 - 최성기온도 : 1300℃

1. 목조건축물의 화재 ★

(1) 목재의 수분함량이 15% **이상**이면 고온에 장시간 접촉해도 착화하기 어렵다.
(2) 겨울철 상대습도가 여름철보다 매우 낮아 목재의 수분함량이 적어 연소가 쉽다.

【목재의 외형에 따른 연소속도】

목재의 외형 \ 연소속도	빠르다	느리다
수분함량	적은 것	많은 것
크기와 두께	잘고 얇은 것	두껍고 굵은 것
외형	사각형이고 거칠은 것	둥근형이고 매끄러운 것
열전도도	적은 것	큰 것
접촉면적	큰 것	작은 것
밀도	작은 것	큰 것

* 목조건축물 화재
 - 발염착화에서 최성기까지 걸리는 시간은 약 5~15분
 - 최성기에서 연소낙하까지 걸리는 시간은 약 6~19분

2. 목조건축물 화재의 특징 ★★★★

필수정리 ★★★★

❶ 목조 건축물 화재특징 : 고온 단시간형
❷ 목조 건축물의 화재 최성기 때 온도 : 1300℃
❸ 목조건축물의 화재발생 원인 : ㉮ 접염 ㉯ 복사열 ㉰ 비화

3. 내화건축물의 화재 ★★★★

중요사항★★★★

❶ 내화 건축물 화재특징 : 저온 장시간형
❷ 내화 건축물의 화재 최성기 때 온도 : 1000℃

Pos Point

◎ 내화건축물의 온도-시간 표준곡선
① 1시간후 : 950℃
② 2시간후 : 1000℃

4. 옥내출화 ★★

(1) **천장속, 벽속** 등에서 발염착화한 때
(2) 가옥구조 형태인 경우 **천장판**에 발염착화한 때
(3) 불연천정인 경우 **실내의 뒷면**에 발염착화한 때

5. 옥외출화 ★★

(1) **창**이나 **출입구** 등에 발염착화한 때
(2) 가옥외부의 **추녀 밑**에 발염착화한 때

6. 화재하중(fire load)[kg/m²] ★★★★

바닥면적(m²)당 가연물의 양(kg)

$$Q = \frac{\Sigma(GtHt)}{HA} = \frac{\Sigma Qt}{4500A}(\text{kg/m}^2)$$

Q : 화재하중(kg/m²)
Gt : 가연물의 양(kg)
Ht : 가연물의 단위 발열량(kcal/kg)
H : 목재 단위발열량(4500kcal/kg)
ΣQt : 화재실 가연물 전발열량
A : 바닥면적(m²)

◎ 화재하중
 - 가장 큰 곳은 도서관

1-5 물질의 화재위험

1. 위험물의 분류 및 성상

(1) **제1류 위험물**(산화성 고체)★★★

구분	내용
성질	산화성 고체
품명	❶ 아염소산염류, 염소산염류, 과염소산염류, 무기과산화물류 ❷ 브로민산염류, 질산염류, 아이오딘산염류, 과망가니즈산염류, 다이크로뮴산염류
소화방법	❶ 알칼리금속 과산화물 : 건조사로 소화 ❷ 알칼리금속 이외의 것 : 다량의 물로 주수소화

[참고] 무기과산화물(과산화칼륨, 과산화나트륨)+물 ⇒ 산소발생

(2) **제2류 위험물**(가연성 고체)★★

구분	내용
성질	가연성 고체
품명	❶ 황화인, 적린, 황 ❷ 철분, 마그네슘, 금속분, 인화성고체
소화방법	❶ 금속분은 건조사로 피복소화 ❷ 금속분 이외의 것은 다량의 물로 주수소화

(3) **제3류 위험물**(자연발화성 및 금수성 물질)★★

구분	내용
성질	자연발화성 및 금수성물질
품명	❶ 칼륨, 나트륨, 알킬알루미늄, 알킬리튬 ❷ 황린, 알칼리금속 및 알칼리토금속 ❸ 유기금속화합물류, 금속수소화합물 ❹ 금속인화합물, 칼슘 또는 알루미늄 탄화물
소화방법	❶ 초기소화는 건조사로 질식소화 ❷ **알킬알루미늄**은 **팽창질석** 또는 **팽창진주암**으로 소화 ❸ **주수소화**는 **가연성가스** 발생으로 **절대금지**

필수정리★★★★

❶ 칼륨(K), 나트륨(Na)은 석유속에 저장
❷ $2K + 2H_2O \rightarrow 2KOH + H_2 \uparrow$ (수소발생)
❸ 황린(3류) 및 이황화탄소(4류)는 물속에 저장(PH=9 유지)

Pass Point

◎ **염소산의 종류**
① 차아염소산 $HClO$
② 아염소산 $HClO_2$
③ 염소산 $HClO_3$
④ 과염소산 $HClO_4$

◎ **황**
60중량% 이상

◎ **철분**
53μm 표준체 통과하는 것이 50중량% 미만 제외

◎ **금속분**
구리분, 니켈분 및 150μm 체를 통과하는 것이 50중량% 미만 제외

◎ **마그네슘**
- 2mm체를 통과 못하는 덩어리 제외
- 직경 2mm 이상 막대모양 제외

(4) 제4류 위험물(인화성 액체) ★★★★★

구분	내 용
성질	인화성 액체
품명	❶ 특수인화물(다이에틸에터, 이황화탄소, 아세트알데하이드, 산화프로필렌) ❷ 제1석유류(아세톤, 가솔린(휘발유)) ❸ 제2석유류(등유, 경유) ❹ 제3석유류(중유, 크레오소트유) ❺ 제4석유류(기계유, 실린더유) ❻ 알코올류(**탄소수1~3까지의 1가 포화알콜**(**변성알콜 포함**)) ❼ 동식물유류(건성유, 반건성유, 불건성유)
소화 방법	❶ 주수소화는 화재면 확대로 위험(수용성 제외) ❷ 포, CO_2, 할론, 분말 등으로 질식소화 ❸ 소포성이 있는 것(수용성)은 알코올포로 소화

(5) 제5류 위험물(자기반응성(내부연소성) 물질) ★★

구분	내 용
성질	자기반응성 물질 = 자기연소성 물질 = 내부연소성 물질
품명	❶ 유기과산화물류, 질산에스터류 ❷ 나이트로화합물, 나이트로소화합물 ❸ 아조화합물, 다이아조화합물 ❹ 하이드라진 유도체, 하이드록실아민, 하이드록실아민염류
소화 방법	❶ 다량의 물로 주수소화 ❷ 산소함유 물질로 질식소화는 효과가 없다. ❸ 연소속도가 너무 빨라 초기화재 또는 소량화재 이외는 소화가 곤란

(6) 제6류 위험물(산화성액체) ★★

구분	내 용
성질	산화성 액체
품명	❶ 과염소산 ❷ 과산화수소 ❸ 질산
소화 방법	❶ 건조사로 소화 ❷ 물과는 발열반응하여 냉각소화는 별 효과가 없으나 다량의 물로 주수소화는 가능하다.

Pass Point

✪ **제1석유류**
인화점 21℃ 미만

✪ **제2석유류**
인화점 21℃ 이상
70℃ 미만

✪ **제3석유류**
인화점 70℃ 이상
200℃ 미만

✪ **제4석유류**
인화점 200℃ 이상
250℃ 미만

✪ **알코올류**
C_1~C_3까지 포화1가 알코올(변성알코올 포함)

✪ **과산화수소**
36중량% 이상

✪ **질산**
비중이 1.49 이상

제1편 소방원론

혼재할 수 있는 것
① 1류+6류
② 2류+4류
③ 2류+5류
④ 3류+4류
⑤ 4류+5류

특수가연물
대통령령으로 정한다.

면화류
섬유와 마사원료

사류
실과 누에고치

볏짚류
- 마른 볏짚
- 마른 북더기

2. 유별을 달리하는 위험물의 혼재기준 ★

위험물의 구분	제1류	제2류	제3류	제4류	제5류	제6류
제1류		×	×	×	×	○
제2류	×		×	○	○	×
제3류	×	×		○	×	×
제4류	×	○	○		○	×
제5류	×	○	×	○		×
제6류	○	×	×	×	×	

[비고] 1. "×" 표시는 혼재할 수 없음을 표시
2. "○" 표시는 혼재할 수 있음을 표시
3. 이 표는 지정수량의 $\frac{1}{10}$ 이하의 위험물에 대하여는 적용하지 아니한다.

3. 특수가연물 ★★

품 명	수 량
면 화 류	200kg 이상
나무껍질 및 대팻밥	400kg 이상
넝마 및 종이부스러기 사류(絲類) 볏짚류	1,000kg 이상
가연성고체류	3,000kg 이상
석탄·목탄류	10,000kg 이상
가연성액체류	$2m^3$ 이상
목재가공품 및 나무부스러기	$10m^3$ 이상
합성 수지류	발포시킨 것	$20m^3$ 이상
	그 밖의 것	3,000kg 이상

4. 특수가연물의 저장 및 취급의 기준 ★★★

(1) 품명·최대저장수량 및 화기취급의 금지표지 설치
(2) 저장 기준(단, 석탄·목탄류를 발전(發電)용으로 저장하는 경우에는 예외)
　① 물질별로 구분하여 쌓을 것
　② 쌓는 높이는 **10m 이하**
　③ 쌓는 부분의 바닥면적은 **$50m^2$ 이하**
　　(석탄·**목탄류**의 경우에는 $200m^2$) 이하

④ 쌓는 부분의 바닥면적 사이는 **1m 이상**이 되도록 할 것

 살수설비 또는 대형 소화기를 설치하는 경우
❶ 쌓는 높이는 15m 이하
❷ 쌓는 부분의 바닥면적은 200m²(석탄·목탄류 300m² 이하)

5. 산소지수(한계산소농도) (LOI : Limited Oxygen Index) ★

폴리에틸렌(PE)	폴리프로필렌(P.P)	폴리스티렌(P.S)	폴리염화비닐(PVC)
17.4 %	18.0 %	19.0 %	45%

※ 폴리프로필렌의 산소지수가 18%이므로 산소농도가 18% 이하에서는 연소할 수 없다는 뜻.

○ **산소지수**
가장 큰 것이 PVC(폴리염화비닐)이다.

6. 증기-공기밀도(vapor-air density) ★★

$$★ 증기-공기밀도 = \frac{P'd}{P} + \frac{P-P'}{P}$$

P : 대기압 (mmHg), P' : 증기압 (mmHg), d : 증기밀도

7. 증기 비중 ★★★★

(1) **공기의 조성**

질소(N_2) 78.03%, 산소(O_2) 20.99%, 아르곤(Ar) 0.94%, 이산화탄소(CO_2) 0.03% 등으로 구성

※ 공기 중 산소의 **부피(%) = 21%**
※ 공기 중 산소의 **중량(무게)(%) = 23%**

(2) **공기의 평균 분자량**

$28(N_2) \times 0.7803 + 32(O_2) \times 0.2099 + 40(Ar) \times 0.0094$
$+ 44(CO_2) \times 0.0003 = 28.95 ≒ 29$

※ 공기의 평균 분자량 = 29
※ 증기비중 = $\dfrac{M(분자량)}{29(공기평균분자량)}$

○ **원자량**
질소(N) : 14
산소(O) : 16
탄소(C) : 12
아르곤(Ar) : 40

제1편 소방원론

8. 열가소성 수지와 열경화성 수지 ★★

(1) **열가소성수지**
　① 폴리에틸렌(PE)수지　　② 폴리프로필렌(PP)수지
　③ 폴리스티렌(PS)수지　　④ 폴리염화비닐(PVC)수지
　⑤ 아크릴수지

(2) **열경화성수지**
　① 페놀수지(베이클라이트)　② 요소수지
　③ 멜라민 수지

9. 동소체 ★

같은 원소로 구성되어 있으나 성질이 다른 단체

원소	동 소 체
산소	산소와 오존
탄소	다이아몬드, 흑연, 숯
황	사방황, 단사황, 고무상황
인	적린, 황린

※ 동소체가 성질이 다른 이유 : 원자배열상태가 다르기 때문.
※ 동소체의 증명 : **연소 시 같은 물질**이 생성되면 동소체이다.

❂ 열가소성 수지
열을 가하고 힘을 가하면 변형이 되고 그 힘을 제거하면 그 때의 형태를 유지하는 고분자 물질

❂ 열경화성 수지
열을 가하면 더 굳어지고 변형이 되지 않는 고분자 물질

제 2 장 방화론

2-1 건축물의 내화성상

1. 건축법상 용어의 정의 ★

무창층 : 지상층 중 개구부의 면적의 합계가 그 층의 바닥면적의 $\frac{1}{30}$ 이하가 되는 층

2. 주요 구조부 ★★

① 내력벽　　② 기둥　　③ 바닥
④ 보　　　　⑤ 지붕틀　⑥ 주계단

3. 내화구조 ★★

화재에 견딜 수 있는 성능을 가진 구조로서 국토교통부령으로 정하는 기준에 적합한 구조

4. 내화구조의 요구기능 ★

① 차열과 화염의 차단
② 장기 설계 하중의 지지
③ 충격과 소방주수에 대한 강도 유지
④ 부재의 성능 유지
⑤ 화재 후 건물 재사용 문제
⑥ 불연성

5. 불연재료 ★★

콘크리트, 석재, 벽돌, 기와, 철강, 알루미늄, 유리, 시멘트모르타르, 회
[어두문자 기억법 : 콘/알철모/석유/벽기]

Pass Point

◎ **개구부 인정요건**
① 크기가 지름 50cm 이상
② 개구부 밑부분까지 1.2m 이내
③ 차량 진입 가능한 공지
④ 창살, 장애물 없을 것
⑤ 쉽게 파괴, 개방 가능할 것

◎ **준불연재료**
① 석고보드
② 시멘트판

내화구조의 벽
① 철근콘크리트조 : 10cm 이상
② 철망모르타르 : 4cm 이상
③ 콘크리트블록 : 5cm 이상

방화구조
화재에 대한 내력은 없어도 인접부분으로 연소확대를 방지할 수 있는 구조

6. 주요 구조부의 내화구조 기준 ★★

주요 구조부	내화구조 기준
벽	• 철근 콘크리트조 또는 철골 철근 콘크리트조로 **두께가 10cm 이상** • 골구를 철골조로 하고 그 양면을 **두께 4cm 이상**의 철망 모르타르 또는 **두께 5cm 이상**의 콘크리트 블록, 벽돌 또는 석재로 덮은 것
기 둥 (작은지름 25cm 이상)	• 철근 콘크리트조 또는 철골·철근 콘크리트조 • 철골을 두께 6cm 이상의 철망 모르타르 또는 두께 7cm 이상의 콘크리트 블록, 벽돌 또는 석재로 덮은 것 • 철골을 두께 5cm 이상의 콘크리트로 덮은 것
바 닥	• 철근 콘크리트조 또는 철골 철근 콘크리트조로서 **두께가 10cm 이상**인 것

7. 방화구조의 기준 ★★

방 화 구 조 내 용	두께 기준
• 석고판 위에 **시멘트 모르타르 또는 회반죽**을 바른 것 • 시멘트 모르타르 위에 **타일**을 붙인 것	2.5cm 이상
• 철망 모르타르 바름	2cm 이상
• 심벽에 흙으로 **맞벽치기** 한 것 • **방화 2급** 이상에 해당하는 것	그대로 인정

8. 방화벽의 설치기준

(1) **개구부 크기** : 2.5m×2.5m 이하
(2) **출입구** : 60분+방화문 또는 60분방화문

대상 건축물	구획 면적	방화벽의 구조
주요 구조부가 내화구조 또는 불연재료가 아닌 연면적 1000m² 이상인 건축물	바닥면적의 합계는 1000m² 미만	• 내화구조로서 **홀로 설 수 있는 구조**일 것 • 방화벽의 양쪽 끝과 윗쪽 끝을 건축물의 외벽면 및 지붕면으로부터 **0.5m 이상 튀어나오**게 할 것 • 방화벽에 설치하는 출입문의 너비 및 높이는 각각 **2.5m 이하**로 하고, 해당 출입문에는 60분+방화문 또는 60분방화문을 설치 • 방화구획으로 사용하는 **60분+방화문 또는 60분방화문**은 언제나 닫힌 상태를 유지하거나 화재감지기와 연동하여 **자동적으로 닫히는 구조**

9. 방화문

구 분	정 의
60분+방화문	연기 및 불꽃을 차단할 수 있는 시간이 60분 이상이고, 열을 차단할 수 있는 시간이 30분 이상인 방화문
60분방화문	연기 및 불꽃을 차단할 수 있는 시간이 60분 이상인 방화문
30분방화문	연기 및 불꽃을 차단할 수 있는 시간이 30분 이상 60분 미만인 방화문

10. 방화구획의 기준 ★★★

구획 구분	구획 단위	구획 부분의 구조
면적별	• 10층 이하의 층 : 1,000m²(3,000m²) • 11층 이상의 층 : 200m²(600m²) • 11층 이상의 층(불연재료 사용) : 500m²(1,500m²)	• 내화구조의 바닥, 벽 • 60분+방화문 또는 60분방화문 • 자동방화셔터
층별	• 매 층마다 (다만, 지하1층에서 지상으로 직접 연결하는 경사로 부위는 제외.)	
용도별	• 필로티나 이와 비슷한 구조의 부분을 주차장으로 사용하는 경우 그 부분은 건축물의 다른 부분과 구획 • 주요구조부를 내화구조로 하여야 하는 대상 부분과 기타 부분 사이의 구획	

(주) ( )안은 자동식소화설비를 설치한 경우

댐퍼의 설치기준
① 철재로서 철판의 두께가 1.5mm 이상인 것
② 화재 발생 시 연기의 발생 또는 온도상승에 따라 자동적으로 닫힐 것
③ 닫힌 경우에는 방화에 지장이 있는 틈이 생기지 아니할 것

11. 연소할 우려가 있는 부분 ★

(건축물의 피난·방화구조 등의 기준에 관한 규칙)

인접대지 경계선, 도로 중심선, 동일한 대지 안에 있는 2동 이상의 건축물 상호 외벽간의 중심선으로부터의 거리

1층	2층 이상
3m 이내	5m 이내

○ **경계벽**
공동주택의 각 세대간의 벽을 말하며 내화구조로 할 것

○ **칸막이 벽**
학교교실, 의료시설의 병실, 숙박시설의 객실, 기숙사의 침실 등을 구획하기 위하여 쓰이는 벽으로 내화구조로 할 것

12. 공간적 대응과 설비적 대응 ★★

(1) 공간적 대응
    ① **대항성** 대응 : 내화 및 방연성능, 방화구획, 화재방어, 최소화
    ② **회피성** 대응 : 난연 및 불연화, 방화훈련
    ③ **도피성** 대응 : 방재계획, 피난구조설비

(2) 설비적 대응
    ① **대항성** 대응 : 제연설비, 방화문, 방화셔터
    ② **도피성** 대응 : 피난유도설비

2-2 건축물의 피난 및 안전계획

★ 피난대책
① 2방향
② 원시적
③ 고정식 설비
④ Fool proof와 Fail safe
⑤ 간단 명료

1. 건축물 화재시 피난대책 ★★★★

(1) **2방향** 원칙 피난통로를 확보
(2) 피난수단은 **원시적 방법** 원칙
(3) 피난구조설비는 **고정식 설비**를 원칙, **보조적으로 이동식** 설비를 고려
(4) 피난대책은 Fool proof와 Fail safe의 원칙을 중요시 할 것
(5) 피난경로는 **간단 명료**

2. Fool proof와 Fail safe ★★

(1) Fool proof
    화재 시 인간의 행동특성에 따라 행동하는 것을 고려하여 **원시적**이고 **간단 명료**하게 배려한 대책(유도표지가 문자보다는 **색과 형태**를 이용, **피난방향**으로 문을 열 수 있도록 하는 것)

(2) Fail safe
    피난 시 하나의 수단 또는 방법이 고장 등으로 불가능하더라도 **다른 방법**에 의하여 피난할 수 있도록 고려하는 것을 말한다. **2방향** 이상의 **피난통로**를 확보한다든가 또는 **예비 전원**을 확보하는 것이 이에 속한다.

3. 피난로 형태 ★★

형태	피난방향	특 징
T형	↔↓	피난자에게 피난경로를 확실히 알려주는 형태
X형	↔↕	피난로가 확실하며 양방향으로 피난이 가능
H형	↔↔	중앙코너방식으로 **패닉현상 발생우려가 있다** (피난자의 집중)
Z형	┘	코너식 중에서 제일 안전한 형태로 중앙 복도형 건축물의 피난경로

◎ **H형**
패닉현상 발생 우려가 있다.

4. 건축물 설계시의 화재안전 계획 ★

① 건물 배치계획　　② 평면계획
③ 단면계획　　　　 ④ 재료계획
⑤ 제연계획　　　　 ⑥ 피난계획

◎ **제연계획**
① 불연화, 난연화
② 제연설비
③ 화재하중 최소화

5. 안전 구획 ★★★

(제1차 안전구획) 복도 → (제2차 안전구획) 계단 부속실 → (제3차 안전구획) 피난계단(현관, 로비)

6. 화재시 인간의 본능 ★★

(1) **귀소 본능**
　　화재시 인간은 피난을 위하여 자신이 들어온 길 또는 **평상시 사용하던 통로**(복도, 계단)로 탈출하려는 경향이 있다. 즉 자신이 들어온 길로 되돌아가려는 본능인 것이다.

(2) **지광 본능**
　　화재시 인간은 주위가 어두워지면 **밝은 곳으로** 피난하려는 경향

(3) **추종 본능**
　　화재시(비상시) 인간은 군중 중 한사람의 지도자가 나타나면 그 **지도자를 따라** 행동하려는 경향

(4) **퇴피 본능**
　　인간은 화재를 감지하면 반사적으로 **화재지역으로부터 멀리** 피난하려는 경향

◎ **피난계획**
① 피난로 확보
② 간단명료
③ 양방향 피난 원칙
④ 인간본능 고려하여 피난로 설계

> **도괴 방향법**
> 발화부를 향하여 도괴(무너짐)되는 경향을 이용하여 출화부를 추정하는 방법

(5) **좌회 본능**
　인간은 대부분 오른손이나 오른발을 사용하여 발달하였으므로 회전할 경우에는 주로 오른손이나 오른발을 이용하여 **왼쪽으로 회전**(좌회전)하려는 경향

7. 출화부(발화부) 추정의 원칙 ★

(1) **도괴 방향법**
(2) **탄화 심도법**
(3) 화염진행방향 비교법
(4) 목재표면의 균열흔 비교법
(5) 목재표면과 발열체와의 거리

2-3 소화방법 및 원리

> **소화의 정의**
> 연소의 3요소인 가연물, 산소, 점화원 중 한 가지 이상 요소를 제거하여 연소가 지속될 수 없도록 하는 것

1. 소화방법 ★★★★★

(1) **냉각소화** : 가연성 물질을 **발화점 이하로** 온도를 냉각시키는 방법

물이 소화제로 이용되는 이유
❶ 물의 기화열(539kcal/kg)이 크기 때문
❷ 물의 비열 (1kcal/kg℃)이 크기 때문

물의 냉각특성
❶ 물의 온도가 낮을수록 냉각효과가 크다.
❷ 건조한 상태에서 증발이 용이하다.
❸ 분무상태(안개모양)일 때 냉각효과가 크다.

(2) **질식소화** : 산소농도를 21%에서 **15% 이하**로 감소시켜 소화
　　　질식소화시 산소의 유지농도 : 10~15%

(3) **억제소화**(부촉매소화, 화학적소화) : **연쇄반응을 억제**시켜 소화

① **부촉매** : 화학적 반응의 속도를 느리게 하는 것
② **부촉매 효과** : 할론소화약제
   (할로젠족 원소 : 불소(F), 염소(Cl), 브로민(취소)(Br), 아이오딘(I))
③ **부촉매(소화효과)의 크기 순서** :
   불소(F) < 염소(Cl) < 브로민(취소)(Br) < 아이오딘(I)
④ **반응력(친화력)의 크기 순서** :
   불소(F) > 염소(Cl) > 브로민(취소)(Br) > 아이오딘(I)

(4) **제거소화** : 화재구역에서 가연성물질을 제거시켜 소화

제거소화의 예
❶ 산불이 발생하면 화재의 진행방향을 앞질러 벌목한다.
❷ 화학반응기의 화재시 원료공급관의 밸브를 잠근다.
❸ 유전화재시 폭약으로 폭풍을 일으켜 화염을 제거한다.
❹ 촛불을 입김으로 불어 화염을 제거한다.

(5) **피복소화** : 가연물 주위를 공기와 차단시켜 소화
   (예) 방안에서 화재가 발생시 이불이나 담요로 덮는다.

(6) **희석소화** : 수용성액체 화재시 물을 방사하여 **연소농도를 희석**하여 소화
   (예) **아세톤**에 물을 다량으로 섞는다.

(7) **유화소화**(에멀젼소화) : 비수용성 인화성액체의 유류화재 시 물분무로 방사하여 액체표면에 **불연성의 유막**을 형성하여 소화

물의 유화효과 (에멀젼 효과)를 이용한 방호대상설비 : 기름탱크

○ **촉매**
- 반응속도를 느리게 또는 빠르게 하기 위하여 첨가하는 물질
- 정촉매와 부촉매로 구분

○ **정촉매**
반응속도를 빠르게

○ **부촉매**
반응속도를 느리게

○ **아세톤**
- CH_3COCH_3
- 제4류 1석유류
- 물에 잘 녹는다.

제 1 편 소방원론

제 3 장 약제화학

3-1 물소화약제

1. 물소화약제의 장점 및 단점 ★★

(1) **장 점**
① 물의 비열(1kcal/kg℃)과 증발잠열(539kcal/kg)이 크다.
② 물은 쉽게 구할 수 있고 값이 저렴하고 장기보관이 가능하다.
③ 물은 기화되면 체적이 **약 1700배**로 팽창되어 산소농도를 감소시킨다.
④ 인체에 무해하고 비압축성 액체로 배관 등으로 쉽게 이송이 가능하다.

(2) **단 점**
① 빙점(어는점)이 0℃로 낮아서 한랭지나 겨울철에는 사용하기 어렵다.
② 빙점을 낮추기 위하여 동결 방지제를 첨가하거나 보온이 필요하다.
③ 유류화재에 물 방사 시(무상제외) 연소면(화면)이 확대되어 오히려 위험
④ 전기화재에 물 방사 시(무상제외) 감전우려가 있다.
⑤ 금속화재에 물 방사 시 가연성 기체의 발생으로 위험하다.

❶ 금속화재에 물 방사시 가연성가스(H_2 : 수소가스)발생으로 위험
   $Mg + 2H_2O \rightarrow Mg(OH)_2 + H_2 \uparrow$
❷ 유류화재에 물 방사시 연소면(화면) 확대로 위험
❸ 강화액 : 물에 탄산칼륨(K_2CO_3)을 첨가하여 물의 어는점을 낮춘 수용액으로 추운지방(한랭지)에서 사용 [빙점 : 약 $-17℃ \sim -30℃$]

○ 물이 소화약제로 사용되는 이유
① 비열이 크기 때문
② 기화열이 크기 때문

2. 물의 소화능력 증가를 위한 첨가제 ★★★

(1) **부동액**(Anti-freeze agent)
  ① 물의 빙점을 낮추는 첨가제
  ② 종류 : **에틸렌글리콜**, 프로필렌글리콜, 글리세린, **염화나트륨**, 염화칼슘, 탄산칼륨

(2) **침윤제**(Wetting agent)
  ① 물의 **표면장력 감소** 첨가제
  ② 재연소 방지에 적합
  ③ **심부화재**에 적합

(3) **농축제**(Thickening agent 또는 Viscosity agent)
  ① 물의 **점도 향상** 첨가제
  ② **산림화재**에 적합

(4) **밀도 개질제**(Density modifier)
  물의 **밀도를 개질**하기 위하여 첨가시키는 첨가제로서 물의 소화능력을 증가시키기 위한 것이다. 대표적인 것으로는 수용성 폼(foam)이 있다.

3-2 포소화약제

1. 화학포의 반응식 ★

$$6NaHCO_3 + Al_2(SO_4)_3 \cdot 18H_2O \rightarrow 3Na_2SO_4 + 2Al(OH)_3 + 6CO_2 + 18H_2O$$

2. 포소화약제의 종류 및 사용 농도(%) ★★★

구분	종류	사용농도	팽창비
저발포 (저팽창포)	단백포 불화단백포 **합성계면활성제포** 수성막포 알코올포	3%, 6%	6배 이상 20배 이하
고발포 (고팽창포)	**합성계면활성제포**	1%, 1.5%, 2%	80배 이상 1000배 미만

Pass Point

○ **부동액**
물의 어는점을 낮춘다.

○ **침윤제**
심부화재에 적합

○ **농축제=증점제**
산불화재에 적합

○ **화학포**
- 현재 생산이 중단된 약제이다.
- 시험에는 출제된다.

○ **사용농도**
저발포 : 3%, 6%
고발포 : 1%, 1.5%, 2%

○ **합성계면활성제포**는 저발포 및 고발포 모두 사용이 가능하다.

(1) 단백포 소화약제
① 동물 및 식물성 **단백질을 가수분해**한 물질에 포안정제(염화제일철염 : $FeCl_2$염) 방부제, 동결방지제(부동액) 등을 첨가한 저발포용
② 부동액이 첨가되어 영하 15℃까지는 얼지 않으나 수명이 3~4년으로 짧다.
③ 장기보관 시 산화하여 변질이 되고 침전물이 생성된다.
④ **유동성이 좋지 않으나** 내화성이 우수하여 발포된 포가 화염에 잘 깨지지 않는다.
⑤ 내유성이 약하고 합성계면활성제포보다 소화시간이 길다.
⑥ 다른 포약제에 비해 **부식성이 크다.**

(2) **불화 단백포 소화약제**
① 단백질 가수분해 물질에 **불소(F)계면활성제**를 첨가한 포약제이다.
② 부동액이 첨가되어 영하15℃까지는 얼지 않고 수명이 8~10년으로 길다.
③ 유동성 및 내유성이 좋아서 소화속도가 빠르고 **표면하 주입방식**에도 사용
④ **분말 소화약제와 겸용**이 가능하다.

 불화단백포
▶ 표면하 주입방식에 사용할 수 있다.
▶ 분말 소화약제와 겸용이 가능하다.

(3) **합성계면활성제포 소화약제**
① 합성계면활성제(탄화수소계)에 기포 안정제, 부동액, 방부제 등을 첨가한 포약제
② 유동성이 좋아 소화속도도 빠르며 수명이 반영구적이다.
③ **적열된 유류저장탱크 화재**에는 **부적합**하다.

(4) 수성막포 소화약제
① 불소계통의 습윤제에 합성계면활성제 첨가한 포약제이며 주성분은 **불소계 계면활성제**이다.
② 미국에서는 AFFF(Aqueous Film Forming Foam)로 불리며 3M사가 개발한 것으로 상품명은 **라이트 워터**(light water)이다.
③ 분말약제와 겸용이 가능하고 **액면하 주입방식**에도 사용할 수 있다.
※ 유류화재용으로 **가장 뛰어난 포약제**는 수성막포이다.

○ **수성막포**
- 포약제중 소화효과 가장 우수
- 분말약제와 겸용이 가능
- AFFF라고도 한다.

○ **알코올포**
수용성 위험물 화재에 적합하다.

(5) 알코올포 소화약제
① **수용성 액체**(알코올류, 케톤류, 에스터류, 아민류)화재에 일반포 약제를 적용하면 거품이 순식간에 파괴되는 소포성(파포현상) 때문에 소화효과가 없다. 따라서 이러한 소포현상이 발생되지 않도록 특별히 제조된 것이 알코올포 소화약제이다.
② 알코올포 소화약제의 종류
  ㉮ 금속비누형
  ㉯ 불화 단백형
  ㉰ 고분자 겔형
  ※ Transfer Time(이전시간) : 포약제 원액과 물이 혼합되어 발포시킬 때까지 소요되는 시간을 말한다.

3. 25% 환원시간 ★

채취한 포로부터 낙하하는 포수용액의 25%($\frac{1}{4}$)을 배액 하는데 요하는 시간을 분으로 나타낸 것

$$25\% 용량값(mL) = \frac{포시료의\ 무게(g)}{4}$$

4. 포 약제의 종류에 따른 25% 환원시간 ★

포 약제의 종류	25% 환원시간
저발포용 소화약제	1분 이상
고발포용 소화약제	3분 이상
방수포용 소화약제	2분 이상

5. 발포배율(팽창비) ★★

$$팽창비 = \frac{발포후\ 포의\ 체적}{발포전\ 포수용액(포원액+물)의\ 체적}$$

○ **알코올포**
수용성 위험물 화재에 적합하다.

○ **소포성=파포성**
수용성 위험물 화재시 일반포를 사용하면 거품이 소멸되는 성질

○ **25% 환원시간**
- 25% 환원시간이 길수록 소화효과가 크다.

3-3 이산화탄소소화약제

1. 이산화탄소의 인체에 대한 위험성 ★

농도(%)	인체에 대한 영향
2	불쾌감
4	눈, 목에 점막 자극, 두통, 귀울림, 현기증, 혈압상승
8	**호흡곤란**
10	시력장애, 몸이 떨리며 1분 이내 의식불명이 되고 그대로 방치 시 사망
20	**중추신경 마비되어 사망**

※ 이산화탄소의 허용농도 : 5000ppm(0.5%)

● CO_2 저장방식
- 고압식 :
  15℃, 5.3MPa
- 저압식 :
  18℃, 2.1MPa

2. 이산화탄소 저장용기의 충전비(L/kg) ★★★

저장 방식	충 전 비
저 압 식	1.1 ~ 1.4
고 압 식	1.5 ~ 1.9

※ 소화기의 저장방식은 고압식으로 충전비는 1.5 이상 1.9 이하이다.

3. 이산화탄소 소화설비의 장점과 단점 ★★★

장 점	단 점
❶ 화재 진화 후 **깨끗**하다.	❶ 설비가 고압 특별한 주의 요구
❷ **심부 화재**에 적합하다.	❷ CO_2 방사 시 **동상**우려
❸ 증거보존 양호하여 **화재원인조사** 용이	❸ 인체에 **질식**의 우려
❹ **비전도성**이므로 전기화재에 유효.	❹ CO_2방사 시 **소음**이 크다.
❺ 피연소물에 피해가 적다.	

4. 이산화탄소의 소화효과 ★★

① 피복효과   ② 질식효과   ③ 냉각효과

5. 이산화탄소 소화설비 설계공식 ★★★★★

(1) 액화 이산화탄소의 기화시 가스의 체적(부피)

$$PV = \frac{W}{M}RT = nRT$$

P : 압력(atm) V : 부피(m^3)
W : CO_2 무게(kg) M : 분자량(44)
R : 기체상수(0.082atm · m^3/kmol · K)
T : 절대온도(273+t℃) n : 몰수

(2) CO_2농도(%)의 계산

$$G = \frac{21 - Q_1}{Q_1} \times V$$

G : 방출된 CO_2가스부피(m^3) Q_1 : 산소농도(%)
V : 방호구역 체적(m^3)

$$CO_2(\%) = \frac{21 - O_2(\%)}{21} \times 100$$

$$CO_2(\%) = \frac{방출된 CO_2 가스부피(m^3)}{방호구역 체적(m^3) + 방출된 CO_2 가스부피(m^3)} \times 100$$

● CO_2 농도계산
2차 실기시험에 자주 출제되므로 필히 암기할 것

3-4 할로겐화합물소화약제

1. 할론소화약제의 특징 ★

① **부촉매효과**가 크며 소화능력이 우수
② 금속에 대한 부식성이 적고, 전기화재에 적합. 화재 진화 후 깨끗
③ 약제의 변질 및 분해 없고 설계농도 5~10%의 적은 농도로 소화가 가능
④ 가격이 비싸고 **오존층 파괴**로 인한 환경피해가 심하다.

● 할론소화효과
- 화학적 소화
- 부촉매 소화
- 억제 소화

2. 할론소화약제의 소화효과 ★★★

① **연쇄반응을 억제**하는 부촉매효과
② 냉각효과
③ 질식효과
④ 희석효과

3. 할론소화약제의 명명법 ★★★★★

<예> 할론 1 3 0 1 = C F₃ Br

- 탄소(C) 원자수
- 불소(F) 원자수
- 염소(Cl) 원자수
- 브로민(Br) 원자수

◉ 할론 및 CO₂ 약제
액체상태로 저장

4. 할론소화약제의 물리적 성질 ★

구 분	할론 1301	할론 1211	할론 2402
화학식	CF_3Br	CF_2ClBr	$C_2F_4Br_2$
상온(20℃)에서 상태	기체	기체	액체
오존층 파괴지수(ODP)	14.1	2.4	6.6

5. 할론 1301의 농도에 따른 인체의 영향 ★★

농도(%)	인체 영향
7% 이하	5분 정도까지 흡수 시 별 영향 없음
7~10%	수분간 흡수 시 현기증 및 기억력 감퇴
10~15%	30초 이상 흡수 시 참기 어렵다
15~20%	장기간 흡수 시 의식불명 및 사망우려

6. 오존파괴지수(ODP) 및 지구온난화지수(GWP) ★★★

(1) **오존파괴지수**(ODP : Ozone Depletion Potential)
어떤 물질의 **오존 파괴능력**을 상대적으로 나타내는 지표의 정의

$$ODP = \frac{\text{어떤 물질 1kg이 파괴하는 오존량}}{CFC-11\ 1kg\text{이 파괴하는 오존량}}$$

[참고] CFC [chloro(C), Fluoro(F), Carbon(C)]

◉ ODP 기준물질
CFC-11(CFCl₃)

(2) **지구 온난화지수**(GWP : Global Warming Potential)
어떤 물질이 기여하는 **온난화 정도**를 상대적으로 나타내는 지표의 정의

$$GWP = \frac{\text{어떤 물질 1kg이 기여하는 온난화정도}}{CO_2 - 1kg\text{이 기여하는 온난화정도}}$$

◉ GWP 기준물질
이산화탄소(CO₂)

7. NOAEL 및 LOAEL ★★

(1) **NOAEL**(No Observed Adverse Effect Level)
   심장 독성시험에서 심장에 영향을 **미치지 않는 농도**

(2) **LOAEL**(Lowest Observed Adverse Effect Level)
   심장 독성시험에서 심장에 영향을 **미칠 수 있는 최소농도**

8. 할로겐화합물소화약제의 소화능력

소화약제명	화학식	소화능력
할론 1301	CF_3Br	3.0
할론 2402	$C_2F_4Br_2$	1.7
할론 1211	CF_2ClBr	1.4
분말소화약제		2.0
이산화탄소약제	CO_2	1.0(기준)

> ✿ 할론1301
> – 소화능력 가장 우수
> – 독성이 가장 적다.

9. 할론소화약제의 충전비 ★★★

약제		할론 2402 ($C_2F_4Br_2$)	할론 1211 (CF_2ClBr)	할론 1301 (CF_3Br)
충전비	가압식	0.51 이상 0.67 미만	0.7 이상	0.9 이상
	축압식	0.67 이상 2.75 이하	1.4 이하	1.6 이하

10. 할로젠족 원소의 반응력(친화력)과 소화효과 ★★

① 반응력 세기 : F > Cl > Br > I
② 소화효과 크기 : F < Cl < Br < I

 필수암기 ★★★★

할로젠족 원소의 원자량
F(불소) = 19
Cl(염소) = 35.5
Br(브로민, 취소) = 79.9

11. 할로겐화합물 및 불활성기체 소화약제의 종류
★★★★ (2차 실기 출제)

◎ IG 명명법
IG-ABC
A : N_2 함량
B : Ar 함량
C : CO_2 함량

◎ IG-541
- N_2 : 52%
- Ar : 40%
- CO_2 : 8%

소 화 약 제	화 학 식
도데카플루오린-2-메틸펜탄-3-원 (FK-5-1-12)	$CF_3CF_2C(O)CF(CF_3)_2$
퍼플루오린부탄(FC-3-1-10)	C_4F_{10}
하이드로클로로플루오린카본혼화제 (HCFC BLEND A)	HCFC-123($CHCl_2CF_3$) : 4.75% HCFC-22($CHClF_2$) : 82% HCFC-124($CHClFCF_3$) : 9.5% $C_{10}H_{16}$: 3.75%
클로로테트라플루오린에탄(HCFC-124)	$CHClFCF_3$
펜타플루오린에탄(HFC-125)	CHF_2CF_3
헵타플루오린프로판(HFC-227ea)	CF_3CHFCF_3
트라이플루오린메탄(HFC-23)	CHF_3
헥사플루오린프로판(HFC-236fa)	$CF_3CH_2CF_3$
트라이플루오린이오다이드(FIC-13 I 1)	CF_3I
불연성·불활성기체혼합가스(IG-01)	Ar
불연성·불활성기체혼합가스(IG-100)	N_2
불연성·불활성기체혼합가스(IG-541)	N_2 : 52%, Ar : 40%, CO_2 : 8%
불연성·불활성기체 혼합가스(IG-55)	N_2 : 50%, Ar : 50%

12. 할로겐화합물이 지구환경에 미치는 영향 ★★

① 지구환경 파괴
② 오존층 파괴
③ 지구 온난화

◎ ODP 기준물질
- CFC-11($CFCl_3$)

◎ GWP(지구 온난화지수) 기준물질
- CO_2(이산화탄소)

【ODP(Ozone Depletion potential) : 오존파괴지수】

물질명	$CFCl_3$(CFC-11)	할론 1211	할론 2402	할론 1301
ODP	1	3	6	10

3-5 분말소화약제

1. 분말 소화약제의 입도와 소화성능 ★

① 입도가 너무 미세하거나 커도 **소화성능이 저하**된다.
② **미세도의 분포가 골고루** 되어 있어야 한다.
③ 분말입도는 20~25μm의 범위에서 소화효과가 가장 좋다.

2. 분말 소화약제의 종류 ★★★★★ (2차 실기에도 출제)

종 별	화 학 식	주성분 명칭	적응화재	착색
제1종	$NaHCO_3$	중탄산나트륨, 탄산수소나트륨, 중조	B·C급	백색
제2종	$KHCO_3$	중탄산칼륨, 탄산수소칼륨	B·C급	담회색
제3종	$NH_4H_2PO_4$	인산암모늄 (제1인산 암모늄)	A·B·C급	담홍색
제4종	$KHCO_3 + (NH_2)_2CO$	탄산수소칼륨+요소	B·C급	회색

● **분말약제의 주성분**
2차 실기시험에 자주 출제되므로 화학식 및 명칭 필히 암기 요망

(1) **제1종 분말약제의 열분해 반응식**

$$2NaHCO_3 \xrightarrow{\triangle} Na_2CO_3 + CO_2 + H_2O$$
　　　　　　　　(탄산나트륨)　(이산화탄소)　(수증기)

★ 주방에서 지방 또는 **식용유 화재시** 가연물인 지방산과 Na^+ 이온이 비누화 현상을 일으켜 비누거품을 생성하여 연소를 억제하는 효과가 크다.

※ **비누화 현상** : 알칼리를 작용하면 가수분해되어 그 성분의 산의 염과 알코올이 생성되는 현상

● **식용유 화재시**
제1종분말이 가장 적당하다.

(2) **제2종 분말약제의 열분해 반응식**

$$2KHCO_3 \xrightarrow{\triangle} K_2CO_3 + CO_2 + H_2O$$
　　　　　　　(탄산칼륨)　(이산화탄소)　(수증기)

(3) **제3종 분말약제의 열분해 반응식**

$$NH_4H_2PO_4 \xrightarrow{\triangle} HPO_3 + NH_3 + H_2O$$
　　　　　　　(메타인산)　(암모니아)　(수증기)

(4) **제4종 분말약제의 열분해 반응식**

$$2KHCO_3 + (NH_2)_2CO \xrightarrow{\triangle} K_2CO_3 + 2NH_3 + 2CO_2$$
(탄산칼륨)　(암모니아)　(이산화탄소)

제2편 소방유체역학

제1장 유체의 정의 및 성질

1. 유체의 종류 ★

① **점성**유체 : 점성을 가지고 있는 유체 즉 전단응력이 발생하는 유체
② **비점성**유체 : 점성력이 없는 유체 즉, 전단응력이 발생 않는 가상적인 유체
① **이상**유체 : **점성이 없고**(마찰손실이 없고) **비압축성인 유체**
② **실제**유체 : 점성이 있고(마찰손실이 있고) 압축성인 유체
※ 이상유체는 점성이 없고 에너지 손실도 없는 가상적인 유체이다.

2. 비중(Speific Gravity : SpGr) 【S】 ★★

$$S = \frac{\rho}{\rho_w} = \frac{\gamma}{\gamma_w}$$

ρ : 물질의 밀도 γ : 물질의 비중량
ρ_w : 물의 밀도 γ_w : 물의 비중량

3. 비체적(Specific Volume) 【V_S】 ★★

$$V_S = \frac{1}{\rho}$$

V_S : 비체적(m^3/kg) ρ : (kg/m^3)

Pass Point

○ **압축성 유체**
  온도나 압력에 따라 밀도가 변화하는 유체(기체)

○ **비압축성 유체**
  온도나 압력에 따라 밀도의 변화가 없는 유체(액체)

○ **비체적**
  - 밀도의 역수
  - 체적을 질량으로 나눈 것

4. 점성계수 【μ】 ★★

$N \cdot s/m^2 = Pa \cdot s = kg/m \cdot s$
1P(poise) = 1g/cm · s(질량단위) = dyne · s/cm² (중량단위)
1P(poise) = 100Cp(Centi Poise)   1Cp = 0.01g/cm · s
※ 물의 점성계수(25℃) = 1Cp = 0.01g/cm · s

(1) **액체의 점성계수** : 온도가 상승시 감소
(2) **기체의 점성계수** : 온도가 상승시 증가

● **동점성계수**
점성계수를 밀도로 나눈 값

5. 동점성계수 【ν】 ★★

$$\nu = \frac{\mu}{\rho}$$

ν : 동점성계수(m^2/s) μ : 점성계수($N \cdot s/m^2$, Pa · s)
ρ : 밀도($N \cdot s^2/m^4$, kg/m^3)

※ 1stokes = 1cm²/s

● **밀도**
단위 체적당 질량

6. 밀도(Density) 【ρ】 ★★★

$$\rho = \frac{m}{V}$$

m : 질량(kg) V : 체적(m^3)

(1) **물의 밀도** 【ρ_W】

 필수암기 ★★★★

물의 밀도(ρ_W) = 1000kg/m³(절대단위) = 1000N · s²/m⁴
= 102kgf · s²/m⁴(중력단위)

(2) **기체의 밀도** 【ρ】

$$\rho = \frac{P}{RT}$$

P : 압력(N/m^2), R : 기체상수($N \cdot m/kg \cdot K$)
T : 절대온도(273+t℃)K

$$\rho = \frac{PM}{RT}$$

P : 압력(atm), M : 분자량
R : 기체상수($atm \cdot m^3/kmol \cdot K$)
T : 절대온도(273+t℃)K

7. 비중량(Specific weight) 【γ】

$$\gamma = \frac{W}{V}$$

W : 중량(kN)　　V : 체적(m^3)

(1) 물의 비중량(γ_w)

 필수암기 ★★★★

물의 비중량(γ_w) = 9.8kN/m^3(중력단위) = 9800N/m^3(중력단위)

(2) 비중량(γ)과 밀도(ρ)의 관계

$$\rho = \frac{\gamma}{g}$$

r : 비중량(kN/m^3, 물 = 9.8kN/m^3)
g : 중력가속도(9.8m/s^2)
ρ : 밀도(kN · s^2/m^4, 물 = 1000N · s^2/m^4)

8. 대기압. 절대압

(1) **표준 대기압**(atmospheric pressure) ★★★★★

1atm = 760mmHg = 1.0332kgf/cm^2 = 1.0332×10^4kgf/m^2
　　　= 10332mmH_2O(mmAq) = 10.332mH_2O(mAq)
　　　= 1013mbar = 1.013bar = 101.325kPa(kN/m^2)
　　　= 101325Pa(N/m^2) = 14.7psi(lb/in^2)

(2) **절대압**(absolute pressure)

절대압 = 국소대기압 $\begin{matrix}+계기압\\-진공압\end{matrix}$

9. 열량(Quantity of Heat) ★

① cal : 표준상태에서 순수한 물 1g을 1℃ 높이는데 필요한 열량
② BTU : 표준상태에서 순수한 물 1lb을 1℉ 높이는데 필요한 열량
③ Chu : 표준상태에서 순수한 물 1lb을 1℃ 높이는데 필요한 열량

비중량
단위 체적당 무게

물의 비중량(γ_w)
- γ_w = 9.8kN/m^3
- ρ_w = 1000N · s^2/m^4

절대압
- 국소대기압+계기압
- 국소대기압-진공압

● 현열
- 상태 변화없이 온도 변화에 필요한 열량
- $Q = mc\Delta t$

④ 비열 : 어떤 물질 1g을 1℃ 높이는데 필요한 열량[cal/g·℃]

※ 물의 비열 = 1cal/g·℃   ※ 표준상태=0℃, 1atm

⑤ 잠열 : 온도변화 없이 상태변화에 필요한 열량

물의 기화잠열 : 539cal/g 또는 539kcal/kg
얼음의 융해잠열 : 80cal/g 또는 80kcal/kg

⑥ 정압비열(C_P) : 기체의 압력을 일정하게 하고 측정한 비열

$$C_P = \frac{Q}{m\Delta t}$$

C_P : 정압비열(cal/g℃) Q : 열량(cal)
m : 질량(g) Δt : 온도차(℃)

⑦ 정적비열(Cv) : 기체의 체적을 일정하게 하고 측정한 비열

$$C_V = \frac{Q}{m\Delta t}$$

C_V : 정적비열(cal/g℃) Q : 열량(cal)
m : 질량(g) Δt : 온도차(℃)

⑧ 비열비(k) = $\dfrac{C_P(정압비열)}{C_V(정적비열)} > 1$ (**비열비(k)는 항상 1보다 크다.**)

● 뉴우톤 유체
뉴우톤의 점성법칙에 따르는 유체

● 이상유체
점성이 없고 비압축성인 유체

10. 뉴우톤(Newton)의 점성법칙 ★★

전단응력은 점성계수와 속도구배(속도기울기)에 비례한다.

$$\tau = \mu\frac{du}{dy} \qquad \tau = \frac{F}{A}$$

τ : 전단응력(N/m²(Pa)) μ : 점성계수(N·s/m²)
$\dfrac{du}{dy}$: 속도구배(속도기울기)(s⁻¹)
F : 힘(N) A : 단면적(m²)

11. 열역학의 법칙 ★★★

(1) **열역학 0법칙**(열의 평형법칙)
(2) **열역학 1법칙**(에너지보존의 법칙=에너지 불변의 법칙)
   ① 열과 일은 본질적으로 에너지의 한 형태이며 **서로 교환이 가능**하다.

② 열과 일은 **상호변환이 가능**하다.
③ 열전달의 총합은 이루어진 일의 총합과 **같다**.
(3) **열역학 2법칙**(비가역과정에 관한 법칙)
① 열은 스스로(자연적으로) 저온체에서 고온체로 **흐르지 않는다**.
② 열을 완전히 일로 바꿀 수 있는 **열기관을 만들 수 없다**.
③ 자연의 변화는 **비가역과정**을 한다.
   (자발적인 변화는 비가역적이다.)
④ 엔트로피는 **증가하는 쪽으로** 흐른다.
(4) **열역학 3법칙**(엔트로피에 관한 법칙)
열역학 과정에서 엔트로피의 변화 ΔS는 절대온도 T가 0이 됨에 따라 0이 된다.

12. 상태량 ★

(1) **강도성 상태량**(시강 특성치) : 물질의 양과 무관한 상태량
   [**온도**, **밀도**, **압력**, 비체적, 비내부에너지, 비엔탈피, 비엔트로피]
(2) **용량성 상태량**(시량 특성치) : 물질의 양에 비례하는 상태량
   [내부에너지, **엔탈피**, 엔트로피]

✱ **엔트로피**
물질계의 열적상태를 나타내는 물리량

제 2 장 유체의 정역학

1. 압력(pressure) 【P】 ★★★

$$P = \frac{F}{A}$$

P : 압력(kN/m^2)　　F : 힘(kN)　　A : 단면적(m^2)

2. 힘(Force) 【F】 ★★

 필수암기 ★★★★

| $1gf = 980 dyne$ | $1kgf = 9.8N(kg \cdot m/s^2)$ |

(1) 수평면에 작용하는 힘

P(압력 : kN/m^2) = γ(비중량 : kN/m^3) × h(깊이 : m)
F(힘) = P(압력) × A(단면적)

$$F = \gamma h A$$

F : 힘(kN),　γ : 비중량(kN/m^3),　h : 높이(m),　A : 단면적(m^2)

(2) 경사면에 작용하는 힘

$$F = \gamma \bar{y} \sin\theta A = \gamma \bar{h} A$$

F : 힘(kN)　　$\bar{y} = \frac{y}{2}$　　$\bar{h} = \bar{y}\sin\theta$　　A : 단면적(m^2)

3. 부력(buoyant force) 【F_B】 ★★★

F_B(부력) = F_W(물체의 무게)
$F_B = \gamma$(유체) × V(잠긴) = S(유체) × γ_W × V(잠긴체적)
$F_W = \gamma$(물체) × V(전체) = S(물체) × γ_W × V(전체체적)

γ : 비중량(kN/m^3)　　V : 체적(m^3)
S : 비중　　　　　　　　γ_W : 물의 비중량($9.8 kN/m^3$)

★ 압력
단위면적에 작용하는 힘

★ 1N
= $1kg \cdot m/s^2$

★ 부력
정지된 유체에 물체가 떠 있거나 잠겨 있을 때 물체가 수직방향으로 받는 힘

4. 체적탄성계수 ★★★★

$$K = -\frac{\Delta P}{\Delta V/V} = \frac{\Delta P}{\Delta \rho/\rho}$$

K : 체적탄성계수(kN/m^2) ΔP : 증가시킨 압력(kN/m^2)
ΔV : 감소한 체적(m^3)
V : 처음 체적(m^3) [$\Delta V/V$의 부호는 $-$]
$\Delta \rho$: 증가한 밀도(kg/m^3)
ρ : 처음밀도(kg/m^3) [$\Delta \rho/\rho$의 부호는 $+$]

① 압축율 : 체적탄성계수의 역수

$$\beta = \frac{1}{K}$$

β : 압축율(m^2/kN), K : 체적탄성계수(kN/m^2)
② 등온변화 : K(체적탄성계수) $= P$(압력)
③ 단열변화 : K(체적탄성계수) $= k$(비열비)$\times P$(압력)
④ 비열비(k) $= \dfrac{C_P(정압비열)}{C_V(정적비열)}$

5. 파스칼(pascal)의 원리 ★★★

$$P_1 = P_2 \qquad \therefore \frac{F_1}{A_1} = \frac{F_2}{A_2}$$

F : 힘(kgf), P : 압력(kgf/m^2), A : 단면적(m^2)

6. 모세관 현상 ★★

$$h = \frac{4\sigma\cos\theta}{rd}$$

액면상승 : 응집력 < 부착력
액면하강 : 응집력 > 부착력

h : 상승높이(m) σ : 표면장력(kN/m)
$\cos\theta$: 접촉각도 r : 유체의 비중량(kN/m^3)
d : 모세관 내경(m)

※ $h \propto \dfrac{1}{d}$ (상승높이는 모세관의 내경 및 유체의 비중량의 크기에 반비례)

◉ $kPa = kN/m^2$
◉ $Pa = N/m^2$

◉ 비열비
항상 1보다 크다.

◉ 파스칼의 원리
파스칼의 원리를 이용하여 수압기를 만들었다.

제 2 편 소방유체역학

핵심요점정리

Pass Point

✪ **표면장력**
액체표면을 작게 하려는 장력

✪ **기호표시**
- P(압력) : Pressure
- V(부피) : Volume
- T(온도) : Temperature

7. 표면장력 ★

$$\sigma_1 = \frac{\Delta P d}{4} \qquad \sigma_2 = \frac{\Delta P d}{8}$$

σ_1(물방울), σ_2(비눗방울) : 표면장력(N/m)
ΔP : 압력차(N/m^2), d : 내경(m)

8. 보일의 법칙 ★★★★★ (2차 실기에도 출제)

온도가 일정할 때 일정량의 기체가 차지하는 **부피는 절대압력에 반비례**

$$T(온도) = 일정 \qquad P_1 V_1 = P_2 V_2$$

9. 샤를의 법칙 ★★★★★ (2차 실기에도 출제)

압력이 일정할 때 일정량의 기체가 차지하는 **부피는 절대온도에 비례**

$$P(압력) = 일정 \qquad \frac{V_1}{T_1} = \frac{V_2}{T_2}$$

✪ **보일-샤를의 법칙**
2차 실기시험에서 이용되므로 필수정리

10. 보일-샤를의 법칙 ★★★★★ (2차 실기에도 출제)

일정량의 기체가 차지하는 부피는 **절대압력에 반비례**하고 **절대온도에 비례**

$$\frac{P_1 V_1}{T_1} = \frac{P_2 V_2}{T_2}$$

P : 절대압(국소대기압 + 계기압(게이지압)), V : 부피
T : 절대온도(273 + t℃)K

【보일의 법칙】   【샤를의 법칙】   【보일-샤를의 법칙】

11. 이상기체 상태방정식 ★★★★★

(1) **이상기체**(Ideal gas) **또는 완전기체**(perfect gas)
실제로는 존재할 수 없는 기체이며 분자 **상호간의 인력도 무시**되고 분자가 차지하는 부피도 무시되는 즉 **완전탄성체**로 가정한 기체
[이상기체 또는 완전기체의 성질]
① **보일 – 샤를**의 법칙을 만족
② **아보가드로**의 법칙을 따른다.
③ 분자 상호간의 인력 및 분자가 차지하는 **부피는 무시**
④ 내부에너지는 **체적과 무관**하고 오직 온도에 의하여 결정
⑤ 비열비(정압비열(C_P)/정적비열(C_V))는 온도와 무관하며 일정
⑥ 분자간의 충돌은 **완전탄성체**로 이루어진다.

(2) **이상기체 상태방정식** (2차 실기에도 출제)

$$PV = nRT = \frac{m}{M}RT$$

P : 압력(atm), V : 부피(m^3), n : 몰수($\frac{m}{M}$)
T : 절대온도($273+t℃$)K m : 질량(kg), M : 분자량
R : 기체상수(0.082 atm · m^3/kmol · K)

 기체상수 R의 값
❶ 0.082atm · L/mol · K   ❷ 0.082atm · m^3/kmol · K

(3) **완전기체 방정식**

$$PV_S = RT \text{ 또는 } \frac{P}{\rho} = RT \;(\because V_S(비체적) = \frac{1}{\rho(밀도)})$$

P : 압력(N/m^2), V : 부피(m^3), W : 무게(N)

$$PV = WRT$$

R : 기체상수(8.314N · m/mol · K)
T : 절대온도($273+t℃$)°K

Pass Point

◆ **이상기체**
- 보일-샤를 법칙
- 아보가드로 법칙
- 인력 및 부피 무시
- 온도에 의하여 결정
- 완전 탄성체

◆ **mol**
분자량에 g단위를 붙인 것

◆ **kmol**
분자량에 kg단위를 붙인 것

◆ Pa = N/m^2
◆ J = N · m

제3장 유체의 운동역학 및 계측

1. 유체 흐름의 형태 ★★

유체흐름형태	층 류	임계영역(전이영역)	난 류
레이놀드수(ReNo)	ReNo < 2100	2100 < ReNo < 4000	ReNo > 4000

2. 레이놀드수(Reynold Number : ReNo) ★★★★★

$$ReNo = \frac{Du\rho}{\mu} = \frac{Du}{\nu} [무차원]$$

D : 내경(m)　　　　　　u : 유속(m/s)
ρ : 밀도(N·s^2/m^4)　　μ : 유체의 점성계수(N·s/m^2)
ν : 동점성계수(m^2/s)

$$\nu : 동점성계수[m^2/s] = \frac{\mu(점성계수)[N \cdot s/m^2]}{\rho(밀도)[N \cdot s^2/m^4]}$$

▶ **상임계 레이놀드수**(4000) : 층류에서 난류로 변하는 레이놀드수
▶ **하임계 레이놀드수**(2100) : 난류에서 층류로 변하는 레이놀드수

3. 관마찰 손실 계수(f) ★★★

(1) **층류 영역**(ReNo < 2100)
　　상대조도와 무관하고 **레이놀드수만의 함수**이며 레이놀드수에 반비례

$$f = \frac{64}{ReNo}$$

(2) **난류영역**(ReNo > 4000)
　　상대조도와 무관하고 레이놀드수에 의하여 좌우

(3) **전이영역**(임계영역) (2100 < ReNo < 4000)
　　상대조도와 레이놀드수의 함수이다.
　　※ 일반적으로 관마찰 손실계수(f)는 상대조도와 레이놀드수의 함수

제 2 편 소방유체역학

핵심요점정리

Pass Point

◎ **층류**
규칙적인 흐름

◎ **난류**
불규칙적인 흐름

◎ **레이놀드수**
$$\frac{4Q}{\pi D\nu}$$

◎ kg/m^3 = N·s/m^4

◎ kg/m·s = N·s/m^2

◎ **무디선도**
관마찰 손실계수와 레이놀드수 및 상대조도와의 상관관계를 나타낸 도표

4. 수평원관에서 층류흐름 ★★★★★

(1) 전단응력(τ)

$$\tau = -\frac{dP}{dl} \times \frac{r}{2} = \frac{\Delta P\ (P_A - P_B)}{l} \times \frac{r}{2}$$

τ : 전단응력(kN/m^2) r : 배관 중심으로부터 거리(m)
l : 배관길이(m) ΔP : 압력강하(kN/m^2)

● 전단응력
 - 배관 중심점에서 0
 - 반지름에 비례
 - 배관벽으로 갈수록 직선적으로 증가

(2) 속도분포

수평 원관에서 속도분포는 **배관 벽에서 0**이고 배관 중심선에 가까울수록 **포물선적으로 증가**한다.

$$\frac{U}{U_{\max}} = 1 - \frac{r^2}{r_o^2}$$

U : 평균유속 $U_{\max}$: 최대유속
r : 배관중심으로부터 거리 r_0 : 배관중심에서 벽까지 거리

● 속도분포
 - 배관벽에서 0
 - 배관 중심선으로 갈수록 포물선적으로 증가

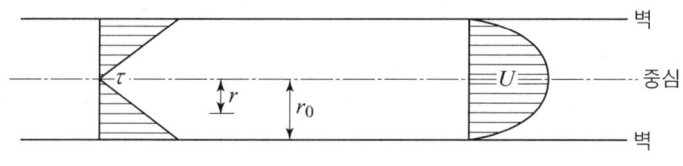

【전단응력분포도】   【속도분포도】

● 전단응력분포
 - 배관 중심선에서 0
 - 배관 중심선에서 관벽으로 갈수록 직선적으로 증가

5. 연속방정식 ★★★★★ (2차 실기에도 출제)

질량보존의 법칙을 유체의 흐름에 적용한 방정식

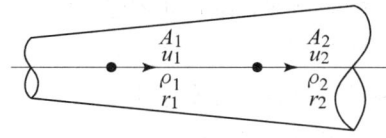

【연속의 방정식】

● 연속방정식의 근거
 - 질량보존의 법칙
 - 2차 실기시험에 이용되므로 필수정리

(1) **질량유량**($\overline{m}$: kg/s)

$$\overline{m} = A_1 U_1 \rho_1 = A_2 U_2 \rho_2$$

(2) **중량유량**($\overline{G}$: kN/s)

$$\overline{G} = A_1 U_1 \gamma_1 = A_2 U_2 \gamma_2$$

제 2 편 소방유체역학

(3) **체적유량** = 용량유량($\overline{Q}$: m³/s)

$$\overline{Q} = A_1 U_1 = A_2 U_2$$

A : 단면적(m²) U : 유속(m/s)
ρ : 밀도(kg/m³) γ : 비중량(kN/m³)

(4) **연속방정식의 미분**

$$\frac{d\rho}{\rho} + \frac{dA}{A} + \frac{dU}{U} = 0$$

6. 유선, 유적선, 유맥선 ★★

(1) **유선**(streamline)
유동장의 한 선상의 모든 점에서 그은 **접선**이며 그 점에서의 속도 방향과 일치하도록 그려진 **가상 곡선**

$$\text{유선의 방정식} : \frac{dx}{u} = \frac{dy}{v} = \frac{dz}{w}$$

(2) **유적선**(pathline) : 한 유체 입자가 일정한 기간 내에 움직인 **경로**
(3) **유맥선**(streakline) : 공간 내의 한 점을 지나는 모든 유체 입자들의 **순간 궤적**

7. 오일러의 운동방정식 ★★

$$\frac{dP}{\rho} + udu + gdz = 0$$

[오일러(Euler)의 운동방정식 유도시 가정]
① **정상류**(정상유동)이다.
② 유체 입자는 **유선**에 따라 이동한다.
③ 유체는 **마찰이 없다**.(점성력=0)

8. 베르누이 방정식(Bernoulli equation) ★★★★★ (2차 실기에도 출제)

(1) **이상유체인 경우**

$$\frac{u_1^2}{2g} + \frac{p_1}{r} + z_1 = \frac{u_2^2}{2g} + \frac{p_2}{r} + z_2 = \text{일정}(constant)$$

● **정상유동**
유체가 흐를 때 흐름의 특성(속도, 밀도, 압력, 온도)이 시간에 따라 변하지 않는 흐름

● **비정상유동**
유체가 흐를 때 흐름의 특성이 시간에 따라 변하는 흐름

● **베르누이 방정식의 근거**
에너지 보존의 법칙

(2) **실제유체인 경우**

$$\frac{u_1^2}{2g}+\frac{p_1}{r}+z_1 = \frac{u_2^2}{2g}+\frac{p_2}{r}+z_2+\Delta H_L = 일정(\text{constant})$$

u : 평균속도(m/s) p : 압력(kN/m^2)
r : 비중량(kN/m^3) z_1 : 높이(m)
ΔH_L : 손실수두(m) g : 중력가속도(9.8m/s^2)

속도수두 : $H=\frac{u^2}{2g}$, 압력수두 : $H=\frac{P}{r}$, 위치수두 : $H=Z$

※ 수평 배관에서 위치수두는 같다. 즉 $z_1 = z_2$ 이다.

(3) **에너지선** (전수두선) (E.L=Energy Line)

$$H=\frac{u^2}{2g}+\frac{p}{r}+Z$$

(4) **수력구배선** (H.G.L=Hydraulic Grade Line)

$$H=\frac{p}{r}+Z$$

※ 수력구배선은 언제나 에너지선보다 속도수두($H=\frac{u^2}{2g}$)만큼 아래에 위치

※ 에너지선은 언제나 수력구배선보다 속도수두($H=\frac{u^2}{2g}$)만큼 위에 위치

(5) **베르누이 방정식의 성립조건**
① **정상류**(정상흐름)
② 적용되는 임의의 두점은 같은 유선상
   (유체입자는 유선에 따라 유동한다.)
③ **비압축성** 유체의 흐름.
④ 유체의 **점성**이나 **마찰**이 없다.

✿ **에너지선(E. L)**
=전수두선
=속도수두+압력수두+위치수두

✿ **수평배관에서**
위치에너지는 모든 지점에서 같다.

✿ **베르누이 정리**
2차 실기시험에 이용되는 식이므로 필히 정리 요망

제 2 편 소방유체역학

핵심요점정리

9. 유체의 운동량 방정식 ★★

(1) 운동량 방정식 (2차 실기에도 출제)

$$F = Q \Delta u \rho$$

F : 힘($N = kg \cdot m/s^2$) Q : 유량(m^3/s)
Δu : 유속의 차이(m/s) ρ : 밀도(kg/m^3)

[운동량 방정식 유도시 필요한 가정]
① 단면에서 평균유속은 일정하다.
② 정상유동이다.

(2) 운동량 수정계수

$$\beta = \frac{1}{A}\int_A \left(\frac{U}{V}\right)^2 dA = \frac{1}{AV^2}\int_A U^2 dA$$

(3) 운동에너지 수정계수

$$\alpha = \frac{1}{A}\int_A \left(\frac{U}{V}\right)^3 dA = \frac{1}{AV^3}\int_A U^3 dA$$

A : 단면적(m^2) V : 평균속도(m/s)
U : 국부속도(m/s) dA : 미소 단면적(m^2)

10. 무차원수(단위가 없는 수) ★★★

무차원수의 명칭	관 계 식	물리적 의미
레이놀즈수(Reynold number)	$ReNo = \dfrac{\rho UL}{\mu}$	관성력/점성력
프루우드수(Froude number)	$FrNo = \dfrac{U}{\sqrt{Lg}}$	관성력/중력
웨버수(Weber number)	$WeNo = \dfrac{\rho U^2 L}{\sigma}$	관성력/표면장력
코우시수(Cauchy number)	$CaNo = \dfrac{U^2}{K/\rho}$	관성력/탄성력
마하수(Mach number)	$MaNo = \dfrac{U}{C}$	관성력/탄성력
오일러수(Euler number)	$EuNo = \dfrac{P}{\rho U^2/2}$	압축력/관성력

◎ **관성**
외력이 없는 물체가 운동 상태를 유지하려는 성질

◎ **관성력**
관성에 의해 관찰되는 가상의 힘

◎ **점성력**
유체의 흐름에 대한 저항

◎ **탄성력**
외부의 힘에 변형된 물체가 원래 모양으로 되돌아가려는 힘

11. 토리첼리(Torricelli)의 정리 ★★

$$u = \sqrt{2gH} \cdots \text{이론식} \qquad u = C\sqrt{2gH} \cdots \text{실제식}$$

u : 유속(m/s) $\qquad g$: 중력가속도(9.8m/s^2)
C : 유출계수 $\qquad H$: 수두(높이)(m)

12. 수력반경(Hydraulic Radius) ★★★

수력반지름이라고도 하며 **유동단면적을 접수길이로 나눈 값**

$$Rh = \frac{A}{l}$$

Rh : 수력반경 $\quad A$: 단면적 $\quad l$: 접수길이
※ 접수길이 : 물과 접한 둘레길이

(1) 원형관의 수력반경

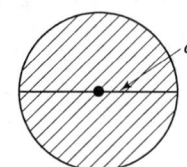

$$Rh = \frac{A(\frac{\pi}{4}d^2 : \text{관단면적})}{l(\pi d : \text{관둘레길이})}$$

$$\therefore Rh = \frac{d}{4} \qquad d = 4Rh$$

● 수력반경
= 수력반지름
= $\dfrac{\text{물의단면적}}{\text{접수길이}}$

● 원형관
$Rh = \dfrac{d}{4}$

(2) 이중 원형관의 수력반경

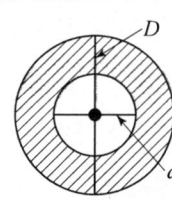

$$Rh = \frac{A}{l}$$

$$= \frac{\text{외경관단면적} - \text{내경관단면적}}{\text{외경관둘레길이} + \text{내경관둘레길이}}$$

$$= \frac{\frac{\pi}{4}D^2 - \frac{\pi}{4}d^2}{\pi D + \pi d} = \frac{\frac{\pi}{4}(D+d)(D-d)}{\pi(D+d)}$$

$$= \frac{1}{4}(D-d)$$

$$\therefore Rh = \frac{1}{4}(D-d)$$

● 이중 원형관
$Rh = \dfrac{1}{4}(D-d)$

(3) 사각형관의 수력반경

$$\therefore Rh = \frac{ab}{2(a+b)}$$

● 사각형
$Rh = \dfrac{ab}{2(a+b)}$

★ 개수로
$Rh = \dfrac{WH}{W+2H}$

(4) 개수로의 수력반경

$$\therefore Rh = \dfrac{WH}{W+2H}$$

(5) 수력반경과 달시방정식 관계

$$\Delta hL = \dfrac{fl\text{U}^2}{2gD} \qquad d(D) = 4Rh \text{를 대입} \qquad \Delta hL = f\dfrac{l\text{U}^2}{4Rh\,2g}$$

(6) 수력반경과 레이놀드수(ReNo) 및 상대조도 관계

$$ReNo = \dfrac{4RhU}{\nu} \qquad \dfrac{e}{d}(상대조도) = \dfrac{e}{4Rh}$$

13. 유체의 계측 ★★★

(1) **비중량의 측정**

U자관 마노미터(manometer)

$P_A = \gamma_1 h_1$
$P_B = \gamma_2 h_2$
$P_A = P_B$

$$\gamma_1 h_1 = \gamma_2 h_2$$

γ : 비중량(kN/m^3) h : 높이(m)

★ 압력
$P = \gamma h$

(2) **점성계수의 측정**(점도의 측정) ★★★

점도계의 종류	이용한 법칙
❶ 낙구식 점도계	스토크스 법칙
❷ 오스트왈드(Ostwald)점도계	하겐-포아젤의 법칙
❸ 세이볼트(Saybolt) 점도계	
❹ 맥마이첼(MacMichael) 점도계	뉴우톤의 점성법칙
❺ 스토머(Stomer) 점도계	

★ 점성계수
=점성도
=점성율
유체점성을 나타내는 물
질고유의 상수

(3) 정압측정
▶ 유체가 유동시 교란되지 않는 유체의 정압 측정
① **피에죠미터**(piezometer)　② **정압관**(static tube)

(4) **유속의 측정**
피토관(pitot tube)

$$U = \sqrt{2g\Delta H}$$

u : 유속(m/s)　g : 중력가속도(9.8m/s²)　ΔH : 높이(m)

(5) **유량의 측정**
① 오리피스 미터(orifice meter)
　㉮ **차압식 유량계**
　㉯ 설치가 쉽고 가격이 저렴
　㉰ **압력 손실이 크다.**
　㉱ 교체가 쉽고 설치장소를 적게 차지
② 벤츄리 미터(Venturi meter)
　㉮ **차압식 유량계**
　㉯ 유량측정이 정확하고 설치비가 비싸다.
　㉰ **압력손실이 적다.**
　㉱ 설치장소를 많이 차지한다.

$$Q(\mathrm{m^3/s}) = \frac{C_O(C_V)A_2}{\sqrt{1-m^2}}\sqrt{\frac{2g(\gamma_1-\gamma_2)}{\gamma_2}R}$$

γ_1 : 마노미터 속 유체비중량(kN/m³)

m : 개구비 $= \dfrac{A_2}{A_1} = \left(\dfrac{D_2}{D_1}\right)^2$

γ_2 : 배관 속 유체비중량(kN/m³)
C_O 또는 C_V : 오리피스 또는 벤츄리계수
R : U자관 마노미터읽음(m)
A_2 : $\dfrac{\pi}{4}D_2^2$
g : 중력가속도(9.8m/s²)

③ 로타미터(rotameter)
　㉮ 유체 속에 부자를 띄운다.
　㉯ **유량을 직접 눈으로 읽을 수 있다.**

❖ **유량 측정**
① 오리피스미터
　- 차압식 유량계
　- 압력손실이 크다.
② 벤츄리미터
　- 차압식 유량계
　- 압력손실이 작다.
③ 로타미터
　직접 유량을 눈으로 읽을 수 있다.
④ 위어
　개수로(강, 하천)의 유량 측정

㉰ 압력손실이 적다.
　㉱ 유량 측정 범위가 넓다.
④ 위어(Weir)
개수로에서 흐르는 다량의 **유량 측정**
　㉮ 직각삼각위어
$$Q(m^3/min) = Kh^{5/2}$$
　　Q : 유량(m^3/min)　　K : 유량계수　　h : 위어수두(m)
　㉯ 사각위어
$$Q(m^3/min) = Kbh^{3/2}$$
　　Q : 유량(m^3/min)　　K : 유량계수
　　b : 위어폭(m)　　h : 위어수두(m)
　㉰ V-notch (V-놋치) 위어
$$Q(m^3/min) = \frac{8}{15}\sqrt{2g}\tan\frac{\theta}{2}h^{5/2}$$
　　Q : 유량(m^3/min)　　g : 중력가속도(9.8m/s²)
　　θ : V-notch의 각도　　h : 위어수두(m)

(6) **액주계**(마노미터 : manometer) : 압력차 측정
① 피에죠미터(Piezometer)
② U자관 마노미터

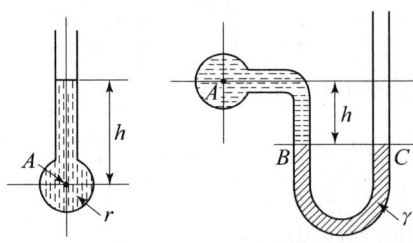

　$P_A = \gamma h$　　　$P_A = -\gamma h$　　　$P_A = \gamma_2 h_2 - \gamma_1 h_1$
P : 압력(kN/m²)　γ : 비중량(kN/m³)　h : 높이(m)

⊕ 액주계
측정하여야 할 압력을 액주의 압력과 어울리게 하여 압력을 재는 압력계

제 4 장 배관의 마찰손실 및 배관

1. 배관의 마찰손실 ★★

(1) **주 손실**
   배관 내 유체가 흐를 때 **직관에서의 마찰손실**을 말한다.

(2) **부차적 손실** (2차 실기에도 출제)
   ① 배관의 **급격한 확대**에 의한 손실
   ② 배관의 **급격한 축소**에 의한 손실
   ③ **배관 부속품**에 의한 손실
   ④ 유로의 **급격한 변경부분**에서의 손실

$$\Delta H_L = K \frac{u^2}{2g}$$

ΔH_L : 부차적 손실수두(m)　　K : 실험적으로 구한 손실계수
u : 유속(m/s)　　　　　　　　g : 중력가속도(9.8m/s^2)

> **주 손실**
> 직관의 마찰손실
>
> **부 손실**
> 직관 이외의 마찰손실

2. 배관의 축소 및 확대손실 ★★ 2차 실기에도 출제 ★★

(1) 관이 급격히 축소하는 경우

$$\Delta H_L(\text{m}) = K \frac{u_2^2}{2g}$$

$$K(축소손실계수) = \left(\frac{1}{Ac} - 1\right)^2$$

Ac : A_2/A_1에 대한 축소계수

> 축소관의 손실수두는 유속의 제곱에 비례한다.

(2) 관이 급격히 확대하는 경우

$$\Delta H_L(\text{m}) = \frac{(u_1 - u_2)^2}{2g} = K \frac{u_1^2}{2g}$$

$$K(확대손실계수) = \left[1 - \left(\frac{d_1}{d_2}\right)^2\right]^2$$

d_2가 무한히 크면 즉, $d_2 \gg d_1$이면 $K = 1$

$$\therefore \Delta H_L(\text{m}) = \frac{(u_1 - u_2)^2}{2g}$$

> 확대관의 손실수두는 유속의 제곱에 비례한다.

(3) 손실계수 K값의 최소 및 최대
▶ 최소 : $6° \sim 7°$ 사이   ▶ 최대 : $65°$ 근처

3. 배관마찰손실의 관계식 ★★필수정리(2차 실기에도 출제)★★

(1) Darcy-Weisbach 방정식

$$\Delta H_L = f \times \frac{l}{D} \times \frac{u^2}{2g}$$

$$\Delta P_L = f \times \frac{l}{D} \times \frac{u^2}{2g} \times r \quad \text{or} \quad \Delta P_L = \Delta H_L r$$

ΔH_L : 마찰손실수두(m) f : 마찰손실계수
l : 배관길이(m) u : 유속(m/s)
g : 중력가속도(9.8m/s^2) D : 배관내경(m)
ΔP_L : 압력차(kN/m^2)
r : 유체의비중량(kN/m^3), 물 = 9.8kN/m^3)

(2) 하겐-포아젤 방정식(Hagen-Poiseuille equation)

$$\Delta H_L = \frac{\Delta P}{r} = \frac{128 \mu l Q}{r \pi d^4} = \frac{32 \mu l u}{d^2}$$

ΔH_L : 마찰손실수두(m) r : 유체의 비중량(kN/m^3)
l : 배관길이(m) d : 배관내경(m)

$$\Delta P = \frac{128 \mu l Q}{\pi d^4} \quad \text{or} \quad \Delta P = \Delta H_L \cdot r$$

ΔP : 마찰손실압력(kN/m^2) μ : 유체의 점성계수($\text{kN} \cdot \text{s/m}^2$)
Q : 유량(m^3/s)

(3) 헤이젠-윌리엄스(Hagen-William's) 방정식 ★★(2차 실기에도 출제)

$$\Delta Pm = 6.053 \times 10^4 \times \frac{Q^{1.85}}{C^{1.85} \times D^{4.87}}$$

ΔPm : 배관 1m당 마찰손실압력(MPa)
Q : 유량(L/min)
C : 조도(Roughness) (배관의 거칠음 계수)
D : 배관내경(mm)

직관마찰손실
① 배관길이에 비례
② 유속의 제곱에 비례
③ 관경에 반비례

달시 방정식
2차 실기시험에 이용되므로 필수정리

$\text{kPa} = \text{kN/m}^2$
$\text{Pa} = \text{N/m}^2$

하겐-포아젤 방정식
주로 1차 필기시험에서 출제된다.

헤이젠-윌리엄스 공식
2차 실기시험에서 자주 이용된다.

4. 관부속품의 상당관 길이 ★

관부속품을 동일구경, 동일유량에 대하여 같은 크기의 마찰손실을 갖는 직관의 길이

$$\therefore K\frac{u^2}{2g} = \frac{flu^2}{2gD} \qquad \therefore l = \frac{KD}{f}$$

- l : 상당관 길이(m)
- K : 손실계수
- f : 마찰손실계수
- D : 관내경(m)

● 상당관길이
= 등가길이

5. 배관의 두께 ★★ (2차 실기에도 출제) ★★★

▶ 관의 두께는 규격번호(스케쥴 번호 : Schedule No)로 표시

① $\text{Schedule No} = \dfrac{\text{사용압력(kPa)}}{\text{허용응력(kPa)}} \times 1000$

② 허용응력 = $\dfrac{\text{인장강도}}{\text{안전율}}$

● 스케쥴 번호
– 배관의 두께를 나타낸다.
– 2차 실시시험에 자주 출제된다.

● $kPa = kN/m^2$
● $Pa = N/m^2$

6. 배관의 이음 ★★

(1) 강관의 이음
① 나사이음 : 일반적으로 나사이음은 **50A 이하**의 관연결시 사용
② 용접 이음 : 일반적으로 **50A 이상**의 관연결시 사용
③ 플랜지 이음 : 배관 중간에 설치한 기기의 **고장 수리시, 배관해체시 편리**

(2) 동관의 이음
플레어 이음(flare joint) : 일반적으로 20A 이하의 동관 이음시 사용한다.

● 강관 이음
① 나사이음
　50A 이하
　• A는 mm를 뜻한다.
② 용접 이음
　50A 이상
③ 플랜지 이음
　자주 교체되는 배관에 사용

7. 신축 이음 (expantion joint) ★★★

① 슬리브형(Sleeve type)
② 벨로우즈형(Bellows type)
③ 루우프형(Loop type)
④ 스위블형(Swivel type)
⑤ 볼 죠인트형

● 신축 이음 종류
5가지는 실기시험에 출제된다.

제 2 편 소방유체역학

제 5 장 펌프의 종류, 발생현상, 동력계산식

◎ 동관용 공구
① 사이징 투울
  동관 접합시 원형으로 교정
② 튜브벤더
  동관 구부릴 때 사용
③ 플레어링 투울 셋
  동관 압축이음시 나팔 모양으로 만들 때 사용
④ 익스팬더
  동관 끝을 확장할 때 사용

1. 펌프의 종류 ★

(1) 터보형
  ① 원심식 : **볼류트**(Volute)**펌프**, **터빈**(Turbine)**펌프**(디퓨져펌프)
  ② 사류식 : 사류펌프
  ③ 축류식 : 축류펌프

(2) 용적형
  ① 왕복식 : 피스톤 펌프, 플런져 펌프, 다이아프램 펌프, 워싱턴 펌프
  ② 회전식 : 베인펌프, 기어펌프, 나사(스크류)펌프

2. 펌프의 구조 ★

(1) 원심 펌프의 분류

【볼류트(Volute) 펌프와 터빈(Turbine) 펌프의 차이점】

구 분	볼류트 펌프	터빈 펌프
안내깃(guide vane)	없음	있음
양수량 및 동력변화	양수량 조절이 쉬운 편이다.	동력변화가 심하다.
소음 및 진동	작은 편이다.	발생하기 쉽다.
효율의 변화	큰 편이다.	적은 편이다.
양수량의 차이	소유량~대유량	중유량~대유량
적응 양정	비교적 저양정(저압)에 적합	비교적 고양정(고압)에 적합

◎ 왕복 펌프
① 피스톤 펌프
② 플런져 펌프
③ 다이아프램 펌프
④ 워싱턴 펌프

(2) 왕복 펌프
  ① 피스톤 펌프
  ② 플런져 펌프
  ③ 다이아프램 펌프

◎ 회전식 펌프
① 베인 펌프
② 기어 펌프
③ 나사(스크류) 펌프

3. 펌프의 발생현상 ★★★★★ (2차 실기에도 출제)

(1) **공동현상**(Cavitation)
  유체 중 물 온도의 증기압보다 낮은 부분이 발생하면 물은 증발되고 물 속에 있던 공기와 물이 분리되어 **기포가 발생하는 현상**

(2) 공동현상 발생원인
① 펌프의 **흡입측 수두**가 클 경우
② 펌프의 **마찰 손실**이 클 경우
③ 펌프의 **흡입관경**이 너무 작을 경우
④ 펌프의 **흡입압력**이 유체의 증기압보다 낮은 경우
⑤ 펌프의 **임펠러 속도**가 너무 클 경우
⑥ 배관내의 **유체가 고온**일 경우

(3) 공동현상의 발생현상
① 펌프의 성능저하(토출량, 양정, 효율감소)
② 진동과 소음발생
③ 임펠러(Impeller)의 **침식 발생**
④ 심하면 양수불능 또는 양수량 감소

(4) 공동현상 방지대책
① 펌프의 설치 위치를 가능한 **수원보다 낮게**
② 흡입배관의 **마찰 손실**을 최대한 **작게**
③ 임펠러 **회전속도를 작게**
④ 흡입배관 **관경을 크게**
⑤ 단흡입 보다 양흡입 펌프를 사용
⑥ 펌프를 2대 이상 설치
⑦ 지나친 고양정 펌프 사용을 지양

4. 수격작용(Water hammering) ★★★★★ (2차 실기에도 출제)

펌프에서 유체 압송 시 배관 내 유체의 운동에너지가 압력에너지로 변하여 고압이 발생, 배관 벽면을 치는 현상

(1) 수격작용 발생원인
① 정전 등으로 **펌프가 급정지**하는 경우
② 밸브를 급히 개폐하는 경우
③ 펌프의 정상운전 시 **유체의 압력 변동**이 있는 경우

(2) 수격작용 방지대책
① **관경을 크게** 하여 유속을 낮춘다.
② 펌프에 플라이 휠(Fly wheel)을 설치

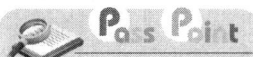

공동현상 발생원인
2차 실기시험 자주출제

공동현상 방지대책
2차 실기시험 자주출제

수격작용 발생원인
2차 실기시험 출제

수격작용 방지대책
2차 실기시험 출제

③ 펌프 토출측에 에어챔버 또는 **수격방지기**를 설치
④ 배관은 가능한 **직선적**으로 시공
⑤ 밸브는 펌프 송출구 가까이 설치하고 **적당한 밸브제어**

5. 쩌징(맥동)현상(Surging) ★★★

펌프 운전 중 주기적으로 **운동, 양정, 토출량**이 변화하는 현상 즉, 송출압력과 송출유량의 주기적인 변동이 발생하는 현상

(1) 쩌징(맥동)현상 발생원인
① 펌프의 양정곡선이 산형특성이며 사용범위가 **우상특성**일 것
② 토출측 배관이 길고 중간에 수조, 공기저장기가 있을 때
③ 토출량 조절밸브가 수조나 공기저장기보다 아래에 있을 때

(2) 쩌징(맥동)현상 방지대책
① 펌프의 양수량을 증가시키거나 **임펠러 회전수를 변화**시킨다.
② 배관 내 공기제거 및 단면적, 유속, 유량조절
③ 유량조절밸브는 펌프의 토출측 직후에 설치
④ 배관 중에 수조나 공기 저장조 제거한다.

6. 펌프의 양정 ★★★★★ (2차 실기에도 출제)

(1) 이용가능한 유효흡입양정($NPSH_{av}$)

$$NPSH_{av} = H_a - H_P \pm H_s - H_L$$

$NPSH_{av}$: 이용 가능한 유효흡입양정(m)
H_a : 대기압두(m)　　　H_P : 증기압두(m)
H_s : 흡입수두(m) (＋ : 압입상, － : 흡입상)
H_L : 흡입배관 마찰 손실수두(m)

$$\text{수두}\,H(\text{m}) = \frac{\text{압력}\,P(\text{kN/m}^2)}{\text{비중량}\,\gamma(\text{kN/m}^3)}$$

(2) 필요한 유효흡입양정($NPSH_{re}$)

$$NPSH_{re} = \lambda \frac{u^2}{2g}$$

λ : 깃의 형상에 따른 압력강하계수
u : 유속(m/s)　　　　　　　　g : 9.8m/s^2

★ $NPSH_{av}$는 실기시험에 자주 출제되므로 필히 정리요망

★ kPa = kN/m^2
★ Pa = N/m^2

(3) $NPSH_{av}$와 $NPSH_{re}$의 관계
 ① 캐비테이션 발생한계조건(임계조건) $NPSH_{av} = NPSH_{re}$
 ② 캐비테이션 발생방지 조건 $NPSH_{av} > NPSH_{re}$
 ③ 캐비테이션 발생방지 설계조건 $NPSH_{av} \geq NPSH_{re} \times 1.3$

7. 펌프의 직렬 및 병렬운전 ★★★★

펌프 운전 방법	토출량(Q)	토출압(P)
직렬 운전	Q	2P
병렬 운전	2Q	P

8. 펌프의 상사 법칙 ★★★★★ (2차 실기에도 출제)

(1) 유량

$$Q_2 = Q_1 \times \left(\frac{N_2}{N_1}\right) \times \left(\frac{D_2}{D_1}\right)^3$$

(2) 양정(압력)

$$H_2 = H_1 \times \left(\frac{N_2}{N_1}\right)^2 \times \left(\frac{D_2}{D_1}\right)^2$$

(3) 동력

$$P_2 = P_1 \times \left(\frac{N_2}{N_1}\right)^3 \times \left(\frac{D_2}{D_1}\right)^5$$

Q_1 : 변경 전 유량 Q_2 : 변경 후 유량
H_1 : 변경 전 양정(압력) H_2 : 변경 후 양정(압력)
N_1 : 변경 전 rpm N_2 : 변경 후 rpm
D_1 : 변경 전 임펠러직경 D_2 : 변경 후 임펠러직경

Pass Point

● $NPSH_{av}$와 $NPSH_{re}$ 관계는 실기시험에 출제

● 펌프의 상사법칙
2차 실기시험에 자주 출제되므로 필수 정리 요망

핵심요점정리

펌프의 동력계산
① 모터동력
② 축동력
③ 수동력
위의 3가지 동력 구하는 문제는 2차 실기시험에 매회 출제되므로 필히 정리할 것

9. 펌프의 동력계산 ★★★★★ (2차 실기에도 출제)

(1) **전동기 용량**(모터동력)

$$P(\text{kW}) = \frac{\gamma Q H}{E} K$$

γ : 비중량(kN/m^3, 물의 비중량 = 9.8kN/m^3)
Q : 유량(m^3/s) H : 전양정(m)
E : 펌프의 효율(%/100) K : 전달계수

내연기관의 용량
1HP = 0.746kW[76.07(kgf·m/s) ÷ 101.97(kgf·m/s)]
1PS = 0.7355kW[75(kgf·m/s) ÷ 101.97(kgf·m/s)]

(2) **축동력**

$$L_S(\text{kW}) = \frac{\gamma Q H}{E}$$

γ : 비중량(kN/m^3) Q : 유량(m^3/s)
H : 전양정(m) E : 펌프의 효율(%/100)
※ 주의 : 축동력 계산 시 전달계수 K값은 무시한다.

(3) **수동력**

$$L_W(\text{kW}) = \gamma Q H$$

γ : 비중량(kN/m^3) Q : 유량(m^3/s)
H : 전양정(m)
※ 주의 : 수동력 계산 시 펌프의 효율 및 전달계수 K값은 무시한다.

제 3 편 소방기계시설의 구조 및 원리

제 1 장 소화설비

1-1 소화기구 및 자동소화장치

1. 소화기구의 설치기준 ★★ 자주출제(필수정리) ★★

① 소화기의 설치기준

구 분	소형 소화기	대형 소화기
보행거리	20m 이내	30m 이내

② 소화기구(자동식소화장치 제외)는 **바닥에서 1.5m 이하**의 곳에 비치

2. 간이소화용구의 능력단위 ★★

간이소화 용구		능력 단위
1. 마른 모래	삽을 상비한 50L 이상의 것 1포	0.5 단위
2. 팽창 질석 및 팽창 진주암	삽을 상비한 80L 이상의 것 1포	0.5 단위

3. 주거용 주방자동소화장치의 설치기준

아파트의 각 세대별 주방 및 오피스텔의 각실 별 주방에 다음 기준에 따라 설치할 것
① 소화약제 방출구는 환기구의 청소부분과 분리되어 있어야 하며, 형식승인 받은 유효설치 높이 및 방호면적에 따라 설치할 것

● **소형소화기**
– 보행거리 20m 이내
– 능력단위 1단위 이상이면서 대형소화기 능력단위 미만

● **대형소화기**
– 보행거리 30m 이내
– 능력단위
　A급 : 10단위 이상
　B급 : 20단위 이상

● **소화능력시험**
– 무풍상태에서 실시
– 방화복 착용하지 않고 실시

② 감지부는 형식승인 받은 유효한 높이 및 위치에 설치할 것
③ 차단장치(전기 또는 가스)는 상시 확인 및 점검이 가능하도록 설치할 것
④ 가스용 주방자동소화장치를 사용하는 경우 탐지부는 수신부와 분리하여 설치하되, 공기보다 가벼운 가스를 사용하는 경우에는 천장 면으로부터 30cm 이하의 위치에 설치하고, 공기보다 무거운 가스를 사용하는 장소에는 바닥 면으로부터 30cm 이하의 위치에 설치할 것

가스의 구분	공기보다 가벼운 가스 사용시	공기보다 무거운 가스 사용시
탐지부 설치위치	천장면 30cm 이하	바닥면 30cm 이하

⑤ 수신부는 주위의 열기류 또는 습기 등과 주위온도에 영향을 받지 아니하고 사용자가 상시 볼 수 있는 장소에 설치할 것

4. 캐비닛형 자동소화장치

① 분사헤드의 설치 높이는 방호구역의 바닥으로부터 최소 0.2m 이상 최대 3.7m 이하로 하여야 한다. 다만, 별도의 높이로 형식승인 받은 경우에는 그 범위 내에서 설치할 수 있다.
② 화재감지기는 방호구역내의 천장 또는 옥내에 면하는 부분에 설치하되 화재안전기술기준에 적합하도록 설치할 것
③ 방호구역내의 화재감지기의 감지에 따라 작동되도록 할 것
④ 화재감지기의 회로는 교차회로방식으로 설치할 것.
⑤ 교차회로내의 각 화재감지기 회로별로 설치된 화재감지기 1개가 담당하는 바닥면적은 화재안전기술기준에 따른 바닥면적으로 할 것
⑥ 개구부 및 통기구(환기장치를 포함)를 설치한 것에 있어서는 약제가 방사되기 전에 해당 개구부 및 통기구를 자동으로 폐쇄할 수 있도록 할 것. 다만, 가스압에 의하여 폐쇄되는 것은 소화약제 방출과 동시에 폐쇄할 수 있다.
⑦ 작동에 지장이 없도록 견고하게 고정시킬 것
⑧ 구획된 장소의 방호체적 이상을 방호할 수 있는 소화성능이 있을 것

5. 가스, 분말, 고체에어로졸 자동소화장치

① 소화약제 방출구는 형식승인 받은 유효설치범위 내에 설치할 것
② 자동소화장치는 방호구역내에 형식승인 된 1개의 제품을 설치할

✪ **공기보다 가벼운 가스** :
액화천연가스(LNG)

✪ **공기보다 무거운 가스** :
액화석유가스(LPG)

것. 이 경우 연동방식으로서 하나의 형식을 받은 경우에는 1개의 제품으로 본다.
③ 감지부는 형식승인된 유효설치범위 내에 설치하여야 하며 설치장소의 평상시 최고주위온도에 따라 다음 표에 따른 표시온도의 것으로 설치할 것. 다만, 열감지선의 감지부는 형식승인 받은 최고주위온도범위 내에 설치하여야 한다.

설치장소의 최고주위온도	표시온도
39℃ 미만	79℃ 미만
39℃ 이상 64℃ 미만	79℃ 이상 121℃ 미만
64℃ 이상 106℃ 미만	121℃ 이상 162℃ 미만
106℃ 이상	162℃ 이상

④ ③항에도 불구하고 화재감지기를 감지부로 사용하는 경우에는 4.의 ②부터 ⑤까지의 설치방법에 따를 것

6. CO_2 또는 할로겐화합물 소화기구 설치 제외 장소 ★★★

(단, 자동확산소화기 제외)
① 지하층, 무창층
② 밀폐된 거실로서 **바닥면적이 $20m^2$ 미만의 장소**

7. 소방대상물별 소화기구의 능력단위기준

소 방 대 상 물	소화기구의 능력단위
1. 위락시설	당해 용도의 바닥면적 $30m^2$ 마다 능력단위 1단위 이상
2. 공연장·집회장·관람장·문화재·장례식장 및 의료시설	당해 용도의 바닥면적 $50m^2$ 마다 능력단위 1단위 이상
3. 근린생활시설·판매시설 및 운수시설·숙박시설·노유자시설·전시장·공동주택·업무시설·방송통신시설·공장·창고·항공기 및 자동차관련시설·관광휴게시설	당해 용도의 바닥면적 $100m^2$ 마다 능력단위 1단위 이상
4. 그 밖의 것	당해 용도의 바닥면적 $200m^2$ 마다 능력단위 1단위 이상

(주) 소화기구의 능력단위를 산출함에 있어서 건축물의 주요구조부가 내화구조이고, 벽 및 반자의 실내에 면하는 부분이 불연재료·준불연재료 또는 난연재료로 된 소방대상물에 있어서는 위 표의 기준면적의 2배를 당해 소방대상물의 기준면적으로 한다.

제 3 편 소방기계시설의 구조 및 원리

핵심요점정리

● 대형소화기의 기준
2차 실기시험 출제

8. 부속용도별 추가 소화기구 및 자동소화장치 ★

① 전기설비 : 바닥면적이 50m² 마다 소화기 1개 이상 설치
② 보일러실의 자동확산 소화기 설치기준

바닥면적	10m² 이하	10m² 초과
자동확산 소화기 설치 기준개수	1개	2개

9. 대형 소화기의 기준 ★★ 자주출제(필수정리) ★★

소화기의 종류	소화약제의 충전량
물소화기	80L 이상
포소화기	20L 이상
강화액소화기	60L 이상
할로겐화합물소화기	30kg 이상
이산화탄소소화기	50kg 이상
분말소화기	20kg 이상

어두문자 암기법 : 포 강 물 2 6 8 못 집고, 분 할 탄 2 3 5 집고

● C급 소화기
능력단위가 없다.

10. 소화기별 사용 온도 범위 ★★

소화기의 종류	사용 온도 범위
강화액 소화기	-20℃ 이상~40℃ 이하
분말 소화기	-20℃ 이상~40℃ 이하
그밖의 소화기	0℃ 이상~40℃ 이하

11. 소화기구 설치대상 소방대상물 ★★

(1) 소화기 또는 간이소화용구
  ① 연면적 33m² 이상인 것
  ② 가스시설, 전기저장시설 및 국가유산
  ③ 터널
(2) **주거용 주방 자동소화장치 설치대상** : 아파트 등 및 오피스텔의 모든 층

1-2 옥내소화전설비(NFTC 102)

1. 옥내소화전설비의 수원 ★★ 자주출제(필수정리) ★★

(1) 수원의 양

① 29층 이하

$$Q(\text{m}^3) = N \times 2.6\text{m}^3 \text{ 이상}$$
N : 가장 많은 층의 소화전 설치개수(최대 2개)

② 30층 이상 49층 이하

$$Q(\text{m}^3) = N \times 5.2\text{m}^3 \text{ 이상}$$
N : 가장 많은 층의 소화전 설치개수(최대 5개)

③ 50층 이상

$$Q(\text{m}^3) = N \times 7.8\text{m}^3 \text{ 이상}$$
N : 가장 많은 층의 소화전 설치개수(최대 5개)

(2) 펌프의 분당 토출량

$$Q(\text{L/분}) = N \times 130\text{L/분 이상}$$
N : 가장 많은 층의 옥내소화전 설치개수(최대 2개)

2. 수원의 저장 방법 ★★

옥내소화전설비의 수원은 산출된 유효 수량 외에 유효 수량의 1/3 이상을 옥상에 저장

1/3을 옥상에 저장하지 아니하여도 되는 경우
❶ 지하층만 있는 건축물
❷ 고가 수조를 가압송수장치로 설치한 옥내소화전설비
❸ 수원이 건축물의 최상층에 설치된 방수구보다 높은 위치에 설치된 경우
❹ 건축물의 높이가 지표면으로부터 10m 이하인 경우
❺ 주 펌프와 동등 이상의 성능이 있는 펌프로서 내연기관의 기동과 연동하여 작동하거나 비상전원을 연결하여 설치한 경우
❻ 학교·공장·창고시설로서 동결의 우려가 있는 장소
❼ 가압수조를 가압송수장치로 설치한 옥내소화전 설비

✪ 1/3 이상을 옥상에 저장 예외인 경우는 2차 실기 시험에 자주 출제되므로 필히 암기할 것

제 3 편 소방기계시설의 구조 및 원리

3. 옥내소화전설비의 가압송수장치 설치기준 ★★★

(1) **노즐 선단의 방수 압력 및 방수량**
> ▶ 방수압력 : 0.17MPa 이상 ~ 0.7MPa 이하
> ▶ 방 수 량 : 130L/분 이상

(단, 방수압력이 0.7MPa을 초과시 호스 접결구의 인입측에 감압장치 설치)

(2) **압력계 및 진공계 설치**
  ① 펌프의 **토출측** : **압력계**(체크밸브 이전에 플랜지에서 가까운 곳에 설치)
  ② 펌프의 흡입측 : 연성계 또는 진공계

(3) **기동용 수압개폐장치**(압력챔버)
  ① 압력 챔버의 용량 : **100L 이상**
  ② 기능 : ▶ 충압 펌프의 기동과 정지 및 주 펌프의 기동
          ▶ 수격작용방지 및 규격 방수압 유지

(4) **물올림장치**(물마중장치, 호수조)
  ① 설치목적 : 공동 현상 방지
  ② 물올림수조(호수조) 유효수량 : **100L 이상**
  ③ 물올림수조 급수배관 구경 : 15mm 이상
  ④ 오버플로 배관 및 배수관 구경 : 50mm 이상

(5) **순환 배관**
  ① 설치목적 : 수온상승방지하기 위하여 배관내 과압방출
  ② 순환 배관의 구경 : **20mm 이상**
  ③ 릴리프밸브 작동 압력 : 체절압력 이하
  ④ 설치시 주위사항 : 순환배관은 펌프의 토출측 체크 밸브 이전에서 분기

(6) **성능 시험 배관**
  ① 펌프의 성능
    ▶ 체절 운전시 정격토출압력의 **140%를 초과 금지**
    ▶ 정격토출량의 150%로 운전시 **정격토출압력의 65% 이상** 될 것

펌프의 토출측
압력계

펌프의 흡입측
연성계 또는 진공계

수원이 펌프보다 높은 위치에 있는 경우 필요 없는 것
① 풋밸브
② 진공계 또는 연성계
③ 물올림 장치

펌프의 성능 및 성능시험 배관설치 기준
2차 실기시험에 출제되므로 필수정리

제 1 장 소화설비

▶ 정격 토출압력 : 소화펌프의 전양정(m)을 전압력(MPa)으로 환산한 값
▶ 정격 토출량 : 소화 펌프의 분당 토출량(L/분)

② 성능시험배관 설치위치 : 펌프의 토출측에 설치된 **개폐밸브 이전에서 분기**하여 직선적으로 설치
③ 유량측정장치를 기준으로 **전단직관부에 개폐밸브를 후단직관부에는 유량조절밸브**를 설치할 것
④ 유량측정장치는 펌프의 정격토출량의 175% 이상까지 측정할 수 있는 성능이 있을 것
⑤ 성능시험배관의 호칭지름은 유량측정장치의 호칭지름에 따를 것

(7) **펌프**
① 펌프는 전용으로 할 것
다만, 다른 소화설비와 겸용하는 경우 각각의 소화설비의 성능에 지장이 없는 경우에는 예외
② 주 펌프는 전동기에 따른 펌프로 설치할 것

4. 충압펌프 설치기준 ★★

① 설치 목적 : 배관 내의 적은 양의 압력 누수 시 충압 펌프가 기동하여 압력을 보충해 줌으로서 주 펌프의 잦은 기동을 방지
② 펌프의 정격 토출압력 : 최고위 호스 접결구의 자연압 + 0.2MPa 이상

5. 옥내소화전 설비의 가압송수방식 ★★ 자주출제(필수정리) ★★

(1) **고가수조방식**

$$H = h_1 + h_2 + 17\text{m}$$

H : 필요한 낙차(m)
h_1 : 소방용 호스 마찰손실수두(m)
h_2 : 배관의 마찰손실수두(m)

▶ 고가 수조에는 수위계, 배수관, 급수관 및 오버플로우관, 맨홀을 설치(어두문자 기억법 : 오 급 수 / 배 트 맨)★★

○**충압펌프의 기능**
배관내 적은 양의 압력누수를 보충하여 주펌프의 잦은 기동 방지

○**가압송수방식**
① 고가수조방식
② 압력수조방식
③ 펌프방식
④ 가압수조방식

(2) 압력 수조 방식

$$P = p_1 + p_2 + p_3 + 0.17\text{MPa}$$

P : 필요한 압력(MPa)

p_1 : 소방용 호스의 마찰손실수두압(MPa)

p_2 : 배관의 마찰손실수두압(MPa)

p_3 : 낙차의 환산수두압(MPa)

▶ 압력수조에는 수위계, 급수관, 급기관, 맨홀, 압력계, 안전장치, 자동식 공기 압축기 설치(어두문자 기억법 : 맨압차 / 급수 / 자급 방안) ★★

(3) 펌프 방식

$$H = h_1 + h_2 + h_3 + 17\text{m}$$

H : 전양정(m)

h_1 : 소방용호스 마찰손실수두(m)

h_2 : 배관의 마찰 손실 수두(m)

h_3 : 실양정(흡입양정 + 토출양정)(m)

(4) 가압수조방식

① 가압수조의 압력은 규정에 따른 방수량 및 방수압이 20분 이상, 층수가 30층 이상 49층 이하는 40분 이상, 50층 이상은 60분 이상 유지되도록 할 것

② 가압수조 및 가압원은 방화구획 된 장소에 설치 할 것

③ 가압수조를 이용한 가압송수장치는 제품검사에 합격한 것으로 설치 할 것

6. 펌프의 전동기 용량 계산 방법 ★★ 자주출제(필수정리) ★★

전동기 용량 $P(\text{kW}) \geq \dfrac{\gamma \times Q \times H}{E} \times K$

내연 기관의 용량 $P'(\text{HP}) \geq \dfrac{\gamma \times Q \times H}{E \times 0.746} \times K$

P : 전동기의 출력(kW) γ : 물의 비중량(9.8kN/m^3)

Q : 토출량(m^3/s) P' : 내연 기관의 출력(HP)

○ 가압송수방식 중 2차 실기시험에는 펌프방식이 대부분이므로 필수정리

○ ① 모터동력
② 축동력
③ 수동력
위의 3가지를 구하는 문제는 매회 출제되므로 필히 정리할 것

H : 전양정(m)　　　　　　　E : 펌프의 효율
K : 전달계수

[참고] 1PS=75kgf·m/s, 1HP=76.07kgf·m/s, 1kW=101.97kgf·m/s

7. 옥내소화전 설비의 배관 등 ★★★

(1) 배관과 배관이음쇠
　① 배관 내 사용압력이 1.2MPa 미만일 경우
　　㉠ 배관용 탄소강관(KS D 3507)
　　㉡ 이음매 없는 구리 및 구리합금관(KS D 5301). 다만, 습식의 배관에 한한다.
　　㉢ 배관용 스테인리스강관(KS D 3576) 또는 일반배관용 스테인리스강관(KS D 3595)
　　㉣ 덕타일 주철관(KS D 4311)
　② 배관 내 사용압력이 1.2MPa 이상일 경우
　　㉠ 압력배관용탄소강관(KS D 3562)
　　㉡ 배관용 아크용접 탄소강강관(KS D 3583)

(2) 펌프의 흡입측 배관
　① 공기고임이 생기지 아니하는 구조
　② 여과 장치(스트레이너)를 설치

(3) 펌프의 토출측 **주배관의 구경** ★★ 자주출제(필수정리) ★★
　유속이 4m/s 이하가 될 수 있는 크기 이상

(4) 옥내소화전설비 전용설비의 방수구와 연결되는 배관
　① 주배관중 입상관의 구경 : 50mm 이상(호스릴방식 : 32mm 이상)
　② 가지배관 구경 : 40mm 이상(호스릴 방식 : 25mm 이상)

(5) 연결 송수관설비의 배관과 겸용할 경우
　① 주배관 구경 : 100mm 이상
　② 가지배관 구경 : 65mm 이상

(6) 급수배관
　급수배관은 전용으로 할 것. 다만, 옥내소화전의 기동장치의 조작과 동시에 다른 설비의 용도에 사용하는 배관의 송수를 차단할 수 있거나, 옥내소화전설비의 성능에 지장이 없는 경우에는 다른 설비와 겸용할 수 있다.

제 3 편 소방기계시설의 구조 및 원리

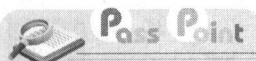

Pass Point

✪ 송수구 설치높이
　0.5m~1m

8. 옥내소화전설비의 송수구 설치기준 ★★
① 소방펌프 자동차가 쉽게 접근할 수 있고 노출된 장소에 설치
② 송수구로부터 주 배관에 이르는 연결배관에는 개폐밸브를 설치금지
③ 지면으로부터 높이가 0.5m 이상 1m 이하의 위치에 설치
④ 구경 65mm의 쌍구형 또는 단구형

9. 옥내소화전설비의 함등 ★★

✪ 함의 재질
　- 1.5mm 이상 강판
　- 4mm 이상 합성수지재

(1) 옥내소화전설비의 함 설치기준
① 함의 재질 : **두께 1.5mm 이상의 강판** 또는 **두께 4mm 이상의 합성수지재**
② 문짝의 면적 : $0.5m^2$ **이상**
③ 함의 재질
　▶ 강판 : 염수분무시험방법(KS D 9502)에 의하여 시험한 경우 변색 또는 부식되지 아니할 것
　▶ 합성수지재 : 내열성 및 난연성으로 80℃의 온도에서 24시간 이내에 열로 인한 변형이 생기지 아니할 것

(2) **표시등의 설치기준**

✪ 표시등
　- 15도
　- 10m
　- 적색등

① 옥내소화전 설비의 위치 표시등
　▶ 함의 상부에 설치
　▶ 불빛은 부착면으로부터 **15도 이상**의 범위안에서 부착지점으로부터 **10m 이내**의 어느 곳에서도 쉽게 식별할 수 있는 **적색등** 설치
② 가압송수장치의 **기동 표시등** : 옥내소화전함의 내부 또는 그 직근에 설치하되 **적색등**으로 할 것

10. 옥내소화전 방수구 설치기준 ★★★

✪ 방수구
　- 수평거리 25m 이하
　- 1.5m 이하

① 소방대상물의 층마다 설치할 것
② 수평거리 : **25m 이하**
③ 설치 높이 : 바닥으로부터의 높이가 **1.5m 이하**가 되도록 할 것
④ 호스의 구경 : 40mm(호스릴 방식 : 25mm) 이상

1-3 옥외소화전설비(NFTC 109)

1. 옥외소화전설비의 수원 ★★★★★

수원의 양 $Q(m^3) = N \times 7m^3$ (350L/분×20분) 이상

N : 옥외소화전 설치개수로서 최대 2개

2. 옥외소화전설비의 가압송수 장치 등 ★★★

▶ 노즐의 규격 방수압 : 0.25MPa 이상
  노즐의 규격 방수량 : 350L/분 이상
▶ 소화펌프의 토출량 $Q(L/분) = N \times 350L/분$ [N : 최대 2개]

3. 옥외소화전설비의 배관등 ★★

호스 접결구	호스의 구경
수평거리가 40m 이하	구경 65mm의 것

4. 옥외소화전설비의 소화전함 ★★★

▶ 옥외소화전마다 그로부터 5m 이내의 장소에 소화전함을 설치

옥외소화전의 개수	소화전함의 설치개수
10개 이하	소화전마다 5m 이내에 1개 이상
11개 이상 30개 이하	11개의 소화전함 분산 설치
31개 이상	소화전 3개마다 1개 이상

○ 옥외소화전
 - 방수압 : 0.25MPa 이상
 - 방수량 : 350L/분 이상

○ 옥외소화전함
 5m 이내

○ 노즐구경
 - 옥내 : 13mm
 - 옥외 : 19mm

제 3 편 소방기계시설의 구조 및 원리

1-4 스프링클러설비(NFTC 103)

1. 스프링클러설비의 장점 및 단점 ★★

장 점	단 점
❶ 초기화재 진압에 적합하다. ❷ 소화약제가 물이므로 경제적이다. ❸ 화재감지부가 기계적으로 오보 및 오동작이 적다. ❹ 설비의 조작이 간편하고 안전하다. ❺ 화재 진화작업후 복구가 간편하다.	❶ 설비의 초기 설치비용이 크다. ❷ 다른 소화설비에 비해 비교적 시공이 복잡하다. ❸ 소화시 사용한 물로 인한 피해가 심하다.

✪ 리타딩 챔버
   습식에만 설치됨

2. 리타딩 챔버(Retarding chamber) ★★

리타딩 챔버의 주요기능 : 비화재인 오보방지
수격작용과 같은 순간압력으로 자동경보밸브의 클래퍼가 순간적으로 개방되었다 폐쇄될 때 유입된 압력수는 리타딩 챔버 하부에 설치된 오리피스를 통하여 자동배수하여 오보를 방지

✪ 건식설비
 - 1차측 : 가압수
 - 2차측 : 압축공기
 - 배기가속장치
  • 엑셀레이터
  • 익져스터

3. 건식 스프링클러설비의 주요 구성부분 ★

(1) **건식밸브**(Dry valve)
(2) **엑셀레이터**(Accelater) **및 익져스터**(exhauster)
  ▶ 화재시 2차측(헤드측) 배관내에 채워져 있던 압축공기 또는 압축질소의 방출속도를 빠르게 해주는 장치이다. 즉, **배기가속장치**이다.

4. 펌프의 토출량 및 수원의 양 ★★ 자주출제(필수정리) ★★

(1) **펌프의 토출량**
  • 폐쇄형 스프링클러설비

$$Q = N \times 80 \text{L/min 이상}$$

Q : 펌프의 분당 토출량(L/min)
N : 폐쇄형 헤드의 기준개수
   (기준개수보다 적은 경우에는 설치개수)

✪ 헤드 방수량
   80L/분 이상

(2) **수원의 양**

① 폐쇄형스프링클러설비

㉮ 29층 이하

$$Q(\text{m}^3) = N \times 1.6\text{m}^3 \text{ 이상}$$

N : 폐쇄형헤드 기준개수(기준개수보다 적은 경우 설치개수)

㉯ 30층 이상 49층 이하

$$Q(\text{m}^3) = N \times 3.2\text{m}^3 \text{ 이상}$$

N : 폐쇄형헤드 기준개수(기준개수보다 적은 경우 설치개수)

㉰ 50층 이상

$$Q(\text{m}^3) = N \times 4.8\text{m}^3 \text{ 이상}$$

N : 폐쇄형헤드 기준개수(기준개수보다 적은 경우 설치개수)

소방대상물별 폐쇄형헤드 기준개수
2차 실기시험에 자주 이용되므로 필히 암기할 것

【헤드의 기준개수(폐쇄형)】

소방대상물			기준개수
지하층제외 10층 이하	공장	특수가연물	30개
		그 밖의 것	20개
	근린생활시설·판매시설·운수시설 또는 복합건축물	판매시설 또는 복합건축물 (판매시설 설치 복합건축물)	30개
		그 밖의 것	20개
	그 밖의 것	헤드높이 8m 이상	20개
		헤드높이 8m 이하	10개
아파트			10개
지하층 제외 11층 이상·지하가 또는 지하역사			30개

※ 아파트등의 각 동이 주차장으로 서로 연결된 구조인 경우 해당 주차장 부분의 기준개수는 30개로 할 것

② 개방형 스프링클러 설비

㉮ 헤드의 설치개수가 30개 이하

$$Q = N \times 1.6\text{m}^3 \text{ 이상}$$

Q : 수원의 양(m^3)　　N : 개방형 헤드의 설치개수

㉯ 헤드의 설치개수가 30개 초과

$$Q = [\text{가압송수장치의 송수량(L/min)}] \times 20\text{분 이상}$$

Q : 수원의 양(L)

제 3 편 소방기계시설의 구조 및 원리

○ 헤드 방수압
0.1~1.2MPa

○ 충압펌프 정격토출압
=자연압+0.2MPa

○ 헤드의 수평거리
① 무대부, 특수가연물
   1.7m 이하
② 비내화구조(기타구조)
   2.1m 이하
③ 내화구조
   2.3m 이하
④ 랙크식 창고
   랙높이 3m 이하 마다
⑤ 아파트
   2.6m 이하
위의 수평거리는 2차 실기시험에 이용되므로 필히 암기할 것

5. 가압송수장치 ★★

(1) 가압송수장치 설치기준
  ① 정격토출압력 : 0.1MPa 이상 1.2MPa 이하의 헤드선단 방수압력 유지
  ② 펌프의 송수량 : 0.1MPa의 방수압력으로 80L/min 이상의 방수성능을 가진 기준개수의 전 헤드로부터 방수량을 충족시킬 수 있는 양 이상(단, 속도수두는 계산에 포함하지 않는다.)
  ③ 충압펌프 설치기준
     ▶ 펌프의 정격토출압력
        최고위 살수장치의 자연압(일제개방밸브의 경우 그 밸브)+0.2MPa 이상

6. 스프링클러헤드의 배치기준과 방법 ★★

(1) 헤드의 배치기준
  ① 천장·반자·천장과 반자사이, 닥트·선반 기타 이와 유사한 부분(폭이 1.2m를 초과하는 것)에 설치(단, 폭이 9m 이하인 실내에 있어서는 측벽에 설치)
  ② 각 부분으로부터 하나의 스프링클러헤드까지의 수평거리

【스프링클러헤드의 배치기준】 ★★★★

설치장소			설치기준
천장·반자·천장과 반자 사이·덕트·선반 기타 이와 유사한 부분 (폭이 1.2m를 초과하는 것)	무대부, 특수가연물 저장취급 장소 및 창고		수평거리 1.7m 이하
	특정소방대상물 및 창고	기타구조	수평거리 2.1m 이하
		내화구조	수평거리 2.3m 이하
	아파트		수평거리 2.6m 이하
랙식창고			랙 높이 3m 이하 마다

  ③ 무대부 또는 연소할 우려가 있는 개구부 : 개방형 스프링클러헤드를 설치
  ④ 공동주택에는 조기 반응형 스프링클러헤드를 설치

(2) 스프링클러헤드의 배치방법 ★★★
  ① 정사각형(정방형)형
     헤드 2개의 거리가 스프링클러 파이프 두 가닥의 거리와 같은 경우

제 1 장 소화설비

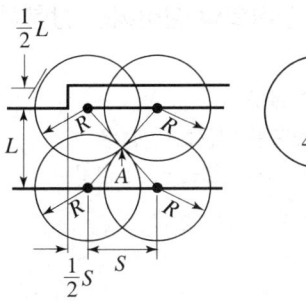

L : 배수관 간격
S : 헤드간격
R : 수평거리(m)
S＝L
S＝2Rcos45°

헤드의 간격

• 1.7m의 경우 : 2×1.7×COS45°＝2.4m
• 2.1m의 경우 : 2×2.1×COS45°＝3m
• 2.3m의 경우 : 2×2.3×COS45°＝3.2m

② 직사각형(장방형)형

헤드 2개의 거리가 스프링클러 파이프 두 가닥의 거리와 같지 않은 경우

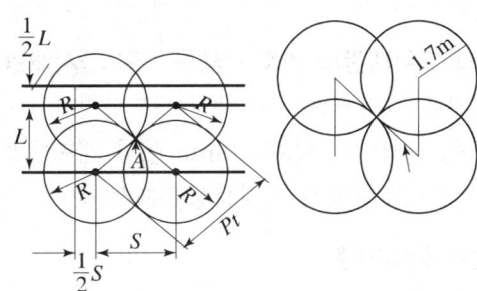

대각선의 헤드간격(Pt)

• 1.7m의 경우 : 2×1.7＝3.4m
• 2.1m의 경우 : 2×2.1＝4.2m
• 2.3m의 경우 : 2×2.3＝4.6m

(3) 스프링클러헤드의 설치기준

【폐쇄형헤드의 표시온도】★★

설치장소의 최고 주위온도	표시온도
39℃ 미만	79℃ 미만
39℃ 이상 64℃ 미만	79℃ 이상 121℃ 미만
64℃ 이상 106℃ 미만	121℃ 이상 162℃ 미만
106℃ 이상	162℃ 이상

Pass Point

◎ 헤드의 설치
정방형
S=2r cos 45°

◎ 폐쇄형헤드의 표시온도
2차 실기시험에 ( ) 넣기로 자주 출제됨

● 하향식 헤드
설치할 수 있는 경우
- 2차 실기 출제

(4) 습식 또는 부압식 스프링클러 설비외의 설비에는 상향식헤드를 설치

하향식 헤드를 설치할 수 있는 경우
▶ 드라이펜던트 스프링클러헤드를 사용하는 경우
▶ 헤드의 설치장소가 동파의 우려가 없는 곳인 경우
▶ 개방형 헤드를 사용하는 경우

7. 스프링클러의 배관 ★★

(1) 급수배관의 구경

① 가지배관의 유속 : 6m/s 이하
② 그 밖의 배관의 유속 : 10m/s 이하

(2) 가지배관의 배열
① 토너먼트(tournament)방식이 아닐 것
② 한쪽 가지배관에 설치되는 헤드의 개수는 **8개 이하**

● 토너먼트 배관 방식으로 하지 않는 이유
① 수격작용으로 배관파손 우려
② 마찰손실 커져 규격방수압 및 방수량 유지 곤란

(3) **습식설비의 교차배관의 위치·청소구 및 가지배관의 헤드설치**
① 교차배관은 가지배관 밑에 수평으로 설치하고 구경은 40mm 이상
② 청소구는 교차배관 끝에 40mm **이상 개폐밸브를** 설치
③ 하향식헤드를 설치시 가지관상부에서 분기

● 토너먼트 배관 방식으로 하여야 하는 소화설비
① 이산화탄소소화설비
② 할론소화설비
③ 할로겐화합물 및 불활성기체 소화설비
④ 분말 소화설비

(4) **배관의 행가 설치기준**
① 가지배관
▶ 헤드의 설치지점 사이마다 1개 이상의 행가를 설치
▶ 상향식헤드의 경우에는 그 헤드와 행가 사이에 8cm **이상의** 간격을 둘 것(단, 헤드간의 거리가 3.5m를 **초과 시** 3.5m 이내마다 1개 이상 설치)
② 교차배관
▶ 가지배관과 가지배관 사이마다 1개 이상의 행가를 설치
(단, 가지배관 사이의 거리가 4.5m를 **초과 시** 4.5m 이내마다 1개 이상 설치)
③ 수평주행배관
▶ 4.5m **이내마다** 1개 이상 설치할 것

(5) **수직 배수배관의 구경** : 50mm 이상으로 할 것
(6) 주차장의 스프링클러설비는 **습식외의 방식**으로 할 것

참고	습식설비로 하여도 되는 경우
	▶ 동절기에 상시 난방이 되는 곳이거나 그 밖에 동결의 염려가 없는 곳
	▶ 스프링클러설비의 동결을 방지할 수 있는 구조 또는 장치가 된 것

(7) 스프링클러설비 배관의 배수를 위한 기울기

① 습식 또는 부압식 스프링클러설비의 배관은 수평으로 할 것(단, 배관의 구조상 소화수가 남아 있는 곳에는 배수밸브를 설치할 것)

② 습식 또는 부압식 스프링클러설비외의 설비
　▶ 수평주행배관의 기울기 : 1/500 이상
　▶ 가지배관의 기울기 : 1/250 이상

8. 폐쇄형헤드를 사용하는 설비의 방호구역·유수검지장치

① 하나의 방호구역의 바닥면적은 3000㎡를 초과하지 아니할 것 다만, 폐쇄형스프링클러설비에 격자형배관방식(2 이상의 수평주행배관 사이를 가지배관으로 연결하는 방식)을 채택하는 때에는 3,700㎡ 범위 내에서 펌프용량, 배관의 구경 등을 수리학적으로 계산한 결과 헤드의 방수압 및 방수량이 방호구역 범위 내에서 소화목적을 달성하는 데 충분할 것

② 하나의 방호구역에는 1개 이상의 유수검지장치를 설치

③ 하나의 방호구역은 2개층에 미치지 아니하도록, 1개층에 설치되는 스프링클러헤드의 수가 10개 이하인 경우와 복층형구조의 공동주택에는 3개층 이내로 할 수 있다.

④ 유수검지장치 등은 바닥으로부터 0.8m 이상 1.5m 이하의 위치에 설치하되, 그 실 등에는 개구부가 가로 0.5m 이상 세로 1m 이상의 출입문을 설치

⑤ 조기반응형 스프링클러헤드를 설치하는 경우에는 습식유수검지장치 또는 부압식스프링클러설비를 설치할 것

◎ 하나의 방호구역
3000㎡ 이내

9. 개방형 스프링클러 설비의 방수구역 및 일제개방밸브 ★★

① 하나의 방수구역은 **2개 층에 미치지 아니할 것**

② 방수구역마다 일제개방밸브를 설치

③ **하나의 방수구역**을 담당하는 헤드의 개수는 **50개 이하**(단, 2개 이상의 방수구역 분할시 하나의 방수구역 담당 헤드수는 25개 이상)

제 3 편 소방기계시설의 구조 및 원리

🔹 드렌처 설비
- 방수압 : 0.1MPa 이상
- 방수량 : 80L/분 이상
- 헤드는 2.5m 이내마다 설치
- 제어밸브는 0.8~1.5m 위치에 설치

10. 드렌처 설비 ★★★

① 드렌처헤드는 개구부 위측에 2.5m 이내마다 1개를 설치할 것
② 제어밸브는 바닥면으로부터 0.8m 이상 1.5m 이하의 위치에 설치할 것
③ 수원의 수량

드렌처설비의 수원의 양
$Q(m^3) = N \times 1.6m^3$ 이상   N : 드렌처헤드의 설치개수

④ 헤드선단에 방수압력이 0.1MPa 이상, 방수량이 80L/min 이상

11. 간이스프링클러설비(NFTC 103A) ★

(1) 수원
① 상수도직결형의 경우에는 수돗물
② 2개의 간이헤드에서 최소 10분(근린생활시설 $1000m^2$ 이상, 생활형숙박시설 $600m^2$ 이상, 복합건축물 $1000m^2$ 이상의 경우 5개의 간이헤드에서 최소 20분) 이상 방수할 수 있는 양 이상

🔹 간이스프링클럽설비
비상전원 : 10분 이상
(근린생활시설은 20분 이상)

12. 화재조기진압용 스프링클러설비(NFTC 103B) ★

(1) 수원의 양

$$Q = K\sqrt{10P} \times 12 \times 60$$

Q : 수원의 양(L) K : 상수[L/min/(MPa)$^{1/2}$]
P : 헤드선단의 압력(MPa)

🔹 화재조기진압용
- 층의 높이 : 13.7m 이하
- 천장의 기울기 : $\dfrac{168}{1000}$ 초과하지 않을 것

1-5 물분무소화설비(NFTC 104)

1. 물분무소화효과 ★★★

① 냉각효과   ② 질식효과
③ 희석효과   ④ 유화효과(에멀젼효과)

🔹 물분무 소화효과
① 냉각
② 질식
③ 희석
④ 유화

2. 물분무헤드의 종류 ★

① 충돌형　　　② 분사형　　　③ 선회류형
④ 디프렉터형　　⑤ 슬리트형

3. 물분무소화설비의 펌프토출량 및 수원의 양 ★★★★★

소방대상물	펌프의 토출량(L/분)
특수가연물	바닥면적(m^2)(최대방수구역 기준 최소 $50m^2$)×$10L/m^2$·분
차고, 주차장	바닥면적(m^2)(최대방수구역 기준 최소 $50m^2$)×$20L/m^2$·분
절연유 봉입 변압기	표면적(바닥부분제외)(m^2)×$10L/m^2$·분
케이블 트레이, 닥트	투영된 바닥면적(m^2)×$12L/m^2$·분
콘베이어벨트	벨트부분의 바닥면적(m^2)×$10L/m^2$·분

★ 어두문자 암기법 : 특, 절, 콘10 / 케12 / 차20 ★
◉ 수원의 양(L) = 펌프의 토출량(L/분)×20분

4. 물분무소화설비의 배관 등 ★

▶ 한 개의 일제개방밸브가 담당하는 유량은 8300L/min 이하

5. 물분무소화설비의 제어밸브 등 설치기준 ★

① 제어밸브는 바닥으로부터 0.8m 이상 1.5m 이하의 위치에 설치
② 제어밸브의 가까운 곳의 보기 쉬운 곳에 "제어밸브"라고 표시한 표지를 할 것
③ 기동 조작부 및 수동식 개방밸브는 바닥으로부터 0.8m이상 1.5m 이하의 위치에 설치

6. 물분무헤드 ★★

【물분무헤드와 전기기기와의 이격거리】

전압(KV)	거리(cm)	전압(KV)	거리(cm)
66 이하	70 이상	154 초과 181 이하	180 이상
66 초과 77 이하	80 이상	181 초과 220 이하	210 이상
77 초과 110 이하	110 이상	220 초과 275 이하	260 이상
110 초과 154 이하	150 이상		

Pass Point

◉ 물분무 수원의 양
2차 실기시험에 자주 출제되므로 필수 정리

◉ 물분무헤드와 전기기기의 이격거리
2차 실기시험에 ( ) 넣기로 가끔 출제

제 3 편 소방기계시설의 구조 및 원리

핵심요점정리

7. 물분무소화설비의 배수설비 ★★ 자주출제(필수정리) ★★

① 높이 10cm 이상의 경계 턱으로 배수구를 설치할 것
② 길이 40m 이하마다 집수관·소화핏트 등 **기름분리장치**를 설치할 것
③ 바닥은 배수구를 향하여 **2/100 이상의 기울기**를 유지할 것
④ 배수설비는 유효하게 배수할 수 있는 크기 및 기울기로 할 것

8. 물분무소화설비의 설치제외 ★

① 물에 심하게 반응하는 물질 저장 또는 취급하는 장소
② 고온의 물질 및 증류범위가 넓어 끓어 넘치는 위험이 있는 물질을 저장 또는 취급하는 장소
③ 운전시에 표면의 온도가 260℃ **이상**으로 되는 등 직접 분무를 하는 경우 그 부분에 손상을 입힐 우려가 있는 기계장치 등이 있는 장소

1-6 미분무소화설비

1. 용어의 정의

(1) **미분무**
① 물만을 사용하여 소화하는 방식
② 최소설계압력에서 헤드로부터 방출되는 물입자 중 99 %의 누적체적분포가 400μm 이하로 분무
③ A, B, C급 화재에 적응성을 갖는 것

(2) **압력에 따른 미분무 소화설비**

구 분	사용압력
저압	최고사용압력 1.2MPa 이하
중압	사용압력 1.2MPa 초과 3.5MPa 이하
고압	최저사용압력 3.5MPa 초과

2. 설계도서 작성

(1) **일반설계도서와 특별설계도서로 구분**
① 점화원의 형태

사이드 노트:

◎ 배수설비 설치기준
2차 실기시험에 자주 출제되므로 필히 암기할 것

◎ 물분무 설치제외
- 3류 위험물
- 1류 중 무기과산화물
- 2류 중 금속분
- 표면온도 260℃ 이상

◎ 압력에 따른 미분무 소화설비
- 저압 : 1.2MPa 이하
- 중압 : 1.2~3.5MPa
- 고압 : 3.5MPa 초과

◎ 설계도서
- 일반설계도서
- 특별설계도서

② 초기 점화되는 연료 유형
③ 화재 위치
④ 문과 창문의 초기상태(열림, 닫힘) 및 시간에 따른 변화상태
⑤ 공기조화설비, 자연형(문, 창문) 및, 기계형 여부
⑥ 시공 유형과 내장재 유형

(2) **일반설계도서**

유사한 특정소방대상물의 화재사례 등을 이용하여 작성

(3) **특별설계도서**

일반설계도서에서 발화 장소 등을 변경하여 위험도를 높게 만들어 작성

3. 수원

① 용수는 「먹는물관리법」 제5조에 적합하고, 저수조 등에 충수할 경우 필터 또는 스트레이너를 통하여야 하며, 사용되는 물에는 입자·용해고체 또는 염분이 없을 것
② 배관의 연결부 또는 주배관의 유입측에는 필터 또는 스트레이너를 설치할 것
③ 스트레이너에는 청소구가 있을 것
④ 검사·유지관리 및 보수 시에 배치위치를 변경하지 아니할 것
⑤ 필터 또는 스트레이너의 메쉬는 헤드 오리피스 지름의 80% 이하
⑥ 수원의 양

$$Q = N \times D \times T \times S + V$$

Q : 수원의 양(m^3) N : 방호구역(방수구역)내 헤드의 개수
D : 설계유량(m^3/min) T : 설계방수시간(min)
S : 안전율(1.2 이상) V : 배관의 총체적(m^3)

4. 헤드

① 미분무 설비에 사용되는 헤드는 조기반응형 헤드를 설치
② 폐쇄형 미분무헤드는 그 설치장소의 평상시 최고주위온도에 따라 다음 식에 따른 표시온도의 것으로 설치

$$T_a = 0.9\,T_m - 27.3℃$$

T_a : 최고주위온도 T_m : 헤드의 표시온도

✿ 미분무 설비 헤드
조기반응형 헤드

제 3 편 소방기계시설의 구조 및 원리

핵심요점정리

○ 청소, 시험, 유지, 관리
  최소 연 1회 이상

5. 청소·시험·유지 및 관리 등
완성한 시점부터 최소 연 1회 이상 실시

 1-7 포소화설비(NFTC 105)

1. 포 소화약제의 팽창비에 따른 종류 ★★

○ 저팽창포
  팽창비 20배 이하

○ 고팽창포
  팽창비 80배 이상 1000배 이하

2. 포 소화약제의 저장량 및 수원의 양 ★★

(1) 포 헤드방식

○ 표준방사량 K 값
  차고, 주차장은 2차 실기 시험에 이용되므로 필수 정리

소방대상물	적용 설비	수원의 양		약제량
특수가연물 저장, 취급하는 공장 및 창고	- 포워터스프링클러설비 - 포헤드설비 - 고정포 방출설비 - 압축공기포소화설비	- 포워터스프링클러설비 [헤드수×75L/분×10분] - 포헤드설비 [바닥면적(200m² 이상인 경우 200)×표준방사량(K값)×10분] [표준방사량 K값(L/m²·분)]		수원의 양 × 약제의 농도 (%/100)
차고, 주차장	- 포워터스프링클러설비 - 포헤드설비 - 고정포 방출설비 - 압축공기포소화설비	차고, 주차장 및 항공기 격납고	단백포	6.5
			합성계면활성제포	8
			수성막포	3.7
		위험물 특수가연물	단백포	6.5
			합성계면활성제포	6.5
			수성막포	6.5
항공기 격납고	- 포워터스프링클러설비 - 포헤드설비 - 고정포방출설비 - 압축공기포소화설비	- 호스릴포설비 또는 포소화전설비 [방수구수(5이상인 경우5)×6m³] - 고정포방출방식 [고정포방출구 필요량+보조 포소화전 필요량+배관보정 필요량]		

(2) 고정포 방출구 방식 ★★ 자주출제(필수정리) ★★

구 분	약제 저장량
❶ 고정포 방출구	$Q = A \times Q_1 \times T \times S$ Q : 포소화약제의 양(L) A : 저장탱크의 액표면적(m^2) Q_1 : 단위 포소화수용액의 양(L/m^2분) T : 방출시간(분) S : 포소화약제의 사용농도(%)
❷ 보조 포소화전	$Q = N \times S \times 8000L$ Q : 포소화약제의 양(L) N : 호스 접결구 개수(3개 이상의 경우는 3) S : 포소화약제의 사용농도(%)
❸ 배관보정	가장 먼 탱크까지의 송액관(내경 75mm 이하 제외)에 충전하기 위하여 필요한 양 $Q = V \times S \times 1000$ Q : 포소화약제의 양(L) V : 송액관 내부의 체적(m^3) S : 포소화약제의 사용농도(%)
❹ 합 계	고정포 방출구방식의 약제량 = ❶ + ❷ + ❸

(3) 옥내포소화전방식 또는 호스릴방식 ★★★★★

약제 저장량	수원의 양
$Q = N \times S \times 6000L$ Q : 포소화약제의 양(L) N : 호스 접결구 개수 　(5개 이상의 경우는 5) S : 포소화약제의 사용농도(%)	$Q = N \times S_W \times 6000L$ Q : 수원의 양(L) N : 호스 접결구 개수 　(5개 이상의 경우는 5) S_W : 포수용액 중 물의 농도(%)

※ 바닥면적이 200m^2 미만인 건축물에 있어서는 계산량의 75%로 할 수 있다.

3. 포헤드의 설치기준 ★★

① 포워터 스프링클러헤드 : 바닥면적 8m^2마다 1개 이상 설치
② 포헤드 : 바닥면적 9m^2마다 1개 이상 설치

제 1 장 소화설비

○ 고정포 방출구에 필요한 약제량
2차 실기시험에 자주 출제되므로 필히 정리할 것

○ 옥내포소화전방식
2차 실기시험에 자주 출제되므로 필히 정리할 것

● 약제저장탱크에서 시료
채취 방법
상, 중, 하부에서 채취

● 호스릴 방식
3m 이내의 거리에 호스릴
함 또는 호스함 설치

● 호스함 설치
바닥으로부터 1.5m 이하

● 펌프 프로포셔너
펌프에서 토출된 물의 일
부를 보내고

4. 고정포 방출구의 종류 ★★

포 방출구의 종류	포 주입법	탱크 종류	특징
Ⅰ형	상부포주입법	고정지붕구조 (콘루프탱크)	통계단, 미끄럼판
Ⅱ형		고정지붕구조 (콘루프탱크) 부상덮개부착고정지붕구조	반사판
특형		부상지붕구조 (플루팅루프탱크)	금속제칸막이, 환상부분
Ⅲ형	저부포주입법	고정지붕구조 (콘루프탱크)	송포관
Ⅳ형		고정지붕구조 (콘루프탱크)	격납통, 특수호스

※ 수용성 액체용 포소화약제(알콜형포)는 Ⅰ형 포방출구를 사용

5. 차고·주차장의 호스릴포설비 또는 포소화전설비 ★

【이동식 포노즐 선단의 성능기준】

구 분	성 능 기 준
노즐의 방사압력	0.35MPa 이상
노즐의 방사량	300L/분 이상 (바닥면적 $200m^2$ 이하는 230L/분 이상)
노즐의 방사거리	수평거리 15m 이상

【방수구의 종류에 따른 수평거리】

구 분	수 평 거 리
호스릴 방수구	15m 이하
포소화전 방수구	25m 이하

6. 포 소화약제의 혼합장치 ★★ 자주출제(필수정리) ★★

① **펌프 프로포셔너 방식**(pump proportioner type)(펌프 조합방식)
펌프의 토출관과 흡입관 사이의 배관도중에 설치한 흡입기에 펌프에서 **토출된 물의 일부를 보내고**, 농도 조정밸브에서 조정된 포 소화약제의 필요량을 포 소화약제 탱크에서 펌프 흡입측으로 보내어 이를 혼합하는 방식

② **프레져 프로포셔너 방식**(pressure proportioner type)(차압 조합 방식)
펌프와 발포기의 중간에 설치된 벤추리관의 **벤추리작용과 펌프 가압수**의 포 소화약제 저장탱크에 대한 압력에 의하여 포 소화약제를 흡입·혼합하는 방식

③ **라인 프로포셔너 방식**(line proportioner type)(관로 조합방식)
펌프와 발포기의 중간에 설치된 벤추리관의 **벤추리 작용**에 의하여 포 소화약제를 흡입·혼합하는 방식

④ **프레져 사이드 프로포셔너 방식**(pressure side proportioner type) (압입 혼합방식)
펌프의 토출관에 압입기를 설치하여 **포 소화약제 압입용 펌프**로 포 소화약제를 압입시켜 혼합하는 방식

○ **프레져 프로포셔너**
벤츄리 작용+펌프가압수

○ **라인 프로포셔너**
벤츄리 작용

○ **프레져 사이드 프로포셔너**
압입용 펌프

7. 포 소화설비의 자동식 기동장치 ★★

폐쇄형 스프링클러헤드를 사용하는 경우
❶ 표시온도가 79℃ 미만인 것을 사용하고, 1개의 스프링클러헤드의 경계면적은 20m² 이하로 할 것
❷ 부착면의 높이는 바닥으로부터 5m 이하
❸ 하나의 감지장치 경계구역은 하나의 층이 되도록 할 것

1-8 이산화탄소소화설비(NFTC 106)

1. 소화설비의 장, 단점 ★★★

❈ CO₂ 소화설비 장단점
2차 실기시험에 자주출제

장 점	단 점
❶ 화재 진화후 깨끗	❶ 설비가 고압이므로 특별한 **주의**가 필요
❷ 심부 화재에 적합	❷ CO₂ 방사시 **동상우려**
❸ 증거 보존 양호 및 화재원인 조사 용이	❸ 인체에 질식의 우려
❹ 피연소물에 피해가 적다.	❹ CO₂ 방사시 소음이 크다.

2. 소화약제의 저장용기등 ★★ 자주출제(필수정리) ★★

❈ 저장용기 설치장소
2차 실기시험에 자주 출제되므로 필수 암기할 것

(1) **소화약제의 저장용기 설치장소**
① 방호구역외의 장소에 설치할 것
② **온도가 40℃ 이하**이고 온도변화가 적은 곳에 설치할 것
③ 직사광선 및 빗물이 침투할 우려가 없는 곳에 설치할 것
④ **방화문**으로 방화 구획된 실에 설치할 것
⑤ 용기의 설치장소에는 해당 용기가 설치된 곳임을 표시하는 **표지**를 할 것

⑥ 용기간의 간격은 점검에 지장이 없도록 **3cm 이상**의 간격을 유지할 것

⑦ 저장용기와 집합관을 연결하는 연결배관에는 체크밸브를 설치할 것(단, 저장용기가 하나의 방호구역만을 담당하는 경우에는 예외)

(2) **소화약제의 저장용기** ★★ 자주출제(필수정리) ★★

① 저장용기의 충전비(용기 내용적 V(L)과 약제량 G(kg)의 비율)

구 분	고압식	저압식
충전비(L/kg)	1.5 이상 1.9 이하	1.1 이상 1.4 이하
CO_2의 기화잠열(kJ/kg)	149	279

② 저압식 저장용기 설치기준 ★★★★★

설치 장치	작동압력 및 기타
안전밸브	내압시험압력의 0.64배 ~ 0.8배의 압력에서 작동
봉 판	내압시험압력의 0.8배 ~ 내압시험압력에서 작동
압력경보장치	2.3MPa 이상 1.9MPa 이하의 압력에서 작동
자동냉동장치	용기내부의 온도가 −18℃ 이하에서 2.1MPa 이상의 압력 유지
액면계 및 압력계	

③ 저장용기의 내압시험 압력

고압식	저압식
25MPa 이상	3.5MPa 이상

(3) **소화약제 저장용기의 개방밸브** : 전기식 · 가스압력식 또는 기계식

(4) **안전장치** : 배관의 **최소사용설계압력과 최대허용압력** 사이의 압력에서 작동(**용전식은 금지**)

3. 이산화탄소소화약제의 저장량 ★★ 자주출제(필수정리) ★★

(1) 전역방출방식의 표면화재(가연성 액체 및 가스)인 경우

【표면화재의 방호구역 체적계수 및 개구부 면적계수】

방호구역의 체적(m^3)	방호구역의 체적1m^3에 대한 소화약제의 양 kg (K_1 : kg/m^3)	저장량의 최저한도량 (kg)	개구부 가산량 (K_2 : kg/m^2) (자동폐쇄장치 미설치시)
45 미만	1	45	5
45 이상 150 미만	0.9		
150 이상 1450 미만	0.8	135	
1450 이상	0.75	1125	

(2) 전역방출방식의 심부화재(종이 · 목재 · 석탄 · 섬유류 · 합성수지류)인 경우

【심부화재의 방호구역 체적계수 및 개구부 면적계수】

방호대상물	방호구역의 체적 $1m^3$에 대한 소화약제의 양 kg (K_1 : kg/m^3)	설계농도(%)	개구부 가산량 (K_2 : kg/m^2) (자동폐쇄장치 미설치시)
유압기기를 제외한 전기설비, 케이블실	1.3	50%	10
체적 $55m^3$ 미만의 전기설비	1.6	50%	
서고, 전자제품창고, 목재가공품창고, 박물관	2.0	65%	
고무류, 면화류창고, 모피창고, 석탄창고, 집진설비	2.7	75%	

● 전자개방밸브
 =솔레노이드 밸브

● 설비 기동방식
 ① 가스압력식
 ② 전기식
 ③ 기계식

4. 소화설비의 자동식 기동장치 ★★★

① 자동화재탐지설비는 감지기의 작동과 연동
② 자동식 기동장치에는 수동으로도 기동할 수 있는 구조
③ 전기식 기동장치로서 7병 이상의 저장용기를 동시에 개방하는 설비에 있어서는 2병 이상의 저장용기에 전자개방밸브를 부착
④ 가스 압력식 기동장치의 설치기준

가스압력식 기동장치
❶ 밸브 : 25MPa 이상 압력에 견딜 수 있는 것
❷ 안전장치 : 내압시험압력의 0.8배 부터 내압시험압력 이하에서 작동
❸ 기동용 가스용기 : 용적=5L 이상, 질소 등의 비활성 기체는 6MPa 이상 (21℃ 기준)
❹ 충전여부 확인할 수 있는 압력 게이지 설치

● 배관
 - 고압식 : 스케쥴 80 이상
 - 저압식 : 스케쥴 40 이상

5. 소화설비의 배관 등 ★★★

(1) 소화설비의 배관 설치기준
 ① 배관은 **전용**으로 할 것
 ② 강관을 사용하는 경우의 배관
  압력배관용 탄소강관(KS D 3526) 중 **스케쥴 80**(저압식에 있어서는 **스케쥴 40**)이상의 것 또는 이와 동등 이상의 강도를 가진

것으로 아연도금 등으로 방식처리된 것을 사용할 것

③ 동관을 사용하는 경우의 배관(이음이 없는 동 및 동합금관(KS D 5301))

고압식	16.5MPa 이상의 압력에 견딜 수 있는 것
저압식	3.75MPa 이상의 압력에 견딜 수 있는 것

④ 개폐밸브 또는 선택밸브의 배관부속

고압식	1차측(개폐밸브 또는 선택밸브 이전) 배관부속의 최소사용설계압력은 9.5MPa
	2차측 배관부속의 최소사용설계압력은 4.5MPa
저압식	배관부속의 최소사용설계압력은 4.5MPa

(2) 소화설비의 배관구경 ★★

이산화탄소의 소요량이 다음의 기준에 의한 시간 내에 방사될 수 있을 것

구 분	전역방출방식		국소방출방식
	표면 화재 (가연성 액체 및 가스)	심부 화재 (종이, 목재, 석탄, 섬유류, 합성수지류)	
방사시간 기준	1분이내	7분 이내 (설계농도가 2분 이내 30%에 도달할 것)	30초 이내

6. 소화설비의 분사헤드 ★★★

(1) 전역방출 방식의 분사헤드 방사압력

고압식 : 2.1MPa 이상   저압식 : 1.05MPa 이상

(2) 호스릴 이산화탄소 소화설비

수평거리	노즐방사량(20℃)	약제저장량(노즐당)	개 방 밸 브
15m이하	60kg/min 이상	90kg 이상	수동으로 개폐 가능할 것

7. CO_2 소화설비 설계공식 ★★ 자주출제(필수정리) ★★

(1) CO_2 농도 계산방법

$$CO_2(\%) = \frac{21 - O_2(\%)}{21} \times 100$$

$$CO_2(\%) = \frac{\text{방출된 } CO_2 \text{ 가스체적}(m^3)}{\text{방호구역 체적}(m^3) + \text{방출된 } CO_2 \text{ 가스체적}(m^3)} \times 100$$

(2) 방출된 CO_2 가스량 계산방법

$$G_V = \frac{21 - Q_1}{Q_1} \times V$$

G_V : 방출된 CO_2 가스량(m^3)
Q_1 : 물질의 연소한계산소농도(%) 또는 측정된 산소농도(%)
V : 방호구역체적(m^3)

1-9 할론소화설비(NFTC 107)

1. 소화설비의 장점 및 단점 ★★

장 점	단 점
❶ 부촉매 작용으로 연소억제 작용이 크다.	❶ 가격이 비싸다.
❷ 금속에 대한 부식성이 작다.	❷ 소화약제를 수입에 의존해야 한다.
❸ 소화약제의 변질 및 분해가 없다.	❸ 대기오염이 크다.
❹ 화재 진화 후 깨끗하다.	
❺ 비전도성으로 전기화재에도 적합하다.	

2. 소화약제의 저장용기 등 ★★★

(1) 축압식 저장용기의 압력

소화약제의 종별	저 장 압 력	충전가스
할론1211	1.1MPa (저압식) 또는 2.5MPa(고압식)	질소(N_2)
할론1301	2.5MPa (저압식) 또는 4.2MPa (고압식)	질소(N_2)

(2) 저장용기의 충전비

소화약제의 종별		충 전 비(L/kg)
할론1211		0.7 이상 1.4 이하
할론1301		0.9 이상 1.6 이하
할론2402	가 압 식	0.51 이상 0.67 미만
	축 압 식	0.67 이상 2.75 이하

○ 소화설비 장단점
2차 실기시험에 가끔 출제

○ 할로겐 원소
- F(불소)
- Cl(염소)
- Br(브로민)
- I(아이오딘)

○ 축압식 저장용기 압력
실기시험에 ( ) 넣기로 가끔 출제됨

○ 저장용기 충전비
2차 실기시험 대비 필수정리

3. 할론소화약제 ★★★

(1) **전역방출** 방식[방호구역 체적계수 및 개구부 면적계수]

소방대상물	소화약제의 종별	방호구역의 체적 $1m^3$에 대한 소화약제의 양 kg (K_1 : kg/m^3)	개구부 가산량 (자동폐쇄장치 미설치시) (K_2 : kg/m^2)
차고, 주차장, 전기실, 통신기기실,	할론1301	0.32kg 이상 0.64kg 이하	2.4kg

(2) 호스릴 할론소화설비의 약제저장량

소화약제의 종별	소화약제의 양
할론2402	50kg
할론1211	
할론1301	45kg

● 할론1301 약제량
0.32kg/m^3(5%)~0.64 kg/m^3(10%)

● 상온에서 기체
 - 할론1211
 - 할론1301

● 상온에서 액체
 - 할론2402
 - 할론1011

4. 할론소화설비의 배관 ★★★

① 전용으로 할 것
② 강관을 사용하는 경우의 배관
  압력배관용 탄소강관(KS D 3562) 중 이음이 없는 **스케줄 40 이상**의 것 또는 이와 동등 이상의 강도를 가진 것으로서 아연도금 등에 의하여 방식처리된 것을 사용할 것
③ 동관을 사용하는 경우(이음이 없는 동 및 동합금관(KS D 5301)

고 압 식	16.5MPa 이상의 압력에 견딜 수 있는 것
저 압 식	3.75MPa 이상의 압력에 견딜 수 있는 것

5. 할론소화설비의 분사헤드 ★★

(1) **전역방출방식 및 국소방출방식**
  ① 할론2402는 무상으로 분무되는 것으로 할 것
  ② 분사헤드의 방사압력

소화약제의 종별	헤드의 방사압력(MPa)
할론2402	0.1
할론1211	0.2
할론1301	0.9

③ 기준저장량의 소화약제를 10초 이내에 방사할 수 있는 것으로 할 것

(2) 호스릴 할론소화설비 설치기준
① 호스 접결구까지의 수평거리 : 20m 이하
② 노즐은 20℃에서 하나의 노즐마다 1분당 방사량

할론 번호	1분당 방사하는 소화약제의 양
할론2402	45kg
할론1211	40kg
할론1301	35kg

1-10 할로겐화합물 및 불활성기체 소화설비(NFTC 107A)

1. 할로겐화합물 및 불활성기체 소화약제의 개요 ★★★

(1) **ODP**(Ozone Depletion Potential) : 오존파괴지수
오존파괴지수(ODP)=어떤물질 1kg이 파괴하는 오존량/CFC-11 1kg이 파괴하는 오존량

물질명	$CFCl_3$(CFC-11)	할론1211	할론2402	할론1301
ODP	1	3	6	10

(2) **GWP**(Global Warming Potential) : 지구온난화지수
지구온난화지수(GWP)=어떤 물질 1kg이 기여하는 지구온난화정도/CO_2 1kg이 기여하는 지구온난화정도

(3) **ALT**(Atmospheric Life Time)
어떤 물질이 대기권에 방출된 후 분해되지 않고 체류하는 잔존시간 (단위 : 년)

(4) **NOAEL**(No Observed Adverse Effect Level)
심장 독성 시험시 심장에 영향을 **미치지 않는 농도**

(5) **LOAEL**(Lowest Observed Adverse Effect Level)
심장 독성 시험시 심장에 영향을 **미치는 최소 농도**

○ **가압용 가스**
질소(N_2)

○ ODP
○ GWP
○ NOAEL
○ LOAEL
위의 용어에 대한 설명이 2차 실기에 가끔 출제된다.

2. 할로겐화합물 및 불활성기체 소화약제의 종류 ★★

번호	소화약제명	화학식	비고
1	FK-5-1-12	$CF_3CF_2C(O)CF(CF_3)_2$	할로겐화합물 소화약제
2	FC-3-1-10	C_4F_{10}	
3	HCFC BLEND A	$HCFC-123(CHCl_2CF_3)$: 4.75% $HCFC-22(CHClF_2)$: 82% $HCFC-124(CHClFCF_3)$: 9.5% $C_{10}H_{16}$: 3.75%	할로겐화합물 소화약제
4	HCFC-124	$CHClFCF_3$	
5	HFC-125	CHF_2CF_3	
6	HFC-227ea	CF_3CHFCF_3	
7	HFC-23	CHF_3	
8	HFC-236fa	$CF_3CH_2CF_3$	
9	FIC-13I1	CF_3I	
10	IG-01	Ar	불활성 기체소화약제
11	IG-100	N_2	
12	IG-541	N_2 : 52%, Ar : 40%, CO_2 : 8%	
13	IG-55	N_2 : 50%, Ar : 50%	

> **Pass Point**
>
> ◎ IG 명명법
> IG-ABC
> A : N_2 함량
> B : Ar 함량
> C : CO_2 함량
>
> ◎ IG-541
> - N_2 : 52%
> - Ar : 40%
> - CO_2 : 8%

3. 저장용기의 재충전 및 교체 ★★

① 할로겐화합물소화약제
▶ 약제량 손실이 **5% 초과** 또는 압력손실이 **10% 초과**할 경우에는 재충전하거나 저장용기를 교체
② 불활성기체소화약제
▶ 저장용기의 압력손실이 **5%를 초과**할 경우 재충전하거나 저장용기를 교체

> ◎ 할로겐화합물소화약제의 용기교체
> - 약제량 손실 5% 초과
> - 압력손실 10% 초과
>
> ◎ 불활성기체 용기교체
> - 압력손실 5% 초과
>
> ◎ 할로겐화합물 및 불활성 기체 소화약제량 산출공식 필히 암기

4. 전역방출방식 소화약제 저장량 ★★

(1) 할로겐화합물소화약제

$$W = \frac{V}{S} \times \left[\frac{C}{(100-C)}\right]$$

W : 소화약제의 무게(kg)　　V : 방호구역의 체적(m^3)
S : 소화약제별 선형상수($K_1 + K_2 \times t$)(m^3/kg)
C : 체적에 따른 소화약제의 설계농도(%)
t : 방호구역의 최소예상온도(℃)

● 불활성기체
약제량 산출공식 필히 암기

(2) 불활성기체 소화약제

$$X = 2.303\left(\frac{Vs}{S}\right) \times \log_{10}\left[\frac{100}{(100-C)}\right]$$

X : 공간체적당 더해진 소화약제의 부피(m^3/m^3)
S : 소화약제별 선형상수($K_1 + K_2 \times t$)(m^3/kg)
C : 체적에 따른 소화약제의 설계농도(%)
Vs : 20℃에서 소화약제의 비체적(m^3/kg)
t : 방호구역의 최소예상온도(℃)

5. 분사헤드의 설치기준 ★

(1) ◆ **분사헤드의 설치 높이** : 바닥으로부터 최소 0.2m 이상 최대 3.7m 이하
  ◆ **천장높이가 3.7m를 초과할 경우** : 추가로 다른 열의 분사헤드를 설치할 것

(2) **분사헤드의 개수**
규정된 방사 시간내 약제량의 95% 이상이 방출되도록 설치

● 약제 방사시간
- 할론 : 10초 이내
- 불활성 : A, C급 화재 2분 이내, B급 화재 1분 이내

【규정된 방사시간】

할로겐화합물 및 불활성기체 소화약제의 구분	방사시간
할로겐화합물소화약제	10초 이내
불활성기체소화약제	A, C급 화재 2분 이내 B급 화재 1분 이내

(3) **분사헤드의 오리피스의 면적** : 연결되는 배관구경면적의 70% 초과 금지

1-11 분말소화설비(NFTC 108)

1. 분말소화약제의 저장용기 ★★ 자주출제(필수정리) ★★

① 저장용기의 충전비(L/kg)

소화약제의 종별	주 성 분	화 학 식	충 전 비(L/kg)
제1종 분말	탄산수소나트륨	$NaHCO_3$	0.80 이상
제2종 분말	탄산수소칼륨	$KHCO_3$	1.00 이상
제3종 분말	제1인산암모늄	$NH_4H_2PO_4$	1.00 이상
제4종 분말	탄산수소칼륨과 요소	$KHCO_3+(NH_2)_2CO$	1.25 이상

② 저장용기에 설치하는 안전밸브의 작동압력

작 동 방 식	작 동 압 력
가 압 식	용기의 최고사용압력의 1.8배 이하
축 압 식	용기의 내압시험압력의 0.8배 이하

③ 저장용기의 충전비는 0.8 이상으로 할 것

2. 분말소화약제의 가압용 가스용기 ★★★

① 가압용 가스용기를 3병 이상 설치한 경우에 2개 이상의 용기에 전자개방밸브 부착
② 가압용 가스용기에는 **2.5MPa 이하**의 압력에서 조정이 가능한 압력조정기를 설치
③ 가압용 또는 축압용 가스

구 분	질소가스 사용시	이산화탄소 사용시
가압용 가스	40L(질소)/1kg(약제) 이상 (35℃, 1기압 기준)	20g(CO_2)/1kg(약제) +배관청소에 필요한 양
축압용 가스	10L(질소)/1kg(약제) 이상 (35℃, 1기압 기준)	20g(CO_2)/1kg(약제) +배관청소에 필요한 양

Pass Point

◎ **탄산수소나트륨**
=중탄산나트륨
=중조

◎ **탄산수소칼륨**
=중탄산칼륨

◎ **가압식**
약제 및 가압용 가스를 별도 용기에 각각 저장

◎ **축압식**
하나의 용기 안에 약제 및 가압용 가스를 함께 저장

제 3 편 소방기계시설의 구조 및 원리

◎ 분말약제저장량은 필히 암기할 것

3. 분말소화약제의 저장량 ★★ 자주출제(필수정리) ★★

(1) 전역방출방식

【방호구역체적에 대한 약제량 및 개구부 가산량】

소화약제의 종별	방호구역의 체적 1m³에 대한 소화약제의 양 kg(K1 : kg/m³)	개구부 가산량(K2 : kg/m²) (자동폐쇄장치 미설치시)
제1종	0.60kg/m³	4.5kg/m²
제2종 또는 제3종	0.36kg/m³	2.7kg/m²
제4종	0.24kg/m³	1.8kg/m²

(2) 호스릴 분말소화설비

하나의 노즐에 대하여 다음 표에 의한 양 이상으로 할 것

소화약제의 종별	노즐당 약제 저장량(kg)
제1종	50kg
제2종 또는 제3종	30kg
제4종	20kg

4. 분말소화설비의 배관 설치기준 ★★

◎ 분말소화설비의 배관은 토너먼트 방식으로 한다.

(1) 강관을 사용하는 경우

아연도금에 의한 배관용 탄소강관(KS D 3507)이나 이와 동등 이상의 강도·내식성 및 내열성을 가진 것으로 할 것. 다만, 축압식 분말소화설비에 사용하는 것 중 20℃에서 압력이 **2.5MPa 이상 4.2MPa 이하**인 것에 있어서는 압력배관용 탄소강관(KS D 3562) 중 이음이 없는 **스케줄 40 이상**의 것 또는 이와 동등 이상의 강도를 가진 것으로서 아연도금으로 방식처리된 것을 사용

(2) 동관을 사용하는 경우의 배관은 고정압력 또는 최고사용압력의 1.5배 이상의 압력에 견딜 수 있는 것을 사용

5. 분말소화설비의 분사헤드 설치기준 ★★

◎ 약제방사시간
전역 및 국소방식 모두 30초 이내

(1) 전역방출방식 및 국소방출방식의 분사헤드

소화약제 저장량을 **30초 이내**에 방사할 수 있는 것으로 할 것

(2) 호스릴 분말소화설비
  ▶ 수평거리가 15m 이하
  ▶ 약제별 노즐의 방사량

소화약제의 종별	노즐의 방사량(kg/min)
제1종	45
제2종 또는 제3종	27
제4종	18

6. 정압작동장치의 기능 및 종류 ★

(1) 기능
가압용 가스용기로부터 가압용 가스가 분말약제 저장용기에 유입되어 약제를 혼합 유동시킨 후 설정된 방출압력이 되면 주 밸브(메인밸브)를 개방시키는 역할

(2) 종류
① 압력스위치 방식 ② 기계적 방식(스프링식)
③ 시한릴레이 방식(전기식)

◆ 정압작동장치의 종류
① 압력스위치 방식
② 기계적 방식
③ 시한릴레이 방식
 (타이머방식)

1-12 연결송수관설비(NFTC 502)

1. 송수구 설치기준 ★★

① 송수구는 연결송수관의 수직배관마다 1개 이상을 설치
② 송수구의 부근에 자동배수밸브 또는 체크밸브 설치순서
  ㉮ 습식 : 송수구 → 자동배수밸브 → 체크밸브(송자첵)
  ㉯ 건식 : 송수구 → 자동배수밸브 → 체크밸브 → 자동배수밸브(송자첵자)

◆ 송수구
 - 설치높이 : 0.5~1m
 - 65mm 쌍구형
 - 수직배관마다 1개 이상

【습 식】   【건 식】

2. 배관 설치기준 ★★

▶ 주배관의 구경은 100mm 이상
▶ [습식설비로 하여야 하는 경우]
① 지면으로부터의 높이가 31m 이상인 특정 소방대상물
② 지상 11층 이상인 특정 소방대상물

●방수구
계단으로부터 5m 이내에 설치

3. 방수구 설치기준 ★★

① 연결송수관설비의 방수구는 그 소방대상물의 층마다 설치

방수구설치 예외
▶ 아파트의 1층 및 2층   ▶ 피난층

② 11층 이상의 방수구는 **쌍구형**으로 설치

단구형으로 할 수 있는 장소
❶ 아파트의 용도로 사용되는 층
❷ 스프링클러설비가 유효하게 설치되어 있고 방수구가 2개소 이상 설치된 층

③ 방수구의 호스접결구 설치위치 : 바닥으로부터 **높이 0.5m 이상 1m 이하**
④ 방수구의 구경 : 65mm의 것
⑤ 방수구는 개폐기능을 가진 것으로 할 것

●방수구 수평거리
① 지하가 또는 지하층 바닥면적 합계가 3000m² 이상인 것은 수평거리 25m 이하
② ①이외는 수평거리 50m 이하

4. 방수기구함 설치기준 ★

① 피난층과 가장 가까운 층을 기준하여 3개층마다 설치
② 그 층의 방수구마다 보행거리 5m 이내에 설치

●가압송수장치
- 높이 70m 이상
- 토출량 2400L/분 이상
- 노즐압 : 0.35MPa 이상

5. 가압송수장치 설치기준 ★★

높이 70m 이상의 특정 소방대상물에는 연결송수관설비의 가압송수장치를 설치

① 펌프의 토출량은 2400L/min(계단식 아파트는 1200L/min) **이상** (단, 방수구가 3개 초과(방수구가 5개 이상인 경우 5개)는 **1개마다 800L(계단식 아파트는 400L/min)를 가산한 양)**
② 펌프양정은 최상층에 설치된 노즐선단의 압력이 **0.35MPa 이상**

1-13 연결살수설비(NFTC 503)

1. 연결살수설비의 송수구 설치기준 ★★★

① 소방펌프자동차가 쉽게 접근할 수 있고 노출된 장소에 설치
② 송수구 구경 : 65mm 쌍구형
(단, 살수헤드의 수가 10개 이하인 것은 **단구형**의 것으로 할 수 있다.)

※ 송수구 설치높이
지면으로부터 0.5m 이상 1m 이하

2. 자동배수밸브 및 체크밸브 설치순서 ★★★

① 폐쇄형헤드 사용(습식) : 송수구 → 자동배수밸브 → 체크밸브
② 개방형헤드 사용(건식) : 송수구 → 자동배수밸브

【폐쇄형헤드 사용 시(습식)】　　【개방형헤드 사용 시(건식)】

3. 살수헤드의 수 ★★

▶ 개방형 헤드를 사용하는 살수헤드의 수는 10개 이하.

4. 연결살수설비의 배관 ★★ 자주출제(필수정리) ★★

(1) 연결살수 설비의 배관구경

필수암기 ★★★★

※ 한쪽 가지배관에 설치되 헤드수
- 8개 이하

연결살수설비 전용헤드 개수와 배관구경

살수헤드의 개수	1개	2개	3개	4개 또는 5개	6개 이상 10개 이하
배관의 구경(mm)	32	40	50	65	80

(2) 개방형 헤드를 사용시 : 1/100 이상의 기울기

※ 개방형 헤드사용시
수평주행배관 기울기는 헤드를 향하여 상향으로 $\frac{1}{100}$ 이상 기울기로 설치

5. 연결살수설비의 헤드 ★★

(1) 연결살수설비 전용헤드 또는 스프링클러헤드로 설치
(2) 건축물에 설치하는 연결살수설비의 헤드 설치기준

살수헤드의 종류	수평 거리
연결살수설비 전용헤드	3.7m 이하
스프링클러헤드	2.3m 이하

1-14 소화수조 및 저수조(NFTC 402) & 상수도소화용수설비(NFTC 401)

1. 소화수조 등 ★★★

① 소방차가 채수구 또는 흡수관 투입구로부터 **2m 이내**의 지점까지 접근할 수 있는 위치에 설치
② 소화수조 또는 저수조의 저수량

【소방대상물의 기준면적】

소방대상물의 구분	기준면적
1층 및 2층의 바닥면적 합계가 15000m² 이상인 소방대상물	7500m²
그 밖의 소방대상물	12500m²

> **참고** 소화용수설비의 수원의 양
> 수원의 양 $Q(m^3)$
> $= \dfrac{연면적(m^2)}{기준면적(m^2)}(소수점 이하의 수는 1로 본다) \times 20m^3$

2. 소화수조 또는 저수조의 설치기준 ★★★

[지하에 설치하는 소화용수설비의 흡수관투입구]
① 한 변이 **0.6m 이상**이거나 직경이 0.6m 이상으로 할 것
② 소요수량이 **80m³ 미만**인 것에 있어서는 **1개 이상** 설치
③ 소요수량이 **80m³ 이상**인 것에 있어서는 **2개 이상** 설치
④ "흡수관투입구"라고 표시한 표지를 설치

✪ **소방대상물별 기준면적 및 수원의 양**
2차 실기시험에 이용되므로 필히 암기할 것

✪ **흡수관 투입구**
- 0.6m 이상
- 80m³ 미만 : 1개
- 80m³ 이상 : 2개

3. 채수구 설치기준 ★★

① 구경 65mm 이상의 나사식 결합금속구를 설치

【소요수량과 채수구수】

소요수량	20m³ 이상 40m³ 미만	40m³ 이상 100m³ 미만	100m³ 이상
채수구수	1개	2개	3개

② 채수구 설치위치 : 지면으로부터의 높이가 0.5m 이상 1m 이하의 위치에 설치
③ "채수구"라고 표시한 표지 설치
④ 0.8m³/min 이상인 유수를 사용할 수 있는 경우는 소화수조 설치예외

4. 소화용수의 가압송수장치 ★★

① 소화수조 또는 저수조가 4.5m 이상인 지하에 있는 경우에 가압송수장치 설치

【소요수량과 가압송수장치의 분당 양수량】

소요수량	20m³ 이상 40m³ 미만	40m³ 이상 100m³ 미만	100m³ 이상
1분당 양수량	1100L 이상	2200L 이상	3300L 이상

② 채수구의 압력이 0.15 MPa 이상

5. 상수도 소화용수설비 ★★★★★

① 호칭지름 75mm 이상의 수도배관에 호칭지름 100mm 이상의 소화전을 접속
② 소화전은 수평투영면의 각 부분으로부터 140m 이하가 되도록 설치

1-15 지하구의 소방시설(NFTC 605)

1. 연소방지설비의 송수구 설치기준 ★

① 송수구는 구경 65mm의 쌍구형
② 송수구로부터 1m 이내에 살수구역 안내표지를 설치

Pass Point

◎ 채수구
0.5~1m

◎ 가압송수장치
지하 4.5m 이상인 경우 설치

◎ 상수도 소화용수설비
- 수도배관 : 75mm 이상
- 소화전 : 100mm 이상
- 140m 이하

◎ 송수구
- 65mm 쌍구형
- 0.5~1m

2. 연소방지설비의 배관 설치기준

① 배관용 탄소강관 또는 압력배관용 탄소강관
② 연소방지설비전용헤드수별 급수관의 구경

전용헤드의 개수	1개	2개	3개	4개~5개	6개 이상
배관의 구경(mm)	32	40	50	65	80

3. 연소방지설비의 헤드 설치기준

① 천장 또는 벽면에 설치할 것
② 헤드간의 수평거리

전용헤드	개방형 스프링클러헤드
2m 이하	1.5m 이하

③ 소방대원의 출입이 가능한 **환기구·작업구마다** 지하구의 양쪽방향으로 살수헤드를 설정하되, **한쪽 방향의 살수구역의 길이는 3m 이상**으로 할 것. 다만, 환기구 사이의 간격이 700m를 초과할 경우에는 700m 이내마다 **살수구역**을 설정할 것.

1-16 도로터널(NFTC 603)

◎ 소화기
- 총중량 : 7kg 이하
- 50m 이내 간격 설치

1. 소화기 설치기준

(1) 능력단위는 A급 화재는 **3단위 이상**, B급 화재는 **5단위 이상** 및 C급 화재는 적응성이 있는 것
(2) 총중량은 **7kg 이하**
(3) 주행차로의 우측 측벽에 **50m 이내**의 간격으로 2개 이상을 설치하며, 편도2차선 이상의 양방향 터널과 4차로 이상의 일방향 터널의 경우에는 양쪽 측벽에 각각 50m 이내의 간격으로 엇갈리게 2개 이상을 설치
(4) 바닥면으로부터 **1.5m 이하**의 높이에 설치

2. 옥내소화전설비 설치기준

(1) **소화전함과 방수구**
   ① 주행차로 우측 측벽을 따라 50m **이내**의 간격으로 설치
   ② 편도 2차선 이상의 양방향 터널이나 4차로 이상의 일방향 터널의 경우 양쪽 측벽에 각각 50m **이내**의 간격으로 엇갈리게 설치

(2) **수원의 양**

$$Q(L) = N \times 190L/min \times 40min \text{ 이상}$$

N : 옥내소화전 설치개수 2개 (4차로 이상의 터널 : 3개)

(3) 방수압력은 0.35MPa 이상
(4) 방수량은 190L/min 이상
(5) 방수구는 40mm **구경**의 단구형을 바닥면으로부터 1.5m **이하**의 높이에 설치
(6) 소화전함에는 옥내소화전 방수구 1개, 15m 이상의 소방호스 3개 이상 및 방수노즐을 비치
(7) **비상전원은 40분 이상** 작동할 수 있을 것

3. 제연설비 설치기준

(1) 설계화재강도 20MW를 기준
(2) 연기발생률은 80m³/s로 할 것

4. 연결송수관설비의 기준

(1) **방수압력** : 0.35MPa 이상, **방수량** : 400L/min 이상
(2) 방수구는 50m **이내**의 간격으로 설치
(3) **방수 기구함**
   ① 50m 이내의 간격으로 옥내소화전함 안에 설치
   ② 65mm 방수노즐 1개와 15m 이상의 호스 3개를 설치

5. 물분무소화설비

(1) **방수량** : 도로면 1m²당 6L/min 이상
(2) 하나의 방수구역은 25m 이상으로 하며 3개 방수구역을 동시에 40분 이상 방수할 수 있는 수량을 확보할 것
(3) **비상전원 용량** : 40분 이상

○ **방수구**
 - 50m 이내 간격 설치
 - 방수압 : 0.35MPa 이상
 - 방수량 : 190L/분 이상

○ 제연설비의 전원공급 장치는 250℃ 온도에서 60분 이상 운전유지

○ 제연설비의 비상전원 60분 이상 작동

제 2 장 피난구조설비(NFTC 301)

2-1 피난설비

1. 피난기구 ★★

(1) 피난기구의 종류
① 피난사다리   ② 완강기   ③ 구조대
④ 피난교   ⑤ 미끄럼대 ⑥ 간이완강기
⑦ 피난용트랩   ⑧ 공기안전매트 ⑨ 다수인 피난장비
⑩ 승강식 피난기

(2) 피난기구 설치대상
소방대상물의 피난층, 2층 및 11층 이상을 제외한 모든 층
(즉 지하층 및 지상 3층~10층은 피난기구를 설치)

(3) 인명구조 기구
① 인명구조기구의 종류 :   ㉮ 방열복 또는 방화복 ㉯ 공기호흡기
                        ㉰ 인공소생기(병원은 제외)
② 인명구조기구 설치대상 : ㉮ **7층 이상**(지하층 포함)인 **관광호텔**
                        ㉯ **5층 이상**(지하층 포함)인 **병원**

2. 적응 및 설치개수 등

① 설치개수

특 수 장 소	숙박시설, 노유자시설, 의료시설로 사용되는 층	위락시설, 문화집회 및 운동시설, 판매시설, 복합용도의 층	아파트	그 밖의 용도의 층
설치 개수	500m²마다 1개 이상	800m²마다 1개 이상	각 세대마다	바닥면적 1000m² 마다 1개 이상

② 숙박시설(휴양 콘도미니엄 제외)은 추가로 객실마다 완강기 또는 둘 이상의 간이완강기를 설치할 것

● 완강기
사용자가 연속적으로 사용할 수 있는 것

● 간이완강기
사용자가 연속적으로 사용할 수 없는 것

● 숙박시설
피난기구외에 추가로 객실마다 간이완강기를 설치할 것

③ 공동주택의 경우는 공기안전매트 1개 이상 추가로 설치할 것(다만, 옥상으로 피난 가능 및 인접세대 피난가능한 구조인 경우는 예외)

3. 피난기구 설치기준

① 피난기구는 계단·피난구 기타 피난시설로부터 적당한 거리에 있는 안전한 구조로 된 피난 또는 소화활동상 유효한 개구부(가로 0.5m 이상 세로 1m 이상인 것을 말한다. 이 경우 개부구 하단이 바닥에서 1.2m 이상이면 발판 등을 설치하여야 하고, 밀폐된 창문은 쉽게 파괴할 수 있는 파괴장치를 비치하여야 한다)에 고정하여 설치하거나 필요한 때에 신속하고 유효하게 설치할 수 있는 상태에 둘 것
② 피난기구를 설치하는 개구부는 서로 동일직선상이 아닌 위치에 있을 것. 다만, 피난교·피난용트랩·간이완강기·아파트에 설치되는 피난기구(다수인 피난장비는 제외한다) 기타 피난 상 지장이 없는 것에 있어서는 그러하지 아니하다.

4. 승강식피난기 및 하향식 피난구용 내림식사다리 설치기준

① 승강식피난기 및 하향식 피난구용 내림식사다리는 설치경로가 설치층에서 피난층까지 연계될 수 있는 구조로 설치할 것. 단, 건축물 규모가 지상 5층 이하로서 구조 및 설치 여건상 불가피한 경우는 그러하지 아니 한다.
② 대피실의 면적은 $2m^2$(2세대 이상일 경우에는 $3m^2$) 이상으로 하고, 하강구(개구부) 규격은 직경 60cm 이상일 것.
③ 하강구 내측에는 기구의 연결 금속구 등이 없어야 하며 전개된 피난기구는 하강구 수평투영면적 공간 내의 범위를 침범하지 않는 구조이어야 할 것. 단, 직경 60cm 크기의 범위를 벗어난 경우이거나, 직하층의 바닥 면으로부터 높이 50cm 이하의 범위는 제외 한다.
④ 대피실의 출입문은 60분+방화문 또는 60분방화문으로 설치하고, 피난방향에서 식별할 수 있는 위치에 "대피실" 표지판을 부착할 것. 단, 외기와 개방된 장소에는 그러하지 아니 한다.
⑤ 착지점과 하강구는 상호 수평거리 15cm 이상의 간격을 둘 것
⑥ 대피실 내에는 비상조명등을 설치할 것
⑦ 대피실에는 층의 위치표시와 피난기구 사용설명서 및 주의사항 표지판을 부착할 것

⑧ 대피실 출입문이 개방되거나, 피난기구 작동 시 해당층 및 직하층 거실에 설치된 표시등 및 경보장치가 작동되고, 감시 제어반에서는 피난기구의 작동을 확인 할 수 있어야 할 것
⑨ 사용 시 기울거나 흔들리지 않도록 설치할 것
⑩ 승강식피난기는한국소방산업기술원 또는 성능시험기관으로 지정받은 기관에서 그 성능을 검증받은 것으로 설치할 것

5. 축광표지의 식별도시험
(축광표지의 성능인증 및 제품검사의 기술기준)

① 축광유도표지 및 축광위치표지는 200lx 밝기의 광원으로 **20분간** 조사시킨 상태에서 다시 주위조도를 0lx로 하여 **60분간** 발광시킨 후 **직선거리 20m(축광위치표지의 경우 10m)** 떨어진 위치에서 유도표지 또는 위치표지가 있다는 것이 식별되어야 할 것
② 보조축광표지는 200lx 밝기의 광원으로 20분간 조사 시킨 상태에서 다시 주위조도를 0lx로 하여 60분간 발광시킨 후 직선거리 10m 떨어진 위치에서 식별되어야 할 것

6. 피난기구 설치제외

다음 각 호의 어느 하나에 해당하는 소방대상물 또는 그 부분에는 피난기구를 설치하지 아니할 수 있다. 다만, 숙박시설(휴양콘도미니엄을 제외)에 설치되는 완강기 및 간이완강기의 경우에는 그러하지 아니하다.

(1) **다음 각 목의 기준에 적합한 층**
① 주요구조부가 내화구조로 되어 있어야 할 것
② 실내의 면하는 부분의 마감이 불연재료·준불연재료 또는 난연재료로 되어 있고 방화구획이 건축법시행령 제46조의 규정에 적합하게 구획되어 있어야 할 것
③ 거실의 각 부분으로부터 직접 복도로 쉽게 통할 수 있어야 할 것
④ 복도에 2 이상의 특별피난계단 또는 피난계단이「건축법시행령」제35조에 적합하게 설치되어 있어야 할 것
⑤ 복도의 어느 부분에서도 2 이상의 방향으로 각각 다른 계단에 도달할 수 있어야 할 것

(2) **다음 각 목의 기준에 적합한 소방대상물 중 그 옥상의 직하층 또는 최상층**(관람집회 및 운동시설 또는 판매시설을 제외)

① 주요구조부가 내화구조로 되어 있어야 할 것
② 옥상의 면적이 1,500m² 이상이어야 할 것
③ 옥상으로 쉽게 통할 수 있는 창 또는 출입구가 설치되어 있어야 할 것
④ 옥상이 소방사다리차가 쉽게 통행할 수 있는 도로(폭 6m 이상의 것) 또는 공지(공원 또는 광장 등)에 면하여 설치되어 있거나 옥상으로부터 피난층 또는 지상으로 통하는 2 이상의 피난계단 또는 특별피난계단이 적합하게 설치되어 있어야 할 것

(3) 주요구조부가 내화구조이고 지하층을 제외한 층수가 4층 이하이며 소방사다리차가 쉽게 통행할 수 있는 도로 또는 공지에 면하는 부분에 기준에 적합한 개구부가 2 이상 설치되어 있는 층(문화집회 및 운동시설·판매시설 및 영업시설 또는 노유자시설의 용도로 사용되는 층으로서 그 층의 바닥면적이 1,000m² 이상인 것을 제외)

(4) 갓복도식 아파트 또는 인접세대(수평 또는 수직)로 피난할 수 있는 아파트

(5) 주요구조부가 내화구조로서 거실의 각 부분으로 직접 복도로 피난할 수 있는 학교(강의실 용도로 사용되는 층에 한한다)

(6) 무인공장 또는 자동창고로서 사람의 출입이 금지된 장소(관리를 위하여 일시적으로 출입하는 장소를 포함)

7. 피난기구설치의 감소

(1) **피난기구의 2분의 1을 감소할 수 있는 경우**
다음 각 호의 기준에 적합한 층에는 설치하여야하는 피난기구의 2분의 1을 감소할 수 있다. 이 경우 설치하여야 할 피난기구의 수에 있어서 소수점 이하의 수는 1로 한다.
① 주요구조부가 내화구조로 되어 있을 것
② 직통계단인 피난계단 또는 특별피난계단이 2 이상 설치되어 있을 것

(2) **피난기구의 수에서 해당 건널 복도의 수의 2배의 수를 뺀 수로 하는 경우**
주요구조부가 내화구조이고 다음 각 호의 기준에 적합한 건널 복도가 설치되어 있는 층에는 설치하여야하는 피난기구의 수에서 해당 건널 복도의 수의 2배의 수를 뺀 수로 한다.

① 내화구조 또는 철골조로 되어 있을 것
② 건널 복도 양단의 출입구에 자동폐쇄장치를 한 60분+방화문 또는 60분방화문(방화셔터를 제외한다)이 설치되어 있을 것
③ 피난·통행 또는 운반의 전용 용도일 것

(3) **피난기구의 설치개수 산정을 위한 바닥면적에서 이를 제외하는 경우**
다음 각 호에 기준에 적합한 노대가 설치된 거실의 바닥면적은 피난기구의 설치개수 산정을 위한 바닥면적에서 이를 제외한다.
① 노대를 포함한 소방대상물의 주요구조부가 내화구조일 것
② 노대가 거실의 외기에 면하는 부분에 피난 상 유효하게 설치되어 있어야 할 것
③ 노대가 소방사다리차가 쉽게 통행할 수 있는 도로 또는 공지에 면하여 설치되어 있거나, 또는 거실부분과 방화 구획되어 있거나 또는 노대에 지상으로 통하는 계단 그 밖의 피난기구가 설치되어 있어야 할 것

8. 소방대상물의 설치장소별 피난기구의 적응성

구분 \ 층별	1층	2층	3층	4층 이상 10층 이하
노유자시설	미구교다승			구[1]교다승
의료시설·근린생활시설 중 입원실이 있는 의원·접골원·조산원			미트구교다승	트구교다승
다중이용업소로서 영업장의 위치가 4층 이하인 다중이용업소			미사구완다승	
그 밖의 것			트공간교미사구완다승	공간[2]교사구완다승

[비고] 1) 구조대의 적응성은 장애인 관련 시설로서 주된 사용자 중 스스로 피난이 불가한 자가 있는 경우 추가로 설치하는 경우에 한한다.
2) 간이완강기의 적응성은 숙박시설의 3층 이상에 있는 객실에 추가로 설치하는 경우에 한한다.

어두문자 암기방법

피난용트랩 ⇒ 트	피난교 ⇒ 교	피난사다리 ⇒ 사
미끄럼대 ⇒ 미	구조대 ⇒ 구	다수인피난장비 ⇒ 다
승강식피난기 ⇒ 승	완강기 ⇒ 완	간이완강기 ⇒ 간
공기안전매트 ⇒ 공		

9. 피난사다리의 일반구조 기준 ★

① 피난사다리의 종봉 간격은 안치수가 30cm 이상 50cm 이하
② 피난사다리의 횡봉은 지름 14mm 이상 35mm의 원통인 단면
③ 피난사다리의 횡봉의 간격은 25cm 이상 35cm 이하

10. 구조대의 종류 ★

① 사강식　　　② 수직 하강식

Pass Point

○ 피난기구의 개구부는 서로 동일 직선상이 아닌 위치에 설치

○ 4층 이상의 층에는 금속성 고정사다리 설치

2-2 인명구조기구의 화재안전기술기준 (NFTC 302)

1. 인명구조기구를 설치해야 하는 특정소방대상물

(1) **방열복 또는 방화복**(안전모, 보호장갑 및 안전화를 포함), **인공소생기 및 공기호흡기를 설치해야 하는 특정소방대상물**
지하층을 포함하는 층수가 **7층 이상**인 것 중 **관광호텔** 용도로 사용하는 층

(2) **방열복 또는 방화복**(안전모, 보호장갑 및 안전화를 포함) **및 공기호흡기를 설치해야 하는 특정소방대상물**
지하층을 포함하는 층수가 **5층 이상**인 것 중 **병원** 용도로 사용하는 층

(3) **공기호흡기를 설치해야 하는 특정소방대상물**
① 수용인원 100명 이상인 문화 및 집회시설 중 **영화상영관**
② 판매시설 중 **대규모점포**
③ 운수시설 중 **지하역사**
④ **지하상가**
⑤ **이산화탄소소화설비**(호스릴이산화탄소소화설비는 제외)를 설치해야 하는 특정소방대상물

2. 인명구조기구의 설치기준

【특정소방대상물의 용도 및 장소별로 설치해야 할 인명구조기구】

특정소방대상물	인명구조기구	설치수량
1. 지하층을 포함하는 층수가 7층 이상인 관광호텔 및 5층 이상인 병원	방열복 또는 방화복(안전모, 보호장갑 및 안전화를 포함한다), 공기호흡기, 인공소생기	각 2개 이상 비치할 것. 다만, 병원의 경우에는 인공소생기를 설치하지 않을 수 있다.
2. 문화 및 집회시설 중 수용인원 100명 이상의 영화상영관 3. 판매시설 중 대규모 점포 4. 운수시설 중 지하역사 5. 지하상가	공기호흡기	층마다 2개 이상 비치할 것. 다만, 각 층마다 갖추어 두어야 할 공기호흡기 중 일부를 직원이 상주하는 인근 사무실에 갖추어 둘 수 있다.
6. 물분무등소화설비 중 이산화탄소소화설비를 설치하여야 하는 특정소방대상물	공기호흡기	이산화탄소소화설비가 설치된 장소의 출입구 외부 인근에 1대 이상 비치할 것

제 3 장 제연설비(NFTC 501)

3-1 제연설비

1. 제연방식의 종류 ★★★

① **밀폐제연방식** : 제연의 기본방식이며 공동주택, 여관, 호텔 등에 적합
② **자연제연방식** : 창문 또는 전용 배연구로 연기를 배출시키는 방식
③ **스모그타워 제연방식** : 제연전용굴뚝 또는 환기통을 설치하여 화재 시 발생한 열기류의 부력이나 지붕 상부에 설치된 루프모니터 등이 바람에 의한 회전력으로 생긴 흡인력을 이용하여 연기를 배출시키는 방식으로 자연제연의 일종이며 고층빌딩에 적합하다.
④ **기계제연방식**(강제제연방식) : 화재시 발생한 연기를 화재실 상부 또는 화재실 입구에 송풍기나 배풍기를 설치하여 연기를 강제로 배출시키는 방식으로 배연구역이 너무 크면 곤란하며 유지관리비가 많이 든다.

✪ 제연방식 종류
① 밀폐제연
② 자연제연
③ 스모그타워제연
④ 기계제연(강제제연)

2. 제연구역의 구획 ★★★★★

① 하나의 제연구역의 면적은 **1,000m²** 이내로 할 것
② 거실과 통로(복도를 포함)는 각각 제연구획할 것
③ 통로상의 제연구역은 보행중심선의 길이가 **60m**를 초과하지 아니할 것
④ 하나의 제연구역은 직경 **60m 원내**에 들어갈 수 있을 것
⑤ 하나의 제연구역은 **둘 이상의 층**에 미치지 아니하도록 할 것

✪ 제연구역의 구획
2차 실기시험에 자주 출제되므로 필히 암기할 것

3. 제연구역의 보, 제연경계벽(제연경계) 및 벽의 설치 기준 ★★★

제연경계의 폭이 0.6m 이상이고, 수직거리가 2m 이내

【제연경계의 폭과 수직거리】

✪ 제연경계의 구획
① 보
② 제연경계벽
③ 벽

제 3 편 소방기계시설의 구조 및 원리

4. 배출량 및 배출방식 ★★

(1) 거실의 바닥면적이 400m² 미만인 예상제연구역의 배출량
- 바닥면적 1m²당 1m³/min 이상으로 하되, 예상제연구역 전체에 대한 **최저 배출량은 5000m³/hr 이상**으로 할 것.

$$Q = S \times 1m^3/min \cdot m^2 \times 60min/hr$$

Q : 배출량(m³/hr : 최소값은 5,000m³/hr 이상)
S : 바닥면적(m²)

> ○ **바닥면적이 400m² 미만**
> - 배출량은 1m³/m²·분 으로 한다.
> - 최소값 : 5000m³/hr 이상

(2) 거실의 바닥면적이 400m² 이상인 예상제연구역의 배출량
① 예상제연구역이 **40m 원의 범위안**에 있을 경우 : **40,000m³/hr 이상**
② 예상제연구역이 **40m 원의 범위를 초과**할 경우 : **45,000m³/hr 이상**

(3) 예상제연구역이 통로인 경우의 배출량 : 40,000m³/hr 이상

5. 공기유입구

(1) 공기유입순간의 풍속은 5m/s 이하, 유입구의 구조는 유입공기를 상향으로 분출하지 않도록 설치하여야 한다. 다만, 유입구가 바닥에 설치되는 경우에는 상향으로 분출이 가능하며 이때의 풍속은 1m/s 이하가 되도록 해야 한다.

(2) 공기유입구의 크기는 예상제연구역 배출량 1m³/min에 대하여 35cm² 이상

6. 배출풍도의 강판의 두께 ★★

【배출풍도의 강판의 두께】

풍도단면의 긴변 또는 직경의 크기	450mm 이하	450mm 초과 750mm 이하	750mm 초과 1500mm 이하	1500mm 초과 2250mm 이하	2250mm 초과
강판두께	0.5mm 이상	0.6mm 이상	0.8mm 이상	1.0mm 이상	1.2mm 이상

제 3 장 제연설비

7. 배출기 풍도안의 풍속 ★★ 자주출제(필수정리) ★★

① 배출기의 **흡입측** 풍도안의 풍속 : **15m/s** 이하
② 배출기의 **배출측** 풍속 : **20m/s** 이하

8. 유입풍도 및 제연설비의 기동 ★★

(1) **유입풍도안의 풍속** : **20m/s** 이하
(2) **제연설비의 기동** : 가동식의 벽·제연경계벽·댐퍼 및 배출기의 작동은 화재감지기와 연동

9. 배출기의 전동기출력 산출 ★★ 자주출제(필수정리) ★★

$$P(\text{kW}) = \frac{Q \times P_T}{102 \times 60 \times E} \times K$$

P : 배출기의 전동기출력(kW)　Q : 풍량(m³/min)
P_T : 전압(mmH₂O)　　　　　E : 전동기효율　K : 전달계수

10. 급기풍량 계산방법 ★★ 자주출제(필수정리) ★★

$$Q = 0.827 \times A \times P^{1/N}$$

Q : 급기풍량(m³/s)　　　A : 문의 틈새면적(m²)
P : 문을 경계로한 실내외 기압차(N/m² = Pa)
N : 누설면적상수(일반출입문 = 2, 창문 = 1.6)

○ **공기유입풍속**
5m/s 이하

○ **공기유입구 크기**
배출량 1m³/분에 대하여 35cm² 이상

○ **배출기 전동기 출력**
2차 실기시험에 자주 출제되므로 필수정리

3-2 특별피난계단의 계단실 및 부속실 제연설비(NFTC 501A)

1. 제연구역의 선정

(1) 계단실 및 그 부속실을 동시에 제연하는 것
(2) 부속실만을 단독으로 제연하는 것
(3) 계단실 단독 제연하는 것
(4) 비상용승강기 승강장 단독 제연하는 것

2. 제연구역과 옥내와의 사이에 유지 최소차압

40Pa(옥내에 스프링클러설비가 설치된 경우 : 12.5Pa) 이상

3. 제연설비가 가동되었을 경우 출입문의 개방에 필요한 힘

110N 이하

✪ 출입문 개방에 필요한 힘
110N 이하

✪ 1kgf=9.8N

4. 방연풍속

제 연 구 역		방연풍속
• 계단실 및 그 부속실을 동시에 제연하는 것 • 계단실만 단독으로 제연하는 것		0.5m/s 이상
• 부속실만 단독으로 제연하는 것	• 부속실 또는 승강장이 면하는 옥내가 거실인 경우	0.7m/s 이상
	• 부속실 또는 승강장이 면하는 옥내가 복도로 구조가 방화구조(내화시간 30분 이상 구조 포함)	0.5m/s 이상

5. 수직풍도의 내부단면적

(1) 자연배출식의 경우

$$A_P = Q_N / 2$$

A_P : 수직풍도의 내부단면적 (m^2)
Q_N : 수직풍도가 담당하는 1개층의 제연구역의 출입문 1개의 면적 (m^2)과 방연풍속(m/s)를 곱한 값(m^3/s)

(단, 수직풍도의 길이가 100m를 초과 시 산출수치의 1.2배 이상의 수치)

(2) **송풍기를 이용한 기계배출식의 경우**
자연배출식 수직풍도의 **내부단면적의 4분의 1 이상** 또는 **풍속 15m/s 이하**로 할 것

6. 개폐기(배출구)의 개구면적

$$A_Q = \frac{Q_N}{2.5}$$

A_Q : 개폐기의 개구면적(m²)
Q_N : 수직풍도가 담당하는 1개 층의 제연구역의 출입문(옥내와 면하는 출입문) 1개의 면적(m²)과 방연풍속(m/s)을 곱한 값(m³/s)

●개폐기의 개구면적
개구면적 구하는 문제가 실기에 자주 출제되므로 공식을 암기할 것

3-3 공동주택(NFTC 608)

1. 소화기의 설치기준

(1) 바닥면적 100m² 마다 1단위 이상
(2) 아파트등의 경우 **각 세대 및 공용부**마다 설치

●공동주택
1단위/100m²

2. 스프링클러설비

(1) 수원의 양

$$Q = N \times 1.6 m^3$$

N : 기준개수 10개(기준개수보다 작은 경우 설치개수)
N : 기준개수 30개(각 동이 주차장으로 서로 연결된 구조인 경우 해당 주차장)

(2) 화장실 반자 내부에는 **소방용 합성수지배관**으로 배관을 설치할 수 있다.(다만, 소방용 합성수지배관 내부에 항상 소화수가 채워진 상태를 유지할 것)

●소방용 합성수지배관
화장실 반자 내부

○ 공동주택 헤드
  - 수평거리 2.6m 이하

(3) 하나의 방호구역은 **2개 층**에 미치지 아니하도록 할 것
  (다만, 복층형에는 **3개 층 이내**로 할 수 있다.)
(4) **수평거리는 2.6 m 이하**
(5) 외벽에 설치된 창문에서 **0.6m 이내**에 배치
  (다만, 다음에 해당하는 경우는 예외.)
  ① 창문에 **드렌처설비**가 설치된 경우
  ② 창문과 창문 사이의 수직부분이 내화구조로 **90cm 이상 이격**되어 있거나, 방화판 또는 방화유리창을 설치한 경우
  ③ **발코니**가 설치된 부분
(6) 거실에는 **조기반응형 헤드**를 설치
(7) 대피공간에는 헤드를 설치하지 않을 수 있다.

5. 피난기구

○ 공동주택 피난기구
  - 각 세대마다

(1) **각 세대마다** 설치
(2) 개구부는 **동일 직선상이 아닌 위치**에 있을 것.
(3) 구역마다 **공기안전매트 1개 이상**을 추가 설치.

6. 연결송수관설비의 방수구 설치기준

(1) **층마다 설치**할 것
(2) 계단의 출입구로부터 **5m 이내**에 설치
(3) **수평거리가 50m**를 초과시 **방수구 추가** 설치
(3) **쌍구형**으로 할 것(다만, 아파트등의 층에는 **단구형**으로 설치할 수 있다)
(4) **송수구는 동별**로 설치
(5) **펌프의 토출량**
  ① 2,400L/min 이상(계단식 1,200L/min 이상)
  ② 방수구가 3개 초과(5개 이상인 경우 5개)하는 경우 **1개 마다 800L/min(계단식 400L/min 이상)를 가산**할 것

구분	계단식외 아파트	계단식 아파트
방수구 3개 이하	2,400L/min 이상	1,200L/min 이상
방수구 4개	2,400+800L/min 이상	1,200+400L/min 이상
방수구 5개	2,400+1,600L/min 이상	1,200+800L/min 이상
방수구 6개 이상	2,400+1,600L/min 이상	1,200+800L/min 이상

3-4 창고시설(NFTC 609)

1. 옥내소화전설비의 수원 저수량

$$Q = N \times 5.2\text{m}^3 (130\text{L/min} \times 40\text{min})$$

N : 가장 많은 층의 설치개수(최대 2개)

2. 스프링클러설비

(1) **라지드롭형** 헤드를 **습식**으로 설치
  다만, 다음의 경우에는 **건식스프링클러설비**로 설치할 수 있다.
  ① **냉동창고** 또는 영하의 온도로 저장하는 **냉장창고**
  ② **난방을 하지 않는 창고시설**
(2) **라지드롭형** 헤드를 **랙 높이 3m 이하마다** 설치
(3) **높이가 4m 이상**인 폐쇄형헤드는 **표시온도 121℃ 이상**의 것으로 할 수 있다.
(4) **수원의 저수량**

  ① **일반 창고** $Q = N \times 3.2\text{m}^3 (160\text{L/min} \times 20\text{min})$
  ② **랙식 창고** $Q = N \times 9.6\text{m}^3 (160\text{L/min} \times 60\text{min})$

  N : 라지드롭형 헤드의 설치개수(최대 30개)
(5) 가압송수장치의 송수량
  모든 헤드로부터 **0.1MPa**의 방수압력, **160L/min 이상**의 방수량을 충족시킬 수 있는 양 이상
(6) 교차배관의 분기점을 기준으로 **한쪽 가지배관**의 헤드의 개수는 **4개 이하**
(7) 라지드롭형 스프링클러헤드의 **수평거리**

창고시설의 구분	수평거리
특수가연물 저장 또는 취급	1.7m 이하
기타구조	2.1m 이하
내화구조	2.3m 이하

3. 소화수조 및 저수조의 저수량

$$Q = \frac{\text{연면적}}{5000\text{m}^2}(\text{소수점 이하는 절상}) \times 20\text{m}^3$$

✿ 창고시설 헤드
 - 라지드롭형
 - 랙높이 3m 이하

✿ 창고시설의 헤드 수평거리
 - 특수가연물 1.7m 이하

제4편 소방관계법규

제1장 소방기본법

1-1 소방기본법

1. 소방기본법의 목적 ★

(1) 화재를 **예방**, **경계**, **진압**하고 구조, 구급활동
(2) 국민의 생명, 신체 및 재산을 보호
(3) 공공의 안녕질서의 유지와 복리증진에 이바지함

2. 용어의 정의 ★★★★

(1) **소방대상물**

① 건축물　　② 차량　　③ 선박(항구안에 매어둔 선박)
④ 선박건조구조물　　⑤ 산림　　⑥ 인공구조물
⑦ 물건

(2) **관계지역** : 소방대상물이 있는 장소 및 그 이웃지역으로서 소방상 필요한 지역
(3) **관계인** : 소방대상물의 소유자, 관리자 또는 **점유자**
(4) **소방본부장** : 시·도에서 화재 등의 업무를 담당하는 부서의 장
(5) **소방대구성원**

① 소방공무원　　② 의무소방원　　③ 의용소방대원

◎ 기본법 목적
- 예방, 경계, 진압
- 구조, 구급활동
- 안녕질서 유지
- 복리증진

◎ 관계인
- 소유자
- 관리자
- 점유자

제 4 편 소방관계법규

- **소방업무**
  - 본부장, 서장
- **지휘감독**
  - 시·도지사

3. 소방기관의 설치 ★★

(1) **필요한 사항** : 대통령령
(2) **소방업무 수행** : 소방본부장 또는 소방서장
(3) **소방본부장 또는 소방서장 지휘감독** : 특별시장·광역시장, 시·도지사

4. 종합상황실의 설치와 운영 ★★

(1) 소방청장·소방본부장 및 소방서장
(2) 필요한 사항 : 행정안전부령

- **소방박물관**
  - 소방청장
- **소방체험관**
  - 시·도지사

5. 소방박물관 등의 설립과 운영 ★★

구 분	소방 박물관	소방 체험관
설립운영	소방청장	시·도지사
설립과 운영 사항	행정안전부령	시·도의 조례

6. 소방업무에 관한 종합계획의 수립·시행 등 : 소방청장 ★★★

(1) 소방청장은 소방업무에 관한 종합계획을 5년마다 수립·시행
(2) 시·도지사는 세부계획을 계획 시행 전년도 12월 31일까지 소방청장에게 제출

- **소방력**
  - 행정안전부령

7. 소방력의 기준 : 행정안전부령 ★

8. 소방장비 등에 대한 보조대상사업의 범위와 기준보조율 : 대통령령 ★

9. 소방용수시설의 설치 및 관리 ★★

종류	유지관리	설치의 기준
소화전·급수탑·저수조	시·도지사	행정안전부령

134

10. 소방업무의 응원 ★★

(1) 파견된 소방대원은 응원을 요청한 소방본부장 또는 소방서장의 지휘에 따라야 함.
(2) 시·도지사는 **출동의 대상지역** 및 **규모와 소요경비의 부담** 등에 관하여 필요한 사항을 이웃하는 **시·도지사**와 협의하여 미리 규약을 정함

11. 소방지원활동 : 소방청장·소방본부장 또는 소방서장

(1) 산불에 대한 예방·진압 등 지원활동
(2) 자연재해에 따른 급수·배수 및 제설 등 지원활동
(3) 집회·공연 등 각종 행사 시 사고에 대비한 근접대기 등 지원활동
(4) 화재, 재난·재해로 인한 피해복구 지원활동
(5) 그 밖에 행정안전부령으로 정하는 활동

12. 소방활동 : 소방청장·소방본부장 또는 소방서장 ★★

13. 소방신호 ★★

(1) **목적** : 화재예방·소방활동 또는 소방훈련
(2) **종류와 방법** : 행정안전부령

14. 화재 등의 통지 ★

화재로 오인할 만한 우려가 있는 **불을 피우거나 연막소독**을 실시하고자 하는 자는 **시·도의 조례**가 정하는 바에 따라 관할 **소방본부장 또는 소방서장**에게 신고

소방본부장 또는 소방서장에게 신고 대상 지역
❶ 시장지역
❷ 공장·창고가 밀집한 지역
❸ 목조건물이 밀집한 지역
❹ 위험물의 저장 및 처리시설이 밀집한 지역
❺ 석유화학 제품을 생산하는 공장이 있는 지역
❻ 그 밖에 시·도의 조례가 정하는 지역 또는 장소

Pass Point

○ 응원협정
시·도지사

○ 화재 등의 통지 대상지역
화재예방강화지구와 거의 같다.

제 4 편 소방관계법규

○ **소방활동구역**
소방대장

○ **소방대장**
화재현장에서 소방대를 지휘하는 자

15. 소방활동 구역의 설정 : 소방대장 ★★

16. 소방 활동 종사명령권자 : 소방본부장·소방서장 또는 소방대장 ★★

(1) 소방활동을 위하여 필요할 때에는 그 관할구역에 사는 사람 또는 그 현장에 있는 사람으로 하여금 사람을 구출하는 일 또는 불을 끄거나 불이 번지지 아니하도록 하는 일을 하게 할 수 있다. 이 경우 소방활동에 필요한 보호장구를 지급하는 등 안전을 위한 조치를 하여야 한다.

(2) 소방활동에 종사한 사람은 시·도지사로부터 소방활동의 비용을 지급받을 수 있다.

비용지급 예외 대상
❶ 관계인
❷ 고의 또는 과실로 상황을 발생시킨 사람
❸ 현장에서 물건을 가져간 사람

17. 강제처분권자 : 소방본부장·소방서장 또는 소방대장 ★★

시·도지사는 처분으로 손실을 받은 자가 있는 경우에는 그 손실을 보상

○ **강제처분권자**
- 본부장
- 서장
- 대장

18. 화재의 원인 및 피해 조사권자 : 소방청장·소방본부장 또는 소방서장 ★★ ["화재조사법(시행 2022. 6. 9)"으로 이동]

19. 소방안전원의 업무 ★★

(1) 소방기술과 안전관리에 관한 **교육** 및 **조사·연구**
(2) 소방기술과 안전관리에 관한 각종 **간행물의 발간**
(3) 화재예방과 안전관리의식의 고취를 위한 **대국민 홍보**
(4) 소방업무에 관하여 **행정기관이 위탁하는 업무**
(5) 그 밖에 회원의 복리증진 등 **정관이 정하는 사항**

20. 소방안전원의 정관 ★

(1) **정관의 기재사항** : 대통령령
(2) **정관 변경** : 소방청장 인가

21. 5년 이하의 징역 또는 5천만원 이하의 벌금 ★★★

(1) 다음 각 목의 어느 하나에 해당하는 행위를 한 사람
  ① 위력(威力)을 사용하여 출동한 소방대의 화재진압·인명구조 또는 구급활동을 방해하는 행위
  ② 소방대가 화재진압·인명구조 또는 구급활동을 위하여 현장에 출동하거나 현장에 출입하는 것을 고의로 방해하는 행위
  ③ 출동한 소방대원에게 폭행 또는 협박을 행사하여 화재진압·인명구조 또는 구급활동을 방해하는 행위
  ④ 출동한 소방대의 소방장비를 파손하거나 그 효용을 해하여 화재진압·인명구조 또는 구급활동을 방해하는 행위
(2) 소방자동차의 **출동을 방해한 자**
(3) 사람을 구출하는 일 또는 불을 끄거나 불이 번지지 아니하도록 하는 **일을 방해한 자**
(4) 정당한 사유 없이 소방용수시설 또는 비상소화장치를 사용하거나 소방용수시설 또는 비상소화장치의 효용을 해하거나 그 정당한 **사용을 방해한 자**

22. 3년 이하의 징역 또는 3천만원 이하의 벌금 ★★

(1) **강제처분**(소방대상물 및 토지의 사용 또는 제한, 소방활동처분)을 **방해한 자**
(2) 정당한 사유 없이 그 처분에 따르지 아니한 자

23. 300만원 이하의 벌금 ★

강제처분(소방대상물 또는 토지외의 소방대상물과 토지, 주차차량, 정차차량 및 물건의 제거이동)을 방해한 자 또는 정당한 사유 없이 그 처분에 따르지 아니한 자

○ **5년 이하 또는 5천만원 이하**
 - 출동 방해
 - 소화활동 방해자
 - 소방용수시설 또는 비상소화장치 사용 방해

○ **3년 이하 또는 3천 만원**
 강제처분(토지, 소방활동) 방해자

24. 100만원 이하의 벌금 ★

(1) 정당한 사유 없이 소방대의 **생활안전활동을 방해**한 자
(2) 정당한 사유 없이 소방대가 현장에 도착할 때까지 사람을 **구출**하는 조치 또는 불을 **끄거나 불이 번지지 아니하도록 하는 조치**를 하지 아니한 사람
(3) **피난 명령**을 위반한 사람
(4) 정당한 사유 없이 물의 사용이나 수도의 개폐장치의 사용 또는 **조작**을 하지 못하게 하거나 방해한 자
(5) 위험시설 등에 대한 **긴급조치**를 정당한 사유 없이 **방해한 자**

25. 500만원 이하의 과태료

⊙ 500만원 이하 과태료
- 화재허위신고

(1) 화재 또는 구조·구급이 필요한 상황을 **거짓으로 알린 사람**
(2) 정당한 사유 없이 화재, 재난·재해, 그 밖의 **위급한 상황**을 소방본부, 소방서 또는 관계 행정기관에 **알리지 아니한 관계인**

26. 200만원 이하의 과태료 ★★

(1) 한국119청소년단 또는 이와 **유사한 명칭**을 사용한 자
(2) 소방자동차의 **출동에 지장**을 준 자
(3) 규정을 위반하여 **소방활동구역**을 출입한 사람
(4) 한국소방안전원 또는 이와 **유사한 명칭**을 사용한 자

27. 100만원 이하의 과태료

⊙ 100만원 이하 과태료
- 전용구역 주차
- 전용구역 진입 방해자

소방자동차 전용구역에 차를 주차하거나 전용구역에의 진입을 가로막는 등의 방해행위를 한 자

28. 20만원 이하의 과태료 ★

화재 오인우려 있는 불을 피우거나 연막소독 실시자가 관할 소방본부장 또는 소방서장에게 신고를 하지 아니하여 소방자동차를 출동하게 한 자

29. 과태료 부과권자 : 소방본부장 또는 소방서장

1-2 소방기본법 시행령

1. **국고보조의 대상사업의 범위와 기준보조율** ★★★
    (1) **소방 활동장비 및 설비**
        ① 소방**자동차**
        ② 소방**헬리콥터** 및 **소방정**
        ③ 소방전용 **통신설비** 및 **전산설비**
        ④ 그 밖에 방화복 등 소방 활동에 필요한 **소방장비**
    (2) **소방관서용 청사의 건축**
    (3) **국고의 보조 대상사업의 기준보조율**
        보조금 관리에 관한 법률 시행령에서 정하는 바에 따른다.

2. **소방활동구역의 출입자** ★★★
    (1) 소유자 · 관리자 또는 점유자
    (2) 소방활동을 위하여 필요한 사람
    (3) **의사 · 간호사** 그밖의 구조 · 구급업무에 종사하는 사람
    (4) **보도업무**에 종사하는 사람
    (5) 수사업무에 종사하는 사람
    (6) 소방대장이 출입을 허가한 사람

◎ 국고보조대상
- 소방차
- 헬리콥터 및 소방정
- 통신설비 및 전산설비
- 방화복
- 소방관서용 청사
• 소방의는 국고보조 대상이 아니다.

◎ 국고보조기준
보조금 관리에 관한 법률 시행령

◎ 소방자동차 전용구역 설치대상
- 100세대 이상 아파트
- 3층 이상의 기숙사

제 4 편 소방관계법규

핵심요점정리

1-3 소방기본법 시행규칙

✪ 상황 발생 신고 사항
- 사망자 5인 이상
- 사상자 10인 이상
- 이재민 100인 이상
- 피해 50억 이상
- 11층 이상
- 백화점
- 5층 이상 또는 30실 이상 여관
- 화재예방강화지구

1. 종합상황실의 실장의 상황 발생 보고 사항 ★★

(1) **사망자가 5인** 이상 발생하거나 **사상자가 10인** 이상 발생한 화재
(2) **이재민이 100인** 이상 발생한 화재
(3) 재산피해액이 **50억원** 이상 발생한 화재
(4) 관공서 · 학교 · 정부미도정공장 · 문화재 · 지하철 또는 지하구의 화재
(5) 관광호텔, 층수가 **11층 이상**인 건축물
(6) 지하상가, **시장**, 백화점,
(7) 지정수량의 **3천배 이상**의 위험물의 제조소 · 저장소 · 취급소
(8) 층수가 **5층 이상**이거나 **객실이 30실 이상**인 숙박시설
(9) 층수가 5층 이상이거나 병상이 30개 이상인 종합병원 · 정신병원 · 한방병원 · 요양소
(10) 연면적 **1만5천m² 이상**인 공장 또는 화재예방강화지구에서 발생한 화재
(11) 항구에 매어둔 총 톤수가 1천톤 이상인 선박에서 발생한 화재
(12) 가스 및 화약류의 폭발에 의한 화재
(13) 다중이용업소의 화재

✪ 용수시설 및 지리조사
- 본부장, 서장
- 월 1회 이상

2. 소방용수시설 및 지리조사 ★★★

(1) **조사권자** : 소방본부장 또는 소방서장
(2) **조사주기** : 월 1회 이상
(3) **조사 내용**
  ① 소방용수시설에 대한 조사
  ② 도로의 폭, 교통상황, 도로주변의 토지의 고저
  ③ 건축물의 개황
  ④ 그 밖의 소방활동에 필요한 지리에 대한 조사
(4) **조사결과 보관 기간** : 2년간

3. 소방업무의 상호응원협정 사항 ★★★

(1) 소방활동에 관한 사항
(2) 응원출동 대상지역 및 규모
(3) 소요경비의 부담에 관한 사항
(4) 응원출동의 요청방법
(5) 응원출동훈련 및 평가

4. 소방신호의 종류 ★★★★★

(1) **경계신호** : 화재예방상 필요하다고 인정되거나 화재위험경보시 발령
(2) **발화신호** : 화재가 발생한 때 발령
(3) **해제신호** : 소화활동이 필요 없다고 인정되는 때 발령
(4) **훈련신호** : 훈련상 필요하다고 인정되는 때 발령

5. 소방신호의 방법 ★★

신호방법 종 별	타종신호	싸이렌 신호
경 계 신 호	1타와 연2타를 반복	5초 간격을 두고 30초씩 3회
발 화 신 호	난타	5초 간격을 두고 5초씩 3회
해 제 신 호	상당한 간격을 두고 1타씩 반복	1분간 1회
훈 련 신 호	연 3타 반복	10초 간격을 두고 1분씩 3회

6. 화재조사의 방법 : 화재 사실을 인지하는 즉시 실시 ★★★★★

7. 소방용수시설의 설치기준 ★★★★

(1) **공통기준**

지역 구분	수평거리
주거지역, 상업지역 및 공업지역	100m 이하
기타 지역	140m 이하

(2) **소화전의 설치기준** : 상수도와 연결하여 지하식 또는 지상식의 구조로 하고, 소방용 호스와 연결하는 소화전의 **연결금속구의 구경**은 **65mm**로 할 것

○ **소방신호 종류**
① 경계
② 발화
③ 해제
④ 훈련

○ **화재조사**
화재 사실을 인지하는 즉시 실시

○ **소방용수시설**
- 100m 이하
  주거, 상업, 공업
- 140m 이하
  기타

(3) **급수탑의 설치기준** : 급수배관의 구경은 100mm 이상으로 하고, **개폐밸브**는 지상에서 **1.5m 이상 1.7m 이하**의 위치에 설치하도록 할 것

(4) **저수조의 설치기준**
① 지면으로부터의 **낙차가 4.5m 이하**일 것
② 흡수부분의 **수심이 0.5m 이상**일 것
③ 소방펌프자동차가 쉽게 접근할 수 있도록 할 것
④ 흡수에 지장이 없도록 토사 및 쓰레기 등을 제거할 수 있는 설비를 갖출 것
⑤ 흡수관의 투입구
　◆ 사각형의 경우 : 한 변의 길이가 **60cm 이상**
　◆ 원형의 경우 : 지름이 **60cm 이상**
⑥ 저수조에 물을 공급하는 방법은 상수에 연결하여 자동으로 급수되는 구조

8. 소방용수표지 설치기준 ★

(1) 지하에 설치하는 소화전 또는 저수조의 경우
① 맨홀뚜껑은 **지름 648mm 이상**의 것으로 할 것(다만, 승하강식 소화전의 경우에는 예외)
② 맨홀뚜껑에는 "소화전·주차금지" 또는 "저수조·주차금지"의 표시를 할 것
③ 맨홀뚜껑 부근에는 황색반사도료로 **폭 15cm의 선**을 그 둘레를 따라 칠할 것

(2) 급수탑 및 지상에 설치하는 소화전, 저수조의 경우

◈ 문자는 백색, 내측바탕은 적색, 외측바탕은 청색으로 하고 반사도료를 사용

9. 화재조사의 종류 및 조사의 범위 ★★

화재원인조사	화재피해조사
❶ 발화원인 조사 ❷ 발견, 통보 및 초기 소화상황조사 ❸ 연소상황 조사 ❹ 피난상황 조사 ❺ 소방시설 등 조사	❶ 인명피해조사 ❷ 재산피해조사

○ 화재조사 종류
① 화재원인
② 화재피해

제 4 편 소방관계법규

제 2 장
소방시설 설치 및 관리에 관한 법률
(약칭 : 소방시설법)

 2-1 소방시설 설치 및 관리에 관한 법률

Pass Point

★ **소방시설의 종류**
 (3소/경피)
 - 소화설비
 - 경보설비
 - 피난구조설비
 - 소화용수설비
 - 소화활동설비

★ **주택용 소방시설**
 - 단독주택
 - 공동주택
 (아파트 및 기숙사 제외)

★ **주택용소방시설의 설치기준**
 - 조례

★ **강화된 기준적용**
 (소비자/자피)
 - 소화기구
 - 비상경보설비
 - 자동화재탐지설비
 - 자동화재속보설비
 - 피난구조설비

1. 용어의 정의 ★★★

(1) **소방시설**
 소화설비, 경보설비, 피난구조설비, 소화용수설비, 소화활동설비
(2) **소방시설등**
 소방시설과 비상구, 그 밖에 소방 관련 시설
(3) **소방용품**
 소방시설 등을 구성하거나 소방용으로 사용되는 제품 또는 기기

2. 건축허가등의 동의 등 ★★

(1) 건축허가 동의권자 : 소방본부장 또는 소방서장
(2) 건축허가 건축물 등의 범위 : 대통령령

3. 자동차에 설치 또는 비치하는 소화기

(1) 5인승 이상의 승용자동차
(2) 승합자동차
(3) 화물자동차
(4) 특수자동차

4. 소방시설기준 적용의 특례 ★

(1) 강화된 기준을 적용할 수 있는 경우
 ① 다음의 소방시설 중 대통령령 또는 화재안전기술기준으로 정하는 것

제 2 장 소방시설 설치 및 관리에 관한 법률(약칭 : 소방시설법)

- 소화기구
- 자동화재탐지설비
- 피난구조설비
- 비상경보설비
- 자동화재속보설비

② 다음에 설치하는 소방시설 중 대통령령 또는 화재안전기술기준으로 정하는 것

- 공동구
- 노유자시설
- 전력 또는 통신사업용 지하구
- 의료시설

(2) 소방시설을 설치하지 아니할 수 있는 경우
  ① **화재위험도**가 낮은 특정소방대상물
  ② 화재안전기술기준을 **적용하기가 어려운** 특정소방대상물
  ③ 특수한 용도 또는 구조를 가진 특정소방대상물
  ④ **자체소방대**가 설치된 특정소방대상물

5. 소방기술심의위원회 심의사항

중앙소방기술심의위원회	지방소방기술심의위원회
❶ 화재안전기준에 관한 사항 ❷ 공법이 특수한 설계 및 시공에 관한 사항 ❸ 설계 및 공사감리의 방법에 관한 사항 ❹ 하자를 판단하는 기준에 관한 사항 ❺ 대통령령으로 정하는 사항	❶ 하자가 있는지의 판단에 관한 사항 ❷ 대통령령으로 정하는 사항

6. 소방대상물의 방염 등 ★

(1) 방염성능기준 : 대통령령
(2) 방염성능의 검사 : 소방청장
(3) 방염처리업의 등록 : 시 · 도지사

7. 소방시설관리사의 결격사유

(1) 피성년후견인
(2) 이 법에 따른 금고 **이상의 실형**의 선고를 받고 그 집행이 끝나거나 집행이 면제된 날부터 **2년**이 지나지 아니한 사람
(3) 이 법에 따른 금고 이상의 형의 집행유예선고를 받고 그 **유예기간 중**에 있는 사람
(4) 자격이 취소된 날부터 **2년**이 지나지 아니한 사람

Pass Point

⊙ 방염성능기준
  - 대통령령

⊙ 자체점검
  소방시설등이 신설된 경우 : 건축물을 사용할 수 있게 된 날부터 60일 이내

⊙ 자체점검 결과조치
  관계인은 점검결과를 이행계획(중대위반사항에 대한 조치사항을 포함)을 첨부하여 **소방본부장 또는 소방서장에게 보고**

핵심요점정리

영업정지처분 갈음 과징금
- 3천만원 이하

점검기록표 게시
- 점검일시, 점검자

관리사시험에 필요한 사항
- 대통령령

관리사시험 부정행위자
- 2년간 응시자격 정지

관리업자
등록사항 변경신고, 지위승계신고 : 시·도지사

소방청장
- 형식승인
- 제품검사
- 형식승인 변경
- 형식승인 취소
- 성능인증
- 성능인증 변경
- 성능인증 취소
- 우수품질 제품인증

8. 소방시설관리사의 자격의 취소·정지

(1) 거짓이나 그 밖의 **부정한 방법**으로 시험에 합격한 경우(**자격취소**)
(2) 대행인력의 배치기준·자격·방법 등 준수사항을 지키지 아니한 경우
(3) 자체점검을 하지 아니하거나 거짓으로 한 경우
(4) 소방시설관리사증을 다른 사람에게 **빌려준 경우**(**자격취소**)
(5) 동시에 **둘 이상**의 업체에 취업한 경우(**자격취소**)
(6) 성실하게 자체점검 업무를 수행하지 아니한 경우
(7) **결격사유**에 해당하게 된 경우(**자격취소**)

9. 소방시설관리업 ★

(1) 등록 : 시·도지사
(2) 등록사항의 변경신고 : 시·도지사
(3) 지위승계 신고 : 시·도지사
(4) 과징금처분 금액 : 3천만원 이하

10. 관리업 등록의 취소와 영업정지 등

(1) 거짓이나 그 밖의 **부정한 방법**으로 등록을 한 경우(**등록취소**)
(2) **자체점검**을 하지 아니하거나 **거짓**으로 한 경우
(3) 등록기준에 **미달**하게 된 경우
(4) 등록의 **결격사유**에 해당하게 된 경우(**등록취소**)
(5) 등록증 또는 등록수첩을 **빌려준 경우**(**등록취소**)
(6) **점검능력 평가**를 받지 아니하고 자체점검을 한 경우

11. 소방용품의 품질관리

(1) 소방용품의 형식승인, 제품검사, 변경승인 : **소방청장**
(2) 우수품질인증 소방용품을 우선 구매·사용

① 중앙행정기관
② 지방자치단체
③ 공공기관
④ 그 밖에 대통령령으로 정하는 기관

12. 청문 ★

(1) 청문 실시권자 : **소방청장** 또는 **시·도지사**
(2) 청문대상
  ① **관리사** 자격의 취소 및 정지
  ② **관리업**의 등록취소 및 영업정지
  ③ 소방용품의 **형식승인취소** 및 제품검사중지
  ④ 성능인증의 취소
  ⑤ 우수품질인증의 취소
  ⑥ 전문기관의 지정취소 및 업무정지

13. 10년 이하의 징역 또는 1억원 이하의 벌금

폐쇄·**차단** 등의 행위의 죄를 범하여 사람을 **사망**에 이르게 한 때

14. 7년 이하의 징역 또는 7천만원 이하의 벌금

폐쇄·**차단** 등의 행위의 죄를 범하여 사람을 **상해**에 이르게 한 때

15. 5년 이하의 징역 또는 5천만원 이하의 벌금 ★

폐쇄·**차단** 등의 행위를 한 자

16. 3년 이하의 징역 또는 3000만원 이하의 벌금 ★★★

(1) **조치명령**을 위반한 자
(2) 관리업의 **등록**을 하지 아니하고 영업을 한 자
(3) **형식승인**을 얻지 아니하고 소방용품을 제조 또는 수입한 자
(4) **제품검사**를 받지 아니한 자
(5) 규정을 위반하여 소방용품을 **판매**·**진열** 또는 사용한 자
(6) 부정한 방법으로 **전문기관의 지정**을 받은 자

17. 1년 이하의 징역 또는 1000만원 이하의 벌금 ★★

(1) 정기적으로 **점검**하게 하지 아니한 자
(2) 소방시설관리사증을 **빌려주거나 알선**한 자
(3) 동시에 **둘** 이상의 업체에 취업한 자
(4) **영업정지기간** 중에 관리업의 업무를 한 자

Pass Point

◉ **기술원에 위탁업무**
 – 방염성능검사
 – 소방용품의 형식승인
 – 형식승인의 변경승인
 – 형식승인의 취소
 – 성능인증
 – 성능인증의 취소
 – 성능인증의 변경인증
 – 우수품질인증 및 취소

(5) 형식승인의 **변경승인**을 받지 아니한 자
(6) 업무수행하면서 알게 된 **비밀 누설**한 자

18. 300만원 이하의 벌금 ★

(1) 업무수행하면서 알게 된 **비밀을 제공 누설** 자
(2) 방염성능검사의 합격표시를 **위조하여** 사용 자
(3) **거짓 시료**를 제출 자
(4) **중대위반사항**을 알리지 아니한 관리업자등

19. 300만원 이하의 과태료 ★★

(1) **화재안전기술기준**에 따라 설치 · 관리하지 아니한 자
(2) **임시소방시설**을 설치 · 관리하지 아니한 자
(3) 방화시설의 **폐쇄 · 훼손 · 변경** 등의 행위를 한 자
(4) **방염성능기준** 이상으로 설치하지 아니한 자
(5) **점검 결과**를 거짓으로 보고한 자
(6) **지위승계, 행정처분** 또는 **휴업 · 폐업**의 사실을 거짓으로 알린 관리업자
(7) 공무원의 출입 또는 검사를 거부 · 방해 또는 기피한 자

2-2 소방시설 설치 및 관리에 관한 법률 시행령

1. 용어의 정의 ★★★★

(1) **무창층** : 지상층 중 개구부의 면적의 합계가 해당 층의 바닥면적의 30분의 1 이하가 되는 층

필수정리 ★★★★

무창층의 개구부 인정요건
❶ 크기는 지름 50cm의 원이 내접할 수 있는 크기일 것
❷ 해당 층의 바닥면으로 부터 개구부 밑부분까지의 높이가 1.2m 이내일 것
❸ 도로 또는 차량이 진입할 수 있는 빈터를 향할 것
❹ 창살 또는 그 밖의 장애물이 설치되지 아니 할 것
❺ 쉽게 부수거나 열 수 있을 것

● 피난층
곧바로 지상으로 갈 수 있는 출입구가 있는 층

● 그 밖에 소방 관련 시설로서 대통령령으로 정하는 것
- 방화문 및 자동방화셔터
- 방염대상물품

● 무창층
- 개구부 1/30 이하

● 개구부 인정요건
- 지름 50cm
- 높이 1.2m
- 빈터

2. 소화설비 ★★★★★

(1) 소화기구
  ① 소화기
  ② 간이소화용구
  ③ 자동확산소화기

(2) 자동소화장치
  ① 주거용 주방자동소화장치
  ② 상업용 주방자동소화장치
  ③ 캐비닛형 자동소화장치
  ④ 가스자동소화장치
  ⑤ 분말자동소화장치
  ⑥ 고체에어로졸 자동소화장치

필수정리 ★★★★

간이소화용구의 종류
❶ 에어로졸식 소화용구
❷ 투척용 소화용구
❸ 소공간용 소화용구
❹ 소화약제 외의 것을 이용한 간이소화용구

(3) 옥내소화전설비(호스릴 옥내소화전설비 포함)
(4) 옥외소화전설비
(5) 스프링클러설비등
  ① 스프링클러설비
  ② 간이스프링클러설비(캐비닛형 간이스프링클러설비 포함)
  ③ 화재조기진압용 스프링클러설비
(6) 물분무등 소화설비
  ① 물분무소화설비   ② 미분무소화설비
  ③ 포소화설비   ④ 이산화탄소소화설비
  ⑤ 할론소화설비   ⑥ 할로겐화합물 및 불활성기체 소화설비
  ⑦ 분말소화설비   ⑧ 강화액 소화설비
  ⑨ 고체에어로졸소화설비

Pass Point

◉ 소화기구
 - 소/간/자

◉ 자동소화장치
 - 주상/캐가/고분

◉ 스프링클러설비등
 - 스/간/화

◉ 물분무등소화설비
 - 포강물/분할탄/할미고

제 4 편 소방관계법규

경보설비
- 시방/누가/비방/단속/자통

3. 경보설비 *****

 필수정리 ****

❶ 단독경보형감지기
❷ 비상경보설비(비상벨설비, 자동식사이렌설비)
❸ 시각경보기　　　　❹ 자동화재탐지설비
❺ 화재알림설비　　　❻ 비상방송설비
❼ 자동화재속보설비　❽ 통합감시시설
❾ 누전경보기　　　　❿ 가스누설경보기

피난구조설비
- 비피/유인

4. 피난구조설비 **

(1) 피난기구
　① 피난사다리　② 구조대　③ 완강기
　④ 간이완강기　⑤ 그 밖에 화재안전기술기준으로 정하는 것
(2) 인명구조기구
　① 방열복, 방화복(안전모, 보호장갑, 안전화 포함)
　② 공기호흡기　③ 인공소생기
(3) 유도등
　① 피난유도선　② 피난구유도등　③ 통로유도등
　④ 객석유도등　⑤ 유도표지
(4) 비상조명등 및 휴대용비상조명등

소화용수설비
- 상/소

5. 소화용수설비 *

(1) 상수도소화용수설비
(2) 소화수조, 저수조 그 밖의 소화용수설비

소화활동설비
- 3연/무제비
※소화활동설비는 매회 출제되므로 필수암기

6. 소화활동설비 *****

(1) 제연설비　　　　　(2) 연결송수관설비
(3) 연결살수설비　　　(4) **비상콘센트설비**
(5) **무선통신보조설비**
(6) 연소방지설비 (쉬운 암기법 : 3연 무제비)

150

제 2 장 소방시설 설치 및 관리에 관한 법률(약칭 : 소방시설법)

7. 소방시설 등

"그 밖에 소방 관련 시설로서 대통령령으로 정하는 것"
방화문 및 자동방화셔터

8. 특정소방대상물

(1) 공동주택
  ① 아파트등
  ② 연립주택
  ③ 다세대주택
  ④ 기숙사

(2) **근린생활시설** ★★
  ① **슈퍼마켓(1000m² 미만)**
  ② 기원, 노래연습장·단란주점(바닥면적 합계 150m² 미만)
  ③ 의원, **안마원**
  ④ 탁구장, 테니스장, 볼링장, 체육도장, 체력단련장, 그 밖의 이와 비슷한 것으로 같은 건축물에 해당 용도로 쓰는 바닥면적의 합계가 500m² 미만인 것
  ⑤ 종교집회장으로 바닥면적의 합계가 300m² 미만인 것
  ⑥ 금융업소
  ⑦ 학원(500m² 미만), 독서실

(3) **문화 및 집회 시설** ★★
  ① 공연장
  ② 집회장
  ③ 관람장
  ④ 전시장
  ⑤ 동식물원

(4) **판매시설** ★
  ① 도매시장
  ② 소매시장
  ③ **전통시장**
  ④ 상점

(5) **의료시설** ★★
  ① 병원 : 종합병원, 병원, 치과병원, 한방병원, 요양병원
  ② 격리병원 : **전염병원, 마약진료소**
  ③ 정신의료기관
  ④ 장애인 의료재활시설

(6) **교육연구시설**
  ① 학교
  ② 교육원
  ③ 직업훈련소
  ④ 연구소

Pass Point

◎ **공동주택**
  - 아연/다기

◎ **근린생활시설**
  - 슈퍼마켓1000m² 미만
  - 단란주점150m² 미만
  - 안마시술소
  - 조산원, 산후조리원
  - 체력단련장500m² 미만
  - 종교집회장300m² 미만
  - 학원500m² 미만
  - 고시원500m² 미만

◎ **문화 및 집회시설**
  - 공연장, 집회장
  - 관람장, 전시장

◎ **종교시설**
  - 종교집회장

◎ **판매시설**
  - 도매, 소매, 전통시장

◎ **운수시설**
  - 공항시설, 항만시설

◎ **의료시설**
  - 병원

◎ **교육연구시설**
  - 학교, 도서관

⑤ 도서관
⑥ 학원(근린생활시설에 해당하는 것과 자동차운전학원 및 무도학원 제외)

(7) **노유자시설** ★★
① 노인관련시설 : 노인주거복지시설, 노인여가복지시설
② 아동관련시설 : 아동복지시설, 어린이집, 유치원
③ 장애인관련시설 : 장애인재활시설, 요양시설, 이용시설, 점자도서관
④ 정신질환자관련시설 : 정신질환자 사회복지시설, 정신요양시설

(8) **업무시설** ★
① 공공업무시설
② 일반업무시설
③ 주민자치센터(동사무소) **경찰서, 소방서**, 공공도서관
④ 마을회관, 마을공동작업소, 마을공동구판장
⑤ **변전소, 양수장, 정수장**

(9) **숙박시설** ★
① **일반형** 숙박시설 : 손님이 잠을 자고 머물 수 있도록 시설(취사시설 제외) 및 설비 등의 서비스를 제공하는 영업
② **생활형** 숙박시설 : 손님이 잠을 자고 머물 수 있도록 시설(취사시설 포함) 및 설비 등의 서비스를 제공하는 영업
③ 고시원(근린생활시설에 해당하지 않는 것)

(10) **위락시설** ★★★
① 근린생활시설외 **단란주점**   ② 유흥주점
③ 카지노영업소   ④ **무도장 및 무도학원**

(11) **항공기 및 자동차 관련시설**
① 항공기격납고   ② 차고, 주차용 건축물
③ 세차장   ④ 폐차장
⑤ 자동차 검사장   ⑥ **운전학원·정비학원**

(12) **방송통신시설**
① 방송국   ② 전신전화국
③ 촬영소   ④ 통신용시설

(13) **관광휴게시설**
① 야외음악당   ② **어린이회관**
③ 휴게소   ④ 관망탑

✪ **노유자시설**
- 노인, 아동, 장애인
- 정신질환자, 노숙인

✪ **업무시설**
- 동사무소, 마을회관
- 공공도서관, 변전소

✪ **수련시설**
- 생활권, 자연권

✪ **운동시설**
- 체력단련장, 당구장, 체육관, 운동장

✪ **숙박시설**
- 일반형, 생활형
- 고시원

✪ **위락시설**
- 단란주점
- 유흥주점
- 무도학원

✪ **항공기 및 자동차관련시설**
- 운전학원
- 정비학원

✪ **방송통신시설**
- 전신전화국, 촬영소

✪ **관광휴게시설**
- 야외음악당
- 어린이회관
- 관망탑

✪ **발전시설**
- 발전소

✪ **묘지관련시설**
- 화장시설

✪ **장례시설**
- 장례식장

✪ **복합건축물**
- 하나의 건물에 둘 이상의 용도 사용

9. 소방용품 ★★★★★

(1) **소화설비**를 구성하는 제품 또는 기기
① 소화기구(소화약제 외의 것을 이용한 간이소화용구는 제외)
② 자동소화장치
③ 소화설비를 구성하는 소화전, 관창, 소방호스, 스프링클러헤드, 기동용 수압개폐장치, 유수제어밸브 및 가스관 선택밸브

(2) **경보설비**를 구성하는 제품 또는 기기
① 누전경보기 및 가스누설경보기
② 경보설비를 구성하는 발신기, 수신기, 중계기, 감지기 및 음향장치(경종만 해당)

(3) **피난구조설비**를 구성하는 제품 또는 기기
① 피난사다리, 구조대, 완강기(간이완강기 및 지지대를 포함)
② 공기호흡기(충전기를 포함)
③ 피난구유도등, 통로유도등, 객석유도등 및 예비 전원이 내장된 비상조명등

(4) **소화용**으로 사용하는 제품 또는 기기
① 소화약제(소화설비용으로 한정)
② 방염제(**방염액, 방염도료** 및 **방염성물질**)

(5) 그 밖에 행정안전부령으로 정하는 소방 관련 제품 또는 기기

10. 건축허가등의 동의대상물의 범위 등

(1) 연면적 **400m² 이상**
다만, 다음에 해당하는 경우에는 기준 이상
① 학교시설 : 100m²
② 노유자시설 및 수련시설 : 200m²
③ 정신의료기관 : 300m²
④ 장애인 의료재활시설 : 300m²

(2) **지하층 또는 무창층 150m²**(공연장 100m²)

(3) 차고·주차장 또는 주차용도로 사용시설
① 차고·주차장 : 200m² 이상
② 기계장치에 의한 자동차 20대 이상

(4) 층수가 **6층 이상**인 건축물

(5) 항공기격납고, 관망탑, 항공관제탑, 방송용 송수신탑

Pass Point

○ **소방용품**
- 소화설비
- 경보설비
- 피난구조설비
- 소화용 제품, 기기

○ **건축허가동의 대상물**
- 400 이상
  학(100) 노(200)
  정(300) 장(300)
- 지무150(공100)
- 차주200, 기계20
- 6층
- 항공기 격납고
- 조산원, 산후조리원

○ **건축허가동의대상 제외**
- 소화기구
- 자동소화장치
- 누전경보기
- 단독경보형감지기
- 가스누설경보기
- 피난구조설비

제 4 편 소방관계법규

(6) 공동주택, 의원(입원실, 인공신장실이 있는 것) · 조산원 · 산후조리원, 숙박시설, 위험물 저장 및 처리 시설, 풍력발전소 · 전기저장시설, 지하구
(7) 노유자시설((1)의 ②에 해당하지 않는 시설)
(8) **요양병원**(의료재활시설은 제외)
(9) **750배** 이상의 **특수가연물**을 저장 · 취급
(10) **가스시설**로서 지상 노출 탱크 **100톤** 이상

11. 소방시설의 내진설계 대상

(1) **옥내소화전설비**
(2) **스프링클러설비**
(3) **물분무등소화설비**

● 내진설계
 - 옥/스/물

12. 성능위주설계를 하여야 하는 특정소방대상물의 범위

(1) 연면적 **20만m² 이상**(아파트 등은 제외) ★★★★★(자주출제)
(2) **50층 이상**(지하층 제외)이거나 높이가 **200m 이상**인 **아파트** 등
(3) **30층 이상**(지하층 포함)이거나 높이가 **120m 이상**(아파트 등은 제외)
(4) 연면적 **3만m² 이상**인 특정소방대상물
　① 철도 및 도시철도 시설
　② 공항시설
(5) **창고시설** 중 연면적 **10만m² 이상**인 것 또는 **지하층**의 층수가 **2개 층** 이상이고 지하층의 바닥면적의 합계가 **3만m² 이상**인 것
(6) 하나의 건축물에 **영화상영관이 10개 이상**
(7) **지하연계 복합건축물**
(8) 터널 중 수저터널 또는 길이가 5천m 이상인 것

● 성능위주설계대상
 - 20만(아제)
 - 아파트50층200m
 - 30층120m(아제)
 - 철도공항3만
 - 창고10만
 - 지하2층+3만
 - 영화10개
 - 지하연계

13. 주택용 소방시설

① 소화기　　　　　　② 단독경보형감지기

14. 강화된 소방시설기준의 적용대상

(1) 공동구
　① 소화기　　　　　　② 자동소화장치
　③ 자동화재탐지설비　④ 통합감시시설

● 주택용소방시설
 - 소/단

● 강화된 소방시설기준
적용대상
 - 공동구
　· 소자/자통/유연
 - 지하구
　· 소자/자통/유연
 - 노유자시설
　· 간자단
 - 의료시설
　· 스간/자자

⑤ 유도등 및 연소방지설비
(2) 전력 및 통신사업용 지하구
　① 소화기　　　　　　② 자동소화장치
　③ 자동화재탐지설비　④ 통합감시시설
　⑤ 유도등 및 연소방지설비
(3) 노유자시설
　① 간이스프링클러설비
　② 자동화재탐지설비 및 단독경보형 감지기
(4) 의료시설
　① 스프링클러설비
　② 간이스프링클러설비
　③ 자동화재탐지설비 및 자동화재속보설비

15. 수용인원의 산정 방법

(1) **숙박시설이 있는** 특정소방대상물

침대가 있는 숙박시설	침대가 없는 숙박시설
종사자수+침대수 (2인용침대는 2인 산정)	종사자수+바닥면적 합계(m^2)/$3m^2$

(2) **숙박시설이 없는** 특정소방대상물
　① 강의실·교무실·상담실·실습실·휴게실 용도로 쓰이는 특정소방대상물
　　• 바닥면적의 합계(m^2)/$1.9m^2$
　② 강당·문화집회시설 및 운동시설
　　• 바닥면적의 합계(m^2)/$4.6m^2$(고정식 의자 : 의자수
　　　　　　　　　　　　　　　긴 의자 : 정면너비/0.45m)
　③ 그 밖의 특정소방대상물
　　• 바닥면적의 합계(m^2)/$3m^2$

16. 특정소방대상물의 규모 등에 따라 갖추어야 하는 소방시설

(1) **소화기구** ★★★★
　① 소화기 또는 간이소화용구　★★ 자주출제(필수정리) ★★
　　㉠ 연면적 **$33m^2$ 이상**인 것
　　㉡ 가스시설, 발전시설 중 전기저장시설 및 국가유산
　　㉢ 터널

✪ 소화기구
ㅡ $33m^2$
ㅡ 터널, 지하구

제 4 편 소방관계법규

주거용자동소화장치
- 아파트 등 및 오피스텔의 모든 층

옥내소화전설비
- 3000
- 지무600
- 4층600

스프링클러설비
- 6층 이상 : 모든 층
- 기숙사, 복합 5000
- 판매, 운수, 창고 5000
- 조산원, 산후조리원 600 이상

간이스프링클러설비
- 근생1000
- 조산원, 산후조리원 600 미만
- 교육연구시설합숙소 100
- 노유자시설 300~600
- 숙박시설 300~600

　　㉣ 지하구
② **주거용 주방자동소화장치** : **아파트 등 및 오피스텔**의 모든 층
③ **상업용 주방자동소화장치**(후드 및 덕트가 설치되어 있는 주방)
　㉠ 집단급식소
　㉡ 판매시설 중 대규모점에 입점해 있는 일반음식점

(2) **옥내소화전설비** ★★★
① 연면적 **3000㎡ 이상**이거나 지하층, 무창층 또는 층수가 4층 이상인 것 중 바닥면적이 **600㎡ 이상**인 층이 있는 것은 모든 층
② 터널로서 길이가 **1천m 이상인 터널**
③ 복합건축물로서 연면적 1500㎡ 이상
④ 옥상에 설치된 차고 또는 주차의 용도 부분의 면적이 200㎡ 이상
⑤ 공장 또는 창고로서 **750배 이상**의 특수가연물을 저장, 취급하는 것

(3) **스프링클러설비** ★★★
① 문화 및 집회 시설
　㉠ 수용인원이 **100인 이상**인 것
　㉡ 영화상영관의 바닥면적이 지하층 또는 무창층인 경우 500㎡ 이상, 그 밖의 층의 경우에는 1000㎡ 이상인 것
　㉢ 무대부가 지하층, 무창층 또는 4층 이상의 무대부의 면적이 300㎡ 이상인 것
② **판매시설**, 운수시설 및 창고시설 중 물류터미널
　㉠ 바닥면적 합계가 **5000㎡ 이상**인 경우에는 모든 층
　㉡ 수용인원 **500명 이상**인 경우 모든 층
③ 층수가 **6층 이상**인 특정소방대상물의 경우에는 **모든 층**
④ 의료시설 중 **병원**(정신병원은 제외)으로서 바닥면적의 합계가 600㎡ 이상인 것은 모든 층
⑤ 노유자 시설, 숙박이 가능한 수련시설로서 바닥면적의 합계가 600㎡ 이상인 것은 모든 층
⑥ 복합건축물 또는 기숙사로서 연면적 5000㎡ 이상인 경우에는 모든 층

(4) **간이스프링클러설비** ★
① 공동주택 중 연립주택 및 다세대주택
② **근린생활시설**로서 바닥면적의 합계가 1000㎡ 이상인 것은 모든 층
③ 의원, 치과의원 및 한의원으로서 **입원실 또는 인공신장실이 있는 시설**

④ 병원(의료재활시설은 제외)으로 사용되는 바닥면적의 합계가 600m² 미만인 시설

⑤ 교육연구시설 내에 있는 **합숙소**로서 연면적 100m² **이상**인 것

(5) **물분무등 소화설비** ★★ 자주출제(필수정리) ★★

① 항공기격납고

② 주차용 건축물로서 연면적 800m² **이상**인 것

③ **차고 또는 주차**의 용도로 사용되는 부분의 바닥면적의 합계가 200m² **이상**인 것

④ 기계식주차장으로서 **20대 이상**의 차량을 주차할 수 있는 것

⑤ 전기실, 발전실, 변전실로서 바닥면적이 300m² **이상**인 것

(6) **옥외소화전설비** ★★ 자주출제(필수정리) ★★

① 지상 1층 및 2층의 바닥면적의 합계가 9000m² **이상**인 것

② 국보 또는 보물로 지정된 목조 건축물

③ 공장 또는 창고로서 **750배 이상**의 특수가연물을 저장, 취급하는 것

(7) **비상경보설비** ★

① 연면적 400m² **이상**인 것은 모든 층

② **지하층 또는 무창층**의 바닥면적이 **150m²(공연장의 경우 100m²)** 이상인 것은 모든 층

③ 터널로서 길이가 500m 이상인 것

④ **50명 이상**의 근로자가 작업하는 옥내작업장

(8) **비상방송설비** ★

① 연면적 **3천5백m² 이상**인 것은 모든 층

② 층수가 11층 이상인 것은 모든 층

③ 지하층의 층수가 3층 이상인 것은 모든 층

(9) **누전경보기**

계약전류용량이 **100암페어**를 초과하는 것 ★

(10) **자동화재탐지설비** ★

① 층수가 6층 이상인 경우에는 모든 층

② 근린생활시설, 위락시설, 의료시설 및 복합건축물로서 연면적 **600m² 이상**인 경우에는 모든 층

③ 문화 및 집회시설, 판매시설로서 연면적 1000m² 이상인 경우에는 모든 층

④ 교육연구시설로서 연면적 2000m² **이상**인 경우에는 모든 층

⑤ 지하구

○ 물분무등소화설비
  − 항공기격납고
  − 차고, 주차용 800
  − 기계장치20대

○ 옥외소화전설비
  − 1, 2층 9000

○ 비상경보설비
  − 400

○ 비상방송설비
  − 3500 이상
  − 11층 이상
  − 지하3층 이상

○ 누전경보기
  − 100A초과

○ 자동화재탐지설비
  − 6층 이상
  − 근생 600 이상
  − 교육연구시설 2000 이상

화재알림설비
- 전통시장

자동화재속보설비
- 노유자생활시설
- 노유자시설500
- 수련시설500

단독경보형 감지기
- 연립주택 및 다세대주택은 연동형
- 유치원400미만

시각경보기
- 종교시설
- 의료시설
- 노유자시설
- 도서관

통합감시시설
- 지하구

피난기구
- 모든 층
- 피난층, 지상1층, 지상2층, 11층 이상은 제외

⑥ 길이가 1000m 이상의 터널
⑦ 공장 및 창고시설로서 **500배 이상**의 특수가연물을 저장, 취급하는 것

⑾ **화재알림설비**
판매시설 중 전통시장

⑿ **자동화재속보설비**
① 노유자 생활시설
② **노유자시설로서 바닥면적이 500m² 이상**인 층이 있는 것
③ 수련시설(숙박시설이 있는 것)로서 바닥면적이 500m² 이상인 층이 있는 것
④ 근린생활시설 중 의원, 치과의원 및 한의원으로서 입원실이 있는 시설
⑤ 종합병원, 병원, 치과병원, 한방병원 및 요양병원(의료재활시설은 제외)

⒀ **단독경보형 감지기**
① 교육연구시설 또는 수련시설 내에 있는 합숙소 또는 기숙사로서 연면적 2천m² 미만인 것
② 수용인원 100명 이상에 해당하지 않는 수련시설(숙박시설이 있는 것)
③ 연면적 400m² 미만인 유치원
④ 공동주택 중 연립주택 및 다세대주택

⒁ **시각경보기**
① 근린생활시설, 위락시설, 문화 및 집회시설, 운동시설, 판매시설
② 숙박시설, 노유자시설, 의료시설 및 업무시설
③ 방송통신시설 중 방송국, 교육연구시설 중 도서관
④ 지하상가

⒂ **가스누설경보기**
① 문화 및 집회시설, 종교시설, 판매시설, 운수시설, 의료시설, 노유자시설
② 수련시설, 운동시설, 숙박시설, 창고시설 중 물류터미널, 장례시설

⒃ **피난구조설비** ★★★
① 피난기구는 모든 층에 설치(단, 피난층, 지상1층, 지상2층 및 층수가 11층 이상의 층, 가스시설, 지하구 또는 지하구 중 터널의

제 2 장 소방시설 설치 및 관리에 관한 법률(약칭 : 소방시설법)

경우는 예외)
② 인명구조기구 ★★ 자주출제 (필수정리) ★★
  ㉠ 방열복 또는 방화복, 인공소생기 및 공기호흡기 : 지하층을 포함하는 층수가 7층 이상인 관광호텔 용도로 사용하는 층
  ㉡ 방열복 또는 방화복 및 공기호흡기 : 지하층을 포함하는 5층 이상인 병원 용도로 사용하는 층
  ㉢ 공기호흡기
    • 수용인원 100명 이상인 문화 및 집회시설 중 영화상영관
    • 판매시설 중 **대규모점포**
    • 운수시설 중 **지하역사**
    • **지하상가**
    • **이산화탄소소화설비**를 설치하여야 하는 특정소방대상물
③ 피난구유도등, 통로유도등 및 유도표지는 모든 특정소방대상물에 객석유도등은 유흥주점영업과 문화 및 집회시설, 종교시설, 운동시설에 설치
④ 비상조명등
  ㉠ 지하층을 포함하는 층수가 5층 이상인 건축물로서 연면적 $3000m^2$ 이상인 경우에는 모든 층
  ㉡ 지하층 또는 무창층의 바닥면적이 $450m^2$ 이상인 경우에는 해당 층
  ㉢ 터널로서 그 길이가 500m 이상인 것
⑤ 휴대용비상조명등
  ㉠ 숙박시설
  ㉡ 수용인원 100인 이상의 영화상영관, 판매시설 중 대규모점포, 철도 및 도시철도 시설 중 지하역사, 지하상가

(17) **소화용수설비** ★
① 상수도소화용수설비
  ㉠ 연면적 $5000m^2$ **이상**인 것
  ㉡ 가스시설로서 지상에 노출된 탱크의 저장용량의 합계가 **100톤 이상**인 것
  ㉢ 폐기물재활용시설 및 폐기물처분시설

(18) **제연설비** ★★
① 문화 및 집회시설, 운동시설로서 무대부의 바닥면적이 $200m^2$ 이상 또는 문화 및 집회시설 중 영화상영관으로서 수용인원 100인 이상

○ **인명구조기구**
  - 7층 이상 관광호텔
  - 5층 이상 병원

○ **비상조명등**
  - 5층 이상

○ **휴대용비상조명등**
  - 숙박시설
  - 100명 이상 영화상영관

○ **소화용수설비**
  - 5000 이상
  - 100톤 이상

○ **제연설비**
  - 운동시설 200 이상 무대부
  - 영화상영관 100명 이상

제 4 편 소방관계법규

핵심요점정리

인 부분

② 지하층이나 무창층에 설치된 근린생활시설, 판매시설, 운수시설, 의료시설, 노유자시설, 숙박시설, 위락시설, 창고시설(물류터미널만 해당한다)로서 해당 용도로 사용되는 바닥면적의 합계가 1천m^2 이상인 부분

③ 운수시설 중 시외버스정류장, 철도역사, 공항시설, 항만시설의 대합실 또는 휴게시설로서 지하층 또는 무창층의 바닥면적이 1000m^2 이상인 것

④ 지하상가로서 연면적 1000m^2 이상인 것

⑴⑼ **연결송수관설비** ★★

① 층수가 5층 이상으로서 연면적 **6000m^2 이상**인 경우에는 모든 층

② 지하층을 포함하는 층수가 **7층 이상**인 경우에는 모든 층

③ 지하층의 층수가 3층 이상이고 지하층의 바닥면적의 합계가 1000m^2 이상인 경우에는 모든 층

④ 터널로서 길이가 1000m 이상인 것

⑵⑴ **연결살수설비**

① 물류터미널로서 바닥면적의 합계가 **1000m^2 이상**인 경우에는 해당 시설

② 지하층으로서 바닥면적의 합계가 150m^2 이상인 경우에는 지하층의 모든 층(**교육연구시설 중 학교**의 지하층의 경우에는 700m^2 이상인 것)

③ 가스시설 중 지상에 노출된 탱크의 용량이 **30톤 이상**인 탱크시설

⑵⑴ **비상콘센트설비** ★★

① 층수가 11층 이상인 경우에는 11층 이상의 층

② 지하층의 층수가 3개층 이상이고 지하층의 바닥면적의 합계가 1000m^2 이상인 것은 지하층의 모든 층

③ 터널로서 길이가 500m 이상인 것

⑵⑵ **무선통신보조설비**

① 지하상가로서 연면적 1000m^2 이상인 것

② 지하층의 바닥면적의 합계가 **3000m^2 이상**인 것 또는 지하층의 층수가 3개층 이상이고 지하층의 바닥면적의 합계가 1000m^2 **이상**인 것은 지하층의 모든 층

③ 터널로서 길이가 500m 이상인 것

④ 공동구

✪ **연결송수관설비**
- 5층이상 6000
- 7층 이상

✪ **연결살수설비**
- 판매시설 1000 이상
- 지하층 150 이상
  (교육연구시설 700 이상)

✪ **비상콘센트설비**
- 11층 이상의 층

✪ **무선통신보조설비**
- 지하상가 1000 이상
- 지하층 3000 이상
- 30층 이상인 것 중 16층 이상

⑤ 층수가 30층 이상인 것으로서 16층 이상 부분의 모든 층
㉓ 연소방지설비
　지하구(전력 또는 통신사업용인 것만 해당)

○ 연소방지설비
　- 지하구

17. 유사한 소방시설의 설치면제의 기준

설치가 면제되는 소방시설	설치면제 기준
스프링클러	자동소화장치 및 물분무등
물분무등	스프링클러(차고, 주차장)
간이스프링클러	스프링클러, 물분무 또는 미분무
비상경보설비 또는 단독경보형 감지기	자동화재탐지 또는 화재알림설비
연결송수관설비	연결송수구 및 옥내, 스프링클러, 간이스프링 또는 연결살수

18. 내용연수 설정 대상 소방용품

① 분말형태의 소화약제를 사용하는 소화기
② 내용연수는 10년

○ 내용연수
　- 분말소화기
　- 10년

19. 임시소방시설의 종류와 설치기준 등

(1) 임시소방시설의 종류

① 소화기　　② 간이소화장치　　③ 비상경보장치
④ 가스누설경보기　⑤ 간이피난유도선　⑥ 비상조명등
⑦ 방화포

○ 임시소방시설 종류
　- 소간/비가/간비방

(2) 임시소방시설 공사의 종류와 규모

종류	공사의 종류와 규모
소화기	• 동의 특정소방대상물
간이소화장치	• 연면적 3천m² 이상 • 지하층, 무창층 또는 4층 이상의 층 　(층의 바닥면적 600m² 이상)
비상경보장치	• 연면적 400m² 이상 • 지하층 또는 무창층(층의 바닥면적 150m² 이상)
가스누설경보기 간이피난유도선 비상조명등	• 바닥면적 150m² 이상인 지하층 또는 무창층
방화포	• 용접·용단 작업장

○ 임시소방시설 설치대상
　- 간이 : 3천,
　　　　지무 4층 600
　- 비상경보 : 400
　　　　지무 150
　- 가스, 간이, 비조 :
　　지무 150

Pass Point

⊕ **중앙소방기술심의**
- 10만 이상 하자유무
- 소방청장 심의

⊕ **지방소방기술심의**
- 10만 미만 하자유무
- 시.도지사 심의

⊕ **방염대상**
- 근생 중
  • 의조산/체공종
  • 문종운
  • 의,합,노,수,숙,방,장,다,11층

⊕ **방염대상물품**
- 커튼
- 카펫, 벽지류(2mm 미만 종이벽지 제외)

20. 소방기술심의위원회 심의사항

중앙소방기술심의위원회	지방소방기술심의위원회
"대통령령으로 정하는 사항" (1) 10만m² 이상의 하자 유무 (2) 새로운 소방시설과 소방용품 등의 도입 여부에 관한 사항 (3) 소방청장이 심의에 부치는 사항	"대통령령으로 정하는 사항" (1) 10만m² 미만의 하자 유무 (2) 소방본부장 또는 소방서장이 기술검토를 요청하는 사항 (3) 시·도지사가 심의에 부치는 사항

21. 방염성능기준 이상의 실내장식물 설치 대상

(1) 근린생활시설 중 **의원, 치과의원, 한의원, 조산원, 산후조리원, 체력단련장, 공연장 및 종교집회장**
(2) 건축물의 옥내에 있는 시설
  ① 문화 및 집회시설
  ② 종교시설
  ③ 운동시설(수영장은 제외)
(3) 의료시설
(4) 교육연구시설 중 **합숙소**
(5) 노유자시설
(6) 숙박이 가능한 **수련시설**
(7) **숙박**시설
(8) 방송통신시설 중 **방송국 및 촬영소**
(9) 다중이용업소
(10) 층수가 11층 이상인 것(아파트는 제외)

22. 제조 또는 가공 공정에서 방염 처리하여야 하는 방염대상물품

(합판·목재류의 경우에는 설치 현장에서 방염처리를 한 것을 포함)

① 창문에 설치하는 **커튼류**(블라인드 포함)
② 카펫, 벽지류(두께가 2mm 미만 종이벽지 제외)
③ **전시용** 합판·목재 또는 섬유판, **무대용** 합판·목재 또는 섬유판
④ 암막·무대막(영화상영관과 **가상체험 체육시설업**에 설치하는 스크린을 포함)
⑤ 섬유류, 합성수지류로 제작된 소파·의자
  (단란주점, 유흥주점, 노래연습장업)

⑥ 붙박이 가구류
⑦ 침구류, 소파 및 의자(권장)

23. 건축물 내부의 천장이나 벽에 부착하거나 설치하는 다음의 것(방염)

(다만, 가구류와 너비 10cm이하인 반자돌림대 등과 내부마감재료는 제외)

① 종이류(두께 2mm이상인 것)·합성수지류 또는 섬유류를 주원료로 한 물품
② 합판이나 목재
③ 간이 칸막이
④ 흡음재(흡음커튼 포함), 방음재(방음커튼 포함)

24. 방염성능기준

① 불꽃을 올리며 20초 이내
② 불꽃을 올리지 아니하고 30초 이내
③ 탄화면적 50cm² 이내, 탄화길이 20cm 이내
④ 불꽃의 접촉 횟수 3회 이상
⑤ 최대연기밀도 400 이하

25. 방염처리된 제품 사용권장(소방본부장 또는 소방서장)

① 다중이용업소·의료시설·노유자시설·숙박시설 또는 장례식장에서 사용하는 **침구류·소파 및 의자**
② 건축물 내부의 천장 또는 벽에 부착하거나 설치하는 가구류

26. 시·도지사가 실시하는 방염성능검사

"대통령령으로 정하는 방염대상물품"
방염대상물품 중 **설치 현장**에서 방염처리를 하는 **합판·목재류**

✿ **방영성능기준**
- 올리며 20초
- 올리지 아니하고 30초
- 면적 50 길이 20
- 접촉회수 3회
- 밀도 400

✿ **방염권장**
- 침구류, 소파, 의자

Pass Point

● 중대위반사항
 - 배수/펌/방자

● 자체점검 결과 공개
 - 30일 이상

27. 소방시설등의 자체점검 결과의 조치 등

"대통령령으로 정하는 중대위반사항"
(1) 화재 **수신반**의 고장
(2) **소화펌프**(가압송수장치), 동력·감시 제어반 또는 소방시설용 전원(비상전원을 포함)의 고장
(3) **소화배관** 등이 폐쇄·차단
(4) **방화문**, **자동방화셔터** 등이 훼손 또는 철거

2-3 소방시설 설치 및 관리에 관한 법률 시행규칙

1. 건축허가 등의 동의요구 ★★

(1) **첨부서류**
  ① 건축허가신청서 및 건축허가서 또는 건축·대수선·용도변경신고서 등 건축허가 등을 확인할 수 있는 서류의 사본
  ② 다음 각목의 설계도서
    ㉠ 건축물 설계도서
    ㉡ 소방시설 설계도서
  ③ 소방시설 설치계획표
  ④ 임시소방시설 설치계획서
  ⑤ 소방시설설계업등록증과 기술자격증 사본
  ⑥ 소방시설 설계계약서 사본

● 동의여부회신
 - 특급 외 5일 이내
 - 특급 10일 이내

● 동의요구, 서류보완
 - 4일 이내

(2) **동의여부 회신기간 및 보완**

구 분		회신기간
동의 여부 회신 기간	특급 이외의 것	5일 이내
	특급	10일 이내
동의요구서 및 첨부서류 보완		4일 이내

2. 연소 우려가 있는 건축물의 구조

다음 각 호의 기준에 모두 해당하는 구조를 말한다.
① 건축물대장의 건축물 현황도에 표시된 **대지경계선** 안에 둘 이상의

건축물이 있는 경우
② 각각의 건축물이 다른 건축물의 외벽으로부터 **수평거리가 1층**의 경우에는 **6m 이하**, **2층 이상의 층**의 경우에는 **10m 이하**인 경우

층별	1층	2층 이상
수평거리	6m 이하	10m 이하

③ **개구부**가 다른 건축물을 향하여 설치되어 있는 경우

3. 점검대상 및 점검자의 자격(주된 인력)

점검구분		점검 대상	점검자의 자격(주된 인력)
작동점검		3급 소방안전관리대상물	• 관계인 • 선임된 소방시설관리사 또는 소방기술사 • 등록된 소방시설관리사 또는 특급점검자 (24년12월1일부터 적용)
		1급 또는 2급 소방안전관리대상물	• 등록된 소방시설관리사 • 선임된 소방시설관리사 또는 소방기술사
종합점검	최초점검	해당 특정소방대상물의 소방시설 등이 신설된 경우	• 등록된 소방시설관리사 • 선임된 소방시설관리사 또는 소방기술사
	그 밖의 종합점검	(1) **스프링클러설비**가 설치된 것 (2) **물분무등**(호스릴방식 제외)이 설치된 **연면적 5천m² 이상**(위험물제조소등 제외) (3) **단란주점영업과 유흥주점영업, 영화상영관·비디오물감상실업·복합영상물제공업, 노래연습장업, 산후조리업, 고시원업, 안마시술소**가 설치된 **연면적이 2천m² 이상인 것** (4) **제연설비** 설치된 **터널** (5) **공공기관** 중 연면적 **1,000m² 이상**인 것으로서 **옥내** 또는 **자동화재탐지설비**가 설치된 것. 다만, 소방대 근무하는 공공기관 제외	

○ **연소우려**
- 1층 : 6m 이하
- 2층 이상 : 10m 이하

○ **점검인력 배치신고**
- 5일 이내

○ **자체점검의 면제 또는 연기**
- 실시만료 3일 전까지
- 연기신청결과통보 (3일 이내)

○ **자체점검결과 게시**
- 보고한 날로부터 10일 이내
- 30일 이상 게시

○ **점검능력평가**
- 실적
- 기술력
- 경력
- 신인도

○ **점검능력평가의 유효기간**
- 1년간

4. 점검 횟수 및 시기

점검구분	점검 횟수 및 점검 시기 등
최초점검	• 건축물을 사용할 수 있게 된 날부터 60일 이내
작동점검	• 연 1회 이상 실시 • 점검시기 ① 종합대상은 종합을 받은 달부터 6개월이 되는 달에 실시 ② 종합대상 외는 사용승인일이 속하는 달의 말일까지 실시
종합점검	• 사용승인일이 속하는 달에 연 1회 이상(특급은 반기 1회 이상) 실시 • 학교의 경우 사용승인일이 1월에서 6월 사이인 경우 6월 30일까지 실시

비고 : 작동점검 및 종합점검은 건축물 사용승인 후 그 다음 해부터 실시한다.

5. 점검인력 1단위가 하루 동안 점검할 수 있는 점검한도 면적

※ 점검인력 1단위 : 소방시설관리사 또는 특급점검자 1명+보조인력 2명

구 분	점검한도 면적
종합점검	8,000m^2
작동점검	10,000m^2

6. 소방시설등의 자체점검 결과의 조치 등

(1) **관리업자등**은 점검이 끝난 날부터 **10일 이내**에 보고서를 **관계인**에게 제출
(2) **관계인**은 점검이 끝난 날부터 **15일 이내**에 **소방본부장 또는 소방서장**에게 보고
(3) 보고서 **보고기간의 산입**
    공휴일 및 토요일은 산입하지 아니한다.
(4) **관계인**은 그 점검결과를 **2년간 자체 보관**
(5) 관계인의 **이행계획** 완료기간
    ① **수리하거나 정비** : 10일 이내
    ② **철거하고 새로 교체** : 20일 이내
(6) **관계인**은 완료한 날부터 **10일 이내**에 **소방본부장 또는 소방서장**에게 보고

◎ **공동주택(아파트)**
세대별 점검방법
- 2년 이내 전수점검
- 작동 30%이상
- 종합 50%이상

◎ **점검한도면적 추가**
(보조인력1명 추가)
- 종합:2000m^2
- 작동:2500m^2

◎ **1일 점검인력배치**
- 최대5개

7. 등록사항의 변경신고 사항

(1) 명칭·상호 또는 영업소소재지
(2) 대표자
(3) 기술인력

8. 등록사항의 변경신고 등

30일 이내에 서류를 첨부하여 시·도지사에게 제출 ★
(1) 명칭·상호 또는 영업소 소재지를 변경하는 경우
　　소방시설관리업등록증 및 등록수첩
(2) 대표자를 변경하는 경우
　　소방시설관리업등록증 및 등록수첩
(3) 기술인력을 변경하는 경우
　　① 소방시설관리업 등록수첩
　　② 변경된 기술인력의 기술자격증(경력수첩 포함)
　　③ 소방기술인력대장

● 관리업 등록서류보완
　- 10일 이내

● 관리업 변경신고
　- 명칭·상호 또는 영업소소재지
　- 대표자
　- 기술인력

● 관리업 지위승계
　- 30일 이내

● 점검능력평가신청
　- 매년 2월 15일까지

제3장

화재의 예방 및 안전관리에 관한 법률
(약칭 : 화재예방법)

 3-1 화재의 예방 및 안전관리에 관한 법률

1. 화재안전조사

소방관서장은 다음에 해당하는 경우 화재안전조사를 실시할 수 있다.

다만, **개인의 주거**에 대한 화재안전조사는 **관계인의 승낙**이 있거나 화재발생의 우려가 뚜렷하여 **긴급한 필요**가 있는 때에 한정한다.

① 자체점검이 **불성실하거나 불완전**하다고 인정되는 경우
② 화재예방강화지구 등 법령에서 화재안전조사를 하도록 **규정되어 있는 경우**
③ 화재예방안전진단이 **불성실하거나 불완전**하다고 인정되는 경우
④ 소방안전관리 실태를 조사할 필요가 있는 경우
⑤ 화재가 자주 발생하였거나 **발생할 우려가 뚜렷한 곳**에 대한 조사가 필요한 경우
⑥ 소방대상물에 화재의 발생 위험이 크다고 판단되는 경우
⑦ 그 밖의 긴급한 상황이 발생할 경우 인명 또는 재산 피해의 우려가 현저하다고 판단되는 경우

2. 화재안전조사의 방법·절차 등

(1) **소방관서장**은 화재안전조사를 실시하려는 경우 사전에 관계인에게 **조사대상, 조사기간 및 조사사유** 등을 우편, 전화, 전자메일 또는 문자전송 등을 통하여 통지하고 이를 대통령령으로 정하는 바에 따라 인터넷 홈페이지나 전산시스템 등을 통하여 공개하여야 한다. 다만, 다음 각 호의 어느 하나에 해당하는 경우에는 그러하지 아니하다.

① 화재가 발생할 우려가 뚜렷하여 **긴급하게 조사할 필요**가 있는 경우
② 화재안전조사의 실시를 사전에 통지하거나 공개하면 **조사목적을 달성할 수 없다고 인정**되는 경우

(2) 화재안전조사는 관계인의 승낙 없이 소방대상물의 **공개시간** 또는 **근무시간 이외**에는 할 수 없다.

3. 손실보상

소방청장 또는 **시·도지사**는 화재안전조사 결과에 따른 **조치명령**으로 인하여 손실을 입은 자가 있는 경우에는 대통령령으로 정하는 바에 따라 **보상**하여야 한다.

4. 화재의 예방조치 등 ★★(자주출제)

누구든지 화재예방강화지구 및 이에 준하는 대통령령으로 정하는 장소에서는 다음에 해당하는 행위를 하여서는 아니 된다.
① 모닥불, 흡연 등 **화기의 취급**
② 풍등 등 **소형열기구 날리기**
③ 용접·용단 등 **불꽃을 발생**시키는 행위
④ 그 밖에 **대통령령**으로 정하는 화재 발생 위험이 있는 행위

5. 화재예방강화지구의 지정 등

시·도지사는 다음에 해당하는 지역을 화재예방강화지구로 지정하여 관리할 수 있다.

화재예방강화지구 ★★★★★(자주출제)
① **시장지역**
② **공장·창고**가 밀집한 지역
③ **목조건물**이 밀집한 지역
④ 노후·**불량건축물**이 밀집한 지역
⑤ **위험물**의 저장 및 처리 시설이 밀집한 지역
⑥ **석유화학제품**을 생산하는 공장이 있는 지역
⑦ **산업단지**
⑧ 소방시설·소방용수시설 또는 소방출동로가 **없는 지역**
⑨ **물류단지**
⑩ 그 밖에 **소방관서장**이 화재예방강화지구로 지정할 **필요가 있다고 인정**하는 지역

6. 소방안전관리자의 업무 ★★★(자주출제)

① 소방계획서의 작성 및 시행
② 자위소방대 및 초기대응체계의 구성, 운영 및 교육
③ 피난시설, 방화구획 및 방화시설의 관리
④ 소방시설이나 그 밖의 소방 관련 시설의 관리
⑤ 소방훈련 및 교육
⑥ 화기 취급의 감독
⑦ 소방안전관리에 관한 업무수행에 관한 기록·유지
⑧ 화재발생 시 초기대응
⑨ 그 밖에 소방안전관리에 필요한 업무

7. 소방안전관리자 선임신고 등 ★★★(자주출제)

(1) 관계인이 **소방안전관리자 또는 소방안전관리보조자를 선임한 경우**에는 행정안전부령으로 정하는 바에 따라 선임한 날부터 **14일 이내**에 **소방본부장 또는 소방서장에게 신고**

(2) 소방안전관리대상물의 출입자가 쉽게 알 수 있도록 **소방안전관리자의 성명**과 그 밖에 행정안전부령으로 정하는 사항을 **게시**

8. 관리의 권원이 분리된 특정소방대상물의 소방안전관리 ★★(자주출제)

(1) 다음의 어느 하나에 해당하는 특정소방대상물로서 그 관리의 권원이 분리되어 있는 특정소방대상물의 경우 그 관리의 권원별 관계인은 소방안전관리자를 선임하여야 한다.

① **복합건축물**(지하층을 제외한 층수가 **11층 이상** 또는 연면적 **3만m² 이상**인 건축물)
② **지하가**
③ 판매시설 중 **도매시장, 소매시장 및 전통시장**

(2) 관리의 권원별 관계인은 상호 협의하여 **총괄소방안전관리자**를 선임된 소방안전관리자 중에서 선임하거나 별도로 **선임**하여야 한다.

9. 근무자 및 거주자 등에 대한 소방훈련 등

(1) 소방안전관리대상물의 관계인은 근무자등에게 **소화·통보·피난** 등의 훈련과 소방안전관리에 필요한 교육을 하여야 하고, 피난훈련은 그

소방대상물에 출입하는 사람을 안전한 장소로 대피시키고 유도하는 훈련을 포함하여야 한다.

(2) 소방안전관리대상물 중 소방안전관리업무의 전담이 필요한 대통령령으로 정하는 소방안전관리대상물의 관계인은 제1항에 따른 소방훈련 및 교육을 한 날부터 **30일 이내**에 **소방훈련 및 교육 결과**를 행정안전부령으로 정하는 바에 따라 **소방본부장 또는 소방서장에게 제출**하여야 한다.

소방안전관리 업무를 전담하여야 하는 특정소방대상물의 규모
① **특급** 소방안전관리대상물
② **1급** 소방안전관리대상물

10. 소방안전 특별관리시설물의 안전관리

① 공항시설　　② 철도시설　　③ 도시철도시설
④ 항만시설　　⑤ 지정문화유산 및 천연기념물 등인 시설
⑥ 산업기술단지　　⑦ 산업단지
⑧ 초고층 건축물 및 지하연계 복합건축물
⑨ 수용인원 1천명 이상인 영화상영관
⑩ 전력용 및 통신용 지하구　　⑪ 석유비축시설
⑫ 천연가스 인수기지 및 공급망　⑬ 점포가 500개 이상인 전통시장
⑭ 발전소, 물류창고(연면적 10만m^2 이상), 가스공급시설

11. 권한의 위임·위탁 등

소방관서장은 다음 각 호에 해당하는 업무를 **안전원에 위탁**
① 소방안전관리자 또는 소방안전관리보조자 **선임신고의 접수**
② 소방안전관리자 또는 소방안전관리보조자 **해임 사실의 확인**
③ **강습교육 및 실무교육**

12. 벌칙

(1) **3년 이하의 징역 또는 3천만원 이하의 벌금** ★★(자주출제)
① **조치명령**을 정당한 사유 없이 **위반한 자**
② 소방안전관리자 **선임명령** 등을 정당한 사유 없이 **위반한 자**
③ 보수·보강 등의 **조치명령**을 정당한 사유 없이 **위반한 자**

④ 거짓이나 그 밖의 **부정한 방법**으로 진단기관으로 지정을 받은 자

(2) **1년 이하의 징역 또는 1천만원 이하의 벌금**
① 관계인의 정당한 업무를 방해하거나, **조사업무를 수행**하면서 취득한 자료나 알게 된 **비밀**을 다른 사람 또는 기관에게 제공 또는 **누설**하거나 목적 외의 용도로 사용한 자
② 자격증을 다른 사람에게 **빌려 주거나 빌리거나** 이를 알선한 자
③ 진단기관으로부터 **화재예방안전진단**을 받지 아니한 자

(3) **300만원 이하의 벌금**
① 화재안전조사를 정당한 사유 없이 **거부 · 방해 또는 기피**한 자
② 소방안전관리자, 총괄소방안전관리자 또는 소방안전관리보조자를 **선임하지 아니한 자**
③ 업무를 수행하면서 알게 된 **비밀**을 이 법에서 정한 목적 외의 용도로 사용하거나 다른 사람 또는 기관에 제공하거나 **누설한 자**

13. 과태료

(1) **300만원 이하의 과태료** ★★(자주출제)
① 정당한 사유 없이 화재 발생 위험이 있는 행위를 한 자
② **겸직금지를 위반**하여 소방안전관리자를 겸한 자
③ 소방안전관리업무를 하지 아니한 특정소방대상물의 관계인 또는 소방안전관리자
④ 소방**훈련 및 교육**을 하지 아니한 자

(2) **200만원 이하의 과태료**
① 불을 사용할 때 지켜야 하는 사항 및 **특수가연물**의 저장 및 취급 기준을 위반한 자
② 소방설비등의 설치 명령을 정당한 사유 없이 따르지 아니한 자
③ **기간 내에 선임신고**를 하지 아니하거나 소방안전관리자의 성명 등을 게시하지 아니한 자
④ 기간 내에 소방안전관리자 선임신고를 하지 아니한 자
⑤ 기간 내에 **소방훈련 및 교육 결과**를 제출하지 아니한 자

(3) **100만원 이하의 과태료**
실무교육을 받지 아니한 소방안전관리자 및 소방안전관리보조자

(4) **과태료의 부과 · 징수**
소방청장, 시 · 도지사, 소방본부장 또는 소방서장

제 3 장 화재의 예방 및 안전관리에 관한 법률(약칭 : 화재예방법)

 3-2 화재의 예방 및 안전관리에 관한 법률 시행령

1. 화재안전조사의 항목

(1) 화재의 **예방조치** 등에 관한 사항
(2) 소방안전관리 업무 수행에 관한 사항
(3) 피난계획의 수립 및 시행에 관한 사항
(4) 소방**훈련 및 교육**에 관한 사항
(5) 소방자동차 전용구역의 설치에 관한 사항
(6) 감리 및 **감리원 배치** 등에 관한 사항
(7) 소방시설의 설치 및 관리에 관한 사항
(8) 건설현장 임시소방시설의 설치 및 관리에 관한 사항
(9) 피난시설, 방화구획 및 방화시설의 관리에 관한 사항
(10) 방염에 관한 사항
(11) 소방시설등의 **자체점검**에 관한 사항
(12) 다중이용업소의 안전관리에 관한 사항
(13) 위험물안전관리법에 따른 안전관리에 관한 사항
(14) 초고층 및 지하연계 복합건축물의 안전관리에 관한 사항
(15) 소방관서장이 필요하다고 인정하는 사항

2. 화재안전조사의 방법 · 절차 등

소방관서장은 화재안전조사를 실시하려는 경우 사전에 조사대상, 조사기간 및 조사사유 등 조사계획을 인터넷 홈페이지나 전산시스템 등을 통해 7일 이상 공개하여야 한다.

3. 화재안전조사의 연기

"**대통령령으로 정하는 사유**"란 다음의 어느 하나에 해당하는 사유를 말한다.
① 재난이 발생한 경우
② 관계인의 질병, 사고, 장기출장의 경우
③ 권한있는 기관에 자체점검기록부, 교육·훈련 일지 등 화재안전조사에 필요한 장부·서류 등이 압수되거나 영치되어 있는 경우

Pass Point

◉ 세부시행계획 수립
 - 12월31일까지

◉ 화재안전조사
 - 종합조사
 - 부분조사

◉ 화재안전조사공개
 - 7일 이상

◉ 화재안전조사단
 - 50명 이내

◉ 화재안전조사위원회
 - 7명 이내

◉ 손실보상
 - 소방청장 또는 시·도 지사와 협의

◉ 화재안전조사 공개
 - 30일 이상
 - 이의신청 10일 이내

④ 소방대상물의 증축, 용도변경 또는 대수선 등의 공사로 화재안전조사를 실시하기 어려운 경우

4. 옮긴 물건의 보관기간 및 보관기간 경과 후 처리 등 ★★(자주출제)

① 소방관서장은 옮긴 물건을 보관하는 경우에는 그 날부터 14일 동안 해당소방관서의 인터넷 홈페이지에 그 사실을 공고
② 옮긴 물건 등의 보관기간은 소방관서 홈페이지에 공고 기간의 종료일 다음 날부터 7일까지

5. 화재의 확대가 빠른 특수가연물 ★★★★(자주출제)

품 명		수 량
면 화 류		200kg 이상
나무껍질 및 대팻밥		400kg 이상
넝마 및 종이부스러기, 사류(絲類), 볏짚류		1,000kg 이상
가연성고체류		3,000kg 이상
석탄·목탄류		10,000kg 이상
가연성액체류		$2m^3$ 이상
목재가공품 및 나무부스러기		$10m^3$ 이상
합성수지류	발포시킨 것	$20m^3$ 이상
	그 밖의 것	3,000kg 이상

6. 특수가연물의 저장 및 취급기준 ★★★(자주출제)

(1) 품명·최대저장수량·단위부피(체적)당 질량·관리책임자 성명·직책, 연락처 및 화기취급의 금지표시 설치
(2) 기준(석탄·목탄류를 발전용은 예외)
  ① 품명별로 구분하여 쌓을 것
  ② 저장 기준

구 분	쌓는 높이	바닥면적(m^2)
일반기준	10m 이하	50(석탄·목탄류 200) 이하
살수설비, 대형소화기	15m 이하	200(석탄·목탄류 300) 이하

  ③ 최소 6m 이상 간격을 유지(쌓은 높이보다 0.9m 이상 높은 내화구조 벽체 설치 시 예외)

Pass Point

○ 옮긴 물건 등
  - 공고 14일 동안
  - 보관기간 7일까지

○ 불을 사용하는 설비의 관리기준 등

○ 액체연료사용 보일러
  - 연료탱크 1m 이상 간격
  - 개폐밸브 0.5m 이내

○ 기체연료사용 보일러
  - 개폐밸브 0.5m 이내

○ 고체연료사용 보일러
  - 연료 2m이상 간격
  - 연통 : 천장으로부터 0.6m 이상
  - 연통배출구 : 0.6m 밖으로
  - 연통배출구 : 2m 이상 높게 설치

○ 난로
  - 연통 : 천장 0.6m 이상
  - 연통배출구 : 0.6m 이상 밖으로

○ 불꽃을 사용하는 용접·용단 기구
  - 5m 이내 소화기
  - 주변 10m 이내 가연물 금지

○ 노·화덕설비
  - 30만kcal 이상

○ 음식조리설비
  - 조리기구 0.6m 이상

○ 특수가연물
  - 대통령령

④ 쌓는 부분의 바닥면적 사이 간격

구 분	쌓는 부분의 바닥면적 사이 이격거리
실내	1.2m 또는 쌓는 높이의 1/2 중 큰 값 이상
실외	3m 또는 쌓는 높이 중 큰 값 이상

7. 화재예방강화지구의 관리

① 화재안전조사를 **연 1회 이상** 실시
② 필요한 훈련 및 교육을 **연 1회 이상** 실시
③ 관계인에게 훈련 또는 교육 10일 전까지 그 사실을 통보

8. 소방안전관리자 선임대상물 ★★★★★(자주출제)

(1) **특급** 소방안전관리대상물
　① 50층 이상(지하층 제외) 이거나 지상 200m 이상 **아파트**
　② 30층 이상(지하층 포함) 이거나 지상 120m 이상(**아파트 제외**)
　③ 연면적 10만m² 이상(**아파트 제외**)

(2) **1급** 소방안전관리대상물
　① 30층 이상(지하층 제외) 이거나 지상 120m 이상 **아파트**
　② 연면적 1만5천m² 이상(**아파트 및 연립주택 제외**)
　③ 지상층의 층수가 11층 이상(**아파트 제외**)
　④ 가연성 가스 1천톤 이상

(3) **2급** 소방안전관리대상물
　① **옥내, 스프링, 물분무등** 소화설비 설치대상(**옥스물**)
　　(호스릴 방식의 물분무등 소화설비만을 설치한 경우는 제외)
　② 가연성 가스 100톤 이상 1천톤 미만
　③ 지하구
　④ 공동주택
　⑤ **보물 또는 국보로 지정된 목조건축물**

(4) **3급** 소방안전관리대상물
　간이스프링클러설비 또는 **자동화재탐지**설비 설치대상물

Pass Point

○ **특급 대상물**
 - 50층(지제)
   200m 아파트
 - 30층(지포)
   120m(아제)
 - 10만(아제)

○ **1급 대상물**
 - 30층(지제)
   120m 아파트
 - 1만5천(아, 연 제외)
 - 11층 이상(아제)
 - 가스1천톤

○ **2급 대상물**
 - 옥내, 스프링, 물분무등
   (호스릴제외)설치대상
 - 가스100톤~1천톤
 - 지하구
 - 공동주택
 - 보물, 국보 목조건축물

○ **3급 대상물**
 - 간이스프링 설치대상
 - 자동화재탐지설비
   설치대상

9. 소방안전관리자 선임자격 ★★★★★(자주출제)

(1) **특급 소방안전관리자 선임자격**
  ① 소방기술사 또는 소방시설관리사
  ② 소방설비기사 : 5년 이상 1급 실무경력
  ③ 소방설비산업기사 : 7년 이상 1급 실무경력
  ④ 소방공무원 : 20년 이상
  ⑤ 특급 소방안전관리 시험에 합격한 사람

(2) **1급 소방안전관리자 선임자격**
  ① 소방설비기사 또는 소방설비산업기사
  ② 소방공무원 : 7년 이상
  ③ 1급 소방안전관리 시험에 합격한 사람
  ④ 특급 또는 1급 자격증 발급받은 사람

(3) **2급 소방안전관리자 선임자격**
  ① 위험물(기능장 · 산업기사 또는 기능사)
  ② 소방공무원 : 3년 이상
  ③ 2급 소방안전관리 시험에 합격한 사람
  ④ 「특별조치법」에 따라 선임된 사람
  ⑤ 특급, 1급, 2급 자격증 발급받은 사람

(4) **3급 소방안전관리자 선임자격**
  ① 소방공무원 : 1년 이상
  ② 3급 소방안전관리 시험에 합격한 사람
  ③ 「특별조치법」에 따라 선임된 사람
  ④ 특급, 1급, 2급, 3급 자격증 발급받은 사람

10. 소방안전관리보조자를 두어야 하는 특정소방대상물 ★★(자주출제)

특정소방대상물	보조자의 최소 선임기준
• 아파트(300세대 이상 아파트만 해당)	1명(초과 300세대마다 1명 이상 추가 선임)
• 연면적 1만5천m² 이상 (아파트 및 연립주택 제외)	1명(초과 연면적 1만5천m²마다 1명 이상 추가 선임)
• 공동주택 중 기숙사 • 의료시설 • **노유자시설** • **수련시설** • 숙박시설(1천500m² 미만이고 관계인 24시간 상주 숙박시설은 제외)	1명

○ **소방안전관리보조자 선임대상**
  - 아300
  - 1만5천(아제)
  - 기/의/노/수/숙

11. 소방안전관리업무 전담 대상물

① 특급 소방안전관리대상물
② 1급 소방안전관리대상물

12. 소방계획서에 포함되어야 하는 사항 ★★★(자주출제)

① 일반 현황
② 소방·방화, 전기·가스 및 **위험물시설의 현황**
③ 자체점검계획 및 **대응대책**
④ 소방·피난 및 방화시설의 **점검·정비계획**
⑤ **피난계획**
⑥ 내부 마감재료 및 방염대상물품의 사용현황과 방화구조 및 설비의 유지·관리계획
⑦ 관리의 권원이 분리된 **소방안전관리에 관한 사항**
⑧ 소방훈련 및 **교육에 관한 계획**
⑨ 자위소방대 조직과 대원 **임무에 관한 사항**
⑩ 공사 중 소방안전관리에 관한 사항
⑪ **소화와 연소 방지에 관한 사항**
⑫ 위험물의 저장·취급에 관한 사항(**예방규정을 정하는 제조소등은 제외**)
⑬ 업무수행에 관한 **기록 및 유지에 관한 사항**
⑭ **초기대응에 관한 사항**
⑮ 소방본부장 또는 소방서장이 **요청하는 사항**

13. 소방훈련 및 교육 결과 제출 대상

① **특급** 소방안전관리대상물
② 1급 소방안전관리대상물

14. 화재예방안전진단 대상

① 공항시설 중 여객터미널의 연면적이 1천m^2 이상인 공항시설
② 철도시설 중 역 시설의 연면적이 5천m^2 이상인 철도시설
③ 도시철도시설 중 역사 및 역 시설의 연면적이 5천m^2 이상인 도시철도시설

Pass Point

◎ 소방안전관리 전담
 - 특급 및 1급

◎ 불시 소방훈련·교육의 대상
 - 의료시설
 - 교육연구시설
 - 노유자시설
 - 본부장, 서장 인정대상물

◎ 소방안전 특별관리시설물
 - 공항시설, 철도시설
 - 도시철도, 항만시설
 - 지정문화유산
 - 산업기술단지
 - 초고층 건축물 및 지하연계 복합건축물
 - 수용인원 1천명 이상 영화상영관
 - 전력용 및 통신용 지하구
 - 석유비축시설
 - 천연가스 인수기지 및 공급망
 - 점포 500개 이상인 전통시장
 - 발전소
 - 물류창고 10만 이상
 - 가스공급시설

◎ 소방훈련·교육 결과 제출의 대상
 - 특급 및 1급

④ 항만시설 중 여객이용시설 및 지원시설의 연면적이 **5천m² 이상**인 **항만시설**
⑤ 전력용 및 통신용 지하구 중 **공동구**
⑥ 천연가스의 인수기지 및 공급망 중 **가스시설**

3-3 화재의 예방 및 안전관리에 관한 법률 시행규칙

✪ 화재안전조사 연기신청
- 조사 3일전까지
- 소방본부장, 서장

✪ 손실보상
- 소방청장, 시·도지사

1. 화재예방 안전조치를 한 경우 할 수 있는 행위

(1) **지정된 장소**에서 화기 등을 취급하는 경우
(2) 소화기 등 안전시설을 비치 또는 설치하여 **안전조치를 한 장소**에서 화기 등을 취급하는 경우
(3) 화재감시자 등 **안전요원이 배치된 장소**에서 화기 등을 취급하는 경우
(4) 그 밖에 소방관서장과 사전 협의하여 **안전조치한 경우**

2. 소방안전관리업무 수행에 관한 기록·유지

(1) 소방안전관리업무 수행에 관한 기록의 작성주기 : **월 1회 이상**
(2) 보수 또는 정비가 필요한 사항을 발견한 경우 : 관계인에게 알리고, 서식에 기록
(3) 업무 수행에 관한 기록 : 작성한 날부터 **2년간 보관**

3. 소방안전관리자의 선임신고 등 ★★(자주출제)

관계인은 소방안전관리자를 다음에서 정하는 날부터 **30일 이내에 선임**
(1) 신규로 선임해야 하는 경우 : **사용승인일**
(2) 소방안전관리대상물로 된 경우 또는 등급이 변경된 경우 : 사용승인일 또는 용도변경 사실을 건축물관리대장에 기재한 날
(3) 관계인의 권리를 취득한 경우 : **권리를 취득한 날** 또는 선임 안내를 받은 날
(4) 관리의 권원이 분리된 특정소방대상물의 경우 : 권원이 분리되거나 **권원을 조정한 날**

제 3 장 화재의 예방 및 안전관리에 관한 법률(약칭 : 화재예방법)

(5) 업무가 종료된 경우 : 해임된 날, 퇴직한 날 등 **근무를 종료한 날**
(6) 업무대행 계약이 해지 또는 종료된 경우 : 소방안전관리업무 **대행이 끝난 날**
(7) 자격이 정지 또는 취소된 경우 : 자격이 **정지 또는 취소된 날**

4. 소방안전관리자 정보의 게시 사항

(1) 소방안전관리대상물의 **명칭 및 등급**
(2) 소방안전관리자의 **성명 및 선임일자**
(3) 소방안전관리자의 **연락처**
(4) 소방안전관리자의 근무위치(화재수신기 또는 종합방재실)

5. 강습교육의 실시

① 소방청장은 강습교육의 대상·일정·횟수 등을 포함한 강습교육의 실시계획을 매년 수립·시행
② 강습교육 실시 **20일 전까지** 안전원의 인터넷 홈페이지 및 게시판에 공고

6. 실무교육의 실시

(1) **소방청장**은 실무교육의 대상·일정·횟수 등을 포함한 **실무교육의 실시 계획**을 매년 수립·시행
(2) 실무교육 실시 **30일 전까지** 일시·장소, 그 밖에 실무교육 실시에 필요한 사항을 인터넷 홈페이지에 공고하고 교육대상자에게 통보
(3) 소방안전관리자로 선임된 날부터 **6개월 이내에 실무교육**을 받아야 하며, 그 이후에는 **2년마다 1회 이상 실무교육**을 받을 것
(4) 소방안전관리보조자는 그 선임된 날부터 **6개월 이내에 실무교육**을 받아야 하며, 그 이후에는 **2년마다 1회 이상 실무교육**을 받을 것

7. 피난계획에 포함되어야 할 사항

(1) 화재경보의 **수단 및 방식**
(2) 층별, 구역별 **피난대상 인원의 현황**
(3) **피난약자의** 현황
(4) 각 거실에서 옥외로 이르는 **피난경로**

Pass Point

○ **소방안전관리자 업무수행 기록, 유지**
 - 월 1회 이상

○ **소방안전관리자**
 - 30일 이내 선임

○ **화재예방안전진단**
 - 위험요인 조사
 - 위험성 평가
 - 위험성 감소대책의 수립

(5) 피난약자 및 피난약자를 동반한 사람의 **피난동선과 피난방법**
(6) **피난시설, 방화구획**, 그 밖에 피난에 영향을 줄 수 있는 제반 사항

8. 피난유도 안내정보의 제공 방법

(1) **연 2회 피난안내 교육**을 실시하는 방법
(2) **분기별 1회 이상 피난안내방송**을 실시하는 방법
(3) **피난안내도**를 층마다 보기 쉬운 위치에 게시하는 방법
(4) 엘리베이터, 출입구 등 시청이 용이한 지역에 **피난안내영상**을 제공하는 방법

9. 근무자 및 거주자에 대한 소방훈련과 교육

(1) 관계인은 소방훈련과 교육을 **연 1회 이상** 실시
(2) 소방본부장 또는 소방서장이 화재예방을 위하여 필요하다고 인정하여 **2회의 범위에서 추가**로 실시할 것을 요청하는 경우에는 소방훈련과 교육을 실시

○ 소방 훈련 및 교육
– 연 1회 이상
– 추가 2회

제 4 장 소방시설공사업법

4-1 소방시설공사업법

1. 소방시설업의 분류 ★★★★

소방시설설계업	소방시설공사업	소방공사감리업	방염처리업
공사계획·설계도면·시방서·기술계산서 등 서류를 작성 영업	신설·증설·개설·이전 및 정비하는 영업	적법하게 시공되는지 여부의 확인과 기술지도 영업	방염대상물품에 대하여 방염처리하는 영업

2. 소방기술자 ★★

(1) 소방시설관리사
(2) 소방기술사·소방설비기사·소방설비산업기사
(3) 위험물기능장·위험물산업기사·위험물기능사

3. 소방시설업의 등록 ★★★

등록 기관	등록 기준
특별시장, 광역시장, 시·도지사	자본금(개인은 자산평가액), 기술인력

4. 등록의 결격사유 ★★★

(1) 피성년후견인
(2) 금고 이상의 실형의 선고를 받고 그 집행이 종료되거나 집행이 면제된 날부터 **2년**이 지나지 아니한 자
(3) 금고 이상의 형의 집행유예선고를 받고 그 유예기간 중에 있는 자
(4) 등록이 취소된 날부터 **2년**이 지나지 아니한 자
(5) 법인의 대표자가 결격사유자에 해당하는 경우 그 법인
(6) 법인의 임원이 결격사유자에 해당하는 경우 그 법인

5. 등록사항의 변경신고 및 소방시설업자의 지위승계 : 시·도지사에게 신고 ★★

○ 소방시설업 종류
① 설계업
② 공사업
③ 감리업
④ 방염처리업

○ 소방시설업 등록기준
① 자본금
② 기술인력

제 4 편 소방관계법규

반드시 등록취소
- 거짓, 부정한 방법 등록
- 결격사유자
- 영업정지 기간 중 공사

6. 등록의 취소와 영업정지 등 ★★★★★

시·도지사는 다음에 해당하는 때에는 그 등록을 취소하거나 6월 이내의 기간을 정하여 이의 시정이나 영업의 정지를 명할 수 있다.
(1) **거짓** 그 밖의 **부정한 방법**으로 등록을 한 경우 ★【등록취소】
(2) 등록기준에 미달하게 된 후 30일이 경과한 경우
(3) 등록의 **결격사유**에 해당하게 된 경우 ★【등록취소】
(4) 다른 자에게 등록증 또는 등록수첩을 **빌려준 때**
(5) 영업정지 기간 중에 소방시설 공사 등을 한 경우【등록취소】
(6) 정당한 사유 없이 **1년 이상 휴업**한 경우
(7) 동일인이 공사 및 감리를 한 경우
(8) 이 법에 따른 명령을 위반한 경우

과징금 부과금액
2억원 이하

7. 영업정지 처분에 갈음하는 과징금처분 ★★ 자주출제(필수정리)★★

과징금 처분권자	과징금 부과금액
시·도지사	2억원 이하

착공신고 및 완공검사
본부장, 서장

8. 착공신고 및 완공검사 : 소방본부장 또는 소방서장 ★★

하자보수
3일 이내

9. 공사의 하자보수 등 ★

(1) 관계인은 공사업자에게 그 사실을 통보
(2) 공사업자는 **3일 이내**에 보수 또는 하자보수계획을 관계인에게 서면 통보

10. 공사감리결과의 통보 등 ★

(1) **감리결과 서면 통보** : 관계인, 도급인 및 건축사
(2) **공사감리결과보고서 제출** : 소방본부장 또는 소방서장

하도급 제한
원칙적으로 하도급금지
(일부만 한번만 하도급 가능)

11. 하도급의 제한 ★★★

도급을 받은 자는 소방시설의 설계, 시공, 감리를 제3자에게 하도급 할 수 없다. (단, 시공의 경우에는 대통령령에 따라 도급받은 **공사의 일부**를 다른 공사업자에게 하도급할 수 있다.)

12. 도급계약의 해지 ★★

(1) 등록취소 되거나 영업정지된 경우
(2) 휴업 또는 폐업한 때
(3) 정당한 사유없이 **30일 이상** 소방시설공사를 계속하지 아니하는 때
(4) 하도급의 통지를 받은 경우 정당한 사유 없이 이에 따르지 아니한 때

13. 공사업자의 감리 제한

다음 각 호의 어느 하나에 해당되면 동일한 특정소방대상물의 소방시설에 대한 시공과 감리를 함께 할 수 없다.
(1) 공사업자와 감리업자가 같은 자인 경우
(2) 기업집단의 관계인 경우
(3) 법인과 그 법인의 임직원의 관계인 경우
(4) 친족관계인 경우

14. 시공능력평가 및 공시 ★

(1) **시공능력평가 및 공시권자** : 소방청장
(2) **시공능력평가 및 공시기준**
　① 소방시설공사 실적　　② 자본금

15. 소방기술자의 의무 ★★★

(1) 자격증 대여 금지
(2) 동시에 둘 이상의 업체에 취업 금지.

16. 벌칙 : 3년 이하의 징역 또는 3000만원 이하의 벌금 ★★★

소방시설업의 등록을 하지 아니하고 영업을 한 자

17. 벌칙 : 1년 이하의 징역 또는 1000만원 이하의 벌금 ★★

(1) 영업정지처분을 받고 그 **영업정지기간에** 영업을 한 자
(2) 화재안전기술기준 규정을 위반하여 설계 또는 시공을 한 자
(3) 감리규정을 위반하여 감리를 하거나 **거짓으로 감리한 자**
(4) 공사감리자를 지정하지 아니한 자
(5) 공사업자가 아닌 자에게 소방시설공사를 도급한 자
(6) **소방시설의 설계, 시공, 감리를 하도급한 자**

Pass Point

⊕ 도급계약해지
- 등록취소
- 영업정지
- 휴업
- 폐업
- 30일 이상 공사 중지

⊕ 기술자 의무
동시에 둘 이상 업체 취업 금지

⊕ 3년 이하 또는 3천만원 이하
- 등록 없이 영업한 자

⊕ 1년 이하 또는 1천만원 이하
- 영업정지 기간 중 영업
- 공사감리자 미지정
- 설계, 시공, 감리를 하도급

300만원 이하 벌금
- 자격증 대여
- 둘 이상 업체에 취업

18. 벌칙 : 300만원 이하의 벌금 ★

(1) 등록증 또는 등록수첩을 다른 자에게 **빌려준 자**
(2) 소방시설 공사현장에 감리원을 배치하지 아니한 자
(3) 시정 또는 보완하도록 한 감리업자의 요구에 따르지 아니한 자
(4) 소방기술인정 자격수첩을 빌려준 자
(5) 동시에 둘 이상의 업체에 취업한 자

19. 벌칙 : 100만원 이하의 벌금 ★

(1) 명령을 위반하여 보고 또는 자료제출을 하지 아니 한 자
(2) 관계공무원의 출입 또는 검사·조사를 거부·방해 또는 기피한 자

20. 과태료 : 200만원 이하의 과태료 ★

(1) 등록사항의 변경신고, **지위승계신고, 착공신고**를 하지 아니한 자
(2) 완공검사를 받지 아니한 자
(3) 규정을 위반하여 **3일 이내**에 보수하지 아니 한 자
(4) 공사감리결과의 통보 또는 **공사감리결과보고서의 제출**을 거짓으로 한 자
(5) 하도급 등의 통지를 하지 아니한 자

4-2 소방시설공사업법 시행령

1. 소방시설업의 업종별 등록기준 및 영업범위

●설계업등록 기준 및 영업범위는 자주출제

(1) **소방시설설계업의 등록기준 및 영업범위** ★★ 자주출제 (필수정리) ★★

종류		기술인력	영업범위
전문		❶ 주인력 : 기술사 1인 이상 ❷ 보조인력 : 1인 이상	• 모든 소방시설의 설계
일반	기계분야	❶ 주인력 : 기술사 또는 기사(기계분야) 1인 이상 ❷ 보조인력 : 1인 이상	• 아파트 (제연설비제외) • 연면적 3만m² (공장 1만m²) 미만 (제연설비제외) • 위험물제조소등
	전기분야	❶ 주인력 : 기술사 또는 기사(전기분야) 1인 이상 ❷ 보조인력 : 1인 이상	• 아파트 • 연면적 3만m² (공장 1만m²) 미만 • 위험물제조소등

(2) 소방시설공사업의 등록기준 및 영업범위 ★★ 자주출제 (필수정리) ★★

종류		기술인력	자본금(자산평가액)	영업 범위
전문		❶ 주인력 : 기술사 또는 기계와 전기의 기사 각 1인(기계와 전기를 겸하여 취득한 자) 이상 ❷ 보조인력 : 2인 이상	❶ 법인 : 자본금 1억원 이상 ❷ 개인 : 자산평가액 1억원 이상	• 기계 및 전기분야
일반	기계분야	❶ 주인력 : 기술사, 기사(기계) 1인 이상 ❷ 보조인력 : 1인 이상	❶ 법인 : 자본금 1억원 이상 ❷ 개인 : 자산평가액 1억원 이상	• 연면적 1만m² 미만 • 위험물제조소 등
	전기분야	❶ 주인력 : 기술사, 기사(전기) 1인 이상 ❷ 보조인력 : 1인 이상		

(3) 소방공사감리업의 등록기준 및 영업범위 ★★ 자주출제 (필수정리) ★★

종류		기술인력	영업범위
전문		❶ 소방기술사 1인 이상 ❷ 특급감리원 각 1인 이상 ❸ 고급감리원 각 1인 이상 ❹ 중급감리원 각 1인 이상 ❺ 초급감리원 각 1인 이상	• 모든 특정소방대상물
일반	기계분야	❶ 기계분야 특급감리원 1인 이상 ❷ 기계분야 고급 또는 중급감리원 1인 이상 ❸ 기계분야 초급감리원 1인 이상	❶ 연면적 3만m²(공장1만m²) 미만(제연설비제외) ❷ 아파트(제연설비제외) ❸ 위험물제조소등
	전기분야	❶ 전기분야 특급 감리원 1인 이상 ❷ 전기분야 고급 또는 중급감리원 1인 이상 ❸ 전기분야 초급감리원 1인 이상	❶ 연면적 3만m²(공장1만m²) 미만 ❷ 아파트 ❸ 위험물제조소

○ 공사업 등록기준 및 영업범위는 자주출제

○ 감리업 등록기준 및 영업범위는 자주출제

제 4 편 소방관계법규

2. 소방시설공사의 착공신고 대상 ★★

공사 종류	소화 설비
신설	❶ 옥내소화전설비, 옥외소화전설비, 스프링클러설비등, 물분무등소화설비, **연결송수관**설비, **연결살수**설비, **제연**설비, 소화용수설비 또는 연소방지설비 ❷ **자동화재탐지설비**, 비상경보설비, 비상방송설비, 비상콘센트설비, 무선통신보조설비
증설	❶ 옥내·옥외소화전설비 ❷ 스프링클러설비·간이스프링클러설비 또는 물분무등소화설비의 방호구역, 자동화재탐지설비의 경계구역, 제연설비의 제연구역, 연결살수설비의 살수구역, 연결송수관설비의 송수구역, 비상콘센트설비의 전용회로, 연소방지설비의 방수구역
개설, 이전, 정비	❶ 수신반　　❷ 소화펌프　　❸ 동력(감시)제어반

3. 완공검사를 위한 현장 확인 대상 특정소방대상물의 범위 ★★

(1) 문화 및 집회시설, **종교시설**, 판매시설, **노유자시설**, 수련시설, **운동시설**, 숙박시설, 창고시설, 지하상가 및 **다중이용업소**
(2) **스프링클러설비등**, **물분무등소화설비**(호스릴방식 제외)가 설치되는 특정소방대상물
(3) 연면적 1만㎡ 이상이거나 11층 이상인 특정소방대상물(아파트 제외)
(4) 지상에 노출된 가연성가스 1000톤 이상인 시설

4. 하자보수대상 소방시설과 하자보수보증기간
★★ 자주출제 (필수정리) ★★

보증기간	소방시설
2년	❶ 피난기구　　❷ 유도등　　❸ 유도표지 ❹ 비상경보설비　❺ 비상조명등　❻ 비상방송설비 ❼ 무선통신보조설비
3년	❶ 자동소화장치　❷ 옥내　　❸ 옥외 ❹ 스프링클러　　❺ 간이스프링클러　❻ 물분무등 ❼ 자동화재탐지설비　❽ 상수도소화용수설비 ❾ 소화활동설비(무선통신보조설비 제외)

● 하자보수보증
기간은 자주 출제되므로 필히 정리할 것
- 소화설비 : 3년
- 자동화재탐지 : 3년
- 소화활동설비 : 3년 (무선통신제외)
- 상수도소화용수 : 3년
- 피난구조설비 : 2년
- 무선통신 : 2년

5. 소방공사감리의 종류와 방법 ★★ 자주출제 (필수정리) ★★

종류	대상
상주공사감리	❶ 연면적 3만m^2 이상(아파트 제외) (자동화재탐지설비, 옥내소화전설비, 옥외소화전설비 또는 소화용수시설만 설치되는 공사를 제외). ❷ 지하층을 포함한 층수가 16층 이상으로서 500세대 이상인 아파트
일반공사감리	상주공사감리에 해당하지 아니하는 소방시설의 공사

◉ 상주공사감리
 - 3만m^2 이상
 - 16층 이상 500세대 이상인 아파트

6. 공사감리자 지정대상 특정소방대상물의 범위 ★★★

다음의 소방시설을 신설 · 개설 또는 증설할 때
① 옥내소화전설비
② 스프링클러설비등(캐비닛형 간이스프링클러설비 제외)
③ 물분무등소화설비(호스릴 방식 제외)
④ 옥외소화전설비   ⑤ 자동화재탐지설비
⑥ 비상방송설비   ⑦ 통합감시시설
⑧ 비상조명등   ⑨ 소화용수설비
⑩ 소화활동설비

7. 소방공사 감리원의 배치기준

감리원의 배치기준		소방시설공사 현장의 기준
책임감리원	보조감리원	
소방기술사	초급감리원 이상	• 20만m^2 이상 • (지하층 포함) 40층 이상
특급감리원 이상	초급감리원 이상	• 3만m^2 이상 20만m^2 미만 • (지하층 포함) 16층 이상 40층 미만
고급감리원 이상	초급감리원 이상	• 물분무등소화설비 (호스릴방식의 소화설비는 제외) 또는 제연설비가 설치되는 공사현장 • 3만m^2 이상 20만m^2 미만 아파트
중급감리원 이상		• 5천m^2 이상 3만m^2 미만
초급감리원 이상		• 5천m^2 미만 • 지하구

8. 소방시설공사의 시공을 하도급할 수 있는 경우 ★

(1) 주택건설사업   (2) 건설업
(3) 전기공사업   (4) 정보통신공사업

◉ 하도급 할 수 있는 경우
 ① 주택건설사업
 ② 건설업
 ③ 전기공사업
 ④ 정보통신공사업

제 4 편 소방관계법규

핵심요점정리

⚛ 실무교육
한국소방안전원에 위탁

9. 업무의 위탁 ★

(1) 방염처리능력 평가 및 공시에 관한 업무를 협회에 위탁
(2) 시공능력 평가 및 공시에 관한 업무를 협회에 위탁

 4-3 소방시설공사업법 시행규칙

1. 소방시설업의 등록신청 민원인 제출서류 ★

(1) 기술인력의 기술자격증(자격수첩)
(2) 출자, 예치, 담보금액확인서
(3) 다음에 해당하는 자가 신청일 전 최근 90일 이내에 작성한 자산평가액 또는 기업진단보고서(소방시설공사업의 경우)
　① 공인회계사　　② 세무사　　③ 전문경영진단기관

⚛ 자산평가액 및 기업진단
보고서
최근 90일 이내 작성한 것

2. 소방시설업등록증 및 등록수첩의 발급 등 ★★

(1) **등록증 발급권자** : 시 · 도지사
(2) **등록의 기준**
　① 자본금(개인은 자산평가액)　　② 기술인력
(3) **등록증 발급 기간** : 등록신청을 받은 날부터 15일 이내
(4) **등록서류 보완 기간** : 10일 이내

⚛ 등록변경신고
 - 명칭, 상호
 - 영업소재지
 - 대표자
 - 기술인력

3. 등록사항의 변경신고사항 ★★★

(1) 상호(명칭) 또는 영업소소재지
(2) 대표자
(3) 기술인력

4. 등록사항의 변경신고 등 ★★

(1) 변경일부터 30일 이내에 시 · 도지사에게 신고
(2) 시 · 도지사는 5일 이내에 변경된 사항을 기재하여 발급

5. 지위승계신고 등 : 30일 이내에 서류를 첨부하여 시 · 도지사에게 제출 ★

6. 소방시설업자가 보관하여야 하는 관계서류 ★

(1) **설계업** : 설계기록부 및 설계도서
(2) **공사업** : 공사기록부
(3) **감리업** : 감리기록부, 감리일지 및 설계도서

7. 착공신고 등 ★★★

소방시설공사의 착공 전까지 소방본부장 또는 소방서장에게 신고

8. 감리원의 세부배치기준 등 ★★ 자주출제 (필수정리) ★★

종류	세부배치기준
상주공사 감리대상	❶ 기계, 전기의 감리원 자격을 취득한 사람 각 1명 이상을 배치할 것. (다만, 기계+전기 함께 취득한 사람1명 이상) ❷ 배관(전선관 포함)설치, 매립하는 때부터 완공검사증명서를 발급받을 때까지 현장에 배치할 것
일반공사 감리대상	❶ 기계, 전기의 감리원 자격을 취득한 사람 각 1명 이상을 배치할 것. (다만, 기계+전기 함께 취득한 사람1명 이상) ❷ 별표 3에 따른 기간 동안 감리원을 배치할 것 ❸ 감리원은 주 1회 이상 감리현장에 배치되어 감리할 것 ❹ 1명의 감리원이 담당하는 감리현장은 5개 이하로서 연면적의 총 합계가 10만m^2 이하일 것. 다만, 아파트의 경우에는 연면적의 합계에 관계없이 1명의 감리원이 5개 이내의 공사현장을 감리할 수 있다.

9. 감리원 배치통보 등 ★★

(1) 감리업자는 감리원 배치일부터 **7일 이내**에 소방본부장 또는 소방서장에게 통보
(2) 소방본부장 또는 소방서장은 소방시설업 종합정보시스템에 입력해야 한다.

☆ 감리원 배치통보
- 7일 이내
- 본부장, 서장에게 통보

10. 감리결과의 통보 등 ★

(1) **통보 기간** : 공사가 완료된 날부터 **7일 이내**
(2) **통보 대상** : 관계인, 도급인 및 건축사
(3) **서면 보고** : 소방본부장 또는 소방서장

☆ 감리결과 통보
- 기간 : 7일 이내
- 대상 : 관계인, 도급인, 건축사
- 서면보고 : 본부장, 서장

11. 소방시설공사 시공능력 평가의 신청 ★

공사업자는 공사시공능력평가신청서를 "시공능력평가자"에게 **법인의 경우 매년 4월 15일, 개인의 경우 6월 10일** 까지 제출

12. 시공능력의 평가 ★

(1) 시공능력평가의 방법

① 시공능력평가액 = 실적평가액 + 자본금평가액 + 기술력평가액
   + 경력평가액 ± 신인도평가액
② 실적평가액 = 연평균공사실적액
③ 자본금평가액 = (실질자본금 × 실질자본금의 평점 + 소방청장이 지정
   한 금융기관 또는 소방산업공제조합에 출자·예
   치·담보한 금액) × 70/100
④ 기술력평가액 = 전년도 공사업계의 기술자 1인당 평균생산액
   × 보유기술인력 가중치합계 × 30/100
   + 전년도 기술개발투자액
⑤ 경력평가액 = 실적평가액 × 공사업영위기간 평점 × 20/100
⑥ 신인도평가액 = (실적평가액 + 자본금평가액 + 기술력평가액
   + 경력평가액) × 신인도 반영비율 합계

(2) **보유기술인력의 등급별 가중치**

보유기술인력	특급기술자	고급기술자	중급기술자	초급기술자
가중치	2.5	2	1.5	1

● 시공능력평가 유효기간
 1년

(3) 평가된 시공능력은 공사업자가 도급받을 수 있는 1건의 공사도급금액으로 하고, 시공능력평가의 **유효기간**은 공시일 부터 **1년 동안**으로 한다.
(4) 시공능력평가자는 매년 7월 31일까지 각 공사업자의 시공능력을 일간신문 또는 인터넷 홈페이지를 통하여 공시

● 실무교육
 1회/2년 이상

13. 소방기술자의 실무교육 ★★

(1) **교육 주기** : 2년마다 1회 이상
(2) **교육대상 통지** : 교육실시 10일 전까지

제 5 장 위험물안전관리법

5-1 위험물안전관리법

1. 용어의 정의 ★★
(1) **위험물** : 인화성 또는 발화성 등의 성질을 가지는 것으로 대통령령이 정하는 물품
(2) **제조소등** : 제조소 · 저장소 및 취급소

2. 적용제외 ★★★
① 항공기
② 선박
③ 철도 및 궤도에 의한 위험물의 저장 · 취급 및 운반

3. 지정수량 미만인 위험물의 저장 · 취급 : 시 · 도의 조례 ★★★

4. 위험물의 저장 및 취급의 제한 ★★
★ 제조소등이 아닌 장소에서 지정수량 이상의 위험물을 취급할 수 있는 경우 ★
① 시 · 도의 조례에 따라 관할소방서장의 승인을 받아 지정수량 이상의 위험물을 90일 이내의 기간 동안 **임시로 저장** 또는 취급하는 경우
② 군부대가 위험물을 군사목적으로 임시로 저장 또는 취급하는 경우

5. 위험물시설의 설치 및 변경 등 ★★
(1) **설치 허가권자** : 시 · 도지사
(2) **품명 · 수량 또는 지정수량배수 변경신고** : 변경하고자 하는 날의 1일 전까지
(3) **설치허가 및 변경신고 예외**
① **주택의 난방시설을 위한 저장소 또는 취급소**(공동주택 중앙난방 제외)
② 농예용 · 축산용 . 수산용의 난방시설. 건조시설을 위한 **지정수량 20배 이하의 저장소**

Pass Point

◎ 위험물
- 인화성 또는 발화성
- 대통령령

◎ 제조소등
① 제조소
② 저장소
③ 취급소

◎ 위험물 법 적용제외
① 항공기
② 선박
③ 철도 및 궤도에 의한 저장, 취급, 운반

제 4 편 소방관계법규

◎ 지위승계신고
- 30일 이내
- 시·도지사

◎ 용도폐지신고
- 14일 이내
- 시·도지사

6. 지위승계신고 : 30일 이내에 시·도지사에게 신고 ★★

7. 제조소등의 용도 폐지 : 14일 이내에 시·도지사에게 신고 ★

8. 제조소등 설치허가의 취소와 사용정지 등 ★

(1) 변경허가를 받지 아니하고 제조소등의 위치·구조 또는 설비를 변경한 때
(2) 완공검사를 받지 아니하고 제조소등을 사용한 때
(3) 수리·개조 또는 이전의 명령에 위반한 때
(4) 위험물 안전관리자를 선임하지 아니한 때
(5) 규정을 위반하여 대리자를 지정하지 아니한 때
(6) 정기점검을 하지 아니한 때
(7) 정기검사를 받지 아니한 때
(8) 저장·취급기준 준수명령에 위반한 때

◎ 과징금처분
- 처분권자 : 시·도지사
- 금액 : 2억원 이하

9. 과징금처분 ★★★

(1) **과징금 처분권자** : 시·도지사
(2) **과징금 금액** : 2억원 이하
(3) **과징금의 금액 그 밖의 필요한 사항** : 행정안전부령

10. 영업정지 처분에 갈음하는 과징금처분 ★★ 자주출제(필수정리) ★★

과징금 처분권자	과징금 부과금액		
	소방시설관리업	소방시설업	위험물 제조소
시·도지사	3천만원 이하	2억원 이하	2억원 이하

◎ 위험물안전관리자
- 선임 : 30일 이내
- 선임신고 : 14일 이내
- 본부장, 서장에게 신고

11. 위험물안전관리자 ★★★★★

(1) **위험물 안전관리자 선임의무자** : 관계인
(2) **위험물 안전관리자 선임 및 선임 신고기간**
　　① 선임 기간 : 해임, 퇴직한 날부터 30일 이내
　　② 선임신고 기간 : 선임, 해임, 퇴직한 날부터 14일 이내
　　③ 선임신고 기관 : 소방본부장, 소방서장
(3) **안전관리자 직무대행 최대기간** : 30일

◎ 안전관리자 직무대행
　30일 이내

12. 예방규정 및 변경신고 : 사용을 시작하기 전에 시·도지사에게 제출

관계인이 예방규정을 정하여야 하는 제조소등
❶ 지정수량의 10배 이상의 제조소
❷ 지정수량의 100배 이상의 옥외저장소
❸ 지정수량의 150배 이상의 옥내저장소
❹ 지정수량의 200배 이상의 옥외탱크저장소
❺ 암반탱크저장소
❻ 이송취급소
❼ 지정수량의 10배 이상의 일반취급소

◐ 관계인이 예방규정 정하여야 하는 제조소등은 자주 출제되므로 필히 정리할 것

13. 위험물의 운반 ★★

① 용기　② 적재방법　③ 운반방법

◐ 위험물 운반기준
① 용기
② 적재방법
③ 운반방법

14. 출입·검사 등 ★★

(1) **출입 . 검사권자** : 시·도지사, 소방본부장 또는 소방서장
(2) **개인의 주거를 출입 할 수 있는 경우**
　① 관계인의 승낙을 얻은 경우
　② 긴급한 필요가 있는 경우

15. 청문 ★

(1) **청문 실시권자** : 시·도지사, 소방본부장 또는 소방서장
(2) **청문 대상**
　① 제조소등 설치허가의 취소
　② 탱크시험자의 등록취소

16. 벌칙

1년 이상 10년 이하의 징역	무기 또는 3년 이상의 징역	무기 또는 5년 이상의 징역	7년 이하의 금고 또는 2천만원 이하의 벌금	10년 이하의 징역 또는 금고나 5천만원 이하의 벌금
위험을 발생시킨 자	상해에 이르게 한 때	사망에 이르게 한 때	업무상 과실로 위험을 발생시킨 자	업무상 과실로 사상에 이르게 한 자

◎ 1년 이하 또는 1천 만원 이하
- 탱크시험자 위반
- 정기점검 위반

◎ 1500만원 이하
- 중요기준 위반
- 변경허가 위반
- 정지명령 위반
- 예방규정 미제출
- 검사거부, 방해자

17. 5년 이하의 징역 또는 1억원 이하의 벌금

제조소등의 설치허가를 받지 아니하고 제조소등을 설치한 자

18. 3년 이하의 징역 또는 3천만원 이하의 벌금

저장소 또는 제조소등이 아닌 장소에서 지정수량 이상의 위험물을 저장 또는 취급한 자

19. 벌칙 : 1년 이하의 징역 또는 1000만원 이하의 벌금 ★★

(1) 탱크시험자로 등록하지 아니하고 탱크시험자의 업무를 한 자
(2) **정기점검**을 하지 아니하거나 점검기록을 허위로 허가를 받은 자
(3) 정기검사를 받지 아니한 관계인으로서 허가를 받은 자
(4) 자체소방대를 두지 아니한 관계인으로서 허가를 받은 자
(5) 운반용기에 대한 검사를 받지 아니하고 운반용기를 사용하거나 유통시킨 자

20. 벌칙 : 1500만원 이하의 벌금 ★

(1) 위험물의 저장 또는 취급에 관한 중요기준에 따르지 아니한 자
(2) 변경허가를 받지 아니하고 제조소등을 변경한 자
(3) 제조소등의 완공검사를 받지 아니하고 위험물을 저장·취급한 자
(4) 제조소등의 사용정지명령을 위반한 자
(5) 수리·개조 또는 이전의 명령에 따르지 아니한 자
(6) **안전관리자를 선임하지 아니한 관계인**으로서 규정에 따른 **허가를 받은 자**
(7) 예방규정을 제출하지 아니하거나 변경명령을 위반한 관계인으로서 허가를 받은 자
(8) 관계공무원의 **출입** 또는 조사·**검사를 거부·방해** 또는 기피한 자

21. 벌칙 : 1000만원 이하의 벌금 ★

(1) 위험물의 취급에 관한 안전관리와 감독을 하지 아니한 자
(2) 안전관리자 또는 그 대리자가 참여하지 아니한 상태에서 위험물을 취급한 자
(3) 변경한 예방규정을 제출하지 아니한 관계인으로서 설치 및 변경 허

가를 받은 자
(4) 위험물의 운반에 관한 **중요기준에 따르지 아니한 자**
(5) 위험물의 운송 규정을 위반한 위험물 운송자
(6) 출입·검사 등을 수행하면서 알게 된 **비밀을 누설한 자**

22. 500만원 이하의 과태료 ★

(1) 관할소장서장의 **승인을 받지 아니하고** 위험물을 **임시로 저장 취급한 자**
(2) 세부기준을 위반한 자
(3) 품명 등의 **변경신고**를 기간 이내에 하지 아니하거나 허위로 한 자
(4) **지위승계신고**를 기간 이내에 하지 아니하거나 허위로 한 자
(5) 제조소등의 폐지신고 또는 안전관리자의 선임신고·해임신고 또는 퇴직신고를 기간 이내에 하지 아니하거나 허위로 한 자

5-2 위험물안전관리법 시행령

1. 위험물 ★★

(1) **특수인화물** : 이황화탄소, 다이에틸에터 그밖에 1기압에서 **발화점 100℃ 이하**인 것 또는 **인화점 영하 20℃ 이하**이고 비점이 40℃ 이하
(2) **제1석유류** : 아세톤, 휘발유 그밖에 1기압에서 **인화점 21℃ 미만**
(3) **알코올류** : 탄소원자의 수가 1개부터 3개까지인 포화 1가 알코올 (**변성알코올 포함**)
(4) **제2석유류** : 등유, 경유 그밖에 1기압에서 **인화점 21℃ 이상 70℃ 미만**
(5) **제3석유류** : 중유, 크레오소트유 그밖에 1기압에서 **인화점 70℃ 이상 200℃ 미만**
(6) **제4석유류** : 기어유, 실린더유 그밖에 1기압에서 **인화점 200℃ 이상 250℃ 미만**
(7) **과산화수소** : 농도가 36중량 퍼센트 이상
(8) **질산** : 비중이 1.49 이상

◎ 제4류 위험물
① 특수인화물
② 1석유류
③ 알코올류
④ 2석유류
⑤ 3석유류
⑥ 4석유류
⑦ 동식물유류

◎ 과산화수소
농도 36중량% 이상

◎ 질산
비중 1.49 이상

제 4 편 소방관계법규

2. 제조소등의 설치 및 변경의 허가 : 시·도지사 ★

3. 탱크안전성능검사의 대상이 되는 탱크 등 ★

(1) **기초·지반검사** : 액체위험물탱크 중 그 용량이 100만L 이상인 탱크
(2) **충수(充水)·수압검사** : 액체위험물을 저장 또는 취급하는 탱크
(3) **용접부검사** : (1)의 규정에 의한 탱크
(4) **암반탱크검사** : 액체위험물을 저장 또는 취급하는 암반내의 공간을 이용한 탱크

4. 완공검사의 신청 : 시·도지사 ★

5. 관계인이 예방규정을 정하여야 하는 제조소등
★★ 자주출제 (필수정리) ★★

❂ 예방규정 정하여야 하는 제조소등은 자주 출제되므로 필히 정리할 것

(1) 지정수량의 10배 이상의 위험물을 취급하는 **제조소**
(2) 지정수량의 100배 이상의 위험물을 저장하는 **옥외저장소**
(3) 지정수량의 150배 이상의 위험물을 저장하는 **옥내저장소**
(4) 지정수량의 200배 이상의 위험물을 저장하는 **옥외탱크저장소**
(5) **암반탱크저장소**
(6) **이송취급소**
(7) 지정수량의 10배 이상의 위험물을 취급하는 **일반취급소**

6. 정기점검의 대상인 제조소등 ★

(1) 예방규정을 정하여야 하는 제조소등
(2) 지하탱크저장소
(3) 이동탱크저장소
(4) 지하에 매설된 탱크가 있는 제조소·주유취급소 또는 일반취급소

7. 자체소방대를 설치하여야 하는 사업소 ★★ 자주출제 (필수정리) ★★

❂ **자체소방대**
• 지정수량의 3천배 이상 4류 위험물 취급하는 제조소 또는 일반취급소
• 지정수량의 50만배 이상의 제4류 위험물을 저장하는 옥외탱크저장소

(1) **지정수량의 3천배 이상의 제4류 위험물**을 취급하는 제조소 또는 일반취급소(단, 보일러로 위험물을 소비하는 일반취급소 등 일반취급소를 제외)
(2) **지정수량의 50만배 이상의 제4류 위험물**을 저장하는 옥외탱크저장소

8. 운송책임자의 감독·지원을 받아 운송하여야 하는 위험물
★★ 자주출제 (필수정리) ★★

(1) 알킬알루미늄
(2) 알킬리튬
(3) 알킬알루미늄, 알킬리튬의 물질을 함유하는 위험물

5-3 위험물안전관리법 시행규칙

1. 지위승계의 신고 ★

(1) **지위승계신고서 첨부 서류**
   ① 제조소등의 완공검사합격확인증
   ② 지위승계를 증명하는 서류
(2) **지위승계신고** : 시·도지사 또는 소방서장

2. 용도폐지의 신고 ★

(1) 용도폐지신고서 첨부 서류
   ◆ 제조소등의 완공검사합격확인증
(2) 용도폐지신고 : 시·도지사 또는 소방서장

3. 제조소의 기준

(1) **제조소의 안전거리** ★★ 자주출제 (필수정리) ★★

구분	안전거리
사용전압이 7,000V 초과 35,000V 이하	3m 이상
사용전압이 35,000V를 초과	5m 이상
주거용	10m 이상
고압가스, 액화석유가스, 도시가스	20m 이상
학교·병원·극장	30m 이상
지정문화유산 및 천연기념물 등	50m 이상

◎ 운송책임자
 ① 알킬알루미늄(3류)
 ② 알킬리튬(3류)
 ③ 알킬알루미늄, 알킬리튬 함유 위험물

◎ 제조소의 안전거리는 자주 출제됨

Pass Point

○ **표지 및 게시판**
- 0.3×0.6m 이상
- 백색바탕
- 흑색문자

○ 위험물에 따른 주의사항은 자주 출제됨

○ **주의사항 및 색**
- 물기엄금
  : 청색바탕 백색문자
- 화기주의 및 화기 엄금
  : 적색바탕 백색문자

(2) 보유공지

위험물의 지정수량	공지의 너비
10배 미만	3m 이상
10배 이상	5m 이상

(3) 표지 및 게시판
 ① 표지
  ㉠ 한 변의 길이가 0.3m 이상, 다른 한 변의 길이가 0.6m 이상
  ㉡ **바탕은 백색**으로, 문자는 흑색으로 할 것
 ② 게시판
  ㉠ 한 변의 길이가 0.3m 이상, 다른 한 변의 길이가 0.6m 이상
  ㉡ 게시판 기재사항
   • 위험물의 유별
   • 품명
   • 저장최대수량 또는 취급최대수량
   • 지정수량의 배수
   • 안전관리자의 성명 또는 직명
  ㉢ 바탕은 백색으로, 문자는 흑색으로 할 것
  ㉣ 위험물에 따른 주의사항

위험물의 유별	주의사항 및 색
제1류 위험물(알칼리금속의 과산화물) 제3류 위험물(금수성물품)	"물기엄금" : **청색바탕에 백색문자로**
제2류 위험물(인화성고체를 제외)	"화기주의" : 적색 바탕에 백색문자
제2류 위험물(인화성고체) 제3류 위험물(자연발화성물품) 제4류 위험물 제5류 위험물	"화기엄금" : **적색 바탕에 백색문자**

(4) 환기설비 설치기준
 ① 환기 : 자연배기방식
 ② 급기구 : 바닥면적 $150m^2$마다 1개 이상

(5) 배출설비
 ① 배출설비는 국소방식
 ② 배출설비는 배풍기, 배출닥트, 후드 등을 이용하여 강제적으로 배출

③ 배출능력은 1시간당 배출장소 **용적의 20배 이상**
(단, **전역방식**의 경우에는 바닥면적 $1m^2$당 $18m^3$ 이상)

(6) **정전기 제거설비** ★★ 자주출제 (필수정리) ★★
① **접지**에 의한 방법
② 공기중의 **상대습도를 70% 이상**으로 하는 방법
③ 공기를 **이온화**하는 방법

(7) **피뢰설비** ★★ 자주출제 (필수정리) ★★
피뢰침 설치 대상 : **지정수량의 10배 이상**의 위험물을 취급하는 제조소(단, 제 6류 위험물을 취급하는 제조소 제외)

(8) **위험물취급탱크의 방유제** ★★★ 자주출제 ★★★
① 취급탱크 1인 경우 : 방유제의 용량은 탱크용량의 50% 이상
② 취급탱크 2이상인 경우 : 최대탱크용량의 50% + 나머지 탱크용량 합계의 10% 이상

4. 옥내저장소의 기준 ★

(1) **저장창고의 처마높이** : **6m 미만**인 단층건물
(2) 저장창고의 주위에는 다음 표에 정하는 너비의 공지를 보유할 것

저장 또는 취급하는 위험물의 최대수량	공지의 너비
지정수량의 5배 이하	
지정수량의 5배 초과 20배 이하	1m 이상
지정수량의 20배 초과 50배 이하	2m 이상

5. 옥외탱크저장소의 기준 ★★ 자주출제 (필수정리) ★★

(1) **방유제 용량**
① 탱크가 하나인 때 : 탱크 용량의 **110% 이상**
② 탱크가 2기 이상인 때 : 최대탱크용량의 **110% 이상**
(2) **방유제의 높이** : 0.5m 이상 3m 이하
(3) 방유제 내의 면적은 **8만m^2 이하**

6. 암반탱크저장소의 기준 ★★

◆ **암반투수계수** : 1초당 10만분의 1m 이하

○ **정전기 방지대책**
  ① 접지
  ② 상대습도 70% 이상
  ③ 공기이온화

○ **피뢰침 설치대상**
  – 지정수량 10배 이상
  – 6류 위험물 제외

○ **옥내저장소**
  처마높이 6m 미만

○ **옥외탱크 방유제**
  – 탱크용량의 110% 이상
  – 0.5m 이상 3m 이하
  – 면적 8만m^2 이하

○ **암반탱크저장소**
  암반투수계수 :
  $\dfrac{1}{10만}$ m/s 이하

7. 주유취급소의 기준 ★★

(1) **표지 및 게시판**
  ① 표지 : "위험물 주유취급소"라는 표지 설치
  ② 게시판 : 황색바탕에 흑색문자로 "주유 중 엔진정지"라는 게시판 설치

(2) **고정주유설비 등**
  주유관의 길이 : 5m(현수식의 경우는 지면위 0.5m의 수평면에 **반경 3m**)이내

(3) **주유취급소에 설치 할 수 있는 시설** ★★ 자주출제(필수정리) ★★
  ① 주유 또는 등유, 경유를 채우기 위한 **작업장**
  ② 주유취급소의 **업무**를 행하기 위한 **사무소**
  ③ 자동차 등의 점검 및 간이정비를 위한 작업장
  ④ 자동차 등의 **세정**을 위한 작업장
  ⑤ 주유취급소에 출입하는 사람을 대상으로 한 점포, 휴게음식점 또는 전시장
  ⑥ 주유취급소의 **관계자**가 거주하는 **주거시설**

8. 판매취급소의 배합실 설치 기준 ★★ 자주출제(필수정리) ★★

① 바닥면적은 $6m^2$ **이상** $15m^2$ **이하일 것**
② 내화구조로 된 벽으로 구획할 것
③ 바닥은 위험물이 침투하지 않는 구조 및 집유설비 설치
④ 출입구에는 자동폐쇄식의 60분+방화문 또는 60분방화문을 설치
⑤ 출입구 문턱의 높이 : 바닥면으로부터 **0.1m 이상**

◎ **주유관**
 - 길이 : 5m 이하
 - 현수식인 경우
  • 지면위 0.5m
  • 반경 3m

◎ **배합실**
 - $6m^2 \sim 15m^2$
 - 내화구조벽
 - 출입구 문턱 높이는 0.1m 이상

무료 동영상과 함께하는 소방설비(기계분야) 필기

2018

2018년 3월 4일 시행
2018년 4월 28일 시행
2018년 9월 15일 시행

무료 동영상과 함께하는
소방설비(기계분야) 필기

소방설비산업기사 – 기계분야

2018년 3월 4일 시행

제1과목 소방원론

01 내화구조의 지붕에 해당하지 않는 구조는?

① 철근콘크리트조
② 철골철근콘크리트조
③ 철재로 보강된 유리블록
④ 무근콘크리트조

해설 내화구조의 지붕구조
① 철근콘크리트조 또는 철골철근콘크리트조
② 철재로 보강된 콘크리트블록조 · 벽돌조 또는 석조
③ 철재로 보강된 유리블록 또는 망입유리로 된 것

해답 ④

02 조리를 하던 중 식용유 화재가 발생하면 신선한 야채를 넣어 소화할 수 있다. 이때의 소화방법에 해당하는 것은?

① 희석소화   ② 냉각소화
③ 부촉매소화   ④ 질식소화

해설 식용유 화재(주방화재 : K급)
① 신선한 야채를 넣어 발화점 이하로 냉각소화
② 산소를 차단하는 질식소화

해답 ②

03 소화방법 중 질식소화에 해당하지 않는 것은?

① 이산화탄소소화기로 소화
② 포소화기로 소화
③ 마른모래로 소화
④ Halon-1301 소화기로 소화

해설 소화방법
① 이산화탄소-질식소화(물리적소화)
② 포소화약제-질식소화, 냉각소화(물리적소화)
③ 마른모래-질식소화(물리적소화)
④ 할론소화약제-부촉매소화(화학적소화)

해답 ④

04 건축물에서 방화구획의 구획 기준이 아닌 것은?

① 피난구획   ② 수평구획
③ 층간구획   ④ 용도구획

해설 방화구획의 종류
① 수평구획   ② 수직구획
③ 위험용도별 구획 ④ 면적별 구획
⑤ 층단위 구획

해답 ①

05 25℃에서 증기압이 100mmHg이고 증기밀도(비중)가 2인 인화성액체의 증기-공기밀도는 약 얼마인가? (단, 전압은 760mmHg로 한다.)

① 1.13   ② 2.13
③ 3.13   ④ 4.13

해설 증기-공기밀도

$$\frac{P'd}{P}+\frac{P-P'}{P}$$

여기서, P : 대기압(mmHg)
P' : 증기압(mmHg)
d : 증기밀도

증기-공기밀도 $= \dfrac{100 \times 2}{760} + \dfrac{760-100}{760} = 1.13$

해답 ①

06 미분무소화설비의 소화효과 중 틀린 것은?

① 질식 ② 부촉매
③ 냉각 ④ 유화

해설 미분무소화설비의 소화효과
① 질식효과 ② 냉각효과
③ 희석효과 ④ 유화(에멀전효과)

해답 ②

07 가연물이 되기 위한 조건이 아닌 것은?

① 산화되기 쉬울 것
② 산소와의 친화력이 클 것
③ 활성화 에너지가 클 것
④ 열전도도가 작을 것

해설 가연물의 구비조건
① 산소와 친화력이 클 것
② 발열량이 클 것
③ 표면적이 넓을 것
④ 열전도도가 작을 것
⑤ 활성화 에너지가 적을 것
⑥ 연쇄반응을 일으킬 것
⑦ 활성이 강할 것

해답 ③

08 자연발화성 물질이 아닌 것은?

① 황린 ② 나트륨
③ 칼륨 ④ 황

해설 ④ 황-제2류-가연성고체
제3류 위험물(자연발화성 및 금수성)

품 명	지정수량
• 칼륨 • 나트륨 • 알킬알루미늄 • 알킬리튬	10kg
• 황린	20kg
• 알칼리금속(칼륨 및 나트륨 제외) 및 알칼리토금속 • 유기금속화합물(알킬알루미늄 및 알킬리튬 제외)	50kg
• 금속의 수소화물 • 금속의 인화물 • 칼슘 또는 알루미늄의 탄화물	300kg

해답 ④

09 물의 비열과 증발잠열을 이용한 소화효과는?

① 희석효과 ② 억제효과
③ 냉각효과 ④ 질식효과

해설 냉각소화
가연성 물질을 발화점 이하로 온도를 냉각

물이 소화약제로 사용되는 이유
① 물의 기화열(증발잠열)(539kcal/kg)이 크기 때문
② 물의 비열(1kcal/kg℃)이 크기 때문

해답 ③

10 기름탱크에서 화재가 발생하였을 때 탱크 하부에 있는 물 또는 물-기름 에멀전이 뜨거운 열 유층에 의해서 가열되어 유류가 탱크 밖으로 갑자기 분출하는 현상은?

① 리프트(Lift)
② 백화이어(Back-Fire)
③ 플래쉬오버(Flash Over)
④ 보일오버(Boil Over)

해설 (1) 유류탱크 및 액화가스 저장탱크에서 발생하는 현상
① 보일오버(Boil Over) : 중질유탱크 화재시 **탱크 바닥의 물**이 비등하여 유류가 **연소하면서 분출**(Over Flow)하는 현상
② 슬롭오버(Slop Over) : 물이 연소유의 뜨거운 표면에 들어갈 때 기름 표면에서 물이 비등하여 분출(Over Flow)하는 현상
③ 프로스오버(Froth Over) : 물이 뜨거운 기름 표면 아래서 끓을 때 **화재를 수반하지 않고** 분출(Over Flow)하는 현상
④ 블레비(BLEVE, Boilling Loilling Liquid Expanding Vapour Explosion) : 액화가스 저장탱크의 가열시 탱크균열로 누설된 액화가스가 착화원과 접촉하여 폭발하는 현상

해답 ④

11 분말소화약제 중 A, B, C급의 화재에 모두 사용할 수 있는 것은?

① 제1종 분말소화약제

② 제2종 분말소화약제
③ 제3종 분말소화약제
④ 제4종 분말소화약제

해설 분말약제의 종류

종 별	약제명	착 색	적응화재
제1종	탄산수소나트륨(NaHCO₃)	백 색	B, C급
제2종	탄산수소칼륨(KHCO₃)	담회색	B, C급
제3종	제1인산암모늄(NH₄H₂PO₄)	담홍색	A, B, C급
제4종	탄산수소칼륨+요소 [KHCO₃+(NH₂)₂CO]	회 색	B, C급

해답 ③

12 전기 부도체이며 소화 후 장비의 오손 우려가 낮기 때문에 전기실이나 통신실 등의 소화설비로 적합한 것은?

① 스프링클러소화설비
② 옥내소화전설비
③ 포소화설비
④ 이산화탄소소화설비

해설 전기실, 통신실화재 적응소화설비
① 할론 및 할로젠화합물 및 불활성기체 소화설비
② 이산화탄소소화설비
③ 분말소화설비
④ 미분무소화설비

해답 ④

13 메탄가스 1mol을 완전 연소시키기 위해서 필요한 이론적 최소 산소요구량은 몇 mol인가?

① 1
② 2
③ 3
④ 4

해설 메탄가스의 완전연소반응식

$$CH_4 + 2O_2 \rightarrow CO_2 + 2H_2O$$

※ CHO로 구성물질 완전연소 시 CO_2와 H_2O 생성

해답 ②

14 적린의 착화온도는 약 몇 ℃인가?

① 34
② 157
③ 180
④ 260

해설 적린(붉은인)(P)-제2류-가연성고체

화학식	비중	융점	착화점
P	2.2	600℃	260℃

① 황린의 동소체이며 황린보다 안정하다.
② 황린을 공기차단상태에서 가열, 냉각 시 적린으로 변한다.
③ 연소 시 오산화인(P_2O_5)이 생성된다.

$$4P + 5O_2 \rightarrow 2P_2O_5(오산화인)$$

해답 ④

15 플래쉬오버(Flash Over)의 지연대책으로 틀린 것은?

① 두께가 얇은 가연성 내장재료를 사용한다.
② 열전도율이 큰 내장재료를 사용한다.
③ 주요구조부를 내화구조로 하고 개구부를 적게 설치한다.
④ 실내에 저장하는 가연물의 양을 줄인다.

해설 플래쉬오버의 지연대책(방지대책)
① 열전도율이 큰 내장재를 사용한다.
② 주요 구조부를 내화구조로 한다.
③ 개구부를 적게 또는 아주 크게 한다. (배연창 설치)
④ **두께가 두꺼운 내장재를 사용한다.**
⑤ 실내 가연물은 소량씩 분산 저장한다.
⑥ 내장재를 불연화한다.
⑦ 화원을 억제한다.

해답 ①

16 열에너지원 중 화학적 열에너지가 아닌 것은?

① 분해열
② 용해열
③ 유도열
④ 생성열

해설 열에너지원의 종류

에너지의 분류	종 류
화학적 에너지	연소열, 분해열, 용해열, 반응열, 자연발화, 중합열
전기적 에너지	저항열, **유도열**, 유전열, 아크열, 정전스파크, 낙뢰
기계적 에너지	마찰열, 압축열, 충격(마찰)스파크
원자력 에너지	핵분열, 핵융합

해답 ③

17 20℃의 물 400g을 사용하여 화재를 소화하였다. 물 400g이 모두 100℃로 기화하였다면 물이 흡수한 열량은 몇 kcal인가? (단, 물의 비열은 1cal/g · ℃이고, 증발잠열은 539cal/g이다.)

① 215.6 ② 223.6
③ 247.6 ④ 255.6

해설 흡수한 열량 산출 공식

$$Q = mc\Delta t + r \cdot m$$

$Q = 400\text{g} \times 1\text{cal/g} \cdot ℃ \times (100-20)℃$
$\quad + 539\text{cal/g} \times 400\text{g}$
$= 247600\text{cal} = 247.6\text{kcal}$

- 물의 비열(C) = 1cal/g · ℃
- 물의 기화열(r) = 539cal/g

해답 ③

18 제3종 분말소화약제의 주성분으로 옳은 것은?

① 탄산수소칼륨
② 탄산수소나트륨
③ 탄산수소칼륨과 요소
④ 제1인산암모늄

해설 분말약제의 종류

종 별	약제명	착 색	적응화재
제1종	탄산수소나트륨 (NaHCO₃)	백 색	B.C급
제2종	탄산수소칼륨 (KHCO₃)	담회색	B.C급
제3종	제1인산암모늄 (NH₄H₂PO₄)	담홍색	A.B.C급
제4종	탄산수소칼륨+요소 [KHCO₃+(NH₂)₂CO]	회 색	B.C급

해답 ④

19 할로젠화합물 및 불활성기체 소화약제 중 최대허용설계농도가 가장 낮은 것은?

① FC-3-1-10 ② FIC-13I1
③ FK-5-1-12 ④ IG-541

해설 할로젠화합물 및 불활성기체 소화약제 최대허용설계농도

약제명	최대허용 설계농도(%)	약제명	최대허용 설계농도(%)
FC-3-1-10	40	IG-01	43
HCFC BLEND A	10	IG-100	
HCFC-124	1.0	IG-541	
HFC-125	11.5	IG-55	
HFC-227ea	10.5		
HFC-23	30		
HFC-236fa	12.5		
FIC-13I1	0.3		
FK-5-1-12	10		

해답 ②

20 목조건축물의 온도와 시간에 따른 화재특성으로 옳은 것은?

① 저온단기형 ② 저온장기형
③ 고온단기형 ④ 고온장기형

해설 건축물 구조형태에 따른 화재특징

구 분	목조건축물	내화건축물
연소형태	고온단기형	저온장기형
최고온도	1300℃	1000℃

해답 ③

제2과목 소방유체역학

21 지름이 10mm인 노즐에서 물이 방사되는 방사압(계기압력)이 392kPa라면 방수량은 약 몇 m³/min인가?

① 0.402 ② 0.220
③ 0.132 ④ 0.012

해설 유량 산출공식

$$Q(\text{m}^3/\text{s}) = \sqrt{2gH} \times A(\text{m}^2)$$

① 392kPa을 수두로 환산

$$H = \frac{P}{\gamma} = \frac{392\text{kN/m}^2}{9.8\text{kN/m}^3} = 40.61\text{m}$$

② $D = 10\text{mm} = 0.01\text{m}$
③ $Q = \sqrt{2 \times 9.8 \times 40.61} \times \dfrac{\pi}{4} \times (0.01\text{m})^2$
　　$= 2.2158 \times 10^{-3} \text{m}^3/\text{s}$
④ $Q = 2.2158 \times 10^{-3} \text{m}^3/\text{s} \times 60\text{s/min}$
　　$= 0.1329 \text{m}^3/\text{min}$

해답 ③

22 옥내소화전 설비의 배관 유속이 3m/s인 위치에 피토정압관을 설치하였을 때, 정체압과 정압의 차를 수두로 나타내면 몇 m가 되겠는가?

① 0.46　　② 4.6
③ 0.92　　④ 9.2

해설 속도수두
$$H = \dfrac{u^2}{2g} = \dfrac{9^2}{2 \times 9.8} = 0.46\text{m}$$

정체압력(stagnation pressure)
흐름의 속도를 0으로 한 경우에 생길 수 있는 압력
정압(static pressure)
유체가 관내를 흐르고 있을 때 흐름과 직각방향으로 작용하는 압력을 정압이라 하고, 흐름에 상대되는 압력을 동압이라 하며, 그 합을 전압이라 한다.

해답 ①

23 관 속의 부속품을 통한 유체 흐름에서 관의 등가길이(상당길이)를 표현하는 식은? (단, 부차적 손실계수는 K, 관의 지름은 d, 관 마찰계수는 f이다.)

① Kfd　　② $\dfrac{fd}{K}$
③ $\dfrac{Kf}{d}$　　④ $\dfrac{Kd}{f}$

해설 등가길이
$$L_e = \dfrac{Kd}{f}$$
여기서, K : 부차적 손실계수, d : 관의 지름
　　　　f : 관 마찰계수

해답 ④

24 물이 안지름 600mm의 파이프를 통하여 평균 3m/s의 속도로 흐를 때, 유량은 약 몇 m³/s인가?

① 0.34　　② 0.85
③ 1.82　　④ 2.88

해설 배관 내 유량
$$Q = uA = u \times \dfrac{\pi}{4} \times d^2$$

① $d = 600\text{mm} = 0.6\text{m}$
② $Q = 3 \times \dfrac{\pi}{4} \times 0.6^2 = 0.85 \text{m}^3/\text{s}$

해답 ②

25 단면적이 10m²이고 두께가 2.5cm인 단열재를 통과하는 열전달량이 3kW이다. 내부(고온)면의 온도가 415℃이고 단열재의 열전도도가 0.2W/(m·K)일 때 외부(저온)면의 온도는?

① 353℃　　② 378℃
③ 396℃　　④ 402℃

해설 열전달량의 계산
$$P = \dfrac{kA(T_H - T_C)}{L}$$
여기서, P : 열전달량(W)
　　　　T_H : 고온의 절대온도(K)
　　　　T_C : 저온의 절대온도(K)
　　　　A : 전달되는 판의 면적(m²)
　　　　L : 전달되는 판의 두께(m)
　　　　k : 열전도도(W/m·K)

① $P = 3\text{kW} = 3 \times 10^3 \text{W}$, $k = 0.2\text{W/(m·K)}$,
　$A = 10\text{m}^2$, $T_H = (273 + 415)\text{K}$,
　$T_C = ?$, $L = 2.5\text{cm} = 0.025\text{m}$
② $3 \times 10^3 = \dfrac{0.2 \times 10 \times (688 - T_C)}{0.025}$
③ $T_C = 650.5\text{K}$
④ $T_C = 650.5 - 273 = 377.5℃$

해답 ②

26 어떤 오일의 동점성계수가 $2 \times 10^{-4} \text{m}^2/\text{s}$이고 비중이 0.9라면 점성계수는 약 몇 kg/(m·s)인가?

① 1.2 ② 2.0
③ 0.18 ④ 1.8

해설 동점성계수

$$\nu(\text{동점성계수}) = \frac{\mu(\text{점성계수})}{\rho(\text{밀도})}$$

① $\rho = \rho_w \times S = 1000 \text{kg/m}^3 \times 0.9 = 900 \text{kg/m}^3$
② $\mu = \nu \times \rho$
③ $\mu = 2 \times 10^{-4} \text{m}^2/\text{s} \times 900 \text{kg/m}^3$
  $= 0.18 \text{kg/m·s}$

해답 ③

27 다음 중 동점성계수의 차원으로 올바른 것은? (단, M, L, T는 각각 질량, 길이, 시간을 나타낸다.)

① $ML^{-1}T^{-1}$ ② $ML^{-1}T^{-2}$
③ L^2T^{-1} ④ MLT^{-2}

해설 동점성계수의 차원

$\nu = \dfrac{\mu}{\rho} = \dfrac{\text{kg/m·s}}{\text{kg/m}^3} = \text{m}^2/\text{s}\,[L^2T^{-1}]$

여기서, ν : 동점성계수(m^2/s), ρ : 밀도(kg/m^3)
μ : 점성계수($\text{N·s/m}^2 = \text{kg/m·s}$)

해답 ③

28 개방된 물통에 깊이 2m로 물이 들어 있고, 이 물 위에 깊이 2m의 기름이 떠 있다. 기름의 비중이 0.5일 때, 물통 밑바닥에서의 압력은 약 몇 Pa인가? (단, 유체 상부면에 작용하는 대기압은 무시한다.)

① 9810   ② 16280
③ 29420 ④ 34240

해설 압력

$$P(\text{Pa}) = \gamma(\text{N/m}^3) \times h(\text{m})$$

① 기름의 비중량
$\gamma_{(\text{기름})} = \gamma_W(9800\text{N/m}^3) \times S(\text{비중})$
$\gamma_{(\text{기름})} = 9800\text{N/m}^3 \times 0.5 = 4900\text{N/m}^3$

② 바닥압력 계산
$P = 4900\text{N/m}^3 \times 2\text{m} + 9800\text{N/m}^3 \times 2\text{m}$
  $= 29400\text{N/m}^2(\text{Pa})$

해답 ③

29 다음 중 압력차를 측정하는 데 사용되는 기구는?

① 로터미터   ② U자관 액주계
③ 열전대   ④ 위어

해설 ① 로터미터 – 직접 유량을 읽을 수 있는 유량계
② U자관 액주계 – 두지점간 압력차를 측정
③ 열전대 – 온도를 측정
④ 위어 – 개수로의 유량 측정

해답 ②

30 정지유체 속에 잠겨 있는 경사진 평면에서 압력에 의해 작용하는 합력의 작용점에 대한 설명으로 옳은 것은?

① 도심의 아래에 있다.
② 도심의 위에 있다.
③ 도심의 위치와 같다.
④ 도심의 위치와 관계가 없다.

해설

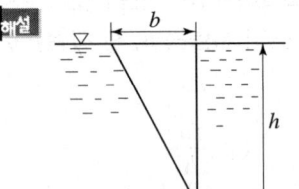

힘의 작용점인 압력중심

$$y_p = \bar{y} + \frac{I_G}{yA}$$

① 면적의 도심($\bar{y}$) = $\dfrac{1}{3}h$, 면적(A) = $\dfrac{bh}{2}$

② 도심 G에서의 단면 2차모멘트
$I_G = \dfrac{1}{12} \times \text{폭} \times (\text{길이})^3 = \dfrac{bh^3}{36}$

③ 힘의 작용점 계산

$$y_p = \frac{1}{3}h + \frac{\frac{bh^3}{36}}{\frac{1}{3}h \times \frac{bh}{2}} = \frac{1}{3}h + \frac{1}{6}h = \frac{1}{2}h$$

해답 ①

31 관의 단면에 축소부분이 있어서 유체를 단면에서 가속시킴으로써 생기는 압력 차이를 측정하여 유량을 측정하는 장치가 있다. 다음 중 이에 해당하지 않는 것은?

① nozzle meter ② orifice meter
③ venturi meter ④ rota meter

해설 로타 미터(Rota Meter)
① 직접 유량을 눈으로 읽을 수 있다.
② 면적 유량계의 일종이다.
③ 테이퍼관 속의 플로트의 위치에서 유량을 구하는 것이다.
압력차에 의한 유량측정장치
① 노즐 미터(Nozzle Meter)
② 오리피스 미터(Orifice Meter)
③ 벤츄리 미터(Venturi Meter)

해답 ④

32 길이 300m, 지름 10cm인 관에 1.2m/s의 평균 속도로 물이 흐르고 있다면 손실 수두는 약 몇 m인가? (단, 관의 마찰계수는 0.02이다.)

① 2.1 ② 4.4
③ 6.7 ④ 8.3

해설 달시 - 바이스바하(Darcy - Weisbach) 공식

$$\Delta h_L(\text{m}) = f \times \frac{l}{D} \times \frac{u^2}{2g}$$

여기서, Δh_L : 마찰손실수두(m)
  f : 마찰손실계수
  l : 배관길이(m)
  u : 유속(m/s)
  g : 중력가속도(9.8m/s^2)
  D : 배관내경(m)
① $d = 10\text{cm} = 0.1\text{m}$, $l = 300\text{m}$,
  $u = 1.2\text{m/s}$, $f = 0.02$

② $\Delta h_L = 0.02 \times \frac{300}{0.1} \times \frac{1.2^2}{2 \times 9.8} = 4.41\text{m}$

해답 ②

33 어떤 펌프가 1400rpm으로 회전할 때 12.6m의 전양정을 갖는다고 한다. 이 펌프를 1450rpm으로 회전할 경우 전양정은 약 몇 m인가? (단, 상사 법칙을 만족한다고 한다.)

① 10.6 ② 12.6
③ 13.5 ④ 14.8

해설 $H_2 = 12.6 \times \left(\frac{1450}{1400}\right)^2 = 13.52\text{m}$

펌프의 상사법칙

$$Q_2 = Q_1 \times \frac{N_2}{N_1}$$

$$H_2 = H_1 \times \left(\frac{N_2}{N_1}\right)^2$$

$$P_2 = P_1 \times \left(\frac{N_2}{N_1}\right)^3$$

Q_1 : 변경 전 유량 Q_2 : 변경 후 유량
H_1 : 변경 전 양정 H_2 : 변경 후 양정
P_1 : 변경 전 동력 P_2 : 변경 후 동력
N_1 : 변경 전 회전수 N_2 : 변경 후 회전수

해답 ③

34 송풍기의 전압이 10kPa이고, 풍량이 3m^3/s인 송풍기의 동력은 몇 kW인가? (단, 공기의 밀도는 1.2kg/m^{3}이다.)

① 30 ② 56
③ 294 ④ 353

해설 ① 풍량 $Q = 3\text{m}^3/\text{s} = 180\text{m}^3/\text{min}$
② 전압 $P_T = 10\text{kPa}$을 mmAq로 환산

$$P_T = 10\text{kPa} \times \frac{10332\text{mmAq}}{101.325\text{kPa}}$$
$$= 1019.69\text{mmAq}$$

③ $P(\text{kW}) = \frac{180 \times 1019.69}{102 \times 60} = 29.99\text{kW}$

배풍기(송풍기)의 동력

$$P(\text{kW}) = \frac{Q(\text{m}^3/\text{min}) \times P_T(\text{mmAq})}{102 \times 60 \times E} \times K$$

여기서, Q : 풍량(m^3/min)
P_T : 전압(mmAq = mmH$_2$O)
K : 여유율, E : 효율

해답 ①

35 20℃, 100kPa의 공기 1kg을 일차적으로 300kPa까지 등온압축시키고 다시 1000kPa까지 단열압축시켰다. 압축 후의 절대온도는 약 몇 K인가? (단, 모든 과정은 가역과정이고 공기의 비열비는 1.4이다.)

① 413K　　② 433K
③ 453K　　④ 473K

해설 단열과정

$$\frac{T_2}{T_1} = \left(\frac{P_2}{P_1}\right)^{\frac{k-1}{k}}$$

k : 비열비(공기의 비열비 $k=1.4$)

$$T_2 = T_1 \times \left(\frac{P_2}{P_1}\right)^{\frac{k-1}{k}}$$

$$T_2 = (273+20) \times \left(\frac{1000}{300}\right)^{\frac{1.4-1}{1.4}} = 413.29\text{K}$$

해답 ①

36 흐르는 유체에서 정상 유동(steady flow)이란 어떤 것을 지칭하는가?

① 임의의 점에서 유체속도가 시간에 따라 일정하게 변하는 흐름
② 임의의 점에서 유체속도가 시간에 따라 변하지 않는 흐름
③ 임의의 시각에서 유로 내 모든 점의 속도벡터가 일정한 흐름
④ 임의의 시각에서 유로 내 각 점의 속도벡터가 서로 다른 흐름

해설 정상유동(steady flow)
모든 점에서 흐름과 특성이 시간에 따라 변화하지 않는 흐름으로 곧은 관 속에서의 일정한 유량일 때의 흐름

해답 ②

37 어떤 탱크 속에 들어 있는 산소의 밀도는, 온도가 25℃일 때 2.0kg/m³이다. 이 때 대기압이 97kPa이라면, 이 산소의 압력은 계기압력으로 약 몇 kPa인가? [단, 산소의 기체상수는 259.8J/(kg · K)이다.]

① 58　　② 65
③ 72　　④ 88

해설 이상기체상태방정식

$$P = \rho R T$$

① $\rho = 2\text{kg/m}^3$, $R=259.8\text{J}/(\text{kg}\cdot\text{K})$, $T=273+25=298\text{K}$
② $P = 2 \times 259.8 \times 298 = 154840.8\text{N/m}^2(\text{Pa})$
　　$= 154.84\text{kPa}$
③ 계기압 = 절대압 - 대기압 = 154.84 - 97
　　　　= 57.84kPa

해답 ①

38 60℃의 물 200kg과 100℃의 포화 증기를 적당량 혼합하면 90℃의 물이 된다. 이 때 혼합하여야 할 포화 증기의 양은 약 몇 kg인가? [단, 100℃에서 물의 증발 잠열은 2256kJ/kg이고, 물의 비열은 4.186kJ/(kg · K)이다.]

① 8.53　　② 9.12
③ 10.02　④ 10.93

해설 [풀이방법 1]
$200 \times 1 \times 60 + X(539+100) = (200+X) \times 90$
$12000 + 639X = 18000 + 90X$
$549X = 6000$
$X = \dfrac{6000}{549} = 10.93\text{kg}$

[풀이방법 2]
$200 \times 1 \times (90-60) = G \times (639-90)$
$549G = 6000$
$G = \dfrac{6000}{549} = 10.93\text{kg}$

해답 ④

39 체적이 0.031m³인 액체에 61000kPa의 압력을 가했을 때 체적이 0.025m³이 되었다. 이때 액체의 체적탄성계수는 약 얼마인가?

① 2.38×10^8Pa ② 2.62×10^8Pa
③ 1.23×10^8Pa ④ 3.15×10^8Pa

해설 (1) 체적탄성계수
$$K = -\frac{\Delta P}{\Delta V/V} = \frac{\Delta P}{\Delta \rho/\rho}$$

(2) 압축률
$$\beta = \frac{1}{K}$$

① $\Delta P = 61000\text{kPa} = 61 \times 10^6$Pa
② $K = -\dfrac{61 \times 10^6}{(0.025-0.031)/0.031}$
    $= 3.15 \times 10^8$Pa

※ 등온변화 : K(체적탄성계수)$= P$(압력)
※ 단열변화 :
   K(체적탄성계수)$= k$(비열비)$\times P$(압력)

[체적탄성계수 K]

등온압축	단열압축
$K = P$	$K = kP$

여기서, K : 체적탄성계수
       P : 압력
       k : 비열비

해답 ④

40 지름(D) 60mm인 물 분류가 30m/s의 속도(V)로 고정평판에 대하여 45° 각도로 부딪칠 때 지면에 수직 방향으로 작용하는 힘(F_y)은 약 몇 N인가?

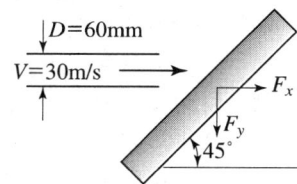

① 1700 ② 1800
③ 1900 ④ 2000

해설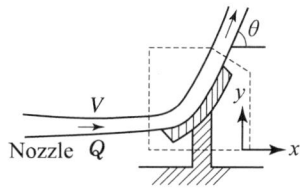

곡면판이 받는 힘

x 방향에 받는 힘 $F_X = \rho Q V \cos\theta$
y 방향에 받는 힘 $F_Y = \rho Q V \sin\theta$

① $\rho = 1000\text{kg/m}^3$
   $Q = VA = 30\text{m/s} \times \dfrac{\pi}{4} \times (0.06\text{m})^2$
     $= 0.08482\text{m}^3/\text{s}$
   $V = 30\text{m/s}, \ \theta = 45°$

② $F_Y = \rho Q V \sin\theta = 1000 \times 0.08482 \times 30\sin 45$
      $= 1800\text{kg} \cdot \text{m/s}^2(\text{N})$

해답 ②

제3과목 소방관계법규

41 기상법에 따른 이상기상의 예보 또는 특보가 있을 때 화재에 관한 경보를 발령하고 그에 따른 조치를 할 수 있는 자는?

① 소방청장   ② 행정안전부장관
③ 소방본부장 ④ 시·도지사

해설 소방기본법 제14조(화재에 관한 위험경보)
소방본부장이나 소방서장은 이상기상의 예보 또는 특보가 있을 때에는 화재에 관한 경보를 발령하고 그에 따른 조치를 할 수 있다.

해답 ③

42 소방시설 설치 및 관리에 관한 법령상 성능위주설계를 하여야 하는 특정소방대상물(신축하는 것만 해당)의 기준으로 옳은 것은?

① 건축물의 높이가 100m 이상인 아파트등
② 연면적 100000m² 이상인 특정소방대상

물
③ 연면적 15000m² 이상인 특정소방대상물로서 철도 및 도시철도 시설
④ 하나의 건축물에 영화상영관이 10개 이상인 특정소방대상물

해설 (소방시설법 시행령 제9조) 성능위주설계 대상
(1) 연면적 20만m² 이상(아파트 등은 제외)
(2) 50층 이상(지하층 제외)이거나 높이가 200m 이상인 아파트등
(3) 30층 이상(지하층 포함)이거나 높이가 120m 이상(아파트등은 제외)
(4) 연면적 3만m² 이상인 특정소방대상물
  ① 철도 및 도시철도 시설
  ② 공항시설
(5) 창고시설 중 연면적 10만m² 이상인 것 또는 지하층의 층수가 2개 층 이상이고 지하층의 바닥면적의 합계가 3만m² 이상인 것
(6) 하나의 건축물에 영화상영관이 10개 이상
(7) 지하연계 복합건축물
(8) 수저터널 또는 길이가 5천m 이상인 것

해답 ④

43 화재의 예방 및 안전관리에 관한 법령상 특수가연물 중 품명과 지정수량의 연결이 틀린 것은?

① 사류 – 1000kg 이상
② 볏집류 – 3000kg 이상
③ 석탄·목탄류 – 10000kg 이상
④ 합성수지류 발포시킨 것 – 20m³ 이상

해설 (화재예방법 시행령 제19조) [별표 2]
특수가연물

품명		수량(이상)
면화류		200kg
나무껍질 및 대팻밥		400kg
넝마 및 종이부스러기, 사류, **볏짚류**		1,000kg
가연성고체류		3,000kg
석탄·목탄류		10,000kg
가연성액체류		2m³
목재가공품 및 나무부스러기		10m³
합성수지류	발포시킨 것	20m³
	그 밖의 것	3,000kg

해답 ②

44 대통령령 또는 화재안전기준이 변경되어 그 기준이 강화되는 경우 기존의 특정소방대상물의 소방시설 중 대통령령으로 정하는 것으로 변경으로 강화된 기준을 적용하여야 하는 소방시설은? (단, 건축물의 신축·개축·재축·이전 및 대수선 중인 특정소방대상물을 포함한다.)

① 비상경보설비
② 화재조기진압용 스프링클러설비
③ 옥내소화전설비
④ 제연설비

해설 (소방시설법 제13조) 소방시설기준 적용의 특례
소방본부장이나 소방서장은 화재안전기준의 변경으로 **강화된 기준을 적용**할 수 있다.
(1) 소방시설(소비자자피)
  • 소화기구
  • 비상경보설비
  • 자동화재탐지설비
  • 자동화재속보설비
  • 피난구조설비
(2) 특정소방대상물에 설치하는 소방시설
  • 공동구
  • 전력 및 통신사업용 지하구
  • 노유자시설
  • 의료시설

해답 ①

45 소방시설 설치 및 관리에 관한 법령상 스프링클러설비를 설치하여야 하는 특정소방대상물의 기준으로 틀린 것은? (단, 위험물 저장 및 처리 시설 중 가스시설 또는 지하구는 제외한다.)

① 물류터미널로서 바닥면적 합계가 5000m² 이상인 경우에는 모든 층
② 숙박이 가능한 수련시설에 해당하는 용도로 사용되는 시설의 바닥면적의 합계가 600m² 이상인 것은 모든 층
③ 종교시설(주요구조부가 목조인 것은 제외)로서 수용인원이 100명 이상인 것에 해당하는 경우에는 모든 층
④ 지하상가로서 연면적 1000m² 이상인 것

해설 **스프링클러설비 설치대상**
① 문화 및 집회시설, **종교시설**, 운동시설로서 다음의 어느 하나에 해당하는 경우에는 모든 층
  ㉠ 수용인원이 100명 이상인 것
  ㉡ 영화상영관의 용도로 쓰이는 층의 바닥면적이 지하층 또는 무창층인 경우에는 500m^2 이상, 그 밖의 층의 경우에는 1천m^2 이상인 것
  ㉢ 무대부가 지하층·무창층 또는 4층 이상의 층에 있는 경우에는 무대부의 면적이 300m^2 이상인 것
② 층수가 6층 이상인 경우에는 모든 층
③ 다음 용도의 바닥면적의 합계가 600m^2 이상인 것은 모든 층
  ㉠ 근린생활시설 중 조산원 및 산후조리원
  ㉡ 의료시설 중 정신의료기관
  ㉢ 의료시설 중 종합병원, 병원, 치과병원, 한방병원 및 요양병원
  ㉣ 노유자시설
  ㉤ 숙박시설
  ㉥ 숙박이 가능한 수련시설
④ 창고시설(물류터미널은 제외)로서 바닥면적 합계가 5천m^2 이상인 경우에는 모든 층
⑤ 지하상가로서 연면적 1천m^2 이상인 것
⑥ 기숙사 또는 복합건축물로서 연면적 5천m^2 이상인 경우에는 모든 층

해답 ①

46 소방시설 설치 및 관리에 관한 법상 피난시설, 방화구획 또는 방화시설의 폐쇄·훼손·변경 등의 행위를 한 자에 대한 과태료 부과 기준으로 옳은 것은?

① 500만원 이하   ② 300만원 이하
③ 200만원 이하   ④ 100만원 이하

해설 **소방시설법 제61조(300만원 이하의 과태료)**
① 소방시설을 화재안전기준에 따라 설치·관리하지 아니한 자
② 피난시설, 방화구획 또는 방화시설의 폐쇄·훼손·변경 등의 행위를 한 자

해답 ②

47 소방기본법령상 시·도지사가 이웃하는 다른 시·도지사와 소방업무에 관하여 상호응원 협정을 체결하고자 하는 때에 포함되어야 할 사항이 아닌 것은?

① 소방신호방법의 통일
② 화재조사활동에 관한 사항
③ 응원출동 대상지역 및 규모
④ 출동대원 수당·식사 및 의복의 수선 소요경비의 부담에 관한 사항

해설 **소방업무의 상호응원협정(소방기본법 제8조)**
(1) 다음 각목의 소방활동에 관한 사항
  ① 화재의 경계·진압활동
  ② 구조·구급업무의 지원
  ③ 화재조사활동
(2) 응원출동대상지역 및 규모
(3) 다음 각목의 소요경비의 부담에 관한 사항
  ① 출동대원의 수당·식사 및 의복의 수선
  ② 소방장비 및 기구의 정비와 연료의 보급
  ③ 그 밖의 경비
(4) 응원출동의 요청방법
(5) 응원출동훈련 및 평가

해답 ①

48 소방시설공사업법령상 완공검사를 위한 현장확인 대상 특정소방대상물의 범위기준으로 틀린 것은?

① 운동시설
② 호스릴 이산화탄소 소화설비가 설치되는 것
③ 연면적 10000m^2 이상이거나 11층 이상인 특정소방대상물(아파트는 제외)
④ 가연성가스를 제조·저장 또는 취급하는 시설 중 지상에 노출된 가연성가스탱크의 저장용량 합계가 1000톤 이상인 시설

해설 **완공검사를 위한 현장확인 대상 특정소방대상물의 범위**
① 문화 및 집회시설, 종교시설, 판매시설, 노유자시설, 수련시설, 운동시설, 숙박시설, 창고시설, 지하상가 및 다중이용업소

② 스프링클러설비등, 물분무등소화설비(호스릴방식 제외)가 설치되는 특정소방대상물
③ 연면적 1만m² 이상이거나 11층 이상인 특정소방대상물(아파트는 제외)
④ 지상에 노출된 가연성가스탱크의 저장용량 합계가 1천톤 이상인 시설

해답 ②

49 위험물안전관리법령상 제조소와 사용전압이 35000V를 초과하는 특고압가공전선에 있어서 안전거리는 몇 m 이상을 두어야 하는가? (단, 제6류 위험물을 취급하는 제조소는 제외한다.)

① 3　　② 5
③ 20　　④ 30

해설 제조소의 안전거리
(제6류 위험물을 취급하는 제조소를 제외)

건축물 또는 공작물	안전거리
7,000V 초과 35,000V 이하	3m 이상
35,000V 초과	5m 이상
주거용	10m 이상
고압가스, 액화석유가스, 도시가스	20m 이상
학교·병원·극장 • 학교 • 병원급 의료기관 • **공연장, 영화상영관 : 3백명 이상** • 아동복지시설,정신보건시설 : 20명 이상	30m 이상
지정문화유산 및 천연기념물 등	50m 이상

해답 ②

50 소방시설 설치 및 관리에 관한 법령상 분말형태의 소화약제를 사용하는 소화기의 내용연수로 옳은 것은?

① 10년　　② 7년
③ 3년　　④ 5년

해설 소방시설법 시행령 제18조
(내용연수 설정 대상 소방용품)
① 내용연수를 설정하여야 하는 소방용품은 **분말형태의 소화약제를 사용하는 소화기**로 한다.
② 소방용품의 **내용연수는 10년**으로 한다.

해답 ①

51 위험물안전관리법령상 정기점검의 대상인 제조소등의 기준으로 틀린 것은?

① 이송취급소
② 위험물을 취급하는 탱크로서 지하에 매설된 탱크가 있는 일반취급소
③ 지정수량의 100배 이상의 위험물을 저장하는 옥외저장소
④ 지정수량의 150배 이상의 위험물을 저장하는 옥외탱크저장소

해설 정기점검의 대상인 제조소등
제조소등의 관계인은 당해 제조소등에 대하여 연 1회 이상 정기점검을 실시
(1) 관계인이 예방규정을 정하여야 하는 제조소등
① 지정수량의 10배 이상의 위험물을 취급하는 제조소
② 지정수량의 100배 이상의 위험물을 저장하는 옥외저장소
③ 지정수량의 150배 이상의 위험물을 저장하는 옥내저장소
④ 지정수량의 **200배 이상**의 위험물을 저장하는 **옥외탱크저장소**
⑤ 암반탱크저장소
⑥ 이송취급소
(2) 지하탱크저장소
(3) 이동탱크저장소
(4) 위험물을 취급하는 탱크로서 지하에 매설된 탱크가 있는 제조소·주유취급소 또는 일반취급소

해답 ④

52 제조소 또는 일반취급소에서 변경허가를 받아야 하는 경우가 아닌 것은?

① 배출설비를 신설하는 경우
② 불활성기체의 봉입장치를 신설하는 경우
③ 위험물의 펌프설비를 증설하는 경우
④ 위험물취급탱크의 탱크전용실을 증설하는 경우

해설 제조소등의 변경허가를 받아야 하는 경우
제조소 또는 일반취급소
① 제조소 또는 일반취급소의 위치를 이전하는 경

우
② 건축물의 벽·기둥·바닥·보 또는 지붕을 증설 또는 철거하는 경우
③ 배출설비를 신설하는 경우
④ 위험물의 제조설비 또는 취급설비(**펌프설비를 제외**)를 증설하는 경우
⑤ 자동화재탐지설비를 신설 또는 철거하는 경우

해답 ③

53 특수가연물의 저장 및 취급기준 중 다음 ( ) 안에 알맞은 것은? (단, 석탄·목탄류의 경우는 제외한다.)

> 살수설비를 설치하거나, 방사능력 범위에 해당 특수가연물이 포함되도록 대형소화기를 설치하는 경우에는 쌓는 높이를 (㉠)m 이하, 쌓는 부분의 바닥면적을 (㉡)m^2 이하로 할 수 있다.

① ㉠ 15, ㉡ 200　② ㉠ 15, ㉡ 300
③ ㉠ 10, ㉡ 50　　④ ㉠ 10, ㉡ 200

해설 특수가연물의 저장 및 취급기준
(화재예방법 시행령 제19조 제2항 [별표3])
(1) 품명·최대저장수량·단위부피(체적)당 질량·관리책임자 성명·직책, 연락처 및 화기취급의 금지표시 설치
(2) 기준(**석탄·목탄류의 발전용은 예외**)
　① **품명별**로 구분하여 쌓을 것
　② 저장 기준

구분	높이	바닥면적(m^2)
일반기준	10m 이하	50(**석탄·목탄류 200**) 이하
살수설비, 대형소화기	15m 이하	200(**석탄·목탄류 300**) 이하

③ **최소 6m 이상 간격을 유지**(쌓은 높이보다 0.9m 이상 높은 내화구조 벽체 설치 시 예외)
④ 쌓는 부분의 바닥면적 사이 **간격**

구분	쌓는 부분의 바닥면적 사이 이격거리
실내	1.2m 또는 쌓는 높이의 1/2 중 큰 값 이상
실외	3m 또는 쌓는 높이 중 큰 값 이상

해답 ①

54 소방시설 설치 및 관리에 관한 법령상 소방안전관리자를 두어야 하는 1급 소방안전관리대상물의 기준으로 틀린 것은?

① 30층 이상(지하층은 제외하다)이거나 지상으로부터 높이가 120m 이상인 아파트
② 가연성 가스를 1000톤 이상 저장·취급하는 시설
③ 연면적 15000m^2 이상인 특정소방대상물(아파트는 제외)
④ 지하구

해설 소방안전관리자를 두어야하는 특정소방대상물
(1) 특급 소방안전관리대상물
　① 50층 이상(지하층 제외)이거나 지상높이가 200m 이상인 아파트
　② 30층 이상(지하층 포함)이거나 지상높이가 120m 이상(아파트는 제외)
　③ 연면적 10만m^2 이상(아파트 제외)
(2) 1급 소방안전관리대상물
　① 30층 이상(지하층 제외)이거나 지상으로부터 높이가 120m 이상인 아파트
　② 연면적 1만5천m^2 이상(아파트 및 연립주택 제외)
　③ 층수가 11층 이상(아파트는 제외)
　④ 가연성 가스를 1천톤 이상 저장·취급하는 시설
(3) 2급 소방안전관리대상물
　① 옥내, 스프링클러, 물분무등(호스릴(Hose Reel) 방식의 물분무등소화설비만을 설치한 경우는 제외)를 설치하여야하는 특정소방대상물
　② 가스제조설비를 갖추고 도시가스사업의 허가를 받아야 하는 시설 또는 가연성 가스를 100톤 이상 1천톤 미만 저장·취급하는 시설
　③ 지하구
　④ 공동주택
　⑤ 보물 또는 국보로 지정된 목조건축물
(4) 3급 소방안전관리대상물
　간이스프링클러설비 또는 자동화재탐지설비를 설치하여야하는 특정소방대상물

해답 ④

55 소방본부장 또는 소방서장은 건축허가등의 동의요구서류를 접수한 날부터 며칠 이내에 건축허가등의 동의여부를 회신하여야 하는가? (단,

허가를 신청한 건축물은 특급 소방안전관리대상물이다.)

① 5일　　② 7일
③ 10일　　④ 30일

해설 건축허가등의 동의여부 회신
① 접수한 날부터 **5일**(**특급소방안전관리대상물은 10일**) 이내
② 첨부서류의 **보완**이 필요한 경우에는 **4일 이내**의 기간을 정하여 보완을 요구
③ 건축허가등을 **취소**하였을 때에는 취소한 날부터 **7일 이내**에 건축물 등의 시공지 또는 소재지를 관할하는 **소방본부장 또는 소방서장**에게 그 사실을 **통보**

해답 ③

56 총괄 소방안전관리자를 선임해야 하는 특정소방대상물의 기준이 아닌 것은?

① 판매시설 중 도매시장 및 소매시장
② 복합건축물로서 층수가 11층 이상인 것
③ 지하층을 제외한 층수가 7층 이상인 고층건축물
④ 복합건축물로서 연면적이 3만m² 이상인 것

해설 (화재예방법 제35조)
관리의 권원이 분리된 소방안전관리
(총괄소방안전관리자)
(1) **복합건축물**(지하층 제외 **11층 이상** 또는 연면적 **3만m² 이상**)
(2) **지하가**
(3) 판매시설 중 **도매시장, 소매시장 및 전통시장**

해답 ③

57 소방시설업의 영업정지처분을 받고 그 영업정지 기간에 영업을 한 자에 대한 벌칙기준으로 옳은 것은?

① 1년 이하의 징역 또는 1000만원 이하의 벌금
② 2년 이하의 징역 또는 1200만원 이하의 벌금
③ 3년 이하의 징역 또는 1500만원 이하의 벌금
④ 5년 이하의 징역 또는 3000만원 이하의 벌금

해설 소방시설공사업법 제36조(벌칙)
1년 이하의 징역 또는 1천만원 이하의 벌금
(1) 영업정지처분을 받고 그 영업정지 기간에 영업을 한 자
(2) 화재안전기술기준을 위반하여 설계나 시공을 한 자
(3) 감리를 하거나 거짓으로 감리한 자
(4) 공사감리자를 지정하지 아니한 자
(5) 보고를 거짓으로 한 자
(6) 공사감리 결과의 통보 또는 공사감리 결과보고서의 제출을 거짓으로 한 자
(7) 소방시설업자가 아닌 자에게 소방시설공사등을 도급한 자

해답 ①

58 특정소방대상물의 자동화재탐지설비 설치 면제기준 중 다음 ( ) 안에 알맞은 것은? (단, 자동화재탐지설비의 기능은 감지·수신·경보기능을 말한다.)

자동화재탐지설비의 기능과 성능을 가진 ( ) 또는 물분무등소화설비를 화재안전기준에 적합하게 설치한 경우에는 그 설비의 유효범위에서 설치가 면제된다.

① 비상경보설비　　② 연소방지설비
③ 연결살수설비　　④ 스프링클러설비

해설 특정소방대상물의 소방시설 설치의 면제기준

설치가 면제되는 소방시설	설치면제 요건
① 스프링클러설비	자동소화장치 및 물분무등소화설비
② 물분무등소화설비	차고·주차장에 스프링클러설비
③ 간이스프링클러설비	스프링클러설비, 물분무소화설비 또는 미분무소화설비
④ 자동화재탐지설비	자동화재탐지설비의 기능과 성능을 가진 화재알림설비, 스프링클러설비 또는 물분무등소화설비

해답 ④

59 위험물안전관리법령상 제조소 또는 일반 취급소에서 취급하는 제4류 위험물의 최대수량의 합이 지정수량의 48만배 이상인 사업소의 자체소방대에 두는 화학소방자동차 및 인원기준

으로 다음 ( ) 안에 알맞은 것은?

화학소방자동차	자체소방대원의 수
(㉠)대	(㉡)인

① ㉠ 1대, ㉡ 5인 ② ㉠ 2대, ㉡ 10인
③ ㉠ 3대, ㉡ 15인 ④ ㉠ 4대, ㉡ 20인

해설 자체소방대에 두는 화학소방자동차 및 인원

사업소의 구분 (제조소 또는 일반취급소에서 취급하는 제4류 위험물의 최대수량의 합)	화학 소방 자동차	자체 소방대원 의 수
지정수량의 3천배 이상 12만배 미만	1대	5인
지정수량의 12만배 이상 24만배 미만	2대	10인
지정수량의 24만배 이상 48만배 미만	3대	15인
지정수량의 48만배 이상	4대	20인
옥외탱크저장소 지정수량의 50만배 이상	2대	10인

해답 ④

60 소방활동 종사 명령으로 소방활동에 종사한 사람이 그로 인하여 사망하거나 부상을 입은 경우 보상하여야 하는 자는?

① 국무총리   ② 행정안전부장관
③ 시·도지사   ④ 소방본부장

해설 소방기본법 제24조(소방활동 종사 명령)
① 소방본부장, 소방서장 또는 소방대장은 화재, 재난·재해, 그 밖의 위급한 상황이 발생한 현장에서 소방활동을 위하여 필요할 때에는 그 관할구역에 사는 사람 또는 그 현장에 있는 사람으로 하여금 사람을 구출하는 일 또는 불을 끄거나 불이 번지지 아니하도록 하는 일을 하게 할 수 있다.
② **시·도지사**는 소방활동에 종사한 사람이 그로 인하여 사망하거나 부상을 입은 경우에는 **보상**하여야 한다.
③ 명령에 따라 소방활동에 종사한 사람은 **시·도지사로부터 소방활동의 비용을 지급**받을 수 있다.

소방활동에 종사한 사람이 비용을 지급 받을 수 없는 경우
① 소방대상물에 화재, 재난, 재해, 그 밖의 위급한 상황이 발생한 경우 그 관계인
② 고의 또는 과실로 화재 또는 구조·구급활동이 필요한 상황을 발생시킨 사람
③ 화재 또는 구조·구급현장에서 물건을 가져간 사람

해답 ③

제4과목 소방기계시설의 구조 및 원리

61 피난사다리의 중량 기준 중 다음 ( ) 안에 알맞은 것은?

올림식사다리인 경우 (㉠)kg 이하, 내림식사다리의 경우 (㉡)kg 이하이어야 한다.

① ㉠ 25, ㉡ 30 ② ㉠ 30, ㉡ 25
③ ㉠ 20, ㉡ 35 ④ ㉠ 35, ㉡ 20

해설 피난사다리의 형식승인 및 제품검사의 기술기준 제9조(중량) 피난사다리의 중량

구 분	올림식사다리	내림식사다리
중 량	35kg 이하	20kg 이하

해답 ④

62 고발포용 고정포방출구의 팽창비율로 옳은 것은?

① 팽창비 10 이상 20 미만
② 팽창비 20 이상 50 미만
③ 팽창비 50 이상 100 미만
④ 팽창비 80 이상 1000 미만

해설 ① 발포배율 산출공식

$$\text{발포배율(팽창비)} = \frac{\text{발포후 포의 체적}}{\text{발포전 포수용액 체적}}$$

② 저발포와 고발포의 구분

종 류	팽창비
저발포	20배 이하
고발포	80배 이상 1000배 미만

해답 ④

63 대형소화기의 종별 소화약제의 최소 충전용량으로 옳은 것은?

① 기계포 : 15L   ② 분말 : 20kg
③ CO_2 : 40kg   ④ 강화액 : 50L

해설 대형소화기의 기준★★★★★

소화기의 종류	소화약제 충전량
물소화기	80L 이상
포소화기	20L 이상
강화액소화기	60L 이상
할로젠화합물소화기	30kg 이상
이산화탄소소화기	50kg 이상
분말소화기	20kg 이상

포강물(2,6,8 못집고)
　　　　　분할탄(2,3,5 집고)

소화기의 능력단위 및 보행거리

구 분	소형소화기	대형소화기
능력단위	• 1단위 이상 • 대형소화기 능력단위 미만	• A급 10단위 이상 • B급 20단위 이상
보행거리	20m 이내	30m 이내

해답 ②

64 소화수조의 설치기준 중 다음 ( ) 안에 알맞은 것은?

> 소화용수설비를 설치하여야 할 특정소방대상물에 있어서 유수의 양이 (　) m^3/min 이상인 유수를 사용할 수 있는 경우에는 소화수조를 설치하지 아니할 수 있다.

① 0.8　　② 1.3
③ 1.6　　④ 2.6

해설 소화수조 및 저수조 등

(1) 소화수조 등
  ① 소방차가 채수구로부터 2m 이내의 지점까지 접근할 수 있는 위치에 설치
  ② 소화수조 또는 저수조의 저수량

  [소방대상물의 기준면적]

소방대상물의 구분	기준면적
1층 및 2층의 바닥면적 합계가 15000m^2 이상인 소방대상물	7500m^2
그 밖의 소방대상물	12500m^2

(2) 흡수관투입구 및 채수구
  ① 흡수관투입구
    ㉠ 한 변이 0.6m 이상 또는 직경이 0.6m 이상
    ㉡ 소요수량이 80m^3 미만인 것 : 1개 이상
    ㉢ 소요수량이 80m^3 이상인 것 : 2개 이상
    ㉣ "흡수관투입구"라고 표시한 표지를 할 것

  ② 채수구 설치기준
    ㉠ 65mm 이상의 나사식 결합금속구를 설치

    [소요수량과 채수구수]

소요수량	20m^3 이상 40m^3 미만	40m^3 이상 100m^3 미만	100m^3 이상
채수구수	1개	2개	3개

    ㉡ 채수구 설치위치 : 0.5m 이상 1m 이하
    ㉢ "채수구"라고 표시한 표지를 할 것
    ㉣ 소화용수설비 설치 면제 : 유수의 양이 0.8m^3/min 이상인 유수를 사용할 수 있는 경우

(3) 가압송수장치
  ① 소화수조 또는 저수조가 지표면으로부터의 깊이(수조 내부바닥까지의 길이)가 4.5m 이상인 지하에 있는 경우에는 다음 표에 따라 가압송수장치를 설치하여야 한다.

소요수량	20m^3 이상 40m^3 미만	40m^3 이상 100m^3 미만	100m^3 이상
가압송수장치의 1분당 양수량	1,100L 이상	2,200L 이상	3,300L 이상

  ② 소화수조가 옥상 또는 옥탑의 부분에 설치된 경우에는 지상에 설치된 채수구에서의 압력이 0.15MPa 이상이 되도록 하여야 한다.

해답 ①

65 이산화탄소소화설비 가스압력식 기동장치의 기준 중 틀린 것은?

① 기동용가스용기 및 해당 용기에 사용하는 밸브는 25MPa 이상의 압력에 견딜 수 있는 것으로 할 것
② 기동용가스용기에는 내압시험압력의 0.64배부터 내압시험압력 이하에서 작동하는 안전장치를 설치할 것
③ 기동용가스용기의 체적은 5L 이상으로 하고, 해당 용기에 저장하는 질소 등의 비활성기체는 6.0MPa 이상(21℃ 기준)의 압력으로 충전할 것
④ 기동용가스용기에는 충전여부를 확인할 수 있는 압력게이지를 설치할 것

해설 CO_2 소화설비의 자동식 기동장치
(1) 자동화재탐지설비는 감지기의 작동과 연동하는 것으로 하여야 한다.

(2) 자동식 기동장치에는 수동으로도 기동할 수 있는 구조로 할 것
(3) 전기식 기동장치로서 **7병 이상**의 저장용기를 동시에 개방하는 설비에 있어서는 **2병 이상**의 저장용기에 전자개방밸브를 부착할 것
(4) 가스 압력식 기동장치
 ① 기동용 가스용기 및 당해 용기에 사용하는 밸브는 25MPa 이상의 압력에 견딜 수 있는 것으로 할 것
 ② 기동용 가스용기에는 **내압시험압력의 0.8배 내지 내압시험압력 이하**에서 작동하는 **안전장치**를 설치할 것
 ③ 기동용가스용기의 체적은 5L 이상으로 하고, 해당 용기에 저장하는 질소 등의 비활성 기체는 6.0MPa 이상(21℃ 기준)의 압력으로 충전 할 것
(5) 기동용가스용기에는 충전여부를 확인할 수 있는 압력게이지를 설치할 것

해답 ②

66 화재조기진압용 스프링클러설비를 설치할 장소의 구조 기준 중 틀린 것은?

① 천장의 기울기가 $\dfrac{168}{1000}$ 을 초과하지 않아야 하고, 이를 초과하는 경우에는 반자를 지면과 수평으로 설치할 것
② 천장은 평평하여야 하며 철재나 목재트러스 구조인 경우, 철재나 목재의 돌출부분이 102mm를 초과하지 아니할 것
③ 보로 사용되는 목재·콘크리트 및 철재 사이의 간격이 0.9m 이상 2.3m 이하일 것. 다만, 보의 간격이 2.3m 이상인 경우에는 화재조기진압용 스프링클러헤드의 동작을 원활히 하기 위하여 보로 구획된 부분의 천장 및 반자의 넓이가 28m²를 초과하지 아니할 것
④ 해당층의 높이가 10m 이하일 것. 다만, 2층 이상일 경우에는 해당층의 바닥을 내화구조로 하고 다른 부분과 방화구획 할 것

해설 화재조기진압용 스프링클러설비의 화재안전기술기준(NFTC 103B)

제4조(설치장소의 구조)
① 해당층의 높이가 13.7m 이하일 것. 다만, 2층 이상일 경우에는 해당층의 바닥을 내화구조로 하고 다른 부분과 방화구획 할 것
② 천장의 기울기가 1,000분의 168을 초과하지 않아야 하고, 이를 초과하는 경우에는 반자를 지면과 수평으로 설치할 것
③ 천장은 평평하여야 하며 철재나 목재트러스 구조인 경우, 철재나 목재의 돌출부분이 102mm를 초과하지 아니할 것
④ 보로 사용되는 목재·콘크리트 및 철재사이의 간격이 **0.9m 이상 2.3m 이하**일 것. 다만, 보의 **간격이 2.3m 이상인 경우**에는 화재조기진압용 스프링클러헤드의 동작을 원활히 하기 위하여 보로 구획된 부분의 천장 및 **반자의 넓이가 28m²**를 초과하지 아니할 것
⑤ 창고내의 선반의 형태는 하부로 물이 침투되는 구조로 할 것

해답 ④

67 물분무등소화설비 중 이산화탄소소화설비를 설치하여야 하는 특정소방대상물에 설치하여야 할 인명구조기구의 종류로 옳은 것은?

① 방열복   ② 방화복
③ 인공소생기 ④ 공기호흡기

해설 용도 및 장소별로 설치하여야 할 인명구조기구

특정소방대상물	종 류	설치 수량
• 지하층을 포함하는 층수가 7층 이상인 관광호텔 및 5층 이상인 병원	• 방열복 또는 방화복 • 공기호흡기 • 인공소생기	각 2개 이상 비치할 것. 다만, 병원의 경우에는 인공소생기를 설치하지 않을 수 있다.
• 문화 및 집회시설 중 수용인원 100명 이상의 영화상영관 • 판매시설 중 대규모점포 • 운수시설 중 지하역사 • 지하상가	• 공기호흡기	층마다 2개 이상 비치할 것. 다만, 각 층마다 갖추어 두어야 할 공기호흡기 중 일부를 직원이 상주하는 인근 사무실에 갖추어 둘 수 있다.
• 물분무등소화설비 중 이산화탄소소화설비를 설치하여야 하는 특정소방대상물	• 공기호흡기	이산화탄소소화설비가 설치된 장소의 출입구 외부 인근에 1대 이상 비치할 것

해답 ④

68 물분무소화설비 송수구의 설치기준 중 다음 ( ) 안에 알맞은 것은?

> 송수구는 화재층으로부터 지면으로 떨어지는 유리창 등이 송수 및 그 밖의 소화작업에 지장을 주지 아니하는 장소에 설치할 것.
> 이 경우 가연성가스의 저장·취급시설에 설치하는 송수구는 그 방호대상물로부터 (㉠)m 이상의 거리를 두거나 방호대상물에 면하는 부분이 높이 (㉡)m 이상 폭 (㉢)m 이상의 철근콘크리트 벽으로 가려진 장소에 설치하여야 한다.

① ㉠ 20, ㉡ 1.0, ㉢ 1.5
② ㉠ 20, ㉡ 1.5, ㉢ 2.5
③ ㉠ 40, ㉡ 1.0, ㉢ 1.5
④ ㉠ 40, ㉡ 1.5, ㉢ 2.5

해설 물분무소화설비의 송수구
① 송수구는 화재층으로부터 지면으로 떨어지는 유리창 등이 송수 및 그 밖의 소화작업에 지장을 주지 아니하는 장소에 설치할 것. 이 경우 **가연성가스**의 저장·취급시설에 설치하는 송수구는 그 방호대상물로부터 **20m 이상**의 거리를 두거나 방호대상물에 면하는 부분이 높이 **1.5m 이상 폭 2.5m 이상**의 철근콘크리트 벽으로 가려진 장소에 설치하여야 한다.
② 송수구로부터 물분무소화설비의 주배관에 이르는 연결배관에 개폐밸브를 설치한 때에는 그 개폐상태를 쉽게 확인 및 조작할 수 있는 옥외 또는 기계실 등의 장소에 설치할 것
③ 구경 **65mm의 쌍구형**으로 할 것
④ 송수구에는 그 가까운 곳의 보기 쉬운 곳에 송수압력범위를 표시한 표지를 할 것
⑤ 송수구는 하나의 층의 바닥면적이 $3,000m^2$를 넘을 때마다 1개(5개를 넘을 경우에는 5개) 이상을 설치할 것
⑥ 지면으로부터 높이가 **0.5m 이상 1m 이하**의 위치에 설치할 것
⑦ 송수구의 가까운 부분에 자동배수밸브(또는 직경 5mm의 배수공) 및 체크밸브를 설치할 것. 이 경우 자동배수밸브는 배관안의 물이 잘 빠질 수 있는 위치에 설치하되, 배수로 인하여 다른 물건 또는 장소에 피해를 주지 아니하여야 한다.
⑧ 송수구에는 이물질을 막기 위한 마개를 씌울 것

해답 ②

69 가연성가스의 저장·취급시설에 설치하는 연결살수설비의 헤드 설치기준 중 다음 ( ) 안에 알맞은 것은? (단, 지하에 설치된 가연성가스의 저장·취급시설로서 지상에 노출된 부분이 없는 경우는 제외한다.)

> 가스저장탱크·가스홀더 및 가스발생기의 주위에 설치하되, 헤드 상호간의 거리는 ( )m 이하로 할 것

① 2.1 ② 2.3
③ 3.0 ④ 3.7

해설 가연성 가스의 저장·취급시설에 설치하는 연결살수설비의 헤드 설치기준
① 연결살수설비 전용의 **개방형 헤드**를 설치
② 가스저장탱크·가스홀더 및 가스발생기의 주위에 설치하되, **헤드 상호간의 거리는 3.7m 이하**
③ 헤드의 살수범위는 가스저장탱크·가스홀더 및 가스발생기의 몸체의 **중간 윗부분의 모든 부분이 포함**되도록 하여야 하고 살수된 물이 흘러내리면서 살수범위에 포함되지 아니한 부분에도 모두 적셔질 수 있도록 하여야 한다.

해답 ④

70 연소방지설비 방수헤드의 설치기준으로 틀린 것은?

① 방수헤드간의 수평거리는 연소방지설비 전용헤드의 경우에는 2m 이하로 할 것
② 방수헤드간의 수평거리는 스프링클러헤드의 경우에는 1.5m 이하로 할 것
③ 소방대원의 출입이 가능한 환기구·작업구마다 지하구의 양쪽방향으로 살수헤드를 설정하되, 한쪽 방향의 살수구역의 길이는 3m 이상으로 할 것
④ 천장 또는 반자의 실내에 면하는 부분에 설치할 것

해설 연소방지설비의 배관 설치기준
① **배관용 탄소강관** 또는 **압력배관용 탄소강관**
② 급수배관은 전용
③ **연소방지설비전용헤드**를 사용하는 경우

전용헤드의 개수	1개	2개	3개	4개~5개	6개 이상
배관구경 (mm)	32	40	50	65	80

연소방지설비의 헤드 설치기준
① 천장 또는 벽면에 설치할 것
② 헤드간의 수평거리

전용헤드	스프링클러헤드
2m 이하	1.5m 이하

③ 소방대원의 출입이 가능한 **환기구ㆍ작업구**마다 지하구의 양쪽방향으로 살수헤드를 설정하되, **한쪽 방향의 살수구역의 길이는 3m 이상**으로 할 것. 다만, 환기구 사이의 간격이 700m를 초과할 경우에는 **700m 이내마다 살수구역을** 설정할 것

해답 ④

게 물이 뿌려질 수 있는 개수 이상을 비치할 것. 이 경우 **쌍구형 방수구**는 **단구형 방수구의 2배 이상의 개수를 설치하여야 한다.**
② 방사형 관창은 단구형 방수구의 경우에는 1개, 쌍구형 방수구의 경우에는 2개 이상 비치할 것
(3) 방수기구함에는 "방수기구함"이라고 표시한 축광식 표지를 할 것.

3. 연결송수관설비의 가압송수장치
 (1) **높이 70m 이상**의 소방대상물에 설치
 (2) 펌프토출량 : 2400L/min **이상**(한층 방수구가 3개 초과(최대 5개)인 경우 1개마다 800L 가산한 양 이상)
 (3) 펌프의 양정 : 최상층 노즐선단 방수압이 0.35MPa 이상 되도록 할 것

해답 ④

71 연결송수관설비의 송수구 설치기준 중 건식의 경우 송수구 부근 자동배수밸브 및 체크밸브의 설치순서로 옳은 것은?

① 송수구 → 체크밸브 → 자동배수밸브 → 체크밸브
② 송수구 → 체크밸브 → 자동배수밸브 → 개폐밸브
③ 송수구 → 자동배수밸브 → 체크밸브 → 개폐밸브
④ 송수구 → 자동배수밸브 → 체크밸브 → 자동배수밸브

해설 1. 연결송수관설비의 송수구 설치기준
  (1) 습식 : 송수구 → 자동배수밸브 → 체크밸브(송자체)
  (2) **건식 : 송수구 → 자동배수밸브 → 체크밸브 → 자동배수밸브(송자체자)**
 2. 연결송수관설비의 방수용기구함
  (1) 피난층과 가장 가까운 층을 기준으로 **3개 층마다** 설치하되, 그 층의 방수구마다 보행거리 **5m 이내**에 설치할 것
  (2) 방수기구함에는 길이 15m의 호스와 방사형 관창을 다음 각목의 기준에 따라 비치할 것
   ① 호스는 방수구에 연결하였을 때 그 방수구가 담당하는 구역의 각 부분에 유효하

72 옥내소화전설비의 설치기준 중 틀린 것은?

① 성능시험배관은 펌프의 토출측에 설치된 개폐밸브 이후에서 분기하여 설치하고, 유량측정장치를 기준으로 전단 직관부에 개폐밸브를, 후단 직관부에는 유량조절밸브를 설치하여야 한다.
② 가압송수장치의 체절운전 시 수온의 상승을 방지하기 위하여 체크밸브와 펌프 사이에서 분기한 구경 20mm 이상의 배관에 체절압력 이하에서 개방되는 릴리프밸브를 설치하여야 한다.
③ 펌프의 성능은 체절운전 시 정격토출압력의 140%를 초과하지 아니하고, 정격토출량의 150%로 운전 시 정격토출압력의 65% 이상이 되어야 한다.
④ 연결송수관설비의 배관과 겸용할 경우의 주배관은 구경 100mm 이상, 방수구로 연결되는 배관의 구경은 65mm 이상의 것으로 하여야 한다.

해설 펌프의 성능 및 펌프성능시험배관 기준
① 펌프의 성능은 체절운전시 **정격토출압력의 140%를 초과하지 아니하고, 정격토출량의 150%로 운전시 정격토출압력의 65% 이상**이

되어야 한다.
② 성능시험배관은 펌프의 토출측에 설치된 **개폐밸브 이전에서 분기**하여 설치하고, 유량측정장치를 기준으로 전단 직관부에 **개폐밸브**를 후단 직관부에는 **유량조절밸브**를 설치할 것
③ 유량측정장치는 성능시험배관의 직관부에 설치하되, 펌프의 **정격토출량의 175% 이상**까지 측정할 수 있는 성능이 있을 것

해답 ①

73 이산화탄소 또는 할로젠화합물을 방사하는 소화기구(자동확산소화기를 제외)의 설치기준 중 다음 ( ) 안에 알맞은 것은? (단, 배기를 위한 유효한 개구부가 있는 장소인 경우는 제외한다.)

> 지하층이나 무창층 또는 밀폐된 거실로서 그 바닥면적이 (   )m² 미만의 장소에는 설치할 수 없다.

① 15 ② 20
③ 30 ④ 40

해설 **이산화탄소 또는 할로젠화합물소화기구 설치금지 장소(자동확산소화기를 제외)**
지하층이나 무창층 또는 밀폐된 거실로서 그 바닥면적이 20m² 미만인 장소
(다만, 배기를 위한 유효한 개구부가 있는 장소인 경우에는 그러하지 아니하다)

해답 ②

74 스프링클러설비 헤드의 설치기준 중 틀린 것은?

① 살수가 방해되지 아니하도록 스프링클러헤드로부터 반경 60cm 이상의 공간을 보유할 것
② 스프링클러헤드와 그 부착면과의 거리는 30cm 이하로 할 것
③ 측벽형스프링클러헤드를 설치하는 경우 긴 변의 한쪽 벽에 일렬로 설치하고 4.5m 이내마다 설치할 것
④ 상부에 설치된 헤드의 방출수에 따라 감열부에 영향을 받을 우려가 있는 헤드에는 방출수를 차단할 수 있는 유효한 차폐판을 설치할 것

해설 **폐쇄형 스프링클러헤드의 설치기준**
① 헤드로부터 반경 60cm 이상의 공간을 보유할 것(단, 벽과 헤드간의 공간은 10cm 이상)
② 헤드와 그 부착면과의 거리는 30cm 이하로 할 것
③ 배관·행가 및 조명기구 등 살수가 방해될 경우 그로부터 아래에 설치하여 살수에 장애가 없도록 할 것
④ 스프링클러헤드의 반사판은 그 부착면과 평행하게 설치할 것
⑤ **측벽형스프링클러헤드**를 설치하는 경우 긴 변의 한쪽 벽에 일렬로 설치(폭이 4.5m 이상 9m 이하인 실에 있어서는 긴변의 양쪽에 각각 일렬로 설치하되 마주보는 스프링클러헤드가 나란히꼴이 되도록 설치)하고 **3.6m 이내마다** 설치할 것
⑥ 설치장소의 평상시 최고 주위온도에 따라 다음 표에 따른 표시온도의 것으로 설치할 것. 다만, 높이가 4m 이상인 공장 및 창고(랙크식 창고를 포함)에 설치하는 스프링클러헤드는 그 설치장소의 평상시 최고 주위온도에 관계없이 121℃ 이상의 것으로 할 수 있다.

최고 주위온도	표시온도
39℃ 미만	79℃ 미만
39℃ 이상 64℃ 미만	79℃ 이상 121℃ 미만
64℃ 이상 106℃ 미만	121℃ 이상 162℃ 미만
106℃ 이상	162℃ 이상

⑦ 습식스프링클러설비 및 부압식스프링클러설비 외의 설비에는 상향식 스프링클러헤드를 설치

예외인 경우
• 드라이펜던트스프링클러헤드를 사용하는 경우
• 스프링클러헤드의 설치장소가 동파의 우려가 없는 곳인 경우
• 개방형 스프링클러헤드를 사용하는 경우

해답 ③

75 호스릴방식의 분말소화설비 노즐이 하나의 노즐마다 1분당 방사하는 소화약제의 양 기준으로 옳은 것은?

① 제1종 분말 – 45kg

② 제2종 분말 - 30kg
③ 제3종 분말 - 30kg
④ 제4종 분말 - 20kg

해설 호스릴방식의 분말소화설비
① 수평거리가 15m 이하
② 노즐의 방사량

종별	1분당 방사량
제1종	45kg
제2종, 제3종	27kg
제4종	18kg

해답 ①

76 전역방출방식의 분말소화설비를 설치한 특정소방대상물 또는 그 부분의 자동폐쇄장치 설치기준 중 다음 ( ) 안에 알맞은 것은?

> 개구부가 있거나 천장으로부터 1m 이상의 아래 부분 또는 바닥으로부터 해당층의 높이의 ( ) 이내의 부분에 통기구가 있어 소화약제의 유출에 따라 소화효과를 감소시킬 우려가 있는 것은 소화약제가 방사되기 전에 해당 개구부 및 통기구를 폐쇄할 수 있도록 할 것

① 1/5   ② 1/2
③ 2/3   ④ 3/4

해설 분말소화약제소화설비의 자동폐쇄장치
① 환기장치를 설치한 것은 소화약제가 **방사되기 전**에 해당 환기장치가 **정지**할 수 있도록 할 것
② 개구부가 있거나 천장으로부터 **1m 이상의 아래 부분** 또는 바닥으로부터 해당층의 높이의 **3분의 2 이내의 부분**에 통기구가 있어 소화약제의 유출에 따라 소화효과를 감소시킬 우려가 있는 것은 소화약제가 **방사되기 전**에 당해 **개구부 및 통기구를 폐쇄**할 수 있도록 할 것
③ 자동폐쇄장치는 방호구역 또는 방호대상물이 있는 구획의 밖에서 복구할 수 있는 구조로 하고, 그 위치를 표시하는 표지를 할 것

해답 ③

77 표준형 스프링클러헤드의 감도 특성에 의한 분류 중 조기반응(Fast response)에 따른 스프링클러헤드의 반응시간지수(RTI) 기준으로 옳은 것은?

① $50(m \cdot s)^{1/2}$ 이하
② $80(m \cdot s)^{1/2}$ 이하
③ $150(m \cdot s)^{1/2}$ 이하
④ $350(m \cdot s)^{1/2}$ 이하

해설 반응시간지수(RTI)
기류의 온도·속도 및 작동시간에 대하여 스프링클러헤드의 반응을 예상한 지수로서 아래 식에 의하여 계산하고 $(m \cdot s)^{1/2}$을 단위로 한다.

$$RTI = r\sqrt{u}$$

r : 감열체의 시간상수(초), u : 기류속도(m/s)

RTI값에 따른 헤드의 분류

감도에 따른 분류	RTI값 범위
표준반응형 헤드 (standard response)	80 초과 350 이하
특수반응형 헤드 (special response)	50 초과 80 이하
조기반응형 헤드 (fast response)	50 이하

해답 ①

78 특정소방대상물에 따라 적응하는 포소화설비 기준 중 특수가연물을 저장·취급하는 공장 또는 창고에 적응하는 포소화설비의 종류가 아닌 것은?

① 포워터스프링클러설비
② 고정포방출설비
③ 호스릴포소화설비
④ 압축공기포소화설비

해설 포소화설비의 종류 및 적응성

구 분	적응 포소화설비
특수가연물	포워터, 포헤드 또는 고정포, 압축공기포
차고 또는 주차장	포워터, 포헤드 또는 고정포, 압축공기포
항공기격납고	포워터, 포헤드 또는 고정포, 압축공기포
발전기실, 엔진펌프실, 변압기, 전기케이블실, 유압설비	고정식 압축공기포

해답 ③

79 미분무소화설비 수원의 설치기준 중 다음 ( ) 안에 알맞은 내용으로 옳은 것은?

> 사용되는 필터 또는 스트레이너의 메쉬는 헤드 오리피스 지름의 ( )% 이하가 되어야 한다.

① 40　　② 65
③ 80　　④ 90

해설 **미분무소화설비의 수원**
① 미분무수 소화설비에 사용되는 용수는 저수조 등에 충수할 경우 필터 또는 스트레이너를 통하여야 하며, 사용되는 물에는 입자·용해고체 또는 염분이 없어야 한다.
② 배관의 연결부(용접부 제외) 또는 주배관의 유입측에는 필터 또는 스트레이너를 설치하여야 하고, 사용되는 스트레이너에는 청소구가 있어야 하며, 검사·유지관리 및 보수 시에 배치위치를 변경하지 아니하여야 한다.
③ 사용되는 필터 또는 스트레이너의 메쉬는 헤드 오리피스 **지름의 80% 이하**가 되어야 한다.
④ **수원의 양 계산**

$$Q = N \times D \times T \times S + V$$

여기서, Q : 수원의 양(m^3)
N : 방호(방수)구역 내 헤드의 개수
D : 설계유량(m^3/min)
T : 설계방수시간(min)
S : 안전율(1.2 이상)
V : 배관의 총체적(m^3)

해답 ③

80 호스릴할론소화설비 분사헤드의 설치기준 중 방호대상물의 각 부분으로부터 하나의 호스 접결구까지의 수평거리가 몇 m 이하가 되도록 설치하여야 하는가?

① 10　　② 15
③ 20　　④ 25

해설 **호스릴소화설비의 수평거리**

소화설비	수평거리
포소화설비	15m 이하
이산화탄소소화설비	15m 이하
할론소화설비	**20m 이하**
분말소화설비	15m 이하

해답 ③

소방설비산업기사 - 기계분야
2018년 4월 28일 시행

제1과목 소방원론

01 소화약제로서의 물의 단점을 개선하기 위하여 사용하는 첨가제가 아닌 것은?

① 부동액 ② 침투제
③ 증점제 ④ 방식제

해설 물의 소화능력 증가를 위한 첨가제
① 부동액 : 빙점(어는점)을 낮추기 위하여 첨가제를 첨가한 수용액

부동액(Anti-freeze agent)
① 물의 빙점을 낮추는 첨가제
② 종류 : 에틸렌글리콜, 프로필렌글리콜, 글리세린, 염화나트륨, 염화칼슘, 탄산칼륨

② 침투제(침윤제) : 물의 표면장력을 감소시키기 위하여 물에 계면활성제 등의 침윤제를 첨가

침투제(Wetting agent)
① 물의 표면장력 감소 첨가제
② 재 연소 방지에 적합
③ 심부화재에 적합

③ 증점제(농축제) : 물의 점도(Viscosity)를 증가시키기 위한 첨가제

증점제(viscosity agent)
① 물의 점도 향상 첨가제
② 산림화재에 적합

④ 밀도 개질제 : 물의 밀도를 개질하기 위하여 첨가시키는 첨가제. 대표적인 것으로는 수용성 품(foam)이 있다.

해답 ④

02 방폭구조 중 전기불꽃이 발생하는 부분을 기름 속에 잠기게 함으로써 기름면 위 또는 용기 외부에 존재하는 가연성 증기에 착화할 우려가 없도록 한 구조는?

① 내압 방폭구조 ② 안전증 방폭구조
③ 유입 방폭구조 ④ 본질안전 방폭구조

해설 방폭구조의 종류와 기호
① 내압 방폭구조(Ex d)
   용기내 가스가 폭발 시 용기가 폭발 압력을 견디거나, 접합면, 개구부를 통해 외부에 인화될 우려가 없는 구조
② 압력 방폭구조(Ex p)
   용기 내에 불연성가스를 압입시켜 폭발성 가스나 증기가 용기 내부에 유입되지 않도록 된 구조
③ 유입 방폭구조(Ex o)
   전기불꽃, 아크, 고열을 발생하는 부분을 **기름으로 채워** 폭발성 가스 또는 증기에 인화되지 않도록 한 구조
④ 안전증 방폭구조(Ex e)
   정상 운전 중에 점화원의 발생을 방지하기 위해 기계적, 전기적 구조상 온도상승에 대한 안전도를 증가한 구조
⑤ 본질 안전방폭구조(Ex ia, Ex ib)
   ㉠ 전기불꽃, 아크 또는 고온에 의하여 폭발성 가스나 증기에 점화되지 않는 것이 확인된 구조
   ㉡ 정상 상태에서 위험분위기가 지속적으로 또는 장기적으로 존재하는 배관 내부에 적합

해답 ③

03 포 소화약제에 대한 설명으로 옳은 것은?

① 수성막포는 단백포 소화약제보다 유출유 화재에 소화성능이 떨어진다.
② 수용성 유류화재에는 알콜형포 소화약제가 적합하다.
③ 알콜형포 소화약제의 주성분은 제2철염이

④ 불화단백포는 단백포에 비하여 유동성이 떨어진다.

해설 (1) 알코올포 소화약제
수용성 위험물(알코올, 산, 케톤류)에 일반 포 약제를 방사하면 포가 소멸하므로(소포성, 파포현상) 이를 방지하기 위하여 특별히 제조된 포 약제이다.
(2) 알코올포 적응화재
① 알코올 ② 아세톤
③ 피리딘 ④ 개미산(의산)
⑤ 초산 등 수용성 액체에 적합

해답 ②

04 자연발화에 대한 설명으로 틀린 것은?

① 외부로부터 열의 공급을 받지 않고 온도가 상승하는 현상이다.
② 물질의 온도가 발화점 이상이면 자연발화 한다.
③ 다공질이고 열전도가 작은 물질일수록 자연발화가 일어나기 어렵다.
④ 건성유가 묻어 있는 기름걸레가 적충되어 있으면 자연발화가 일어나기 쉽다.

해설 다공질(구멍이 많은 물질)이면 열전도가 크기 때문에 자연발화가 어렵다.

해답 ③

05 가연물의 종류에 따른 화재의 분류로 틀린 것은?

① 일반화재 : A급 ② 유류화재 : B급
③ 전기화재 : C급 ④ 주방화재 : D급

해설 화재의 분류

종 류	등급	색표시	소화방법
일반화재	A급	백색	냉각소화
유류화재	B급	황색	질식소화
전기화재	C급	청색	질식소화
금속화재	D급	–	피복소화
주방화재	K급	–	냉각 및 질식소화

해답 ④

06 정전기 발생 방지대책 중 틀린 것은?

① 상대습도를 높인다.
② 공기를 이온화시킨다.
③ 접지시설을 한다.
④ 가능한 한 부도체를 사용한다.

해설 정전기 방지대책
① 접지
② 공기를 이온화.
③ 상대습도 70% 이상 유지
④ 가능한 한 도체를 사용

해답 ④

07 할론소화약제가 아닌 것은?

① CF_3Br ② $C_2F_4Br_2$
③ CF_2ClBr ④ $KHCO_3$

해설 할론소화약제 명명법
할론 ⓐ ⓑ ⓒ ⓓ
ⓐ : C원자수
ⓑ : F원자수
ⓒ : Cl원자수
ⓓ : Br원자수

할론소화약제

구 분	할론 2402	할론 1211	할론 1301	할론 1011
분자식	$C_2F_4Br_2$	CF_2ClBr	CF_3Br	CH_2ClBr

해답 ④

08 B급 화재에 해당하지 않는 것은?

① 목탄 ② 등유
③ 아세톤 ④ 이황화탄소

해설 ① 목재–A급 화재, ② 등유–B급 화재
③ 아세톤–B급 화재, ④ 이황화탄소–B급 화재

화재의 분류

종 류	등급	색표시	소화방법
일반화재	A급	백색	냉각소화
유류화재	B급	황색	질식소화
전기화재	C급	청색	질식소화
금속화재	D급	–	피복소화
주방화재	K급	–	냉각 및 질식소화

해답 ①

09 일산화탄소에 관한 설명으로 틀린 것은?

① 일산화탄소의 증기비중은 약 0.97로 공기보다 약간 가볍다.
② 인체의 혈액 속에서 헤모글로빈(Hb)과 산소의 결합을 방해한다.
③ 질식작용은 없다.
④ 불완전연소 시 주로 발생한다.

해설 일산화탄소(CO)
① 질식으로 인한 인명피해가 가장 크다.
② 피속의 헤모글로빈과 결합 산소운반 방해
③ 증기비중은 약 0.97로 공기보다 약간 가볍다.
④ 불완전연소 시 주로 발생

해답 ③

10 자연발화의 발화원이 아닌 것은?

① 분해열　② 흡착열
③ 발효열　④ 기화열

해설 자연발화의 형태
① 산화열에 의한 자연발화
　석탄, 건성유, 탄소분말, 금속분, 기름걸레
② 분해열에 의한 자연발화
　셀룰로이드, 나이트로셀룰로오스, 나이트로글리세린
③ 흡착열에 의한 자연발화
　활성탄, 목탄분말
④ 미생물열에 의한 자연발화
　퇴비, 먼지

해답 ④

11 실내 화재 발생 시 순간적으로 실 전체로 화염이 확산되면서 온도가 급격히 상승하는 현상은?

① 제트 화이어(jet fire)
② 화이어 볼(fire ball)
③ 플래시 오버(flash over)
④ 리프트(lift)

해설 플래시오버와 백드래프트의 비교

구 분	플래시 오버 (flash over)	백드래프트 (Back Draft)
개 요	화재 시 순간적으로 실 전체로 화염이 확산되면서 온도가 급격히 상승하는 현상	화재 시 가연성가스가 축적되어 있다가 공기가 유입되면 폭발적 연소와 함께 폭풍을 동반하며 화염이 외부로 분출되는 현상
발생시기	성장기	감쇠기
발생원인	열의 공급	산소의 공급

해답 ③

12 안전을 위해서 물속에 저장하는 물질은?

① 나트륨　② 칼륨
③ 이황화탄소　④ 과산화나트륨

해설 보호액속에 저장 위험물
① 석유(파라핀, 경유, 등유) 속 보관
　칼륨(K), 나트륨(Na)
② 물속에 보관
　이황화탄소(CS_2), 황린(P_4)

해답 ③

13 물이 소화약제로서 널리 사용되고 있는 이유에 대한 설명으로 틀린 것은?

① 다른 약제에 비해 쉽게 구할 수 있다.
② 비열이 크다.
③ 증발잠열이 크다.
④ 점도가 크다.

해설 물이 소화약제로 사용되는 이유
① 구하기 쉽다.
② 비열(1kcal/kg℃)이 크다.
③ 증발잠열(기화잠열)(539kcal/kg)이 크다.
④ 점도가 작다.
⑤ 가격이 저렴하다.

해답 ④

14 화학적 점화원의 종류가 아닌 것은?

① 연소열　② 중합열
③ 분해열　④ 아크열

해설 열에너지원의 종류

에너지의 분류	종 류
화학적 에너지	연소열, 분해열, 용해열, 반응열, 자연발화, 중합열
전기적 에너지	저항가열, 유도가열, 유전가열, 아크가열, 정전스파크, 낙뢰
기계적 에너지	마찰열, 압축열, 충격(마찰)스파크
원자력 에너지	핵분열, 핵융합

해답 ④

15 물의 증발잠열은 약 몇 kcal/kg인가?
① 439   ② 539
③ 639   ④ 739

해설 물의 물성
① 기화열(기화잠열, 증발잠열) : 539kcal/kg
② 비열 : 1kcal/kg
③ 액체의 비중 : 1

해답 ②

16 공기 1kg 중에는 산소가 약 몇 mol이 들어 있는가? (단, 산소, 질소 1mol의 분자량은 각각 32g, 28g이고, 공기 중 산소의 농도는 23wt%이다.)
① 5.65   ② 6.53
③ 7.19   ④ 7.91

해설 ① 공기 중 산소의 무게(g)

$$O_2(g) = 1000g \times \frac{23}{100} = 230g$$

② 산소의 몰수

$$O_2(mol) = \frac{W(무게)}{M(분자량)} = \frac{230g}{32} = 7.19 mol$$

해답 ③

17 기름의 표면에 거품과 얇은 막을 형성하여 유류화재 진압에 뛰어난 소화효과를 갖는 포소화약제는?
① 수성막포
② 합성계면활성제포
③ 단백포
④ 알콜형포

해설 수성막포 소화약제
① 유류화재용 포소화약제중 가장 우수하다
② 불소계통의 습윤제에 합성계면활성제 첨가한 포약제이며 주성분은 불소계 계면활성제
③ 미국에서는 AFFF(Aqueous Film Forming Foam)로 불리며 3M사가 개발한 것으로 상품명은 라이트 워터(light water)
④ 저발포용으로 3%형과 6%형이 있다.
⑤ 분말약제와 겸용이 가능하고 액면하 주입방식에도 사용

해답 ①

18 분해폭발을 일으키지 않는 물질은?
① 아세틸렌   ② 프로판
③ 산화질소   ④ 산화에틸렌

해설 화학적 폭발
① 분해폭발 : 아세틸렌, 산화질소, 다이아조화합물
② 중합폭발 : 사이안화수소, 염화비닐, 초산비닐
③ 분해, 중합폭발 : 산화에틸렌

해답 ②

19 오존파괴지수(ODP)가 가장 큰 것은?
① Halon 104   ② CFC 11
③ Halon 1301   ④ CFC 113

해설 할론소화약제의 오존파괴지수(ODP)

구 분	할론 1301	할론 2402	할론 1211	CFC 12	CFC 113
화학식	CF_3Br	$C_2F_4Br_2$	CF_2ClBr	CCl_2F_2	$C_2Cl_3F_3$
ODP	14	6.6	2.4	1.0	0.8

해답 ③

20 칼륨이 물과 반응하면 위험한 이유는?
① 수소가 발생하기 때문에
② 산소가 발생하기 때문에
③ 이산화탄소가 발생하기 때문에
④ 아세틸렌이 발생하기 때문에

해설 위험물과 보호액

구분	유별	보호액	보호액에 저장목적
황린	제3류	물	자연발화방지
칼륨, 나트륨	제3류	파라핀, 경유, 등유	물과 반응하여 수소(H_2)의 발생방지
이황화탄소	제4류	물	가연성증기의 발생억제

해답 ①

제2과목 소방유체역학

21 물이 2m 깊이로 차 있는 개방된 직육면체 모양의 물탱크 바닥에 한 변이 20cm인 정사각형 판이 놓여 있다. 이 판의 윗면이 받는 힘은 약 몇 N인가? (단, 대기압은 무시한다.)

① 785　② 492
③ 259　④ 157

해설 힘의 계산공식

$$F = \gamma h A$$

여기서, F : 힘(N), γ : 유체비중량(N/m^3)
　　　　A : 단면적(m^2)

① $\gamma_{w(물)} = 9800\text{N/m}^3$, $h = 2\text{m}$
　$A = 0.2\text{m} \times 0.2\text{m}$
② $F = \gamma h A = 9800\text{N/m}^3 \times 2\text{m} \times 0.2\text{m} \times 0.2\text{m}$
　$= 784\text{N}$

해답 ①

22 유량이 0.75m^3/min인 소화설비 배관의 안지름이 100mm일 때 배관 속을 흐르는 물의 평균유속은 약 몇 m/s인가?

① 0.8　② 1.1
③ 1.4　④ 1.6

해설 평균유속

$$u = \frac{Q}{A} = \frac{Q}{\frac{\pi}{4}d^2}$$

여기서, Q : 유량(m^3/s), A : 단면적(m^2)
　　　　u : 유속(m/s), d : 배관내경(m)

① $Q = 0.75\text{m}^3/\text{min} = 0.75\text{m}^3/60\text{s}$
　$d = 100\text{mm} = 0.1\text{m}$
② $u = \dfrac{0.75/60}{\frac{\pi}{4} \times 0.1^2}$ $= 1.6\text{m/s}$

해답 ④

23 한 변의 길이가 10cm인 정육면체의 금속 무게를 공기 중에서 달았더니 77N이었고, 어떤 액체 중에서 달아보니 70N이었다. 이 액체의 비중량은 몇 N/m^{3}인가?

① 7700　② 7300
③ 7000　④ 6300

해설 ① 부력(F_B) = 물체의 무게(F_W)
　　　　　　= 77 − 70 = 7N
② 비중량(γ) : 단위 부피당 무게(N/m^3)
　금속의 부피 = 0.1m × 0.1m × 0.1m = 0.001m^3
　$\gamma = 7\text{N}/0.001\text{m}^3 = 7000\text{N/m}^3$

해답 ③

24 관내에서 유체가 흐를 경우 유체의 흐름이 빨라 완전 난류 유동이 되면 손실 수두는?

① 대략 속도의 제곱에 비례한다.
② 대략 속도의 제곱에 반비례한다.
③ 대략 속도에 비례한다.
④ 대략 속도에 반비례한다.

해설 Darcy−Weisbach 방정식

$$\Delta h_L(\text{m}) = f \times \frac{l}{D} \times \frac{u^2}{2g}$$

Δh_L : 마찰손실수두(m)　f : 관마찰손실계수
l : 배관길이(m)　　　　u : 유속(m/s)
g : 중력가속도(9.8m/s^2)
D : 배관내경(m)

$\Delta h_L \propto \dfrac{u^2}{2g}$

(마찰손실수두는 속도의 제곱에 비례한다)

해답 ①

25 물 분류가 고정평판을 60°의 각도로 충돌할 때 유량이 500L/min, 유속이 15m/s이면 분류가 평판에 수직방향으로 미치는 힘은 약 몇 N인가? (단, 중력은 무시한다.)

① 10.8 ② 5.4
③ 108 ④ 54

해설 운동량 방정식
$$F = \rho Q V \sin\theta$$
여기서, F : 힘(N), ρ : 밀도(kg/m³)
Q : 유량(m³/s), V : 유속(m/s)
① $\rho(물) = 1000$kg/m³
   $Q = 500$L/min $= 0.5$m³/60s
   $V = 15$m/s, $\theta = 60$
② $F = 1000$kg/m³ $\times 0.5$m³/60s $\times 15\sin 60°$
     $= 108.25$kg·m/s²(N)

해답 ③

26 동력(Power)과 같은 차원을 갖는 것은? (단, P는 압력, Q는 체적유량, V는 유체속도를 나타낸다.)

① PV ② PQ
③ VQ ④ PQV

해설 ※ 동력(Power) $= P$(kgf/m²) $\times Q$(m³/s)
                 $= PQ$(kgf·m/s)
동력(Power)의 단위 변환
1kW $= 10^3$W $= 10^3$J/s $= 10^3$N·m/s
      $= 10^3$kg·m/s² $\times$ m/s $= \dfrac{10^3}{9.8}$kgf·m/s
      $= 102$kgf·m/s

해답 ②

27 공동현상(cavitation)의 방지법으로 적절하지 않은 것은?

① 단흡입펌프보다는 양흡입펌프를 사용한다.
② 펌프의 회전수를 낮추어 흡입 비속도를 적게 한다.
③ 펌프의 설치 위치를 가능한 한 높여서 흡입 양정을 크게 한다.
④ 마찰저항이 작은 흡입관을 사용하여 흡입관의 손실을 줄인다.

해설 공동현상 방지대책
① 펌프의 설치위치를 수원보다 낮게 설치
② 펌프의 흡입 비속도를 적게 한다.
③ 펌프의 흡입측 수두 및 마찰손실을 작게 한다.
④ 펌프의 흡입관경을 크게 한다.
⑤ 양흡입펌프를 사용한다.

해답 ③

28 높이 40m의 저수조에서 15m의 저수조로 직경 45cm, 길이 600m의 주철관을 통해 물이 흐르고 있다. 유량은 0.25m³/s이며, 관로 중의 터빈에서 29.4kW의 동력을 얻는다면 관로의 손실수두는 약 몇 m인가? (단, 터빈의 효율은 100%이다.)

① 7 ② 9
③ 11 ④ 13

해설 수동력 계산 공식
$$P(\text{kW}) = rQH$$
① $29.4 = 9.8 \times 0.25 \times H$
② $H = 12$m
③ 이론수두 $H = 40$m $- 15$m $= 25$m
④ 손실수두 $H = 25$m $- 12$m $= 13$m

해답 ④

29 어느 용기에 3g의 수소(H_2)가 채워졌다. 만일 같은 압력 및 온도 조건 하에서 이 용기에 수소 대신 메탄(CH_4, 분자량 16)을 채운다면 이 용기에 채운 메탄의 질량은 몇 g인가?

① 10 ② 24
③ 34 ④ 40

해설 이상기체 상태방정식 ★★★★★

$$PV = \frac{W}{M}RT = nRT$$

P : 압력(atm), V : 부피(m^3)
W : 무게(kg), M : 분자량, n : 몰(mol)
R : 기체상수($0.082 atm \cdot m^3/kmol \cdot K$)
T : 절대온도($273 + t℃$)K

① 문제에서 압력(P) 온도(T)가 같다.
② 일정량의 기체가 차지하는 부피는 몰수에 비례
③ $V \propto n(mol) = \frac{W}{M}$
④ H_2 3g의 몰수 $= \frac{W}{M} = \frac{3}{2} = 1.5mol$
⑤ 메탄 1.5mol의 질량 계산
$CH_4 = \frac{W}{M} = \frac{W}{16} = 1.5mol$
$W = 16 \times 1.5 = 24g$

해답 ②

30 열려 있는 탱크에 비중(S)이 2.5인 액체가 1.2m, 그 위에 물이 1m가 있다. 이 때 탱크의 바닥면에 작용하는 계기압력은 약 몇 kPa인가?

① 19.6 ② 39.2
③ 58.8 ④ 78.4

해설 수평면에 작용하는 힘

$$P = \gamma h = \gamma_w \times s \times h$$

여기서, P : 압력(kPa), γ : 비중량(kN/m^3)
　　　　h : 높이(m)
　　　　γ_w : 물비중량($9800N/m^3 = 9.8kN/m^3$)
　　　　s : 비중

① 물에 의한 압력
$P_1 = 9.8kN/m^3 \times 1m = 9.8kN/m^2(kPa)$
② 비중 2.5인 액체의 압력
$P_2 = 9.8kN/m^3 \times 2.5 \times 1.2m$
　　$= 29.4kN/m^2(kPa)$
③ 전압력 계산
$P = 9.8 + 29.4 = 39.2kPa$

해답 ②

31 분자량이 4이고 비열비가 1.67인 이상기체의 정압비열은 몇 kJ/kmol·K인가? (단, 이상기체의 일반기체상수는 8.314kJ/kmol·K이다.)

① 3.10 ② 4.72
③ 5.18 ④ 6.75

해설 ① 정적비열과 기체상수

$$C_V = \frac{R(기체상수)}{(k-1)M}$$

$C_V = \frac{8.314}{(1.67-1) \times 4} = 3.10 kJ/kmol \cdot K$

② 비열비

$$비열비(k) = \frac{C_P(정압비율)}{C_v(정적비열)} > 1$$

※ 비열비는 항상 1보다 크다.
③ $k = \frac{C_P}{C_V}$ 식에 대입 $1.67 = \frac{C_P}{3.10}$
④ $C_P = 1.67 \times 3.10 = 5.18$

해답 ③

32 출구 지름이 1cm인 노즐이 달린 호스로 20L의 생수통에 물을 채운다. 생수통을 채우는 시간이 50초가 걸린다면, 노즐 출구에서의 물의 평균 속도는 몇 m/s인가?

① 5.1 ② 7.2
③ 11.2 ④ 20.4

해설 평균유속

$$u = \frac{Q}{A} = \frac{Q}{\frac{\pi}{4}d^2}$$

여기서, Q : 유량(m^3/s), A : 단면적(m^2)
　　　　u : 유속(m/s), d : 배관내경(m)

① 단위 변환

$V = 20\text{L} = 20 \times 10^{-3}\text{m}^3$

$Q = 20 \times 10^{-3}\text{m}^3/50\text{s}$

$d = 1\text{cm} = 0.01\text{m}$, $A = \dfrac{\pi}{4} \times (0.01\text{m})^2$

② 평균유속 계산

$u = \dfrac{Q}{\dfrac{\pi}{4}d^2} = \dfrac{20 \times 10^{-3}/50}{\dfrac{\pi}{4} \times 0.01^2} = 5.1\text{m/s}$

해답 ①

33 비중이 0.75인 액체와 비중량이 6700N/m³인 액체를 부피 비 1 : 2로 혼합한 혼합액의 밀도는 약 몇 kg/m³인가?

① 688 ② 706
③ 727 ④ 748

해설 비중량 계산

$\gamma_1 = \gamma_W \times s = 1000\text{kgf/m}^3 \times 0.75 = 750\text{kgf/m}^3$

$\gamma_2 = \dfrac{6700\text{N}}{\text{m}^3} \times \dfrac{1\text{kgf}}{9.8\text{N}} = 683.67\text{kgf/m}^3$

부피비 1 : 2 로 혼합한 혼합액

① 혼합액의 무게 계산

$W = \gamma_1 \times 1\text{m}^3 + \gamma_2 \times 2\text{m}^3$
$= 750 \times 1 + 683.67 \times 2 = 2117.34\text{kgf}$

② 혼합액의 부피계산

$V = 1\text{m}^3 + 2\text{m}^3 = 3\text{m}^3$

③ 혼합액의 밀도 계산

$\rho(\text{밀도}) = \dfrac{W(\text{무게})}{V(\text{부피})} = \dfrac{2117.34}{3}$
$= 705.78 \fallingdotseq 706\text{kg/m}^3$

해답 ②

34 유동손실을 유발하는 액체의 점성 즉, 점도를 측정하는 장치에 관한 설명으로 옳은 것은?

① Stomer 점도계는 하겐-포아젤 법칙을 기초로한 방식이다.
② 낙구식 점도계는 Stokes의 법칙을 이용한 방식이다.
③ Saybolt 점도계는 액중에 잠긴 원판의 회전저항의 크기로 측정한다.
④ Ostwald 점도계는 Newton의 점성법칙을 이용한 방식이다.

해설 점도계의 종류 ★★★

점도계의 종류	이용한 법칙
① 낙구식 점도계	스토크스 법칙
② 오스트왈드(Ostwald)점도계	하겐-포아젤의 법칙
③ 세이볼트(Saybolt) 점도계	
④ 맥마이첼(MacMichael) 점도계	뉴우톤의 점성법칙
⑤ 스토머(Stomer) 점도계	

해답 ②

35 다음 중 대류 열전달과 관계없는 경우는?

① 팬(fan)을 이용해 컴퓨터를 식힌다.
② 뜨거운 커피에 바람을 불어 식힌다.
③ 에어컨은 높은 곳에 라디에이터는 낮은 곳에 설치한다.
④ 판자를 화로 앞에 놓아 열을 차단한다.

해설 ④는 복사열의 차단이다.

열전달의 방법
① 전도(Conduction)
   물체와 물체가 직접 접촉 열이 전달
② 대류(Convection)
   밀도차에 의한 공기의 순환 열이 전달
③ 복사(Radiation)
   고온물체의 복사열이 전자파형태로 열이 전달
※ 열전달에 가장 크게 기여하는 것은 복사이다.

해답 ④

36 유동하는 물의 속도가 12m/s, 압력이 98kPa이다. 이 때 속도수두와 압력수두는 각각 얼마인가?

① 7.35m, 10m   ② 43.5m, 10.5m
③ 7.35m, 20.3m ④ 0.66m, 10m

해설 ① 속도수두

$u = 12\text{m/s}$, $g = 9.8\text{m/s}^2$

$H = \dfrac{u^2}{2g} = \dfrac{12^2}{2 \times 9.8} = 7.35\text{m}$

② 압력수두

$P = 98\text{kPa}(\text{kN/m}^2)$, $\gamma(\text{물}) = 9.8\text{kN/m}^3$

$$H = \frac{p}{\gamma} = \frac{98\text{kN/m}^2}{9.8\text{kN/m}^3} = 10\text{m}$$

해답 ①

37 절대압력이 101kPa인 상온의 공기가 가역단열변화를 할 때 체적탄성계수는 몇 kPa인가? (단, 공기의 비열비는 1.4이다.)

① 72.1　② 92.3
③ 118.8　④ 141.4

해설 $K = k(\text{비열비}) \times P(\text{압력})$
$K = 1.4 \times 101\text{kPa} = 141.4\text{kPa}$
① 등온변화
　$K(\text{체적탄성계수}) = P(\text{압력})$
② 단열변화
　$K(\text{체적탄성계수}) = k(\text{비열비}) \times P(\text{압력})$

등온압축	단열압축
$K = P$	$K = kP$

K : 체적탄성계수, P : 압력, k : 비열비

해답 ④

38 지름이 1.5m로 변하는 돌연 축소하는 관에 6m³/s의 유량으로 물이 흐르고 있다. 이 때 손실동력은 약 몇 kW인가? (단, 돌연 축소에 의한 부차적 손실계수 K는 0.30이다.)

① 6.8　② 7.4
③ 9.1　④ 10.4

해설 ① 유속 계산
$$u = \frac{Q}{A} = \frac{6\text{m}^3/\text{s}}{\frac{\pi}{4} \times (1.5\text{m})^2} = 3.3953\text{m/s}$$
② 축소손실수두 계산
$$\Delta h_L = K\frac{u^2}{2g} = 0.3 \times \frac{3.3953^2}{2 \times 9.8} = 0.1765\text{m}$$
③ 손실동력계산
$$P = \frac{1000 \times 6 \times 0.1765}{102} = 10.4\text{kW}$$

해답 ④

39 동력이 2kW인 펌프를 사용하여 수면의 높이 차이가 40m인 곳으로 물을 끌어 올리려고 한다. 관로 전체의 손실수두가 10m라고 할 때 펌프의 유량은 약 몇 m³/s인가? (단, 펌프의 효율은 90%이다.)

① 0.00294　② 0.00367
③ 0.00408　④ 0.00453

해설 펌프의 축동력
$$P(\text{kW}) = \frac{\gamma Q H}{E}$$

γ : 비중량(kN/m³, 물의 비중량 = 9.8kN/m³)
Q : 유량(m³/s)
H : 전양정(m)
E : 펌프의 효율(%/100)

① $Q = \dfrac{P \times E}{\gamma \times H}$
② $P = 2\text{kW}$, $H = 40 + 10 = 50\text{m}$, $E = 90\% = 0.9$
③ $Q = \dfrac{2 \times 0.9}{9.8 \times 50} = 0.00367\text{m}^3/\text{s}$

해답 ②

40 펌프는 흡입수면으로부터 송출되는 높이까지 물을 송출시키는 기계로서 흡입수면과 송출수면 사이의 높이를 실양정이라고 한다. 이 실양정을 세분화할 때 펌프로부터 송출수면까지의 높이를 무엇이라고 하는가? (단, 흡입수면과 송출수면은 대기에 노출된다고 가정한다.)

① 유효실양정　② 무효실양정
③ 송출실양정　④ 흡입실양정

해설 ① 실양정 = 흡입양정 + 토출양정
　실양정 = 흡입수면으로부터 송출수면까지 수직거리
② 토출양정(송출실양정) = 펌프의 중심선으로부터 송출수면까지 수직거리

해답 ③

제3과목 소방관계법규

41 소방시설 설치 및 관리에 관한 법령상 둘 이상의 특정소방대상물이 내화구조로 된 연결통로가 벽이 없는 구조로서 그 길이가 몇 m 이하인 경우 하나의 소방대상물로 보는가?

① 6   ② 9
③ 10   ④ 12

해설 둘 이상의 특정소방대상물이 다음의 연결통로로 연결된 경우에는 이를 **하나의 소방대상물**로 본다.
① 내화구조로 된 연결통로가 다음의 어느 하나에 해당되는 경우
  ㉠ **벽이 없는 구조**로서 그 길이가 **6m 이하**인 경우
  ㉡ **벽이 있는 구조**로서 그 길이가 **10m 이하**인 경우. 다만, 벽 높이가 바닥에서 천장까지의 높이의 2분의 1 이상인 경우에는 벽이 있는 구조로 보고, 벽 높이가 바닥에서 천장까지의 높이의 2분의 1 미만인 경우에는 벽이 없는 구조로 본다.
② 내화구조가 아닌 연결통로로 연결된 경우
③ 컨베이어로 연결되거나 플랜트설비의 배관 등으로 연결되어 있는 경우
④ 지하보도, 지하상가, 터널로 연결된 경우
⑤ 방화셔터 또는 60분+ 방화문, 60분 방화문이 설치되지 않은 피트로 연결된 경우
⑥ 지하구로 연결된 경우

해답 ①

42 소방시설 설치 및 관리에 관한 법령상 수용인원 산정 방법 중 다음의 청소년시설의 수용인원은 몇 명인가?

청소년시설의 종사자수는 5명, 숙박시설은 모두 2인용 침대이며 침대수량은 50개이다.

① 55   ② 75
③ 85   ④ 105

해설 $N = 5명 + 50개 \times 2명/개 = 105명$

수용인원의 산정 방법
(1) 숙박시설이 있는 특정소방대상물
  ① 침대가 있는 숙박시설
    종사자의 수+침대의 수(2인용 침대는 2인으로 산정)
  ② 침대가 없는 숙박시설
    종사자의 수 + 바닥면적의 합계를 $3m^2$로 나누어 얻은 수
(2) 숙박시설이 없는 특정소방대상물
  ① 강의실·교무실·상담실·실습실·휴게실
    바닥면적의 합계를 $1.9m^2$로 나누어 얻은 수
  ② 강당·문화집회시설 및 운동시설
    바닥면적의 합계를 $4.6m^2$로 나누어 얻은 수(고정식 의자를 설치한 부분에 있어서는 당해 부분의 의자수로 하고, 긴 의자의 경우에는 의자의 정면너비를 0.45m로 나누어 얻은 수)
  ③ 그 밖의 특정소방대상물
    당해 용도로 사용하는 바닥면적의 합계를 $3m^2$로 나누어 얻은 수

해답 ④

43 소방관서장은 화재안전조사를 실시하고자 하는 경우 조사대상, 조사기간 및 조사사유 등 조사계획을 인터넷 홈페이지나 전산시스템 등을 통해 사전에 공개하여야 한다. 이 경우 공개기간은 며칠 이상으로 하여야 하는가?

① 1일   ② 3일
③ 5일   ④ 7일

해설 (화재예방법 시행령 제8조)
화재안전조사의 방법·절차 등
(1) **소방관서장**은 화재안전조사의 목적에 따라 다음의 방법으로 화재안전조사를 실시할 수 있다.
  ① **종합조사** : 화재안전조사 항목 전부를 확인하는 조사
  ② **부분조사** : 화재안전조사 항목 중 일부를 확인하는 조사
(2) **소방관서장**은 조사계획을 인터넷 홈페이지나 전산시스템 등을 통해 **7일 이상** 공개해야 한다.

해답 ④

44 소방시설공사업법령상 감리원의 세부 배치 기준 중 일반 공사감리 대상인 경우 다음 ( ) 안에 알맞은 것은? (단, 일반 공사감리 대상인 아파트의 경우는 제외한다.)

> 1명의 감리원이 담당하는 소방공사감리현장은 (㉠)개 이하로서 감리현장 연면적의 총 합계가 (㉡)m² 이하일 것

① ㉠ 5, ㉡ 50000 ② ㉠ 5, ㉡ 100000
③ ㉠ 7, ㉡ 50000 ④ ㉠ 7, ㉡ 100000

해설 감리원의 세부배치기준 등

종류	대상
상주공사 감리대상	① 기계 및 전기분야의 감리원 자격을 취득한 자각 1인 이상을 배치(다만, 기계 및 전기의 감리원자격을 함께 취득한 자는 1인 이상) ② 배관설치 또는 매립하는 때부터 소방시설 완공검사합격확인증을 교부받는 때까지 소방공사감리현장에 책임감리원을 배치
일반공사 감리대상	① 배관설치 또는 매립하는 때부터 소방시설 완공검사합격확인증을 교부받는 때까지 소방공사감리현장에 책임감리원을 배치 ② 책임감리원은 주 1회 이상 소방공사감리현장을 방문하여 감리할 것 ③ 1인의 책임감리원이 담당하는 감리현장은 5개 이하로서 감리현장의 연면적의 총 합계가 10만m² 이하일 것.(다만, 지하층을 포함한 층수가 16층 미만인 아파트의 경우에는 연면적의 합계에 관계없이 1인의 책임감리원이 5개 이내의 공사현장을 감리할 수 있다.)

해답 ②

45 소방시설 설치 및 관리에 관한 법령상 단독경보형 감지기를 설치하여야 하는 특정소방대상물의 기준 중 틀린 것은?

① 교육연구시설 내에 있는 합숙소 또는 기숙사로서 연면적 1천m² 미만인 것
② 수련시설 내에 있는 합숙소 또는 기숙사로서 연면적 2천m² 미만인 것
③ 수용인원 100명 이상에 해당하지 아니하는 수련시설(숙박시설이 있는 것만 해당한다)
④ 연면적 400m² 미만의 유치원

해설 단독경보형 감지기 설치대상
① 교육연구시설 또는 수련시설 내에 있는 합숙소 또는 기숙사로서 연면적 2천m² 미만인 것
② 수용인원 100명 이상에 해당하지 않는 수련시설(숙박시설이 있는 것만 해당)
③ 연면적 400m² 미만의 유치원

해답 ①

46 소방시설 설치 및 관리에 관한 법령상 특정소방대상물의 관계인이 특정소방대상물의 규모·용도 및 수용인원 등을 고려하여 갖추어야 하는 소방시설의 종류 기준 중 다음 ( ) 안에 알맞은 것은?

> 화재안전기준에 따라 소방기구를 설치하여야 하는 특정소방대상물은 연면적 (㉠)m² 이상인 것. 다만, 노유자시설의 경우에는 투척용 소화용구 등을 화재안전기준에 따라 산정된 소화기 수량의 (㉡) 이상으로 설치할 수 있다.

① ㉠ 33, ㉡ $\frac{1}{2}$ ② ㉠ 33, ㉡ $\frac{1}{5}$
③ ㉠ 50, ㉡ $\frac{1}{2}$ ④ ㉠ 50, ㉡ $\frac{1}{5}$

해설
1. 소화기구 설치대상
   (1) 연면적 33m² 이상인 것
   (2) 가스시설, 발전시설 중 전기저장시설 및 국가유산
   (3) 터널
   (4) 지하구
2. 자동소화장치 설치대상
   (1) 주거용 주방자동소화장치 : 아파트 등 및 오피스텔의 모든 층
   (2) 상업용 주방자동소화장치
       (후드 및 덕트가 설치되어 있는 주방)
       ① 집단급식소
       ② 대규모점포에 입점해 있는 일반음식점

집단급식소란?
영리를 목적으로 하지 아니하면서 특정 다수인에게 계속하여 음식물을 공급하는 다음 에 해당하는 곳의 급식시설 ① 기숙사 ② 학교, 유치원, 어린이집 ③ 병원   ④ 사회복지시설 ⑤ 산업체   ⑥ 공공기관 ⑦ 그 밖의 후생기관 등

해답 ①

47 소방시설 설치 및 관리에 관한 법령상 소방시설등의 자체점검 시 점검인력 배치기준 중 점검인력 1단위가 하루 동안 점검할 수 있는 특정소방대상물의 종합점검 연면적 기준으로 옳은 것은? (단, 보조인력을 추가하는 경우를 제외한다.)

① 3500m² ② 7000m²
③ 8000m² ④ 12000m²

해설 점검인력 1단위가 하루 동안 점검할 수 있는 점검한도 면적

구분	종합점검	작동점검
점검한도면적 1단위(관리사1명+보조2명)	8,000m²	10,000m²

※ 점검인력 1단위에 보조인력을 1명씩 추가할 때마다 종합점검의 경우는 2,000m², 작동점검의 경우는 2,500m²씩을 점검한도 면적에 더한다.

해답 ③

48 소방기본법령상 소방용수시설 및 지리조사의 기준 중 다음 ( ) 안에 알맞은 것은?

소방본부장 또는 소방서장은 원활한 소방활동을 위하여 설치된 소방용수시설에 대한 조사를 (㉠)회 이상 실시하여야 하며 그 조사결과를 (㉡)년간 보관하여야 한다.

① ㉠ 월 1, ㉡ 1   ② ㉠ 월 1, ㉡ 2
③ ㉠ 년 1, ㉡ 1   ④ ㉠ 년 1, ㉡ 2

해설 소방용수시설 및 지리조사
(1) 실시권자 : 소방본부장 또는 소방서장
(2) 조사주기 : **월 1회** 이상
(3) 조사내용
　① 소방용수시설에 대한 조사
　② 도로의 폭, 교통상황, 도로변의 토지의 고저, 건축물의 개황 그 밖의 소방활동에 필요한 지리조사
(4) 조사결과 보관 : **2년간**

해답 ②

49 소방기본법상 명령권자가 소방본부장, 소방서장, 소방대장에게 있는 사항은?

① 소방활동을 할 때에 긴급한 경우에는 이웃한 소방본부장 또는 소방서장에게 소방업무의 응원 요청할 수 있다.
② 화재, 재난 · 재해, 그 밖의 위급한 상황이 발생한 현장에서 소방활동을 위하여 필요할 때에는 그 관할구역에 사는 사람 또는 그 현장에 있는 사람으로 하여금 사람을 구출하는 일 또는 불을 끄거나 불이 번지지 아니하도록 하는 일을 하게 할 수 있다.
③ 수사기관이 방화 또는 실화의 혐의가 있어서 이미 피의자를 체포하였거나 증거물을 압수하였을 때에 화재조사를 위하여 필요한 경우에는 수사에 지장을 주지 아니하는 범위에서 그 피의자 또는 압수된 증거물에 대한 조사를 할 수 있다.
④ 화재, 재난 · 재해, 그 밖의 위급한 상황이 발생하였을 때에는 소방대를 현장에 신속하게 출동시켜 화재진압과 인명구조 · 구급 등 소방에 필요한 활동을 하게 하여야 한다.

해설 소방활동 종사 명령(소방기본법 제24조)
① 소방본부장, 소방서장 또는 소방대장은 화재, 재난 · 재해, 그 밖의 위급한 상황이 발생한 현장에서 소방활동을 위하여 필요할 때에는 그 관할구역에 사는 사람 또는 그 현장에 있는 사람으로 하여금 사람을 구출하는 일 또는 불을 끄거나 불이 번지지 아니하도록 하는 일을 하게 할 수 있다. 이 경우 소방본부장, 소방서장 또는 소방대장은 소방활동에 필요한 보호장구를 지급하는 등 안전을 위한 조치를 하여야 한다.
② 명령에 따라 소방활동에 종사한 사람은 **시 · 도지사로부터 소방활동의 비용을 지급**받을 수 있다.

소방활동에 종사한 사람이 비용을 지급 받을 수 없는 경우
① 소방대상물에 화재, 재난, 재해, 그 밖의 위급한 상황이 발생한 경우 그 관계인
② 고의 또는 과실로 화재 또는 구조 · 구급활동이 필요한 상황을 발생시킨 사람
③ 화재 또는 구조 · 구급현장에서 물건을 가져간 사람

해답 ②

50 화재의 예방 및 안전관리에 관한 법령상 특수가연물의 저장 기준 중 다음 ( ) 안에 알맞은 것은? (단, 석탄·목탄류를 발전용으로 저장하는 경우는 제외한다.)

쌓는 높이는 10m 이하가 되도록 하고, 쌓은 부분의 바닥면적은 (㉠)m² 이하가 되도록 할 것. 다만, 살수설비를 설치하거나, 방사 능력 범위에 해당 특수가연물이 포함되도록 대형소화기를 설치하는 경우에는 쌓는 높이를 (㉡)m 이하, 쌓는 부분의 바닥면적을 (㉢)m² 이하로 할 수 있다.

① ㉠ 20, ㉡ 50, ㉢ 100
② ㉠ 15, ㉡ 50, ㉢ 200
③ ㉠ 50, ㉡ 20, ㉢ 100
④ ㉠ 50, ㉡ 15, ㉢ 200

해설 특수가연물의 저장 및 취급기준
(화재예방법 시행령 제19조 제2항 [별표3])
(1) 품명·최대저장수량·단위부피(체적)당 질량·관리책임자 성명·직책, 연락처 및 화기취급의 금지표시 설치
(2) 기준(석탄·목탄류의 발전용은 예외)
 ① 품명별로 구분하여 쌓을 것
 ② 저장 기준

구분	높이	바닥면적(m²)
일반기준	10m 이하	50(석탄·목탄류 200) 이하
살수설비, 대형소화기	15m 이하	200(석탄·목탄류 300) 이하

 ③ 최소 6m 이상 간격을 유지(쌓은 높이보다 0.9m 이상 높은 내화구조 벽체 설치 시 예외)
 ④ 쌓는 부분의 바닥면적 사이 간격

구분	쌓는 부분의 바닥면적 사이 이격거리
실내	1.2m 또는 쌓는 높이의 1/2 중 큰 값 이상
실외	3m 또는 쌓는 높이 중 큰 값 이상

해답 ④

51 소방시설공사업법상 제3자에게 소방시설공사 시공을 하도급한 자에 대한 벌칙 기준으로 옳은 것은? (단, 대통령령으로 정하는 경우는 제외한다.)

① 100만원 이하의 벌금
② 300만원 이하의 벌금
③ 1년 이하의 징역 또는 1000만원 이하의 벌금
④ 3년 이하의 징역 또는 1500만원 이하의 벌금

해설 1년 이하의 징역 또는 1천만원 이하의 벌금 (소방공사업법 제36조)
① 영업정지처분을 받고 그 영업정지 기간에 영업을 한 자
② 규정을 위반하여 설계나 시공을 한 자
③ 규정을 위반하여 감리를 하거나 거짓으로 감리한 자
④ 규정을 위반하여 공사감리자를 지정하지 아니한 자
⑤ 보고를 거짓으로 한 자
⑥ 공사감리 결과의 통보 또는 공사감리 결과보고서의 제출을 거짓으로 한 자
⑦ 해당 소방시설업자가 아닌 자에게 소방시설공사 등을 도급한 자
⑧ 제3자에게 소방시설의 설계, 시공, 감리를 하도급한 자
⑨ 법 또는 명령을 따르지 아니하고 업무를 수행한 자

해답 ③

52 소방기본법령상 인접하고 있는 시·도간 소방업무의 상호응원협정을 체결하고자 하는 때에 포함되도록 하여야 하는 사항이 아닌 것은?

① 소방교육·훈련의 종류 및 대상자에 관한 사항
② 화재의 경계·진압활동에 관한 사항
③ 출동대원의 수당·식가 및 의복의 수신 소요경비의 부담에 관한 사항
④ 화재조사활동에 관한 사항

해설 소방업무의 상호응원협정(소방기본법 제8조)
(1) 다음 각목의 소방활동에 관한 사항
 ① 화재의 경계·진압활동
 ② 구조·구급업무의 지원
 ③ 화재조사활동
(2) 응원출동대상지역 및 규모

(3) 다음 각목의 소요경비의 부담에 관한 사항
  ① 출동대원의 수당·식사 및 의복의 수선
  ② 소방장비 및 기구의 정비와 연료의 보급
  ③ 그 밖의 경비
(4) 응원출동의 요청방법
(5) 응원출동훈련 및 평가

해답 ①

53 위험물안전관리법상 허가를 받지 아니하고 당해 제조소등을 설치하거나 그 위치·구조 또는 설비를 변경할 수 있으며, 신고를 하지 아니하고 위험물의 품명·수량 또는 지정수량의 배수를 변경할 수 있는 기준으로 틀린 것은?

① 주택의 난방시설을 위한 저장소 또는 취급소
② 공동주택의 중앙난방시설을 위한 저장소 또는 취급소
③ 수산용으로 필요한 건조시설을 위한 지정수량 20배 이하의 저장소
④ 농예용으로 필요한 난방시설을 위한 지정수량 20배 이하의 저장소

해설 위험물시설의 설치 및 변경 등(위험물법 제6조)
① 제조소등을 설치하고자 하는 자는 "**시·도지사**"의 **허가**를 받아야 한다.
② 제조소등의 위치·구조 또는 설비의 변경 없이 당해 제조소등에서 저장하거나 취급하는 위험물의 **품명·수량 또는 지정수량의 배수**를 변경하고자 하는 자는 **변경하고자 하는 날의 1일 전까지** 행정안전부령이 정하는 바에 따라 시·도지사에게 신고하여야 한다.

허가를 받지 아니하고 당해 제조소등을 설치하거나 그 위치·구조 또는 설비를 변경할 수 있으며, 신고를 하지 아니하고 위험물의 품명·수량 또는 지정수량의 배수를 변경할 수 있는 경우
• 주택의 난방시설(공동주택의 중앙난방시설을 제외)을 위한 저장소 또는 취급소(공동주택의 중앙난방시설 제외)
• 농예용·축산용 또는 수산용으로 필요한 난방시설 또는 건조시설을 위한 지정수량 20배 이하의 저장소

해답 ②

54 화재의 예방 및 안전관리에 관한 법령상 소방본부장 또는 소방서장은 화재예방강화지구 안의 관계인에 대하여 소방상 필요한 훈련 및 교육을 실시하고자 하는 때에는 관계인에게 훈련 또는 교육 며칠 전까지 그 사실을 통보하여야 하는가?

① 5   ② 7
③ 10   ④ 14

해설 (화재예방법 제18조) 화재예방강화지구의 지정 등
(1) 지정권자 : 시·도지사
(2) 화재안전조사 : 소방관서장
(3) 화재안전조사 실시주기 : 연1회 이상
(4) 소방훈련과 교육 : 연1회 이상
(5) 훈련 및 교육통보 : 10일 전까지

화재예방강화지구의 지정대상지역 ★★필수암기★★
① 시장지역
② 공장·창고가 밀집한 지역
③ 목조건물이 밀집한 지역
④ 노후·불량건축물이 밀집한 지역
⑤ 위험물의 저장 및 처리시설이 밀집한 지역
⑥ 석유화학제품을 생산하는 공장이 있는 지역
⑦ 산업단지
⑧ 소방시설·소방용수시설 또는 소방 출동로가 없는 지역
⑨ 물류단지
⑩ 소방관서장이 화재예방강화지구로 인정하는 지역

해답 ③

55 위험물안전관리법령상 제조소등이 아닌 장소에서 지정수량 이상의 위험물을 취급할 수 있는 기준 중 다음 ( ) 안에 알맞은 것은?

시·도의 조례가 정하는 바에 따라 관할 소방서장의 승인을 받아 지정수량 이상의 위험물을 ( )일 이내의 기간 동안 임시로 저장 또는 취급하는 경우

① 15   ② 30
③ 60   ④ 90

해설 다음 각 호의 어느 하나에 해당하는 경우에는 제조소등이 아닌 장소에서 지정수량 이상의 위험물을 취급할 수 있다. 이 경우 임시로 저장 또는 취급하는 장소에서의 저장 또는 취급의 기준과 임시로 저장 또는 취급하는 장소의 위치·구조 및 설비의 기

준은 시·도의 조례로 정한다.
① 시·도의 조례가 정하는 바에 따라 관할소방서장의 승인을 받아 지정수량 이상의 위험물을 **90일 이내**의 기간 동안 **임시로 저장 또는 취급**하는 경우
② 군부대가 지정수량 이상의 위험물을 군사목적으로 임시로 저장 또는 취급하는 경우

해답 ④

④ 위험물취급탱크를 신설·교체·철거 또는 보수(탱크의 본체를 절개하는 경우에 한한다)하는 경우
⑤ 위험물취급탱크의 노즐 또는 맨홀을 신설하는 경우(노즐 또는 맨홀의 직경이 250mm를 초과하는 경우)

해답 ①

56
화재안전조사 결과 소방대상물의 위치·구조·설비 또는 관리의 상황이 화재나 재난·재해 예방을 위하여 보완될 필요가 있거나 화재가 발생하면 인명 또는 재산의 피해가 클 것으로 예상되는 때 관계인에게 그 소방대상물의 개수·이전·제거, 사용의 금지 또는 제한, 사용폐쇄, 공사의 정지 또는 중지, 그 밖의 필요할 조치를 명할 수 있는 자가 아닌 것은?

① 소방서장   ② 소방본부장
③ 소방청장   ④ 시·도지사

해설 (화재예방법 제14조)
화재안전조사 결과에 따른 조치명령
소방관서장은 행정안전부령으로 정하는 바에 따라 관계인에게 그 소방대상물의 **개수·이전·제거, 사용의 금지 또는 제한, 사용폐쇄, 공사의 정지 또는 중지, 그 밖에 필요한 조치**를 명할 수 있다.

소방관서장
① 소방청장 ② 소방본부장 ③ 소방서장

해답 ④

57
위험물안전관리법령상 제조소 또는 일반취급소의 위험물취급탱크 노즐 또는 맨홀을 신설 시 노즐 또는 맨홀의 직경이 몇 mm를 초과하는 경우에 변경허가를 받아야 하는가?

① 250   ② 300
③ 450   ④ 600

해설 변경허가를 받아야 하는 경우
① 제조소 또는 일반취급소의 위치를 이전하는 경우
② 건축물의 벽·기둥·바닥·보 또는 지붕을 증설 또는 철거하는 경우
③ 배출설비를 신설하는 경우

58
위험물안전관리법령상 인화성액체위험물(이황화탄소를 제외)의 옥외탱크저장소의 탱크 주위에 설치하여야 하는 방유제의 기준 중 틀린 것은?

① 방유제의 용량은 방유제 안에 설치된 탱크가 하나인 때에는 그 탱크 용량의 110% 이상으로 할 것
② 방유제의 용량은 방유제 안에 설치된 탱크가 2기 이상인 때에는 그 탱크 중 용량이 최대인 것의 용량의 110% 이상으로 할 것
③ 방유제의 높이는 1m 이상 3m 이하, 두께 0.2m 이상, 지하매설깊이 0.5m 이상으로 할 것
④ 방유제내의 면적은 80000m² 이하로 할 것

해설 옥외탱크저장소의 방유제
① 인화성액체위험물(이황화탄소를 제외)
② 방유제의 용량

탱크가 하나인 때	탱크 용량의 110% 이상
2기 이상인 때	탱크 중 용량이 최대인 것의 용량의 110% 이상

③ 방유제의 **높이는 0.5m 이상 3m 이하, 두께 0.2m 이상, 지하매설깊이 1m 이상**
④ 방유제내의 **면적은 8만m² 이하**로 할 것
⑤ 방유제내에 설치하는 옥외저장탱크의 수는 10 이하로 할 것
⑥ 방유제는 탱크의 옆판으로부터 거리를 유지할 것.

지름이 15m 미만	탱크 높이의 3분의 1 이상
지름이 15m 이상	탱크 높이의 2분의 1 이상

해답 ③

59
화재의 예방 및 안전관리에 관한 법령상 화재예방강화지구 안의 소방대상물에 대한 화재안

전조사를 거부·방해 또는 기피한 자에 대한 벌칙 기준으로 옳은 것은?

① 400만원 이하의 벌금
② 500만원 이하의 벌금
③ 200만원 이하의 벌금
④ 300만원 이하의 벌금

해설 화재예방법 제50조(벌칙) 300만원 이하의 벌금
(1) 화재안전조사를 정당한 사유 없이 **거부·방해 또는 기피**한 자
(2) 명령을 정당한 사유 없이 따르지 아니하거나 방해한 자
(3) 소방안전관리자, 총괄소방안전관리자 또는 소방안전관리보조자를 선임하지 아니한 자
(4) 소방시설·피난시설·방화시설 및 방화구획 등이 법령에 위반된 것을 발견하였음에도 필요한 조치를 할 것을 요구하지 아니한 소방안전관리자
(5) 소방안전관리자에게 **불이익한 처우**를 한 관계인
(6) 업무를 수행하면서 알게 된 비밀을 이 법에서 정한 목적 외의 용도로 사용하거나 다른 사람 또는 기관에 제공하거나 **누설**한 자

해답 ④

60 소방시설 설치 및 관리에 관한 법령상 방염성능기준 이상의 실내장식물 등을 설치하여야 하는 특정소방대상물의 기준으로 틀린 것은?

① 층수가 11층 이상인 아파트
② 건축물의 옥내에 있는 시설로서 종교시설
③ 의료시설 중 종합병원
④ 노유자시설

해설 (소방시설법 시행령 제30조)
방염성능기준 이상의 실내장식물 설치대상
(1) 근린생활시설 중 의원, 치과의원, 한의원, 조산원, 산후조리원, 체력단련장, 공연장 및 종교집회장
(2) 건축물의 옥내에 있는 시설
 ① 문화 및 집회시설
 ② 종교시설
 ③ 운동시설(수영장은 제외)

(3) 의료시설
(4) 교육연구시설 중 **합숙소**
(5) 노유자시설
(6) 숙박이 가능한 **수련시설**
(7) **숙박시설**
(8) 방송통신시설 중 **방송국 및 촬영소**
(9) 다중이용업소
(10) 층수가 11층 이상인 것(아파트 등은 제외)

해답 ①

제4과목 소방기계시설의 구조 및 원리

61 스프링클러설비의 종류 중 폐쇄형스프링클러헤드를 사용하는 방식이 아닌 것은?

① 습식 ② 건식
③ 준비작동식 ④ 일제살수식

해설
① 습식-폐쇄형스프링클러헤드 사용
② 건식-폐쇄형스프링클러헤드 사용
③ 준비작동식-폐쇄형스프링클러헤드 사용
④ 일제살수식-개방형스프링클러헤드 사용

해답 ④

62 특정소방대상물별 소화기구의 능력단위기준 중 노유자시설 소화기구의 능력단위 기준으로 옳은 것은? (단, 건축물의 주요구조부, 벽 및 반자의 실내에 면하는 부분에 대한 조건은 무시한다.)

① 해당 용도의 바닥면적 200m²마다 능력단위 1단위 이상
② 해당 용도의 바닥면적 100m²마다 능력단위 1단위 이상
③ 해당 용도의 바닥면적 50m²마다 능력단위 1단위 이상
④ 해당 용도의 바닥면적 30m²마다 능력단위 1단위 이상

해설 소화기구의 능력단위기준

소 방 대 상 물	소화기구의 능력단위
1. 위락시설	30m² 마다 1단위 이상
2. 공연장·집회장·관람장·국가유산·장례식장 및 의료시설	50m² 마다 1단위 이상
3. 근린생활시설·판매시설·운수시설·숙박시설·**노유자시설**·전시장·공동주택·업무시설·방송통신시설·공장·창고시설·항공기 및 자동차 관련 시설 및 관광휴게시설	100m² 마다 1단위 이상
4. 그 밖의 것	200m² 마다 1단위 이상

[주] 소화기구의 능력단위를 산출함에 있어서 건축물의 주요구조부가 내화구조이고, 벽 및 반자의 실내에 면하는 부분이 불연재료·준불연재료 또는 난연재료로 된 소방대상물에 있어서는 위 표의 기준면적의 2배를 당해 소방대상물의 기준면적으로 한다.

해답 ②

63 물분무소화설비 송수구의 설치기준 중 다음 ( ) 안에 알맞은 것은?

송수구는 화재층으로부터 지면으로 떨어지는 유리창 등이 송수 및 그 밖의 소화작업에 지장을 주지 아니하는 장소에 설치할 것. 이 경우 가연성가스의 저장·취급시설에 설치하는 송수구는 그 방호대상물로부터 (㉠)m 이상의 거리를 두거나 방호대상물에 면하는 부분이 높이 (㉡)m 이상 폭 (㉢)m 이상의 철근콘크리트 벽으로 가려진 장소에 설치하여야 한다.

① ㉠ 20, ㉡ 1.5, ㉢ 2.5
② ㉠ 20, ㉡ 0.5, ㉢ 1
③ ㉠ 10, ㉡ 0.8, ㉢ 1.5
④ ㉠ 10, ㉡ 1, ㉢ 2

해설 물분무소화설비의 송수구 설치기준
① 송수구는 화재층으로부터 지면으로 떨어지는 유리창 등이 송수 및 그 밖의 소화작업에 지장을 주지 아니하는 장소에 설치할 것. 이 경우 가연성가스의 저장·취급시설에 설치하는 송수구는 그 방호대상물로부터 **20m 이상**의 거리를 두거나 방호대상물에 면하는 부분이 **높이 1.5m 이상 폭 2.5m 이상**의 철근콘크리트 벽으로 가려진 장소에 설치하여야 한다.

② 송수구로부터 물분무소화설비의 주배관에 이르는 연결배관에 개폐밸브를 설치한 때에는 그 개폐상태를 쉽게 확인 및 조작할 수 있는 옥외 또는 기계실 등의 장소에 설치할 것
③ **구경 65mm의 쌍구형**으로 할 것
④ 송수구에는 그 가까운 곳의 보기 쉬운 곳에 송수압력범위를 표시한 표지를 할 것
⑤ 송수구는 하나의 층의 바닥면적이 3,000m²를 넘을 때마다 1개(5개를 넘을 경우에는 5개로 한다) 이상을 설치할 것
⑥ 지면으로부터 높이가 **0.5m 이상 1m 이하**의 위치에 설치할 것
⑦ 송수구의 가까운 부분에 자동배수밸브(또는 직경 5mm의 배수공) 및 체크밸브를 설치할 것. 이 경우 자동배수밸브는 배관안의 물이 잘 빠질 수 있는 위치에 설치하되, 배수로 인하여 다른 물건 또는 장소에 피해를 주지 아니하여야 한다.
⑧ 송수구에는 이물질을 막기 위한 마개를 씌울 것

해답 ①

64 고정포방출구의 구분 중 다음에서 설명하는 것은?

고정지붕구조 또는 부상덮개부착고정지붕구조의 탱크에 상부포주입법을 이용하는 것으로서 방출된 포가 탱크옆판의 내면을 따라 흘러내려 가면서 액면 아래로 몰입되거나 액면을 뒤섞지 않고 액면상을 덮을 수 있는 반사판 및 탱크내의 위험물증기가 외부로 역류되는 것을 저지할 수 있는 구조·기구를 갖는 포방출구

① Ⅰ형
② Ⅱ형
③ Ⅲ형
④ 특형

해설 고정식의 포소화설비의 포방출구
① **Ⅰ형** : **고정지붕구조의 탱크**에 **상부포주입법**을 이용하는 것으로서 방출된 포가 액면 아래로 몰입되거나 액면을 뒤섞지 않고 액면상을 덮을 수 있는 **통계단 또는 미끄럼판** 등의 설비 및 탱크내의 위험물증기가 외부로 역류되는 것을 저지할 수 있는 구조·기구를 갖는 포방출구
② **Ⅱ형** : **고정지붕구조 또는 부상덮개부착고정지붕구조의 탱크**에 **상부포주입법**을 이용하는 것으로서 방출된 포가 탱크옆판의 내면을 따라 흘

러내려 가면서 액면 아래로 몰입되거나 액면을 뒤섞지 않고 액면상을 덮을 수 있는 **반사판** 및 탱크내의 위험물증기가 외부로 역류되는 것을 저지할 수 있는 구조·기구를 갖는 포방출구

③ **특형** : 부상지붕구조의 탱크에 **상부포주입법**을 이용하는 것으로서 부상지붕의 부상부분상에 높이 0.9m 이상의 금속제의 칸막이를 탱크옆판의 내측으로부터 1.2m 이상 이격하여 설치하고 탱크옆판과 칸막이에 의하여 형성된 **환상부분**에 포를 주입하는 것이 가능한 구조의 반사판을 갖는 포방출구

④ **Ⅲ형** : **고정지붕구조**의 탱크에 **저부포주입법**을 이용하는 것으로서 **송포관**으로부터 포를 방출하는 포방출구

⑤ **Ⅳ형** : **고정지붕구조**의 탱크에 **저부포주입법**을 이용하는 것으로서 평상시에는 탱크의 액면 하의 저부에 설치된 격납통에 수납되어 있는 **특수호스** 등이 송포관의 말단에 접속되어 있다가 포를 보내는 것에 의하여 **특수호스** 등이 전개되어 그 선단이 액면까지 도달한 후 포를 방출하는 포방출구

해답 ②

65 습식스프링클러설비 또는 부압식 스프링클러설비 외의 설비에는 헤드를 향하여 상향으로 수평주행배관 기울기를 몇 이상으로 하여야 하는가? (단, 배관의 구조상 기울기를 줄 수 없는 경우는 제외한다.)

① $\dfrac{1}{100}$ ② $\dfrac{1}{200}$
③ $\dfrac{1}{300}$ ④ $\dfrac{1}{500}$

해설 **스프링클러설비 배관의 배수를 위한 기울기**
① **습식스프링클러설비** 또는 **부압식** 스프링클러설비의 배관을 **수평**으로 할 것. 다만, 배관의 구조상 소화수가 남아 있는 곳에는 배수밸브를 설치하여야 한다.
② **습식스프링클러설비** 또는 **부압식** 스프링클러설비 **외의 설비**에는 헤드를 향하여 상향으로 **수평주행배관**의 기울기를 500분의 1 이상, **가지배관**의 기울기를 250분의 1 이상으로 할 것. 다만, 배관의 구조상 기울기를 줄 수 없는 경우에는 배수를 원활하게 할 수 있도록 배수밸브를 설치하여야 한다.

습식스프링클러설비 또는 부압식 스프링클러설비 외의 설비 배관 기울기

배관구분	수평주행배관	가지배관
기울기	500분의 1 이상	250분의 1 이상

해답 ④

66 피난기구 중 완강기의 구조에 대한 기준으로 틀린 것은?

① 완강기는 안전하고 쉽게 사용할 수 있어야 하며, 사용자가 타인의 도움 없이 자기의 몸무게에 의하여 자동적으로 강하할 수 있어야 한다.
② 로프의 양끝은 이탈되지 아니하도록 벨트의 연결장치 등에 연결되어야 한다.
③ 벨트는 로프에 고정되어 있거나 또는 분리식인 경우 쉽고 견고하게 로프에 연결할 수 있는 구조이어야 한다.
④ 로프·속도조절기구·벨트 및 고정 지지대 등으로 구성되어야 한다.

해설 **완강기의 구성요소**
① 속도조절기 ② 속도조절기의 연결부
③ 로프 ④ 연결금속구
⑤ 벨트

완강기의 구조
① 완강기는 안전하고 쉽게 사용할 수 있어야 하며 사용자가 타인의 도움 없이 자기의 몸무게에 의하여 자동적으로 연속하여 교대로 강하할 수 있는 기구이어야 한다.
② 로프의 양끝은 이탈되지 아니하도록 벨트의 연결장치 등에 연결되어야 한다.
③ 벨트는 로프에 고정되어 있거나 또는 분리식인 경우 쉽고 견고하게 로프에 연결할 수 있는 구조이어야 한다.

해답 ④

67 이산화탄소 소화약제 저장용기의 설치기준으로 옳은 것은?

① 저장용기의 충전비는 고압식은 1.1 이상

1.5 이하, 저압식은 0.64 이상 0.8 이하로 할 것
② 저압식 저장용기에는 액면계 및 압력계와 1.5MPa 이상 1.9MPa 이하의 압력에서 작동하는 압력경보장치를 설치할 것
③ 저장용기는 고압식은 25MPa 이상, 저압식은 3.5MPa 이상의 내압시험압력에 합격한 것으로 할 것
④ 저압식 저장용기에는 용기 내부의 온도가 섭씨 영하 21℃ 이하에서 1.8MPa의 압력을 유지할 수 있는 자동냉동장치를 설치할 것

해설 이산화탄소소화설비의 화재안전기술기준
(1) 저장용기의 설치 기준
  ① 저장용기의 충전비

저압식	고압식
1.1~1.4	1.5~1.9

  ② 저압식 저장용기에는 내압시험압력의 **0.64배부터 0.8배**까지의 압력에서 작동하는 **안전밸브**와 내압시험압력의 **0.8배 부터 내압시험압력**에서 작동하는 **봉판**을 설치할 것
  ③ 저압식 저장용기에는 액면계 및 압력계와 **2.3MPa 이상 1.9MPa 이하**의 압력에서 작동하는 **압력경보장치**를 설치할 것
  ④ 저압식 저장용기에는 용기내부의 온도가 **-18℃ 이하에서 2.1MPa의 압력**을 유지할 수 있는 **자동냉동장치**를 설치할 것
  ⑤ 저장용기는 **고압식은 25MPa 이상, 저압식은 3.5MPa 이상**의 내압시험압력에 합격한 것으로 할 것
(2) 저장용기 설치장소 기준
  ① **방호구역외의 장소**에 설치할 것. 다만, 방호구역내에 설치할 경우에는 피난 및 조작이 용이하도록 피난구 부근에 설치하여야 한다.
  ② 온도가 **40℃ 이하**이고, 온도변화가 적은 곳에 설치할 것
  ③ **직사광선 및 빗물**이 침투할 우려가 없는 곳에 설치할 것
  ④ 방화문으로 **방화구획된** 실에 설치할 것
  ⑤ 용기의 설치장소에는 해당 용기가 설치된 곳임을 표시하는 표지를 할 것

⑥ 용기간의 간격은 점검에 지장이 없도록 **3cm 이상의 간격**을 유지할 것
⑦ 저장용기와 집합관을 연결하는 **연결배관에는 체크밸브**를 설치할 것. 다만, 저장용기가 하나의 방호구역만을 담당하는 경우에는 그러하지 아니하다.

해답 ③

68 분말소화약제 1kg 당 저장용기의 내용적이 가장 작은 것은?
① 제1종 분말   ② 제2종 분말
③ 제3종 분말   ④ 제4종 분말

해설 분말소화약제의 저장용기의 내용적

종별	주 성 분	화학식	약제1kg당 저장용기의 내용적
제1종	탄산수소나트륨	$NaHCO_3$	0.8 이상
제2종	탄산수소칼륨	$KHCO_3$	1.0 이상
제3종	제1인산암모늄	$NH_4H_2PO_4$	1.0 이상
제4종	탄산수소칼륨 +요소	$KHCO_3 + (NH_2)_2CO$	1.25 이상

※ 충전비 $C(L/kg) = \dfrac{V(L)}{G(kg)}$

해답 ①

69 연결살수설비 배관 구경의 설치기준 중 하나의 배관에 부착하는 살수헤드의 개수가 3개인 경우 배관의 최소 구경은 몇 mm 이상이어야 하는가?
① 40   ② 50
③ 65   ④ 80

해설 연결살수설비의 헤드
(1) 천장, 반자에서 살수헤드까지 수평거리
  ① **연결살수설비 전용헤드(개방형헤드) : 3.7m 이하**
  ② **스프링클러헤드(폐쇄형헤드) : 2.3m 이하**
(2) 연결살수설비 전용헤드 수별 급수관의 구경

하나의 배관에 부착하는 전용헤드의 개수	1개	2개	3개	4개 또는 5개	6개 이상 10개 이하
배관의 구경 (mm)	32	40	50	65	80

해답 ②

70 포헤드를 정방형으로 배치한 경우 포헤드 상호간 거리 산정식으로 옳은 것은? (단, r은 유효반경이며 S는 포헤드 상호간의 거리이다.)

① $S = 2r \times \sin 30°$ ② $S = 2r \times \cos 30°$
③ $S = 2r$ ④ $S = 2r \times \cos 45°$

해설 포헤드 상호간의 거리
① **정방형**으로 배치한 경우
$$S = 2r \times \cos 45°$$
여기서, S : 포헤드 상호간의 거리(m)
r : 유효반경(2.1m)
② **장방형**으로 배치한 경우
$$pt = 2r$$
여기서, pt : 대각선의 길이(m)
r : 유효반경(2.1m)

해답 ④

71 옥외소화전설비 소화전함의 설치기준 중 다음 ( ) 안에 알맞은 것은?

옥외소화전이 31개 이상 설치된 때에는 옥외소화전 ( )개마다 1개 이상의 소화전함을 설치하여야 한다.

① 3 ② 5
③ 7 ④ 11

해설 옥외소화전함 설치개수

옥외소화전 개수	옥외소화전함
10개 이하	소화전마다 5m 이내 장소에 1개 이상 설치
11개 이상 30개 이하	11개 소화전함을 분산설치
31개 이상	소화전 3개마다 1개 이상 설치

옥내소화전과 옥외소화전 비교

구 분	옥내소화전설비	옥외소화전설비
방수압력	0.17MPa 이상	0.25MPa 이상
방수량	130L/min 이상	350L/min 이상
수평거리	25m 이하	40m 이하
호스구경	40mm 이상	65mm의 것

해답 ①

72 할론 소화설비 자동식 기동장치의 설치기준 중 다음 ( ) 안에 알맞은 것은?

전기식 기동장치로서 ( )병 이상의 저장용기를 동시에 개방하는 설비는 2병 이상의 저장용기에 전자개방밸브를 부착할 것

① 3 ② 5
③ 7 ④ 10

해설 할론 소화설비의 자동식 기동장치
① 자동식 기동장치에는 수동으로도 기동할 수 있는 구조로 할 것
② 전기식 기동장치로서 **7병 이상**의 저장용기를 동시에 개방하는 설비는 **2병 이상**의 저장용기에 **전자개방밸브**를 부착할 것
③ 가스압력식 기동장치는 다음 각 목의 기준에 따를 것
  ㉠ 기동용가스용기 및 해당 용기에 사용하는 밸브는 25MPa 이상의 압력에 견딜 수 있는 것으로 할 것
  ㉡ 기동용가스용기에는 **내압시험압력 0.8배부터 내압시험압력 이하**에서 작동하는 안전장치를 설치할 것
  ㉢ 기동용 가스용기의 체적은 **5L 이상**으로 하고, 해당 용기에 저장하는 질소 등의 비활성 기체는 **6.0MPa 이상**(21℃ 기준)의 압력으로 충전할 것
④ 기계식 기동장치는 저장용기를 쉽게 개방할 수 있는 구조로 할 것

해답 ③

73 화재조기진압용 스프링클러설비를 설치할 장소의 구조 기준으로 틀린 것은?

① 해당층의 높이가 13.7m 이하일 것. 다만, 2층 이상일 경우에는 해당층의 바닥을 내화구조로 하고 다른 부분과 방화구획할 것
② 천장의 기울기가 $\frac{168}{1000}$을 초과하지 않아야 하고, 이를 초과하는 경우에는 반자를 지면과 수평으로 설치할 것
③ 천장은 평평하여야 하며 철재나 목재트러스 구조인 경우, 철재나 목재의 돌출부분

이 102mm를 초과하지 아니할 것
④ 창고내의 선반의 형태는 하부로 물이 침투되지 않는 구조로 할 것

해설 화재조기진압용 스프링클러설비의 화재안전기술기준(NFTC 103B)
제4조(설치장소의 구조)
① 해당층의 높이가 13.7m 이하일 것. 다만, 2층 이상일 경우에는 해당층의 바닥을 내화구조로 하고 다른 부분과 방화구획 할 것
② 천장의 기울기가 1,000분의 168을 초과하지 않아야 하고, 이를 초과하는 경우에는 반자를 지면과 수평으로 설치할 것
③ 천장은 평평하여야 하며 철재나 목재트러스 구조인 경우, 철재나 목재의 돌출부분이 102mm를 초과하지 아니할 것
④ 보로 사용되는 목재 · 콘크리트 및 철재사이의 간격이 0.9m 이상 2.3m 이하일 것. 다만, 보의 간격이 2.3m 이상인 경우에는 화재조기진압용 스프링클러헤드의 동작을 원활히 하기 위하여 보로 구획된 부분의 천장 및 반자의 넓이가 $28m^2$를 초과하지 아니할 것
⑤ 창고내의 선반의 형태는 하부로 물이 침투되는 구조로 할 것

해답 ④

74 소화기의 정의 중 다음 ( ) 안에 알맞은 것은?

> 대형소화기란 화재 시 사람이 운반할 수 있도록 운반대와 바퀴가 설치되어 있고 능력단위가 A급 (㉠)단위 이상, B급 (㉡)단위 이상인 소화기를 말한다.

① ㉠ 3, ㉡ 5　　② ㉠ 5, ㉡ 3
③ ㉠ 10, ㉡ 20　　④ ㉠ 20, ㉡ 10

해설 소화기의 능력단위 및 보행거리

구 분	소형소화기	대형소화기
능력단위	• 1단위 이상 • 대형소화기 능력단위 미만	• A급 10단위 이상 • B급 20단위 이상
보행거리	20m 이내	30m 이내

해답 ③

75 호스릴방식의 분말소화설비의 설치기준 중 틀린 것은?

① 방호대상물의 각 부분으로부터 하나의 호스접결구까지의 수평거리가 15m 이하가 되도록 할 것
② 소화약제의 저장용기는 호스릴을 설치하는 장소마다 설치할 것
③ 소화약제의 저장용기의 개방밸브는 호스릴의 설치장소에서 자동으로 개폐할 수 있는 것으로 할 것
④ 저장용기에는 그 가까운 곳의 보기 쉬운 곳에 적색의 표시등을 설치하고, 이동식 분말소화설비가 있다는 뜻을 표시한 표지를 할 것

해설 호스릴방식의 분말소화설비 설치기준
① 호스접결구까지의 수평거리가 15m이하가 되도록 할 것
② 호스릴의 설치장소에서 **수동으로 개폐할 수 있는 것**으로 할 것
③ 호스릴을 설치하는 장소마다 설치할 것
④ 노즐은 하나의 노즐마다 1분당 다음 표에 따른 소화약제를 방사할 수 있는 것으로 할 것

구 분	1분당 방사하는 소화약제의 양
1종	45kg
2종, 3종	27kg
4종	18kg

⑤ 적색의 표시등을 설치하고, 이동식분말소화설비가 있다는 뜻을 표시한 표지를 할 것

해답 ③

76 하나의 옥내소화전을 사용하는 노즐선단에서의 방수압력이 0.7MPa를 초과할 경우에 감압장치를 설치하여야 하는 곳은?

① 방수구 연결배관
② 호스접결구의 인입 측
③ 노즐선단
④ 노즐안쪽

해설 옥내소화전설비의 설치기준 - 가압송수장치
옥내소화전(2개 이상 설치된 경우에는 2개의 옥내

소화전)을 동시에 사용할 경우 각 소화전의 노즐선단에서의 방수압력이 0.17MPa(호스릴옥내소화전설비를 포함) 이상이고, **방수량이 130L/min**(호스릴옥내소화전설비를 포함한다) 이상이 되는 성능의 것으로 할 것. 다만, 하나의 옥내소화전을 사용하는 노즐선단에서의 방수압력이 0.7MPa을 초과할 경우에는 **호스접결구의 인입 측에 감압장치**를 설치하여야 한다.

해답 ②

77 연결살수설비의 가지배관은 교차배관 또는 주배관에서 분기되는 지점을 기점으로 한 쪽 가지배관에 설치되는 헤드의 개수는 최대 몇 개 이하로 하여야 하는가?

① 8개 ② 10개
③ 12개 ④ 15개

해설 연결살수설비의 배관
① 가지배관 또는 교차배관을 설치하는 경우에는 가지배관의 배열은 토너멘트방식이 아니어야 한다.
② 가지배관은 교차배관 또는 주배관에서 분기되는 지점을 기점으로 한 쪽 가지배관에 설치되는 헤드의 개수는 **8개 이하**로 하여야 한다.

해답 ①

78 특정소방대상물의 용도 및 장소별로 설치하여야 할 인명구조기구의 기준으로 틀린 것은?

① 지하층을 포함하는 층수가 7층 이상인 관광호텔은 방열복 또는 방화복, 공기호흡기를 각 2개 이상 비치할 것
② 문화 및 집회시설 중 수용인원 100명 이상의 영화상영관은 공기호흡기를 층마다 2개 이상 비치할 것
③ 지하상가는 공기호흡기를 층마다 2개 이상 비치할 것
④ 물분무등소화설비 중 이산화탄소 소화설비를 설치하여야 하는 특정소방대상물은 공기호흡기를 이산화탄소 소화설비가 설치된 장소의 출입구 외부 인근에 1대 이상 비치할 것

해설 용도 및 장소별로 설치하여야 할 인명구조기구

특정소방대상물	종류	설치 수량
• 지하층을 포함하는 층수가 7층 이상인 관광호텔 및 5층 이상인 병원	• 방열복 또는 방화복 • 공기호흡기 • 인공소생기	각 2개 이상 비치할 것. 다만, 병원의 경우에는 인공소생기를 설치하지 않을 수 있다.
• 문화 및 집회시설 중 수용인원 100명 이상의 영화상영관 • 판매시설 중 대규모 점포 • 운수시설 중 지하역사 • 지하상가	• 공기호흡기	층마다 2개 이상 비치할 것. 다만, 각 층마다 갖추어 두어야 할 공기호흡기 중 일부를 직원이 상주하는 인근 사무실에 갖추어 둘 수 있다.
• 물분무등소화설비 중 이산화탄소소화설비를 설치하여야 하는 특정소방대상물	• 공기호흡기	이산화탄소소화설비가 설치된 장소의 출입구 외부 인근에 1대 이상 비치할 것

해답 ①

79 미분무소화설비의 화재안전기술기준에 따른 용어의 정리 중 다음 ( ) 안에 알맞은 것은?

> 미분무란 물만을 사용하여 소화하는 방식으로 최소설계압력에서 헤드로부터 방출되는 물입자 중 (㉠)%의 누적체적분포가 (㉡)μm 이하로 분무되고 A, B, C급 화재에 적응성을 갖는 것을 말한다.

① ㉠ 30, ㉡ 200 ② ㉠ 50, ㉡ 200
③ ㉠ 60, ㉡ 400 ④ ㉠ 99, ㉡ 400

해설 용어 정의
① 미분무
　물만을 사용하여 소화하는 방식으로 최소설계압력에서 헤드로부터 방출되는 물입자 중 **99%의 누적체적분포가 400μm 이하**로 분무되고 A, B, C급 화재에 적응성을 갖는 것
② 미분무소화설비의 종류

저압	중압	고압
최고사용압력이 1.2MPa 이하	사용압력이 1.2MPa을 초과 3.5MPa 이하	최저사용압력이 3.5MPa 초과

해답 ④

80 소화수조 또는 저수조가 지표면으로부터 깊이가 4.5m 이상인 지하에 있는 경우 설치하여야 하는 가압송수장치의 1분당 최소 양수량은 몇 L인가? (단, 소요수량은 80m³이다.)

① 1100
② 2200
③ 3300
④ 4400

해설 소화수조 및 저수조 등
(1) 소화수조 등
  ① 소방차가 채수구로부터 2m 이내의 지점까지 접근할 수 있는 위치에 설치
  ② 소화수조 또는 저수조의 저수량

[소방대상물의 기준면적]

소방대상물의 구분	기준면적
1층 및 2층의 바닥면적 합계가 15000m² 이상인 소방대상물	7500m²
그 밖의 소방대상물	12500m²

(2) 흡수관투입구 및 채수구
  ① 흡수관투입구
    ㉠ 한 변이 0.6m 이상 또는 직경이 0.6m 이상
    ㉡ 소요수량이 80m³ 미만인 것 : 1개 이상
    ㉢ 소요수량이 80m³ 이상인 것 : 2개 이상
    ㉣ "흡수관투입구"라고 표시한 표지를 할 것
  ② 채수구 설치기준
    ㉠ 65mm 이상의 나사식 결합금속구를 설치

[소요수량과 채수구수]

소요수량	20m³ 이상 40m³ 미만	40m³ 이상 100m³ 미만	100m³ 이상
채수구수	1개	2개	3개

    ㉡ 채수구 설치위치 : 0.5m 이상 1m 이하
    ㉢ "채수구"라고 표시한 표지를 할 것
    ㉣ 소화용수설비 설치 면제 : 유수의 양이 0.8m³/min 이상인 유수를 사용할 수 있는 경우

(3) 가압송수장치
  ① 소화수조 또는 저수조가 지표면으로부터의 깊이(수조 내부바닥까지의 길이)가 **4.5m 이상**인 지하에 있는 경우에는 다음 표에 따라 가압송수장치를 설치하여야 한다.

소요수량	20m³ 이상 40m³ 미만	40m³ 이상 100m³ 미만	100m³ 이상
가압송수장치의 1분당 양수량	1,100L 이상	2,200L 이상	3,300L 이상

② 소화수조가 옥상 또는 옥탑의 부분에 설치된 경우에는 지상에 설치된 채수구에서의 압력이 0.15MPa **이상**이 되도록 하여야 한다.

해답 ②

소방설비산업기사 - 기계분야
2018년 9월 15일 시행

제1과목 소방원론

01 사염화탄소를 소화약제로 사용하지 않는 이유에 대한 설명 중 옳은 것은?

① 폭발의 위험성이 있기 때문에
② 유독가스의 발생 위험이 있기 때문에
③ 전기 전도성이 있기 때문에
④ 공기보다 비중이 작기 때문에

해설 사염화탄소(CCl_4)
① 할론 소화약제
② 방사 시 포스겐(유독성가스) 발생으로 현재 사용금지된 소화약제

해답 ②

02 연소범위에 대한 설명으로 틀린 것은?

① 연소범위에는 상한과 하한이 있다.
② 연소범위의 값은 공기와 혼합된 가연성 기체의 체적농도로 표시된다.
③ 연소범위의 값은 압력과 무관하다.
④ 연소범위는 가연성 기체의 종류에 따라 다른 값을 갖는다.

해설 연소범위(폭발범위, explosion limit)
가연성가스가 연소되기 위해서 공기 또는 산소와 혼합된 가연성가스의 농도범위로서 하한계 값과 상한계 값을 가진다.
① 온도 상승시 : 넓어진다.
② 압력 상승시 : 넓어진다.
③ 불활성기체(헬륨, 네온, 아르곤) 첨가시 : 좁아진다.
④ 산소농도 증가시 : 넓어진다.

해답 ③

03 실험군 쥐를 15분 동안 노출시켰을 때 실험군의 절반이 사망하는 치사 농도는?

① ODP   ② GWP
③ NOAEL ④ ALC

해설 (1) ODP(Ozone Depletion Potential) 오존파괴지수
어떤 물질의 오존파괴능력을 상대적으로 나타내는 지표
(2) GWP(Global Warming Potential) 지구 온난화지수
일정무게의 CO_2가 대기 중에 방출되어 지구온난화에 기여하는 정도
(3) ALT(Atmospheric Life Time) 대기잔존년수
어떤 물질이 방사되어 분해되지 않은채로 존재하는 기간
(4) NOAEL(No Observable Adverse Effect Level)
농도를 증가시킬 때 아무런 악영향을 감지할 수 없는 최대농도(심장에 영향을 미치지 않는 최대 농도. 최대허용 설계농도)
(5) LOAEL(Lowest Observable Adverse Effect Level)
농도를 감소시킬 때 악영향을 감지할 수 있는 최소농도(심장독성 시험시 심장에 영향을 미치는 최소농도)
(6) ALC(근사치농도)
15분간 노출시켜 그 반수가 사망하는 농도

해답 ④

04 다음 중에서 전기음성도가 가장 큰 원소는?

① B   ② Na
③ O   ④ Cl

해설 전기음성도 : 중성원자가 전자를 잡아당기는 경향의 대소를 표시하는 척도

(크다) F-O-N-Cl-Br-C-S-I-H-P (작다)
★ 쉬운 암기법 : 폰(FON)클(Cl)브로민(Br)쉽(SHIP)

해답 ③

05 프로판 가스의 공기 중 폭발범위는 약 몇 vol.% 인가?

① 2.1~9.5
② 15~25.5
③ 20.5~32.1
④ 33.1~63.5

해설 ① **폭발범위** : 가연성가스와 공기와의 혼합가스에 점화원을 주었을 때 폭발이 일어날 수 있는 가연성가스의 용량%의 범위
② **공기 중 가스의 폭발범위(연소범위)**

가스	아세틸렌	수소	가솔린	프로판
폭발범위	2.5~81%	4.0~75%	1.2~7.6%	2.1~9.5%

※ 아세틸렌가스의 폭발범위가 가장 넓다.

해답 ①

06 실 상부에 배연기를 설치하여 연기를 옥외로 배출하고 급기는 자연적으로 하는 제연방식은?

① 제2종 기계제연방식
② 제3종 기계제연방식
③ 스모크타워 제연방식
④ 제1종 기계제연방식

해설 **기계 제연방식**
① **제1종 기계 제연방식**
화재 발생지역이나 복도나 계단을 통해서 기계력에 의한 제연을 행하는 방식으로서 급기와 제연 모두가 기계에 의존하므로 풍력조절에 주의해야 하며 장치가 복잡하다.
② **제2종 기계 제연방식**
피난통로인 복도 계단 거실 등에 외부의 공기를 송풍기로 불어넣어 피난통로의 압력을 화재지역의 압력보다 높여 연기의 침입을 방지하는 방식으로서 과잉의 공기가 투입되면 화재는 확대할 우려가 있어 열이 피난통로로 역류하면 위험하므로 잘 사용하지 않고 있다.
③ **제3종 기계 제연방식**
화재발생시 발생한 연기를 발생한 곳의 상부에 설치되어 있는 제연기로 흡입하여 외부로 방출하는 방식으로 제연기의 흡입력에 의해서 연기가 다른 구역으로 이동되지 않는 장점이 있어 많이 사용하고 있다.

해답 ②

07 화재하중에 주된 영향을 주는 것은?

① 가연물의 온도
② 가연물의 색상
③ 가연물의 양
④ 가연물의 융점

해설 **화재하중**(kg/m²)
바닥면적(m²)당 가연물의 양(kg) ★★

$$Q(kg/m^2) = \frac{\Sigma(GtHt)}{HA} = \frac{\Sigma Qt}{4500A}$$

Q : 화재하중(kg/m²) Gt : 가연물의 양(kg)
Ht : 가연물의 단위중량당 발열량(kcal/kg)
H : 목재의 단위중량당 발열량(4500kcal/kg)
ΣQt : 화재실내 가연물의 전발열량(kcal)
A : 바닥면적(m²)

해답 ③

08 출화의 시기를 나타낸 것 중 옥외출화에 해당되는 것은?

① 목재사용 가옥에서는 벽, 추녀밑의 판자나 목재에 발염착화한 때
② 불연 벽체나 칸막이 및 불연 천정인 경우 실내에서는 그 뒷판에 발염착화한 때
③ 보통가옥 구조시에는 천정판의 발염착화한 때
④ 천정 속, 벽 속 등에서 발염착화한 때

해설 **옥내출화와 옥외출화**
① **옥내출화**
㉠ 천장속, 벽속 등에서 발염착화한 때
㉡ 가옥구조 형태인 경우 천장판에 발염착화한 때
㉢ 불연천정인 경우 실내의 뒷면에 발염착화한 때
② **옥외출화**
㉠ 창이나 출입구 등에 발염착화한 때
㉡ 가옥외부의 추녀 밑에 발염착화한 때

해답 ①

09 전기화재의 발생 원인이 아닌 것은?

① 누전
② 합선
③ 과전류
④ 마찰

해설 전기화재의 발생원인
① 합선(단락) ② 과전류
③ 누전 ④ 스파크
⑤ 배선불량 ⑥ 전열기구의 과열

해답 ④

10 위험물의 종류에 따른 저장방법 설명 중 틀린 것은?

① 칼륨 – 경유 속에 저장
② 아세트알데하이드 – 구리 용기에 저장
③ 이황화탄소 – 물 속에 저장
④ 황린 – 물 속에 저장

해설 산화프로필렌(CH_3CHOCH_2), 아세트알데하이드(CH_3CHO) 저장 시 유의사항
① 취급하는 설비는 은·수은·동·마그네슘 또는 이들을 성분으로 하는 합금으로 만들지 아니할 것
② 구리, 마그네슘, 은, 수은과 반응하면 아세틸레이트를 형성하여 중합반응을 한다.

해답 ②

11 소화에 대한 설명 중 틀린 것은?

① 질식소화에 필요한 산소농도는 가연물과 소화약제의 종류에 따라 다르다.
② 억제소화는 자유활성기(free radical)에 의한 연쇄반응을 차단하는 물리적인 소화방법이다.
③ 액체 이산화탄소나 할론의 냉각소화 효과는 물보다 아주 작다.
④ 화염을 금속망이나 소결금속 등의 미세한 구멍으로 통과시켜 소화하는 화염방지기(flame arrester)는 냉각소화를 이용한 안전장치이다.

해설 억제소화(화학적 소화)
(chain-breaking reaction)
① 연소반응을 주도하는 **자유활성기(free radical)**을 **제거**하여 연쇄반응을 화학적으로 중단시키는 방법

② 기체가연물과 액체가연물에 효과적이다.
③ 훈소화재의 경우에는 효과가 없다.
④ **분말, 할론** 소화약제가 대표적으로 이용되고 있다.

해답 ②

12 제4류 위험물을 취급하는 위험물제조소에 설치하는 게시판의 주의사항으로 옳은 것은?

① 화기엄금 ② 물기주의
③ 화기주의 ④ 충격주의

해설 (위험물법 시행규칙 제28조의 별표 4)
제조소의 주의사항 게시판★

위험물의 유별 종류	주의사항
제1류 중 알칼리금속과산화물 제3류 중 금수성 물질	물기엄금
제2류 (인화성고체 제외)	화기주의
제2류 중 인화성고체 제3류 중 자연발화성물품 제4류 제5류	화기엄금

※ 물기엄금 : 청색바탕에 백색문자
※ 화기주의, 화기엄금 : 적색바탕에 백색문자

해답 ①

13 가연성물질 종류에 따른 연소생성가스의 연결이 틀린 것은?

① 탄화수소류 – 이산화탄소
② 셀룰로이드 – 질소산화물
③ PVC – 암모니아
④ 레이온 – 아크릴로레인

해설

가연성물질의 종류	연소생성가스
탄화수소류	이산화탄소
셀룰로이드	질소산화물
PVC(염화비닐)	염화수소
레이온	아크릴로레인

참고 연소 시 발생하는 각종가스 ★★★ 자주출제(필수암기) ★★★
① 일산화탄소(CO)
  ㉠ 인명피해가 가장 크다.
  ㉡ 피 속의 헤모글로빈과 결합하여 산소운반 방해
② 이산화탄소(CO_2)
  자체의 독성은 없고 많은 양을 흡입 시 질식사하며 소

화약제로도 사용
③ 아황산가스(SO_2)
 황 함유 물질이 완전 연소 시 발생
④ 황화수소(H_2S)
 황 함유 물질이 불완전 연소 시 발생
⑤ 아크로레인(CH_2CHCHO)
 석유제품, 유지류 연소 시 발생
⑥ 포스겐($COCl_2$)
 독성이 가장 크다.

해답 ③

14 실내에 화재가 발생하였을 때 그 실내의 환경변화에 대한 설명 중 틀린 것은?

① 압력이 내려간다.
② 산소의 농도가 감소한다.
③ 일산화탄소가 증가한다.
④ 이산화탄소가 증가한다.

해설 화재실내의 환경변화
① 기압이 상승한다.
② 산소가 감소한다.
③ 일산화탄소가 증가한다.
④ 이산화탄소가 증가한다.
⑤ 온도가 상승한다.

해답 ①

15 이산화탄소 소화약제를 방출하였을 때 방호구역 내에서 산소농도가 18vol.%가 되기 위한 이산화탄소의 농도는 약 몇 vol.%인가?

① 3   ② 7
③ 6   ④ 14

해설
$$CO_2(\%) = \frac{21-18}{21} \times 100 = 14.29\%$$

CO_2 설비 설계공식 ★★자주출제★★
① CO_2 농도 계산 방법

$$CO_2(\%) = \frac{21 - O_2(\%)}{21} \times 100$$

$$CO_2(\%) = \frac{G_v(m^3)}{G_v(m^3) + V(m^3)} \times 100$$

② 방출된 CO_2 가스량 계산방법

$$G_v = \frac{21 - O_2(\%)}{O_2(\%)} \times V$$

여기서, G_v : 방출된 CO_2 가스량(m^3)
   V : 방호구역체적(m^3)

해답 ④

16 제1류 위험물 중 과산화나트륨의 화재에 가장 적합한 소화방법은?

① 다량의 물에 의한 소화
② 마른 모래에 의한 소화
③ 포소화기에 의한 소화
④ 분무상의 주수 소화

해설 과산화나트륨(Na_2O_2) : 제1류 위험물 중 무기과산화물(금수성)
① 상온에서 물과 격렬히 반응하여 산소(O_2)를 방출하고 폭발하기도 한다.

$2Na_2O_2 + 2H_2O \rightarrow 4NaOH + O_2\uparrow$

② 열분해 시 산소(O_2)를 방출한다.

$2Na_2O_2 \rightarrow 2Na_2O + O_2\uparrow$

③ 주수소화는 금물이고 마른모래(건조사)등으로 소화한다.

해답 ②

17 고비점 유류의 화재에 적응성이 있는 소화설비는?

① 옥내소화전설비   ② 옥외소화전설비
③ 미분무설비   ④ 연결송수관설비

해설 고비점 유류화재의 적응소화약제
① 물분무
② 포소화약제
③ 분말소화약제
④ CO_2, 할론 소화약제

해답 ③

18 분말 소화약제 원시료의 중량 50g을 12시간 건조한 후 중량을 측정하였더니 49.95g이고, 24시간 건조 후 중량을 측정하였더니 49.90g이

었다. 수분함수율은 몇 %인가?

① 0.1 ② 0.15
③ 0.2 ④ 0.25

해설
수분(%) = $\dfrac{50-49.9}{50} \times 100 = 0.2\%$

수분함수율(수분함량)

$$수분(\%) = \dfrac{W_{wet} - W_{dry}}{W} \times 100$$

여기서, W_{wet} : 건조 전 시료무게
  W_{dry} : 완전건조 후 시료무게
  W : 건조 전 시료무게

해답 ③

19 실내 화재 시 연기의 이동과 관련이 없는 것은?

① 건물 내·외부의 온도차
② 공기의 팽창
③ 공기의 밀도차
④ 공기의 모세관 현상

해설 연기의 이동(유동)원인
① 온도, 압력 상승에 의한 연기-공기의 혼합가스 팽창
② 연기 - 공기의 밀도차(비중차)
③ 굴뚝효과(건물내부와 외부공기의 온도차)
④ 공조 설비(강제 환기시설)

해답 ④

20 제3류 위험물로 금수성 물질에 해당하는 것은?

① 탄화칼슘 ② 황
③ 황린 ④ 이황화탄소

해설 탄화칼슘
① 제3류 위험물(자연발화성 및 금수성 물질)
② CaC_2(탄화칼슘) + $2H_2O$
  → $Ca(OH)_2$ + C_2H_2(아세틸렌)↑

① 탄화칼슘 : 제3류 위험물(금수성 물질)
② 황 : 제2류 위험물(가연성고체)
③ 황린 : 제3류 위험물(자연발화성 물질)
④ 이황화탄소 : 제4류 특수인화물(인화성 액체)

해답 ①

제2과목 소방유체역학

21 이상기체의 폴리트로픽 변화 $PV^n = C$에서 n이 대상 기체의 비열비(ratio of specific heat)인 경우는 어떤 변화인가? (단, P는 압력, V는 부피, C는 상수(Constant)를 나타낸다.)

① 단열변화 ② 등온변화
③ 정적변화 ④ 정압변화

해설 폴리트로픽 변화의 PVT관계식

$$\dfrac{T_2}{T_1} = \left(\dfrac{V_1}{V_2}\right)^{n-1} = \left(\dfrac{P_2}{P_1}\right)^{\frac{n-1}{n}}$$

구분	$n=0$	$n=1$	$n=k$	$n=\infty$
변화종류	등압변화	등온변화	단열변화	등적변화

여기서, n : 폴리트로픽 지수, k : 비열비

해답 ①

22 비중이 0.88인 벤젠에 안지름 1mm의 유리관을 세웠더니 벤젠이 유리관을 따라 9.8mm를 올라갔다. 유리와의 접촉각이 0°라 하면 벤젠의 표면장력은 몇 N/m인가?

① 0.021 ② 0.042
③ 0.084 ④ 0.128

해설 모세관의 상승높이(h)

$$h = \dfrac{4\sigma\cos\theta}{rd}$$

표면장력

$$\sigma = \dfrac{\gamma h d}{4\cos\beta}$$

① $\beta = 0°$, $d = 1mm = 10^{-3}m$
  $h = 9.8mm = 9.8 \times 10^{-3}m$
② $\gamma = \gamma_w \times S = 9800N/m^3 \times 0.88 = 8624N/m^3$
③ $\sigma = \dfrac{8624 \times 9.8 \times 10^{-3} \times 10^{-3}}{4\cos 0°} = 0.021 N/m$

해답 ①

23 복사 열전달에 대한 설명 중 올바른 것은?

① 방출되는 복사열은 복사되는 면적에 반비례한다.
② 방출되는 복사열은 방사율이 작을수록 커진다.
③ 방출되는 복사열은 절대온도의 4승에 비례한다.
④ 완전흑체의 경우 방사율은 0이다.

해설 ① 흑체의 정의
입사하는 모든 복사선을 흡수하는 물체 즉 흡수 능력이 100%인 물체이다.
② Stefan-Boltzman의 흑체 복사에너지
$$E = \sigma A(T^4 - T_o^{\,4})$$
③ 흑체의 방사도
　㉠ 단면적에 비례
　㉡ 절대온도의 4승에 비례
　㉢ 시간에 비례

해답 ③

24 다음 중 금속의 탄성변형을 이용하여 기계적으로 압력을 측정할 수 있는 것은?

① 부르돈관 압력계　② 수은 기압계
③ 맥라우드 진공계　④ 마노미터 압력계

해설 부로돈관 압력계
금속의 탄성변형을 기계적으로 확대시켜 유체의 압력을 측정하는 계기

해답 ①

25 노즐 내의 유체의 질량 유량을 0.06kg/s, 출구에서의 비체적을 7.8m³/kg, 출구에서의 평균 속도를 80m/s라고 하면, 노즐 출구의 단면적은 약 몇 cm²인가?

① 88.5　② 78.5
③ 68.5　④ 58.5

해설 질량유량
$$\overline{m} = A u \rho$$

여기서, $\overline{m}$: 질량유량(kg/s), A : 단면적(m²)
　　　　u : 유속(m/s), ρ : 밀도(kg/m³)
① $\overline{m} = 0.06$kg/s, $u = 80$mm/s
② 비체적을 밀도로 환산하면
$$\rho = \frac{\text{kg}}{7.8\text{m}^3} = 0.1282 \text{kg/m}^3$$
③ $A = \dfrac{\overline{m}}{u\rho} = \dfrac{0.06}{80 \times 0.1282}$
$= 5.85 \times 10^{-3} \text{m}^2 = 58.5 \text{cm}^2$

해답 ④

26 지름이 13mm인 옥내소화전의 노즐에서 10분간 방사된 물의 양이 1.7m³이었다면 노즐의 방사압력(계기압력)은 약 몇 kPa인가?

① 17　② 27
③ 228　④ 456

해설 노즐의 방수량
$$Q = 0.653 d^2 \sqrt{10P}$$

여기서, Q : 방수량(L/min), d : 내경(mm)
　　　　P : 방수압(MPa)
① $Q = 1.7\text{m}^3/10\text{min} = 0.17\text{m}^3/\text{min}$
$= 170 \text{L/min}$
$d = 13$mm
② $P = \dfrac{Q^2}{(0.653 \times d^2)^2 \times 10}$
$= \dfrac{170^2}{(0.653 \times 13^2)^2 \times 10}$
$= 0.2373 \text{MPa} = 237.3 \text{kPa}$

해답 ③

27 온도와 압력이 각각 15℃, 101.3kPa이고 밀도 1.225kg/m³인 공기가 흐르는 관로 속에 U자관 액주계를 설치하여 유속을 측정하였더니 수은주 높이 차이가 250mm이었다. 이 때 공기는 비압축성 유동이라고 가정할 때 공기의 유속은 약 몇 m/s인가? (단, 수은의 비중은 13.6이다.)

① 174　② 233
③ 296　④ 355

해설 풍도에서 공기의 속도

$$u = \sqrt{2gR\left(\frac{\rho_1 - \rho_2}{\rho_2}\right)}$$

여기서, u : 유속(m/s)
g : 중력가속도(9.8m/s^2)
R : 마노미터 읽음(m)
ρ_1 : 피토관속 유체밀도(kg/m^3)
ρ_2 : 공기의 밀도(kg/m^3)

① $R = 250\text{mm} = 0.25\text{m}$
$\rho_1 = S \times \rho_w (1000\text{kg/m}^3)$
$\quad = 13.6 \times 1000 = 13600\text{kg/m}^3$
$\rho_2 = 1.225\text{kg/m}^3$

② $u = \sqrt{2 \times 9.8 \times 0.25 \times \left(\frac{13600 - 1.225}{1.225}\right)}$
$\quad = 233.23\text{m/s}$

해답 ②

28 반지름 R인 원관에서의 물의 속도분포가 $u = u_0[1-(r/R)^2]$과 같을 때, 벽면에서의 전단응력의 크기는 얼마인가? (단, μ는 점성계수, v는 동점성계수, u_0는 관 중앙에서의 속도, r은 관 중심으로부터의 거리이다.)

① $\dfrac{\mu u_0}{R}$
② $\dfrac{2\mu u_0}{R}$
③ $\dfrac{vu_0}{R}$
④ $\dfrac{2vu_0}{R}$

해설 층류유동의 속도 분포식

$$u = u_o\left[1 - \left(\frac{r}{R}\right)^2\right]$$

여기서, u : 속도, u_o : 관 중앙에서의 속도
r : 관 중심으로부터의 거리, R : 반지름

전단응력의 크기

$$\tau = \frac{2\mu u_o}{R}$$

여기서, τ : 전단응력, μ : 점성계수
u_o : 관 중앙에서의 속도, R : 반지름

해답 ②

29 일반적으로 원심펌프의 특성 곡선은 3가지로 나타내는데 이에 속하지 않는 것은?

① 유량과 전양정의 관계를 나타내는 전양정 곡선
② 유량과 축동력의 관계를 나타내는 축동력 곡선
③ 유량과 펌프효율의 관계를 나타내는 효율 곡선
④ 유량과 회전수의 관계를 나타내는 회전수 곡선

해설 원심펌프의 성능곡선

해답 ④

30 지름 6cm, 길이 15m, 관마찰계수 0.025인 수평원관 속을 물이 난류로 흐를 때 관 출구와 입구의 압력차가 9810Pa이면 유량은 약 몇 m^3/s인가?

① 5.0
② 5.0×10^{-3}
③ 0.5
④ 0.5×10^{-3}

해설 ① 압력차를 압력수두로 환산

$$H = \frac{P}{\gamma} = \frac{9810\text{N/m}^2}{9800\text{N/m}^3} = 1\text{m}$$

② 유속 계산

$$\Delta h_L(\text{m}) = f \times \frac{u^2}{2g} \times \frac{l}{D}$$

$\Delta h_L = 1\text{m}$, $f = 0.025$, $g = 9.8\text{m/s}^2$
$l = 15\text{m}$, $D = 6\text{cm} = 0.06\text{m}$

$$u = \sqrt{\frac{\Delta h_L 2gD}{fl}} = \sqrt{\frac{1 \times 2 \times 9.8 \times 0.06}{0.025 \times 15}}$$
$\quad = 1.77\text{m/s}$

③ 유량 계산
$$Q = uA = 1.77 \times \frac{\pi}{4} \times 0.06^2 = 5 \times 10^{-3} \mathrm{m^3/s}$$

해답 ②

31 유체역학적 관점으로 말하는 이상유체(ideal fluid)에 관한 설명으로 가장 옳은 것은?

① 점성으로 인해 마찰손실이 생기는 유체
② 높은 압력을 가하면 밀도가 상승하는 유체
③ 유체에 압력을 가하면 체적인 줄어드는 유체
④ 압력을 가해도 밀도변화가 없으며 점성에 의한 마찰손실도 없는 유체

해설 유체의 종류

압축성 유체	• 온도나 압력에 따라 밀도가 변화하는 유체(기체)
비압축성 유체	• 온도나 압력에 따라 밀도의 변화가 없는 유체(액체)
점성 유체	• 점성을 가지고 있는 유체 즉 전단응력이 발생하는 유체
비점성 유체	• 점성이 없다고 가정한 유체 즉, 전단응력이 발생하지 않는 가상적인 유체
이상유체	• 점성이 없고(마찰손실이 없고) 비압축성인 유체 • 높은 압력에서 밀도가 변화하지 않는 유체
실제유체	• 점성이 있고(마찰손실이 있고) 압축성인 유체 • 높은 압력에서 밀도가 변화 하는 유체

※ 이상유체는 점성이 없다. 따라서 마찰손실이 없기 때문에 에너지 손실도 없는 가상적인 유체이다.

해답 ④

32 펌프 동력과 관계된 용어의 정의에서 펌프에 의해 유체에 공급되는 동력을 무엇이라고 하는가?

① 축동력   ② 수동력
③ 전체동력   ④ 원동기 동력

해설 펌프의 동력계산
(1) 수동력
펌프에 의해 유체에 공급되는 동력
$$L_W(\mathrm{kW}) = \gamma QH$$

[주의] 수동력 계산 시 펌프의 효율 및 전달계수 K값은 무시한다.

(2) 축동력
펌프를 구동하기 위해 필요한 동력
$$L_S(\mathrm{kW}) = \frac{\gamma QH}{E}$$

[주의] 축동력 계산 시 전달계수 K값은 무시한다.

(3) 모터동력
기계나 부품의 구동에 필요한 동력
$$P(\mathrm{kW}) = \frac{\gamma QH}{E} K$$

여기서, γ : 비중량($\mathrm{kN/m^3}$, 물의 비중량 = 9.8kN/m³)
Q : 유량($\mathrm{m^3/s}$)
H : 전양정(m)
E : 펌프의 효율(%/100)
K : 전달계수

해답 ②

33 수평 하수도관에 $\frac{1}{2}$만 물이 차 있다. 관의 안지름이 1m, 길이가 3m인 하수도관 내 물과 접촉하는 곡면에서 받는 합력의 수직방향(중력방향) 성분은 약 몇 kN인가? (단, 대기압의 효과는 무시한다.)

① 11.55   ② 23.09
③ 46.18   ④ 92.36

해설

① 하수도관 곡면에서 받는 하방수직분력은 하수도관의 물의 무게와 같다.
② $F_H = \gamma \times V$(물의 체적)
③ γ(물) = $1000\mathrm{kgf/m^3} = 9800\mathrm{N/m^3}$
   $= 9.8\mathrm{kN/m^3}$
④ $V(\mathrm{m^3}) = \frac{\pi}{4} \times d^2 \times L \times \frac{1}{2} = \frac{\pi}{4} \times 1^2 \times 3 \times \frac{1}{2}$
⑤ $F_H = 9.8 \times \frac{\pi}{4} \times 1^2 \times 3 \times \frac{1}{2} = 11.55\mathrm{kN}$

해답 ①

34 지름 10cm의 원형노즐에서 물이 50m/s의 속도로 분출되어 벽에 수직으로 충돌할 때 벽이 받는 힘의 크기는 약 몇 kN인가?

① 19.6   ② 33.9
③ 57.1   ④ 79.3

해설 운동량 방정식

$$F = \rho QV = \rho AV^2$$

여기서, F : 힘(N), ρ : 밀도(kg/m³)
Q : 유량(m³/s), V : 유속(m/s)

① 물의 밀도 $\rho = 1000$kg/m³, $V = 50$m/s
$$Q = uA = 50 \times \frac{\pi}{4} \times (0.1\text{m})^2$$

② $F = 1000 \times \left(50 \times \frac{\pi}{4} \times 0.1^2\right) \times 50$
$= 19635\text{N} = 19.6\text{kN}$

해답 ①

35 카르노 사이클에 대한 설명 중 틀린 것은?

① 열효율은 온도만의 함수로 구성된다.
② 두 개의 등온과정과 두 개의 단열과정으로 구성된다.
③ 최고온도와 최저온도가 같을 때 비가역 사이클보다는 카르노 사이클의 효율이 반드시 높다.
④ 작동유체의 밀도에 따라 열효율은 변한다.

해설 카르노사이클

[$P-V$선으로 나타낸 카르노사이클]

① 이론적으로는 효율이 가장 좋은 사이클이다.
② 모든 과정이 가역 사이클이다.
③ 2개의 등온과정과 2개의 단열과정으로 구성된다.
(등온팽창 → 단열팽창 → 등온압축 → 단열압축)

④ 고온에서 열량흡수, 저온에서 열량방출
⑤ 열효율(e)은 기체 종류와는 관계없이
$e = 1 - \dfrac{T_2}{T_1}$로 일정하다.

해답 ④

36 피스톤 내의 기체 0.5kg을 압축하는 데 15kJ의 열량이 가해졌다. 이 때 12kJ의 열이 피스톤 밖으로 빠져나갔다면 내부에너지의 변화는 약 몇 kJ인가?

① 27   ② 13.5
③ 3   ④ 1.5

해설 내부에너지 변화(ΔU)
= 공급된 열량 - 외부로 나간 열량
$\Delta U = 15\text{kJ} - 12\text{kJ} = 3\text{kJ}$

해답 ③

37 20°C의 물이 안지름 2cm인 원관 속을 흐르고 있는 경우 평균 속도는 약 몇 m/s인가?
(단, 레이놀즈수는 2100, 동점성계수는 1.006×10^{-6}m²/s이다.)

① 0.106   ② 1.067
③ 2.003   ④ 0.703

해설 레이놀즈수와 유속관계

$$ReNo = \frac{Du\rho}{\mu} = \frac{Du}{\nu}$$

여기서, D : 내경(m), u : 유속(m/s)
ρ : 밀도(kg/m³)
μ : 점성계수(N·s/m² = kg/m·s)
ν : 동점성계수(m²/s)
Q : 유량(m³/s)

① $u = \dfrac{ReNo \times \nu}{D}$, $ReNo = 2100$(층류최대)

② $\nu = 1.006 \times 10^{-6}$m²/s, $D = 2\text{cm} = 0.02$m

③ $u = \dfrac{2100 \times 1.006 \times 10^{-6}}{0.02} = 0.106$m/s

해답 ①

38 지름이 10cm인 원통에 물이 담겨 있다. 중심축에 대하여 300rpm의 속도로 원통을 회전시켰을 때 수면의 최고점과 최저점의 높이 차는 약 몇 cm인가? (단, 회전시켰을 때 물이 넘치지 않았다고 가정한다.)

① 8.5 ② 10.2
③ 11.4 ④ 12.6

해설 원통 회전 시 최고점과 최저점 높이차

$$H = \frac{r^2 W^2}{2g}$$

여기서, H : 높이차(m), r : 반지름(m)
W : 각속도(rad/s)
g : 중력가속도(9.8m/s²)

① $W = \dfrac{2\pi \times \text{rpm}}{60} = \dfrac{2\pi \times 300}{60} = 31.42$

② d(지름) = 10cm 이므로
r(반지름) = 5cm = 0.05m

③ $H = \dfrac{0.05^2 \times 31.42^2}{2 \times 9.8} = 0.1259\text{m} = 12.6\text{cm}$

해답 ④

39 단면적이 0.1m²에서 0.5m²로 급격히 확대되는 관로에 0.5m³/s의 물이 흐를 때 급확대에 의한 손실수두는 약 몇 m인가? (단, 급확대에 의한 부차적 손실계수는 0.64이다.)

① 0.82 ② 0.99
③ 1.21 ④ 1.45

해설 ① $u = \dfrac{Q}{A} = \dfrac{0.5\text{m}^3/\text{s}}{0.1\text{m}^2} = 5\text{m/s}$, $g = 9.8\text{m/s}^2$

② $\Delta h_L = k\dfrac{u_1^2}{2g} = 0.64 \times \dfrac{5^2}{2 \times 9.8} = 0.82\text{m}$

배관의 축소 및 확대손실
① 관이 급격히 축소하는 경우

$$\Delta H_L(\text{m}) = K\dfrac{u_2^2}{2g}$$

② 관이 급격히 확대하는 경우

$$\Delta H_L(\text{m}) = \dfrac{(u_1 - u_2)^2}{2g} = K\dfrac{u_1^2}{2g}$$

해답 ①

40 배관 내에서 물의 수격작용(water hammer)을 방지하는 대책으로 잘못된 것은?

① 조압 수조(surge tank)를 관로에 설치한다.
② 밸브를 펌프 송출구에서 멀게 설치한다.
③ 밸브를 서서히 조작한다.
④ 관경을 크게 하고 유속을 작게 한다.

해설 **수격작용** : 배관내 유체의 운동에너지가 압력에너지로 변하면서 배관 벽면을 치는 현상
수격작용 방지대책
① 관경을 크게 하고 유속을 낮춘다.
② 펌프에 프라이 휠을 설치한다.
③ 조압수조(에어챔버) 또는 수격방지기 설치
④ **밸브는 펌프 송출구 가까이** 설치하고 적당한 밸브제어
⑤ 배관은 가능한 직선적으로 시공

해답 ②

제3과목 소방관계법규

41 소방시설 설치 및 관리에 관한 법령에 따른 임시소방시설 중 비상경보장치를 설치하여야 하는 공사의 작업현장의 규모의 기준 중 다음 ( ) 안에 알맞은 것은?

- 연면적 (㉠)m² 이상
- 지하층 또는 무창층. 이 경우 해당 층의 바닥면적이 (㉡)m² 이상인 경우만 해당

① ㉠ 400, ㉡ 150 ② ㉠ 400, ㉡ 600
③ ㉠ 600, ㉡ 150 ④ ㉠ 600, ㉡ 600

해설 (소방시설법 시행령 제18조 관련 [별표 8])
임시소방시설의 종류와 설치기준 등
(1) 임시소방시설의 종류
 ① 소화기   ② 간이소화장치
 ③ 비상경보장치 ④ 가스누설경보기
 ⑤ 간이피난유도선 ⑥ 비상조명등
 ⑦ 방화포

(2) 임시소방시설 공사의 종류와 규모

종류	공사의 종류와 규모
• 소화기	• 건축허가동의 대상물
• 간이소화장치	• 연면적 3천m² 이상 • 지하층, 무창층 또는 4층 이상의 층 (층의 바닥면적 600m² 이상)
• 비상경보장치	• 연면적 400m² 이상 • 지하층 또는 무창층 (층의 바닥면적 150m² 이상)
• 가스누설경보기 • 간이피난유도선 • 비상조명등	• 바닥면적 150m² 이상인 지하층 또는 무창층
• 방화포	• 용접·용단 작업장

해답 ①

42 소방시설 설치 및 관리에 관한 법령에 따른 비상방송설비를 설치하여야 하는 특정소방대상물의 기준 중 틀린 것은? (단, 위험물 저장 및 처리 시설 중 가스시설, 사람이 거주하지 않는 동물 및 식물 관련 시설, 터널, 축사 및 지하구는 제외한다.)

① 연면적 3500m² 이상인 것은 모든 층
② 연면적 1000m² 미만의 기숙사
③ 지하층의 층수가 3층 이상인 것은 모든 층
④ 층수가 11층 이상인 것은 모든 층

해설 비상방송설비를 설치하여야 하는 특정소방대상물
① 연면적 3500m² **이상**인 것은 모든 층
② **층수가 11층 이상**인 것은 모든 층
③ **지하층의 층수가 3층 이상**인 것은 모든 층

해답 ②

43 위험물안전관리법령에 따른 소방청장, 시·도지사, 소방본부장 또는 소방서장이 한국소방산업기술원에 위탁할 수 있는 업무의 기준 중 틀린 것은?

① 시·도지사의 탱크안전성능검사 중 암반탱크에 대한 탱크안전성능검사
② 시·도지사의 탱크안전성능검사 중 용량이 100만L 이상인 액체위험물을 저장하는 탱크에 대한 탱크안전성능검사
③ 시·도지사의 완공검사에 관한 권한 중 저장용량이 30만L 이상인 옥외탱크저장소 또는 암반탱크저장소의 설치 또는 변경에 따른 완공검사
④ 시·도지사의 완공검사에 관한 권한 중 지정수량 3000배 이상의 위험물을 취급하는 제조소 또는 일반취급소의 설치 또는 변경(사용 중인 제조소 또는 일반취급소의 보수 또는 부분적인 증설은 제외)에 따른 완공검사

해설 ③ 30만L → 50만L
위험물법 시행령 제22조(업무의 위탁)
한국소방산업기술원에 위탁하는 업무
① 시·도지사의 탱크안전성능검사 중 다음에 해당하는 탱크에 대한 탱크안전성능검사
  ㉠ 용량이 **100만리터 이상**인 액체위험물을 저장하는 탱크
  ㉡ **암반탱크**
  ㉢ 지하탱크저장소의 위험물탱크 중 행정안전부령이 정하는 **액체위험물탱크**
② 시·도지사의 완공검사에 관한 권한 중 다음 각 목의 어느 하나에 해당하는 완공검사
  ㉠ 지정수량의 **3천배 이상의 위험물**을 취급하는 **제조소 또는 일반취급소의 설치 또는 변경**(사용 중인 제조소 또는 일반취급소의 보수 또는 부분적인 증설은 제외)에 따른 완공검사
  ㉡ 옥외탱크저장소(저장용량이 **50만 리터 이상**인 것만 해당) 또는 **암반탱크저장소**의 설치 또는 변경에 따른 완공검사
③ 소방본부장 또는 소방서장의 **정기검사**
④ 시·도지사의 **운반용기 검사**
⑤ 소방청장의 안전교육에 관한 권한 중 **탱크시험자**의 기술인력으로 종사하는 자에 해당하는 자에 대한 **안전교육**

해답 ③

44 소방기본법에 따른 출동한 소방대의 소방장비를 파손하거나 그 효용을 해하여 화재진압·인명구조 또는 구급활동을 방해하는 행위를 한 사람에 대한 벌칙기준은?

① 5년 이하의 징역 또는 5000만원 이하의 벌금
② 5년 이하의 징역 또는 3000만원 이하의 벌금
③ 3년 이하의 징역 또는 3000만원 이하의 벌금
④ 3년 이하의 징역 또는 1500만원 이하의 벌금

해설 (소방기본법 제50조 벌칙)
5년 이하의 징역 또는 5천만원 이하의 벌금
① 다음 각 목의 어느 하나에 해당하는 행위를 한 사람
  ㉠ **위력**을 사용하여 출동한 소방대의 화재진압·인명구조 또는 구급활동을 **방해하는 행위**
  ㉡ 소방대가 화재진압·인명구조 또는 구급활동을 위하여 현장에 출동하거나 현장에 출입하는 것을 **고의로 방해하는 행위**
  ㉢ 출동한 소방대원에게 **폭행 또는 협박**을 행사하여 화재진압·인명구조 또는 구급활동을 **방해하는 행위**
  ㉣ 출동한 소방대의 **소방장비를 파손**하거나 그 효용을 해하여 화재진압·인명구조 또는 구급활동을 **방해하는 행위**
② 소방자동차의 **출동을 방해한 사람**
③ 사람을 구출하는 일 또는 불을 끄거나 불이 번지지 아니하도록 하는 일을 **방해한 사람**
④ 정당한 사유 없이 소방용수시설 또는 비상소화장치를 사용하거나 소방용수시설 또는 비상소화장치의 효용을 해치거나 그 정당한 사용을 **방해한 사람**

해답 ①

45 소방시설 설치 및 관리에 관한 법령에 따른 소방시설등의 자체점검 시 점검인력 1단위가 하루 동안 점검할 수 있는 특정소방대상물의 연면적 기준 중 다음 ( ) 안에 알맞은 것은? (단, 점검인력 1단위에 보조인력 1명을 추가하는 경우는 제외한다.)

• 종합점검 : (㉠)m²
• 작동점검 : (㉡)m²

① ㉠ 8000, ㉡ 10000
② ㉠ 13000, ㉡ 15500
③ ㉠ 12000, ㉡ 10000
④ ㉠ 15500, ㉡ 13000

해설 점검인력 1단위가 하루 동안 점검할 수 있는 특정소방대상물의 연면적
① 종합점검 : 8,000m²
② 작동점검 : 10,000m²

해답 ①

46 소방시설 설치 및 관리에 관한 법령에 따른 펄프공장의 작업장, 음료수 공장의 충전을 하는 작업장 등과 같이 화재 안전기준을 적용하기 어려운 특정소방대상물에 설치하지 아니할 수 있는 소방시설의 종류가 아닌 것은?

① 상수도소화용수설비
② 스프링클러설비
③ 연결살수설비
④ 연결송수관설비

해설 (소방시설법 시행령 제16조 [별표 6])
소방시설을 설치하지 아니할 수 있는 특정소방대상물 및 소방시설의 범위

특정소방대상물	소방시설
석재, 불연성금속, 불연성 건축재료 등의 가공공장·기계조립공장 또는 불연성 물품을 저장하는 창고	옥외소화전 및 연결살수설비 (외,살)
음료수 공장의 세정 또는 충전을 하는 작업장, 그 밖에 이와 비슷한 용도로 사용하는 것	스프링클러설비, 상수도소화용수설비 및 연결살수설비 (스,상,살)
정수장, 수영장, 목욕장, 어류양식용 시설, 그 밖에 이와 비슷한 용도로 사용되는 것	자동화재탐지설비, 상수도소화용수설비 및 연결살수설비 (자,상,살)
원자력발전소, 핵폐기물처리시설	연결송수관설비 및 연결살수설비(송,살)
자체소방대가 설치된 위험물 제조소등에 부속된 사무실	상수도소화용수설비

해답 ④

47 소방시설공사업법령에 따른 완공검사를 위한 현장확인 대상 특정소방대상물의 범위 기준 중 틀린 것은?

① 연면적 10000m² 이상이거나 11층 이상인 특정소방대상물(아파트는 제외)
② 가연성가스를 제조 · 저장 또는 취급하는 시설 중 지상에 노출된 가연성가스탱크의 저장용량 합계가 1000톤 이상인 시설
③ 가스계(이산화탄소 · 할론 · 할로젠화합물 및 불활성기체 소화약제) 소화설비(호스릴소화설비는 포함)가 설치되는 것
④ 문화 및 집회시설, 종교시설, 판매시설, 노유자시설, 수련시설, 운동시설, 숙박시설, 창고시설, 지하상가

해설 **소방공사업법 시행령 제5조**
(완공검사를 위한 현장 확인 대상 특정소방대상물의 범위)
① 문화 및 집회시설, 종교시설, 판매시설, 노유자시설, 수련시설, 운동시설, 숙박시설, 창고시설, 지하상가 및 다중이용업소
② 스프링클러설비등, 물분무등소화설비(호스릴 방식 제외)가 설치되는 특정소방대상물
③ 연면적 1만m² 이상이거나 11층 이상인 특정소방대상물(아파트는 제외)
④ 가연성가스를 제조 · 저장 또는 취급하는 시설 중 지상에 노출된 가연성가스탱크의 저장용량 합계가 1천톤 이상인 시설

해답 ③

48 소방기본법에 따른 공동주택에 소방자동차 전용구역에 차를 주차하거나 전용구역에의 진입을 가로막는 등의 방해행위를 한 자에게는 몇 만원 이하의 과태료를 부과하는가?

① 20만원　② 100만원
③ 200만원　④ 300만원

해설 **(소방기본법 제56조 과태료)**
500만원 이하의 과태료
화재 또는 구조 · 구급이 필요한 상황을 거짓으로 알린 사람
200만원 이하의 과태료
(1) 한국119청소년단 또는 이와 유사한 명칭을 사용한 자
(2) 소방자동차의 **우선 통행**을 위반하여 소방자동차의 출동에 지장을 준 자
(3) 규정을 위반하여 **소방활동구역**을 출입한 사람
(4) 한국소방안전원 또는 이와 **유사한 명칭**을 사용한 자
100만원 이하의 과태료
규정을 위반하여 전용구역에 차를 주차하거나 **전용구역에의 진입을 가로막는 등의 방해행위를 한 자**

해답 ②

49 위험물안전관리법령에 따른 지정수량의 10배 이상의 위험물을 저장 또는 취급하는 제조소등(이동탱크저장소를 제외)에 화재발생 시 이를 알릴 수 있는 경보설비의 종류가 아닌 것은?

① 확성장치(휴대용확성기 포함)
② 비상방송설비
③ 자동화재속보설비
④ 자동화재탐지설비

해설 **경보설비를 설치하여야 하는 장소**
1. 자동화재탐지설비 설치대상
　(1) 제조소 및 일반취급소
　　① 연면적 500m² 이상
　　② 옥내에서 지정수량의 100배 이상을 취급하는 것
　(2) 옥내저장소 : 지정수량을 100배 이상을 저장 및 취급하는 것
　(3) 옥내탱크저장소로서 소화난이도등급 Ⅰ에 해당하는 것
　(4) 옥내주유취급소
2. 자동화재 탐지설비, 비상경보설비, 확성장치 또는 비상방송설비 중 1종 이상 설치
지정수량의 10배 이상을 저장 취급하는 제조소 등
위험물제조소등별로 설치하여야하는 경보설비
① 자동화재탐지설비
② 비상경보설비
③ 확성장치(휴대용확성기를 포함)
④ 비상방송설비

해답 ③

50 화재의 예방 및 안전관리에 관한 법령에 따른 특수가연물의 기준 중 다음 ( ) 안에 알맞은 것은?

품명	수량
나무껍질 및 대팻밥	(㉠)kg 이상
면화류	(㉡)kg 이상

① ㉠ 200, ㉡ 400   ② ㉠ 200, ㉡ 1000
③ ㉠ 400, ㉡ 200   ④ ㉠ 400, ㉡ 1000

해설 (화재예방법 시행령 제19조) [별표 2]
특수가연물

품명		수량(이상)
면화류		200kg
나무껍질 및 대팻밥		400kg
넝마 및 종이부스러기, 사류, 볏짚류		1,000kg
가연성고체류		3,000kg
석탄·목탄류		10,000kg
가연성액체류		2m³
목재가공품 및 나무부스러기		10m³
합성수지류	발포시킨 것	20m³
	그 밖의 것	3,000kg

해답 ③

51 소방시설공사업법에 따른 소방기술 인정 자격수첩 또는 소방기술자 경력수첩의 기준 중 다음 ( ) 안에 알맞은 것은? (단, 소방기술자 업무에 영향을 미치지 아니하는 범위에서 근무시간 외에 소방시설업이 아닌 다른 업종에 종사하는 경우는 제외한다.)

- 소방기술 인정 자격수첩 또는 소방기술자 경력수첩을 발급받은 사람이 동시에 둘 이상의 업체에 취업한 경우는 (㉠)의 기간을 정하여 그 자격을 정지시킬 수 있다.
- 소방기술 인정 자격수첩 또는 소방기술자 경력수첩을 다른 사람에게 빌려 준 경우에는 그 자격을 취소하여야 하며 빌려 준 사람은 (㉡) 이하의 벌금에 처한다.

① ㉠ 6개월 이상 1년 이하, ㉡ 200만원
② ㉠ 6개월 이상 1년 이하, ㉡ 300만원
③ ㉠ 6개월 이상 2년 이하, ㉡ 200만원
④ ㉠ 6개월 이상 2년 이하, ㉡ 300만원

해설 (소방시설공사업법 제28조)
소방기술 경력 등의 인정 등

소방청장은 자격수첩 또는 경력수첩을 발급받은 사람이 다음 각 호의 어느 하나에 해당하는 경우에는 행정안전부령으로 정하는 바에 따라 그 자격을 취소하거나 **6개월 이상 2년 이하의 기간**을 정하여 그 **자격을 정지**시킬 수 있다. 다만, 제①호와 제②호에 해당하는 경우에는 그 자격을 취소하여야 한다.
① 거짓이나 그 밖의 부정한 방법으로 자격수첩 또는 경력수첩을 발급받은 경우
② 규정을 위반하여 자격수첩 또는 경력수첩을 다른 사람에게 빌려준 경우
③ 규정을 위반하여 동시에 둘 이상의 업체에 취업한 경우
④ 이 법 또는 이 법에 따른 명령을 위반한 경우
(소방시설공사업법 제37조 벌칙)
300만원 이하의 벌금
① 등록증이나 등록수첩을 다른 자에게 **빌려준 자**
② 소방시설공사 현장에 감리원을 배치하지 아니한 자
③ 감리업자의 보완 요구에 따르지 아니한 자
④ 규정을 위반하여 공사감리 계약을 해지하거나 대가 지급을 거부하거나 지연시키거나 불이익을 준 자
⑤ 자격수첩 또는 경력수첩을 빌려 준 사람
⑥ 동시에 둘 이상의 업체에 취업한 사람
⑦ 관계인의 정당한 업무를 방해하거나 업무상 알게 된 비밀을 누설한 사람

해답 ④

52 소방시설 설치 및 관리에 관한 법령에 따른 특정소방대상물 중 운동시설의 용도로 사용하는 바닥면적의 합계가 50m²일 때 수용인원은? (단, 관람석이 없으며 복도, 계단 및 화장실의 바닥면적은 포함하지 않은 경우이다.)

① 8명   ② 11명
③ 17명   ④ 26명

해설
$N = \dfrac{50m^2}{4.6m^2} = 10.87명$ ∴ 11명
(계산 결과 소수점 이하의 수는 반올림)
(소방시설법 시행령 제17조의 별표7)
수용인원의 산정 방법
(1) 숙박시설이 있는 특정소방대상물
   ① 침대가 있는 숙박시설

종사자 수+침대 수(2인용 침대는 2개로 산정)를 합한 수
② 침대가 없는 숙박시설
종사자 수+ 바닥면적의 합계를 3m²로 나누어 얻은 수를 합한 수
(2) 숙박시설이 없는 특정소방대상물
① 강의실·교무실·상담실·실습실·휴게실 용도로 쓰이는 특정소방대상물
바닥면적의 합계를 1.9m²로 나누어 얻은 수
② 강당, 문화 및 집회시설, 운동시설, 종교시설
바닥면적의 합계를 4.6m²로 나누어 얻은 수
③ 그 밖의 특정소방대상물
바닥면적의 합계를 3m²로 나누어 얻은 수

해답 ②

53 소방신호의 종류가 아닌 것은?

① 진화신호　② 발화신호
③ 경계신호　④ 해제신호

해설 기본법 제18조(소방신호의 목적)
① 화재예방
② 소방활동
③ 소방훈련

기본법 시행규칙 제10조(소방신호의 종류)
① 경계신호 : 화재예방상 필요하다고 인정되거나 화재위험경보시 발령
② 발화신호 : 화재가 발생한 때 발령
③ 해제신호 : 소화활동이 필요 없다고 인정되는 때 발령
④ 훈련신호 : 훈련상 필요하다고 인정되는 때 발령

해답 ①

54 소방시설 설치 및 관리에 관한 법령에 따른 특정소방대상물의 연소방지설비 설치면제 기준 중 다음 ( ) 안에 해당하지 않는 소방시설은?

연소방지설비를 설치하여야 하는 특정소방대상물에 ( )를 화재안전기준에 적합하게 설치한 경우에는 그 설비의 유효범위에서 설치가 면제된다.

① 스프링클러설비　② 강화액소화설비
③ 물분무소화설비　④ 미분무소화설비

해설 (소방시설법 시행령 제14조의 별표6)
특정소방대상물의 소방시설 설치의 면제기준

설치면제 소방시설	설치면제 요건
스프링클러설비	자동소화장치 및 물분무등소화설비
물분무 등 소화설비	스프링클러설비(차고, 주차장)
간이스프링클러설비	스프링클러설비 또는 물분무소화설비, 미분무소화설비
비상경보설비 또는 단독경보형감지기	자동화재탐지설비, 화재알림설비
비상경보설비	단독경보형 감지기를 2개 이상의 단독경보형 감지기와 연동하여 설치하는 경우
비상방송설비	자동화재탐지설비 또는 비상경보설비
연결살수설비	스프링클러설비·간이스프링클러설비 또는 물분무소화설비, 미분무소화설비
제연설비	공기조화설비
비상조명등	피난구유도등 또는 통로유도등
누전경보기	아크경보기 또는 지락차단장치
무선통신 보조설비	이동통신구내중계기설로설비 또는 무선이동중계기
상수도 소화용수설비	수평거리 140m 이내에 공공의 소방을 위한 소화전
연소방지설비	스프링클러설비 또는 물분무소화설비, 미분무소화설비
연결송수관설비	옥내소화전설비·스프링클러설비·간이스프링클러설비 또는 연결살수설비
자동화재탐지설비	자동화재 탐지설비의 기능(감지·수신·경보기능)과 성능을 가진 화재알림설비, 스프링클러설비 또는 물분무등소화설비

해답 ②

55 소방시설 설치 및 관리에 관한 법령에 따른 건축허가등의 동의대상물의 범위 기준 중 틀린 것은?

① 건축등을 하려는 학교시설 : 연면적 200m² 이상
② 노유자시설 : 연면적 200m² 이상
③ 정신의료기관(입원실이 없는 정신건강의학과 의원은 제외) : 연면적 300m² 이상
④ 장애인 의료재활시설 : 연면적 300m² 이상

해설 (소방시설법 시행령 제7조)
건축허가등의 동의대상물의 범위 등
(1) 연면적 400m² 이상

다만, 다음에 해당하는 경우에는 기준 이상
  ① **학교시설** : 100m²
  ② **노유자시설 및 수련시설** : 200m²
  ③ **정신의료기관** : 300m²
  ④ **장애인 의료재활시설** : 300m²
(2) **지하층 또는 무창층** 150m²(공연장 100m²)
(3) 차고 · 주차장 또는 주차용도로 사용시설
  ① **차고 · 주차장** : 200m² 이상
  ② 기계장치에 의한 **자동차 20대 이상**
(4) **층수가 6층 이상**인 건축물
(5) 항공기격납고, 관망탑, 항공관제탑, 방송용 송수신탑
(6) 공동주택, 의원(입원실, 인공신장실이 있는 것) · 조산원 · 산후조리원, 숙박시설, 위험물 저장 및 처리 시설, 풍력발전소 · 전기저장시설, 지하구
(7) 노유자시설((1)의 ②에 해당하지 않는 시설)
(8) **요양병원**(의료재활시설은 제외)
(9) **750배** 이상의 **특수가연물**을 저장 · 취급
⑩ **가스시설**로서 지상 노출 탱크 100톤 이상

해답 ①

56 위험물안전관리법령에 따른 위험물의 유별 저장 · 취급의 공통기준 중 다음 ( ) 안에 알맞은 것은?

( )위험물은 산화제와의 접촉 · 혼합이나 불티 · 불꽃 · 고온체와의 접근 또는 과열을 피하는 한편, 철분 · 금속분 · 마그네슘 및 이를 함유한 것에 있어서는 물이나 산과의 접촉을 피하고 인화성 고체에 있어서는 함부로 증기를 발생시키지 아니하여야 한다.

① 제1류   ② 제2류
③ 제3류   ④ 제4류

해설 **위험물의 유별 저장 · 취급의 공통기준(중요기준)**
(1) 제1류 위험물은 가연물과의 접촉 · 혼합이나 분해를 촉진하는 물품과의 접근 또는 과열 · 충격 · 마찰 등을 피하는 한편, 알카리금속의 과산화물 및 이를 함유한 것에 있어서는 물과의 접촉을 피하여야 한다.
(2) 제2류 위험물은 산화제와의 접촉 · 혼합이나 불티 · 불꽃 · 고온체와의 접근 또는 과열을 피하는 한편, 철분 · 금속분 · 마그네슘 및 이를 함유한 것에 있어서는 물이나 산과의 접촉을 피하고 인화성 고체에 있어서는 함부로 증기를 발생시키지 아니하여야 한다.
(3) 제3류 위험물 중 자연발화성물질에 있어서는 불티 · 불꽃 또는 고온체와의 접근 · 과열 또는 공기와의 접촉을 피하고, 금수성물질에 있어서는 물과의 접촉을 피하여야 한다.
(4) 제4류 위험물은 불티 · 불꽃 · 고온체와의 접근 또는 과열을 피하고, 함부로 증기를 발생시키지 아니하여야 한다.
(5) 제5류 위험물은 불티 · 불꽃 · 고온체와의 접근이나 과열 · 충격 또는 마찰을 피하여야 한다.
(6) 제6류 위험물은 가연물과의 접촉 · 혼합이나 분해를 촉진하는 물품과의 접근 또는 과열을 피하여야 한다.

해답 ②

57 소방시설 설치 및 관리에 관한 법에 따른 소방시설관리업자가 사망한 경우 그 상속인이 소방시설관리업자의 지위를 승계한 자는 누구에게 신고하여야 하는가?

① 소방청장   ② 시 · 도지사
③ 소방본부장   ④ 소방서장

해설 **(소방시설법 제32조) 관리업자의 지위승계**
관리업자의 지위를 승계한 자는 행정안전부령으로 정하는 바에 따라 **시 · 도지사**에게 신고하여야 한다.

해답 ②

58 소방기본법령에 따른 급수탑 및 지상에 설치하는 소화전 · 저수조의 경우 소방용수표지 기준 중 다음 ( ) 안에 알맞은 것은?

문자는 (㉠), 내측바탕은 (㉡), 외측 바탕은 (㉢)으로 하고 반사도료를 사용하여야 한다.

① ㉠ 검은색, ㉡ 청색, ㉢ 적색
② ㉠ 검은색, ㉡ 적색, ㉢ 청색
③ ㉠ 백색, ㉡ 청색, ㉢ 적색
④ ㉠ 백색, ㉡ 적색, ㉢ 청색

해설 **소방용수표지**
① **지하**에 설치하는 **소화전 또는 저수조**의 경우

㉠ 맨홀뚜껑은 지름 648mm 이상의 것으로 할 것
㉡ 맨홀뚜껑에는 "소화전·주차금지" 또는 "저수조·주차금지"의 표시를 할 것
㉢ 맨홀뚜껑 부근에는 황색반사도료로 폭 15cm의 선을 그 둘레를 따라 칠할 것
② 급수탑 및 지상에 설치하는 소화전·저수조의 경우
㉠ **문자는 백색, 내측바탕은 적색, 외측바탕은 청색**으로 하고 반사도료를 사용하여야 한다.
㉡ 위의 표지를 세우는 것이 매우 어렵거나 부적당한 경우에는 그 규격 등을 다르게 할 수 있다.

해답 ④

59 위험물안전관리법령에 따른 다수의 제조소등을 설치한 자가 1인의 안전관리자를 중복하여 선임할 수 있는 경우의 기준 중 다음 ( ) 안에 알맞은 것은? (단, 아래의 기준에 모두 적합한 5개 이하의 제조소등을 동일인이 설치한 경우이다.)

- 각 제조소등이 동일 구내에 위치하거나 상호 (㉠)m 이내의 거리에 있을 것
- 각 제조소등에서 자장 또는 취급하는 위험물의 최대수량이 지정수량의 (㉡)배 미만일 것. 다만, 저장소의 경우에는 그러하지 아니하다.

① ㉠ 100, ㉡ 3000 ② ㉠ 300, ㉡ 3000
③ ㉠ 100, ㉡ 1000 ④ ㉠ 300, ㉡ 1000

해설 **1인의 안전관리자를 중복하여 선임할 수 있는 경우 등(위험물법 시행령 제12조)**
① 보일러·버너 또는 이와 비슷한 것으로서 위험물을 소비하는 장치로 이루어진 **7개 이하**의 일반취급소와 그 일반취급소에 공급하기 위한 위험물을 저장하는 저장소를 동일인이 설치한 경우
② 위험물을 차량에 고정된 탱크 또는 운반용기에 옮겨 담기 위한 **5개 이하의 일반취급소**(일반취급소간의 거리가 300m 이내인 경우)와 그 일반취급소에 공급하기 위한 위험물을 저장하는 **저장소를 동일인이 설치한 경우**
③ **동일 구내에 있거나 상호 100m 이내의 거리에** 있는 **저장소**로서 저장소의 규모, 저장하는 위험물의 종류 등을 고려하여 행정안전부령이 정하는 저장소를 동일인이 설치한 경우
④ 다음 각목의 기준에 모두 적합한 5개 이하의 제조소등을 동일인이 설치한 경우
㉠ 각 제조소등이 동일구내에 위치하거나 상호 100m 이내의 거리에 있을 것
㉡ 각 제조소등에서 저장 또는 취급하는 위험물의 최대수량이 지정수량의 3천배 미만일 것
⑤ 그 밖에 행정안전부령이 정하는 제조소등을 동일인이 설치한 경우

해답 ①

60 위험물안전관리법에 따른 정기검사의 대상인 제조소등의 기준 중 다음 ( ) 안에 알맞은 것은?

정기점검의 대상이 되는 제조소등의 관계인 가운데 액체위험물을 저장 또는 취급하는 ( )L 이상의 옥외탱크저장소의 관계인은 행정안전부령이 정하는 바에 따라 소방본부장 또는 소방서장으로부터 당해 제조소등이 규정에 따른 기술기준에 적합하게 유지되고 있는지의 여부에 대하여 정기적으로 검사를 받아야 한다.

① 50만 ② 100만
③ 150만 ④ 200만

해설 (1) **정기점검의 대상인 제조소등**
① 관계인이 예방규정을 정하여야 하는 제조소등에 해당하는 제조소등

관계인이 예방규정을 정하여야 하는 제조소등
• 지정수량의 10배 이상의 위험물을 취급하는 제조소
• 지정수량의 100배 이상의 위험물을 저장하는 옥외저장소
• 지정수량의 150배 이상의 위험물을 저장하는 옥내저장소
• 지정수량의 200배 이상의 위험물을 저장하는 옥외탱크저장소
• 암반탱크저장소
• 이송취급소
• 지정수량의 10배 이상의 위험물을 취급하는 일반취급소

② 지하탱크저장소
③ 이동탱크저장소
④ 위험물을 취급하는 탱크로서 지하에 매설된 탱크가 있는 제조소·주유취급소 또는 일반취급소

(2) 정기검사의 대상인 제조소등
　　액체위험물을 저장 또는 취급하는 50만리터 이상의 옥외탱크저장소.
(3) 정기점검의 횟수
　　제조소등의 관계인은 당해 제조소등에 대하여 **연 1회 이상 정기점검을 실시**

해답 ①

② 고온의 물질 및 증류범위가 넓어 끓어 넘치는 위험이 있는 물질을 저장 또는 취급하는 장소
③ 운전시에 표면의 온도가 260℃ 이상으로 되는 등 직접 분무를 하는 경우 그 부분에 손상을 입힐 우려가 있는 기계장치 등이 있는 장소

해답 ④

제4과목 소방기계시설의 구조 및 원리

61 포헤드의 설치기준 중 다음 ( ) 안에 알맞은 것은?

포워터스프링클러헤드는 특정소방대상물의 천장 또는 반자에 설치하되, 바닥면적 ( )m²마다 1개 이상으로 하여 해당 방호대상물의 화재를 유효하게 소화할 수 있도록 할 것

① 4　　　　② 6
③ 8　　　　④ 9

해설 포 헤드 설치기준

포 헤드	포 워터스프링클러헤드
9m²마다 1개 이상	8m²마다 1개 이상

해답 ③

62 물분무소화설비의 물분무헤드를 설치하지 아니할 수 있는 기준 중 다음 ( ) 안에 알맞은 것은?

운전 시에 표면의 온도가 ( )℃ 이상으로 되는 등 직접 분무를 하는 경우 그 부분에 손상을 입을 우려가 있는 기계장치 등이 있는 장소

① 79　　　　② 121
③ 162　　　④ 260

해설 물분무헤드의 설치 제외장소
① 물에 심하게 반응하는 물질 또는 물과 반응해 위험한 물질을 생성하는 물질을 저장 또는 취급하는 장소

63 스프링클러설비의 수평주행배관에서 연결된 교차배관의 총 길이가 18m이다. 배관에 설치되는 행가의 최소 설치수량으로 옳은 것은?

① 1개　　　　② 2개
③ 3개　　　　④ 4개

해설 $N = \dfrac{18}{4.5} = 4$개

배관의 행가 설치기준
(1) 가지배관
　① 헤드 설치지점 사이마다 1개 이상 행가설치
　② 상향식헤드의 경우에는 그 헤드와 행가 사이에 8cm 이상의 간격을 둘 것(단, 헤드간의 거리가 3.5m를 초과시 3.5m 이내마다 1개 이상 설치)
(2) 교차배관
　① 가지배관과 가지배관 사이마다 1개 이상의 행가를 설치
　② 가지배관 사이의 거리가 4.5m를 초과하는 경우에는 4.5m 이내마다 1개 이상 설치
(3) 수평주행배관
　4.5m 이내마다 1개 이상 설치

해답 ④

64 특정소방대상물별 소화기구의 능력단위기준 중 옳은 것은? (단, 건축물의 주요구조부가 내화구조이고, 벽 및 반자의 실내에 면하는 부분이 불연재료·준불연재료 또는 난연재료로 된 특정소방대상물인 경우이다.)

① 위락시설 : 해당 용도의 바닥면적 30m²마다 능력단위 1단위 이상
② 공연장 : 해당 용도의 바닥면적 50m²마다 능력단위 1단위 이상

③ 의료시설 : 해당 용도의 바닥면적 $100m^2$ 마다 능력단위 1단위 이상
④ 노유자시설 : 해당 용도의 바닥면적 $100m^2$ 마다 능력단위 1단위 이상

해설 소방대상물별 소화기구의 능력단위기준

소 방 대 상 물	소화기구의 능력단위
1. 위락시설	$30m^2$ 마다 1단위 이상
2. 공연장·집회장·관람장·국가유산 · **장례식장 및 의료시설**	$50m^2$ 마다 1단위 이상
3. 근린생활시설·판매시설·운수시설·숙박시설·노유자시설·전시장·공동주택·업무시설·방송통신시설·공장·창고시설·항공기 및 자동차 관련 시설 및 **관광휴게시설**	$100m^2$ 마다 1단위 이상
4. 그 밖의 것	$200m^2$ 마다 1단위 이상

[주] 소화기구의 능력단위를 산출함에 있어서 건축물의 주요구조부가 내화구조이고, 벽 및 반자의 실내에 면하는 부분이 불연재료·준불연재료 또는 난연재료로 된 소방대상물에 있어서는 위 표의 기준면적의 **2배를 당해 소방대상물의 기준면적으로** 한다.

해답 ③

65 포소화약제의 혼합장치 중 펌프의 토출관과 흡입관 사이의 배관도중에 설치한 흡입기에 펌프에서 토출된 물의 일부를 보내고, 농도조절밸브에서 조정된 포소화약제의 필요량을 포소화약제 탱크에서 펌프 흡입측으로 보내어 이를 혼합하는 방식은?

① 펌프 푸로포셔너 방식
② 프레져 푸로포셔너 방식
③ 라인 푸로포셔너 방식
④ 프레져 사이드 푸로포셔너 방식

해설 포소화약제의 혼합장치
① 펌프 프로포셔너 방식
펌프의 토출관과 흡입관 사이의 배관도중에 설치한 흡입기에 펌프에서 토출된 물의 일부를 보내고, 농도 조정밸브에서 조정된 포 소화약제의 필요량을 포 소화약제 탱크에서 펌프 흡입측으로 보내어 이를 혼합하는 방식

② 프레져 프로포셔너 방식
펌프와 발포기의 중간에 설치된 벤추리관의 벤추리작용과 펌프 가압수의 포 소화약제 저장탱크에 대한 압력에 의하여 포소화약제를 흡입·혼합하는 방식

③ 라인 프로포셔너 방식
펌프와 발포기의 중간에 설치된 벤추리관의 벤추리 작용에 의하여 포소화약제를 흡입·혼합하는 방식

④ 프레져사이드 프로포셔너 방식
펌프의 토출관에 압입기를 설치하여 포 소화약제 압입용 펌프로 포소화약제를 압입시켜 혼합하는 방식

해답 ①

66 청정소화약제소화설비(할로젠화합물 및 불활성기체소화설비)를 설치한 특정소방대상물 또는 그 부분에 대한 자동폐쇄장치의 설치기준

중 다음 ( ) 안에 알맞은 것은?

> 개구부가 있거나 천장으로부터 (㉠)m 이상의 아래 부분 또는 바닥으로부터 해당 층의 높이의 (㉡) 이내의 부분에 통기구가 있어 소화약제의 유출에 따라 소화 효과를 감소시킬 우려가 있는 것은 소화약제가 방사되기 전에 당해 개구부 및 통기구를 폐쇄할 수 있도록 할 것

① ㉠ 1.5, ㉡ $\frac{1}{3}$ ② ㉠ 1.5, ㉡ $\frac{2}{3}$
③ ㉠ 1, ㉡ $\frac{1}{3}$ ④ ㉠ 1, ㉡ $\frac{2}{3}$

해설 할로젠화합물 및 불활성기체 소화설비의 자동폐쇄장치
① 환기장치를 설치한 것은 소화약제가 방사되기 전에 해당 환기장치가 정지할 수 있도록 할 것
② 개구부가 있거나 천장으로부터 **1m 이상의 아래 부분** 또는 바닥으로부터 해당 층의 높이의 **3분의 2 이내의 부분**에 통기구가 있어 소화약제의 유출에 따라 소화효과를 감소시킬 우려가 있는 것은 소화약제가 방사되기 전에 당해 **개구부 및 통기구를 폐쇄**할 수 있도록 할 것
③ 자동폐쇄장치는 방호구역 또는 방호대상물이 있는 구획의 밖에서 복구 할 수 있는 구조로 하고, 그 위치를 표시하는 표지를 할 것

해답 ④

67 소화수조 및 저수조의 전동기 또는 내연기관에 따른 펌프를 이용하는 가압송수장치의 설치기준 중 다음 ( ) 안에 알맞은 것은? (단, 수원의 수위가 펌프의 위치보다 높거나 수직회전축 펌프의 경우는 제외한다.)

> 펌프의 토출측에는 (㉠)를 체크밸브 이전에 펌프 토출측 플랜지에서 가까운 곳에 설치하고, 흡입측에는 (㉡) 또는 (㉢)를 설치할 것

① ㉠ 압력계, ㉡ 연성계, ㉢ 진공계
② ㉠ 연성계, ㉡ 압력계, ㉢ 진공계
③ ㉠ 진공계, ㉡ 압력계, ㉢ 연성계
④ ㉠ 연성계, ㉡ 진공계, ㉢ 압력계

해설 옥내소화전설비의 가압송수장치
(1) 펌프의 토출 측에는 압력계를 체크밸브 이전에 펌프토출 측 플랜지에서 가까운 곳에 설치하고, 흡입 측에는 연성계 또는 진공계를 설치할 것
(2) 가압송수장치에는 정격부하운전 시 펌프의 성능을 시험하기 위한 배관을 설치할 것. 다만, 충압펌프의 경우에는 그러하지 아니하다.
(3) 가압송수장치에는 체절운전 시 수온의 상승을 방지하기 위한 순환배관을 설치할 것. 다만, 충압펌프의 경우에는 그러하지 아니하다.
(4) 기동용수압개폐장치(압력챔버)를 사용할 경우 그 용적은 100L 이상의 것으로 할 것
(5) 가압송수장치의 체절운전 시 수온의 상승을 방지하기 위하여 체크밸브와 펌프사이에서 분기한 구경 20mm 이상의 배관에 체절압력 이하에서 개방되는 릴리프밸브를 설치하여야 한다.

해답 ①

68 폐쇄형스프링클러헤드의 설치기준 중 다음 ( ) 안에 알맞은 것은?

> 폐쇄형스프링클러헤드는 그 설치장소의 평상시 최고 주위온도에 따라 표시온도의 것으로 설치하여야 한다. 다만, 높이가 4m 이상인 공장 및 창고(랙크식 창고를 포함)에 설치하는 스프링클러헤드는 그 설치장소의 평상시 최고 주위온도에 관계없이 표시온도 ( )℃ 이상의 것으로 할 수 있다.

① 64   ② 79
③ 121   ④ 162

해설 폐쇄형 스프링클러헤드의 설치기준
① 헤드로부터 **반경 60cm 이상**의 공간을 보유할 것(단, 벽과 헤드간의 공간은 10cm 이상)
② 헤드와 그 부착면과의 거리는 **30cm 이하**로 할 것
③ 배관·행가 및 조명기구 등 살수가 방해될 경우 그로부터 아래에 설치하여 살수에 장애가 없도록 할 것
④ 설치장소의 평상시 최고 주위온도에 따라 다음 표에 따른 표시온도의 것으로 설치할 것. 다만, **높이가 4m 이상인 공장 및 창고**(랙크식 창고를 포함)에 설치하는 스프링클러헤드는 그 설치장

소의 평상시 최고 주위온도에 관계없이 121℃ 이상의 것으로 할 수 있다.

최고 주위온도	표시온도
39℃ 미만	79℃ 미만
39℃ 이상 64℃ 미만	79℃ 이상 121℃ 미만
64℃ 이상 106℃ 미만	121℃ 이상 162℃ 미만
106℃ 이상	162℃ 이상

⑤ 습식스프링클러설비 및 부압식스프링클러설비 외의 설비에는 **상향식스프링클러헤드를** 설치

예외인 경우
- 드라이펜던트스프링클러헤드를 사용하는 경우
- 스프링클러헤드의 설치장소가 동파의 우려가 없는 곳인 경우
- 개방형 스프링클러헤드를 사용하는 경우

⑥ 스프링클러헤드의 반사판은 그 부착면과 평행하게 설치할 것

해답 ③

69 호스릴이산화탄소소화설비는 방호대상물의 각 부분으로부터 하나의 호스접결구까지의 수평거리는 최대 몇 m 이하가 되도록 설치하여야 하는가?

① 10   ② 15
③ 20   ④ 25

해설 호스릴 이산화탄소소화설비 설치기준
① 수평거리가 15m 이하
② 노즐은 20℃에서 하나의 노즐마다 60kg/min 이상의 소화약제를 방사할 수 있는 것으로 할 것
③ 소화약제 저장용기는 호스릴을 설치하는 장소마다 설치할 것
④ 소화약제 저장용기의 개방밸브는 호스의 설치장소에서 수동으로 개폐할 수 있는 것으로 할 것
⑤ 소화약제 저장용기의 가장 가까운 곳의 보기 쉬운 곳에 표시등을 설치하고, 호스릴 이산화탄소소화설비가 있다는 뜻을 표시한 표지를 할 것

해답 ②

70 소화기구의 소화약제별 적응성 기준 중 A급화재에 적응성을 가지는 소화약제가 아닌 것은?

① 인산염류소화약제
② 중탄산염류소화약제
③ 산알칼리소화약제
④ 고체에어로졸화합물

해설 소화기구의 소화약제별 적응성

구분		일반화재 (A급 화재)	유류화재 (B급 화재)	전기화재 (C급 화재)	주방화재 (K급 화재)
가스	이산화탄소	-	O	O	-
	할론	O	O	O	-
	할로젠화합물 및 불활성기체 소화약제	O	O	O	-
분말	인산염류	O	O	O	-
	중탄산염류	-	O	O	*
액체	산알칼리	O	O	*	-
	강화액	O	O	*	*
	포	O	O	*	*
	물·침윤	O	O	*	*
기타	고체에어로졸	O	O	O	-
	마른모래	O	O	-	-
	팽창질석·팽창진주암	O	O	-	-
	그 밖의 것	-	-	-	*

(주) "*"의 소화약제별 적응성은 형식승인 및 제품검사의 기술기준에 따라 화재 종류별 적응성에 적합한 것으로 인정되는 경우에 한한다.

해답 ②

71 상수도소화용수설비를 설치하여야 하는 특정소방대상물의 기준 중 다음 ( ) 안에 알맞은 것은?

- 연면적 (㉠)m² 이상인 것. 다만, 위험물 저장 및 처리 시설 중 가스시설, 터널 또는 지하구의 경우에는 그러하지 아니하다.
- 가스시설로서 지상에 노출된 탱크의 저장용량의 합계가 (㉡)톤 이상인 것

① ㉠ 5000, ㉡ 100   ② ㉠ 5000, ㉡ 30
③ ㉠ 1000, ㉡ 100   ④ ㉠ 1000, ㉡ 30

해설 상수도소화용수설비 설치대상
상수도소화용수설비를 설치하여야 하는 특정소방대상물의 대지 경계선으로부터 180m 이내에 지름 **75mm 이상인 상수도용 배수관**이 설치되지 않은 지역의 경우에는 화재안전기준에 따른 **소화수조 또는 저수조**를 설치하여야 한다.
① **연면적 5천m² 이상**인 것. 다만, 위험물 저장 및

처리 시설 중 가스시설, 터널 또는 지하구의 경우에는 그러하지 아니하다.
② 가스시설로서 지상에 노출된 탱크의 저장용량의 합계가 100톤 이상인 것
③ 폐기물재활용시설 및 폐기물처분시설

해답 ①

72 연결살수설비 배관의 설치기준 중 옳은 것은?

① 연결살수설비 전용헤드를 사용하는 경우 하나의 배관에 부착하는 살수헤드의 개수가 2개이면 배관의 구경은 50mm 이상으로 설치하여야 한다.
② 옥내소화전설비가 설치된 경우 폐쇄형헤드를 사용하는 연결살수설비의 주배관은 옥내소화전설비의 주배관에 접속하여야 한다.
③ 개방형헤드를 사용하는 연결살수설비의 수평주행배관은 헤드를 향하여 상향으로 1/50 이상의 기울기로 설치하여야 한다.
④ 가지배관을 설치하는 경우에는 가지배관의 배열은 토너먼트방식으로 하여야 한다.

해설 연결살수설비의 설치기준
① 연결살수설비 전용헤드 수별 급수관의 구경

부착하는 전용헤드의 개수	1개	2개	3개	4~5개	6~10개
배관구경(mm)	32	40	50	65	80

② 폐쇄형헤드를 사용하는 연결살수설비
주배관은 다음에 해당 하는 배관 또는 수조에 접속
㉠ **옥내소화전설비의 주배관**
㉡ 수도배관
㉢ 옥상에 설치된 수조
③ 개방형헤드를 사용하는 연결살수설비
수평주행배관은 헤드를 향하여 상향으로 **100분의 1 이상**의 기울기로 설치
④ 가지배관 또는 교차배관을 설치하는 경우에는 가지배관의 배열은 **토너먼트방식이 아니어야** 한다.

해답 ②

73 인명구조기구 중 공기호흡기를 층마다 2개 이상 비치하여야 할 특정소방대상물의 용도 및 장소별 설치기준 중 다음 ( ) 안에 알맞은 것은?

• 문화 및 집회시설 중 수용인원 (㉠)명 이상의 영화상영관
• (㉡)

① ㉠ 50, ㉡ 터널
② ㉠ 50, ㉡ 지하상가
③ ㉠ 100, ㉡ 터널
④ ㉠ 100, ㉡ 지하상가

해설 용도 및 장소별로 설치하여야 할 인명구조기구

특정소방대상물	종 류	설치 수량
• (지하층 포함)7층 이상 관광호텔 및 5층 이상 병원	• 방열복 또는 방화복(안전모, 보호장갑 및 안전화 포함) • 공기호흡기 • 인공소생기	각 2개 이상 비치할 것(병원의 경우에는 인공소생기를 설치하지 않을 수 있다.)
• 문화 및 집회시설 중 수용인원 100명 이상의 영화상영관 • 판매시설 중 대규모 점포 • 운수시설 중 지하역사 • 지하상가	• 공기호흡기	**층마다 2개 이상** 비치할 것. 다만, 각 층마다 갖추어 두어야 할 공기호흡기 중 일부를 직원이 상주하는 인근 사무실에 갖추어 둘 수 있다.
• 물분무등소화설비 중 이산화탄소소화설비를 설치대상	• 공기호흡기	• 이산화탄소소화설비가 설치된 장소의 출입구 외부 인근에 1대 이상 비치할 것

해답 ④

74 옥내·외소화전설비의 수원의 기준 중 다음 ( ) 안에 알맞은 것은?

• 옥내소화전설비의 수원은 그 저수량이 옥내소화전의 설치개수가 가장 많은 층의 설치개수에 (㉠)m³를 곱한 양 이상
• 옥외소화전설비의 수원은 그 저수량이 옥외소화전의 설치개수에 (㉡)m³를 곱한 양 이상

① ㉠ 1.6, ㉡ 2.6
② ㉠ 2.6, ㉡ 7
③ ㉠ 7, ㉡ 2.6
④ ㉠ 2.6, ㉡ 1.6

[해설] 옥내소화전설비의 수원의 양

$$Q = N \times 2.6\text{m}^3 \text{(호스릴 옥내소화전설비 포함)}$$

여기서, Q : 수원의 양(m^3)
N : 가장 많이 설치된 층의 소화전개수 (최대 2개)

옥외소화전설비의 수원의 양

$$Q = N \times 7\text{m}^3$$

여기서, N : 옥외소화전의 설치개수(최대 2개)

[해답] ②

75 연소방지설비를 설치하여야 하는 적용대상물의 기준 중 옳은 것은?

① 지하구(전력 또는 통신사업용인 것)
② 가스시설 중 지상에 노출된 탱크의 용량이 30톤 이상인 탱크시설
③ 지하층(피난층으로 주된 출입구가 도로와 접한 경우는 제외)으로서 바닥면적의 합계가 150m² 이상인 것
④ 판매시설, 운수시설, 창고시설 중 물류터미널로서 해당 용도로 사용되는 부분의 바닥면적의 합계가 1000m² 이상인 것

[해설] 연소방지설비 설치대상
지하구(전력 또는 통신사업용인 것만 해당)

[해답] ①

76 완강기 및 간이완강기의 최대사용하중 기준은 몇 N 이상이어야 하는가?

① 800 ② 1000
③ 1200 ④ 1500

[해설] 완강기의 최대사용하중 및 최대사용자수 등
① 최대사용하중은 1500N 이상의 하중이어야 한다.
② 최대사용자수(1회에 강하할 수 있는 사용자의 최대수)는 최대사용하중을 1500N으로 나누어서 얻은 값으로 한다.
③ 최대사용자수에 상당하는 수의 벨트가 있어야 한다.

[해답] ④

77 분말소화설비 가압용가스에 이산화탄소를 사용하는 것의 이산화탄소는 소화약제 1kg에 대하여 몇 g에 배관의 청소에 필요한 양을 가산한 양 이상으로 설치하여야 하는가?

① 10 ② 15
③ 20 ④ 40

[해설] 분말소화설비의 가압용가스용기
① 분말소화약제의 가스용기는 분말소화약제의 저장용기에 접속하여 설치하여야 한다.
② 분말소화약제의 가압용가스 용기를 **3병 이상** 설치한 경우에는 **2개 이상의 용기**에 **전자개방 밸브**를 **부착**하여야 한다.
③ 분말소화약제의 가압용가스 용기에는 **2.5MPa** **이하**의 압력에서 조정이 가능한 **압력조정기**를 설치하여야 한다.
④ 가압용가스 또는 축압용가스

구분	질소가스 사용 시	이산화탄소 사용 시
가압용 가스	40L(질소)/1kg(약제) 이상 (35℃, 1기압 기준)	20g(CO_2)/1kg(약제) +배관청소에 필요한 양
축압용 가스	10L(질소)/1kg(약제) 이상 (35℃, 1기압 기준)	20g(CO_2)/1kg(약제) +배관청소에 필요한 양

※ 배관 청소용 가스는 별도 용기에 저장

[해답] ③

78 미분무소화설비의 미분무헤드 설치기준 중 틀린 것은?

① 하나의 헤드까지의 수평거리 산정은 설계자가 제시하여야 한다.
② 미분무 설비에 사용되는 헤드는 표준형 헤드를 설치하여야 한다.
③ 폐쇄형 미분무헤드는 그 설치장소의 평상시 최고주위온도에 따라 $T_a = 0.9 T_m - 27.3$℃ 식에 따른 표시온도의 것으로 설치하여야 한다.
④ 미분무헤드는 소방대상물의 천장·반자·천장과 반자 사이·덕트·선반 기타 이와 유사한 부분에 설계자의 의도에 적합하도록 설치하여야 한다.

해설 미분무소화설비의 미분무헤드
① 미분무헤드는 소방대상물의 천장·반자·천장과 반자 사이·덕트·선반 기타 이와 유사한 부분에 **설계자의 의도**에 적합하도록 설치하여야 한다.
② 하나의 헤드까지의 수평거리 산정은 **설계자가 제시**하여야 한다.
③ 미분무 설비에 사용되는 헤드는 **조기반응형 헤드**를 설치하여야 한다.
④ 폐쇄형 미분무헤드는 그 설치장소의 평상시 최고주위온도에 따라 다음 식에 따른 표시온도의 것으로 설치하여야 한다.

$$T_a = 0.9 T_m - 27.3℃$$

여기서, T_a : 최고주위온도
T_m : 헤드의 표시온도

⑤ 미분무 헤드는 배관, 행거 등으로부터 살수가 방해되지 아니하도록 설치하여야 한다.
⑥ 미분무 헤드는 설계도면과 동일하게 설치하여야 한다.
⑦ 미분무 헤드는 '한국소방산업기술원' 또는 성능시험기관으로 지정받은 기관에서 검증받아야 한다.

해답 ②

79 스프링클러설비의 종류에 따른 밸브 및 헤드의 연결이 옳은 것은? (단, 설비의 종류 – 밸브 – 헤드의 순이다.)

① 습식 – 스모렌스키체크밸브 – 폐쇄형헤드
② 건식 – 건식밸브 – 개방형헤드
③ 준비작동식 – 준비작동식밸브 – 개방형헤드
④ 일제살수식 – 일제개방밸브 – 개방형헤드

해설
① 습식-알람밸브-폐쇄형헤드
② 건식-건식밸브-폐쇄형헤드
③ 준비작동식-준비작동식밸브-폐쇄형헤드
④ 일제살수식-일제개방밸브-개방형헤드

해답 ④

80 분말소화설비 분말소화약제의 저장용기 설치기준 중 옳은 것은?

① 저장용기의 충전비는 0.7 이상으로 할 것
② 저장용기에는 가압식은 최고사용압력의 0.8배 이하, 축압식은 용기의 내압시험압력의 1.8배 이하의 압력에서 작동하는 안전밸브를 설치할 것
③ 제3종 분말소화약제 저장용기의 내용적은 (소화약제 1kg당 저장용기의 내용적) 1L로 할 것
④ 저장용기에는 저장용기의 내부압력이 설정압력으로 되었을 때 주밸브를 개방하는 압력조정기를 설치할 것

해설 분말소화약제의 저장용기 설치기준
① 저장용기의 내용적

소화약제의 종별	약제 1kg당 내용적
제1종 분말	0.8L
제2종 분말	1L
제3종 분말	1L
제4종 분말	1.25L

② 가압식은 최고사용압력의 1.8배 이하, 축압식은 용기의 내압시험압력의 0.8배 이하의 압력에서 작동하는 안전밸브를 설치
③ 저장용기의 내부압력이 설정압력으로 되었을 때 주밸브를 개방하는 정압작동장치를 설치
④ 충전비는 0.8 이상
⑤ 잔류 소화약제를 처리할 수 있는 청소장치를 설치
⑥ 축압식은 지시압력계를 설치

해답 ③

무료 동영상과 함께하는 소방설비(기계분야) 필기

2019

2019년 3월 3일 시행
2019년 4월 27일 시행
2019년 9월 21일 시행

무료 동영상과 함께하는
소방설비(기계분야) 필기

소방설비산업기사 – 기계분야

2019년 3월 3일 시행

제1과목 소방원론

01 위험물안전관리법령에서 정한 제5류 위험물의 대표적인 성질에 해당하는 것은?

① 산화성   ② 자연발화성
③ 자기반응성   ④ 가연성

해설 위험물의 분류 및 성질

류 별	성 질
제1류	산화성고체
제2류	가연성고체
제3류	자연발화성 및 금수성
제4류	인화성액체
제5류	자기반응성
제6류	산화성액체

해답 ③

02 등유 또는 경유 화재에 해당하는 것은?

① A급 화재   ② B급 화재
③ C급 화재   ④ D급 화재

해설 ※ 등유 또는 경유 – 제4류 – 제2석유류
화재의 분류

종 류	등급	색표시	소화방법
일반화재	A급	백색	냉각소화
유류화재	B급	황색	질식소화
전기화재	C급	청색	질식소화
금속화재	D급	–	피복소화
주방화재	K급	–	냉각 및 질식소화

해답 ②

03 소화기의 소화약제에 관한 공통적 성질에 대한 설명으로 틀린 것은?

① 산알칼리 소화약제는 양질의 유기산을 사용한다.
② 소화약제는 현저한 독성 또는 부식성이 없어야 한다.
③ 분말상의 소화약제는 고체화 및 변질 등 이상이 없어야 한다.
④ 액상의 소화약제는 결정의 석출, 용액의 분리, 부유물 또는 침전물 등 기타 이상이 없어야 한다.

해설 소화기의 소화약제에 관한 공통적 성질
① 산알칼리 소화약제는 황산과 탄산수소나트륨의 화학반응을 이용한 것이다.
② 소화약제는 현저한 독성 또는 부식성이 없어야 한다.
③ 분말상의 소화약제는 고체화 및 변질 등 이상이 없어야 한다.
④ 액상의 소화약제는 결정의 석출, 용액의 분리, 부유물 또는 침전물 등 기타 이상이 없어야 한다.

해답 ①

04 질산에 대한 설명으로 틀린 것은?

① 산화제이다.
② 부식성이 있다.
③ 불연성 물질이다.
④ 산화되기 쉬운 물질이다.

해설 **질산**(HNO_3) : **제6류 위험물**(산화성 액체)
① 무색의 발연성 액체이며 **환원되기 쉬운 물질이다.**
② 빛에 의하여 일부 분해되어 생긴 NO_2 때문에 황갈색 또는 적갈색으로 된다.

$$4HNO_3 \rightarrow 2H_2O + 4NO_2\uparrow + O_2\uparrow$$
(이산화질소) (산소)

③ 실험실에서는 갈색병에 넣어 햇빛을 차단시킨다.
④ 크산토프로테인반응을 한다.

> **크산토프로테인반응(xanthoprotenic reaction)**
> 단백질에 진한질산을 가하면 노란색으로 변하고 알칼리를 작용시키면 오렌지색으로 변하며, 단백질 검출에 이용된다.

⑤ 위급 시에는 다량의 물로 냉각 소화한다.

해답 ④

05 15℃의 물 1g을 1℃ 상승시키는데 필요한 열량은 몇 cal 인가?

① 1 ② 15
③ 1000 ④ 15000

해설 열량의 단위
① cal : 15℃ 물 1g을 1℃ 높이는데 필요한 열량
② BTU : 60°F 물 1lb를 1°F 높이는데 필요한 열량
③ chu : 물 1lb를 1℃ 높이는데 필요한 열량

해답 ①

06 다음 중 부촉매 소화효과로서 가장 적절한 것은?

① CO_2 ② $C_2F_4Br_2$
③ 질소 ④ 아르곤

해설 ② $C_2F_4Br_2$
-할론2402-할론소화약제-부촉매소화

소화원리 ★★★★★
① 냉각소화 : 가연성 물질을 발화점 이하로 온도를 냉각

> **물이 소화약제로 사용되는 이유**
> • 물의 기화열(539kcal/kg)이 크기 때문
> • 물의 비열(1kcal/kg℃)이 크기 때문

② 질식소화 : 산소농도를 21%에서 15% 이하로 감소

> 질식소화 시 산소의 유지농도 : 10~15%

③ 억제소화(부촉매소화, 화학적소화) : 연쇄반응을 억제
  • 부촉매 : 화학적 반응의 속도를 느리게 하는 것
  • 부촉매 효과 : 할론소화약제
    [할로젠족원소 : 불소(F), 염소(Cl), 브로민(Br), 아이오딘(I)]

④ 제거소화 : 가연성물질을 제거시켜 소화
  • 산불이 발생하면 화재의 진행방향을 앞질러 벌목
  • 화학반응기의 화재 시 원료공급관의 밸브를 폐쇄
  • 유전화재 시 폭약으로 화염을 제거
  • 촛불을 입김으로 불어 화염을 제거

⑤ 피복소화 : 가연물 주위를 공기와 차단
⑥ 희석소화 : 알콜, 아세톤 등 수용성인 인화성액체 화재 시 물을 방사하여 가연물의 연소농도를 희석
⑦ 유화소화(에멀젼소화) : 제4류 위험물 중 물에 녹지 않는 인화성액체의 유류화재 시 물분무로 방사하여 액체표면에 불연성의 유막을 형성하여 소화

해답 ②

07 제2종 분말소화약제의 주성분은?

① 탄산수소칼륨
② 탄산수소나트륨
③ 제1인산암모늄
④ 탄산수소칼륨+요소

해설 분말소화약제 ★★★★(필수암기)

종 별	주성분	약 제 명	착색
제1종	$NaHCO_3$	탄산수소나트륨, 중탄산나트륨, 중조	백 색
제2종	$KHCO_3$	탄산수소칼륨, 중탄산칼륨	담회색
제3종	$NH_4H_2PO_4$	제1인산암모늄	담홍색 (핑크색)
제4종	$KHCO_3$ + $(NH_2)_2CO$	중탄산칼륨+요소	회색(쥐색)

해답 ①

08 스테판-볼츠만(Stefan-Boltzmann)의 법칙에서 복사체의 단위표면적에서 단위시간당 방출되는 복사에너지는 절대온도의 얼마에 비례하는가?

① 제곱근 ② 제곱
③ 3제곱 ④ 4제곱

해설 ① 스테판-볼츠만(stefan-boltzman)의 법칙

$$Q = aAF(T_1^4 - T_2^4)$$

Q : 복사열(kcal/hr)

a : 스테판–볼츠만의 상수
A : 단면적
F : 기하학적 Factor(상수)
T_1 : 고온물체의 절대온도(273+t℃)k
T_2 : 저온물체의 절대온도(273+t℃)k
※ 복사열은 절대온도 4제곱의 차 및 단면적에 비례
② **열전도율 단위**
kcal/m, hr, ℃ 또는 BTU/ft, hr, °F

해답 ④

09 연소 시 분해연소의 전형적인 특성을 보여줄 수 있는 것은?

① 나프탈렌 ② 목재
③ 목탄   ④ 휘발유

해설 **분해연소** : 열분해에 의하여 발생된 가연성기체는 기체상태로 연소가 되고 잔유분(대부분 탄소)은 표면연소를 하는 현상(석탄, 목재, 종이, 플라스틱, 합성수지(고분자))

연소의 형태 ★★자주출제(필수정리)★★
① 표면연소(surface reaction)
숯, 코크스, 목탄, 금속분
② 증발 연소(evaporating combustion)
파라핀(양초), 황, 나프탈렌, 왁스, 휘발유, 등유, 경유, 아세톤 등 제4류 위험물
③ 분해연소(decomposing combustion)
석탄, 목재, 플라스틱, 종이, 합성수지, 중유
④ 자기연소(내부연소)
질화면(나이트로셀룰로오즈), 셀룰로이드, 나이트로글리세린 등 제5류 위험물
⑤ 확산연소(diffusive burning)
아세틸렌, LPG, LNG 등 가연성 기체
⑥ 불꽃연소 + 표면연소
목재, 종이, 셀룰로오즈류, 열경화성수지

해답 ②

10 플래시 오버(Flash –over) 현상과 관련이 없는 것은?

① 화재의 확산
② 다량의 연기 방출
③ 화이어볼의 발생
④ 실내온도의 급격한 상승

해설 플래시오버와 백드래프트의 비교

구분	플래시 오버 (flash over)	백드래프트 (Back Draft)
개요	화재 시 발생한 가연성가스가 연소범위 내 농도가 되면 착화하여 화염으로 쌓이고 축적된 열이 실내에 복사열로 방출되어 실내가 화염으로 덮이는 현상	화재 시 가연성가스가 축적되어 있다가 신선한 공기가 유입되면 폭발적 연소와 함께 폭풍을 동반하며 화염이 외부로 분출되는 현상
발생시기	성장기	감쇠기
발생원인	열의 공급	산소의 공급

해답 ③

11 포소화약제가 유류화재를 소화시킬 수 있는 능력과 관계가 없는 것은?

① 수분의 증발잠열을 이용한다.
② 유류표면으로부터 기름의 증발을 억제 또는 차단한다.
③ 포의 연쇄반응 차단효과를 이용한다.
④ 포가 유류 표면을 덮어 기름과 공기와의 접촉을 차단한다.

해설 **포소화약제의 유류화재소화**
① 수분의 증발잠열을 이용한다.
② 유류표면으로부터 기름의 증발을 억제 또는 차단한다.
③ 포의 질식효과를 이용한다.
④ 포가 유류 표면을 덮어 기름과 공기와의 접촉을 차단한다.

해답 ③

12 나이트로셀룰로오스의 용도, 성상 및 위험성과 저장·취급에 대한 설명 중 틀린 것은?

① 질화도가 낮을수록 위험성이 크다.
② 운반 시 물, 알코올을 첨가하여 습윤시킨다.
③ 무연화약의 원료로 사용된다.
④ 햇빛에서 황갈색으로 변하고 물에 녹지 않지만 아세톤, 초산에스터, 나이트로벤젠에 녹는다.

해설 나이트로셀룰로오스[$(C_6H_7O_2(ONO_2)_3)_n$] : 제5류 위험물
셀룰로오스(섬유소)에 진한질산과 진한 황산의 혼합액을 작용시켜서 만든 것이다.
① 비수용성이며 초산에틸, 초산아밀, 아세톤에 잘 녹는다.
② 질산섬유소라고도 하며 화약에 이용 시 면약(면화약)이라한다
③ **질소함유율(질화도)이 높을수록 위험성이 크다.**
④ 저장, 운반 시 물(20%) 또는 알코올(30%)을 첨가 습윤시킨다.

해답 ①

13 화재 시 고층건물내의 연기 유통인 굴뚝효과와 관계가 없는 것은?

① 건물내외의 온도차
② 건물의 높이
③ 층의 면적
④ 화재실의 온도

해설 굴뚝효과(stack effect)
건물내부와 외부공기 사이의 온도차에 따른 밀도차 즉 부력차로 인한 건물의 수직공간을 통한 연기-공기의 유동
굴뚝효과 영향요소
① 건물 높이   ② 건물 내, 외의 온도차
③ 화재실의 온도   ④ 층간 공기누출
⑤ 건물의 기밀성

해답 ③

14 270℃ 에서 다음의 열분해 반응식과 관계가 있는 분말 소화약제는?

$$2NaHCO_3 \rightarrow Na_2CO_3 + CO_2 + H_2O$$

① 제1종 분말   ② 제2종 분말
③ 제3종 분말   ④ 제4종 분말

해설 분말약제의 열분해

종별	약제명	착색	열분해 반응식
1종	탄산수소나트륨 중탄산나트륨 중조	백색	$2NaHCO_3 \rightarrow Na_2CO_3 + CO_2 + H_2O$
2종	탄산수소칼륨 중탄산칼륨	담회색	$2KHCO_3 \rightarrow K_2CO_3 + CO_2 + H_2O$
3종	제1인산암모늄	담홍색	$NH_4H_2PO_4 \rightarrow HPO_3 + NH_3 + H_2O$
4종	중탄산칼륨 + 요소	회(백)색	$2KHCO_3 + (NH_2)_2CO \rightarrow K_2CO_3 + 2NH_3 + 2CO_2$

해답 ①

15 인화점에 대한 설명 중 틀린 것은?

① 인화점은 공기 중에서 액체를 가열하는 경우 액체표면에서 증기가 발생하여 점화원에서 착화하는 최저온도를 말한다.
② 인화점 이하의 온도에서는 성냥불을 접근시켜도 착화하지 않는다.
③ 인화점 이상 가열하면 증기가 발생되어 성냥불이 접근하면 착화한다.
④ 인화점은 보통 연소점 이상, 발화점 이하의 온도이다.

해설 ④ 인화점은 보통 **연소점 이하**, 발화점 이하의 온도이다.
인화점과 발화점
① 인화점
   외부의 직접적인 점화원에 의하여 발화될 수 있는 최저온도
② 발화점(착화점)
   외부의 직접적인 점화원없이 가열된 열의 축적에 의하여 발화되는 최저온도

해답 ④

16 건축물의 방재센터에 대한 설명으로 틀린 것은?

① 피난층에 두는 것이 가장 바람직하다.
② 화재 및 안전관리의 중추적 기능을 수행한다.
③ 방재센터는 직통 계단위치와 관계없이 안전한 곳에 설치한다.
④ 소방차의 접근이 용이한 곳에 두는 것이 바람직하다.

[해설] **건축물의 방재센터**
① 1층 또는 피난층에 두는 것이 가장 바람직하다.
② 화재 및 안전관리의 중추적 기능을 수행한다.
③ 방재센터는 특별피난 계단으로부터 5m 이내에 인접해야 한다.
④ 소방차의 접근이 용이한 곳에 두는 것이 바람직하다.

[해답] ③

17 목재가 열분해할 때 발생하는 가스가 아닌 것은?

① 수증기　　　　② 염화수소
③ 일산화탄소　　④ 이산화탄소

[해설] ① 수증기 – H_2O　② 염화수소 – HCl
③ 일산화탄소 – CO　④ 이산화탄소 – CO_2
※ 목재의 구성성분은 CHON으로서 HCl은 발생할 수 없다.

[해답] ②

18 물의 소화작용과 가장 거리가 먼 것은?

① 증발잠열의 이용　② 질식 효과
③ 에멀전 효과　　　④ 부촉매 효과

[해설] **물의 소화작용**
① 증발잠열(기화잠열)의 이용한 **냉각효과**
② 물 분무 시 **질식효과**
③ 유류화재에 물분무 시 **에멀전 효과**
④ 가연물의 농도를 낮추는 **희석효과**

[해답] ④

19 소화제의 적응대상에 따라 분류한 화재종류 중 C급 화재에 해당되는 것은?

① 금속분화재　　② 유류화재
③ 일반화재　　　④ 전기화재

[해설] **화재의 분류**

종 류	등급	색표시	소화방법
일반화재	A급	백색	냉각소화
유류화재	B급	황색	질식소화
전기화재	C급	청색	질식소화
금속화재	D급	–	피복소화
주방화재	K급	–	냉각 및 질식소화

[해답] ④

20 가연물이 연소할 때 연쇄반응을 차단하기 위해서는 공기 중의 산소량을 일반적으로 약 몇 % 이하로 억제해야 하는가?

① 15　　② 17
③ 19　　④ 21

[해설] **소화원리**
① 냉각소화 : 가연성 물질을 발화점 이하로 온도를 냉각

물이 소화약제로 사용되는 이유
• 물의 기화열(539kcal/kg)이 크기 때문
• 물의 비열(1kcal/kg℃)이 크기 때문

② 질식소화 : 산소농도를 21%에서 15% 이하로 감소

질식소화 시 산소의 유지농도 : 10~15%

③ 억제소화(부촉매소화, 화학적소화) : 연쇄반응을 억제

• 부촉매 : 화학적 반응의 속도를 느리게 하는 것
• 부촉매 효과 : 할론소화약제
　[할로젠족원소 : 불소(F), 염소(Cl), 브로민(Br), 아이오딘(I)]

④ 제거소화 : 가연성물질을 제거시켜 소화

• 산불이 발생하면 화재의 진행방향을 앞질러 벌목
• 화학반응기의 화재 시 원료공급관의 밸브를 폐쇄
• 유전화재 시 폭약으로 화염을 제거
• 촛불을 입김으로 불어 화염을 제거

⑤ 피복소화 : 가연물 주위를 공기와 차단
⑥ 희석소화 : 알콜, 아세톤 등 수용성인 인화성액체 화재 시 물을 방사하여 가연물의 연소농도를 희석
⑦ 유화소화(에멀전소화) : 제4류 위험물 중 물에 녹지 않는 인화성액체의 유류화재 시 물분무로 방사하여 액체표면에 불연성의 유막을 형성하여 소화

[해답] ①

제2과목 소방유체역학

21 Newton 유체와 관련한 유체의 점성법칙과 직접적으로 관계가 없는 것은?

① 점성 계수   ② 전단 응력
③ 속도 구배   ④ 중력 가속도

해설 뉴턴의 점성법칙
전단응력은 점성계수와 속도구배(속도기울기)에 비례한다.

$$\text{전단응력}(\tau) = \mu \frac{du}{dy}$$

μ : 점성계수, $\frac{du}{dy}$: 속도구배(속도기울기)

해답 ④

22 물 소화펌프의 토출량이 0.7m³/min, 양정 60m, 펌프효율 72% 일 경우 전동기 용량은 약 몇 kW인가? (단, 펌프의 전달계수는 1.1이다.)

① 10.5   ② 12.5
③ 14.5   ④ 15.5

해설
① $Q = 0.7\text{m}^3/60\text{s}$, $H = 60\text{m}$
$E = 0.72(72\%)$, $K = 1.1$

② $P(\text{kW}) = \frac{9.8 \times (0.7\text{m}^3/60\text{s}) \times 60\text{m}}{0.72} \times 1.1$
$= 10.5\text{kW}$

전동기 용량

$$P(\text{kW}) = \frac{\gamma \times Q \times H}{E} \times K$$

γ : 비중량(kN/m³, 물의 비중량=9.8kN/m³)
Q : 유량(m³/s), H : 전양정(m)
E : 펌프의 효율(%/100), K : 전달계수

해답 ①

23 반지름 R인 수평 원관 내 유동의 속도분포가 $u(r) = U\left[1-\left(\frac{r}{R}\right)^2\right]$으로 주어질 때 유량으로 옳은 것은? (단, U는 관 중심에서 이루는 최대 유속이며, r은 관 중심에서 반지름 방향으로의 거리이다.)

① $\pi R^2 U$ ② $\dfrac{\pi R^2 U}{2}$
③ $\dfrac{3\pi R^2 U}{4}$ ④ $\dfrac{5\pi R^2 U}{8}$

해설
① $\bar{u} = \frac{1}{2}U$, $D = 2R$

② $Q = \bar{u}A = \frac{1}{2}U \times \frac{\pi}{4} \times (2R)^2 = \frac{\pi R^2 U}{2}$

평균유속과 최대유속 관계

$$\bar{u} = \frac{1}{2}U$$

여기서, $\bar{u}$: 평균유속, U : 최대유속

해답 ②

24 20℃, 101kPa에서 산소(O₂) 25g의 부피는 약 몇 L인가?
(단, 일반기체상수는 8314J/(kmol·K) 이다.)

① 21.8   ② 20.8
③ 19.8   ④ 18.8

해설
① $P = 101\text{kPa} = 101 \times 10^3 \text{Pa}(\text{N/m}^2)$
$W = 0.025\text{kg}$
$R = \dfrac{8314\text{J}}{\text{kmol} \cdot \text{k}} \times \dfrac{1\text{kmol}}{32\text{kg}} = 259.81\text{J/kg} \cdot \text{K}$
$T = 273 + 20 = 293\text{K}$

② $V = \dfrac{WRT}{P} = \dfrac{0.025 \times 259.81 \times 293}{101 \times 10^3}$
$= 0.01884\text{m}^3 = 18.84\text{L}$

완전기체 방정식

$$PV = WRT$$

P : 압력[N/m²(Pa)], V : 부피[m³]
W : 질량[kg], R : 기체상수[J(Nm)/kg·K]
T : 절대온도(273+t℃)[K]
J = N·m, Pa = N/m², kPa = kN/m²

해답 ④

25 비열이 0.475kJ/(kg · K)인 철 10kg을 20℃에서 80℃로 올리는데 필요한 열량은 약 몇 kJ인가?

① 222　　② 232
③ 285　　④ 315

해설
① $Q = mc\Delta t$식을 적용
② $m = 10\text{kg}$, $C = 0.475\text{kJ/kg} \cdot \text{K}$
　　$\Delta t = 80 - 20 = 60℃$
③ $Q = 10 \times 0.475 \times 60 = 285\text{kJ}$

필요한 열량
$$Q = mc\Delta t$$
Q : 필요한 열량(kJ), m : 질량(kg)
C : 비열(kJ/kg · K), Δt : 온도차(℃)

해답 ③

26 회전수 1800rpm, 유량 4m³/min, 양정 50m인 원심펌프의 비속도[m³/min, m, rpm]는 약 얼마인가?

① 46　　② 72
③ 126　　④ 191

해설
$$N_s = \frac{1800\sqrt{4}}{50^{\frac{3}{4}}} = 191.46(\text{m}^3/\text{min} \cdot \text{m} \cdot \text{rpm})$$

비교회전도(비속도)
$$N_s = \frac{N\sqrt{Q}}{H^{\frac{3}{4}}}$$

N_s : 비속도(m³/min · m · rpm)
N : 펌프의 회전수(rpm),
Q : 유량(m³/min)
H : 전양정(m)

해답 ④

27 그림과 같이 수조차의 탱크 측벽에 안지름이 25cm인 노즐을 설치하여 노즐로부터 물이 분사되고 있다. 노즐 중심은 수면으로부터 3m 아래에 있다고 할 때 수조차가 받는 추력 F는 약 몇 kN 인가? (단, 노면과의 마찰은 무시한다.)

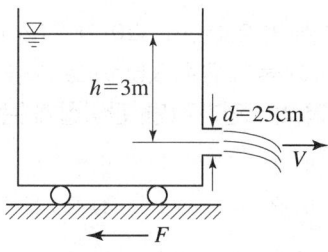

① 1.77　　② 2.89
③ 4.56　　④ 5.21

해설 **추력(힘)**

$$F = Qu\rho \qquad u = \sqrt{2gh} \qquad Q = uA$$

① 유속계산
$u = \sqrt{2gh} = \sqrt{2 \times 9.8 \times 3} = 7.67\text{m/s}$
② 유량계산
$d = 25\text{cm} = 0.25\text{m}$
$Q = uA = 7.67 \times \frac{\pi}{4} \times 0.25^2 = 0.38\text{m}^3/\text{s}$
③ 추력 계산
$\rho(물) = 1000\text{kg/m}^3$
$F = Qu\rho = 0.38 \times 7.67 \times 1000$
　　$= 2914.6\text{kg} \cdot \text{m/s}^2(\text{N})$
$F = 2914.6\text{N} = 2.91\text{kN}$

해답 ②

28 이상기체를 등온 과정으로 서서히 가열한다. 이 과정을 "PV^n = constant" 와 같은 폴리트로픽(polytropic) 과정으로 나타내고자 할 때, 지수 n의 값은?

① $n = 0$　　② $n = 1$
③ $n = k$(비열비)　　④ $n = \infty$

해설 **폴리트로픽 지수**(Polytropic Index)

구 분	폴리트로픽 지수
등압변화	$n = 0$
등온변화	$n = 1$
단열변화	$n = k$
등적변화	$n = \infty$
등압과 등온의 중간과정	$0 < n < 1$
단열 폴리트로프 팽창	$1 < n < k$
단열 폴리트로프 압축	$n > k$

여기서, n : 폴리트로픽 지수, k : 비열비

해답 ②

29 안지름이 250mm, 길이가 218m인 주철관을 통하여 물이 유속 3.6m/s로 흐를 때 손실수두는 약 몇 m인가? (단, 관마찰계수는 0.05이다.)

① 20.1 ② 23.0
③ 25.8 ④ 28.8

해설
$\Delta h_L = 0.05 \times \dfrac{3.6^2}{2 \times 9.8} \times \dfrac{218}{0.25} = 28.83\text{m}$

달시 - 바이스바하(Darcy – Weisbach) 공식

$$\Delta h_L = f \times \dfrac{u^2}{2g} \times \dfrac{l}{D}$$

Δh_L : 마찰손실수두(m) f : 마찰손실계수
l : 배관길이(m) u : 유속(m/s)
g : 중력가속도(9.8m/s²) D : 배관내경(m)

해답 ④

30 그림과 같이 비중량이 γ_1, γ_2, γ_3 인 세가지의 유체로 채워진 마노미터에서 A 점과 B 점의 압력 차이($P_A - P_B$)는?

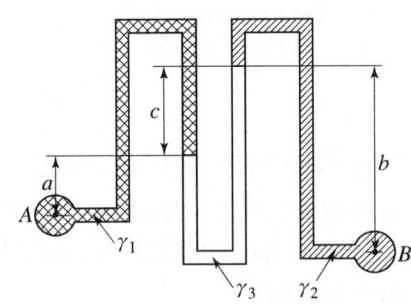

① $-a\gamma_1 - b\gamma_2 + c\gamma_3$ ② $a\gamma_1 + b\gamma_2 - c\gamma_3$
③ $a\gamma_1 - b\gamma_2 + c\gamma_3$ ④ $a\gamma_1 - b\gamma_2 - c\gamma_3$

해설

① $P_1 = P_A - a\gamma_1$
② $P_2 = P_1 - c\gamma_3$
③ $P_B = P_2 + b\gamma_2$
④ ②식에 ①식을 대입 $P_2 = P_A - a\gamma_1 - c\gamma_3$
⑤ ③식에 ④식을 대입 $P_B = P_A - a\gamma_1 - c\gamma_3 + b\gamma_2$
⑥ $P_A - P_B = a\gamma_1 - b\gamma_2 + c\gamma_3$

해답 ③

31 관 내 유동 중 지름이 급격히 커지면서 발생하는 부차적 손실계수는 0.38이다. 지름이 작은 부분에서의 속도가 0.8m/s라고 할 때 부차적 손실수두는 약 몇 m인가?

① 0.0045 ② 0.0092
③ 0.0124 ④ 0.0825

해설
$\Delta H = 0.38 \times \dfrac{0.8^2}{2 \times 9.8} = 0.0124\text{m}$

부차적 손실수두

$$\Delta H_L = K \dfrac{u^2}{2g}$$

여기서, ΔH_L : 부차적 손실수두(m)
K : 부차적 손실계수
u : 유속(m/s)
g : 중력가속도(9.8m/s²)

해답 ③

32 피토 정압관으로 지름이 400mm인 풍동의 유속을 측정하였을 때 풍동의 중심에서 정체압과 정압이 각각 수주로 80mmAq, 40mmAq 이었다. 풍동 내에서 평균유속을 중심부 유속의 3/4이라 할 때 공기의 유량은 약 몇 m³/s인가? (단, 풍동 내의 공기 밀도는 1.25kg/m³이고, 피토관 계수(C)는 1로 한다.)

① 1.15 ② 2.36
③ 3.56 ④ 4.71

해설 ① 압력차 $\Delta P = 80 - 40 = 40\text{mmAq}$
② $\Delta P = 40\text{mmAq} \times \dfrac{101325\text{Pa}}{10332\text{mmAq}}$
$= 392.28\text{Pa}(\text{N/m}^2)$

③ 중심부 유속
$$u = 1 \times \sqrt{\frac{2 \times 392.28}{1.25}} = 25.05 \text{m/s}$$

④ 평균유속 $\overline{u} = 25.05 \times \dfrac{3}{4} \text{m/s}$

⑤ 공기의 유량
$$Q = \overline{u}A = 25.05 \times \frac{3}{4} \times \frac{\pi}{4} \times 0.4^2 = 2.36 \text{m}^3/\text{s}$$

풍동에서 중심부 유속

$$u = C_o \sqrt{\frac{2\Delta P}{\rho}}$$

여기서, ΔP : 압력차(Pa(N/m²))
ρ : 밀도(kg/m³)
C_o : 피토관 계수

해답 ②

33 비중이 0.89이며 중량이 35N인 유체의 체적은 약 몇 m³인가?

① 0.13×10^{-3} ② 2.43×10^{-3}
③ 3.03×10^{-3} ④ 4.01×10^{-3}

$$V = \frac{W}{\gamma_W \times S} = \frac{35\text{N}}{9800\text{N/m}^3 \times 0.89}$$
$$= 4.01 \times 10^{-3} \text{m}^3$$

무게(중량)

$$W = \gamma \times V = \gamma_W \times S \times V$$

여기서, W : 무게(중량)(N)
γ : 비중량(N/m³)
V : 체적(m³)
γ_W : 물의 비중량(9800N/m³)
S : 비중

해답 ④

34 할론 1301이 밀도 1.4g/cm³, 속도 15m/s로 지름 50mm 배관을 통해 정상류로 흐르고 있다. 이때 할론 1301의 질량 유량은 약 몇 kg/s인가?

① 20.4 ② 30.6
③ 41.2 ④ 52.5

① 질량유량 $\overline{m} = Au\rho$을 이용
② $d = 50\text{mm} = 0.05\text{m}$, $u = 15\text{m/s}$
$$\rho = \frac{1.4\text{g}}{\text{cm}^3} \times \frac{\text{kg}}{10^3\text{g}} \times \frac{10^6\text{cm}^3}{1\text{m}^3} = 1.4 \times 10^3 \text{kg/m}^3$$
③ $\overline{m} = \dfrac{\pi}{4} \times 0.05^2 \times 15 \times 1.4 \times 10^3 = 41.23 \text{kg/s}$

연속 방정식(질량보존의 법칙 응용)
① 질량유량($\overline{m}$: kg/s)
$$\overline{m} = A_1 U_1 \rho_1 = A_2 U_2 \rho_2$$
② 중량유량($\overline{G}$: kgf/s)
$$\overline{G} = A_1 U_1 \gamma_1 = A_2 U_2 \gamma_2$$
③ 체적유량=용량유량($\overline{Q}$: m³/s)
$$\overline{Q} = A_1 U_1 = A_2 U_2$$
A : 단면적(m²) U : 유속(m/s)

해답 ③

35 다음 중 멀리 떨어진 화염으로부터 관찰자가 직접 열기를 느꼈다고 할 때 가장 크게 영향을 미친 열전달 원리는? (단, 화염과 관찰자 사이에 공기흐름은 거의 없다고 가정한다.)

① 복사 ② 대류
③ 전도 ④ 비등

복사 : 고온물체의 복사열이 전자파형태로 저온물체에 흡수되어 열이 전달되는 현상
예) 태양열이 지구에 전달되는 현상

열전달의 방법
① **전도**(Conduction)
물체와 물체가 직접 접촉 열이 전달
② **대류**(Convection)
밀도차에 의한 공기의 순환 열이 전달
③ **복사**(Radiation)
• 복사열이 전자파형태로 열이 전달
• 지구에 태양열이 전달되는 것 : 복사열

① 스테판-볼츠만(stefan-boltzman)의 법칙
$$Q = aAF(T_1^4 - T_2^4)$$
Q = 복사열(kcal/hr)
a : 스테판-볼츠만의 상수
A : 단면적
F : 기하학적 Factor(상수)

T_1 : 고온물체의 절대온도(273+t℃)K
T_2 : 저온물체의 절대온도(273+t℃)K
※ 복사열은 절대온도 4제곱의 차 및 단면적에 비례
② 열전도율 단위
　kcal/m, hr, ℃ 또는 BTU/ft, hr, °F

해답 ①

36 기체를 액체로 변화시킬 때의 조건으로 가장 적합한 것은?

① 온도를 낮추고 압력을 높인다.
② 온도를 높이고 압력을 낮춘다.
③ 온도와 압력을 모두 낮춘다.
④ 온도와 압력을 모두 높인다.

해설 기체→액체(액화) 변화
① 임계온도 이하로 낮추고 임계압력 이상으로 압력을 높인다.
② 임계온도 : 기체를 액화시킬 수 있는 최고온도
③ 임계압력 : 기체를 액화시킬 수 있는 최저압력

해답 ①

37 그림에서 피스톤 A와 피스톤 B의 단면적이 각각 6cm², 600cm²이고, 피스톤 B의 무게가 90kN이며, 내부에는 비중이 0.75인 기름으로 채워져 있다. 그림과 같은 상태를 유지하기 위한 피스톤 A의 무게는 약 몇 N인가? (단, C와 D는 수평선상에 있다.)

① 756　　② 899
③ 1252　④ 1504

해설 ① C점과 D점의 압력은 서로 같다.
$P_C = P_D$, $\dfrac{F_1}{A_1} = \dfrac{F_2}{A_2}$, $\dfrac{F_1}{6\text{cm}^2} = \dfrac{90\text{kN}}{600\text{cm}^2}$

$F_1 = \dfrac{6 \times 90}{600} = 0.9\text{kN} = 900\text{N}$

② C점과 A피스톤 사이의 기름에 대한 무게 계산
$F = \gamma h A = \gamma_W Sh A$
　$= 9800\text{N/m}^3 \times 0.75 \times 0.16\text{m} \times 6 \times 10^{-4}\text{m}^2$
　$= 0.70\text{N}$
③ $W_A = 900\text{N} - 0.70\text{N} = 899.30\text{N}$

해답 ②

38 그림과 같이 높이가 h이고 윗변의 길이가 $\dfrac{h}{2}$인 직각 삼각형으로 된 평판이 자유표면에 윗변을 두고 물속에 수직으로 놓여 있다. 물의 비중량을 γ라고 하면, 이 평판에 작용하는 힘은?

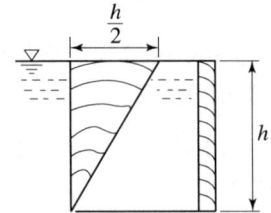

① $\dfrac{\gamma h^3}{2}$　　② $\dfrac{\gamma h^3}{6}$
③ $\dfrac{\gamma h^3}{8}$　　④ $\dfrac{\gamma h^3}{12}$

해설 ① 평판에 작용하는 힘 $F = \gamma \bar{y} A$
② $\bar{y}$ (면적의 도심) $= \dfrac{1}{3}h$
③ A(면적) $= \dfrac{\dfrac{h}{2} \times h}{2} = \dfrac{h^2}{4}$
④ $F = \gamma \times \dfrac{1}{3}h \times \dfrac{h^2}{4} = \dfrac{\gamma h^3}{12}$

해답 ④

39 그림과 같이 수직관로를 통하여 물이 위에서 아래로 흐르고 있다. 손실을 무시할 때 상하에 설치된 압력계의 눈금이 동일하게 지시되도록 하려면 아래의 지름 d는 약 몇 mm로 하여야 하는가? (단, 위의 압력계가 있는 곳에서 유속

은 3m/s, 안지름은 65mm이고, 압력계의 설치 높이 차이는 5m이다.)

① 30mm ② 35mm
③ 40mm ④ 45mm

해설 베르누이 정리

$$\frac{U_1^2}{2g} + \frac{P_1}{r} + Z_1 = \frac{U_2^2}{2g} + \frac{P_1}{r} + Z_2$$

압력계의 지시압력(압력수두압)이 같으므로

$\frac{P_1}{r} = \frac{P_2}{r}$ 위치수두 : $Z_1 = 5$ $Z_2 = 0$

$Q = UA = 3\text{m/s} \times \frac{\pi}{4} \times (0.065\text{m})^2$
$\quad = 9.9549 \times 10^{-3} \text{m}^3/\text{s}$

$\frac{3^2}{2 \times 9.8} + 5 = \frac{U_2^2}{2 \times 9.8} + 0$

$U_2 = 10.344\text{m/s}$

$D = \sqrt{\frac{4Q}{\pi u}} = \sqrt{\frac{4 \times 9.9549 \times 10^{-3}}{\pi \times 10.344}}$
$\quad = 0.035\text{m} = 35.0\text{mm}$

해답 ②

40 배관 내 유체의 흐름속도가 급격히 변화될 때 속도에너지가 압력에너지로 변화되면서 배관 및 관 부속물에 심한 압력파로 때리는 현상을 무엇이라고 하는가?

① 수격 현상   ② 서징 현상
③ 공동 현상   ④ 무구속 현상

해설 수격작용 : 배관내 유체의 운동에너지가 압력에너지로 변하면서 배관 벽면을 치는 현상

수격작용 방지대책
① 관경을 크게 하고 유속을 낮춘다.
② 펌프에 프라이 휠을 설치한다.
③ 조압수조(에어챔버) 또는 수격방지기 설치
④ 밸브는 펌프 송출구 가까이 설치하고 적당한 밸브제어
⑤ 배관은 가능한 직선적으로 시공

해답 ①

제3과목   소방관계법규

41 다음 위험물 중 위험물안전관리법령에서 정하고 있는 지정수량이 가장 적은 것은?

① 브로민산염류   ② 황
③ 알칼리토금속   ④ 과염소산

해설 지정수량
① 브로민산염류－제1류－300kg
② 황－제2류－100kg
③ 알칼리토금속－제3류－50kg
④ 과염소산－제6류－300kg

해답 ③

42 화재조사를 하는 관계인의 정당한 업무를 방해하거나 화재조사를 수행하면서 알게 된 비밀을 다른 사람에게 누설한 사람에 대한 벌칙은?

① 100만원 이하의 벌금
② 150만원 이하의 벌금
③ 200만원 이하의 벌금
④ 1년 이하의 징역 또는 1천만원 이하의 벌금

해설 화재예방법 제50조(벌칙)
1년 이하의 징역 또는 1천만원 이하의 벌금
(1) 관계인의 정당한 업무를 방해하거나, 조사업무를 수행하면서 **취득한 자료나 알게 된 비밀을** 다른 사람 또는 기관에게 제공 또는 **누설하거나 목적 외의 용도로 사용한 자**
(2) **자격증을 다른 사람에게 빌려 주거나 빌리거나**

이를 알선한 자
(3) 진단기관으로부터 **화재예방안전진단**을 받지 아니한 자

해답 ④

43 위험물안전관리법령상 인화성액체위험물(이황화탄소를 제외)의 옥외탱크저장소의 탱크 주위에 설치하여야 하는 방유제의 기준 중 틀린 것은?

① 방유제의 용량은 방유제안에 설치된 탱크가 하나인 때에는 그 탱크 용량의 110% 이상으로 할 것
② 방유제의 용량은 방유제안에 설치된 탱크가 2기 이상인 때에는 그 탱크 중 용량이 최대인 것의 용량의 110% 이상으로 할 것
③ 방유제의 높이 1m 이상 3m 이하, 두께 0.2m 이상, 지하매설깊이 0.5m 이상으로 할 것
④ 방유제내의 면적은 80000m² 이하로 할 것

해설 옥외탱크저장소의 방유제
① 인화성액체위험물(이황화탄소를 제외)
② 방유제의 용량

| 탱크가 하나인 때 | 탱크 용량의 110% 이상 |
| 2기 이상인 때 | 탱크 중 용량이 최대인 것의 용량의 110% 이상 |

③ 방유제의 높이는 0.5m 이상 3m 이하, 두께 0.2m 이상, 지하매설깊이 1m 이상
④ 방유제내의 **면적은 8만m²** 이하로 할 것
⑤ 방유제내에 설치하는 옥외저장탱크의 수는 10 이하로 할 것
⑥ 방유제는 탱크의 옆판으로부터 거리를 유지할 것.

| 지름이 15m 미만 | 탱크 높이의 3분의 1 이상 |
| 지름이 15m 이상 | 탱크 높이의 2분의 1 이상 |

해답 ③

44 소방시설 설치 및 관리에 관한 법령상 특정소방대상물의 피난시설, 방화 구획 또는 방화시설의 폐쇄·훼손·변경 등의 행위를 한 자에 대한 과태료 기준으로 옳은 것은?

① 200만원 이하의 과태료
② 300만원 이하의 과태료
③ 500만원 이하의 과태료
④ 600만원 이하의 과태료

해설 소방시설법 제61조(과태료)
300만원 이하의 과태료
(1) 소방시설을 화재안전기준에 따라 설치·관리하지 아니한 자
(2) 공사 현장에 임시소방시설을 설치·관리하지 아니한 자
(3) **피난시설, 방화구획 또는 방화시설의 폐쇄·훼손·변경 등의 행위를 한 자**
(4) 방염대상물품을 방염성능기준 이상으로 설치하지 아니한 자
(5) 점검 결과를 보고하지 아니하거나 거짓으로 보고한 자
(6) 지위승계, 행정처분 또는 휴업·폐업의 사실을 특정소방대상물의 관계인에게 알리지 아니하거나 거짓으로 알린 관리업자

해답 ②

45 소방신호의 종류가 아닌 것은?

① 진화신호   ② 발화신호
③ 경계신호   ④ 해제신호

해설 기본법 제18조(소방신호의 목적)
① 화재예방 ② 소방활동 ③ 소방훈련
기본법 시행규칙 제10조(소방신호의 종류)
① 경계신호 : 화재예방상 필요하다고 인정되거나 화재위험경보시 발령
② 발화신호 : 화재가 발생한 때 발령
③ 해제신호 : 소화활동이 필요 없다고 인정되는 때 발령
④ 훈련신호 : 훈련상 필요하다고 인정되는 때 발령

해답 ①

46 자동화재탐지설비를 설치하여야 하는 특정소방대상물의 기준으로 틀린 것은?

① 지하구
② 터널로서 길이 700m 이상인 것
③ 노유자 생활시설
④ 복합건축물로서 연면적 600m² 이상인 것

[해설] ② 터널로서 길이 1000m 이상인 것

(소방시설법 시행령 제11조의 별표 4)
자동화재탐지설비 설치대상
(1) 공동주택 중 아파트등·기숙사 및 숙박시설의 경우에는 모든 층
(2) 층수가 6층 이상인 건축물
(3) 근린생활시설, 의료시설, 위락시설, 장례시설 및 복합건축물로서 연면적 600m² 이상인 경우에는 모든 층
(4) 목욕장, 문화 및 집회시설, 종교시설, 판매시설, 운수시설, 운동시설, 업무시설로서 연면적 1000m² 이상인 경우에는 모든 층
(5) 교육연구시설, 수련시설로서 연면적 2000m² 이상인 경우에는 모든 층
(6) 지하구
(7) 터널로서 길이가 1000m 이상인 것
(8) 노유자 생활시설
(9) 노유자시설로서 연면적 400m² 이상인 노유자시설 및 숙박시설이 있는 수련시설로서 수용인원 100명 이상인 경우에는 모든 층
(10) 공장 및 창고시설로서 지정수량의 500배 이상의 특수가연물을 저장·취급하는 것

[해답] ②

47 소방기본법령상 소방용수시설별 설치기준 중 틀린 것은?

① 급수탑 개폐밸브는 지상에서 1.5m 이상 1.7m 이하의 위치에 설치하도록 할 것
② 소화전은 상수도와 연결하여 지하식 또는 지상식의 구조로 하고, 소방용호스와 연결하는 소화전의 연결금속구의 구경은 100mm로 할 것
③ 저수조 흡수관의 투입구가 사각형의 경우에는 한 변의 길이가 60cm 이상, 원형의 경우에는 지름이 60cm 이상일 것
④ 저수조는 지면으로부터의 낙차가 4.5m 이하일 것

[해설] ② 100mm → 65mm
소방용수시설의 설치기준
(기본법 시행령 제6조 제2항의 별표3)
(1) 공통기준

① 주거지역·상업지역 및 공업지역 : 수평거리 100m 이하
② ①외의 지역 : 수평거리 140m 이하
(2) 소방용수시설별 설치기준
① 소화전의 설치기준 : 상수도와 연결하여 지하식 또는 지상식의 구조로 하고, 소방용호스와 연결하는 소화전의 연결금속구의 구경은 65mm로 할 것
② 급수탑의 설치기준 : 급수배관의 구경은 100mm 이상으로 하고, 개폐밸브는 지상에서 1.5m 이상 1.7m 이하의 위치에 설치하도록 할 것
③ 저수조의 설치기준
  ㉠ 지면으로부터의 낙차가 4.5m 이하일 것
  ㉡ 흡수부분의 수심이 0.5m 이상일 것
  ㉢ 소방펌프자동차가 쉽게 접근할 수 있도록 할 것
  ㉣ 흡수에 지장이 없도록 토사 및 쓰레기 등을 제거할 수 있는 설비를 갖출 것
  ㉤ 흡수관의 투입구가 사각형의 경우에는 한 변의 길이가 60cm 이상, 원형의 경우에는 지름이 60cm 이상일 것
  ㉥ 저수조에 물을 공급하는 방법은 상수도에 연결하여 자동으로 급수되는 구조일 것

[해답] ②

48 대통령령이 정하는 특정소방대상물에는 관계인이 소방안전관리자를 선임하지 않은 경우의 벌금 규정은?

① 100만원 이하   ② 200만원 이하
③ 300만원 이하   ④ 1천만원 이하

[해설] **화재예방법 제50조(벌칙) 300만원 이하의 벌금**
(1) **화재안전조사를** 정당한 사유 없이 **거부·방해 또는 기피**한 자
(2) 명령을 정당한 사유 없이 따르지 아니하거나 방해한 자
(3) 소방안전관리자, 총괄소방안전관리자 또는 소방안전관리보조자를 **선임하지 아니한 자**
(4) 소방시설·피난시설·방화시설 및 방화구획 등이 법령에 위반된 것을 발견하였음에도 필요한 조치를 할 것을 요구하지 아니한 소방안전관리자
(5) 소방안전관리자에게 **불이익한 처우를** 한 관계인

(6) 업무를 수행하면서 알게 된 비밀을 이 법에서 정한 목적 외의 용도로 사용하거나 다른 사람 또는 기관에 제공하거나 **누설한 자**

해답 ③

49 소방기본법상 소방활동구역의 설정권자로 옳은 것은?

① 소방본부장 ② 소방서장
③ 소방대장   ④ 시·도지사

해설 (기본법 제23조) 소방활동구역의 설정
① 소방대장은 화재, 재난·재해 그 밖의 위급한 상황이 발생한 현장에 소방활동 구역을 정하여 소방활동에 필요한 자로서 대통령령이 정하는 자 외의 자에 대하여는 그 구역에의 출입을 제한할 수 있다.
② 경찰공무원은 소방대가 규정에 따른 소방활동구역에 있지 아니하거나 소방대장의 요청이 있는 때에는 규정에 따른 조치를 할 수 있다.

해답 ③

50 건축허가등을 함에 있어서 미리 소방본부장 또는 소방서장의 동의를 받아야 하는 건축물 등의 범위로 차고·주차장으로 사용되는 층 중 바닥면적이 몇 제곱미터 이상인 층이 있는 시설에 시설하여야 하는가?

① 50   ② 100
③ 200 ④ 400

해설 (소방시설법 시행령 제7조)
건축허가등의 동의대상물의 범위 등
(1) 연면적 400m² 이상
다만, 다음에 해당하는 경우에는 기준 이상
① 학교시설 : 100m²
② 노유자시설 및 수련시설 : 200m²
③ 정신의료기관 : 300m²
④ 장애인 의료재활시설 : 300m²
(2) 지하층 또는 무창층 150m²(공연장 100m²)
(3) 차고·주차장 또는 주차용도로 사용시설
① 차고·주차장 : 200m² 이상
② 기계장치에 의한 자동차 20대 이상
(4) 층수가 6층 이상인 건축물

(5) 항공기격납고, 관망탑, 항공관제탑, 방송용 송수신탑
(6) 공동주택, 의원(입원실, 인공신장실이 있는 것)·조산원·산후조리원, 숙박시설, 위험물 저장 및 처리 시설, 풍력발전소·전기저장시설, 지하구
(7) 노유자시설((1)의 ②에 해당하지 않는 시설)
(8) **요양병원**(의료재활시설은 제외)
(9) **750배** 이상의 **특수가연물**을 저장·취급
(10) **가스시설**로서 지상 노출 탱크 100톤 이상

해답 ③

51 위험물안전관리법상 제1류 위험물의 성질은?

① 산화성 액체 ② 가연성 고체
③ 금수성 물질 ④ 산화성 고체

해설 위험물의 분류 및 성질

류별	성질
제1류	산화성고체
제2류	가연성고체
제3류	자연발화성 및 금수성
제4류	인화성액체
제5류	자기반응성
제6류	산화성액체

해답 ④

52 소방시설공사업법상 소방시설업자가 등록을 한 후 정당한 사유 없이 1년이 지날 때까지 영업을 개시하지 아니하거나 계속하여 1년 이상 휴업한 때는 몇 개월 이내의 영업정지를 당할 수 있나?

① 1개월 이내 ② 2개월 이내
③ 3개월 이내 ④ 6개월 이내

해설 **소방공사업법 제9조(등록취소와 영업정지 등)**
시·도지사는 소방시설업자가 다음 각 호의 어느 하나에 해당하면 행정안전부령으로 정하는 바에 따라 그 등록을 취소하거나 6개월 이내의 기간을 정하여 시정이나 그 영업의 정지를 명할 수 있다.
① 거짓이나 그 밖의 **부정한 방법**으로 등록한 경우 (등록취소)
② 등록기준에 미달하게 된 후 30일이 **경과한 경우**
③ 등록 **결격사유**에 해당하게 된 경우(등록취소)
④ 등록을 한 후 정당한 사유 없이 **1년이 지날 때까**

지 영업을 시작하지 아니하거나 계속하여 1년 이상 휴업한 때
⑤ 다른 자에게 등록증 또는 등록수첩을 **빌려준 경우**
⑥ **영업정지 기간 중**에 소방시설공사 등을 한 경우 (등록취소)

해답 ④

53 소방시설 설치 및 관리에 관한 법령상 특정소방대상물의 관계인이 특정소방대상물의 규모·용도 및 수용인원 등을 고려하여 갖추어야 하는 소방시설의 종류 기준 중 ㉠, ㉡에 알맞은 것은?

> 화재안전기준에 따라 소화기구를 설치하여야 하는 특정소방대상물은 연면적 (㉠)m² 이상인 것. 다만, 노유자시설의 경우에는 투척용 소화용구 등을 화재안전기준에 따라 산정된 소화기 수량의 (㉡) 이상으로 설치할 수 있다.

① ㉠ 33, ㉡ $\frac{1}{2}$ ② ㉠ 33, ㉡ $\frac{1}{3}$
③ ㉠ 50, ㉡ $\frac{1}{2}$ ④ ㉠ 50, ㉡ $\frac{1}{3}$

해설
1. **소화기구 설치대상**
   (1) 연면적 **33m² 이상**인 것
   (2) **가스시설**, 발전시설 중 **전기저장시설** 및 국가유산
   (3) **터널**
   (4) **지하구**
2. **자동소화장치 설치대상**
   (1) **주거용 주방자동소화장치** : 아파트 등 및 오피스텔의 모든 층
   (2) **상업용 주방자동소화장치**
      (후드 및 덕트가 설치되어 있는 주방)
      ① **집단급식소**
      ② 대규모점포에 입점해 있는 **일반음식점**

> **집단급식소란?**
> 영리를 목적으로 하지 아니하면서 특정 다수인에게 계속하여 음식물을 공급하는 다음에 해당하는 곳의 급식시설
> ① 기숙사 ② 학교, 유치원, 어린이집
> ③ 병원   ④ 사회복지시설
> ⑤ 산업체 ⑥ 공공기관
> ⑦ 그 밖의 후생기관 등

해답 ①

54 자체소방대를 설치하여야 하는 제조소 등으로 옳은 것은?

① 지정수량 3000배의 아세톤을 취급하는 일반취급소
② 지정수량 3500배의 칼륨을 취급하는 제조소
③ 지정수량 4000배의 등유를 이동저장탱크에 주입하는 일반취급소
④ 지정수량 4500배의 기계유를 유압장치로 취급하는 일반취급소

해설 (위험물법 시행령 제18조)
자체소방대를 설치하여야 하는 사업소
① 지정수량의 **3천배 이상**의 **제4류 위험물**을 취급하는 **제조소** 또는 **일반취급소**(단, 일반취급소를 제외)
② 지정수량의 **50만배 이상**의 **제4류 위험물**을 저장하는 **옥외탱크저장소**

예방규정을 정하여야 하는 제조소등
① 지정수량의 10배 이상 제조소
② 지정수량의 100배 이상 옥외저장소
③ 지정수량의 150배 이상 옥내저장소
④ 지정수량의 200배 이상 옥외탱크저장소
⑤ 암반탱크저장소
⑥ 이송취급소
⑦ 지정수량의 10배 이상 일반취급소

해답 ①

55 화재의 예방 및 안전관리에 관한 법령상 소방안전관리대상물의 소방 계획서에 포함되어야 하는 사항이 아닌 것은?

① 예방규정을 정하는 제조소등의 위험물 저장·취급에 관한 사항
② 소방시설·피난시설 및 방화시설의 점검·정비계획
③ 특정소방대상물의 근무자 및 거주자의 자위소방대 조직과 대원의 임무에 관한 사항
④ 방화구획, 제연구획, 건축물의 내부 마감재료(불연재료·준불연재료 또는 난연재료로 사용된 것) 및 방염물품의 사용현황

과 그 밖의 방화구조 및 설비의 유지 · 관리 계획

해설 (화재예방법 시행령 제27조)
소방계획서에 포함되어야하는 사항
① 일반 현황
② 소방 · 방화, 전기 · 가스 및 **위험물시설의 현황**
③ 자체점검계획 및 대응대책
④ 소방 · 피난 및 방화시설의 **점검 · 정비계획**
⑤ 피난계획
⑥ 내부 마감재료 및 방염대상물품의 사용현황과 방화구조 및 설비의 유지 · 관리계획
⑦ 관리의 권원이 분리된 **소방안전관리에 관한 사항**
⑧ 소방훈련 및 **교육에 관한 계획**
⑨ 자위소방대 조직과 대원 **임무에 관한 사항**
⑩ 공사 중 소방안전관리에 관한 사항
⑪ **소화와 연소 방지**에 관한 사항
⑫ 위험물의 저장 · 취급에 관한 사항(예방규정을 정하는 제조소등은 제외)
⑬ 업무수행에 관한 **기록 및 유지**에 관한 사항
⑭ **초기대응**에 관한 사항
⑮ 소방본부장 또는 소방서장이 **요청하는 사항**

해답 ①

56 화재의 예방 및 안전관리에 관한 법령상 특수 가연물의 저장 기준 중 ㉠, ㉡, ㉢에 알맞은 것은? (단, 석탄 · 목탄류를 발전용으로 저장하는 경우는 제외한다.)

> 쌓는 높이는 10m 이하가 되도록 하고, 쌓은 부분의 바닥면적은 (㉠)m² 이하가 되도록 할 것. 다만, 살수설비를 설치하거나, 방사능력 범위에 해당 특수가연물이 포함되도록 대형소화기를 설치하는 경우에는 쌓는 높이를 (㉡)m 이하, 쌓은 부분의 바닥면적을 (㉢)m² 이하로 할 수 있다.

① ㉠ 200, ㉡ 20, ㉢ 400
② ㉠ 200, ㉡ 15, ㉢ 300
③ ㉠ 50, ㉡ 20, ㉢ 100
④ ㉠ 50, ㉡ 15, ㉢ 200

해설 특수가연물의 저장 및 취급기준
(화재예방법 시행령 제19조 제2항 [별표3])
(1) 품명 · 최대저장수량 · 단위부피(체적)당 질량

· 관리책임자 성명 · 직책, 연락처 및 화기취급의 금지표시 설치
(2) 기준(석탄 · 목탄류의 발전용은 예외)
① **품명별**로 구분하여 쌓을 것
② 저장 기준

구분	높이	바닥면적(m²)
일반기준	10m 이하	50(석탄 · 목탄류 200) 이하
살수설비, 대형소화기	15m 이하	200(석탄 · 목탄류 300) 이하

③ **최소 6m 이상 간격을 유지**(쌓은 높이보다 0.9m 이상 높은 내화구조 벽체 설치 시 예외)
④ 쌓는 부분의 바닥면적 사이 간격

구분	쌓는 부분의 바닥면적 사이 이격거리
실내	1.2m 또는 쌓는 높이의 1/2 중 큰 값 이상
실외	3m 또는 쌓는 높이 중 큰 값 이상

해답 ④

57 소방관서장은 화재안전조사를 실시하고자 하는 경우 조사대상, 조사기간 및 조사사유 등 조사계획을 인터넷 홈페이지나 전산시스템 등을 통해 사전에 공개하여야 한다. 이 경우 공개기간은 며칠 이상으로 하여야 하는가?

① 1일　　　　② 3일
③ 5일　　　　④ 7일

해설 (화재예방법 시행령 제8조)
화재안전조사의 방법 · 절차 등
(1) **소방관서장**은 화재안전조사의 목적에 따라 다음의 방법으로 화재안전조사를 실시할 수 있다.
① **종합조사** : 화재안전조사 항목 전부를 확인하는 조사
② **부분조사** : 화재안전조사 항목 중 일부를 확인하는 조사
(2) **소방관서장**은 조사계획을 인터넷 홈페이지나 전산시스템 등을 통해 **7일 이상** 공개해야 한다.

해답 ④

58 화재안전조사 결과에 따른 조치명령으로 인하여 손실을 입은 자에 대한 손실보상에 관한 설명으로 틀린 것은?

① 손실보상에 관하여는 시 · 도지사와 손실

을 입은 자가 협의하여야 한다.
② 보상금액에 관한 협의가 성립되지 아니한 경우에는 시·도지사는 그 보상금액을 지급하거나 공탁하고 이를 상대방에게 알려야 한다.
③ 시·도지사가 손실을 보상하는 경우에는 공시지가로 보상하여야 한다.
④ 보상금의 지급 또는 공탁의 통지에 불복이 있는 자는 지급 또는 공탁의 통지를 받은 날부터 30일 이내에 관할토지수용위원회에 재결을 신청할 수 있다.

해설 ③ 공시지가 → 시가
(화재예방법 제15조) 손실보상
소방청장 또는 **시·도지사**는 화재안전조사 결과에 따른 **조치명령**으로 인하여 손실을 입은 자가 있는 경우에는 **대통령령**으로 정하는 바에 따라 **보상**하여야 한다.

(화재예방법 시행령 제14조) 손실보상
① 소방청장 또는 시·도지사가 시가로 보상
② 소방청장, 시·도지사와 **손실을 입은 자가 협의**
③ 지급 또는 공탁의 통지를 받은 날부터 30일 이내에 중앙토지수용위원회 또는 관할 지방토지수용위원회에 재결을 신청

해답 ③

59 소방시설 설치 및 관리에 관한 법령상 소방시설 등에 대한 자체점검 중 종합점검 대상기준으로 틀린 것은?

① 제연설비가 설치된 터널
② 노래연습장으로서 연면적이 2000m² 이상인 것
③ 아파트는 연면적 5000m² 이상이고 16층 이상인 것
④ 소방대가 근무하지 않는 국공립학교 중 연면적 1000m² 이상인 것으로서 자동화재탐지설비가 설치된 것

해설 **(소방시설법 시행규칙 제22조의 별표4)**
1. 소방시설등 자체점검의 구분과 대상, 점검자의 자격, 횟수

점검 구분	점검 대상	점검자의 자격 (주된 인력)	비고
최초 점검	소방시설 등이 신설된 경우	• 등록된 관리사 • 선임된 관리사 또는 기술사	60일 이내
작동 점검	3급 대상물	• 관계인 • 선임된 관리사 또는 기술사 • 등록된 관리사 또는 특급점검자	연 1회 이상
	1급 또는 2급 대상물	• 등록된 관리사 • 선임된 관리사 또는 기술사	
종합 점검	(1) 스프링클러설비설치 (2) 물분무등 소화설비 (호스릴방식 제외) 설치 연면적 5천m² 이상 (3) 단란주점영업과 유흥주점영업, 영화상영관·비디오물감상실업·복합영상물제공업, 노래연습장업, 산후조리업, 고시원업, 안마시술소의 영업장이 설치된 연면적이 2천m² 이상인 것 (4) 제연설비 설치 터널 (5) 공공기관 중 연면적 1,000m² 이상 옥내 또는 자동화재탐지설비 설치. 다만, 소방대 근무 공공기관은 제외	• 등록된 관리사 • 선임된 관리사 또는 기술사	연 1회 이상 (특급 반기별 1회 이상)

2. 소방시설등의 자체점검 결과의 조치 등
  (1) "관리업자등"은 점검이 끝난 날부터 10일 이내에 보고서를 **관계인에게 제출**
  (2) 관계인은 점검이 끝난 날부터 15일 이내에 보고서에 이행계획서를 첨부하여 **소방본부장 또는 소방서장에게 보고**

해답 ③

60 소방활동구역의 출입자로서 대통령령이 정하는 자에 속하지 않는 사람은?

① 의사·간호사 그 밖의 구조 구급업무에 종사하는 자
② 소방활동구역 밖에 있는 소방대상물의 소유자·관리자 또는 점유자
③ 취재인력 등 보도업무에 종사하는 자
④ 수사업무에 종사하는 자

해설 ② 소방활동구역 안에 있는 소방대상물의 소유자, 관리자, 또는 점유자
(기본법 시행령 제8조) 소방활동구역의 출입자
① 소방대상물의 소유자, 관리자, 점유자
② 원활한 소화활동을 위하여 필요한 자
   (전기, 가스, 수도, 통신, 교통업무종사자 등)
③ 구급, 구조업무 종사자(의사, 간호사 등)
④ 보도업무 종사자
⑤ 수사업무 종사자
⑥ 소방대장이 허가한 자

해답 ②

제4과목 소방기계시설의 구조 및 원리

61 스프링클러설비에서 건식 설비와 비교한 습식 설비의 특징에 관한 설명으로 옳지 않은 것은?

① 구조가 상대적으로 간단하고 설비비가 적게 든다.
② 동결의 우려가 있는 곳에는 사용하기가 적절하지 않다.
③ 헤드 개방 시 즉시 방수된다.
④ 오동작이 발생할 때 물에 의해 야기되는 피해가 적다.

해설 습식스프링클러설비의 특징
① 구조가 상대적으로 **간단하고** 설비비가 **적게 든**다.
② **동결의 우려가** 있는 곳에는 사용하기가 적절하지 않다.
③ 헤드 개방 시 **즉시 방수**된다.
④ 오동작이 발생할 때 물에 의해 발생하는 **피해가 크**다.

해답 ④

62 지상 5층인 사무실용도의 소방대상물에 연결송수관설비를 설치할 경우 최소로 설치할 수 있는 방수구의 총 수는? (단, 방수구는 각 층별 1개의 설치로 충분하고, 소방차 접근이 가능한 피난층은 1개층(1층)이다.)

① 2개   ② 3개
③ 4개   ④ 5개

해설 연결송수관설비의 방수구 설치기준
(1) 소방대상물의 층마다 설치할 것. 다만, 다음 각 목의 1에 해당하는 층에는 설치하지 아니할 수 있다.
① 아파트의 1층 및 2층
② 소방차의 접근이 가능하고 소방대원이 소방차로부터 각 부분에 쉽게 도달할 수 있는 피난층
③ 송수구가 부설된 옥내소화전을 설치한 소방대상물(집회장·관람장·백화점·도매시장·소매시장·판매시설·공장·창고시설 또는 지하가를 제외한다)로서 다음의 1에 해당하는 층
  ㉠ 지하층을 제외한 층수가 4층 이하이고 연면적이 $6,000m^2$ 미만인 소방대상물의 지상층
  ㉡ 지하층의 층수가 2 이하인 소방대상물의 지하층
(2) 소방차로부터 각 부분에 쉽게 도달할 수 있는 피난층은 설치제외 대상이므로
$N = 5개(층당 1개) - 1개(피난층) = 4개$

해답 ③

63 다음 중 완강기의 주요 구성요소가 아닌 것은?

① 앵커볼트   ② 속도조절기
③ 연결금속구 ④ 로프

해설 완강기의 구성부품
① 속도조절기(조속기)
② 속도조절기의 연결부(후크)
③ 로프
④ 연결금속구

해답 ①

64 상수도소화용수설비에서 소화전의 호칭지름 100mm 이상을 연결할 수 있는 상수도 배관의 호칭지름은 몇 mm 이상이어야 하는가?

① 50　　　　　② 75
③ 80　　　　　④ 100

해설 **상수도 소화용수 설비**
① 호칭지름 75mm 이상의 수도배관에 호칭지름 100mm 이상의 소화전을 접속
② 소화전은 소방자동차 등의 진입이 쉬운 도로변 또는 공지에 설치
③ 소화전은 소방대상물의 수평투영면의 각 부분으로부터 140m 이하가 되도록 설치

해답 ②

65 인명구조기구를 설치하여야 하는 특정소방대상물 중 공기호흡기만을 설치 가능한 대상물에 포함되지 않는 것은?

① 수용인원 100명 이상인 영화상영관
② 운수시설 중 지하역사
③ 판매시설 중 대규모점포
④ 호스릴 이산화탄소소화설비를 설치하여야 하는 특정소방대상물

해설 **용도 및 장소별로 설치하여야 할 인명구조기구**

특정소방대상물	종류	설치 수량
• 지하층을 포함하는 층수가 7층 이상인 관광호텔 및 5층 이상인 병원	• 방열복 또는 방화복 • 공기호흡기 • 인공소생기	각 2개 이상 비치할 것. 다만, 병원의 경우에는 인공소생기를 설치하지 않을 수 있다.
• 문화 및 집회시설 중 수용인원 100명 이상의 영화상영관 • 판매시설 중 대규모점포 • 운수시설 중 지하역사 • 지하상가	• 공기호흡기	층마다 2개 이상 비치할 것. 다만, 각 층마다 갖추어 두어야 할 공기호흡기 중 일부를 직원이 상주하는 인근 사무실에 갖추어 둘 수 있다.
• 물분무등소화설비 중 이산화탄소소화설비를 설치하여야 하는 특정소방대상물	• 공기호흡기	이산화탄소소화설비가 설치된 장소의 출입구 외부 인근에 1대 이상 비치할 것

해답 ④

66 소화능력단위에 의한 분류에서 소형소화기를 올바르게 설명한 것은?

① 능력단위가 1단위 이상이면서 대형소화기의 능력단위 미만인 소화기이다.
② 능력단위가 3단위 이상이면서 대형소화기의 능력단위 미만인 소화기이다.
③ 능력단위가 5단위 이상이면서 대형소화기의 능력단위 미만인 소화기이다.
④ 능력단위가 10단위 이상이면서 대형소화기의 능력단위 미만인 소화기이다.

해설 **소화기의 능력단위 및 보행거리**

구 분	소형소화기	대형소화기
능력단위	• 1단위 이상 • 대형소화기 능력단위 미만	• A급 10단위 이상 • B급 20단위 이상
보행거리	20m 이내	30m 이내

해답 ①

67 이산화탄소 소화약제 저장용기에 대한 설명으로 옳지 않은 것은?

① 온도가 40℃ 이하인 장소에 설치할 것
② 방화문으로 방화구획된 실에 설치할 것
③ 고압식 저장용기의 충전비는 1.3 이상 1.7 이하로 할 것
④ 저압식 저장용기에는 2.3MPa 이상 1.9 MPa 이하에서 작동하는 압력경보장치를 설치할 것

해설 ③ 1.3 이상 1.7 이하 → 1.5 이상 1.9 이하
CO_2 저장용기 설치기준
① 방호구역외에 설치
② 온도가 40℃ 이하이고 온도변화가 작은 곳에 설치
③ 직사광선 및 빗물침투 우려가 없는 곳에 설치
④ 방화문으로 방화구획된 실에 설치할 것
⑤ 용기설치장소에 용기가 설치된 곳임을 표시하는 표지설치
⑥ 용기간의 간격은 점검에 지장이 없도록 3cm 이상의 간격유지
⑦ 연결배관에 체크밸브를 설치할 것

해답 ③

68 일반적으로 노유자시설에 설치될 수 없는 피난기구는?

① 피난교   ② 승강식 피난기
③ 구조대   ④ 피난용 트랩

해설 소방대상물의 설치장소별 피난기구의 적응성

구분 \ 층별	1층	2층	3층	4층 이상 10층 이하
노유자시설			미구교다승	구1)교다승
의료시설·근린생활시설 중 입원실이 있는 의원·접골원·조산원			미트구 교다승	트구 교다승
다중이용업소로서 영업장의 위치가 4층 이하인 다중이용업소		미사구완다승		
그 밖의 것			트공간교 미사구 완다승	공간2) 교사구 완다승

[비고]
1) 구조대의 적응성은 장애인 관련 시설로서 주된 사용자 중 스스로 피난이 불가한 자가 있는 경우 추가로 설치하는 경우에 한한다.
2) 간이완강기의 적응성은 숙박시설의 3층 이상에 있는 객실에 추가로 설치하는 경우에 한한다.

어두문자 암기방법

피난용트랩 ⇒ 트	피난교 ⇒ 교
피난사다리 ⇒ 사	미끄럼대 ⇒ 미
구조대 ⇒ 구	다수인피난장비 ⇒ 다
승강식피난기 ⇒ 승	완강기 ⇒ 완
간이완강기 ⇒ 간	공기안전매트 ⇒ 공

해답 ④

69 이산화탄소 소화설비 중 호스릴 방식으로 설치되는 호스접결구는 방호대상물의 각 부분으로부터 수평거리 몇 m 이하이어야 하는가?

① 15m 이하   ② 20m 이하
③ 25m 이하   ④ 40m 이하

해설 호스릴 이산화탄소소화설비 설치기준
① 수평거리가 15m 이하
② 노즐은 20℃에서 하나의 노즐마다 60kg/min 이상의 소화약제를 방사할 수 있는 것으로 할 것
③ 소화약제 저장용기는 호스릴을 설치하는 장소마다 설치할 것
④ 소화약제 저장용기의 개방밸브는 호스의 설치장소에서 수동으로 개폐할 수 있는 것으로 할 것
⑤ 소화약제 저장용기의 가장 가까운 곳의 보기 쉬운 곳에 표시등을 설치하고, 호스릴 이산화탄소소화설비가 있다는 뜻을 표시한 표지를 할 것

해답 ①

70 포소화설비에서 고정지붕구조 또는 부상덮개부착고정지붕구조의 탱크에 사용하는 포 방출구 형식으로 방출된 포가 탱크옆판의 내면을 따라 흘러내려 가면서 액면 아래로 몰입되거나 액면을 뒤섞지 않고 액면상을 덮을 수 있는 반사판 및 탱크내의 위험물증기가 외부로 역류되는 것을 저지할 수 있는 구조·기구를 갖는 포방출구는?

① Ⅰ형 방출구   ② Ⅱ형 방출구
③ Ⅲ형 방출구   ④ 특형 방출구

해설 고정식의 포소화설비의 포방출구
① Ⅰ형 : 고정지붕구조의 탱크에 **상부포주입법**을 이용하는 것으로서 방출된 포가 액면 아래로 몰입되거나 액면을 뒤섞지 않고 액면상을 덮을 수 있는 **통계단 또는 미끄럼판** 등의 설비 및 탱크내의 위험물증기가 외부로 역류되는 것을 저지할 수 있는 구조·기구를 갖는 포방출구
② Ⅱ형 : 고정지붕구조 또는 부상덮개부착고정지붕구조의 탱크에 **상부포주입법**을 이용하는 것으로서 방출된 포가 탱크옆판의 내면을 따라 흘러내려 가면서 액면 아래로 몰입되거나 액면을 뒤섞지 않고 액면상을 덮을 수 있는 **반사판** 및 탱크내의 위험물증기가 외부로 역류되는 것을 저지할 수 있는 구조·기구를 갖는 포방출구
③ 특형 : **부상지붕구조**의 탱크에 **상부포주입법**을 이용하는 것으로서 부상지붕의 부상부분상에 높이 0.9m 이상의 금속제의 칸막이를 탱크옆판의 내측로부터 1.2m 이상 이격하여 설치하고 탱크옆판과 칸막이에 의하여 형성된 **환상부분**에 포를 주입하는 것이 가능한 구조의 반사판을 갖는 포방출구
④ Ⅲ형 : **고정지붕구조**의 탱크에 **저부포주입법**을 이용하는 것으로서 **송포관**으로부터 포를 방출하는 포방출구

⑤ IV형 : 고정지붕구조의 탱크에 **저부포주입법**을 이용하는 것으로서 평상시에는 탱크의 액면 하의 저부에 설치된 격납통에 수납되어 있는 **특수호스** 등이 송포관의 말단에 접속되어 있다가 포를 보내는 것에 의하여 **특수호스** 등이 전개되어 그 선단이 액면까지 도달한 후 포를 방출하는 포방출구

해답 ②

예외인 경우
- 드라이펜던트스프링클러헤드를 사용하는 경우
- 스프링클러헤드의 설치장소가 동파의 우려가 없는 곳인 경우
- 개방형 스프링클러헤드를 사용하는 경우

⑥ 스프링클러헤드의 반사판은 그 부착면과 평행하게 설치할 것

해답 ②

71
습식스프링클러설비 및 부압식스프링클러설비 외의 스프링클러설비에는 특정한 제외조건 이외에는 상향식스프링클러헤드를 설치해야 하는데, 다음 중 특정한 제외조건에 해당하지 않는 경우는?

① 스프링클러헤드의 설치장소가 동파의 우려가 없는 곳인 경우
② 플러쉬형 스프링클러헤드를 사용하는 경우
③ 드라이펜던트 스프링클러헤드를 사용하는 경우
④ 개방형 스프링클러헤드를 사용하는 경우

해설 폐쇄형 스프링클러헤드의 설치기준
① 헤드로부터 **반경 60cm 이상**의 공간을 보유할 것(단, **벽과 헤드간의 공간은 10cm 이상**)
② 헤드와 그 부착면과의 거리는 **30cm 이하**로 할 것
③ 배관·행가 및 조명기구 등 살수가 방해될 경우 그로부터 아래에 설치하여 살수에 장애가 없도록 할 것
④ 설치장소의 평상시 최고 주위온도에 따라 다음 표에 따른 표시온도의 것으로 설치할 것. 다만, **높이가 4m 이상인 공장 및 창고**(랙크식 창고를 포함)에 설치하는 스프링클러헤드는 그 설치장소의 평상시 최고 주위온도에 관계없이 121℃ 이상의 것으로 할 수 있다.

최고 주위온도	표시온도
39℃ 미만	79℃ 미만
39℃ 이상 64℃ 미만	79℃ 이상 121℃ 미만
64℃ 이상 106℃ 미만	121℃ 이상 162℃ 미만
106℃ 이상	162℃ 이상

⑤ 습식스프링클러설비 및 부압식스프링클러설비 외의 설비에는 **상향식스프링클러헤드를 설치**

72
전역방출방식의 분말소화설비에서 분말이 방사되기 전, 다음에 해당하는 개구부 또는 통기구 중 폐쇄하지 않아도 되는 것은?

① 천장에 설치된 통기구
② 바닥으로부터 해당 층의 높이의 1/2 높이 위치에 설치된 통기구
③ 바닥으로부터 해당 층의 높이의 1/3 높이 위치에 설치된 개구부
④ 천장으로부터 아래로 1.2m 떨어진 벽체에 설치된 통기구

해설 분말소화약제소화설비의 자동폐쇄장치
① 환기장치를 설치한 것은 소화약제가 **방사되기 전**에 해당 환기장치가 **정지**할 수 있도록 할 것
② 개구부가 있거나 천장으로부터 **1m 이상의 아래부분** 또는 바닥으로부터 해당층의 높이의 **3분의 2 이내의 부분**에 통기구가 있어 소화약제의 유출에 따라 소화효과를 감소시킬 우려가 있는 것은 소화약제가 **방사되기 전**에 당해 **개구부 및 통기구를 폐쇄**할 수 있도록 할 것
③ 자동폐쇄장치는 방호구역 또는 방호대상물이 있는 구획의 밖에서 복구할 수 있는 구조로 하고, 그 위치를 표시하는 표지를 할 것

해답 ①

73
다음 소방시설 중 내진설계가 요구되는 소방시설이 아닌 것은?

① 옥내소화전설비 ② 옥외소화전설비
③ 물분무소화설비 ④ 스프링클러설비

해설 소방시설의 내진설계 대상
① 옥내소화전설비 ② 스프링클러설비
③ 물분무등소화설비

해답 ②

74 제연설비 설치장소의 제연구역 구획기준으로 틀린 것은?

① 하나의 제연구역의 면적은 1000m² 이내로 할 것
② 거실과 통로는 각각 제연구획 할 것
③ 통로상의 제연구역은 보행중심선의 길이가 60m를 초과하지 아니할 것
④ 하나의 제연구역은 지름 40m 원내에 들어갈 수 있을 것

해설 제연구역 구획기준
① 하나의 제연구역의 면적은 1000m² 이내
② 거실과 통로는 각각 제연구획
③ 통로상의 제연구역은 보행 중심선으로 길이가 60m를 초과하지 아니할 것
④ 하나의 제연구역은 직경 60m 원내에 들어갈 수 있을 것
⑤ 하나의 제연구역은 2 이상 층에 미치지 아니하도록 할 것

해답 ④

75 바닥면적이 500m²인 의료시설에 필요한 소화기구의 소화능력 단위는 몇 단위 이상인가? (단, 소화능력단위 기준은 바닥면적만 고려한다.)

① 2.5   ② 5
③ 10   ④ 16.7

해설 소화능력단위

$$\text{소화능력단위} = \frac{\text{바닥면적}(m^2)}{\text{기준바닥면적}(m^2)}$$

① 의료시설의 기준바닥면적(m²)은 50m²
② 능력단위 = $\frac{500m^2}{50m^2}$ = 10단위

소방대상물별 소화기구의 능력단위기준

소 방 대 상 물	소화기구의 능력단위
① 위락시설	30m² 마다 1단위 이상
② 공연장·집회장·관람장·국가유산·장례식장 및 의료시설	50m² 마다 1단위 이상
③ 근린생활시설·판매시설·운수시설·숙박시설·노유자시설·전시장·공동주택·업무시설·방송통신시설·공장	100m² 마다 1단위 이상
창고시설·항공기 및 자동차 관련시설 및 관광휴게시설	
④ 그 밖의 것	200m² 마다 1단위 이상

(주) 소화기구의 능력단위를 산출함에 있어서 건축물의 주요구조부가 내화구조이고, 벽 및 반자의 실내에 면하는 부분이 불연재료·준불연재료 또는 난연재료로 된 소방대상물에 있어서는 위 표의 기준면적의 2배를 당해 소방대상물의 기준면적으로 한다.

해답 ③

76 상수도소화용수설비를 설치하여야 하는 특정소방대상물의 연면적 기준으로 옳은 것은? (단, 특정소방대상물 중 숙박시설로 한정한다.)

① 연면적 1000m² 이상인 경우
② 연면적 1500m² 이상인 경우
③ 연면적 3000m² 이상인 경우
④ 연면적 5000m² 이상인 경우

해설 상수도소화용수설비 설치대상
상수도소화용수설비를 설치하여야 하는 특정소방대상물의 대지 경계선으로부터 180m 이내에 지름 75mm **이상인 상수도용 배수관**이 설치되지 않은 지역의 경우에는 화재안전기준에 따른 **소화수조 또는 저수조**를 설치하여야 한다.
① **연면적 5천m² 이상**인 것. 다만, 위험물 저장 및 처리 시설 중 가스시설, 터널 또는 지하구의 경우에는 그러하지 아니하다.
② **가스시설**로서 지상에 노출된 탱크의 저장용량의 합계가 **100톤 이상**인 것
③ 폐기물재활용시설 및 폐기물처분시설

해답 ④

77 지상 5층 건물의 2층 슈퍼마켓에 스프링클러설비가 설치되어 있다. 이때 설치된 폐쇄형 헤드의 수는 총 40개라고 할 때 최소 저수량 산출 시 스프링클러 헤드의 기준 개수로 옳은 것은? (단, 다른 층의 폐쇄형 헤드의 수는 모두 40개 미만이라고 가정한다.)

① 10개   ② 20개
③ 30개   ④ 40개

해설 헤드의 기준개수(폐쇄형)

소방대상물			기준개수
지하층 제외 10층 이하	공장	특수가연물	30개
		그 밖의 것	20개
	근린생활시설·판매시설·운수시설 또는 복합건축물	판매시설 또는 복합건축물(판매시설 설치 복합건축물)	30개
		그 밖의 것	20개
	그 밖의 것	헤드높이 8m 이상	20개
		헤드높이 8m 이하	10개
아파트			10개
지하층제외 11층 이상, 지하가 또는 지하역사			30개

※ 아파트등의 **각 동이 주차장으로 서로 연결된 구조**인 경우 해당 **주차장 부분의 기준개수는 30개**로 할 것

해답 ③

78 다음은 옥외소화전설비에서 소화전함의 설치 기준에 관한 설명이다. 괄호 안에 들어갈 말로 옳은 것은?

- 옥외소화전이 10개 이하 설치된 때에는 옥외소화전마다 (ⓐ)m 이내의 장소에 1개 이상의 소화전함을 설치하여야 한다.
- 옥외소화전이 11개 이상 30개 이하 설치된 때에는 (ⓑ)개 이상의 소화전함을 각각 분산하여 설치하여야 한다.
- 옥외소화전이 31개 이상 설치된 때에는 옥외소화전 3개마다 1개 이상의 소화전함을 설치하여야 한다.

① ⓐ 5, ⓑ 11 ② ⓐ 7, ⓑ 11
③ ⓐ 5, ⓑ 15 ④ ⓐ 7, ⓑ 15

해답 ①

79 화재예방, 소방시설 설치·유지 및 안전관리에 관한 법령에 따라 구분된 소방설비 중 "물분무등소화설비"에 속하지 않는 것은?

① 포소화설비   ② 이산화탄소소화설비
③ 스프링클러설비 ④ 강화액소화설비

해설 물분무등소화설비
① 물 분무 소화설비
② 미분무소화설비
③ 포소화설비
④ 이산화탄소소화설비
⑤ 할론소화설비
⑥ 할로젠화합물 및 불활성기체 소화설비
⑦ 분말소화설비
⑧ 강화액소화설비

해답 ③

80 포소화설비의 수동식 기동장치의 조작부 설치 위치는?

① 바닥으로부터 0.5m 이상, 1.2m 이하
② 바닥으로부터 0.8m 이상, 1.2m 이하
③ 바닥으로부터 0.8m 이상, 1.5m 이하
④ 바닥으로부터 0.5m 이상, 1.5m 이하

해설 포소화설비의 수동식 기동장치
① 직접조작 또는 원격조작에 따라 가압송수장치·수동식 개방밸브 및 소화약제 혼합장치를 기동할 수 있는 것으로 할 것
② 2 이상의 방사구역을 가진 포소화설비에는 방사구역을 선택할 수 있는 구조로 할 것
③ 기동장치의 조작부는 화재 시 쉽게 접근할 수 있는 곳에 설치하되, 바닥으로부터 0.8m 이상 1.5m 이하의 위치에 설치하고, 유효한 보호장치를 설치할 것
④ 기동장치의 조작부 및 호스 접결구에는 가까운 곳의 보기 쉬운 곳에 각각 "기동장치의 조작부" 및 "접결구"라고 표시한 표지를 설치할 것
⑤ 차고 또는 주차장에 설치하는 포소화설비의 수동식 기동장치는 방사구역마다 1개 이상 설치할 것
⑥ **항공기격납고**에 설치하는 포소화설비의 수동식 기동장치는 각 **방사구역마다 2개 이상**을 설치하되, 그 중 1개는 각 방사구역으로부터 가장 가까운 곳 또는 조작에 편리한 장소에 설치하고, 1개는 화재감지수신기를 설치한 감시실 등에 설치할 것

해답 ③

소방설비산업기사 - 기계분야
2019년 4월 27일 시행

제1과목 소방원론

01 건물 내 피난동선의 조건에 대한 설명으로 옳은 것은?

① 피난동선은 그 말단이 길수록 좋다.
② 모든 피난동선은 건물 중심부 한 곳으로 향해야 한다.
③ 피난동선의 한 쪽은 막다른 통로와 연결되어 화재 시 연소가 되지 않도록 하여야 한다.
④ 2개 이상의 방향으로 피난할 수 있으며 그 말단은 화재로부터 안전한 장소이어야 한다.

해설 피난동선의 원칙
① 피난 동선은 그 말단이 짧을수록 좋다.
② 피난 동선은 가급적 상호 반대방향으로 다수의 출구와 연결되는 것이 좋다.
③ 2개 이상의 방향으로 피난할 수 있어야하며 그 말단은 화재로부터 안전한 장소이어야 한다.
④ 피난동선은 건물 중심부로 향하지 말아야 한다.
⑤ 피난 동선은 수평 동선과 수직 동선으로 구분된다.

피난대책의 일반적인 원칙
① 2방향 원칙에 따라 피난통로를 확보할 것
② 원시적 방법을 원칙으로 할 것
③ 고정식 설비를 원칙으로 하고 보조적으로 이동식 설비를 고려
④ Fool proof와 Fail safe의 원칙을 중요시 할 것
⑤ 피난경로는 간단하고 명료하게 할 것

해답 ④

02 부피비가 메탄 80%, 에탄 15%, 프로판 4%, 부탄 1%인 혼합기체가 있다. 이 기체의 공기 중 폭발 하한계는 약 몇 vol%인가? (단, 공기 중 단일 가스의 폭발 하한계는 메탄 5vol%, 에탄 2vol%, 프로판 2vol%, 부탄 1.8vol%이다.)

① 2.2   ② 3.8
③ 4.9   ④ 6.2

해설 혼합가스의 폭발범위 계산식 ★★

$$\frac{V}{L} = \frac{V_1}{L_1} + \frac{V_2}{L_2} + \frac{V_3}{L_3} + \cdots\cdots + \frac{V_n}{L_n}$$

V : 혼합가스 중 가연성가스의 합계농도
L : 혼합가스의 폭발한계 값(상한값 또는 하한값)
$L_1, L_2, L_3, \cdots$: 각 가스성분의 폭발한계 값(상한값 또는 하한값)
$V_1, V_2, V_3, \cdots$: 각 가스성분의 부피(%)

$$\therefore L_m = \frac{100}{(80/5) + (15/2) + (4/2) + (1/1.8)}$$
$$= 3.84\%$$

포화탄화수소의 명명법(C_nH_{2n+2})
$n=1$일 때 CH_4 메탄 $n=2$일 때 C_2H_6 에탄
$n=3$일 때 C_3H_8 프로판 $n=4$일 때 C_4H_{10} 부탄
$n=5$일 때 C_5H_{12} 펜탄 (암기방법 : 메, 에, 프, 부, 펜)

해답 ②

03 촛불(양초)의 연소형태로 옳은 것은?

① 증발연소   ② 액적연소
③ 표면연소   ④ 자기연소

해설 물질별 연소의 형태

연소형태	해당물질
표면연소	숯, 코크스, 목탄, 금속분
증발연소	파라핀(양초), 황, 나프탈렌, 왁스, 휘발유, 등유, 경유, 아세톤 등 제4류 위험물

연소형태	해당물질
분해연소	석탄, 목재, 플라스틱, 종이, 합성수지
자기연소 (내부연소)	질화면(나이트로셀룰로오스), 셀룰로이드, 나이트로글리세린 등 제5류 위험물
확산연소	아세틸렌, LPG, LNG 등 가연성 기체

해답 ①

04 화재발생 시 물을 사용하여 소화하면 더 위험해지는 것은?

① 적린 ② 질산암모늄
③ 나트륨 ④ 황린

해설
① 적린-제2류-가연성고체-물로 냉각소화
② 질산암모늄-제1류-산화성고체-물로 냉각소화
③ **나트륨-제3류-금수성-마른모래, 팽창질석, 팽창진주암으로 소화**
④ 황린-제3류-자연발화성-물로 냉각소화

해답 ③

05 다음 중 연소시 발생하는 가스로 독성이 가장 강한 것은?

① 수소 ② 질소
③ 이산화탄소 ④ 일산화탄소

해설 연소 시 발생하는 각종가스
① 일산화탄소(CO)
 • 인명피해가 가장 크다.
 • 피 속의 헤모글로빈과 결합하여 산소운반 방해
② 이산화탄소(CO_2)
 • 자체의 독성은 거의 없으나 다량이 존재할 경우 사람의 호흡속도를 증가시켜 화재가스에 혼합된 유해가스의 흡입을 증가시킨다.
③ 아황산가스(SO_2)
 • 황 함유 물질이 완전 연소 시 발생
④ 황화수소(H_2S)
 • 황 함유 물질이 불완전 연소 시 발생
 • 인화성과 독성이 강하여 **살충제의 원료**로 사용된다.
 • 달걀 썩는 냄새가 나는 특성이 있으며, 공기 중에 0.02%의 농도만으로도 치명적인 위험상태에 빠질 수 있다.

⑤ 아크로레인(CH_2CHCHO)
 석유제품, 유지류 연소 시 발생
 • 아크롤레인은 눈과 호흡기를 자극하며 기도장애를 일으킨다.
⑥ 포스겐($COCl_2$)
 • 독성이 매우 강한 가스로서 공기 중에 25ppm만 있어도 1시간 이내에 사망한다.

해답 ④

06 식용류 화재시 가연물과 결합하여 비누화 반응을 일으키는 소화약제는?

① 물
② Halon 1301
③ 제1종 분말소화약제
④ 이산화탄소소화약제

해설 제1종 분말약제($NaHCO_3$)
식용유 및 지방 화재 시 가연물질인 지방산과 Na^+ 이온이 반응을 일으켜 비누거품을 생성하므로(비누화 현상) 소화효과가 좋다.
비누화반응(검화반응)
① 에스터가 가수분해하여 카르복실산과 알코올을 생성하는 반응
② 에스터화의 역반응

해답 ③

07 0℃의 얼음 1g이 100℃ 수증기가 되려면 약 몇 cal의 열량이 필요한가? (단, 0℃ 얼음의 융해열은 80cal/g이고, 100℃ 물의 증발잠열은 539cal/g이다.)

① 539 ② 719
③ 939 ④ 1119

해설 열량 산출 공식

$$Q = r \cdot m + mC\Delta t + r \cdot m$$

Q : 열량(kcal) m : 질량(kg)
c : 비열(kcal/kg·℃) Δt : 온도차(℃)
r : 융해열 또는 기화열(cal/g)
$Q = 1g \times 80cal/g + 1g \times 1cal/g \cdot ℃ \times (100-0)℃ + 539cal/g \times 1g$
$= 719cal$

해답 ②

08 제3종 분말소화약제의 주성분은?

① 요소
② 탄산수소나트륨
③ 제1인산암모늄
④ 탄산수소칼륨

해설 분말소화약제 ★★★★(필수암기)

종별	주성분	약제명	착색
제1종	$NaHCO_3$	탄산수소나트륨, 중탄산나트륨, 중조	백색
제2종	$KHCO_3$	탄산수소칼륨, 중탄산칼륨	담회색
제3종	$NH_4H_2PO_4$	제1인산암모늄	담홍색 (핑크색)
제4종	$KHCO_3 + (NH_2)_2CO$	중탄산칼륨 + 요소	회색(쥐색)

해답 ③

09 다른 곳에서 화원, 전기스파크 등의 착화원을 부여하지 않고 가연성 물질을 공기 또는 산소 중에서 가열함으로써 발화 또는 폭발을 일으키는 최저온도를 나타내는 용어는?

① 인화점
② 발열점
③ 연소점
④ 발화점

해설 **인화점(Flash Point)**
① 불꽃에 의하여 붙는 가장 낮은 온도
② 착화원의 존재하에 타기 시작하는 온도
③ 점화원에 의하여 인화되는 최저온도
④ 폭발범위의 하한값에 도달되는 온도

발화점(Ignition Point)=착화점
① 점화원 없이 스스로 발화되는 최저온도
② 열을 가했을 때 발화되는 최저온도
③ 외부에서 가해지는 열에너지에 의해 스스로 타기 시작하는 온도

연소점(Fire Point)
① 점화원을 제거하여 지속적으로 발화되는 온도
② 한번 발화된 후 연소를 지속시킬 수 있는 충분한 증기를 발생시킬 수 있는 최소온도로서 인화점보다 약 5~10℃ 높다.
③ 연소가 지속적으로 확산될 수 있는 최저온도

온도가 높은 순서
인화점 < 연소점 < 발화점

해답 ④

10 벤젠 화재 시 이산화탄소소화약제를 사용하여 소화하는 경우 한계산소량은 약 몇 vol%인가?

① 14
② 19
③ 24
④ 28

해설 ※ 질식소화 시 산소의 유지농도 : 15% 이하
한계산소농도(Limiting Oxygen Concentration)
공기에 질소와 같은 불연성기체를 주입하여 산소 농도를 낮추면 가연물은 점화원을 가하여도 산소가 부족하여 발화하지 않게 되는 농도
① 가연물의 종류, 소화약제의 종류와 밀접한 관계가 있다.
② 연소가 중단되는 산소의 한계농도이다.
③ 한계산소농도는 질식소화와 관계가 있다.
④ 소화에 필요한 이산화탄소소화약제의 양을 구할 때 사용될 수 있다.

해답 ①

11 건물화재에서 플래시 오버(flash over)에 관한 설명으로 옳은 것은?

① 가연물이 착화되는 초기 단계에서 발생한다.
② 화재시 발생한 가연성 가스가 축적되다가 일순간에 화염이 실 전체로 확대되는 현상을 말한다.
③ 소화활동이 끝난 단계에서 발생한다.
④ 화재시 모두 연소하여 자연 진화된 상태를 말한다.

해설 **플래시 오버(flash over)현상**
화재 시 발생한 가연성가스가 건물 내 상층부에 체류하다가 연소범위 내 농도가 되면 착화하여 화염으로 쌓이고 상층부의 열이 축적되어 축적된 열이 실내에 복사열로 방출되어 실내가 화염으로 덮이는 현상

- 플래쉬 오버 발생시기 : 성장기
- 주요 발생 원인 : 열의 공급

백드래프트(Back Draft) 현상
화재시 가연성가스가 축적되어 있다가 신선한 공기가 유입되면 폭발적 연소와 함께 폭풍을 동반하며 화염이 외부로 분출되는 현상

① 발생시기 : 감쇠기
② 주요 발생원인 : 산소의 공급
③ 방지대책 : ㉠ 적절한 배연   ㉡ 환기
             ㉢ 폭발력의 억제   ㉣ 격리

해답 ②

12 분무연소에 대한 설명으로 틀린 것은?

① 휘발성이 낮은 액체연료의 연소가 여기에 해당된다.
② 점도가 높은 중질유의 연소에 많이 이용된다.
③ 액체연료를 수 μm~수백 μm 크기의 액적으로 미립화시켜 연소시킨다.
④ 미세한 액적으로 분무시키는 이유는 표면적을 작게 하여 공기와의 혼합을 좋게 하기 위함이다.

해설 **분무연소(spray combustion)**
액체연료를 수 μm~수백 μm의 무수한 액적으로 미립화하기 위하여 증발표면적을 크게 증가시켜 연소하는 방법

해답 ④

13 이산화탄소소화약제가 공기 중에 34vol% 공급되면 산소의 농도는 약 몇 vol%가 되는가?

① 12   ② 14
③ 16   ④ 18

해설 **이산화탄소의 농도(%)**

$$CO_2(\%) = \frac{21 - O_2(\%)}{21} \times 100$$

① $34\% = \frac{21 - O_2(\%)}{21} \times 100$

② $0.34 = \frac{21 - O_2(\%)}{21}$

③ $O_2(\%) = 21 - 21 \times 0.34 = 13.86$

방출가스량(m^3) 계산공식

$$G_V = \frac{21 - O_2(\%)}{O_2(\%)} \times V$$

G_V : 방출된 가스량(m^3), V : 방호구역체적(m^3)

해답 ②

14 다음 중 증기밀도가 가장 큰 것은?

① 공기   ② 메탄
③ 부탄   ④ 에틸렌

해설 증기밀도 계산공식

$$d = \frac{M}{22.4L}$$

① 공기 $M = 29$
   $d = \frac{29}{22.4} = 1.29$

② 메탄(CH_4) $M = 12 + 1 \times 4 = 16$
   $d = \frac{16}{22.4} = 0.71$

③ 부탄(C_4H_{10}) $M = 12 \times 4 + 1 \times 10 = 58$
   $d = \frac{58}{22.4} = 2.59$

④ 에틸렌(C_2H_4) $M = 12 \times 2 + 1 \times 4 = 26$
   $d = \frac{26}{22.4} = 1.16$

해답 ③

15 탄화칼슘이 물과 반응할 때 생성되는 가연성가스는?

① 메탄   ② 에탄
③ 아세틸렌   ④ 프로필렌

해설 **탄화칼슘(CaC_2)** : 제3류 위험물 중 칼슘탄화물

화학식	분자량	융점	비중
CaC_2	64	2370℃	2.21

① 물과 접촉 시 아세틸렌을 생성하고 열을 발생시킨다.

$$CaC_2 + 2H_2O \rightarrow Ca(OH)_2 + C_2H_2 \uparrow$$
(수산화칼슘) (아세틸렌)

② 아세틸렌의 폭발범위는 2.5~81%로 대단히 넓어서 폭발위험성이 크다.
③ 장기 보관 시 불활성기체(N_2 등)를 봉입하여 저장한다.
④ 물 및 포약제에 의한 소화는 절대 금하고 마른 모래 등으로 피복 소화한다.

해답 ③

16 다음 중 황린의 완전 연소시에 주로 발생되는 물질은?

① P₂O   ② PO₂
③ P₂O₃ ④ P₂O₅

해설 황린(P₄)[별명 : 백린] : 제3류 위험물
(자연발화성물질)
① 백색 또는 담황색의 고체이다.
② 공기 중 약 40~50℃에서 자연 발화한다.
③ 저장 시 자연 발화성이므로 반드시 물속에 저장한다.
④ 인화수소(PH₃)의 생성을 방지하기 위하여 물의 pH=9(약알칼리)가 안전한계이다.
⑤ 연소 시 오산화인(P₂O₅)의 흰 연기가 발생한다.

P₄ + 5O₂ → 2P₂O₅(오산화인)

해답 ④

17 다음 중 인화점이 가장 낮은 물질은?

① 등유   ② 아세톤
③ 경유   ④ 아세트산

해설 인화점

구 분	인화점	유 별
① 등유	30~60℃	제2석유류
② 아세톤	-18℃	제1석유류
③ 경유	50~70℃	제2석유류
④ 아세트산	40℃	제2석유류

해답 ②

18 화재를 소화시키는 소화작용이 아닌 것은?

① 냉각작용   ② 질식작용
③ 부촉매작용 ④ 활성화작용

해설 소화원리 ★★★★★
① 냉각소화 : 가연성 물질을 발화점 이하로 온도를 냉각

  물이 소화약제로 사용되는 이유
  ① 물의 기화열(539kcal/kg)이 크기 때문
  ② 물의 비열(1kcal/kg·℃)이 크기 때문

② 질식소화 : 산소농도를 21%에서 15% 이하로 감소

  질식소화 시 산소의 유지농도 : 10~15%

③ 억제소화(부촉매소화, 화학적소화) : 연쇄반응을 억제

  • 부촉매 : 화학적 반응의 속도를 느리게 하는 것
  • 부촉매 효과 : 할론소화약제
    [할로젠족원소 : 불소(F), 염소(Cl), 브로민(Br), 아이오딘(I)]

④ 제거소화 : 가연성물질을 제거시켜 소화

  • 산불이 발생하면 화재의 진행방향을 앞질러 벌목
  • 화학반응기의 화재 시 원료공급관의 밸브를 폐쇄
  • 유전화재 시 폭약으로 폭풍을 일으켜 화염을 제거
  • 촛불을 입김으로 불어 화염을 제거

⑤ 피복소화 : 가연물 주위를 공기와 차단
⑥ 희석소화
  • 알코올, 아세톤 등 수용성인 인화성액체 화재 시 물을 방사하여 가연물의 연소농도를 희석
  • 기체, 고체, 액체에서 나오는 분해가스나 증기의 농도를 희석하여 연소를 중지시켜 소화
⑦ 유화소화(에멀전소화) : 제4류 위험물 중 물에 녹지 않는 인화성액체의 유류화재 시 물분무로 방사하여 액체표면에 불연성의 유막을 형성하여 소화

해답 ④

19 소방안전관리대상물에서 소방안전관리자가 작성하는 것으로 소방계획서 내에 포함되지 않는 것은?

① 화재예방을 위한 자체검사계획
② 화재 시 화재실 진입에 따른 전술 계획
③ 소방시설·피난시설 및 방화시설의 점검·정비 계획
④ 소방훈련 및 교육계획

해설 화재예방법 시행령 제27조
(소방안전관리대상물의 소방계획서 작성 등)
(1) 소방안전관리대상물의 일반 현황
(2) 소방시설, 방화시설, 전기시설, 가스시설 및 위험물시설의 현황
(3) 화재 예방을 위한 자체점검계획 및 대응대책
(4) 소방시설·피난시설 및 방화시설의 점검·정비계획
(5) 피난계획
(6) 방염대상물품의 사용 현황과 방화구조 및 설비의 유지·관리계획

(7) 관리의 권원이 분리된 특정소방대상물의 소방안전관리에 관한 사항
(8) **소방훈련·교육에 관한 계획**
(9) 자위소방대 조직과 대원의 임무에 관한 사항
(10) 화기 취급 작업에 대한 소방안전관리에 관한 사항
(11) 소화에 관한 사항과 연소 방지에 관한 사항
(12) 위험물의 저장·취급에 관한 사항
(13) 업무수행에 관한 기록 및 유지에 관한 사항
(14) 화재발생 시 초기대응에 관한 사항
(15) 그 밖에 소방본부장 또는 소방서장이 요청하는 사항

해답 ②

20 소화약제에 대한 설명 중 옳은 것은?

① 물이 냉각효과가 가장 큰 이유는 비열과 증발잠열이 크기 때문이다.
② 이산화탄소는 순도가 95.0% 이상인 것을 소화약제로 사용해야 한다.
③ 할론 2402는 상온에서 기체로 존재하므로 저장 시에는 액화시켜 저장한다.
④ 이산화탄소는 전기적으로 비전도성이며 공기보다 3배 정도 무거운 기체이다.

해설 물이 소화약제로 사용되는 이유
① 물의 기화열(539kcal/kg)이 크기 때문
② 물의 비열(1kcal/kg℃)이 크기 때문

해답 ①

제2과목 소방유체역학

21 압력은 0.1MPa이고 비체적은 0.8m³/kg인 기체를 다음과 같은 폴리트로픽 과정을 거쳐 압력을 0.2MPa로 압축하였을 때의 비체적은 약 몇 m³/kg인가? (단, 이 기체의 n은 1.4이다.)

$$Pv^n = constant (P\text{는 압력}, v\text{는 비체적})$$

① 0.42 ② 0.49
③ 0.84 ④ 0.98

해설
① $\left(\dfrac{V_1}{V_2}\right)^{n-1} = \left(\dfrac{P_2}{P_1}\right)^{\frac{n-1}{n}}$ 식을 이용

② $V_1 = 0.8\text{m}^3/\text{kg}$
$P_1 = 0.1\text{MPa}$, $P_2 = 0.2\text{MPa}$
$n = 1.4$

③ $\left(\dfrac{0.8}{V_2}\right)^{1.4-1} = \left(\dfrac{0.2}{0.1}\right)^{\frac{1.4-1}{1.4}}$

④ $\left(\dfrac{0.8}{V_2}\right)^{1.4-1} = 1.2190$, $\dfrac{0.8^{0.4}}{V_2^{0.4}} = 1.2190$

⑤ $V_2^{0.4} = \dfrac{0.8^{0.4}}{1.2190} = 0.75$, $V_2^{0.4 \times \frac{1}{0.4}} = 0.75^{\frac{1}{0.4}}$

⑥ $V_2 = 0.75^{\frac{1}{0.4}} = 0.49\text{m}^3/\text{kg}$

폴리트로픽 변화의 PVT관계식

구분	$n=0$	$n=1$	$n=k$	$n=\infty$
변화종류	등압변화	등온변화	단열변화	등적변화

여기서, n: 폴리트로픽 지수, k: 비열비

해답 ②

22 작동원리와 구조를 기준으로 펌프를 분류할 때 터보형 중에서 원심식 펌프에 속하는 것은?

① 기어 펌프   ② 벌류트 펌프
③ 피스톤 펌프 ④ 플런저 펌프

해설 펌프의 종류 ★
① 터보형
  ㉠ 원심식 : 볼류트(Volute)펌프, 터빈(Turbine)펌프(디퓨져펌프)
  ㉡ 사류식 : 사류펌프
  ㉢ 축류식 : 축류펌프
② 용적형
  ㉠ 왕복식 : 피스톤 펌프, 플런저 펌프, 다이아프램 펌프, 워싱턴 펌프
  ㉡ 회전식 : 베인펌프, 기어펌프, 나사(스크류)펌프

해답 ②

23 평면벽을 통해 전도되는 열전달량에 대한 설명으로 옳은 것은?

① 면적과 온도차에 비례한다.
② 면적과 온도차에 반비례한다.
③ 면적에 비례하며 온도차에 반비례한다.
④ 면적에 반비례하며 온도차에 비례한다.

해설 ① $P \propto A$(단면적), $T_H - T_C$(온도차)
② 열전달량은 단면적 및 온도차에 비례

열전달량의 계산
$$P = \frac{kA(T_H - T_C)}{L}$$

여기서, P : 열전달량(W)
T_H : 고온의 절대온도(K)
T_C : 저온의 절대온도(K)
A : 전달되는 판의 면적(m²)
L : 전달되는 판의 두께(m)
k : 열전도도(W/m·K)

해답 ①

24 그림과 같이 거리 b만큼 떨어진 평행평판 사이에 점성계수 μ인 유체가 채워져 있다. 위판이 동쪽으로, 아래판은 북쪽으로 일정한 속도 V로 움직일 때, 위판이 받는 전단응력은? (단, 평판 내 유체의 속도분포는 선형적이다.)

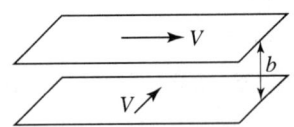

① $\mu \dfrac{V}{\sqrt{2}\, b}$ ② $\mu \dfrac{V}{b}$

③ $\mu \dfrac{\sqrt{2}\, V}{b}$ ④ $\mu \dfrac{2V}{b}$

해설 ① $du = \sqrt{V^2 + V^2} = \sqrt{2V^2} = \sqrt{2}\, V$
$dy = b$

② $\tau = \mu \dfrac{du}{dy} = \mu \dfrac{\sqrt{2}\, V}{b}$

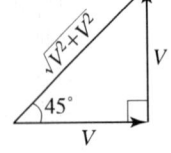

전단응력
$$\text{전단응력 } \tau = \frac{F(\text{힘})}{A(\text{단면적})} = \mu \frac{du}{dy}$$

$\dfrac{du}{dy}$: 속도기울기(속도구배), μ : 점성계수

해답 ③

25 어떤 기술자가 펌프에서 일어나는 수격현상을 방지하기 위한 방안으로 다음과 같은 방법을 제시하였는데 이 중 옳은 방지법을 모두 고른 것은?

㉠ 공기실을 설치한다.
㉡ 플라이휠을 설치한다.
㉢ 역류가 많이 일어나는 밸브를 사용한다.

① ㉠, ㉡   ② ㉠, ㉢
③ ㉡, ㉢   ④ ㉠, ㉡, ㉢

해설 **수격작용** : 배관내 유체의 운동에너지가 압력에너지로 변하면서 배관 벽면을 치는 현상
수격작용 방지대책
① 관경을 크게 하고 유속을 낮춘다.
② 펌프에 프라이 휠을 설치한다.
③ 조압수조(에어챔버) 또는 수격방지기 설치
④ 밸브는 펌프 송출구 가까이 설치하고 적당한 밸브제어
⑤ 배관은 가능한 직선적으로 시공

해답 ①

26 다음 용어의 정의들 중 잘못된 것은?

① 뉴턴의 점성법칙을 만족하는 유체를 뉴턴 유체라고 한다.
② 시간에 따라 유동형태가 변화하지 않는 유체를 비정상유체라고 한다.
③ 큰 압력변화에 대하여 체적변화가 없는 유체를 비압축성유체라고 한다.
④ 입자의 상대운동에 저해하려는 성질을 점성이라고 하고 이러한 성질을 가진 유체를 점성유체라고 한다.

해설 정상유동(steady flow)
모든 점에서 흐름과 특성이 시간에 따라 변화하지 않는 흐름으로 곧은 관 속에서의 일정한 유량일 때의 흐름

해답 ②

27 그림과 같이 입구와 출구가 β의 각을 이루고 있는 고정된 판에 질량유량 $\dot{m}$의 분류가 V의 속도로 충돌하고 있다. 분류에 의해 판이 받는 힘의 크기는?

① $\dot{m}V(1-\sin\beta)$
② $\dot{m}V(1-\cos\beta)$
③ $\dot{m}V\sqrt{2(1-\sin\beta)}$
④ $\dot{m}V\sqrt{2(1-\cos\beta)}$

해설 분류에 의하여 판이 받는 힘
$F = \rho QV\sqrt{2(1-\cos\beta)} = \dot{m}V\sqrt{2(1-\cos\beta)}$
F : 힘(N), ρ : 밀도(kg/m³), Q : 유량(m³/s)
V : 유속(m/s), β : 입·출구의 각도
$\dot{m}$: 벡터 질량유량(kg/s)

해답 ④

28 비중량이 9806N/m³인 유체를 전양정 95m에 70m³/min의 유량으로 송수하려고 한다. 이때 소요되는 펌프의 수동력은 약 몇 kW인가?

① 1054   ② 1063
③ 1071   ④ 1087

해설 $L_S = 9.806\text{kN/m}^3 \times \dfrac{70\text{m}^3}{60\text{s}} \times 95\text{m} ≒ 1087\text{kW}$

수동력
$L_S(\text{kW}) = \gamma QH$

γ : 비중량(kN/m³, 물의 비중량=9.8kN/m³)
Q : 유량(m³/s)
H : 전양정(m)

해답 ④

29 배관에서 소화약제 압송 시 발생하는 손실은 주손실과 부차적 손실로 구분할 수 있다. 다음 중 부차적 손실을 야기하는 요소는?

① 마찰계수   ② 상대조도
③ 배관의 길이 ④ 배관의 급격한 확대

해설 부차적 손실계수를 정의하는 기준속도

급격 확대관	급격 축소관
상류속도	하류속도

배관의 마찰손실
(1) 주 손실 : 직관의 마찰손실
(2) 부차적 손실(부분적 손실)
 ① 배관단면의 급격한 확대 및 축소
 ② 유동단면의 장애물에 의한 손실
 ③ 배관부속품
 ④ 유로의 급격한 변경부분
  (곡선부에 의한 손실)

해답 ④

30 액면으로부터 40m인 지점의 계기압력이 515.8kPa일 때 이 액체의 비중량은 몇 kN/m³인가?

① 11.8   ② 12.9
③ 14.2   ④ 16.4

해설 압력과 비중량 관계
$$P = \gamma h$$
P : 압력(kN/m²(kPa)), γ : 비중량(kN/m³)
h : 수두(m)
① $h = 40\text{m}$, $P = 515.8\text{kPa} = 515.8\text{kN/m}^2$
② $\gamma = \dfrac{P}{h} = \dfrac{515.8\text{kN/m}^2}{40\text{m}} = 12.9\text{kN/m}^3$

해답 ②

31 물이 흐르고 있는 관내에 피토정압관을 넣어 정체압 P_s와 정압 P_o를 측정하였더니, 수은이 들어있는 피토정압관에 연결한 U자관에서 75mm의 액면차가 생겼다. 피토정압관 위치에서의 유속은 몇 m/s인가? (단, 수은의 비중은 13.6이다.)

① 4.3 ② 4.45
③ 4.6 ④ 4.75

 $u = \sqrt{2 \times 9.8 \times 0.075 \left(\dfrac{13.6}{1} - 1\right)} = 4.3 \text{m/s}$

피토정압관의 유속 ★★★

$$u = \sqrt{2g\Delta h \left(\dfrac{s_0}{s} - 1\right)}$$

u : 유속(m/s)
g : 중력가속도(9.8m/s²)
Δh : 액면차(m)
s_0 : U자관 마노미터 유체의 비중
s : 배관 속 유체의 비중

해답 ①

32 기체가 0.3MPa의 일정한 압력하에 8m³에서 4m³까지 마찰 없이 압축되면서 동시에 500kJ의 열을 외부에 방출하였다면, 내부에너지(kJ)의 변화는 어떻게 되는가?

① 700kJ 증가하였다.
② 1700kJ 증가하였다.
③ 1200kJ 증가하였다.
④ 1500kJ 증가하였다.

① 일정한 압력이므로
$P_1 = P_2 = 0.3\text{MPa} = 0.3 \times 10^3 \text{kPa}$
$= 300\text{kPa}(\text{kN/m}^2)$
② $V_1 = 8\text{m}^3$, $V_2 = 4\text{m}^3$, $H = 500\text{kJ}$
③ ΔU
$= (300 \times 8 - 300 \times 4)\text{kN}\cdot\text{m}(\text{kJ}) - 500\text{kJ}$
$= 700\text{kJ}$

내부에너지 변화량

$$\Delta U = (P_1 V_1 - P_2 V_2) - H$$

여기서, ΔU : 내부에너지 변화량(kJ)
P : 압력(kPa)
V : 부피(m³)
H : 외부 방출에너지(kJ)

해답 ①

33 비중이 1.03인 바닷물에 전체부피의 90%가 잠겨 있는 빙산이 있다. 이 빙산의 비중은 얼마인가?

① 0.856 ② 0.956
③ 0.927 ④ 0.882

부력과 무게(중량) 관계

$F_B(\text{부력}) = F_w(\text{무게})$
$r_{액체} \times V_{잠긴} = r_{물체} \times V_{전체}$
$S_1 \times \gamma_w \times V_{(잠긴)} = S_2 \times \gamma_w \times V_{(전체)}$

① $\gamma_{W(물)} = 1000 \text{kgf/m}^3$
② 전체부피=1, 잠긴부피=0.9
③ $1.03 \times 1000 \times 0.9 = S_2 \times 1000 \times 1$
④ $S_2 = \dfrac{1.03 \times 0.9}{1} = 0.927$

해답 ③

34 지름 1m인 곧은 수평원관에서 층류로 흐를 수 있는 유체의 최대 평균 속도는 몇 m/s인가? (단, 임계 레이놀즈(Reynolds) 수는 2000이고, 유체의 동점성계수는 $4 \times 10^{-4} \text{m}^2/\text{s}$이다.)

① 0.4 ② 0.8
③ 40 ④ 80

① $ReNo = 2000$, $D = 1\text{m}$, $\nu = 4 \times 10^{-4} \text{m}^2/\text{s}$
② $ReNo = \dfrac{Du}{\nu}$, $2000 = \dfrac{1 \times u}{4 \times 10^{-4}}$
③ $u = \dfrac{2000 \times 4 \times 10^{-4}}{1} = 0.8 \text{m/s}$

레이놀드 수

$$ReNo = \dfrac{Du\rho}{\mu} = \dfrac{Du}{\nu} = \dfrac{4Q}{\pi D \nu}$$

여기서, D : 내경(m), u : 유속(m/s)
ρ : 밀도(kg/m³), ν : 동점성계수(m²/s)
μ : 점성계수(N·s/m² = kg/m·s)

해답 ②

35 안지름 65mm의 관내를 유량 0.24m³/min로 물이 흘러간다면 평균 유속은 약 몇 m/s인가?

① 1.2　　② 2.4
③ 3.6　　④ 4.8

해설 유량과 유속

$$Q = uA, \quad u = \frac{Q}{A} = \frac{Q}{\frac{\pi}{4} \times d^2}$$

① $d = 65\text{mm} = 0.065\text{m}$
② $Q = 0.24\text{m}^3/\text{min} = 0.24\text{m}^3/60\text{s}$
③ $u = \dfrac{0.24/60}{\frac{\pi}{4} \times 0.065^2} = 1.2\text{m/s}$

해답 ①

36 원통형 탱크(지름 3m)에 물이 3m 깊이로 채워져 있다. 물의 비중을 1이라 할 때, 물에 의해 탱크 밑면에 받는 힘은 약 몇 kN인가?

① 62.9　　② 102
③ 165　　④ 208

해설 ① $d = 3\text{m}, h = 3\text{m}, S = 1, \gamma_w(\text{물}) = 9.8\text{kN/m}^3$
② $F = \gamma h A = \gamma_w S h A$
③ $F = 9.8\text{kN/m}^3 \times 1 \times 3\text{m} \times \dfrac{\pi}{4} \times (3\text{m})^2$
　　$\approx 208\text{kN}$

탱크 밑면이 받는 힘

$$F = \gamma h A$$

여기서, F : 힘(kN), γ : 비중량(kN/m³)
h : 높이(m), A : 단면적(m²)

해답 ④

37 압력 1.5MPa, 온도 300℃인 과열증기를 질량유량 18000kg/h가 되도록 총 길이 20m인 관로에 유속 30m/s로 유동시킬 때 압력강하는 약 몇 Pa인가? (단, 압력 1.5MPa, 온도 300℃인 과열증기의 비체적은 0.1697m³/kg이고, 관마찰계수는 0.02이다.)

① 5459　　② 5588
③ 5696　　④ 5723

해설 ① 밀도계산
$$\rho = \frac{1}{V_S} = \frac{1}{0.1697\text{m}^3/\text{kg}} = 5.8928\text{kg/m}^3$$

② 관경계산
$$\overline{m} = Au\rho = \frac{\pi}{4}D^2 u\rho$$

$$D = \sqrt{\frac{4\overline{m}}{\pi u \rho}}$$

$$= \sqrt{\frac{4 \times 18000\text{kg}/3600\text{s}}{\pi \times 30\text{m/s} \times 5.8928\text{kg/m}^3}}$$

$$= 0.1898\text{m}$$

③ $f = 0.02, l = 20\text{m}, D = 0.1898\text{m},$
$\rho = 5.8928\text{kg/m}^3, u = 30\text{m/s}$

④ 달시 공식에 대입
$$\Delta P = 0.02 \times \frac{20}{0.1898} \times \frac{5.8928 \times 30^2}{2}$$
$$= 5588.54\text{Pa}$$

달시(Darcy) 공식

$$\Delta P(\text{Pa}) = f \times \frac{l}{D} \times \frac{\rho u^2}{2}$$

여기서, ΔP : 마찰손실압력(Pa)
f : 마찰손실계수, l : 배관길이(m)
u : 유속(m/s), ρ : 밀도(kg/m³)
D : 배관내경(m)

해답 ②

38 관 출구 단면적이 입구 단면적의 $\dfrac{1}{2}$이고, 마찰손실을 무시하였을 때 압력계 P의 계기압력은 얼마인가?
(단, 유속 $V = 5$m/s, 입구단면적 $A = 0.01$m², 대기압 = 101.3kPa, 밀도 = 1000kg/m³이다.)

① 375kPa ② 12.5kPa
③ 37.5kPa ④ 138.8kPa

해설

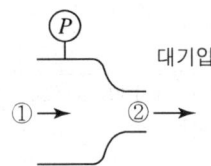

① ①지점과 ②지점의 전에너지는 같다. 수평배관이므로 $Z_1 = Z_2$

② ②지점의 압력수두는 대기압이므로 $\dfrac{p_2}{\gamma} = 0$

③ $\dfrac{u_1^2}{2g} + \dfrac{p_1}{\gamma} = \dfrac{u_2^2}{2g}$, $\dfrac{p_1}{\gamma} = \dfrac{u_2^2}{2g} - \dfrac{u_1^2}{2g}$

④ $u_2 = \dfrac{A_1}{A_2} \times u_1 = \dfrac{1}{\frac{1}{2}} \times 5 = 10\,\text{m/s}$

⑤ $\dfrac{p_1}{\gamma} = \dfrac{10^2}{2 \times 9.8} - \dfrac{5^2}{2 \times 9.8}$

⑥ $p_1 = \left(\dfrac{10^2}{2 \times 9.8} - \dfrac{5^2}{2 \times 9.8}\right) \times \gamma$

⑦ $p_1 = \left(\dfrac{10^2}{2 \times 9.8} - \dfrac{5^2}{2 \times 9.8}\right) \times 9.8\,\text{kN/m}^3$

⑧ $p_1 = 37.5\,\text{kN/m}^2 = 37.5\,\text{kPa}$

베르누이 방정식(이상유체)

$$H = \dfrac{u_1^2}{2g} + \dfrac{p_1}{\gamma} + z_1 = \dfrac{u_2^2}{2g} + \dfrac{p_2}{\gamma} + z_2$$

여기서, H : 전에너지(m), $\dfrac{u^2}{2g}$: 속도수두(m)

$\dfrac{p}{\gamma}$: 압력수두(m), Z : 위치수두(m)

해답 ③

39 진공 밀폐된 20m^3의 방호구역에 이산화탄소 약제를 방사하여 30℃, 101kPa 상태가 되었다. 이때 방사된 이산화탄소량은 약 몇 kg인가? (단, 일반 기체상수는 8.314kJ/(kmol·K)이다.)

① 33.6 ② 35.3
③ 37.1 ④ 39.2

해설

① $W = \dfrac{PVM}{RT}$

② $W = \dfrac{101 \times 10^3 (\text{N/m}^2) \times 20\text{m}^3 \times 44}{8314 \times (273 + 30)}$

$= 35.28\,\text{kg}$

이상기체 상태방정식 ★★★★

$$PV = \dfrac{W}{M}RT$$

여기서, P : 압력(N/m²(Pa)), V : 부피(m³)
W : 무게(kg), M : 분자량
R : 기체상수(N·m(J)/kmol·K)
T : 절대온도(273 + t℃)K

해답 ②

40 다음 그림에서 A점의 계기압력은 약 몇 kPa인가?

① 0.38 ② 38
③ 0.42 ④ 42

해설 **액주계의 압력**

① 물의 비중량(γ_w) = 9800N/m³ = 9.8kN/m³

② 그림에서 200mm = 0.2m, 300mm = 0.3m

③ 계기압 = 절대압 − 대기압

④ 계기압은 절대압에서 대기압을 빼 주어야 하므로 그림에서 대기압은 무시하면 된다.

⑤ $P_B = P_C$
⑥ $P_B = P_A + \gamma_1 h_1 = P_A + 9.8\text{kN/m}^3 \times 0.2\text{m}$
   $= P_A + 1.96\text{kN/m}^2(\text{kPa})$
⑦ $P_C = \gamma_2 h_2 = \gamma_w \times S_2 \times h_2$
   $= 9.8\text{kN/m}^3 \times 13.6 \times 0.3\text{m} = 39.984\text{kPa}$
⑧ $P_B = P_C$ 에 대입하면
⑨ $P_A + 1.96\text{kPa} = 39.984\text{kPa}$
⑩ $P_A = 39.984 - 1.96 = 38.02\text{kPa}$

해답 ②

제3과목 소방관계법규

41 위험물안전관리법상 지정수량 미만인 위험물의 저장 또는 취급에 관한 기술상의 기준은 무엇으로 정하는가?

① 대통령령 　　② 국무총리령
③ 시·도의 조례 　④ 행정안전부령

해설 **지정수량 미만인 위험물의 저장·취급**
지정수량 미만인 위험물의 저장 또는 취급에 관한 기술상의 기준은 특별시·광역시 및 도(이하 "시·도"라 한다)의 조례로 정한다.

해답 ③

42 소방시설 중 경보설비에 속하지 않는 것은?

① 통합감시시설 　② 자동화재탐지설비
③ 자동화재속보설비 ④ 무선통신보조설비

해설 ④ 무선통신보조설비－소화활동설비
소방시설의 종류 ★★★(필수암기)★★★

소방시설	종 류
소화설비	① 소화기구　　② 자동소화장치 ③ 옥내　　　　④ 옥외 ⑤ 스프링클러설비등 ⑥ 물분무등
경보설비	① 단독경보형　② 비상경보 ③ 시각경보기　④ 자동화재탐지 ⑤ 화재알림　　⑥ 비상방송 ⑦ 자동화재속보 ⑧ 통합감시 ⑨ 누전경보기　⑩ 가스누설경보기
피난구조설비	① 피난기구(피난사다리, 구조대, 완강기 등) ② 인명구조기구(방열복, 방화복, 공기호흡기, 인공소생기) ③ 유도등(피난유도선, 피난구유도등, 통로유도등, 객석유도등, 유도표지) ④ 비상조명등 및 휴대용비상조명등
소화용수설비	① 상수도소화용수 ② 소화수조·저수조 그 밖의 소화용수
소화활동설비	① 제연　　　② 연결송수관 ③ 연결살수　④ 비상콘센트 ⑤ 무선통신보조 ⑥ 연소방지

해답 ④

43 화재를 진압하고 화재, 재난·재해, 그밖의 위급한 상황에서 구조·구급 활동 등을 하기 위하여 소방공무원, 의무소방원, 의용소방대원으로 구성된 조직체는?

① 구조구급대 　② 소방대
③ 의무소방대 　④ 의용소방대

해설 **소방기본법 제2조(정의)**
① 소방대상물 : 건축물, 차량, **선박(항구에 매어 둔 선박만 해당)**, 선박 건조 구조물, 산림, 그 밖의 인공 구조물 또는 물건
② 관계지역 : 소방대상물이 있는 장소 및 그 이웃 지역으로서 화재의 예방·경계·진압, 구조·구급 등의 활동에 필요한 지역
③ 관계인 : 소방대상물의 소유자·관리자 또는 점유자
④ 소방대 : 화재를 진압하고 화재, 재난·재해, 그 밖의 위급한 상황에서 구조·구급 활동 등을 하기 위하여 다음 각 목의 사람으로 구성된 조직체
㉠ 소방공무원 ㉡ 의무소방원 ㉢ 의용소방대원

해답 ②

44 소방시설 설치 및 관리에 관한 법령상 지방소방기술심의 위원회의 심의사항은?

① 화재안전기준에 관한 사항
② 소방시설의 성능위주설계에 관한 사항
③ 소방시설에 하자가 있는지의 판단에 관한 사항
④ 소방시설의 설계 및 공사감리의 방법에 관

한 사항

[해설] (소방시설법 제18조) 소방기술심의위원회
(1) 중앙소방기술심의위원회(중앙위원회)
 ① 화재안전기준에 관한 사항
 ② 소방시설의 구조와 원리 등에서 공법이 특수한 설계 및 시공에 관한 사항
 ③ 소방시설의 설계 및 공사감리의 방법에 관한 사항
 ④ 소방시설공사의 하자를 판단하는 기준에 관한 사항
 ⑤ 중앙위원회에 심의를 요청한 사항
 ⑥ 그밖에 소방기술 등에 관하여 대통령령으로 정하는 사항
(2) 지방소방기술심의위원회(지방위원회)
 ① 소방시설에 하자가 있는지의 판단에 관한 사항
 ② 그밖에 소방기술 등에 관하여 대통령령으로 정하는 사항

[해답] ③

45 소방시설 설치 및 관리에 관한 법령상 방염성능기준으로 틀린 것은?

① 버너의 불꽃을 제거한 때부터 불꽃을 올리며 연소하는 상태가 그칠 때까지 시간은 20초 이내
② 버너의 불꽃을 제거한 때부터 불꽃을 올리지 아니하고 연소하는 상태가 그칠 때까지 시간은 30초 이내
③ 탄화한 면적은 $50cm^2$ 이내, 탄화한 길이는 20cm 이내
④ 불꽃에 의하여 완전히 녹을 때까지 불꽃의 접촉횟수는 2회 이상

[해설] 방염성능기준
① 불꽃을 올리며 **20초 이내**
② 불꽃을 올리지 아니하고 **30초 이내**
③ 탄화면적 $50cm^2$ 이내, 탄화길이 20cm 이내
④ 불꽃의 접촉 횟수 **3회 이상**
⑤ 최대연기밀도 400 이하

[해답] ④

46 피난시설 및 방화시설에서 해서는 안 될 사항으로 틀린 것은?

① 피난시설, 방화구획 및 방화시설을 폐쇄하거나 훼손하는 등의 행위
② 피난시설, 방화구획 및 방화시설을 유지·관리하는 행위
③ 피난시설, 방화구획 및 방화시설의 주위에 물건을 쌓는 행위
④ 피난시설, 방화구획 및 방화시설의 용도에 장애를 주는 행위

[해설] 소방시설법 제16조
(피난시설, 방화구획 및 방화시설의 유지·관리)
다음 각 호의 행위를 하여서는 아니 된다.
① 피난시설, 방화구획 및 방화시설을 폐쇄하거나 훼손하는 등의 행위
② 피난시설, 방화구획 및 방화시설의 주위에 물건을 쌓아두거나 장애물을 설치하는 행위
③ 피난시설, 방화구획 및 방화시설의 용도에 장애를 주거나 소방활동에 지장을 주는 행위
④ 그 밖에 피난시설, 방화구획 및 방화시설을 변경하는 행위

[해답] ②

47 화재의 예방 및 안전관리에 관한 법령상 화재의 예방조치 명령으로 틀린 것은?

① 불장난, 모닥불, 흡연, 화기 취급 및 풍등 등 소형 열기구 날리기의 금지 또는 제한
② 타고남은 불 또는 화기의 우려가 있는 재의 처리
③ 함부로 버려두거나 그냥 둔 위험물, 그밖에 불에 탈 수 있는 물건을 옮기거나 치우게 하는 등의 조치
④ 불이 번지는 것을 막기 위하여 불이 번질 우려가 있는 소방대상물의 사용 제한

[해설] (화재예방법 제17조) 화재의 예방조치 등
(1) 누구든지 화재예방강화지구 및 대통령령으로 정하는 장소에서는 다음의 행위를 하여서는 아니 된다.
 ① 모닥불, 흡연 등 **화기의 취급**

② 풍등 등 **소형열기구 날리기**
③ 용접·용단 등 **불꽃을 발생시키는 행위**
④ 그 밖에 대통령령으로 정하는 화재 발생 위험이 있는 행위
(2) **소방관서장**은 화재 발생 위험이 크거나 소화 활동에 지장을 줄 수 있다고 인정되는 행위나 물건에 대하여 행위 당사자나 그 물건의 소유자, 관리자 또는 점유자에게 다음 의 명령을 할 수 있다. 다만, 물건의 소유자, 관리자 또는 점유자를 알 수 없는 경우 소속 공무원으로 하여금 그 물건을 옮기거나 보관하는 등 필요한 조치를 하게 할 수 있다.

해답 ④

48 제조 또는 가공 공정에서 방염처리를 하는 방염대상물품으로 틀린 것은? (단, 합판·목재류의 경우에는 설치 현장에서 방염처리 한 것을 포함한다.)

① 카펫
② 창문에 설치하는 커튼류
③ 두께가 2mm 미만이 종이벽지
④ 전시용 합판 또는 섬유판

해설 **(소방시설법 시행령 제31조)**
방염대상물품 및 방염성능기준
(1) 제조 또는 가공 공정에서 방염 처리하여야 하는 물품
① 창문에 설치하는 커튼류(블라인드 포함)
② 카펫
③ **벽지류(두께가 2mm 미만 종이벽지 제외)**
④ 전시용 합판·목재 또는 섬유판, 무대용 합판·목재 또는 섬유판(합판·목재류의 경우 불가피하게 설치 현장에서 방염처리한 것을 포함)
⑤ 암막·무대막(영화상영관과 **가상체험 체육시설업**에 설치하는 스크린을 포함)
⑥ 섬유류, 합성수지류로 제작된 소파·의자 (단란주점, 유흥주점, 노래연습장업)
(2) 건축물 내부의 천장이나 벽에 부착하거나 설치하는 다음의 것
(다만, 가구류와 너비 10cm 이하인 반자돌림대 등과 내부마감재료는 제외)
① **종이류(두께 2mm 이상인 것)**·합성수지류

또는 섬유류를 주원료로 한 물품
② 합판이나 목재
③ 간이 칸막이
④ 흡음재(흡음커튼 포함), 방음재(방음커튼 포함)

해답 ③

49 제4류 위험물에 속하지 않는 것은?

① 아염소산염류　② 특수인화물
③ 알코올류　　　④ 동식물유류

해설 ① 아염소산염류-제1류-산화성고체

(별표 1) 위험물 및 지정수량(제2조 및 제3조 관련)

유별	성질	품명		지정수량 (L)
제4류	인화성 액체	① 특수인화물		50
		② 제1석유류	비수용성액체	200
			수용성액체	400
		③ 알코올류		400
		④ 제2석유류	비수용성액체	1,000
			수용성액체	2,000
		⑤ 제3석유류	비수용성액체	2,000
			수용성액체	4,000
		⑥ 제4석유류		6,000
		⑦ 동식물유류		10,000

해답 ①

50 소방용수시설 저수조의 설치기준으로 틀린 것은?

① 지면으로부터 낙차가 4.5m 이하일 것
② 흡수부분의 수심이 0.3m 이상일 것
③ 흡수관의 투입구가 사각형의 경우에는 한 변의 길이가 60cm 이상일 것
④ 흡수관의 투입구가 원형의 경우에는 지름이 60cm 이상일 것

해설 ② 흡수부분의 수심이 0.3m 이상
→ 흡수부분의 수심이 **0.5m 이상**
소방용수시설의 설치기준
(기본법 시행령 제6조 제2항의 별표3)
(1) 공통기준
① 주거지역·상업지역 및 공업지역 : 수평거

리 100m 이하
② ①외의 지역 : 수평거리 140m 이하
(2) 소방용수시설별 설치기준
① 소화전의 설치기준 : 상수도와 연결하여 지하식 또는 지상식의 구조로 하고, 소방용호스와 연결하는 소화전의 연결금속구의 구경은 65mm로 할 것
② 급수탑의 설치기준 : 급수배관의 구경은 100mm 이상으로 하고, 개폐밸브는 지상에서 1.5m 이상 1.7m 이하의 위치에 설치하도록 할 것
③ 저수조의 설치기준
 ㉠ 지면으로부터의 낙차가 4.5m 이하일 것
 ㉡ 흡수부분의 수심이 0.5m 이상일 것
 ㉢ 소방펌프자동차가 쉽게 접근할 수 있도록 할 것
 ㉣ 흡수에 지장이 없도록 토사 및 쓰레기 등을 제거할 수 있는 설비를 갖출 것
 ㉤ 흡수관의 투입구가 사각형의 경우에는 한 변의 길이가 60cm 이상, 원형의 경우에는 지름이 60cm 이상일 것
 ㉥ 저수조에 물을 공급하는 방법은 상수도에 연결하여 자동으로 급수되는 구조일 것

해답 ②

51 다음 ( ) 안에 들어갈 말로 옳은 것은?

위험물의 제조소 등을 설치하고자 할 때 설치장소를 관할하는 ( )의 허가를 받아야 한다.

① 행정안전부장관　② 소방청장
③ 경찰청장　　　　④ 시·도지사

해설 위험물법 제6조(위험물시설의 설치 및 변경 등)
제조소등을 설치하고자 하는 자는 대통령령이 정하는 바에 따라 그 설치장소를 **관할하는 시·도지사의 허가**를 받아야 한다.

해답 ④

52 소방안전관리자를 선임하지 아니한 경우의 벌칙기준은?

① 100만원 이하 과태료
② 200만원 이하 벌금
③ 200만원 이하 과태료
④ 300만원 이하 벌금

해설 화재예방법 제50조(벌칙) 300만원 이하의 벌금
(1) 화재안전조사를 정당한 사유 없이 **거부·방해 또는 기피**한 자
(2) 명령을 정당한 사유 없이 따르지 아니하거나 방해한 자
(3) 소방안전관리자, 총괄소방안전관리자 또는 소방안전관리보조자를 **선임하지 아니한** 자
(4) 소방시설·피난시설·방화시설 및 방화구획 등이 법령에 위반된 것을 발견하였음에도 필요한 조치를 할 것을 요구하지 아니한 소방안전관리자
(5) 소방안전관리자에게 **불이익한 처우**를 한 관계인
(6) 업무를 수행하면서 알게 된 비밀을 이 법에서 정한 목적 외의 용도로 사용하거나 다른 사람 또는 기관에 제공하거나 **누설한 자**

해답 ④

53 화재예방상 필요하다고 인정되거나 화재위험경보시 발령하는 소방신호는?

① 경계신호　　② 발화신호
③ 해제신호　　④ 훈련신호

해설 기본법 제18조(소방신호의 목적)
① 화재예방　② 소방활동　③ 소방훈련
기본법 시행규칙 제10조(소방신호의 종류)
① 경계신호 : 화재예방상 필요하다고 인정되거나 화재위험경보시 발령
② 발화신호 : 화재가 발생한 때 발령
③ 해제신호 : 소화활동이 필요 없다고 인정되는 때 발령
④ 훈련신호 : 훈련상 필요하다고 인정되는 때 발령

해답 ①

54 소방기본법령상 소방용수시설 및 지리조사의 기준 중 ㉠, ㉡에 알맞은 것은?

소방본부장 또는 소방서장은 원활한 소방활동을 위하여 설치된 소방용수시설에 대한 조사를 (㉠)회 이상 실시하여야 하며 그 조사결과를 (㉡)년간 보관하여야 한다.

① ㉠ 월 1, ㉡ 1   ② ㉠ 월 1, ㉡ 2
③ ㉠ 연 1, ㉡ 1   ④ ㉠ 연 1, ㉡ 2

해설 소방용수시설 및 지리조사
(1) 실시권자 : 소방본부장 또는 소방서장
(2) 조사주기 : 월 1회 이상
(3) 조사내용
  ① 소방용수시설에 대한 조사
  ② 도로의 폭, 교통상황, 도로변의 토지의 고저, 건축물의 개황 그 밖의 소방활동에 필요한 지리조사
(4) 조사결과 보관 : 2년간

해답 ②

55 소방시설공사업법상 특정소방대상물의 관계인 또는 발주자로부터 소방시설공사 등을 도급받은 소방시설업자가 제3자에게 소방시설공사 시공을 하도급할 수 없다. 이를 위반하는 경우의 벌칙기준은? (단, 대통령령으로 도급받은 소방시설공사의 일부를 한 번만 제3자에게 하도급할 수 있는 경우는 제외한다.)

① 100만원 이하의 벌금
② 300만원 이하의 벌금
③ 1년 이하의 징역 또는 1,000만원 이하의 벌금
④ 3년 이하의 징역 또는 1,500만원 이하의 벌금

해설 1년 이하의 징역 또는 1천만원 이하의 벌금
(소방공사업법 제36조)
① 영업정지처분을 받고 그 영업정지 기간에 영업을 한 자
② 규정을 위반하여 설계나 시공을 한 자
③ 규정을 위반하여 감리를 하거나 거짓으로 감리한 자
④ 규정을 위반하여 공사감리자를 지정하지 아니한 자
⑤ 보고를 거짓으로 한 자
⑥ 공사감리 결과의 통보 또는 공사감리 결과보고서의 제출을 거짓으로 한 자
⑦ 해당 소방시설업자가 아닌 자에게 소방시설공사등을 도급한 자
⑧ 소방시설의 설계, 시공, 감리를 하도급한 자
⑨ 법 또는 명령을 따르지 아니하고 업무를 수행한 자

해답 ③

56 소방시설 설치 및 관리에 관한 법령상 소방용품으로 틀린 것은?

① 시각경보기   ② 자동소화장치
③ 가스누설경보기 ④ 방염제

해설 (소방시설법 시행령 제6조 별표3)
소방용품(제6조 관련)
(1) 소화설비를 구성하는 제품 또는 기기
  ① 소화기구(소화약제 외의 것을 이용한 간이소화용구는 제외)
  ② 자동소화장치
  ③ 소화설비를 구성하는 소화전, 관창, 소방호스, 스프링클러헤드, 기동용수압개폐장치, 유수제어밸브 및 가스관선택밸브
(2) 경보설비를 구성하는 제품 또는 기기
  ① 누전경보기 및 가스누설경보기
  ② 경보설비를 구성하는 발신기, 수신기, 중계기, 감지기 및 음향장치(경종만 해당)
(3) 피난구조설비를 구성하는 제품 또는 기기
  ① 피난사다리, 구조대, 완강기(간이완강기 및 지지대를 포함)
  ② 공기호흡기(충전기를 포함)
  ③ 유도등 및 예비전원이 내장된 비상조명등
(4) 소화용으로 사용하는 제품 또는 기기
  ① 소화약제(자동소화장치 및 소화설비용)
  ② 방염제(방염액 · 방염도료 및 방염성물질)
(5) 그 밖에 행정안전부령으로 정하는 소방 관련 제품 또는 기기

해답 ①

57 위험물 제조소에 환기설비를 설치할 경우 바닥면적이 $100m^2$이면 급기구의 면적은 몇 cm^2 이상이어야 하는가?

① 150   ② 300
③ 450   ④ 600

해설 (위험물법 시행규칙 제28조의 별표4)
채광 · 조명 및 환기설비

① 채광설비
불연재료로 하고, **채광면적을 최소로 할 것**
② 조명설비
㉠ 가연성가스 등이 체류할 우려가 있는 장소의 조명등은 방폭등으로 할 것
㉡ 전선은 내화·내열전선으로 할 것
㉢ 점멸스위치는 출입구 바깥부분에 설치할 것
③ 환기설비
㉠ 환기는 자연배기방식으로 할 것
㉡ 급기구는 당해 급기구가 설치된 실의 바닥면적 $150m^2$마다 1개 이상으로 하되, 급기구의 크기는 $800cm^2$ 이상으로 할 것. 다만, 바닥면적이 $150m^2$ 미만인 경우에는 다음의 크기로 하여야 한다.

바닥면적	급기구의 면적
$60m^2$ 미만	$150cm^2$ 이상
$60m^2$ 이상 $90m^2$ 미만	$300cm^2$ 이상
$90m^2$ 이상 $120m^2$ 미만	$450cm^2$ 이상
$120m^2$ 이상 $150m^2$ 미만	$600cm^2$ 이상

㉢ 급기구는 낮은 곳에 설치하고 가는 눈의 구리망 등으로 인화방지망을 설치할 것
㉣ 환기구는 지붕 위 또는 지상 2m 이상의 높이에 회전식 고정벤티레이터 또는 루푸팬 방식으로 설치할 것

해답 ③

58 소방시설 설치 및 관리에 관한 법령상 종합점검을 실시하여야 하는 특정소방대상물의 기준 중 틀린 것은?

① 스프링클러설비 또는 물분무등소화설비(호스릴 방식의 물분무등소화설비 만을 설치한 경우는 제외)가 설치된 연면적 $5000m^2$ 이상이고 11층 이상인 아파트
② 스프링클러설비 또는 물분무등소화설비(호스릴 방식의 물분무등소화설비 만을 설치한 경우는 제외)가 설치된 연면적 $5000m^2$ 이상인 특정소방대상물(위험물 제조소 등은 제외)
③ 공공기관 중 연면적이 $1000m^2$ 이상인 것으로서 옥내소화전 설비 또는 자동화재탐지설비가 설치된 것(소방대가 근무하는 공기관은 제외)
④ 노래연습장이 설치된 특정소방대상물로서 연면적이 $1500m^2$ 이상인 것

해설 (소방시설법 시행규칙 제22조의 별표4)
1. 소방시설등 자체점검의 구분과 대상, 점검자의 자격, 횟수

점검 구분	점검 대상	점검자의 자격 (주된 인력)	비고
최초 점검	소방시설 등이 신설된 경우	• 등록된 관리사 • 선임된 관리사 또는 기술사	60일 이내
작동 점검	3급 대상물	• 관계인 • 선임된 관리사 또는 기술사 • 등록된 관리사 또는 특급점검자	연 1회 이상
	1급 또는 2급 대상물	• 등록된 관리사 • 선임된 관리사 또는 기술사	
종합 점검	(1) 스프링클러설비설치 (2) 물분무등 소화설비(호스릴방식 제외) 설치 연면적 5천m^2 이상 (3) 단란주점영업과 유흥주점영업, 영화상영관·비디오물감상실업·복합영상물제공업, 노래연습장업, 산후조리업, 고시원업, 안마시술소의 영업장이 설치된 연면적이 2천m^2 이상인 것 (4) 제연설비 설치 터널 (5) 공공기관 중 연면적 $1,000m^2$ 이상 옥내 또는 자동화재탐지설비 설치. 다만, 소방대 근무 공공기관은 제외	• 등록된 관리사 • 선임된 관리사 또는 기술사	연 1회 이상 (특급 반기별 1회 이상)

2. 소방시설등의 자체점검 결과의 조치 등
(1) "관리업자등"은 점검이 끝난 날부터 **10일 이내에 보고서를 관계인에게 제출**
(2) 관계인은 점검이 끝난 날부터 **15일 이내에** 보고서에 이행계획서를 첨부하여 **소방본부장 또는 소방서장에게 보고**

해답 ④

59 화재안전조사를 실시할 수 있는 경우로 틀린 것은?

① 화재가 자주 발생하였거나 발생할 우려가 뚜렷한 곳에 대한 점검이 필요한 경우
② 재난예측정보, 기상예보 등을 분석한 결과 소방대상물에 화재, 재난·재해의 발생위험이 높다고 판단되는 경우
③ 화재, 재난·재해 등이 발생할 경우 인명 또는 재산 피해의 우려가 없다고 판단되는 경우
④ 관계인이 실시하는 소방시설 등에 대한 자체점검 등이 불성실하거나 불완전하다고 인정되는 경우

해설 **(화재예방법 제7조) 화재안전조사**
소방관서장은 화재안전조사를 실시할 수 있다. 다만, **개인의 주거**에 대한 화재안전조사는 **관계인의 승낙**이 있거나 화재발생의 우려가 뚜렷하여 **긴급한 필요**가 있는 때에 한정한다.
(1) **자체점검**이 불성실하거나 불완전한 경우
(2) **화재안전조사**를 하도록 규정된 경우
(3) 화재예방안전진단이 **불성실**하거나 불완전한 경우
(4) 소방안전관리 실태를 조사할 필요가 있는 경우
(5) 화재가 자주 발생하였거나 발생할 우려가 뚜렷한 곳에 대한 조사가 필요한 경우
(6) **화재의 발생 위험이 크다**고 판단되는 경우
(7) 화재, **긴급한 상황이 발생할 경우**

해답 ③

60 공사업자가 소방시설공사를 마친 때에는 누구에게 완공검사를 받는가?

① 소방본부장 또는 소방서장
② 군수
③ 시·도지사
④ 소방청장

해설 **소방시설공사업법 시행규칙 제13조 (소방시설의 완공검사 신청 등)**
① 공사업자는 소방시설공사의 완공검사 또는 부분완공검사를 받으려면 소방시설공사 완공검사신청서 또는 소방시설 부분완공검사신청서를 **소방본부장 또는 소방서장에게 제출**하여야 한다.
② 소방시설 완공검사신청 또는 부분완공검사신

청을 받은 **소방본부장 또는 소방서장**은 현장확인 결과 또는 감리 결과보고서를 검토한 결과 해당 소방시설공사가 법령과 화재안전기술기준에 적합하다고 인정하면 소방시설 완공검사증명서 또는 소방시설 부분완공검사증명서를 공사업자에게 발급하여야 한다.

해답 ①

제4과목 소방기계시설의 구조 및 원리

61 옥외소화전에 관한 설명으로 옳은 것은?

① 호스는 구경 40mm의 것으로 한다.
② 노즐 선단에서 방수압력 0.17MPa 이상, 방수량이 130L/min 이상의 가압송수장치가 필요하다.
③ 압력챔버를 사용할 경우 그 용적은 50L 이하의 것으로 한다.
④ 옥외소화전이 10개 이하 설치된 때에는 옥외소화전마다 5m 이내의 장소에 1개 이상의 소화전함을 설치하여야 한다.

해설 ① 40mm → 65mm
② 130L/min → 350L/min
③ 50L 이하 → 100L 이상

해답 ④

62 물분무소화설비를 설치하는 차고 또는 주차장의 배수설비 중 배수구에서 새어나온 기름을 모아 소화할 수 있도록 최대 몇 m마다 집수관·소화핏트 등 기름분리장치를 설치하여야 하는가?

① 10   ② 40
③ 50   ④ 100

해설 **물분무 소화설비의 배수설비 설치기준**
① 10cm 이상 경계턱 설치
② 40m 이하마다 기름분리장치 설치

③ $\frac{2}{100}\left(\frac{1}{50}\right)$ 이상 기울기 유지
④ 최대송수능력의 수량을 유효하게 배수할 수 있을 것

해답 ②

63 다음 중 분말소화설비의 구성품이 아닌 것은?

① 정압 작동장치
② 압력조정기
③ 가압용 가스용기
④ 기화기

해설 분말소화설비의 구성부품
① 분말약제 저장용기
② 가압용가스용기
③ 정압작동장치
④ 압력조정기

해답 ④

64 할론소화설비 중 가압용 가스용기의 충전가스로 옳은 것은?

① NO_2
② O_2
③ N_2
④ H_2

해설 축압식 저장용기의 압력

할론번호	가 스 압 력	충전가스
1211	1.1MPa 또는 2.5MPa (20℃)	질소(N_2)
1301	2.5MPa 또는 4.2MPa (20℃)	질소(N_2)

해답 ③

65 연소할 우려가 있는 개구부에는 상하좌우 몇 m 간격으로 스프링클러헤드를 설치하여야 하는가?

① 1.5m
② 2.0m
③ 2.5m
④ 3.0m

해설 스프링클러헤드의 설치기준
① 반경 60cm 이상의 공간을 보유할 것. 다만, 벽과 스프링클러헤드간의 공간은 10cm 이상으로 한다.
② 스프링클러헤드와 그 부착면과의 거리는 30cm 이하로 할 것.
③ 스프링클러헤드의 반사판은 그 부착 면과 평행하게 설치할 것.

④ 연소할 우려가 있는 개구부에는 그 상하좌우에 2.5m 간격으로(개구부의 폭이 2.5m 이하인 경우에는 그 중앙에) 스프링클러헤드를 설치하되, 스프링클러헤드와 개구부의 내측 면으로부터 직선거리는 15cm 이하가 되도록 할 것. 이 경우 사람이 상시 출입하는 개구부로서 통행에 지장이 있는 때에는 개구부의 상부 또는 측면(개구부의 폭이 9m 이하인 경우에 한한다)에 설치하되, 헤드 상호간의 간격은 1.2m 이하로 설치하여야 한다.

해답 ③

66 고정식 할론 공급장치에 배관 및 분사헤드를 고정 설치하여 밀폐 방호구역 내에 할론을 방출하는 설비 방식은?

① 전역 방출 방식
② 국소 방출 방식
③ 이동식 방출 방식
④ 반이동식 방출 방식

해설 용어의 정의
① 전역방출방식 : 밀폐 방호구역내에 분말소화약제를 방출하는 설비
② 국소방출방식 : 화재발생 부분에만 집중적으로 소화약제를 방출하도록 설치하는 방식
② 호스릴방식 : 사람이 직접 화점에 소화약제를 방출하는 이동식 소화설비

해답 ①

67 호스릴 이산화탄소 소화설비의 설치기준으로 틀린 것은?

① 소화약제 저장용기는 호스릴을 설치하는 장소마다 설치할 것
② 노즐은 20℃에서 하나의 노즐마다 40 kg/min 이상의 소화약제를 방사할 수 있는 것으로 할 것
③ 방호대상물의 각 부분으로부터 하나의 호스접결구까지의 수평거리가 15m 이하가 되도록 할 것
④ 소화약제 저장용기의 개방밸브는 호스의 설치장소에서 수동으로 개폐할 수 있는 것

으로 할 것

해설 ② 40kg/min 이상 → 60kg/min 이상
호스릴 이산화탄소소화설비 설치기준
① 수평거리가 15m 이하
② 노즐은 20℃에서 하나의 노즐마다 60kg/min 이상의 소화약제를 방사할 수 있는 것으로 할 것
③ 소화약제 저장용기는 호스릴을 설치하는 장소마다 설치할 것
④ 소화약제 저장용기의 개방밸브는 호스의 설치장소에서 수동으로 개폐할 수 있는 것으로 할 것
⑤ 소화약제 저장용기의 가장 가까운 곳의 보기 쉬운 곳에 표시등을 설치하고, 호스릴 이산화탄소소화설비가 있다는 뜻을 표시한 표지를 할 것

해답 ②

68 미분무소화설비의 화재안전기술기준에서 나타내고 있는 가압송수장치 방식으로 가장 거리가 먼 것은?

① 고가수조방식 ② 펌프방식
③ 압력수조방식 ④ 가압수조방식

해설 **미분무소화설비의 가압송수장치 방식**
① 펌프방식
② 압력수조방식
③ 가압수조방식

해답 ①

69 다음 중 분말소화약제 1kg당 저장용기의 내용적이 가장 작은 것은?

① 제1종 분말 ② 제2종 분말
③ 제3종 분말 ④ 제4종 분말

해설 **분말소화약제의 저장용기의 내용적**

종별	주 성 분	화학식	약제1kg당 저장용기의 내용적
제1종	탄산수소나트륨	$NaHCO_3$	0.8 이상
제2종	탄산수소칼륨	$KHCO_3$	1.0 이상
제3종	제1인산암모늄	$NH_4H_2PO_4$	1.0 이상
제4종	탄산수소칼륨 +요소	$KHCO_3$ + $(NH_2)_2CO$	1.25 이상

※ 충전비 $C(L/kg) = \dfrac{V(L)}{G(kg)}$

해답 ①

70 일제살수식 스프링클러설비에 대한 설명으로 옳은 것은?

① 정상상태에서 방수구를 막고 있는 감열체가 일정온도에서 자동적으로 파괴·용해 또는 이탈됨으로써 방수구가 개방되는 방식이다.
② 가압된 물이 분사될 때 헤드의 축심을 중심으로 한 반원상에 균일하게 분산시키는 방식이다.
③ 물과 오리피스가 분리되어 동파를 방지할 수 있는 특징을 가진 방식이다.
④ 화재발생시 자동감지장치의 작동으로 일제개방밸브가 개방되면 스프링클러헤드까지 소화용수가 송수되는 방식이다.

해설 **일제살수식스프링클러설비**
가압송수장치에서 일제개방밸브 1차 측까지 배관 내에 항상 물이 가압되어 있고 2차 측에서 개방형 스프링클러헤드까지 대기압으로 있다가 화재발생시 **자동감지장치 또는 수동식 기동장치의 작동**으로 일제개방밸브가 개방되면 스프링클러헤드까지 소화용수가 송수되는 방식의 스프링클러설비

해답 ④

71 완강기의 속도 조절기에 관한 설명으로 틀린 것은?

① 견고하고 내구성이 있어야 한다.
② 강하시 발생하는 열에 의해 기능에 이상이 생기지 아니하여야 한다.
③ 모래 등 이물질이 들어가지 않도록 견고한 커버로 덮어져야 한다.
④ 평상시에는 분해, 청소 등을 하기 쉽게 만들어져 있어야 한다.

해설 **완강기의 속도조절기**
평상시 기능에 이상을 생기게 하는 모래 따위의 잡물이 들어가는 것을 방지하기 위하여 분해할 수 없게 만들어져 있다.
완강기의 구성부품
① 속도조절기(조속기)

② 속도조절기의 연결부(후크)
③ 로프
④ 연결금속구

해답 ④

72 완강기의 부품구성으로서 옳은 것은?

① 체인, 후크, 벨트, 긴결구금
② 후크, 체인, 벨트, 조속기
③ 로프, 벨트, 후크, 조속기
④ 로프, 릴, 후크, 벨트

해설 완강기의 구성부품
① 속도조절기(조속기)
② 속도조절기의 연결부(후크)
③ 로프
④ 연결금속구
⑤ 벨트

해답 ③

73 습식 스프링클러설비 또는 부압식 스프링클러설비 외의 설비에는 헤드를 향하여 상향으로 수평주행배관 기울기를 최소 몇 이상으로 하여야 하는가? (단, 배관의 구조상 기울기를 줄 수 없는 경우는 제외한다.)

① $\dfrac{1}{100}$ ② $\dfrac{1}{200}$
③ $\dfrac{1}{300}$ ④ $\dfrac{1}{500}$

해설 스프링클러설비 배관의 배수를 위한 기울기
① **습식스프링클러설비** 또는 **부압식** 스프링클러설비의 배관을 **수평**으로 할 것. 다만, 배관의 구조상 소화수가 남아 있는 곳에는 배수밸브를 설치하여야 한다.
② **습식스프링클러설비** 또는 **부압식** 스프링클러설비 **외의 설비**에는 헤드를 향하여 상향으로 **수평주행배관**의 기울기를 500분의 1 이상, 가지배관의 기울기를 250분의 1 이상으로 할 것. 다만, 배관의 구조상 기울기를 줄 수 없는 경우에는 배수를 원활하게 할 수 있도록 배수밸브를 설치하여야 한다.

습식스프링클러설비 또는 부압식 스프링클러설비 외의 설비 배관 기울기

배관구분	수평주행배관	가지배관
기울기	500분의 1 이상	250분의 1 이상

해답 ④

74 소화기의 정의 중 다음 ( ) 안에 알맞은 것은?

대형소화기란 화재 시 사람이 운반할 수 있도록 운반대와 바퀴가 설치되어 있고 능력단위가 A급 (㉠)단위 이상, B급 (㉡)단위 이상인 소화기를 말한다.

① ㉠ 10, ㉡ 5   ② ㉠ 20, ㉡ 5
③ ㉠ 10, ㉡ 20   ④ ㉠ 20, ㉡ 20

해설 소화기의 능력단위 및 보행거리

구 분	소형소화기	대형소화기
능력단위	1단위 이상 대형소화기 능력단위 미만	① A급 10단위 이상 ② B급 20단위 이상
보행거리	20m 이내	30m 이내

해답 ③

75 상수도소화용수설비 설치 시 소화전 설치기준으로 옳은 것은?

① 특정소방대상물의 수평투영 반경의 각 부분으로부터 140m 이하가 되도록 설치
② 특정소방대상물의 수평투영면의 각 부분으로부터 140m 이하가 되도록 설치
③ 특정소방대상물의 수평투영 반경의 각 부분으로부터 100m 이하가 되도록 설치
④ 특정소방대상물의 수평투영면의 각 부분으로부터 100m 이하가 되도록 설치

해설 상수도소화용수설비
① 호칭지름 75mm 이상의 수도배관에 호칭지름 100mm 이상의 소화전을 접속
② 소화전은 소방자동차 등의 진입이 쉬운 도로변 또는 공지에 설치
③ 소화전은 소방대상물의 수평투영면의 각 부분으로부터 140m 이하가 되도록 설치

해답 ②

76 상수도소화용수설비 설치 시 호칭지름 75mm 이상의 수도배관에는 호칭지름 몇 mm 이상의 소화전을 접속하여야 하는가?

① 50mm ② 75mm
③ 80mm ④ 100mm

해설 상수도소화용수설비
① 호칭지름 75mm 이상의 수도배관에 호칭지름 100mm 이상의 소화전을 접속
② 소화전은 소방자동차 등의 진입이 쉬운 도로변 또는 공지에 설치
③ 소화전은 소방대상물의 수평투영면의 각 부분으로부터 140m 이하가 되도록 설치

해답 ④

77 대형소화기를 설치하는 경우 특정소방대상물의 각 부분으로부터 1개의 소화기까지의 보행거리는 몇 m 이내로 배치하여야 하는가?

① 10 ② 20
③ 30 ④ 40

해설 소화기의 능력단위 및 보행거리

구 분	소형소화기	대형소화기
능력단위	1단위 이상 대형소화기 능력단위 미만	① A급 10단위 이상 ② B급 20단위 이상
보행거리	20m 이내	30m 이내

해답 ③

78 포헤드를 정방형으로 배치한 경우 포헤드 상호간 거리(S) 산정식으로 옳은 것은? (단, r은 유효반경이다.)

① $S = 2r \times \sin 30°$ ② $S = 2r \times \cos 30°$
③ $S = 2r$ ④ $S = 2r \times \cos 45°$

해설 포헤드 상호간의 거리
정방형으로 배치한 경우
$$S = 2r \times \cos 45°$$
여기서, S : 포헤드 상호간의 거리(m)
r : 유효반경(2.1m)

해답 ④

79 계단실 및 그 부속실을 동시에 제연구역으로 선정 시 방연풍속은 최소 얼마 이상이어야 하는가?

① 0.3m/s ② 0.5m/s
③ 0.7m/s ④ 1.0m/s

해설 방연풍속

제연구역		방연풍속
계단실 및 그 부속실을 동시에 제연하는 것 또는 계단실만 단독으로 제연하는 것		0.5m/s 이상
부속실만 단독으로 제연하는 것	부속실 또는 승강장이 면하는 옥내가 거실인 경우	0.7m/s 이상
	부속실이 면하는 옥내가 복도로서 그 구조가 방화구조(내화시간이 30분 이상인 구조를 포함한다)인 것	0.5m/s 이상

해답 ②

80 연결살수설비의 설치기준에 대한 설명으로 옳은 것은?

① 송수구는 반드시 65mm의 쌍구형으로만 한다.
② 연결살수설비 전용헤드를 사용하는 경우 천장으로부터 하나의 살수헤드까지 수평거리는 3.2m 이하로 한다.
③ 개방형헤드를 사용하는 연결살수설비의 수평주행배관은 헤드를 향해 상향으로 1/100 이상의 기울기로 설치한다.
④ 천장·반자 중 한쪽이 불연재료로 되어 있고 천장과 반자 사이의 거리가 0.5m 미만인 부분은 연결살수설비 헤드를 설치하지 않아도 된다.

해설 연결살수설비의 설치기준
① 연결살수설비 전용헤드 수별 급수관의 구경

부착하는 전용헤드의 개수	1개	2개	3개	4~5개	6~10개
배관구경(mm)	32	40	50	65	80

② 폐쇄형헤드를 사용하는 연결살수설비 주배관은 다음에 해당하는 배관 또는 수조에 접속

㉠ 옥내소화전설비의 주배관
㉡ 수도배관
㉢ 옥상에 설치된 수조
③ 개방형헤드를 사용하는 연결살수설비 수평주행배관은 헤드를 향하여 상향으로 100분의 1 이상의 기울기로 설치
④ 가지배관 또는 교차배관을 설치하는 경우에는 가지배관의 배열은 **토너멘트방식이 아니어야 한다.**

해답 ③

소방설비산업기사 - 기계분야

2019년 9월 21일 시행

제1과목 소방원론

01 화재 발생 시 물을 소화약제로 사용할 수 있는 것은?

① 칼슘카바이드   ② 무기 과산화물류
③ 마그네슘 분말 ④ 염소산염류

해설 ① 칼슘카바이드(탄화칼슘)
  $CaC_2 + 2H_2O \rightarrow Ca(OH)_2 + C_2H_2$(아세틸렌)
② 무기과산화물류
  $2Na_2O_2 + 2H_2O \rightarrow 4NaOH + O_2$(산소)
③ 마그네슘분말
  $Mg + 2H_2O \rightarrow Mg(OH)_2 + H_2$(수소)
④ 염소산염류-제1류-산화성고체-물과 반응 없음

해답 ④

02 다음 중 가스계 소화약제가 아닌 것은?

① 포 소화약제
② 청정 소화약제
③ 이산화탄소 소화약제
④ 할로젠화합물 소화약제

해설 가스계 소화약제
① 이산화탄소 소화약제
② 할론 소화약제
③ 할로젠화합물 및 불활성기체 소화약제
④ 분말소화약제

해답 ①

03 건축물 화재 시 플래시오버(flash over)에 영향을 주는 요소가 아닌 것은?

① 내장재료   ② 개구율
③ 화원의 크기   ④ 건물의 층수

해설 플래쉬 오버(flash over)현상
건물 화재에서 발생한 가연성 가스가 축적되다가 일순간에 화염이 크게 되는 현상
① 폭발적인 착화현상
② 폭발적인 연소현상
③ 급격한 화염의 확대현상
플래쉬 오버의 영향인자
① 개구율은 클수록 빠르다.
② 내장재료는 가연성일수록 빠르다.
③ 화원의 크기가 클수록 빠르다.
④ 열전도율은 작을수록 빠르다.

해답 ④

04 연기의 물리·화학적인 설명으로 틀린 것은?

① 화재 시 발생하는 연소생성물을 의미한다.
② 연기의 색상은 연소물질에 따라 다양하다.
③ 연기는 기체로만 이루어진다.
④ 연기의 감광계수가 크면 피난 장애를 일으킨다.

해설 연기의 물리·화학적 성질
① 화재시 발생하는 연소생성물을 의미
② 연기의 색상은 연소물질에 따라 다양
③ 연기는 0.01~10μm 정도의 고체, 액체 미립자
④ 연기의 감광계수가 클수록 피난장애를 일으킨다.
연기(smoke)
① 0.01~10μm 정도의 고체, 액체 미립자
② 탄소를 많이 함유한 탄화수소류 가스
③ 연기이동 속도
  ㉠ 수직방향 : 2~3m/s
  ㉡ **수평방향** : 0.5~1m/s
④ 연기는 대류에 의하여 전파

감광계수와 가시거리

감광계수(m⁻¹)	가시거리(m)	상 태
0.1	20~30	연기감지기가 작동
0.3	5	피난에 지장을 주기 시작
0.5	3	어두움을 느끼기 시작
1.0	1~2	거의 앞이 보이지 않을 정도
10	0.2~0.5	화재 최성기

※ 감광계수 : 연기속을 투과한 빛의 양으로 연기의 농도를 광화학적으로 표시하는 방법이다.

해답 ③

05 물의 물리 · 화학적 성질에 대한 설명으로 틀린 것은?

① 수소결합성 물질로서 비점이 높고 비열이 크다.
② 100℃의 액체 물이 100℃의 수증기로 변하면 체적이 약 1600배 증가한다.
③ 유류화재에 물을 무상으로 주수하면 질식효과 이외에 유탁액이 생성되어 유화효과가 나타난다.
④ 비극성 공유 결합성 물질로서 비점이 높다.

해설 물의 물리 · 화학적 성질
① 수소결합물질로 비점이 높고 비열이 크다.
② 100℃물→100℃수증기로 변하면 체적이 약 1600배로 증가
③ 물분무 방사시 질식 및 유화효과가 나타난다.
④ 극성공유결합물질로서 비점이 높다.

해답 ④

06 자연발화의 조건으로 틀린 것은?

① 열전도율이 낮을 것
② 발열량이 클 것
③ 주위의 온도가 높을 것
④ 표면적이 작을 것

해설 자연발화의 조건
① 발열량이 클 것 ② 활성화에너지가 적을 것
③ 열전도율이 작을 것 ④ 산소와 친화력이 클 것
⑤ 표면적이 클 것

해답 ④

07 제4류 위험물 중 제1석유류, 제2석유류, 제3석유류, 제4석유류를 각 품명별로 구분하는 분류의 기준은?

① 발화점　　② 인화점
③ 비중　　　④ 연소범위

해설 제4류 위험물(인화성 액체)

구 분	지정품목	기타 조건(1atm에서)
특수인화물	이황화탄소, 다이에틸에터	• 발화점이 00℃ 이하 • 인화점 −20℃이하이고 비점이 40℃ 이하
제1석유류	아세톤, 휘발유	• 인화점 21℃ 미만.
알코올류		C₁~C₃까지 포화 1가 알코올로 가연성액체량이 60% 이상(변성알코올 포함)
제2석유류	등유, 경유	• 인화점 21℃ 이상 70℃ 미만
제3석유류	중유, 크레오소트유	• 인화점 70℃ 이상 200℃ 미만
제4석유류	기어유, 실린더유	• 인화점 200℃ 이상 250℃ 미만
동식물유류		동물의 지육 등 또는 식물의 종자나 과육으로부터 추출한 것으로서 1기압에서 인화점이 250℃ 미만인 것

※ 제4류 위험물은 인화점에 따라 분류한다.

해답 ②

08 질식 소화방법에 대한 예를 설명한 것으로 옳은 것은?

① 열을 흡수할 수 있는 매체를 화염 속에 투입한다.
② 열용량이 큰 고체물질을 이용하여 소화한다.
③ 중질유 화재 시 물을 무상으로 분무한다.
④ 가연성기체의 분출화재 시 주 밸브를 닫아서 연료공급을 차단한다.

해설 ① 냉각소화방법　② 냉각소화방법
③ 질식소화방법　④ 제거소화방법

해답 ③

09 증기비중을 구하는 식은 다음과 같다. ( ) 안에 들어갈 알맞은 값은?

$$증기비중 = \frac{분자량}{(\quad)}$$

① 15 ② 21
③ 22.4 ④ 29

해설 **공기의 조성**
산소(O_2) 21vol(부피)%, 질소(N_2) 79vol(부피)%
공기의 평균 분자량
$32(O_2) \times 0.21 + 28(N_2) \times 0.79 ≒ 28.84$

- 공기의 평균 분자량 = 28.84 ≒ 29
- 증기비중 = $\dfrac{M(분자량)}{29(공기평균분자량)}$

해답 ④

10 알루미늄 분말 화재 시 적응성이 있는 소화약제는?

① 물 ② 마른모래
③ 포말 ④ 강화액

해설 **알루미늄분(Al)-제2류위험물**
① 분진폭발 위험성이 있다.
② 가열된 알루미늄은 수증기와 반응하여 수소를 발생시킨다.(주수소화금지)

$$2Al + 6H_2O \rightarrow 2Al(OH)_3 + 3H_2$$

③ 주수소화는 엄금이며 마른모래 등으로 피복 소화한다.

해답 ②

11 화씨온도 122°F는 섭씨온도 몇 ℃인가?

① 40 ② 50
③ 60 ④ 70

해설 **화씨온도와 섭씨온도 관계**

$$°F = \frac{9}{5}℃ + 32 \qquad ℃ = \frac{5}{9}(°F - 32)$$

$℃ = \dfrac{5}{9}(122 - 32) = 50℃$

해답 ②

12 제1류 위험물로서 그 성질이 산화성고체인 것은?

① 셀룰로이드류 ② 금속분류
③ 아염소산염류 ④ 과염소산

해설 ① 셀룰로이드류-제5류-질산에스터류
  -자기반응성물질
② 금속분류-제2류-가연성고체
③ 아염소산염류-제1류-산화성고체
④ 과염소산-제6류-산화성액체

제1류 위험물의 지정수량

성질	품명	지정수량
산화성 고체	• 아염소산염류 • 염소산염류 • 과염소산염류 • 무기과산화물	50kg
	• 브로민산염류 • 질산염류 • 아이오딘산염류	300kg
	• 과망가니즈산염류 • 다이크로뮴산염류	1,000kg

해답 ③

13 폭발에 대한 설명으로 틀린 것은?

① 보일러 폭발은 화학적 폭발이라 할 수 없다.
② 분무 폭발은 기상 폭발에 속하지 않는다.
③ 수증기 폭발은 기상 폭발에 속하지 않는다.
④ 화약류 폭발은 화학적 폭발이라 할 수 있다.

해설 ② 분무폭발-기상폭발
공정에 의한 폭발의 종류
(1) 핵폭발
(2) 물리적 폭발
  ① 과열액체의 증기폭발
  ② 용기파열에 의한 급격한 압력개방
  ③ 도선폭발
(3) 화학적 폭발
  ① 산화폭발 ② 분해폭발 ③ 중합폭발
원인물질의 상태에 따른 폭발의 종류
(1) 기상폭발
  ① 혼합가스폭발 ② **분무폭발**
  ③ 분진폭발 ④ 증기운폭발
  ⑤ 분해폭발

(2) 응상폭발
  ① 수증기폭발   ② 증기폭발
  ③ 고상간의 전이에 의한 폭발
  ④ 전선(도선)의 폭발

해답 ②

14 부피비로 질소가 65%, 수소가 15%, 이산화탄소가 20%로 혼합된 전압이 760mmHg인 기체가 있다. 이때 질소의 분압은 약 몇 mmHg인가? (단, 모두 이상기체로 간주한다.)

① 152 ② 252
③ 394 ④ 494

해설 달톤의 부분압력
  ① 혼합물의 전체압력은 분리된 기체의 부분압력의 합과 같다.
  ② 질소의 분압
  $Pa = 760\,mmHg \times \dfrac{65}{100} = 494\,mmHg$

해답 ④

15 할로젠화합물 소화약제로부터 기대할 수 있는 소화작용으로 틀린 것은?

① 부촉매작용   ② 냉각작용
③ 유화작용   ④ 질식작용

해설 ③ 유화작용-물분무 소화효과
할로젠화합물소화약제의 소화효과
  ① 부촉매효과(억제효과)
  ② 냉각효과
  ③ 질식효과

해답 ③

16 건축물에 화재가 발생할 때 연소확대를 방지하기 위한 계획에 해당되지 않는 것은?

① 수직계획   ② 입면계획
③ 수평계획   ④ 용도계획

해설 연소확대 방지계획
  ① 용도계획 ② 수직계획 ③ 수평계획
※ 입면 계획은 건축물 설계 시 화재안전 계획

해답 ②

17 산소와 질소의 혼합물인 공기의 평균 분자량은? (단, 공기는 산소 21vol%, 질소 79vol%로 구성되어 있다고 가정한다.)

① 30.84   ② 29.84
③ 28.84   ④ 27.84

해설 공기의 조성
산소(O_2) 21vol(부피)%, 질소(N_2) 79vol(부피)%
공기의 평균 분자량
$32(O_2) \times 0.21 + 28(N_2) \times 0.79 ≒ 28.84$

- 공기의 평균 분자량 = 28.84 ≒ 29
- 증기비중 = $\dfrac{M(분자량)}{29(공기평균분자량)}$

해답 ③

18 고가의 압력탱크가 필요하지 않아서 대용량의 포 소화설비에 채용되는 것으로 펌프의 토출관에 압입기를 설치하여 포 소화약제 압입용 펌프로 포 소화약제를 압입시켜 혼합하는 방식은?

① 프레셔 프로포셔너 방식
  (pressure proportioner type)
② 프레셔 사이드 프로포셔너 방식
  (pressure side proportioner type)
③ 펌프 프로포셔너 방식
  (pump proportioner type)
④ 라인 프로포셔너 방식
  (line proportioner type)

해설 포소화약제의 혼합장치
① 펌프 프로포셔너 방식
  펌프의 토출관과 흡입관 사이의 배관도중에 설치한 흡입기에 펌프에서 토출된 물의 일부를 보내고, 농도 조정밸브에서 조정된 포 소화약제의 필요량을 포 소화약제 탱크에서 펌프 흡입측으로 보내어 이를 혼합하는 방식

② 프레져 프로포셔너 방식
펌프와 발포기의 중간에 설치된 벤추리관의 벤추리작용과 펌프 가압수의 포 소화약제 저장탱크에 대한 압력에 의하여 포소화약제를 흡입·혼합하는 방식

③ 라인 프로포셔너 방식
펌프와 발포기의 중간에 설치된 벤추리관의 벤추리 작용에 의하여 포소화약제를 흡입·혼합하는 방식

④ 프레져사이드 프로포셔너 방식
펌프의 토출관에 압입기를 설치하여 포 소화약제 압입용 펌프로 포소화약제를 압입시켜 혼합하는 방식

해답 ②

19 전기화재가 발생되는 요인으로 틀린 것은?

① 역률   ② 합선
③ 누전   ④ 과전류

해설 전기화재의 발생원인
① 합선(단락) ② 과전류
③ 누전   ④ 스파크
⑤ 배선불량   ⑥ 전열기구의 과열

해답 ①

20 제1석유류는 어떤 위험물에 속하는가?

① 산화성 액체   ② 인화성 액체
③ 자기반응성 물질 ④ 금수성 물질

해설 제4류 위험물(인화성 액체)

구 분	지정품목	기타 조건(1atm에서)
특수인화물	이황화탄소, 다이에틸에터	• 발화점이 00℃ 이하 • 인화점 −20℃ 이하이고 비점이 40℃ 이하
제1석유류	아세톤, 휘발유	• 인화점 21℃ 미만.
알코올류		C_1~C_3까지 포화 1가 알코올로 가연성액체 양이 60% 이상(변성알코올 포함)
제2석유류	등유, 경유	• 인화점 21℃ 이상 70℃ 미만
제3석유류	중유, 크레오소트유	• 인화점 70℃ 이상 200℃ 미만
제4석유류	기어유, 실린더유	• 인화점 200℃ 이상 250℃ 미만
동식물유류		동물의 지육 등 또는 식물의 종자나 과육으로부터 추출한 것으로서 1기압에서 인화점이 250℃ 미만인 것

※ 제4류 위험물은 인화점에 따라 분류한다.

해답 ②

제2과목 소방유체역학

21 다음 중 이상유체(ideal fluid)에 대한 설명으로 가장 적합한 것은?

① 점성이 없는 유체
② 압축성이 없는 유체
③ 점성과 압축성이 없는 유체
④ 뉴턴의 점성법칙을 만족하는 유체

해설 유체의 종류

압축성 유체	• 온도나 압력에 따라 밀도가 변화하는 유체(기체)
비압축성 유체	• 온도나 압력에 따라 밀도의 변화가 없는 유체(액체)
점성 유체	• 점성을 가지고 있는 유체 즉 전단응력이 발생하는 유체
비점성 유체	• 점성이 없다고 가정한 유체 즉, 전단응력이 발생하지 않는 가상적인 유체

이상유체	• 점성이 없고(마찰손실이 없고) 비압축성인 유체 • 높은 압력에서 밀도가 변화하지 않는 유체
실제유체	• 점성이 있고(마찰손실이 있고) 압축성인 유체 • 높은 압력에서 밀도가 변화 하는 유체

※ 이상유체는 점성이 없다. 따라서 마찰손실이 없기 때문에 에너지 손실도 없는 가상적인 유체이다.

해답 ③

22 저장용기에 압력이 800kPa이고, 온도가 80℃인 이산화탄소가 들어 있다. 이산화탄소의 비중량(N/m³)은?
(단, 일반기체상수는 8314J/kmol·K이다.)

① 113.4　　② 117.6
③ 121.3　　④ 125.4

해설 ① $P = 800\text{kPa} = 800 \times 10^3 \text{Pa}$, $M = 44$
　$R = 8314 \text{J(N·m)/kmol·K}$,
　$T = 273 + 80 = 353\text{K}$, $g = 9.8\text{m/s}^2$

② $\gamma = \rho g = \dfrac{PM}{RT} \times g$

③ $\gamma = \dfrac{800 \times 10^3 \times 44}{8314 \times 353} \times 9.8 = 117.54\text{N/m}^3$

밀도와 비중량

$$\rho = \dfrac{PM}{RT} \qquad \gamma = \rho g$$

여기서, ρ : 밀도(kg/m³), P : 압력(Pa)
　　　　M : 분자량
　　　　R : 기체상수(N·m/kmol·K)
　　　　T : 절대온도(273+t℃)
　　　　γ : 비중량(N/m³)
　　　　g : 중력가속도(9.8m/s²)

해답 ②

23 관 속에 물이 흐르고 있다. 피토-정압관을 수은이 든 U자관에 연결하여 전압과 정압을 측정하였더니 20mm의 액면 차가 생겼다. 피토-정압관의 위치에서의 유속(m/s)은? (단, 수은의 비중은 13.6이고, 유량계수는 0.9이며, 유체는 정상상태, 비점성, 비압축성 유동이라고 가정

한다.)

① 2.0　　② 3.0
③ 11.0　　④ 12.0

해설 피토-정압관의 유속측정

$$U = C\sqrt{2gR\left(\dfrac{S_0}{S} - 1\right)}$$

① $R = 20\text{mm} = 0.02\text{m}$

② $u = 0.9 \times \sqrt{2 \times 9.8 \times 0.02 \times \left(\dfrac{13.6}{1} - 1\right)}$
　　$= 2.0\text{m/s}$

해답 ①

24 옥내소화전용 소방펌프 2대를 직렬로 연결하였다. 마찰손실을 무시할 때 기대할 수 있는 효과는?

① 펌프의 양정은 증가하나 유량은 감소한다.
② 펌프의 유량은 증대하나 양정은 감소한다.
③ 펌프의 양정은 증가하나 유량과는 무관하다.
④ 펌프의 유량은 증대하나 양정과는 무관하다.

해설 펌프의 직·병렬 운전

운전방법	토출양정(H)	토출량(Q)
직렬운전	2H	Q
병렬운전	H	2Q

해답 ③

25 15℃의 물 24Kg과 80℃의 물 85kg을 혼합한 경우, 최종 물의 온도(℃)는?

① 32.8　　② 42.5
③ 65.7　　④ 75.5

해설
$$t = \frac{15℃ \times 24\text{kg} + 80℃ \times 85\text{kg}}{24\text{kg} + 85\text{kg}} = 65.7℃$$

해답 ③

26 안지름 2cm의 원관 내에 물을 흐르게 하여 층류 상태로부터 점차 유속을 빠르게 하여 완전 난류 상태로 될 때의 한계유속(cm/s)은? (단, 물의 동점성계수는 0.01cm²/s, 완전 난류가 되는 임계레이놀즈수는 4000이다)

① 10 ② 15
③ 20 ④ 40

해설 레이놀드 수
$$\text{ReNo} = \frac{Du\rho}{\mu} = \frac{Du}{v}$$
$$\therefore u = \frac{\text{ReNo}\,v}{D}$$
$$\therefore u = \frac{4000 \times 0.01\text{cm}^2/\text{s}}{2\text{cm}} = 20\text{cm/s}$$

해답 ③

27 물의 체적을 2% 축소시키는 데 필요한 압력(MPa)은? (단, 물의 체적탄성계수는 2.08GPa이다.)

① 32.1 ② 41.6
③ 45.4 ④ 52.5

해설 체적탄성계수와 압축율 관계
$$\text{체적탄성계수 } K = -\frac{\Delta P}{\Delta V/V} = \frac{\Delta P}{\Delta \rho/\rho}$$

① $\frac{\Delta V}{V} = -2\% = -0.02$
② $K = 2.08\text{GPa} = 2.08 \times 10^9 \text{Pa(N/m}^2)$
③ $\Delta P = -(K \times -\Delta V/V)$
④ $\Delta P = -(2.08 \times 10^9 \times -0.02)$
   $= 41.6 \times 10^6 \text{Pa} = 41.6 \text{MPa}$

단위 알고갑시다
1GPa = 10³MPa = 10⁶kPa = 10⁹Pa(N/m²)

해답 ②

28 가로 80cm, 세로 50cm이고 300℃로 가열된 평판에 수직한 방향으로 25℃의 공기를 불어주고 있다. 대류 열전달계수가 25W/m²K일 때 공기를 불어넣는 면에서의 열전달율은 약 몇 kW인가?

① 2.04 ② 2.75
③ 5.16 ④ 7.33

해설 열전달율의 계산
$$P = kA(t_H - t_C)$$
P : 열전달율(W), t_H : 평판의 온도(K)
t_C : 공기의 온도(K), A : 평판의 면적(m²)
k : 열전도도(w/m² · K)

① $A = 80\text{cm} \times 50\text{cm} = 0.8\text{m} \times 0.5\text{m}$
② P
$= 25 \times 0.8 \times 0.5 \times \{(273+300)-(273+25)\}$
$= 2750\text{W} = 2.75\text{kW}$

해답 ②

29 그림과 같이 속도 V인 자유제트가 곡면에 부딪혀 θ의 각도로 유동방향이 바뀐다. 유체가 곡면에 가하는 힘의 x, y 성분의 크기인 F_x와 F_y는 θ가 증가함에 따라 각각 어떻게 되겠는가? (단, 유동단면적은 일정하고, 0°<θ<90°이다.)

① F_x : 감소한다. F_y : 감소한다.
② F_x : 감소한다. F_y : 증가한다.
③ F_x : 증가한다. F_y : 감소한다.
④ F_x : 증가한다. F_y : 증가한다.

해설 유체가 곡면에 가하는 힘
① x 방향에 받는 힘 $F_x = \rho Q V \cos\theta$
② y 방향에 받는 힘 $F_y = \rho Q V \sin\theta$
∴ θ가 증가함에 따라 F_x 및 F_y는 증가한다.

해답 ④

30 간격이 10mm인 평행한 두 평판 사이에 점성계수가 8×10^{-2}N·s/m²인 기름이 가득 차 있다. 한 쪽 판이 정지된 상태에서 다른 판이 6m/s의 속도로 미끄러질 때 면적 1m²당 받는 힘(N)은? (단, 평판 내 유체의 속도분포는 선형적이다.)

① 12 ② 24
③ 48 ④ 96

해설 $\tau(\text{N/m}^2) = 8 \times 10^{-2}\text{N·s/m}^2 \times \dfrac{6\text{m/s}}{0.01\text{m}} = 48\text{N}$

뉴턴의 점성법칙
전단응력은 점성계수와 **속도구배(속도기울기)**에 **비례**한다.

$$\text{전단응력 } \tau(\text{N/m}^2) = \mu \dfrac{du}{dy}$$

여기서, μ : 점성계수(N·s/m²)
$\dfrac{du(\text{m/s})}{dy(\text{m})}$: 속도구배(속도기울기)

해답 ③

31 안지름이 5mm인 원형 직선관 내에 0.2×10^{-3} m³/min의 속도로 물이 흐르고 있다. 유량을 두 배로 하기 위해서는 직선관 양단의 압력차가 몇 배가 되어야 하는가? (단, 물의 동점성계수는 약 10^{-6} m²/s이다.)

① 0.71배 ② 1.41배
③ 2배   ④ 4배

해설 **하겐-포아젤(Hagen-poiseuille) 방정식**

$$\Delta h_L(\text{m}) = \dfrac{\Delta P}{r} = \dfrac{128\mu l\,Q}{r\,\pi d^4}$$

$\therefore Q = \dfrac{\Delta P \pi d^4}{128 \mu l}$

여기서, Q : 유량(m³/s)
ΔP : 압력차(N/m²)
μ : 점성계수(N·s/m² = kg/m·s)
d : 관내경(m), l : 배관길이(m)

$\therefore$ 유량(Q)가 2배로 되려면 ΔP도 2배가 되어야 한다.

해답 ③

32 세 액체가 그림과 같은 U자관에 들어있을 때, 가운데 유체 S_2의 비중은 얼마인가? (단, 비중 $S_1 = 1$, $S_3 = 2$, $h_1 = 20$cm, $h_2 = 10$cm, $h_3 = 30$cm이다.)

① 1
② 2
③ 4
④ 8

해설

① $P_A = P_B$, $P_A = \gamma_1 h_1 + \gamma_2 h_2$, $P_B = \gamma_3 h_3$
② $\gamma_1 h_1 + \gamma_2 h_2 = \gamma_3 h_3$
③ $\gamma_w S_1 h_1 + \gamma_w S_2 h_2 = \gamma_w S_3 h_3$
④ $S_1 h_1 + S_2 h_2 = S_3 h_3$
⑤ $1 \times 20 + S_2 \times 10 = 2 \times 30$
⑥ $S_2 = \dfrac{2 \times 30 - 1 \times 20}{10} = 4$

해답 ③

33 물이 들어가 있는 그림과 같은 수조에서 바닥에 지름 D의 구멍이 있다. 모든 손실과 표면장력의 영향을 무시할 때, 바닥 아래 y지점에서의 분류 반지름 r의 값은? (단, H는 일정하게 유지된다고 가정한다.)

① $r = \dfrac{\pi D^2}{4}\left(\dfrac{H+y}{H}\right)^{1/2}$

② $r = \dfrac{D}{4}\left(\dfrac{H+y}{H}\right)^{1/4}$

③ $r = \dfrac{D}{2}\left(\dfrac{H}{H+y}\right)^{1/4}$

④ $r = \dfrac{D}{2}\left(\dfrac{H+y}{H}\right)^{1/2}$

해설 ① 1과 2 지점의 유속을 구하면
$V_1 = \sqrt{2gH}$, $V_2 = \sqrt{2g(H+y)}$
② 1과 2지점에 연속방정식을 적용
$\dfrac{\pi D^2}{4}\sqrt{2gH} = \pi r^2\sqrt{2g(H+y)}$
③ $r^2 = \dfrac{D^2}{4}\sqrt{\dfrac{H}{H+y}}$ $r = \dfrac{D}{2}\left(\dfrac{H}{H+y}\right)^{1/4}$

해답 ③

34 온도가 20℃이고, 압력이 100kPa인 공기를 가역단열 과정으로 압축하여 체적을 30%로 줄였을 때의 압력(kPa)은? (단, 공기의 비열비는 1.4이다.)

① 263.9   ② 324.5
③ 403.5   ④ 539.5

해설 ① $P_1 = 100\text{kPa}$, $V_1 = 1$, $V_2 = 0.3(30/100)$
② $\dfrac{P_2}{100} = \left(\dfrac{1}{0.3}\right)^{1.4}$
③ $\dfrac{P_2}{100} = 5.3955$
④ $P_2 = 100 \times 5.3955 = 539.55\text{kPa}$

가역단열과정에서 압력과 부피관계
$$\dfrac{P_2}{P_1} = \left(\dfrac{V_1}{V_2}\right)^K$$

여기서, P_1 : 처음압력, P_2 : 나중압력
　　　　V_1 : 처음부피, V_2 : 나중부피
　　　　K : 비열비

해답 ④

35 유효낙차가 65m이고 유량이 20m³/s인 수력발전소에서 수차의 이론 출력(kW)은?

① 12740   ② 1300
③ 12.74   ④ 1.3

해설 수동력
$L_W(\text{kW}) = 9.8 \times 20 \times 65 = 12740\text{kW}$

펌프의 동력계산
① 수동력
$$L_W(\text{kW}) = \gamma QH$$
[주의] 수동력 계산 시 펌프의 효율 및 전달계수 K값은 무시한다.

② 축동력
$$L_S(\text{kW}) = \dfrac{\gamma QH}{E}$$
[주의] 축동력 계산 시 전달계수 K값은 무시한다.

③ 모터동력
$$P(\text{kW}) = \dfrac{\gamma QH}{E}K$$

여기서, γ : 비중량(kN/m³,
　　　　　　　　물의 비중량 = 9.8kN/m³)
　　　Q : 유량(m³/s)
　　　H : 전양정(m)
　　　E : 펌프의 효율(%/100)
　　　K : 전달계수

해답 ①

36 내경이 D인 배관에 비압축성 유체인 물이 V의 속도로 흐르다가 갑자기 내경이 $3D$가 되는 확대관으로 흘렀다. 확대된 배관에서 물의 속도는 어떻게 되는가?

① 변화없다.   ② $\dfrac{1}{3}$로 줄어든다.
③ $\dfrac{1}{6}$로 줄어든다.   ④ $\dfrac{1}{9}$로 줄어든다.

해설 유량과 관경 관계
$Q_1 = Q_2$, $Q = UA$, $D_1 = 1$일 때 $D_2 = 3$
$U_1 A_1 = U_2 A_2$, $U_1 \times \dfrac{\pi}{4} \times 1^2 = U_2 \times \dfrac{\pi}{4} \times 3^2$
$U_1 = 9U_2$ ∴ $U_2 = \dfrac{1}{9}U_1$

해답 ④

37 그림에서 수문의 길이는 1.5m이고 폭은 1m이다. 유체의 비중(s)이 0.8일 때 수문에 수직방향으로 작용하는 압력에 의한 힘 F(kN)의 크기는?

① 96.9   ② 75.5
③ 60.2   ④ 48.5

해설 수문에 수직방향으로 작용하는 힘(수평분력)

$$F_H = \gamma \bar{h} A = \gamma_w \times S \times (H + \bar{y}\sin\theta) A$$

여기서, F_H : 수평분력(kN)
γ : 유체의 비중량(kN/m³)
γ_w : 물의 비중량(9.8kN/m³)
S : 비중, $\bar{y}$: 면적의 도심(m)
A : 단면적(m²)

① $\gamma = \gamma_w \times S = 9.8\text{kN/m}^3 \times 0.8 = 7.84\text{kN/m}^3$
② $H = 3\text{m}$
$\bar{y}\sin\theta = \left(1\text{m} + \dfrac{1.5}{2}\text{m}\right)\sin 40° = 1.1249\text{m}$
③ $A = L \times W = 1.5 \times 1 = 1.5\text{m}^2$
④ $F_H = 7.84 \times (3 + 1.1249) \times 1.5 = 48.51\text{kN}$

해답 ④

38 관로의 손실에 관한 내용 중 등가길이의 의미로 옳은 것은?

① 부차적 손실과 같은 크기의 마찰손실이 발생할 수 있는 직관의 길이
② 배관요소 중 곡관에 해당하는 총길이
③ 손실계수에 손실수두를 곱한 값
④ 배관시스템의 밸브, 벤드, 티 등 추가적 부품의 총길이

해설 상당길이(등가길이)

$$L_e = \frac{Kd}{f}$$

여기서, L_e : 등가길이, K : 손실계수
d : 내경, f : 마찰손실계수

상당관 길이
관부속품을 동일구경, 동일유량에 대하여 같은 크기의 마찰손실을 갖는 직관의 길이

해답 ①

39 다음 중 캐비테이션(공동현상) 방지방법으로 옳은 것을 모두 고른 것은?

ⓐ 펌프의 설치위치를 낮추어 흡입양정을 작게 한다.
ⓑ 흡입관 지름을 작게 한다.
ⓒ 펌프의 회전수를 작게 한다.

① ⓐ, ⓑ   ② ⓐ, ⓒ
③ ⓑ, ⓒ   ④ ⓐ, ⓑ, ⓒ

해설 공동현상(캐비테이션) 방지대책
① 펌프의 설치위치를 수원보다 낮게 설치
② 펌프의 임펠러속도를 감속한다.
③ 펌프의 흡입측 수두 및 마찰손실을 작게 한다.
④ 펌프의 흡입관경을 크게 한다.
⑤ 양 흡입펌프를 사용한다.

NPSH와 캐비테이션의 관계
① 캐비테이션 발생한계 : NPSHav = NPSHre
② 캐비테이션 방지 : NPSHav > NPSHre
③ 설계적응 기준 : NPSHav ≥ NPSHre × 1.3
• NPSHav : 유효흡입양정
• NPSHre : 필요흡입양정

해답 ②

40 중력가속도가 10.6m/s²인 곳에서 어떤 금속체의 중량이 100N이었다. 중력가속도가 1.67m/s²인 달 표면에서 이 금속체의 중량(N)은?

① 13.1   ② 14.2
③ 15.8   ④ 17.2

해설 ① $F = mg$ 에서

② $m = \dfrac{F}{g} = \dfrac{100\text{N}}{10.6\text{m/s}^2} = 9.43\text{N} \cdot \text{s}^2/\text{m} \,(\text{kg})$

③ $F = mg = 9.43\text{kg} \times 1.67\text{m/s}^2 = 15.8\text{N}$

$$F(\text{N}) = m(\text{kg}) \times g(\text{m/s}^2)$$

여기서, F : 중량(무게), m : 질량
g : (중력가속도)

※ $\text{N} = \text{kg} \cdot \text{m/s}^2$
$\text{N} \cdot \text{s}^2/\text{m} = \text{kg} \cdot \text{m/s}^2 \cdot \text{s}^2/\text{m} = \text{kg}$

해답 ③

제3과목 소방관계법규

41 소방시설 설치 및 관리에 관한 법령상 무창층으로 판정하기 위한 개구부가 갖추어야할 요건으로 틀린 것은?

① 크기는 반지름 30cm 이상의 원이 내접할 수 있을 것
② 해당 층의 바닥면으로부터 개구부 밑 부분까지 높이가 1.2m 이내일 것
③ 도로 또는 차량이 진입할 수 있는 빈터를 향할 것
④ 화재 시 건축물로부터 쉽게 피난할 수 있도록 창살이나 그 밖의 장애물이 설치되지 아니할 것

해설 ① 반지름 30cm 이상 → 지름 50cm 이상
소방시설법 시행령 제2조(정의)
"**무창층**"이란 지상층 중 다음 각 목의 요건을 모두 갖춘 개구부의 면적의 합계가 해당 층의 바닥면적의 30분의 1 이하가 되는 층
(1) 크기는 지름 50cm 이상의 원이 내접할 수 있는 크기일 것
(2) 해당 층의 바닥면으로부터 개구부 밑 부분까지의 높이가 1.2m 이내일 것
(3) 도로 또는 차량이 진입할 수 있는 빈터를 향할 것

(4) 화재 시 건축물로부터 쉽게 피난할 수 있도록 창살이나 그 밖의 장애물이 설치되지 아니할 것
(5) 내부 또는 외부에서 쉽게 부수거나 열 수 있을 것

해답 ①

42 화재안전기준을 달리 적용하여야 하는 특수한 용도 또는 구조를 가진 특정소방대상물 중 원자력발전소, 핵폐기물처리시설에 설치하지 아니할 수 있는 소방시설로 옳은 것은?

① 옥내소화전설비 및 소화용수설비
② 연결송수관설비 및 연결살수설비
③ 옥내소화전설비 및 옥외소화전설비
④ 스프링클러설비 및 물분무등소화설비

해설 (소방시설법 시행령 제16조의 별표6)
소방시설을 설치하지 아니할 수 있는 특정소방대상물 및 소방시설의 범위

구분	특정소방대상물	소방시설
화재 위험도가 낮은 것	불연성 건축재료·불연성 물품 저장 창고	외/살
화재안전기준을 적용하기 어려운 것	세정 또는 충전을 하는 작업장	스/상/살
	정수장, 수영장, 목욕장, 어류양식용 시설	자/상/살
화재안전기준을 달리 적용하여야하는 특수한 용도 또는 구조	원자력발전소, 핵폐기물처리시설	송/살
자체소방대가 설치된 것	자체소방대가 설치된 위험물제조소등에 부속된 사무실	상

외 : 옥외소화전설비   살 : 연결살수설비
스 : 스프링클러설비   상 : 상수도소화용수설비
자 : 자동화재탐지설비 송 : 연결송수관설비

해답 ②

43 시장지역 등에서 화재로 오인할 만한 우려가 있는 불을 피우거나 연막소독을 실시한 자가 소방본부장 또는 소방서장에게 신고를 하지 아니하여 소방자동차를 출동하게 한 때에 과태료 부과 금액 기준으로 옳은 것은?

① 20만원 이하   ② 50만원 이하
③ 100만원 이하 ④ 200만원 이하

해설 기본법 제57조 (과태료)
① 화재로 오인할 만한 우려가 있는 불을 피우거나 연막(煙幕) 소독을 하려는 자는 시·도의 조례로 정하는 바에 따라 관할 소방본부장 또는 소방서장에게 신고를 하지 아니하여 소방자동차를 출동하게 한 자에게는 20만원 이하의 과태료를 부과한다.
② 과태료는 조례로 정하는 바에 따라 관할 소방본부장 또는 소방서장이 부과·징수한다.

해답 ①

44 제조소등의 설치허가 또는 변경허가를 받고자 하는 자는 설치허가 또는 변경허가신청서에 행정안전부령으로 정하는 서류를 첨부하여 누구에게 제출하여야 하는가?

① 소방본부장 ② 소방서장
③ 소방청장 ④ 시·도지사

해설 위험물법 시행령 제6조
(제조소등의 설치 및 변경의 허가)
제조소등의 설치허가 또는 변경허가를 받으려는 자는 설치허가 또는 변경허가신청서에 행정안전부령으로 정하는 서류를 첨부하여 **시·도지사**에게 **제출**하여야 한다.

해답 ④

45 소방기본법상 관계인의 소방활동을 위반하여 정당한 사유없이 소방대가 현장에 도착할 때까지 사람을 구출하는 조치 또는 불을 끄거나 불이 번지지 아니하도록 하는 조치를 하지 아니한 자에 대한 벌칙으로 옳은 것은?

① 100만원 이하의 벌금
② 200만원 이하의 벌금
③ 300만원 이하의 벌금
④ 1000만원 이하의 벌금

해설 소방기본법 제54조(벌칙)
100만원 이하의 벌금
① 화재예방강화지구 안의 소방대상물에 대한 화재안전조사를 거부·방해 또는 기피한 자
② 정당한 사유 없이 소방대의 생활안전활동을 방해한 자
③ 정당한 사유 없이 소방대가 현장에 도착할 때까지 사람을 구출하는 조치 또는 불을 끄거나 불이 번지지 아니하도록 하는 조치를 하지 아니한 사람
④ 피난 명령을 위반한 사람
⑤ 정당한 사유 없이 물의 사용이나 수도의 개폐장치의 사용 또는 조작을 하지 못하게 하거나 방해한 자
⑥ 조치를 정당한 사유 없이 방해한 자

해답 ①

46 화재의 예방 및 안전관리에 관한 법령상 대통령령으로 정하는 특수가연물의 품명별 수량의 기준으로 옳은 것은?

① 가연성고체류 : $2m^3$ 이상
② 목재가공품 및 나무부스러기 : $5m^3$ 이상
③ 석탄·목탄류 : 3000kg 이상
④ 면화류 : 200kg 이상

해설 (화재예방법 시행령 제19조) [별표 2]
특수가연물

품명		수량(이상)
면화류		200kg
나무껍질 및 대팻밥		400kg
넝마 및 종이부스러기, 사류, 볏짚류		1,000kg
가연성고체류		3,000kg
석탄·목탄류		10,000kg
가연성액체류		$2m^3$
목재가공품 및 나무부스러기		$10m^3$
합성수지류	발포시킨 것	$20m^3$
	그 밖의 것	3,000kg

해답 ④

47 위험물안전관리법령상 위험물 및 지정수량에 대한 기준 중 다음 ( ) 안에 알맞은 것은?

금속분이라 함은 알칼리금속·알칼리토금속·철 및 마그네슘 외의 금속의 분말을 말하고, 구리분·니켈분 및 (㉠)마이크로미터의 체를 통과하는 것이 (㉡)중량퍼센트 미만인 것은 제외한다.

① ㉠ 150, ㉡ 50 ② ㉠ 53, ㉡ 50
③ ㉠ 50, ㉡ 150 ④ ㉠ 50, ㉡ 53

해설 위험물의 판단기준

① 황
순도가 60중량% 이상인 것을 말한다. 이 경우 순도측정에 있어서 불순물은 활석 등 불연성물질과 수분에 한한다.

② 철분
철의 분말로서 53μm의 표준체를 통과하는 것이 50중량% 미만인 것은 제외

③ 금속분
알칼리금속·알칼리토금속·철 및 마그네슘 외의 금속의 분말을 말하고, **구리분·니켈분** 및 150μm의 체를 통과하는 것이 50중량% 미만인 것은 **제외**

④ 마그네슘은 다음 각목의 1에 해당하는 것은 제외한다.
- 2mm의 체를 통과하지 아니하는 덩어리 상태의 것
- 직경 2mm 이상의 막대 모양의 것

⑤ 인화성고체
고형알코올 그 밖에 1기압에서 인화점이 40℃ 미만인 고체

⑥ 제6류 위험물의 판단 기준

종류	과산화수소	질산
기준	농도 36중량% 이상	비중 1.49 이상

해답 ①

48 특정소방대상물의 소방시설 등에 대한 자체점검 기술자격자의 범위에서 '행정안전부령으로 정하는 기술자격자'는?

① 소방안전관리자로 선임된 소방설비산업기사
② 소방안전관리자로 선임된 소방설비기사
③ 소방안전관리자로 선임된 전기기사
④ 소방안전관리자로 선임된 소방시설관리사

해설 소방시설법 시행규칙 제19조
(기술자격자의 범위)
"행정안전부령으로 정하는 기술자격자"란 **소방안전관리자로 선임된 소방시설관리사 및 소방기술사**를 말한다.

해답 ④

49 소방시설 설치 및 관리에 관한 법령에서 정하는 소방시설이 아닌 것은?

① 캐비닛형 자동소화장치
② 이산화탄소소화설비
③ 가스누설경보기
④ 방염성물질

해설 소방시설의 종류

소방시설	종류
소화설비	① 소화기구 ② 자동소화장치 ③ 옥내소화전설비 ④ 옥외소화전설비 ⑤ 스프링클러설비등 ⑥ 물분무등 소화설비
경보설비	① 단독경보형 ② 비상경보 ③ **시각경보기** ④ 자동화재탐지 ⑤ 화재알림 ⑥ 비상방송 ⑦ 자동화재속보 ⑧ 통합감시 ⑨ 누전경보기 ⑩ 가스누설경보기
피난구조설비	① 피난기구(피난사다리, 구조대, 완강기) ② 인명구조기구 (방열복, 방화복, 공기호흡기, 인공소생기) ③ 유도등(피난유도선, 피난구유도등, 통로유도등, 객석유도등, 유도표지) ④ 비상조명등 및 휴대용비상조명등
소화용수설비	① 상수도소화용수설비 ② 소화수조·저수조 그 밖의 소화용수설비
소화활동설비	① **제연설비** ② 연결송수관설비 ③ 연결살수설비 ④ 비상콘센트설비 ⑤ 무선통신보조설비 ⑥ 연소방지설비

해답 ④

50 위험물안전관리법령에서 정하는 제3류 위험물에 해당하는 것은?

① 나트륨 ② 염소산염류
③ 무기과산화물 ④ 유기과산화물

해설 제3류 위험물(자연발화성 및 금수성)

품명	지정수량
• 칼륨 • 나트륨 • 알킬알루미늄 • 알킬리튬	10kg
• 황린	20kg
• 알칼리금속(칼륨 및 나트륨 제외) 및 알칼리토금속 • 유기금속화합물(알킬알루미늄 및 알킬리튬 제외)	50kg
• 금속의 수소화물 • 금속의 인화물 • 칼슘 또는 알루미늄의 탄화물	300kg

해답 ①

51 성능위주설계를 할 수 있는 자의 기술인력에 대한 기준으로 옳은 것은?

① 소방기술사 1명 이상
② 소방기술사 2명 이상
③ 소방기술사 3명 이상
④ 소방기술사 4명 이상

해설 성능위주설계를 할 수 있는 자의 자격·기술인력 및 자격에 따른 설계범위

성능위주설계자의 자격	기술인력	설계범위
• 전문 소방시설설계업을 등록한 자 • 전문 소방시설설계업 등록기준에 따른 기술인력을 갖춘 자로서 소방청장이 정하여 고시하는 연구기관 또는 단체	소방기술사 2명 이상	성능위주설계를 하여야 하는 특정소방대상물

해답 ②

52 소방안전관리자의 업무라고 볼 수 없는 것은?

① 소방계획서의 작성 및 시행
② 화재예방강화지구의 지정
③ 자위소방대의 구성·운영·교육
④ 피난시설, 방화구획 및 방화시설의 유지·관리

해설 (화재예방법 제24조)
소방안전관리자 업무
(1) **소방계획서**의 작성 및 시행
(2) **자위소방대** 및 초기대응체계의 **구성·운영·교육**
(3) 피난시설, 방화구획 및 방화시설의 **관리**
(4) 소방시설, **소방 관련시설의 관리**
(5) **소방훈련 및 교육**
(6) 화기 취급의 **감독**
(7) 소방안전관리에 관한 **업무수행 기록·유지**
(8) 화재발생 시 **초기대응**
(9) 소방안전관리에 **필요한 업무**

해답 ②

53 소방시설공사업자는 소방시설착공신고서의 중요한 사항이 변경된 경우에는 해당서류를 첨부하여 변경일로부터 며칠이내에 소방본부장 또는 소방서장에게 신고하여야 하는가?

① 7일   ② 15일
③ 21일 ④ 30일

해설 공사업법 시행규칙 제12조 (착공신고 등)
(1) 공사업자는 중요한 사항이 변경된 경우에는 변경일부터 30일 이내에 소방본부장 또는 소방서장에게 신고
(2) 행정안전부령으로 정하는 중요한 사항
 ① 시공자
 ② 설치되는 소방시설의 종류
 ③ 책임시공 및 기술관리 소방기술자

해답 ④

54 위험물안전관리법령상 제조소 또는 일반 취급소의 위험물취급탱크 노즐 또는 맨홀을 신설하는 경우, 노즐 및 맨홀의 직경이 몇 mm를 초과하는 경우에 변경허가를 받아야 하는가?

① 250   ② 300
③ 450   ④ 600

해설 변경허가를 받아야 하는 경우
① 제조소 또는 일반취급소의 위치를 이전하는 경우
② 건축물의 벽·기둥·바닥·보 또는 지붕을 증설 또는 철거하는 경우
③ 배출설비를 신설하는 경우
④ 위험물취급탱크를 신설·교체·철거 또는 보수(탱크의 본체를 절개하는 경우에 한한다)하는 경우
⑤ 위험물취급탱크의 노즐 또는 맨홀을 신설하는 경우(**노즐 또는 맨홀의 직경이 250mm를 초과하는 경우**)

해답 ①

55 소방시설 설치 및 관리에 관한 법령에서 정하는 특정소방대상물의 분류로 틀린 것은?

① 카지노영업소 – 위락시설
② 박물관 – 문화 및 집회시설
③ 물류터미널 – 운수시설
④ 변전소 – 업무시설

해설 ③ 물류터미널-창고시설
창고시설
① 창고(물품저장시설로서 냉장·냉동 창고 포함)
② 하역장
③ 물류터미널
④ 집배송시설

해답 ③

56 소방기본법상 소방의 역사와 안전문화를 발전시키고 국민의 안전의식을 높이기 위하여 소방체험관을 설립하여 운영할 수 있는 자는? (단, 소방체험관은 화재 현장에서의 피난 등을 체험할 수 있는 체험관을 말한다.)

① 행정안전부장관 ② 소방청장
③ 시·도지사 ④ 소방본부장

해설 **(기본법 제5조) 소방박물관 등의 설립과 운영** ★★

구 분	소방 박물관	소방 체험관
설립 운영권자	소방청장	시·도지사
설립과 운영 사항	행정안전령	시·도의 조례

해답 ③

57 특정소방대상물의 건축·대수선·용도변경 또는 설치 등을 위한 공사를 시공하는 자가 공사 현장에서 인화성 물품을 취급하는 작업 등 대통령령으로 정하는 작업을 하기 전에 설치하고 유지·관리해야 하는 임시소방시설의 종류가 아닌 것은? (단, 용접·용단 등 불꽃을 발생시키거나 화기를 취급하는 작업이다.)

① 간이소화장치 ② 비상경보장치
③ 자동확산소화기 ④ 간이피난유도선

해설 **(소방시설법 시행령 제18조 관련 [별표 8]) 임시소방시설의 종류와 설치기준 등**
(1) 임시소방시설의 종류
  ① 소화기   ② 간이소화장치
  ③ 비상경보장치 ④ 가스누설경보기
  ⑤ 간이피난유도선 ⑥ 비상조명등
  ⑦ 방화포

(2) 임시소방시설 공사의 종류와 규모

종류	공사의 종류와 규모
• 소화기	• 건축허가동의 대상물
• 간이소화장치	• 연면적 3천m^2 이상 • 지하층, 무창층 또는 4층 이상의 층 (층의 바닥면적 600m^2 이상)
• 비상경보장치	• 연면적 400m^2 이상 • 지하층 또는 무창층 (층의 바닥면적 150m^2 이상)
• 가스누설경보기 • 간이피난유도선 • 비상조명등	• 바닥면적 150m^2 이상인 지하층 또는 무창층
• 방화포	• 용접·용단 작업장

해답 ③

58 보일러, 난로, 건조설비, 가스·전기시설, 그 밖에 화재 발생 우려가 있는 설비 또는 기구 등의 위치·구조 및 관리와 화재 예방을 위하여 불을 사용할 때 지켜야 하는 사항은 다음 중 어느 것으로 정하는가?

① 대통령령   ② 총리령
③ 행정안전부령 ④ 소방청훈령

해설 **(화재예방법 제17조) 화재의 예방조치 등**
① 보일러, 난로, 건조설비, 가스·전기시설, 그 밖에 화재 발생 우려가 있는 설비 또는 기구 등의 위치·구조 및 관리와 화재 예방을 위하여 불을 사용할 때 지켜야 하는 사항은 **대통령령**으로 정한다.
② 화재가 발생하는 경우 불길이 빠르게 번지는 고무류·면화류·석탄 및 목탄 등 대통령령으로 정하는 **특수가연물**의 저장 및 취급 기준은 **대통령령**으로 정한다.

해답 ①

59 다음 중 화재예방강화지구의 지정대상 지역과 가장 거리가 먼 것은?

① 공장지역
② 시장지역
③ 목조건물이 밀집한 지역
④ 소방용수시설이 없는 지역

해설 (화재예방법 제18조) 화재예방강화지구의 지정 등
(1) 지정권자 : 시 · 도지사
(2) 화재안전조사 : 소방관서장
(3) 화재안전조사 실시주기 : 연1회 이상
(4) 소방훈련과 교육 : 연1회 이상
(5) 훈련 및 교육통보 : 10일 전까지

화재예방강화지구의 지정대상지역 ★★필수암기★★
① 시장지역
② 공장 · 창고가 밀집한 지역
③ 목조건물이 밀집한 지역
④ 노후 · 불량건축물이 밀집한 지역
⑤ 위험물의 저장 및 처리시설이 밀집한 지역
⑥ 석유화학제품을 생산하는 공장이 있는 지역
⑦ 산업단지
⑧ 소방시설 · 소방용수시설 또는 소방 출동로가 없는 지역
⑨ 물류단지
⑩ 소방관서장이 화재예방강화지구로 인정하는 지역

해답 ①

60 다음 중 1급 소방안전관리대상물이 아닌 것은?

① 연면적 $15000m^2$ 이상인 공장
② 층수가 11층 이상인 업무시설
③ 지하구
④ 가연성 가스를 1000톤 이상 저장 · 취급하는 시설

해설 소방안전관리자를 두어야하는 특정소방대상물
(1) 특급 소방안전관리대상물
  ① 50층 이상(지하층 제외)이거나 지상높이가 200m 이상인 아파트
  ② 30층 이상(지하층 포함)이거나 지상높이가 120m 이상(아파트는 제외)
  ③ 연면적 $10만m^2$ 이상(아파트 제외)
(2) 1급 소방안전관리대상물
  ① 30층 이상(지하층 제외)이거나 지상으로부터 높이가 120m 이상인 아파트
  ② 연면적 1만5천m^2 이상(아파트 및 연립주택 제외)
  ③ 층수가 11층 이상(아파트는 제외)
  ④ 가연성 가스를 1천톤 이상 저장 · 취급하는 시설
(3) 2급 소방안전관리대상물
  ① 옥내, 스프링클러, 물분무등(호스릴(Hose Reel) 방식의 물분무등소화설비만을 설치한 경우는 제외)를 설치하여야하는 특정소방대상물
  ② 가스제조설비를 갖추고 도시가스사업의 허가를 받아야 하는 시설 또는 가연성 가스를 100톤 이상 1천톤 미만 저장 · 취급하는 시설
  ③ 지하구
  ④ 공동주택
  ⑤ 보물 또는 국보로 지정된 목조건축물
(4) 3급 소방안전관리대상물
  간이스프링클러설비 또는 자동화재탐지설비를 설치하여야하는 특정소방대상물

해답 ③

제4과목 소방기계시설의 구조 및 원리

61 일반적인 산알칼리 소화기의 약제방출 압력원에 대한 설명으로 옳은 것은?

① 산과 알칼리의 화학반응에 의해 생성된 CO_2의 압력이다.
② 소화기 내부의 압축 질소가스 압력이다.
③ 소화기 내부의 이산화탄소 충전압력이다.
④ 수동펌프를 주로 이용하고 있다.

해설 산 · 알칼리소화기
① 내통 : 황산(H_2SO_4)
② 외통 : 탄산수소나트륨($NaHCO_3$)
산 · 알칼리 소화기의 화학반응식
$H_2SO_4 + 2NaHCO_3 \rightarrow Na_2SO_4 + 2H_2O + 2CO_2 \uparrow$
(황산) (탄산수소나트륨) (황산나트륨) (물) (이산화탄소)

해답 ①

62 다음은 특정소방대상물별 소화기구에 능력단위기준에 대한 설명이다. ( ) 안에 들어갈 내용으로 알맞은 것은?

국가유산에 소화기구를 설치할 경우 능력단위 기준에 따라 해당용도의 바닥면적 (　)m^2마다 능력단위 1단위 이상이 되어야 한다.

① 30   ② 50
③ 100   ④ 200

해설 소화기구의 능력단위기준

소 방 대 상 물	소화기구의 능력단위
1. 위락시설	30m² 마다 1단위 이상
2. 공연장·집회장·관람장·국가유산·장례식장 및 의료시설	50m² 마다 1단위 이상
3. 근린생활시설·판매시설·운수시설·숙박시설·노유자시설·전시장·공동주택·업무시설·방송통신시설·공장·창고시설·항공기 및 자동차 관련 시설 및 관광휴게시설	100m² 마다 1단위 이상
4. 그 밖의 것	200m² 마다 1단위 이상

[주] 소화기구의 능력단위를 산출함에 있어서 건축물의 주요구조부가 내화구조이고, 벽 및 반자의 실내에 면하는 부분이 불연재료·준불연재료 또는 난연재료로 된 소방대상물에 있어서는 위 표의 기준면적의 2배를 당해 소방대상물의 기준면적으로 한다.

해답 ②

63 소화설비에 대한 설명으로 틀린 것은?

① 물분무소화설비는 제4류의 위험물을 소화할 수 있는 물입자를 방사한다.
② 증류범위가 넓어 끓어 넘치는 위험이 있는 물질을 저장 또는 취급하는 장소에는 물분무헤드를 설치하지 아니할 수 있다.
③ 주차장에는 물분무소화설비를, 통신기기실에는 스프링클러설비를 설치하여야 한다.
④ 폐쇄형스프링클러헤드는 그 자체가 자동화재 탐지장치의 역할을 할 수 있으나, 개방형은 그렇지 못하다.

해설 ③ 주차장에는 스프링클러설비를, 통신기기실에는 물분무소화설비를 설치하여야 한다.

해답 ③

64 다음 중 입원실이 있는 3층 조산원에 대한 피난기구의 적응성으로 가장 거리가 먼 것은?

① 미끄럼대   ② 승강식피난기
③ 피난용트랩 ④ 공기안전매트

해설 소방대상물의 설치장소별 피난기구의 적응성

구분	1층	2층	3층	4층 이상 10층 이하
노유자시설			미구교다승	구¹⁾교다승
의료시설·근린생활시설 중 입원실이 있는 의원·접골원·조산원			미트구 교다승	트구 교다승
다중이용업소로서 영업장의 위치가 4층 이하인 다중이용업소			미사구완다승	
그 밖의 것			트공간교 미사구 완다승	공간²⁾ 교사구 완다승

[비고]
1) 구조대의 적응성은 장애인 관련 시설로서 주된 사용자 중 스스로 피난이 불가한 자가 있는 경우 추가로 설치하는 경우에 한한다.
2) 간이완강기의 적응성은 숙박시설의 3층 이상에 있는 객실에 추가로 설치하는 경우에 한한다.

어두문자 암기방법	
피난용트랩 ⇒ 트	피난교 ⇒ 교
피난사다리 ⇒ 사	미끄럼대 ⇒ 미
구조대 ⇒ 구	다수인피난장비 ⇒ 다
승강식피난기 ⇒ 승	완강기 ⇒ 완
간이완강기 ⇒ 간	공기안전매트 ⇒ 공

해답 ④

65 제연설비의 설치 시 아연도금강판으로 제작된 배출풍도 단면의 긴 변이 400mm인 경우(㉠)와 2500mm인 경우(㉡), 강판의 최소 두께는 각각 몇 mm인가?

① ㉠ 0.4, ㉡ 1.0   ② ㉠ 0.5, ㉡ 1.0
③ ㉠ 0.5, ㉡ 1.2   ④ ㉠ 0.6, ㉡ 1.2

해설 배출풍도
① 배출풍도의 풍속

흡입측 풍도	배출측 풍도	유입 풍도
15m/s 이하	20m/s 이하	20m/s 이하

② 배출풍도의 강판의 두께

풍도단면의 긴변 또는 직경의 크기	강판두께
450mm 이하	0.5mm 이상
450mm 초과 750mm 이하	0.6mm 이상
750mm 초과 1500mm 이하	0.8mm 이상
1500mm 초과 2250mm 이하	1.0mm 이상
2250mm 초과	1.2mm 이상

③ 유입풍도안의 풍속 : 20m/s 이하
④ 공기유입구
  ㉠ 풍속은 5m/s 이하
  ㉡ 유입구의 구조는 **유입공기를 상향으로 분출하지 않도록 설치**하여야 한다. 다만, **유입구가 바닥에 설치되는 경우**에는 상향으로 분출이 가능하며 이때의 **풍속은 1m/s 이하**가 되도록 해야 한다.

해답 ③

66 호스릴방식의 분말소화설비의 설치기준으로 틀린 것은?

① 소화약제의 저장용기는 호스릴을 설치하는 장소마다 설치할 것
② 방호대상물의 각 부분으로부터 하나의 호스접결구까지의 수평거리가 15m 이하가 되도록 할 것
③ 소화약제의 저장용기의 개방밸브는 호스릴의 설치장소에서 자동으로 개폐할 수 있는 것으로 할 것
④ 저장용기에는 그 가까운 곳의 보기 쉬운 곳에 적색의 표시등을 설치하고, 이동식분말소화설비가 있다는 뜻을 표시한 표지를 할 것

해설 ③ 자동으로 → 수동으로

호스릴방식의 분말소화설비
① 수평거리가 15m 이하가 되도록 할 것
② 개방밸브는 호스릴의 설치장소에서 수동으로 개폐
③ 저장용기는 호스릴을 설치하는 장소마다 설치
④ 호스릴 분말소화설비(노즐당)

종 별	저장량(kg)	방사량(kg/min)
제1종	50	45
제2종, 제3종	30	27
제4종	20	18

⑤ 저장용기에는 보기 쉬운 곳에 적색의 표시등을 설치하고, 이동식 분말 소화설비가 있다는 뜻을 표시한 표지를 할 것

해답 ③

67 할론 1301을 전역방출방식으로 방사할 때 분사헤드의 최소 방사압력(MPa)은?

① 0.1   ② 0.2
③ 0.9   ④ 1.05

해설 **할론소화설비의 분사헤드**
① 가연물이 비산하지 아니하는 장소에 설치할 것
② **할론 2402를 방사하는 분사헤드**는 당해 소화약제가 **무상**으로 분무되는 것으로 할 것
③ 할론 분사헤드의 방사압력 및 방출시간

종 류	방사압력	방출시간
할론2402	0.1MPa 이상	10초 이내
할론1211	**0.2MPa 이상**	
할론1301	0.9MPa 이상	

해답 ③

68 폐쇄형스프링클러헤드를 사용하는 설비에서 하나의 방호구역의 바닥면적의 기준은 몇 m² 이하인가? (단, 격자형배관방식을 채택하지 않는다.)

① 1500   ② 2000
③ 2500   ④ 3000

해설 **폐쇄형스프링클러설비의 방호구역 · 유수검지장치**
① 하나의 방호구역의 바닥면적은 3,000m²를 초과하지 아니할 것.(다만, 격자형배관방식을 채택하는 때에는 3,700m² 범위)
② 하나의 방호구역에는 1개 이상의 유수검지장치를 설치할 것
③ 하나의 방호구역은 2개 층에 미치지 아니하도록 할 것. 다만, 1개 층에 설치되는 스프링클러헤드의 수가 10개 이하인 경우와 복층형구조의 공동주택에는 3개 층 이내로 할 수 있다.
④ 바닥으로부터 0.8m 이상 1.5m 이하의 위치에 설치하되, 그 실 등에는 개구부가 가로 0.5m 이상 세로 1m 이상의 출입문을 설치하고 그 출입문 상단에 "유수검지장치실"이라고 표시한 표지를 설치할 것
⑤ 조기반응형 스프링클러헤드를 설치하는 경우에는 습식유수검지장치

해답 ④

69 포소화설비에서 부상지붕구조의 탱크에 상부포주입법을 이용한 포방출구 형태는?

① Ⅰ형 방출구
② Ⅱ형 방출구
③ 특형 방출구
④ 표면하주입식 방출구

해설 고정포 방출구의 종류

종류	주입법	탱크 종류	특 징
Ⅰ형	상부포 주입법	고정지붕구조(콘루프탱크)	통계단 미끄럼판
Ⅱ형		고정지붕구조(콘루프탱크) 부상덮개부착고정지붕구조	반사판
특형		부상지붕구조(플루팅루프탱크)	금속제칸막이 환상부분
Ⅲ형	저부포 주입법	고정지붕구조(콘루프탱크)	송포관
Ⅳ형		고정지붕구조(콘루프탱크)	격납통 특수호스

※ 수용성 액체용 포소화약제(알콜형포)는 Ⅰ형 포 방출구를 사용

해답 ③

70 분말소화설비에 사용하는 소화약제 중 제3종 분말의 주성분으로 옳은 것은?

① 인산염 ② 탄산수소칼륨
③ 탄산수소나트륨 ④ 요소

해설 분말소화약제 ★★★★(필수암기)

종 별	주 성 분	약 제 명	착색
제1종	$NaHCO_3$	탄산수소나트륨, 중탄산나트륨, 중조	백 색
제2종	$KHCO_3$	탄산수소칼륨, 중탄산칼륨	담회색
제3종	$NH_4H_2PO_4$	제1인산암모늄	담홍색 (핑크색)
제4종	$KHCO_3 + (NH_2)_2CO$	중탄산칼륨+요소	회색(쥐색)

해답 ①

71 차고·주차장의 부분에 호스릴포소화설비 또는 포소화전설비를 설치할 수 있는 기준 중 틀린 것은?

① 지상 1층으로서 지붕이 없는 부분
② 고가 밑의 주차장 등으로서 주된 벽이 없고 기둥뿐이거나 주위가 위해방지용 철주 등

으로 둘러싸인 부분
③ 옥외로 통하는 개구부가 상시 개방된 구조의 부분으로서 그 개방된 부분의 합계면적이 해당 차고 또는 주차장의 바닥면적의 20% 이상인 부분
④ 완전 개방된 옥상주차장

해설 차고·주차장의 부분에 호스릴포소화설비 또는 포소화전설비를 설치할 수 있는 경우
① 완전 개방된 옥상주차장 또는 고가 밑의 주차장으로서 주된 벽이 없고 기둥뿐이거나 주위가 위해방지용 철주 등으로 둘러싸인 부분
② 지상 1층으로서 지붕이 없는 부분

해답 ③

72 소화용수 설비의 소요수량이 $40m^3$ 이상 $100m^3$ 미만인 경우에 채수구는 몇 개를 설치하여야 하는가?

① 1 ② 2
③ 3 ④ 4

해설 소화수조 및 저수조 등
① 소방차가 채수구로부터 2m 이내의 지점까지 접근할 수 있는 위치에 설치
② 소화수조 또는 저수조의 저수량

[소방대상물의 기준면적]

소방대상물의 구분	기준면적
1층 및 2층의 바닥면적 합계가 $15000m^2$ 이상인 소방대상물	$7500m^2$
그 밖의 소방대상물	$12500m^2$

소화수조 또는 저수조의 설치기준
(1) 흡수관투입구
　① 한 변이 0.6m 이상 또는 직경이 0.6m 이상
　② 소요수량이 $80m^3$ 미만인 것 : 1개 이상
　③ 소요수량이 $80m^3$ 이상인 것 : 2개 이상
　④ "흡수관투입구"라고 표시한 표지를 할 것
(2) 채수구 설치기준
　① 65mm 이상의 나사식 결합금속구를 설치

[소요수량과 채수구수]

소요수량	$20m^3$ 이상 $40m^3$ 미만	$40m^3$ 이상 $100m^3$ 미만	$100m^3$ 이상
채수구수	1개	2개	3개

　② 채수구 설치위치 : 0.5m 이상 1m 이하

③ "채수구"라고 표시한 표지를 할 것
④ 소화용수설비 설치 면제 : 유수의 양이 0.8m³/min 이상인 유수를 사용할 수 있는 경우

해답 ②

73 1개 층의 거실면적이 400m²이고, 복도 면적이 300m²인 소방대상물에 제연설비를 설치할 경우, 제연구역은 최소 몇 개인가?

① 1 ② 2
③ 3 ④ 4

해설 ① 거실의 제연구역
$$N = \frac{400m^2}{1000m^2} = 0.4$$
∴ 1개(소수점 이하는 무조건 절상)
② 복도의 제연구역
$$N = \frac{300m^2}{1000m^2} = 0.30$$
∴ 1개(소수점 이하는 무조건 절상)
③ 총 제연구역
$N_T = 1 + 1 = 2$개

제연구역 구획기준
① 하나의 제연구역의 면적은 1000m² 이내
② 거실과 통로는 각각 제연구획
③ 통로상의 제연구역은 보행 중심선으로 길이가 60m를 초과하지 아니할 것
④ 하나의 제연구역은 직경 60m 원내에 들어갈 수 있을 것
⑤ 하나의 제연구역은 2 이상 층에 미치지 아니하도록 할 것

해답 ②

74 습식스프링클러설비 외의 배관설비에는 헤드를 향하여 상향으로 경사를 유지하여야 한다. 이때 수평주행배관의 최소 기울기는?

① $\frac{1}{500}$ ② $\frac{1}{250}$
③ $\frac{1}{100}$ ④ $\frac{2}{100}$

해설 배수를 위한 기울기 기준
① 습식스프링클러설비외의 설비
  ㉠ 수평주행배관의 기울기 : $\frac{1}{500}$ 이상
  ㉡ 가지배관의 기울기 : $\frac{1}{250}$ 이상
② 물분무소화설비의 배수설비
  바닥은 배수구를 향하여 $\frac{2}{100}$ 이상
③ 개방형헤드를 사용 연결살수설비
  수평주행배관의 기울기 : $\frac{1}{100}$ 이상

해답 ①

75 소화펌프의 원활한 기동을 위하여 설치하는 물올림 장치가 필요한 경우는?

① 수원의 수위가 펌프보다 높을 경우
② 수원의 수위가 펌프보다 낮을 경우
③ 수원의 수위가 펌프와 수평일 때
④ 수원의 수위와 관계없이 설치

해설 **물올림장치**
수원의 수위가 펌프보다 낮은 위치에 있는 가압송수장치에는 물올림장치를 설치할 것. 다만, 캐비닛형일 경우에는 그러하지 아니하다.
① 물올림장치에는 전용의 수조를 설치할 것
② 수조의 유효수량은 100L 이상으로 하되, 구경 15mm 이상의 급수배관에 따라 해당 수조에 물이 계속 보급되도록 할 것

해답 ②

76 특정소방대상물의 용도 및 장소별로 설치하여야 할 인명구조기구의 기준으로 틀린 것은?

① 지하상가는 공기호흡기를 층마다 2개 이상 비치할 것
② 문화 및 집회시설 중 수용인원 100명 이상의 영화상영관은 공기호흡기를 층마다 2개 이상 비치할 것
③ 물분무등소화설비 중 이산화탄소소화설비를 설치해야 하는 특정소방대상물은 공기호흡기를 이산화탄소소화설비가 설치

된 장소의 출입구 외부 인근에 1대 이상 비치할 것
④ 지하층을 포함하는 층수가 7층 이상인 관광호텔은 방열복 또는 방화복, 공기호흡기, 인공소생기를 각 1개 이상 비치할 것

해설 용도 및 장소별로 설치하여야 할 인명구조기구

특정소방대상물	종 류	설치 수량
• (지하층 포함)7층 이상 관광호텔 및 5층 이상 병원	• 방열복 또는 방화복(안전모, 보호장갑 및 안전화 포함) • 공기호흡기 • 인공소생기	• 각 2개 이상 비치할 것(병원의 경우에는 인공소생기를 설치하지 않을 수 있다.)
• 문화 및 집회시설 중 수용인원 100명 이상의 영화상영관 • 판매시설 중 대규모점포 • 운수시설 중 지하역사 • 지하상가	• 공기호흡기	• **층마다 2개 이상** 비치할 것. 다만, 각 층마다 갖추어 두어야 할 공기호흡기 중 일부를 직원이 상주하는 인근 사무실에 갖추어 둘 수 있다.
• 물분무등소화설비 중 이산화탄소소화설비 설치대상	• 공기호흡기	• 이산화탄소소화설비가 설치된 장소의 출입구 외부 인근에 1대 이상 비치할 것

해답 ④

77 연결송수관설비 방수구의 설치기준에 대한 내용이다. 다음 ( ) 안에 들어갈 내용으로 알맞은 것은? (단, 집회장, 관람장, 백화점, 도매시장, 소매시장, 판매시설, 공장, 창고시설 또는 지하가를 제외한다.)

송수구가 부설된 옥내소화전을 설치한 특정소방대상물로서 지하층을 제외한 층수가 (㉠)층 이하이고 연면적이 (㉡)m² 미만인 특정소방대상물의 지상층에는 방수구를 설치하지 아니할 수 있다.

① ㉠ 4, ㉡ 6000 ② ㉠ 5, ㉡ 6000
③ ㉠ 4, ㉡ 3000 ④ ㉠ 5, ㉡ 3000

해설 연결송수관설비의 방수구 설치제외
(1) 아파트의 1층 및 2층
(2) 피난층
(3) 송수구가 부설된 옥내소화전을 설치한 소방대상물(집회장·관람장·백화점·도매시장·소매시장·판매시설·공장·창고시설 또는 지하가를 제외한다)로서 다음의 1에 해당하는 층
① 지하층을 제외한 층수가 4층 이하이고 연면적이 6,000m² 미만인 소방대상물의 지상층
② 지하층의 층수가 2 이하인 소방대상물의 지하층

해답 ①

78 최대 방수구역의 바닥면적이 60m²인 주차장에 물분무소화설비를 설치하려고 하는 경우 수원의 최소 저수량은 몇 m³인가?

① 12 ② 16
③ 20 ④ 24

해설 물분무소화설비의 수원 양

$$Q(L) = A(m^2)(최소\ 50m^2) \times K \times 20분$$

$$Q(L) = 60m^2 \times 20L/m^2 \cdot 분 \times 20분$$
$$= 24000L = 24m^3$$

물분무소화설비의 펌프 분당 토출량 : K

소방대상물	K(펌프의 토출량(L/분))
특수가연물	바닥면적(m²)(최대방수구역기준 최소 50m²)×10L/m²·분
차고, 주차장	바닥면적(m²)(최대방수구역기준 최소 50m²)×20L/m²·분
절연유봉입 변압기	표면적(바닥부분제외)(m²)×10L/m²·분
케이블트레이, 닥트	투영된 바닥면적(m²)×12L/m²·분
콘베이어벨트 등	벨트부분의 바닥면적(m²)×10L/m²·분

해답 ④

79 유량을 토출하여 펌프를 시험할 때 성능시험배관의 밸브를 막고 연속으로 운전할 경우 이때 자동적으로 개방되는 것은 어느 밸브인가?

① 풋밸브 ② 릴리프밸브
③ 시험밸브 ④ 유량조절밸브

해설 릴리프밸브(Relief valve)
펌프의 체절운전 시 체절압력 이하에서 개방되어 과압을 방출하여 배관의 파손 및 펌프의 손상을 방지하는 역할을 한다.

해답 ②

80 이산화탄소소화설비의 수동식 기동장치에 대한 설치기준으로 틀린 것은?

① 전기를 사용하는 기동장치에는 전원표시등을 설치할 것
② 전역방출방식은 방호구역마다, 국소방출방식은 방호대상물마다 설치할 것
③ 해당방호구역의 출입구부분 등 조작을 하는 자가 쉽게 피난할 수 있는 장소에 설치할 것
④ 기동장치의 조작부는 바닥으로부터 높이 0.5m 이상 0.8m 이하의 위치에 설치하고, 보호판 등에 따른 보호장치를 설치할 것

해설 **이산화탄소소화설비의 수동식 기동장치**
① 전역방출 방식은 방호구역마다 국소방출 방식은 방호대상물마다 설치할 것
② 당해 방호구역의 출입구부분 등 조작을 하는 자가 쉽게 피난할 수 있는 장소에 설치할 것
③ 기동장치의 조작부는 바닥으로부터 높이 **0.8m 이상 1.5m 이하**의 위치에 설치하고 보호판 등에 의한 보호장치를 설치할 것
④ 기동장치에는 그 가까운 곳의 보기 쉬운 곳에 "이산화탄소 소화설비 기동장치"라고 표시한 표지를 할 것
⑤ 전기를 사용하는 기동장치에는 전원표시등을 설치할 것
⑥ 기동장치의 방출용 스위치는 음향경보장치와 연동하여 조작될 수 있는 것으로 할 것

해답 ④

무료 동영상과 함께하는 소방설비(기계분야) 필기

2020

2020년 6월 13일 시행
2020년 8월 22일 시행
2020년 9월 CBT 시행

소방설비산업기사 - 기계분야

2020년 6월 13일 시행

제1과목 소방원론

01 물을 이용한 대표적인 소화효과로만 나열된 것은?

① 냉각효과, 부촉매효과
② 냉각효과, 질식효과
③ 질식효과, 부촉매효과
④ 제거효과, 냉각효과, 부촉매효과

해설 물의 소화작용
① 증발잠열(기화잠열)의 이용한 **냉각효과**
② 물 분무 시 **질식효과**
③ 유류화재에 물분무 시 **에멀젼 효과**
④ 가연물의 농도를 낮추는 **희석효과**

해답 ②

02 다음 중 독성이 가장 강한 가스는?

① C_3H_8 ② O_2
③ CO_2 ④ $COCl_2$

해설 연소 시 발생하는 각종가스
① 일산화탄소(CO)
  • 인명피해가 가장 크다.
  • 피 속의 헤모글로빈과 결합하여 산소운반 방해
② 이산화탄소(CO_2)
  • 자체의 독성은 거의 없으나 다량이 존재할 경우 사람의 호흡속도를 증가시켜 화재가스에 혼합된 유해가스의 흡입을 증가시킨다.
③ 아황산가스(SO_2)
  • 황 함유 물질이 완전 연소 시 발생
④ 황화수소(H_2S)
  • 황 함유 물질이 불완전 연소 시 발생
  • 인화성과 독성이 강하여 **살충제의 원료**로 사용된다.
  • 달걀 썩는 냄새가 나는 특성이 있으며, 공기 중에 0.02%의 농도만으로도 치명적인 위험 상태에 빠질 수 있다.
⑤ 아크로레인(CH_2CHCHO)
  석유제품, 유지류 연소 시 발생
  • 아크롤레인은 눈과 호흡기를 자극하며 기도 장애를 일으킨다.
⑥ 포스겐($COCl_2$)
  • 독성이 매우 강한 가스로서 공기 중에 25ppm만 있어도 1시간 이내에 사망한다.

해답 ④

03 연소 또는 소화약제에 관한 설명으로 틀린 것은?

① 기체의 정압비열은 정적비열보다 크다.
② 프로판가스가 완전연소하면 일산화탄소와 물이 발생한다.
③ 이산화탄소소화약제는 액화할 수 있다.
④ 물의 증발잠열은 아세톤, 벤젠보다 크다.

해설 ② 프로판가스가 완전연소하면 이산화탄소와 물이 발생한다.
$C_3H_8 + 5O_2 \rightarrow 3CO_2 + 4H_2O$

해답 ②

04 위험물별 성질의 연결로 틀린 것은?

① 제2류 위험물 - 가연성 고체
② 제3류 위험물 - 자연발화성 물질 및 금수성 물질
③ 제4류 위험물 - 산화성 고체
④ 제5류 위험물 - 자기반응성 물질

해설 **위험물의 분류 및 성질**

류별	성 질
제1류	산화성고체
제2류	가연성고체
제3류	자연발화성 및 금수성
제4류	인화성액체
제5류	자기반응성
제6류	산화성액체

해답 ③

05 불연성 물질로만 이루어진 것은?

① 황린, 나트륨
② 적린, 황
③ 이황화탄소, 나이트로글리세린
④ 과산화나트륨, 질산

해설 **제1류 및 제6류는 불연성**
① 황린(제3류), 나트륨(제3류)
② 적린(제2류), 황(제2류)
③ 이황화탄소(제4류), 나이트로글리세린(제5류)
④ 과산화나트륨(제6류), 질산(제6류)

위험물의 분류 및 성질

류별	성 질
제1류	산화성고체
제2류	가연성고체
제3류	자연발화성 및 금수성
제4류	인화성액체
제5류	자기반응성
제6류	산화성액체

해답 ④

06 다음 중 전기 화재에 해당하는 것은?

① A급 화재
② B급 화재
③ C급 화재
④ K급 화재

해설 **화재의 분류**

종 류	등급	색표시	소화방법
일반화재	A급	백색	냉각소화
유류화재	B급	황색	질식소화
전기화재	C급	청색	질식소화
금속화재	D급	-	피복소화
주방화재	K급	-	냉각 및 질식소화

해답 ③

07 기체상태의 Halon 1301은 공기보다 약 몇 배 무거운가? (단, 공기의 평균분자량은 28.84이다.)

① 4.05배
② 5.17배
③ 6.12배
④ 7.01배

해설 **할론1301증기비중**

$$S = \frac{148.93}{28.84} = 5.16$$

① 증기비중

$$S = \frac{M(분자량)}{29(공기평균분자량)}$$

② 할론소화약제

구분 종류	할론 2402	할론 1211	할론 1301	할론 1011
분자식	$C_2F_4Br_2$	CF_2ClBr	CF_3Br	CH_2ClBr
분자량	259.9	165.4	148.93	129.4

③ 할로젠원소 원자량
 C(탄소) = 12, F(불소) = 19
 Cl(염소) = 35.5, Br(브로민, 취소) = 79.9

④ 할론소화약제 명명법
 할론 ⓐ ⓑ ⓒ ⓓ
 ⓐ : C 원자수, ⓑ : F 원자수
 ⓒ : Cl 원자수, ⓓ : Br 원자수

해답 ②

08 건물화재에서의 사망원인 중 가장 큰 비중을 차지하는 것은?

① 연소가스에 의한 질식
② 화상
③ 열 충격
④ 기계적 상해

해설 화재 시 사망원인 1위는 연소가스에 의한 질식사

연소 시 발생하는 각종가스 ★★★ 자주출제(필수암기) ★★★

① 일산화탄소(CO)
 ㉠ 인명피해가 가장 크다.
 ㉡ 피 속의 헤모글로빈과 결합하여 산소운반 방해
② 이산화탄소(CO_2)
 자체의 독성은 없고 많은 양을 흡입 시 질식사하며 소화약제로도 사용
③ 아황산가스(SO_2)
 황 함유 물질이 완전 연소 시 발생

④ 황화수소(H_2S)
　황 함유 물질이 불완전 연소 시 발생
⑤ 아크로레인(CH_2CHCHO)
　석유제품, 유지류 연소 시 발생
⑥ 포스겐($COCl_2$)
　독성이 가장 크다.

해답 ①

09 0℃의 얼음 1g을 100℃의 수증기로 만드는데 필요한 열량은 약 몇 cal 인가? (단, 물의 융융열은 80cal/g, 증발잠열은 539cal/g이다.)

① 518　　② 539
③ 619　　④ 719

해설 필요한 열량

$$Q = r_1 m + mC\Delta t + r_2 m$$

여기서, Q : 필요한 열량(cal)
　　　　r_1 : 융해잠열(융해열)(cal/g)
　　　　m : 질량(g)
　　　　C : 비열(cal/g・℃)
　　　　Δt : 온도차(℃)
　　　　r_2 : 기화잠열(기화열)(cal/g)

① r_1(얼음의 융해잠열)=80cal/g, m = 1g
　C(물의 비열)=1cal/g・℃
　$\Delta t = (100 - 0)$℃
　r_2(물의 기화잠열)=539cal/g
② $Q = 80 \times 1 + 1 \times 1 \times (100-0) + 539 \times 1$
　　 = 719cal

해답 ④

10 열전달에 대한 설명으로 틀린 것은?

① 전도에 의한 열전달은 물질 표면을 보온하여 완전히 막을 수 있다.
② 대류는 밀도차이에 의해서 열이 전달된다.
③ 진공 속에서도 복사에 의한 열전달이 가능하다.
④ 화재시의 열전달은 전도, 대류, 복사가 모두 관여된다.

해설 열전달의 방법
① 전도(Conduction)
　물체와 물체가 직접 접촉하여 열이 전달

② 대류(Convection)
　밀도차에 의한 공기의 순환으로 열이 전달
③ 복사(Radiation)
　고온물체의 복사열이 전자파형태로 열이 전달
※ 지구에 태양열이 전달되는 것 : 복사열

① 스테판-볼츠만(stefan-boltzman)의 법칙
$$Q = aAF(T_1^4 - T_2^4)$$
　Q : 복사열(kcal/hr)
　a : 스테판-볼츠만의 상수
　A : 단면적
　F : 기하학적 Factor(상수)
　T_1 : 고온물체의 절대온도($273+t$℃)K
　T_2 : 저온물체의 절대온도($273+t$℃)K
※ 복사열은 절대온도 4제곱의 차 및 단면적에 비례
② 열전도율 단위 : kcal/m, hr, ℃ 또는 BTU/ft, hr, ℉

해답 ①

11 전기화재의 원인으로 볼 수 없는 것은?

① 중합반응에 의한 발화
② 과전류에 의한 발화
③ 누전에 의한 발화
④ 단락에 의한 발화

해설 전기화재의 원인
① 과부하(과전류)　② 단락
③ 합선　　　　　　④ 절연불량
⑤ 누전

열에너지원의 종류

에너지의 분류	종류
화학적 에너지	연소열, 분해열, 용해열, 반응열, 자연발화, 중합열
전기적 에너지	저항가열, 유도가열, 유전가열, 아크가열, 정전스파크, 낙뢰, 정전기
기계적 에너지	마찰열, 압축열, 충격(마찰)스파크
원자력 에너지	핵분열, 핵융합

해답 ①

12 피난대책의 일반적 원칙이 아닌 것은?

① 피난수단은 원시적인 방법으로 하는 것이 바람직하다.
② 피난대책은 비상시 본능 상태에서도 혼돈이 없도록 한다.
③ 피난경로는 가능한 한 길어야 한다.

④ 피난시설은 가급적 고정식 시설이 바람직하다.

해설 피난대책의 일반적인 원칙
① 2방향 원칙에 따라 피난통로를 확보할 것
② 원시적 방법을 원칙으로 할 것
③ 고정식 설비를 원칙으로 하고 보조적으로 이동식 설비를 고려
④ Fool proof와 Fail safe의 원칙을 중요시 할 것
⑤ 피난경로는 간단하고 명료하게 할 것

해답 ③

13 물과 반응하여 가연성 가스를 발생시키는 물질이 아닌 것은?
① 탄화알루미늄 ② 칼륨
③ 과산화수소   ④ 트라이에틸알루미늄

해설 물과 반응식
① 탄화알루미늄
$Al_4C_3 + H_2O \rightarrow 4Al(OH)_3 + 3CH_4 \uparrow$
② 칼륨
$K + H_2O \rightarrow KOH + \frac{1}{2}H_2 \uparrow$
③ 과산화수소
$H_2O_2 + H_2O \rightarrow$ 반응하지 않음
④ 트라이에틸알루미늄
$(C_2H_5)_3Al + 3H_2O \rightarrow Al(OH)_3 + 3C_2H_6 \uparrow$

해답 ③

14 포소화약제의 포가 갖추어야 할 조건으로 적합하지 않은 것은?
① 화재면과의 부착성이 좋을 것
② 응집성과 안정성이 우수할 것
③ 환원시간(drainage time)이 짧을 것
④ 약제는 독성이 없고 변질되지 말 것

해설 포소화약제의 포가 갖추어야 할 조건
① 화재면과의 부착성이 좋을 것
② 응집성과 안정성이 우수할 것
③ 환원시간(drainage time)이 길 것
④ 약제는 독성이 없고 변질되지 말 것

해답 ③

15 공기 중의 산소는 약 몇 vol% 인가?
① 1   ② 21
③ 28 ④ 32

해설 공기의 조성
산소(O_2) 21%, 질소(N_2) 78%, 아르곤(Ar) 1%
- 공기 중 산소의 부피(%) = 21%
- 공기 중 산소의 중량(무게)(%) = 23%

공기의 평균 분자량
$28(N_2) \times 0.7803 + 32(O_2) \times 0.2099 + 40(Ar) \times 0.0094 + 44(CO_2) \times 0.0003$
$= 28.95 \fallingdotseq 29$

- 공기의 평균 분자량 = 29
- 증기비중 = $\dfrac{M(분자량)}{29(공기평균분자량)}$

해답 ②

16 화재안전기술기준상 이산화탄소소화약제 저압식 저장용기의 설치기준에 대한 설명으로 틀린 것은?
① 충전비는 1.1 이상 1.4 이하로 한다.
② 3.5MPa 이상의 내압시험압력에 합격한 것이어야 한다.
③ 용기내부의 온도가 -18℃ 이하에서 2.1MPa의 압력을 유지할 수 있는 자동냉동장치를 설치해야 한다.
④ 내압시험압력의 0.64~0.8배의 압력에서 작동하는 봉판을 설치해야 한다.

해설 이산화탄소 저장용기의 설치 기준
① 저장용기의 충전비

저압식	고압식
1.1~1.4	1.5~1.9

② 저압식 저장용기에는 **내압시험압력의 0.64배부터 0.8배까지의 압력에서 작동하는 안전밸브**와 내압시험압력의 0.8배 부터 내압시험압력에서 작동하는 **봉판**을 설치할 것
③ 액면계 및 압력계와 2.3MPa 이상 1.9MPa 이하의 압력에서 작동하는 **압력경보장치**를 설치할 것
④ 용기내부의 온도가 -18℃ 이하에서 2.1MPa

의 압력을 유지할 수 있는 **자동냉동장치**를 설치할 것
⑤ 고압식은 25MPa 이상, 저압식은 3.5MPa 이상의 내압시험압력에 합격한 것으로 할 것

해답 ④

17 공기 중 산소의 농도를 낮추어 화재를 진압하는 소화방법에 해당하는 것은?

① 부촉매소화 ② 냉각소화
③ 제거소화 ④ 질식소화

해설 소화원리

① 냉각소화 : 가연성 물질을 발화점 이하로 냉각

물이 소화약제로 사용되는 이유
- 물의 기화열(539kcal/kg)이 크기 때문
- 물의 비열(1kcal/kg℃)이 크기 때문

② 질식소화 : 산소농도를 21% → 15% 이하로 감소

질식소화 시 산소의 유지농도 : 10~15%

③ 억제소화(부촉매소화, 화학적소화) : 연쇄반응을 억제

- 부촉매 : 화학적 반응의 속도를 느리게 하는 것
- 부촉매 효과 : 할론소화약제
  [할로젠족원소 : 불소(F), 염소(Cl), 브로민(Br), 아이오딘(I)]

④ 제거소화 : 가연성물질을 제거시켜 소화

- 산불이 발생하면 화재의 진행방향을 앞질러 벌목
- 화학반응기의 화재 시 원료공급관의 밸브를 폐쇄
- 유전화재 시 폭약으로 폭풍을 일으켜 화염을 제거
- 촛불을 입김으로 불어 화염을 제거

⑤ 피복소화 : 가연물 주위를 공기와 차단
⑥ 희석소화
- 알코올, 아세톤 등 수용성인 인화성액체 화재 시 물을 방사하여 가연물의 연소농도를 희석
- 기체, 고체, 액체에서 나오는 분해가스나 증기의 농도를 희석하여 연소를 중지시켜 소화

⑦ 유화소화(에멀젼소화) : 제4류 위험물 중 물에 녹지 않는 인화성액체의 유류화재 시 물분무로 방사하여 액체표면에 불연성의 유막을 형성하여 소화

해답 ④

18 화재로 인하여 산소가 부족한 건물 내에 산소가 새로 유입된 때에는 고열가스의 폭발 또는 급속한 연소가 발생하는데 이 현상을 무엇이라고 하는가?

① 파이어 볼 ② 보일 오버
③ 백 드래프트 ④ 백 화이어

해설 백드래프트(Back Draft) 현상

① 정의 : 화재시 가연성가스가 축적되어 있다가 신선한 공기가 유입되면 폭발적 연소와 함께 폭풍을 동반하며 화염이 외부로 분출되는 현상
② 발생시기 : 감쇠기
③ 주요 발생원인 : 산소의 공급
④ 방지대책 : ㉠ 적절한 배연   ㉡ 환기
              ㉢ 폭발력의 억제   ㉣ 격리

플래쉬 오버(flash over) 현상
화재 시 발생한 가연성가스가 건물 내 상층부에 체류하다가 연소범위 내 농도가 되면 착화하여 화염으로 쌓이고 상층부의 열이 축적되어 축적된 열이 실내에 복사열로 방출되어 실내가 화염으로 덮이는 현상

- 플래쉬 오버 발생시기 : 성장기
- 주요 발생 원인 : 열의 공급

해답 ③

19 다음 중 인화점이 가장 낮은 것은?

① 경유 ② 메틸알코올
③ 이황화탄소 ④ 등유

해설 제4류 위험물의 인화점

명 칭	경유	메틸알코올	이황화탄소	등유
인화점(℃)	50~70	11	-30	43~72
유 별	제2석유류	알코올류	특수인화물	제2석유류

해답 ③

20 자연발화를 일으키는 원인이 아닌 것은?

① 산화열 ② 분해열
③ 흡착열 ④ 기화열

해설 **자연발화의 형태**
① 산화열에 의한 자연발화
  석탄, 건성유, 탄소분말, 금속분, 기름걸레
② 분해열에 의한 자연발화
  셀룰로이드, 나이트로셀룰로오스, 나이트로글리세린
③ 흡착열에 의한 자연발화
  활성탄, 목탄분말
④ 미생물열에 의한 자연발화
  퇴비, 먼지

해답 ④

제2과목 소방유체역학

21 완전 흑체로 가정한 흑연의 표면 온도가 450℃이다. 단위 면적당 방출되는 복사에너지의 열유속(kW/m²)은?
(단, 흑체의 Stefan-Boltzmann 상수 $\sigma = 5.67 \times 10^{-8}$ W/m² · K⁴이다.)

① 2.33 ② 15.5
③ 21.4 ④ 232.5

해설 $Q = 5.67 \times 10^{-8} \times (273+450)^4$
  $= 15493 \text{W/m}^2 = 15.5 \text{kW/m}^2$

① 흑체의 정의
  입사하는 모든 복사선을 흡수하는 물체, 즉 흡수 능력이 100%인 물체이다.
② Stefan-Boltzman의 흑체 복사에너지
$$E = \sigma A(T^4 - T_o^4)$$
③ 흑체의 방사도
  ㉠ 단면적에 비례
  ㉡ 절대온도의 4승에 비례
  ㉢ 시간에 비례

해답 ②

22 어떤 수평관에서 물의 속도는 28m/s이고, 압력은 160kPa이다. (ㄱ)속도수두와 (ㄴ)압력수두는 각각 얼마인가?

① (ㄱ)40m, (ㄴ)14.3m
② (ㄱ)50m, (ㄴ)14.3m
③ (ㄱ)40m, (ㄴ)16.3m
④ (ㄱ)50m, (ㄴ)16.3m

해설 ① 속도수두
$$H = \frac{u^2}{2g} = \frac{(28\text{m/s})^2}{2 \times 9.8\text{m/s}^2} = 40\text{m}$$
② 압력수두
$$H = \frac{P}{\gamma} = \frac{160\text{kN/m}^2}{9.8\text{kN/m}^3} = 16.33\text{m}$$

참고 **알고 갑시다**
- kN/m² = kPa
- 물의 비중량 $\gamma_w = 9800\text{N/m}^3 = 9.8\text{kN/m}^3$

해답 ③

23 표준대기압 상태에서 소방펌프차가 양수시작 후 펌프 입구의 진공계가 10cmHg를 표시하였다면 펌프에서 수면까지의 높이(m)는? (단, 수은의 비중은 13.6이며, 모든 마찰손실 및 펌프 입구에서의 속도수두는 무시한다.)

① 0.36 ② 1.36
③ 2.36 ④ 3.36

해설 압력
$$P = \gamma h = \gamma_w \times S \times h$$
① $\gamma_w \times S_1 \times h_1 = \gamma_w \times S_2 \times h_2$
② $S_1 \times h_1 = S_2 \times h_2$
  S_1(물) : 1
  h_1 : 수두(mAq)
  S_2(수은) : 13.6
  h_2 : 수은두(mHg) : 10cmHg = 0.1mHg
③ $1 \times h_1 = 13.6 \times 0.1$
  $h_1 = \dfrac{13.6 \times 0.1}{1} = 1.36 \text{mAq}(\text{mH}_2\text{O})$

해답 ②

24 열역학 제2법칙에 관한 설명으로 틀린 것은?

① 열효율 100%인 열기관은 제작이 불가능

하다.
② 열은 스스로 저온체에서 고온체로 이동할 수 없다.
③ 제2종 영구기관은 동작물질의 종류에 따라 존재할 수 있다.
④ 한 열원에서 발생하는 열량을 일로 바꾸기 위해서는 반드시 다른 열원의 도움이 필요하다.

해설 열역학 법칙
(1) 열역학 제0법칙(열의 평형법칙)
　열평형상태에 있는 물체의 온도는 같다.
　(온도계의 원리)
(2) 열역학 제1법칙(에너지보존의 법칙)
　① 열과 일은 서로 교환이 가능하다.
　② 열전달의 총합은 이루어진 일의 총합과 같다.
(3) 열역학 제2법칙
　① 열은 스스로 저온에서 고온으로 이동 불가
　② 효율이 100%인 열기관은 없다.
　③ 자발적인 반응은 비가역적이다.
　④ 엔트로피는 증가하는 쪽으로 흐른다.

해답 ③

25 점성계수 μ의 차원은 어떤 것인가? (단, M은 질량, L은 길이, T는 시간이다.)

① $ML^{-1}T^{-1}$　　② $ML^{+1}T^{+1}$
③ $M^{-2}L^{-1}T$　　④ $ML^{+1}T^{+2}$

해설 점성계수의 차원
$$\mu = \frac{\tau}{du/dy} = kg/m \cdot sec = ML^{-1}T^{-1}$$

해답 ①

26 온도 20℃, 절대압력 400kPa, 기체 15m³을 등온압축하여 체적이 2m³로 되었다면 압축 후의 절대압력(kPa)은?

① 2000　　② 2500
③ 3000　　④ 4000

해설 ① 온도가 일정하므로 보일의 법칙을 이용
$P_1V_1 = P_2V_2$

② $P_1 = 400kPa$, $V_1 = 15m^3$, $P_2 = ?$, $V_2 = 2m^3$
③ $400 \times 15 = P_2 \times 2$
④ $P_2 = \dfrac{400 \times 15}{2} = 3000kPa$

보일의 법칙(T(온도) = 일정)(정온변화)
$$P_1V_1 = P_2V_2$$

샤를의 법칙(P(압력) = 일정)(정압변화)
$$\frac{V_1}{T_1} = \frac{V_2}{T_2}$$

보일-샤를의 법칙
$$\frac{P_1V_1}{T_1} = \frac{P_2V_2}{T_2}$$

해답 ③

27 다음 중 점성계수가 큰 순서대로 바르게 나열한 것은?

① 공기 > 물 > 글리세린
② 글리세린 > 공기 > 물
③ 물 > 글리세린 > 공기
④ 글리세린 > 물 > 공기

해설 점성계수

구 분	공기(기체)	물(액체)	글리세린
점성계수 (1기압, cp)	1.71×10^{-2} (0℃)	1.79 (0℃)	1.5×10^3 (20℃)

해답 ④

28 표준대기압 하에서 온도가 20℃인 공기의 밀도(kg/m³)는?
(단, 공기의 기체상수는 287J/kg · K이다.)

① 0.012　　② 1.2
③ 17.6　　④ 1000

해설 완전기체 방정식
$$P = \rho RT, \ \rho = \frac{m(kg)}{V(m^3)}$$

여기서, P : 압력(N/m²)
　　　　V : 부피(m³)
　　　　ρ : 밀도(kg/m³)

R : 기체상수(J/kg · K)
T : 절대온도(273 + t ℃)K
m : 질량(kg)

① $\rho = \dfrac{P}{RT}$

② $P = 101.3\text{kPa} = 101.3 \times 10^3 \text{Pa}(\text{N/m}^2)$

③ $R = 287\text{J/kg} \cdot \text{K}, \ T = (273+20)\text{K} = 293\text{K}$

④ $\rho = \dfrac{101.3 \times 10^3}{287 \times 293} = 1.2\text{kg/m}^3$

해답 ②

29 10kg의 액화 이산화탄소가 15℃의 대기(표준대기압) 중으로 방출되었을 때 이산화탄소의 부피(m³)는?
(단, 일반기체상수는 8.314kJ/kmol · K이다.)

① 5.4 ② 6.2
③ 7.3 ④ 8.2

해설 이상기체 상태방정식 ★★★★★

$$PV = \dfrac{W}{M}RT$$

여기서, P : 압력(kN/m²(kPa)), V : 부피(m³)
W : 무게(kg), M : 분자량
R : 기체상수(kN · m(kJ)/kmol · K)
T : 절대온도(273 + t ℃)K

① $V = \dfrac{WRT}{PM}$

② $W = 10\text{kg}, \ R = 8.314\text{kJ/kmol} \cdot \text{K}$
$T = 273 + 15 = 288\text{K}$
$P = 101.3\text{kPa}(\text{대기압}), \ M = 44(\text{CO}_2)$

③ $V = \dfrac{10 \times 8.314 \times 288}{101.3 \times 44} = 5.37\text{m}^3$

해답 ①

30 밑면은 한 변의 길이가 2m인 정사각형이고 높이가 4m인 직육면체 탱크에 비중이 0.8인 유체를 가득 채웠다. 유체에 의해 탱크의 한쪽 측면에 작용하는 힘(kN)은?

① 125.4 ② 169.2
③ 178.4 ④ 186.2

해설 한쪽 측면에 작용하는 힘

$$F = \gamma \times V = \gamma_w \times S \times V$$

여기서, F : 힘(kN)
γ : 유체의 비중량(kN/m³)
γ_w : 물의 비중량(9.8kN/m³)
S : 비중
V : 부피(m³)

① $F = \gamma_w \times S \times V$

② $S = 0.8, \ V = 2\text{m} \times 2\text{m} \times 4\text{m} = 16\text{m}^3$

③ $F = 9.8\text{kN/m}^3 \times 0.8 \times 16\text{m}^3 = 125.44\text{kN}$

해답 ①

31 4kg/s의 물 제트가 평판에 수직으로 부딪힐 때 평판을 고정시키기 위하여 60N의 힘이 필요하다면 제트의 분출속도(m/s)는?

① 3 ② 7
③ 15 ④ 30

해설 ① $F = 60\text{N}, \ \rho(\text{물}) = 1000\text{kg/m}^3$

② 질량유량 $\overline{m}(\text{kg/s}) = AV\rho = Q\rho$

③ $Q = \dfrac{\overline{m}}{\rho} = \dfrac{4\text{kg/s}}{1000\text{kg/m}^3} = 4 \times 10^{-3}\text{m}^3/\text{s}$

④ $V = \dfrac{F}{\rho \times Q} = \dfrac{60}{1000 \times 4 \times 10^{-3}} = 15\text{m/s}$

운동량 방정식

$$F = \rho QV = \rho AV^2$$

여기서, F : 힘(N), ρ : 밀도(kg/m³)
Q : 유량(m³/s), V : 유속(m/s)

해답 ③

32 동점성계수가 $2.4 \times 10^{-4}\text{m}^2/\text{s}$이고, 비중이 0.88인 40℃ 엔진 오일을 1km 떨어진 곳으로 원형관을 통하여 완전발달 층류상태로 수송할 때 관의 직경 100mm이고 유량 0.02m³/s이라면 필요한 최소 펌프동력(kW)은?

① 28.2 ② 30.1
③ 32.2 ④ 34.4

해설 ① 유속 계산

$$u = \frac{Q}{A} = \frac{0.02\text{m}^3/\text{s}}{\frac{\pi}{4} \times (0.1\text{m})^2} = 2.55\text{m/s}$$

② 층류에서 마찰손실계수

$$f = \frac{64}{ReNo} = \frac{64}{1062.5} = 0.06$$

$$ReNo = \frac{Du}{\nu} = \frac{0.1\text{m} \times 2.55\text{m/s}}{2.4 \times 10^{-4}\text{m}^2/\text{s}} = 1062.5$$

③ 배관 마찰손실계산

$$\Delta H_L = f \times \frac{l}{D} \times \frac{u^2}{2g}$$

$$\Delta H_L = 0.06 \times \frac{1000\text{m}}{0.1\text{m}} \times \frac{2.55^2}{2 \times 9.8} = 199.06\text{m}$$

⑤ 펌프 동력 계산

$$\gamma = \gamma_w \times S = 9800(\text{N/m}^3) \times 0.88$$

$$P(\text{kW}) = 9.8 \times 0.88 \times (0.02\text{m}^3/\text{s}) \times 199.06$$
$$= 34.33\text{kW}$$

펌프의 동력계산
① 수동력

$$L_W(\text{kW}) = \gamma QH$$

[주의] 수동력 계산 시 펌프의 효율 및 전달계수 K값은 무시한다.

② 축동력

$$L_S(\text{kW}) = \frac{\gamma QH}{E}$$

[주의] 축동력 계산 시 전달계수 K값은 무시한다.

③ 모터동력

$$P(\text{kW}) = \frac{\gamma QH}{E} K$$

여기서, γ : 비중량(kN/m³)
　　　　물의 비중량=9.8kN/m³)
　Q : 유량(m³/s)
　H : 전양정(m)
　E : 펌프의 효율(%/100)
　K : 전달계수

해답 ④

33 대기압이 100kPa인 지역에서 이론적으로 펌프로 물을 끌어올릴 수 있는 최대 높이(m)는?

① 8.8　　　　② 10.2
③ 12.6　　　　④ 14.1

해설 1atm = 10.332mAq = 101.325kPa = 101325Pa

$$H = 100\text{kPa} \times \frac{10.332\text{m}}{101.325\text{kPa}} = 10.20\text{m}$$

해답 ②

34 안지름 25cm인 원관으로 1500m 떨어진 곳(수평거리)에 하루 10000m³의 물을 보내는 경우 압력강하(kPa)는 얼마인가? (단, 마찰계수는 0.035이다.)

① 58.4　　　　② 584
③ 84.8　　　　④ 848

해설 **배관내 마찰손실**(층류)

$$\Delta h_L = \frac{flu^2}{2gD} \cdots\cdots \text{달시 공식}$$

여기서, Δh_L : 마찰손실수두(m)
　　　　f : 마찰손실계수
　　　　l : 배관길이(m)
　　　　u : 유속(m/s)
　　　　g : 중력가속도(9.8m/s²)
　　　　D : 배관내경(m)

① $u = \dfrac{10000\text{m}^3/(24\text{hr} \times 3600\text{s})}{\frac{\pi}{4} \times (0.25\text{m})^2}$

　　$= 2.36\text{m/s}$

② $f = 0.035$　　　　$l = 1500\text{m}$
③ $g = 9.8\text{m/s}^2$　　　$D = 25\text{cm} = 0.25\text{m}$

④ $\Delta h_L = \dfrac{0.035 \times 1500 \times 2.36^2}{2 \times 9.8 \times 0.25} = 59.67\text{m}$

⑤ $59.67\text{m} \times \dfrac{101.325\text{kPa}}{10.332\text{m}} = 585.22\text{kPa}(\text{kN/m}^2)$

해답 ②

35 단면적이 0.1m²에서 0.5m²로 급격히 확대되는 관로에 0.5m³/s의 물이 흐를 때 급격확대에 의한 부차적 손실수두(m)는?

① 0.61　　　　② 0.78
③ 0.82　　　　④ 0.98

해설
① $u_1 = \dfrac{Q}{A_1} = \dfrac{0.5}{0.1} = 5\text{m/s}$

② $u_2 = \dfrac{Q}{A_2} = \dfrac{0.5}{0.5} = 1\text{m/s}$

③ $\Delta h_L(\text{m}) = \dfrac{(5-1)^2}{2 \times 9.8} = 0.82\text{m}$

배관의 축소 및 확대손실
① 관이 급격히 축소하는 경우
$$\Delta H_L(\text{m}) = K\dfrac{u_2}{2g}$$
② 관이 급격히 확대하는 경우
$$\Delta H_L(\text{m}) = \dfrac{(u_1 - u_2)^2}{2g} = K\dfrac{u_1^2}{2g}$$

해답 ③

36 직경이 20mm에서 40mm로 돌연확대하는 원형 관이 있다. 이 때 직경이 20mm인 관에서 레이놀즈수가 5000이라면 직경이 40mm인 관에서의 레이놀즈수는 얼마안가?

① 2500　② 5000
③ 7500　④ 10000

해설
① 레이놀드 수와 직경관계
$ReNo = \dfrac{4Q}{\pi D \nu}$ 에서 $ReNo \propto \dfrac{1}{D}$
∴ 레이놀드 수는 직경에 반비례

② $ReNo = 5000 \times \dfrac{20}{40} = 2500$

레이놀드 수
$$ReNo = \dfrac{Du\rho}{\mu} = \dfrac{Du}{\nu} = \dfrac{4Q}{\pi D\nu}$$
여기서, D : 관경(m)
u : 유속(m/s)
ρ : 밀도(kg/m³)
μ : 점성계수(N·s/m² = kg/m·s)
ν : 동점성계수(m²/s)
Q : 유량(m³/s)

해답 ①

37 유체의 흐름에 있어서 유선에 대한 설명으로 옳은 것은?

① 유동단면의 중심을 연결한 선이다.
② 유체의 흐름에 있어서 위치벡터에 수직한 방향을 갖는 연속적인 선이다.
③ 모든 점에서 유체흐름의 속도벡터의 방향을 갖는 연속적인 선이다.
④ 정상류에서만 존재하고 난류에서는 존재하지 않는다.

해설 **유선, 유적선, 유맥선**
① 유선(streamline)
유동장의 한 선상의 모든 점에서 그은 접선이며 그 점에서의 속도 방향과 일치하도록 그려진 가상 곡선
$$\text{유선의 방정식} : \dfrac{dx}{u} = \dfrac{dy}{v} = \dfrac{dz}{w}$$

② 유적선(pathline)
한 유체 입자가 일정한 기간 내에 움직인 경로

③ 유맥선(streakline)
공간 내의 한 점을 지나는 모든 유체 입자들의 순간 궤적

해답 ③

38 비중이 0.85인 가연성 액체가 직경 20m, 높이 15m인 탱크에 저장되어 있을 때 탱크 최저부에서의 액체에 의한 압력(kPa)은?

① 147　② 12.7
③ 125　④ 14.7

해설 $P = 9.8\text{kN/m}^3 \times 0.85 \times 15\text{m} = 125\text{kN/m}^2(\text{kPa})$

압력계산
$$P = \gamma H = \gamma_w \times S \times H$$
여기서, P : 압력(kN/m²)
γ : 비중량(kN/m³)
γ_w : 물의 비중량(9.8kN/m³)
S : 비중
H : 높이(m)

해답 ③

39 어떤 펌프가 1000rpm으로 회전하여 전양정 10m에 0.5m³/min의 유량을 방출한다. 이때 펌프가 2000rpm으로 운전된다면 유량(m³/min)

은 얼마인가?

① 1.2   ② 1
③ 0.7   ④ 0.5

해설 $Q_2 = Q_1 \times \dfrac{N_2}{N_1} = 0.5 \times \dfrac{2000}{1000} = 1\,\text{m}^3/\text{min}$

상사의 법칙 ★★★★★

① $Q_2 = Q_1 \times \left(\dfrac{N_2}{N_1}\right) \times \left(\dfrac{D_2}{D_1}\right)^3$

② $H_2 = H_1 \times \left(\dfrac{N_2}{N_1}\right)^2 \times \left(\dfrac{D_2}{D_1}\right)^2$

③ $P_2 = P_1 \times \left(\dfrac{N_2}{N_1}\right)^3 \times \left(\dfrac{D_2}{D_1}\right)^5$

Q_1 : 변경 전 유량 H_1 : 변경 전 양정(압력)
Q_2 : 변경 후 유량 H_2 : 변경 후 양정(압력)
N_1 : 변경 전 rpm D_1 : 변경 전 임펠러직경
N_2 : 변경 후 rpm D_2 : 변경 후 임펠러직경

해답 ②

40 그림과 같은 단순 피토관에서 물의 유속(m/s)은?

① 1.71   ② 1.98
③ 2.21   ④ 3.28

해설 유속계산

$$u = \sqrt{2gH}$$

$u = \sqrt{2 \times 9.8 \times 0.25} = 2.21\,\text{m/s}$

해답 ③

제3과목 소방관계법규

41 소방기본법령상 벌칙이 5년 이하의 징역 또는 5천만원 이하의 벌금에 해당하지 않는 것은?

① 정당한 사유 없이 소방용수시설의 효용을 해치거나 그 정당한 사용을 방해한 자
② 소방자동차가 화재진압 및 구조ㆍ구급 활동을 위하여 출동할 때 그 출동을 방해한 자
③ 출동한 소방대의 소방장비를 파손하거나 그 효용을 해하여 화재진압ㆍ인명구조 또는 구급활동을 방해한 자
④ 사람을 구출하거나 불이 번지는 것을 막기 위하여 불이 번질 우려가 있는 소방대상물 사용제한의 강제처분을 방해한 자

해설 소방기본법 제50조(벌칙)
5년 이하의 징역 또는 5천만원 이하의 벌금
(1) 다음 각 목의 어느 하나에 해당하는 행위를 한 사람
  ① 위력을 사용하여 출동한 소방대의 화재진압ㆍ인명구조 또는 구급활동을 방해하는 행위
  ② 소방대가 화재진압ㆍ인명구조 또는 구급활동을 위하여 현장에 출동하거나 현장에 출입하는 것을 고의로 방해하는 행위
  ③ 출동한 소방대원에게 폭행 또는 협박을 행사하여 화재진압ㆍ인명구조 또는 구급활동을 방해하는 행위
  ④ 출동한 소방대의 소방장비를 파손하거나 그 효용을 해하여 화재진압ㆍ인명구조 또는 구급활동을 방해하는 행위
(2) 소방자동차의 출동을 방해한 사람
(3) 사람을 구출하는 일 또는 불을 끄거나 불이 번지지 아니하도록 하는 일을 방해한 사람
(4) 정당한 사유 없이 소방용수시설 또는 비상소화장치를 사용하거나 소방용수시설 또는 비상소화장치의 효용을 해치거나 그 정당한 사용을 방해한 사람

해답 ④

42 화재의 예방 및 안전관리에 관한 법률상 2급 소방안전관리대상물의 소방안전관리자로 선임될 수 없는 사람은?

① 위험물기능사 자격을 가진 사람
② 소방공무원으로 3년 이상 근무한 경력이 있는 사람
③ 의용소방대원으로 3년 이상 근무한 경력이 있는 사람
④ 2급 소방안전관리대상물의 소방안전관리에 관한 시험에 합격한 사람

해설 (화재예방법 시행령 제25조 제1항의 별표4)
소방안전관리자의 선임자격
(1) 특급 소방안전관리자 선임자격
 ① 소방기술사 또는 소방시설**관리사**
 ② 소방설비**기사** : 5년 이상 1급 실무경력
 ③ 소방설비**산업기사** : 7년 이상 1급 실무경력
 ④ 소방공무원 : 20년 이상
 ⑤ 특급 소방안전관리 시험에 합격한 사람
(2) 1급 소방안전관리자 선임자격
 ① 소방설비**기사** 또는 소방설비산업기사
 ② 소방공무원 : **7년 이상**
 ③ 1급 소방안전관리 시험에 합격한 사람
 ④ 특급 또는 **1급** 자격증 발급받은 사람
(3) 2급 소방안전관리자 선임자격
 ① 위험물(기능장 · 산업기사 또는 기능사)
 ② 소방공무원 : **3년 이상**
 ③ 2급 소방안전관리 시험에 합격한 사람
 ④ 「특별조치법」에 따라 선임된 사람
 ⑤ 특급, 1급, 2급 자격증 발급받은 사람
(4) 3급 소방안전관리자 선임자격
 ① 소방공무원 : 1년 이상
 ② 3급 소방안전관리 시험에 합격한 사람
 ③ 「특별조치법」에 따라 선임된 사람
 ④ 특급, 1급, 2급, 3급 자격증 발급받은 사람

해답 ③

43 화재의 예방 및 안전관리에 관한 법률상 소방안전관리대상물의 관계인이 소방안전관리자를 선임한 경우에는 선임한 날부터 며칠 이내에 소방본부장 또는 소방서장에게 신고하여야 하는가?

① 7 ② 14
③ 21 ④ 30

해설 (화재예방법 제26조)
소방안전관리자 선임신고 등
소방안전관리대상물의 **관계인**이 **소방안전관리자** 또는 소방안전관리보조자를 선임한 경우에는 행정안전부령으로 정하는 바에 따라 선임한 날부터 **14일 이내**에 소방본부장 또는 소방서장에게 신고

(화재예방법 제24조)
소방안전관리자 업무
(1) **소방계획서**의 작성 및 시행
(2) **자위소방대** 및 초기대응체계의 **구성 · 운영 · 교육**
(3) 피난시설, 방화구획 및 방화시설의 **관리**
(4) **소방시설**, 소방 **관련시설의 관리**
(5) **소방훈련 및 교육**
(6) 화기 취급의 **감독**
(7) 소방안전관리에 관한 **업무수행 기록 · 유지**
(8) 화재발생 시 **초기대응**
(9) 소방안전관리에 **필요한 업무**

해답 ②

44 다음 보기 중 소방시설 설치 및 관리에 관한 법률상 소방용품의 형식승인을 반드시 취소하여야만 하는 경우를 모두 고른 것은?

㉠ 형식승인을 위한 시험시설의 시설기준에 미달 되는 경우
㉡ 거짓이나 그 밖의 부정한 방법으로 형식승인을 받은 경우
㉢ 제품검사 시 소방용품의 형식승인 및 제품검사의 기술기준에 미달 되는 경우

① ㉡ ② ㉢
③ ㉡, ㉢ ④ ㉠, ㉡, ㉢

해설 (소방시설법 제39조) 형식승인의 취소 등
형식승인 취소 또는 6개월 이내 제품검사의 중지
(1) 거짓이나 그 밖의 부정한 방법으로 형식승인을 받은 경우(**취소**)
(2) 시험시설의 시설기준에 미달되는 경우
(3) 거짓이나 그 밖의 부정한 방법으로 제품검사를 받은 경우(**취소**)

(4) 제품검사 시 기술기준에 미달되는 경우
(5) 변경승인을 받지 아니하거나 거짓이나 그 밖의 부정한 방법으로 변경승인을 받은 경우**(취소)**

해답 ①

45 소방기본법령상 소방활동에 필요한 소화전·급수탑·저수조를 설치하고 유지·관리하여야 하는 사람은? (단, 수도법에 따라 설치되는 소화전은 제외한다.)

① 소방서장 ② 시·도지사
③ 소방본부장 ④ 소방파출소장

해설 (소방기본법 제10조)
소방용수시설의 설치 및 관리 등
① 시·도지사는 소방활동에 필요한 **소화전·급수탑·저수조("소방용수시설")**를 설치하고 유지·관리하여야 한다.
② 「수도법」에 따라 소화전을 설치하는 일반수도사업자는 관할 소방서장과 사전협의를 거친 후 소화전을 설치하여야 하며, 설치 사실을 관할 소방서장에게 통지하고, 그 소화전을 유지·관리하여야 한다.

해답 ②

46 소방기본법령상 소방용수시설인 저수조의 설치기준으로 맞는 것은?

① 흡수부분의 수심이 0.5m 이하일 것
② 지면으로부터의 낙차가 4.5m 이하일 것
③ 흡수관의 투입구가 사각형의 경우에는 한 변의 길이가 60cm 이하일 것
④ 저수조에 물을 공급하는 방법은 상수도에 연결하여 수동으로 급수되는 구조일 것

해설 (기본법 시행규칙 제6조 ②항의 별표 3)
소방용수시설의 설치기준
저수조의 설치기준:
(1) 지면으로부터의 **낙차가 4.5m 이하**일 것
(2) 흡수부분의 **수심이 0.5m 이상**일 것
(3) 소방펌프자동차가 쉽게 접근할 수 있도록 할 것
(4) 흡수에 지장이 없도록 토사 및 쓰레기 등을 제거할 수 있는 설비를 갖출 것
(5) 흡수관의 투입구가 사각형의 경우에는 한 변의 길이가 60cm **이상**, 원형의 경우에는 지름이 60cm 이상일 것
(6) 저수조에 물을 공급하는 방법은 상수도에 연결하여 **자동으로 급수되는 구조**일 것

해답 ②

47 다음 중 위험물안전관리법령상 제6류 위험물은?

① 황 ② 칼륨
③ 황린 ④ 질산

해설
① 황–제2류 위험물(가연성 고체)
② 칼륨–제3류 위험물(자연발화성 및 금수성)
③ 황린–제3류 위험물(자연발화성 및 금수성)
④ 질산–제6류 위험물(산화성액체)

제6류 위험물(산화성액체)

구 분	내 용
성 질	산화성 액체
품 명	① 과염소산 ② 과산화수소 ③ 질산
공통성질	① 자기자신은 불연성이지만 강산화제 ② 다른 가연물의 연소를 돕는다. ③ 비중은 1보다 크고 수용성이며 물과 접촉 시 발열
저장 및 취급방법	① 물 및 유기물과 접촉에 주의 ② 저장용기는 내산성을 사용할 것
소화방법	① 건조사로 소화 ② 다량의 물로 주수소화는 가능

해답 ④

48 소방기본법령상 소방활동구역에 출입할 수 있는 자는?

① 한국소방안전원에 종사하는 자
② 수사업무에 종사하지 않는 검찰청 소속 공무원
③ 의사·간호사 그 밖에 구조·구급업무에 종사하는 사람
④ 소방활동구역 밖에 있는 소방대상물의 소유자·관리자 또는 점유자

해설 (기본법 시행령 제8조) 소방활동구역의 출입자
① 소방대상물의 소유자, 관리자, 점유자
② 원활한 소화활동을 위하여 필요한 자 (전기, 가스, 수도, 통신, 교통업무종사자 등)

③ 구급, 구조업무 종사자(의사, 간호사 등)
④ 보도업무 종사자
⑤ 수사업무 종사자
⑥ 소방대장이 허가한 자

해답 ③

④ 금고 이상의 실형을 선고받고 그 집행이 면제된 날부터 2년이 지나지 아니한 자

해설 **(소방시설법 제30조) 관리업 등록의 결격사유**
① 피성년후견인
② 이 법, 소방기본법, 소방시설공사업법 및 위험물안전관리법에 따른 금고 이상의 실형의 선고를 받고 그 집행이 종료되거나 집행이 면제된 날부터 2년이 지나지 아니한 자
③ 이 법, 소방기본법, 소방시설공사업법 또는 위험물안전관리법에 따른 금고 이상의 형의 집행유예선고를 받고 그 유예기간 중에 있는 자
④ 관리업의 등록이 취소된 날부터 2년이 지나지 아니한 자
⑤ 임원 중에 ①~④에 해당하는 사람이 있는 법인

해답 ②

49 소방시설 설치 및 관리에 관한 법률상 무창층 여부 판단 시 개구부 요건에 대한 기준으로 맞는 것은?

① 도로 또는 차량이 진입할 수 없는 빈터를 향할 것
② 내부 또는 외부에서 쉽게 파괴 또는 개방할 수 없을 것
③ 크기는 지름 50cm 이상의 원이 내접할 수 있는 크기일 것
④ 해당 층의 바닥면으로부터 개구부 밑 부분까지의 높이가 1.5m 이내일 것

해설 **무창층의 개구부 인정요건**
(1) 개구부 크기가 지름 50cm의 원이 내접할 수 있을 것
(2) 그 층의 바닥면으로부터 개구부 밑부분까지의 높이가 1.2m 이내일 것
(3) 도로 또는 차량의 진입이 가능한 공지에 면할 것
(4) 화재 시 건축물로부터 쉽게 피난할 수 있도록 창살 또는 그밖의 장애물이 설치되지 아니할 것
(5) 내부 또는 외부에서 쉽게 파괴 또는 개방이 가능할 것

해답 ③

51 소방시설 설치 및 관리에 관한 법률상 건축물의 신축·증축·용도변경 등의 허가 권한이 있는 행정기관은 건축허가를 할 때 미리 그 건축물 등의 시공지 또는 소재지를 관할하는 소방본부장이나 소방서장의 동의를 받아야 한다. 다음 중 건축허가 등의 동의대상물의 범위가 아닌 것은?

① 수련시설로서 연면적 $200m^2$ 이상인 건축물
② 지하층 또는 무창층이 있는 건축물로서 바닥면적이 $150m^2$ 이상인 층이 있는 것
③ 승강기 등 기계장치에 의한 주차시설로서 자동차 10대 이상을 주차할 수 있는 시설
④ 차고·주차장으로 사용되는 바닥면적이 $200m^2$ 이상인 층이 있는 건축물이나 주차시설

해설 **(소방시설법 시행령 제7조) 건축허가등의 동의**
(1) 건축허가 동의권자 : 소방본부장이나 소방서장
(2) 건축허가등의 동의대상물의 범위 등
① 연면적 $400m^2$ 이상
다만, 다음에 해당하는 경우에는 기준 이상
㉠ 학교시설 : $100m^2$
㉡ 노유자시설 및 수련시설 : $200m^2$

50 소방시설 설치 및 관리에 관한 법률상 소방시설관리업 등록의 결격사유에 해당하지 않는 사람은?

① 피성년후견인
② 소방시설 관리업의 등록이 취소된 날로부터 2년이 지난 자
③ 금고 이상의 형의 집행유예를 선고받고 그 유예기간 중에 있는 자

ⓒ 정신의료기관 : 300m²
ⓔ 장애인 의료재활시설 : 300m²
② 지하층 또는 무창층 150m²(공연장 100m²)
③ 차고 · 주차장 또는 주차용도로 사용시설
　㉠ 차고 · 주차장 : 200m² 이상
　㉡ 기계장치에 의한 자동차 20대 이상
④ 층수가 6층 이상인 건축물
⑤ 항공기격납고, 관망탑, 항공관제탑, 방송용 송수신탑
⑥ 공동주택, 의원(입원실, 인공신장실이 있는 것) · 조산원 · 산후조리원, 숙박시설, 위험물 저장 및 처리 시설, 풍력발전소 · 전기저장시설, 지하구
⑦ 노유자시설((1)의 ②에 해당하지 않는 시설)
⑧ **요양병원**(의료재활시설은 제외)
⑨ **750배** 이상의 **특수가연물**을 저장 · 취급
⑩ **가스시설**로서 지상 노출 탱크 100톤 이상
(3) 건축허가등의 동의대상에서 제외되는 경우
① 특정소방대상물에 설치되는 **소화기구, 자동소화기구, 누전경보기, 단독경보형감지기, 시각경보기, 가스누설경보기, 피난구조설비**(비상조명등은 제외)가 화재안전기술기준에 적합한 경우 그 특정소방대상물
② 건축물의 증축 또는 용도변경으로 인하여 해당 특정소방대상물에 추가로 소방시설이 설치되지 아니하는 경우 그 특정소방대상물
③ 소방시설공사의 착공신고 대상에 해당하지 않는 경우 해당 특정소방대상물

해답 ③

52 소방기본법령상 소방대원에게 실시할 교육 · 훈련의 횟수 및 기간으로 옳은 것은?

① 1년마다 1회, 2주 이상
② 2년마다 1회, 2주 이상
③ 3년마다 1회, 2주 이상
④ 3년마다 1회, 4주 이상

해설 (기본법 시행규칙 제9조)
소방교육 · 훈련의 종류 등
(1) 훈련의 종류
　① 화재진압훈련　② 인명구조훈련
　③ 응급처치훈련　④ 인명대피훈련
　⑤ 현장지휘훈련

(2) 소방교육 · 훈련
　① 2년마다 1회 이상
　② 교육 · 훈련기간은 2주 이상

해답 ②

53 소방기본법령상 시 · 도의 소방본부와 소방서에서 운영하는 화재조사전담부서에서 관장하는 업무가 아닌 것은?

① 화재조사의 실시
② 화재조사를 위한 장비의 관리운영에 관한 사항
③ 화재피해 감소를 위한 예방 홍보에 관한 사항
④ 화재조사의 발전과 조사요원의 능력향상에 관한 사항

해설 (소기법 시행규칙 제12조)
화재조사전담부서의 설치 · 운영 등
화재조사전담부서장의 업무
(1) 화재조사의 총괄 · 조정
(2) 화재조사의 실시
(3) 화재조사의 발전과 조사요원의 능력향상에 관한 사항
(4) 화재조사를 위한 장비의 관리운영에 관한 사항
(5) 그 밖의 화재조사에 관한 사항

해답 ③

54 위험물안전관리법상 제조소등을 설치하고자 하는 자는 누구의 허가를 받아 설치할 수 있는가?

① 소방서장　　　② 소방청장
③ 시 · 도지사　　④ 안전관리자

해설 위험물시설의 설치 및 변경 등(위험물법 제6조)
① 제조소등을 설치하고자 하는 자는 "**시 · 도지사**"의 **허가**를 받아야 한다.
② 제조소등의 위치 · 구조 또는 설비의 변경 없이 당해 제조소등에서 저장하거나 취급하는 위험물의 **품명 · 수량 또는 지정수량의 배수**를 변경하고자 하는 자는 **변경하고자 하는 날의 1일 전까지** 행정안전부령이 정하는 바에 따라 **시 · 도**

지사에게 신고하여야 한다.

> 허가를 받지 아니하고 당해 제조소등을 설치하거나 그 위치·구조 또는 설비를 변경할 수 있으며, 신고를 하지 아니하고 위험물의 품명·수량 또는 지정수량의 배수를 변경할 수 있는 경우
> • 주택의 난방시설(공동주택의 중앙난방시설 제외)을 위한 저장소 또는 취급소(공동주택의 중앙난방시설 제외)
> • 농예용·축산용 또는 수산용으로 필요한 난방시설 또는 건조시설을 위한 지정수량 20배 이하의 저장소

해답 ③

55 소방시설 설치 및 관리에 관한 법률상 건축물대장의 건축물 현황도에 표시된 대지경계선 안에 둘 이상의 건축물이 있는 경우, 연소 우려가 있는 건축물의 구조에 대한 기준으로 맞는 것은?

① 건축물이 다른 건축물의 외벽으로부터 수평거리가 1층의 경우에는 6m 이하인 경우
② 건축물이 다른 건축물의 외벽으로부터 수평거리가 2층의 경우에는 6m 이하인 경우
③ 건축물이 다른 건축물의 외벽으로부터 수평거리가 1층의 경우에는 20m 이상인 경우
④ 건축물이 다른 건축물의 외벽으로부터 수평거리가 2층의 경우에는 20m 이상인 경우

해설 (소방시설법 시행규칙 제17조)
연소 우려가 있는 건축물의 구조
1. 건축물대장의 건축물 현황도에 표시된 대지경계선 안에 둘 이상의 건축물이 있는 경우
2. 각각의 건축물이 다른 건축물의 외벽으로부터 수평거리가 **1층의 경우에는 6m 이하, 2층 이상의 층의 경우에는 10m 이하**인 경우
3. 개구부가 다른 건축물을 향하여 설치되어 있는 경우

해답 ①

56 다음 소방시설 중 소방시설공사업법령상 하자보수 보증기간이 3년이 아닌 것은?

① 비상방송설비   ③ 자동화재탐지설비
② 옥내소화전설비 ④ 물분무등소화설비

해설 (공사업법 시행령 제6조)
하자보수대상 소방시설과 하자보수보증기간

보증기간	소방시설
2년	① 피난기구 ② 유도등 ③ 유도표지 ④ 비상경보설비 ⑤ 비상조명등 ⑥ 비상방송설비 ⑦ 무선통신보조설비
3년	① 자동소화장치 ② 옥내 ③ 옥외 ④ 스프링클러 ⑤ 간이스프링클러 ⑥ 물분무등 ⑦ 자동화재탐지설비 ⑧ 상수도소화용수설비 ⑨ 소화활동설비(무선통신보조설비 제외)

해답 ①

57 위험물안전관리법상 업무상 과실로 제조소등에서 위험물을 유출·방출 또는 확산시켜 사람의 생명·신체 또는 재산에 대하여 위험을 발생시킨 자에 대한 벌칙으로 옳은 것은?

① 5년 이하의 금고 또는 5천만원 이하의 벌금
② 5년 이하의 금고 또는 7천만원 이하의 벌금
③ 7년 이하의 금고 또는 5천만원 이하막 벌금
④ 7년 이하의 금고 또는 7천만원 이하의 벌금

해설 **위험물안전관리법 제34조(벌칙)**
① **7년 이하의 금고 또는 7천만원 이하의 벌금**
업무상 과실로 제조소등에서 위험물을 유출·방출 또는 확산시켜 사람의 생명·신체 또는 재산에 대하여 위험을 발생시킨 자
② 10년 이하의 징역 또는 금고나 1억원 이하의 벌금
업무상 과실로 제조소등에서 위험물을 유출·방출 또는 확산시켜 사람을 사상(死傷)에 이르게 한 자

해답 ④

58 소방시설 설치 및 관리에 관한 법률상 특정소방대상물 중 숙박시설에 해당하지 않는 것은?

① 일반형 숙박시설   ② 오피스텔
③ 생활형 숙박시설   ④ 고시원

해설 ② 오피스텔 – 업무시설
숙박시설
(1) 일반형 숙박시설

(2) 생활형 숙박시설
(3) 고시원(근린생활시설에 해당하지 않는 것)
(4) 그 밖에 (1)부터 (3)까지의 시설과 비슷한 것

해답 ②

59 소방시설공사업법상 소방시설업의 등록을 하지 아니하고 영업을 한 사람에 대한 벌칙은?

① 500만원 이하의 벌금
② 1년 이하의 징역 또는 2천만원 이하의 벌금
③ 3년 이하의 징역 또는 3천만원 이하의 벌금
④ 5년 이하의 징역 또는 5천만원 이하의 벌금

해설 소방공사업법 제35조(벌칙)
3년 이하의 징역 또는 3천만원 이하의 벌금
소방시설업 등록을 하지 아니하고 영업을 한 자
소방공사업법 제36조(벌칙)
1년 이하의 징역 또는 1천만원 이하의 벌금
① 영업정지처분을 받고 그 영업정지 기간에 영업을 한 자
② 법을 위반하여 설계나 시공을 한 자
③ 법을 위반하여 감리를 하거나 **거짓으로 감리한 자**
④ 법을 위반하여 **공사감리자를 지정하지 아니한 자**
⑤ 법에 따른 보고를 거짓으로 한 자
⑥ 공사감리 결과의 통보 또는 공사감리 결과보고서의 제출을 거짓으로 한 자
⑦ 소방시설업자가 아닌 자에게 소방시설공사 등을 도급한 자
⑧ 제3자에게 소방시설의 설계, 시공, 감리를 하도급한 자
⑨ 소방기술자의 의무를 위반하여 같은 항에 따른 법 또는 명령을 따르지 아니하고 업무를 수행한 자

해답 ③

60 위험물안전관리법령상 위험물의 안전관리와 관련된 업무를 수행하는 자로서 소방청장이 실시하는 안전교육대상자가 아닌 사람은?

① 제조소등의 관계인
② 안전관리자로 선임된 자
③ 위험물운송자로 종사하는 자
④ 탱크시험자의 기술인력으로 종사하는 자

해설 위험물법 시행령 제20조(안전교육대상자)
① 안전관리자로 선임된 자
② 탱크시험자의 기술인력으로 종사하는 자
③ 위험물운반자로 종사하는 자
④ 위험물운송자로 종사하는 자

해답 ①

제4과목 소방기계시설의 구조 및 원리

61 이산화탄소소화설비의 화재안전기술기준에 따른 이산화탄소소화설비의 수동식 기동장치 설치 기준으로 틀린 것은?

① 기동장치의 조작부는 보호판 등에 따른 보호장치를 설치하여야 한다.
② 기동장치의 조작부는 바닥으로부터 0.8m 이상 1.5m 이하의 위치에 설치한다.
③ 전역방출방식은 방호구역마다, 국소방출방식은 방호대상물마다 설치한다.
④ 기동장치의 복구스위치는 음향경보장치와 연동하여 조작될 수 있는 것이어야 한다.

해설 ④ 복구스위치 → 방출용 스위치
이산화탄소소화설비의 수동식 기동장치
① 전역방출 방식은 방호구역마다 국소방출 방식은 방호대상물마다 설치할 것
② 당해 방호구역의 출입구부분 등 조작을 하는 자가 쉽게 피난할 수 있는 장소에 설치할 것
③ 기동장치의 조작부는 바닥으로부터 높이 **0.8m 이상 1.5m 이하**의 위치에 설치하고 보호판 등에 의한 보호장치를 설치할 것
④ 기동장치에는 그 가까운 곳의 보기 쉬운 곳에 "이산화탄소 소화설비 기동장치"라고 표시한 표지를 할 것
⑤ 전기를 사용하는 기동장치에는 전원표시등을

설치할 것
⑥ 기동장치의 방출용 스위치는 음향경보장치와 연동하여 조작될 수 있는 것으로 할 것

해답 ④

포 헤드 설치기준

포 헤드	포 워터스프링클러헤드
9m²마다 1개 이상	8m²마다 1개 이상

해답 ③

62 스프링클러설비의 화재안전기술기준에 따라 극장에 설치된 무대부에 스프링클러설비를 설치할 때, 스프링클러헤드를 설치하는 천장 및 반자 등의 각 부분으로부터 하나의 스프링클러헤드까지의 수평거리는 최대 몇 m 이하인가?

① 1.0 ② 1.7
③ 2.0 ④ 2.7

해설 스프링클러헤드의 배치기준

설치장소		설치기준
천장·반자·천장과 반자 사이·덕트·선반 기타 이와 유사한 부분 (폭이 1.2m를 초과하는 것)	무대부, 특수가연물 저장취급 장소 및 창고	수평거리 1.7m 이하
	특정소방 대상물 및 창고	기타 구조	수평거리 2.1m 이하
		내화 구조	수평거리 2.3m 이하
	아파트	수평거리 2.6m 이하
랙식창고		랙 높이 3m 이하 마다

해답 ②

64 소화활동 시에 화재로 인하여 발생하는 각종 유독가스 중에서 일정시간 사용할 수 있도록 제조된 압축공기식 개인호흡장비는?

① 산소발생기 ② 공기호흡기
③ 방열마스크 ④ 인공 소생기

해설 인명구조기구의 용어 정의
① 방열복
   고온의 복사열에 가까이 접근하여 소방활동을 수행할 수 있는 내열피복
② 공기호흡기
   소화활동 시에 화재로 인하여 발생하는 각종 유독가스 중에서 일정시간 사용할 수 있도록 제조된 **압축공기식 개인호흡장비**(보조마스크를 포함)
③ 인공소생기
   호흡 부전 상태인 사람에게 인공호흡을 시켜 환자를 보호하거나 구급하는 기구
④ 방화복
   화재진압 등의 소방활동을 수행할 수 있는 피복

해답 ②

63 포소화설비의 화재안전기술기준에 따른 포소화설비 설치기준에 대한 설명으로 틀린 것은?

① 포워터스프링클러헤드는 바닥면적 8m²마다 1개 이상 설치하여야 한다.
② 포헤드를 정방형으로 배치하든 장방형으로 배치하든 간에 그 유효반경은 2.1m로 한다.
③ 포헤드는 특정소방대상물의 천장 또는 반자에 설치하되, 바닥면적 7m²마다 1개 이상으로 한다.
④ 전역방출방식의 고발포용 고정포방출구는 바닥면적 500m² 이내마다 1개 이상을 설치하여야 한다.

해설 ③ 바닥면적 7m² 마다 → 바닥면적 9m² 마다

65 옥외소화전설비의 화재안전기술기준에 따라 옥외소화전설비의 수원은 그 저수량이 옥외소화전의 설치개수에 몇 m³를 곱한 양 이상이 되도록 하여야 하는가? (단, 옥외소화전이 2개 이상 설치된 경우에는 2개로 고려한다.)

① 3 ② 5
③ 7 ④ 9

해설 옥외소화전설비의 화재안전기술기준
① 수원양 $Q(m^3) = N \times 7m^3$
   (N : 옥외소화전 설치개수(최대 2개))
② 노즐선단의 방수압 : 0.25MPa 이상
③ 노즐선단의 방수량 : 350L/min
④ 호스구경 : 65mm의 것

해답 ③

66 연결살수설비의 화재안전기술기준상 연결살수설비의 가지배관은 교차배관 또는 주 배관에서 분기되는 지점을 기점으로 한 쪽 가지배관에서 설치되는 헤드의 개수를 최대 몇 개 이하로 해야 하는가?

① 8　　② 10
③ 12　　④ 15

해설 연결살수설비의 배관
① 가지배관 또는 교차배관을 설치하는 경우에는 가지배관의 배열은 토너멘트방식이 아니어야 한다.
② 가지배관은 교차배관 또는 주배관에서 분기되는 지점을 기점으로 한 쪽 가지배관에 설치되는 헤드의 개수는 **8개 이하**로 하여야 한다.

해답 ①

67 물분무소화설비의 수원을 옥내소화전설비, 스프링클러설비, 옥외소화전설비, 포소화전설비의 수원과 겸용하여 사용하고 있다. 이 중 옥내소화전설비와 옥외소화전설비가 고정식으로 설치되어 있고, 그 소화설비가 설치된 부분이 방화벽과 방화문으로 구획되어 있는 경우 필요한 수원의 저수량은?

① 스프링클러설비에 필요한 저수량 이상
② 모든 소화설비에 필요한 저수량 중 최소의 것 이상
③ 각 고정식 소화설비에 필요한 저수량 중 최대의 것 이상
④ 각 고정식 소화설비에 필요한 저수량 중 최소의 것 이상

해설 물분무소화설비의 화재안전기술기준
(수원 및 가압송수장치의 펌프 등의 겸용)
물분무소화설비의 수원을 옥내소화전설비 · 스프링클러설비 · 간이스프링클러설비 · 화재조기진압용 스프링클러설비 · 포소화전설비 및 옥외소화전설비의 수원과 **겸용하여 설치하는 경우의** 저수량은 **각 소화설비에 필요한 저수량을 합한 양 이상**이 되도록 하여야 한다. 다만, 이들 소화설비 중 고정식 소화설비가 2 이상 설치되어 있고, 그 소화설비가 설치된 부분이 **방화벽과 방화문으로 구획되어 있는 경우**에는 각 고정식 소화설비에 **필요한 저수량 중 최대의 것 이상**으로 할 수 있다.

해답 ③

68 피난사다리의 형식승인 및 제품검사의 기술기준에 따른 피난사다리에 대한 설명으로 틀린 것은?

① 수납식 사다리는 평소에 실내에 두다가 필요시 꺼내어 사용하는 사다리를 말한다.
② 올림식 사다리는 소방대상물 등에 기대어 세워서 사용하는 사다리를 말한다.
③ 고정식 사다리는 항시 사용 가능한 상태로 소방대상물에 고정되어 사용되는 사다리를 말한다.
④ 내림식 사다리는 평상시에는 접어둔 상태로 두었다가 사용하는 때에 소방대상물 등에 걸어 내려 사용하는 사다리를 말한다.

해설 피난사다리의 용어 정의
① 피난사다리 : 화재시 긴급대피에 사용하는 사다리로서 고정식 · 올림식 및 내림식 사다리
② 고정식사다리 : 항시 사용 가능한 상태로 소방대상물에 고정되어 사용되는 사다리(수납식 · 접는식 · 신축식을 포함)
③ 수납식 : 횡봉이 종봉내에 수납되어 사용하는 때에 횡봉을 꺼내어 사용할 수 있는 구조
④ 올림식사다리 : 소방대상물 등에 기대어 세워서 사용하는 사다리
⑤ 내림식사다리 : 평상시에는 접어둔 상태로 두었다가 사용하는 때에 소방대상물 등에 걸어 내려 사용하는 사다리(하향식 피난구용 내림식사다리를 포함)
⑥ 하향식 피난구용 내림식사다리 : 하향식 피난구 해치(피난사다리를 항상 사용가능한 상태로 넣어 두는 장치를 말함)에 격납하여 보관되다가 사용하는 때에 사다리의 돌자 등이 소방대상물과 접촉되지 아니하는 내림식사다리

해답 ①

69 분말소화설비의 화재안전기술기준에 따라 전역방출방식 분말소화설비의 분사헤드는 소화약제 저장량을 최대 몇 초 이내에 방사할 수 있는 것으로 하여야 하는가?

① 10　　② 20
③ 30　　④ 40

해설 약제 방사시간

소화설비		방사시간
CO_2	전역	표면화재 1분 이내
		심부화재 7분 이내
	국소	30초 이내
할론		10초 이내
할로젠화합물 및 불활성기체		10초 이내(불활성은 A, C급 2분 이내, B급 1분 이내)
분말		30초 이내

해답 ③

70 소화기구 및 자동소화장치의 화재안전기술기준에 따라 부속용도별 추가하여야 할 소화기구 중 음식점의 주방에 추가하여야 할 소화기구의 능력단위는? (단, 지하가의 음식점을 포함한다.)

① 해당 용도 바닥면적 $10m^2$마다 1단위 이상
② 해당 용도 바닥면적 $15m^2$마다 1단위 이상
③ 해당 용도 바닥면적 $20m^2$마다 1단위 이상
④ 해당 용도 바닥면적 $25m^2$마다 1단위 이상

해설 부속용도별로 추가하여야 할 소화기구

용도별	소화기구의 능력단위
음식점(지하가의 음식점포함)	해당용도의 바닥면적 $25m^2$마다 능력단위 1단위이상의 소화기

해답 ④

71 할론소화설비의 화재안전기준에 따른 할론소화약제의 저장용기 설치장소에 대한 설명으로 틀린 것은?

① 가능한 한 방호구역외의 장소에 설치해야 한다.
② 온도가 40℃ 이하이고, 온도변화가 적은 곳에 설치해야 한다.
③ 용기간에 이물질이 들어가지 않도록 용기간의 간격을 1cm 이하로 유지해야 한다.
④ 저장용기가 여러 개의 방호구역을 담당하는 경우 저장용기와 집합관을 연결하는 연결배관에는 체크밸브를 설치해야 한다.

해설 할론소화설비
(1) 저장용기 설치기준
　① 방호구역외의 장소에 설치할 것. 다만, 방호구역내에 설치할 경우에는 피난 및 조작이 용이하도록 피난구부근에 설치하여야 한다.
　② 온도가 40℃ 이하이고, 온도변화가 적은 곳에 설치할 것
　③ 직사광선 및 빗물이 침투할 우려가 없는 곳에 설치할 것
　④ 방화문으로 방화구획된 실에 설치할 것
　⑤ 용기의 설치장소에는 당해 용기가 설치된 곳임을 표시하는 표지를 할 것
　⑥ 용기간의 간격은 점검에 지장이 없도록 3cm 이상의 간격을 유지할 것
　⑦ 저장용기와 집합관을 연결하는 연결배관에는 체크밸브를 설치할 것. 다만, 저장용기가 하나의 방호구역만을 담당하는 경우에는 그러하지 아니하다
(2) 약제방사시간
　기준저장량의 소화약제를 10초 이내에 방사할 수 있는 것으로 할 것
(3) 기동장치의 조작부
　바닥으로부터 0.8m 이상 1.5m 이하의 위치에 설치하고, 보호판 등에 따른 보호장치를 설치할 것

해답 ③

72 상수도소화용수설비의 화재안전기술기준에 따라 상수도소화용수설비의 소화전은 특정소방대상물의 수평투영면의 각 부분으로부터 최대 몇 m 이하가 되도록 설치하여야 하는가?

① 100　　② 120
③ 140　　④ 160

해설 상수도소화용수설비
① 호칭지름 **75mm 이상의 수도배관**에 호칭지름 **100mm 이상의 소화전**을 접속

② 소화전은 소방자동차 등의 진입이 쉬운 도로변 또는 공지에 설치
③ 소화전은 소방대상물의 수평투영면의 각 부분으로부터 140m 이하가 되도록 설치

해답 ③

73 스프링클러설비의 화재안전기술기준에 따라 설치장소의 최고 주위온도가 70℃인 장소에 폐쇄형 스프링클러헤드를 설치하는 경우 표시온도가 몇 ℃인 것을 설치해야 하는가?

① 79℃ 미만
② 162℃ 이상
③ 79℃ 이상 121℃ 미만
④ 121℃ 이상 162℃ 미만

해설 폐쇄형 스프링클러헤드의 설치기준
① 헤드로부터 **반경 60cm 이상의 공간을 보유할 것**(단, **벽과 헤드간의 공간은 10cm 이상**)
② 헤드와 그 부착면과의 거리는 **30cm 이하**로 할 것
③ 배관·행가 및 조명기구 등 살수가 방해될 경우 그로부터 아래에 설치하여 살수에 장애가 없도록 할 것
④ 설치장소의 평상시 최고 주위온도에 따라 다음 표에 따른 표시온도의 것으로 설치할 것. 다만, **높이가 4m 이상인 공장 및 창고**(랙크식 창고를 포함)에 설치하는 스프링클러헤드는 그 설치장소의 평상시 최고 주위온도에 관계없이 **121℃ 이상**의 것으로 할 수 있다.

최고 주위온도	표시온도
39℃ 미만	79℃ 미만
39℃ 이상 64℃ 미만	79℃ 이상 121℃ 미만
64℃ 이상 106℃ 미만	121℃ 이상 162℃ 미만
106℃ 이상	162℃ 이상

⑤ 습식스프링클러설비 및 부압식스프링클러설비 외의 설비에는 **상향식스프링클러헤드를 설치**

예외인 경우
- 드라이펜던트스프링클러헤드를 사용하는 경우
- 스프링클러헤드의 설치장소가 동파의 우려가 없는 곳인 경우
- 개방형 스프링클러헤드를 사용하는 경우

⑥ 스프링클러헤드의 반사판은 그 부착면과 평행하게 설치할 것

해답 ④

74 자동소화장치를 설치해야 하는 특정소방대상물 중 후드 및 덕트가 설치되어 있는 주방이 있는 특정소방대상물로 한다. 주거용 주방자동소화장치를 설치해야 하는 것으로 맞는 것은?

① 식당
② 단독주택
③ 연립주택
④ 오피스텔

해설 주거용 주방자동소화장치 설치대상
아파트 등 및 오피스텔의 모든 층

해답 ④

75 소화수조 및 저수조의 화재안전기술기준에 따라 소화용수 소요수량이 120m³일 때 소화용수설비에 설치하는 채수구는 몇 개가 소요되는가?

① 2
② 3
③ 4
④ 5

해설 소화수조 및 저수조 등
① 소방차가 채수구로부터 **2m 이내**의 지점까지 접근할 수 있는 위치에 설치
② 소화수조 또는 저수조의 저수량

[소방대상물의 기준면적]

소방대상물의 구분	기준면적
1층 및 2층의 바닥면적 합계가 15000m² 이상인 소방대상물	7500m²
그 밖의 소방대상물	12500m²

소화수조 또는 저수조의 설치기준
(1) 흡수관투입구
① 한 변이 0.6m 이상 또는 직경이 0.6m 이상
② 소요수량이 80m³ 미만인 것 : 1개 이상
③ 소요수량이 80m³ 이상인 것 : 2개 이상
④ "흡수관투입구"라고 표시한 표지를 할 것
(2) 채수구 설치기준
① 65mm 이상의 나사식 결합금속구를 설치

[소요수량과 채수구수]

소요수량	20m³ 이상 40m³ 미만	40m³ 이상 100m³ 미만	100m³ 이상
채수구수	1개	2개	3개

② 채수구 설치위치 : 0.5m 이상 1m 이하

③ "채수구"라고 표시한 표지를 할 것
④ 소화용수설비 설치 면제 : 유수의 양이 0.8m³/min 이상인 유수를 사용할 수 있는 경우

해답 ②

76 미분무소화설비의 화재안전기술기준에 따른 다음 용어에 대한 설명 중 ( )안에 알맞은 것은?

> 미분무란 물만을 사용하여 소화하는 방식으로 최소설계압력에서 헤드로부터 방출되는 물입자 중 (㉠)%의 누적체적분포가 (㉡)μm 이하로 분무되고 A, B, C급 화재에 적응성을 갖는 것을 말한다.

① ㉠ 30, ㉡ 120   ② ㉠ 50, ㉡ 120
③ ㉠ 60, ㉡ 200   ④ ㉠ 99, ㉡ 400

해설 용어 정의
① 미분무
물만을 사용하여 소화하는 방식으로 최소설계압력에서 헤드로부터 방출되는 물입자 중 **99%의 누적체적분포가 400μm 이하**로 분무되고 A, B, C급화재에 적응성을 갖는 것
② 미분무소화설비의 종류

저압	중압	고압
최고사용압력이 1.2MPa 이하	사용압력이 1.2MPa을 초과 3.5MPa 이하	최저사용압력이 3.5MPa 초과

해답 ④

77 포소화설비의 화재안전기술기준에 따라 차고 또는 주차장에 설치하는 포소화설비의 수동식 기동장치는 방사구역마다 최소한 몇 개 이상을 설치해야 하는가?

① 1   ② 2
③ 3   ④ 4

해설 포소화설비의 수동식 기동장치
① 직접조작 또는 원격조작에 따라 가압송수장치·수동식 개방밸브 및 소화약제 혼합장치를 기동할 수 있는 것으로 할 것

② 2 이상의 방사구역을 가진 포소화설비에는 방사구역을 선택할 수 있는 구조로 할 것
③ 기동장치의 조작부는 화재 시 쉽게 접근할 수 있는 곳에 설치하되, 바닥으로부터 0.8m 이상 1.5m 이하의 위치에 설치하고, 유효한 보호장치를 설치할 것
④ 기동장치의 조작부 및 호스 접결구에는 가까운 곳의 보기 쉬운 곳에 각각 "기동장치의 조작부" 및 "접결구"라고 표시한 표지를 설치할 것
⑤ **차고 또는 주차장**에 설치하는 포소화설비의 수동식 기동장치는 **방사구역마다 1개 이상** 설치할 것
⑥ **항공기격납고**에 설치하는 포소화설비의 수동식 기동장치는 각 **방사구역마다 2개 이상**을 설치하되, 그 중 1개는 각 방사구역으로부터 가장 가까운 곳 또는 조작에 편리한 장소에 설치하고, 1개는 화재감지수신기를 설치한 감시실 등에 설치할 것

해답 ①

78 분말소화설비의 화재안전기술기준에 따라 분말소화설비의 소화약제 중 차고 또는 주차장에 설치해야 하는 것은?

① 제1종 분말   ② 제2종 분말
③ 제3종 분말   ④ 제4종 분말

해설 분말소화설비에 사용하는 소화약제
① 제1종분말·제2종분말·제3종분말 또는 제4종분말로 하여야 한다.
② **차고 또는 주차장**에 설치하는 분말소화설비의 **소화약제는 제3종분말**로 하여야 한다.

분말소화약제

종 별	약제명	착색	적응화재
제1종	탄산수소나트륨 중탄산나트륨	백색	B,C급
제2종	탄산수소칼륨 중탄산칼륨	담회색	B,C급
제3종	제1인산암모늄	담홍색	A,B,C급
제4종	중탄산칼륨+요소	회색	B,C급

해답 ③

79 스프링클러설비의 화재안전기술기준에 따라 스프링클러설비 가압송수장치의 정격토출압력 기준으로 맞는 것은?

① 하나의 헤드 선단의 방수압력이 0.2MPa 이상, 1.0MPa 이하가 되어야 한다.
② 하나의 헤드 선단의 방수압력이 0.2MPa 이상, 1.2MPa 이하가 되어야 한다.
③ 하나의 헤드 선단의 방수압력이 0.1MPa 이상, 1.0MPa 이하가 되어야 한다.
④ 하나의 헤드 선단의 방수압력이 0.1MPa 이상, 1.2MPa 이하가 되어야 한다.

해설 소화설비의 방수압과 방수량

소화설비의 종류	방 수 압	방 수 량
옥내소화전 설비	0.17MPa~0.7MPa	130L/min 이상
옥외소화전 설비	0.25MPa 이상	350L/min 이상
스프링클러설비	0.1~1.2MPa	80L/min 이상
위험물 옥외 탱크 포소화전	0.35MPa 이상	400L/min 이상

해답 ④

80 연결살수설비의 화재안전기술기준에 따라 연결살수설비 전용헤드를 사용하는 배관의 설치에서 하나의 배관에 부착하는 살수헤드가 4개일 때 배관의 구경은 몇 mm 이상으로 하는가?

① 50 ② 65
③ 80 ④ 100

해설 연결살수설비의 설치기준
① 연결살수설비 전용헤드 수별 급수관의 구경

부착하는 전용헤드의 개수	1개	2개	3개	4~5개	6~10개
배관구경(mm)	32	40	50	65	80

② 폐쇄형헤드를 사용하는 연결살수설비
주배관은 다음에 해당 하는 배관 또는 수조에 접속
㉠ 옥내소화전설비의 주배관
㉡ 수도배관
㉢ 옥상에 설치된 수조
③ 개방형헤드를 사용하는 연결살수설비
수평주행배관은 헤드를 향하여 상향으로 100분의 1 이상의 기울기로 설치
④ 가지배관 또는 교차배관을 설치하는 경우에는 가지배관의 배열은 토너멘트방식이 아니어야 한다.

해답 ②

소방설비산업기사 – 기계분야

2020년 8월 22일 시행

제1과목 소방원론

01 소화약제로 사용되는 물에 대한 설명 중 틀린 것은?

① 극성 분자이다.
② 수소결합을 하고 있다.
③ 아세톤, 벤젠보다 증발 잠열이 크다.
④ 아세톤, 구리보다 비열이 작다.

해설 비열
어떤 물질 1 kg의 온도를 1 ℃ 높이는 데 필요한 열량
① 단위 : kcal/(kg·℃), cal/(g·℃) 등
② 물질의 종류에 따라 다르다.
③ 물의 비열 : 1kcal/(kg·℃)로 주변의 물질 중 가장 크다.

물질별 비열

구분	물	아세톤	공기	구리
비열 (kcal/(kg·℃))	1	0.528	0.240	0.019

해답 ④

02 위험물안전관리법령상 제3류 위험물에 해당되지 않는 것은?

① Ca   ② K
③ Na   ④ Al

해설 ① Ca(칼슘)-제3류
② K(칼륨)-제3류
③ Na(나트륨)-제3류
④ Al(알루미늄)-제2류

제3류 위험물 및 지정수량

유별	성질	위험물 품명		지정수량
제3류	자연발화성 및 금수성 물질	1. 칼륨		10kg
		2. 나트륨		
		3. 알킬알루미늄		
		4. 알킬리튬		
		5. 황린		20kg
		6. 알칼리금속(칼륨 및 나트륨 제외) 및 알칼리토금속		50kg
		7. 유기금속화합물(알킬알루미늄 및 알킬리튬 제외)		
		8. 금속의 수소화물		300kg
		9. 금속의 인화물		
		10. 칼슘 또는 알루미늄의 탄화물		

해답 ④

03 Halon 1301의 화학식에 포함되지 않는 원소는?

① C   ② Cl
③ F   ④ Br

해설 할론소화약제 명명법
할론 ⓐ ⓑ ⓒ ⓓ
ⓐ : C원자수, ⓑ : F원자수
ⓒ : Cl원자수, ⓓ : Br원자수

할론소화약제

구분 \ 종류	할론 2402	할론 1211	할론 1301	할론 1011
분자식	$C_2F_4Br_2$	CF_2ClBr	CF_3Br	CH_2ClBr

해답 ②

04 어떤 기체의 확산 속도가 이산화탄소의 2배였다면 그 기체의 분자량은 얼마로 예상할 수 있는가?

① 11   ② 22

③ 44　　　　　④ 88

해설 기체의 확산속도

$$\frac{u_1}{u_2} = \sqrt{\frac{M_2}{M_1}}$$

u : 확산속도,　M : 분자량
① 어떤 기체의 확산속도 $X = 2$
② CO_2의 확산속도 = 1
③ $\frac{2}{1} = \sqrt{\frac{44}{X}}$
④ 양변을 제곱하면
⑤ $\frac{4}{1} = \frac{44}{X}$　∴ $X = 11$

해답 ①

05 물과 반응하여 가연성인 아세틸렌가스를 발생하는 것은?

① 나트륨　　　　② 아세톤
③ 마그네슘　　　④ 탄화칼슘

해설 탄화칼슘(CaC_2) : 제3류 위험물 중 칼슘탄화물

화학식	분자량	융점	비중
CaC_2	64	2370℃	2.21

① 물과 접촉 시 아세틸렌을 생성하고 열을 발생시킨다.

$$CaC_2 + 2H_2O \rightarrow Ca(OH)_2 + C_2H_2 \uparrow$$
(수산화칼슘) (아세틸렌)

② 아세틸렌의 폭발범위는 2.5~81%로 대단히 넓어서 폭발위험성이 크다.
③ 장기 보관 시 불활성기체(N_2 등)를 봉입하여 저장한다.
④ 물 및 포약제에 의한 소화는 절대 금하고 마른 모래 등으로 피복 소화한다.

해답 ④

06 다음 중 가연성 물질이 아닌 것은?

① 프로판　　　　② 산소
③ 에탄　　　　　④ 암모니아

해설 ① 프로판-가연성　② 산소-조연성(지연성)
③ 에탄-가연성　　④ 암모니아-가연성

(1) 가연성가스
폭발하한 10% 이하 또는 폭발상한과 폭발하한의 차가 20% 이상인 가스

가연성 가스
수소(H_2), 암모니아(NH_3), 메탄(CH_4), 프로판(C_3H_8) 등

(2) 조연성(지연성)가스
자기자신은 연소하지 않고 다른 가스의 연소를 도와주는 가스

조연성 가스
산소(O_2), 오존(O_3), 불소(F), 염소(Cl), 일산화질소(NO), 이산화질소(NO_2)

해답 ②

07 물과 접촉하면 발열하면서 수소기체를 발생하는 것은?

① 과산화수소　　② 나트륨
③ 황린　　　　　④ 아세톤

해설 위험물과 보호액

구분	유별	보호액	보호액에 저장목적
황린	제3류	물	자연발화방지
칼륨, 나트륨	제3류	파라핀, 경유, 등유	물과 반응하여 수소(H_2)의 발생방지
이황화탄소	제4류	물	가연성증기의 발생억제

해답 ②

08 가연물이 되기 위한 조건이 아닌 것은?

① 산화되기 쉬울 것
② 산소와의 친화력이 클 것
③ 활성화 에너지가 클 것
④ 열전도도가 작을 것

해설 가연물의 구비조건
① 산소와 친화력이 클 것
② 발열량이 클 것
③ 표면적이 넓을 것
④ 열전도도가 작을 것
⑤ **활성화 에너지가 적을 것**
⑥ 연쇄반응을 일으킬 것
⑦ 활성이 강할 것

해답 ③

09 위험물안전관리법령상 제1석유류, 제2석유류, 제3석유류를 구분하는 기준은?

① 인화점　　② 발화점
③ 비점　　　④ 녹는점

해설 제4류 위험물(인화성 액체)

구 분	지정품목	기타 조건(1atm에서)
특수인화물	이황화탄소, 다이에틸에터	• 발화점이 00℃ 이하 • 인화점 -20℃이하이고 비점이 40℃ 이하
제1석유류	아세톤, 휘발유	• 인화점 21℃ 미만.
알코올류	C_1~C_3까지 포화 1가 알코올로 가연성액체량이 60% 이상(변성알코올 포함)	
제2석유류	등유, 경유	• 인화점 21℃ 이상 70℃ 미만
제3석유류	중유, 크레오소트유	• 인화점 70℃ 이상 200℃ 미만
제4석유류	기어유, 실린더유	• 인화점 200℃ 이상 250℃ 미만
동식물유류	동물의 지육 등 또는 식물의 종자나 과육으로부터 추출한 것으로서 1기압에서 인화점이 250℃ 미만인 것	

※ 제4류 위험물은 인화점에 따라 분류한다.

해답 ①

10 표준상태에서 44.8m³의 용적을 가진 이산화탄소가스를 모두 액화하면 몇 kg 인가? (단, 이산화탄소의 분자량은 44이다.)

① 88　　② 44
③ 22　　④ 11

해설 이상기체 상태방정식 ★★★★★

$$PV = \frac{W}{M}RT$$

P : 압력(atm)　　V : 부피(m³)
W : 무게(kg)　　M : 분자량
R : 기체상수(0.082atm · m³/kmol · K)
T : 절대온도(273 + t℃)K

① $W = \frac{PVM}{RT}$ (표준상태 : 0℃, 1atm)

② $W = \frac{1 \times 44.8 \times 44}{0.082 \times (273+0)} = 88.06$kg

해답 ①

11 기계적 열에너지에 의한 점화원에 해당되는 것은?

① 충격, 기화, 산화
② 촉매, 열방사선, 중합
③ 충격, 마찰, 압축
④ 응축, 증발, 촉매

해설 열에너지원의 종류

에너지의 분류	종 류
화학적 에너지	연소열, 분해열, 용해열, 반응열, 자연발화, 중합열
전기적 에너지	저항가열, 유도가열, 유전가열, 아크가열, 정전스파크, 낙뢰, 정전기
기계적 에너지	마찰열, 압축열, 충격(마찰)스파크
원자력 에너지	핵분열, 핵융합

해답 ③

12 연소의 3요소에 해당하지 않는 것은?

① 점화원　　② 연쇄반응
③ 가연물질　④ 산소공급원

해설 연소의 3요소와 4요소
① 연소의 3요소
　가연물 + 산소 + 점화원
② 연소의 4요소
　가연물 + 산소 + 점화원 + 순조로운 연쇄반응

해답 ②

13 건축물 내부 화재 시 연기의 평균 수평이동속도는 약 몇 m/s 인가?

① 0.01~0.05　② 0.5~1
③ 10~15　　　④ 20~30

해설 연기의 이동속도

이동방향	수평	수직	실내계단
이동속도(m/s)	0.5~1	2~3	3~5

해답 ②

14 가연성 기체의 일반적인 연소범위에 관한 설명으로서 옳지 못한 것은

① 연소범위에는 상한과 하한이 있다.

② 연소범위에는 값은 공기와 혼합된 가연성 기체의 체적 농도로 표시된다.
③ 연소범위의 값은 압력과 무관하다.
④ 연소범위는 가연성 기체의 종류에 따라 다른 값을 갖는다.

해설 연소범위(폭발범위, explosion limit)
가연성가스가 연소되기 위해서 공기 또는 산소와 혼합된 가연성가스의 농도범위로서 하한계 값과 상한계 값을 가진다.
① 온도 상승시 : 넓어진다.
② 압력 상승시 : 넓어진다.
③ 불활성기체(헬륨, 네온, 아르곤) 첨가시 : 좁아진다.
④ 산소농도 증가시 : 넓어진다.

해답 ③

15 칼륨 화재 시 주수소화가 적응성이 없는 이유는?

① 수소가 발생되기 때문
② 아세틸렌이 발생되기 때문
③ 산소가 발생되기 때문
④ 메탄가스가 발생하기 때문

해설 위험물과 보호액

구분	유별	보호액	보호액에 저장목적
황린	제3류	물	자연발화방지
칼륨, 나트륨	제3류	파라핀, 경유, 등유	물과 반응하여 수소(H_2)의 발생방지
이황화탄소	제4류	물	가연성증기의 발생억제

해답 ①

16 건축법령상 건축물의 주요 구조부에 해당되지 않는 것은?

① 지붕틀
② 내력벽
③ 주계단
④ 최하층 바닥

해설 건축물의 주요 구조부

(1) 내력벽	(2) 기둥	(3) 바닥
(4) 보	(5) 지붕틀	(6) 주계단

(어두문자 암기법 : 내주기만하면 바보지)

해답 ④

17 A급화재의 해당하는 가연물이 아닌 것은?

① 섬유
② 목재
③ 종이
④ 유류

해설 ④ 유류-B급화재
화재의 분류 ★★ 자주출제(필수암기) ★★

종류	등급	색표시	주된 소화 방법
일반화재	A급	백색	냉각소화
유류 및 가스재	B급	황색	질식소화
전기화재	C급	청색	질식소화
금속화재	D급	-	피복소화
주방화재	K급	-	냉각 및 질식소화

해답 ④

18 이산화탄소 소화기가 갖는 주된 소화 효과는?

① 유화소화
② 질식소화
③ 제거 소화
④ 부촉매소화

해설 소화효과
① 할론 1301-억제소화(부촉매소화)
② 이산화탄소-질식 및 냉각소화

해답 ②

19 다음의 위험물 중 위험물안전관리법령상 지정수량이 나머지 셋과 다른 것은?

① 알킬알루미늄
② 황화인
③ 유기과산화물
④ 질산에스테르류

해설 ① 알킬알루미늄-제3류-10kg
② 황화인-제2류-100kg
③ 유기과산화물-제5류-10kg
④ 질산에스테르류-제5류-10kg

해답 ②

20 질소(N_2)의 증기비중은 약 얼마인가? (단, 공기분자량은 29이다.)

① 0.8
② 0.97
③ 1.5
④ 1.8

해설 ① 질소의 분자량 : $N_2 = 14 \times 2 = 28$
② 증기비중 : $S = \dfrac{28(분자량)}{29(공기평균분자량)} = 0.97$

해답 ②

제2과목 소방유체역학

21 정상상태의 원형 관의 유동에서 주 손실에 의한 압력강하(ΔP)는 어떻게 나타내는가? (단, V는 평균속도, D는 관 직경, L은 관 길이, f는 마찰계수, ρ는 유체의 밀도, γ는 비중량이다.)

① $\rho f \dfrac{L}{D} \dfrac{V^2}{2}$ ② $\rho f \dfrac{D}{L} \dfrac{V^2}{2}$

③ $\gamma f \dfrac{L}{D} \dfrac{V^2}{2}$ ④ $\gamma f \dfrac{D}{L} \dfrac{V^2}{2}$

해설 달시–바이스바하(Darcy – Weisbach) 공식

$$\Delta h_L = f \dfrac{L}{D} \dfrac{V^2}{2g} \text{ 또는 } \Delta P = \rho f \dfrac{L}{D} \dfrac{V^2}{2g}$$

여기서, Δh_L : 마찰손실수두(m), f : 마찰계수
L : 관 길이, D : 관 직경, V : 평균속도
g : 중력가속도(9.8m/s²), $\rho\left(\dfrac{\gamma}{g}\right)$: 밀도
ΔP : 압력강하

해답 ①

22 직경이 d인 소방 호스 끝에 직경이 $d/2$인 노즐이 연결되어 있다. 노즐에서 유출되는 유체의 평균속도는 호스에서의 평균속도에 얼마인가?

① 1/4   ② 1/2
③ 2배   ④ 4배

해설 ① 호스에서 평균속도(관 직경 = d)

$$u_1 = \dfrac{4Q}{\pi d^2}$$

② 노즐에서 평균속도(관 직경 = $\dfrac{d}{2}$)

$$u_2 = \dfrac{4Q}{\pi d^2} = \dfrac{4Q}{\pi (d/2)^2} = \dfrac{16Q}{\pi d^2}$$

③ $\dfrac{u_2}{u_1} = \dfrac{\frac{16Q}{\pi d^2}}{\frac{4Q}{\pi d^2}} = 4$배

평균속도

$$u = \dfrac{Q}{A} = \dfrac{Q}{\dfrac{\pi}{4}d^2} = \dfrac{4Q}{\pi d^2}$$

여기서, Q : 유량, A : 단면적, d : 관 직경

해답 ④

23 부력에 대한 설명으로 틀린 것은?

① 부력의 중심인 부심은 유체에 잠긴 물체 체적의 중심이다.
② 부력의 크기는 물체에 의해 배제된 유체의 무게와 같다.
③ 부력이 작용하므로 모든 물체는 항상 유체속에 잠기지 않고 유체표면에 뜨게 된다.
④ 정지 유체에 잠겨있거나 떠 있는 물체가 유체에 의하여 수직 상방향으로 받는 힘을 부력이라고 한다.

해설 부력과 중량(무게)

$$F_B(\text{부력}) = F_w(\text{무게})$$
$$r_{\text{액체}} \times V_{\text{잠긴}} = r_{\text{물체}} \times V_{\text{전체}}$$

부력
① 물에 뜨려는 힘을 말한다.
② 부력의 크기는 유체 속에 있는 물체의 부피와 같은 부피를 가진 유체의 무게와 같다
③ 아르키메데스가 발견했기 때문에 여기에 관계된 원리를 아르키메데스의 원리라고도 한다.
④ 부력의 작용점은 잠겨진 물체 체적의 중심과 일치한다.

해답 ③

24 압력이 300kPa, 체적 1.66m³인 상태의 가스를 정압 하에서 열을 방출시켜 체적을 1/2로 만들었다. 이때 기체에 해준 일(kJ)은 얼마인가?

① 129   ② 249
③ 399   ④ 981

해설 기체가 한 일

$$W = P\Delta V$$

$$W = 300\text{kN/m}^2 \times \left(1.66 - 1.66 \times \frac{1}{2}\right)\text{m}^3$$
$$= 249\text{kN} \cdot \text{m (kJ)}$$

참고 $1\text{kPa} = 1\text{kN/m}^2$ $1\text{J} = 1\text{N} \cdot \text{m}$

해답 ②

25 송풍기의 전압이 1.47kPa, 풍량이 20m³/min, 전압효율이 0.6일 때 축동력(W)은?

① 463.2 ② 816.7
③ 1110.3 ④ 1264.4

해설 ① 풍량 $Q = 20\text{m}^3/\text{min}$
② 전압 $P_T = 1.47\text{kPa}$을 mmAq로 환산

$$P_T = 1.47\text{kPa} \times \frac{10332\text{mmAq}}{101.325\text{kPa}}$$
$$= 149.8943\text{mmAq}$$

③ $P(\text{kW}) = \dfrac{20 \times 149.8943}{102 \times 60 \times 0.6} = 0.81642\text{kW}$
$= 816.42\text{W}$

배풍기(송풍기)의 축동력

$$P(\text{kW}) = \frac{Q(\text{m}^3/\text{min}) \times P_T(\text{mmAq})}{102 \times 60 \times E}$$

여기서, Q : 풍량(m³/min)
P_T : 전압(mmAq=mmH₂O)
E : 효율

해답 ②

26 그림과 같이 수면으로부터 2m 아래에 직경 3m의 평면 원형 수문이 수직으로 설치되어 있다. 물의 압력에 의해 수문이 받는 전압력의 세기(kN)는?

① 104.5 ② 242.5
③ 346.5 ④ 417.5

해설 ① 물의 비중량 $\gamma = 9.8\text{kN/m}^3$
평균높이 $\bar{h} = 2\text{m} + \dfrac{3\text{m}}{2} = 3.5\text{m}$
수문의 단면적 $A = \dfrac{\pi}{4}d^2 = \dfrac{\pi}{4} \times (3\text{m})^2$
② $F = \gamma \bar{h} A = 9.8 \times 3.5 \times \dfrac{\pi}{4} \times 3^2 = 242.5\text{kN}$

수문에 걸리는 힘

$$F = \gamma \bar{h} A$$

여기서, F : 힘(kN)
γ : 비중량(물=9.8kN/m³)
$\bar{h}$: 평균높이($\dfrac{h}{2}$)
A : 단면적

해답 ②

27 풍동에서 유속을 측정하기 위해서 피토관을 설치하였다. 이때 피토관에 연결된 U자관 액주계 내 비중이 0.8인 알코올이 10cm 상승하였다. 풍동내의 공기의 압력이 100kPa이고, 온도가 20℃일 때 풍동에서 공기의 속도(m/s)는? (단, 일반기체상수는 0.287kJ/kg · K이다.)

① 33.5 ② 36.3
③ 38.6 ④ 40.4

해설 **풍동에서 공기의 속도**

$$u = \sqrt{\frac{2\Delta P}{\rho}}$$

① 공기의 밀도 계산
$$\rho = \frac{P}{RT}$$
$P = 100\text{kPa} = 100 \times 10^3 \text{Pa(N/m}^2)$
$R = 0.287\text{kJ/kg} \cdot \text{K} = 287\text{J/kg} \cdot \text{K}$
$T = (273+20)°\text{K} = 293\text{K}$
$\rho = \dfrac{100 \times 10^3}{287 \times 293} = 1.1892\text{kg/m}^3$

② 압력차 계산
$\Delta P = \gamma h = \gamma_w \times S \times h$
$= 9800\text{N/m}^3 \times 0.8 \times 0.1\text{m}$
$= 784\text{N/m}^2(\text{Pa})$

③ 공기의 속도

$$u = \sqrt{\frac{2 \times 784}{1.1892}} = 36.31 \text{m/s}$$

해답 ②

28 U자관 액주계가 오리피스 유량계에 설치되어 있다. 액주계 내부에는 비중 13.6인 수은으로 채워져 있으며, 유량계에는 비중 1.6인 유체가 유동하고 있다. 액주계에서 수은의 높이 차이가 200mm이라면 오리피스 전후의 압력차(kPa)는 얼마인가?

① 13.5 ② 23.5
③ 33.5 ④ 43.5

해설 오리피스 전후의 압력차

$$\Delta P = (\gamma_2 - \gamma_1)h$$

여기서, γ_2 : 마노미터속 유체의 비중량(kN/m³)
γ_1 : 유량계 유체의 비중량(kN/m³)
h : 액주계에서 수은의 높이차이(m)

① 비중량 계산
$\gamma_2 = \gamma_w \times S = 9.8 \text{kN/m}^3 \times 13.6$
$\gamma_1 = \gamma_w \times S = 9.8 \text{kN/m}^3 \times 1.6$

② 오리피스 전후의 압력차
$\Delta P = (9.8 \times 13.6 - 9.8 \times 1.6)\text{kN/m}^3 \times 0.2\text{m}$
$= 23.52 \text{kN/m}^2 (\text{kPa})$

해답 ②

29 유체에 대한 일반적인 설명으로 틀린 것은?

① 아무리 작은 전단응력이라도 물질 내부에 전단응력이 생기면 정지상태로 있을 수가 없다.
② 점성이 작은 유체일수록 유동 저항이 작아 더 쉽게 움직일 수 있다.
③ 충격파는 비압축성 유체에서는 잘 관찰되지 않는다.
④ 유체에 미치는 압축의 정도가 커서 밀도가 변하는 유체를 비압축성유체라 한다.

해설 유체의 종류

압축성 유체	• 온도나 압력에 따라 밀도가 변화하는 유체(기체)
비압축성 유체	• 온도나 압력에 따라 밀도의 변화가 없는 유체(액체)
점성 유체	• 점성을 가지고 있는 유체 즉 전단응력이 발생하는 유체
비점성 유체	• 점성이 없다고 가정한 유체 즉, 전단응력이 발생하지 않는 가상적인 유체
이상유체	• 점성이 없고(마찰손실이 없고) 비압축성인 유체 • 높은 압력에서 밀도가 변화하지 않는 유체
실제유체	• 점성이 있고(마찰손실이 있고) 압축성인 유체 • 높은 압력에서 밀도가 변화 하는 유체

※ 이상유체는 점성이 없다. 따라서 마찰손실이 없기 때문에 에너지 손실도 없는 가상적인 유체이다.

해답 ④

30 기준면에서 7.5m 높은 곳에서 유속이 6.5m/s인 물이 흐르고 있을 때 압력이 55kPa이었다. 전수두(m)는 얼마인가?

① 15.3 ② 17.4
③ 19.1 ④ 23.5

해설 ① 유속 $u = 6.5 \text{m/s}$
압력 $P = 55 \text{kPa}(\text{kN/m}^2)$
위치수두 $Z = 7.5 \text{m}$

② $H = \dfrac{6.5^2}{2 \times 9.8} + \dfrac{55}{9.8} + 7.5 = 15.3 \text{m}$

베르누이 방정식

$$H = \frac{U^2}{2g} + \frac{P}{r} + Z$$

H : 전에너지(m), $\dfrac{U^2}{2g}$: 속도수두(m)

$\dfrac{P}{r}$: 압력수두(m), Z : 위치수두(m)

해답 ①

31 다음 중 기체상수가 가장 큰 것은?

① 수소 ② 산소
③ 공기 ④ 질소

해설 기체상수(R)와 분자량(M)의 관계

$$R = \frac{8312}{M} \text{N} \cdot \text{m/kg} \cdot \text{K}$$

① 기체상수(R)는 분자량(M)에 반비례한다.
   (즉 분자량이 작을수록 기체상수 값은 커진다)
② 각 물질별 분자량

구분	수소	산소	공기	질소
분자식	H_2	O_2		N_2
분자량	$1 \times 2 = 2$	$16 \times 2 = 32$	28.84	$14 \times 2 = 28$

해답 ①

32 펌프의 이상현상 중 펌프의 유효흡입수두 (NPSH)와 가장 관련이 있는 것은?

① 수온상승 현상   ② 수격 현상
③ 공동 현상   ④ 서징 현상

해설 공동현상(캐비테이션) 방지대책
① 펌프의 설치위치를 수원보다 낮게 설치
② 펌프의 임펠러속도를 감속한다.
③ 펌프의 흡입측 수두 및 마찰손실을 작게 한다.
④ 펌프의 흡입관경을 크게 한다.
⑤ **양 흡입펌프를 사용한다.**

NPSH와 캐비테이션의 관계
① 캐비테이션 발생한계 : NPSHav = NPSHre
② 캐비테이션 방지 : NPSHav > NPSHre
③ 설계적용 기준 : NPSHav ≥ NPSHre × 1.3
• NPSHav : 유효흡입양정
• NPSHre : 필요흡입양정

해답 ③

33 열역학 제1법칙(에너지 보존의 법칙)에 대한 설명으로 옳은 것은?

① 공급열량은 총에너지 변화에 외부에 한 일량과의 합계이다.
② 열효율이 100%인 열기관은 없다.
③ 순수물질이 상압(1기압), 0K에서 결정상태이면 엔트로피는 0 이다.
④ 일에너지는 열에너지로 쉽게 변환될 수 있으나, 열에너지는 일에너지로 변환되기 어렵다.

해설 열역학 법칙
(1) 열역학 제0법칙(열의 평형법칙)
    열평형상태에 있는 물체의 온도는 같다.
    (온도계의 원리)
(2) 열역학 제1법칙(에너지보존의 법칙)
    ① 열과 일은 서로 교환이 가능하다.
    ② 열전달의 총합은 이루어진 일의 총합과 같다.
(3) 열역학 제2법칙
    ① 열은 스스로 저온에서 고온으로 이동 불가
    ② 효율이 100%인 열기관은 없다.
    ③ 자발적인 반응은 비가역적이다.
    ④ 엔트로피는 증가하는 쪽으로 흐른다.

해답 ①

34 점성계수의 MLT계 차원으로 옳은 것은?

① $[ML^{-1}T^{-1}]$ ② $[ML^2T^{-1}]$
③ $[L^2T^{-2}]$ ④ $[ML^{-2}T^{-2}]$

해설 점성계수의 차원

$$\mu = \frac{\tau}{du/dy} = \text{kg/m} \cdot \text{s} = ML^{-1}T^{-1}$$

해답 ①

35 원심 펌프의 임펠러 직경이 20cm이다. 이 펌프와 상사한 동일한 모양의 펌프를 임펠러 직경 60cm로 만들었을 때 같은 회전수에서 운전하면 새로운 펌프의 설계점 성능 특성 중 유량은 몇 배가 되는가? (단, 레이놀즈수의 영향은 무시한다.)

① 1배   ② 3배
③ 9배   ④ 27배

해설 ① 같은 회전수 이므로 $N_1 = N_2$

② $Q_2 = Q_1 \times \left(\frac{N_2}{N_1}\right) \times \left(\frac{D_2}{D_1}\right)^3$

③ $Q_2 = Q_1 \times (1) \times \left(\frac{60}{20}\right)^3 = 27Q_1$

상사의 법칙

$$Q_2 = Q_1 \times \frac{N_2}{N_1} \times \left(\frac{D_2}{D_1}\right)^3$$

$$H_2 = H_1 \times \left(\frac{N_2}{N_1}\right)^2 \times \left(\frac{D_2}{D_1}\right)^2$$

$$P_2 = P_1 \times \left(\frac{N_2}{N_1}\right)^3 \times \left(\frac{D_2}{D_1}\right)^5$$

Q_1 : 변경 전 유량 Q_2 : 변경 후 유량
H_1 : 변경 전 양정 H_2 : 변경 후 양정
P_1 : 변경 전 동력 P_2 : 변경 후 동력
N_1 : 변경 전 회전수 N_2 : 변경 후 회전수
D_1 : 변경 전 임펠러직경 D_2 : 변경 후 임펠러직경

해답 ④

36 수평 노즐 입구에서의 계기압력아 P_1[Pa], 면적이 A_1[m²]이고, 출구에서의 면적은 A_2[m²]이다. 물이 노즐을 통해 V_2[m/s]의 속도로 대기 중으로 방출될 때 노즐을 고정 시키는데 필요한 힘(N)은 얼마인가? (단, 물의 밀도는 ρ[kg/m³]이다.)

① $P_1 A_1 - \rho A_2 V_2^2 \left(1 - \dfrac{A_2}{A_1}\right)$

② $P_1 A_1 + \rho A_2 V_2^2 \left(1 - \dfrac{A_2}{A_1}\right)$

③ $P_1 A_1 - \rho A_2 V_2^2 \left(1 + \dfrac{A_2}{A_1}\right)$

④ $P_1 A_1 + \rho A_2 V_2^2 \left(1 + \dfrac{A_2}{A_1}\right)$

해설 노즐을 고정시키는데 필요한 힘

$$F = P_1 A_1 - \rho A_2 V_2^2 \left(1 - \frac{A_2}{A_1}\right)$$

여기서, P_1 : 노즐입구 계기압(Pa)
A_1 : 노즐입구 단면적(m²)
A_2 : 노즐출구 단면적(m²)
V_2 : 노즐출구 유속(m/s)
ρ : 물의 밀도(kg/m³)

해답 ①

37 온도 54.64℃, 압력 100kPa인 산소가 지름 10cm인 관속을 흐를 때 층류로 흐를 수 있는 평균속도의 최대값(m/s)은 얼마인가?
(단, 임계레이놀즈수는 2100,
산소의 점성계수는 23.16×10^{-6} kg/m·s,
기체상수는 259.75N·m/kg·K이다.)

① 0.212 ② 0.414
③ 0.616 ④ 0.818

해설 ① 밀도 계산

$$\rho = \frac{P}{RT}$$

$$= \frac{100 \times 10^3 \text{Pa}(\text{N/m}^2)}{259.75 \text{N} \cdot \text{m/kg} \cdot \text{K} \times (273 + 54.64)\text{K}}$$

$$= 1.1750 \text{kg/m}^3$$

② 평균속도

$$u = \frac{ReNo \times \mu}{D \times \rho}$$

$$= \frac{2100 \times 23.16 \times 10^{-6} \text{kg/m} \cdot \text{s}}{0.01\text{m} \times 1.1750 \text{kg/m}^3}$$

$$= 0.414 \text{m/sec}$$

레이놀드 수

$$ReNo = \frac{Du\rho}{\mu} = \frac{Du}{\nu} = \frac{4Q}{\pi D \nu}$$

여기서, D : 내경(m), u : 유속(m/s)
ρ : 밀도(kg/m³)
μ : 점성계수(N·s/m² = kg/m·s)
ν : 동점성계수(m²/s)

해답 ②

38 단면적이 10m²이고 두께가 2.5cm인 단열재를 통과하는 열전달량이 3kW이다. 내부(고온)면의 온도가 415℃이고 단열재의 열전도도가 0.2W/(m·K)일 때 외부(저온)면의 온도(℃)는?

① 353.7 ② 377.5
③ 396.2 ④ 402.4

해설 열전달량의 계산

$$P = \frac{kA(T_H - T_C)}{L}$$

여기서, P : 열전달량(W)
T_H : 고온의 절대온도(K)
T_C : 저온의 절대온도(K)
A : 전달되는 판의 면적(m^2)
L : 전달되는 판의 두께(m)
k : 열전도도(W/m · K)

① $P = 3kW = 3 \times 10^3 W$, $k = 0.2 W/(m \cdot k)$,
$A = 10 m^2$, $T_H = (273 + 415)K$,
$T_C = ?$, $L = 2.5 cm = 0.025 m$

② $3 \times 10^3 = \dfrac{0.2 \times 10 \times (688 - T_C)}{0.025}$

③ $T_C = 650.5 K$

④ $T_C = 650.5 - 273 = 377.5$℃

해답 ②

39 뉴튼의 점성법칙과 직접적으로 관계없는 것은?

① 압력 ② 전단응력
③ 속도구배 ④ 점성계수

해설 전단응력 산출 공식(뉴튼의 점성법칙)

$$\text{전단응력}(\tau) = \mu \dfrac{du}{dy}$$

여기서, μ : 점성계수
$\dfrac{du}{dy}$: 속도구배(속도기울기)

해답 ①

40 관지름 d, 관마찰계수 f, 부차손실계수 K인 관의 상당길이 L_e는?

① $\dfrac{f}{K \times d}$ ② $\dfrac{K \times d}{f}$
③ $\dfrac{K}{d \times f}$ ④ $\dfrac{d \times f}{K}$

해설 상당길이(등가길이)

$$L_e = \dfrac{Kd}{f}$$

여기서, L_e : 등가길이, K : 손실계수
d : 내경, f : 마찰손실계수

상당관 길이
관부속품을 동일구경, 동일유량에 대하여 같은 크기의 마찰손실을 갖는 직관의 길이

해답 ②

제3과목 소방관계법규

41 소방기본법령상 동원된 소방력의 운용과 관련하여 필요한 사항을 정하는 자는? (단, 동원된 소방력의 소방활동 수행 과정에서 발생하는 경비 및 동원된 민간 소방 인력이 소방활동을 수행하다가 사망하거나 부상을 입은 경우와 관련된 사항은 제외한다.)

① 대통령 ② 소방청장
③ 시·도지사 ④ 행정안전부장관

해설 소방력의 동원(소방기본법 제11조의2)
소방활동을 수행하는 과정에서 발생하는 경비 부담에 관한 사항, 소방활동을 수행한 민간 소방 인력이 사망하거나 부상을 입었을 경우의 보상주체·보상기준 등에 관한 사항, 그 밖에 동원된 소방력의 운용과 관련하여 필요한 사항은 **대통령령**으로 정한다.

소방력의 동원(소방기본법 시행령 제2조의2)
동원된 소방력의 운용과 관련하여 필요한 사항은 **소방청장**이 정한다.

해답 ②

42 소방시설 설치 및 관리에 관한 법령상 특정소방대상물 중 교육연구시설에 포함되지 않은 것은?

① 도서관 ② 초등학교
③ 직업훈련소 ④ 운전학원

해설 ④ 운전학원 – 항공기 및 자동차 관련 시설
(소방시설법 시행령 제5조 별표 2)
(특정소방대상물) 교육연구시설

① 학교
② 교육원(연수원 포함)
③ 직업훈련소
④ 학원(근린생활시설에 해당하는 것과 자동차운전학원·정비학원 및 무도학원을 제외)
⑤ 연구소(시험소와 계량계측소를 포함)
⑥ 도서관

해답 ④

43 소방기본법령상 소방신호의 종류가 아닌 것은?

① 발화신호　② 해제신호
③ 훈련신호　④ 소화신호

해설 **기본법 제18조(소방신호의 목적)**
① 화재예방　② 소방활동　③ 소방훈련
기본법 시행규칙 제10조(소방신호의 종류)
① 경계신호 : 화재예방상 필요하다고 인정되거나 화재위험경보시 발령
② 발화신호 : 화재가 발생한 때 발령
③ 해제신호 : 소화활동이 필요 없다고 인정되는 때 발령
④ 훈련신호 : 훈련상 필요하다고 인정되는 때 발령

해답 ④

44 위험물안전관리법령상 제3류 위험물이 아닌 것은?

① 칼륨　② 황린
③ 나트륨　④ 마그네슘

해설 ④ 마그네슘-제2류 위험물
제3류 위험물(자연발화성 및 금수성)

품　명	지정수량
• 칼륨　• 나트륨　• 알킬알루미늄　• 알킬리튬	10kg
• 황린	20kg
• 알칼리금속(칼륨 및 나트륨 제외) 및 알칼리토금속 • 유기금속화합물(알킬알루미늄 및 알킬리튬 제외)	50kg
• 금속의 수소화물 • 금속의 인화물 • 칼슘 또는 알루미늄의 탄화물	300kg

해답 ④

45 소방시설 설치 및 관리에 관한 법령상 건축허가등을 할때 미리 소방본부장 또는 소방서장의 동의를 받아야 하는 건축물의 범위에 해당하는 것은?

① 연면적이 $200m^2$인 노유자시설 및 수련시설
② 연면적이 $300m^2$인 업무시설로 사용되는 건축물
③ 승강기 등 기계장치에 의한 주차시설로서 자동차 10대를 주차할 수 있는 시설
④ 차고·주차장으로 사용되는 층 중 바닥면적이 $150m^2$인 층이 있는 건축물

해설 **(소방시설법 시행령 제7조)**
건축허가등의 동의대상물의 범위 등
(1) 연면적 $400m^2$ 이상
다만, 다음에 해당하는 경우에는 기준 이상
① 학교시설 : $100m^2$
② 노유자시설 및 수련시설 : $200m^2$
③ 정신의료기관 : $300m^2$
④ 장애인 의료재활시설 : $300m^2$
(2) 지하층 또는 무창층 $150m^2$(공연장 $100m^2$)
(3) 차고·주차장 또는 주차용도로 사용시설
① 차고·주차장 : $200m^2$ 이상
② 기계장치에 의한 자동차 20대 이상
(4) 층수가 6층 이상인 건축물
(5) 항공기격납고, 관망탑, 항공관제탑, 방송용 송수신탑
(6) 공동주택, 의원(입원실, 인공신장실이 있는 것)·조산원·산후조리원, 숙박시설, 위험물 저장 및 처리 시설, 풍력발전소·전기저장시설, 지하구
(7) 노유자시설((1)의 ②에 해당하지 않는 시설)
(8) 요양병원(의료재활시설은 제외)
(9) 750배 이상의 특수가연물을 저장·취급
⑩ 가스시설로서 지상 노출 탱크 100톤 이상

해답 ①

46 소방시설 설치 및 관리에 관한 법령상 특정소방대상물 중 숙박시설의 종류가 아닌 것은?

① 학교 기숙사
② 일반형 숙박시설

③ 생활형 숙박시설
④ 근린생활시설에 해당하지 않은 고시원

해설 숙박시설
① 일반형 숙박시설
② 생활형 숙박시설
③ 고시원(근린생활시설에 해당하지 않는 것)

해답 ①

47 위험물안전관리법령상 산화성 고체이며 제1류 위험물에 해당하는 것은?

① 칼륨
② 황화인
③ 염소산염류
④ 유기과산화물

해설 ① 칼륨–제3류–금수성
② 황화인–제2류–가연성고체
③ **염소산염류–제1류–산화성고체**
④ 유기과산화물–제5류–자기반응성

해답 ③

48 위험물안전관리법령상 제조소등에 전기설비(전기배선, 조명기구 등은 제외)가 설치된 장소의 면적이 300m²일 경우, 소형소화기는 최소 몇 개 설치하여야 하는가?

① 1개
② 2개
③ 3개
④ 4개

해설 소화설비의 설치기준
(1) 전기설비의 소화설비
당해 장소의 면적 100m²마다 소형소화기를 1개 이상 설치할 것
(2) 소요단위의 계산방법
① 제조소 또는 취급소의 건축물

외벽이 내화구조인 것	외벽이 내화구조가 아닌 것
연면적 100m²를 1소요단위	연면적 50m²를 1소요단위

② 저장소의 건축물

외벽이 내화구조인 것	외벽이 내화구조가 아닌 것
연면적 150m²를 1소요단위	연면적 75m²를 1소요단위

③ 위험물은 지정수량의 10배를 1소요단위로 할 것

※ 전기설비의 면적 100m²마다 소형소화기를 1개 이상 설치

$N = \dfrac{300\text{m}^2}{10\text{m}^2} = 3$개(소수점 발생시 절상)

해답 ③

49 소방기본법령상 소방서 종합상황실의 실장이 서면·팩스 또는 컴퓨터통신 등으로 소방본부의 종합상황실에 지체 없이 보고하여야 하는 화재의 기준으로 틀린 것은?

① 이재민이 50인 이상 발생한 화재
② 재산피해액이 50억원 이상 발생한 화재
③ 층수가 11층 이상인 건축물에서 발생한 화재
④ 사망자가 5인 이상 발생하거나 사상자가 10인 이상 발생한 화재

해설 소방기본법 시행규칙 제3조
(종합상황실장의 보고대상)
① 사망자 5인 이상 또는 사상자 10인 이상인 화재
② 이재민 100인 이상 화재
③ 재산피해 50억 이상 화재
④ 관공서, 학교, 정부미 도정공장, 국가유산, 지하철, 지하구 화재
⑤ 관광호텔, 층수 11층 이상 지하상가, 시장, 백화점화재
⑥ 1000톤 이상 선박화재

해답 ①

50 화재의 예방 및 안전관리에 관한 법령상 화재예방강화지구로 지정할 수 있는 대상지역이 아닌 것은? (단, 소방청장·소방본부장 또는 소방서장이 화재예방강화지구로 지정할 필요가 있다고 별도로 지정한 지역은 제외한다.)

① 시장지역
② 석조건물이 있는 지역
③ 위험물의 저장 및 처리 시설이 밀집한 지역
④ 석유화학제품을 생산하는 공장이 있는 지역

[해설] **(화재예방법 제18조) 화재예방강화지구의 지정 등**
(1) 지정권자 : 시·도지사
(2) 화재안전조사 : 소방관서장
(3) 화재안전조사 실시주기 : 연1회 이상
(4) 소방훈련과 교육 : 연1회 이상
(5) 훈련 및 교육통보 : 10일 전까지

화재예방강화지구의 지정대상지역 ★★필수암기★★
① 시장지역
② 공장·창고가 밀집한 지역
③ 목조건물이 밀집한 지역
④ 노후·불량건축물이 밀집한 지역
⑤ 위험물의 저장 및 처리시설이 밀집한 지역
⑥ 석유화학제품을 생산하는 공장이 있는 지역
⑦ 산업단지
⑧ 소방시설·소방용수시설 또는 소방 출동로가 **없는** 지역
⑨ 물류단지
⑩ 소방관서장이 화재예방강화지구로 인정하는 지역

[해답] ②

51 소방시설 설치 및 관리에 관한 법령상 특정소방대상물에 설치되어 소방본부장 또는 소방서장의 건축허가등의 동의대상에서 제외되게 하는 소방시설이 아닌 것은? (단, 설치되는 소방시설은 화재안전기준에 적합하다.)

① 유도표지 ② 누전경보기
③ 비상조명등 ④ 인공소생기

[해설] **건축허가등의 동의대상에서 제외되는 경우**
① 특정소방대상물에 설치되는 **소화기구, 자동소화장치, 누전경보기, 단독경보형감지기, 시각경보기, 가스누설경보기, 피난구조설비**(비상조명등은 제외)가 화재안전기준에 적합한 경우 그 특정소방대상물
② 건축물의 증축 또는 용도변경으로 인하여 해당 특정소방대상물에 추가로 소방시설이 설치되지 아니하는 경우 그 특정소방대상물
③ 소방시설공사의 착공신고 대상에 해당하지 않는 경우 해당 특정소방대상물

[해답] ③

52 소방시설 설치 및 관리에 관한 법령상 소방시설 관리사의 결격사유가 아닌 것은?

① 피성년후견인
② 소방기본법령에 따른 금고 이상의 실형을 선고받고 그 집행이 면제된 날부터 2년이 지나지 아니한 사람
③ 소방시설공사업법령에 따른 금고 이상의 형의 집행유예를 선고받고 그 유예기간이 지난 후 2년이 지나지 아니한 사람
④ 거짓이나 그 밖의 부정한 방법으로 관리사 시험에 합격하여 자격이 취소된 날부터 2년이 지나지 아니한 사람

[해설] **(소방시설법 제27조) 관리사의 결격사유**
① 피성년후견인
② 소방관련법령을 위반하여 금고 이상의 실형을 선고받고 그 집행이 끝나거나 집행이 면제된 날부터 **2년이 지나지 아니한 사람**
③ 소방관련법령을 위반하여 금고 이상의 형의 집행유예를 선고받고 그 **유예기간 중에 있는 사람**
④ 자격이 취소된 날부터 **2년이 지나지 아니한 자**

[해답] ③

53 소방시설공사업법령상 상주 공사감리의 대상 기준 중 다음 괄호 안에 알맞은 것은?

- 연면적 (㉠)m² 이상의 특정소방대상물(아파트는 제외)에 대한 소방시설의 공사
- 지하층을 포함한 층수가 (㉡)층 이상으로서 (㉢)세대 이상인 아파트에 대한 소방시설의 공사

① ㉠ 30000, ㉡ 16, ㉢ 500
② ㉠ 30000, ㉡ 11, ㉢ 300
③ ㉠ 50000, ㉡ 16, ㉢ 500
④ ㉠ 50000, ㉡ 11, ㉢ 300

[해설] **(공사업법 제9조의 별표3) 상주공사감리 대상**

종류	대상
상주공사 감리	• 연면적 3만m² 이상의 특정 소방대상물 (아파트는 제외) • 지하층을 포함한 층수가 16층 이상으로서 500세대 이상인 아파트
일반공사 감리	상주공사감리에 해당하지 아니하는 소방시설

[해답] ①

54 소방기본법령상 국가가 시·도의 소방업무에 필요한 경비의 일부를 보조하는 국고보조 대상이 아닌 것은?

① 소방자동차 구입
② 소방용수시설 설치
③ 소방전용통신설비 설치
④ 소방관서용 청사의 건축

해설 국고보조의 대상
(1) 소방활동장비 및 설비
  ① 소방자동차
  ② 소방헬리콥터 및 소방정
  ③ 소방전용통신설비 및 전산설비
  ④ 그밖에 방화복 등 소방활동에 필요한 소방장비
(2) 소방관서용 청사

해답 ②

55 소방시설 설치 및 관리에 관한 법령상 자동화재속보설비를 설치하여야하는 특정소방대상물의 기준으로 틀린 것은? (단, 사람이 24시간 상시 근무하고 있는 경우는 제외한다.)

① 업무시설로서 바닥면적이 1500m^2 이상인 층이 있는 것
② 문화유산의 보존 및 활용에 관한 법률에 따라 보물 또는 국보로 지정된 목조건축물
③ 노유자 생활시설에 해당하지 않는 노유자 시설로서 바닥면적이 300m^2 이상인 층이 있는 것
④ 수련시설(숙박시설이 있는 건축물만 해당)로서 바닥면적이 500m^2 이상인 층이 있는 것

해설 자동화재속보설비 설치대상
다만, 방재실 등 화재 수신기가 설치된 장소에 24시간 화재를 감시할 수 있는 사람이 근무하고 있는 경우에는 자동화재속보설비를 설치하지 않을 수 있다.

특정소방대상물	적용 대상
노유자 생활시설	모든 특정소방대상물
노유자시설	바닥면적이 500m^2 이상인 층이 있는 것
수련시설(숙박시설이 있는 건축물만 해당)	바닥면적이 500m^2 이상인 층이 있는 것

특정소방대상물	적용 대상
문화유산 중 보물 또는 국보	• 목조건축물
근린생활시설	• 의원, 치과의원 및 한의원으로서 **입원실이 있는 시설** • **조산원 및 산후조리원**
의료시설	• 종합병원, **병원**, 치과병원, 한방병원 및 **요양병원**(의료재활시설은 제외) • 정신병원 및 의료재활시설로 사용되는 바닥면적의 합계가 500m^2 **이상인 층이 있는 것**
판매시설	• **전통시장**

해답 ③

56 위험물안전관리법령상 점포에서 위험물을 용기에 담아 판매하기 위하여 지정수량의 40배 이하의 위험물을 취급하는 장소의 취급소 구분으로 옳은 것은? (단, 위험물을 제조외의 목적으로 취급하기 위한 장소이다.)

① 이송취급소   ② 일반취급소
③ 주유취급소   ④ 판매취급소

해설 (위험물법 시행령 제5조 별표3) 취급소의 구분
(1) 제1종 판매취급소 : 지정수량 20배 이하
(2) 제2종판매 취급소 : 지정수량 40배 이하

해답 ④

57 소방시설 설치 및 관리에 관한 법령상 소방청장 또는 시·도지사가 청문을 하여야 하는 처분이 아닌 것은?

① 소방시설관리사 자격의 정지
② 소방안전관리자 자격의 취소
③ 소방시설관리업의 등록취소
④ 소방용품의 형식승인 취소

해설 청문 실시 대상(소방시설법 제49조)
① 소방시설관리사의 자격 취소 및 정지
② 소방시설관리업의 등록 취소 및 영업정지
③ 소방용품의 형식승인 취소 및 제품검사 중지
④ 소방용품의 성능인증의 취소
⑤ 소방용품의 우수품질인증의 취소
⑥ 전문기관의 지정취소 및 업무정지

해답 ②

58 소방시설공사업법령상 소방본부장이나 소방서장이 소방시설공사가 공사감리 결과보고서대로 완공되었는지를 현장에서 확인할 수 있는 특정소방대상물이 아닌 것은?

① 판매시설
② 문화 및 집회시설
③ 11층 이상인 아파트
④ 수련시설 및 노유자시설

해설 소방공사업법 시행령 제5조
(완공검사를 위한 현장 확인 대상 특정소방대상물의 범위)
① 문화 및 집회시설, 종교시설, 판매시설, 노유자시설, 수련시설, 운동시설, 숙박시설, 창고시설, 지하상가 및 다중이용업소
② 스프링클러설비등, 물분무등소화설비(호스릴 방식 제외)가 설치되는 특정소방대상물
③ 연면적 1만m^2 이상이거나 11층 이상인 특정소방대상물(아파트는 제외)
④ 가연성가스를 제조·저장 또는 취급하는 시설 중 지상에 노출된 가연성가스탱크의 저장용량 합계가 1천톤 이상인 시설

해답 ③

59 소방시설 설치 및 관리에 관한 법령상 시·도지사는 관리업자에게 영업정지를 명하는 경우로서 그 영업정지가 국민에게 심한 불편을 주거나 그 밖에 공익을 해칠 우려가 있을 때에는 영업정지처분을 갈음하여 최대 얼마 이하의 과징금을 부과할 수 있는가?

① 1000만원 ② 2000만원
③ 3000만원 ④ 5000만원

해설 영업정지 처분에 갈음하는 과징금처분
★★ 자주출제 (필수정리) ★★

소방시설법	소방시설공사업법	위험물안전관리법
관리업자	소방시설업자	위험물 제조소
3천만원 이하	2억원 이하	2억원 이하

해답 ③

60 소방기본법령상 소방대상물에 해당하지 않는 것은?

① 차량   ② 건축물
③ 운항 중인 선박 ④ 선박 건조 구조물

해설 (기본법 제2조) 소방대상물의 정의
소방대상물
건축물, 차량, 선박(항구안에 매어둔 선박), 선박 건조구조물, 산림, 그 밖의 인공구조물 또는 물건

해답 ③

제4과목 소방기계시설의 구조 및 원리

61 이산화탄소소화설비의 화재안전기술기준상 전역방출식 이산화탄소소화설비 분사헤드의 방사압력은 최소 몇 MPa 이상이 되어야 하는가? (단, 저압식은 제외한다.)

① 1.2   ② 2.1
③ 3.6   ④ 4.2

해설 이산화탄소 분사헤드 방사압력
① 고압식 : 2.1MPa 이상
② 저압식 : 1.05MPa 이상

해답 ②

62 포소화설비의 화재안전기술기준상 전역방출방식의 고발포용고정포방출구 설치기준 중 다음 괄호 안에 알맞은 것은?

> 고정포방출구는 바닥면적 ( )m^2마다 1개 이상으로 하여 방호대상물의 화재를 유효하게 소화할 수 있도록 할 것

① 300   ② 400
③ 500   ④ 600

해설 전역방출방식의 고발포용고정포방출구
① **고정포방출구**는 바닥면적 500m^2마다 1개 이상으로 하여 방호대상물의 화재를 유효하게 소

화할 수 있도록 할 것
② **고정포방출구**는 방호대상물의 **최고부분보다 높은 위치**에 설치할 것. 다만, 밀어올리는 능력을 가진 것은 방호대상물과 같은 높이로 할 수 있다.

해답 ③

63 소방대상물에 제연 샤프트를 설치하여 건물 내·외부의 온도차와 화재 시 발생되는 열기에 의한 밀도차이를 이용하여 실내에서 발생한 화재 열, 연기 등을 지붕 외부의 루프모니터 등을 통해 옥외로 배출·환기시키는 제연 방식은?

① 자연제연방식
② 루프해치방식
③ 스모크 타워 제연방식
④ 제3종 기계제연방식

해설 제연방식의 종류
① 밀폐 제연방식
  ㉠ 제연의 기본방식이며 개구부를 밀폐제연
  ㉡ 공동주택, 여관, 호텔 등에 적합
② 자연 제연방식
  발생한 열 기류의 부력 또는 화재실 외부의 공기흡출효과에 따라 창문 또는 전용배연구로 연기배출
③ 스모그타워 제연방식
  ㉠ 제연전용굴뚝 또는 환기통으로 연기배출방식
  ㉡ 자연제연의 일종이며 고층빌딩에 적합
④ 기계 제연방식(강제제연방식)
  연기를 송풍기나 배풍기를 설치하여 강제로 배출

해답 ③

64 소화수조 및 저수조의 화재안전기술기준상 소화용수설비 소화수조의 소요수량이 120m³일 때 채수구는 몇 개를 설치하여야 하는가?

① 1
② 2
③ 3
④ 4

해설 소화수조 및 저수조 등
① 소방차가 채수구로부터 **2m 이내**의 지점까지 접근할 수 있는 위치에 설치

② 소화수조 또는 저수조의 저수량

[소방대상물의 기준면적]

소방대상물의 구분	기준면적
1층 및 2층의 바닥면적 합계가 15000m² 이상인 소방대상물	7500m²
그 밖의 소방대상물	12500m²

소화수조 또는 저수조의 설치기준
(1) 흡수관투입구
  ① 한 변이 0.6m 이상 또는 직경이 0.6m 이상
  ② 소요수량이 80m³ 미만인 것 : 1개 이상
  ③ 소요수량이 80m³ 이상인 것 : 2개 이상
  ④ "흡수관투입구"라고 표시한 표지를 할 것
(2) 채수구 설치기준
  ① 65mm 이상의 나사식 결합금속구를 설치

[소요수량과 채수구수]

소요수량	20m³ 이상 40m³ 미만	40m³ 이상 100m³ 미만	100m³ 이상
채수구수	1개	2개	3개

  ② 채수구 설치위치 : 0.5m 이상 1m 이하
  ③ "채수구"라고 표시한 표지를 할 것
  ④ 소화용수설비 설치 면제 : 유수의 양이 0.8m³/min 이상인 유수를 사용할 수 있는 경우

해답 ③

65 물분무소화설비의 화재안전기술기준상 물분무헤드를 설치하지 않을 수 있는 장소 기준 중 다음 괄호 안에 알맞은 것은?

> 운전 시에 표면의 온도가 ( )℃ 이상으로 되는 등 직접 분무를 하는 경우 그 부분에 손상을 입힐 우려가 있는 기계장치 등이 있는 장소

① 250
② 260
③ 270
④ 280

해설 물분무헤드의 설치 제외장소
① 물에 심하게 반응하는 물질 또는 물과 반응해 위험한 물질을 생성하는 물질을 저장 또는 취급하는 장소
② 고온의 물질 및 증류범위가 넓어 끓어 넘치는 위험이 있는 물질을 저장 또는 취급하는 장소
③ 운전시에 표면의 온도가 260℃ 이상으로 되는 등 직접 분무를 하는 경우 그 부분에 손상을 입힐 우려가 있는 기계장치 등이 있는 장소

해답 ②

66 옥내소화전설비의 화재안전기술기준상 배관의 설치기준 중 다음 괄호 안에 알맞은 것은?

> 연결송수관설비의 배관과 겸용할 경우의 주배관은 구경(㉠)mm 이상, 방수구로 연결되는 배관의 구경은 (㉡)mm 이상의 것으로 하여야 한다.

① ㉠ 65, ㉡ 80　　② ㉠ 65, ㉡ 100
③ ㉠ 100, ㉡ 65　　④ ㉠ 100, ㉡ 80

해설 옥내소화전설비의 배관 설치기준
(1) 배관 내 사용압력이 1.2MPa 미만일 경우
　① 배관용 탄소강관(KS D 3507)
　② 이음매 없는 구리 및 구리합금관(KS D 5301). 다만, 습식의 배관에 한한다.
　③ 배관용 스테인리스강관(KS D 3576) 또는 일반배관용 스테인리스강관(KS D 3595)
　④ 덕타일 주철관(KS D 4311)
(2) 배관 내 사용압력이 1.2MPa 이상일 경우
　① 압력배관용탄소강관〈신설 2016.7.13.〉
　② 배관용 아크용접 탄소강강관(KS D 3583)
(3) 연결송수관설비의 배관과 겸용할 경우의 **주배관은 구경 100mm 이상**
(4) 방수구로 연결되는 배관의 구경은 **65mm 이상**의 것

해답 ③

67 분말소화설비의 화재안전기술기준상 분말소화약제의 저장용기를 가압식으로 설치할 때 안전밸브의 작동압력 기준은?

① 최고사용압력의 0.8배 이하
② 최고사용압력의 1.8배 이하
③ 내압시험압력의 0.8배 이하
④ 내압시험압력의 1.8배 이하

해설 분말소화약제의 저장용기 설치기준
① 저장용기의 내용적

소화약제의 종별	약제 1kg당 내용적
제1종 분말	0.8L
제2종 분말	1L
제3종 분말	1L
제4종 분말	1.25L

② 가압식은 최고사용압력의 1.8배 이하, 축압식은 용기의 내압시험압력의 0.8배 이하의 압력에서 작동하는 안전밸브를 설치
③ 저장용기의 내부압력이 설정압력으로 되었을 때 주밸브를 개방하는 정압작동장치를 설치
④ 충전비는 0.8 이상
⑤ 잔류 소화약제를 처리할 수 있는 청소장치를 설치
⑥ 축압식은 지시압력계를 설치

해답 ②

68 분말소화설비의 화재안전기술기준상 호스릴 분말소화설비의 설치기준으로 틀린 것은?

① 소화약제의 저장용기는 호스릴을 설치하는 장소마다 설치할 것
② 방호대상물의 각 부분으로부터 하나의 호스접결구까지의 수평거리가 15m 이하가 되도록 할 것
③ 소화약제의 저장용기의 개방밸브는 호스릴의 설치장소에서 수동으로 개폐할 수 있는 것으로 할 것
④ 제1종 분말소화약제를 사용하는 호스릴분말소화설비의 노즐은 하나의 노즐마다 1분당 27kg을 방사할 수 있는 것으로 할 것

해설 호스릴 분말소화설비
① 수평거리가 15m 이하가 되도록 할 것
② 개방밸브는 호스릴의 설치장소에서 수동으로 개폐
③ 저장용기는 호스릴을 설치하는 장소마다 설치
④ 호스릴 분말소화설비(노즐당)

종 별	저장량(kg)	방사량(kg/min)
제1종	50	45
제2종, 제3종	30	27
제4종	20	18

⑤ 저장용기에는 보기 쉬운 곳에 적색의 표시등을 설치하고, 이동식 분말 소화설비가 있다는 뜻을 표시한 표지를 할 것

해답 ④

69 피난기구의 화재안전기술기준상 피난기구의 설치기준 중 피난사다리 설치 시 금속성 고정사다리를 설치하여야 하는 층의 기준으로 옳은

것은? (단, 하향식 피난구용 내림식사다리는 제외한다.)

① 4층 이상 ② 5층 이상
③ 7층 이상 ④ 11층 이상

해설 피난기구 설치기준
① 피난기구는 계단·피난구 기타 피난시설로부터 적당한 거리에 있는 안전한 구조로 된 피난 또는 소화활동상 유효한 개구부에 고정하여 설치하거나 필요한 때에 신속하고 유효하게 설치할 수 있는 상태에 둘 것
② 피난기구를 설치하는 개구부는 서로 동일직선상이 아닌 위치에 있을 것. 다만, 피난교·피난용트랩·간이완강기·아파트에 설치되는 피난기구(다수인 피난장비는 제외한다) 기타 피난 상 지장이 없는 것에 있어서는 그러하지 아니하다.
③ 피난기구는 소방대상물의 기둥·바닥·보 기타 구조상 견고한 부분에 볼트 조임·매입·용접 기타의 방법으로 견고하게 부착할 것
④ **4층 이상의 층에 피난사다리를 설치하는 경우에는 금속성 고정사다리를 설치하고, 해당 고정사다리에는 쉽게 피난할 수 있는 구조의 노대를 설치할 것**
⑤ 완강기는 강하 시 로프가 소방대상물과 접촉하여 손상되지 아니하도록 할 것
⑥ 완강기 로프의 길이는 부착위치에서 지면 또는 기타 피난상 유효한 착지 면까지의 길이로 할 것
⑦ 미끄럼대는 안전한 강하속도를 유지하도록 하고, 전락방지를 위한 안전조치를 할 것
⑧ 구조대의 길이는 피난 상 지장이 없고 안정한 강하속도를 유지할 수 있는 길이로 할 것

해답 ①

70 소화기구 및 자동소화장치의 화재안전기술기준상 소화기구의 설치기준 중 다음 괄호 안에 알맞은 것은?

> 능력단위가 2단위 이상이 되도록 소화기를 설치하여야 할 특정소방대상물 또는 그 부분에 있어서는 간이소화용구의 능력단위가 전체 능력단위의 ( )을 초과하지 아니하게 할 것

① 1/2 ② 1/3
③ 1/4 ④ 1/5

해설 소화기구의 설치기준
능력단위가 2단위 이상이 되도록 소화기를 설치하여야 할 특정소방대상물 또는 그 부분에 있어서는 간이소화용구의 능력단위가 전체 능력단위의 **2분의 1**을 초과하지 아니하게 할 것 다만, 노유자시설의 경우에는 그렇지 않다.

해답 ①

71 소화수조 및 저수조의 화재안전기술기준상 소화수조, 저수조의 채수구 또는 흡수관투입구는 소방차가 최대 몇 m 이내의 지점까지 접근할 수 있는 위치에 설치하여야 하는가?

① 2 ② 4
③ 6 ④ 8

해설 소화수조 및 저수조 등
① 소방차가 채수구로부터 2m 이내의 지점까지 접근할 수 있는 위치에 설치
② 소화수조 또는 저수조의 저수량

[소방대상물의 기준면적]

소방대상물의 구분	기준면적
1층 및 2층의 바닥면적 합계가 15000m² 이상인 소방대상물	7500m²
그 밖의 소방대상물	12500m²

소화수조 또는 저수조의 설치기준
(1) 흡수관투입구
  ① 한 변이 0.6m 이상 또는 직경이 0.6m 이상
  ② 소요수량이 80m³ 미만인 것 : 1개 이상
  ③ 소요수량이 80m³ 이상인 것 : 2개 이상
  ④ "흡수관투입구"라고 표시한 표지를 할 것
(2) 채수구 설치기준
  ① 65mm 이상의 나사식 결합금속구를 설치

[소요수량과 채수구수]

소요수량	20m³ 이상 40m³ 미만	40m³ 이상 100m³ 미만	100m³ 이상
채수구수	1개	2개	3개

  ② 채수구 설치위치 : 0.5m 이상 1m 이하
  ③ "채수구"라고 표시한 표지를 할 것
  ④ 소화용수설비 설치 면제 : 유수의 양이 0.8m³/min 이상인 유수를 사용할 수 있는 경우

해답 ①

72 스프링클러설비의 화재안전기술기준상 스프링클러헤드를 설치하지 않을 수 있는 장소 기준으로 틀린 것은?

① 계단실·경사로·목욕실·화장실·기타 이와 유사한 장소
② 통신기기실·전자기기실·기타 이와 유사한 장소
③ 천장과 반자 양쪽이 불연재료로 되어 있는 경우로서 천장과 반자사이의 거리가 2m 미만인 부분
④ 천장 및 반자가 불연재료 외의 것으로 되어 있고 천장과 반자사이의 거리가 1.5m 미만인 부분

해설 스프링클러 헤드의 설치제외 대상물
(1) 계단실·경사로·승강로·파이프덕트, 목욕실·수영장·화장실, 직접외기에 개방되어 있는 복도
(2) 통신기기실·전자기기실 기타 이와 유사한 장소
(3) 발전실·변전실·변압기 기타 이와 유사한 전기 설비가 설치되어 있는 장소
(4) 병원의 수술실·응급처치실 기타 이와 유사한 장소
(5) 천장과 반자 양쪽이 불연재료로 되어 있는 경우
   ① 천장과 반자 사이의 거리가 2m 미만인 부분
   ② 천장과 반자 사이의 벽이 불연재료이고 천장과 반자 사이의 거리가 2m 이상으로서 그 사이에 가연물이 존재하지 않는 부분
(6) 천장·반자 중 한쪽이 불연재료로 되어 있고 천장과 반자 사이의 거리가 1m 미만인 부분
(7) 천장 및 반자가 불연재료외의 것으로 되어 있고 **천장과 반자 사이의 거리 0.5m 미만인 부분**
(8) 펌프실·물탱크실·엘리베이터 권상기실 그 밖의 이와 비슷한 장소
(9) 현관 또는 로비 등으로서 바닥으로부터 높이가 20m 이상인 장소
(10) 영하의 냉장창고의 냉장실 또는 냉동창고의 냉동실

해답 ④

73 스프링클러설비의 화재안전기술기준상 가압송수장치에서 폐쇄형스프링클러헤드까지 배관 내에 항상 물이 가압되어 있다가 화재로 인한 열로 폐쇄형스프링클러헤드가 개방되면 배관 내에 유수가 발생하여 습식유수검지장치가 작동하게 되는 스프링클러설비는?

① 건식스프링클러설비
② 습식스프링클러설비
③ 부압식스프링클러설비
④ 준비작동식스프링클러설비

해설 ① **습식스프링클러설비**
가압송수장치에서 폐쇄형스프링클러헤드까지 배관 내에 항상 물이 가압되어 있다가 화재로 인한 열로 폐쇄형스프링클러헤드가 개방되면 배관 내에 유수가 발생하여 습식유수검지장치가 작동하게 되는 스프링클러설비를 말한다.
② **준비작동식스프링클러설비**
가압송수장치에서 준비작동식유수검지장치 1차 측까지 배관 내에 항상 물이 가압되어 있고 2차 측에서 폐쇄형스프링클러헤드까지 대기압 또는 저압으로 있다가 화재발생시 감지기의 작동으로 준비작동식유수검지장치가 작동하여 폐쇄형스프링클러헤드까지 소화용수가 송수되어 폐쇄형스프링클러헤드가 열에 따라 개방되는 방식의 스프링클러설비를 말한다.
③ **건식스프링클러설비**
건식유수검지장치 2차 측에 압축공기 또는 질소 등의 기체로 충전된 배관에 폐쇄형스프링클러헤드가 부착된 스프링클러설비로서, 폐쇄형스프링클러헤드가 개방되어 배관내의 압축공기 등이 방출되면 건식유수검지장치 1차 측의 수압에 의하여 건식유수검지장치가 작동하게 되는 스프링클러설비를 말한다.
④ **일제살수식스프링클러설비**
가압송수장치에서 일제개방밸브 1차측까지 배관 내에 항상 물이 가압되어 있고 2차 측에서 개방형스프링클러헤드까지 대기압으로 있다가 화재발생시 자동감지장치 또는 수동식 기동장치의 작동으로 일제개방밸브가 개방되면 스프링클러헤드까지 소화용수가 송수되는 방식의 스프링클러설비를 말한다.

해답 ②

74 특별피난계단의 계단실 및 부속실 제연설비의 화재안전기술기준상 제연설비에 사용되는 플랩댐퍼의 정의로 옳은 것은?

① 급기가압 공간의 제연량을 자동으로 조절하는 장치를 말한다.
② 제연덕트 내에 설치되어 화재 시 자동으로, 폐쇄 또는 개방되는 장치를 말한다.
③ 제연구역과 화재구역 사이의 연결을 자동으로 차단 할 수 있는 댐퍼를 말한다.
④ 부속실의 설정압력범위를 초과하는 경우 압력을 배출하여 설정압 범위를 유지하게 하는 과압방지장치를 말한다.

해설 플랩댐퍼
① 부속실의 설정압력범위를 초과하는 경우 압력을 배출하여 설정압 범위를 유지하게 하는 **과압방지장치**
② 철판은 **두께 1.5mm 이상**의 열간압연 연강판(KS D 3501) 또는 이와 동등 이상의 내식성 및 내열성이 있는 것으로 할 것

해답 ④

75 물분무소화설비의 화재안전기술기준상 66kV 이하인 고압의 전기기기가 있는 장소에 물분무헤드를 설치 시 전기기기와 물분무헤드 사이의 이격거리는 최소 몇 cm인가?

① 70   ② 80
③ 90   ④ 100

해설 물분무헤드와 전기기기와의 이격거리

전압(kV)	거리(cm)	전압(kV)	거리(cm)
66 이하	70 이상	154 초과 181 이하	180 이상
66 초과 77 이하	80 이상	181 초과 220 이하	210 이상
77 초과 110 이하	110 이상	220 초과 275 이하	260 이상
110 초과 154 이하	150 이상	—	—

★ 66000V = 66kV   ★ 70cm = 0.7m

해답 ①

76 이산화탄소소화설비의 화재안전기술기준상 이산화탄소소화설비의 가스압력식 기동장치에 대한 기준 중 틀린 것은?

① 기동용가스용기에는 충전여부를 확인할 수 있는 압력게이지를 설치할 것
② 기동용가스용기 및 해당 용기에 사용하는 밸브는 25MPa 이상의 압력에 견딜 수 있는 것으로 할 것
③ 기동용가스용기에는 내압시험압력의 0.64배부터 내압시험압력 이하에서 작동하는 안전장치를 설치할 것
④ 기동용가스용기의 체적은 5L 이상으로 하고, 해당 용기에 저장하는 질소 등의 비활성기체는 6.0MPa 이상(21℃ 기준)의 압력으로 충전할 것

해설 CO₂ 소화설비의 자동식 기동장치
(1) 자동화재탐지설비는 감지기의 작동과 연동하는 것으로 하여야 한다.
(2) **자동식 기동장치에는 수동으로도 기동할 수 있는 구조로 할 것**
(3) 전기식 기동장치로서 **7병 이상**의 저장용기를 동시에 개방하는 설비에 있어서는 **2병 이상**의 저장용기에 전자개방밸브를 부착할 것
(4) 가스 압력식 기동장치
 ① 기동용 가스용기 및 당해 용기에 사용하는 밸브는 25MPa 이상의 압력에 견딜 수 있는 것으로 할 것
 ② 기동용 가스용기에는 **내압시험압력의 0.8배 내지 내압시험압력** 이하에서 작동하는 **안전장치를** 설치할 것
 ③ 기동용가스용기의 체적은 5L 이상으로 하고, 해당 용기에 저장하는 질소 등의 비활성 기체는 6.0MPa 이상(21℃ 기준)의 압력으로 충전 할 것
(5) 기동용가스용기에는 충전여부를 확인할 수 있는 압력게이지를 설치할 것

해답 ③

77 피난기구의 화재안전기술기준상 피난기구의 종류가 아닌 것은?

① 미끄럼대 ② 간이완강기
③ 인공소생기 ④ 피난용트랩

해설 피난기구의 종류
① 피난사다리 ② 완강기
③ 간이완강기 ④ 구조대
⑤ 공기안전매트 ⑥ 다수인피난장비
⑦ 승강식피난기
⑧ 하향식 피난구용 내림식 사다리

인명구조기구
① 방열복 ② 방화복
③ 공기호흡기 ④ 인공소생기

해답 ③

78 분말소화설비의 화재안전기술기준상 분말소화약제 저장용기의 내부압력이 설정압력으로 되었을 때 주밸브를 개방하기 위해 설치하는 장치는?

① 자동폐쇄장치 ② 전자개방장치
③ 자동청소장치 ④ 정압작동장치

해설 정압작동장치
저장용기 내부압력이 설정압력이 될 때 **주 밸브를 개방**하는 것

정압작동장치의 종류
① 압력스위치방식
② 기계적방식(스프링식)
③ 시한릴레이방식(전기식)

해답 ④

79 소화기구 및 자동소화장치의 화재안전기술기준상 노유자시설에 대한 소화기구의 능력단위기준으로 옳은 것은? (단, 건축물의 주요구조부, 벽 및 반자의 실내에 면하는 부분에 대한 조건은 무시한다.)

① 해당 용도의 바닥면적 30m² 마다 능력단위 1단위 이상
② 해당 용도의 바닥면적 50m² 마다 능력단위 1단위 이상
③ 해당 용도의 바닥면적 100m² 마다 능력단위 1단위 이상
④ 해당 용도의 바닥면적 200m² 마다 능력단위 1단위 이상

해설 소화기구의 능력단위기준

소 방 대 상 물	소화기구의 능력단위
1. 위락시설	30m² 마다 1단위 이상
2. 공연장·집회장·관람장·국가유산·장례식장 및 의료시설	50m² 마다 1단위 이상
3. 근린생활시설·판매시설·운수시설·숙박시설·**노유자시설**·전시장·공동주택·업무시설·방송통신시설·공장·창고시설·항공기 및 자동차 관련 시설 및 관광휴게시설	100m² 마다 1단위 이상
4. 그 밖의 것	200m² 마다 1단위 이상

[주] 소화기구의 능력단위를 산출함에 있어서 건축물의 주요구조부가 내화구조이고, 벽 및 반자의 실내에 면하는 부분이 불연재료·준불연재료 또는 난연재료로 된 소방대상물에 있어서는 위 표의 기준면적의 2배를 당해 소방대상물의 기준면적으로 한다.

해답 ③

80 옥외소화전설비의 화재안전기술기준상 옥외소화전설비의 배관 등에 관한 기준 중 호스의 구경은 몇 mm로 하여야 하는가?

① 35 ② 45
③ 55 ④ 65

해설 옥외소화전설비의 배관 등
① 호스접결구는 소방대상물의 각 부분으로부터 하나의 호스접결구까지의 수평거리가 40m 이하가 되도록 설치하여야 한다.
③ 호스는 구경 65mm의 것으로 하여야 한다.

해답 ④

소방설비산업기사 – 기계분야
2020년 9월 CBT 시행

본 문제는 CBT시험대비 기출문제 복원입니다.

제1과목 소방원론

01 자연 발화가 잘 일어나기 위한 조건이 아닌 것은?

① 주위의 온도가 높다.
② 열전도율이 낮다.
③ 표면적이 넓다.
④ 발열량이 작다.

해설
① 자연발화의 발생조건
　㉠ 주위온도가 높을 때
　㉡ 열전도율이 작을 때
　㉢ 발열량이 클 때
　㉣ 공기와 접촉면적이 클 때
　㉤ 고온·다습할 때
② 자연발화의 형태

원인	보기
산화열	석탄, 건성유, 탄소분말, 금속분, 기름걸레
분해열	셀룰로이드, 나이트로셀룰로스, 나이트로글리세린
흡착열	활성탄, 목탄분말
미생물열	퇴비, 먼지

해답 ④

02 다음 중 물과 반응하여 수소가 발생하지 않는 것은?

① Na　　② K
③ S　　　④ Li

해설 위험물과 물 반응식

① 나트륨	$2Na+2H_2O \rightarrow 2NaOH+H_2\uparrow$
② 칼륨	$2K+2H_2O \rightarrow 2KOH+H_2\uparrow$
③ 황	$S+H_2O \rightarrow$ 반응하지 않음
④ 리튬	$2Li+2H_2O \rightarrow 2LiOH+H_2\uparrow$

② 황(S_8) : 제2류 위험물(가연성 고체)
　㉠ 동소체로 사방황, 단사황, 고무상황이 있다.
　㉡ 황색의 고체 또는 분말상태
　㉢ 물에 녹지 않고 이황화탄소(CS_2)에는 잘 녹는다.
　㉣ 공기 중에서 연소 시 푸른 불꽃을 내며 이산화황이 생성

$$S + O_2 \rightarrow SO_2$$

　㉤ 산화제와 접촉 시 위험
　㉥ 분진폭발의 위험성이 있다.
　㉦ 다량의 물로 주수소화 또는 질식소화

해답 ③

03 다음 중 폭발을 일으킬 위험이 가장 낮은 물질은?

① 수소가스　② 마그네슘분
③ 밀가루　　④ 시멘트가루

해설 분진폭발 없는 물질
① 생석회(시멘트의 주성분)
② 석회석 분말
③ 시멘트

해답 ④

04 철골콘크리트조의 기둥에서 내화구조의 기준으로 옳은 것은?

① 작은 지름 15cm 이상으로서 철골을 두께 4cm 이상의 철망 몰탈로 덮은 것
② 작은 지름 20cm 이상으로서 철골을 두께 7cm 이상의 콘크리트 블록으로 덮은 것
③ 작은 지름 25cm 이상으로서 철골을 두께 5cm 이상의 콘크리트로 덮은 것
④ 작은 지름 30cm 이상으로서 철골을 두께

3cm 이상의 석재로 덮은 것

해설 주요 구조부의 내화구조 기준 ★★

주요 구조부	내화구조 기준
벽	① 철근 콘크리트조 또는 철골·철근 콘크리트조로 두께가 10cm 이상 ② 골구를 철골조로 하고 그 양면을 두께 4cm 이상의 철망 모르타르 또는 두께 5cm 이상의 콘크리트 블록, 벽돌 또는 석재로 덮은 것.
기둥 (작은지름 25cm 이상)	① 철근 콘크리트조 또는 철골·철근 콘크리트조 ② 철골을 두께 6cm 이상의 철망 모르타르 또는 두께 7cm 이상의 콘크리트 블록, 벽돌 또는 석재로 덮은 것. ③ 철골을 두께 5cm 이상의 콘크리트로 덮은 것
바닥	• 철근 콘크리트조 또는 철골·철근 콘크리트조로서 두께가 10cm 이상인 것.

해답 ③

05 인화점(flash Point)을 가장 옳게 설명한 것은?

① 가연성 액체가 증기를 계속 발생하여 연소가 지속될 수 있는 최저온도
② 가연성 증기 발생시 연소범위의 하한계에 이르는 최저 온도
③ 고체와 액체가 평형을 유지하며 공존할 수 있는 온도
④ 가연성 액체의 포화증기압이 대기압과 같아지는 온도

해설 용어 설명

번호	내 용
①	연소점에 대한 정의
②	인화점에 대한 정의
③	녹는점(용융점 또는 용해점)의 정의
④	끓는점(비점)에 대한 정의

해답 ②

06 일반적으로 목조건축물의 화재시 발화에서 최성기까지의 소요시간은 어느 정도인가? (단, 풍속이 거의 없을 경우를 가정한다.)

① 1분 미만　　② 4~14분
③ 30~60분　　④ 90분 이상

해설 목조건축물의 화재진행속도

발화 →(4~14분)→ 최성기 →(6~9분)→ 연소낙하

해답 ②

07 다음 중 전기 화재에 해당하는 것은?

① A급화재　　② B급화재
③ C급화재　　④ D급화재

해설 화재의 분류 ★★★★★

종 류	등급	색표시	소화방법
일반화재	A급	백색	냉각소화
유류화재	B급	황색	질식소화
전기화재	C급	청색	질식소화
금속화재	D급	–	피복소화
주방화재	K급	–	냉각 및 질식 소화

해답 ③

08 Halon 1301에서 숫자 "0"은 무슨 원소가 없다는 것을 뜻하는가?

① 탄소　　② 브로민
③ 불소　　④ 염소

해설 ① 할로젠화합물소화약제 명명법

구 분	C	F	Cl	Br
할론1301	1	3	0	1

② 할로젠화합물 소화약제

종류 구분	할론 2402	할론 1211	할론 1301	할론 1011
분자식	$C_2F_4Br_2$	CF_2ClBr	CF_3Br	CH_2ClBr

해답 ④

09 전기시설물에 적응성이 없는 소화방식은?

① 이산화탄소에 의한 소화
② 하론 1301에 의한 소화
③ 마른 모래에 의한 소화
④ 물분무에 의한 소화

해설 소화약제별 적응화재

소화약제	적응화재
① 이산화탄소	B급(유류화재) C급(전기화재)

소화약제	적응화재
② 할로젠화합물	B급(유류화재)
	C급(전기화재)
③ 마른모래	A급(일반화재)
④ 물분무	A급(일반화재)
	B급(유류화재)
	C급(전기화재)

해답 ③

10 액화천연가스(LNG)의 주성분은?

① CH_4 ② H_2
③ C_3H_8 ④ C_2H_4

해설 가스의 주성분

LNG(액화천연가스)	LPG(액화석유가스)
메탄(CH_4)	부탄(C_4H_{10})

해답 ①

11 피난계획의 일반원칙 중 fail safe에 대한 설명으로 옳은 것은?

① 한 가지 피난기구가 고장이 나도 다른 수단을 이용할 수 있도록 고려하는 것
② 피난구조설비를 반드시 이동식으로 하는 것
③ 본능적 상태에서도 쉽게 식별이 가능하도록 그림이나 색채를 이용하는 것
④ 피난수단을 조작이 간편한 원시적인 방법으로 설계하는 것

해설 Fool proof와 Fail safe
① Fool proof : 화재 시 사람의 심리상태는 긴장 상태가 되어 인간의 행동특성에 따라 행동하는 것을 고려하여 원시적이고 간단명료하게 배려한 대책을 말한다.
  ㉠ 피난 또는 유도표지가 문자보다는 색과 형태를 이용
  ㉡ 피난방향으로 문을 열 수 있도록 하는 것
② Fail safe : 피난 시 하나의 수단 또는 방법이 고장 등으로 불가능하더라도 다른 방법에 의하여 피난할 수 있도록 고려하는 것을 말한다.
  ㉠ 2방향 이상의 피난통로를 확보
  ㉡ 예비 전원을 확보하는 것

피난대책의 일반적인 원칙 ★★필수암기★★
① 2방향 원칙에 따라 피난통로를 확보할 것
② 피난수단은 원시적 방법을 원칙으로 할 것
③ 피난구조설비는 고정식 설비를 원칙으로 하고 보조적으로 이동식 설비를 고려할 것
④ 피난대책은 Fool proof와 Fail safe의 원칙을 중요시 할 것
⑤ 피난경로는 간단하고 명료하게 할 것

해답 ①

12 부피비로 메탄 80%, 에탄 15%, 프로판 4%, 부탄 1%인 혼합기체가 있다. 이 기체의 공기 중에서의 폭발하한계는 약 몇 vol%인가? (단, 공기 중 단일 가스의 폭발하한계는 메탄 5vol%, 에탄 2vol%, 프로판 2vol%, 부탄 1.8vol%이다.)

① 2.2   ② 3.8
③ 4.9   ④ 6.2

해설 혼합가스의 폭발한계★★

$$\frac{Vm}{Lm} = \frac{V_1}{L_1} + \frac{V_2}{L_2} + \frac{V_3}{L_3} + \cdots \frac{V_n}{L_n}$$

Vm : 혼합가스의 부피농도(%)
Lm : 혼합가스의 폭발하한값 또는 폭발상한값
L : 단일가스의 폭발하한값 또는 폭발상한값
V : 단일가스의 부피농도(%)

$$\therefore Lm = \frac{100}{(80/5) + (15/2) + (4/2) + (1/1.8)}$$
$$= 3.84\%$$

포화탄화수소의 명명법(C_nH_{2n+2})
n=1일 때 CH_4 메탄   n=2일 때 C_2H_6 에탄
n=3일 때 C_3H_8 프로판   n=4일 때 C_4H_{10} 부탄
n=5일 때 C_5H_{12} 펜탄
(암기방법 : 메, 에, 프, 부, 펜)

해답 ②

13 다음 중 바닥부분의 내화구조 기준으로 틀린 것은?

① 철근콘크리트조로서 두께가 5cm 이상인 것
② 철골철근콘크리트조로서 두께가 10cm 이

상인 것
③ 철재로 보강된 콘크리트 블록조 · 벽돌조 또는 석조로서 철재에 덮은 콘크리트블록 등의 두께가 5cm 이상인 것
④ 철재의 양면을 두께 5cm 이상의 철망모르 타르 또는 콘크리트로 덮은 것

해설 ① 철근콘크리트조로서 두께가 10cm 이상인 것

주요 구조부의 내화구조 기준 ★★

주요 구조부	내화구조 기준
벽	① 철근 콘크리트조 또는 철골 철근 콘크리트조로 두께가 10cm 이상 ② 골구를 철골조로 하고 그 양면을 두께 4cm 이상의 철망 모르타르 또는 두께 5cm 이상의 콘크리트 블록, 벽돌 또는 석재로 덮은 것.
기둥 (작은지름 25cm 이상)	① 철근 콘크리트조 또는 철골 · 철근 콘크리트조 ② 철골을 두께 6cm 이상의 철망 모르타르 또는 두께 7cm 이상의 콘크리트 블록, 벽돌 또는 석재로 덮은 것. ③ 철골을 두께 5cm 이상의 콘크리트로 덮은 것
바닥	• 철근 콘크리트조 또는 철골 철근 콘크리트조로서 두께가 10cm 이상인 것.

해답 ①

14 중질유가 탱크에서 조용히 연소하다 열유층에 의해 가열된 하부의 물이 폭발적으로 끓어 올라와 상부의 뜨거운 기름과 함께 분출하는 현상을 무엇이라 하는가?

① 플래쉬오버 ② 보일오버
③ 백드래프트 ④ 롤오버

해설 **유류저장탱크의 화재 발생현상**
① 보일오버 ② 슬롭오버 ③ 프로스오버

★★★ 요점정리 (필수 암기) ★★★
• 보일 오버(boil over)
  탱크 바닥의 물이 비등하여 유류가 연소하면서 분출
• 슬롭 오버 (slop over)
  물이 연소유 표면으로 들어갈 때 유류가 연소하면서 분출
• 프로스 오버 (froth over)
  탱크 바닥의 물이 비등하여 유류가 연소하지 않고 분출
• 블레비 (BLEVE)
  액화가스 저장탱크 폭발현상

해답 ②

15 할론소화약제에 대한 설명으로 옳은 것은?
① 연소 연쇄반응을 촉진시킨다.
② 소화 후 잔사가 남지 않는 장점이 있다.
③ Halon 104는 소화효과도 우수하고 독성도 없다.
④ Halon 1301, Halon 1211은 에탄의 유도체이다.

해설 **할론소화약제**
① 연소 연쇄반응을 억제시킨다.
② 소화 후 잔사를 남기지 않는다.
  (소화 후 깨끗하다)
③ 할론 104는 포스겐가스의 발생으로 독성이 강하다.
④ 할론1301, 할론1211은 메탄의 유도체이다.

해답 ②

16 다음 중 가연성 물질이 아닌 것은?
① 수소 ② 산소
③ 메탄 ④ 암모니아

해설 **조연성(지연성)가스**
자신은 연소하지 않고 다른 가연성물질의 연소를 도와주는 가스
① 산소(O_2) ② 오존(O_3)
③ 염소(Cl_2) ④ 플루오린(F)
⑤ 일산화질소(NO) ⑥ 이산화질소(NO_2)

해답 ②

17 다음 중 착화온도가 가장 높은 물질은?
① 황린 ② 아세트알데하이드
③ 메탄 ④ 이황화탄소

해설 **물질별 착화온도**

품명	황린	아세트알데하이드	메탄	이황화탄소
화학식	P_4	CH_3CHO	CH_4	CS_2
착화점	약 34℃	185℃	615~680℃	100℃

해답 ③

18 가연성 기체 또는 액체의 연소범위에 대한 설명 중 틀린 것은?

① 연소 하한과 연소 상한의 범위를 나타낸다.
② 연소 하한이 낮을수록 발화위험이 높다.
③ 연소범위가 넓을수록 발화위험이 낮다.
④ 연소범위는 주위온도와 관계가 있다.

해설 ② 연소범위가 넓을수록 발화위험이 크다
연소범위와 위험성
① 하한이 낮을수록 위험
② 상한이 높을수록 위험
③ 연소범위가 넓을수록 위험
④ 온도가 높을수록 위험

해답 ③

19 연소의 3요소에 해당하지 않는 것은?

① 점화원   ② 연쇄반응
③ 가연물질   ④ 산소공급원

해설 **연소의 요소**
① 연소의 3요소
  ㉠ 가연물 ㉡ 산소 ㉢ 점화원
② 연소의 4요소
  ㉠ 가연물 ㉡ 산소 ㉢ 점화원
  ㉣ 순조로운 연쇄반응

해답 ②

20 소방시설의 분류에서 다음 중 소화설비에 해당하지 않는 것은?

① 스프링클러설비   ② 소화기
③ 옥내소화전설비   ④ 연결송수관설비

해설 **소방시설의 종류** ★★★(필수암기)★★★

소방시설	종류	
소화설비	① 소화기구	② 자동소화장치
	③ 옥내	④ 옥외
	⑤ 스프링클러설비등	⑥ 물분무등
경보설비	① 단독경보형	② 비상경보
	③ 시각경보기	④ 자동화재탐지
	⑤ 화재알림	⑥ 비상방송
	⑦ 자동화재속보	⑧ 통합감시
	⑨ 누전경보기	⑩ 가스누설경보기

소방시설	종류	
피난구조설비	① 피난기구(피난사다리, 구조대, 완강기 등)	
	② 인명구조기구(방열복, 공기호흡기, 인공소생기)	
	③ 유도등(피난유도선, 피난구유도등, 통로유도등, 객석유도등, 유도표지)	
	④ 비상조명등 및 휴대용비상조명등	
소화용수설비	① 상수도소화용수	
	② 소화수조・저수조 그 밖의 소화용수	
소화활동설비	① 제연	② 연결송수관
	③ 연결살수	④ 비상콘센트
	⑤ 무선통신보조	⑥ 연소방지

해답 ④

제2과목 소방유체역학

21 비중이 0.89인 유체 35N의 체적은 약 몇 m³인가?

① 0.13×10^{-3} ② 2.43×10^{-3}
③ 3.03×10^{-3} ④ 4.01×10^{-3}

해설 ① 비중이 0.89이므로
$\gamma = \gamma_w(물) \times S(비중)$
$= 9800 N/m^3 \times 0.89 = 890 N/m^3$

② $F = \gamma V$에서 $V = \dfrac{F}{\gamma}$

③ $V = \dfrac{35N}{9800N/m^3 \times 0.89} = 4.01 \times 10^{-3} m^3$

해답 ④

22 간격이 5mm인 두 개의 평행평판 사이에 비중 0.8, 동점성계수 1.25×10^{-4} m²/s인 유체가 채워져 있다. 한쪽 평판은 4m/s로 움직이고 다른 쪽은 고정되어 있을 때 판에 발생하는 평균 전단응력은 몇 Pa인가?

① 40   ② 60
③ 80   ④ 160

해설 벽면의 전단응력

$$전단응력(\tau) = \mu \frac{du}{dy}$$

① $\rho = \rho_w \times S = 1000 \text{N} \cdot \text{s}^2/\text{m}^4 \times 0.8$
   $= 800 \text{N} \cdot \text{s}^2/\text{m}^4$

② $v = \frac{\mu}{\rho}$ $\mu = \rho \times v = 800 \times 1.25 \times 10^{-4}$
   $= 0.1 \text{N} \cdot \text{s}/\text{m}^2$

③ $\tau = \mu \frac{du}{dy} = 0.1 \times \frac{4}{5 \times 10^{-3}} = 80 \text{N}/\text{m}^2$

참고 $\rho_w = \frac{\gamma_w}{g} = \frac{9800 \text{N}/\text{m}^3}{9.8 \text{m}/\text{s}^2} = 1000 \text{N} \cdot \text{s}^2/\text{m}^4$

해답 ③

23 다음 유동들의 배열순서는 무엇을 기준으로 한 것인가?

> 모세혈관 내 유동 < 냉장고의 냉매 공급 관 내 유동
> < 송유관 내 유동 < 쿠로시오 해류

① 특성 길이   ② 특성 온도
③ 특성 압력   ④ 특성 밀도

해설 유동들에 대한 특성길이크기
모세관내 유동 < 냉장고의 냉매공급관내 유동 < 송유관내 유동 < 쿠로시오해류

해답 ①

24 어느 일정 길이의 배관 속을 매분 200L의 물이 흐르고 있을 때의 마찰손실 압력이 20kPa이었다면 동일 관에 물 흐름이 매분 300L로 증가할 경우 마찰손실 압력은 약 몇 kPa인가? (단, 마찰손실 계산은 하젠–윌리엄스 공식을 따른다고 한다.)

① 32.35   ② 37.35
③ 42.34   ④ 47.35

해설 Hagen – william's(헤이젠–윌리엄스) 공식

$$\Delta P = 6.053 \times 10^4 \times \frac{Q^{1.85}}{C^{1.85} \times d^{4.87}}$$

ΔP : 배관1m당 마찰손실압력(MPa · m)
Q : 유량(l/분)
C : 조도(배관 거칠음 계수)
D : 관경(mm)

① 배관마찰손실압력은 유량의 1.85승에 비례한다.

② $\Delta P = 20 \text{kPa} \times \left(\frac{300}{200}\right)^{1.85} = 42.34 \text{kPa}$

해답 ③

25 액체 속에 경사지게 잠겨있는 평판의 윗면에 작용하는 압력힘의 작용점에 대한 설명 중 맞는 것은?

① 경사진 평판의 도심에 있다.
② 경사진 평판의 도심보다 아래에 있다.
③ 경사진 평판의 도심보다 위에 있다.
④ 경사진 평판의 도심과는 관계가 없다.

해설 경사면에 작용하는 힘
힘의 작용점인 압력 중심은 도심보다 항상 아래에 있다.

해답 ②

26 압력이 100kPa, 체적이 3m³인 0℃의 공기가 이상적으로 단열 압축되어 그 체적이 1m³으로 감소되었다. 이 과정에서 엔탈피 변화량은 약 몇 kJ인가? (단, 공기의 비열비는 1.4, 기체상수는 0.287kJ/kg · K이다.)

① 550   ② 560
③ 570   ④ 580

해설 엔탈피 변화량 계산공식

$$\Delta H = \frac{k}{k-1} GRT \left[\left(\frac{V_1}{V_2}\right)^{k-1} - 1\right]$$

ΔH : 엔탈피변화량(kJ), k : 비열비
G : 무게, R : 기체상수(kJ/kg · K)
T : 절대온도(273+t℃)K
V_1 : 압축 전 부피, V_2 : 압축 후 부피

① 공기의 무게를 계산하면
$$PV = GRT$$

P : 압력(kPa) V : 부피(m³)
G : 무게(kg) R : 기체상수(kJ/kg·K)
T : 절대온도(273+t℃)K
$G = \dfrac{PV}{RT} = \dfrac{100 \times 3}{0.287 \times (273+0)} = 3.83\text{kg}$

② 엔탈피 변화량
$\Delta H = \dfrac{1.4}{1.4-1} \times 3.83 \times 0.287 \times (273+0)$
$\quad \times \left[\left(\dfrac{3}{1}\right)^{1.4-1} - 1 \right]$
$\fallingdotseq 580\text{kJ}$

해답 ④

27 그림과 같은 U자관 차압마노미터가 있다. 비중 $S_1 = 0.9$, $S_2 = 13.6$, $S_3 = 1.20$이고, $h_1 = 10\text{cm}$, $h_2 = 30\text{cm}$, $h_3 = 20\text{cm}$일 때 $P_A - P_B$는 얼마인가?

① 41.5kPa ② 28.8kPa
③ 41.5Pa   ④ 28.8Pa

해설
① $P_A + \gamma_1 h_1 = P_B + \gamma_2 h_2 + \gamma_3 h_3$
② $P_A - P_B = \gamma_2 h_2 + \gamma_3 h_3 - \gamma_1 h_1$
③ $P = \gamma h = \gamma_w (9.8\text{kN/m}^3) \times S \times h$
④ $P_A - P_B = (9.8 \times 13.6 \times 0.3\text{m})$
$\quad\quad\quad + (9.8 \times 1.2 \times 0.2\text{m})$
$\quad\quad\quad - (9.8 \times 0.9 \times 0.1\text{m})$
⑤ $P_A - P_B = 41.5\text{kN/m}^2\text{(kPa)}$

 참고 Pa = N/m²   kPa = kN/m²

해답 ①

28 관 속의 부속품을 통한 유체 흐름에서 관의 등가길이(상당길이)를 표현하는 식은? (단, 부차 손실계수 K, 관 지름 d, 관마찰계수 f)

① Kfd ② $\dfrac{fd}{K}$
③ $\dfrac{Kd}{f}$ ④ $\dfrac{Kf}{d}$

해설 관의 등가길이 = 상당관 길이 = 등가관장 길이
$$L_e(\text{등가길이}) = \dfrac{KD}{f}$$
K : 손실계수, D : 직경, f : 마찰계수

해답 ③

29 지름 250mm 관속을 평균속도 1.2m/s로 유체가 흐르고 있다. 이 유동이 층류라면 관속에서의 최대 속도는 몇 m/s가 되겠는가?

① 0.6   ② 1.2
③ 2.4   ④ 3.0

해설 평균속도
$$\overline{U}(\text{평균속도}) = \dfrac{1}{2} U_{\max}(\text{최대속도})$$
$\therefore U_{\max} = 2\overline{U} = 2 \times 1.2\text{m/s} = 2.4\text{m/s}$

해답 ③

30 높이 40m의 저수조에서 15m의 저수조로 직경 45cm, 길이 600m의 주철관을 통해 물이 흐르고 있다. 유량은 0.25m³/s이며, 관로 중의 터빈에서 29.4kW의 동력을 얻는다면 관로의 손실수두는 약 몇 m인가? (단, 터빈의 효율은 100%이다.)

① 12   ② 13
③ 14   ④ 15

해설 수동력 계산 공식
$$P(\text{kW}) = \gamma Q H$$
① $29.4 = 9.8 \times 0.25 \times H$
② $H = 12\text{m}$
③ 이론수두 $H = 40\text{m} - 15\text{m} = 25\text{m}$
④ 손실수두 $H = 25\text{m} - 12\text{m} = 13\text{m}$

해답 ②

31 클라지우스 부등식이 기술하는 열역학 법칙은?

① 제 0법칙 ② 제 1법칙
③ 제 2법칙 ④ 제 3법칙

해설 **크라지우스의 서술**
저온에서 고온으로 열을 이동시킬때 주위에 아무런 흔적을 남기지 않고 실행하는 것은 불가능하다.(열역학 제2법칙)

해답 ③

32 그림과 같이 수평면에서 60° 경사진 직경 10cm의 원관에서 물이 출구속도 7m/s로 분출될 때 물의 최고높이(H)에서 물기둥의 직경은 약 몇 cm인가? (단, 유동단면에서의 물의 속도는 균일하고, 공기저항은 무시한다.)

① 12.1 ② 14.1
③ 16.2 ④ 18.2

해설 **용량 유량**(유체연속의 식)

$$Q_1 = Q_2 \quad U_1 A_1 = U_2 A_2$$

① 수평방향으로 유속(U_2)을 계산하면
$$U_2 = U_1 \cos\theta = 7 \times \cos 60°$$

② 물의 최고높이에서 물기둥의 직경을 d_2 라고 하면

$$U_1 \times \frac{\pi}{4} \times d_1^2 = U_2 \times \frac{\pi}{4} \times d_2^2$$

$$U_1 \times \frac{\pi}{4} \times d_1^2 = U_1 \times \cos 60° \times \frac{\pi}{4} \times d_2^2$$

$$d_1^2 = \cos 60° \times d_2^2$$

$$10^2 = \cos 60° \times d_2^2$$

$$d_2^2 = \frac{10^2}{\cos 60°}$$

$$d_2 = \sqrt{\frac{10^2}{\cos 60°}} = 14.14 \text{cm}$$

해답 ②

33 유체의 부력을 설명한 것으로 옳은 것은?

① 물체에 의해 배제된 액체의 밀도와 같다.
② 물체에 의해 배제된 액체의 비체적과 같다.
③ 물체에 의해 배제된 액체의 비중량과 같다.
④ 물체에 의해 배제된 액체의 무게와 같다.

해설 **부력과 무게 관계**
$$F_B(부력) = F_w(무게)$$
$$r_{액체} \times V_{잠긴} = r_{물체} \times V_{전체}$$

∴ 부력은 물체에 의하여 배제된 유체무게와 같다.

해답 ④

34 이상기체에 대한 다음의 설명 중 틀린 것은?

① 엔탈피는 온도만의 함수이다.
② 정압비열은 온도와 압력의 함수로 볼 수 있다.
③ 내부 에너지는 온도만의 함수이다.
④ 엔트로피는 온도와 압력의 함수로 볼 수 있다.

해설 ② 정압비열은 온도만의 함수로 볼 수 있다
① **이상기체 상태방정식의 기체상수(R)**
$$C_P - C_V = R$$
C_P : 정압비열 C_V : 정적비열

② **비열비**
$$비열비(K) = \frac{C_P(정압비열)}{C_v(정적비열)} > 1$$

※ 비열비는 항상 1보다 크다.

해답 ②

35 판의 절대온도 T가 시간 t에 따라 $T = C\sqrt{t}$로 주어진다. 여기서 C는 상수이다. 이 판의 흑체방사도는 시간에 따라 어떻게 변하는가? (단, σ는 Stefan-Boltzmann 상수이다.)

① σC^4 ② $\sigma C^4 t$
③ $\sigma C^4 t^2$ ④ $\sigma C^4 t^4$

해설 흑체방사도 $= \sigma C^4 t^2$

해답 ③

36 지름 75mm인 원관 속을 평균속도 2m/s로 물이 흐르고 있을 때 질량 유량은 약 몇 kg/s인가?

① 10.2　　② 9.6
③ 9.2　　　④ 8.8

해설 질량유량

$$\overline{m}(\text{kg/s}) = A u \rho = \frac{\pi}{4} D^2 u \rho$$

① $D = 75\text{mm} = 0.075\text{m}$, $u = 2\text{m/s}$

② $\overline{m} = \frac{\pi}{4} \times 0.075^2 \times 2 \times 1000 = 8.84 \text{kg/s}$

해답 ④

37 어떤 펌프가 1000rpm으로 회전하여 전양정 10m에 0.5m³/min의 유량을 방출한다. 이 펌프가 2000rpm으로 운전된다면 유량은 몇 m³/min이 되겠는가?

① 1.0　　② 0.75
③ 0.5　　④ 1.25

해설 상사의 법칙 ★★★★★

① $Q_2 = Q_1 \times \left(\frac{N_2}{N_1}\right) \times \left(\frac{D_2}{D_1}\right)^3$

② $H_2 = H_1 \times \left(\frac{N_2}{N_1}\right)^2 \times \left(\frac{D_2}{D_1}\right)^2$

③ $P_2 = P_1 \times \left(\frac{N_2}{N_1}\right)^3 \times \left(\frac{D_2}{D_1}\right)^5$

Q_1 : 변경 전 유량　　H_1 : 변경 전 양정(압력)
Q_2 : 변경 후 유량　　H_2 : 변경 후 양정(압력)
N_1 : 변경 전 rpm　　D_1 : 변경 전 임펠러 직경
N_2 : 변경 후 rpm　　D_2 : 변경 후 임펠러 직경

$Q_2 = Q_1 \times \frac{N_2}{N_1} = 0.5 \times \frac{2000}{1000} = 1 \text{m}^3$

해답 ①

38 그림과 같이 속도 V인 자유제트가 곡면에 부딪혀 θ의 각도로 유동방향이 바뀐다. 유체가 곡면에 가하는 힘의 x, y 성분의 크기, F_x와 F_y는 θ가 증가함에 따라 각각 어떻게 되겠는가? (단, 유동단면적은 일정하고, $0° < \theta < 90°$이다.)

① F_x : 감소한다.　　F_y : 감소한다.
② F_x : 감소한다.　　F_y : 증가한다.
③ F_x : 증가한다.　　F_y : 감소한다.
④ F_x : 증가한다.　　F_y : 증가한다.

해설 유체가 곡면에 가하는 힘

① x 방향에 받는 힘 $F_x = \rho Q V \cos\theta$
② y 방향에 받는 힘 $F_y = \rho Q V \sin\theta$
∴ θ가 증가함에 따라 F_x 및 F_y는 증가한다.

해답 ④

39 유효낙차가 65m이고 유량이 20m³/s인 수력발전소에서 수차의 이론 출력은 약 몇 kW인가?

① 12740　　② 1300
③ 12.74　　④ 1.3

해설 수동력

$L_W(\text{kW}) = 9.8 \times 20 \times 65 = 12740 \text{kW}$

펌프의 동력계산
① 수동력

$$L_W(\text{kW}) = \gamma Q H$$

[주의] 수동력 계산 시 펌프의 효율 및 전달계수 K값은 무시한다.

② 축동력

$$L_S(\text{kW}) = \frac{\gamma Q H}{E}$$

[주의] 축동력 계산 시 전달계수 K값은 무시한다.

③ 모터동력

$$P(\text{kW}) = \frac{\gamma Q H}{E} K$$

여기서, γ : 비중량(kN/m³,
　　　　　　물의 비중량=9.8kN/m³)
Q : 유량(m³/s)
H : 전양정(m)

E : 펌프의 효율(%/100)
K : 전달계수

해답 ①

40 펌프에서 공동 현상이 발생할 때 나타나는 현상이 아닌 것은?

① 소음과 진동 발생 ② 양정곡선 저하
③ 효율곡선 증가   ④ 펌프 깃의 침식

해설 공동현상이 발생시 나타나는 현상
① 소음과 진동발생
② 양정곡선 저하
③ 효율곡선 저하
④ 펌프 깃(물안내 날개)의 침식

공동현상(캐비테이션) 방지대책
① 펌프의 설치위치를 수원보다 낮게 설치
② 펌프의 임펠러속도를 감속한다.
③ 펌프의 흡입측 수두 및 마찰손실을 작게 한다.
④ 펌프의 흡입관경을 크게 한다.
⑤ 양흡입펌프를 사용한다.

해답 ③

제3과목 소방관계법규

41 간이스프링클러설비를 설치하여야 할 특정소방대상물에 해당되는 것은?

① 근린생활시설로서 사용하는 바닥면적 합계가 5백제곱미터 이상인 것은 전층
② 근린생활시설로서 사용하는 바닥면적 합계가 1천제곱미터 이상인 것은 전층
③ 교육연구시설 내에 있는 합숙소로서 연면적 50제곱미터 이상인 것
④ 교육연구시설 내에 있는 합숙소로서 연면적 100제곱미터 미만인 것

해설 간이스프링클러설비 설치대상
(1) **근린생활시설**로 바닥면적 합계가 $1천m^2$ 이상인 것은 모든 층

(2) 의원, 치과의원 및 한의원으로서 입원실이 있는 시설
(3) **교육연구시설** 내에 **합숙소**로서 연면적 $100m^2$ 이상인 경우에는 모든 층
(4) 의료시설 다음의 어느 하나에 해당하는 시설
① 병원으로 사용되는 바닥면적의 합계가 $600m^2$ 미만인 시설
② 정신의료기관 또는 의료재활시설로 사용되는 바닥면적의 합계가 $300m^2$ 이상 $600m^2$ 미만인 시설
③ 정신의료기관 또는 의료재활시설로 사용되는 바닥면적의 합계가 $300m^2$ 미만이고, 창살이 설치된 시설

해답 ②

42 소방시설공사업자가 소속 소방기술자를 소방시설공사 현장에 배치하지 않았을 경우 얼마의 과태료에 처하는가?

① 100만원 이하   ② 200만원 이하
③ 300만원 이하   ④ 400만원 이하

해설 (공사업법 제40조) 200만원 이하의 과태료
① 소방기술자를 공사현장에 배치하지 아니한 자
② 규정을 위반하여 완공검사를 받지 아니한 자
③ 규정을 위반하여 3일 이내에 보수하지 아니하거나 하자보수계획을 관계인에게 알리지 아니한 자 또는 거짓으로 알린 자
④ 공사감리결과의 통보 또는 공사감리결과보고서의 제출을 하지 아니한 자 또는 거짓으로 한 자
⑤ 하도급 등의 통지를 하지 아니한 자 또는 거짓으로 한 자
⑥ 공사 및 감리를 함께 수행한 자

해답 ②

43 2급 소방안전관리대상물의 소방안전관리자로 선임될 수 있는 자격 기준으로 알맞은 것은?

① 전기기능사 자격을 가진 자
② 소방공무원으로 3년 이상 근무한 경력이 있는 사람
③ 경찰공무원으로 2년 이상 근무한 경력이 있는 자
④ 의용소방대원으로 2년 이상 근무한 경력

이 있는 자

해설 (화재예방법 시행령 제25조 제1항의 별표4)
소방안전관리자의 선임자격
(1) 특급 소방안전관리자 선임자격
   ① 소방기술사 또는 소방시설관리사
   ② 소방설비기사 : 5년 이상 1급 실무경력
   ③ 소방설비산업기사 : 7년 이상 1급 실무경력
   ④ 소방공무원 : 20년 이상
   ⑤ 특급 소방안전관리 시험에 합격한 사람
(2) 1급 소방안전관리자 선임자격
   ① 소방설비기사 또는 소방설비산업기사
   ② 소방공무원 : 7년 이상
   ③ 1급 소방안전관리 시험에 합격한 사람
   ④ 특급 또는 1급 자격증 발급받은 사람
(3) 2급 소방안전관리자 선임자격
   ① 위험물(기능장·산업기사 또는 기능사)
   ② 소방공무원 : 3년 이상
   ③ 2급 소방안전관리 시험에 합격한 사람
   ④ 「특별조치법」에 따라 선임된 사람
   ⑤ 특급, 1급, 2급 자격증 발급받은 사람
(4) 3급 소방안전관리자 선임자격
   ① 소방공무원 : 1년 이상
   ② 3급 소방안전관리 시험에 합격한 사람
   ③ 「특별조치법」에 따라 선임된 사람
   ④ 특급, 1급, 2급, 3급 자격증 발급받은 사람

해답 ②

44 자체소방대를 설치하여야 하는 사업소는 몇 류 위험물을 취급하는 제조소인가?

① 제1류　　② 제2류
③ 제3류　　④ 제4류

해설 (위험물법 시행령 제18조)
자체소방대를 설치하여야 하는 사업소
① 지정수량의 3천배 이상의 제4류 위험물을 취급하는 제조소 또는 일반취급소(단, 일반취급소를 제외)
② 지정수량의 50만배 이상의 제4류 위험물을 저장하는 옥외탱크저장소

해답 ④

45 옥외에 연결송수구 및 옥내에 방수구가 부설된 옥내소화전설비·스프링클러설비·간이스프링클러설비 또는 연결살수설비를 화재안전기술기준에 적합하게 설치한 경우 그 설비의 유효범위안의 부분에서 설치가 면제되는 것은?

① 연소방지설비
② 상수도소화용수설비
③ 물분무등소화설비
④ 연결송수관설비

해설 (소방시설법 시행령 제16조의 별표 5)
유사한 소방시설의 설치면제의 기준

설치면제 소방시설	설치면제 요건
① 스프링클러설비	① 자동소화장치 및 물분무등 소화설비
② 물분무등 소화설비	② 스프링클러 설비 (차고, 주차장)
③ 간이스프링클러	③ 스프링클러설비, 물분무소화설비 또는 미분무소화설비
④ 연결송수관	④ 옥내소화전설비, 스프링클러설비, 간이스프링클러설비, 연결살수설비

해답 ④

46 위험물 제조소등의 관계인은 제조소등의 용도를 폐지한때 에는 제조소등의 용도를 폐지한 날부터 며칠 이내에 시·도지사에게 신고하여야 하는가?

① 7일　　② 10일
③ 14일　　④ 30일

해설 위험물안전관리법에 따른 신고기간
① 제조소등의 설치자의 지위를 승계
   승계한 날로부터 30일 이내에 시·도지사에게 신고
② 제조소등의 용도를 폐지한 때
   폐지한 날로부터 14일 이내에 시·도지사에게 신고
③ 위험물안전관리자가 퇴직한 때
   퇴직한 날부터 30일 이내에 다시 위험물안전관리자를 선임
④ 위험물안전관리자를 선임한 때
   선임한 날부터 14일 이내에 소방본부장 또는 소방서장에게 신고

해답 ③

47 소방시설기준 적용의 특례에서 특정소방대상물의 관계인 이 소방시설을 갖추어야 함에도 불구하고 관련 소방시설을 설치하지 아니할 수 있는 특정소방대물을 설명한 것 중 옳지 않은 것은?

① 피난위험도가 낮은 특정소방대상물
② 화재안전기준을 적용하기가 어려운 특정소방대상물
③ 화재안전기준을 달리 적용하여야 하는 특수한 용도 또는 구조물 가진 특정소방대상물
④ 위험물안전관리법 제19조의 규정에 따른 자체소방대가 설치된 특정소방대상물

해설 (소방시설법 시행령 제16조의 별표6)
소방시설을 설치하지 아니할 수 있는 특정소방대상물 및 소방시설의 범위

구분	특정소방대상물	소방시설
화재 위험도가 낮은 것	불연성 건축재료·불연성 물품 저장 창고	외/살
화재안전기준을 적용하기 어려운 것	세정 또는 충전을 하는 작업장	스/상/살
	정수장, 수영장, 목욕장, 어류양식용 시설	자/상/살
화재안전기준을 달리 적용하여야하는 특수한 용도 또는 구조	원자력발전소, 핵폐기물처리시설	송/살
자체소방대가 설치된 것	자체소방대가 설치된 위험물제조소등에 부속된 사무실	상

외 : 옥외소화전설비   살 : 연결살수설비
스 : 스프링클러설비   상 : 상수도소화용수설비
자 : 자동화재탐지설비 송 : 연결송수관설비

해답 ①

48 화재예방강화지구의 지정대상지역에 해당되지 않는 곳은?

① 공장·창고가 밀집한 지역
② 석유화학제품을 생산하는 공장이 있는 지역
③ 시장지역
④ 소방용수시설 또는 소방출동로가 있는 지역

해설 (화재예방법 제18조) 화재예방강화지구의 지정 등
(1) 지정권자 : 시·도지사
(2) 화재안전조사 : 소방관서장
(3) 화재안전조사 실시주기 : 연1회 이상
(4) 소방훈련과 교육 : 연1회 이상
(5) 훈련 및 교육통보 : 10일 전까지

화재예방강화지구의 지정대상지역 ★★필수암기★★
① 시장지역
② 공장·창고가 밀집한 지역
③ 목조건물이 밀집한 지역
④ 노후·불량건축물이 밀집한 지역
⑤ 위험물의 저장 및 처리시설이 밀집한 지역
⑥ 석유화학제품을 생산하는 공장이 있는 지역
⑦ 산업단지
⑧ 소방시설·소방용수시설 또는 소방 출동로가 없는 지역
⑨ 물류단지
⑩ 소방관서장이 화재예방강화지구로 인정하는 지역

해답 ④

49 소방공사감리업의 등록기준에서 전문소방공사감리업을 하고자 하는 경우 갖추어야 할 장비에 속하지 않는 것은?

① 수압기
② 전기절연내력시험기
③ 검량계
④ 하론농도측정기

해설 (공사업법 시행령 제2조 제1항 [부표 1])
전문소방공사감리업의 갖추어야 할 장비
① 수압기   ② 하론농도측정기
③ 이산화탄소농도측정기 ④ 전류전압측정기
⑤ 검량계   ⑥ 풍압풍속계
⑦ 차압계   ⑧ 음량계
⑨ 초시계   ⑩ 방수압력측정기
⑪ 봉인렌치   ⑫ 포채집기
⑬ 방출포량시험기   ⑭ 전기절연저항시험기
⑮ 열감지기시험기   ⑯ 연기감지기시험기
⑰ 조도계

해답 ②

50 화재, 재난·재해 그 밖의 위급한 사항이 발생한 경우 소방대가 현장에 도착할 때까지 관계인의 소방활동에 포함되지 않는 것은?

① 불을 끄거나 불이 번지지 아니하도록 필요한 조치
② 소방활동에 필요한 보호장구 지급 등 안전을 위한 조치
③ 경보를 울리는 방법으로 사람을 구출하는 조치
④ 대피를 유도하는 방법으로 사람을 구출하는 조치

해설 (기본법 제20조) 관계인의 소방활동
관계인은 소방대상물에 화재, 재난·재해 그 밖의 위급한 상황이 발생한 경우에는 소방대가 현장에 도착할 때까지 경보를 울리거나 대피를 유도하는 등의 방법으로 사람을 구출하는 조치 또는 불을 끄거나 불이 번지지 아니하도록 필요한 조치를 하여야 한다.

해답 ②

51 위험물 제조소등별로 설치하여야 하는 경보설비의 종류에 포함되지 않는 것은?

① 자동화재탐지설비 ② 비상경보설비
③ 비상벨설비   ④ 확성장치

해설 위험물제조소등별로 설치하여야하는 경보설비
① 자동화재탐지설비
② 비상경보설비
③ 확성장치(휴대용확성기를 포함)
④ 비상방송설비

해답 ③

52 위험물안전관리법령상 제4류 위험물에 속하는 것으로 나열된 것은?

① 특수인화물, 질산염류, 황린
② 알코올, 황화인, 나이트로화합물
③ 동식물유류, 알코올류, 특수인화물
④ 알킬알루미늄, 질산, 과산화수소

해설 제4류 위험물 및 지정수량

품 명		지정수량(L)
1. 특수인화물		50
2. 제1석유류	비수용성액체	200
	수용성액체	400
3. 알코올류		400
4. 제2석유류	비수용성액체	1,000
	수용성액체	2,000
5. 제3석유류	비수용성액체	2,000
	수용성액체	4,000
6. 제4석유류		6,000
7. 동식물유류		10,000

해답 ③

53 화재에 관한 위험경보와 관련하여 기상법 관련 규정에 따른 이상기상의 예보 또는 특보가 있는 때에 화재에 관한 경보를 발하고 그에 따른 조치를 할 수 있는 자는?

① 소방서장   ② 기상청장
③ 시·도지사   ④ 국무총리

해설 (기본법 제14조) 화재에 관한 위험경보
소방본부장, 소방서장은 이상기상의 예보 또는 특보 시 화재경보를 발하고 그에 따른 조치를 할 수 있다.

해답 ①

54 신축 건축물 중 연면적이 몇 제곱미터 이상인 특정대상물은 성능위주설계를 하여야 하는가? (단, 주택으로 쓰이는 층수가 5개층 이상인 주택인 아파트를 제외한다.)

① 10만 제곱미터   ② 20만 제곱미터
③ 100만 제곱미터 ④ 500만 제곱미터

해설 (소방시설법 시행령 제9조) 성능위주설계 대상
(1) 연면적 20만m² 이상(아파트 등은 제외)
(2) 50층 이상(지하층 제외)이거나 높이가 200m 이상인 아파트등
(3) 30층 이상(지하층 포함)이거나 높이가 120m 이상(아파트등은 제외)
(4) 연면적 3만m² 이상인 특정소방대상물
   ① 철도 및 도시철도 시설
   ② 공항시설

(5) 창고시설 중 연면적 10만m² 이상인 것 또는 지하층의 층수가 2개 층 이상이고 지하층의 바닥면적의 합계가 3천m² 이상인 것
(6) 하나의 건축물에 **영화상영관이 10개 이상**
(7) 지하연계 복합건축물
(8) 수저터널 또는 길이가 5천m 이상인 것

해답 ②

55 소방기본법의 목적으로 거리가 먼 것은?

① 화재의 예방·경계·진압
② 국민의 생명·신체의 재산보호
③ 소방기술관리 및 진흥
④ 공공의 안녕질서 유지와 복리증진

해설 (기본법 제1조) 소방기본법의 목적
① 화재를 예방, 경계, 진압
② 화재, 재난, 재해 그 밖의 위급한 상황에서의 구조, 구급활동
③ 국민의 생명, 신체 및 재산을 보호
④ 공공의 안녕질서와 복리증진에 이바지함

해답 ③

56 화재발생 사실을 통보하는 기계·기구 또는 설비인 경보 설비가 아닌 것은?

① 무선통신보조설비
② 비상방송설비
③ 단독경보형감지기
④ 자동화재속보설비

해설 (소방시설법 시행령 제3조의 별표 1)
소방시설의 종류 ★★★(필수암기)★★★

소방시설	종류	
소화설비	① 소화기구 ③ 옥내 ⑤ 스프링클러설비등	② 자동소화장치 ④ 옥외 ⑥ 물분무등
경보설비	① 단독경보형 ③ 시각경보기 ⑤ 화재알림 ⑦ 자동화재속보 ⑨ 누전경보기	② 비상경보 ④ 자동화재탐지 ⑥ 비상방송 ⑧ 통합감시 ⑩ 가스누설경보기
피난구조 설비	① 피난기구(피난사다리, 구조대, 완강기 등) ② 인명구조기구(방열복, 공기호흡기, 인공소생기) ③ 유도등(피난유도선, 피난구유도등, 통로유도등, 객석유도등, 유도표지) ④ 비상조명등 및 휴대용비상조명등		

소방시설	종류	
소화 용수설비	① 상수도소화용수 ② 소화수조·저수조 그 밖의 소화용수	
소화 활동설비	① 제연 ③ 연결살수 ⑤ 무선통신보조	② 연결송수관 ④ 비상콘센트 ⑥ 연소방지

해답 ①

57 소방용품에 속하지 않는 것은?

① 화학반응식거품소화약제
② 방염액·방염도료 및 방염성물질
③ 자동소화설비의 기기 중 유수검지장치
④ 가스누설경보기

해설 소방시설법 시행령 제6조
[별표 3] 소방용품
1. 소화설비를 구성하는 제품 또는 기기
   (1) 소화기구(소화약제 외의 것을 이용한 간이소화용구는 제외)
   (2) 자동소화장치
   (3) 소화설비를 구성하는 소화전, 관창, 소방호스, 스프링클러헤드, 기동용 수압개폐장치, 유수제어밸브 및 가스관선택밸브
2. 경보설비를 구성하는 제품 또는 기기
   (1) 누전경보기 및 가스누설경보기
   (2) 경보설비를 구성하는 발신기, 수신기, 중계기, 감지기 및 음향장치(경종만 해당)
3. 피난구조설비를 구성하는 제품 또는 기기
   (1) 피난사다리, 구조대, 완강기(간이완강기 및 지지대를 포함)
   (2) 공기호흡기(충전기를 포함)
   (3) 피난구유도등, 통로유도등, 객석유도등 및 예비 전원이 내장된 비상조명등
4. 소화용으로 사용하는 제품 또는 기기
   (1) 소화약제
   (2) 방염제(방염액·방염도료 및 방염성물질)

해답 ①

58 피난층에 대한 설명으로 알맞은 것은?

① 지상 1층
② 2층 이하로 쉽게 피난할 수 있는 층
③ 지상으로 통하는 계단이 있는 층
④ 곧바로 지상으로 통하는 출입구가 있는 층

해설 (소방시설법 시행령 제2조) 용어의 정의
피난층 : 곧 바로 지상으로 갈 수 있는 출입구가 있는 층

해답 ④

59 특정소방대상물 중 노유자(老幼者) 시설에 속하지 않는 것은?

① 유치원 ② 정신보건시설
③ 경로당 ④ 요양시설

해설 ② 정신보건시설 : 의료시설
(소방시설법 시행령 제5조 별표 2)
노유자시설
① 아동관련시설 : 아동복지시설 · 어린이집 · 유치원 그 밖에 이와 비슷한 것
② 노인관련시설 : 노인주거복지시설 · 노인여가복지시설, 그 밖에 이와 비슷한 것
③ 장애인관련시설 : 장애인거주시설 · 장애인지역 사회시설
④ 정신질환자관련시설
⑤ 노숙인관련시설

해답 ②

60 소방서의 종합상황실의 실장이 소방본부의 종합상황실에 지체 없이 보고하여야 하는 상황에 해당하지 않는 것은?

① 사망자가 5인 이상 발생한 화재
② 사망자가 10인 이상 발생한 화재
③ 이재민이 50인 이상 발생한 화재
④ 재산피해액이 50억원 이상 발생한 화재

해설 (기본법 시행규칙 제3조) 종합상황실장의 보고
① 사망자 5인이상 또는 사상자 10인 이상인 화재
② 이재민 100인 이상 화재
③ 재산피해 50억 이상 화재
④ 관공서, 학교, 정부미 도정공장, 국가유산, 지하철, 지하구 화재
⑤ 관광호텔, 층수 11층 이상 지하상가, 시장, 백화점화재
⑥ 1000톤 이상 선박화재

해답 ③

제4과목 소방기계시설의 구조 및 원리

61 제연설비에 전용 샤프트를 설치하여 건물 내외부의 온도차와 화재시 발생되는 열기에 의한 밀도차이를 이용하여 지붕 외부의 루프모니터 등을 이용하여 옥외로 배출, 환기시키는 방식을 무엇이라 하는가?

① 자연방식
② 루프해치방식
③ 스모그타워방식
④ 제 3종 기계제연방식

해설 스모그타워 제연방식
제연 전용으로 굴뚝 또는 환기통을 설치하여 실내공기 부력 또는 지붕상부에 설치된 루프모니터 등이 외부바람에 의하여 회전하면서 생긴 흡인력을 이용하여 제연하는 방식이며 고층빌딩에 적합하다.

해답 ③

62 배출 풍도단면의 긴 변 또는 직경의 크기가 450mm 초과 750mm 이하일 경우의 강판 두께는 최소 몇 mm 이상이어야 하는가?

① 0.5 ② 0.6
③ 0.8 ④ 1.0

해설 배출풍도의 강판의 두께

풍도단면의 긴변 또는 직경의 크기	강판두께
450mm 이하	0.5mm 이상
450mm 초과 750mm 이상	0.6mm 이상
750mm 초과 1500mm 이상	0.8mm 이상
1500mm 초과 2250mm 이상	1.0mm 이상
2250mm 초과	1.2mm 이상

해답 ②

63 연결송수관설비에 관한 설명이다. 틀린 것은?

① 아파트 용도의 11층 이상에 설치하는 방수구는 단구형으로 할 수 있다.
② 배관은 지면으로부터 높이가 31m 이상인 소방대상물에는 습식설비로 설치한다.
③ 주배관의 관경은 100mm 이상의 것이어야 한다.
④ 지표면에서 최상층 방수구의 높이가 70m 이상의 소방대상물의 펌프 양정은 최상층에 설치된 노즐선단의 압력이 0.25MPa 이상의 압력이 되어야 한다.

해설 연결송수관설비의 가압송수장치
① 높이 70m 이상의 소방대상물에 설치
② 펌프토출량 : 2400L/min 이상(한층 방수구가 3개 초과(최대 5개)인 경우 1개마다 800L 가산한 양 이상)
③ 펌프의 양정 : 최상층 노즐선단 방수압이 0.35 MPa 이상 되도록 할 것

해답 ④

64 상수도 소화용수설비에서 호칭지름 몇 mm 이상의 수도배관에, 호칭지름 몇 mm 이상의 소화전을 접속해야 하는가?

① 80mm, 65mm   ② 75mm, 100mm
③ 65mm, 100mm   ④ 50mm, 65mm

해설 상수도 소화용수 설비
① 호칭지름 75mm 이상의 수도배관에 호칭지름 100mm 이상의 소화전을 접속
② 소화전은 소방자동차 등의 진입이 쉬운 도로변 또는 공지에 설치
③ 소화전은 소방대상물의 수평투영면의 각 부분으로부터 140m 이하가 되도록 설치

해답 ②

65 연결살수전용헤드가 7개 설치되어 있을 경우 배관의 구경은?

① 40mm   ② 50mm
③ 65mm   ④ 80mm

해설 연결살수설비 전용헤드 수별 급수관의 구경

헤드수	1개	2개	3개	4~5개	6~10개
배관구경(mm)	32	40	50	65	80

해답 ④

66 폐쇄형스프링클러헤드 사용하는 설비에서 하나의 방호구역의 바닥면적의 기준은 몇 m^2 이하인가?

① 3000   ② 2500
③ 2000   ④ 1500

해설 스프링클러설비의 방호구역
① 폐쇄형 : 바닥면적 3000m^2 이내
② 개방형 : 담당 헤드 수 50개 이하 설치

해답 ①

67 국소방출방식의 이산화탄소설비의 분사헤드는 당해 설비의 소화약제의 저장량을 얼마 이내에 방사할 수 있는 것으로 설치하여야 하는가?

① 10초 이내   ② 30초 이내
③ 1분 이내   ④ 2분 이내

해설 약제 방사시간

소화설비		방 사 시 간
CO_2	전역방출방식	표면화재 1분 이내
		심부화재 7분 이내
	국소방출방식	30초 이내
할론		10초 이내
할로젠 및 불활성		10초 이내(불활성은 A, C급 2분 이내 B급 1분 이내)
분말		30초 이내

해답 ②

68 전동기 또는 내연 기관에 따른 펌프를 이용하는 가압 송수장치의 설치기준에 있어 당해 소방대상물에 설치된 옥외소화전을 동시에 사용하는 경우 각 옥외소화전의 노즐선단에서의 ㉠ 방수압력과 ㉡ 방수량은 각각 얼마 이상이어야 하는가?

① ㉠ 0.25MPa 이상, ㉡ 350L/min 이상
② ㉠ 0.17MPa 이상, ㉡ 350L/min 이상

③ ㉠ 0.25MPa 이상, ㉡ 100L/min 이상
④ ㉠ 0.17MPa 이상, ㉡ 100L/min 이상

해설 소화전설비의 방수압과 방수량

소화설비의 종류	방 수 압	방 수 량
옥내소화전 설비	0.17MPa~0.7MPa	130L/min 이상
옥외소화전 설비	0.25MPa 이상	350L/min 이상

해답 ①

69 팽창비가 50인 포 소화설비에서 혼합비율 3%, 원액저장량이 210L일 때 포를 방출한 후의 포의 체적은 얼마가 되겠는가?

① $200m^3$ ② $250m^3$
③ $300m^3$ ④ $350m^3$

해설 팽창비 산출 공식 ★★

$$팽창비 = \frac{발포후\ 포의\ 체적(y)}{발포전\ 포수용액\ 체적(x)}$$

① 3% 포수용액
포원액 3L + 물 97L ⇒ 포수용액 100L
즉 포원액 3L로 포수용액 100L를 만든다.

② 3L → 100L 포수용액
210L → xL 포수용액

$x = \frac{100 \times 210}{3} = 7000L = 7m^3$

③ $50 = \frac{발포후체적(m^3)}{7m^3}$

④ 발포 후 체적$(m^3) = 50 \times 7m^3 = 350m^3$

해답 ④

70 삽을 상비한 마른모래 50리터 이상의 것 1포의 능력단위는 얼마인가?

① 0.1 ② 0.2
③ 0.5 ④ 1.0

해설 간이소화용구의 능력단위
(NFTC101 제2조의 별표 2)

간 이 소 화 용 구		능력단위
마른모래	삽을 상비한 50L 이상의 것 1포	0.5단위
팽창질식 또는 팽창진주암	삽을 상비한 80L 이상의 것 1포	0.5단위

해답 ③

71 옥외소화전설비의 용어 정의 중 틀린 것은?

① "고가수조"라 함은 구조물 또는 지형지물 등에 설치하여 자연낙차의 압력으로 급수하는 수조를 말한다.
② "연성계"라 함은 대기압 이상의 압력을 측정할 수 있는 계측기를 말한다.
③ "진공계"라 함은 대기압 이하의 압력을 측정하는 계측기를 말한다.
④ "개폐표시형밸브"라 함은 밸브의 개폐여부를 외부에서 식별이 가능한 밸브를 말한다.

해설 ② "연성계"라 함은 대기압이하 및 대기압이상의 압력을 측정할 수 있는 계측기를 말한다.

해답 ②

72 소방대상물이 노유자시설인 경우 소화기구의 능력단위의 기준은 당해 용도의 바닥면적 몇 m^2마다 1단위 이상으로 설치하는가?

① $30m^2$ ② $50m^2$
③ $100m^2$ ④ $200m^2$

해설 소방대상물별 소화기구의 능력단위기준

소 방 대 상 물	소화기구의 능력단위
① 위락시설	$30m^2$ 마다 1단위 이상
② 공연장·집회장·관람장·국가유산·장례시설 및 의료시설	$50m^2$ 마다 1단위 이상
③ 근린생활시설·판매시설·운수시설·숙박시설·노유자시설·전시장·공동주택·업무시설·방송통신시설·공장·창고시설·항공기 및 자동차 관련시설 및 관광휴게시설	$100m^2$ 마다 1단위 이상
④ 그 밖의 것	$200m^2$ 마다 1단위 이상

(주) 소화기구의 능력단위를 산출함에 있어서 건축물의 주요구조부가 내화구조이고, 벽 및 반자의 실내에 면하는 부분이 불연재료·준불연재료 또는 난연재료로 된 소방대상물에 있어서는 위 표의 기준면적의 2배를 당해 소방대상물의 기준면적으로 한다.

해답 ③

73 위험물 저장탱크에 고정포방출구 포소화설비를 설치하고 탱크주위에 보조 소화전을 2개소 설치하였다. 보조 소화전에서 방출하기 위하여 필요한 소화약제의 양은? (단, 소화약제는 6% 단백포이다.)

① 240L 이상 ② 480L 이상
③ 720L 이상 ④ 960L 이상

해설 보조포소화전의 약제량

$$Q = N \times S \times 8000L$$

N : 호스집결구수(최대 3개)
S : 포소화약제농도(%)

∴ $Q = 2 \times \dfrac{6}{100} \times 8000 = 960L$

고정포 방출구 방식

구 분	약제 저장량
가. 고정포 방출구	$Q = A \times Q_1 \times T \times S$ Q : 포소화약제의 양(L) A : 저장탱크의 액 표면적(m^2) Q_1 : 단위 포소화수용액의 양(L/m^2분) T : 방출시간(분) S : 포소화 약제의 사용농도(%)
나. 보조 포소화전	$Q = N \times S \times 8000L$ Q : 포소화약제의 양(L) N : 호스 접결구 개수(3개 이상의 경우는 3) S : 포소화 약제의 사용농도(%)
다. 배관보정	가장 먼 탱크까지의 송액관(내경 75mm 이하 제외)에 충전하기 위하여 필요한 양 $Q = V \times S \times 1000L/m^3$ Q : 포소화약제의 양(L) V : 송액관 내부의 체적(m^3) S : 포소화약제의 사용농도(%)
라. 합 계	고정포 방출구방식의 약제량 =가+나+다

옥내포소화전방식 또는 호스릴방식

약제 저장량

$$Q = N \times S \times 6000L$$

Q : 포소화약제의 양(L)
N : 호스접결구수(5개 이상의 경우는 5)
S : 포소화약제의 사용농도(%)

바닥면적이 200m^2 미만인 건축물에 있어서는 계산량의 75%로 할 수 있다.

해답 ④

74 자동차 차고에 설치하는 물분무 소화설비의 배수설비에 대해서 옳은 것은?

① 차량이 주차하는 장소의 바닥면에는 배수구를 향하여 100분의 1 이상의 경사를 유지하여야 한다.
② 차량의 주차하는 장소에는 모두 높이 5cm 이상의 구획 경계턱을 하여야 한다.
③ 배수설비는 가압송수장치의 최대수송능력의 수량을 유효하게 배수할 수 있는 크기 및 기울기로 한다.
④ 배수구에는 길이 50m 마다 집수관을 설치하여야 한다.

해설 물분무 소화설비의 배수설비
① 높이 10cm 이상의 경계턱으로 배수구를 설치
② 길이 40m 이하마다 집수관·소화핏트 등 기름분리장치를 설치
③ 배수구를 향하여 2/100 이상의 기울기를 유지
④ 배수설비는 가압송수장치의 최대송수능력의 수량을 유효하게 배수할 수 있는 크기 및 기울기로 할 것

해답 ③

75 어느 소방대상물에 할론 1301 소화설비를 하려고 한다. 적합한 배관은?

① KS D 3562 중 이음매 없는 스케줄 40 이상의 것
② KS D 3562 중 이음매 있는 스케줄 40 이상의 것
③ KS D 3507 중 이음매 없는 스케줄 80 이상의 것
④ KS D 3507 중 이음매 있는 스케줄 80 이상의 것

해설 할론소화설비의 배관 ★★★
① 전용으로 할 것
② 강관을 사용하는 경우의 배관
압력배관용 탄소강관(KS D 3562) 중 이음이 없는 스케줄 40 이상의 것 또는 이와 동등 이상의 강도를 가진 것으로서 아연도금 등에 의하여 방식처리된 것을 사용할 것

③ 동관을 사용하는 경우(이음이 없는 동 및 동합금관(KS D 5301)

고압식	16.5MPa 이상의 압력에 견딜 수 있는 것
저압식	3.75MPa 이상의 압력에 견딜 수 있는 것

해답 ①

76 분말 소화설비에 사용하는 소화 약제 중 제3종 분말은 어느 것을 주성분으로 한 것인가?

① 탄산수소칼륨 ② 인산염
③ 탄산수소나트륨 ④ 요소

해설 분말약제의 주성분 및 착색 ★★★★(필수암기)

종별	주성분	약제명	착색
제1종	$NaHCO_3$	중탄산나트륨	백색
제2종	$KHCO_3$	중탄산칼륨	담회색
제3종	$NH_4H_2PO_4$	제1인산 암모늄	담홍색 (핑크색)
제4종	$KHCO_3 + (NH_2)_2CO$	중탄산칼륨 + 요소	회색 (쥐색)

해답 ②

77 6층 무대부(층고 12m)에 각 회로당 개방형스프링클러 헤드를 20개씩 설치하였을 경우에 소요되는 최저 수원의 양은 얼마인가?

① 32.0m³ 이상 ② 38.0m³ 이상
③ 48.0m³ 이상 ④ 51.2m³ 이상

해설 개방형헤드 사용시
① 수원의 양(30개 이하)
$$Q(m^3) = N \times 1.6m^3$$
N : 개방형헤드 설치개수
수원의 양 $Q(m^3) = 20 \times 1.6m^3 = 32m^3$
② 펌프의 분당 토출량(30개 이하)
$$Q(L/분) = N \times 80L/분$$
N : 개방형헤드 설치개수

해답 ①

78 간이스프링클러설비 중 폐쇄형 간이헤드를 사용하여 상수도설비에서 직접 연결할 경우 배관 및 밸브 등의 올바른 설치방법은?

① 수도용계량기 – 개폐표시형밸브 – 체크밸브 – 압력계 – 유수검지장치 – 시험밸브 순으로 설치
② 수도용계량기 – 개폐표시형밸브 – 압력계 – 체크밸브 – 유수검지장치 – 시험밸브 순으로 설치
③ 수도용계량기 – 개폐표시형밸브 – 압력계 – 체크밸브 – 압력계 – 개폐표시형밸브 – 일제개방밸브 순으로 설치
④ 수도용계량기 – 개폐표시형밸브 – 압력계 – 체크밸브 – 압력계 – 개폐표시형밸브 순으로 설치

해설 간이스프링클러설비의 배관 및 밸브 설치순서(상수도설비에서 직접 연결하는 경우)
① 폐쇄형간이헤드를 사용하는 경우
수도용계량기–개폐표시형개폐밸브–체크밸브–압력계–유수검지장치–시험밸브
② 개방형간이헤드를 사용하는 경우
수도용계량기–개폐표시형개폐밸브–압력계–체크밸브–압력 등 확인시험배관–압력계–일제개방밸브–개폐표시형개폐밸브

해답 ①

79 투척용소화기 등을 설치할 때는 바닥으로부터 몇 m 이하의 높이에 설치하는 것이 가장 이상적인가?

① 1.5m 이하 ② 2.0m 이하
③ 2.5m 이하 ④ 3.0m 이하

해설 투척용소화기 설치기준
① 거주자 등이 손쉽게 사용할 수 있는 장소에 설치
② 바닥으로부터 1.5m이하에 설치
③ "투척용소화기 등"이라고 표시한 표지를 설치

해답 ①

80 옥내소화전설비에서 연결송수관설비의 배관을 겸용할 경우 방수구로 연결되는 배관의 구경은 얼마로 하여야 하는가?

① 50mm 이상 ② 65mm 이상
③ 100mm 이상 ④ 150mm 이상

해설 옥내소화전 설비의 배관구경

주배관		가지 배관	
전 용	겸 용	전 용	겸 용
50mm 이상	100mm 이상	40mm 이상	65mm 이상

해답 ②

무료 동영상과 함께하는 소방설비(기계분야) 필기

2021

2021년 3월 CBT 시행
2021년 5월 CBT 시행
2021년 9월 CBT 시행

소방설비산업기사 – 기계분야
2021년 3월 CBT 시행

본 문제는 CBT시험대비 기출문제 복원입니다.

제1과목 소방원론

01 수분과 접촉하면 위험하며 경유, 유동파라핀 등과 같은 보호액에 보관하여야 하는 위험물은?

① 과산화수소 ② 이황화탄소
③ 황 ④ 칼륨

해설 보호액속에 저장 위험물
① 석유(파라핀, 경유, 등유) 속 보관
　칼륨(K), 나트륨(Na)
② 물속에 보관
　이황화탄소(CS_2), 황린(P_4)

해답 ④

02 내화구조의 지붕에 해당하지 않는 구조는?

① 철근콘크리트조
② 철골철근콘크리트조
③ 철재로 보강된 유리블록
④ 무근콘크리트조

해설 주요 구조부의 내화구조 기준

주요 구조부	내화구조 기준
지붕	① 철근 콘크리트조 또는 철골·철근 콘크리트조 ② 철재로 보강된 콘크리트 블록조, 벽돌조 또는 석조 ③ 철재로 보강된 유리블록 또는 망입 유리로 된 것

해답 ④

03 질소가 가연물이 될 수 없는 이유는?

① 산소와 결합시 흡열반응을 하기 때문이다.
② 비중이 작기 때문이다.
③ 연소시 화염이 없기 때문이다.
④ 산소와의 반응이 불가능하기 때문이다.

해설 가연물이 될 수 없는 조건
① 산화반응이 완전히 끝난 물질
　(예 : H_2O, CO_2, $NaHCO_3$, $KHCO_3$ 등)
② 질소 또는 질소산화물
　(예 : 질소는 산화반응을 하지만 흡열반응을 한다.)
　$N_2 + \frac{1}{2}O_2 \rightarrow N_2O - 19.5 kcal$
③ 주기율표상 18족 원소(불활성 기체)
　He(헬륨), Ne(네온), Ar(아르곤), Kr(크립톤), Xe(크세논), Rn(라돈)

해답 ①

04 건축물의 주요구조부에서 제외되는 것은?

① 지붕 ② 내력벽
③ 바닥 ④ 사이기둥

해설 건축물의 주요 구조부

① 내력벽	② 기둥	③ 바닥
④ 보	⑤ 지붕틀	⑥ 주계단

(어두문자 암기법 : 내주기만하면 바보지)

해답 ④

05 물의 증발잠열을 이용한 주요소화작용에 해당하는 것은?

① 희석작용 ② 염 억제작용
③ 냉각작용 ④ 질식작용

해설 증발잠열 = 기화잠열 = 기화열
소화원리 ★★★★★
① 냉각소화 : 가연성 물질을 발화점 이하로 온도를 냉각

물이 소화약제로 사용되는 이유
• 물의 기화열(539kcal/kg)이 크기 때문
• 물의 비열(1kcal/kg℃)이 크기 때문

② 질식소화 : 산소농도를 21%에서 15% 이하로 감소

질식소화 시 산소의 유지농도 : 10∼15%

③ 억제소화(부촉매소화, 화학적소화) : 연쇄반응을 억제

- 부촉매 : 화학적 반응의 속도를 느리게 하는 것
- 부촉매 효과 : 할론소화약제
  [할로젠족원소 : 불소(F), 염소(Cl), 브로민(Br), 아이오딘(I)]

④ 제거소화 : 가연성물질을 제거시켜 소화

- 산불이 발생하면 화재의 진행방향을 앞질러 벌목.
- 화학반응기의 화재 시 원료공급관의 밸브를 폐쇄.
- 유전화재 시 폭약으로 화염을 제거.
- 촛불을 입김으로 불어 화염을 제거.

⑤ 피복소화 : 가연물 주위를 공기와 차단
⑥ 희석소화 : 수용성인 인화성액체 화재 시 물을 방사하여 가연물의 연소농도를 희석
⑦ 유화소화(에멀전소화) : 유류화재 시 물분무로 방사하여 액체표면에 불연성의 유막을 형성하여 소화

해답 ③

06 피난대책의 일반적 원칙이 아닌 것은?

① 2방향의 피난통로를 확보한다.
② 피난경로는 간단 명료하게 한다.
③ 피난구조설비는 고정설비를 위주로 설치한다.
④ 원시적인 방법보다 전자설비를 이용한다.

해설 피난대책의 일반적인 원칙
① 2방향 원칙에 따라 피난통로를 확보할 것
② 피난수단은 원시적 방법을 원칙으로 할 것
③ 피난구조설비는 고정식 설비를 원칙으로 하고 보조적으로 이동식 설비를 고려할 것
④ 피난대책은 Fool proof와 Fail safe의 원칙을 중요시 할 것
⑤ 피난경로는 간단하고 명료하게 할 것

해답 ④

07 제5류 위험물의 나이트로화합물에 속하는 것은?

① 피크린산 ② 나이트로글리세린
③ 휘발유 ④ 아세트알데하이드

해설 나이트로화합물 : 제5류 위험물(자기반응성물질)
① 피크린산 = 피크르산[$C_6H_2(NO_2)_3OH$](TNP)
② 트라이나이트로톨루엔[$C_6H_2CH_3(NO_2)_3$](TNT)

위험물의 유별 분류
① 피크린산 : 제5류 나이트로화합물
② 나이트로글리세린 : 제5류 질산에스터류
③ 휘발유 : 제4류 제1석유류
④ 아세트알데하이드 : 제4류 특수인화물

해답 ①

08 공기 중의 산소농도는 약 몇 vol%인가?

① 15 ② 21
③ 27 ④ 31

해설 농도의 표시 방법
• 부피백분율 = vol% • 중량백분율 = wt%
① 공기의 조성
  산소(O_2) 21%, 질소(N_2) 78%, 아르곤(Ar) 1%
• 공기 중 산소의 부피(%) = 21%
• 공기 중 산소의 중량(무게)(%) = 23%
② 공기의 평균 분자량
• 공기의 평균 분자량 = 29
• 증기비중 = $\dfrac{M(분자량)}{29(공기평균분자량)}$

해답 ②

09 화재 원인이 되는 발화원으로 볼 수 없는 것은?

① 화학반응열 ② 전기적인 열
③ 기화잠열 ④ 마찰열

해설 기화잠열 = 기화열 = 증발잠열
온도 변화 없이 액체1g(kg)이 기체가 되는데 필요한 열량(cal 또는 kcal)

물의 기화 잠열(기화열)
100℃ 물(액체) 1kg이 1기압에서 100℃ 수증기(기체)로 변화하는데 필요한 열량(kcal/kg)

해답 ③

10 15℃의 물 10kg이 100℃의 수증기가 되기 위해서는 약 몇 kcal의 열량이 필요한가?

① 850 ② 1650
③ 5390 ④ 6240

해설 필요한 열량

$$Q = mC\Delta t + r \cdot m$$

Q : 필요한 열량(cal) m : 질량(g)
C : 비열(cal/g · ℃) Δt : 온도차(℃)
r : 기화잠열(cal/g)

$Q = 10\text{kg} \times 1\text{kcal/kg} \cdot ℃ \times (100-15)℃ + 539\text{kcal/kg} \times 10\text{kg} = 6240\text{kcal}$

해답 ④

11 기체연료의 연소형태로서 공기를 인접한 2개의 분출구에서 각각 분출시켜 계면에서 연소를 일으키게 하는 것은?

① 증발연소 ② 자기연소
③ 확산연소 ④ 분해연소

해설 연소의 형태 ★★자주출제(필수정리)★★

㉠ 표면연소(surface reaction)
  숯, 코크스, 목탄, 금속분
㉡ 증발 연소(evaporating combustion)
  파라핀(양초), 황, 나프탈렌, 왁스, 휘발유, 등유, 경유, 아세톤 등 제4류 위험물
㉢ 분해연소(decomposing combustion)
  석탄, 목재, 플라스틱, 종이, 합성수지, 중유
㉣ 자기연소(내부연소)
  질화면(나이트로셀룰로오스), 셀룰로이드, 나이트로글리세린 등 제5류 위험물
㉤ 확산연소(diffusive burning)
  아세틸렌, LPG, LNG 등 가연성 기체
㉥ 불꽃연소+표면연소
  목재, 종이, 셀룰로오즈류, 열경화성수지

해답 ③

12 화씨 122°F는 섭씨 몇 ℃인가?

① 40 ② 50
③ 60 ④ 70

해설

$$℃ = \frac{5}{9}(°F - 32)$$

$$\therefore ℃ = \frac{5}{9}(122-32) = 50℃$$

해답 ②

13 인화점에 대한 설명으로 틀린 것은?

① 가연성 액체의 인화와 관계가 있다.
② 점화원의 존재와 연관된다.
③ 연소가 지속적으로 확산될 수 있는 최저온도이다.
④ 연료의 조성에 따라 달라진다.

해설 연소점 : 연소가 지속적으로 확산될 수 있는 최저온도이다.

해답 ③

14 다음 중 황린의 연소시에 주로 발생되는 물질은?

① P_2O ② PO_2
③ P_2O_3 ④ P_2O_5

해설 황린(P_4)[별명 : 백린] : 제3류 위험물(자연발화성물질)

① 백색 또는 담황색의 고체이다.
② 공기 중 약 40~50℃에서 자연 발화한다.
③ 저장 시 자연 발화성이므로 반드시 물속에 저장한다.
④ 연소 시 오산화인(P_2O_5)의 흰 연기가 발생한다.

$$P_4 + 5O_2 \rightarrow 2P_2O_5(\text{오산화인})$$

해답 ④

15 가연성 물질이 되기 위한 조건으로 틀린 것은?

① 연소열이 많아야 한다.
② 공기와 접촉면적이 커야 한다.
③ 산소와 친화력이 커야 한다.
④ 활성화에너지가 커야 한다.

해설 가연물의 조건
① 산소와 친화력이 클 것
② 발열량이 클 것
③ 표면적이 넓을 것

④ 열전도도가 작을 것
⑤ 활성화 에너지가 적을 것
⑥ 연쇄반응을 일으킬 것
⑦ 활성에너지가 작을 것

해답 ④

16 플래쉬오버(FLASH OVER)란 무엇인가?

① 건물 화재에서 가연물이 착화하여 연소하기 시작하는 단계
② 건물 화재에서 발생한 가연성 가스가 축적되다가 일순간에 화염이 크게 되는 현상
③ 건물 화재에서 소방활동 진압이 끝난 단계
④ 건물 화재에서 다 타고 더 이상 탈 것이 없어 자연 친화된 상태

해설 플래쉬 오버(flash over)현상
건물 화재에서 발생한 가연성 가스가 축적되다가 일순간에 화염이 크게 되는 현상
① 폭발적인 착화현상
② 폭발적인 연소현상
③ 급격한 화염의 확대현상

후레쉬 오버의 영향인자
① 개구율은 클수록 빠르다.
② 내장재료는 가연성일수록 빠르다.
③ 화원의 크기가 클수록 빠르다.
④ 열전도율은 작을수록 빠르다.

해답 ②

17 A급화재의 가연물질과 관계가 없는 것은?

① 섬유   ② 목재
③ 종이   ④ 유류

해설 ④ 유류 : B급 화재
화재의 분류

종 류	등급	색표시	주된 소화 방법
일반화재	A급	백색	냉각소화
유류 및 가스 화재	B급	황색	질식소화
전기화재	C급	청색	질식소화
금속화재	D급	-	피복소화
주방화재	K급	-	냉각 및 질식소화

해답 ④

18 다음 할론 소화약제 중 소화효과가 탁월하고 독성이 가장 약한 것은?

① 할론 1301   ② 할론 104
③ 할론 1211   ④ 할론 2402

해설 할론1301 : 할론약제 중 소화력은 가장 우수하고 독성은 가장 적다.
할로젠화합물 소화약제

종류 구분	할론 2402	할론 1211	할론 1301	할론 1011
화학식	$C_2F_4Br_2$	CF_2ClBr	CF_3Br	CH_2ClBr

해답 ①

19 전기 부도체이며 소화 후 장비의 오손 우려가 낮기 때문에 전기실이나 통신실 등의 소화설비로 적합한 것은?

① 스프링클러설비   ② 옥내소화전설비
③ 포소화설비   ④ CO_2소화설비

해설 전기실 또는 통신실 적응소화설비
① 이산화탄소 소화설비
② 할로젠화합물 소화설비
③ 분말 소화설비
④ 물분무 소화설비

해답 ④

20 화재 종류별 표시색상이 잘못 연결된 것은?

① A급 - 백색   ② B급 - 적색
③ C급 - 청색   ④ D급 - 무색

해설 ② B급 - 황색
화재의 분류

종 류	등급	색표시	주된 소화 방법
일반화재	A급	백색	냉각소화
유류 및 가스 화재	B급	황색	질식소화
전기화재	C급	청색	질식소화
금속화재	D급	-	피복소화
주방화재	K급	-	냉각 및 질식소화

해답 ②

제2과목 소방유체역학

21 압력 2MPa, 온도 120℃인 공기의 체적이 0.01m³라면 질량은 약 몇 kg인가?(단, 공기의 기체상수는 287J/kg·K이다.)

① 0.143　② 0.152
③ 0.177　④ 0.217

해설 완전기체방정식

① $PV = WRT$　② $\rho\left(\dfrac{m}{V}\right) = \dfrac{P}{RT}$

P : 압력　V : 부피　W : 무게
R : 기체상수　m : 질량

① $2\text{MPa} = 2 \times 10^6 \text{Pa}(\text{N/m}^2)$

② $\therefore \rho(\text{밀도}) = \dfrac{P}{RT}$

$\rho = \dfrac{2 \times 10^6 \text{N/m}^2}{287\text{J/kg} \cdot \text{K} \times (273+120)\text{K}}$
$= 17.73 \text{kg/m}^3$

③ $\dfrac{m}{V} = 17.73 \text{kg/m}^3$

④ $V = 0.01\text{m}^3$ 이므로

⑤ $m = V \times 17.73\text{kg/m}^3 = 0.01 \times 17.7$
$= 0.177\text{kg}$

해답 ③

22 분말소화약제의 가압용 가스로서 가장 많이 사용되는 것은?

① 산소　② 제1인산암모늄
③ 탄산수소칼륨　④ 질소

해설 가압용 및 축압용가스
① 질소(N_2)　② 이산화탄소(CO_2)

해답 ④

23 물리량을 질량(M), 길이(L), 시간(T)의 기본 차원으로 나타낼 때 에너지의 차원은?

① ML^2T^{-2}　② $ML^{-1}T^{-2}$
③ $ML^{-1}T^{-1}$　④ $ML^{-2}T^2$

해설 위치에너지

① $mgh = m(\text{kg}) \times g(\text{m/s}^2) \times h(\text{m})$
$= \text{kg} \cdot \text{m}^2/\text{s}^2$

② 차원으로 표시하면
$\text{kg} \cdot \text{m}^2/\text{s}^2 = ML^2T^{-2}$

여러 가지 량의 단위와 차원

량	절대단위계 차원	절대단위계 단위	중력단위계 차원	중력단위계 단위
질량	M	kg	$FL^{-1}T^2$	kgf·s²/m
중량(힘)	MLT^{-2}	kg·m/s²	F	kgf
압력	$ML^{-1}T^{-2}$	kg/m·s²	FL^{-2}	kgf/m²
밀도	ML^{-3}	kg/m³	$FL^{-4}T^2$	kgf·s²/m⁴
비중량	$ML^{-2}T^{-2}$	kg/m²·s²	FL^{-3}	kgf/m³
점도	$ML^{-1}T^{-1}$	kg/m·s	$FL^{-2}T$	kgf·s/m²
일	ML^2T^{-2}	kg·m²/s²	FL	kgf·m
표면장력	MT^{-2}	kg/s²	FL^{-1}	kgf/m
속도	LT^{-1}	m/s	LT^{-1}	m/s
가속도	LT^{-2}	m/s²	LT^{-2}	m/s²

해답 ①

24 펌프로부터 1.5m 아래에 있는 물을 펌프 위 20m의 송출 액면에 유량 0.6m³/min로 양수하고자 할 때 펌프에 공급하여야 할 동력은 약 몇 kW인가?(단, 관로의 손실수두는 3m이다.)

① 2.41　② 3.31
③ 4.31　④ 5.31

해설 수동력

$$P(\text{kW}) = \gamma QH$$

γ : 물의 비중량(9.8kN/m³)
Q : 유량(m³/s)　H : 전양정(m)
E : 펌프의 효율(%/100)　K : 전달계수

① $Q = 0.6\text{m}^3/60\text{s}$
② $H = 1.5\text{m} + 20\text{m} + 3\text{m} = 24.5\text{m}$
③ $P(\text{kW}) = 9.8 \times (0.6/60) \times 24.5 = 2.40\text{kW}$

펌프의 동력계산 필수 암기 사항(2차 실기시험에 출제됨)
① 수동력

$$L_W(\text{kW}) = \gamma QH$$

※ 주의 : 수동력 계산 시 펌프의 효율 및 전달계수 K값은 무시한다.

② 축동력

$$L_S(\text{kW}) = \dfrac{\gamma QH}{E}$$

※ 주의 : 축동력 계산 시 전달계수 K값은 무시한다.

③ 모터동력

$$L_S(\text{kW}) = \frac{\gamma QH}{E} \times K$$

여기서, γ : 비중량(물의 비중량 $=9.8\text{kN/m}^3$)
Q : 토출량(m^3/s), H : 전양정(m)
E : 효율(%/100), K : 전달계수

해답 ①

25 수평으로 놓여진 노즐로부터 물이 대기 중으로 분출되고 있다. 이 노즐의 지름은 2cm이고 내부 계기압력은 700kPa이다. 순수한 운동량 변화로 인해 노즐에 작용하는 힘은 약 몇 N인가?

① 22.4 ② 44.9
③ 220   ④ 440

해설 운동량 방정식

$$F = \rho A V^2 = \rho A(2gh) = 2\gamma A h$$

여기서, F : 힘(N) ρ : 밀도(kg/m³)
A : 단면적(m²) V : 유속(m/s)
g : 중력가속도(m/s²) h : 수두(m)
γ : 비중량(kg/m³)

① $\gamma = 9800\text{N/m}^3$(물)

② $H = \dfrac{P}{\gamma} = \dfrac{700 \times 10^3 \text{N/m}^2}{9800 \text{N/m}^3} = 71.43\text{m}$

③ $F = 2\gamma A h = 2 \times 9800 \times \dfrac{\pi}{4} \times 0.02^2 \times 71.43$
$\quad = 439.83\text{N}$

해답 ④

26 그림과 같은 액주계에서 A점의 압력은 계기압력으로 약 몇 Pa인가?

① 3,900 ② 5,880
③ 7,850 ④ 9,800

해설
$$P_A + r_1 h_1 = P_B + r_2 h_2$$
$\therefore P_A = P_B + r_2 h_2 - r_1 h_1$
r(비중량 : N/m³)
$\quad = r_W$(물비중량 : 9800N/m³) $\times S$(비중)
$\therefore r_1 = 9800\text{N/m}^3 \times 2 = 19600\text{N/m}^3$
$\quad r_2 = 9800\text{N/m}^3 \times 4 = 39200\text{N/m}^3$
$\quad h_1 = 10\text{cm} = 0.1\text{m} \quad h_2 = 20\text{cm} = 0.2\text{m}$
$\quad r_2 h_2 = 39200\text{N/m}^2 \times 0.2\text{m} = 7840\text{N/m}^2$
$\quad r_1 h_1 = 19600\text{N/m}^2 \times 0.1\text{m} = 1960\text{N/m}^2$
$\therefore P_A = 7840\text{N/m}^2 - 1960\text{N/m}^2$
$\quad = 5880\text{N/m}^2(\text{Pa})$

해답 ②

27 0.01539m³/s의 유량으로 지름 30cm인 주철관 속을 비중 0.85, 점성계수 $\mu = 0.103$N·s/m²의 유체가 흐르고 있다. 길이 3,000m에 대한 손실수두는 약 몇 m인가?

① 2.25 ② 2.46
③ 2.62 ④ 2.87

해설 1. Darcy-weisbach 방정식

$$\Delta h_L(\text{m}) = \frac{flu^2}{2gD}$$

Δh_L : 마찰손실수두(m) f : 관 마찰손실계수
l : 배관길이(m) u : 유속(m/s)
g : 중력가속도(9.8m/s²) D : 배관내경(m)

2. 레이놀드수

$$ReNo = \frac{Du\rho}{\mu} = \frac{Du}{v} = \frac{4Q}{\pi D v}$$

$\rho = 1000(\rho_w\text{물}) \times S(\text{비중}) = 1000 \times 0.85$
$\quad = 850\text{kg/m}^3$
$\mu = 0.103\text{N}\cdot\text{s/m}^2(\text{kg/m}\cdot\text{s})$
$\therefore u = \dfrac{Q}{A} = \dfrac{0.01539}{\dfrac{\pi}{4} \times 0.3^2} = 0.2177\text{m/s}$

① $ReNo = \dfrac{0.3 \times 0.2177 \times 850}{0.103} = 539$

② 층류에서 마찰손실계수
$f = \dfrac{64}{ReNo} = \dfrac{64}{539} = 0.1187$

③ 마찰손실수두 계산
$$\Delta h_L(m) = \frac{0.1187 \times 3000 \times 0.2177^2}{2 \times 9.8 \times 0.3} = 2.87m$$

해답 ④

28 어떤 유체의 비중량이 $A\,N/m^3$이고 점성계수가 $B\,N \cdot s/m^2$이다. 동점성계수 m^2/s는?(단, g는 중력가속도이다.)

① $\dfrac{Bg}{A}$ ② $\dfrac{B}{Ag}$
③ $\dfrac{Ag}{B}$ ④ $\dfrac{A}{Bg}$

해설 동점성계수 계산공식

$$\nu = \frac{\mu}{\rho} \qquad \therefore \mu = \nu \times \rho$$

여기서, ν : 동점성계수(m^2/s), ρ : 밀도(kg/m^3)
μ : 점성계수($N \cdot s/m^2 = kg/m \cdot s$)

① ρ(밀도) $= \dfrac{\gamma(비중량)}{g(중력가속도)}$

② $\nu = \dfrac{\mu}{\frac{\gamma}{g}} = \dfrac{\mu g}{\gamma}$

③ 문제에서 $\gamma = A$, $\mu = B$, g(중력가속도)

④ $\nu = \dfrac{\mu g}{\gamma} = \dfrac{Bg}{A}$

해답 ①

29 비중 0.86, 점성계수 $0.027N \cdot s/m^2$인 기름이 안지름 45cm의 파이프를 통하여 $0.3m^3/s$의 유량으로 흐를 때 레이놀즈수는 얼마 정도인가?

① 1.90×10^4 ② 2.11×10^4
③ 2.30×10^4 ④ 2.70×10^4

해설 레이놀드수(Reynold Number : ReNo) ★★★★★

$$ReNo = \frac{Du\rho}{\mu} = \frac{Du}{\nu} \text{ [무차원]}$$

여기서, D : 내경(m)
u : 유속(m/s)
ρ : 밀도(kg/m^3)
μ : 점성계수($N \cdot s/m^2 = kg/m \cdot s$)
ν : 동점성계수(m^2/s)

① $D = 45cm = 0.45m$

② $u = \dfrac{Q}{A} = \dfrac{0.3}{\frac{\pi}{4} \times 0.45^2} = 1.89m/s$

③ $\rho = 1000(\rho_w\text{물}) \times S(\text{비중})$
$\rho = 1000 \times 0.86 = 860kg/m^3$

④ $\mu = 0.027N \cdot s/m^2 = 0.027kg/m \cdot s$

⑤ $ReNo = \dfrac{0.45 \times 1.89 \times 860}{0.027} = 2.7 \times 10^4$

해답 ④

30 직경이 10mm인 노즐에서 방사압이 392kPa 라면 방수량은 약 몇 m^3/min인가?

① 0.402 ② 0.220
③ 0.132 ④ 0.002

해설 방수량 계산

$$Q = uA = \sqrt{2gH}\,A = \sqrt{2gH} \times \frac{\pi}{4} \times D^2$$

① $H = \dfrac{P}{\gamma} = \dfrac{392kN/m^2}{9.8kN/m^3} = 40m$

② $Q = \sqrt{2gH} \times \dfrac{\pi}{4} \times D^2$
$= \sqrt{2 \times 9.8 \times 40} \times \dfrac{\pi}{4} \times 0.01^2$
$= 2.199 \times 10^{-3}\,m^3/s$

③ $\dfrac{2.199 \times 10^{-3}m^3}{s} \times \dfrac{60s}{1min} = 0.132\,m^3/min$

해답 ③

31 압력이 2MPa, 온도가 250℃인 공기가 이상적인 단열팽창으로 압력이 0.2MPa로 내려갔을 때 공기의 온도는 약 몇 K인가?(단, 공기의 비열비는 1.4이다.)

① 265 ② 271
③ 276 ④ 282

해설 변화 후 온도

$$T_2 = T_1 \times \left(\frac{P_2}{P_1}\right)^{\frac{K-1}{K}}$$

$$T_2 = (273+250) \times \left(\frac{0.2}{2}\right)^{\frac{1.4-1}{1.4}} = 271\text{K}$$

해답 ②

32 길이 1.8m, 폭이 1.2m인 직사각형의 평면수문이 수면과 수직으로 그 상단이 수면 아래 3m의 깊이에 설치되어 있다. 힘의 작용점인 압력중심은 수면으로부터 약 몇 m 지점인가?(단, 수문의 길이 방향이 수면으로부터의 깊이 방향과 일치한다.)

① 3.87　　② 3.97
③ 4.19　　④ 4.28

해설　압력중심(y_p) 계산

$$y_p = \frac{I_C}{yA} + \bar{y}$$

$$I_c = \frac{W(\text{폭}) \times [L(\text{길이})]^3}{12} = \frac{1.2\text{m} \times (1.8\text{m})^3}{12}$$

I_c = 도심에 관한 단면 2차 관성모멘트

$$\bar{y} = 3 + \frac{1.8}{2} = 3.9\text{m}$$

$$A = 1.8\text{m} \times 1.2\text{m} = 2.16\text{m}^2$$

$$y_p = \frac{I_C}{yA} + \bar{y} = \frac{\frac{1.2 \times 1.8^3}{12}}{3.9 \times 2.16} + 3.9 = 3.97\text{m}$$

해답 ②

33 수직으로 세워진 노즐에서 물이 20m/s 속도로 쏘아 올려질 때 모든 손실이 무시된다면 물이 올라갈 수 있는 높이는 약 몇 m인가?

① 17.4　　② 18.6
③ 19.7　　④ 20.4

해설　속도 수두

$$H = \frac{U^2}{2g}$$

$$H = \frac{20^2}{2 \times 9.8} = 20.4\text{m}$$

해답 ④

34 비중 S인 액체의 액면으로부터 h cm 깊이에 있는 점의 계기 압력은 수은주의 높이로 환산하면 몇 mm인가?(단, 수은의 비중은 13.6이다.)

① $13.6Sh$　　② $\dfrac{1,000Sh}{13.6}$
③ $\dfrac{Sh}{13.6}$　　④ $\dfrac{10Sh}{13.6}$

해설　① $P = rh$, $P_1 = P_2$, $r_1h_1 = r_2h_2$
② $r = r_W \times S$, h cm = $10h$ mm
③ ∴ $r_W S_1 h_1 = r_W S_2 h_2$
④ r_W(물) = 9800N/m³, S(물) = 1
⑤ $S_1 h_1 = S_2 h_2$
　$S \times 10h$ mm = $13.6 \times h_2$
⑥ $h_2 = \dfrac{10Sh}{13.6}$

해답 ④

35 압력이 1기압으로 일정하게 유지되는 용기 내에서 20℃ 물 100kg이 완전히 증발하여 200℃의 수증기가 되었다면 총 흡열량은 몇 kJ인가?(단, 물의 평균비열은 4.2kJ/kg·K, 100℃에서의 증발잠열은 2,300kJ/kg, 수증기의 평균비열은 2kJ/kg·K이다.)

① 670×10^2　　② 283.6×10^3
③ 670×10^3　　④ 283.6×10^4

해설　① 20℃물 → 100℃물(현열)
　$T_1 = 273+20 = 293$K
　$T_2 = 273+100 = 373$K
　Q(현열) = m(질량) × C(비열) × Δt(온도차)
　$Q_1 = 100$kg × 4.2kJ/kg·K × (373−293)K
　　 = 33600kJ
② 100℃물 → 100℃수증기(기화잠열)
　Q(잠열) = r(융해 또는 기화잠열) × m(질량)
　$Q_2 = 2300$kJ/kg × 100kg = 230000kJ
③ 100℃수증기 → 200℃수증기(현열)
　Q(현열) = m(질량) × C(비열) × Δt(온도차)
　$Q_3 = 100$kg × 2kJ/kg·K × (473−373)K
　　 = 20000kJ

④ $Q_T = 33600 + 230000 + 20000 = 283600$
$= 283.6 \times 10^3 \text{kJ}$

해답 ②

36 임펠러의 직경이 같은 원심식 송풍기에서 회전수만 변화시킬 때 동력변화를 구하는 식으로 맞는 것은?(단, 변화 전후의 회전수를 각각 N_1, N_2, 동력을 L_1, L_2로 표시한다.)

① $L_2 = L_1 \times \left(\dfrac{N_2}{N_1}\right)^3$

② $L_2 = L_1 \times \left(\dfrac{N_1}{N_2}\right)^2$

③ $L_2 = L_1 \times \left(\dfrac{N_1}{N_2}\right)^3$

④ $L_2 = L_1 \times \left(\dfrac{N_2}{N_1}\right)^2$

해설 상사의 법칙

$$Q_2 = Q_1 \times \dfrac{N_2}{N_1} \times \left(\dfrac{D_2}{D_1}\right)^3$$

$$H_2 = H_1 \times \left(\dfrac{N_2}{N_1}\right)^2 \times \left(\dfrac{D_2}{D_1}\right)^2$$

$$P_2 = P_1 \times \left(\dfrac{N_2}{N_1}\right)^3 \times \left(\dfrac{D_2}{D_1}\right)^5$$

Q_1 : 변경 전 유량 Q_2 : 변경 후 유량
H_1 : 변경 전 양정 H_2 : 변경 후 양정
P_1 : 변경 전 동력 P_2 : 변경 후 동력
N_1 : 변경 전 회전수 N_2 : 변경 후 회전수

해답 ①

37 수력기울기선(HGL)을 올바르게 설명한 것은?

① 관로 중심에서의 압력수두에 속도수두를 더한 높이 점을 연결한 선
② 관로 중심에서의 압력수두, 속도수두, 위치수두를 모두 더한 높이 점을 연결한 선
③ 관로 중심에서의 위치수두에 속도수두를 더한 높이 점을 연결한 선
④ 관로 중심에서의 위치수두에 압력수두를 더한 높이 점을 연결한 선

해설 EL(에너지선)과 HGL(수력구배선)

$$EL(\text{에너지선}) = \dfrac{U^2}{2g} + \dfrac{P}{r} + Z$$

$$HGL(\text{수력구배선}) = \dfrac{P}{r} + Z$$

$\dfrac{U^2}{2g}$: 속도수두 $\dfrac{P}{\gamma}$: 압력수두 Z : 위치수두

∴ 에너지선은 수력구배선보다 항상 속도수두 만큼 크다.

참고 EL(Energy Line), HGL(Hydraulic Grade Line)

해답 ④

38 그림과 같이 고정된 노즐에서 균일한 유속 $V = 40\text{m/s}$, 유량 $Q = 0.2\text{m}^3/\text{s}$로 물이 분출되고 있다. 분류와 같은 방향으로 $u = 10\text{m/s}$의 일정 속도로 운동하고 있는 평판에 분사된 물이 수직으로 충돌할 때 분류가 평판에 미치는 충격력은 몇 kN인가?

① 4.5   ② 6
③ 44.1   ④ 58.8

해설 ① 노즐의 단면적 계산

$Q = uA$에서 $0.2\text{m}^3/\text{s} = 40\text{m/s} \times A$

$A = \dfrac{0.2}{40} = 0.005\text{m}^2$

② 유량계산

$Q = A(u_1 - u_2) = 0.005(40 - 10) = 0.15\text{m}^3/\text{s}$

③ 힘 계산공식

$F(\text{N}) = Q(\text{m}^3/\text{s}) \times \Delta U(\text{m/s}) \times \rho(\text{kg/m}^3)$

$F(\text{N}) = 0.15\text{m}^3/\text{s} \times (40 - 10)\text{m/s} \times 1000\text{kg/m}^3$
$= 4500\text{N} = 4.5\text{kN}$

해답 ①

39 20℃에서 물이 지름 75mm인 관속을 1.9×10^{-3}m³/s로 흐르고 있다. 이때 레이놀즈 수는 얼마 정도인가? (단, 20℃일 때 물의 동점성계수는 1.006×10^{-6}m²/s이다.)

① $1.13×10^4$ ② $1.99×10^4$
③ $2.83×10^4$ ④ $3.21×10^4$

해설 레이놀드 수

$$ReNo = \frac{Du\rho}{\mu} = \frac{Du}{\nu} = \frac{4Q}{\pi D\nu}$$

① $D = 75\text{mm} = 0.075\text{m}$
② $ReNo = \dfrac{4 \times 1.9 \times 10^{-3}}{\pi \times 0.075 \times 1.006 \times 10^{-6}}$
　　　$= 32063.02 = 3.21 \times 10^4$

해답 ④

40 물이 담긴 탱크의 밑바닥 옆면에 지름 5mm의 구멍이 뚫렸다. 탱크는 오리피스의 단면에 비하여 무한히 크다. 오리피스 중심으로부터 물이 몇 m 높이로 탱크에 담겨 있을 때 10m/s로 물이 분출되겠는가? (단, 오리피스의 속도계수는 C_v=0.90이다.)

① 5.1 ② 6.3
③ 7.5 ④ 8.7

해설 유속 및 속도수두

$$U = C_v\sqrt{2gH} \qquad H = \frac{u^2}{2gC_V^2}$$

$H = \dfrac{10^2}{2 \times 9.8 \times 0.9^2} = 6.30\text{m}$

해답 ②

제3과목　소방관계법규

41 소방시설 설치 및 관리에 관한 법령상 성능위주설계를 하여야 할 특정소방대상물로 알맞은 것은?(단, 신축건물인 경우이다.)

① 아파트를 제외한 연면적이 10만 제곱미터 이상인 특정소방대상물
② 아파트를 제외한 건축물의 높이가 70미터 이상인 특정소방대상물
③ 연면적이 2만 제곱미터 이상인 철도·역사공항시설
④ 하나의 건축물에 관련법에 따른 영화상영관이 10개 이상인 특정소방대상물

해설 (소방시설법 시행령 제9조) 성능위주설계 대상
(1) 연면적 20만m² 이상(아파트 등은 제외)
(2) 50층 이상(지하층 제외)이거나 높이가 200m 이상인 아파트등
(3) 30층 이상(지하층 포함)이거나 높이가 120m 이상(아파트등은 제외)
(4) 연면적 3만m² 이상인 특정소방대상물
　① 철도 및 도시철도 시설
　② 공항시설
(5) 창고시설 중 연면적 10만m² 이상인 것 또는 지하층의 층수가 2개 층 이상이고 지하층의 바닥면적의 합계가 3만m² 이상인 것
(6) 하나의 건축물에 영화상영관이 10개 이상
(7) 지하연계 복합건축물
(8) 수저터널 또는 길이가 5천m 이상인 것

해답 ④

42 다음 특정소방대상물 중 교육연구시설에 포함되지 않는 것은?

① 자동차운전학원　② 초등학교
③ 직업훈련소　　　④ 도서관

해설 (소방시설법 시행령 제5조 별표 2)
(특정소방대상물) 교육연구시설
① 학교
② 교육원(연수원 포함)
③ 직업훈련소
④ 학원(근린생활시설에 해당하는 것과 자동차운전학원·정비학원 및 무도학원을 제외)
⑤ 연구소(시험소와 계량계측소를 포함)
⑥ 도서관

해답 ①

43 다음 중 소방시설 설치 및 관리에 관한 법률 시행령에서 사용하는 피난층에 대한 용어의 정의로 알맞은 것은?

① 곧바로 지상으로 갈 수 있는 출입구가 있는 층
② 곧바로 지상으로 갈 수 있는 출입구가 있는 1층
③ 곧바로 옥상으로 갈 수 있는 출입구가 있는 층
④ 곧바로 옥상으로 갈 수 있는 출입구가 있는 꼭대기 층

해설 (소방시설법 시행령 제2조) 용어의 정의
피난층 : 곧 바로 지상으로 갈 수 있는 출입구가 있는 층

해답 ①

44 특정소방대상물 중 근린생활시설(일반목욕탕 제외), 의료시설, 복합건축물 등은 연면적 몇 m² 이상인 경우에 자동화재탐지설비를 설치하여야 하는가?

① 400m²
② 600m²
③ 1000m²
④ 3500m²

해설 (소방시설법 시행령 제11조의 별표 4)
자동화재탐지설비 설치대상
(1) 공동주택 중 아파트등 · 기숙사 및 숙박시설의 경우에는 모든 층
(2) 층수가 6층 이상인 건축물
(3) 근린생활시설, 의료시설, 위락시설, 장례시설 및 복합건축물로서 연면적 600m² 이상인 경우에는 모든 층
(4) 목욕장, 문화 및 집회시설, 종교시설, 판매시설, 운수시설, 운동시설, 업무시설로서 연면적 1000m² 이상인 경우에는 모든 층
(5) 교육연구시설, 수련시설로서 연면적 2000m² 이상인 경우에는 모든 층
(6) 지하구
(7) 터널로서 길이가 1000m 이상인 것
(8) 노유자 생활시설
(9) 노유자시설로서 연면적 400m² 이상인 노유자시설 및 숙박시설이 있는 수련시설로서 수용인원 100명 이상인 경우에는 모든 층
(10) 공장 및 창고시설로서 지정수량의 500배 이상의 특수가연물을 저장 · 취급하는 것

해답 ②

45 소방용수시설의 설치기준에 관한 사항 중 옳지 않은 것은?

① 주거지역에 설치하는 경우 소방대상물과의 수평거리를 140m 이하가 되도록 할 것
② 소방호스와 연결하는 소화전의 연결금속구의 구경은 65mm로 할 것
③ 저수조는 지면으로부터 낙차가 4.5m 이하일 것
④ 저수조에 물을 공급하는 방법은 상수도에 연결하여 자동으로 급수되는 구조일 것

해설 ① 주거지역에 설치하는 경우 소방대상물과의 수평거리를 100m 이하가 되도록 할 것
(기본법 시행규칙 제6조 ②항의 별표 3)
소방용수시설의 설치기준
① 공통기준
  ㉠ 주거지역 · 상업지역 및 공업지역에 설치하는 경우 : 수평거리를 100m이하가 되도록 할 것
  ㉡ 기타 지역에 설치하는 경우 : 소방대상물과의 수평거리를 140m 이하가 되도록 할 것
② 소방용수시설별 설치기준
  ㉠ 소화전의 설치기준 : 상수도와 연결하여 지하식 또는 지상식의 구조로 하고, 소방용호스와 연결하는 소화전의 연결금속구의 구경은 65mm로 할 것
  ㉡ 급수탑의 설치기준 : 급수배관의 구경은 100mm 이상으로 하고, 개폐밸브는 지상에서 1.5m 이상 1.7m 이하의 위치에 설치하도록 할 것
③ 저수조의 설치기준
  ㉠ 지면으로부터의 낙차가 4.5m 이하일 것
  ㉡ 흡수부분의 수심이 0.5m 이상일 것
  ㉢ 소방펌프자동차가 쉽게 접근할 수 있도록 할 것
  ㉣ 흡수에 지장이 없도록 토사 및 쓰레기 등을 제거할 수 있는 설비를 갖출 것

ⓜ 흡수관의 투입구가 사각형의 경우에는 한 변의 길이가 60cm 이상, 원형의 경우에는 지름이 60cm 이상일 것
ⓗ 저수조에 물을 공급하는 방법은 상수도에 연결하여 자동으로 급수되는 구조일 것

해답 ①

46 다음 중 화재예방강화지구의 지정대상이 아닌 것은?

① 대형화재 및 대형재난 발생지역
② 공장·창고가 밀집한 지역
③ 목조건물이 밀집한 지역
④ 위험물저장 및 처리시설이 밀집한 지역

해설 (화재예방법 제18조) 화재예방강화지구의 지정 등
(1) 지정권자 : 시·도지사
(2) 화재안전조사 : 소방관서장
(3) 화재안전조사 실시주기 : 연1회 이상
(4) 소방훈련과 교육 : 연1회 이상
(5) 훈련 및 교육통보 : 10일 전까지

화재예방강화지구의 지정대상지역 ★★필수암기★★
① 시장지역
② 공장·창고가 밀집한 지역
③ 목조건물이 밀집한 지역
④ 노후·불량건축물이 밀집한 지역
⑤ 위험물의 저장 및 처리시설이 밀집한 지역
⑥ 석유화학제품을 생산하는 공장이 있는 지역
⑦ 산업단지
⑧ 소방시설·소방용수시설 또는 소방 출동로가 **없는** 지역
⑨ 물류단지
⑩ 소방관서장이 화재예방강화지구로 인정하는 지역

해답 ①

47 둘 이상의 위험물을 같은 장소에서 저장 또는 취급하는 경우에 있어서 당해 장소에서 저장 또는 취급하는 각 위험물의 수량은 그 위험물의 지정수량으로 각각 나누어 얻은 수의 합계가 얼마 이상인 경우 당해 위험물은 지정수량 이상의 위험물로 보는가?

① 0.5   ② 0.8
③ 1.0   ④ 1.5

해설 (위험물법 제5조) 위험물의 저장 및 취급의 제한
둘 이상의 위험물을 같은 장소에서 저장 또는 취급하는 경우에 있어서 당해 장소에서 저장 또는 취급하는 각 위험물의 수량을 그 위험물의 지정수량으로 각각 나누어 얻은 수의 합계가 1 이상인 경우 당해 위험물은 지정수량 이상의 위험물로 본다.

해답 ③

48 화재가 발생하거나 불이 번질 우려가 있는 소방대상물 및 토지를 일시적으로 사용하거나 그 사용의 제한 또는 소방활동에 필요한 처분을 할 수 있는 자로 옳지 않은 것은?

① 소방대장   ② 소방서장
③ 소방본부장 ④ 종합상황실장

해설 (기본법 제25조) 강제처분 등
강제처분권자
① 소방본부장 ② 소방서장 ③ 소방대장

해답 ④

49 함부로 버려두거나 그냥 둔 위험물의 소유자·관리자 또는 점유자의 주소와 성명을 알 수 없어 일정 기간 게시 및 보관 후 이를 매각 또는 폐기하였다. 그 후에 위험물의 소유자가 보상을 요구할 경우 조치사항으로 올바른 것은?

① 매각한 경우에는 소유자와 합의를 거쳐 이를 보상하여야 하나, 폐기한 경우에는 보상하지 않는다.
② 매각한 경우에는 보상하지 아니하나, 폐기한 경우에는 소유자와 합의를 거쳐 이를 보상하여야 한다.
③ 매각하거나 폐기된 경우 보상금액에 대하여 소유자와 협의를 거쳐 이를 보상하여야 한다.
④ 매각하거나 폐기된 경우 보상금액에 대하여 소유자와 협의를 거쳐 보상하지 않는다.

해설 (화재예방법 시행령 제17조)
옮긴 물건의 보관기간 및 보관기간 경과 후 처리 등
(1) **소방관서장**은 옮긴 물건을 보관하는 경우에는

그 날부터 **14일 동안** 그 사실을 **공고**하여야 한다.
(2) 옮긴 물건 등에 대한 **보관기간**은 공고하는 기간의 **종료일 다음 날부터 7일**로 한다.
(3) 소방관서장은 보관기간이 종료되는 때에는 **매각해야 한다.**
(4) 소방관서장은 매각되거나 폐기된 옮긴 물건의 소유자가 **보상을 요구하는 경우**에는 보상금액에 대하여 **소유자와 협의**를 거쳐 이를 보상하여야 한다.

해답 ③

50 제4류 위험물 중 경유의 지정수량으로 알맞은 것은?

① 200리터   ② 500리터
③ 1000리터 ④ 2000리터

해설 경유 : 제4류 제2석유류(비수용성)
(위험물법 제2조 및 제3조 별표 1)
제4류 위험물의 지정수량

품 명		지정수량(L)
특수인화물		50
제1석유류	비수용성액체	200
	수용성액체	400
알코올류		400
제2석유류	비수용성액체	1000
	수용성액체	2000
제3석유류	비수용성액체	2000
	수용성액체	4000
제4석유류		6000
동식물유류		10000

해답 ③

51 소방기본법령상 소방활동에 필요한 소화전·급수탑·저수조를 설치하고 유지·관리하여야 하는 사람은? (단, 수도법에 따라 설치되는 소화전은 제외한다.)

① 소방서장   ② 시·도지사
③ 소방본부장 ④ 소방파출소장

해설 (소방기본법 제10조)
소방용수시설의 설치 및 관리 등
① **시·도지사**는 소방활동에 필요한 **소화전·급수탑·저수조("소방용수시설")**를 설치하고 유지·관리하여야 한다.
② 「수도법」에 따라 소화전을 설치하는 일반수도사업자는 관할 소방서장과 사전협의를 거친 후 소화전을 설치하여야 하며, 설치 사실을 관할 소방서장에게 통지하고, 그 소화전을 유지·관리하여야 한다.

해답 ②

52 소방대상물의 방염 등과 관련하여 방염성기준은 무엇으로 정하는가?

① 대통령령   ② 안전행정부령
③ 소방방재청훈령 ④ 소방방재청예규

해설 (소방시설법 제20조)
특정소방대상물의 방염 등
(1) **소방본부장 또는 소방서장**은 방염대상물품이 방염성능기준에 미치지 못하거나 방염성능검사를 받지 아니한 것이면 특정소방대상물의 관계인에게 방염대상물품을 제거하도록 하거나 방염성능검사를 받도록 하는 등 **필요한 조치를 명할 수 있다.**
(2) 방염성능기준은 **대통령령**으로 정한다.

해답 ①

53 다음 중 소방시설공사의 설계와 감리에 관한 약정을 함에 있어서 그 대가를 산정하는 기준으로 알맞은 것은?

① 발주자와 도급자간의 약정에 따라 산정한다.
② 국가를 당사자로 하는 계약에 관한 법률에 따라 산정한다.
③ 엔지니어링기술진흥법 제31조의 규정에 따른 실비정액 가산방식으로 산정한다.
④ 민법에서 정하는 바에 따라 산정한다.

해설 (공사업법 제25조) 소방기술용역의 대가기준
소방시설공사의 설계와 감리에 관한 약정을 함에 있어서 그 대가는 엔지니어링기술진흥법 제31조에 따른 대가기준 가운데 행정안전부령이 정하는 방식에 따라 산정한다.

해답 ③

54 특정소방대상물의 소방시설에 대하여 설계·시공 또는 감리를 하고자 하는 자는?

① 관할 소방서장에게 소방시설업의 신고를 하여야 한다.
② 국민안전처장관에게 소방시설업의 허가를 받아야 한다.
③ 특별시장·광역시장 또는 도지사에게 소방시설업의 등록을 하여야 한다.
④ 안전행정부장관에게 소방시설업의 신고를 하여야 한다.

해설 (공사업법 제4조) 소방시설업의 등록
특정소방대상물의 소방시설에 대하여 설계·시공 또는 감리를 하고자 하는 자는 업종별로 대통령령이 정하는 자본금(개인인 경우에는 자산평가액을 말한다)·기술인력 및 장비를 갖추어 특별시장·광역시장 또는 도지사에게 소방시설업의 등록을 하여야 한다.

해답 ③

55 지정수량 미만인 위험물의 저장 또는 취급에 관한 기술상의 기준은 특별시·광역시 및 도의 무엇으로 정하는가?

① 예규 ② 조례
③ 훈령 ④ 안전기준

해설 (위험물법 제4조)
지정수량 미만인 위험물의 저장·취급
지정수량 미만인 위험물의 저장 또는 취급에 관한 기술상의 기준은 특별시·광역시·특별자치시·도 및 특별자치도의 조례로 정한다.

해답 ②

56 2급 소방안전관리대상물에 두어야 할 소방안전관리자로 선임할 수 없는 자는?

① 소방설비산업기사 자격을 가진 자
② 소방공무원으로 3년 이상 근무한 경력이 있는 자
③ 의용소방대원으로 2년 이상 근무한 경력이 있는 자
④ 위험물산업기사 자격을 가진 사람

해설 (화재예방법 시행령 제25조 제1항의 별표4) 소방안전관리자의 선임자격
(1) 특급 소방안전관리자 선임자격
  ① 소방기술사 또는 소방시설관리사
  ② 소방설비기사 : 5년 이상 1급 실무경력
  ③ 소방설비산업기사 : 7년 이상 1급 실무경력
  ④ 소방공무원 : 20년 이상
  ⑤ 특급 소방안전관리 시험에 합격한 사람
(2) 1급 소방안전관리자 선임자격
  ① 소방설비기사 또는 소방설비산업기사
  ② 소방공무원 : 7년 이상
  ③ 1급 소방안전관리 시험에 합격한 사람
  ④ 특급 또는 1급 자격증 발급받은 사람
(3) 2급 소방안전관리자 선임자격
  ① 위험물(기능장·산업기사 또는 기능사)
  ② 소방공무원 : 3년 이상
  ③ 2급 소방안전관리 시험에 합격한 사람
  ④ 「특별조치법」에 따라 선임된 사람
  ⑤ 특급, 1급, 2급 자격증 발급받은 사람
(4) 3급 소방안전관리자 선임자격
  ① 소방공무원 : 1년 이상
  ② 3급 소방안전관리 시험에 합격한 사람
  ③ 「특별조치법」에 따라 선임된 사람
  ④ 특급, 1급, 2급, 3급 자격증 발급받은 사람

해답 ③

57 위험물안전관리법상 업무상 과실로 제조소등에서 위험물을 유출·방출 또는 확산시켜 사람의 생명·신체 또는 재산에 대하여 위험을 발생시킨 자에 대한 벌칙으로 옳은 것은?

① 5년 이하의 금고 또는 5천만원 이하의 벌금
② 5년 이하의 금고 또는 7천만원 이하의 벌금
③ 7년 이하의 금고 또는 5천만원 이하막 벌금
④ 7년 이하의 금고 또는 7천만원 이하의 벌금

해설 위험물안전관리법 제34조(벌칙)
① 7년 이하의 금고 또는 7천만원 이하의 벌금
  업무상 과실로 제조소등에서 위험물을 유출·방출 또는 확산시켜 사람의 생명·신체 또는 재산에 대하여 위험을 발생시킨 자

② 10년 이하의 징역 또는 금고나 1억원 이하의 벌금
업무상 과실로 제조소등에서 위험물을 유출·방출 또는 확산시켜 사람을 사상(死傷)에 이르게 한 자

해답 ④

58 다음 중 특정소방대상물의 수용인원의 산정방법으로 옳지 않은 것은?

① 침대가 있는 숙박시설의 경우 당해 특정소방대상물의 종사자의 수에 침대의 수(2인용 침대는 2인으로 산정한다)를 합한 수
② 침대가 없는 숙박시설의 경우 당해 특정소방대상물의 종사자의 수에 숙박시설의 바닥면적의 합계를 $3m^2$로 나누어 얻은 수를 합한 수
③ 강의실 용도로 쓰이는 소방대상물의 경우 당해 용도로 사용되는 바닥면적의 합계를 $1.9m^2$로 나누어 얻은 수
④ 문화집회시설의 경우 당해 용도로 사용되는 바닥면적의 합계를 $2.6m^2$로 나누어 얻은 수

해설 ④ 문화집회시설의 경우 당해 용도로 사용되는 바닥면적의 합계를 $4.6m^2$로 나누어 얻은 수
(소방시설법 시행령 제17조 별표 7)
수용인원의 산정방법
① 숙박시설이 있는 특정소방대상물
  ⊙ 침대가 있는 숙박시설
    종사자의 수+침대의 수(2인용 침대는 2인으로 산정)
  ⊙ 침대가 없는 숙박시설
    종사자의 수+숙박시설의 바닥면적의 합계를 $3m^2$로 나누어 얻은 수
② 기타 특정소방대상물
  ⊙ 강의실·교무실·상담실·실습실·휴게실 바닥면적의 합계를 $1.9m^2$로 나누어 얻은 수
  ⊙ 강당·문화집회시설 및 운동시설 바닥면적의 합계를 $4.6m^2$로 나누어 얻은 수(관람석이 있는 경우 고정식 의자를 설치한 부분에 있어서는 당해 부분의 의자수로 하고, 긴 의자의 경우에는 의자의 정면너비를 0.45m로 나누어 얻은 수로 한다)

ⓒ 그 밖의 특정소방대상물 바닥면적의 합계를 $3m^2$로 나누어 얻은 수

해답 ④

59 소방본부장 또는 소방서장은 건축허가 등의 동의요구서류를 접수한 날부터 며칠 이내에 건축허가 등의 동의 여부를 회신하여야 하는가? (단, 허가 신청한 건축물 등의 연면적은 20만 m^2이다.)

① 3일   ② 5일
③ 10일   ④ 14일

해설 (소방시설법 시행규칙 제5조)
건축허가 등의 동의여부 회신기간
(1) 특급외 소방안전관리대상물 : 5일 이내
(2) 특급 소방안전관리대상물 : 10일 이내
(3) 서류 보완기간 : 4일 이내

해답 ③

60 위험물 저장소 등의 설치자의 지위를 승계한 자는 승계한 날로부터 며칠 이내에 시·도지사에게 그 사실을 신고하여야 하는가?

① 7일   ② 14일
③ 30일   ④ 60일

해설 (위험물법 제10조) 제조소등 설치자의 지위승계
지위승계신고한 날부터 30일 이내에 시·도지사에게 신고

해답 ③

제4과목 소방기계시설의 구조 및 원리

61 제연설비의 설치장소에 대한 설명으로 틀린 것은?

① 하나의 제연구역의 면적은 1,000m^2 이내로 한다.
② 거실과 복도를 포함한 통로는 각각 제연구

획 한다.
③ 통로상 제연구역은 보행 중심선의 길이가 60m를 초과하지 않도록 한다.
④ 층의 구분이 불분명한 부분은 그 부분을 다른 부분과 별도로 제연구획을 할 필요가 없다.

해설 **제연구역의 설정기준**
① 하나의 제연구역의 면적은 1000m² 이내로 할 것
② 거실과 통로는 각각 제연구획 할 것
③ 통로상의 제연구역은 보행 중심선으로 길이가 60m를 초과하지 아니할 것
④ 하나의 제연구역은 직경 60m 원내에 들어갈 수 있을 것
⑤ 하나의 제연구역은 2 이상 층에 미치지 아니하도록 할 것. 다만 층의 구분이 불분명한 부분은 그 부분을 다른 부분과 별도로 제연구획하여야 한다.

해답 ④

62 굽도리판이 탱크 벽면으로부터 내부로 0.5m 떨어져서 설치된 직경 20m의 플로팅 루프 탱크에 고정포 방출구가 설치되어 있다. 고정포 방출구로부터의 포방출량은 약 얼마 이상이어야 하는가? (단, 포방출량은 탱크 벽면과 굽도리판 사이의 환상면적당 4L/m² · 분이다.)

① 31L/분   ② 63L/분
③ 93L/분   ④ 123L/분

해설 **고정포 방출구의 포 방출량**
$$Q = A \times Q_1$$
Q : 포 방출량(L/분) L : 탱크의 액표면적(m²)
Q_1 : 단위포소화 수용액의 양(L/m² · 분)

고정포 방출구의 포수용액 방출량

$$A = \frac{\pi}{4}(20^2 - 19^2) = 30.63 \text{m}^2$$
$$Q = 30.63 \text{m}^2 \times 4 \text{L/m}^2 \cdot \text{min} ≒ 123 \text{L/min}$$

해답 ④

63 다음 설명 중 A, B, C에 들어갈 설비에 해당하지 않는 것은?

"대형소화기를 설치하여야 할 특정소방대상물 또는 그 부분에 (A), (B), (C) 또는 옥외소화전설비를 설치한 경우에는 당해설비의 유효범위 안의 부분에 대하여는 대형소화기를 설치하여야 할 대상이라도 설치하지 아니할 수 있다."

① 제연설비   ② 옥내소화전설비
③ 물분무등소화설비   ④ 스프링클러설비

해설 **소화기의 감소**
대형소화기를 설치하여야 할 특정소방대상물 또는 그 부분에 **옥내소화전설비, 스프링클러설비, 물분무등소화설비** 또는 **옥외소화전설비**를 설치한 경우에는 당해설비의 유효범위 안의 부분에 대하여는 대형소화기를 설치하지 아니할 수 있다.

해답 ①

64 할로젠화합물 소화약제는 가압용 가스용기 내의 가스를 이용하여 소화약제가 방출되도록 한다. 이 때 용기 내의 가스로 가장 적합한 것은?

① NO_2 ② O_2
③ N_2 ④ H_2

해설 **가압용 및 축압용가스**
① 질소(N_2)
② 이산화탄소(CO_2)

해답 ③

65 포소화설비에 포함되지 않는 것은?

① 포소화약제 저장탱크
② 포혼합장치
③ 포원액교반장치
④ 가압송수장치

해설 **포소화설비**
포약제(포원액)는 교반하면 기포가 발생되고 산화되어 변질되므로 포원액 교반장치는 없다.

해답 ③

66 분말소화약제의 저장용기에 대한 설치기준으로 틀린 것은?

① 가압식의 것에 있어서는 최고사용압력의 0.8배 이하의 압력에서 작동하는 안전밸브를 설치할 것
② 저장용기의 내부압력이 설정압력으로 되었을 때 주밸브를 개방하는 정압작동장치를 설치할 것
③ 저장용기의 충전비는 0.8 이상으로 할 것
④ 저장용기 및 배관에는 잔류 소화약제를 처리할 수 있는 청소장치를 설치할 것

해설 분말소화약제의 저장용기 설치기준
① 저장용기의 충전비(L/kg)

종별	주성분	화학식	충전비
제1종	탄산수소나트륨	$NaHCO_3$	0.80 이상
제2종	탄산수소칼륨	$KHCO_3$	1.00 이상
제3종	제1인산암모늄	$NH_4H_2PO_4$	1.00 이상
제4종	탄산수소칼륨과 요소	$KHCO_3+(NH_2)_2CO$	1.25 이상

② 저장용기에 설치하는 안전밸브의 작동압력

작동 방식	작동 압력
가압식	용기의 **최고사용압력의 1.8배** 이하
축압식	용기의 **내압시험압력의 0.8배** 이하

③ 저장용기에는 저장용기의 내부압력이 설정압력이 되었을 때 주밸브를 개방하는 정압작동장치를 설치할 것
④ 저장용기의 충전비는 0.8 이상으로 할 것
⑤ 저장용기 및 배관에는 잔류소화약제를 처리할 수 있는 청소장치를 설치할 것

해답 ①

67 소화약제를 이용한 간이소화용구가 아닌 것은?

① 투척용 간이소화용구
② 소공간용 간이소화용구
③ 에어졸식 간이소화용구
④ 충돌식 간이소화용구

해설 소화기구의 분류
(1) 소화기
(2) 간이소화용구
   ① **에어로졸식** 소화용구
   ② **투척용** 소화용구

③ 소공간용 소화용구
④ 소화약제 외의 것을 이용한 간이소화용구
(3) 자동확산소화기

해답 ④

68 일반적인 산알칼리 소화기의 약제방출 압력원에 대한 설명으로 옳은 것은?

① 산과 알칼리의 화학반응에 의해 생성된 CO_2의 압력이다.
② 소화기 내부의 압축 질소가스 압력이다.
③ 소화기 내부의 이산화탄소 충전압력이다.
④ 수동펌프를 주로 이용하고 있다.

해설 산·알칼리소화기
① 내통 : 황산(H_2SO_4)
② 외통 : 탄산수소나트륨($NaHCO_3$)
산·알칼리 소화기의 화학반응식

$$H_2SO_4 + 2NaHCO_3 \rightarrow Na_2SO_4 + 2H_2O + 2CO_2 \uparrow$$
(황산) (탄산수소나트륨) (황산나트륨) (물) (이산화탄소)

해답 ①

69 피난기구인 완강기의 최대사용하중으로 옳은 것은?

① 800N 이상   ② 1,000N 이상
③ 1,200N 이상 ④ 1,500N 이상

해설 완강기의 최대사용하중 및 최대사용자수 등
① 최대사용하중 : 1500N 이상의 하중이어야 한다.
② 최대사용자수(1회에 강하할 수 있는 사용자의 최대수)는 최대사용하중을 1500N으로 나누어서 얻은 값(1미만의 수는 계산하지 아니한다)으로 한다.
③ 최대사용자수에 상당하는 수의 벨트가 있어야 한다.

해답 ④

70 볼류트펌프와 터빈펌프에 대한 설명 중 옳은 것은?

① 볼류트펌프는 고양정, 터빈펌프는 저양정에 사용된다.
② 임펠러의 주위에 고정된 물의 안내날개가

있는 것이 터빈 펌프이다.
③ 펌프를 다단으로 제작하면 흡입능력을 높일 수 있다.
④ 터빈펌프는 캐비테이션현상이 발생하기 쉽다.

해설 **볼류트펌프 및 터빈펌프의 비교**
① 볼류트펌프는 저양정(낮은압력), 터빈펌프는 고양정(높은압력)에 사용된다.
② 임펠러의 주위에 고정된 물의 안내날개가 있는 것이 터빈 펌프이다.
③ 펌프를 다단으로 제작하면 토출능력을 높일 수 있다.
④ 볼류트펌프는 캐비테이션현상이 발생하기 쉽다.

해답 ②

71 소화용수설비 소화수조의 채수구는 소방펌프차가 몇 m 이내의 지점까지 접근할 수 있게 설치해야 하는가?

① 2m ② 3m
③ 4m ④ 5m

해설 **채수구 위치**
지면으로부터 높이가 0.5m 이상 1m 이하
소화수조 또는 저수조의 설치기준
① 흡수관투입구
  ㉠ 한변이 0.6m 이상 또는 직경이 0.6m 이상
  ㉡ 소요수량이 80m³ 미만인 것 : 1개 이상
  ㉢ 소요수량이 80m³ 이상인 것 : 2개 이상
  ㉣ "흡수관투입구"라고 표시한 표지를 할 것
② 채수구 설치기준
  ㉠ 65mm 이상의 나사식 결합금속구를 설치

소요수량과 채수구수

소요수량	20m³ 이상 40m³ 미만	40m³ 이상 100m³ 미만	100m³ 이상
채수구수	1개	2개	3개

  ㉡ 채수구 설치위치 : 0.5m 이상 1m 이하
  ㉢ "채수구"라고 표시한 표지를 할 것
  ㉣ 소화용수설비 설치 면제 : 유수의 양이 0.8m³/min 이상인 유수를 사용할 수 있는 경우 소화수조 또는 저수조의 채수구 또는 흡수관투입구는 소방펌프차가 2m 이내의 지점까지 접근할 수 있는 위치에 설치

해답 ①

72 연결살수설비의 설치기준으로 옳은 것은?

① 폐쇄형 헤드를 사용하는 설비의 경우는 송수구, 자동배수밸브, 체크밸브, 자동배수밸브 순으로 설치한다.
② 폐쇄형 헤드를 사용하는 경우 시험장치 배관의 구경은 25mm 이상으로 하고, 그 끝에는 물받이 통 및 배수관을 설치하여 시험 중 방사된 물이 바닥으로 흘러내리지 아니하도록 할 것. 다만, 목욕실·화장실 또는 그 밖의 배수처리가 쉬운 장소의 경우에는 물받이 통 또는 배수관을 설치하지 아니할 수 있다.
③ 살수헤드는 폐쇄형 헤드를 사용해야 한다.
④ 송수구의 호스 접결구는 반드시 쌍구형으로 해야 한다.

해설 **연결살수설비의 설치기준**
① 폐쇄형 헤드를 사용하는 설비의 경우는 송수구, 자동배수밸브, 체크밸브 순으로 설치한다.
② 폐쇄형헤드를 사용하는 경우 시험장치 배관의 구경은 **25mm 이상**으로 하고, 그 끝에는 **물받이 통 및 배수관**을 설치하여 시험 중 방사된 물이 바닥으로 흘러내리지 아니하도록 할 것. 다만, 목욕실·화장실 또는 그 밖의 배수처리가 쉬운 장소의 경우에는 물받이 통 또는 배수관을 설치하지 아니할 수 있다.
③ 연결살수설비의 헤드는 연결살수설비전용헤드 또는 스프링클러헤드로 설치하여야 한다.
④ 송수구는 구경 65mm의 쌍구형으로 설치할 것. 다만, 하나의 송수구역에 부착하는 살수헤드의 수가 10개 이하인 것은 단구형의 것으로 할 수 있다.

해답 ②

73 연결송수관설비의 방수구에 대한 설치기준이 맞는 것은?

① 아파트에서 방수구는 1층 및 2층에 설치한다.
② 방수구는 연결송수관설비의 전용방수구 또는 옥내소화전방수구로서 구경 85mm의 것으로 설치한다.
③ 11층 이상의 부분에 설치하는 방수구는 쌍

구형으로 한다.
④ 아파트의 용도로 사용되는 층에는 반드시 쌍구형을 설치한다.

해설 연결송수관설비의 방수구에 대한 설치기준
① 아파트의 방수구는 1층 및 2층에는 설치하지 않을 수 있다.
② 방수구는 연결송수관설비의 전용방수구 또는 옥내소화전방수구로서 구경 65mm의 것으로 설치한다.
③ 11층 이상의 부분에 설치하는 방수구는 쌍구형으로 한다. 단, 다음에 해당하는 층은 단구형으로 할 수 있다.
  ㉠ 아파트용도로 사용되는 층
  ㉡ 스프링클러설비가 설치되어 있고 방수구가 2개소 이상 설치된 층
④ 아파트의 용도로 사용되는 층에는 단구형으로 할 수 있다.

해답 ③

74 제연설비에 있어서 예상제연구역에 대한 공기유입량은 배출량에 비교해 어떻게 규정하고 있는가?

① 배출량 이하가 되도록 하여야 한다.
② 배출에 지장이 없는 양으로 해야 한다.
③ 공기유입량과 배출량은 같은 양이 되도록 하여야 한다.
④ 급기량은 0으로 한다.

해설 공기유입방식 및 유입구
① 예상제연구역에 공기가 유입되는 순간의 풍속은 5m/s 이하가 되도록 할 것
② 유입구의 구조는 **유입공기를 상향으로 분출하지 않도록 설치**하여야 한다. 다만, **유입구가 바닥에 설치되는 경우**에는 상향으로 분출이 가능하며 이때의 **풍속은 1m/s 이하**가 되도록 해야 한다.
③ 예상제연구역에 대한 공기유입구의 크기는 당해 예상제연구역 배출량 $1m^3/min$에 대하여 $35cm^2$ 이상으로 할 것.
⑦ 예상제연구역에 대한 공기유입량은 배출량의 배출에 지장이 없는 양으로 할 것.

해답 ②

75 관 이음쇠 중 지름이 다른 관을 서로 연결하는 이음쇠는 어느 것인가?

① 소켓 ② 니플
③ 유니언 ④ 부싱

해설 관 부속품
① 2개의 관 연결 : 플랜지, 유니온, 커플링, 니플, 소켓
② 관의 방향 변경시 : 엘보우, Y지관, 티, 십자
③ 관의 직경 변경시 : 레듀샤, 부싱
④ 지선 연결시 : 티, Y지관, 십자
⑤ 유로 차단시 : 플러그, 캡, 밸브
⑥ 유량 조절시 : 밸브

해답 ④

76 드렌처 헤드를 설치한 개구부의 길이가 20m일 경우 설치해야 할 헤드 수는 몇 개인가?

① 8 ② 6
③ 5 ④ 3

해설 드렌처헤드 수
$N = \dfrac{20}{2.5} = 8$개 (소수발생시 절상하여 정수로 표기)

드렌처설비의 설치기준
① 드렌처헤드는 개구부 위측에 2.5m 이내마다 1개를 설치할 것
② 제어밸브는 바닥면으로부터 0.8m 이상 1.5m 이하의 위치에 설치
③ 수원의 수량은 드렌처헤드가 가장 많이 설치된 제어밸브의 드렌처헤드의 설치개수에 $1.6m^3$을 곱하여 얻은 수치 이상이 되도록 할 것

$$Q(m^3) = N \times 1.6m^3 \text{ 이상}$$
N : 드렌처헤드의 설치개수

④ 드렌처설비는 드렌처헤드가 가장 많이 설치된 제어밸브에 설치된 드렌처헤드를 동시에 사용하는 경우에 각각의 헤드선단에 방수압력이 0.1MPa 이상, 방수량이 80L/min 이상이 되도록 할 것

해답 ①

77 옥내소화전 방수구의 설치기준은 바닥으로부터 몇 m 이하인가?

① 1m ② 1.5m
③ 2m ④ 3m

[해설] **옥내소화전방수구 설치기준**
① 소방대상물의 층마다 설치
② 수평거리가 25m(호스릴 포함) 이하
③ 바닥으로부터의 높이가 1.5m 이하
④ 호스는 구경 40mm(호스릴 설비의 경우에는 25mm) 이상
⑤ 호스릴옥내소화전설비의 경우 그 노즐에는 노즐을 쉽게 개폐할 수 있는 장치를 부착할 것

[해답] ②

78 스프링클러설비의 음향장치는 유수검지장치 및 일제 개방밸브 등의 담당구역마다 설치하되 그 구역이 각 부분으로부터 하나의 음향장치까지의 수평거리는 몇 m 이하로 하는가?

① 5   ② 10
③ 25 ④ 50

[해설] **스프링클러설비의 음향장치**
① 유수검지장치 및 일제개방밸브 등의 담당구역마다 설치
② 각 부분으로부터 하나의 음향장치까지의 수평거리는 25m 이하가 되도록 할 것

[해답] ③

79 이산화탄소 소화설비로 유효하게 소화할 수 없는 것은?

① 가연성 액체   ② 변압기
③ 합성수지류   ④ 나트륨

[해설] **나트륨 : 제3류 위험물(금수성물질)**
금수성 위험물질에 적응성이 있는 소화기
① 탄산수소염류
② 마른 모래
③ 팽창질석 또는 팽창진주암

[해답] ④

80 스프링클러설비의 헤드는 방수압력이 0.1MPa일 때 방수량이 80L/min이다. 동일한 헤드에 0.4MPa의 방수압이 걸리면 방수량은 몇 L/min인가?

① 120L/min   ② 160L/min
③ 240L/min   ④ 320L/min

[해설] **방수량 계산 공식**

$$Q(L/분) = K\sqrt{10P}$$

Q : 방수량 K : 방출계수 P : 방사압(MPa)

① $K = \dfrac{Q}{\sqrt{10P}} = \dfrac{80}{\sqrt{10 \times 0.1}} = 80$

② $\therefore Q = 80\sqrt{10 \times 0.4} = 160(L/분)$

[해답] ②

소방설비산업기사 - 기계분야
2021년 5월 CBT 시행

본 문제는 CBT시험대비 기출문제 복원입니다.

제1과목 소방원론

01 표준상태에서 탄산가스의 증기비중은 약 얼마인가?(단, 탄산가스의 분자량은 44이다.)

① 1.52　　② 2.60
③ 3.14　　④ 4.20

[해설] 증기비중

$$증기 비중 = \frac{M(분자량)}{29(공기평균분자량)}$$

CO_2의 분자량(M) = 12+(16×2) = 44

∴ CO_2의 증기 비중 = $\frac{44}{29}$ = 1.52

해답 ①

02 목탄의 주된 연소형태에 해당하는 것은?

① 자기연소　　② 표면연소
③ 증발연소　　④ 확산연소

[해설] 옥탄($CH_3(CH_2)_6CH_3$) 제4류 위험물(석유류)
① 가솔린의 성분이다.
② 석유에서 분리 정제한다.
③ 유기용매로서 사용된다.

연소의 형태 ★★자주출제(필수정리)★★
㉠ 표면연소(surface reaction)
　숯, 코크스, 목탄, 금속분
㉡ 증발 연소(evaporating combustion)
　파라핀(양초), 황, 나프탈렌, 왁스, 휘발유, 등유, 경유, 아세톤 등 제4류 위험물
㉢ 분해연소(decomposing combustion)
　석탄, 목재, 플라스틱, 종이, 합성수지, 중유
㉣ 자기연소(내부연소)
　질화면(나이트로셀룰로오즈), 셀룰로이드, 나이트로글리세린 등 제5류 위험물

㉤ 확산연소(diffusive burning)
　아세틸렌, LPG, LNG 등 가연성 기체
㉥ 불꽃연소 + 표면연소
　목재, 종이, 셀룰로오즈류, 열경화성수지

해답 ③

03 Halon 104가 수증기와 작용해서 생기는 유독가스에 해당하는 것은?

① 포스겐　　② 황화수소
③ 이산화질소　　④ 포스핀

[해설] 할론 104 = 사염화탄소(CCl_4)
① 할론 소화약제
② 방사 시 포스겐(맹독성가스)($COCl_2$) 발생으로 현재 사용금지된 소화약제

해답 ①

04 건축물의 주요구조부가 아닌 것은?

① 기둥　　② 바닥
③ 보　　④ 옥외계단

[해설] 건축물의 주요 구조부
① 내력벽　② 기둥　③ 바닥
④ 보　⑤ 지붕틀　⑥ 주계단
(여두문자 암기법 : 내주기만하면 바보지)

해답 ④

05 건축물의 내부에 설치하는 피난계단의 구조에서 계단은 내화구조로 하고, 어디까지 직접 연결되도록 하여야 하는가?

① 피난층 또는 옥상　② 피난층 또는 지상
③ 개구부 또는 옥상　④ 개구부 또는 지하

해설 **옥내 피난계단의 구조**
① 건축물의 다른 부분과 내화구조의 벽으로 구획할 것(창문은 제외)
② 계단실 벽 및 반자의 실내에 접하는 부분의 마감은 불연재료로 할 것
③ 계단실에는 채광을 위한 창문 또는 예비전원에 의한 조명설비를 할 것
④ 계단실 외부에 접하는 창문은 당해 건축물의 다른 부분의 창문과 2m 이상 거리에 설치할 것(단, 망입유리의 붙박이창 면적이 $1m^2$ 이하의 것은 제외)
⑤ 계단실의 옥내에 접하는 창문 등(출입구제외)은 망입유리의 붙박이창으로 면적을 $1m^2$ 이하로 할 것
⑥ 옥내에서 계단실로 통하는 출입구의 유효너비는 0.9m 이상으로 하고 그 출입구는 피난방향으로 열 수 있어야 하고 항상 닫힌 상태를 유지하거나 화재시 연기발생 또는 온도상승에 의하여 자동적으로 닫히는 구조의 60분+ 방화문, 60분 방화문 또는 30분 방화문을 설치할 것
⑦ 계단은 내화구조로 하고 피난층 또는 지상까지 직접 연결되도록 할 것

해답 ②

06 프로판 가스의 공기 중 폭발범위는 약 몇 vol% 인가?

① 2.1~9.5　　② 15~25.5
③ 20.5~32.1　④ 33.1~63.5

해설 **가스의 공기 중 연소범위(1atm, 상온)**

가스명	화학식	하한계(%)	상한계(%)
아세틸렌	C_2H_2	2.5	81
수 소	H_2	4	75
일산화탄소	CO	12.5	74.2
암모니아	NH_3	15	28
메틸알콜	CH_3OH	7.3	36.0
메 탄	CH_4	5	15
에 탄	C_2H_6	3.2	12.4
프로판	C_3H_8	2.1	9.5
부 탄	C_4H_{10}	1.8	8.4

• 연소범위가 가장 넓고, 연소상한값이 가장 큰 가스 : 아세틸렌

해답 ①

07 자연발화를 일으키는 원인이 아닌 것은?

① 산화열　　② 분해열
③ 흡착열　　④ 기화열

해설 **자연발화의 형태** ★★★★★
① 산화열에 의한 자연발화
　석탄, 건성유, 탄소분말, 금속분, 기름 걸레
② 분해열에 의한 자연발화
　셀룰로이드, 나이트로셀룰로오스, 나이트로글리세린
③ 흡착열에 의한 자연발화
　활성탄, 목탄분말
④ 미생물열에 의한 자연발화
　퇴비, 먼지

해답 ④

08 화학적 점화원이 아닌 것은?

① 연소열　　② 용해열
③ 분해열　　④ 아크열

해설 **열에너지원의 종류**

에너지의 분류	종 류
화학적 에너지	연소열, 분해열, 용해열, 반응열, 자연발화, 중합열
전기적 에너지	저항가열, 유도가열, 유전가열, 아크가열, 정전스파크, 낙뢰
기계적 에너지	마찰열, 압축열, 충격(마찰)스파크
원자력 에너지	핵분열, 핵융합

해답 ④

09 물과 접촉하면 발열하면서 수소기체를 발생하는 것은?

① 과산화수소　② 나트륨
③ 황린　　　　④ 아세톤

해설 **금속칼륨이나 금속나트륨의 취급상 주의사항**
① 보호액속에 노출되지 않게 저장할 것
② 수분, 습기 등과의 접촉을 피할 것
③ 용기의 파손에 주의할 것
④ 꺼낼 때는 공구를 사용 할 것

$2Na + 2H_2O \rightarrow 2NaOH + H_2\uparrow$ (수소발생)
$2K + 2H_2O \rightarrow 2KOH + H_2\uparrow$ (수소발생)

★★자주출제(필수정리)★★
㉠ 칼륨(K), 나트륨(Na) : 석유속에 저장
㉡ 황린(3류) 및 이황화탄소(4류) : 물속에 저장

해답 ②

10 관람석 또는 집회실의 바닥면적 합계가 200m²인 다음 건축물의 주요 구조부를 내화구조로 하지 않아도 되는 것은?

① 종교시설 ② 주점영업소
③ 동·식물원 ④ 장례식장

해설 주요구조부를 내화구조로 해야 할 건축물
(건축법 제50조 및 시행령 제56조)

용도	적용대상
문화 및 집회시설(전시장 및 동·식물원 제외)종교시설, 위락시설 중 주점영업 및 장례시설	200m² 이상 (옥외관람석의 경우에는 1천m² 이상)

해답 ③

11 공기 중의 산소는 용적으로 약 몇 % 정도인가?

① 15 ② 21
③ 25 ④ 30

해설 농도의 표시 방법
• 부피(용적)백분율 = vol%
• 중량백분율 = wt%
① 공기의 조성
   산소(O_2) 21%, 질소(N_2) 78%, 아르곤(Ar) 1%
• 공기 중 산소의 부피(%) = 21%
• 공기 중 산소의 중량(무게)(%) = 23%
② 공기의 평균 분자량
• 공기의 평균 분자량 = 29
• 증기비중 = $\dfrac{M(분자량)}{29(공기평균분자량)}$

해답 ②

12 다음 중 화재하중에 주된 영향을 주는 것은?

① 가연물의 온도 ② 가연물의 색상
③ 가연물의 양   ④ 가연물의 융점

해설 화재하중(kg/m²)
바닥면적(m²)당 가연물의 양(kg)

$$Q(\text{kg/m}^2) = \frac{\sum(GtHt)}{HA} = \frac{\sum Qt}{4500A}(\text{kg/m}^2)$$

Q : 화재하중(kg/m²) Gt : 가연물의 양(kg)
Ht : 가연물의 단위중량당 발열량(kcal/kg)
H : 목재의 단위중량당 발열량(4500kcal/kg)
$\sum Qt$: 화재실내 가연물의 전발열량(kcal)
A : 바닥면적(m²)

해답 ③

13 다음 중 연소시 발생하는 가스로 독성이 가장 강한 것은?

① 수소   ② 질소
③ 이산화탄소 ④ 일산화탄소

해설 연소 시 발생하는 각종가스 ★★ 매회 출제(필수 암기) ★★
① 일산화탄소(CO)
   인명피해가 가장 크다.
   피속의 헤모글로빈과 결합하여 산소운반 방해
② 이산화탄소(CO_2)
   자체의 독성은 없고 많은 양을 흡입 시 질식사
③ 아황산가스(SO_2)
   황 함유 물질이 완전 연소 시 발생
④ 황화수소(H_2S)
   황 함유 물질이 불완전 연소 시 발생
⑤ 아크로레인(CH_2CHCHO)
   석유제품, 유지류 연소 시 발생
⑥ 포스겐($COCl_2$)
   독성이 가장 크다.

해답 ④

14 다음 중 발화의 위험이 가장 낮은 것은?

① 트라이에틸알루미늄
② 팽창질석
③ 수소화리튬
④ 황린

해설 위험물의 유별 분류
① 트라이에틸알루미늄 : 제3류 위험물 중 금수성
② 팽창질석 : 소화약제
③ 수소화리튬 : 제3류 위험물 중 금수성
④ 황린 : 제3류 위험물 중 자연발화성

해답 ②

15 화재종류 중 A급 화재에 속하지 않는 것은?

① 목재 화재　　② 섬유 화재
③ 종이 화재　　④ 금속 화재

해설 화재의 분류

종류	등급	색표시	주된 소화 방법
일반화재	A급	백색	냉각소화
유류 및 가스 화재	B급	황색	질식소화
전기화재	C급	청색	질식소화
금속화재	D급	–	피복소화
주방화재	K급	–	냉각 및 질식소화

해답 ④

16 다음 중 제4류 위험물이 아닌 것은?

① 가솔린　　② 메틸알콜
③ 아닐린　　④ 탄화칼슘

해설 위험물의 유별 분류
① 가솔린 : 4류 1석유류
② 메틸알콜 : 4류 알코올류
③ 아닐린 : 4류 3석유류
④ 탄화칼슘(카바이트) : 3류 중 금수성

해답 ④

17 열전달의 스테판-볼츠만의 법칙은 복사체에서 발산되는 복사열은 복사체의 절대온도의 몇 승에 비례한다는 것인가?

① $\frac{1}{2}$　　② 2
③ 3　　④ 4

해설 ① 스테판-볼츠만(stefan-boltzman)의 법칙
$Q = aAF(T_1^4 - T_2^4)$
　Q = 복사열(kcal/hr)
　a : 스테판-볼츠만의 상수
　A : 단면적
　F : 기하학적 Factor(상수)
　T_1 : 고온물체의 절대온도(273+t℃)k
　T_2 : 저온물체의 절대온도(273+t℃)k
　※ 복사열은 절대온도 4제곱의 차 및 단면적에 비례
② 열전도율 단위
　kcal/m, hr, ℃ 또는 BTU/ft, hr, °F

해답 ④

18 제1석유류는 어떤 위험물에 속하는가?

① 산화성 액체　　② 인화성 액체
③ 자기반응성 물질　　④ 금수성 물질

해설 제 1석유류 는 제4류 위험물에 속한다.
위험물의 분류 및 성질 ★★★

류별	성질
제1류	산화성고체
제2류	가연성고체
제3류	자연발화성 및 금수성
제4류	인화성액체
제5류	자기반응성
제6류	산화성액체

해답 ②

19 질소를 불연성 가스로 취급하는 주된 이유는?

① 어떠한 물질과도 화합하지 아니하므로
② 산소와 화합하나 흡열반응을 하기 때문에
③ 산소와 산화반응을 하므로
④ 산소와 같이 공기 성분으로 산소와 화합할 수 없기 때문에

해설 가연물이 될 수 없는 조건
① 산화반응이 완전히 끝난 물질
　(예 : H_2O, CO_2, $NaHCO_3$, $KHCO_3$ 등)
② 질소 또는 질소산화물
　(예 : 질소는 산화반응을 하지만 흡열반응을 한다.)
　$N_2 + \frac{1}{2}O_2 \rightarrow N_2O - 19.5kcal$
③ 주기율표상 18족 원소(불활성 기체)
　He(헬륨), Ne(네온), Ar(아르곤), Kr(크립톤), Xe(크세논), Rn(라돈)

해답 ②

20 액체 물 1g 이 100℃, 1기압에서 수증기로 변할 때 열의 흡수량은 몇 cal 인가?

① 439　　② 539
③ 639　　④ 739

해설 물의 기화잠열(기화열) : 539kcal/kg
100℃ 물(액체) 1kg이 1기압 100℃ 수증기(기체)로 변화하는데 필요한 열량

해답 ②

제2과목 소방유체역학

21 피토관을 이용하여 흐르는 압력을 측정하였더니 전압력이 294kPa, 정압이 98kPa이었다. 이 위치에서 유속은 약 몇 m/s인가?

① 6.2 ② 8.2
③ 15.7 ④ 19.8

해설 피토관(pitot tube)

$$U = \sqrt{2gH}$$

u : 유속(m/s) g : 중력가속도(9.8m/s²)
H : 속도수두(m)
① 전압력 = 동압 + 정압
② 294 = 동압 + 98
 ∴ 동압 = 294 − 98 = 196kPa
③ 속도수두는 동압(속도수두압)을 수두(m)로 단위를 변환하면 된다
④ $H = \dfrac{P}{\gamma} = \dfrac{196\text{kN/m}^2}{9.8\text{kN/m}^3} = 20\text{m}$
⑤ $U = \sqrt{2 \times 9.8 \times 20} = 19.8\text{m/s}$

해답 ④

22 회전속도 1,000rpm일 때 송출량 $Q\text{m}^3/\text{min}$, 전양정 Hm인 원심펌프가 상사한 조건에서 회전속도가 1,200rpm으로 작동할 때 유량 및 전양정은?

① $1.2Q$, $1.44H$ ② $1.2Q$, $\sqrt{1.44}\,H$
③ $1.44Q$, $\sqrt{1.44}\,H$ ④ $1.44Q$, $1.2H$

해설 상사의 법칙

① $Q_2 = Q_1 \times \left(\dfrac{N_2}{N_1}\right) \times \left(\dfrac{D_2}{D_1}\right)^3$
② $H_2 = H_1 \times \left(\dfrac{N_2}{N_1}\right)^2 \times \left(\dfrac{D_2}{D_1}\right)^2$
③ $P_2 = P_1 \times \left(\dfrac{N_2}{N_1}\right)^3 \times \left(\dfrac{D_2}{D_1}\right)^5$

Q_1 : 변경 전 유량 H_1 : 변경 전 양정(압력)
Q_2 : 변경 후 유량 H_2 : 변경 후 양정(압력)

N_1 : 변경 전 rpm D_1 : 변경 전 임펠러 직경
N_2 : 변경 후 rpm D_2 : 변경 후 임펠러 직경

① 유량
 $Q_2 = Q_1 \times \dfrac{N_2}{N_1} = Q \times \dfrac{1200}{1000} = 1.2Q$
② 전양정
 $H_2 = H_1 \times \left(\dfrac{N_2}{N_1}\right)^2 = H \times \left(\dfrac{1200}{1000}\right)^2 = 1.44H$

해답 ①

23 체적이 200L인 용기에 압력이 800kPa이고 온도가 200℃의 공기가 들어 있다. 공기를 냉각하여 압력을 500kPa로 낮추려면 약 몇 kJ의 열을 제거하여야 하는가?(단, 공기의 정적비열은 0.718kJ/kg · K이고, 기체상수는 0.287 kJ/kg · K이다.)

① 150 ② 570
③ 990 ④ 1,400

해설 완전기체 방정식

$$PV = WRT$$

P : 압력(kN/m²) V : 부피(m³)
W : 질량(kg) R : 기체상수(kJ/kg · K)
T : 절대온도(273+t℃). K

① 공기의 질량 계산
 $P = 800\text{kPa} = 800\text{kN/m}^2$
 $V = 200\text{L} = 0.2\text{m}^3$
 $T = 273 + 200 = 473\text{K}$
 ∴ $W = \dfrac{PV}{RT} = \dfrac{800\text{kN/m}^2 \times 0.2\text{m}^3}{0.287\text{kN} \cdot \text{m/kg} \cdot \text{K} \times 473\text{K}}$
   $= 1.1786\text{kg}$
② 압력을 500kPa로 하였을 때 절대온도
 $T = \dfrac{PV}{WR} = \dfrac{500 \times 0.2}{1.18 \times 0.287} = 295.28\text{K}$
③ 제거하여야 하는 열량
 $T\Delta$(절대온도차) = 473 − 295.28 = 177.72K
 $Q = mC\Delta T$
   $= 1.18\text{kg} \times 0.718\text{kJ/kg} \cdot \text{K} \times 177.72\text{K}$
   $= 150.57\text{kJ}$

해답 ①

24 길이 300m, 지름이 10cm인 관에 1.2m/s의 평균속도로 물이 흐르고 있다면 손실 수두는 약 몇 m인가?(단, 관의 마찰계수는 0.02이다.)

① 2.1 ② 4.4
③ 6.7 ④ 8.3

해설 배관 손실수두 산출공식

$$\Delta h_L(m) = f \times \frac{l}{D} \times \frac{u^2}{2g}$$

① $D = 10cm = 0.1m$

② $\Delta h_L(m) = \dfrac{0.02 \times 300m \times (1.2m/s)^2}{2 \times 9.8m/s^2 \times 0.1m} = 4.4m$

해답 ②

25 관 지름이 400mm인 수평 원관 내에 어떤 액체가 층류로 흐르고 있을 때, 관 벽에서의 전단 응력은 200N/m²이다. 이 때 관 길이 30m에 대한 압력강하는 몇 kPa인가?

① 15 ② 30
③ 60 ④ 120

해설 전단응력

① 난류 : 점성계수와 속도구배에 비례

$$\left(\tau = \mu \frac{du}{dy}\right)$$

② 층류 : 중심선에서 0이고 반지름에 비례하면서 관벽으로 갈수록 직선적으로 증가

$$\left(\tau = \frac{\Delta P}{l} \cdot \frac{r}{2}\right)$$

① $D = 400mm = 0.4m$ ∴ 반지름 $r = 0.2m$

$$\Delta P = \frac{2\tau l}{r} = \frac{2 \times 200N/m^2 \times 30m}{0.2m} = 60000N/m^2$$

② $\Delta P = 60000N/m^2 = 60KN/m^2 = 60kPa$

해답 ③

26 유체에 대한 설명으로 가장 적합한 것은?

① 유체는 전단응력에 견디지 못하고 연속적으로 변형한다.
② 유체에 있어서 분자운동의 범위는 고체의 것과 거의 같다.
③ 어떠한 용기를 채울 때에는 항상 팽창한다.
④ 유체는 아무리 작은 접선력에도 계속적으로 저항 할 수 있는 것이다.

해설 유체는 전단응력에 견디지 못하고 연속적으로 변형한다.

해답 ①

27 수평면과 45° 경사를 갖는 지름 250mm인 원관의 위쪽 출구 방향으로 유출하는 물 제트의 유출속도가 9.8m/s라고 한다면 출구로부터의 물 제트의 최고 수직상승 높이는 약 몇 m인가?(단, 공기의 저항은 무시함)

① 2.45 ② 3
③ 3.45 ④ 4.45

해설 속도수두 계산공식

$$H = \frac{(V\sin\theta)^2}{2g} = \frac{(9.8 \times \sin 45°)^2}{2 \times 9.8} = 2.45m$$

해답 ①

28 어떤 오일의 동점성계수가 $2 \times 10^{-4} m^2/s$이고 비중이 0.9라면 점성계수는 몇 kg/m·s인가?(단, 물의 밀도는 1,000kg/m³이다.)

① 1.2 ② 2.0
③ 0.18 ④ 1.8

해설 동점성계수와 점성계수

$$동점성계수(v:m^2/s) = \frac{점성계수(\mu:kg/m \cdot s)}{밀도(\rho:kg/m^3)}$$

① $\rho = S(비중) \times \rho_w(물) = 0.9 \times 1000 = 900kg/m^3$

② $\mu = v \times \rho = 2 \times 10^{-4} m^2/s \times 900kg/m^3 = 0.18 kg/m \cdot s$

해답 ③

29 국소 대기압이 94.66kPa인 곳에 개방탱크 속에 높이 2m의 물과 그 위에 비중 0.83인 기름이 2m 높이로 들어있다. 탱크 밑면의 절대 압

력은 약 몇 kPa인가?

① 130.5   ② 133.8
③ 136.5   ④ 146.5

해설 탱크밑면의 절대압력
① $P = \gamma h$
② $P_1 = \gamma h = \gamma_w \times S \times h = 9.8 \text{kN/m}^3 \times 1 \times 2\text{m}$
   $= 19.6 \text{kN/m}^2 (\text{kPa})$
③ 기름의 비중량
   $P_2 = \gamma h = \gamma_w \times S \times h$
   $= 9.8 \text{kN/m}^3 \times 0.83 \times 2\text{m}$
   $= 16.27 \text{kN/m}^2 (\text{kPa})$
④ $P = Pa + P_1 + P_2$
   $Pa(\text{대기압}) = 94.66 \text{kPa}$
   $P = 94.66 + 19.6 + 16.27 = 130.53 \text{kPa}$

해답 ①

30 펌프 입구에서의 압력 80kPa, 출구에서의 압력 160kPa이고, 이 두 곳의 높이 차이(출구가 높음)은 1m이다. 입구 및 출구 관의 직경은 같으며 송출유량이 0.02m³/s일 때, 효율 90%인 펌프에 필요한 동력은 약 몇 kW인가?

① 1.4   ② 1.6
③ 1.8   ④ 2.0

해설 전동기 동력계산

$$P(\text{kW}) = \frac{\gamma \times Q(\text{m}^3/\text{s}) \times H(\text{m})}{E} \times K$$

① 전양정 계산
   $H = 80\text{kPa} \times \frac{10.332\text{m}}{101.325\text{kPa}} + 1\text{m} = 9.16\text{m}$

② 전동기 동력 계산
   $P(\text{kW}) = \frac{9.8 \times 0.02 \times 9.16}{0.90} = 2\text{kW}$

펌프의 동력계산 필수 암기사항(2차 실기시험에 출제됨)
① 수동력
   $$L_W(\text{kW}) = \gamma Q H$$
   ※ 주의: 수동력 계산 시 펌프의 효율 및 전달계수 K값은 무시한다.
② 축동력

$$L_S(\text{kW}) = \frac{\gamma Q H}{E}$$

※ 주의: 축동력 계산 시 전달계수 K값은 무시한다.

③ 모터동력

$$L_S(\text{kW}) = \frac{\gamma Q H}{E} \times K$$

여기서, γ : 비중량(물의 비중량 = 9.8kN/m³)
Q : 토출량(m³/s), H : 전양정(m)
E : 효율(%/100), K : 전달계수

해답 ④

31 직경 10cm의 원형 노즐에서 물이 50m/s의 속도로 분출되어 평판에 수직으로 충돌할 때 벽이 받는 힘의 크기는 약 몇 kN인가?

① 19.6   ② 33.9
③ 57.1   ④ 79.3

해설 노즐에서의 힘 ★★★

$$F(\text{N}) = Q(\text{m}^3/\text{s}) \times u(\text{m/s}) \times \rho(\text{kg/m}^3)$$

① $F = Qu\rho = uAu\rho = Au^2\rho$
② $D = 10\text{cm} = 0.1\text{m}$
③ $F = \frac{\pi}{4} \times (0.1\text{m})^2 \times (50\text{m/s})^2 \times 1000\text{kg/m}^3$
   $= 19633.75 \text{kg} \cdot \text{m/s}^2(\text{N}) = 19.63 \text{kN}$

해답 ①

32 다음 그림과 같이 시차 액주계의 압력차(ΔP)를 계산하시오.

① 0.0916kg/cm²   ② 0.916kg/cm²
③ 9.16kg/cm²   ④ 91.6kg/cm²

해설
① $\gamma = r_w(1000\text{kg/m}^3) \times S(\text{비중})$
② $P_A + r_1 h_1 = P_B + r_2 h_2 + r_3 h_3$
③ $\Delta P = P_A - P_B = r_2 h_2 + r_3 h_3 - r_1 h_1$
④ $\Delta P = (1000\text{kg/m}^3 \times 13.6 \times 0.06\text{m})$
$\quad\quad + (1000\text{kg/m}^3 \times 1 \times 0.3\text{m})$
$\quad\quad - (1000\text{kg/m}^3 \times 1 \times 0.2\text{m})$
$\quad\quad = 916\text{kg/m}^2 = 0.0916\text{kg/cm}^2$

해답 ①

33 그림과 같이 폭 1m, 길이 2m인 평판이 수면과 수직을 이루고 있다. 평판 윗면의 수심이 20cm일 때 평판에 작용하는 물에 의한 힘의 크기는 약 몇 kN인가?

① 20.5 ② 21.2
③ 22.1 ④ 23.5

$F = PA = \gamma h A$

F : 힘 P : 압력 A : 단면적
γ : 비중량 h : 높이

① 물의 비중량
$\gamma_w = 1000\text{kgf/m}^3 = 9800\text{N/m}^3 = 9.8\text{kN/m}^3$
$\bar{h} = 0.2\text{m}(20\text{cm}) + \dfrac{2\text{m}}{2} = 1.2\text{m}$

② $F = PA = \gamma \bar{h} A$
$\quad = 9.8\text{kN/m}^3 \times (0.2\text{m} + 1\text{m}) \times (1\text{m} \times 2\text{m})$
$\quad = 23.5\text{kN}$

해답 ④

34 압력 2MPa, 온도 250℃의 공기가 이상적인 가역단열팽창을 하여 압력이 0.2MPa로 변화할 때 변화 후 온도는 약 몇 K인가?(단, 공기의 비열비는 1.4이다.)

① 265K ② 271K
③ 278K ④ 283K

해설 변화 후 온도

$$T_2 = T_1 \times \left(\dfrac{P_2}{P_1}\right)^{\frac{K-1}{K}}$$

$T_2 = (273 + 250) \times \left(\dfrac{0.2}{2}\right)^{\frac{1.4-1}{1.4}}$
$\quad = 271\text{K}$

해답 ②

35 4MPa, 27℃에서 질소의 비체적은 몇 m^3/kg 인가?(단, 질소의 기체상수는 296.8J/kg·K 이다.)

① 0.01956 ② 0.02012
③ 0.02135 ④ 0.02226

해설 비체적(Specific Volume)

$$V_S = \dfrac{1}{\rho}$$

V_S : 비체적(m^3/kg) ρ : 밀도(kg/m^3)

밀도 산출 공식

$$\rho = \dfrac{P}{RT}$$

P : 압력(N/m^2)
R : 기체상수(N·m/kg·K)
T : 절대온도(273 + t℃)K

① $P = 4\text{MPa} = 4 \times 10^3 \text{kPa} = 4 \times 10^6 \text{Pa}(\text{N/m}^2)$
② $V_S = \dfrac{1}{\rho} = \dfrac{RT}{P}$
③ $V_S = \dfrac{296.8\text{N·m/kg·K} \times (273+27)\text{K}}{4 \times 10^6 \text{N/m}^2}$
$\quad = 0.02226\text{m}^3/\text{kg}$

해답 ④

36 배관 내에서 물의 수격작용(Water Hammer)을 방지하는 대책으로 잘못된 것은?

① 조압 수조(Surge Tank)를 관선에 설치한다.

② 밸브를 펌프 송출구에서 멀게 설치한다.
③ 밸브를 서서히 조작한다.
④ 관경을 크게 하고 유속을 작게 한다.

해설 **수격작용 방지대책**
① 관경을 크게 하고 유속을 낮춘다.
② 펌프에 프라이 휠을 설치한다.
③ 조압수조(에어챔버) 또는 수격방지기 설치
④ 밸브는 펌프 송출구 가까이 설치하고 적당한 밸브제어
⑤ 배관은 가능한 직선적으로 시공

해답 ②

37 보일의 법칙은 이상기체의 어떤 상태량이 일정한 조건에서의 상태변화를 나타낸 것인가?

① 온도　　② 압력
③ 비체적　　④ 밀도

해설 ① **보일의 법칙**(T(온도) = 일정)
$$P_1V_1 = P_2V_2$$

② **샤를의 법칙**(P(압력) = 일정)
$$\frac{V_1}{T_1} = \frac{V_2}{T_2}$$

③ **보일-샤를의 법칙**
$$\frac{P_1V_1}{T_1} = \frac{P_2V_2}{T_2}$$

해답 ①

38 안지름 1000mm의 원통형 수조에 들어있는 물을 안지름 150mm인 관을 통해 평균유속 3m/s로 배출한다. 이 때 수조내의 수면의 강하속도는 몇 cm/s인가?

① 3.24　　② 1.423
③ 6.75　　④ 14.13

해설 ① 배출량 계산
$D = 150\text{mm} = 0.15\text{m}$
$Q = uA = 3 \times \frac{\pi}{4} \times 0.15^2 = 0.053\text{m}^3/\text{s}$

② 원통형수조의 단면적
$D = 1000\text{mm} = 1\text{m}$
$A = \frac{\pi}{4} \times D^2 = \frac{\pi}{4} \times 1^2$

③ 수면의 강하속도
$u = \frac{Q}{A} = \frac{0.053}{\frac{\pi}{4} \times 1^2} = 0.0675\text{m/s} = 6.75\text{cm/s}$

해답 ③

39 비점성 유체를 가장 잘 설명한 것은?

① 실제 유체를 뜻한다.
② 전단응력이 존재하는 유체흐름을 뜻한다.
③ 유체 유동시 마찰저항이 존재하는 유체이다.
④ 유체 유동시 마찰저항이 유발되지 않는 이상적인 유체를 말한다.

해설 **유체의 종류**
① 이상유체(비점성유체)
점성이 없고(마찰손실이 없고) 비압축성인 유체
② 실제유체(점성유체)
점성이 있고(마찰손실이 있고) 압축성인 유체
※ 이상유체는 점성이 없다. 따라서 마찰손실이 없기 때문에 에너지 손실도 없는 가상적인 유체이다.

해답 ④

40 기준면에서 5m위에 있는 내경 50mm의 소화전 배관으로 분당 0.39m³의 소화용수가 흐른다. 이 배관 속 소화수의 압력이 150kPa이라면 소화수의 전 수두는 약 몇 m인가?

① 5　　② 15
③ 21　　④ 31

해설 **베르누이 방정식**
$$H = \frac{U^2}{2g} + \frac{P}{r} + Z$$

H : 전에너지(m), $\frac{U^2}{2g}$: 속도수두(m)

$\frac{P}{r}$: 압력수두(m), Z : 위치수두(m)

① 유속계산

$$u = \frac{Q}{A} = \frac{0.39 \text{m}^3/60\text{s}}{\frac{\pi}{4} \times (0.05\text{m})^2} = 3.31 \text{m/s}$$

② 단위환산

$$P = 150 \text{kPa} = 150 \text{kN/m}^2$$
$$\gamma_w = 1000 \text{kgf/m}^3 = 9.8 \text{kN/m}^3$$
$$H = \frac{3.31^2}{2 \times 9.8} + \frac{150}{9.8} + 5 = 20.87\text{m} \fallingdotseq 21\text{m}$$

해답 ③

제3과목 소방관계법규

41 2급 소방안전관리대상물에 두어야 할 소방안전관리자로 선임할 수 없는 자는?

① 소방설비산업기사 자격을 가진 자
② 소방공무원으로 3년 이상 근무한 경력이 있는 자
③ 의용소방대원으로 2년 이상 근무한 경력이 있는 자
④ 위험물산업기사 자격을 가진 사람

해설 (화재예방법 시행령 제25조 제1항의 별표4)
소방안전관리자의 선임자격
(1) 특급 소방안전관리자 선임자격
   ① 소방기술사 또는 소방시설관리사
   ② 소방설비**기사** : **5년 이상** 1급 실무경력
   ③ 소방설비**산업기사** : **7년 이상** 1급 실무경력
   ④ 소방공무원 : **20년 이상**
   ⑤ 특급 소방안전관리 시험에 합격한 사람
(2) 1급 소방안전관리자 선임자격
   ① 소방설비**기사** 또는 소방설비**산업**기사
   ② 소방공무원 : **7년 이상**
   ③ 1급 소방안전관리 시험에 합격한 사람
   ④ 특급 또는 **1급** 자격증 발급받은 사람
(3) 2급 소방안전관리자 선임자격
   ① 위험물(기능장 · 산업기사 또는 기능사)
   ② 소방공무원 : **3년 이상**
   ③ 2급 소방안전관리 시험에 합격한 사람

   ④ 「특별조치법」에 따라 선임된 사람
   ⑤ 특급, 1급, 2급 자격증 발급받은 사람
(4) 3급 소방안전관리자 선임자격
   ① 소방공무원 : 1년 이상
   ② 3급 소방안전관리 시험에 합격한 사람
   ③ 「특별조치법」에 따라 선임된 사람
   ④ 특급, 1급, 2급, 3급 자격증 발급받은 사람

해답 ③

42 건축허가 등의 동의대상물과 관련하여 항공기 격납고의 경우 건축허가 등의 동의를 받아야 하는 조건으로 알맞은 것은?

① 바닥면적 1000m² 이상인 것
② 바닥면적 3000m² 이상인 것
③ 바닥면적 5000m² 이상인 것
④ 바닥면적에 관계없이 건축허가 등의 대상이다.

해설 (소방시설법 시행령 제7조)
건축허가등의 동의대상물의 범위 등
(1) 연면적 400m² 이상
    다만, 다음에 해당하는 경우에는 기준 이상
    ① 학교시설 : 100m²
    ② 노유자시설 및 수련시설 : 200m²
    ③ 정신의료기관 : 300m²
    ④ 장애인 의료재활시설 : 300m²
(2) 지하층 또는 무창층 150m²(공연장 100m²)
(3) 차고 · 주차장 또는 주차용도로 사용시설
    ① 차고 · 주차장 : 200m² 이상
    ② 기계장치에 의한 **자동차 20대 이상**
(4) 층수가 **6층 이상**인 건축물
(5) 항공기격납고, 관망탑, 항공관제탑, 방송용 송수신탑
(6) 공동주택, 의원(입원실, 인공신장실이 있는 것) · 조산원 · 산후조리원, 숙박시설, 위험물 저장 및 처리 시설, 풍력발전소 · 전기저장시설, 지하구
(7) 노유자시설((1)의 ②에 해당하지 않는 시설)
(8) **요양병원**(의료재활시설은 제외)
(9) **750배** 이상의 특수가연물을 저장 · 취급
(10) 가스시설로서 지상 노출 탱크 100톤 이상

해답 ④

43 소방본부장 또는 소방서장은 건축허가 등의 동의요구서류를 접속한 날부터 며칠 이내에 건축허가 등의 동의여부를 회부를 회신하여야 하는가?(단, 허가 신청한 건축물 등의 연면적은 30만m² 이상인 경우이다.)

① 7일 ② 10일
③ 14일 ④ 30일

해설 (소방시설법 시행규칙 제3조)
건축허가 등의 동의여부 회신기간
(1) 특급외 소방안전관리대상물 : 5일 이내
(2) 특급 소방안전관리대상물 : 10일 이내
(3) 서류 보완기간 : 4일 이내

해답 ②

44 다음 중 소방용수시설인 저수조의 설치기준으로 옳지 않은 것은?

① 지면으로부터의 낙차가 4.5m 이하일 것
② 흡수부분의 수심이 0.5m 이상일 것
③ 흡수관의 투입구가 사각형의 경우에는 한 변의 길이가 60cm 이상일 것
④ 저수조에 물을 공급하는 방법은 상수도에 연결하여 수동으로 급수되는 구조일 것

해설 (기본법 시행규칙 제6조 ②항의 별표 3)
소방용수시설의 설치기준
① 공통기준
 ㉠ 주거지역·상업지역 및 공업지역에 설치하는 경우 : 수평거리를 100m이하가 되도록 할 것
 ㉡ 기타 지역에 설치하는 경우 : 소방대상물과의 수평거리를 140m이하가 되도록 할 것
② 소방용수시설별 설치기준
 ㉠ 소화전의 설치기준 : 상수도와 연결하여 지하식 또는 지상식의 구조로 하고, 소방용호스와 연결하는 소화전의 연결금속구의 구경은 65mm로 할 것
 ㉡ 급수탑의 설치기준 : 급수배관의 구경은 100mm 이상으로 하고, 개폐밸브는 지상에서 1.5m 이상 1.7m 이하의 위치에 설치하도록 할 것
③ 저수조의 설치기준
 ㉠ 지면으로부터의 낙차가 4.5m이하일 것
 ㉡ 흡수부분의 수심이 0.5m이상일 것
 ㉢ 소방펌프자동차가 쉽게 접근할 수 있도록 할 것
 ㉣ 흡수에 지장이 없도록 토사 및 쓰레기 등을 제거할 수 있는 설비를 갖출 것
 ㉤ 흡수관의 투입구가 사각형의 경우에는 한 변의 길이가 60cm 이상, 원형의 경우에는 지름이 60cm 이상일 것
 ㉥ 저수조에 물을 공급하는 방법은 상수도에 연결하여 자동으로 급수되는 구조일 것

해답 ④

45 소방신호의 종류가 아닌 것은?

① 진화신호 ② 발화신호
③ 경계신호 ④ 해제신호

해설 기본법 제18조(소방신호의 목적)
① 화재예방 ② 소방활동 ③ 소방훈련
기본법 시행규칙 제10조(소방신호의 종류)
① 경계신호 : 화재예방상 필요하다고 인정되거나 화재위험경보시 발령
② 발화신호 : 화재가 발생한 때 발령
③ 해제신호 : 소화활동이 필요 없다고 인정되는 때 발령
④ 훈련신호 : 훈련상 필요하다고 인정되는 때 발령

해답 ①

46 소방시설관리업자의 지위를 승계한 자는 승계한 날로부터 며칠 이내에 시·도지사에게 신고하여야 하는가?

① 14일 이내 ② 20일 이내
③ 28일 이내 ④ 30일 이내

해설 (소방시설법 시행규칙 제35조) 지위승계신고 등
소방시설관리업자의 지위를 승계한 자는 그 지위를 승계한 날부터 30일 이내에 서류를 첨부하여 시·도지사에게 제출하여야 한다.

해답 ④

47 소방용수시설 중 저수조 설치시 지면으로부터 낙차의 범위로 알맞은 것은?

① 2.5m 이하 ② 3.5m 이하

③ 4.5m 이하   ④ 5.5m 이하

해설 (기본법 시행규칙 제6조 ②항의 별표 3)
소방용수시설의 설치기준
① 공통기준
 ㉠ 주거지역·상업지역 및 공업지역에 설치하는 경우 : 수평거리를 100m이하가 되도록 할 것
 ㉡ 기타 지역에 설치하는 경우 : 소방대상물과의 수평거리를 140m이하가 되도록 할 것
② 소방용수시설별 설치기준
 ㉠ 소화전의 설치기준 : 상수도와 연결하여 지하식 또는 지상식의 구조로 하고, 소방용호스와 연결하는 소화전의 연결금속구의 구경은 65mm로 할 것
 ㉡ 급수탑의 설치기준 : 급수배관의 구경은 100mm 이상으로 하고, 개폐밸브는 지상에서 1.5m 이상 1.7m 이하의 위치에 설치하도록 할 것
③ 저수조의 설치기준
 ㉠ 지면으로부터의 낙차가 4.5m이하일 것
 ㉡ 흡수부분의 수심이 0.5m이상일 것
 ㉢ 소방펌프자동차가 쉽게 접근할 수 있도록 할 것
 ㉣ 흡수에 지장이 없도록 토사 및 쓰레기 등을 제거할 수 있는 설비를 갖출 것
 ㉤ 흡수관의 투입구가 사각형의 경우에는 한 변의 길이가 60cm이상, 원형의 경우에는 지름이 60cm이상일 것
 ㉥ 저수조에 물을 공급하는 방법은 상수도에 연결하여 자동으로 급수되는 구조일 것

해답 ③

48 소방시설업의 등록을 하지 아니하고 영업한 자의 벌칙은?

① 1년 이하의 징역 또는 1000만원 이하의 벌금
② 3년 이하의 징역 또는 1500만원 이하의 벌금
③ 3년 이하의 징역 또는 3000만원 이하의 벌금
④ 5년 이하의 징역 또는 3000만원 이하의 벌금

해설 (공사업법 제35조(벌칙))
3년 이하의 징역 또는 3000만원 이하 벌금
소방시설업의 등록을 하지 않고 영업을 한 자

해답 ③

49 다음 중 화재예방강화지구의 지정대상이 아닌 것은?

① 대형화재 및 대형재난 발생지역
② 공장·창고가 밀집한 지역
③ 목조건물이 밀집한 지역
④ 위험물저장 및 처리시설이 밀집한 지역

해설 (화재예방법 제18조) 화재예방강화지구의 지정 등
(1) 지정권자 : 시·도지사
(2) 화재안전조사 : 소방관서장
(3) 화재안전조사 실시주기 : 연1회 이상
(4) 소방훈련과 교육 : 연1회 이상
(5) 훈련 및 교육통보 : 10일 전까지

화재예방강화지구의 지정대상지역 ★★필수암기★★
① 시장지역
② 공장·창고가 밀집한 지역
③ 목조건물이 밀집한 지역
④ 노후·불량건축물이 밀집한 지역
⑤ 위험물의 저장 및 처리시설이 밀집한 지역
⑥ 석유화학제품을 생산하는 공장이 있는 지역
⑦ 산업단지
⑧ 소방시설·소방용수시설 또는 소방 출동로가 **없는 지역**
⑨ 물류단지
⑩ 소방관서장이 화재예방강화지구로 인정하는 지역

해답 ①

50 다량의 위험물을 저장·취급하는 제조소등으로서 대통령령이 정하는 제조소등이 있는 동일한 사업소에서 대통령령이 정하는 수량 이상의 위험물을 저장 또는 취급하는 경우 당해 사업소의 관계인은 대통령령이 정하는 바에 따라 당해 사업소에 자체소방대를 설치하여야 한다. 여기서 "대통령령이 정하는 수량"이라 함은 지정수량의 몇 배를 말하는가?

① 2천배   ② 3천배
③ 4천배   ④ 5천배

해설 (위험물법 시행령 제18조)
자체소방대를 설치하여야 하는 사업소
① 제조소 또는 일반취급소에서 취급하는 제4류 위험물의 최대수량의 합이 **지정수량의 3천배** 이상(보일러로 위험물을 소비하는 일반취급소

는 제외)
② 옥외탱크저장소에 저장하는 **제4류 위험물**의 최대수량이 지정수량의 **50만배** 이상
예방규정을 정하여야 하는 제조소등
① 지정수량의 10배 이상 제조소
② 지정수량의 100배 이상 옥외저장소
③ 지정수량의 150배 이상 옥내저장소
④ 지정수량의 200배 이상 옥외탱크저장소
⑤ 암반탱크저장소
⑥ 이송취급소
⑦ 지정수량의 10배 이상 일반취급소

해답 ②

51 제1종 판매취급소는 저장 또는 취급하는 위험물의 수량이 지정수량의 얼마인 판매취급소를 말하는가?

① 20배 이하 ② 20배 이상
③ 40배 이하 ④ 40배 이상

해설 (위험물법 시행령 제5조 별표3) 취급소의 구분
판매취급소 : 지정수량 40배 이하
① 제1종 판매취급소 : 지정수량 20배 이하
② 제2종판매 취급소 : 지정수량 40배 이하

해답 ①

52 소방기본법상 소방활동구역의 설정권자로 옳은 것은?

① 소방본부장   ② 소방서장
③ 소방대장   ④ 시·도지사

해설 (기본법 제23조) 소방활동구역의 설정
① 소방대장은 화재, 재난·재해 그 밖의 위급한 상황이 발생한 현장에 소방활동 구역을 정하여 소방활동에 필요한 자로서 대통령령이 정하는 자 외의 자에 대하여는 그 구역에의 출입을 제한할 수 있다.
② 경찰공무원은 소방대가 규정에 따른 소방활동구역에 있지 아니하거나 소방대장의 요청이 있는 때에는 규정에 따른 조치를 할 수 있다.

해답 ③

53 하자보수대상 소방시설 중 하자보수보증기간이 3년인 것은?

① 유도등
② 비상방송설비
③ 간이스프링클러설비
④ 무선통신보조설비

해설 (공사업법 시행령 제6조)
하자보수대상 소방시설과 하자보수보증기간

보증기간	소방시설
2년	① 피난기구 ② 유도등 ③ 유도표지 ④ 비상경보설비 ⑤ 비상조명등 ⑥ 비상방송설비 ⑦ 무선통신보조설비
3년	① 자동소화장치 ② 옥내 ③ 옥외 ④ 스프링클러 ⑤ 간이스프링클러 ⑥ 물분무등 ⑦ 자동화재탐지설비 ⑧ 상수도소화용수설비 ⑨ 소화활동설비(무선통신보조설비 제외)

해답 ③

54 제조소등의 지위승계 및 폐지에 관한 설명 중 다음 ( ) 안에 알맞은 것은?

제조소등의 설치자가 사망하거나 그 제조소등을 양도·인도할 때 또는 합병이 있는 때에는 그 설치자의 지위를 승계한 자는 승계한 날부터 (㉠)일 이내에 그리고 제조소등의 관계인은 당해 제조소등의 용도를 폐지한 때에는 용도를 폐지한 날부터 (㉡)일 이내에 시·도지사에게 신고하여야 한다.

① ㉠ 14, ㉡ 14   ② ㉠ 14, ㉡ 30
③ ㉠ 30, ㉡ 14   ④ ㉠ 30, ㉡ 30

해설 제조소등 지위승계 및 용도폐지신고

구 분	지위승계신고	용도폐지신고
신고기간	30일 이내	14일 이내
신고기관	시도지사	시도지사

해답 ③

55 저장소 또는 제조소 등이 아닌 장소에서 지정수량 이상의 위험물을 저장 또는 취급한 자에 대한 벌칙은?

① 3년 이하 징역 또는 3천만원 이하의 벌금
② 2년 이하 징역 또는 1천만원 이하의 벌금
③ 1년 이하 징역 또는 2천만원 이하의 벌금

④ 2년 이하 징역 또는 2천만원 이하의 벌금

해설 위험물법 제34조의3(벌칙)
3년 이하의 징역 또는 3천만원 이하의 벌금
저장소 또는 제조소등이 아닌 장소에서 지정수량 이상의 위험물을 저장 또는 취급한 자
위험물법 제35조(벌칙)
1년 이하의 징역 또는 1천만원 이하의 벌금
① 탱크시험자로 등록하지 아니하고 탱크시험자의 업무를 한 자
② 정기점검을 하지 아니하거나 점검기록을 허위로 작성한 관계인으로서 허가를 받은 자
③ 자체소방대를 두지 아니한 관계인으로서 허가를 받은 자
④ 제조소등에 대한 긴급 사용정지·제한명령을 위반한 자

해답 ①

56 특정소방대상물로 위락시설에 해당되지 않는 것은?

① 투전기업소   ② 카지노업소
③ 무도장   ④ 공연장

해설 (소방시설법 시행령 제5조 별표2) 위락시설 ★
① 근린생활시설에 해당하지 아니하는 단란주점
② 유흥주점
③ 관광진흥법에 의한 유원시설업의 시설 그 밖에 이와 비슷한 것
④ 카지노영업소
⑤ 무도장 및 무도학원

해답 ④

57 방염대상물품 중 제조 또는 가공공정에서 방염처리를 하여야 하는 물품이 아닌 것은?

① 암막
② 두께가 2mm 미만인 종이벽지
③ 바닥에 설치하는 카페트
④ 창문에 설치하는 브라인드

해설 (소방시설법 시행령 제31조)
방염대상물품 및 방염성능기준
(1) 제조 또는 가공 공정에서 방염 처리하여야 하는 물품

① 창문에 설치하는 커튼류(블라인드 포함)
② 카펫
③ **벽지류**(두께가 2mm 미만 종이벽지 제외)
④ 전시용 합판·목재 또는 섬유판, 무대용 합판·목재 또는 섬유판(합판·목재류의 경우 불가피하게 설치 현장에서 방염처리한 것을 포함)
⑤ 암막·무대막(영화상영관과 **가상체험 체육시설업**에 설치하는 스크린을 포함)
⑥ 섬유류, 합성수지류로 제작된 소파·의자(단란주점, 유흥주점, 노래연습장업)

(2) 건축물 내부의 천장이나 벽에 부착하거나 설치하는 다음의 것
(다만, 가구류와 너비 10cm 이하인 반자돌림대 등과 내부마감재료는 제외)
① **종이류(두께 2mm 이상인 것)**·합성수지류 또는 섬유류를 주원료로 한 물품
② 합판이나 목재
③ 간이 칸막이
④ 흡음재(흡음커튼 포함), 방음재(방음커튼 포함)

해답 ②

58 제4류 위험물 제조소의 경우 사용전압이 22kV인 특고압 가공전선이 지나갈 때 제조소의 외벽과 가공전선 사이의 수평거리(안전거리)는 몇 m 이상이어야 하는가?

① 3m   ② 5m
③ 10m   ④ 20m

해설 22kV = 22000V
제조소의 안전거리

구 분	안전거리
사용전압이 7,000V 초과 35,000V 이하	3m 이상
사용전압이 35,000V를 초과	5m 이상
주거용	10m 이상
고압가스, 액화석유가스, 도시가스	20m 이상
학교·병원·극장	30m 이상
지정문화유산 및 천연기념물 등	50m 이상

해답 ①

59 소방안전관리대상물의 관계인이 소방안전관리를 선임한 경우에는 행정안전부령이 정하는

바에 따라 선임한 날부터 며칠 이내에 소방본부장 또는 소방서장에게 신고하여야 하는가?

① 7일 ② 14일
③ 21일 ④ 30일

해설 (화재예방법 제26조)
소방안전관리자 선임신고 등
소방안전관리대상물의 **관계인이 소방안전관리자** 또는 소방안전관리보조자를 **선임한 경우**에는 행정안전부령으로 정하는 바에 따라 선임한 날부터 **14일 이내에 소방본부장 또는 소방서장에게 신고**

(화재예방법 제24조)
소방안전관리자 업무
(1) **소방계획서**의 작성 및 시행
(2) **자위소방대** 및 초기대응체계의 **구성·운영·교육**
(3) 피난시설, 방화구획 및 방화시설의 **관리**
(4) **소방시설**, **소방 관련시설의 관리**
(5) **소방훈련 및 교육**
(6) 화기 취급의 **감독**
(7) 소방안전관리에 관한 **업무수행 기록·유지**
(8) **화재발생 시 초기대응**
(9) 소방안전관리에 **필요한 업무**

해답 ②

60 다음 중 소방용품에 해당하지 않는 것은?

① 방염제
② 구조대
③ 화학반응식거품소화기
④ 공기호흡기

해설 소방시설법 시행령 제6조
[별표 3] 소방용품
1. 소화설비를 구성하는 제품 또는 기기
   (1) 소화기구(소화약제 외의 것을 이용한 간이 소화용구는 제외)
   (2) 자동소화장치
   (3) 소화설비를 구성하는 소화전, 관창, 소방호스, 스프링클러헤드, 기동용 수압개폐장치, 유수제어밸브 및 가스관선택밸브
2. 경보설비를 구성하는 제품 또는 기기
   (1) 누전경보기 및 가스누설경보기
   (2) 경보설비를 구성하는 발신기, 수신기, 중계기, 감지기 및 음향장치(경종만 해당)
3. 피난구조설비를 구성하는 제품 또는 기기
   (1) 피난사다리, 구조대, 완강기(간이완강기 및 지지대를 포함)
   (2) 공기호흡기(충전기를 포함)
   (3) 피난구유도등, 통로유도등, 객석유도등 및 예비 전원이 내장된 비상조명등
4. 소화용으로 사용하는 제품 또는 기기
   (1) 소화약제(자동소화장치와 소화설비용만 해당)
   (2) 방염제(방염액·방염도료 및 방염성물질)

해답 ③

제4과목 소방기계시설의 구조 및 원리

61 가연성가스의 저장취급시설에 설치하는 연결살수설비헤드의 상호간 거리는 얼마인가?

① 2.1m 이하 ② 2.3m 이하
③ 3.0m 이하 ④ 3.7m 이하

해설 **가연성 가스의 저장·취급시설에 설치하는 연결살수설비의 헤드 설치기준**
① 연결살수설비 전용의 개방형헤드를 설치할 것
② 가스저장탱크·가스홀더 및 가스발생기의 주위에 설치하되, **헤드상호간의 거리는 3.7m 이하로 할 것**
③ 헤드의 살수범위는 가스저장탱크·가스홀더 및 가스발생기의 몸체의 중간 윗부분의 모든 부분이 포함되도록 하여야 하고 살수된 물이 흘러내리면서 살수범위에 포함되지 아니한 부분에도 모두 적셔질 수 있도록 할 것

해답 ④

62 고정포방출구 방식에 있어서 고정포방출구에서 방출하기 위하여 필요한 포 소화약제의 양을 산출하는 공식으로 적합한 것은?

Q : 포 소화약제의 양(L)
A : 탱크의 액표면적(m^2)
Q_1 : 단위 포소화수용액의 양(L/m^2 · min)
T : 방출시간(min)
S : 포 소화약제의 사용농도(%)

① $Q = A \times Q_1$
② $Q = A \times Q_1 \times T$
③ $Q = A \times Q_1 \times T \times S$
④ $Q = 1.2 \times (A \times Q_1 \times T \times S)$

해설 고정포 방출구 방식

구 분	약제 저장량
가. 고정포 방출구	$Q = A \times Q_1 \times T \times S$ Q : 포소화약제의 양(L) A : 저장탱크의 액 표면적(m^2) Q_1 : 단위 포소화수용액의 양(L/m^2분) T : 방출시간(분) S : 포소화 약제의 사용농도(%)
나. 보조 포소화전	$Q = N \times S \times 8000L$ Q : 포소화약제의 양(L) N : 호스 접결구 개수(3개 이상의 경우는 3) S : 포소화 약제의 사용농도(%)
다. 배관보정	가장 먼 탱크까지의 송액관(내경 75mm 이하 제외)에 충전하기 위하여 필요한 양 $Q = V \times S \times 1000L/m^3$ Q : 포소화약제의 양(L) V : 송액관 내부의 체적(m^3) S : 포소화약제의 사용농도(%)
라. 합 계	고정포 방출구방식의 약제량 = 가 + 나 + 다

해답 ③

63 분말 소화설비에 사용되는 밸브 중 정압작동장치에 의해 개방되는 밸브는?

① 클리닝 밸브 ② 니들 밸브
③ 주 밸브   ④ 기동 용기 밸브

해설 정압작동장치
저장용기 내부압력이 설정압력이 될 때 주 밸브를 개방하는 것

해답 ③

64 소화펌프의 성능시험 방법 및 배관에 대한 설명으로 맞는 것은?

① 펌프의 성능은 체절운전시 정격 토출압력의 150%를 초과하지 아니하여야 할 것
② 정격 토출량의 150%로 운전시 정격 토출압력의 65% 이상이어야 할 것
③ 성능 시험배관은 펌프의 토출측에 설치된 개폐밸브 이후에서 분기할 것
④ 유량 측정장치는 펌프의 정격 토출량의 165%까지 측정할 수 있는 성능이 있을 것

해설 성능 시험 배관
① 펌프의 성능
  ㉠ 체절운전 시 정격토출압력의 140%를 초과하지 아니할 것
  ㉡ 정격토출량의 150%로 운전 시 정격토출압력의 65% 이상이 되어야 할 것
② 성능시험배관 설치위치
  펌프의 토출측에 설치된 개폐밸브 이전에서 분기하여 직선적으로 설치할 것
③ 유량측정장치를 기준으로 전단직관부에 개폐밸브를 후단직관부에는 유량조절밸브를 설치
④ 유량측정 장치
  ㉠ 성능시험배관의 직관부에 설치
  ㉡ 정격토출량의 175% 이상까지 측정할 수 있는 성능

해답 ②

65 자동소화설비가 설치되지 아니한 음식점의 바닥면적 170m^2인 주방에 소화기를 설치하고, 그 외 추가하여야 할 소화기구인 자동확산소화용구는 몇 개인가?

① 1개 ② 2개
③ 3개 ④ 4개

해설 음식점의 자동 확산소화용구 설치기준
① 바닥 면적 10m^2 이하 : 1개
② 바닥 면적 10m^2 초과 : 2개

해답 ②

66 옥내소화전방수구와 연결되는 가지배관의 구경은 얼마인가?

① 40mm 이상　② 50mm 이상
③ 65mm 이상　④ 100mm 이상

해설 옥내소화전 설비의 배관 등
(1) 펌프의 토출측 주배관의 구경
  유속이 4m/s 이하가 될 수 있는 크기 이상
(2) 옥내소화전설비 전용설비의 방수구와 연결되는 배관
  ① 주배관중 **수직배관의 구경 : 50mm 이상**
    (호스릴 옥내소화전설비 : 32mm 이상)
  ② 가지배관 구경 : 40mm 이상(호스릴 옥내소화전 설비 : 25mm 이상)
(3) **연결 송수관설비의 배관과 겸용할 경우**
  ① 주배관 구경 : 100mm 이상
  ② 가지배관 구경 : 65mm 이상
(4) **펌프의 흡입측 배관에는 버터플라이밸브외의 개폐표시형 밸브를 설치**하여야 한다.
(5) 물올림수조의 급수배관의 구경 : 15mm 이상
(6) 릴리프밸브의 구경 : 20mm 이상
(7) 유량측정장치 : 펌프 정격토출량의 175% 이상까지 측정 가능할 것

해답 ①

67 연소할 우려가 있는 개구부의 스프링클러헤드 설명으로 맞는 것은?

① 개구부 상하좌우에 3.2m 간격으로 헤드를 설치한다.
② 스프링클러헤드와 개구부의 내측면으로부터 직선거리는 15cm 이하이다.
③ 개구부 폭이 3.2m 이하인 경우 그 중앙에 1개의 헤드를 설치한다.
④ 사람이 상시 출입하는 개구부로서 통행에 지장이 있는 때에는 설치하지 않아도 된다.

해설 연소할 우려가 있는 개구부
① 상하좌우에 2.5m 간격으로 헤드설치
② 헤드와 개구부의 내측면으로부터의 직선거리는 15cm 이하(단, 사람이 상시 출입하는 개구부로서 통행에 지장이 있는 때에는 개구부의 상부 또는 측면(개구부의 폭이 9m 이하인 경우)에 설치하되, 헤드 상호간의 간격은 1.2m 이하로 설치)

해답 ②

68 스프링클러설비의 종류 중 개방형 헤드를 사용하는 설비는?

① 습식　② 건식
③ 일제 살수식　④ 준비 작동식

해설 스프링클러 설비의 종류에 따른 특징

	습 식	건 식	준비작동식	일제살수식
사용헤드	폐쇄형	폐쇄형	폐쇄형	개방형
1차측 배관	물	물	물	물
2차측 배관	물	압축공기	대기압상태(공기)	대기압상태
감지기	불필요	불필요	필 요	필 요

해답 ③

69 분무상태를 만드는 방법에 따라 물분무 헤드를 구분할 때 적당하지 않은 것은?

① 분사형　② 충돌형
③ 슬리트형　④ 리프트형

해설 물분무헤드의 종류
① 충돌형 : 유수와 유수의 충돌에 의해 미세한 물방울 발생
② 분사형 : 오리피로부터 고압으로 분사하여 미세한 물방울 발생
③ 선회류형 : 선회류 또는 선회류와 직선류의 충돌로 미세한 물방울 발생
④ 디플렉타형 : 수류를 살수판에 충돌하여 미세한 물방울 발생
⑤ 슬리트형 : 수류를 슬리트에 방출하여 미세한 물방울 발생

해답 ④

70 연결살수설비의 송수구 설치에서 하나의 송수구역에 부착하는 살수헤드가 몇 개 이하인 것에 있어서는 단구형으로 설치를 할 수 있는가?

① 10개　② 15개
③ 20개　④ 30개

해설 연결살수설비의 송수구
① 65mm 쌍구형으로 설치한다.
② 살수헤드 10개 이하는 단구형으로 할 수 있다.

해답 ①

71 이산화탄소 소화약제의 저장용기의 설치기준 중 고압식 저장용기의 충전비는?

① 1.34 이상 1.5 이하
② 1.5이상 1.9 이하
③ 1.1 이상 1.9 이하
④ 1.8 이상

해설 CO_2 소화약제의 저장용기 충전비(L/kg)

저압식	고압식
1.1~1.4	1.5~1.9

• 충전비 : 용기용적과 약제의 중량비(L/kg)

해답 ②

72 옥외 소화전이 하나의 소방대상물을 포용하기 위하여 4개소에 설치되어 있다. 규정에 적합한 수원의 유효수량은 몇 m^3 이상이어야 하는가?

① 5.2 ② 7
③ 10.4 ④ 14

해설 옥외소화전설비의 수원의 양

$$Q = N \times 7 m^3$$

N : 옥외소화전의 설치개수(최대 2개)
∴ $Q = 2 \times 7 = 14 m^3$

해답 ④

73 이산화탄소 약제에 의한 소화가 부적합 장소는 어느 것인가?

① 컴퓨터실
② 경유 저장실
③ 도서실
④ 나이트로셀룰로스 저장실

해설 이산화탄소소화설비의 분사헤드 설치제외 장소
① 방재실·제어실등 사람이 상시 근무하는 장소
② 나이트로셀룰로스·셀룰로이드제품 등 자기연소성물질을 저장·취급하는 장소
③ 나트륨·칼륨·칼슘 등 활성금속물질을 저장·취급하는 장소
④ 전시장 등의 관람을 위하여 다수인이 출입·통행하는 통로 및 전시실 등

해답 ④

74 연결살수설비의 배관에 관한 설치기준에서 맞는 것은?

① 연결살수설비 전용헤드를 사용하는 경우, 배관의 구경이 50mm일 때 하나의 배관에 부착하는 헤드의 개수는 4개이다.
② 폐쇄형 헤드를 사용하는 경우, 시험배관은 송수구의 가장 먼 가지배관의 끝으로부터 연결 설치한다.
③ 개방형 헤드를 사용하는 수평주행배관은 헤드를 향하여 상향으로 $\frac{1}{50}$ 이상의 기울기로 설치한다.
④ 가지배관의 배열은 토너멘트방식으로 한다.

해설 연결살수설비의 설치기준
① 연결살수설비 전용헤드 수별 급수관의 구경

부착하는 전용헤드의 개수	1개	2개	3개	4~5개	6~10개
배관구경(mm)	32	40	50	65	80

② 폐쇄형헤드를 사용하는 연결살수설비
  시험배관은 송수구의 가장 먼 가지배관의 끝으로부터 연결하여 설치할 것
③ 개방형헤드를 사용하는 연결살수설비
  수평주행배관은 헤드를 향하여 상향으로 100분의 1 이상의 기울기로 설치
④ 가지배관 또는 교차배관을 설치하는 경우에는 가지배관의 배열은 토너멘트방식이 아니어야 한다.

해답 ②

75 특수가연물을 저장하는 랙크식 창고에 스프링클러 설비를 설치하려고 할 때 높이 몇 m 이하마다 스프링클러 헤드를 설치하여야 하는가?

① 3 ② 4
③ 5 ④ 6

해설 스프링클러헤드의 배치기준

설치장소		설치기준
천장·반자· 천장과 반자 사이·덕트· 선반 기타 이와 유사한 부분 (폭이 1.2m를 초과하는 것)	무대부, **특수가연물** 저장취급 장소 및 창고	수평거리 1.7m 이하
	특정소방 대상물 및 창고 / 기타 구조	수평거리 2.1m 이하
	내화 구조	수평거리 2.3m 이하
	아파트	수평거리 2.6m 이하
랙식창고		랙 높이 3m 이하 마다

해답 ①

76 할로젠화합물 소화설비의 특징으로 적당하지 않은 것은?

① 오존층을 보호하여 준다.
② 연소억제 작용이 크며, 소화능력이 크다.
③ 금속에 대항 부식성이 적다.
④ 변질, 분해 등이 적다.

해설 ① 오존파괴지수(ODP)
어떤 물질의 오존 파괴능력을 상대적으로 나타내는 지표의 정의

$$ODP = \frac{어떤 물질 1kg이 파괴하는 오존량}{CFC-11\ 1kg이 파괴하는 오존량}$$

• CFC-11(CFCl$_3$)

② 할론약제별 오존파괴지수

할론 소화약제	오존파괴지수(ODP)
할론 1301	14.1
할론 2402	6.6
할론 1211	2.4

③ 할로젠화합물 소화약제는 오존층을 파괴한다.

해답 ①

77 특별피난계단의 부속실에 제연설비를 하려고 한다. 자연배출식 수직풍토의 내부단면적이 5m^{2}일 경우 송풍기를 이용한 기계배출식 수직풍토의 최소 내부단면적은 몇 m^2 이상이어야 하는가?

① 1m^2
② 1.25m^2
③ 1.5m^2
④ 2m^2

해설 수직풍도의 최소 내부단면적
송풍기를 이용한 기계배출식의 경우 자연배출식 수직풍도의 내부단면적의 $\frac{1}{4}$ 이상 또는 15m/s 이하로 할 것

$$\therefore 5m^2 \times \frac{1}{4} = 1.25m^2 \text{ 이상}$$

해답 ②

78 전역방출 방식의 고발포용 고정포방출구는 바닥면적 얼마마다 1개 이상 설치하는가?

① 500m^2
② 400m^2
③ 600m^2
④ 300m^2

해설 전역방출방식 고발포용 고정포방출구
① 개구부에 자동폐쇄장치를 설치
② 방호구역의 관포체적 1m^{3}에 대한 1분당 포 수용액 방출량은 소방대상물 및 포의 팽창비에 따라 다르다
③ 고정포방출구는 바닥면적 500m^{2}마다 1개이상으로 하여 방호대상물의 화재를 유효하게 소화할 수 있도록 할 것
④ 고정포방출구는 방호대상물의 최고 부분보다 높은 위치에 설치

해답 ①

79 피난기구로 노유자시설에 미끄럼대를 설치할 때 사용자의 안전상 보통 지상 몇 층까지 설치하도록 하는가?

① 2층
② 3층
③ 4층
④ 5층

해설 소방대상물의 설치장소별 피난기구의 적응성

구분 \ 층별	1층	2층	3층	4층 이상 10층 이하
노유자시설			미구교다승	구[1)]교다승
의료시설·근린생활시설 중 입원실이 있는 의원·접골원·조산원				미트구 교다승	트구 교다승
다중이용업소로서 영업장의 위치가 4층 이하인 다중이용업소			미사구완다승	

구분	층별	1층	2층	3층	4층 이상 10층 이하
그 밖의 것				트공간교 미사구 완다승	공간2) 교사구 완다승

[비고]
1) 구조대의 적응성은 장애인 관련 시설로서 주된 사용자 중 스스로 피난이 불가한 자가 있는 경우 추가로 설치하는 경우에 한한다.
2) 간이완강기의 적응성은 숙박시설의 3층 이상에 있는 객실에 추가로 설치하는 경우에 한한다.

어두문자 암기방법

피난용트랩 ⇒ 트   피난교 ⇒ 교
피난사다리 ⇒ 사   미끄럼대 ⇒ 미
구조대 ⇒ 구   다수인피난장비 ⇒ 다
승강식피난기 ⇒ 승   완강기 ⇒ 완
간이완강기 ⇒ 간   공기안전매트 ⇒ 공

해답 ②

80 제연구역으로부터 공기가 누설하는 출입문의 누설 틈새 면적을 식 $A = (L/l) \times A_d$로 산출할 때 각 출입문의 l과 A_d의 수치가 잘못된 것은?(단, A : 출입문의 틈새(m^2), L : 출입문 틈새의 길이(m), l : 표준 출입문의 틈새길이(m), A_d : 표준 출입문의 누설면적(m^2)이다.)

① 외여닫이문 : $l = 6.5$
② 쌍여닫이문 : $l = 9.2$
③ 승강기 출입문 : $l = 8.0$
④ 승강기 출입문 : $A_d = 0.06$

해설 누설틈새의 면적
① 출입문의 틈새면적 산출공식

$$A = (L/l) x Ad$$

A : 출입문의 틈새(m^2)
L : 출입문 틈새의 길이(m)

② L의 수치가 l의 수치 이하인 경우에는 l의 수치로 할 것

출입문 구조		틈새길이 기준(l)	틈새면적 기준(A_d)
외여닫이 문	실내쪽으로 열리게 설치하는 경우	5.6	0.01
	실외쪽으로 열리게 설치하는 경우	5.6	0.02
쌍여닫이문		9.2	0.03
승강기의 출입문		8.0	0.06

해답 ①

소방설비산업기사 – 기계분야

2021년 9월 CBT 시행

본 문제는 CBT시험대비 기출문제 복원입니다.

제1과목 소방원론

01 황린의 저장방법으로 옳은 것은?

① 물 속에 저장한다.
② 아세톤 속에 저장한다.
③ 강산화제와 혼합하여 저장한다.
④ 아세틸렌 가스로 봉입하여 저장한다.

해설 보호액속에 저장 위험물
① 석유(파라핀, 경유, 등유) 속 보관
  칼륨(K), 나트륨(Na)
② 물속에 보관
  이황화탄소(CS_2), 황린(P_4)

해답 ①

02 플래쉬 오버(flash over)발생시간과 내장재의 관계에 대한 설명 중 틀린 것은?

① 벽보다 천장재가 크게 영향을 미친다.
② 난연재료는 가연재료보다 빨리 발생한다.
③ 열전도율이 작은 내장재가 빨리 발생한다.
④ 내장재의 두께가 얇은 쪽이 빨리 발생한다.

해설 ② 난연재료는 가연재료보다 느리게 발생한다.
① 플래쉬 오버(flash over)현상
  ㉠ 폭발적인 착화현상
  ㉡ 폭발적인 연소현상
  ㉢ 급격한 화염의 확대현상
② 플래쉬 오버의 발생시각
  ㉠ 개구율(개구부 크기) : 클수록 빠르다.
  ㉡ 내장재료 : 가연성일수록 빠르다
  ㉢ 화원의 크기 : 클수록 빠르다.
  ㉣ 열전도율 : 작을수록 빠르다.
  ㉤ 내장재료의 두께 : 얇을수록 빠르다.
  ㉥ 가연물의 표면적 : 넓을수록 빠르다.
  ㉦ 온도 : 높을수록 빠르다.
  ㉧ 압력 : 높을수록 빠르다.
  ㉨ 연소속도 : 빠를수록 빠르다.
  ㉩ 화재하중 : 클수록 빠르다.

해답 ②

03 일반 건축물에서 가연성 건축 구조재와 가연성 수용물의 양으로 건물화재시 화재 위험성을 나타내는 용어는?

① 화재하중   ② 연소범위
③ 활성화에너지 ④ 착화점

해설 화재하중(kg/m^2)
바닥면적(m^2)당 가연물의 양(kg)

$$Q(\text{kg/m}^2) = \frac{\Sigma(GtHt)}{HA} = \frac{\Sigma Qt}{4500A} (\text{kg/m}^2)$$

Q : 화재하중(kg/m^2) Gt : 가연물의 양(kg)
Ht : 가연물의 단위중량당 발열량(kcal/kg)
H : 목재의 단위중량당 발열량(4500kcal/kg)
ΣQt : 화재실내 가연물의 전발열량(kcal)
A : 바닥면적(m^2)

해답 ①

04 기름탱크에서 화재가 발생하였을 때 탱크 저면에 있는 물 또는 물-기름 에멀젼이 뜨거운 열유층에 의해서 가열되어 유류가 탱크 밖으로 갑자기 분출하는 현상은?

① 리프트(Lift)
② 백 화이어(Back-fire)
③ 플래시 오버(Flash over)
④ 보일 오버(Boil over)

[해설] ① 역화(back fire)현상
　　가스분출속도가 연소속도보다 느려 화염이 버너 내부로 들어가 착화하는 현상
② 플래쉬 오버(flash over)현상
　　건물 화재에서 발생한 가연성 가스가 축적되다가 일순간에 화염이 크게 되는 현상(성장기에 발생)
③ 보일 오버(boil over)
　　탱크 바닥의 물이 비등하여 유류가 연소하면서 분출
④ 블로우 오프(blow off)
　　화염이 노즐에 정착하지 못하고 떨어지게 되어 화염이 꺼지는 현상
⑤ 백 드래프트(back draft)
　　폭발적 연소와 함께 폭풍을 동반하여 화염이 외부로 분출되는 현상(감쇠기에 발생)

[해답] ④

05 다음 중 화재의 원인으로 볼 수 없는 것은?

① 복사열　　　② 마찰열
③ 기화열　　　④ 정전기

[해설] ① 기화잠열 = 기화열 = 증발잠열
　　온도 변화 없이 액체1g(kg)이 기체가 되는데 흡수되는 열량(cal 또는 kcal)
② 물의 기화 잠열(기화열)
　　100℃물(액체) 1kg이 1기압에서 100℃ 수증기(기체)로 변화하는데 필요한 열량(539kcal/kg)
③ 열에너지원의 종류

에너지의 분류	종류
화학적 에너지	연소열, 분해열, 용해열, 반응열, 자연발화, 중합열
전기적 에너지	저항가열, 유도가열, 유전가열, 아크가열, 정전스파크, 낙뢰
기계적 에너지	마찰열, 압축열, 충격(마찰)스파크
원자력 에너지	핵분열, 핵융합

[해답] ③

06 다음 중 열분해하여 산소를 발생시키는 물질이 아닌 것은?

① 과산화칼륨　　② 과염소산칼륨
③ 이황화탄소　　④ 염소산칼륨

[해설] ① $2K_2O_2 \rightarrow 2K_2O + O_2$
② $KClO_4 \rightarrow KCl + 2O_2$
③ $CS_2 \rightarrow$ 산소발생 없음
④ $2KClO_3 \rightarrow 2KCl + 3O_2$

[해답] ③

07 건축물의 주요구조부가 아닌 것은?

① 내력벽　　　② 지붕틀
③ 보　　　　　④ 옥외계단

[해설] 건축물의 주요 구조부

| ① 내력벽 | ② 기둥 | ③ 바닥 |
| ④ 보 | ⑤ 지붕틀 | ⑥ 주계단 |

(어두문자 암기법 : 내주기만하면 바보지)

[해답] ④

08 공기 중 산소의 농도를 낮추어 화재를 진압하는 소화방법에 해당하는 것은?

① 부촉매소화　　② 냉각소화
③ 제거소화　　　④ 질식소화

[해설] 소화원리
① 냉각소화 : 가연성 물질을 발화점 이하로 온도를 냉각

　물이 소화약제로 사용되는 이유
　• 물의 기화열(539kcal/kg)이 크기 때문
　• 물의 비열(1kcal/kg℃)이 크기 때문

② 질식소화 : 산소농도를 21%에서 15% 이하로 감소

　질식소화 시 산소의 유지농도 : 10~15%

③ 억제소화(부촉매소화, 화학적소화) : 연쇄반응을 억제

　• 부촉매 : 화학적 반응의 속도를 느리게 하는 것
　• 부촉매 효과 : 할론소화약제
　　[할로젠족원소 : 불소(F), 염소(Cl), 브로민(Br), 아이오딘(I)]

④ 제거소화 : 가연성물질을 제거시켜 소화

　• 산불이 발생하면 화재의 진행방향을 앞질러 벌목
　• 화학반응기의 화재 시 원료공급관의 밸브를 폐쇄
　• 유전화재 시 폭약으로 화염을 제거
　• 촛불을 입김으로 불어 화염을 제거

⑤ 피복소화 : 가연물 주위를 공기와 차단

[해답] ④

09 가연물에 점화원을 가했을 때 연소가 일어나는 최저온도는?

① 인화점 ② 발화점
③ 연소점 ④ 자연발화점

해설
① **연소점** : 가연물이 연소를 계속할 수 있는 최저온도
② **인화점** : 가연물을 가열시 점화원의 존재하에 점화가 되는 최저온도
③ **발화점** : 가연물을 가열시 점화원없이 연소가 시작되는 최저온도

해답 ①

10 연기의 농도가 감광계수로 10일 때의 상황을 옳게 설명한 것은?

① 가시거리는 0.2~0.5m이고 화재 최성기 때의 농도
② 가시거리는 5m이고 어두운 것을 느낄 정도의 농도
③ 가시거리는 20~30m이고 연기감지기가 작동할 정도의 농도
④ 가시거리는 10m이고 출화실에서 연기가 분출할 때의 농도

해설 감광계수와 가시거리

감광계수	가시거리(m)	상태
0.1	20~30	연기감지기가 작동하는 정도의 연기농도
0.3	5	피난에 지장을 주기 시작하는 연기농도
0.5	3	어두움을 느끼기 시작하는 연기농도
1.0	1~2	거의 앞이 보이지 않을 정도의 연기농도
10	0.2~0.5	화재 최성기의 연기농도

감광계수 : 연기속을 투과한 빛의 양으로 연기의 농도를 광화학적으로 표시하는 방법이다.

해답 ①

11 다음 물질 중 연소범위가 가장 넓은 것은?

① 아세틸렌 ② 메탄
③ 프로판   ④ 에탄

해설 주요 가스의 공기 중 연소범위(1atm, 상온)

가스명	화학식	하한계(%)	상한계(%)
아세틸렌	C_2H_2	2.5	81
수소	H_2	4	75
일산화탄소	CO	12.5	74.2
암모니아	NH_3	15	28
메틸알콜	CH_3OH	7.3	36.0
메탄	CH_4	5	15
에탄	C_2H_6	3.2	12.4
프로판	C_3H_8	2.1	9.5
부탄	C_4H_{10}	1.8	8.4

• 연소범위가 가장 넓고, 연소상한값이 가장 큰 가스 : 아세틸렌

해답 ①

12 건축물의 화재시 피난에 대한 설명으로 옳지 않은 것은?

① 피난동선은 가급적 단순한 형태가 좋다.
② 정전시에도 피난 방향을 알 수 있는 표시를 한다.
③ 피난동선이라 함은 엘리베이터로 피난을 하기 위한 경로를 말한다.
④ 2방향의 피난통로를 확보한다.

해설
③ 피난동선이라 함은 복도, 계단 등 피난을 하기 위한 경로를 말한다.

피난대책의 일반적인 원칙
① 2방향 원칙에 따라 피난통로를 확보할 것
② 피난수단은 원시적 방법을 원칙으로 할 것
③ 피난구조설비는 고정식 설비를 원칙으로 하고 보조적으로 이동식 설비를 고려할 것
④ 피난대책은 Fool proof와 Fail safe의 원칙을 중요시 할 것
⑤ 피난경로는 간단하고 명료하게 할 것

해답 ③

13 다음 중 산화성고체 위험물에 해당하지 않는 것은?

① 과염소산   ② 질산칼륨
③ 아염소산나트륨 ④ 과산화바륨

해설 위험물의 유별 분류
① 과염소산($HClO_4$) : 제6류(산화성액체)
② 질산칼륨(KNO_3) : 제1류(산화성고체)
③ 아염소산나트륨($NaClO_2$) : 제1류(산화성고체)
④ 과산화바륨(BaO_2) : 제1류(산화성고체)

해답 ①

14 소화약제로서 이산화탄소의 특징이 아닌 것은?

① 전기 전도성이 있어 위험하다.
② 장시간 저장이 가능하다.
③ 소화약제에 의한 오손이 없다.
④ 무색이고 무취이다.

해설 ① 이산화탄소는 전기전도성이 없어 전기화재에 적합하다.

CO_2 소화설비의 장·단점

장 점	단 점
① 심부화재에 적합	① 설비가 고압이므로 특별한 주의요구
② 화재 진화후 깨끗하다.	② CO_2 방사시 인체에 동상 우려
③ 증거보존 양호하여 화재 원인조사 쉽다.	③ 인체에 질식우려
④ 비전도성으로 전기화재에 적합	④ CO_2 방사시 소음이 크다.
⑤ 피연소물에 피해가 적음	

해답 ①

15 다음 중 불꽃의 색상 중 가장 온도가 높은 것은?

① 암적색
② 적색
③ 휘백색
④ 휘적색

해설 불꽃의 색과 온도 ★★

색	암적색	담암적색	황색	황적색	백적색	휘백색
온도(℃)	700	850	1050	1100	1300	1500

해답 ③

16 다음 중 연소재료로 볼 수 있는 것은?

① C
② N_2
③ Ar
④ CO_2

해설 가연성 및 불연성 분류
① C(탄소) : 가연성
② N_2 : 흡열반응 물질로 불연성

③ Ar : 18족 원소로 불활성기체
④ CO_2 : 산화반응이 완결된 화합물로 불연성

가연물이 될 수 없는 조건
① 산화반응이 완전히 끝난 물질
 (예 : H_2O, CO_2, $NaHCO_3$, $KHCO_3$ 등)
② 질소 또는 질소산화물
 (예 : 질소는 산화반응을 하지만 흡열반응을 한다.)

$$N_2 + \frac{1}{2}O_2 \rightarrow N_2O - 19.5kcal$$

③ 주기율표상 18족 원소(불활성 기체)
 He(헬륨), Ne(네온), Ar(아르곤), Kr(크립톤), Xe(크세논), Rn(라돈)

해답 ①

17 다음 중 유도등의 종류가 아닌 것은?

① 객석유도등
② 무대유도등
③ 피난구유도등
④ 통로유도등

해설 유도등의 종류
① 피난구 유도등
② 통로 유도등
 • 복도통로유도등
 • 거실통로유도등
 • 계단통로유도등
③ 객석 유도등

해답 ②

18 화재에 관한 일반적인 이론에 해당하지 않는 것은?

① 착화온도와 화재의 위험은 반비례한다.
② 인화점과 화재의 위험은 반비례한다.
③ 인화점이 낮은 것은 착화온도가 높다.
④ 온도가 높아지면 연소범위는 넓어진다.

해설 화재에 관한 일반적인 이론
① 착화온도와 화재의 위험은 반비례한다.
 (착화온도가 낮으면 위험성은 높아진다)
② 인화점과 화재의 위험은 반비례한다.
 (인화점이 낮으면 위험성은 높아진다)
③ 인화점이 낮은 것은 착화온도가 낮다.
④ 온도가 높아지면 연소범위는 넓어진다.

해답 ③

19 물의 증발잠열은 약 몇 kcal/kg인가?

① 439 ② 539
③ 639 ④ 739

해설 기화잠열 = 기화열 = 증발잠열
온도 변화 없이 액체1g(kg)이 기체가 되는데 필요한 열량(cal 또는kcal)
물의 기화 잠열(기화열) : 539kcal/kg
100℃물(액체) 1kg이 1기압에서 100℃ 수증기(기체)로 변화하는데 필요한 열량

해답 ②

20 햇빛에 방치한 기름걸레가 자연발화를 일으켰다. 다음 중 이 때의 원인에 가장 가까운 것은?

① 광합성 작용 ② 산화열 축적
③ 흡열반응   ④ 단열압축

해설 기름걸레의 자연발화 : 축적된 산화열
자연발화의 형태 ★★★★★
① 산화열에 의한 자연발화
  석탄, 건성유, 탄소분말, 금속분, 기름 걸레
② 분해열에 의한 자연발화
  셀룰로이드, 나이트로셀룰로오스, 나이트로글리세린
③ 흡착열에 의한 자연발화
  활성탄, 목탄분말
④ 미생물열에 의한 자연발화
  퇴비, 먼지

해답 ②

제2과목 소방유체역학

21 유효흡입수두(NPSH)가 4.8m일 때 흡입 실양정은 약 몇 m인가?(단, 대기압은 101kPa이고 흡입관로의 손실수두는 1m, 물의 포화 증기압을 수두로 환산하면 0.3m이다.)

① 5.8 ② 5.1
③ 4.7 ④ 4.2

해설 유효 흡입양정

$$NPSH_{av} = Ha - H_v \pm H_s - H_L$$

$NPSH_{av}$: 유효흡입양정(m)
Ha : 대기압두(m) H_v : 증기압두(m)
H_s : 흡입수두(+ : 압입수두, - : 흡입수두)
H_L : 흡입배관마찰손실수두(m)
$H_a = 101kPa = 10.332m$
$4.8m = 10.332m - 0.3m - H_s - 1m$
∴ $H_s = 4.2m$

해답 ④

22 다음 그림에서 압력차 $P_1 - P_2$는 약 몇 Pa인가?(단, 수은의 비중은 13.5, 물의 비중은 1, 벤튜리관은 수평으로 놓여 있으며, h는 m단위이다.)

① $1.35 \times 10^4 h$ ② $1.25 \times 10^4 h$
③ $13.25 \times 10^4 h$ ④ $12.25 \times 10^4 h$

해설 ① $\Delta P = P_1 - P_2 = (r_{Hg} - r_w)h$
② $r_{Hg} = S \times r_W = 13.5 \times 9800 N/m^2$
   $= 132300 N/m^3$
③ $r_W = 9800 N/m^3$
④ $\Delta P = (132300 - 9800)h = 122500h\ N/m^2$
   $= 12.25 \times 10^4 h\ N/m^2 (Pa)$

해답 ④

23 베르누이 방정식에서 운동에너지의 항이 압력단위가 되도록 나타내면 어떻게 표시되는가? (단, v는 유속, g는 중력가속도, ρ는 밀도, γ는 비중량이다.)

① $\dfrac{v^2}{2g}$ ② $\dfrac{\rho v^2}{2}$

③ $\dfrac{\rho v^2}{2g}$ ④ $\dfrac{\gamma v^2}{2g}$

해설 베르누이 방정식

$$H = \dfrac{U^2}{2g} + \dfrac{P}{r} + Z$$

$H = \dfrac{U^2}{2g}$ (속도수두) $H = \dfrac{P}{r}$ (압력수두)

$H = Z$ (위치수두)

운동에너지 = 속도수두 $H = \dfrac{U^2}{2g}$

① 수두 $H(m) = \dfrac{P(압력)}{\gamma(비중량)}$ $\therefore P = \gamma H$

② γ(비중량) = ρ(밀도) g(중력가속도)이므로

$\therefore P = \gamma H = \rho g \times \dfrac{u^2}{2g} = \dfrac{\rho u^2}{2}$

해답 ②

24 직경 15cm인 원관에 5m/s의 평균 유속으로 물이 흐른다. 이 관로의 40m 구간에서 생긴 손실수두가 6m라고 할 때 관로의 마찰 손실계수는?

① 0.0005   ② 0.0176
③ 0.0882   ④ 11.33

해설 달시 – 웨스바흐(Darcy – Weisbach) 공식

$$\Delta h_L = f \times \dfrac{l}{D} \times \dfrac{u^2}{2g}$$

Δh_L : 마찰손실수두(m) f : 마찰손실계수
l : 배관길이(m) u : 유속(m/s)
g : 중력가속도(9.8m/s²) D : 배관내경(m)

① $f = \dfrac{2gD\Delta h_L}{lu^2}$

② $f = \dfrac{2 \times 9.8 \times 0.15m \times 6m}{40m \times (5m/s)^2} = 0.0176$

해답 ②

25 원심 팬이 1700rpm으로 회전할 때의 전압은 155mmAq, 풍량은 240m³/min이다. 이 팬의 비교 회전도는?(단, 공기의 밀도는 1.2kg/m³이다.)

① 502   ② 652
③ 687   ④ 827

해설 비교 회전도

$$N_s = \dfrac{N \times Q^{1/2}}{H^{\frac{3}{4}}}$$

N : 회전수(rpm) Q : 토출량(m³/min)
H : 양정(m)
$N = 1700$rpm, $Q = 240$m³/min

① $H = \dfrac{P}{r}$

② $H = \dfrac{155\text{mmAq} \times \dfrac{1.0332 \times 10^4 \text{kgf/m}^2}{10332\text{mmAq}}}{1.2\text{kgf/m}^3}$

$= 129.17$m

③ $\therefore N_s = \dfrac{1700 \times 240^{1/2}}{129.17^{\frac{3}{4}}} = 687.36$

해답 ③

26 유체 속에 완전히 잠긴 경사 평면에 작용하는 힘의 작용점은?

① 경사평면의 도심보다 밑에 있다.
② 경사평면의 도심에 있다.
③ 경사평면의 도심보다 위에 있다.
④ 경사평면의 도심과는 관계가 없다.

해설 ① 경사평면에 작용하는 전압력(F) 계산

$$F = \gamma \bar{y} \sin\theta A$$

$\bar{y}$: 면적의 도심 A : 단면적
γ : 물의 비중량

② 압력중심(y_p) 계산

$$y_p = \dfrac{I_C}{yA} + \bar{y}$$

$$I_c = \dfrac{W(폭) \times [L(길이)]^3}{12}$$

I_c : 도심에 관한 단면 2차 관성모멘트

$\therefore$ 경사평면에 작용하는 힘의 작용점은 경사면의 도심보다 밑에 있다.

해답 ①

27 이산화탄소가 압력 2×10^5Pa, 체적이 0.04 m³/kg 상태로 저장되었다가 온도가 일정한 상태로 압축되어 압력이 8×10^5Pa로 되었을 때 비체적은 얼마인가?

① 0.01m³/kg   ② 0.02m³/kg
③ 0.16m³/kg   ④ 0.32m³/kg

해설 비체적과 밀도 관계

$$밀도\ \rho(kg/m^3) = \frac{PM}{RT}$$
$$비체적\ Vs(m^3/kg) = \frac{1}{\rho}$$

$\therefore Vs = \dfrac{RT}{PM}$ (비체적은 압력에 반비례)

$2\times10^5 \times 0.04 = 8\times10^5 \times Vs$
$Vs = 0.01 m^3/kg$

해답 ①

28 그림과 같은 수평 관로에서 유체가 ①에서 ②로 흐르고 있다. ①, ②에서의 압력과 속도를 각각 P_1, V_1 및 P_2, V_2 하고 손실수두를 H_l이라 할 때 에너지 방정식은?

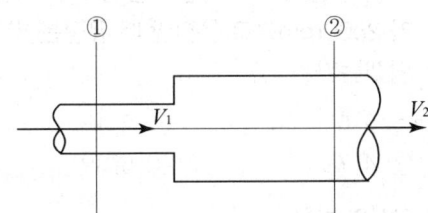

① $\dfrac{P_1}{\gamma} + \dfrac{V_1^2}{2g} = \dfrac{P_2}{\gamma} + \dfrac{V_2^2}{2g} + H_l$

② $\dfrac{P_1}{\gamma} + \dfrac{V_1^2}{2g} + H_l = \dfrac{P_2}{\gamma} + \dfrac{V_2^2}{2g}$

③ $\dfrac{P_1}{\gamma} + \dfrac{V_1^2}{2g} = \dfrac{P_2}{\gamma} + \dfrac{V_2^2}{2g}$

④ $H_l = \dfrac{P_1}{\gamma} + \dfrac{P_2}{\gamma} - \left(\dfrac{V_1^2}{2g} + \dfrac{V_2^2}{2g}\right)$

해설 베르누이 방정식(실제유체인 경우)

$$\frac{u_1^2}{2g} + \frac{p_1}{r} + z_1 = \frac{u_2^2}{2g} + \frac{p_2}{r} + z_2 + \Delta h_L$$

u : 평균속도(m/s) P : 압력(kN/m²)
r : 비중량(kN/m³) z : 높이(m)
Δh_L : 손실수두(m) g : 중력가속도(9.8m/s²)

① 수평 배관에서 위치수두는 같다.
  즉 $Z_1 = Z_2$이다.

② $\dfrac{u_1^2}{2g} + \dfrac{p_1}{r} = \dfrac{u_2^2}{2g} + \dfrac{p_2}{r} + \Delta h_L$

해답 ①

29 지름 200mm인 수평원관 내를 액체가 층류로 흐를 때 관 벽에서의 전단응력은 150Pa이다. 관의 길이가 30m일 때 압력강하 ΔP는 몇 kPa인가?

① 70   ② 80
③ 90   ④ 100

해설 전단응력

① 난류 : 점성계수와 속도구배에 비례
$\left(\tau = \mu \dfrac{du}{dy}\right)$

② 층류 : 중심선에서 0이고 반지름에 비례하면서 관벽으로 갈수록 직선적으로 증가
$\left(\tau = \dfrac{\Delta P}{l} \cdot \dfrac{r}{2}\right)$

③ 지름$(D) = 200mm = 0.2m$
  $\therefore$ 반지름$(r) = 0.1m$

④ $150 = \dfrac{\Delta P}{30} \times \dfrac{0.1}{2}$

$\Delta P = 90000 Pa = 90 kPa$

해답 ③

30 지름 6cm인 원관으로부터 매분 4000L의 물이 고정된 평면 판에 직각으로 부딪칠 때 평면에 작용하는 충격력은 약 몇 N인가?

① 1380   ② 1570
③ 1700   ④ 1930

해설 **힘 계산공식**

$$F(\text{N}) = Q(\text{m}^3/\text{s}) \times \Delta U(\text{m/s}) \times \rho(\text{kg/m}^3)$$

$Q = UA$ 이므로 $F(\text{N}) = UAU\rho = AU^2\rho$

$A = \dfrac{\pi}{4} \times (0.06\text{m})^2$

$\Delta U = \dfrac{4\text{m}^3/60\text{s}}{\dfrac{\pi}{4} \times (0.06\text{m})^2} = 23.58\text{m/s}$

$\rho_W(\text{물}) = 1000\text{kg/m}^3$

$\therefore F(\text{N}) = \dfrac{\pi}{4} \times (0.06\text{m})^2 \times (23.58\text{m/s})^2$
$\qquad\qquad\qquad\qquad \times 1000\text{kg/m}^3$
$\qquad = 1572\text{kg} \cdot \text{m/s}^2(\text{N})$

해답 ②

31 다음 중 압력이 가장 높은 것은?

① 0.1atm ② 0.2MPa
③ 1.3kgf/cm² ④ 17mAq

해설 압력의 단위를 모두 MPa단위로 환산하면

① $0.1\text{atm} \times \dfrac{0.101325\text{MPa}}{1\text{atm}} = 0.0101325\text{MPa}$

② 0.2MPa

③ $1.3\text{kgf/cm}^2 \times \dfrac{0.101325\text{MPa}}{1.0332\text{kg/cm}^2} = 0.1275\text{MPa}$

④ $17\text{mAq} \times \dfrac{0.101325\text{MPa}}{10.332\text{mAq}} = 0.1667\text{MPa}$

해답 ②

32 다음 중 무차원인 것은?

① 비중   ② 표면장력
③ 탄성계수 ④ 비열

해설 무차원이란 단위가 없는 차원을 말한다.
① **비중** : 무차원
② **표면장력** : N/m
③ **탄성계수** : kPa 또는 kN/m²
④ **비열** : cal/g · ℃

해답 ①

33 다음 설명 중 틀린 것은?

① 층류에서 원형관의 관 마찰계수는 레이놀즈수에 반비례한다.
② 소화전 노즐에서 방사유량은 압력의 제곱근에 비례한다.
③ 로타미터는 유체속도를 측정하여 유량을 구하는 기구이다.
④ 낙구식 점도계는 스토크스 법칙을 이용하여 점성계수를 측정하는 것이다.

해설 **유량계**
① 차압식 유량계
 ㉠ 벤추리미터
 ㉡ 오리피스미터
 ㉢ 노즐
② 부자식 유량계
 로타미터(직접 유량을 부자에 의하여 읽을 수 있음)

해답 ③

34 어떤 펌프가 1500rpm으로 회전하여 전양정 100m에 대해 0.25m³/s의 유량을 방출한다. 이것과 상사로서 바깥지름이 2배가되는 펌프가 2000rpm으로 운전할 때 유량은 약 m³/s가 되겠는가?

① 2.67 ② 3.43
③ 4.72 ④ 5.39

해설 **상사의 법칙**

① $Q_2 = Q_1 \times \left(\dfrac{N_2}{N_1}\right) \times \left(\dfrac{D_2}{D_1}\right)^3$

② $H_2 = H_1 \times \left(\dfrac{N_2}{N_1}\right)^2 \times \left(\dfrac{D_2}{D_1}\right)^2$

③ $P_2 = P_1 \times \left(\dfrac{N_2}{N_1}\right)^3 \times \left(\dfrac{D_2}{D_1}\right)^5$

Q_1 : 변경 전 유량 H_1 : 변경 전 양정(압력)
Q_2 : 변경 후 유량 H_2 : 변경 후 양정(압력)
N_1 : 변경 전 rpm D_1 : 변경 전 임펠러 직경
N_2 : 변경 후 rpm D_2 : 변경 후 임펠러 직경

① $Q_2 = Q_1 \times \dfrac{N_2}{N_1} \times \left(\dfrac{D_2}{D_1}\right)^3$ 를 이용한다.

② $Q_2 = 0.25 \times \dfrac{2000}{1500} \times \left(\dfrac{2}{1}\right)^3 = 2.67 \text{m}^3/\text{s}$

해답 ①

35. 이상기체를 단열 팽창시키면 온도는 어떻게 되는가?

① 내려간다. ② 올라간다.
③ 변화하지 않는다. ④ 알 수 없다.

해설 단열팽창과 단열압축

단열 팽창	단열 압축
온도 감소	온도 상승

단열팽창이란 무엇인가?
① 외부와 열교환 없이 물체의 부피가 늘어나는 현상
② 부피를 늘리는데 필요한 일을 내부에너지로부터 얻기 때문에 물체의 온도는 내려가게 된다. 실생활에서는 구름이 생성되는 원리와 관련이 있다.

해답 ①

36. 안지름이 100mm인 관로를 통하여 온도가 20℃이고, 압력이 220kPa인 조건 하에서 24m/s로 공기를 유동시킬 때 공기의 질량 유량은 약 몇 kg/s인가?(단, 공기의 기체상수는 287J/kg·K이다.)

① 0.481   ② 0.493
③ 0.505   ④ 0.519

해설 질량유량

$$\overline{m}(\text{kg/s}) = Au\rho$$

① $220\text{kPa} = 220 \times 10^3 \text{Pa}(\text{N/m}^2)$
② $1\text{J} = 1\text{N} \cdot \text{m}$ 이므로
  $R = 287\text{J/kg} \cdot \text{K} = 287\text{N} \cdot \text{m/kg} \cdot \text{K}$
③ $\rho = \dfrac{P}{RT} = \dfrac{220 \times 10^3}{287 \times (273+20)} = 2.6162 \text{kg/m}^3$
④ $\overline{m}(\text{kg/s}) = \dfrac{\pi}{4} \times 0.1^2 \times 24 \times 2.6162$
   $= 0.493 \text{kg/sec}$

연속방정식 ★★★★(2차 실기에도 출제)
질량보존의 법칙을 유체의 흐름에 적용한 방정식

연속의 방정식(자주출제(필수정리))

① 질량유량($\overline{m}$: kg/s)

$$\overline{m} = A_1 u_1 \rho_1 = A_2 u_2 \rho_2$$

② 중량유량($\overline{G}$: kN/s)

$$\overline{G} = A_1 u_1 r_1 = A_2 u_2 r_2$$

③ 체적유량=용량유량($\overline{Q}$: m³/s)

$$\overline{Q} = u_1 A_1 = u_2 A_2$$

A : 단면적(m²) U : 유속(m/s)
ρ : 밀도(kg/m³) γ : 비중량(kN/m³)

해답 ②

37. 곧은 원관 속의 흐름이 층류일 때에 대한 설명으로 올바른 것은?

① 전단응력이 벽면에서는 0이고 중심까지 직선적으로 변한다.
② 전단응력이 중심을 최고점으로 하는 포물선의 형태를 갖는다.
③ 전단응력이 중심에서 0이고 중심으로부터 벽면까지 직선적으로 증가한다.
④ 전단응력이 전단면에 걸쳐 일정하다.

해설 ① 전단 응력

$$\text{전단응력 } \tau = \dfrac{F(\text{힘})}{A(\text{단면적})} = \mu \dfrac{du}{dy}$$

$\dfrac{du}{dy}$: 속도기울기(속도구배), μ : 점성계수

전단 응력은 흐름의 중심선에서 0이고 반지름에 비례하면서 관벽으로 직선적으로 상승한다.

② **속도분포**

속도 분포는 관벽에서 0이고 흐름의 중심선에서 최대가 되며 관벽에서 중심선으로 포물선적으로 상승한다.

해답 ③

38 다음 중 펌프의 서징현상의 발생조건으로 적당하지 않은 것은?

① 펌프의 양정곡선이 산고곡선이고, 곡선의 산고상승부에서 운전했을 때
② 배관 중에 물탱크가 있을 때
③ 배관 중에 공기탱크가 있을 때
④ 유량조절밸브가 탱크 앞쪽에 있을 때

[해설] 써징(맥동)현상(Surging) ★★★
펌프 운전 중 주기적으로 운동, 양정, 토출량이 변화하는 현상 즉, 송출압력과 송출유량의 주기적인 변동이 발생하는 현상

① 써징(맥동)현상 발생원인
  ㉠ 펌프의 양정곡선이 산형특성이며 사용범위가 우상특성일 것
  ㉡ 토출측 배관이 길고 중간에 수조, 공기저장기가 있을 때
  ㉢ 토출량 조절밸브가 수조나 공기저장기보다 아래에 있을 때

② 써징(맥동)현상 방지대책
  ㉠ 펌프의 양수량을 증가시키거나 임펠러 회전수를 변화시킨다.
  ㉡ 배관 내 공기제거 및 단면적, 유속, 유량조절
  ㉢ 유량조절밸브는 펌프의 토출측 직후에 설치
  ㉣ 배관 중에 수조나 공기 저장조 제거한다.

[해답] ④

39 밑면의 길이가 각각 1m이고 높이가 0.7m인 목재 위에 무게가 1500N인 물건을 올려서 물에 띄울 때, 물 속에 잠긴 부분의 체적은 몇 m³인가? (단, 목재의 비중은 0.6이다.)

① 0.2   ② 0.57
③ 0.7   ④ 1.2

[해설] 부력 측정

$$F_B = \gamma_{액체} \times V_{잠긴}$$

F_B : 부력(N), $\gamma_{액체}$: 액체의 비중량(N/m³)
$V_{잠긴}$: 물속에 잠긴 부피(m³)

① 물의 비중량 $\gamma_w = 9800\text{N/m}^3$
② ∴ $F_B = 9800\text{N/m}^3 \times V_{잠긴}$

물체의 무게 계산

$$F_w = \gamma_{물체} \times V_{전체}$$

F_w : 무게(N), $\gamma_{물체}$: 물체의 비중량(N/m³)
$V_{전체}$: 전체부피(m³)

① $\gamma_{물체} = S(비중) \times \gamma_w(물의 비중량 : 9800\text{N/m}^3)$
② $F_w = S \times \gamma_w \times V_{전체}$
   $= 0.60 \times 9800\text{N/m}^3 \times (1 \times 1 \times 0.7)\text{m}^3$
   $= 4116\text{N}$
③ 전체무게 = 추의 무게 + 나무무게
   $F_{WT} = 1500 + 4116 = 5616\text{N}$
④ 부력과 물체의 전체무게는 같으므로
   $F_B = F_{WT}$
   $9800\text{N/m}^3 \times V_{잠긴} = 5616\text{N}$
   $V_{잠긴} = \dfrac{5616\text{N}}{9800\text{N/m}^3} = 0.57\text{m}^3$

[해답] ②

40 높이 4m에 있는 물의 수압이 7.84×10^5Pa이고, 속도가 10m/s일 때 전 수두는 몇 m인가?

① 69.1   ② 79.1
③ 89.1   ④ 99.1

[해설] 베르누이의 정리

$$H(\text{m}) = \frac{u^2}{2g} + \frac{P}{r} + Z$$

H : 전수두(m), $\dfrac{u^2}{2g}$: 속도수두

$\dfrac{P}{r}$: 압력수두, Z : 위치수두

Pa = N/m²

① 속도수두 $H = \dfrac{u^2}{2g} = \dfrac{10^2}{2 \times 9.8} = 5.1\text{m}$
② 압력수두 $H = \dfrac{P}{r} = \dfrac{7.84 \times 10^5 \text{N/m}^2}{9800\text{N/m}^3} = 80\text{m}$
③ 위치수두 $Z = 4\text{m}$
④ 전수두 $H = 5.1 + 80 + 4 = 89.1\text{m}$

[해답] ③

제3과목 소방관계법규

41 소방안전관리대상물의 소방안전관리자로 선임된 자의 업무에 해당하는 것이 아닌 것은?

① 소방계획서의 작성
② 자위소방대의 조직
③ 소방훈련 및 교육
④ 소방관련 시설의 시공

해설 (화재예방법 제24조)
소방안전관리자 업무
(1) **소방계획서의 작성 및 시행**
(2) **자위소방대** 및 초기대응체계의 **구성 · 운영 · 교육**
(3) 피난시설, 방화구획 및 방화시설의 **관리**
(4) 소방시설, **소방 관련시설의 관리**
(5) **소방훈련 및 교육**
(6) 화기 취급의 **감독**
(7) 소방안전관리에 관한 **업무수행 기록 · 유지**
(8) 화재발생 시 **초기대응**
(9) 소방안전관리에 **필요한 업무**

해답 ④

42 소방기본법에 따른 화재조사 전담부서의 장이 관장하는 업무가 아닌 것은?

① 화재조사 인력의 수급 및 배치계획
② 화재조사의 총괄 · 조정
③ 화재조사를 위한 장비의 관리운영에 관한 사항
④ 화재조사의 실시

해설 (기본법 시행규칙 제12조)
화재조사전담부서의 설치 · 운영 등
화재조사전담부서장의 업무
(1) 화재조사의 총괄 · 조정
(2) 화재조사의 실시
(3) 화재조사의 발전과 조사요원의 능력향상에 관한 사항
(4) 화재조사를 위한 장비의 관리운영에 관한 사항
(5) 그 밖의 화재조사에 관한 사항

해답 ①

43 소방시설공사의 착공신고 대상인 것은?

① 특정소방대상물에 설치된 소화펌프를 일부 교체하거나 보수하는 공사를 하는 경우
② 소방용 외의 용도와 겸용되는 비상방송설비를 정보통신공사업법에 의한 정보통신공사업자가 공사하는 경우
③ 비상콘센트설비를 전기공사업법에 의한 전기공사업자가 공사하는 경우
④ 소방용 외의 용도와 겸용되는 무선통신보조설비를 정보통신공사업법에 의한 정보통신공사업자가 공사하는 경우

해설 (공사업법 시행령 제4조)
소방시설공사의 착공신고대상
① **신설하는 공사**
  ㉠ 옥내소화전설비, 옥외소화전설비, 스프링클러설비, 간이스프링클러설비, 화재조기진압용 스프링클러설비, 물분무등소화설비, 연결송수관설비, 연결살수설비, 제연설비, 소화용수설비 또는 연소방지설비
  ㉡ 자동화재탐지설비, 비상경보설비, 비상방송설비, 비상콘센트설비 또는 무선통신보조설비
② **증설하는 공사**
  ㉠ 옥내 · 옥외소화전설비
  ㉡ 스프링클러설비 · 간이스프링클러설비 또는 물분무등소화설비의 방호구역, 자동화재탐지설비의 경계구역, 제연설비의 제연구역, 연결살수설비의 살수구역, 연결송수관설비의 송수구역, 비상콘센트설비의 전용회로, 연소방지설비의 살수구역
③ **교체하거나 보수하는 공사**
  ㉠ 수신반
  ㉡ 소화펌프
  ㉢ 동력(감시)제어반

해답 ①

44 다음 중 가연성 고체류에 해당되지 않는 것은?

① 인화점이 40℃ 이상 100℃ 미만인 고체
② 인화점이 100℃ 이상 200℃ 미만이고, 연소열량이 1g당 8kcal 이상인 고체
③ 인화점이 200℃ 이상이고 연소열량이 1g당

8kcal 이상인 것으로서 융점이 100℃ 미만인 고체
④ 1기압과 40℃ 초과 60℃ 이하에서 액상인 것으로서 인화점이 100℃ 이상 200℃ 미만인 고체

해설 **가연성 고체류**
① 인화점이 40℃이상 100℃미만인 것
② 인화점이 100℃이상 200℃미만이고 연소열량이 8kcal/g 이상인 것
③ 인화점이 200℃이상이고 연소열량이 8kcal/g 이상인 것으로서 융점이 200℃미만인 것

해답 ④

45 다음 ( )에 들어갈 내용으로 알맞은 것은?

> 대통령령으로 소방시설을 정할 때에는 특정소방대상물의 (①)·(②)·(③) 및 이용자 특성 등을 고려하여야 한다.

① ① 신축, ② 증축, ③ 개축
② ① 소유자, ② 점유자, ③ 관리자
③ ① 형태, ② 건축재료, ③ 소요예산
④ ① 규모, ② 용도, ③ 수용인원

해설 (소방시설법 제14조)
특정소방대상물별로 설치하여야 하는 소방시설의 정비 등
(1) 대통령령으로 소방시설을 정할 때에는 특정소방대상물의 **규모·용도·수용인원** 및 이용자 특성 등을 고려하여야 한다.
(2) 소방청장은 건축 환경 및 화재위험특성 변화사항을 효과적으로 반영할 수 있도록 소방시설 규정을 **3년에 1회 이상 정비**하여야 한다.

해답 ④

46 아파트를 제외한 경우 상주공사 감리를 하여야 하는 특정소방대상물의 연면적 기준은 몇 m^2 이상인가?

① $10000m^2$ ② $20000m^2$
③ $30000m^2$ ④ $50000m^2$

해설 (공사업법 시행령 제9조 [별표 3])
소방공사감리의 종류 및 방법

종류	대상
상주공사 감리	① 연면적 3만m^2 이상의 특정 소방대상물에 대한 소방시설의 공사(아파트는 제외) ② 지하층을 포함한 층수가 16층 이상으로서 500세대 이상인 아파트에 대한 소방시설의 공사
일반공사 감리	• 상주공사감리에 해당하지 아니하는 소방시설의 공사

해답 ③

47 소방용수시설 중 급수탑의 개폐밸브는 지상에서 몇 m 이상 몇 m 이하의 위치에 설치하도록 하여야 하는가?

① 0.8m 이상 1.0m 이하
② 0.8m 이상 1.5m 이하
③ 1.0m 이상 1.5m 이하
④ 1.5m 이상 1.7m 이하

해설 (기본법 시행규칙 제6조 ②항의 별표 3)
소방용수시설의 설치기준
1. 공통기준
  (1) 주거지역·상업지역 및 공업지역에 설치하는 경우 : 수평거리를 100m이하가 되도록 할 것
  (2) 기타 지역에 설치하는 경우 : 소방대상물과의 수평거리를 140m이하가 되도록 할 것
2. 소방용수시설별 설치기준
  (1) 소화전의 설치기준 : 상수도와 연결하여 지하식 또는 지상식의 구조로 하고, 소방호스와 연결하는 소화전의 연결금속구의 구경은 65mm로 할 것
  (2) **급수탑**의 설치기준 : 급수배관의 구경은 100mm 이상으로 하고, **개폐밸브는 지상에서 1.5m 이상 1.7m 이하**의 위치에 설치하도록 할 것
3. 저수조의 설치기준
  (1) 지면으로부터의 낙차가 4.5m 이하일 것
  (2) 흡수부분의 수심이 0.5m 이상일 것
  (3) 소방펌프자동차가 쉽게 접근할 수 있도록 할 것
  (4) 흡수에 지장이 없도록 토사 및 쓰레기 등을 제거할 수 있는 설비를 갖출 것

(5) 흡수관의 투입구가 사각형의 경우에는 한 변의 길이가 60cm 이상, 원형의 경우에는 지름이 60cm 이상일 것
(6) 저수조에 물을 공급하는 방법은 상수도에 연결하여 자동으로 급수되는 구조일 것

해답 ④

48 위험물의 임시저장 취급기준을 정하고 있는 것은?

① 대통령령
② 국무총리령
③ 안전행정부령
④ 시·도 조례

해설 위험물법 제5조 (위험물의 저장 및 취급의 제한)
다음 각 호의 어느 하나에 해당하는 경우에는 제조소등이 아닌 장소에서 지정수량 이상의 위험물을 취급할 수 있다. 이 경우 임시로 저장 또는 취급하는 장소에서의 저장 또는 취급의 기준과 임시로 저장 또는 취급하는 장소의 위치·구조 및 설비의 기준은 **시·도의 조례로 정한다.**
① 시·도의 조례가 정하는 바에 따라 **관할소방서장의 승인**을 받아 지정수량 이상의 위험물을 **90일 이내**의 기간 동안 임시로 저장 또는 취급하는 경우
② 군부대가 지정수량 이상의 위험물을 **군사목적으로** 임시로 저장 또는 취급하는 경우

해답 ④

49 특정소방대상물이 증축되는 경우 기존 부분에 대해서 증축 당시의 소방시설의 설치에 관한 대통령령 또는 화재안전기준을 적용하지 않는 경우가 아닌 것은?

① 증축으로 인하여 천장·바닥·벽 등에 고정되어 있는 가연성 물질의 양이 줄어드는 경우
② 기존 부분과 증축 부분이 내화구조로 된 바닥과 벽으로 구획된 경우
③ 기존 부분과 증축 부분이 자동방화셔터 또는 60분+방화문으로 구획되어 있는 경우
④ 자동차 생산공장 등 화재 위험이 낮은 특정소방대상물에 캐노피를 설치하는 경우

해설 소방시설법 시행령 제15조
(특정소방대상물의 증축 또는 용도변경 시의 소방시설기준 적용의 특례)
소방본부장 또는 소방서장은 특정소방대상물이 증축되는 경우에는 기존 부분을 포함한 특정소방대상물의 전체에 대하여 **증축 당시의** 소방시설의 설치에 관한 대통령령 또는 **화재안전기준을 적용**해야 한다. 다만, 다음 각 호의 어느 하나에 해당하는 경우에는 **기존 부분**에 대해서는 증축 당시의 소방시설의 설치에 관한 대통령령 또는 **화재안전기준을 적용하지 않는다.**
① 기존 부분과 증축 부분이 내화구조로 된 바닥과 벽으로 구획된 경우
② **기존 부분과 증축 부분이 자동방화셔터 또는 60분+ 방화문으로 구획**되어 있는 경우
③ **자동차 생산공장 등 화재 위험이 낮은 특정소방대상물 내부에 연면적 33m² 이하의 직원 휴게실을 증축**하는 경우
④ **자동차 생산공장 등 화재 위험이 낮은 특정소방대상물에 캐노피를 설치**하는 경우

해답 ①

50 총괄 소방안전관리자를 선임해야 하는 특정소방대상물의 기준이 아닌 것은?

① 판매시설 중 도매시장 및 소매시장
② 복합건축물로서 층수가 11층 이상인 것
③ 지하층을 제외한 층수가 7층 이상인 고층건축물
④ 복합건축물로서 연면적이 3만m² 이상인 것

해설 (화재예방법 제35조)
관리의 권원이 분리된 소방안전관리
(총괄소방안전관리자)
(1) 복합건축물(지하층 제외 **11층 이상** 또는 연면적 **3만m² 이상**)
(2) **지하가**
(3) 판매시설 중 **도매시장, 소매시장 및 전통시장**

해답 ③

51 소방본부장 또는 소방서장은 원활한 소방활동을 위하여 소방용수시설 및 소방활동에 필요한 지리조사를 실시하여야 한다. 다음 중 조사 회

수로 옳은 것은?

① 월 1회 이상   ② 월 2회 이상
③ 연 1회 이상   ④ 연 2회 이상

해설 기본법 제7조(소방용수시설 및 지리조사)
(1) **소방본부장 또는 소방서장**은 원활한 소방활동을 위하여 다음 각호의 조사를 **월 1회 이상** 실시하여야 한다.
 ① 소방용수시설에 대한 조사
 ② 소방대상물에 인접한 도로의 폭·교통상황, 도로주변의 토지의 고저·건축물의 개황 그 밖의 소방활동에 필요한 지리에 대한 조사
(2) 조사결과를 2년간 보관

해답 ①

52 소방신호의 종류에 속하지 않는 것은?

① 발화신호   ② 해제신호
③ 훈련신호   ④ 소화신호

해설 (기본법 시행규칙 제10조) 소방신호의 종류
① 경계신호 : 화재예방상 필요하다고 인정되거나 화재위험경보시 발령
② 발화신호 : 화재가 발생한 때 발령
③ 해제신호 : 소화활동이 필요없다고 인정되는 때 발령
④ 훈련신호 : 훈련상 필요하다고 인정되는 때 발령

해답 ④

53 특정소방대상물에 소방시설이 화재안전기준에 따라 설치 또는 유지·관리되지 아니한 때 특정소방 대상물의 관계인에게 필요한 조치를 명할 수 있는 자는?

① 소방본부장 또는 소방서장
② 국민안전처장관
③ 시·도지사
④ 종합상황실의 실장

해설 (소방시설법 제12조)
특정소방대상물에 설치하는 소방시설의 관리 등
(1) 특정소방대상물의 **관계인**은 대통령령으로 정하는 소방시설을 화재안전기준에 따라 **설치**·관리하여야 한다.
(2) **소방본부장이나 소방서장**은 소방시설이 화재안전기준에 따라 설치·관리되고 있지 아니할 때에는 해당 특정소방대상물의 관계인에게 필요한 **조치를 명할 수 있다.**

해답 ①

54 자동화재탐지설비를 설치하여야 하는 특정소방 대상물에 속하지 않는 것은?

① 복합건축물로서 연면적 $600m^2$ 이상인 것
② 지하구
③ 길이 700m 이상의 터널
④ 교정시설로서 연면적 $2000\ m^2$ 이상인 것

해설 (소방시설법 시행령 제11조의 별표 4)
자동화재탐지설비 설치대상
(1) 공동주택 중 아파트등·기숙사 및 숙박시설의 경우에는 모든 층
(2) 층수가 6층 이상인 건축물
(3) 근린생활시설, 의료시설, 위락시설, 장례시설 및 **복합건축물**로서 연면적 $600m^2$ 이상인 경우에는 모든 층
(4) 목욕장, 문화 및 집회시설, 종교시설, 판매시설, 운수시설, 운동시설, 업무시설로서 연면적 $1000m^2$ 이상인 경우에는 모든 층
(5) **교육연구시설**, **수련시설**로서 연면적 $2000m^2$ 이상인 경우에는 모든 층
(6) **지하구**
(7) 터널로서 길이가 1000m 이상인 것
(8) 노유자 생활시설
(9) 노유자시설로서 연면적 $400m^2$ 이상인 노유자시설 및 숙박시설이 있는 수련시설로서 수용인원 100명 이상인 경우에는 모든 층
(10) 공장 및 창고시설로서 지정수량의 500배 이상의 특수가연물을 저장·취급하는 것

해답 ③

55 화재예방강화지구에 대한 소방용수시설·소화기구 그밖에 소방에 필요한 설비의 설치 명령을 위반한 자에 대한 과태료 부과기준은?

① 100만원 이하   ② 200만원 이하
③ 500만원 이하   ④ 1500만원 이하

해설 (화재예방법 제52조)
200만원 이하의 과태료
(1) **불을 사용할 때 지켜야 하는 사항** 및 **특수가연물의 저장 및 취급 기준**을 위반한 자
(2) 소화기구, 소방설비 등의 **설치명령**을 정당한 사유 없이 따르지 아니한 자
(3) 소방안전관리자에 대한 기간 내에 **선임신고**를 하지 아니하거나 소방안전관리자의 성명 등을 게시하지 아니한 자
(4) **건설현장 소방안전관리자**를 기간 내에 선임신고를 하지 아니한 자
(5) 기간 내에 **소방훈련 및 교육 결과**를 제출하지 아니한 자

해답 ②

56 위험물안전관리법에서 정하는 위험물질에 대한 설명으로 다음 중 옳은 것은?

① 철분이라 함은 철의 분말로서 $53\mu m$의 표준체를 통과하는 것이 60중량 퍼센트 미만인 것은 제외한다.
② 인화성고체라 함은 고형알코올 그밖에 1기압에서 인화점이 21℃ 미만인 고체를 말한다.
③ 황은 순도가 60중량 퍼센트 이상인 것을 말한다.
④ 과산화수소는 그 농도가 36중량 퍼센트 이하인 것에 한한다.

해설 위험물에 대한 설명
① 철분이라 함은 철의 분말로서 $53\mu m$의 표준체를 통과하는 것이 50중량 퍼센트 미만인 것은 제외한다.
② 인화성고체라 함은 고형알코올 그밖에 1기압에서 인화점이 40℃ 미만인 고체를 말한다.
③ 황은 순도가 60중량 퍼센트 이상인 것을 말한다.
④ 과산화수소는 그 농도가 36중량 퍼센트 이상인 것에 한한다.

해답 ③

57 소방안전관리자를 두어야 할 특정소방대상물로서 1급 소방안전관리대상물의 기준으로 옳은 것은?

① 가스제조설비를 갖추고 도시가스사업허가를 받아야 하는 시설
② 가연성가스를 1천톤 이상 저장·취급하는 시설
③ 지하구
④ 문화유산의 보존 및 활용에 관한 법률에 따라 국보 또는 보물로 지정된 목조건축물

해설 소방안전관리자를 두어야하는 선임대상물
(1) 특급 소방안전관리대상물
① 50층 이상(지하층 제외)이거나 지상높이가 200m 이상인 아파트
② 30층 이상(지하층 포함)이거나 지상높이가 120m 이상(아파트는 제외)
③ 연면적 $10만m^2$ 이상(아파트 제외)
(2) 1급 소방안전관리대상물
① 30층 이상(지하층 제외)이거나 지상으로부터 높이가 120m 이상인 아파트
② 연면적 $1만5천m^2$ 이상(아파트 및 연립주택 제외)
③ 층수가 11층 이상(아파트는 제외)
④ 가연성 가스를 1천톤 이상 저장·취급하는 시설
(3) 2급 소방안전관리대상물
① 옥내, 스프링클러, 물분무등(호스릴(Hose Reel) 방식의 물분무등소화설비만을 설치한 경우는 제외)를 설치하여야하는 특정소방대상물
② 가스제조설비를 갖추고 도시가스사업의 허가를 받아야 하는 시설 또는 가연성 가스를 100톤 이상 1천톤 미만 저장·취급하는 시설
③ **지하구**
④ 공동주택
⑤ 보물 또는 국보로 지정된 목조건축물
(4) 3급 소방안전관리대상물
간이스프링클러설비 또는 자동화재탐지설비를 설치하여야하는 특정소방대상물

해답 ②

58 소방본부장 또는 소방서장은 화재예방강화지구에 대하여 소방상 필요한 훈련 및 교육을 실

시하고자 하는 때에는 훈련 또는 교육 얼마 전까지 화재예방강화지구 안의 관계인에게 그 사실을 통보하여야 하는가?

① 24시간 ② 7일
③ 10일   ④ 14일

해설 (화재예방법 제18조) 화재예방강화지구의 지정 등
(1) 지정권자 : 시 · 도지사
(2) 화재안전조사 : 소방관서장
(3) 화재안전조사 실시주기 : 연1회 이상
(4) 소방훈련과 교육 : 연1회 이상
(5) 훈련 및 교육통보 : 10일 전까지

화재예방강화지구의 지정대상지역 ★★필수암기★★
① 시장지역
② 공장 · 창고가 밀집한 지역
③ 목조건물이 밀집한 지역
④ 노후 · 불량건축물이 밀집한 지역
⑤ 위험물의 저장 및 처리시설이 밀집한 지역
⑥ 석유화학제품을 생산하는 공장이 있는 지역
⑦ 산업단지
⑧ 소방시설 · 소방용수시설 또는 소방 출동로가 없는 지역
⑨ 물류단지
⑩ 소방관서장이 화재예방강화지구로 인정하는 지역

해답 ③

59 관계인이 예방규정을 정하여야 하는 제조소 등에 속하는 것이 아닌 것은?

① 지정수량의 100배 이상의 위험물을 취급하는 옥내 저장소
② 지정수량의 200배 이상의 위험물을 취급하는 옥외탱크 저장소
③ 암반탱크저장소
④ 이송취급소

해설 (위험물법 시행령 제18조)
자체소방대를 설치하여야 하는 사업소
① 제조소 또는 일반취급소에서 취급하는 제4류 위험물의 최대수량의 합이 지정수량의 3천배 이상(보일러로 위험물을 소비하는 일반취급소는 제외)
② 옥외탱크저장소에 저장하는 제4류 위험물의 최대수량이 지정수량의 50만배 이상

예방규정을 정하여야 하는 제조소등
① 지정수량의 10배 이상 제조소
② 지정수량의 100배 이상 옥외저장소
③ 지정수량의 150배 이상 옥내저장소
④ 지정수량의 200배 이상 옥외탱크저장소
⑤ 암반탱크저장소
⑥ 이송취급소
⑦ 지정수량의 10배 이상 일반취급소

해답 ①

60 위험물 안전관리자가 퇴직한 때에는 퇴직한 날부터 며칠 이내에 다시 위험물 안전관리자를 선임하여야 하는가?

① 7일 이내   ② 15일 이내
③ 30일 이내 ④ 45일 이내

해설 위험물안전관리법에 따른 신고기간
① 제조소등의 설치자의 지위를 승계
   승계한 날부터 30일 이내에 시 · 도지사에게 신고
② 제조소등의 용도를 폐지한 때
   폐지한 날부터 14일 이내에 시 · 도지사에게 신고
③ 위험물안전관리자가 퇴직한 때
   퇴직한 날부터 30일 이내에 다시 위험물안전관리자를 선임
④ 위험물안전관리자를 선임한 때
   선임한 날부터 14일 이내에 소방본부장 또는 소방서장에게 신고

해답 ③

제4과목 소방기계시설의 구조 및 원리

61 연결송수관설비의 방수용기구함은 방수구가 가장 많이 설치된 층을 기준하여 몇 개 층마다 설치하여야 하는가?

① 각 층   ② 2개 층
③ 3개 층   ④ 4개 층

해설 **연결송수관 설비의 방수기구함**
① 3층 이내마다 1개 이상 설치(보행거리 5m 이내)
② 65mm(구경)×15m(길이)×유효개수, 방사형 관창 2개 이상(단구형 방수구는 1개 이상)
③ 방수기구함 표지 설치

해답 ③

62 특수가연물 창고에 설치하는 스프링클러 헤드는 천장 또는 각 부분으로부터 하나의 스프링클러헤드까지의 수평거리는 몇 m 이하이어야 하는가?

① 3.2 ② 1.7
③ 2.1 ④ 1.5

해설 **스프링클러헤드의 배치기준**

설치장소		설치기준
천장·반자·천장과 반자 사이·덕트·선반 기타 이와 유사한 부분 (폭이 1.2m를 초과하는 것)	무대부, **특수가연물** 저장취급 장소 및 창고	수평거리 1.7m 이하
	특정소방대상물 및 창고	기타구조	수평거리 2.1m 이하
		내화구조	수평거리 2.3m 이하
	아파트	수평거리 2.6m 이하
	랙식창고	랙 높이 3m **이하** 마다

해답 ②

63 옥외소화전설비에서의 설치기준이 맞는 것은?

① 수원의 저수량은 옥외소화전 설치개수(2개 이상 설치 된 경우에는 2개)에 $7m^3$를 곱한 양 이상이 되도록 한다.
② 당해 소방대상물에 설치된 옥외소화전을 동시에 사용할 경우 각 옥외소화전의 노즐선단에서 방수압력은 0.17MPa 이상이 되도록 한다.
③ 당해 소방대상물에 설치된 옥외소화전을 동시에 사용할 경우 각 옥외소화전의 노즐선단에서 방수량은 250L/min 이상이 되도록 한다.

④ 호스는 구경 50mm의 것으로 한다.

해설 **옥외소화전설비의 화재안전기술기준**
① 수원양
$Q(m^3) = N \times 7m^3$
(N : 옥외소화전 설치개수(최대 2개))
② 노즐선단의 방수압 : 0.25MPa 이상
③ 노즐선단의 방수량 : 350L/min
④ 호스구경 : 65mm의 것

해답 ①

64 연결살수설비의 전용 헤드를 사용하는 경우 배관의 구경이 50mm일 때 하나의 배관에 부착하는 살수헤드의 개수는?

① 3개 ② 4개
③ 6개 ④ 10개

해설 **연결살수설비 전용헤드 수별 급수관의 구경**

전용헤드수	1개	2개	3개	4~5개	6~10개
배관구경(mm)	32	40	50	65	80

해답 ①

65 제연설비의 배출풍도가 400mm×200mm으로 설치되어 있다. 이 풍도 강판의 두께는 몇 mm 이상으로 하는가?

① 0.5 ② 0.6
③ 0.8 ④ 1.0

해설 **배출기 및 배출풍도**
① 배출기
  ㉠ 배출기와 배출풍도의 접속부분에 사용하는 캔버스는 내열성(석면 재료는 제외)이 있는 것으로 할 것.
  ㉡ 배출기의 전동기 부분과 배풍기 부분은 분리하여 설치하여야 하며 배풍기 부분은 유효한 내열처리 할 것.
② 배출풍도
  ㉠ 배출풍도는 아연도금강판 등 내식성·내열성이 있는 것으로 할 것
  ㉡ 배출기 흡입측 풍도안의 풍속은 15m/s 이하로 하고, 배출측의 풍속은 20m/s 이하로 할 것

③ 배출풍도의 강판의 두께

풍도단면의 긴변 또는 직경의 크기	강판두께
450mm 이하	0.5mm 이상
450mm 초과 750mm 이상	0.6mm 이상
750mm 초과 1500mm 이상	0.8mm 이상
1500mm 초과 2250mm 이상	1.0mm 이상
2250mm 초과	1.2mm 이상

④ 유입풍도안의 풍속 : 20m/s 이하

해답 ①

66 물분무 소화설비의 수원에 대한 설명으로 적합하지 않은 것은?

① 특수가연물을 저장하는 곳은 바닥면적 1m²에 대하여 10L/min로 20분간 방수할 수 있는 양 이상으로 할 것
② 주차장은 바닥면적 1m²에 대하여 20L/min로 20분간 방수할 수 있는 양 이상으로 할 것
③ 케이블덕트에 있어서는 투영된 바닥면적 1m²에 대하여 10L/min로 20분간 방수할 수 있는 양 이상으로 할 것
④ 콘베이어 벨브에 있어서는 벨트부분의 바닥면적 1m²에 대하여 10L/min로 20분간 방수할 수 있는 양 이상으로 할 것

해설 물분무설비의 수원의 양

소방대상물	수원의 저수량
특수가연물	바닥면적(m²)(최대방수구역 기준 최소 50m²) × 10L/m² · 분 × 20min
차고, 주차장	바닥면적(m²)(최대방수구역 기준 최소 50m²) × 20L/m² · 분 × 20min
절연유 봉입 변압기	표면적(바닥부분제외)(m²) × 10L/m² · 분 × 20min
케이블 트레이, 닥트	투영된 바닥면적(m²) × 12L/m² · 분 × 20min
콘베이어벨트	벨트부분의 바닥면적(m²) × 10L/m² · 분 × 20min

해답 ③

67 경유를 저장한 옥외탱크 저장시설에 다음 조건과 같이 수성막포 소화설비를 할 때 보조 소화전에 필요한 포원액 저장량은 몇 리터인가? (단, 탱크직경 32m, 포원액농도 3%, 호스접결구수는 5개소이다.)

① 720　　② 840
③ 960　　④ 1200

해설 보조포소화전의 약제량

$$Q = N \times S \times 8000L$$

N : 호스집결구수(최대 3개)
S : 포소화약제농도(%)

$$\therefore Q = 3 \times \frac{3}{100} \times 8000 = 720L$$

고정포 방출구 방식

구 분	약제 저장량
가. 고정포 방출구	$Q = A \times Q_1 \times T \times S$ Q : 포소화약제의 양(L) A : 저장탱크의 액 표면적(m²) Q_1 : 단위 포소화수용액의 양(L/m²분) T : 방출시간(분) S : 포소화 약제의 사용농도(%)
나. 보조 포소화전	$Q = N \times S \times 8000L$ Q : 포소화약제의 양(L) N : 호스 접결구 개수(3개 이상의 경우는 3) S : 포소화 약제의 사용농도(%)
다. 배관보정	가장 먼 탱크까지의 송액관(내경 75mm 이하 제외)에 충전하기 위하여 필요한 양 $Q = V \times S \times 1000L/m^3$ Q : 포소화약제의 양(L) V : 송액관 내부의 체적(m³) S : 포소화약제의 사용농도(%)
라. 합 계	고정포 방출구방식의 약제량 = 가 + 나 + 다

옥내포소화전방식 또는 호스릴방식

약제 저장량
$Q = N \times S \times 8000L$

Q : 포소화약제의 양(L)
N : 호스결접구수(5개 이상의 경우는 5)
S : 포소화약제의 사용농도(%)

바닥면적이 200m² 미만인 건축물에 있어서는 계산량의 75%로 할 수 있다.

해답 ①

68 포 소화설비의 자동식 기동장치로 폐쇄형 스프링클러 헤드를 사용할 경우에 헤드의 표시온도는 몇 ℃ 미만인가?

① 162　　② 121
③ 79　　　④ 64

해설 **포소화설비의 자동식 기동장치**
① 자동화재탐지설비의 감지기의 작동 또는 폐쇄형 스프링클러헤드의 개방과 연동하여 가압송수장치·일제개방밸브 및 포 소화약제 혼합장치를 기동시킬 수 있을 것
② 폐쇄형 스프링클러헤드를 사용하는 경우
  ㉠ 표시온도가 79℃ 미만인 것을 사용하고, 1개의 스프링클러헤드의 경계면적은 20m² 이하로 할 것
  ㉡ 부착면의 높이는 바닥으로부터 5m 이하로 하고, 화재를 유효하게 감지할 수 있도록 할 것
  ㉢ 하나의 감지장치 경계구역은 하나의 층이 되도록 할 것
해답 ③

69 옥내 소화전설비의 함에 표시되지 않은 것은?
① 옥내 소화전설비의 위치 표시등
② 가압송수장치의 시동 표시등
③ 옥내 소화전설비의 사용요령을 기재한 표지판
④ 상용전원 또는 비상전원의 확인 표시등

해설 **옥내소화전함에 설치되는 것**
① 옥내 소화전설비의 위치 표시등
② 가압송수장치의 시동 표시등
③ 사용요령을 기재한 표지판
해답 ④

70 대형소화기로 인정되는 소화 능력단위의 적합한 기준은?
① A급 10단위 이상, B급 10단위 이상
② A급 20단위 이상, B급 10단위 이상
③ A급 10단위 이상, B급 20단위 이상
④ A급 20단위 이상, B급 20단위 이상

해설 **소화기의 능력단위 및 보행거리**

구 분	소형소화기	대형소화기
능력단위	1단위 이상 대형소화기 능력단위 미만	① A급 10단위 이상 ② B급 20단위 이상
보행거리	20m 이내	30m 이내

해답 ③

71 포 소화설비의 포 워터스프링클러헤드는 바닥면적 몇 m² 마다 1개 이상을 설치하는가?
① 6 ② 8
③ 9 ④ 11

해설 **포헤드의 설치기준** ★★

포워터 스프링클러헤드	포헤드
8m²마다 1개 이상	9m²마다 1개 이상

해답 ②

72 상수도소화용수설비는 호칭지름 75mm의 수도배관에 호칭지름 몇 mm 이상의 소화전을 접속하여야 하는가?
① 50 ② 65
③ 75 ④ 100

해설 **상수도 소화용수 설비**
① 호칭지름 75mm 이상의 수도배관에 호칭지름 100mm 이상의 소화전을 접속
② 소화전은 소방자동차 등의 진입이 쉬운 도로변 또는 공지에 설치
③ 소화전은 소방대상물의 수평투영면의 각 부분으로부터 140m 이하가 되도록 설치
해답 ④

73 분말 소화설비의 소화약제 중 차고 또는 주차장에 설치할 수 있는 것은 제 몇 종 분말 소화약제인가?
① 1 ② 2
③ 3 ④ 4

해설 ① **차고, 주차장** : 제3종 분말 소화약제
② **분말약제의 종류**

종 별	약제명	착 색	적응화재
제1종	중탄산나트륨(NaHCO₃)	백 색	B,C급
제2종	중탄산칼륨(KHCO₃)	담회색	B,C급
제3종	제1인산암모늄(NH₄H₂PO₄)	담홍색	A,B,C급
제4종	중탄산칼륨+요소 (KHCO₃+(NH₂)₂CO)	회 색	B,C급

해답 ③

74 경사강하식구조대의 입구틀 및 고정틀의 입구는 지름이 몇 cm 이상의 구체가 통과할 수 있어야 하는가?

① 100 ② 80
③ 60   ④ 30

해설 구조대의 형식승인 및 제품검사의 기술기준
① 구조대는 연속하여 활강할 수 있는 구조이어야 한다.
② 구조대 본체는 강하방향으로 봉합부가 설치되지 아니하여야 한다.
③ 본체의 포지는 하부지지 장치에 인장력이 균등하게 걸리도록 부착하여야 한다.
④ 입구틀 및 고정틀의 입구는 지름 60cm 이상의 구체가 통과할 수 있어야 한다.

해답 ③

75 아파트의 주방에 설치되는 주거용 주방자동소화장치의 가스차단장치는 주방배관의 개폐밸브로부터 몇 m 이하의 위치에 설치하여야 하는가?

① 1 ② 2
③ 3 ④ 4

해설 주방용자동소화장치 화재안전기술기준
① 가스차단장치 : 개폐밸브로부터 2m 이하
② 탐지부
  ㉠ 수신부와 분리하여 설치
  ㉡ 공기보다 가벼운 가스
    천장면으로부터 30cm 이하(LNG)
  ㉢ 공기보다 무거운 가스
    바닥면으로부터 30cm 이하(LPG)

해답 ②

76 호스릴 할로겐화합물 소화설비에 있어서 소화약제로 할론 1301을 사용하는 경우 하나의 노즐에 대하여 몇 kg 이상의 소화약제가 필요한가?

① 40 ② 45
③ 50 ④ 55

해설 호스릴 할로겐화합물 소화설비

소화약제의 종별	1분당 방사량	소화약제의 양
할론 2402	45kg	50kg
할론 1211	40kg	
할론 1301	35kg	45kg

해답 ②

77 예상제연구역에 대한 배출구와 공기유입(구)에 관한 설명으로 옳은 것은?

① 바닥면적이 400m² 미만인 곳의 예상제연구역이 벽으로 구획되어 있을 경우의 배출구 설치는 천장 또는 반자와 바닥사이의 중간 윗부분에 한다.
② 바닥면적이 400m² 이상의 거실인 예상제연구역에 설치되는 공기유입구는 바닥으로부터 1.5m 이상의 위치에 설치한다.
③ 예상제연구역에 대한 유입공기량은 배출량보다 작아야 한다.
④ 예상제연구역에 공기가 유입되는 순간의 풍속은 5m/s 이상이 되도록 한다.

해설 제연설비의 화재안전기술기준
① 바닥면적이 400m² 미만인 예상제연구역이 벽으로 구획되어 있는 경우의 배출구는 천장 또는 반자와 바닥사이의 중간 윗부분에 설치할 것
② 바닥면적이 400m² 이상의 거실인 예상제연구역에 설치되는 공기유입구는 바닥으로부터 1.5m 이하의 높이에 설치하고 그 주변은 공기의 유입에 장애가 없도록 할 것
③ 예상제연구역에 공기가 유입되는 순간의 풍속은 5m/s 이하가 되도록 하고, 유입구의 구조는 **유입공기를 상향으로 분출하지 않도록 설치**하여야 한다. 다만, **유입구가 바닥에 설치되는 경우에는 상향으로 분출이 가능하며 이때의 풍속은 1m/s 이하**가 되도록 해야 한다.
④ 예상제연구역에 대한 공기유입구의 크기는 당해 예상제연구역 배출량 1m³/min에 대하여 35cm² 이상으로 하여야 한다.
⑤ 예상제연구역에 대한 공기유입량은 배출량의 배출에 지장이 없는 양으로 해야 한다.

해답 ①

78 옥내소화전설비의 배관을 설치하려 할 때 연결송수관설비의 배관을 겸용할 경우의 주배관 구경과 방수구로 연결되는 배관의 구경은 각각 몇 mm 이상이어야 하는가?

① 80, 40
② 100, 65
③ 120, 50
④ 150, 65

해설 옥내소화전 설비의 배관등
① 연결 송수관설비의 배관과 겸용할 경우
 ㉠ 주배관 구경 : 100mm 이상
 ㉡ 가지배관 구경 : 65mm 이상
② 펌프의 흡입측 배관에는 버터플라이밸브외의 개폐표시형 밸브를 설치하여야 한다.

해답 ②

79 이산화탄소 소화설비에서 저압식 소화약제의 저장용기 설치 기준으로 맞는 것은?

① 충전비는 1.5 이상 1.9 이하로 설치
② 압력경보장치는 2.3MPa 이상 1.9MPa 이하에서 작동
③ 안전밸브는 내압시험 압력의 0.8배~1.0배에서 작동
④ 자동냉동장치는 용기내부의 온도가 영하 18℃ 이상에서 2.1MPa 의 압력을 유지하도록 설치

해설 이산화탄소 저장용기의 설치 기준
① 저장용기의 충전비

저압식	고압식
1.1~1.4	1.5~1.9

② 저압식 저장용기에는 내압시험압력의 0.64배 내지 0.8배의 압력에서 작동하는 안전밸브와 내압시험압력의 0.8배 내지 내압시험압력에서 작동하는 봉판을 설치할 것
③ 저압식 저장용기에는 액면계 및 압력계와 2.3MPa 이상 1.9MPa 이하의 압력에서 작동하는 압력경보장치를 설치할 것
④ 저압식 저장용기에는 용기내부의 온도가 -18℃ 이하에서 2.1MPa의 압력을 유지할 수 있는 자동냉동장치를 설치할 것
⑤ 저장용기는 고압식은 25MPa 이상, 저압식은 3.5MPa 이상의 내압시험압력에 합격한 것으로 할 것

해답 ②

80 소화용수 설비의 가압송수장치 설치에 관하여 바르게 설명한 것은?

① 소화수조 또는 저수조가 지표면으로부터 수조 바닥까지의 깊이가 4.0m 이상인 지하에 있는 경우에는 가압송수장치를 설치하여야 한다.
② 소화수조가 옥상 또는 옥탑의 부분에 설치된 경우에는 지상에 설치된 채수구에서의 압력이 1MPa 이상이 되도록 하여야 한다.
③ 내연기관을 이용하는 것은 금지한다.
④ 가압송수장치 설치시 기동장치로는 보호판을 부착한 기동스위치를 채수구 직근에 설치한다.

해설 소화수조 및 저수조의 화재안전기술기준
① 소화수조 또는 저수조가 지표면으로부터의 깊이가 4.5m 이상인 지하에 있는 경우에는 가압송수장치를 설치하여야 한다.

소요수량	20m³ 이상 40m³ 미만	40m³ 이상 100m³ 미만	100m³ 이상
가압송수장치의 1분당 양수량	1,100L 이상	2,200L 이상	3,300L 이상

② 소화수조가 옥상 또는 옥탑의 부분에 설치된 경우에는 지상에 설치된 채수구에서의 압력이 0.15MPa 이상이 되도록 하여야 한다.
③ 가압송수장치는 전동기 또는 내연기관을 이용한다.
④ 기동장치로는 보호판을 부착한 기동스위치를 채수구 직근에 설치할 것

해답 ④

무료 동영상과 함께하는 소방설비(기계분야) 필기

2022

2022년 3월 CBT 시행
2022년 4월 CBT 시행
2022년 9월 CBT 시행

무료 동영상과 함께하는
소방설비(기계분야) 필기

소방설비산업기사 – 기계분야
2022년 3월 CBT 시행

본 문제는 CBT시험대비 기출문제 복원입니다.

제1과목 소방원론

01 일반적인 소방대상물에 따른 화재의 분류로 적합하지 않은 것은?

① 일반화재 : A급
② 유류화재 : B급
③ 전기화재 : C급
④ 특수가연물화재 : D급

해설 화재의 분류 ★★★★★

종 류	등급	색표시	주된 소화 방법
일반화재	A급	백색	냉각소화
유류 및 가스 화재	B급	황색	질식소화
전기화재	C급	청색	질식소화
금속화재	D급	–	피복소화
주방화재	K급	–	냉각 및 질식 소화

해답 ④

02 소화기의 설치장소로 적당하지 않은 곳은?

① 통행 또는 피난에 지장을 주지 않는 장소
② 사용시 반출이 용이한 장소
③ 장난의 방지를 위하여 사람들의 눈에 띄지 않는 장소
④ 각 부분으로부터 규정된 거리 이내의 장소

해설 소화기 설치장소
① 통행 또는 피난에 지장을 주지 않는 장소
② 사용시 반출이 용이한 장소
③ 사람의 눈에 잘 띄는 장소
④ 각 부분으로부터 규정된 거리이내의 장소

해답 ③

03 같은 부피를 갖는 기준물질과의 질량비를 무엇이라고 하는가?

① 비점   ② 비열
③ 비중   ④ 융점

해설 비중(Speific Gravity)[S] ★★
① 같은 부피를 갖는 기준물질과 질량비
② 어떤 물질의 질량과 같은 부피를 가진 표준물질의 질량과의 비율

$$S = \frac{\rho}{\rho_w} = \frac{\gamma}{\gamma_w}$$

ρ : 물질의 밀도 γ : 물질의 비중량
ρ_w : 물의 밀도 γ_w : 물의 비중량

① 비점(끓는점) : 액체의 증기압과 대기압이 같아져 그 액체가 끓는 온도
② 비열 : 어떤 물질 1g을 1℃ 높이는 데 필요한 열량
④ 융점 : 순수한 고체를 조금씩 가열해 나갈 때, 순간적으로 액체가 되는 온도

해답 ③

04 물의 물리적 성질에 대한 설명으로 틀린 것은?

① 물의 비열은 1cal/g℃ 이다.
② 100℃, 1기압에서 증발잠열은 약 539cal/g 이다.
③ 물의 비중은 0℃에서 가장 크다.
④ 액체 상태에서 수증기로 바뀌면 체적이 증가한다.

해설 ③ 물의 비중은 온도가 올라갈수록 감소한다.

해답 ③

05 불연성 물질로만 이루어진 것은?

① 황린, 나트륨
② 적린, 황
③ 이황화탄소, 나이트로글리세린
④ 과산화나트륨, 질산

해설 제1류 및 제6류는 불연성
① 황린(제3류), 나트륨(제3류)
② 적린(제2류), 황(제2류)
③ 이황화탄소(제4류), 나이트로글리세린(제5류)
④ 과산화나트륨(제6류), 질산(제6류)

위험물의 분류 및 성질

류 별	성 질
제1류	산화성고체
제2류	가연성고체
제3류	자연발화성 및 금수성
제4류	인화성액체
제5류	자기반응성
제6류	산화성액체

해답 ④

06 연소 또는 소화약제에 관한 설명으로 틀린 것은?

① 기체의 정압비열은 정적비열 보다 크다.
② 탄화수소가 완전연소하면 일산화탄소와 물이 발생한다.
③ CO_2 소화약제는 액화할 수 있다.
④ 물의 증발잠열은 아세톤, 벤젠보다 크다.

해설 ② 탄화수소가 완전연소하면 이산화탄소와 물이 발생한다.

해답 ②

07 질식소화방법에 대한 예를 설명한 것으로 옳은 것은?

① 열을 흡수할 수 있는 매체를 화염 속에 투입한다.
② 열용량이 큰 고체물질을 이용하여 소화한다.
③ 중질유 화재 시 물을 무상으로 분무한다.
④ 가연성기체의 분출화재 시 주 밸브를 닫아서 연료공급을 차단한다.

해설 ① 냉각소화 ② 냉각소화
③ 질식소화 ④ 제거소화

해답 ③

08 전기부도체이며 소화 후 장비의 오손 우려가 낮기 때문에 전기실이나 통신실 등의 소화설비로 적합한 것은?

① 스프링클러설비 ② 옥내소화전설비
③ 포소화설비 ④ CO_2 소화설비

해설 CO_2 소화설비의 장·단점

장 점	단 점
① 심부화재에 적합	① 설비가 고압이므로 특별한 주의요구
② 화재 진화후 깨끗하다.	② CO_2 방사시 인체에 동상 우려
③ 증거보존 양호하여 화재 원인조사 쉽다.	③ 인체에 질식우려
④ 비전도성으로 전기화재에 적합	④ CO_2 방사시 소음이 크다.
⑤ 피연소물에 피해가 적음	

해답 ④

09 가연물에 점화원을 가했을 때 연소가 일어나는 최저온도를 무엇이라고 하는가?

① 인화점 ② 발화점
③ 연소점 ④ 자연발화점

해설 ① **인화점** : 가연물을 가열시 점화원의 존재하에 점화가 되는 최저온도
② **발화점** : 가연물을 가열시 점화원 없이 연소가 시작되는 최저온도
③ **연소점** : 가연물이 연소를 계속할 수 있는 최저온도
④ **자연발화점** : 다른 것으로 부터 직접 점화되지 아니하고 대기 중에서 물질이 자연적으로 연소하는 현상

해답 ①

10 A, B, C급 화재에 적응성이 있는 분말소화약제는?

① $NH_4H_2PO_4$ ② $KHCO_3$
③ $NaHCO_3$ ④ Na_2O_2

해설 분말약제의 종류 ★★★★

종별	약제명	착색	적응화재
제1종	중탄산나트륨($NaHCO_3$)	백색	B, C급
제2종	중탄산칼륨($KHCO_3$)	담회색	B, C급
제3종	제1인산암모늄($NH_4H_2PO_4$)	담홍색	A, B, C급
제4종	중탄산칼륨+요소 ($KHCO_3+(NH_2)_2CO$)	회색	B, C급

해답 ①

11 산화반응에 대한 설명 중 틀린 것은?

① 화재에서의 산화반응은 발열반응이다.
② 산화반응의 생성물은 아무것도 없다.
③ 화재와 같은 산화반응이 일어나기 위해서는 연료, 산소공급원, 점화원이 필요하다.
④ 공기 중의 산소는 산화제라 할 수 있다.

해설 ② 산화반응의 생성물은 여러 가지 물질로 다양하다.

해답 ②

12 다음 중 열전도율이 가장 낮은 것은?

① 구리 ② 화강암
③ 알루미늄 ④ 석면

해설 열전도율

구분	구리	화강암	알루미늄	석면
열전도율 (W/m·K)	390	3.57	237	0.16

해답 ④

13 건축물의 주요 구조부에 해당되지 않는 것은?

① 바닥 ② 기둥
③ 작은 보 ④ 주계단

해설 건축물의 주요 구조부

① 내력벽 ② 기둥 ③ 바닥
④ 보 ⑤ 지붕틀 ⑥ 주계단
(어두문자 암기법 : 내주기만하면 바보지)

해답 ③

14 화재종류 중 A급 화재에 속하지 않는 것은?

① 목재 화재 ② 섬유 화재
③ 종이 화재 ④ 금속 화재

해설 ① 목재화재(일반화재) ② 섬유화재(일반화재)
③ 종이화재(일반화재) ④ 금속화재 : D급

화재의 분류 ★★★★★

종류	등급	색표시	주된 소화 방법
일반화재	A급	백색	냉각소화
유류 및 가스 화재	B급	황색	질식소화
전기화재	C급	청색	질식소화
금속화재	D급	–	피복소화
주방화재	K급	–	냉각 및 질식 소화

해답 ④

15 나트륨의 화재시 이산화탄소 소화약제를 사용할 수 없는 이유로 가장 옳은 것은?

① 이산화탄소와 반응하여 연소·폭발위험이 있기 때문에
② 이산화탄소로 인한 질식의 우려가 있기 때문에
③ 이산화탄소의 소화성능이 약하기 때문에
④ 이산화탄소가 금속재료를 부식시키기 때문에

해설 금속나트륨화재 시 이산화탄소 방사금지

① 금속나트륨은 이산화탄소와 폭발적으로 반응을 하기 때문
② 금속나트륨과 CO_2의 반응식
$4Na + 3CO_2 \rightarrow 2Na_2CO_3 + C$

해답 ①

16 다음 중 오존파괴지수(ODP)가 가장 큰 것은?

① Helon 104 ② CFC-11
③ Halon 1301 ④ CFC-113

해설 ODP(오존파괴지수)

$$\frac{어떤 물질 1kg이 파괴하는 오존량}{CFC-11 1kg이 파괴하는 오존량}$$

할론 소화약제	오존파괴지수(ODP)
할론 1301	14.1
할론 2402	6.6
할론 1211	2.4

해답 ③

17 내화건물의 화재에서 백드래프트(back draft) 현상은 주로 언제 나타나는가?

① 감쇠기 ② 초기
③ 성장기 ④ 최성기

해설 (1) **백드래프트(Back Draft) 현상** ★★
화재시 가연성가스가 축적되어 있다가 신선한 공기가 유입되면 폭발적 연소와 함께 폭풍을 동반하며 화염이 외부로 분출되는 현상
① 발생시기 : 감쇠기
② 주요 발생원인 : 산소의 공급
③ 방지대책
  ㉠ 적절한 배연   ㉡ 환기
  ㉢ 폭발력의 억제 ㉣ 격리

(2) **플래쉬 오버(flash over)현상** ★★★
화재 시 축적된 열이 실내에 복사열로 방출되어 실내가 화염으로 덮이는 현상
① 발생시기 : 성장기
② 주요 발생 원인 : 열의 공급

해답 ①

18 열전달에 대한 설명으로 틀린 것은?

① 전도에 의한 열전달은 물질 표면을 보온하여 완전히 막을 수 있다.
② 대류는 밀도차이에 의해서 열이 전달된다.
③ 진공 속에서도 복사에 의한 열전달이 가능하다.
④ 화재시의 열전달은 전도, 대류, 복사기 모두 관여된다.

해설 **열전달의 방법**
① 전도(Conduction) : 물체와 물체가 직접 접촉하여 열이 전달
② 대류(Convection) : 밀도차에 의한 공기의 순환으로 열이 전달
③ 복사(Radiation) : 고온물체의 복사열이 전자파형태로 열이 전달.
※ 지구에 태양열이 전달되는 것 : 복사열

① 스테판-볼츠만(stefan-boltzman)의 법칙
$Q = aAF(T_1^4 - T_2^4)$
  Q : 복사열(kcal/hr)
  a : 스테판-볼츠만의 상수
  A : 단면적
  F : 기하학적 Factor(상수)
  T_1 : 고온물체의 절대온도(273+t°C)K
  T_2 : 저온물체의 절대온도(273+t°C)K
※ 복사열은 절대온도 4제곱의 차 및 단면적에 비례
② 열전도율 단위 : kcal/m, hr, °C 또는 BTU/ft, hr, °F

해답 ①

19 화재 발생 위험에 대한 설명으로 옳지 않은 것은?

① 인화점은 낮을수록 위험하다.
② 발화점은 높을수록 위험하다.
③ 산소 농도는 높을수록 위험하다.
④ 연소 하한계는 낮을수록 위험하다.

해설 **위험성에 영향을 주는 조건**

영향을 주는 조건	위험성 증가
온도, 압력, 산소농도	증가할수록
인화점, 착화점, 비점, 융점, 점성, 비중	낮아질수록
연소범위(폭발범위)	넓을수록
연소열, 증기압	클수록
연소속도	빠를수록

② 발화점(착화점)은 낮을수록 위험성은 높다.

해답 ②

20 폴리염화비닐이 연소할 때 생성되는 연소가스에 해당하지 않는 것은?

① HCl ② CO_2
③ CO   ④ SO_2

해설 PVC(poly vinyl chloride)

$$\left[\begin{array}{c} H\ \ H \\ |\ \ \ | \\ -C-C- \\ |\ \ \ | \\ H\ \ Cl \end{array} \right]_n$$

※ 구성 원소가 C, H, Cl 이므로 황을 함유한 아황산가스(SO_2)는 발생하지 않는다.

해답 ④

제2과목 소방유체역학

21 수평 노즐 입구에서의 계기압력이 P_1Pa, 면적이 A_1m²이고 출구에서의 면적은 A_2m²이다. 물이 노즐을 통해 V_2m/s의 속도로 대기 중으로 방출될 때 노즐을 고정시키는 데 필요한 힘의 크기는 몇 N인가? (단, 물의 밀도는 ρ kg/m³ 이다.)

① $P_1 A_1 + \rho A_2 V_2^2 \left(1 + \dfrac{A_2}{A_1}\right)$

② $P_1 A_1 + \rho A_2 V_2^2 \left(1 - \dfrac{A_2}{A_1}\right)$

③ $P_1 A_1 - \rho A_2 V_2^2 \left(1 - \dfrac{A_2}{A_1}\right)$

④ $P_1 A_1 - \rho A_2 V_2^2 \left(1 + \dfrac{A_2}{A_1}\right)$

해설

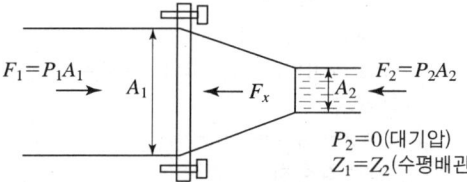

노즐을 고정시키는데 필요한 힘

$$F = P_1 A_1 - \rho A_2 V_2^2 \left(1 - \dfrac{A_2}{A_1}\right)$$

P_1 : 노즐입구 계기압(Pa)
A_1 : 노즐입구 단면적(m²)
A_2 : 노즐출구 단면적(m²)
V_2 : 노즐출구 유속(m/s)
ρ : 물의 밀도(kg/m³)

해답 ③

22 직경 6cm이고 관마찰계수가 0.02인 원관에 부차적 손실계수가 5인 밸브가 장치되어 있을 때 이 밸브의 등가길이(상당길이)는 몇 m인가?

① 3   ② 6   ③ 10   ④ 15

해설 **등가길이**

$$L_e = \dfrac{kd}{f}$$

K : 손실계수, d : 내경, f : 마찰손실계수

① $d = 6\,\text{cm} = 0.06\,\text{m}$

② $L_e = \dfrac{5 \times 0.06}{0.02} = 15\,\text{m}$

상당관 길이
관부속품을 동일구경, 동일유량에 대하여 같은 크기의 마찰손실을 갖는 직관의 길이

해답 ④

23 직각으로 굽힌 유리관의 한쪽을 수면 바로 밑에 넣고 다른 쪽은 연직으로 수면 위로 세워 수평 방향으로 40cm/s의 속도로 관을 움직이면 물은 관속에서 수면보다 몇 mm 상승하는가?

① 8.59   ② 8.47
③ 8.32   ④ 8.16

해설 **속도 수두**

$$H = \dfrac{U^2}{2g}$$

$U = 40\,\text{cm/s} = 0.4\,\text{m/s}$, $g = 9.8\,\text{m/s}^2$

$\therefore H = \dfrac{0.4^2}{2 \times 9.8} = 0.00816\,\text{m} = 8.16\,\text{mm}$

해답 ④

24 그림과 같은 역 U자관에서 A점과 B점의 압력차는 약 몇 Pa인가?

① 5.096　　　② 50.96
③ 509.6　　　④ 5096

액주계의 압력

① $P_C = P_D$
② $P_C = P_A - \gamma_1 h_1 = P_A - 9800\,\text{N/m}^3 \times 1.35\,\text{m}$
　　$= P_A - 13230\,\text{N/m}^2$
③ $P_D = P_B - \gamma_2 h_2 - \gamma_3 h_3$
　　$= P_B - 9800\,\text{N/m}^3 \times 0.65\,\text{m} -$
　　　$8820\,\text{N/m}^3 \times 0.2\,\text{m}$
　　$= P_B - 8134\,\text{N/m}^2$
④ $P_C = P_D$ 에 대입하면
⑤ $P_A - 13230\,\text{N/m}^2 = P_B - 8134\,\text{N/m}^2$
⑥ $P_A - P_B = 13230\,\text{N/m}^2 - 8134\,\text{N/m}^2$
　　$= 5096\,\text{N/m}^2(\text{Pa})$

해답 ④

25 관 속을 흐르는 물의 압력 손실이 40kPa이고 유량이 3m³/s일 때, 이것을 동력손실로 환산하면 몇 kW인가?

① 88　　　② 120
③ 157　　　④ 214

해설 ① $\gamma = 9.8\,\text{kN/m}^3$,　$Q = 3\,\text{m}^3/\text{s}$
　$H = \dfrac{40\,\text{kPa}(\text{kN/m}^2)}{9.8\,\text{kN/m}^3} = 4.08\,\text{m}$

② 수동력
　$P(\text{kW}) = 9.8 \times 3 \times 4.08$
　　　　　$= 119.95\,\text{kW} \fallingdotseq 120\,\text{kW}$

펌프의 동력계산
(1) 수동력
　$$L_W(\text{kW}) = \gamma Q H$$

(2) 축동력
　$$L_S(\text{kW}) = \frac{\gamma Q H}{E}$$

(3) 모터동력
　$$P(\text{kW}) = \frac{\gamma Q H}{E} K$$

여기서, γ : 비중량
　　　　(kN/m³, 물의 비중량=9.8kN/m³)
　　Q : 유량(m³/s), H : 전양정(m)
　　E : 효율(%/100), K : 전달계수

해답 ②

26 배관에 설치하는 유량, 유속 측정 기구와 관련이 적은 것은?

① 벤튜리미터(Venturi meter)
② 피토관(Pitot tube)
③ 마노미터(manometer)
④ 로타미터(rotameter)

해설 ① 유량측정장치
　　㉠ 벤튜리미터
　　㉡ 오리피스미터
　　㉢ 로타미터(유량을 직접 눈으로 읽음)
　　㉣ 노즐
　　㉤ 위어(개수로 유량측정)
② **유속측정장치** : 피토관
③ **압력차 측정** : 마노미터

해답 ③

27 가역 열기관이 뜨거운 고체물질로부터 열을 받아서 일을 하고 남은 열을 25℃의 주위로 방출한다. 이 과정 중에 고체물질은 540kJ의 열을 전달하며 엔트로피는 1.6kJ/K만큼 감소한다. 열기관이 한 일은 약 몇 kJ인가?

① 1.6　　　② 63
③ 477　　　④ 538

해설 ① 감소된 열량
　$Q = 1.6\,\text{kJ/K} \times (273+25)\,\text{K} = 476.8\,\text{kJ}$
② **열기관이 한 일**
　$W = 540 - 476.8 = 63.2\,\text{kJ} \fallingdotseq 63\,\text{kJ}$

해답 ②

28 정상류(steady flow)가 되기 위한 조건들에 해당하지 않는 것은? (단, ρ : 밀도, P : 압력, V : 속도, T : 온도, t : 시간, S : 임의 방향의 좌표)

① $\dfrac{\partial \rho}{\partial t} = 0$ ② $\dfrac{\partial P}{\partial t} = 0$

③ $\dfrac{\partial V}{\partial S} = 0$ ④ $\dfrac{\partial T}{\partial t} = 0$

해설 정상류(steady flow)가 되기 위한 조건
(ρ : 밀도, P : 압력, T : 온도, t : 시간)

① $\dfrac{\partial \rho}{\partial t} = 0$ ② $\dfrac{\partial P}{\partial t} = 0$

③ $\dfrac{\partial V}{\partial t} = 0$ ④ $\dfrac{\partial T}{\partial t} = 0$

정상류란 무엇인가?
어느 한 점에서 유체의 흐름 특성인 속도(V), 온도(T), 압력(P), 밀도(ρ) 등의 평균값이 시간에 따라 변하지 않는 흐름

해답 ③

29 Newton의 점성법칙을 기초로 한 회전 원통식 점도계는?

① 낙구식 점도계   ② Ostwald 점도계
③ Saybolt 점도계   ④ Stomer 점도계

해설 점도계의 종류 ★★★

점도계의 종류	이용한 법칙
① 낙구식 점도계	스토크스 법칙
② 오스트왈드(Ostwald)점도계	하겐-포아젤의 법칙
③ 세이볼트(Saybolt) 점도계	
④ 맥마이첼(MacMichael) 점도계	뉴우톤의 점성법칙
⑤ 스토머(Stomer) 점도계	

해답 ④

30 그림과 같이 한쪽은 힌지로 연결된 수문에서 공기압력이 균등하게 작용할 때 $h = 1.5$m, $H = 3$m라면 수문이 열리지 않을 공기의 최소 계기압력은 몇 Pa 인가? (단, 수문의 폭은 1m 임)

① 4564   ② 3452
③ 5324   ④ 6125

해설 ① 물에 의한 힘(F_w)

$$F_w = \gamma \bar{h} A = 9800 \times \dfrac{1.5}{2} \times (1.5 \times 1) = 11025\,\text{N}$$

② 공기에 의한 힘(F_a)

$$F_a = PA = 3P\,(A = 3\text{m} \times 1\text{m} = 3\text{m}^2)$$

$$\sum M_A = 3P \times \dfrac{3}{2} - \left(\dfrac{3}{2} + 1.5 \times \dfrac{2}{3}\right) \times 11025\,\text{N}$$
$$= 0$$
$$P = 6125\,\text{N/m}^2(\text{Pa})$$

해답 ④

31 직경 300mm인 수평 원관 속을 물이 흐르고 있다. 관의 길이 50m에 대해 압력 강하가 100kPa이라면 관벽에서 평균 전단응력은 몇 Pa인가?

① 100   ② 150
③ 200   ④ 250

해설 전단응력
(1) 난류 : 점성계수와 속도구배에 비례

$$\tau = \mu \dfrac{du}{dy}$$

(2) 층류 : 중심선에서 0이고 반지름에 비례하면서 관벽으로 갈수록 직선적으로 증가

$$\tau = \dfrac{\Delta P}{l} \cdot \dfrac{r}{2}$$

① $r = \dfrac{d}{2} = \dfrac{300\text{mm}}{2} = 150\text{mm} = 0.15\text{m}$

② $l = 50$m

③ $\Delta P = 100\,\text{kPa} = 100 \times 10^3\,\text{pa}$

④ $\therefore \tau = \dfrac{100 \times 10^3}{50} \times \dfrac{0.15}{2} = 150\,\text{pa}$

해답 ②

32 동일한 사양의 소방펌프를 1대로 운전하다가, 2대로 병렬연결하여 동시에 운전할 경우에 나타나는 유체특성 현상 중 옳게 설명된 것은? (단, 펌프형식은 원심펌프이고, 배관 마찰손실 및 낙차 등은 고려하지 않는다.)

① 체절 운전시의 최고 양정은 1대 운전시의 최고 양정보다 높다.
② 동일한 양정에서 유량은 1대 용량의 2배로 송출된다.
③ 동일한 유량에서 양정은 1대 운전시의 양정보다 항상 2배로 높게 나타난다.
④ 유량과 양정이 모두 2배로 크게 나타난다.

해설 펌프의 직·병렬 운전

운전방법	토출양정(H)	토출량(Q)
직렬운전	2H	Q
병렬운전	H	2Q

해답 ②

33 안지름 50mm의 원관에 기름이 2.5m/s의 평균속도로 흐를 때 관마찰계수는 얼마인가? (단, 기름의 동점성계수는 $1.31 \times 10^{-4} \text{m}^2/\text{s}$이다.)

① 0.0013   ② 0.067
③ 0.125   ④ 0.954

해설 레이놀즈 수

$ReNo = \dfrac{Du\rho}{\mu} = \dfrac{Du}{v}$ $\left[\dfrac{\mu}{\rho} = v(\text{동점성계수})\right]$

① $ReNo = \dfrac{Du}{v} = \dfrac{0.05\text{m} \times 2.5\text{m/s}}{1.31 \times 10^{-4} \text{m}^2/\text{s}}$
$= 954.20 (\text{층류})$

② $f = \dfrac{64}{ReNo} = \dfrac{64}{954.20} = 0.0671$

해답 ②

34 유체에 대한 일반적인 설명으로 틀린 것은?

① 유체 유동시 비점성 유체는 마찰 저항이 존재하지 않는다.
② 실제 유체에서는 마찰저항이 존재한다.
③ 뉴턴(Newton)의 점성법칙은 전단응력, 압력, 유체의 변형율에 관한 함수 관계를 나타내는 법칙이다.
④ 전단응력이 가해지면 정지상태로 있을 수 없는 물질을 유체라 한다.

해설 뉴우톤(Newton)의 점성법칙 ★★
전단응력은 점성계수와 속도구배(속도기울기)에 비례한다.

$$\tau = \mu \dfrac{du}{dy} \qquad \tau = \dfrac{F}{A}$$

τ : 전단응력(dyne/cm^2)
μ : 점성계수(dyne·s/cm^2)
$\dfrac{du}{dy}$: 속도구배(속도기울기)(s^{-1})
F : 힘(dyne)
A : 단면적(cm^2)

해답 ③

35 지름의 비가 1 : 2 : 3이 되는 3개의 모세관을 물속에 수직으로 세웠을 때, 모세관 현상으로 물이 관속으로 올라가는 높이의 비는?

① 3 : 2 : 1   ② $3^2 : 2^2 : 1^2$
③ 1 : 2 : 3   ④ 6 : 3 : 2

해설 모세관현상의 상승높이

상승높이 $h = \dfrac{4\sigma\cos\theta}{rd}$

① $h \propto \dfrac{1}{d}$
② $h = \dfrac{1}{1} : \dfrac{1}{2} : \dfrac{1}{3} = 6 : 3 : 2$

해답 ④

36 15℃의 물 10L를 대기압에서 110℃의 증기로 만들려면, 공급해야 하는 열량은 약 몇 kJ 인가? (단, 대기압에서 물의 비열은 4.2kJ/kg℃, 증발잠열은 2260kJ/kg이고, 증기의 정압비열은 2.1kJ/kg℃이다.)

① 26380　　② 26170
③ 22600　　④ 3780

해설 열량 계산 공식 ★★★

$$Q = mC\Delta t + mr + mC_p\Delta t$$

여기서, Q : 열량(kJ)
　　　　m : 질량(kg)
　　　　C : 비열(kJ/kg · ℃)
　　　　Δt : 온도차(℃)
　　　　r : 증발(기화)잠열(kJ/kg)
　　　　C_p : 정압비열(kJ/kg · ℃)

$Q = 10 \times 4.2 \times (100-15) + 10 \times 2260$
　　$+ 10 \times 2.1 \times (110-100)$
　　$= 26380$ kJ

해답 ①

37 부력에 대한 다음 설명 중 틀린 것은?

① 유체 내에 잠긴 물체는 물체가 배제하는 유체의 무게와 동일한 수직부력을 받는다.
② 떠 있는 물체는 물체의 무게와 동일한 무게의 유체를 배제한다.
③ 유체 내에 잠긴 물체의 부력은 "유체의 비중량×물체의 체적"과 같다.
④ 떠 있는 물체의 부력은 "물체의 비중량×배제된 체적"으로 계산할 수 있다.

해설 부력과 중량(무게)

$$F_B(\text{부력}) = F_w(\text{무게})$$
$$r_{유체} \times V_{잠긴} = r_{물체} \times V_{전체}$$
$$\gamma_W \times S_{유체} \times V_{잠긴} = \gamma_W \times S_{물체} \times V_{전체}$$

$\gamma_w =$ 물비중량(1000kgf/m³)

④ 떠 있는 물체의 부력은 "물체의 비중량×물체의 체적"으로 계산할 수 있다.

해답 ④

38 다음 중 펌프의 캐비테이션 방지법이 아닌 것은?

① 펌프의 설치 높이를 낮추어 흡입 양정을 짧게 한다.
② 밸브를 펌프 송출구 가까이 설치한다.
③ 회전차를 수중에 완전히 잠기게 한다.
④ 펌프의 회전수를 작게 한다.

해설 수격작용 방지대책
② 밸브를 펌프 송출구 가까이 설치한다.
공동현상(캐비테이션) 방지대책
① 펌프의 설치위치를 수원보다 낮게 설치
② 펌프의 임펠러속도를 감속한다.
③ 펌프의 흡입측 수두 및 마찰손실을 작게 한다.
④ 펌프의 흡입관경을 크게 한다.
⑤ 양흡입펌프를 사용한다.
NPSH와 캐비테이션의 관계
① 캐비테이션 발생한계 : NPSHav=NPSHre
② 캐비테이션 방지 : NPSHav > NPSHre
③ 설계적용 기준 : NPSHav ≧ NPSHre×1.3

해답 ②

39 벽의 두께가 15cm인 아주 넓은 평판의 표면 온도가 각각 200℃, 100℃로 일정하게 유지되고 있을 경우, 벽을 통한 단위 면적당의 열전달율(W/m²)은? (단, 벽의 열전도 계수는 0.9W/(m·K)이고, 전도에 의한 1차원 열전달이라고 가정한다.)

① 450　　② 600
③ 750　　④ 900

해설 열전달율의 계산

$$P = \frac{K(T_H - T_C)}{L}$$

여기서, P : 열전달율(W/m²)
　　　　T_H : 고온의 열저장고의 온도(K)
　　　　T_C : 저온의 열저장고의 온도(K)
　　　　L : 전달되는 판의 두께(m)
　　　　k : 열전도도(W/m · K)

① $K = 0.9$ W/m · K
　 $T_H = 273 + 200 = 473$ K

$T_C = 273 + 100 = 373\,K$

$L = 15\,cm = 0.15\,m$

② $P = \dfrac{0.9\,W/m \cdot K \times 1m^2 \times (473-373)K}{0.15m}$

$= 600\,W/m^2$

해답 ②

40 체적이 0.5m³인 용기에 1MPa, 25℃의 공기가 들어 있다. 탱크의 밸브를 열고 2kg의 공기를 빼고 온도를 0℃로 낮추면 탱크 내의 압력은 약 몇 kPa로 되겠는가? (단, 공기의 기체상수는 287J/kg · K이다.)

① 503 ② 603
③ 703 ④ 803

해설 완전기체 방정식

$PV = WRT$ 에서 $W = \dfrac{PV}{RT}$

단위 변환 암기사항
① $1kJ = 1kN \cdot m$, $1J = 1N \cdot m$
② $1kPa = 1kN/m^2$, $1pa = 1N/m^2$

① $V = 0.5\,m^3$, $P_1 = 1MPa = 1 \times 10^6 Pa(N/m^2)$

$t_1 = 25℃$, $W_1 = ?$

$R = 287\,J/kg \cdot K = 287\,N \cdot m/kg \cdot K$

② 용기 안의 공기무게

$W = \dfrac{1 \times 10^6 N/m^2 \times 0.5m^3}{287 N \cdot m/kg \cdot K \times (273+25)K} = 5.846\,kg$

③ 2kg 공기를 뺀 후 용기안의 공기무게

$W = 5.846 - 2 = 3.846\,kg$

④ 공기를 뺀 후 탱크 내 압력 계산

$P = \dfrac{WRT}{V} = \dfrac{3.846 \times 287 \times (273+0)}{0.5}$

$= 602675.89\,Pa \fallingdotseq 603\,kPa$

해답 ②

제3과목 소방관계법규

41 다음 중 소방용품 가운데 품질이 우수하다고 인정되는 소방용품에 대하여 우수품질인증을 할 수 있는 자는?

① 지식경제부장관
② 시 · 도지사
③ 소방청장
④ 소방본부장 또는 소방서장

해설 (소방시설법 제43조) 우수품질제품에 대한 인증

① 소방청장은 형식승인의 대상이 되는 소방용품 중 품질이 우수하다고 인정하는 소방용품에 대하여 우수품질인증을 할 수 있다.
② 우수품질인증의 유효기간은 5년의 범위에서 행정안전부령으로 정한다.
③ 우수품질인증을 위한 기술기준, 제품의 품질관리 평가, 우수품질인증의 갱신, 수수료, 인증표시 등 우수품질인증에 관하여 필요한 사항은 행정안전부령으로 정한다.

해답 ③

42 소방용수시설에서 저수조의 설치 기준으로 적합하지 않은 것은?

① 지면으로부터의 낙차가 6m 이하일 것
② 흡수부분의 수심이 0.5m 이상일 것
③ 소방펌프자동차가 쉽게 접근할 수 있도록 할 것
④ 흡수에 지장이 없도록 토사 및 쓰레기 등을 제거할 수 있는 설비를 갖출 것

해설 ① 지면으로부터 낙차가 4.5m 이하일 것
(기본법 시행규칙 제6조 ②항 별표 3)
저수조의 설치기준
① 지면으로부터 낙차가 4.5m 이하일 것
② 흡수부분의 수심이 0.5m 이상일 것
③ 소방펌프자동차가 쉽게 접근할 수 있도록 할 것
④ 흡수에 지장이 없도록 토사 및 쓰레기 등을 제거할 수 있는 설비를 갖출 것
⑤ 흡수관 투입구가 사각형인 경우 한 변의 길이가

60cm 이상, 원형의 경우에는 지름이 60cm 이상일 것
⑥ 저수조에 물을 공급하는 방법은 상수도에 연결하여 자동으로 급수되는 구조일 것

해답 ①

43 소방안전관리자를 두어야 할 특정소방대상물로서 1급 소방안전관리대상물의 기준으로 옳은 것은?

① 가스제조설비를 갖추고 도시가스사업허가를 받아야 하는 시설
② 가연성가스를 1천톤 이상 저장·취급하는 시설
③ 지하구
④ 문화유산의 보존 및 활용에 관한 법률에 따라 국보 또는 보물로 지정된 목조건축물

해설 소방안전관리자를 두어야 하는 특정소방대상물
(1) 특급 소방안전관리대상물
 ① 50층 이상(지하층 제외)이거나 지상 200m 이상 아파트
 ② 30층 이상(지하층 포함)이거나 지상 120m 이상(아파트 제외)
 ③ 연면적 10만m^2 이상(아파트 제외)
(2) 1급 소방안전관리대상물
 ① 30층 이상(지하층 제외)이거나 지상 120m 이상 아파트
 ② 연면적 1만5천m^2 이상(아파트 및 연립주택 제외)
 ③ 층수가 11층 이상
 ④ 가연성 가스 1천톤 이상
(3) 2급 소방안전관리대상물
 ① 옥내, 스프링, 물분무등 소화설비 설치대상(호스릴 방식의 물분무등 소화설비만을 설치한 경우는 제외)
 ② 가연성 가스 100톤 이상 1천톤 미만
 ③ 지하구
 ④ 공동주택
 ⑤ 보물 또는 국보로 지정된 목조건축물
(4) 3급 소방안전관리대상물
 간이스프링클러설비 또는 자동화재탐지설비 설치대상

해답 ②

44 특정소방대상물이 증축되는 경우 기존 부분에 대해서 증축 당시의 소방시설의 설치에 관한 대통령령 또는 화재안전기준을 적용하지 않는 경우가 아닌 것은?

① 증축으로 인하여 천장·바닥·벽 등에 고정되어 있는 가연성 물질의 양이 줄어드는 경우
② 기존 부분과 증축 부분이 내화구조로 된 바닥과 벽으로 구획된 경우
③ 기존 부분과 증축 부분이 자동방화셔터 또는 60분+ 방화문으로 구획되어 있는 경우
④ 자동차 생산공장 등 화재 위험이 낮은 특정소방대상물에 캐노피를 설치하는 경우

해설 소방시설법 시행령 제15조
(특정소방대상물의 증축 또는 용도변경 시의 소방시설기준 적용의 특례)
소방본부장 또는 소방서장은 특정소방대상물이 증축되는 경우에는 기존 부분을 포함한 특정소방대상물의 전체에 대하여 **증축 당시의 소방시설의 설치에 관한 대통령령** 또는 **화재안전기준을 적용**해야 한다. 다만, 다음 각 호의 어느 하나에 해당하는 경우에는 **기존 부분**에 대해서는 증축 당시의 소방시설의 설치에 관한 대통령령 또는 **화재안전기준을 적용하지 않는다**.
① 기존 부분과 증축 부분이 내화구조로 된 바닥과 벽으로 구획된 경우
② **기존 부분**과 **증축 부분**이 자동방화셔터 또는 **60분+ 방화문**으로 **구획**되어 있는 경우
③ 자동차 생산공장 등 화재 위험이 낮은 특정소방대상물 내부에 **연면적 33m^2 이하**의 **직원 휴게실**을 증축하는 경우
④ 자동차 생산공장 등 화재 위험이 낮은 특정소방대상물에 **캐노피**를 설치하는 경우

해답 ①

45 소방시설관리업의 등록기준 중 분말소화설비의 장비기준이 아닌 것은?

① 기동관 누설시험기
② 절연저항계
③ 캡 스퍼너

④ 전류전압측정계

해설 소방시설관리업의 등록기준
가. 주된 기술인력 : 소방시설관리사 1인 이상
나. 보조 기술인력 : 다음에 해당하는 사람 2명 이상
　① 소방설비기사 또는 소방설비산업기사
　② 소방공무원으로 3년 이상 근무한 사람
　③ 소방관련 학과의 학사학위를 취득한 사람
　④ 행정안전부령으로 정하는 소방기술과 관련된 자격·경력 및 학력이 있는 사람

소방시설별 점검장비

소방시설	장비
공통시설	방수압력측정계, 절연저항계, 전류전압측정계
소화기구	저울
옥내소화전설비 옥외소화전설비	소화전밸브압력계
스프링클러설비 포소화설비	헤드결합렌치
이산화탄소소화설비 분말소화설비 할로젠화합물소화설비 청정소화약제소화설비	검량계·기동관누설시험기
자동화재탐지설비 시각경보기	열감지기시험기·연감지기시험기·공기주입시험기·감지기시험기연결폴대·음량계
누전경보기	누전계
무선통신보조설비	무선기
제연설비	풍속풍압계·폐쇄력측정기·차압계
통로유도등 비상조명등	조도계

해답 ③

46 위험물의 임시저장 취급기준을 정하고 있는 것은?
① 대통령령　② 국무총리령
③ 안전행정부령　④ 시·도 조례

해설 (위험물법 제5조) 위험물의 저장 및 취급의 제한
위험물 임시저장 및 취급은 시·도의 조례에 따라 관할소방서장의 승인을 받아 90일 이내 임시저장, 취급할 수 있다.

해답 ④

47 소방관서장은 화재안전조사를 실시하고자 하는 경우 조사대상, 조사기간 및 조사사유 등 조사계획을 인터넷 홈페이지나 전산시스템 등을 통해 사전에 공개하여야 한다. 이 경우 공개기간은 며칠 이상으로 하여야 하는가?
① 1일　② 3일
③ 5일　④ 7일

해설 (화재예방법 시행령 제8조)
화재안전조사의 방법·절차 등
(1) **소방관서장**은 화재안전조사의 목적에 따라 다음의 방법으로 화재안전조사를 실시할 수 있다.
　① **종합조사** : 화재안전조사 항목 전부를 확인하는 조사
　② **부분조사** : 화재안전조사 항목 중 일부를 확인하는 조사
(2) **소방관서장**은 조사계획을 인터넷 홈페이지나 전산시스템 등을 통해 **7일 이상** 공개해야 한다.

해답 ④

48 소방신호의 종류별 신호의 방법으로 5초 간격을 두고 5초씩 3회 싸이렌을 울리는 신호는?
① 경계신호　② 발화신호
③ 해제신호　④ 훈련신호

해설 (기본법 시행규칙 제10조) 소방신호의 종류 및 방법
(1) 소방신호의 종류
　① 경계신호 : 화재예방상 필요하다고 인정되거나 화재위험경보시 발령
　② 발화신호 : 화재가 발생한 때 발령
　③ 해제신호 : 소화활동이 필요 없다고 인정되는 때 발령
　④ 훈련신호 : 훈련상 필요하다고 인정되는 때 발령
(2) 소방신호 방법

신호종류	타종신호	싸이렌신호
경계신호	1타와 연2타를 반복	5초간격을 두고 30초씩 3회
발화신호	난타	5초간격을 두고 5초씩 3회
해제신호	상당한 간격을 두고 1타씩 반복	1분간 1회
훈련신호	연 3타 반복	10초간격을 두고 1분씩 3회

해답 ②

49 합격표시를 하지 아니한 소방용품을 판매할 목적으로 진열했을 때의 벌칙으로 맞는 것은?

① 3년 이하의 징역 또는 3000만원 이하의 벌금
② 2년 이하의 징역 또는 1500만원 이하의 벌금
③ 1년 이하의 징역 또는 1000만원 이하의 벌금
④ 1년 이하의 징역 또는 500만원 이하의 벌금

해설 소방시설법 제57조(벌칙)
3년 이하의 징역 또는 3천만원 이하의 벌금
① 조치명령을 위반한 자
② 관리업의 등록을 하지 아니하고 영업을 한 자
③ 거짓이나 부정한 방법으로 형식승인, 제품검사, 임의 변경, 합격표시, 성능인증 받은 자
④ 제품검사를 받지 아니하거나 합격표시를 하지 아니한 소방용품을 판매·진열하거나 소방시설공사에 사용한 자
④ 회수·교환·폐기 또는 판매중지 명령을 받은 후 필요한 조치를 하지 아니한 자
⑤ 거짓, 부정한 방법으로 전문기관지정 받은 자

해답 ①

50 방염업자가 소방관계법령을 위반하여 방염업의 등록증을 다른 자에게 빌려 주었을 때 부과할 수 있는 과징금의 최고 금액으로 맞는 것은?

① 1천만원   ② 2천만원
③ 3천만원   ④ 5천만원

해설 (소방시설법 제35조)
영업정지 처분에 갈음하는 과징금처분
★★ 자주출제 (필수정리) ★★

과징금 처분권자	과징금 부과금액		
	방염업	소방시설업	위험물제조소
시·도지사	3천만원 이하	3천만원 이하	2억원 이하

해답 ③

51 소방시설 설치 및 관리에 관한 법령상 소방본부장 또는 소방서장에게 자체점검결과 보고를 마친 관계인은 보고한 날로부터 10일 이내에 자체점검기록표를 작성하여 특정소방대상물의 출입자가 쉽게 볼 수 있는 장소에 30일 이상 게시하여야 한다. 이를 위반하였을 경우 벌칙 기준은?

① 300만원 이하의 벌금
② 100만원 이하의 벌금
③ 300만원 이하의 과태료
④ 100만원 이하의 과태료

해설 소방시설법 제61조(과태료)
300만원 이하의 과태료
(1) 화재안전기준에 따라 설치·관리하지 아니한 자
(2) 공사 현장에 임시소방시설을 설치·관리하지 아니한 자
(3) 피난시설, 방화구획 또는 방화시설의 폐쇄·훼손·변경 등의 행위를 한 자
(4) 방염성능기준 이상 설치하지 아니한 자
(5) 자체점검 준수사항 위반
(6) 점검 결과를 보고 위반
(7) 이행계획 완료, 결과보고 위반
(8) 점검기록표 기록 및 게시 위반
(9) 변경신고, 지위승계 신고 위반
(10) 점검실적 증명서류 거짓 제출
(11) 거짓으로 보고 또는 자료제출 또는 출입 또는 검사를 거부·방해 또는 기피한 자

해답 ③

52 소방시설업자의 지위를 승계한 자는 행정안전부령이 정하는 바에 따라 누구에게 신고하여야 하는가?

① 소방본부장   ② 소방서장
③ 시·도지사   ④ 군수

해설 (공사업법 제7조)
소방시설업자의 지위승계
다음의 어느 하나에 해당하는 자가 종전의 소방시설업자의 지위를 승계하려는 경우에는 그 상속일, 양수일 또는 합병일부터 30일 이내에 행정안전부령으로 정하는 바에 따라 그 사실을 시·도지사에게 신고하여야 한다.
① 소방시설업자가 사망한 경우 그 상속인

② 소방시설업자가 그 영업을 양도한 경우 그 **양수인**
③ 법인인 소방시설업자가 다른 법인과 합병한 경우 **합병 후 존속하는 법인**이나 **합병으로 설립되는 법인**

해답 ③

53 특정소방대상물의 관계인과 소방안전관리자의 직접적인 업무 내용이 아닌 것은?

① 자위소방대 조직
② 화기취급의 감독
③ 방화시설의 유지 및 관리
④ 소방시설의 공사 및 감독

해설 **(화재예방법 제24조)**
소방안전관리자 업무
(1) **소방계획서**의 작성 및 시행
(2) **자위소방대** 및 초기대응체계의 **구성·운영·교육**
(3) 피난시설, 방화구획 및 방화시설의 **관리**
(4) **소방시설**, **소방 관련시설의 관리**
(5) **소방훈련 및 교육**
(6) 화기 취급의 **감독**
(7) 소방안전관리에 관한 **업무수행 기록·유지**
(8) 화재발생 시 **초기대응**
(9) 소방안전관리에 **필요한 업무**

해답 ④

54 다음 화학물질 중 제6류 위험물에 속하지 않는 것은?

① 황산   ② 질산
③ 과염소산   ④ 과산화수소

해설 제6류 위험물(산화성 액체)

품 명	화학식	지정수량
과염소산	$HClO_4$	
과산화수소	H_2O_2	300Kg
질산	HNO_3	

※ 황산은 위험물이 아니며 유독물에 해당

해답 ①

55 소방본부장 또는 소방서장의 건축허가 동의를 받아야 하는 범위로서 거리가 가장 먼 것은?

① 노유자시설인 경우 연면적이 200제곱미터 이상인 건축물
② 무창층이 있는 건축물로서 바닥면적이 150제곱미터 이상인 층이 있는 것
③ 특정소방대상물 중 위험물의 저장 및 처리 시설, 지하구
④ 차고·주차장으로 사용되는 층 중 바닥면적이 100제곱미터 이상인 층이 있는 시설

해설 ④ 100제곱미터 → 200제곱미터
(소방시설법 시행령 제7조)
건축허가등의 동의대상물의 범위 등
(1) 연면적 $400m^2$ 이상
다만, 다음에 해당하는 경우에는 기준 이상
① 학교시설 : $100m^2$
② 노유자시설 및 수련시설 : $200m^2$
③ 정신의료기관 : $300m^2$
④ 장애인 의료재활시설 : $300m^2$
(2) 지하층 또는 무창층 $150m^2$(공연장 $100m^2$)
(3) 차고·주차장 또는 주차용도로 사용시설
① 차고·주차장 : $200m^2$ 이상
② 기계장치에 의한 **자동차 20대 이상**
(4) 층수가 **6층 이상**인 건축물
(5) 항공기격납고, 관망탑, 항공관제탑, 방송용 송수신탑
(6) 공동주택, 의원(입원실, 인공신장실이 있는 것)·조산원·산후조리원, 숙박시설, 위험물 저장 및 처리 시설, 풍력발전소·전기저장시설, 지하구
(7) 노유자시설((1)의 ②에 해당하지 않는 시설)
(8) **요양병원**(의료재활시설은 제외)
(9) **750배 이상의 특수가연물**을 저장·취급
⑩ **가스시설**로서 지상 노출 탱크 **100톤** 이상

해답 ④

56 일반 공사 감리 대상의 경우 감리현장 연면적의 총 합계가 10만m^2 이하일 때 1인의 책임 감리원이 담당하는 소방공사 감리현장은 몇 개 이하인가?

① 2개   ② 3개
③ 4개   ④ 5개

해설 (공사업법 시행규칙 제16조)
감리원의 세부배치기준 등 ★★ 자주출제 (필수정리) ★★

종류	세부배치기준
상주공사 감리대상	① 기계, 전기의 감리원 자격을 취득한 사람 각 1명 이상을 배치할 것.(다만, 기계+전기 함께 취득한 사람 1명 이상) ② 배관(전선관 포함)설치, 매립하는 때부터 완공검사증명서를 발급받을 때까지 현장에 배치할 것
일반공사 감리대상	① 기계, 전기의 감리원 자격을 취득한 사람 각 1명 이상을 배치할 것.(다만, 기계+전기 함께 취득한 사람 1명 이상) ② 별표 3에 따른 기간 동안 감리원을 배치할 것 ③ 감리원은 주 1회 이상 감리현장에 배치되어 감리할 것 ④ 1명의 감리원이 담당하는 감리현장은 5개 이하로서 연면적의 총 합계가 10만m^2 이하일 것. 다만, 아파트의 경우에는 연면적의 합계에 관계없이 1명의 감리원이 5개 이내의 공사현장을 감리할 수 있다.

해답 ④

57 다음 중 소방기술심의위원회 위원의 자격에 해당하지 않는 사람은?

① 소방기술사
② 소방관련 법인에서 소방관련 업무를 3년 이상 종사한 사람
③ 소방과 관련된 교육기관에서 5년 이상 교육 또는 연구에 종사한 사람
④ 석사 이상의 소방관련 학위를 소지한 사람

해설 ② 소방관련 법인·단체에서 소방관련업무에 5년 이상 종사한 자
(소방시설법 시행령 제22조) 위원의 임명·위촉
중앙위원회의 위원은 과장급 직위 이상의 소방공무원과 다음 각호의 1에 해당하는 자 중에서 소방청장이 임명 또는 위촉한다.
① 소방기술사
② 석사 이상의 소방관련 학위 소지한 사람
③ 소방시설관리사
④ 소방관련업무에 5년 이상 종사한 사람
⑤ 소방과 관련된 교육 또는 연구에 5년 이상 종사한 사람

해답 ②

58 다음 중 위험물탱크 안전성능시험자로 등록하기 위하여 갖추어야 할 사항에 포함되지 않는 것은?

① 자본금   ② 기술능력
③ 시설   ④ 장비

해설 (위험물법 시행령 제14조 (1)항의 별표 7)
탱크시험자의 기술능력, 시설 및 장비
1. 기술능력
   가. 필수인력
      (1) 위험물기능장·위험물산업기사 또는 위험물기능사 중 1명 이상
      (2) 비파괴검사기술사 1명 이상 또는 초음파비파괴검사·자기비파괴검사 및 침투비파괴검사별로 기사 또는 산업기사 각 1명 이상
   나. 필요한 경우에 두는 인력
      (1) 충·수압시험, 진공시험, 기밀시험 또는 내압시험의 경우 : 누설비파괴검사 기사, 산업기사 또는 기능사
      (2) 수직·수평도시험의 경우 : 측량 및 지형공간정보 기술사, 기사, 산업기사 또는 측량기능사
      (3) 방사선투과시험의 경우 : 방사선비파괴검사 기사 또는 산업기사
      (4) 필수 인력의 보조 : 방사선비파괴검사·초음파비파괴검사·자기비파괴검사 또는 침투비파괴검사 기능사
2. 시설 : 전용사무실
3. 장비
   가. 필수장비 : 자기탐상시험기, 초음파두께측정기 및 다음 (1) 또는 (2) 중 어느 하나
      (1) 영상초음파탐상시험기
      (2) 방사선투과시험기 및 초음파탐상시험기

해답 ①

59 소방기본법령에서 정하는 소방용수시설의 설치기준 사항으로 틀린 것은?

① 급수탑의 급수배관의 구경은 100밀리미터 이상으로 한다.
② 소화전은 상수도와 연결하여 지하식 또는 지상식의 구조로 한다.

③ 급수탑의 개폐밸브는 지상에서 0.8미터 이상 1.5미터 이하의 위치에 설치하도록 한다.
④ 상업지역 및 공업지역에 설치하는 경우는 소방대상물과의 수평거리를 100미터 이하가 되도록 한다.

해설 ③ 급수탑의 개폐밸브는 지상에서 1.5m 이상 1.7m 이하의 위치에 설치하도록 할 것
(기본법 시행규칙 제6조 ②항의 별표 3)
소방용수시설의 설치기준
① 공통기준

지 역	거 리
주거지역, 상업지역, 공업지역	100m 이내
그 밖의 지역	140m 이내

② 소방용수시설별 설치기준
　㉠ 소화전의 설치기준 : 상수도와 연결하여 지하식 또는 지상식의 구조로 하고, 소방용 호스와 연결하는 소화전의 연결금속구의 구경은 65mm로 할 것
　㉡ 급수탑의 설치기준 : 급수배관의 구경은 100mm 이상으로 하고, 개폐밸브는 지상에서 1.5m 이상 1.7m 이하의 위치에 설치하도록 할 것
③ 저수조의 설치기준
　㉠ 지면으로부터의 낙차가 4.5m이하일 것
　㉡ 흡수부분의 수심이 0.5m이상일 것
　㉢ 소방펌프자동차가 쉽게 접근할 수 있도록 할 것
　㉣ 흡수에 지장이 없도록 토사 및 쓰레기 등을 제거할 수 있는 설비를 갖출 것
　㉤ 흡수관의 투입구가 사각형의 경우에는 한 변의 길이가 60cm이상, 원형의 경우에는 지름이 60cm이상일 것
　㉥ 저수조에 물을 공급하는 방법은 상수도에 연결하여 자동으로 급수되는 구조일 것

해답 ③

60 시·도 소방본부 및 소방서에서 운영하는 화재조사부서의 고유 업무관장 내용으로 적절하지 않은 것은?

① 화재조사의 실시
② 화재조사의 발전과 조사요원의 능력향상

사항
③ 화재조사를 위한 장비의 관리운영 사항
④ 화재피해 감소를 위한 예방 홍보

해설 **(기본법 시행규칙 제12조)**
화재조사전담부서의 설치·운영 등
① 화재의 원인과 피해 조사를 위하여 소방청, 시·도의 소방본부와 소방서에 화재조사를 전담하는 부서를 설치·운영한다.
② 화재조사전담부서의 장은 다음 각 호의 업무를 관장한다.
　1. 화재조사의 총괄·조정
　2. 화재조사의 실시
　3. 화재조사의 발전과 조사요원의 능력향상에 관한 사항
　4. 화재조사를 위한 장비의 관리운영에 관한 사항
　5. 그 밖의 화재조사에 관한 사항

해답 ④

제4과목　소방기계시설의 구조 및 원리

61 축압식 분말소화설비 저장용기의 안전성 확보를 위하여 설치하는 안전밸브는 얼마의 압력에서 작동되어야 하는가?

① 내압시험 압력의 0.6배 이하
② 내압시험 압력의 0.7배 이하
③ 내압시험 압력의 0.8배 이하
④ 내압시험 압력의 0.9배 이하

해설 **분말저장용기의 안전밸브 작동조건**
① 가압식 : 최고사용압력의 1.8배 이하
② 축압식 : 내압시험압력의 0.8배 이하

해답 ③

62 소화기는 각층마다 설치하되, 소방대상물의 각 부분으로부터 1개의 소화기까지의 보행거리가 소형소화기의 경우에는 몇 m 이내인가?

① 30m 이내　② 25m 이내
③ 20m 이내　④ 15m 이내

해설 **소화기 설치기준**
① 소화기는 바닥으로부터 1.5m 이하 위치에 비치
② 소형소화기
　㉠ 능력단위 1단위 이상
　㉡ 보행거리 20m 이내
③ 대형소화기
　㉠ A급 10단위 이상
　㉡ B급 20단위 이상
　㉢ 보행거리 30m 이내

해답 ③

63
연결송수관설비의 송수관 설치 및 송수구 부근에 설치하는 자동 배수밸브 또는 체크밸브의 설치에 따른 설치기준에 대한 내용으로 틀린 것은?

① 배수밸브 또는 체크밸브의 설치 시 습식의 경우에는 송수구, 자동배수밸브, 체크밸브의 순으로 설치할 것
② 송수구는 구경 65mm의 쌍구형으로 할 것
③ 송수구는 지면으로부터 높이가 0.8m 이상 1.5m 이하의 위치에 설치할 것
④ 배수밸브 또는 체크밸브의 설치시 건식의 경우에는 송수구, 자동배수밸브, 체크밸브, 자동배수밸브의 순으로 설치할 것

해설 **연결송수관설비의 설치 기준**
① 송수구 설치기준
　㉠ 연결송수관의 수직배관마다 1개 이상을 설치
　㉡ 송수구의 부근에 자동배수밸브 또는 체크밸브 설치순서
　　ⓐ 습식 : 송수구 → 자동배수밸브 → 체크밸브(송자체)
　　ⓑ 건식 : 송수구 → 자동배수밸브 → 체크밸브 → 자동배수밸브(송자체자)
　㉢ 송수구는 지면으로부터 0.5m 이상 1.0m 이하
② 배관 설치기준
　㉠ 주배관 구경 : 100mm 이상
　㉡ 습식설비 대상
　　ⓐ 지면으로부터의 높이가 31m 이상인 소

방대상물
　　ⓑ 지상 11층 이상인 소방대상물
③ 방수구 설치기준
　㉠ 소방대상물의 층마다 설치 ★(단, 아파트의 1층 및 2층은 설치 예외)★
　㉡ 11층 이상의 방수구는 쌍구형
　㉢ 방수구의 호스 접결구 설치위치 바닥으로부터 높이 0.5m 이상 1m 이하
　㉣ 방수구의 구경 : 65mm의 것
　㉤ 방수구는 개폐기능을 가진 것으로 할 것
　㉥ 방수기구 함은 방수구가 가장 많이 설치된 층을 기준으로 하여 3개 층마다 설치

해답 ③

64
노유자시설에 설치하는 피난시설로 가장 유효한 것으로 짝지어진 것은?

① 피난교, 승강식 피난기
② 피난용 트랩, 구조대
③ 피난 사다리, 피난 밧줄
④ 피난용 트랩, 피난 밧줄

해설 **소방대상물의 설치장소별 피난기구의 적응성**

구분 \ 층별	1층	2층	3층	4층 이상 10층 이하
노유자시설	미구교다승	미구교다승	미구교다승	구[1])교다승
의료시설·근린생활시설 중 입원실이 있는 의원·접골원·조산원			미트구 교다승	트구 교다승
다중이용업소로서 영업장의 위치가 4층 이하인 다중이용업소		미사구완다승	미사구완다승	미사구완다승
그 밖의 것			트공간교 미사구 완다승	공간[2]) 교사구 완다승

[비고]
1) 구조대의 적응성은 장애인 관련 시설로서 주된 사용자 중 스스로 피난이 불가한 자가 있는 경우 추가로 설치하는 경우에 한한다.
2) 간이완강기의 적응성은 숙박시설의 3층 이상에 있는 객실에 추가로 설치하는 경우에 한한다.

어두문자 암기방법

피난용트랩 ⇒ 트	피난교 ⇒ 교
피난사다리 ⇒ 사	미끄럼대 ⇒ 미
구조대 ⇒ 구	다수인피난장비 ⇒ 다
승강식피난기 ⇒ 승	완강기 ⇒ 완
간이완강기 ⇒ 간	공기안전매트 ⇒ 공

해답 ①

65 연결살수설비의 가지배관은 교차배관 또는 주배관에서 분기되는 지점을 기점으로 한 쪽 가지배관에 설치되는 헤드의 개수는 최고 몇 개까지의 헤드를 설치할 수 있는가?

① 8개 ② 10개
③ 12개 ④ 15개

해설 ① 연결살수 설비의 배관시공
  ㉠ 개방형 헤드를 사용하는 연결살수에 있어서의 수평주행 배관은 헤드를 향하여 상향으로 100분의 1이상의 기울기로 설치
  ㉡ 가지배관의 배열은 토너먼트 방식이 아니어야한다.
  ㉢ 한쪽 가지배관에 설치되는 헤드의 갯수는 8개 이하
  ㉣ 연결살수 설비의 배관은 전용으로 한다.
② 연결살수설비 전용헤드 수별 급수관의 구경

하나의 배관의 전용헤드수	1개	2개	3개	4~5개	6~10개
배관구경(mm)	32	40	50	65	80

③ 연결살수설비의 송수구
  ㉠ 65mm 쌍구형
  ㉡ 살수헤드 10개 이하는 단구형
  ※ 살수헤드 11개 이상인 경우 쌍구형 송수구 설치

해답 ①

66 연결살수설비의 설치에 대한 기준 중 옳은 것은?

① 송수구는 반드시 65mm의 쌍구형으로 한다.
② 연결살수설비 전용헤드를 사용하는 경우 수평거리는 3.2m 이하로 한다.
③ 개방형헤드를 사용할 때 수평주행배관은 헤드를 향해 상향으로 1/100 이상의 기울기로 설치한다.
④ 천장 및 반자 중 한쪽이 불연재료 외의 것으로 되어 있고 천장과 반자 사이의 거리가 0.5m 미만인 부분은 연결살수설비헤드를 설치하지 않아도 된다.

해설 연결살수설비
① 송수구는 구경 65mm의 쌍구형으로 설치할 것. 다만, 하나의 송수구역에 부착하는 살수헤드의 수가 10개 이하인 것에 있어서는 단구형의 것으로 할 수 있다.
② 연결살수설비의 헤드설치기준
  ㉠ 연결살수설비 전용헤드 : 3.7m 이하
  ㉡ 스프링클러헤드 : 2.3m 이하
③ 개방형헤드를 사용하는 연결살수설비에 있어서의 수평주행배관은 헤드를 향하여 상향으로 100분의 1 이상의 기울기로 설치하고 주배관 중 낮은 부분에는 자동배수밸브를 설치하여야 한다.
④ 천장·반자 중 한 쪽이 불연재료로 되어있고 천장과 반자 사이의 거리가 1m 미만인 부분은 연결살수설비헤드를 설치하지 않아도 된다.

해답 ③

67 간이스프링클러설비의 화재안전기술기준에 따라 펌프를 이용하는 가압송수장치를 설치하는 경우에 있어서의 정격토출 압력은 가장 먼 가지배관에서 2개의 간이헤드를 동시에 개방할 경우 간이헤드 선단의 방수압력은 몇 MPa 이상이어야 하는가?

① 0.1MPa ② 0.35MPa
③ 1.4MPa ④ 3.5MPa

해설 간이스프링클러설비
① 수원
  ㉠ 상수도설비에 직접 연결하는 경우에는 수돗물
  ㉡ 수조를 설치하고자 하는 경우에는 적어도 1개 이상의 자동급수장치를 갖추어야 하며, 2개의 간이헤드에서 최소 10분(근린생활시설 1000m² 이상, 생활형 숙박시설 600m² 이상, 복합건축물 1000m² 이상의 경우에는 20분)이상 방수할 수 있는 양 이상으로 할 것
② 가압송수장치
  ㉠ 정격토출압력은 가장 먼 가지배관에서 2개의 간이헤드를 동시에 개방할 경우 간이헤드 선단의 방수압력은 0.1MPa 이상
  ㉡ 간이스프링클러헤드 1개의 방수량은 50L/min(표준형헤드를 설치하는 경우에는 80L/min) 이상

해답 ①

68 포소화설비에 대한 설명으로 틀린 것은?

① 포워터 스프링클러헤드는 바닥면적 $8m^2$마다 1개 이상 설치하여야 한다.
② 포헤드는 소방대상물의 천장 또는 반자에 설치하되, 바닥면적 $7m^2$마다 1개 이상으로 한다.
③ 전역방출방식의 고발포용 고정포방출구는 바닥면적 $500m^2$ 이내마다 1개 이상을 설치하여야 한다.
④ 포헤드를 정방형으로 배치하든 장방형으로 배치하든 간에 그 유효반경은 2.1m이다.

해설 ② 포헤드는 $9m^2$마다 1개 이상 설치

포헤드 설치기준

포헤드의 종류	포워터 스프링클러헤드	포헤드
설치기준	$8m^2$마다 1개 이상	$9m^2$마다 1개 이상

해답 ②

69 이산화탄소소화설비의 구성 요소가 아닌 것은?

① 정압작동장치　② 음향경보장치
③ 수동기동장치　④ 선택밸브

해설 ① 정압작동장치 : 분말소화설비의 구성요소
CO_2 소화설비의 구성요소
① 소화약제 저장용기 등　② 기동장치
③ 음향경보장치　　　　　④ 선택밸브
⑤ 제어반등　　　　　　　⑥ 배관 등
⑦ 분사헤드
⑧ 자동식 기동장치의 화재감지기
⑨ 자동폐쇄장치　　　　　⑩ 비상전원
⑪ 배출설비　　　　　　　⑫ 과압 배출구

해답 ①

70 이산화탄소소화설비의 자동식 기동장치 종류로 보편적인 종류가 아닌 항목은?

① 전기식 기동장치
② 기계식 기동장치
③ 가스압력식 기동장치
④ 유압식 기동장치

해설 **CO_2 소화설비의 기동장치**
① 수동식 기동장치
　㉠ 전역방출 방식은 방호구역마다 국소방출 방식은 방호대상물마다 설치할 것
　㉡ 당해 방호구역의 출입구부분 등 조작을 하는 자가 쉽게 피난할 수 있는 장소에 설치할 것
　㉢ 기동장치의 조작부는 바닥으로부터 높이 0.8m 이상 1.5m 이하의 위치에 설치하고 보호판 등에 의한 보호장치를 설치할 것
　㉣ 기동장치에는 그 가까운 곳의 보기 쉬운 곳에 "이산화탄소 소화설비 기동장치"라고 표시한 표지를 할 것
　㉤ 전기를 사용하는 기동장치에는 전원표시등을 설치할 것
　㉥ 기동장치의 방출용 스위치는 음향경보장치와 연동하여 조작될 수 있는 것으로 할 것
② 자동식 기동장치
　㉠ 자동화재탐지설비는 감지기의 작동과 연동하는 것으로 하여야 한다.
　㉡ 자동식 기동장치에는 수동으로도 기동할 수 있는 구조로 할 것
　㉢ 전기식 기동장치로서 7병 이상의 저장용기를 동시에 개방하는 설비에 있어서는 2병 이상의 저장용기에 전자개방밸브를 부착할 것
　㉣ 가스 압력식 기동장치
　　ⓐ 기동용 가스용기 및 당해 용기에 사용하는 밸브는 25MPa 이상의 압력에 견딜 수 있는 것으로 할 것
　　ⓑ 기동용 가스용기에는 내압시험압력의 0.8배 내지 내압시험압력 이하에서 작동하는 안전장치를 설치할 것
　　ⓒ 기동용 가스용기의 체적은 **5L 이상**으로 하고, 해당 용기에 저장하는 질소 등의 **비활성기체**는 6.0MPa 이상(21℃ 기준)의 압력으로 충전할 것
　　ⓓ 기동용 가스용기에는 충전여부를 확인할 수 있는 **압력게이지를 설치**할 것
　㉤ 기계식 기동장치에 있어서는 저장용기를 쉽게 개방할 수 있는 구조로 할 것

해답 ④

71 차고 또는 주차장에 설치하는 물분무소화설비의 배수설비에 관한 내용으로 틀린 것은?

① 차량이 주차하는 장소의 적당한 곳에 높이 20cm 이상의 경계턱으로 배수구를 설치
② 배수구에는 새어나온 기름을 모아 소화할 수 있도록 길이 40m 이하마다 기름분리장치 설치
③ 차량이 주차하는 바닥은 배수구를 향하여 2/100 이상의 기울기를 유지할 것
④ 배수설비는 가압송수장치 최대 송수능력의 수량을 유효하게 배수할 수 있는 크기로 할 것

[해설] ① 20cm → 10cm

물분무 소화설비의 배수설비 설치기준
① 10cm 이상 경계턱 설치
② 40m 이하마다 기름분리장치 설치
③ $\frac{2}{100}$ ($\frac{1}{50}$) 이상 기울기 유지
④ 최대송수능력의 수량을 유효하게 배수할 수 있을 것

[해답] ①

72 이산화탄소소화설비의 수동식 기동장치에 대한 설명으로 틀린 것은?

① 전역방출방식에 있어서는 방호구역마다, 국소방출방식에 있어서는 방호대상물마다 설치한다.
② 당해 방호구역의 출입구 부분 등 조작을 하는 자가 쉽게 피난할 수 있는 장소에 설치한다.
③ 전기를 사용하는 기동장치에 전원표시 등을 설치한다.
④ 기동장치의 조작부는 바닥으로부터 높이 0.5m 이상 1.0m 이하의 위치에 설치한다.

[해설] ④ 0.5m 이상 1m 이하 → 0.8m 이상 1.5m 이하

이산화탄소 소화설비의 수동식 기동장치
① 전역방출 방식은 방호구역마다 국소방출 방식은 방호대상물마다 설치할 것
② 당해 방호구역의 출입구부분 등 조작을 하는 자가 쉽게 피난할 수 있는 장소에 설치할 것
③ 기동장치의 조작부는 바닥으로부터 높이 0.8m 이상 1.5m 이하의 위치에 설치하고 보호판 등에 의한 보호장치를 설치할 것
④ 기동장치에는 그 가까운 곳의 보기 쉬운 곳에 "이산화탄소 소화설비 기동장치"라고 표시한 표지를 할 것
⑤ 전기를 사용하는 기동장치에는 전원표시등을 설치할 것
⑥ 기동장치의 방출용 스위치는 음향경보장치와 연동하여 조작될 수 있는 것으로 할 것

[해답] ④

73 5층 시장건물의 슈퍼마켓에 설치되는 스프링클러설비 전용 수원의 수량산출 계산방법으로서 옳은 것은?

① 10개 × 1.6m³ = 16m³
② 20개 × 1.8m³ = 36m³
③ 30개 × 1.6m³ = 48m³
④ 30개 × 2.6m³ = 78m³

[해설] **수원의 양** : 폐쇄형 헤드 사용시

$$Q = N \times 1.6m^3$$

N : 헤드기준개수(기준개수보다 적은 경우 설치개수)
∴ $Q = 30 \times 1.6m^3 = 48m^3$

헤드의 기준개수(폐쇄형)

소방대상물			기준개수
지하층제외 10층 이하	공장	특수가연물	30개
		그 밖의 것	20개
	근린생활시설 · 판매시설 · 운수시설 또는 복합건축물	판매시설 또는 복합건축물(판매시설 설치 복합건축물)	30개
		그 밖의 것	20개
	그 밖의 것	헤드높이 8m 이상	20개
		헤드높이 8m 이하	10개
아파트			10개
지하층제외 11층 이상, 지하가 또는 지하역사			30개

※ 아파트등의 **각 동이 주차장으로 서로 연결된 구조**인 경우 해당 **주차장 부분의 기준개수는 30개**로 할 것

[해답] ③

74 호스릴방식의 분말소화설비에 있어서는 하나의 노즐에 대한 소화약제의 저장량은 몇 kg 이상으로 규정하고 있는지 맞는 것은?

① 제1종 분말은 20kg
② 제2종 분말은 30kg
③ 제3종 분말은 40kg
④ 제4종 분말은 50kg

해설 호스릴방식의 분말소화설비
① 수평거리가 15m 이하가 되도록 할 것
② 개방밸브는 호스릴의 설치장소에서 수동으로 개폐
③ 저장용기는 호스릴을 설치하는 장소마다 설치
④ 노즐의 1개당 저장량 및 방사량

종 별	저장량(kg/노즐)	방사량(kg/min)
제1종	50	45
제2종 또는 제3종	30	27
제4종	20	18

해답 ②

75 제연설비에 있어서 하나의 제연구역 면적은 몇 m^2 이내로 구획하여야 하는가?

① $400m^2$ ② $600m^2$
③ $800m^2$ ④ $1000m^2$

해설 제연구역 설정기준
① 하나의 제연구역 면적은 1000m^2 이내로 할 것
② 거실과 통로는 각각 제연구획 할 것
③ 통로상 제연구역은 보행중심선 길이가 60m를 초과하지 아니할 것
④ 하나의 제연구역은 60m 원내에 들어갈 수 있을 것
⑤ 하나의 제연구역은 2 이상 층에 미치지 않도록 할 것

해답 ④

76 스프링클러설비의 펌프 성능시험배관에서 유량측정장치는 성능시험관의 직관부에 설치하되 펌프의 정격 토출량의 기준은 몇 % 이상까지 측정할 수 있는 성능으로 하여야 하는가?

① 65% ② 140%
③ 150% ④ 175%

해설 성능 시험 배관
① 펌프의 성능
  ㉠ 체절운전 시 정격토출압력의 140%를 초과 금지
  ㉡ 정격 토출량의 150%로 운전 시 정격토출압력의 65% 이상
② 성능시험배관 설치위치
  펌프의 토출측에 설치된 개폐밸브 이전에서 분기하여 직선적으로 설치할 것
③ 유량측정장치
  전단직관부에 개폐밸브를 후단직관부에는 유량조절밸브를 설치
④ 유량측정 장치
  ㉠ 성능시험배관의 직관부에 설치
  ㉡ 정격토출량의 175% 이상까지 측정할 수 있는 성능

용어 설명
① 정격 토출압력 : 소화펌프의 전양정 (m)을 전압력으로 환산한 값
② 정격 토출량 : 소화 펌프의 분당 토출량(L/분)

해답 ④

77 포소화설비의 개방밸브에 있어서 수동식 개방밸브의 설치 위치로 가장 적당한 것은?

① 방유제 내에 설치
② 펌프실 또는 송액 주배관으로부터의 분기점 내에 설치
③ 방호대상물마다 절환되는 위치 이전에 설치
④ 화재 시 쉽게 접근할 수 있는 곳에 설치

해설 포소화설비의 개방밸브
① 자동 개방밸브는 화재감지장치의 작동에 따라 자동으로 개방되는 것으로 할 것
② 수동식 개방밸브는 화재 시 쉽게 접근할 수 있는 곳에 설치할 것

해답 ④

78 바닥면적 200m^2인 판매시설에 설치하여야 할 소화기구의 최소능력단위는 얼마인가? (단, 건축물의 주요구조부는 내화구조이고, 실내는 불연재료로 마감되어 있다. 다른 조건은 무시한다.)

① 1단위 ② 2단위
③ 3단위 ④ 4단위

해설 **능력단위 계산공식**

$$능력단위 = \frac{바닥면적(m^2)}{기준바닥면적(m^2)}$$

판매시설의 기준바닥면적(m^2)은 $100m^2$이고 내화구조로 내장재가 불연재이면 기준바닥면적은 2배이다.

$$\therefore 능력단위 = \frac{200m^2}{100m^2 \times 2} = 1단위$$

소화기구의 능력단위기준

소 방 대 상 물	소화기구의 능력단위
① 위락시설	$30m^2$ 마다 1단위 이상
② 공연장·집회장·관람장·국가유산·장래식장 및 의료시설	$50m^2$ 마다 1단위 이상
③ 근린생활시설·판매시설·운수시설·숙박시설·노유자시설·전시장·공동주택·업무시설·방송통신시설·공장·창고시설·항공기 및 자동차관련시설 및 관광휴게시설	$100m^2$ 마다 1단위 이상
④ 그 밖의 것	$200m^2$ 마다 1단위 이상

(주) 소화기구의 능력단위를 산출함에 있어서 건축물의 주요구조부가 내화구조이고, 벽 및 반자의 실내에 면하는 부분이 불연재료·준불연재료 또는 난연재료로 된 소방대상물에 있어서는 위 표의 기준면적의 2배를 당해 소방대상물의 기준면적으로 한다.

해답 ①

79 고정식 분말소화약제 공급장치에 배관 및 분사헤드를 설치하여 화재발생부분에만 집중적으로 소화약제를 방출하도록 설치하는 방식은?

① 전역방출방식 ② 국소방출방식
③ 이동식 방출방식 ④ 탱크사이드방식

해설 ① **전역방출방식** : 고정식 이산화탄소 공급장치에 배관 및 분사헤드를 고정 설치하여 밀폐 방호구역 내에 이산화탄소를 방출하는 설비
② **국소방출방식** : 고정식 이산화탄소 공급장치에 배관 및 분사헤드를 설치하여 직접 화점에 이산화탄소를 방출하는 설비로 화재발생부분에만 집중적으로 소화약제를 방출하도록 설치하는 방식
③ **호스릴방식** : 분사헤드가 배관에 고정되어 있

지 않고 소화약제 저장용기에 호스를 연결하여 사람이 직접 화점에 소화약제를 방출하는 이동식소화설비

해답 ②

80 2개의 옥외 소화전을 동시에 사용하여 방수시험을 할 경우 1개의 노즐선단에서의 방사압력 (MPa)과 방수량(L/min)의 기준은 각각 얼마 이상이 되어야 하는가?)

① 0.17MPa, 130L/min
② 0.2MPa, 300L/min
③ 0.25MPa, 350L/min
④ 0.35MPa, 400L/min

해설 **방수압과 방수량**

구분	옥내소화전	옥외소화전	스프링클러
방수압	0.17~0.7MPa	0.25MPa 이상	0.1MPa~1.2MPa
방수량	130L/분 이상	350L/분 이상	80L/분 이상

해답 ③

소방설비산업기사 – 기계분야
2022년 4월 CBT 시행

본 문제는 CBT시험대비 기출문제 복원입니다.

제1과목 소방원론

01 소화약제로 사용되는 물에 대한 설명 중 틀린 것은?

① 극성 분자이다.
② 수소결합을 하고 있다.
③ 아세톤, 벤젠보다 증발 잠열이 크다.
④ 아세톤, 구리보다 비열이 매우 작다.

해설 ④ 물의 비열은 아세톤, 구리보다 매우 크다.

해답 ④

02 플래쉬오버(FLASH OVER)란 무엇인가?

① 건물 화재에서 가연물이 착화하여 연소하기 시작하는 단계
② 건물 화재에서 발생한 가연성 가스가 축적되다가 일순간에 화염이 크게 되는 현상
③ 건물 화재에서 소방활동 진압이 끝난 상태
④ 건물 화재에서 다 타고 더 이상 탈 것이 없어 자연 진화된 상태

해설 플래쉬 오버(flash over) 현상
① 폭발적인 착화현상
② 폭발적인 연소현상
③ 급격한 화염의 확대현상
④ 급격한 화재의 확대현상

해답 ②

03 액체 이산화탄소 1kg 이 1atm, 20℃의 대기 중에 방출되어 모두 기체로 변화하면 약 몇 L가 되는가?

① 437
② 546
③ 658
④ 772

해설 이상기체 상태방정식

$$PV = \frac{W}{M}RT = nRT$$

P : 압력(atm) V : 부피(m^3)
W : 무게(kg) M : 분자량
R : 기체상수(0.082atm · m^3/kmol · K)
T : 절대온도(273+t℃)K
n : 몰수

$$V = \frac{WRT}{PM} = \frac{1 \times 0.082 \times (273+20)}{1 \times 44}$$
$$= 0.546 m^3 = 546 L$$

해답 ②

04 목재의 연소형태로 옳은 것은?

① 증발연소
② 분해연소
③ 표면연소
④ 자기연소

해설 ★★★ 자주출제(필수암기) ★★★

연소의 형태
① 표면연소(surface reaction)
  숯, 코크스, 목탄, 금속분
② 증발 연소(evaporating combustion)
  파라핀(양초), 황, 나프탈렌, 왁스, 휘발유, 등유, 경유, 아세톤 등 제4류 위험물
③ 분해연소(decomposing combustion)
  석탄, 목재, 플라스틱, 종이, 합성수지, 중유
④ 자기연소(내부연소)
  질화면(나이트로셀룰로오즈), 셀룰로이드, 나이트로글리세린 등 제5류 위험물
⑤ 확산연소(diffusive burning)
  아세틸렌, LPG, LNG 등 가연성 기체
⑥ 불꽃연소 + 표면연소
  목재, 종이, 셀룰로오즈류, 열경화성수지

해답 ②

05 중질유가 탱크에서 조용히 연소하다 열유층에 의해 가열된 하부의 물이 폭발적으로 끓어 올라와 상부의 뜨거운 기름과 함께 분출하는 현상을 무엇이라 하는가?

① 플래쉬오버 ② 보일오버
③ 백드래프트 ④ 롤오버

해설 유류저장탱크의 화재 발생현상
① 보일오버 ② 슬롭오버 ③ 프로스오버

★★★ 요점 정리 (필수 암기) ★★★
- 보일 오버(boil over)
  탱크 바닥의 물이 비등하여 유류가 연소하면서 분출
- 슬롭 오버 (slop over)
  물이 연소유 표면으로 들어갈 때 유류가 연소하면서 분출
- 프로스 오버 (froth over)
  탱크 바닥의 물이 비등하여 유류가 연소하지 않고 분출
- 블레비 (BLEVE)
  액화가스 저장탱크 폭발현상

해답 ②

06 불연성 가스에 해당하는 것은?

① 프레온가스 ② 암모니아가스
③ 일산화탄소가스 ④ 메탄가스

해설 프레온가스(freon gas)
① 불연성기체이다
② 메테인, 에테인과 같은 가장 기본적인 탄화수소 화합물에서 수소 부분을 플루오린(F)나 다른 할로젠원소로 치환한 물질이다.
③ 냉장고, 에어컨 등의 냉매로 사용되며 이외에도 용제나 발포제, 스프레이나 소화기의 분무제 등으로 사용된다.

해답 ①

07 고체연료의 연소형태를 구분할 때 해당하지 않는 것은?

① 증발연소 ② 분해연소
③ 표면연소 ④ 예혼합연소

해설 예혼합연소
① 기체 연료 연소 방식이다.

② 미리 연료(기체 연료)와 공기(1차 공기)를 혼합하여 버너로 공급 연소시키는 방식

해답 ④

08 Halon 1211 소화약제의 분자식은?

① CBr_2F_2 ② CH_2ClBr
③ C_2FBr ④ CF_2ClBr

해설 할로젠화합물 소화약제 명명법
할론 ⓐ ⓑ ⓒ ⓓ
ⓐ : C원자수   ⓑ : F원자수
ⓒ : Cl원자수 ⓓ : Br원자수

할로젠화합물 소화약제

구분 종류	할론2402	할론1211	할론1301	할론1011
분자식	$C_2F_4Br_2$	CF_2ClBr	CF_3Br	CH_2ClBr

해답 ④

09 다음 중 독성이 가장 강한 가스는?

① C_3H_8 ② O_2
③ CO_2 ④ $COCl_2$

해설 연소시 발생가스 ★★ 자주출제(필수암기) ★★
① 일산화탄소(CO)
  ㉠ 인명피해가 가장 크다.
  ㉡ 피속의 헤모글로빈과 결합 산소운반 방해
② 이산화탄소(CO_2)
  자체의 독성은 없고 많은 양을 흡입 시 질식사
③ 아황산가스(SO_2)
  황 함유 물질이 완전 연소 시 발생
④ 황화수소(H_2S)
  황 함유 물질이 불완전 연소 시 발생
⑤ 아크로레인(CH_2CHCHO)
  석유제품, 유지류 연소 시 발생
⑥ 포스겐($COCl_2$)
  독성이 가장 크다.

해답 ④

10 위험물질의 자연발화를 방지하는 방법이 아닌 것은?

① 열의 축척을 방지할 것
② 저장실의 온도를 저온으로 유지할 것
③ 촉매 역할을 하는 물질과 접촉을 피할 것
④ 습도를 높일 것

해설 자연발화 방지대책
① 통풍이나 환기를 통하여 열의 축적 방지
② 저장실의 주위온도를 낮춘다.
③ 물질의 퇴적시 통풍을 양호하게 한다.
④ 물질을 건조하게 유지한다.
⑤ 습도를 가능한 낮춘다.
⑥ 물질의 표면적을 작게 한다.

해답 ④

11 화재를 소화시키는 소화 작용이 아닌 것은?

① 냉각작용　　② 질식작용
③ 부촉매작용　④ 활성화작용

해설 소화원리
① 냉각소화 : 가연성 물질을 발화점 이하로 온도를 냉각

> 물이 소화약제로 사용되는 이유
> • 물의 기화열(539kcal/kg)이 크기 때문
> • 물의 비열(1kcal/kg℃)이 크기 때문

② 질식소화 : 산소농도를 21%에서 15% 이하로 감소

> 질식소화 시 산소의 유지농도 : 10~15%

③ 억제소화(부촉매소화, 화학적소화) : 연쇄반응을 억제

> • 부촉매 : 화학적 반응의 속도를 느리게 하는 것
> • 부촉매 효과 : 할론소화약제
>   [할로젠족원소 : 불소(F), 염소(Cl), 브로민(Br), 아이오딘(I)]

④ 제거소화 : 가연성물질을 제거시켜 소화

> • 산불이 발생하면 화재의 진행방향을 앞질러 벌목
> • 화학반응기의 화재 시 원료공급관의 밸브를 폐쇄
> • 유전화재 시 폭약으로 화염을 제거
> • 촛불을 입김으로 불어 화염을 제거

⑤ 피복소화 : 가연물 주위를 공기와 차단
⑥ 희석소화 : 수용성인 인화성액체 화재 시 물을 방사하여 가연물의 연소농도를 희석
⑦ 유화소화(에멀전소화) : 유류화재 시 물분무로 방사하여 액체표면에 불연성의 유막을 형성하여 소화

해답 ④

12 피난대책의 조건으로 틀린 것은?

① 피난로는 간단명료할 것
② 피난구조설비는 반드시 이동식 설비일 것
③ 막다른 복도가 없도록 계획할 것
④ 피난구조설비는 Fool Proof와 Fail Safe의 원칙을 중시할 것

해설 ② 피난구조설비는 반드시 고정식 설비를 원칙으로 할 것

피난대책의 일반적인 원칙
① 2방향 원칙에 따라 피난통로를 확보할 것
② 피난수단은 원시적 방법을 원칙으로 할 것
③ 피난구조설비는 고정식 설비를 원칙으로 하고 보조적으로 이동식 설비를 고려할 것
④ 피난대책은 Fool proof와 Fail safe의 원칙을 중요시 할 것
⑤ 피난경로는 간단하고 명료하게 할 것

해답 ②

13 제4류 위험물 중 제1석유류, 제2석유류, 제3석유류, 제4석유류를 구분하는 기준은?

① 착화점　　② 증기비중
③ 비등점　　④ 인화점

해설 제4류 위험물 (인화성 액체)

구 분	지정품목	기타 조건 (1atm에서)
특수 인화물	이황화탄소, 다이에틸에터	• 발화점이 100℃ 이하 • 인화점 −20℃ 이하이고 비점이 40℃ 이하
제1석유류	아세톤, 휘발유	• 인화점 21℃ 미만
알코올류		C_1~C_3까지 포화 1가 알코올로 가연성액체량이 60% 이상 (변성알코올 포함)
제2석유류	등유, 경유	• 인화점 21℃ 이상 70℃ 미만
제3석유류	중유, 크레오소트유	• 인화점 70℃ 이상 200℃ 미만
제4석유류	기어유, 실린더유	• 인화점 200℃ 이상 250℃ 미만
동식물 유류		동물의 지육 등 또는 식물의 종자나 과육으로부터 추출한 것으로서 1기압에서 인화점이 250℃ 미만인 것

해답 ④

14 내화구조 기준에서 외벽 중 비내력벽의 경우에는 철근 콘크리트 조의 두께가 몇 cm 이상인 건가?

① 5　　　　② 6

③ 7   ④ 8

해설 **내화구조의 기준**
외벽 중 비 내력벽의 경우에는 철근콘크리트조의 두께가 7cm 이상

해답 ③

15 소화(消火)를 하기 위한 방법으로 틀린 것은?

① 산소의 농도를 낮추어 준다.
② 가연성 물질을 냉각시킨다.
③ 가열원을 계속 공급한다.
④ 연쇄반응을 억제한다.

해설 ③ 가열원을 제거하여야 한다.

해답 ③

16 햇빛에 방치한 기름걸레가 자연발화를 일으켰다. 다음 중 이때의 원인에 가장 가까운 것은?

① 광합성 작용   ② 산화열 축적
③ 흡열반응   ④ 단열압축

해설 **자연발화의 형태**
① 산화열 : 석탄, 건성유, 탄소분말, 금속분, 기름걸레
② 분해열 : 셀룰로이드, 나이트로셀룰로오스, 나이트로글리세린
③ 흡착열 : 활성탄, 목탄분말
④ 미생물열 : 퇴비, 먼지

해답 ②

17 등유 또는 경유 화재에 해당하는 것은?

① A급 화재   ② B급 화재
③ C급 화재   ④ D급 화재

해설 **화재의 분류**

종류	등급	색표시	주된 소화 방법
일반화재	A급	백색	냉각소화
유류 및 가스 화재	B급	황색	질식소화
전기화재	C급	청색	질식소화
금속화재	D급	-	피복소화
주방화재	K급	-	냉각 및 질식 소화

해답 ②

18 메탄 1mol 이 완전 연소하는데 필요한 산소는 몇 mol 인가?

① 1   ② 2
③ 3   ④ 4

해설 **메탄의 완전 연소 반응식**

$$CH_4 + 2O_2 \rightarrow CO_2 + 2H_2O$$

① $1(몰)CH_4 + 2(몰)O_2 \rightarrow CO_2 + 2(몰)H_2O$
② 메탄 1몰이 완전연소하려면 산소 2몰이 필요하다.
③ CHO로 구성된 유기화합물이 완전연소하면 이산화탄소와 물이 생성된다.

해답 ②

19 제2종 분말소화약제의 주성분은?

① 제1인산암모늄   ② 황산나트륨
③ 탄산수소나트륨   ④ 탄산수소칼륨

해설 **분말약제의 종류** ★★자주출제(필수정리)★★

종별	약제명	착색	적응화재
제1종	탄산수소나트륨($NaHCO_3$)	백색	B, C급
제2종	탄산수소칼륨($KHCO_3$)	담회색	B, C급
제3종	제1인산암모늄($NH_4H_2PO_4$)	담홍색	A, B, C급
제4종	탄산수소칼륨+요소 ($KHCO_3+(NH_2)_2CO$)	회색	B, C급

해답 ④

20 산소와 질소의 혼합물인 공기의 평균 분자량은? (단, 공기는 산소 21vol%, 질소 79vol%로 구성되어 있다고 가정한다.)

① 30.84   ② 29.84
③ 28.84   ④ 27.84

해설 **공기의 평균 분자량 계산**
$28(N_2) \times 0.79 + 32(O_2) \times 0.21 = 28.84$
증기비중

$$증기비중 = \frac{M(분자량)}{29(공기평균분자량)}$$

해답 ③

제2과목   소방유체역학

21 수조에서 지름 80mm인 배관으로 20℃ 물이 0.95m³/min의 유량으로 유입될 때, 5m의 부차손실이 발생하였다. 이때의 부차적 손실계수는? (단, 중력가속도 $g = 9.8$m/s²이다.)

① 9.0   ② 9.4
③ 9.9   ④ 10.2

해설
$\Delta H_L = K \dfrac{u^2}{2g}$

① $\Delta H_L = 5$m

② $u = \dfrac{0.95\text{m}^3/60\text{s}}{\dfrac{\pi}{4} \times (0.08\text{m})^2} = 3.15$m/s

③ $K = \dfrac{2g\Delta H_L}{u^2} = \dfrac{2 \times 9.8 \times 5}{3.15^2} \fallingdotseq 9.9$

해답 ③

22 다음 중 펌프의 이상현상인 공동현상(cavitation)의 발생원인과 거리가 먼 것은?

① 펌프의 흡입측 손실이 클 경우
② 펌프의 마찰손실이 클 경우
③ 펌프의 토출측 배관에 수조나 공기저장기가 있는 경우
④ 펌프의 흡입측 배관경이 너무 작을 경우

해설 ※ ③ 써어징현상(맥동현상) 발생원인이다.
공동현상 발생원인
① 펌프의 흡입측 수두가 클 경우
② 펌프의 마찰손실이 과대한 경우
③ 펌프의 임펠러 속도가 클 경우
④ 펌프의 흡입관경이 작을 경우
⑤ 펌프의 설치위치가 수원보다 높은 경우
⑥ 펌프의 흡입압력이 유체의 증기압보다 낮은 경우
⑦ 유체의 온도가 고온일 경우

해답 ③

23 관 속에 물이 흐르고 있다. 피토-정압관을 수은이든 U자관에 연결하여 전압과 정압을 측정하였더니 20mm의 액면차가 생겼다. 피토-정압관의 위치에서의 유속은 약 몇 m/s 인가? (단, 속도계수는 0.95 이다.)

① 2.1   ② 3.65
③ 11.11   ④ 12.35

해설 **피토-정압관의 유속측정**
$$U = C\sqrt{2gR\left(\dfrac{S_0}{S} - 1\right)}$$

① $R = 20$mm $= 0.02$m

② $U = 0.95\sqrt{2 \times 9.8 \times 0.02\text{m} \times \left(\dfrac{13.6}{1} - 1\right)}$
    $= 2.11$m/s

해답 ①

24 측정되는 압력에 의하여 생기는 금속의 탄성변형을 기계적으로 확대 지시하여 유체의 압력을 재는 계기는?

① 마노미터   ② 시차액주계
③ 부르돈관 압력계   ④ 기압계

해설 **부로돈관 압력계**
금속의 탄성변형을 기계적으로 확대시켜 유체의 압력을 측정하는 계기

해답 ③

25 펌프의 양정 가운데 실양정(actual head)을 가장 적합하게 설명한 것은?

① 펌프의 중심선으로부터 흡입 액면까지의 수직 높이
② 흡입 액면에서 송출 액면까지의 수직 높이
③ 펌프의 중심선으로부터 송출 액면까지의 수직 높이
④ 흡입 액면에서 송출 액면까지의 마찰 손실 수두

해설 **실양정**
흡입액면에서 송출 액면까지의 수직높이(m)
실양정 = 흡입양정 + 토출양정

해답 ②

26 50kg의 액화 할론(1301)이 21℃에서 대기 중으로 방출될 경우에 부피는 몇 m³가 되는가? (단, 할론 1301 분자량은 149이고, 대기압은 101kPa, 일반기체상수는 8314J/kmol·K 이다.)

① 7.51　　② 8.12
③ 0.16　　④ 8.98

해설 이상기체 상태방정식 ★★★★

$$PV = \frac{W}{M}RT$$

P : 압력(atm)　V : 부피(m³)
W : 무게(kg)　M : 분자량
R : 기체상수(0.082atm·m³/kmol·K)
T : 절대온도(273+t℃)K

① $P = 101\text{kPa} = 101\text{kN/m}^2$
② $R = 8314\text{J/kmol·K}$
　　$= 8314\text{N·m/kmol·K}$
　　$= 8314 \times 10^{-3}\text{kN·m/kmol·K}$
③ $W = 50\text{kg},\ t = 21℃,\ M = 149$
④ $V = \dfrac{WRT}{PM}$
⑤ $V = \dfrac{50 \times 8314 \times 10^{-3} \times (273+21)}{101 \times 149}$
　　$= 8.12\text{m}^3$

해답 ②

27 다음 중 베르누이 방정식이 유도되기 위한 조건이 아닌 것은?

① 유동은 압축성 유동이다.
② 유체 입자는 유선에 따라 움직인다.
③ 유체는 마찰이 없다. (점성력이 0이다.)
④ 유동은 정상유동이다.

해설 베르누이 방정식의 가정조건
① 비압축성 유체
② 유체는 비 점성유체(이상유체)
③ 유체는 정상류(정상유동)
④ 유체는 유선에 따라 운동
⑤ 유체는 마찰이 없다.(점성력=0)

해답 ①

28 이상유체의 정의를 옳게 설명한 것은?

① 압축을 가하면 체적이 수축하고 압력을 제거하면 처음 체적으로 되돌아가는 유체
② 유체 유동시 마찰 전단응력이 발생하지 않으며 압력변화에 따른 체적변화가 없는 유체
③ 뉴턴의 점성법칙을 만족하는 유체
④ 오염되지 않은 순수한 유체

해설 이상유체와 실제유체
① 이상유체 : 점성이 없고(마찰전단응력이 없고) 비압축성인 유체(체적변화가 없는 유체)
② 실제유체 : 점성이 있고(마찰전단응력이 있고) 압축성인 유체(체적변화가 있는 유체)

해답 ②

29 그림과 같이 수평면으로부터 30° 기울어진 3m×6m의 직사각형 수문이 수면으로부터 4m 아래에 위치하고 있다. 수문에 작용하는 힘은 약 몇 kN 인가? (단, 유체는 물이다.)

① 970　　② 1230
③ 1530　　④ 1770

해설 수문이 받는 힘

$$F = r\bar{y}\sin\theta\, A$$

① $F = 1000 \times \left(\dfrac{4}{\sin 30} + \dfrac{6}{2}\right) \times \sin 30 \times (6 \times 3)$
　　$= 99000\text{kgf}$
② $F = 99000\text{kgf} \times \dfrac{9.8 \times 10^{-3}\text{kN}}{1\text{kgf}} = 970.2\text{kN}$

해답 ①

30 지름 0.2cm인 모세관에서 표면장력에 의한 물의 상승 높이는 몇 m 인가? (단, 표면장력 계수

는 7.4×10^{-2} N/m 이고 접촉각은 30°이다.)

① 0.013 ② 0.0012
③ 0.0027 ④ 0.031

해설 모세관의 상승높이(h)

$$h = \frac{4\sigma \cos\theta}{rd}$$

σ : 표면장력(N/m) θ : 각도
r : 비중량 d : 직경(m)
① 물 비중량 = 9800N/m³
② $d = 0.2$cm $= 0.002$m
③ $h = \dfrac{4 \times 7.4 \times 10^{-2} \times \cos 30°}{9800 \times 0.002\text{m}} \fallingdotseq 0.013$m

해답 ①

31 소화펌프의 토출량이 48m³/hr, 양정 50m, 펌프효율 67%일 때 필요한 축동력은 약 몇 kW인가?

① 6.24 ② 9.75
③ 10.7 ④ 12.1

해설 축동력

$$L_S(\text{kW}) = \frac{\gamma QH}{E}$$

※ 축동력 계산 시 전달계수 K값은 무시한다.

$L_S = \dfrac{9.8\text{kN/m}^3 \times (48\text{m}^3/3600\text{s}) \times 50\text{m}}{0.67}$

$= 9.75$kW

해답 ②

32 유체의 흐름에서 유선이란 무엇인가?

① 한 유체 입자가 일정한 기간에 움직인 경로
② 유체 유동시 유동 단면의 중심을 연결한 선이다.
③ 공간 내의 한 점을 지나는 모든 유체입자들의 순간 궤적을 말한다.
④ 유동장 내에서 속도벡터의 방향과 일치하도록 그려진 연속적인 선을 말한다.

해설 유선, 유적선, 유맥선
① 유선(streamline)
유동장의 한 선상의 모든 점에서 그은 접선이며 그 점에서의 속도 방향과 일치하도록 그려진 가상 곡선

유선의 방정식 : $\dfrac{dx}{u} = \dfrac{dy}{v} = \dfrac{dz}{w}$

② 유적선(pathline)
한 유체 입자가 일정한 기간 내에 움직인 경로
③ 유맥선(streakline)
공간 내의 한 점을 지나는 모든 유체 입자들의 순간 궤적

해답 ④

33 어느 이상기체 10kg의 온도를 200℃ 만큼 상승시키는데 필요한 열량은 압력이 일정한 경우와 체적이 일정한 경우에 375kJ의 차이가 있다. 이 이상기체의 기체상수는 약 몇 J/kg · K 인가?

① 185.5 ② 187.5
③ 191.5 ④ 194.5

해설 $R = \dfrac{\Delta Q}{m \Delta t} = \dfrac{375 \times 10^3 \text{J}}{10\text{kg} \times 200\text{K}} = 187.5$J/kg · K

해답 ②

34 내경 20cm인 배관속을 매분 1.8m³의 정상 흐름을 보여주는 유체의 레이놀즈수가 1.5×10^6 이었다면 이 유체의 점성계수는 몇 Pa · s 인가? (단, 유체 밀도는 780kg/m³ 이다.)

① 4.97×10^{-6} ② 9.93×10^{-5}
③ 1.277×10^{-4} ④ 9.73×10^{-4}

해설 레이놀드 수

$$ReNo = \frac{Du\rho}{\mu} = \frac{Du}{v} = \frac{4Q}{\pi Dv}$$

여기서, $ReNo$: 레이놀즈수, D : 내경(m)
u : 유속(m/s), ρ : 밀도(kg/m³)
μ : 점성계수(N · s/m² = kg/m · s)
v : 동점성계수(m²/s), Q : 유량(m³/s)

① $Pa \cdot s = N/m^2 \cdot s = kg \cdot m/s^2/m^2 \cdot s = kg/m \cdot s$

② $u = \dfrac{Q}{A} = \dfrac{1.8m^3/60s}{\dfrac{\pi}{4} \times (0.2m)^2} = 0.9549 m/s$

③ $\mu = \dfrac{Du\rho}{ReNo} = \dfrac{0.2 \times 0.9549 \times 780}{1.5 \times 10^6}$
$= 9.93 \times 10^{-5} kg/m \cdot s$

해답 ②

35 수압기의 피스톤의 직경이 각각 60cm와 15cm 이다. 작은 피스톤에 14.7N의 힘을 가하면 큰 피스톤에는 몇 N의 하중을 올릴 수 있겠는가?

① 98.5　　② 168.2
③ 235.2　　④ 298.3

해설 **힘과 압력 관계**

$$F(N) = P(N/cm^2) \times A(cm^2)$$

$F_1 = F_2$　$F = PA$ 이므로
$P = \dfrac{F}{A}$, $P_1 = P_2$

① $\dfrac{F_1}{A_1} = \dfrac{F_2}{A_2}$　$F_1 \times A_2 = F_2 \times A_1$

② $14.7N \times \dfrac{\pi}{4} \times 60^2 = F_2 \times \dfrac{\pi}{4} \times 15^2$

③ $F_2 = 235.2N$

해답 ③

36 안지름이 300mm, 길이가 301m인 주철관을 통하여 물이 유속 3m/s로 흐를 때 손실수두는 몇 m 인가? (단, 관마찰계수는 0.05 이다.)

① 20.1　　② 23.0
③ 25.8　　④ 28.9

해설 **Darcy-Weisbach 방정식**

$$\Delta h_L = f \times \dfrac{l}{D} \times \dfrac{u^2}{2g}$$

여기서, Δh_L : 마찰손실수두(m)
　　　　f : 마찰손실계수
　　　　l : 배관길이(m), u : 유속(m/s)

　　　　g : 중력가속도(9.8m/s²)
　　　　D : 배관내경(m)

① $D = 300mm = 0.3m$

② $\Delta h_L = 0.05 \times \dfrac{301m}{0.3m} \times \dfrac{(3m/s)^2}{2 \times 9.8} = 23.04m$

해답 ②

37 기체의 온도가 상승할 때 점성계수를 가장 올바르게 표현한 것은?

① 분자운동량의 증가로 증가한다.
② 분자운동량의 감소로 감소한다.
③ 분자응집력의 증가로 증가한다.
④ 분자응집력의 감소로 감소한다.

해설 **점성계수**

구 분	온도상승 시	온도강하 시
기 체	분자운동량의 증가로 점도 증가	분자운동량의 증가로 점도 감소
액 체	분자응집력의 증가로 점도 감소	분자응집력의 증가로 점도 증가

해답 ①

38 그림과 같이 직각으로 구부러진 고정날개에 밀도 ρ 인 물분류가 충돌하여 수직방향으로 분출되고 있다. 분류의 속도는 V, 유량은 Q 일 때 고정날개가 받는 충격력의 크기는?

① $\dfrac{1}{\sqrt{2}}\rho QV$　　② $\sqrt{2}\rho QV$
③ $2\rho QV$　　④ $\sqrt[2]{2}\rho QV$

해설 $F = \sqrt{2}\rho QV$

해답 ②

39 압력 $P_1 = 100kPa$, 온도 $T_1 = 400K$, 체적 $V_1 = 1.0m^3$인 밀폐계(closed system)의 이 상기체가 $PV^{1.4} = $ constant 인 폴리트로픽 과

정(polytropic process)을 거쳐 압력 $P_2 =$ 500kPa까지 압축된다. 이 과정에서 기체가 한 일은 약 몇 kJ 인가?

① -100
② -120
③ -150
④ -180

해설 폴리트로픽 변화
① P.V.T 관계식

$$\frac{T_2}{T_1} = \left(\frac{V_1}{V_2}\right)^{n-1} = \left(\frac{P_2}{P_1}\right)^{\frac{n-1}{n}}$$

② 절대일

$$_1W_2 = \frac{1}{n-1}(P_1V_1 - P_2V_2)$$

$P_1 = 100\text{kPa}$ $V_1 = 1\text{m}^3$
$P_2 = 500\text{kPa}$ $V_2 = ?\text{m}^3$

$$\left(\frac{1}{V_2}\right)^{1.4-1} = \left(\frac{500}{100}\right)^{\frac{1.4-1}{1.4}} \quad V_2 = 0.32\text{m}^3$$

$$_1W_2 = \frac{1}{1.4-1}(100 \times 1 - 500 \times 0.32)$$
$$= -150\text{kJ}(\text{kN} \cdot \text{m})$$

해답 ③

40 멀리 떨어진 화염으로부터 직접 열기를 느끼게 되는 열전달 원리는?

① 복사
② 대류
③ 전도
④ 비등

해설 열전달의 방법 ★★★
① **전도(Conduction)**
  물체와 물체가 직접 접촉하여 열이 전달
② **대류(Convection)**
  밀도차에 의한 공기의 순환으로 열이 전달
③ **복사(Radiation)**
  고온물체의 복사열이 전자파형태로 열이 전달
지구에 태양열이 전달되는 것 : 복사열
① 스테판-볼츠만(stefan-boltzman)의 법칙
$Q = aAF(T_1^4 - T_2^4)$
  Q : 복사열(kcal/hr)
  a : 스테판-볼츠만 상수
  A : 단면적

F : 기하학적 Factor(상수)
T_1 : 고온물체의 절대온도(273 + t ℃)K
T_2 : 저온물체의 절대온도(273 + t ℃)K
※ 복사열은 절대온도 4제곱의 차 및 단면적에 비례
② 열전도율 단위
  kcal/m, hr, ℃ 또는 BTU/ft, hr, °F

해답 ①

제3과목   소방관계법규

41 점포에서 위험물을 용기에 담아 판매하기 위하여 지정수량의 40배 이하의 위험물을 취급하는 장소는?

① 일반취급소
② 주유취급소
③ 판매취급소
④ 이송취급소

해설 (위험물법 시행령 제5조 별표3) 취급소의 구분
판매취급소 : 지정수량 40배 이하
① 제1종 판매취급소 : 지정수량 20배 이하
② 제2종 판매취급소 : 지정수량 40배 이하

해답 ③

42 제조소등 위험물을 취급하는 건축물의 구조는 특별한 경우를 제외하고 어떻게 하여야 하는가?

① 지하층이 없는 구조이어야 한다.
② 지하층이 있는 구조이어야 한다.
③ 지하층이 있는 1층 이내의 건물이어야 한다.
④ 지하층이 있는 2층 이내의 건물이어야 한다.

해설 (위험물법 시행규칙 제28조의 별표4)
제조소의 위치, 구조 및 설비의 안전기준
건축물의 구조는 지하층이 없어야 한다.

해답 ①

43 다음 중 화재예방강화지구의 지정대상이 아닌 것은?

① 대형화재 및 대형재난 발생지역
② 공장·창고가 밀집한 지역
③ 목조건물이 밀집한 지역
④ 위험물저장 및 처리시설이 밀집한 지역

해설 (화재예방법 제18조) 화재예방강화지구의 지정 등
(1) 지정권자 : 시·도지사
(2) 화재안전조사 : 소방관서장
(3) 화재안전조사 실시주기 : 연1회 이상
(4) 소방훈련과 교육 : 연1회 이상
(5) 훈련 및 교육통보 : 10일 전까지

화재예방강화지구의 지정대상지역 ★★필수암기★★
① 시장지역
② 공장·창고가 밀집한 지역
③ 목조건물이 밀집한 지역
④ 노후·불량건축물이 밀집한 지역
⑤ 위험물의 저장 및 처리시설이 밀집한 지역
⑥ 석유화학제품을 생산하는 공장이 있는 지역
⑦ 산업단지
⑧ 소방시설·소방용수시설 또는 소방 출동로가 **없는** 지역
⑨ 물류단지
⑩ 소방관서장이 화재예방강화지구로 인정하는 지역

해답 ①

44 일반적으로 일반 소방시설 설계업의 기계분야의 영업범위는 연면적 몇 m² 미만의 특정소방대상물에 대한 소방시설의 설계인가?

① 10000 ② 20000
③ 30000 ④ 50000

해설 소방시설설계업의 등록기준 및 영업범위 ★★★

종류		기술인력	영업범위
전문		① 주인력 : 기술사 1인 이상 ② 보조인력 : 1인 이상	• 모든 특정소방대상물
일반	기계	① 주인력 : 기술사 또는 기사(기계분야) 1인 이상 ② 보조인력 : 1인 이상	• 아파트(제연설비제외) • 연면적 3만m² (공장 1만m²) 미만 (제연설비제외) • 위험물제조소등
	전기	① 주인력 : 기술사 또는 기사(전기분야) 1인 이상 ② 보조인력 : 1인 이상	• 아파트 • 연면적 3만m² (공장 1만m²) 미만 • 위험물제조소등

해답 ③

45 산화성 고체이며 제1류 위험물에 해당하는 것은?

① 황화인   ② 칼륨
③ 유기과산화물 ④ 염소산염류

해설 제1류 위험물

위 험 물		지정수량
성질	품 명	
산화성 고체	1. 아염소산염류 2. 염소산염류 3. 과염소산염류 4. 무기과산화물	50kg
	5. 브로민산염류 6. 질산염류 7. 아이오딘산염류	300kg
	8. 과망가니즈산염류 9. 다이크로뮴산염류	1,000kg

해답 ④

46 다음 중 소방기본법시행령에서 규정하는 국고보조 대상이 아닌 것은?

① 소화설비
② 소방자동차
③ 소방전용 전산설비
④ 소방전용 통신설비

해설 (기본법 제8조) 소방력의 기준 등
① 소방력에 관한 기준 : 행정안전부령
② 소방장비 등에 대한 국고보조 대상 및 기준 : 대통령령

국고보조의 대상 및 기준
① 소방활동장비 및 설비
  ㉠ 소방자동차
  ㉡ 소방헬리콥터 및 소방정
  ㉢ 소방전용통신설비 및 전산설비
  ㉣ 그 밖에 방화복 등 소방활동에 필요한 소방장비
② 소방관서용 청사의 건축

해답 ①

47 다음 중 소방시설공사업을 하려는 자가 공사업 등록신청시에 제출하여야 하는 서류로 볼 수 없는 것은?

① 소방시설업 등록신청서
② 소방산업 공제조합에 출자·예치·담보한 금액 확인서
③ 전문경영진단기관이 신청일 전 최근 90일 이내 작성한 기업진단 보고서
④ 법인 등기부 등본

해설 (공사업법 시행규칙 제2조)
소방시설업의 등록신청서류
(1) 소방시설업 등록신청서
　① 신청인의 인적사항이 적힌 서류
(2) 기술인력 증빙서류
　① 국가기술자격증
　② 자격수첩 또는 경력수첩
(3) 출자·예치·담보 금액 확인서
(4) 신청일 전 최근 90일 이내에 작성한 자산평가액 또는 기업진단 보고서

해답 ④

48 소방신호의 방법에 해당하지 않는 것은?

① 타종　　　　② 싸이렌
③ 게시판　　　④ 수신호

해설 (기본법 시행규칙 제10조)
소방신호의 종류 및 방법
(1) 소방신호의 종류
　① 경계신호 : 화재예방상 필요하다고 인정되거나 화재위험경보시 발령
　② 발화신호 : 화재가 발생한 때 발령
　③ 해제신호 : 소화활동이 필요 없다고 인정되는 때 발령
　④ 훈련신호 : 훈련상 필요하다고 인정되는 때 발령
(2) 소방신호 방법

신호방법 종별	타종신호	싸이렌신호
경계신호	1타와 연 2타를 반복	5초 간격을 두고 30초씩 3회
발화신호	난 타	5초 간격을 두고 5초씩 3회
해제신호	상당한 간격을 두고 1타씩 반복	1분간 1회
훈련신호	연 3타 반복	10초 간격을 두고 1분씩 3회

· 통풍대　· 게시판　· 기

해답 ④

49 관계인이 예방규정을 정하여야 하는 제조소 등의 기준으로 올바른 것은?

① 지정수량의 20배 이상의 위험물을 취급하는 제조소
② 지정수량의 150배 이상의 위험물을 저장하는 옥내저장소
③ 지정수량의 200배 이상의 위험물을 저장하는 옥외저장소
④ 지정수량의 250배 이상의 위험물을 저장하는 옥외탱크저장소

해설 (위험물법 시행령 제18조)
자체소방대를 설치하여야 하는 사업소
① 지정수량의 3천배 이상의 제4류 위험물을 취급하는 제조소 또는 일반취급소(단, 보일러로 위험물을 소비하는 일반취급소 등 일반취급소를 제외)
② 지정수량의 50만배 이상 제4류위험물을 저장하는 옥외탱크저장소

예방규정을 정하여야 하는 제조소등
① 지정수량의 10배 이상 제조소
② 지정수량의 100배 이상 옥외저장소
③ 지정수량의 150배 이상 옥내저장소
④ 지정수량의 200배 이상 옥외탱크저장소
⑤ 암반탱크저장소
⑥ 이송취급소
⑦ 지정수량의 10배 이상 일반취급소

해답 ②

50 소방활동에 종사하여 시·도지사로부터 소방활동의 비용을 지급받을 수 있는 자는?

① 소방대상물에 화재, 재난·재해 그 밖의 위급한 상황이 발생한 경우 그 관계인
② 소방대상물에 화재, 재난·재해 그 밖의 위급한 상황이 발생한 경우 구급 활동을 한 자
③ 화재 또는 구조·구급현장에서 물건을 가져간 자
④ 고의 또는 과실로 인하여 화재 또는 구조·구급활동이 필요한 상황을 발생시킨 자

해설 (기본법 제24조) 소방활동 종사명령 ★★
① 소방활동 종사명령권자 : 소방본부장, 소방서장, 소방대장
② 소방본부장·소방서장 또는 소방대장은 소방활동을 위하여 필요한 때에는 그 관할구역 안에 사는 자 또는 그 현장에 있는 자로 하여금 사람을 구출하는 일 또는 불을 끄거나 불이 번지지 아니하도록 하는 일을 하게 할 수 있다.
③ 소방활동에 종사한 자는 시·도지사로부터 소방활동의 비용을 지급 받을 수 있다.

소방활동의 비용을 지급 받을 수 없는 경우
① 소방대상물에 화재, 재난·재해 그 밖의 위급한 상황이 발생한 경우 그 관계인
② 고의 또는 과실로 인하여 화재 또는 구조·구급활동이 필요한 상황을 발생시킨 자
③ 화재 또는 구조·구급현장에서 물건을 가져간 자

해답 ②

51 소방관서장은 화재안전조사를 실시하고자 하는 경우 조사대상, 조사기간 및 조사사유 등 조사계획을 인터넷 홈페이지나 전산시스템 등을 통해 사전에 공개하여야 한다. 이 경우 공개기간은 며칠 이상으로 하여야 하는가?

① 1일   ② 3일
③ 5일   ④ 7일

해설 (화재예방법 시행령 제8조)
화재안전조사의 방법·절차 등
(1) **소방관서장**은 화재안전조사의 목적에 따라 다음의 방법으로 화재안전조사를 실시할 수 있다.
① **종합조사** : 화재안전조사 항목 전부를 확인하는 조사
② **부분조사** : 화재안전조사 항목 중 일부를 확인하는 조사
(2) **소방관서장**은 조사계획을 인터넷 홈페이지나 전산시스템 등을 통해 **7일 이상** 공개해야 한다.

해답 ④

52 특정소방대상물의 방염대상이 아닌 것은?
① 층수가 11층 이상인 건물
② 안마원, 체력단련장, 숙박시설, 종합병원
③ 다중이용업의 영업장
④ 실내수영장

해설 (소방시설법 시행령 제30조)
방염성능기준 이상의 실내장식물 설치대상
(1) 근린생활시설 중 **의원**, 치과의원, 한의원, 조산원, 산후조리원, 체력단련장, 공연장 및 종교집회장
(2) 건축물의 옥내에 있는 시설
① 문화 및 집회시설
② 종교시설
③ 운동시설(수영장은 제외)
(3) 의료시설
(4) 교육연구시설 중 **합숙소**
(5) 노유자시설
(6) 숙박이 가능한 **수련시설**
(7) **숙박**시설
(8) 방송통신시설 중 **방송국 및 촬영소**
(9) 다중이용업소
(10) 층수가 11층 이상인 것(아파트 등은 제외)

해답 ④

53 다음 중 소방시설관리업을 등록할 수 있는 자는?
① 피성년후견인
② 금고 이상의 형의 집행유예선고를 받고 그 유예기간 중에 있는 자
③ 금고이상의 형을 선고받고 그 집행이 종료되거나 집행이 면제된 날로부터 2년이 경과되지 아니한 자
④ 소방시설관리업의 등록이 취소된 날로부터 2년이 경과된 자

해설 (소방시설법 제30조)
관리업의 등록 결격사유
① 피성년후견인
② 소방관련법령을 위반하여 금고 이상의 실형을 선고받고 그 집행이 끝나거나 집행이 면제된 날부터 **2년이 지나지 아니한 사람**
③ 소방관련법령을 위반하여 금고 이상의 형의 집행유예를 선고받고 그 **유예기간 중에 있는 사람**
④ 관리업의 등록이 취소된 날부터 **2년이 지나지 아니한 자**
⑤ 임원 중에 ①~④에 해당하는 사람이 있는 법인

해답 ④

54 소방시설의 종류 중 경보설비가 아닌 것은?

① 비상방송설비　② 누전경보기
③ 연결살수설비　④ 자동화재속보설비

해설 ③ 연결살수설비 − 소화활동설비
(소방시설법 시행령 제3조의 별표 1)
소방시설의 종류 ★★★(필수암기)★★★

소방시설	종류
소화설비	① 소화기구　② 자동소화장치 ③ 옥내　　　④ 옥외 ⑤ 스프링클러설비등　⑥ 물분무등
경보설비	① 단독경보형　② 비상경보 ③ 시각경보기　④ 자동화재탐지 ⑤ 화재알림　　⑥ 비상방송 ⑦ 자동화재속보　⑧ 통합감시 ⑨ 누전경보기　⑩ 가스누설경보기
피난구조 설비	① 피난기구(피난사다리, 구조대, 완강기 등) ② 인명구조기구(방열복, 방화복, 공기호흡기, 인공소생기) ③ 유도등(피난유도선, 피난구유도등, 통로유도등, 객석유도등, 유도표지) ④ 비상조명등 및 휴대용비상조명등
소화 용수설비	① 상수도소화용수 ② 소화수조·저수조 그 밖의 소화용수
소화 활동설비	① 제연　　　② 연결송수관 ③ 연결살수　④ 비상콘센트 ⑤ 무선통신보조　⑥ 연소방지

해답 ③

55 다음 중 대통령령으로 정하는 소방용품에 속하지 않는 것은?

① 방염제
② 소화약제에 따른 간이소화용구
③ 가스누설경보기
④ 휴대용비상조명등

해설 **소방시설법 시행령 제6조**
(형식승인대상 소방용품) [별표 3] 소방용품
1. 소화설비를 구성하는 제품 또는 기기
   (1) 소화기구(소화약제 외의 것을 이용한 간이소화용구는 제외)
   (2) 자동소화장치
   (3) 소화설비를 구성하는 소화전, 관창, 소방호스, 스프링클러헤드, 기동용 수압개폐장치, 유수제어밸브 및 가스관선택밸브
2. 경보설비를 구성하는 제품 또는 기기
   (1) 누전경보기 및 가스누설경보기
   (2) 경보설비를 구성하는 발신기, 수신기, 중계기, 감지기 및 음향장치(경종만 해당)
3. 피난구조설비를 구성하는 제품 또는 기기
   (1) 피난사다리, 구조대, 완강기(간이완강기 및 지지대를 포함)
   (2) 공기호흡기(충전기를 포함)
   (3) 피난구유도등, 통로유도등, 객석유도등 및 예비 전원이 내장된 비상조명등
4. 소화용으로 사용하는 제품 또는 기기
   (1) 소화약제
   (2) 방염제(방염액·방염도료 및 방염성물질)

해답 ④

56 무창층이라 함은 지상 층 중 피난 또는 소화활동상 유효한 개구부의 면적이 그 층의 바닥면적의 얼마 이하가 되는 층을 말하는가?

① 40분의 1 이하　② 30분의 1 이하
③ 20분의 1 이하　④ 10분의 1 이하

해설 **소방시설법 시행령 제2조(정의)**
"**무창층**"이란 지상층 중 다음 각 목의 요건을 모두 갖춘 개구부의 면적의 합계가 해당 층의 바닥면적의 30분의 1 이하가 되는 층
(1) 크기는 지름 50cm 이상의 원이 내접할 수 있는 크기일 것
(2) 해당 층의 바닥면으로부터 개구부 밑 부분까지의 높이가 1.2m 이내일 것
(3) 도로 또는 차량이 진입할 수 있는 빈터를 향할 것
(4) 화재 시 건축물로부터 쉽게 피난할 수 있도록 창살이나 그 밖의 장애물이 설치되지 아니할 것
(5) 내부 또는 외부에서 쉽게 부수거나 열 수 있을 것

해답 ②

57 다음 중 무선통신 보조설비를 반드시 설치하여야 하는 특정소방대상물로 볼 수 없는 것은?

① 지하층의 바닥면적의 합계가 $2500m^2$인 경우
② 지하층의 층수가 3개 층으로 지하층의 바닥면적의 합계가 $1000m^2$인 경우

③ 지하상가의 연면적이 1500m² 인 경우
④ 터널로서 길이가 500m인 경우

해설 (소방시설법 시행령 제11조의 별표 4)
무선통신보조설비 설치대상
① 지하상가로서 연면적 1000m² 이상인 것
② 지하층 바닥면적의 합계가 3000m² 이상인 것
③ 터널의 길이가 500m 이상인 것
④ 지하층의 층수가 3층 이상이고 지하층의 바닥면적 합계가 1000m² 이상인 것은 지하층의 모든 층
⑤ 층수가 30층 이상인 것으로서 16층 이상 부분의 모든 층

해답 ①

58 특정소방대상물이 증축되는 경우 기존 부분에 대해서 증축 당시의 소방시설의 설치에 관한 대통령령 또는 화재안전기준을 적용하지 않는 경우가 아닌 것은?

① 증축으로 인하여 천장·바닥·벽 등에 고정되어 있는 가연성 물질의 양이 줄어드는 경우
② 기존 부분과 증축 부분이 내화구조로 된 바닥과 벽으로 구획된 경우
③ 기존 부분과 증축 부분이 자동방화셔터 또는 60분+ 방화문으로 구획되어 있는 경우
④ 자동차 생산공장 등 화재 위험이 낮은 특정소방대상물에 캐노피를 설치하는 경우

해설 소방시설법 시행령 제15조
(특정소방대상물의 증축 또는 용도변경 시의 소방시설기준 적용의 특례)
소방본부장 또는 소방서장은 특정소방대상물이 증축되는 경우에는 기존 부분을 포함한 특정소방대상물의 전체에 대하여 **증축 당시**의 소방시설의 설치에 관한 대통령령 또는 **화재안전기준을 적용**해야 한다. 다만, 다음 각 호의 어느 하나에 해당하는 경우에는 **기존 부분**에 대해서는 증축 당시의 소방시설의 설치에 관한 대통령령 또는 **화재안전기준을 적용하지 않는다**.
① 기존 부분과 증축 부분이 내화구조로 된 바닥과 벽으로 구획된 경우
② 기존 부분과 증축 부분이 자동방화셔터 또는 60분+ 방화문으로 구획되어 있는 경우
③ 자동차 생산공장 등 화재 위험이 낮은 특정소방대상물 내부에 **연면적 33m² 이하**의 직원 휴게실을 증축하는 경우
④ 자동차 생산공장 등 화재 위험이 낮은 특정소방대상물에 **캐노피**를 설치하는 경우

해답 ①

59 위험물 안전관리법령에서 정하는 자체소방대에 관한 원칙적인 사항으로 옳지 않은 것은?

① 제4류 위험물을 취급하는 제조소 또는 일반취급소에 대하여 적용한다.
② 저장·취급하는 양이 지정수량의 3만 배 이상의 위험물에 한한다.
③ 대상이 되는 관계인은 대통령령의 규정에 의하여 화학 소방자동차 및 자체소방대원을 두어야 한다.
④ 자체소방대를 두지 아니한 허가 받은 관계인에 대한 벌칙은 1년 이하의 징역 또는 1천만원 이하의 벌금이다.

해설 (위험물법 시행령 제18조)
자체소방대를 설치하여야 하는 사업소
① 지정수량의 3천배 이상의 제4류 위험물을 취급하는 제조소 또는 일반취급소(단, 보일러로 위험물을 소비하는 일반취급소 등 일반취급소를 제외)
② 지정수량의 50만배 이상 제4류위험물을 저장하는 옥외탱크저장소

해답 ②

60 다음은 소방기본법상 소방업무를 수행하여야 할 주체이다. 설명이 옳은 것은?

① 소방청장, 시·도지사는 화재, 재난·재해 그밖에 구조·구급이 필요한 상황이 발생한 때에 신속한 소방활동을 위한 정보를 수집·전파하기 위하여 종합상황실을 설치·운영하여야 한다.
② 소방의 역사와 안전문화를 발전시키고 국민

의 안전의식을 높이기 위하여 소방청장은 소방박물관을 소방본부장 또는 소방서장은 소방체험관을 설립하여 운영할 수 있다.

③ 시·도지사는 그 관할구역 안에서 발생하는 화재, 재난·재해 그 밖의 위급한 상황에 있어서 필요한 소방업무를 성실히 수행하여야 한다.

④ 소방본부장 또는 소방서장은 소방활동에 필요한 소화전·급수탑·저수조를 설치하고 유지·관리 하여야 한다.

해설 ① 소방청장·소방본부장 및 소방서장은 화재, 재난·재해 그 밖에 구조·구급이 필요한 상황이 발생한 때에 신속한 소방활동을 위한 정보를 수집·전파하기 위하여 종합상황실을 설치·운영하여야 한다.
② 소방의 역사와 안전문화를 발전시키고 국민의 안전의식을 높이기 위하여 소방청장은 소방박물관을, 시·도지사는 소방체험관을 설립하여 운영할 수 있다.
③ 시·도지사는 그 관할구역안에서 발생하는 화재, 재난·재해 그 밖의 위급한 상황에 있어서 필요한 소방업무를 성실히 수행하여야 한다.
④ 시·도지사는 소방활동에 필요한 소화전·급수탑·저수조를 설치하고 유지·관리하여야 한다.

해답 ③

제4과목 소방기계시설의 구조 및 원리

61 제연설비의 배출기 및 배출 풍도에 관한 설명 중 틀린 것은?

① 배출기와 배출풍도의 접속부분에 사용하는 캔버스는 내열성이 있는 것으로 할 것
② 배출기의 전동기 부분과 배풍기 부분은 분리하여 설치할 것
③ 배풍기 부분은 유효한 내열처리를 할 것
④ 배출기의 흡입층 풍도안의 풍속은 초속 15m 이상으로 할 것

해설 ④ 배출기 흡입 측 풍도안의 풍속은 15m/s 이하
배출기 및 배출풍도
① 배출기
  ㉠ 배출기와 배출풍도의 접속부분에 사용하는 캔버스는 내열성(석면 재료는 제외)이 있는 것으로 할 것.
  ㉡ 배출기의 전동기 부분과 배풍기 부분은 분리하여 설치하여야 하며 배풍기 부분은 유효한 내열처리 할 것.
② 배출풍도
  ㉠ 배출풍도는 아연도금강판 등 내식성·내열성이 있는 것으로 할 것
  ㉡ 배출기 흡입측 풍도안의 풍속은 15m/s 이하로 하고, 배출측의 풍속은 20m/s 이하로 할 것
③ 배출풍도의 강판의 두께

풍도단면의 긴변 또는 직경의 크기	강판두께
450mm 이하	0.5mm 이상
450mm 초과 750mm 이상	0.6mm 이상
750mm 초과 1500mm 이상	0.8mm 이상
1500mm 초과 2250mm 이상	1.0mm 이상
2250mm 초과	1.2mm 이상

④ 배출기의 풍속
  ㉠ 흡입측 풍도안 풍속 : 15m/s 이하
  ㉡ 배출측 풍속 : 20m/s 이하
⑤ 유입풍도안의 풍속 : 20m/s 이하

해답 ④

62 폐쇄형 스프링클러 헤드(표준형)를 사용하는 설비의 경우 가압송수장치의 1분당 송수량은 기준개수에 몇 L를 곱한 양 이상으로 정하는가?

① 50L   ② 60L
③ 70L   ④ 80L

해설 **스프링클러설비의 가압송수장치**
① 정격토출압력 : 0.1MPa 이상 1.2MPa이하
② 송수량 : 0.1MPa의 방수압력 기준으로 80 L/min 이상
③ 폐쇄형스프링클러헤드를 사용하는 설비의 경우 기준개수에 80L를 곱한 양 이상으로 할 것

해답 ④

63 소화기 중 대형소화기에 충전하는 소화약제의 기준은 할로젠화합물소화기의 경우 몇 kg 이상인가?

① 50kg ② 40kg
③ 30kg ④ 20kg

해설 대형소화기의 기준

소화기의 종류	약제 충전량
포소화기	20L 이상
강화액소화기	60L 이상
물소화기	80L 이상
분말소화기	20kg 이상
할로젠화합물 소화기	30kg 이상
이산화탄소소화기	50kg 이상

[쉬운 암기법] 포강물(2,6,8 못집고)
　　　　　　분할탄(2,3,5 집고)

해답 ③

64 연결살수설비 전용헤드를 사용하는 배관의 설치에서 하나의 배관에 부착하는 살수헤드가 4개일 때 배관의 구경은 몇 mm 이상으로 하는가?

① 40mm ② 50mm
③ 65mm ④ 80mm

해설 연결살수설비 전용헤드 수별 급수관의 구경

부착하는 전용헤드의 개수	1개	2개	3개	4개~5개	6개~10개
배관구경(mm)	32	40	50	65	80

해답 ③

65 옥내소화전설비의 배관에 관한 규정으로 옳지 않은 것은?

① 옥내소화전 방수구와 연결되는 가지배관의 구경은 40mm 이상으로 한다.
② 주배관 중 수직배관의 구경은 50mm 이상으로 한다.
③ 연결송수관설비의 배관과 겸용할 경우의 방수구로 연결되는 배관의 구경은 65mm 이상으로 한다.
④ 연결송수관 설비의 배관과 겸용할 경우의 급수 주배관의 구경은 80mm 이상으로 한다.

해설 옥내소화전설비의 배관
① 주 배관 중 입상관은 50mm 이상(호스릴 : 32mm 이상), 가지배관은 40mm 이상
② 연결송수관설비의 배관과 겸용 : 주 배관은 100mm 이상, 가지 배관은 65mm 이상

해답 ④

66 바닥면적이 45m²인 차고에 물분무 소화설비를 설치하고자 한다. 가압송수장치(펌프)의 1분당 토출량은 최소 몇 L 이상이 되어야 하는가?

① 900 ② 950
③ 1000 ④ 1200

해설 ① $Q = A(\text{m}^2)(\text{최소}50\text{m}^2) \times 20\text{L/m}^2 \cdot 분$
② 바닥면적이 45m²이므로 최소값 50m² 적용
③ $Q = 50\text{m}^2 \times 20\text{L/m}^2 \cdot 분 = 1000\text{L/분}$

물분무소화설비의 펌프 분당토출량

소방대상물	펌프의 토출량(L/분)
특수가연물 저장, 취급	바닥면적(m²)(최대방수구역기준 최소 50m²)×10L/m²·분
차고, 주차장	바닥면적(m²)(최대방수구역기준 최소 50m²)×20L/m²·분
절연유 봉입 변압기	표면적(바닥부분제외)(m²)×10L/m²·분
케이블 트레이, 덕트	투영된 바닥면적(m²)×12L/m²·분
콘베이어벨트 등	벨트부분의 바닥면적(m²)×10L/m²·분

해답 ③

67 자동소화설비가 설치되지 아니한 음식점의 바닥면적이 170m²인 주방에 소화기를 설치하고, 그 외 추가적으로 자동확산소화기를 설치하려고 할 때 몇 개를 설치해야 하는가?

① 1개 ② 2개
③ 3개 ④ 4개

해설 음식점의 자동 확산소화기 설치기준
① 바닥 면적 10m² 이하 : 1개
② 바닥 면적 10m² 초과 : 2개

해답 ②

68 체적 300m³이고, 자동폐쇄장치가 없는 개구부의 면적 2.5m²인 특수가연물의 저장소에 제2종 분말 소화설비를 설치하고자 할 경우 필요한 소화약제의 양은 약 몇 kg 인가? (단, 전역방출방식이다.)

① 108　　　　② 115
③ 191　　　　④ 241

해설
$Q = 300\text{m}^2 \times 0.36\text{kg/m}^3 + 2.5\text{m}^2 \times 2.7\text{kg/m}^2$
$\fallingdotseq 115\text{kg}$

분말소화약제의 저장량
① 전역방출방식

종별	체적계수 (K_1 : kg/m³)	면적계수(K_2 : kg/m²) (자동폐쇄장치 미설치 시)
제1종	0.60	4.5
제2종, 제3종	0.36	2.7
제4종	0.24	1.8

② 국소방출방식
다음의 기준에 의하여 산출한 양에 1.1을 곱하여 얻은 양 이상으로 할 것

$$Q_1 = X - Y\frac{a}{A}$$

Q_1 : 방호공간 1m³에 대한 분말소화약제의 양 (kg/m³)
a : 방호대상물의 주변에 설치된 벽면적의 합계(m²)
A : 방호공간의 벽면적(벽이 없는 경우에는 벽이 있는 것으로 가정한 당해 부분의 면적)의 합계(m²)
X 및 Y : 다음 표의 수치

종별	X의 수치	Y의 수치
제1종	5.2	3.9
제2종, 제3종	3.2	2.4
제4종	2.0	1.5

③ 호스릴 분말소화설비

종별	노즐당 약제량(kg)
제1종	50kg
제2종, 제3종	30kg
제4종	20kg

해답 ②

69 제연설비 설치장소에 제연구역을 구획할 때 설치기준에 대한 내용으로 틀린 것은?

① 하나의 제연구역의 면적은 1000m² 이내로 할 것
② 거실과 통로는 각각 제연구획 할 것
③ 통로상의 제연구역은 보행중심선의 길이가 60m를 초과하지 아니할 것
④ 하나의 제연구역은 직경 50m 원내에 들어갈 수 있을 것

해설 ④ 50m → 60m

제연구역 구획기준
① 하나의 제연구역의 면적은 1000m² 이내
② 거실과 통로는 각각 제연구획
③ 통로상의 제연구역은 보행 중심선으로 길이가 60m를 초과하지 아니할 것
④ 하나의 제연구역은 직경 60m 원내에 들어갈 수 있을 것
⑤ 하나의 제연구역은 2 이상 층에 미치지 아니하도록 할 것

해답 ④

70 소화용수설비의 소요수량이 40m³ 이상 100m³ 미만일 경우에 채수구는 몇 개를 설치하여야 하는가?

① 4개　　　　② 3개
③ 2개　　　　④ 1개

해설 채수구 설치기준
① 소방용 호스 또는 소방용 흡수관에 사용하는 구경 65mm 이상의 나사식 결합금속구를 설치할 것

소요수량과 채수구수

소요수량	20m³ 이상 40m³ 미만	40m³ 이상 100m³ 미만	100m³ 이상
채수구수	1개	2개	3개

② 채수구 설치위치 : 지면으로부터의 높이가 0.5m 이상 1m 이하의 위치에 설치
③ "채수구"라고 표시한 표지를 할 것
④ 유수의 양이 0.8m³/min 이상인 유수를 사용할 수 있는 경우에는 소화수조를 설치하지 아니할 수 있다.

해답 ③

71 다음 설명에서 ( )안에 적합한 수치는 어느 것인가?

> 소화용 이산화탄소의 저압식 저장용기는 용기 내부에 냉각시설을 갖추어 섭씨 영하(㉠)℃ 이하의 온도에서 (㉡)MPa의 압력을 유지할 수 있는 자동냉동장치를 설치한다.

① ㉠ 18, ㉡ 2.1   ② ㉠ 25, ㉡ 1.8
③ ㉠ 28, ㉡ 1.5   ④ ㉠ 30, ㉡ 1.2

해설 이산화탄소 저장용기의 설치 기준
① 저장용기의 충전비

저압식	고압식
1.1~1.4	1.5~1.9

② 저압식 저장용기에는 내압시험압력의 0.64배 내지 0.8배의 압력에서 작동하는 안전밸브와 내압시험압력의 0.8배 내지 내압시험압력에서 작동하는 봉판을 설치할 것
③ 저압식 저장용기에는 액면계 및 압력계와 2.3MPa 이상 1.9MPa 이하의 압력에서 작동하는 압력경보장치를 설치할 것
④ 저압식 저장용기에는 용기내부의 온도가 −18℃ 이하에서 2.1MPa의 압력을 유지할 수 있는 자동냉동장치를 설치할 것
⑤ 저장용기는 고압식은 25MPa 이상, 저압식은 3.5MPa 이상의 내압시험압력에 합격한 것으로 할 것

해답 ①

72 펌프의 토출량은 호스릴 옥내 소화전이 가장 많이 설치된 층의 설치개수(설치개수가 2개 이상은 2개)에 몇 m³을 곱한 양 이상이어야 하는가?

① $2.6m^3$ ② $3.6m^3$
③ $4.6m^3$ ④ $5.6m^3$

해설 옥내소화전설비의 수원의 양

$$Q = N \times 2.6m^3 \text{(호스릴 옥내소화전설비 포함)}$$

$Q(m^3)$: 수원의 양
N : 가장 많이 설치된 층의 소화전개수 (최대 2개)

해답 ①

73 일반적으로 노유자시설에 설치될 수 있는 피난기구는?

① 피난교   ② 완강기
③ 피난사다리   ④ 피난용트랩

해설 소방대상물의 설치장소별 피난기구의 적응성

층별 구분	1층	2층	3층	4층 이상 10층 이하
노유자시설			미구교다승	구[1]교다승
의료시설·근린생활시설 중 입원실이 있는 의원·접골원·조산원			미트구 교다승	트구 교다승
다중이용업소로서 영업장의 위치가 4층 이하인 다중이용업소			미사구완다승	
그 밖의 것			트공간교 미사구 완다승	공간[2] 교사구 완다승

[비고]
1) 구조대의 적응성은 장애인 관련 시설로서 주된 사용자 중 스스로 피난이 불가한 자가 있는 경우 추가로 설치하는 경우에 한한다.
2) 간이완강기의 적응성은 숙박시설의 3층 이상에 있는 객실에 추가로 설치하는 경우에 한한다.

어두문자 암기방법	
피난용트랩 ⇒ 트	피난교 ⇒ 교
피난사다리 ⇒ 사	미끄럼대 ⇒ 미
구조대 ⇒ 구	다수인피난장비 ⇒ 다
승강식피난기 ⇒ 승	완강기 ⇒ 완
간이완강기 ⇒ 간	공기안전매트 ⇒ 공

해답 ①

74 바닥면적이 500m²인 의료시설에 필요한 소화기구의 소화능력 단위는 몇 단위 이상인가? (단, 소화능력단위 기준은 바닥면적만 고려한다.)

① 2.5 단위   ② 5 단위
③ 10 단위   ④ 16.7 단위

해설 소화능력단위

$$\text{소화능력단위} = \frac{\text{바닥면적}(m^2)}{\text{기준바닥면적}(m^2)}$$

① 의료시설의 기준바닥면적(m^2)은 $50m^2$

② 능력단위 = $\dfrac{500\text{m}^2}{50\text{m}^2}$ = 10단위

소방대상물별 소화기구의 능력단위기준

소 방 대 상 물	소화기구의 능력단위
① 위락시설	30m² 마다 1단위 이상
② 공연장·집회장·관람장·국가유산·장례식장 및 의료시설	50m² 마다 1단위 이상
③ 근린생활시설·판매시설·운수시설·숙박시설·노유자시설·전시장·공동주택·업무시설·방송통신시설·공장·창고시설·항공기 및 자동차관련시설 및 관광휴게시설	100m² 마다 1단위 이상
④ 그 밖의 것	200m² 마다 1단위 이상

(주) 소화기구의 능력단위를 산출함에 있어서 건축물의 주요구조부가 내화구조이고, 벽 및 반자의 실내에 면하는 부분이 불연재료·준불연재료 또는 난연재료로 된 소방대상물에 있어서는 위 표의 기준면적의 2배를 당해 소방대상물의 기준면적으로 한다.

해답 ③

75 전역방출방식인 할로젠화합물소화설비에서 할론 1301 소화약제를 분사하는 분사헤드의 방사압력은 얼마 이상으로 하여야 하는가?

① 0.1MPa ② 0.2MPa
③ 0.9MPa ④ 1.0MPa

해설 **할론 분사헤드의 방사압력 및 방출시간**

종 류	분사헤드 방사압력	방출시간
할론2402	0.1 MPa 이상	10초 이내
할론1211	0.2 MPa 이상	
할론1301	0.9 MPa 이상	

해답 ③

76 펌프의 토출관에 압입기를 설치하여 포소화약제 압입용 펌프로 포소화약제를 압입시켜 혼합하는 방식의 푸로포셔너는?

① 펌프 푸로포셔너
② 프레져 푸로포셔너
③ 라인 푸로포셔너
④ 프레져사이드 푸로포셔너

해설 **포소화약제의 혼합장치**

① **펌프 프로포셔너 방식**
(pump proportioner type) (펌프 조합방식)
펌프의 토출관과 흡입관 사이의 배관도중에 설치한 흡입기에 펌프에서 토출된 물의 일부를 보내고, 농도 조정밸브에서 조정된 포 소화약제의 필요량을 포 소화약제 탱크에서 펌프 흡입측으로 보내어 이를 혼합하는 방식

② **프레져 프로포셔너 방식**
(pressure proportioner type) (차압 조합방식)
펌프와 발포기의 중간에 설치된 벤추리관의 벤추리작용과 펌프 가압수의 포 소화약제 저장탱크에 대한 압력에 의하여 포소화약제를 흡입·혼합하는 방식

③ **라인 프로포셔너 방식**
(line proportioner type)(관로 조합방식)
펌프와 발포기의 중간에 설치된 벤추리관의 벤추리 작용에 의하여 포소화약제를 흡입·혼합하는 방식

④ **프레져사이드 프로포셔너 방식**(pressure side proportioner type) (압입 혼합방식)
펌프의 토출관에 압입기를 설치하여 포 소화약제 압입용 펌프로 포소화약제를 압입시켜 혼합

하는 방식

해답 ④

77 스프링클러설비에서 헤드의 설치시 연소할 우려가 있는 개부의 상하좌우에 몇 m 간격으로 설치해야 하는가?

① 1.5m ② 2.0m
③ 2.5m ④ 3.0m

해설 드렌처설비의 설치기준
① 드렌처헤드는 개구부 위측에 2.5m 이내마다 1개를 설치할 것
② 제어밸브는 바닥면으로부터 0.8m 이상 1.5m 이하의 위치에 설치
③ 수원의 수량은 드렌처헤드가 가장 많이 설치된 제어밸브의 드렌처헤드의 설치개수에 1.6m³을 곱하여 얻은 수치 이상이 되도록 할 것

$Q(\text{m}^3) = N \times 1.6\text{m}^3$ 이상
N : 드렌처헤드의 설치개수

④ 드렌처설비는 드렌처헤드가 가장 많이 설치된 제어밸브에 설치된 드렌처헤드를 동시에 사용하는 경우에 각각의 헤드선단에 방수압력이 0.1MPa 이상, 방수량이 80L/min 이상이 되도록 할 것

해답 ③

78 스프링클러 설비의 가압 송수장치 정격토출 압력은 하나의 헤드 선단에서 얼마의 압력이 되어야 하는가?

① 0.7MPa 이상 1.2MPa 이하
② 0.1MPa 이상 0.7MPa 이하
③ 0.1MPa 이상 1.2MPa 이하
④ 0.17MPa 이상 1.2MPa 이하

해설 소화설비의 방수압과 방수량

소화설비의 종류	방수압	방수량
옥내소화전 설비	0.17MPa~0.7MPa	130L/min 이상
옥외소화전 설비	0.25MPa 이상	350L/min 이상
스프링클러설비	0.1~1.2MPa	80L/min 이상
위험물 옥외 탱크 포소화전	0.35MPa 이상	400L/min 이상

해답 ③

79 옥외소화전이 하나의 소방대상물을 포용하기 위하여 4개소에 설치되어 있다. 규정에 적합한 수원의 유효 수량은 몇 m³ 이상이어야 하는가?

① 5 ② 8
③ 10 ④ 14

해설 옥외소화전설비의 수원의 양

$$Q = N \times 7\text{m}^3$$

N : 옥외소화전의 설치개수(최대 2개)
∴ $Q = 2 \times 7 = 14\text{m}^3$

해답 ④

80 다음 ( )안에 알맞은 수치는?

연결송수관설비 주배관의 구경은 (㉠)mm 이상이고 연결송수관설비 방수구의 구경은 (㉡)mm이다.

① ㉠ 65, ㉡ 65   ② ㉠ 100, ㉡ 65
③ ㉠ 80, ㉡ 100   ④ ㉠ 100, ㉡ 40

해설 연결송수관설비의 설치 기준
① 송수구 설치기준
  ㉠ 연결송수관의 수직배관마다 1개 이상을 설치
  ㉡ 송수구의 부근에 자동배수밸브 또는 체크밸브 설치순서
    ⓐ 습식 : 송수구 → 자동배수밸브 → 체크밸브(송자첵)
    ⓑ 건식 : 송수구 → 자동배수밸브 → 체크밸브 → 자동배수밸브(송자첵자)
② 배관 설치기준
  ㉠ 주배관의 구경은 100mm 이상
  ㉡ 지면으로부터의 높이가 31m 이상인 소방대상물 또는 지상 11층 이상인 소방대상물

에 있어서는 습식설비로 할 것
③ 방수구 설치기준
　㉠ 방수구는 그 소방대상물의 층마다 설치
　㉡ 11층 이상의 방수구는 쌍구형
　㉢ 방수구의 호스 접결구 설치위치
　　 바닥으로부터 높이 0.5m 이상 1m 이하
　㉣ 방수구의 구경 : 65mm의 것
　㉤ 방수구는 개폐기능을 가진 것으로 할 것

해답 ②

소방설비산업기사 - 기계분야

2022년 9월 CBT 시행

본 문제는 CBT시험대비 기출문제 복원입니다.

제1과목 소방원론

01 물이 소화약제로서 널리 사용되고 있는 이유에 대한 설명으로 가장 거리가 먼 것은?

① 쉽게 구할 수 있다.
② 비열이 크다
③ 증발잠열이 크다.
④ 점도가 크다.

해설 물이 소화약제로 사용되는 이유
① 물의 기화잠열(증발잠열, 539kcal/kg)이 크기 때문
② 물의 비열(1kcal/kg℃)이 크기 때문
③ 쉽게 구할 수 있다.
④ 가격이 싸다.

해답 ④

02 청정소화약제 설비에 사용하는 소화약제 중 성분비가 다음과 같은 비율로 구성된 소화약제는?

$N_2 : 52\%,\ Ar : 40\%,\ CO_2 : 8\%$

① FC-3-1-10   ② HCFC BLEND A
③ HFC-227ea   ④ IG-541

해설 청정소화약제의 종류

번호	약제명	화학식
1	FC-3-1-10	C_4F_{10}
2	HCFC BLEND A	HCFC-123($CHCl_2CF_3$) : 4.75% HCFC-22($CHClF_2$) : 82% HCFC-124($CHClFCF_3$) : 9.5% $C_{10}H_{16}$: 3.75%
3	HCFC-124	$CHClCF_3$
4	HFC-125	CHF_2CF_3
5	HFC-227ea	CF_3CHFCF_3
6	HFC-23	CHF_3
7	HFC-236fa	$CF_3CH_2CF_3$
8	FIC-13I1	CF_3I
9	IG-01	Ar
10	IG-100	N_2
11	IG-541	$N_2 : 52\%,\ Ar : 40\%,\ CO_2 : 8\%$
12	IG-55	$N_2 : 50\%,\ Ar : 50\%$
13	FK-5-1-12	$CF_3CF_2C(O)CF(CF_3)_2$

해답 ④

03 건물화재에서의 사망원인 중 가장 큰 비중을 차지하는 것은?

① 연소가스에 의한 질식
② 화상
③ 열충격
④ 기계적 상해

해설 화재 시 사망원인 중 가장 큰 것은 연소가스에 의한 질식이다.

해답 ①

04 B급 화재는 다음 중 어떤 화재를 의미하는가?

① 금속 화재   ② 일반 화재
③ 전기 화재   ④ 유류 화재

해설 화재의 분류 ★★★

종류	등급	색표시	주된 소화 방법
일반화재	A급	백색	냉각소화
유류 및 가스 화재	B급	황색	질식소화
전기화재	C급	청색	질식소화
금속화재	D급	-	피복소화
주방화재	K급	-	냉각 및 질식 소화

해답 ④

05 제4류 위험물의 특수인화물에 해당되는 것은?

① 휘발유　　② 나트륨
③ 다이에틸에터　　④ 과산화수소

해설 위험물의 류별 구분

구분	① 휘발유	② 나트륨	③ 다이에틸에터	④ 과산화수소
유별	제4류 -1석유류	제3류	제4류 -특수인화물	제6류

제4류 위험물 중 특수인화물
① 다이에틸에터(에터)
② 이황화탄소
③ 아세트알데하이드
④ 산화프로필렌

해답 ③

06 건물내부에서 화재가 발생하여 실내온도가 27℃에서 1227℃로 상승한다면 이 온도상승으로 인하여 실내 공기는 처음의 몇 배로 팽창하겠는가? (단, 화재에 의한 압력변화 등 기타 주어지지 않은 조건은 무시한다.)

① 3배　　② 5배
③ 7배　　④ 9배

해설 샤를의 법칙을 이용

① $\dfrac{V_1}{273+27} = \dfrac{V_2}{273+1227}$

② $300 V_2 = 1500 V_1$

③ $V_2 = 5 V_1$

∴ 5배

보일의 법칙

　　$T(온도) = 일정$　　$P_1 V_1 = P_2 V_2$

온도가 일정할 때 일정량의 기체가 차지하는 부피는 절대압력에 반비례한다.

샤를의 법칙

　　$P(압력) = 일정$　　$\dfrac{V_1}{T_1} = \dfrac{V_2}{T_2}$

압력이 일정할 때 일정량의 기체가 차지하는 부피는 절대온도에 비례한다.

보일-샤를의 법칙

$$\dfrac{P_1 V_1}{T_1} = \dfrac{P_2 V_2}{T_2}$$

일정량의 기체가 차지하는 부피는 절대압력에 반비례하고 절대온도에 비례한다.

해답 ②

07 건축물의 화재시 피난에 대한 설명으로 옳지 않은 것은?

① 피난동선은 가급적 단순한 형태가 좋다.
② 정전시에도 피난 방향을 알 수 있는 표시를 한다.
③ 피난동선이라 함은 엘리베이터로 피난을 하기 위한 경로를 말한다.
④ 2방향의 피난통로를 확보한다.

해설 피난대책의 일반적인 원칙
① 2방향 원칙에 따라 피난통로를 확보할 것
② 피난수단은 원시적 방법을 원칙으로 할 것
③ 피난구조설비는 고정식 설비를 원칙으로 하고 보조적으로 이동식설비를 고려할 것
④ 피난대책은 Fool proof와 Fail safe의 원칙을 중요시 할 것
④ 피난경로는 간단하고 명료하게 할 것

해답 ③

08 할로젠족 원소로만 나열된 것은?

① F, B, Cl, Si　　② F, Br, Cl, I
③ Si, Br, I, Al　　④ He, N, F, Br

해설 할로젠족원소
① 불소(F)　　② 염소(Cl)
③ 브로민 또는 취소(Br)　　④ 아이오딘(I)

해답 ②

09 산소와 화합하지 않는 원소는?

① Fe　　② Ar
③ Cu　　④ P

해설 불연성 기체(산소와 화합하지 않는 기체)
① 헬륨(He) ② 네온(Ne) ③ 아르곤(Ar)
④ 이산화탄소(CO_2) ⑤ 질소(N_2) 등

해답 ②

10 화재 현장에서 연기가 사람에 미치는 영향으로 가장 거리가 먼 것은?

① 패닉현상   ② 시각적 장애
③ 만발효과   ④ 질식현상

해설 연기가 사람에 미치는 영향
① 연기의 시계제한(시각적 장애)
② 유독가스의 호흡장애(질식현상)
③ 외부와 단절되어 고립(패닉현상)
④ 화염에 대한 두려움(패닉현상)

해답 ③

11 연소반응이 일어나는 필요한 조건에 대한 설명으로 가장 거리가 먼 것은?

① 산화되기 쉬운 물질
② 충분한 산소 공급
③ 비휘발성인 액체
④ 연소반응을 위한 충분한 온도

해설 연소반응 필요조건
① 산화되기 쉬운 물질
② 충분한 산소공급
③ 휘발성인 액체
④ 충분한 온도

해답 ③

12 소화약제로 사용하는 CO_2에 대한 설명으로 옳은 것은?

① 상온, 상압에서 무색, 무취의 기체 상태이다.
② 화염과 접촉하여 유독물질을 쉽게 생성시킨다.
③ 부촉매 효과가 가장 주된 소화 작용이다.
④ 전기전도성 물질이지만 소화효과는 좋다.

해설 이산화탄소(CO_2)소화약제
① 상온,상압에서 무색,무취의 기체상태
② 화염과 접촉하여도 유독물질 생성 없음
③ 질식효과가 가장 주된 소화작용이다.
④ 비전도성물질이므로 전기화재에도 적합하다.

해답 ①

13 다음 중 분진폭발의 발생 위험성이 가장 낮은 물질은?

① 석탄가루   ② 밀가루
③ 시멘트   ④ 금속분류

해설 분진폭발 없는 물질
① 생석회 : CaO(시멘트의 주성분)
② 소석회($Ca(OH)_2$)
③ 석회석 분말
④ 시멘트

해답 ③

14 연소의 진행에 따른 연소생성열 전달의 대표적 3가지 방식이 아닌 것은?

① 열전도   ② 열확산
③ 열복사   ④ 열대류

해설 열전달의 방법
① 전도(Conduction)
   물체와 물체가 직접 접촉하여 열이 전달
② 대류(Convection)
   밀도차에 의한 공기의 순환으로 열이 전달
③ 복사(Radiation)
   고온물체의 복사열이 전자파형태로 열이 전달
지구에 태양열이 전달되는 것 : 복사열

① 스테판-볼츠만(stefan-boltzman)의 법칙
$$Q = aAF(T_1^4 - T_2^4)$$
Q = 복사열(kcal/hr)
a : 스테판-볼츠만 상수
A : 단면적
F : 기하학적 Factor(상수)
T_1 : 고온물체의 절대온도(273+t ℃)K
T_2 : 저온물체의 절대온도(273+t ℃)K
※ 복사열은 절대온도 4제곱의 차 및 단면적에 비례
② 열전도율 단위
kcal/m, hr, ℃ 또는 BTU/ft, hr, ℉

해답 ②

15 100℃를 기준으로 액체상태의 물이 기화할 경우 체적이 약 1700배 정도 늘어난다. 이러한 체적팽창으로 기대할 수 있는 가장 큰 소화효과는?

① 촉매효과 ② 질식효과
③ 제거효과 ④ 억제효과

해설 물의 체적팽창에 따른 소화 : 질식효과

해답 ②

16 Halon 1301의 화학식으로 옳은 것은?

① CF_3Br ② CH_3Br
③ CH_3I ④ CF_3I

해설 할로젠화합물 소화약제 명명법

할론 ⓐ ⓑ ⓒ ⓓ
ⓐ : C원자수 ⓑ : F원자수
ⓒ : Cl원자수 ⓓ : Br원자수

할로젠화합물 소화약제

종류 구분	할론2402	할론1211	할론1301	할론1011
분자식	$C_2F_4Br_2$	CF_2ClBr	CF_3Br	CH_2ClBr

해답 ①

17 불연성 기체나 고체 등으로 연소물을 감싸서 산소 공급을 차단하는 소화의 원리는?

① 냉각소화 ② 제거소화
③ 희석소화 ④ 질식소화

해설 소화원리
① 냉각소화 : 가연성 물질을 발화점 이하로 온도를 냉각

> 물이 소화약제로 사용되는 이유
> ① 물의 기화열(539kcal/kg)이 크기 때문
> ② 물의 비열(1kcal/kg℃)이 크기 때문

② 질식소화 : 산소농도를 21%에서 15% 이하로 감소

> 질식소화 시 산소의 유지농도 : 10~15%

③ 억제소화(부촉매소화, 화학적소화) : 연쇄반응을 억제

• 부촉매 : 화학적 반응의 속도를 느리게 하는 것
• 부촉매 효과 : 할론소화제
  [할로젠족원소 : 불소(F), 염소(Cl), 브로민(Br), 아이오딘(I)]

④ 제거소화 : 가연성물질을 제거시켜 소화

• 산불이 발생하면 화재의 진행방향을 앞질러 벌목
• 화학반응기의 화재 시 원료공급관의 밸브를 폐쇄
• 유전화재 시 폭약으로 폭풍을 일으켜 화염을 제거
• 촛불을 입김으로 불어 화염을 제거

⑤ 피복소화 : 가연물 주위를 공기와 차단
⑥ 희석소화 : 알콜, 아세톤 등 수용성인 인화성액체 화재 시 물을 방사하여 가연물의 연소농도를 희석
⑦ 유화소화(에멀젼소화) : 제4류 위험물 중 물에 녹지 않는 인화성액체의 유류화재 시 물분무로 방사하여 액체표면에 불연성의 유막을 형성하여 소화

해답 ④

18 20℃의 물 400g을 사용하여 화재를 소화하였다. 물 400g이 모두 100℃로 기화하였다면 물이 흡수한 열량은 얼마인가? (단, 물의 비열은 1cal/g·℃이고, 증발잠열은 539cal/g 이다.)

① 215.6kcal ② 223.6kcal
③ 247.6kcal ④ 255.6kcal

해설 열량 산출 공식

$$Q = mC\Delta t + r \cdot m$$

∴ Q = 0.4kg × 1kcal/kg·℃ × (100−20)℃
    + 539kcal/kg × 0.4kg
  = 247.6kcal

해답 ③

19 질산에 대한 설명으로 틀린 것은?

① 부식성이 있다.
② 불연성 물질이다.
③ 산화제이다.
④ 산화되기 쉬운 물질이다.

해설 질산(HNO_3) : 제6류 위험물(산화성 액체)
① 부식성이 강하다.
② 불연성 물질이다.

③ 산화성 액체이다.
④ 환원되기 쉬운물질이다.
⑤ 무색의 발연성 액체이다.
⑥ 빛에 의하여 일부 분해되어 생긴 NO_2 때문에 황갈색으로 된다.

$4HNO_3 \rightarrow 2H_2O + 4NO_2\uparrow$ (이산화질소) $+ O_2\uparrow$ (산소)

해답 ④

20 촛불의 연소형태와 가장 관련이 있는 것은?

① 증발연소 ② 분해연소
③ 표면연소 ④ 자기연소

해설 ★★★ 자주출제(필수암기) ★★★

연소의 형태
① 표면연소(surface reaction)
  숯, 코크스, 목탄, 금속분
② 증발 연소(evaporating combustion)
  파라핀(양초), 황, 나프탈렌, 왁스, 휘발유, 등유, 경유, 아세톤 등 제4류 위험물
③ 분해연소(decomposing combustion)
  석탄, 목재, 플라스틱, 종이, 합성수지, 중유
④ 자기연소(내부연소)
  질화면(나이트로셀룰로오즈), 셀룰로이드, 나이트로글리세린 등 제5류 위험물
⑤ 확산연소(diffusive burning)
  아세틸렌, LPG, LNG 등 가연성 기체
⑥ 불꽃연소 + 표면연소
  목재, 종이, 셀룰로오즈류, 열경화성수지

해답 ①

제2과목 소방유체역학

21 그림과 같이 고정된 노즐로부터 밀도가 ρ인 액체, 제트가 속도 V로 분출하여 평판에 충돌하고 있다. 이때 제트의 단면적이 A이고 평판이 u인 속도로 제트와 같은 방향으로 움직일 때 평판에 작용하는 힘 F는?

① $\rho A(V+u)$ ② $\rho A(V+u)^2$
③ $\rho A(V-u)$ ④ $\rho A(V-u)^2$

해설 평판에 작용하는 힘

$$F = Qu\rho = Au^2\rho = \rho A(V-u)^2$$

F : 힘, Q : 유량, u : 평판이 움직이는 속도,
A : 제트의 단면적, ρ : 밀도
V : 액체제트의 속도

해답 ④

22 전동기에 브레이크를 설치하여 축출력 14.7 kW로 30분간 운전한다. 축출력이 모두 마찰열로 변환되어 일정온도 18℃의 주위에 전달될 때 주위의 엔트로피 증가량은 약 몇 kJ/K 인가?

① 90.9 ② 96.9
③ 735   ④ 1470

해설 엔트로피 증가량

$$\Delta S = \frac{P \times t}{T}$$

ΔS : 엔트로피 증가량(kJ)
P : kW(kJ/s), t : s, T : $(273+t℃)$K
① $P = 14.7\text{kW} = 14.7\text{kJ/s}$
② $t = 30\text{min} = 30 \times 60\text{s}$
③ $T = 273 + 18 = 291\text{K}$

$\Delta S = \dfrac{14.7 \times 30 \times 60}{291} = 90.9\,\text{kJ}$

단위정리
J = W · s   W = J/s
kJ = kW · s   kW = kJ/s

해답 ①

23 유체가 흐르는 관로에서의 부차적 손실계수 K, 관의 직경 D, 관 마찰계수 f, 등가길이 L_e의 관계를 옳게 나타낸 것은?

① $L_e = \dfrac{fD}{K}$ ② $L_e = \dfrac{KD}{f}$
③ $L_e = \dfrac{fK}{D}$ ④ $L_e = \dfrac{D}{fK}$

해설 등가길이 = 상당관 길이 = 등가관장 길이

$$Le(등가길이) = \frac{KD}{f}$$

K : 손실계수, D : 직경, f : 마찰계수

해답 ②

24 완전 흑체로 가정한 흑연의 표면 온도가 450℃이다. 단위면적당 방출되는 복사에너지는 몇 kW/m² 인가? (단, Stefan Boltzman 상수 $\sigma = 5.67 \times 10^{-8}$W/m²·K⁴ 이다.)

① 2.325 ② 15.5
③ 21.4   ④ 2325

해설 $E = 5.67 \times 10^{-8} \times (273+450)^4$
$= 15493\text{W/m}^2 = 15.5\text{kW/m}^2$

① 흑체의 정의
 입사하는 모든 복사선을 흡수하는 물체 즉 흡수 능력이 100%인 물체이다.
② Stefan-Boltzman의 흑체 복사에너지

$$E = \sigma A(T^4 - T_o^4)$$

③ 흑체의 방사도
 ㉠ 단면적에 비례
 ㉡ 절대온도의 4승에 비례
 ㉢ 시간에 비례

해답 ②

25 20℃ 기름 5m³의 무게가 24kN일 때, 이 기름의 비중량은 몇 kN/m³ 인가?

① 4.7 ② 4.8
③ 4.9 ④ 5.0

해설 비중량(Specific weight), γ

$$\gamma = \frac{W}{V}$$

W : 중량(kN), V : 체적(m³)

$\gamma = \dfrac{24\text{kN}}{5\text{m}^3} = 4.8\text{kN/m}^3$

(1) 물의 비중량(γ_w)필수암기★★★

물의 비중량(γ_w) = 9.8kN/m³(중력단위)
= 9800N/m³(중력단위)

(2) 비중량(γ)과 밀도(ρ)의 관계

$$\rho = \frac{\gamma}{g}$$

γ : 비중량(kN/m³, 물의 비중량=9.8kN/m³)
g : 중력가속도(9.8m/s²)
ρ : 밀도(kN·s²/m⁴)

해답 ②

26 관 내의 흐름에 대한 일반적인 설명으로 틀린 것은?

① 관 내에 물이 흐를 때의 속도는 관의 중심에서 가장 빠르다.
② 관의 벽면에서는 물의 속도가 0으로 된다.
③ 관내에 물이 흐를 때 속도가 빠를수록 층류가 되기 쉽다.
④ 소방에서 다루고 있는 관내의 흐름은 대부분 난류이다.

해설 ③ 관내에서 물이 흐를 때 속도(u)가 빠를수록 레이놀즈수가 커지므로 난류가 되기 쉽다.

(1) 레이놀즈 수

$$ReNo = \frac{Du\rho}{\mu} = \frac{Du}{v}$$

(2) 전단응력

$$\tau = \frac{F(힘)}{A(단면적)} = \mu\frac{du}{dy}$$

$\dfrac{du}{dy}$: 속도기울기(속도구배), μ : 점성계수

(3) 전단응력 분포
 흐름의 중심선에서 0이고 반지름에 비례하면서 관벽으로 직선적으로 상승한다.

(4) 속도분포
 관벽에서 0이고 흐름의 중심선에서 최대가 되며 관벽에서 중심선으로 포물선적으로 상승한다.

해답 ③

27 직경이 150mm인 옥내소화전 배관으로 소화용수가 유량 3m³/min로 흐를 때 소화배관의 길이 30m에서 발생하는 관마찰 손실수두는 약 몇 m 인가? (단, 관마찰계수는 0.01 이다.)

① 0.51 ② 0.82
③ 3.1   ④ 30.1

해설 ① $u = \dfrac{3m^3/60s}{\dfrac{\pi}{4} \times (0.15m)^2} = 2.83 m/s$

② $\Delta h_L(m) = 0.01 \times \dfrac{30}{0.15} \times \dfrac{2.83^2}{2 \times 9.8} = 0.82m$

Darcy-Weisbach 방정식

$$\Delta h_L = f \times \dfrac{l}{D} \times \dfrac{u^2}{2g}$$

Δh_L : 마찰손실수두(m) f : 마출손실계수
l : 배관길이(m) u : 유속(m/s)
g : 중력가속도(9.8m/s²)
D : 배관내경(m)

해답 ②

28 그림에서 각 높이는 $h_1=60cm$, $h_2=30cm$, $h_3=120cm$ 이고, 각각의 비중은 $S_1=1$, $S_2=0.65$, $S_3=0.8$일 때 $P_B - P_A$의 압력차를 물의 수두로 표시하면 몇 m 인가?

① 0.555 ② 0.750
③ 0.165 ④ 1.65

해설 **액주계의 압력**
$P_B = r_W \times S_3 \times h_3$
$\quad = 9.8kN/m^3 \times 0.8 \times 1.2m = 9.41kN/m^2$
$P_A = r_W \times S_1 \times h_1 + r_W \times S_2 \times h_2$
$\quad = 9.8kN/m^3 \times 1 \times 0.6m + 9.8kN/m^3$
$\quad\quad \times 0.65 \times 0.3m = 7.79kN/m^2$

∴ $P_B - P_A = 9.4 - 7.79 = 1.61 kN/m^2$
$H = \dfrac{P}{r} = \dfrac{1.61 kN/m^2}{9.8 kN/m^3} = 0.164m$

해답 ③

29 다음 중 차원이 잘못 표시된 것은? (단, M : 질량, L : 길이, T : 시간)

① 밀도 : ML^{-3} ② 힘 : MLT^{-2}
③ 에너지 : ML^3T^{-1} ④ 동력 : ML^2T^{-3}

해설 ① 밀도 : $kg/m^3 = ML^{-3}$
② 힘 : $N = kg \cdot m/sec^2 = MLT^{-2}$
③ 에너지 : $J = N \cdot m = kg \cdot m^2/sec^2 = ML^2T^{-2}$
④ 동력 : $W = J/sec = kg \cdot m^2/sec^3 = ML^2T^{-3}$

해답 ③

30 물이 흐르는 관로상에 피토관을 설치하고 수은이 든 U자관과 연결하였더니 전압과 정압 단자에서 수은의 높이차가 85mm였다. 이 위치에서의 유속은 약 몇 m/s인가? (단, 수은의 비중은 13.6 이다.)

① 4.58 ② 4.35
③ 3.87 ④ 3.76

해설 ① **피토-정압관**(Pitot-Static tube)
$$V = \sqrt{2gR\left(\dfrac{S_o}{S} - 1\right)}$$

② 유속계산
$g = 9.8m/s^2$, $R = 85mm = 0.085m$
$S_o = 13.6$, $S = 1$
$V = \sqrt{2 \times 9.8 \times 0.085 \times \left(\dfrac{13.6}{1} - 1\right)}$
$\quad = 4.58 m/s$

해답 ①

31 비중이 0.4인 나무 조각을 물에 띄우면 전체 체적의 몇 %가 물속에 가라앉는가?

① 30% ② 40%
③ 50% ④ 60%

해설 부력과 중량(무게)

$$F_B(부력) = F_w(무게)$$
$$r_{액체} \times V_{잠긴} = r_{물체} \times V_{전체}$$
$$r_W(9800) \times S_{유체} \times V_{잠긴부피}$$
$$= r_W(9800) \times S_{물체} \times V_{전체부피}$$

$r_W(9800) \times S_{유체} \times V_{잠긴부피}$
$\qquad = r_W(9800) \times S_{물체} \times V_{전체부피}$
$r_W(9800) \times 1 \times V_{잠긴부피}$
$\qquad = r_W(9800) \times 0.4 \times V_{전체부피}$

$$\frac{V_{잠긴부피}}{V_{전체부피}} = \frac{0.4}{1} \times 100 = 40\%$$

해답 ②

32 20℃, 2kg의 공기가 온도의 변화 없이 팽창하여 그 체적이 2배로 되었을 때 이 시스템이 외부에 한 일은 약 몇 kJ 인가? (단, 공기의 기체상수는 0.287kJ/(kg·K) 이다.)

① 85.63　　② 102.85
③ 116.63　　④ 125.71

해설 등온팽창시 일

$$_1W_2 = GRT \ln\left(\frac{V_2}{V_1}\right)$$

① 체적이 2배로 변화
$\quad V_1 = 2V_2$
② $_1W_2 = 2 \times 0.287 \times (273 + 20) \times \ln\left(\frac{2V_1}{V_1}\right)$
$\qquad = 116.57\text{kJ}$

해답 ③

33 그림과 같은 단순 피토관에서 물의 유속(V)은 몇 m/s 인가?

① 1.71　　② 1.98
③ 2.80　　④ 3.28

해설 유속계산

$$u = \sqrt{2gH}$$
$$u = \sqrt{2 \times 9.8 \times 0.15} = 1.71\text{m/s}$$

해답 ①

34 펌프 양수량 0.6m³/min, 관로의 전손실수두 5m인 펌프가 펌프 중심으로부터 1.5m 아래에 있는 물을 19.5m의 송출액면에 양수할 때 펌프에 공급해야 할 동력은 몇 kW인가?

① 1.513　　② 1.974
③ 2.513　　④ 2.548

해설 ① $Q = 0.6\text{m}^3/\text{min} = 0.6\text{m}^3/60\text{s}$
② $H = 5\text{m} + 1.5\text{m} + 19.5\text{m} = 26\text{m}$

펌프의 수동력
$P(\text{kW}) = rQH$
$P = 9.8 \times 0.6/60 \times 26 = 2.548\text{kW}$

펌프의 동력계산
① 수동력
$$L_W(\text{kW}) = \gamma QH$$

※수동력 계산 시 펌프의 효율 및 전달계수 K값은 무시한다.

② 축동력
$$L_S(\text{kW}) = \frac{\gamma QH}{E}$$

※축동력 계산 시 전달계수 K값은 무시한다.

③ 모터동력
$$P(\text{kW}) = \frac{\gamma QH}{E}K$$

γ : 비중량(kN/m³, 물의 비중량=9.8kN/m³)
Q : 유량(m³/s)　　H : 전양정(m)
E : 펌프의 효율(%/100)　K : 전달계수

해답 ④

35 지름 400mm인 원형관속을 5kg/s의 공기가 흐르고 있다. 관속 공기의 절대 압력은 200kPa, 온도가 23℃ 일 때 공기의 평균속도는 약 몇 m/s 인가? (단, 공기의 기체상수는 287 J/kg·K 이다.)

① 14.3 ② 15.6
③ 16.2 ④ 16.9

해설 질량유량과 평균 속도

$$\overline{m}(\text{kg/s}) = A u \rho \qquad u = \frac{\overline{m}}{A\rho}$$

① $200\text{kPa} = 200 \times 10^3 \text{Pa} = 200 \times 10^3 \text{N/m}^2$

② $R = 287 \text{J/kg} \cdot \text{K} = 287 \text{N} \cdot \text{m/kg} \cdot \text{K}$

③ $\rho = \dfrac{P}{RT} = \dfrac{200 \times 10^3}{287 \times (273+23)} = 2.35 \text{kg/m}^3$

④ $u = \dfrac{5 \text{kg/s}}{\dfrac{\pi}{4} \times (0.4\text{m})^2 \times 2.35 \text{kg/m}^3}$
$= 16.93 \text{m/s}$

해답 ④

36 옥내소화전용 소방펌프 2대를 병렬로 연결하였다. 마찰손실을 무시할 때 기대할 수 있는 효과는?

① 펌프의 양정은 증가하나 유량은 감소한다.
② 펌프의 유량은 증대하나 양정은 감소한다.
③ 펌프의 양정은 증가하나 유량과는 무관하다.
④ 펌프의 유량은 증대하나 양정과는 무관하다.

해설 펌프의 직·병렬 운전

운전방법	토출양정(H)	토출량(Q)
직렬운전	2H	Q
병렬운전	H	2Q

해답 ④

37 옥외소화전 설비의 노즐 선단에서 유량계를 사용하여 방수량을 측정한 결과 0.8m³/min 이였다. 노즐 구경이 23mm 이라면 노즐 선단의 방수압력(계기압력)은 약 몇 kPa 인가? (단, 물의 밀도는 1000kg/m³ 이다.)

① 346 ② 437
③ 515 ④ 764

해설

① $u = \dfrac{Q}{A} = \dfrac{0.8\text{m}^3/60\sec}{\dfrac{\pi}{4} \times 0.023^2} = 32.09 \text{m/s}$

② $H = \dfrac{u^2}{2g} = \dfrac{32.09^2}{2 \times 9.8} = 52.54 \text{m}$

③ $H = 52.54\text{m} \times \dfrac{101.325 \text{kPa}}{10.332\text{m}} \fallingdotseq 515 \text{kPa}$

해답 ③

38 정지유체 속에 잠겨 있는 수평, 평면에 대하여, 액체의 자유표면으로부터 평면까지의 깊이를 h, 평면의 면적을 A, 비중량을 γ라고 할 때 평면에 작용하는 힘의 크기 F는?

① $F = \dfrac{hA}{\gamma}$ ② $F = \dfrac{\gamma A}{h}$

③ $F = \dfrac{\gamma h}{A}$ ④ $F = \gamma h A$

해설 수평면에 작용하는 힘

$$F = r h A$$

경사면에 작용하는 힘

$$F = r \overline{y} \sin\theta A = r \overline{h} A$$

해답 ④

39 비중과 동점성계수가 각각 1.3, 0.001m²/s인 액체의 점성계수는 몇 Pa·s 인가?

① 0.0769 ② 0.769
③ 13 ④ 1.3

해설 동점성계수와 점성계수

$$\text{동점성계수}(\nu : \text{m}^2/\text{s}) = \dfrac{\text{점성계수}(\mu : \text{N} \cdot \text{s/m}^2)}{\text{밀도}(\rho : \text{N} \cdot \text{s}^2/\text{m}^4)}$$

① $\rho = \dfrac{\gamma}{g} = \dfrac{1300 \times 9.8 \text{N/m}^3}{9.8 \text{m/s}^2} = 1300 \text{N} \cdot \text{s}^2/\text{m}^4$

② $\mu = \nu\rho = 0.001 \text{m}^2/\text{s} \times 1300 \text{N} \cdot \text{s}^2/\text{m}^4$
$= 1.3 \text{N} \cdot \text{s/m}^2$

$1\text{N/m}^2 = 1\text{Pa}$ 이므로

③ $\mu = 1.3 \text{N} \cdot \text{s/m}^2 = 1.3 \text{Pa} \cdot \text{s}$

해답 ④

40 연속방정식과 관련이 없는 것은?

① $A_1 V_1 = A_2 V_2$
② $\rho_1 A_1 V_1 = \rho_2 A_2 V_2$
③ $\dfrac{\partial u}{\partial x} + \dfrac{\partial v}{\partial y} + \dfrac{\partial w}{\partial z} = 0$
④ $\tau = \mu \dfrac{du}{dy}$

해설 ④는 전단응력 구하는 공식이다.
전단응력
$$\tau = \dfrac{F(\text{힘})}{A(\text{단면적})} = \mu \dfrac{du}{dy}$$

연속방정식(질량불변의 법칙 이용)
① **질량유량** $\overline{m}(\text{kg/s}) = A_1 u_1 \rho_1 = A_2 u_2 \rho_2$
② **중량유량** $\overline{G}(\text{kN/s}) = A_1 u_1 r_1 = A_2 u_2 r_2$
③ **용량유량** $Q(\text{m}^3/\text{s}) = A_1 u_1 = A_2 u_2$

해답 ④

제3과목 소방관계법규

41 지정수량의 몇 배 이상의 위험물을 취급하는 제조소에는 피뢰침을 설치하여야 하는가? (단, 제6류 위험물을 취급하는 위험물제조소는 제외)

① 5배　　② 10배
③ 50배　　④ 100배

해설 **피뢰침 설치대상**
① 지정수량의 10배 이상 저장창고
② 제6류 위험물 저장창고 제외

해답 ②

42 수용인원 100명이상의 지하역사 · 백화점 등에서의 인명구조용 공기호흡기의 비치 기준으로 옳은 것은?

① 층마다 1대 이상　② 층마다 2대 이상
③ 층마다 3대 이상　④ 층마다 4대 이상

해설 **용도 및 장소별로 설치하여야 할 인명구조기구**

특정소방대상물	종류	설치 수량
• 7층(지하층포함) 이상 관광호텔 • 5층 이상 병원	• 방열복 또는 방화복 • 공기호흡기 • 인공소생기	• 각 2개 이상 (단, 병원은 인공소생기 설치예외)
• 100명 이상 영화상영관 • 대규모 점포 • 지하역사 • 지하상가	• 공기호흡기	**• 층마다 2개 이상**
• CO_2소화설비 설치	• 공기호흡기	• 출입구 외부 인근에 1대 이상

해답 ②

43 하자보수를 하여야 하는 소방시설 중 하자보수 보증기간이 3년이 아닌 것은?

① 자동소화장치　② 비상방송설비
③ 스프링클러설비　④ 상수도소화용수설비

해설 **(공사업법 시행령 제6조)**
하자보수대상 소방시설과 하자보수보증기간

보증 기간	소방시설
2년	① 피난기구　② 유도등 ③ 유도표지　④ 비상경보설비 ⑤ 비상조명등　⑥ 비상방송설비 ⑦ 무선통신보조설비
3년	① 자동소화장치　② 옥내 ③ 옥외　④ 스프링클러 ⑤ 간이스프링클러　⑥ 물분무등 ⑦ 자동화재탐지설비　⑧ 상수도소화용수설비 ⑨ 소화활동설비(무선통신보조설비 제외)

해답 ②

44 소화활동설비에 해당하지 않는 것은?

① 제연설비　　② 자동화재속보설비
③ 무선통신보조설비　④ 연소방지설비

해설 **(소방시설법 시행령 제3조의 별표 1)**
소방시설의 종류 ★★★(필수암기)★★★

소방시설	종류
소화설비	① 소화기구　② 자동소화장치 ③ 옥내　④ 옥외 ⑤ 스프링클러설비등　⑥ 물분무등

소방시설	종류
경보설비	① 단독경보형 ② 비상경보 ③ 시각경보기 ④ 자동화재탐지 ⑤ 화재알림 ⑥ 비상방송 ⑦ 자동화재속보 ⑧ 통합감시 ⑨ 누전경보기 ⑩ 가스누설경보기
피난구조 설비	① 피난기구(피난사다리, 구조대, 완강기 등) ② 인명구조기구(방열복, 방화복, 공기호흡기, 인공소생기) ③ 유도등(피난유도선, 피난구유도등, 통로유도등, 객석유도등, 유도표지) ④ 비상조명등 및 휴대용비상조명등
소화 용수설비	① 상수도소화용수 ② 소화수조·저수조 그 밖의 소화용수
소화 활동설비	① 제연 ② 연결송수관 ③ 연결살수 ④ 비상콘센트 ⑤ 무선통신보조 ⑥ 연소방지

해답 ②

45 다음 중 소방기본법에서 규정하고 있는 자격은?

① 소방시설관리사 ② 소방설비산업기사
③ 위험물산업기사 ④ 소방안전교육사

해설
① 소방시설관리사 : 소방시설 설치 및 관리에 관한 법률
② 소방설비산업기사 : 국가기술자격법
③ 위험물산업기사 : 국가기술자격법
④ 소방안전교육사 : 소방기본법

해답 ④

46 터널로서 길이가 몇 [m] 이상이면 옥내소화전설비를 설치하는가?

① 100m   ② 500m
③ 1000m ④ 1500m

해설 옥내소화전설비 설치대상
① 연면적 3천m² 이상
② 지하층·무창층 또는 층수가 4층 이상인 것 중 바닥면적이 600m² 이상인 층이 있는 것은 모든 층
③ 터널로서 길이가 1000m 이상인 터널
④ 근린생활시설·위락시설·판매시설·숙박시설·노유자시설·의료시설·업무시설·방송통신시설·공장·창고시설·항공기 및 자동차관련시설 또는 복합건축물로서 연면적 1500m² 이상이거나 지하층·무창층 또는 층수가 4층 이상인 층 중 바닥면적이 300m² 이상인 층이 있는 것은 모든 층
⑤ 건축물의 옥상에 설치된 차고 또는 주차장으로 사용되는 부분의 면적이 200m² 이상인 것
⑥ 750배 이상의 특수가연물을 저장·취급하는 것

해답 ③

47 소방기본법에 규정된 내용에 관한 설명으로 옳은 것은?

① 소방대상물에는 항해 중인 선박도 포함된다.
② 관계인이란 소방대상물의 관리자와 점유자를 제외한 실제 소유자를 말한다.
③ 소방대의 임무는 구조와 구급활동을 제외한 화재현장에서의 화재진압활동이다.
④ 의용소방대원과 의무소방원도 소방대의 구성원이다.

해설 (소방기본법 제2조) 정의
(1) 소방대상물
건축물, 차량, 선박(항구에 매어둔 선박만 해당), 선박 건조 구조물, 산림, 그 밖의 인공 구조물 또는 물건
(2) 관계인
소방대상물의 소유자·관리자 또는 점유자
(3) 소방대
화재를 진압하고 화재, 재난·재해, 그 밖의 위급한 상황에서 구조·구급 활동 등을 하기 위한 조직체
① 소방공무원
② 의무소방원
③ 의용소방대원

해답 ④

48 특정소방대상물의 관계인 또는 발주자는 정당한 사유 없이 며칠 동안 소방시설공사를 계속하지 아니하는 경우 도급계약을 해지할 수 있는가?

① 60일 이상　　② 30일 이상
③ 15일 이상　　④ 10일 이상

해설 (공사업법 제23조) 도급계약의 해지
① 등록취소 되거나 영업정지의 처분을 받은 때
② 휴업 또는 폐업한 때
③ 정당한 사유없이 30일 이상 소방시설공사를 계속하지 아니하는 때
④ 하도급의 통지를 받은 경우 하수급인의 변경을 요구하였으나 정당한 사유 없이 이에 따르지 아니한 때

해답 ②

49 다량의 위험물을 저장·취급하는 제조소 등으로서 대통령령이 정하는 제조소 등이 있는 동일한 사업소에서 대통령령이 정하는 수량 이상의 위험물을 저장 또는 취급하는 경우 당해 사업소의 관계인은 대통령령이 정하는 바에 따라 당해 사업소에 자체소방대를 설치하여야 한다. 여기서 "대통령령이 정하는 수량"이라 함은 지정수량의 몇 배를 말하는가?

① 1천배　　② 2천배
③ 3천배　　④ 5천배

해설 (위험물법 시행령 제18조)
자체소방대를 설치하여야 하는 사업소
① 지정수량의 3천배 이상의 제4류 위험물을 취급하는 제조소 또는 일반취급소(단, 보일러로 위험물을 소비하는 일반취급소 등 일반취급소를 제외)
② 지정수량의 50만배 이상 제4류위험물을 저장하는 옥외탱크저장소

해답 ③

50 특정소방대상물로 위락시설에 해당되지 않는 것은?

① 투전기업소　　② 카지노업소
③ 무도장　　　　④ 공연장

해설 (소방시설법 시행령 제5조 별표2) 위락시설 ★
① 근린생활시설에 해당하지 아니하는 단란주점
② 유흥주점

③ 관광진흥법에 의한 유원시설업의 시설 그 밖에 이와 비슷한 것
④ 카지노영업소
⑤ 무도장 및 무도학원

해답 ④

51 관계인이 예방규정을 정하여야 하는 옥외저장소는 지정수량의 몇 배 이상의 위험물을 저장하는 것을 말하는가?

① 10배　　② 100배
③ 150배　　④ 200배

해설 (위험물법 시행령 제15조)
관계인이 예방규정을 정하여야 하는 제조소 등
① 지정수량 10배 이상 제조소
② 지정수량 100배 이상 옥외저장소
③ 지정수량 150배 이상 옥내저장소
④ 지정수량 200배 이상 옥외탱크저장소
⑤ 암반탱크저장소
⑥ 이송취급소
⑦ 지정수량 10배 이상 일반취급소

해답 ②

52 소방시설 설치 및 관리에 관한 법률시행령에서 규정하는 특정소방대상물의 분류로 옳지 않은 것은?

① 카지노영업소 – 위락시설
② 박물관 – 문화 및 집회시설
③ 여객자동차터미널 – 운수자동차관련시설
④ 변전소 – 업무시설

해설 ③ 여객자동차터미널 – 운수시설

해답 ③

53 건축물 등의 신축·증축·개축·재축 또는 이전의 허가·협의 및 사용승인의 동의요구는 누구에게 하여야 하는가?

① 관계인
② 안전행정부장관
③ 시·도지사
④ 관할 소방본부장 또는 소방서장

해설 (소방시설법 시행령 제7조)
건축허가등의 동의대상물의 범위 등
건축허가등의 권한이 있는 행정기관은 건축허가등의 동의를 받으려는 경우에는 동의요구서에 행정안전부령으로 정하는 서류를 첨부하여 해당 건축물 등의 소재지를 관할하는 **소방본부장 또는 소방서장**에게 동의를 요구하여야 한다. 이 경우 동의 요구를 받은 소방본부장 또는 소방서장은 첨부서류 등이 미비한 경우에는 그 서류의 보완을 요구할 수 있다.

해답 ④

54 착공신고를 하여야 할 소방설비 공사로 틀린 것은?

① 비상방송설비의 증설공사
② 옥내소화전설비의 증설공사
③ 연소방지설비의 살수구역 증설공사
④ 비상콘센트설비의 전용회로 증설공사

해설 ① 비상방송설비의 증설공사 → 비상방송설비의 신설공사
(공사업법 시행령 제4조)
소방시설공사의 착공신고대상
① 신설하는 공사
  ㉠ 옥내소화전설비, 옥외소화전설비, 스프링클러설비, 간이스프링클러설비, 물분무등소화설비, 연결송수관설비, 연결살수설비, 제연설비, 소화용수설비 또는 연소방지설비
  ㉡ 자동화재탐지설비, 비상경보설비, 비상방송설비, 비상콘센트설비 또는 무선통신보조설비
② 증설하는 공사
  ㉠ 옥내·옥외소화전설비
  ㉡ 스프링클러설비·간이스프링클러설비 또는 물분무등소화설비의 방호구역, 자동화재탐지설비의 경계구역, 제연설비의 제연구역, 연결살수설비의 살수구역, 연결송수관설비의 송수구역, 비상콘센트설비의 전용회로, 연소방지설비의 살수구역
③ 교체하거나 보수하는 공사
  ㉠ 수신반 ㉡ 소화펌프 ㉢ 동력(감시)제어반

해답 ①

55 비상방송설비를 설치하여야 할 특정 소방대상물은?

① 연면적 3500m² 이상인 것은 모든 층
② 지하층을 포함한 층수가 10층 이상인 것
③ 지하층의 층수가 2개 층 이상인 것은 모든 층
④ 사람이 거주하지 않는 동식물 관련시설인 것은 모든 층

해설 (소방시설법 시행령 제11조의 별표4)
비상방송설비 설치대상
① 연면적 3500m² 이상인 것은 모든 층
② 층수가 11층 이상인 것은 모든 층
③ 지하층의 층수가 3층 이상인 것은 모든 층

해답 ①

56 방염성능검사의 방법과 검사결과에 따른 합격표시 등에 관하여 필요한 사항은?

① 대통령령으로 정한다.
② 행정안전부령으로 정한다.
③ 시·도지사령으로 정한다.
④ 소방청장령으로 정한다.

해설 (소방시설법 제21조) 방염성능의 검사
① 방염대상물품은 소방청장이 실시하는 방염성능검사를 받은 것이어야 한다.
② 방염처리업의 등록을 한 자는 거짓시료를 제출하여서는 아니된다.
③ 방염성능검사의 방법과 검사결과에 따른 합격표시 등에 관하여 필요한 사항은 행정안전부령으로 정한다.

해답 ②

57 소방활동구역의 출입자로서 대통령령이 정하는 자에 속하지 않는 사람은?

① 의사·간호사 그 밖의 구조 구급업무에 종사하는 자
② 소방활동구역 밖에 있는 소방대상물의 소유자·관리자 또는 점유자
③ 취재인력 등 보도업무에 종사하는 자
④ 수사업무에 종사하는 자

해설 ② 소방활동구역 안에 있는 소방대상물의 소유자, 관리자, 또는 점유자
(기본법 시행령 제8조) 소방활동구역의 출입자
① 소방대상물의 소유자, 관리자, 점유자
② 원활한 소화활동을 위하여 필요한 자 (전기, 가스, 수도, 통신, 교통업무종사자 등)
③ 구급, 구조업무 종사자(의사, 간호사 등)
④ 보도업무 종사자
⑤ 수사업무 종사자
⑥ 소방대장이 허가한 자

해답 ②

58 위험물안전관리법령에 의하여 자체소방대에 배치하여야 하는 화학소방자동차의 구분에 속하지 않는 것은?

① 포수용액 방사차
② 고가 사다리차
③ 제독차
④ 할로젠화합물 방사차

해설 (위험물법 시행규칙 제75조 제1항 관련 별표 23)
화학소방자동차에 갖추어야 하는 소화능력 및 설비의 기준

화학소방 자동차의 구분	소화능력 및 설비의 기준
포수용액 방사차	• 포수용액의 방사능력이 매분 2,000L 이상일 것 • 소화약액탱크 및 소화약액혼합장치를 비치할 것 • 10만L 이상의 포수용액을 방사할 수 있는 양의 소화약제를 비치할 것
분말 방사차	• 분말의 방사능력이 매초 35kg 이상일 것 • 분말탱크 및 가압용 가스설비를 비치할 것 • 1,400kg 이상의 분말을 비치할 것
할로젠화물 방사차	• 할로젠화물의 방사능력이 매초 40kg 이상일 것 • 할로젠화물탱크 및 가압용 가스설비를 비치할 것 • 1,000kg 이상의 할로젠화물을 비치할 것
이산화탄소 방사차	• 이산화탄소의 방사능력이 매초 40kg 이상일 것 • 이산화탄소저장용기를 비치할 것 • 3,000kg 이상의 이산화탄소를 비치할 것
제독차	• 가성소다 및 규조토를 각각 50kg 이상 비치할 것

해답 ②

59 다음 중 소화기구에 해당되지 않는 것은?

① 소화기
② 소화약제에 의한 간이소화용구
③ 캐비넷형 자동소화기기
④ 화재감지기

해설 (소방시설법 시행령 제3조의 별표1)
소화설비
물 그 밖의 소화약제를 사용하여 소화하는 기계·기구 또는 설비로서 다음 각목의 것
① 소화기구
  ㉠ 소화기
  ㉡ 간이소화용구
  ㉢ 자동확산소화기
② 자동소화장치
  ㉠ 주거용 주방자동소화장치
  ㉡ 상업용 주방자동소화장치
  ㉢ 캐비닛형 자동소화장치
  ㉣ 가스 자동소화장치
  ㉤ 분말 자동소화장치
  ㉥ 고체에어로졸 자동소화장치
③ 옥내소화전설비
④ 스프링클러설비·간이스프링클러설비(캐비넷형 간이스프링클러설비를 포함한다) 및 화재조기진압용 스프링클러설비
⑤ 물분무소화설비·미분무소화설비·포소화설비·이산화탄소소화설비·할론소화설비·할로젠화합물 및 불활성기체 소화설비·분말소화설비 및 강화액소화설비·고체에어로졸소화설비
⑥ 옥외소화전설비

해답 ④

60 다음 중 소방시설 등의 자체점검 중 종합점검을 시행해야 하는 시기를 맞게 설명한 것은? (단, 소방시설완공검사필증을 발급받은 신축건축물이 아닌 경우)

① 건축물 사용승인일(건축물관리대장 또는 건축물의 등기부등본에 기재된 날을 말한다)이 속하는 달에 실시
② 건축물 사용승인일(건축물관리대장 또는 건축물의 등기부등본에 기재된 날을 말한

다)이 속하는 달로부터 1개월 이내에 실시
③ 건축물 사용승인일(건축물관리대장 또는 건축물의 등기부등본에 기재된 날을 말한다)이 속하는 달로부터 2개월 이내에 실시
④ 건축물 사용승인일(건축물관리대장 또는 건축물의 등기부등본에 기재된 날을 말한다)이 속하는 달로부터 3개월 이내에 실시

해설 **종합점검의 점검 시기**
(1) 소방시설등이 신설된 경우에는 건축물을 사용할 수 있게 된 날부터 **60일 이내** 실시
(2) 건축물의 **사용승인일이 속하는 달**에 실시한다. 다만, **학교의 경우**에는 해당 건축물의 사용승인일이 1월에서 6월 사이에 있는 경우에는 **6월 30일**까지 실시할 수 있다.
(3) 건축물 사용승인일 이후 종합점검 대상에 해당하게 된 경우에는 그 다음 해부터 실시
(4) 하나의 대지경계선 안에 2개 이상의 자체점검 대상 건축물 등이 있는 경우에는 그 건축물 중 사용승인일이 가장 빠른 연도의 건축물의 사용승인일을 기준으로 점검할 수 있다.

해답 ①

제4과목 소방기계시설의 구조 및 원리

61 제연설비를 설치하기 위해서는 하나의 제연구역의 면적은 몇 m² 이내로 하여야 하는가?

① 1000 ② 15000
③ 2000 ④ 2500

해설 **제연구역 구획기준**
① 하나의 제연구역의 면적은 1000m² 이내
② 거실과 통로는 각각 제연구획
③ 통로상의 제연구역은 보행 중심선으로 길이가 60m를 초과하지 아니할 것
④ 하나의 제연구역은 직경 60m 원내에 들어갈 수 있을 것
⑤ 하나의 제연구역은 2 이상 층에 미치지 아니하도록 할 것

해답 ①

62 연결살수설비 전용헤드를 건축물에 설치할 때 헤드상호간 수평거리의 기준은?

① 2.1m 이하 ② 2.3m 이하
③ 3.0m 이하 ④ 3.7m 이하

해설 **연결살수설비**
천장, 반자에서 살수헤드까지 수평거리
① 연결살수설비 전용헤드 : 3.7m 이하
② 스프링클러 헤드 : 2.3m 이하

해답 ④

63 제연설비의 배출풍도가 400mm×200mm로 설치되어 있다. 이 풍도의 강판 두께는 몇 mm 이상으로 하는가?

① 0.5 ② 0.6
③ 0.8 ④ 1.0

해설 **배출기 및 배출풍도**
① 배출기
 ㉠ 배출기와 배출풍도의 접속부분에 사용하는 캔버스는 내열성(석면 재료는 제외)이 있는 것으로 할 것.
 ㉡ 배출기의 전동기 부분과 배풍기 부분은 분리하여 설치하여야 하며 배풍기 부분은 유효한 내열처리 할 것.
② 배출풍도
 ㉠ 배출풍도는 아연도금강판 등 내식성·내열성이 있는 것으로 할 것
 ㉡ 배기기 흡입측 풍도안의 풍속은 15m/s 이하로 하고, 배출측의 풍속은 20m/s 이하로 할 것
③ 배출풍도의 강판의 두께

풍도단면의 긴변 또는 직경의 크기	강판두께
450mm 이하	0.5mm 이상
450mm 초과 750mm 이상	0.6mm 이상
750mm 초과 1500mm 이상	0.8mm 이상
1500mm 초과 2250mm 이상	1.0mm 이상
2250mm 초과	1.2mm 이상

④ 배출기의 풍속
 ㉠ **흡입측 풍도안 풍속 : 15m/s 이하**
 ㉡ **배출측 풍속 : 20m/s 이하**
⑤ 유입풍도안의 풍속 : 20m/s 이하

해답 ①

64 층고가 낮은 사무실의 양측벽면 상단에 축벽형 스프링클러 헤드를 설치시 사무실 폭이 최대 몇 m 이하인 실내에 있어서는 헤드의 포용이 가능한가?

① 4.5m ② 6.0m
③ 7.5m ④ 9.0m

해설 스프링클러 헤드의 설치기준
① 소방대상물의 천장·반자·천장과 반자 사이·덕트·선반 기타 이와 유사한 부분(폭이 1.2m를 초과하는 것)에 설치하여야 한다. 다만, 폭이 9m 이하인 실내에 있어서는 측벽에 설치할 수 있다.
② 랙크식창고의 경우로서 특수가연물을 저장 또는 취급하는 것에 있어서는 랙크높이 4m 이하마다, 그 밖의 것을 취급하는 것에 있어서는 랙크높이 6m 이하마다 스프링클러헤드를 설치하여야 한다.

해답 ④

65 다음 설명의 ( )에 알맞은 숫자는?

"옥외소화전이 10개 이하 설치된 때에는 옥외소화전마다 ( )m 이내의 장소에 1개 이상의 소화전함을 설치하여야 한다."

① 5   ② 10
③ 15 ④ 20

해설 옥외소화전함 설치개수

옥외소화전 개수	옥외소화전함
10개 이하	소화전마다 5m 이내 장소에 1개 이상 설치
11개 이상 30개 이하	11개 소화전함을 분산설치
31개 이상	소화전 3개마다 1개 이상 설치

해답 ①

66 1개 층의 거실면적이 400m²이고, 복도 면적이 310m²인 소방대상물에 제연설비를 설치할 경우 제연구역은 최소 몇 개로 구획할 수 있는가?

① 1 ② 2
③ 3 ④ 4

해설 ① 거실의 제연구역
$$N = \frac{400\text{m}^2}{1000\text{m}^2} = 0.4$$
∴ 1개(소수점 이하는 무조건 절상)
② 복도의 제연구역
$$N = \frac{310\text{m}^2}{1000\text{m}^2} = 0.31$$
∴ 1개(소수점 이하는 무조건 절상)
③ 총 제연구역
$N_T = 1 + 1 = 2$개

제연구역 구획기준
① 하나의 제연구역의 면적은 1000m² 이내
② 거실과 통로는 각각 제연구획
③ 통로상의 제연구역은 보행 중심선으로 길이가 60m를 초과하지 아니할 것
④ 하나의 제연구역은 직경 60m 원내에 들어갈 수 있을 것
⑤ 하나의 제연구역은 2 이상 층에 미치지 아니하도록 할 것

해답 ②

67 소화기구인 대형소화기를 설치하여야 할 소방대상물에 옥내소화전이 법적으로 유효하게 설치된 경우 당해 설비의 유효범위안의 부분에 대한 대형소화기 감소기준은?

① 1/3을 감소할 수 있다.
② 1/2을 감소할 수 있다.
③ 2/3를 감소할 수 있다.
④ 설치하지 않을 수 있다.

해설 소화기의 감소
① 소형소화기를 설치하여야 할 소방대상물 또는 그 부분
옥내소화전설비·스프링클러설비·물분무등소화설비·옥외소화전설비 또는 대형소화기를 설치한 경우에는 당해 설비의 유효범위의 부분에 대하여는 소형소화기의 3분의 2(대형소화기를 둔 경우에는 2분의 1)를 감소할 수 있다. 다만, 11층 이상인 부분, 근린생활시설, 위락시설, 문화 및 집회시설, 운동시설, 판매시설, 숙박시설, 노유자시설, 의료시설, 아파트, 업무시설(무인변전소를 제외한다), 방송통신시설, 교육연구

시설, 항공기 및 자동차관련시설, 관광휴게시설은 그러하지 아니하다.
② 대형소화기를 설치하여야 할 소방대상물 또는 그 부분
옥내소화전설비 · 스프링클러설비 · 물분무등소화설비 또는 옥외소화전설비를 설치한 경우에는 당해설비의 유효범위안의 부분에 대하여는 대형소화기를 설치하지 아니할 수 있다.

해답 ④

68 소화수조 또는 저수조가 지표면으로부터의 깊이가 얼마 이상인 지하에 있는 경우에 가압송수장치를 설치하는가?

① 3.2m ② 4.5m
③ 5.5m ④ 10m

해설 **소화용수설비 설치기준**
① 채수구는 지표면으로부터 높이가 0.5m 이상 1.0m 이하의 위치에 설치한다.
② 유량 0.8m³/분 이상인 유수를 사용할 수 있는 경우에는 소화수조를 설치하지 않을 수 있다.
③ 소화수조 또는 저수조가 지표면으로부터 깊이가 4.5m 이상인 경우 가압송수장치를 설치한다.
④ 흡수관 투입구는 한 변 또는 직경이 0.6m 이상으로 하여야 한다.

해답 ②

69 피난기구의 화재안전기술기준에 대한 설치기준으로 틀린 것은?

① 피난기구를 설치하는 개구부는 서로 동일직선상이 아닌 위치에 있을 것
② 피난기구는 소방대상물의 견고한 부분에 볼트 조임, 용접 등으로 견고하게 부착할 것
③ 4층 이상의 층에 설치하는 피난 사다리는 고강도 경량 폴리에틸렌 재질을 사용할 것
④ 완강기는 부착위치에서 피난상 유효한 착지면까지의 길이로 할 것

해설 ③ 4층 이상의 층에 피난사다리를 설치하는 경우에는 금속성 고정사다리를 설치할 것

피난기구 설치기준
① 계단 · 피난구 기타 피난시설로부터 적당한 거리에 있는 안전한 구조로 된 피난 또는 소화활동상 유효한 개구부에 고정하여 설치하거나 필요한 때에 신속하고 유효하게 설치할 수 있는 상태에 둘 것
② 개구부는 서로 동일직선상이 아닌 위치에 있을 것. 다만, 피난교 · 피난용트랩 · 간이완강기 · 아파트에 설치되는 피난기구 기타 피난 상 지장이 없는 것에 있어서는 그러하지 아니하다.
③ 소방대상물의 기둥 · 바닥 · 보 기타 구조상 견고한 부분에 볼트조임 · 매입 · 용접 기타의 방법으로 견고하게 부착할 것
④ 4층 이상의 층에 피난사다리를 설치하는 경우에는 금속성 고정사다리를 설치하고, 당해 고정사다리에는 쉽게 피난할 수 있는 구조의 노대를 설치할 것
⑤ 완강기는 강하 시 로프가 소방대상물과 접촉하여 손상되지 아니하도록 할 것
⑥ 완강기의 로프 길이는 부착위치에서 지면 또는 기타 피난상 유효한 착지 면까지의 길이로 할 것
⑦ 미끄럼대는 안전한 강하속도를 유지하도록 하고, 전락방지를 위한 안전조치를 할 것
⑧ 구조대의 길이는 피난 상 지장이 없고 안정한 강하속도를 유지할 수 있는 길이로 할 것

해답 ③

70 특별피난계단의 계단실 및 부속실 제연설비에서 사용하는 유입공기의 배출방식으로 적합하지 않은 것은?

① 배출구에 따른 배출
② 제연설비에 따른 배출
③ 수직풍도에 따른 배출
④ 수평풍도에 따른 배출

해설 **특별피난계단의 계단실 및 부속실 제연설비 유입공기의 배출방식**
① 수직풍도에 따른 배출
② 배출구에 따른 배출
③ 제연설비에 따른 배출

해답 ④

71 할로젠화합물소화설비의 배관설치에 대한 내용으로 틀린 것은?

① 배관은 전용으로 할 것
② 강관을 사용하는 경우에 아연도금 등에 따라 방식처리된 것을 사용할 것
③ 강관을 사용할 때에는 압력배관용탄소강관(KSD 3562)중 스케줄 40 이상의 것을 사용할 것
④ 동관을 사용하는 경우 저압식은 16.5MPa 이상의 압력에 견딜 수 있는 것으로 할 것

해설 ④ 16.5MPa → 3.75MPa
할로젠화합물 소화설비의 배관
① 전용으로 할 것
② 강관을 사용하는 경우 : 압력배관용 탄소강관 중 이음이 없는 스케줄 40 이상
③ 동관을 사용하는 경우(이음이 없는 동 및 동합금관)

고압식	내 압 : 16.5 MPa 이상
저압식	내 압 : 3.75 MPa 이상

④ 배관부속 및 밸브류는 강관 또는 동관과 동등 이상의 강도 및 내식성이 있는 것

해답 ④

72 포소화설비의 배관에 관련된 내용에 대한 설명으로 옳지 않은 것은?

① 급수개폐밸브에는 템퍼스위치를 설치한다.
② 펌프의 흡입측 배관에는 버터플라이밸브의 개폐표시형밸브를 설치한다.
③ 송액관에는 적당한 기울기를 유지하도록 배액밸브를 설치한다.
④ 펌프의 흡입 측 배관은 수조가 펌프보다 낮게 설치된 경우에는 각 펌프(충압펌프를 포함한다)마다 수조로부터 별도로 설치할 것

해설 ② 펌프의 흡입측배관에는 버터플라이밸브외의 개폐표시형밸브를 설치하여야 한다.

해답 ②

73 배관 내에 항상 헤드까지 물이 차 있고 또 가압된 상태에 있는 경우의 스프링클러설비 형식은?

① 폐쇄형 습식   ② 폐쇄형 건식
③ 개방형 습식   ④ 폐쇄형 전기동식

해설 ① 습식스프링클러설비
가압송수장치에서 폐쇄형스프링클러헤드까지 배관 내에 항상 물이 가압되어 있다가 화재로 인한 열로 폐쇄형스프링클러헤드가 개방되면 배관 내에 유수가 발생하여 습식유수검지장치가 작동하게 되는 스프링클러설비를 말한다.

② 준비작동식스프링클러설비
가압송수장치에서 준비작동식유수검지장치 1차 측까지 배관 내에 항상 물이 가압되어 있고 2차 측에서 폐쇄형스프링클러헤드까지 대기압 또는 저압으로 있다가 화재발생시 감지기의 작동으로 준비작동식유수검지장치가 작동하여 폐쇄형스프링클러헤드까지 소화용수가 송수되어 폐쇄형스프링클러헤드가 열에 따라 개방되는 방식의 스프링클러설비를 말한다.

③ 건식스프링클러설비
건식유수검지장치 2차 측에 압축공기 또는 질소 등의 기체로 충전된 배관에 폐쇄형스프링클러헤드가 부착된 스프링클러설비로서, 폐쇄형스프링클러헤드가 개방되어 배관내의 압축공기 등이 방출되면 건식유수검지장치 1차 측의 수압에 의하여 건식유수검지장치가 작동하게 되는 스프링클러설비를 말한다.

④ 일제살수식스프링클러설비
가압송수장치에서 일제개방밸브 1차측까지 배관 내에 항상 물이 가압되어 있고 2차 측에서 개방형스프링클러헤드까지 대기압으로 있다가 화재발생시 자동감지장치 또는 수동식 기동장치의 작동으로 일제개방밸브가 개방되면 스프링클러헤드까지 소화용수가 송수되는 방식의 스프링클러설비를 말한다.

해답 ①

74 개방형 헤드를 사용하는 연결살수설비에 있어서 하나의 송수구역에 설치하는 살수헤드의 최대 개수는?

① 6개   ② 8개
③ 10개   ④ 12개

해설 연결살수설비 전용헤드 수별 급수관의 구경

전용헤드수	1개	2개	3개	4~5개	6~10개
배관구경(mm)	32	40	50	65	80

해답 ③

75 지표면에서 최상층 방수구의 높이가 70m 이상의 소방대상물에 설치하는 연결송수관설비의 가압송수장치의 최소토출량은?

① 1000L/min   ② 2400L/min
③ 3200L/min   ④ 4000L/min

해설 연결송수관설비의 가압송수장치
① 설치대상 : 높이 70m 이상
② 펌프토출량 : 2400L/분 이상으로 하고 방수구가 3개 이상(최대 5개)인 경우 1개마다 800L 가산한 양이 될 것
③ 최상층 노즐선단 방수압 : 0.35MPa 이상

해답 ②

76 위험물 시설에 대한 포소화설비 포헤드는 소방대상물의 천장 또는 바닥에 설치하되 그 설치 기준으로서 가장 적합한 것은?

① 반경 25m 원의 면적에 1개 설치한다.
② 반경 30m 원의 면적에 1개 설치한다.
③ 바닥면적 8m² 마다 1개 이상을 설치한다.
④ 바닥면적 9m² 마다 1개 이상을 설치한다.

해설 포헤드 설치기준
① 포워터 스프링클러헤드 : 바닥면적 8m²마다 1개 이상 설치
② 포헤드 : 바닥면적 9m²마다 1개 이상 설치

해답 ④

77 스프링클러 헤드의 설치방법 중 틀린 것은?

① 헤드와 그 부착면과의 거리는 50cm 이하
② 헤드로부터 반경 60cm 이상 공간 보유
③ 헤드 반사판은 그 부착면과 평행하게 설치
④ 배관, 조명기구 등 살수 방해시 그로부터 아래에 설치

해설 ① 헤드와 그 부착면과의 거리는 30cm 이하
스프링클러 헤드의 설치
① 헤드로부터 반경 60cm 이상의 공간을 보유할 것(단, 벽과 헤드간의 공간은 10cm 이상)
② 헤드와 그 부착면과의 거리는 30cm 이하로 할 것
③ 배관·행가 및 조명기구 등 살수가 방해될 경우 그로부터 아래에 설치하여 살수에 장애가 없도록 할 것

해답 ①

78 건물 주차장 최대 방수구역 바닥면적이 60m²인 곳에 물분무소화설비를 설치하고자 한다. 기준에 적합한 최소한의 저수량은?

① 12m³   ② 16m³
③ 20m³   ④ 24m³

해설 물분무소화설비의 수원 양

$$Q(L) = A(m^2)(최소 50m^2) \times K \times 20분$$

① $A = 60m^2$, $K = 20L/m^2 \cdot 분$
② $Q = 60m^2 \times 20L/m^2 \cdot 분 \times 20분 = 24000L$
   $= 24m^3$

물분무소화설비의 펌프 분당토출량

소방대상물	펌프의 토출량(L/분)
특수가연물 저장, 취급	바닥면적(m²)(최대방수구역기준 최소 50m²)×10L/m²·분
차고, 주차장	바닥면적(m²)(최대방수구역기준 최소 50m²)×20L/m²·분
절연유 봉입 변압기	표면적(바닥부분제외)(m²)×10L/m²·분
케이블 트레이, 닥트	투영된 바닥면적(m²)×12L/m²·분
콘베이어벨트 등	벨트부분의 바닥면적(m²)×10L/m²·분

해답 ④

79 이산화탄소 소화약제 저장용기의 개방밸브 방식에 속하지 않는 것은?

① 전기식   ② 이동식
③ 기계식   ④ 가스압력식

해설 이산화탄소소화약제 저장용기의 개방밸브
① 전기식
② 가스압력식
③ 기계식

해답 ②

80 연결송수관설비의 방수 기구함은 방수구가 가장 많이 설치된 층을 기준하여 3개 층마다 설치하되, 그 층의 방수구마다 보행거리 몇 m 이내에 설치하는가?

① 3m 이내   ② 4m 이내
③ 5m 이내   ④ 6m 이내

해설 **연결송수관설비의 방수용기구함**
(1) 피난층과 가장 가까운 층을 기준으로 **3개층마다** 설치
(2) 그 층의 방수구마다 **보행거리 5m 이내**에 설치
(3) 방수기구함에는 **길이 15m의 호스와 방사형 관창**을 비치할 것
  ① 호스는 각 부분에 유효하게 물이 뿌려질 수 있는 개수 이상을 비치할 것. 이 경우 쌍구형 방수구는 단구형 방수구의 2배 이상의 개수를 설치
  ② 방사형 관창은 **단구형** 방수구의 경우에는 **1개**, **쌍구형** 방수구의 경우에는 **2개 이상** 비치
(4) 방수기구함에는 "**방수기구함**"이라고 표시한 축광식 표지를 할 것

해답 ③

무료 동영상과 함께하는 소방설비(기계분야) 필기

2023

2023년 3월 CBT 시행
2023년 5월 CBT 시행
2023년 9월 CBT 시행

무료 동영상과 함께하는
소방설비(기계분야) 필기

2023

소방설비산업기사 - 기계분야
2023년 3월 CBT 시행

본 문제는 CBT시험대비 기출문제 복원입니다.

제1과목   소방원론

01 가연성가스의 공기 중 폭발범위를 옳게 표현한 것은?

① 가연성가스와 공기와의 혼합가스에 점화원을 주었을 때 폭발이 일어날 수 있는 가연성 가스의 용량 %의 범위
② 동일 압력에서 기체상태로 존재하기 위한 온도 범위
③ 폭발에 의하여 피해가 발생할 수 있는 가연성가스의 공기 중 질량 %의 범위
④ 폭굉이 발생할 수 있는 공기 중 가연성가스의 질량 %의 범위

해설 **폭발범위**: 가연성가스와 공기와의 혼합가스에 점화원을 주었을 때 폭발이 일어날 수 있는 가연성가스의 용량%의 범위

② 공기 중 가스의 폭발범위(연소범위)

가스	아세틸렌	수소	가솔린	프로판
폭발범위	2.5~81%	4.0~75%	1.2~7.6%	2.1~9.5%

※ 아세틸렌가스의 폭발범위가 가장 넓다.

해답 ①

02 건축물의 주요구조부가 아닌 것은?

① 차양   ② 주계단
③ 내력벽   ④ 기둥

해설 건축물의 주요 구조부

① 내력벽   ② 기둥   ③ 바닥
④ 보   ⑤ 지붕틀   ⑥ 주계단
(어두문자 암기법 : 내주기만하면 바보지)

해답 ①

03 CO_2의 증기비중은 약 얼마인가?

① 1.5   ② 1.9
③ 28.8   ④ 44.1

해설 증기비중 계산공식

$$증기\ 비중 = \frac{M(분자량)}{29(공기평균분자량)}$$

CO_2의 분자량(M) = 12+(16×2) = 44

∴ CO_2의 증기 비중 = $\frac{44}{29}$ = 1.52

해답 ①

04 플래쉬 오버(flash over) 현상을 가장 적절히 설명한 것은?

① 역화현상
② 탱크 밖으로 기름이 분출되는 현상
③ 온도상승으로 연소의 급속한 확대현상
④ 외부에서의 연소현상

해설 ① **플래쉬 오버(flash over)현상**
화재 시 발생한 가연성가스가 건물 내 상층부에 체류하다가 연소범위 내 농도가 되면 착화하여 화염으로 쌓이고 상층부의 열이 축적되어 축적된 열이 실내에 복사열로 방출되어 실내가 화염으로 덮이는 현상

• 플래쉬 오버 발생시기 : 성장기
• 주요 발생 원인 : 열의 공급

② **백 드래프트(Back Draft) 현상**
화재시 가연성가스가 축적되어 있다가 신선한 공기가 유입되면 폭발적 연소와 함께 폭풍을 동반하며 화염이 외부로 분출되는 현상

• 백 드래프트 발생 시기 : 감쇠기
• 주요 발생 원인 : 산소의 공급

해답 ③

05 적린의 착화온도는 약 몇 ℃인가?

① 34   ② 157
③ 200   ④ 260

해설 착화온도
① 적린 : 260℃
② 황린 : 50℃
③ 이황화탄소 : 100℃

해답 ④

06 제1종 분말소화약제의 주성분에 해당하는 것은?

① $NaHCO_3$ ② $KHCO_3$
③ NH_4HCO_3 ④ $NH_4H_2PO_4$

해설 분말약제의 주성분 및 착색 (필수암기)

종별	주성분	약제명	착색	적응화재
제1종	$NaHCO_3$	탄산수소나트륨 중탄산나트륨 중조	백색	B, C
제2종	$KHCO_3$	탄산수소칼륨 중탄산칼륨	담회색	B, C
제3종	$NH_4H_2PO_4$	제1인산암모늄	담홍색 (핑크색)	A, B, C
제4종	$KHCO_3$ + $(NH_2)_2CO$	탄산수소칼륨 + 요소	회색 (쥐색)	B, C

해답 ①

07 다음 중 할로젠족 원소가 아닌 것은?

① F   ② Cl
③ Br   ④ Fr

해설 할로젠족 원소
① 할로젠족 원소의 소화효과 크기
F(불소)＜Cl(염소)＜Br(브로민)＜I(아이오딘)
② 할로젠족 원소의 반응력 세기
F(불소)＞Cl(염소)＞Br(브로민)＞I(아이오딘)

해답 ④

08 화재가 발생하여 온도가 21℃에서 650℃가 되었다면 공기의 부피는 처음의 약 몇 배가 되는가? (단, 압력은 동일하다.)

① 3.14   ② 6.25
③ 9.17   ④ 12.05

해설 ① 보일의 법칙
T(온도) = 일정 $P_1 V_1 = P_2 V_2$

② 샤를의 법칙
P(압력) = 일정 $\dfrac{V_1}{T_1} = \dfrac{V_2}{T_2}$

③ 보일-샤를의 법칙
$\dfrac{P_1 V_1}{T_1} = \dfrac{P_2 V_2}{T_2}$

샤를의 법칙을 이용
$V_2 = \dfrac{T_2}{T_1} \times V_1 = \dfrac{273+650}{273+21} \times V_1 = 3.14 V_1$

해답 ①

09 Halon 1211의 화학식으로 옳은 것은?

① CF_2BrCl ② $CFBrCl_2$
③ $C_2F_4Br_2$ ④ CH_2BrCl

해설 할론소화약제 명명법
할론 ⓐ ⓑ ⓒ ⓓ
ⓐ : C원자수   ⓑ : F원자수
ⓒ : Cl원자수   ⓓ : Br원자수

할론소화약제

종류 구분	할론 2402	할론 1211	할론 1301	할론 1011
분자식	$C_2F_4Br_2$	CF_2ClBr	CF_3Br	CH_2ClBr

해답 ①

10 가연성 액체의 일반적인 특성이 아닌 것은?

① 인화의 위험이 있다.
② 점화원의 접근은 위험하다.
③ 정전기가 점화원이 될 수 있다.
④ 착화온도가 높을수록 위험도가 높다

해설 ④ 착화온도가 높을수록 위험도가 낮다.

가연성액체의 일반적 성질
① 인화의 위험이 있다.
② 점화원의 접근을 금한다.

③ 정전기가 점화원이 될 수 있다.
④ 증기는 공기와 약간 혼합되어도 연소한다.
⑤ 착화온도가 낮은 것은 매우 위험하다.
⑥ 연소하한이 낮고 정전기에 폭발우려가 있다.

해답 ④

11 LPG의 일반적인 특징으로 옳은 것은?

① C_6H_6가 주성분이다.
② 공기보다 무겁다.
③ 도시가스보다 가볍다.
④ 물에 잘 녹으나 알코올에는 용해되지 않는다.

해설 액화석유가스(LPG)
① 공기 중에서 쉽게 연소폭발한다.
② 주성분은 프로판(C_3H_8) 및 부탄(C_4H_{10})이다.
③ 증기는 공기보다 무겁다.(1.5배~2배)
④ 무색 및 무취이다.
⑤ 액체상태 LPG는 물보다 가볍다.
※ 도시가스의 주성분 : 메탄(CH_4)

해답 ②

12 열전달 방법 3가지에 해당하지 않는 것은?

① 복사   ② 확산
③ 전도   ④ 대류

해설 열전달의 방법
① **전도(Conduction)**
   물체와 물체가 직접 접촉 열이 전달
② **대류(Convection)**
   밀도차에 의한 공기의 순환 열이 전달
③ **복사(Radiation)**
   고온물체의 복사열이 전자파형태로 열이 전달
※ 열전달에 가장 크게 기여하는 것은 복사이다.

해답 ②

13 유류탱크 화재시 비점이 낮은 다른 액체가 밑에 있는 경우 연소에 따른 고온층이 강하하여 아래의 비점이 낮은 액체에 도달한 때 급격히 기화하고 다량의 유류가 외부로 넘치는 것을 무엇이라고 하는가?

① 보일오버   ② 백드래프트
③ 굴뚝효과   ④ 드롭오버

해설 유류저장탱크의 화재 발생현상
① 보일오버   ② 슬롭오버   ③ 프로스오버

★★★ 요점정리(필수 암기) ★★★
- 보일 오버(boil over)
  탱크 바닥의 물이 비등하여 유류가 연소하면서 분출
- 슬롭 오버(slop over)
  물이 연소유 표면으로 들어갈 때 유류가 연소하면서 분출
- 프로스 오버(froth over)
  탱크 바닥의 물이 비등하여 유류가 연소하지 않고 분출
- 블레비(BLEVE)
  액화가스 저장탱크 폭발현상

해답 ①

14 화재시 건축물의 피난안전 계획으로 부적합한 것은?

① 건축물의 용도를 고려한 피난계획수립
② 막다른 복도의 설치
③ 안전구획의 설치
④ 단순명료한 피난 경로 구성

해설 ② 막다른 복도의 설치 금지

피난대책의 일반적인 원칙
① 2방향 원칙에 따라 피난통로를 확보할 것
② 피난수단은 원시적 방법을 원칙으로 할 것
③ 피난구조설비는 고정식 설비를 원칙으로 하고 보조적으로 이동식설비를 고려할 것
④ 피난대책은 Fool proof와 Fail safe의 원칙을 중요시 할 것
⑤ 피난경로는 간단하고 명료하게 할 것

해답 ②

15 화재발생시 물을 사용하여 소화하면 더 위험해지는 것은?

① 피크린산   ② 질산암모늄
③ 나트륨   ④ 황린

해설 ① 피크린산 : 제5류 위험물(자기반응성)
② 질산암모늄 : 제1류 위험물(산화성고체)
③ 나트륨 : 제3류 위험물(금수성)

④ 황린 : 제3류 위험물(자연발화성)

제3류 위험물(금수성)의 물과 반응식

칼륨	$2K + 2H_2O \rightarrow 2KOH + H_2 \uparrow$
나트륨	$2Na + 2H_2O \rightarrow 2NaOH + H_2 \uparrow$
탄화칼슘	$CaC_2 + 2H_2O \rightarrow Ca(OH)_2 + C_2H_2 \uparrow$

보호액속에 저장 위험물
① 석유(파라핀, 경유, 등유) 속 보관 : 칼륨(K), 나트륨(Na)
② 물속에 보관 : 이황화탄소(CS_2), 황린(P_4)

해답 ③

16 분말소화설비에 사용하는 소화약제 중 차고 또는 주차장에 설치하는 분말소화설비의 소화약제로 적합한 것은?

① 제1종　　② 제2종
③ 제3종　　④ 제4종

해설 분말약제의 주성분 및 착색 (필수암기)

종 별	주 성 분	약 제 명	착 색	적응 화재
제1종	$NaHCO_3$	탄산수소나트륨 중탄산나트륨 중조	백색	B, C
제2종	$KHCO_3$	탄산수소칼륨 중탄산칼륨	담회색	B, C
제3종	$NH_4H_2PO_4$	제1인산암모늄	담홍색 (핑크색)	A, B, C
제4종	$KHCO_3 + (NH_2)_2CO$	탄산수소칼륨 + 요소	회색 (쥐색)	B, C

※ 차고, 주차장 : 제3종 분말

해답 ③

17 다음 중 연소의 3 요소가 아닌 것은?

① 점화원　　② 공기
③ 연료　　　④ 촉매

해설 연소의 3요소
가연물+산소+점화원
연소의 4요소
가연물+산소+점화원+순조로운 연쇄반응

해답 ④

18 화재의 분류상 일반화재에 해당하는 것은?

① A급　　② B급
③ C급　　④ D급

해설 화재의 분류 ★★★

종 류	등급	색표시	주된 소화 방법
일반화재	A급	백색	냉각소화
유류 및 가스 화재	B급	황색	질식소화
전기화재	C급	청색	질식소화
금속화재	D급	–	피복소화
주방화재	K급	–	냉각 및 질식소화

해답 ①

19 물 1g이 100℃에서 수증기로 되었을 때의 부피는 1기압을 기준으로 약 몇 L인가?

① 0.3　　② 1.7
③ 10.8　　④ 22.4

해설 이상기체 상태방정식 ★★★★★

$$PV = \frac{W}{M}RT = nRT$$

P : 압력(atm)　　　V : 방출가스량(m^3)
W : 약제무게(kg)　M : 분자량
R : 기체상수(0.082atm · m^3/kmol · K)
T : 절대온도($273 + t$℃)K

① $V = \dfrac{WRT}{PM}$

② $V = \dfrac{1 \times 0.082 \times (273 + 100)}{1 \times 18} = 1.7L$

해답 ②

20 다음 중 연소와 가장 관련이 있는 반응은?

① 산화반응　　② 환원반응
③ 치환반응　　④ 중화반응

해설 연소의 정의
빛과 발열을 동반한 급격한 산화반응

해답 ①

제2과목 소방유체역학

21 소화배관을 흐르고 있는 물의 동압이 144Pa 이었다면 유속은 약 몇 m/s³인가? (단, 물의 밀도는 1000kg/m³이다.)

① 0.54
② 14.7
③ $\dfrac{14.7}{9.8}$
④ $\dfrac{14.7^2}{2 \times 9.8}$

해설 배관 내 유속

$$u = \sqrt{2gH}$$

① $H = 144\text{Pa} \times \dfrac{10.332\text{m}}{101325\text{Pa}} = 0.015\text{m}$

② $u = \sqrt{2 \times 9.8 \times 0.015} = 0.54\text{m/s}$

해답 ①

22 27kPa의 압력은 수은주 높이로 약 몇 mm가 되겠는가? (단 수은의 비중은 13.6이다)

① 157
② 203
③ 264
④ 557

해설 표준대기압
1atm = 760mmHg = 10.332mH₂O(mAq)
= 1.013bar = 1013mbar = 101325Pa
= 101.325kPa

$P = 27\text{kPa} \times \dfrac{760\text{mmHg}}{101.325\text{kPa}} ≒ 203\text{mmHg}$

해답 ②

23 온도가 20℃이고, 100kPa 압력하의 공기를 가역단열과정으로 압축하여 체적율 50%로 줄였을 때 압력은 몇 kPa인가? (단, 공기의 비열비는 1.4이다.)

① 255.1
② 258.3
③ 263.9
④ 267.3

해설 가역단열과정에서 압력과 부피관계

$$\dfrac{P_2}{P_1} = \left(\dfrac{V_1}{V_2}\right)^K$$

P_1 : 처음압력 P_2 : 나중압력
V_1 : 처음부피 V_2 : 나중부피
K : 비열비

① $P_1 = 100\text{kPa}$, $V_1 = 1$, $V_2 = 0.5(50/100)$

② $\dfrac{P_2}{100} = \left(\dfrac{1}{0.5}\right)^{1.4}$

③ $\dfrac{P_2}{100} = (2)^{1.4}$

④ $P_2 = 100 \times 2^{1.4} = 263.9\text{kPa}$

해답 ③

24 20kg의 액화 이산화탄소가 20℃의 대기(표준대기압)중으로 방출되었을 때 이산화탄소의 체적은 약 몇 m³이 되겠는가? (단, 일반기체상수는 8314J/kmol·K이다.)

① 6.8
② 7.2
③ 9.3
④ 11.0

해설 이상기체 상태방정식 ★★★★★

$$PV = \dfrac{W}{M}RT = nRT$$

P : 압력(atm) V : 방출가스량(m³)
W : 약제무게(kg) M : 분자량
R : 기체상수(0.082atm·m³/kmol·K)
T : 절대온도(273 + t℃)K

① $P =$ 대기(표준대기압) $= 101325\text{Pa}(\text{N/m}^2)$

② CO_2의 분자량 $M = 12 + 16 \times 2 = 44$

③ $T = 273 + 20 = 293\text{K}$

④ $V = \dfrac{WRT}{PM} = \dfrac{20 \times 8314 \times 293}{101325 \times 44} ≒ 11\text{m}^3$

해답 ④

25 다음 전단응력과 변형률 그래프에서 뉴턴 유체(Newtonian fluid)를 나타내는 것은?

① 1번　② 2번
③ 3번　④ 4번

해설 뉴턴의 점성법칙
전단응력은 점성계수와 속도구배(속도기울기)에 비례한다.

$$전단응력(\tau) = \mu \frac{du}{dy}$$

μ : 점성계수

$\dfrac{du}{dy}$: 속도구배(속도기울기)

- 뉴턴유체 : 뉴턴의 점성법칙을 따르는 유체
- 이상유체 : 점성이 없고 비압축성인 유체

해답 ③

26 직경 7.5cm인 매끈한 직원관을 통하여 물을 3m/s의 속도로 보내려 한다. 무디선도로부터 관마찰계수는 0.03임을 알았다. 관의 길이가 100m이면 압력강하는 몇 kPa인가?

① 180　② 190
③ 200　④ 210

해설 달시 – 바이스바하(Darcy – Weisbach) 공식

$$\Delta h_L = f \times \frac{l}{D} \times \frac{u^2}{2g} \qquad \Delta P_L = f \times \frac{l}{D} \times \frac{u^2}{2g} \times \gamma$$

Δh_L : 마찰손실수두(m)　f : 마찰손실계수
l : 배관길이(m)　u : 유속(m/s)
g : 중력가속도(9.8m/s^2)
D : 배관내경(m)
ΔP_L : 마찰손실압력(kPa(kN/m^2))
γ : 물의 비중량(9800N/m^3 = 9.8kN/m^3)

① $\Delta P_L = f \times \dfrac{l}{D} \times \dfrac{u^2}{2g} \times \gamma$ 식에 대입

② $D = 7.5\text{cm} = 0.075\text{m}$

③ $\gamma = 9.8\text{kN/m}^3$

④ $\Delta P_L = \dfrac{0.03 \times 100 \times 3^2 \times 9.8}{2 \times 9.8 \times 0.075}$
　　　　　$\fallingdotseq 180\text{kN/m}^2(\text{kPa})$

해답 ①

27 비중이 S인 액체의 표면으로부터 x[m] 깊이에 있는 점의 계기 압력은 수은주로 몇 mm인

가? (단, 수은의 비중은 13.6이다.)

① $13600Sx$　② $13.6Sx$
③ $\dfrac{Sx}{13.6}$　④ $\dfrac{1000Sx}{13.6}$

해설 ① $P = \gamma h$,　$P_1 = P_2$,　$\gamma_1 h_1 = \gamma_2 h_2$
② $\gamma = \gamma_w \times S$　$h\,\text{cm} = 10h\,\text{mm}$
③ ∴ $\gamma_w S_1 h_1 = \gamma_w S_2 h_2$
　　　($\gamma_{w(물)} = 9.8\text{kN/m}^3$, S(물의 비중) = 1)
④ $S_1 h_1 = S_2 h_2$　$S \times 10h\,\text{mm} = 13.6 \times h_2$
⑤ $h_2 = \dfrac{10Sh}{13.6} = \dfrac{10Sx}{13.6}$

해답 ④

28 다음 물성량 중 길이의 단위로 표시되지 않는 것은?

① 속도수두　② 전압(電壓)
③ 수차의 유효낙차　④ 펌프 전양정

해설 ① 속도수두 : m
② 전압의 단위 : Pa(N/m^2)
③ 수차의 유효낙차 : m
④ 펌프 전양정 : m

해답 ②

29 이상기체의 엔탈피가 변하지 않는 과정은?

① 가역단열과정　② 비가역단열과정
③ 교축과정　④ 정적과정

해설 **교축(Throttling)과정** = 팽창밸브 과정
액체의 경우는 교축되어 압력이 감소하여 액체의 포화압력보다 낮아지면 액체의 일부가 증발하며 증발에 필요한 열을 액체 자신으로부터 흡수하므로 액체의 온도는 감소하게 되며, 교축 전후의 엔탈피(= 내부에너지+압력∼체적의 변동에 의한 에너지)는 변화가 없다.

해답 ③

30 체적이 0.031m^{3}인 알콜이 51000kPa의 압력을 받으면 체적이 0.025m^{3}으로 축소한다. 이 때 체적탄성계수는?

① $2.335 \times 10^8 Pa$　② $2.635 \times 10^8 Pa$
③ $1.235 \times 10^7 Pa$　④ $2.535 \times 10^6 Pa$

해설 체적탄성계수

$$K = -\frac{\Delta P}{\Delta V/V} = \frac{\Delta P}{\Delta \rho/\rho}$$

압축률

$$\beta = \frac{1}{K}$$

$$K = \frac{1}{\beta} = -\frac{\Delta P}{\Delta v/v}$$

$$= -\frac{51 \times 10^6}{(0.025 - 0.031)/0.031} = 2.635 \times 10^8 Pa$$

※ 등온변화 : K(체적탄성계수) = P(압력)
※ 단열변화 : K(체적탄성계수)
　　　　　　　= k(비열비) × P(압력)

체적탄성계수 K

등온압축	단열압축
$K = P$	$K = kP$

K : 체적탄성계수, P : 압력, k : 비열비

해답 ②

31 다음 중 대류 열전달과 관계없는 경우는?

① 팬(fan)을 이용해 컴퓨터를 식힌다.
② 뜨거운 커피에 바람을 불어 식힌다.
③ 에어컨은 높은 곳에 라디에이터는 낮은 곳에 설치한다.
④ 판자를 화로 앞에 놓아 열을 차단한다.

해설 ④는 복사열의 차단이다.

열전달의 방법
① **전도(Conduction)**
　물체와 물체가 직접 접촉 열이 전달
② **대류(Convection)**
　밀도차에 의한 공기의 순환 열이 전달
③ **복사(Radiation)**
　고온물체의 복사열이 전자파형태로 열이 전달
※ 열전달에 가장 크게 기여하는 것은 복사이다.

해답 ④

32 하나의 잘 설계된 원심 펌프의 임펠러 직경이 10cm이다. 똑같은 모양의 펌프를 임펠러 직경이 20cm로 만들었을 때 같은 회전수에서 운전하면 새로운 펌프의 설계점 성능 특성 중 유량은 몇 배가 되는가? (단, 레이놀즈수의 영향은 무시한다.)

① 동일하다.　② 2배
③ 4배　　　 ④ 8배

해설 상사의 법칙 ★★★★★

① $Q_2 = Q_1 \times \left(\frac{N_2}{N_1}\right) \times \left(\frac{D_2}{D_1}\right)^3$

② $H_2 = H_1 \times \left(\frac{N_2}{N_1}\right)^2 \times \left(\frac{D_2}{D_1}\right)^2$

③ $P_2 = P_1 \times \left(\frac{N_2}{N_1}\right)^3 \times \left(\frac{D_2}{D_1}\right)^5$

Q_1 : 변경 전 유량　H_1 : 변경 전 양정(압력)
Q_2 : 변경 후 유량　H_2 : 변경 후 양정(압력)
N_1 : 변경 전 rpm　D_1 : 변경 전 임펠러 직경
N_2 : 변경 후 rpm　D_2 : 변경 후 임펠러 직경

① 같은 회전수이므로 $N_1 = N_2$

② $Q_2 = Q_1 \times \left(\frac{N_2}{N_1}\right) \times \left(\frac{D_2}{D_1}\right)^3$

③ $Q_2 = Q_1 \times (1) \times \left(\frac{20}{10}\right)^3 = 8Q_1$

해답 ④

33 배관의 관로상에 설치하는 유량측정 장치로 배관의 관로를 축소하여 그때 발생하는 차압을 이용하는 유량계로서 압력손실이 가장 큰 것은?

① 노즐(nozzle)
② 벤츄리 미터(venturi meter)
③ 오리피스 미터(orifice meter)
④ 피토 관(pltot tube)

해설 유량측정장치
① 오리피스미터 : 배관의 관로를 축소하여 발생한 차압을 이용하여 유량을 측정
② 벤츄리미터
③ 로타미터 (직접 유량을 눈으로 읽는다)

④ 위어(개수로 유량측정장치)
⑤ 유동노즐에 의한 방법

해답 ③

34 펌프의 공동현상(cavitation) 방지 대책은?
① 흡입 관경을 작게 한다.
② 흡입 속도를 감소시킨다.
③ 펌프를 수원보다 되도록 높게 설치한다.
④ 흡입 압력을 유체의 증기압보다 낮게 한다.

해설 공동현상 방지대책
① 펌프의 설치위치를 수원보다 낮게 설치
② 펌프의 임펠러속도를 감속한다.
  (펌프의 흡입속도를 낮춘다)
③ 펌프의 흡입측 수두 및 마찰손실을 작게 한다.
④ 펌프의 흡입관경을 크게 한다.
⑤ 양 흡입 펌프를 사용한다.

해답 ②

35 유량 $1m^3/min$ 전양정 20m로 물을 송출하는 펌프가 있다. 이 펌프를 가동하기 위한 축동력은 약 몇 kW인가? (단, 펌프의 효율은 80%이다.)
① 4.1   ② 6.7
③ 8.4   ④ 12.1

해설 축동력

$$L_S(\text{kW}) = \frac{\gamma QH}{E}$$

※[주의] 축동력 계산 시 전달계수 K값은 무시한다.

$L_S = \dfrac{9.8\text{kN/m}^3 \times 1\text{m}^3/60\text{s} \times 20\text{m}}{0.80} = 4.08\text{kW}$

해답 ①

36 반경 R_o인 원형관에 유체가 흐를 때 최대속도를 $U_{\max}$로 표시하면 반경 위치 R에서의 속도 분포식은 어떻게 표시할 수 있는가? (단, 유체는 층류로 흐른다.)

① $\dfrac{U}{U_{\max}} = \left(\dfrac{R}{R_o}\right)^2$

② $\dfrac{U}{U_{\max}} = 2\left(\dfrac{R}{R_o}\right)$

③ $\dfrac{U}{U_{\max}} = \left(\dfrac{R}{R_o}\right) - 2$

④ $\dfrac{U}{U_{\max}} = 1 - \left(\dfrac{R}{R_o}\right)^2$

해설 층류유동의 속도분포식

$$\frac{u}{u_{\max}} = 1 - \left(\frac{R}{R_o}\right)^2$$

u : 속도, $u_{\max}$: 최대속도
R_o : 반지름(반경)
R : 관 중심으로부터의 거리(반경위치)

해답 ④

37 부차적 손실계수가 4인 밸브를 관마찰계수가 0.035이고, 관지름이 3cm인 관으로 환산한다면 관의 상당길이는 약 몇 m인가?
① 2.57   ② 3.05
③ 3.43   ④ 3.95

해설 상당길이(등가길이)

$$L_e = \frac{kd}{f}$$

K : 손실계수, d : 내경, f : 마찰손실계수
① 3cm = 0.03m
② $L_e = \dfrac{4 \times 0.03}{0.035} = 3.43\text{m}$

해답 ③

38 직경이 0.4m의 파이프에 $1m^3/min$의 유량으로 물을 수송한다고 할 때 질량유량은 약 몇 kg/s인가?
① 16.67   ② 1.67
③ 1000   ④ 0.001

해설 연속 방정식
질량보존의 법칙을 유체유동에 적용한 방정식

① 질량유량($\overline{m}$: kg/s)

$$\overline{m} = A_1 U_1 \rho_1 = A_2 U_2 \rho_2$$

② 중량유량($\overline{G}$: kN/s)

$$\overline{G} = A_1 U_1 \gamma_1 = A_2 U_2 \gamma_2$$

③ 체적유량 = 용량유량($\overline{Q}$: m³/s)

$$Q = A_1 U_1 = A_2 U_2$$

A : 단면적(m²), U : 유속(m/s)
① $\overline{m} = AU\rho = Q\rho$을 적용
② 물의 밀도 $\rho_w = 1000\,\text{kg/m}^3$
③ $Q = 1\text{m}^3/\text{min} = 1\text{m}^3/60\text{s}$
④ $\overline{m} = 1\text{m}^3/60\text{s} \times 1000\,\text{kg/m}^3 = 16.67\,\text{kg/s}$

해답 ①

39 반경 4m, 길이 10m인 4분 실린더(quarter cylinder) AB가 수면으로부터 3m 아래에 수평으로 놓여 있다. 4분 실린더 AB에 작용하는 수압에 의한 합력의 크기는 약 몇 kN인가?

① 2173 ② 2257
③ 2386 ④ 2475

해설 ① $F_x = \gamma h_c A$
   $= 9.8\,\text{kN/m}^3 \times 10\text{m} \times \left[\left(3 + \frac{4}{2}\right) \times 4\right]\text{m}^2$
   $= 1960\,\text{kN}$

② F_y : 연직상방 유체무게계산
   $F_y = \left(4 \times 7 - \frac{\pi \times 4^2}{4}\right)\text{m}^2 \times 10\text{m} \times 9.8\,\text{kN/m}^3$
   $= 1512.5\,\text{kN}$

③ $F = \sqrt{F_x^2 + F_y^2}$
   $= \sqrt{1960^2 + 1512.5^2} = 2475.73\,\text{kN}$

해답 ④

40 그림과 같이 수평으로 분사된 유량 Q의 분류가 경사진 고정 평판에 충돌한 후 양쪽으로 분리되어 흐르고 있다. 윗 방향의 유량 $Q_1 = 0.8Q$일 때 수평선과 판이 이루는 각 θ는 몇 도인가? (단, 이상유체의 흐름이고 중력과 압력은 무시한다.)

① 50.4 ② 53.1
③ 56.2 ④ 59.2

해설 노즐에서 유체가 분사되어 고정평판에 충돌할 때
① $Q_1 = \frac{Q}{2}(1+\cos\theta),\ Q_2 = \frac{Q}{2}(1-\cos\theta)$
② $Q_1 = 0.8Q$이므로 식에 대입하면
③ $0.8Q = \frac{Q}{2}(1+\cos\theta),\ 0.8Q = 0.5Q(1+\cos\theta)$
④ $0.8Q = 0.5Q + 0.5Q\cos\theta,\ \cos\theta = \frac{0.3Q}{0.5Q} = 0.6$
⑤ $\theta = 53.1$도

해답 ②

제3과목 소방관계법규

41 연면적 또는 바닥면적 등에 관계없이 건축허가 동의를 받아야 하는 소방 대상물은?

① 청소년시설   ② 공연장
③ 항공기격납고 ④ 차고 주차장

해설 (소방시설법 시행령 제7조)
건축허가등의 동의대상물의 범위 등
(1) 연면적 400m² 이상
    다만, 다음에 해당하는 경우에는 기준 이상
    ① 학교시설 : 100m²
    ② 노유자시설 및 수련시설 : 200m²
    ③ 정신의료기관 : 300m²
    ④ 장애인 의료재활시설 : 300m²

(2) **지하층** 또는 **무창층** 150m² (공연장 100m²)
(3) 차고 · 주차장 또는 주차용도로 사용시설
  ① 차고 · 주차장 : **200m² 이상**
  ② 기계장치에 의한 **자동차 20대 이상**
(4) 층수가 **6층 이상**인 건축물
(5) 항공기격납고, 관망탑, 항공관제탑, 방송용 송수신탑
(6) 공동주택, 의원(입원실, 인공신장실이 있는 것) · 조산원 · 산후조리원, 숙박시설, 위험물 저장 및 처리 시설, 풍력발전소 · 전기저장시설, 지하구
(7) 노유자시설((1)의 ②에 해당하지 않는 시설)
(8) **요양병원**(의료재활시설은 제외)
(9) **750배** 이상의 **특수가연물**을 저장 · 취급
(10) **가스시설**로서 지상 노출 탱크 **100톤 이상**

해답 ③

42 다음 소방시설 중 피난구조설비에 속하지 않는 것은?

① 방열복 ② 유도표지
③ 미끄럼대 ④ 무선통신보조설비

해설 ④ 무선통신보조설비 → 소화활동설비

소방시설의 종류 ★★★(필수암기)★★★

소방시설	종 류	
소화설비	① 소화기	② 자동소화장치
	③ 옥내	④ 옥외
	⑤ 스프링클러설비등	⑥ 물분무등
경보설비	① 단독경보형	② 비상경보
	③ 시각경보기	④ 자동화재탐지
	⑤ 화재알림	⑥ 비상방송
	⑦ 자동화재속보	⑧ 통합감시
	⑨ 누전경보기	⑩ 가스누설경보기
피난구조 설비	① 피난기구(피난사다리, 구조대, 완강기 등)	
	② 인명구조기구(방열복, 방화복, 공기호흡기, 인공소생기)	
	③ 유도등(피난유도선, 피난구유도등, 통로유도등, 객석유도등, 유도표지)	
	④ 비상조명등 및 휴대용비상조명등	
소화 용수설비	① 상수도소화용수	
	② 소화수조 · 저수조 그 밖의 소화용수	
소화 활동설비	① 제연	② 연결송수관
	③ 연결살수	④ 비상콘센트
	⑤ 무선통신보조	⑥ 연소방지

해답 ④

43 위험물의 지정수량에서 산화성 고체인 다이크로뮴산염류의 지정수량은?

① 3000kg ② 1000kg
③ 300kg ④ 50kg

해설 (위험물법 시행령 제2조 및 3조의 별표1)
[별표 1] 제1류 위험물의 지정수량

성 질	위 험 물	지정수량
	품 명	
산화성 고체	1. 아염소산염류	50kg
	2. 염소산염류	
	3. 과염소산염류	
	4. 무기과산화물	
	5. 브로민산염류	300kg
	6. 질산염류	
	7. 아이오딘산염류	
	8. 과망가니즈산염류	1,000kg
	9. 다이크로뮴산염류	

해답 ②

44 2급 소방안전관리대상물의 소방안전관리자로 선임될 수 없는 사람은?

① 위험물기능사 자격을 가진 사람
② 소방공무원으로 3년 이상 근무한 경력이 있는 사람
③ 의용소방대원으로 2년 이상 근무한 경력이 있는 사람
④ 위험물산업기사 자격을 가진 사람

해설 (화재예방법 시행령 제25조 제1항의 별표4)
소방안전관리자의 선임자격
(1) 특급 소방안전관리자 선임자격
  ① 소방**기술사** 또는 소방시설**관리사**
  ② 소방설비기사 : **5년 이상** 1급 실무경력
  ③ 소방설비**산업**기사 : **7년 이상** 1급 실무경력
  ④ 소방공무원 : **20년 이상**
  ⑤ 특급 소방안전관리 시험에 합격한 사람
(2) 1급 소방안전관리자 선임자격
  ① 소방설비기사 또는 소방설비산업기사
  ② 소방공무원 : **7년 이상**
  ③ 1급 소방안전관리 시험에 합격한 사람
  ④ 특급 또는 1급 자격증 발급받은 사람
(3) 2급 소방안전관리자 선임자격
  ① 위험물(**기능장 · 산업기사** 또는 **기능사**)

② 소방공무원 : 3년 이상
③ 2급 소방안전관리 시험에 합격한 사람
④ 「특별조치법」에 따라 선임된 사람
⑤ 특급, 1급, 2급 자격증 발급받은 사람

(4) 3급 소방안전관리자 선임자격
① 소방공무원 : 1년 이상
② 3급 소방안전관리 시험에 합격한 사람
③ 「특별조치법」에 따라 선임된 사람
④ 특급, 1급, 2급, 3급 자격증 발급받은 사람

해답 ③

45 전문소방시설공사업의 등록을 하고자 할 때 법인의 자본금의 기준은?

① 5천만원 이상
② 1억원 이상
③ 2억원 이상
④ 3억원 이상

해설 소방시설공사업의 등록기준 및 영업범위 ★★★

종류		기술인력	자본금	영업범위
전문		① 주인력 : 기술사 또는 기술사와 전기의 기사 각 1인 (기계+전기 1인) ② 보조인력 : 2인 이상	① 법인 : 자본금 1억원 이상 ② 개인 : 자산평가액 1억원 이상	• 기계 및 전기분야
일반	기계	① 주인력 : 기술사 또는 기사(기계) 1인 이상 ② 보조인력 : 1인 이상	① 법인 : 자본금 1억원 이상 ② 개인 : 자산평가액 1억원 이상	• 연면적 1만m² 미만 • 위험물 제조소 등
	전기	① 주인력 : 기술사 또는 기사(전기) 1인 이상 ② 보조인력 : 1인 이상		

해답 ②

46 화재예방강화지구에 관한 사항으로 소방본부장이나 소방서장이 수행하여야 할 직무가 아닌 것은?

① 화재가 발생할 우려가 높아 그로 인한 피해가 클 것으로 예상되는 일정 지역을 화재예방강화지구로 지정할 수 있다.
② 화재예방강화지구안의 소방대상물 위치·구조 및 설비 등에 대하여 화재안전조사를 하여야 한다.
③ 화재예방강화지구안의 관계인에 대하여 소방에 필요한 훈련 및 교육을 실시할 수 있다.
④ 화재예방강화지구안의 관계인에 대한 소방용수시설·소화기구 등의 설치를 명할 수 있다.

해설 (화재예방법 제18조) 화재예방강화지구의 지정 등
(1) 지정권자 : 시·도지사
(2) 화재안전조사 : 소방관서장
(3) 화재안전조사 실시주기 : 연1회 이상
(4) 소방훈련과 교육 : 연1회 이상
(5) 훈련 및 교육통보 : 10일 전까지

화재예방강화지구의 지정대상지역 ★★필수암기★★
① 시장지역
② 공장·창고가 밀집한 지역
③ 목조건물이 밀집한 지역
④ 노후·불량건축물이 밀집한 지역
⑤ 위험물의 저장 및 처리시설이 밀집한 지역
⑥ 석유화학제품을 생산하는 공장이 있는 지역
⑦ 산업단지
⑧ 소방시설·소방용수시설 또는 소방 출동로가 없는 지역
⑨ 물류단지
⑩ 소방관서장이 화재예방강화지구로 인정하는 지역

해답 ①

47 학교의 지하층인 경우 바닥면적의 합계가 얼마 이상인 경우 연결살수설비를 설치하여야 하는가?

① 500m²
② 600m²
③ 700m²
④ 1000m²

해설 (소방시설법 시행령 제15조의 별표 4)
연결살수설비 설치대상
① 판매시설로서 바닥면적합계가 1000m² 이상인 경우 해당 시설
② 지하층으로서 바닥면적합계가 150m² 이상인 경우 지하층의 모든 층(단, 학교의 지하층에 있어서는 700m² 이상)
③ 가스시설 중 지상에 노출된 탱크의 용량이 30톤 이상인 탱크시설

해답 ③

48 소방용수시설의 설치기준에서 급수탑을 설치하고자 할 개폐밸브의 설치 높이는?

① 지상에서 1.0m 이상 1.5m 이하

② 지상에서 1.5m 이상 1.7m 이하
③ 지상에서 1.5m 이상 2.0m 이하
④ 지상에서 1.2m 이상 1.8m 이하

해설 (기본법 시행규칙 제6조 ②항의 별표 3)
소방용수시설의 설치기준
① 공통기준
  ㉠ 주거지역·상업지역 및 공업지역에 설치하는 경우 : 수평거리를 100m 이하가 되도록 할 것
  ㉡ 기타 지역에 설치하는 경우 : 소방대상물과의 수평거리를 140m 이하가 되도록 할 것
② 소방용수시설별 설치기준
  ㉠ 소화전의 설치기준 : 상수도와 연결하여 지하식 또는 지상식의 구조로 하고, 소방용호스와 연결하는 소화전의 연결금속구의 구경은 65mm로 할 것
  ㉡ **급수탑의 설치기준** : 급수배관의 구경은 100mm 이상으로 하고, **개폐밸브는 지상에서 1.5m 이상 1.7m 이하**의 위치에 설치하도록 할 것
③ 저수조의 설치기준
  ㉠ 지면으로부터의 낙차가 4.5m 이하일 것
  ㉡ 흡수부분의 수심이 0.5m 이상일 것
  ㉢ 소방펌프자동차가 쉽게 접근할 수 있도록 할 것
  ㉣ 흡수에 지장이 없도록 토사 및 쓰레기 등을 제거할 수 있는 설비를 갖출 것
  ㉤ 흡수관의 투입구가 사각형의 경우에는 한 변의 길이가 60cm 이상, 원형의 경우에는 지름이 60cm 이상일 것
  ㉥ 저수조에 물을 공급하는 방법은 상수도에 연결하여 자동으로 급수되는 구조일 것

해답 ②

49 소방시설공사업법에서 정하고 있는 "소방시설업"에 속하지 않는 것은?

① 소방시설 관리업 ② 소방시설 공사업
③ 소방공사 감리업 ④ 소방시설 설계업

해설 (공사업법 제2조) 소방시설업의 종류
① 소방시설 설계업   ② 소방시설 공사업
③ 소방공사 감리업   ④ 방염처리업

해답 ①

50 소방시설 등의 자체점검 중 종합점검을 실시한 자는 며칠 이내에 그 결과보고서 등을 관할 소방서장 또는 소방 본부장에게 제출하여야 하는가?

① 7일 이내   ② 15일 이내
③ 30일 이내   ④ 60일 이내

해설 (소방시설법 시행규칙 제22조의 별표4)
1. 소방시설등 자체점검의 구분과 대상, 점검자의 자격, 횟수

점검 구분	점검 대상	점검자의 자격 (주된 인력)	비고
최초 점검	소방시설 등이 신설된 경우	• 등록된 관리사 • 선임된 관리사 또는 기술사	60일 이내
작동 점검	3급 대상물	• 관계인 • 선임된 관리사 또는 기술사 • 등록된 관리사 또는 특급점검자	연 1회 이상
	1급 또는 2급 대상물	• 등록된 관리사 • 선임된 관리사 또는 기술사	
종합 점검	(1) 스프링클러설비설치 (2) 물분무등 소화설비 (호스릴방식 제외) 설치 연면적 5천m² 이상 (3) 단란주점영업과 유흥주점영업, 영화상영관·비디오물감상실업·복합영상물제공업, 노래연습장업, 산후조리업, 고시원업, 안마시술소의 영업장이 설치된 연면적이 2천m² 이상인 것 (4) 제연설비 설치 터널 (5) 공공기관 중 연면적 1,000m² 이상 옥내 또는 자동화재탐지설비 설치, 다만, 소방대 근무 공공기관은 제외	• 등록된 관리사 • 선임된 관리사 또는 기술사	연 1회 이상 (특급 반기별 1회 이상)

2. 소방시설등의 자체점검 결과의 조치 등
  (1) "관리업자등"은 점검이 끝난 날부터 10일 이내에 보고서를 **관계인에게 제출**
  (2) 관계인은 점검이 끝난 날부터 15일 이내에 보고서에 이행계획서를 첨부하여 **소방본부장 또는 소방서장에게 보고**

해답 ②

51 소방신호의 종류에 해당하지 않는 것은?

① 해제신호 ② 발화신호
③ 훈련신호 ④ 출동신호

해설 (기본법 시행규칙 제10조)
소방신호의 종류 및 방법
① 소방신호의 종류
  ㉠ 경계신호 : 화재예방상 필요하다고 인정되거나 화재위험경보시 발령
  ㉡ 발화신호 : 화재가 발생한 때 발령
  ㉢ 해제신호 : 소화활동이 필요 없다고 인정되는 때 발령
  ㉣ 훈련신호 : 훈련상 필요하다고 인정되는 때 발령
② 소방신호 방법

신호종류	타종신호	싸이렌신호
경계신호	1타와 연2타를 반복	5초간격을 두고 30초씩 3회
발화신호	난타	5초간격을 두고 5초씩 3회
해제신호	상당한 간격을 두고 1타씩 반복	1분간 1회
훈련신호	연 3타 반복	10초간격을 두고 1분씩 3회

해답 ④

52 소방체험관을 설립하여 운영할 수 있는 사람은?

① 소방본부장 ② 소방청장
③ 시·도지사 ④ 안전행정부장관

해설 (기본법 제5조) 소방박물관 등의 설립과 운영 ★★

구 분	소방 박물관	소방 체험관
설립 운영권자	소방청장	시·도지사
설립과 운영 사항	행정안전부령	시·도의 조례

해답 ③

53 자동화재속보설비를 설치하여야 하는 특정소방대상물에 대한 설명으로 옳지 않은 것은?

① 수련시설로서 바닥면적이 $500m^2$ 이상인 층이 있는 것
② 공장으로서 바닥면적이 $500m^2$ 이상인 층이 있는 것
③ 노유자시설로서 바닥면적이 $500m^2$ 이상인 층이 있는 것
④ 문화유산의 보존 및 활용에 관한 법률에 따라 국보 또는 보물로 지정된 목조건축물

해설 자동화재속보설비 설치대상
다만, 방재실 등 화재 수신기가 설치된 장소에 24시간 화재를 감시할 수 있는 사람이 근무하고 있는 경우에는 자동화재속보설비를 설치하지 않을 수 있다.

특정소방대상물	적용 대상
노유자 생활시설	• 모든 특정소방대상물
노유자시설	• 바닥면적이 $500m^2$ 이상인 층이 있는 것
수련시설(숙박시설이 있는 건축물만 해당)	• 바닥면적이 $500m^2$ 이상인 층이 있는 것
문화유산 중 보물 또는 국보	• 목조건축물
근린생활시설	• 의원, 치과의원 및 한의원으로서 **입원실이 있는 시설** • 조산원 및 산후조리원
의료시설	• 종합병원, **병원**, 치과병원, 한방병원 및 **요양병원**(의료재활시설은 제외) • 정신병원 및 의료재활시설로 사용되는 바닥면적의 합계가 $500m^2$ **이상**인 층이 있는 것
판매시설	• 전통시장

해답 ②

54 위험물을 취급하는 건축물에 설치하는 채광·조명 및 환기설비의 기준 등에 관한 설명으로 잘못된 것은?

① 채광설비는 연소의 우려가 없는 장소에 설치하되 채광면적은 최대로 할 것
② 환기설비의 환기구는 지붕위 또는 지상 2m 이상의 높이에 회전식 고정벤티레이터 또는 루푸팬방식으로 설치할 것
③ 환기설비의 환기는 자연배기방식으로 할 것
④ 환기설비의 급기구는 낮은 곳에 설치할 것

해설 (위험물법 시행규칙 제28조의 별표4)
채광·조명 및 환기설비
① 채광설비
  불연재료로 하고, 채광면적을 최소로 할 것

② 조명설비
　㉠ 가연성가스 등이 체류할 우려가 있는 장소의 조명등은 방폭등으로 할 것
　㉡ 전선은 내화·내열전선으로 할 것
　㉢ 점멸스위치는 출입구 바깥부분에 설치할 것.
③ 환기설비
　㉠ 환기는 자연배기방식으로 할 것
　㉡ 급기구는 당해 급기구가 설치된 실의 바닥면적 150㎡마다 1개 이상으로 하되, 급기구의 크기는 800㎠ 이상으로 할 것. 다만, 바닥면적이 150㎠ 미만인 경우에는 다음의 크기로 하여야 한다.

바 닥 면 적	급기구의 면적
60㎡ 미만	150㎠ 이상
60㎡ 이상 90㎡ 미만	300㎠ 이상
90㎡ 이상 120㎡ 미만	450㎠ 이상
120㎡ 이상 150㎡ 미만	600㎠ 이상

　㉢ 급기구는 낮은 곳에 설치하고 가는 눈의 구리망 등으로 인화방지망을 설치할 것
　㉣ 환기구는 지붕 위 또는 지상 2m 이상의 높이에 회전식 고정벤티레이터 또는 루푸팬 방식으로 설치할 것

해답 ①

55 불을 사용하는 설비의 관리기준 등에서 경유·등유 등 액체연료를 사용하는 보일러의 연료탱크에는 화재 등 긴급상황이 발생할 경우 연료를 차단할 수 있는 개폐밸브를 연료탱크로부터 몇 [m]이내에 설치하여야 하는가?

① 0.1m　② 0.5m
③ 1.0m　④ 1.5m

해설 (화재예방법 시행령 제18조의 별표 1)
보일러 등의 위치·구조 및 관리와 화재예방을 위하여 불을 사용할 때 지켜야 하는 사항
(1) 보일러 관리기준
　① 경유·등유 등 **액체연료를 사용하는 경우**
　　㉠ 연료탱크는 보일러본체로부터 수평거리 **1m 이상**의 간격 유지
　　㉡ 연료탱크에는 **개폐밸브**를 연료탱크로부터 **0.5m 이내**에 설치
　　㉢ 연료탱크 또는 연료를 공급 배관에는 여과장치를 설치

　② **기체연료를 사용하는 경우**
　　화재 등 긴급시 연료를 차단할 수 있는 **개폐밸브**를 연료용기 등으로부터 **0.5m 이내**에 설치
　③ 보일러와 벽·천장 사이의 거리는 0.6m 이상 되도록 설치
(2) 난로 관리기준
　① **연통**은 천장으로부터 **0.6m 이상** 떨어지고, 건물 밖으로 **0.6m 이상** 나오게 설치
　② 가연성 벽, 바닥 또는 천장과 접촉하는 연통의 부분은 규조토, 석면 등 난연성 단열재로 덮어씌워야 한다.

해답 ②

56 위험물 제조소 등의 완공검사필증을 잃어버려 재교부를 받은 자가 잃어버린 완공검사필증을 발견하는 경우에는 이를 며칠 이내에 완공검사필증을 재교부한 시·도지사에게 제출하여야 하는가?

① 7일　② 10일
③ 14일　④ 30일

해설 (위험물법시행령 제10조) 완공검사의 신청 등
완공검사합격확인증 재교부 받은 후 분실된 완공검사합격확인증을 발견한 경우 10일 이내 시·도지사에게 제출

해답 ②

57 총괄 소방안전관리자를 선임하여야 하는 대상물 중 복합건축물은 지하층을 제외한 층수가 얼마 이상인 건축물에 한하는가?

① 6층　② 11층
③ 20층　④ 30층

해설 (화재예방법 제35조)
관리의 권원이 분리된 소방안전관리
(총괄소방안전관리자)
(1) **복합건축물**(지하층 제외 **11층 이상** 또는 연면적 **3만㎡ 이상**)
(2) **지하가**
(3) 판매시설 중 **도매시장, 소매시장 및 전통시장**

해답 ②

58 소방대상물이 있는 장소 및 그 이웃지역으로서 화재의 예방·경계·진압·구조·구급 등의 활동에 필요한 지역으로 정의되는 것은?

① 방화지역 ② 밀집지역
③ 소방지역 ④ 관계지역

해설 (기본법 제2조) 정의
관계지역 : 소방대상물이 있는 장소 및 그 이웃지역으로서 화재의 예방, 경계, 진압, 구조, 구급 등의 활동에 필요한 지역

해답 ④

59 위험물 제조소 및 일반취급소로서 연면적이 500m² 이상인 것에 설치하여야 하는 경보설비는?

① 비상경보설비 ② 자동화재탐지설비
③ 확성장치 ④ 비상방송설비

해설 위험물법 시행규칙[별표 17]
제조소등별로 설치하여야 하는 경보설비의 종류

제조소등의 구분	제조소등의 규모, 저장 또는 취급하는 위험물의 종류 및 최대수량 등	경보설비
제조소 및 일반취급소	• 연면적 500m² 이상인 것 • 옥내에서 지정수량의 100배 이상을 취급하는 것 • 일반취급소	자동화재 탐지설비

해답 ②

60 상주공사감리의 방법에서 감리업자가 지정하는 감리원은 행정안전부령으로 정하는 기간 동안 공사현장에 상주하여 업무를 수행하고 감리일지에 기록해야 한다. 여기서 "행정안전부령으로 정하는 기간"이란?

① 착공신고 때부터 주 1회 이상 완공검사를 신청하는 때까지
② 착공신고 때부터 주 1회 이상 완공검사증명서를 발급받을 때까지
③ 소방시설용 배관을 설치하거나 매립하는 때부터 완공검사를 신청하는 때까지
④ 소방시설용 배관을 설치하거나 매립하는 때부터 소방시설 완공검사증명서를 발급받을 때까지

해설 (시행규칙 제16조) 감리원의 세부배치기준 등
★★ 자주출제 (필수정리) ★★

종류	세부배치기준
상주공사 감리대상	① 기계, 전기의 감리원 자격을 취득한 사람 각 1명 이상을 배치할 것.(다만, 기계+전기 함께 취득한 사람 1명 이상) ② 배관(전선관 포함)설치, 매립하는 때부터 완공검사증명서를 발급받을 때까지 현장에 배치할 것
일반공사 감리대상	① 기계, 전기의 감리원 자격을 취득한 사람 각 1명 이상을 배치할 것.(다만, 기계+전기 함께 취득한 사람 1명 이상) ② 별표 3에 따른 기간 동안 감리원을 배치할 것 ③ 감리원은 주 1회 이상 감리현장에 배치되어 감리할 것 ④ 1명의 감리원이 담당하는 감리현장은 5개 이하로서 연면적의 총 합계가 10만m² 이하일 것. 다만, 아파트의 경우에는 연면적의 합계에 관계없이 1명의 감리원이 5개 이내의 공사현장을 감리할 수 있다.

해답 ④

제4과목 소방기계시설의 구조 및 원리

61 폐쇄형 스프링클러헤드를 사용하는 연결살수설비의 주배관을 연결할 수 없는 것은?

① 옥내소화전설비의 주배관
② 옥외소화전설비의 주배관
③ 수도배관
④ 옥상수조

해설 폐쇄형헤드를 사용하는 연결살수설비의 주배관에 접속배관
① 옥내소화전설비의 주배관
② 수도배관
③ 옥상에 설치된 수조

해답 ②

62 다음 내용 중 피난기구의 설치위치로서 가장 부적합한 곳은?

① 피난시 사람이 잘 볼 수 있는 곳
② 피난에 필요한 개구부가 있는 곳
③ 피난 계단과 가까운 곳
④ 지상에 충분한 공간이 있는 곳

해설 피난기구 설치위치
① 피난시 사람이 잘 볼 수 있는 곳
② 피난에 필요한 개구부가 이는 곳
③ 피난계단과 멀리 떨어진 곳
④ 지상에 충분한 공간이 있는 곳

해답 ③

63 분말소화설비의 화재안전기술기준에서 분말소화약제의 저장용기를 가압식으로 설치할 때 안전밸브의 작동압력은 얼마인가?

① 내압시험압력의 0.8배 이하
② 내압시험압력의 1.8배 이하
③ 최고사용압력의 0.8배 이하
④ 최고사용압력의 1.8배 이하

해설 분말약제저장용기의 안전밸브 작동압력
① 가압식 : 최고사용압력의 1.8배 이하
② 축압식 : 내압시험압력의 0.8배 이하

해답 ④

64 다음 설명 중 A, B, C에 들어갈 설비에 해당하지 않는 것은?

> 대형소화기를 설치하여야 할 소방대상물 또는 그 부분에 (A), (B), (C) 또는 옥외소화전설비를 설치한 경우에는 당해설비의 유효범위안의 부분에 대하여는 대형소화기를 설치하여야 할 대상이라도 설치하지 아니할 수 있다.

① 제연설비
② 옥내소화전설비
③ 물분무등 소화설비
④ 스프링클러설비

해설 대형소화기 면제설비
① 옥내소화전설비
② 스프링클러설비
③ 물분무등소화설비
④ 옥외소화전설비

소화기구 및 자동소화장치의 화재안전기술기준 (NFTC 101) 2.2 소화기의 감소
대형소화기를 설치해야 할 특정소방대상물 또는 그 부분에 **옥내소화전설비·스프링클러설비·물분무등소화설비** 또는 **옥외소화전설비**를 설치한 경우에는 해당 설비의 유효범위 안의 부분에 대하여는 대형소화기를 **설치하지 않을 수 있다.**

해답 ①

65 물분무소화설비에 있어서 전기절연을 위해 전기기기와 물분무헤드의 이격거리가 맞지 않는 것은?

① 110 초과 154(kV) 이하 : 150cm 이상
② 154 초과 181(kV) 이하 : 180cm 이상
③ 181 초과 220(kV) 이하 : 200cm 이상
④ 220 초과 275(kV) 이하 : 260cm 이상

해설 전기기기와 물분무헤드의 거리

전 압(kV)	거리(cm)	전 압(kV)	거리(cm)
66 이하	70 이상	154 초과 181 이하	180 이상
66 초과 77 이하	80 이상	181 초과 220 이하	210 이상
77 초과 110 이하	110 이상	220 초과 275 이하	260 이상
110 초과 154 이하	150 이상		

해답 ③

66 옥내소화전 설비에서 기동용수압개폐장치(압력챔버)의 주된 설치 목적은?

① 배관내의 압력을 감소하기 위하여
② 유수를 감지하기 위하여
③ 헤드의 일정한 압력을 유지하기 위하여
④ 펌프를 가동시키기 위하여

해설
- 압력 챔버(기동용 수압개폐장치)의 설치목적 : 소화펌프의 자동 기동
- 물올림장치 수조 유효수량 : 100L 이상
- 기동용수압개폐장치(압력챔버)용적 : 100L 이상

해답 ④

67 습식스프링클러 소화설비에서 시험용 밸브의 설치위치는 어느 곳이 가장 적합한가?

① 유수검지장치 2차측 배관에 연결하여 설치한다.
② 유수검지장치에서 가장 먼 곳에 설치한다.
③ 펌프토출 측 게이트 밸브 상단에 설치한다.
④ 펌프토출 측 게이트 밸브 하단에 설치한다.

해설 **유수검지장치의 시험장치**(습식, 건식, 부압식)
① **습식 및 부압식**스프링클러설비에 있어서는 유수검지장치 **2차 측 배관**에 연결하여 설치
② **건식**스프링클러설비인 경우 유수검지장치에서 **가장 먼 거리에 위치한 가지배관의 끝**으로부터 연결하여 설치할 것. 이 경우 유수검지장치 2차측 설비의 내용적이 2,840L를 초과하는 **건식스프링클러설비**는 시험장치 개폐밸브를 완전 개방 후 **1분** 이내에 물이 **방사**되어야 한다.
② 시험장치 배관의 구경은 **25mm 이상**으로 하고, 그 끝에 개폐밸브 및 개방형헤드 또는 스프링클러헤드와 동등한 방수성능을 가진 오리피스를 설치할 것. 이 경우 **개방형헤드는 반사판 및 프레임을 제거한 오리피스만으로 설치할 수 있다.**
③ 시험배관의 끝에는 **물받이 통 및 배수관**을 설치하여 시험 중 방사된 물이 바닥에 흘러내리지 않도록 할 것. 다만, **목욕실·화장실** 또는 그 밖의 곳으로서 배수처리가 쉬운 장소에 시험배관을 설치한 경우에는 **그렇지 않다.**

말단시험장치의 기능
① 유수경보장치 기능을 수시확인
② 헤드의 방수압 및 방수량 측정

해답 ②

68 스프링클러 헤드를 무대부 천장에 설치할 때 천장 각 부분으로부터 하나의 스프링클러헤드까지의 수평거리는 몇 m 이하인가?

① 3.0 ② 2.3
③ 2.1 ④ 1.7

해설 **스프링클러헤드 설치기준**
① 소방대상물의 천장·반자·천장과 반자 사이·덕트·선반 기타 이와 유사한 부분(폭이 1.2m를 초과하는 것)에 설치하여야 한다. 다만, 폭이 9m 이하인 실내에 있어서는 측벽에 설치할 수 있다.
② 스프링클러헤드의 수평거리

설치장소		설치기준
천장·반자·천장과 반자 사이·덕트·선반 기타 이와 유사한 부분(폭이 1.2m를 초과하는 것)	무대부, **특수가연물** 저장취급 장소 및 창고	수평거리 1.7m 이하
	특정소방대상물 및 창고 / 기타구조	수평거리 2.1m 이하
	내화구조	수평거리 2.3m 이하
아파트		수평거리 2.6m 이하
랙식창고		랙 높이 3m 이하 마다

해답 ④

69 옥외소화전설비의 설치, 유지에 관한 기술상의 기준 중 잘못된 것은?

① 소화전함 표면에는 "호스격납함"이라고 표시한다.
② 소화전함은 옥외소화전마다 그로부터 5m 이내의 장소에 설치한다.
③ 가압송수장치의 시동을 표시하는 표시등은 적색으로 하고, 소화전함 상부 또는 그 직근에 설치한다.
④ 소화전함이 31개 이상 설치된 때에는 옥외소화전 3개마다 1개 이상의 소화전함을 설치한다.

해설 ① 소화전함 표면에는 "소화전"이라고 표시한다.

옥외소화전설비의 표시등 설치기준
① 위치표시등은 함의 상부에 설치

② 표시등의 불빛은 부착면과 15° 이하의 각도로도 발산되어야 하며 주위의 밝기가 0ℓx인 장소에서 측정하여 **10m 떨어진 위치**에서 켜진 등이 확실히 **식별**되어야 한다.
③ 가압송수장치의 시동을 표시하는 표시등은 옥외소화전함의 상부 또는 그 직근에 설치하되 적색등으로 할 것
④ 표시등은 사용전압의 130%인 전압을 24시간 연속하여 가하는 경우에도 단선, 현저한 광속변화, 전류변화 등의 현상이 발생되지 아니할 것

옥외소화전함 설치개수

옥외소화전 개수	옥외소화전함
10개 이하	소화전마다 5m 이내 장소에 1개 이상 설치
11개 이상 30개 이하	11개 소화전함을 분산설치
31개 이상	소화전 3개마다 1개 이상 설치

해답 ①

70 포소화설비의 수동적 기동장치의 조작부 설치 위치는?

① 바닥으로부터 0.5m 이상, 1.2m 이하
② 바닥으로부터 0.8m 이상, 1.2m 이하
③ 바닥으로부터 0.8m 이상, 1.5m 이하
④ 바닥으로부터 0.5m 이상, 1.5m 이하

해설 포소화설비의 수동식 기동장치
① 직접조작 또는 원격조작에 따라 가압송수장치·수동식 개방밸브 및 소화약제 혼합장치를 기동할 수 있는 것으로 할 것
② 2 이상의 방사구역을 가진 포소화설비에는 방사구역을 선택할 수 있는 구조로 할 것
③ 기동장치의 조작부는 화재 시 쉽게 접근할 수 있는 곳에 설치하되, 바닥으로부터 0.8m 이상 1.5m 이하의 위치에 설치하고, 유효한 보호장치를 설치할 것
④ 기동장치의 조작부 및 호스 접결구에는 가까운 곳의 보기 쉬운 곳에 각각 "기동장치의 조작부" 및 "접결구"라고 표시한 표지를 설치할 것
⑤ 차고 또는 주차장에 설치하는 포소화설비의 수동식 기동장치는 방사구역마다 1개 이상 설치할 것
⑥ 항공기격납고에 설치하는 포소화설비의 수동식 기동장치는 각 방사구역마다 2개 이상을 설

치하되, 그 중 1개는 각 방사구역으로부터 가장 가까운 곳 또는 조작에 편리한 장소에 설치하고, 1개는 화재감지수신기를 설치한 감시실 등에 설치할 것

해답 ③

71 할론화합물소화설비의 자동식 기동장치의 종류에 속하지 않는 것은?

① 기계식 방식   ② 전기식 방식
③ 가스 압력식   ④ 수압 압력식

해설 할론소화설비의 자동기동장치의 종류
① 전기식 방식
② 가스 압력식
③ 기계식 방식

해답 ④

72 분말소화설비에 대한 설명으로 틀린 것은?

① 인산염은 제3종 분말소화약제이다.
② 차고 또는 주차장에 설치하는 분말소화설비의 소화약제는 제3종 분말소화약제이다.
③ 분말소화설비의 저장용기의 충전비는 0.8 이상이어야 한다.
④ 탄산수소칼륨과 요소가 화합된 제4종 분말소화약제의 1kg당 저장용기의 내용적은 1.50L이다.

해설 ④ 제4종 분말약제 충전비 : 1.25L/kg
분말약제 저장용기의 충전비

종 별	충 전 비(L/kg)
제1종	0.8
제2종 및 제3종	1.0
제4종	1.25

해답 ④

73 소화기에는 반드시 호스를 부착하여야 한다. 그러나 호스를 부착하지 아니할 수 있는 경우가 있는데 다음 중 호스를 부착하지 아니할 수 있는 경우 중 틀린 것은?

① 소화약제의 중량이 4kg 이하인 할로젠화

물소화기
② 소화약제의 중량이 3kg 이하인 이산화탄소소화기
③ 소화약제의 중량이 2kg 이하의 분말소화기
④ 소화약제의 용량이 5L 이하의 액체계 소화약제 소화기

해설 소화기의 형식승인 및 제품검사의 기술기준 (소화기에 호스를 부착하지 아니할 수 있는 경우)

소화기의 종류	중량
할로젠화합물	4kg 이하
이산화탄소	3kg 이하
분말	2kg 이하
액체계 소화약제	3L 이하

해답 ④

74 차고에 단백포를 사용하여 포헤드방식의 포소화설비를 하고자 한다. 이 때 포소화약제의 1분당 방사량은 바닥면적 1m²당 몇 L 이상인가?

① 단백포 원액 3.7L
② 단백포 수용액 3.7L
③ 단백포 원액 6.5L
④ 단백포 수용액 6.5L

해설 포 헤드방식

소방대상물	수원의 양	
차고, 주차장	• 포워터스프링클러설비 [포워터스프링클러헤드수×75L/분×10분] • 포헤드설비 [바닥면적(200m² 이상인 경우 200)×표준방사량(K값)×10분] [표준방사량K값(L/m²·분)]	
	단백포	6.5
	합성계면활성제포	8
	수성막포	3.7

해답 ④

75 연결송수관설비를 설치하지 않아도 되는 대상물은?

① 층수가 5층 이상으로서 연면적 6천m² 이상

② 지하층의 층수가 3 이상이고 지하층 바닥면적 합계가 1천m² 이상
③ 지하층을 포함한 층수가 7층 이상
④ 터널의 길이가 500m 이상

해설 연결송수관설비 설치대상
① 층수가 5층 이상으로서 연면적 6000m² 이상인 경우에는 모든 층
② 지하층을 포함하는 층수가 7층 이상인 경우에는 모든 층
③ 지하층의 층수가 3개층 이상이고 지하층의 바닥면적의 합계가 1000m² 이상인 경우에는 모든 층
④ 터널로서 길이가 1000m이상인 것

해답 ④

76 다음 중 이산화탄소소화설비에 음향경보장치를 해야 하는 가장 주된 이유는?

① 가스방출과 동시에 경보로서 방출을 알리기 위함
② 경보를 듣고 수동으로 방출시키기 위함
③ 방출과 동시에 발하는 경보를 듣고 개구부를 닫아주기 위함
④ 경보를 발하여 주민을 대피시킨 후에 방출하기 위함

해설 CO_2 설비에 음향경보장치 설치 이유
방호구역 내 근무자에게 알려 대피시킨 후에 방출하기 위함이다.

해답 ④

77 특별피난계단의 부속실에 제연설비를 하려고 한다. 송풍기를 이용한 기계 배출식으로 하는 경우 풍속기준으로 맞는 것은?

① 10m/s 이하 ② 15m/s 이하
③ 20m/s 이하 ④ 25m/s 이하

해설 수직풍도의 내부단면적
(1) **자연 배출식의 경우 다음 식에 따라 산출하는 수치 이상으로 할 것. 다만, 수직풍도의 길이가 100m를 초과하는 경우에는 산출수치의 1.2배**

이상의 수치를 기준으로 해야 한다.

$$A_P = \frac{Q_N}{2}$$

여기서, A_P : 수직풍도의 내부단면적(m^2)
Q_N : 수직풍도가 담당하는 1개 층의 제연구역의 출입문(옥내와 면하는 출입문) 1개의 면적(m^2)과 방연풍속(m/s)를 곱한 값(m^3/s)

(2) 송풍기를 이용한 **기계 배출식**의 경우 풍속은 **15m/s 이하**로 할 것

해답 ②

78 연결살수설비의 구성요소가 아닌 것은?

① 송수구   ② 살수헤드
③ 가압펌프 ④ 배관 및 밸브

해설 **연결살수설비의 구성요소**
① 송수구
② 연결살수헤드
③ 배관 및 밸브
연결살수설비에는 펌프가 설치되지 않는다.

해답 ③

79 18층의 사무소 건축물로 연면적이 60000m^2인 경우 소화용수의 저수량으로 몇 m^3가 가장 타당한가?

① 80   ② 100
③ 120   ④ 140

해설 **소화수조 및 저수조의 저수량**

$$Q = \frac{\text{연면적}}{\text{기준면적}}(\text{소수점 이하는 절상}) \times 20m^3$$

소방대상물의 구분	기준면적
1, 2층 바닥면적 합계 15000m^2 이상	7500m^2
그 밖의 소방대상물	12500m^2

$\therefore Q = \frac{60000m^2}{12500m^2}(4.8 = 5) \times 20m^3 = 100m^3$

해답 ②

80 연결살수설비에 설치하는 선택밸브의 설치기준으로 적합하지 않은 것은?

① 화재시 연소의 우려가 없는 장소로서 조작 및 점검이 쉬운 위치에 설치한다.
② 자동 개방밸브에 의한 선택밸브를 사용하는 경우에 있어서는 송수구역에 방수하지 아니하고 자동밸브의 작동시험이 가능하도록 한다.
③ 선택밸브는 지면으로부터 높이가 0.5m 이상 1.5m 이하의 높이에 설치하여야 한다.
④ 선택밸브의 부근에는 송수구역 일람표를 설치하여야 한다.

해설 **연결살수설비의 선택밸브 설치기준**
① 화재 시 연소의 우려가 없는 장소로서 조작 및 점검이 쉬운 위치에 설치할 것
② 자동개방밸브에 따른 선택밸브를 사용하는 경우에 있어서는 송수구역에 방수하지 아니하고 자동밸브의 작동시험이 가능하도록 할 것
③ 선택밸브의 부근에는 송수구역 일람표를 설치할 것

해답 ③

소방설비산업기사 – 기계분야
2023년 5월 CBT 시행

본 문제는 CBT시험대비 기출문제 복원입니다.

제1과목 소방원론

01 가연성 물질이 아닌 것은?

① 프로판 ② 산소
③ 에탄 ④ 암모니아

해설 ① 프로판-가연성 ② 산소-조연성(지연성)
③ 에탄-가연성 ④ 암모니아-가연성

(1) **가연성가스**
폭발하한 10% 이하 또는 폭발상한과 폭발하한의 차가 20% 이상인 가스

가연성 가스
수소(H_2), 암모니아(NH_3), 메탄(CH_4), 프로판(C_3H_8) 등

(2) **조연성(지연성)가스**
자기 자신은 연소하지 않고 다른 가스의 연소를 도와주는 가스

조연성 가스
산소(O_2), 오존(O_3), 불소(F), 염소(Cl), 일산화질소(NO), 이산화질소(NO_2)

해답 ②

02 화재원인이 되는 정전기 발생 방지대책 중 틀린 것은?

① 상대습도를 높인다.
② 공기를 이온화시킨다.
③ 접지시설을 한다.
④ 가능한 한 부도체를 사용한다.

해설 ④ 가능한 한 도체물질을 사용한다.

정전기 방지대책
① 접지와 본딩
② 공기를 이온화

③ 상대습도 70% 이상 유지
④ 도체물질을 사용

해답 ④

03 다음 중 착화온도가 가장 높은 물질은?

① 황린 ② 아세트알데하이드
③ 메탄 ④ 이황화탄소

해설 ① 황린 – 제3류(자연발화성)-50℃
② 아세트알데하이드-제4류(특수인화물)-185℃
③ 메탄-가연성가스-650~750℃
④ 이황화탄소-제4류(특수인화물) – 100℃

해답 ③

04 물과 반응하여 가연성 가스를 발생시키는 물질이 아닌 것은?

① 탄화알루미늄 ② 칼륨
③ 과산화수소 ④ 트라이에틸알루미늄

해설 물과 반응식
① 탄화알루미늄
$Al_4C_3 + H_2O \rightarrow 4Al(OH)_3 + 3CH_4 \uparrow$
② 칼륨
$K + H_2O \rightarrow KOH + \frac{1}{2}H_2 \uparrow$
③ 과산화수소
$H_2O_2 + H_2O \rightarrow$ 반응하지 않음
④ 트라이에틸알루미늄
$(C_2H_5)_3Al + 3H_2O \rightarrow Al(OH)_3 + 3C_2H_6 \uparrow$

해답 ③

05 일반 건축물에서 가연성 건축 구조재와 가연성 수용물의 양으로 건물화재시 화재 위험성을 나타내는 용어는?

① 화재하중 ② 연소범위
③ 활성화에너지 ④ 착화점

[해설] **화재하중**(kg/m²)
바닥면적(m²)당 가연물의 양(kg) ★★

$$Q(\text{kg/m}^2) = \frac{\sum(GtHt)}{HA} = \frac{\sum Qt}{4500A}(\text{kg/m}^2)$$

Q : 화재하중(kg/m²) Gt : 가연물의 양(kg)
Ht : 가연물의 단위중량당 발열량(kcal/kg)
H : 목재의 단위중량당 발열량(4500kcal/kg)
$\sum Qt$: 화재실내 가연물의 전발열량(kcal)
A : 바닥면적(m²)

[해답] ①

06 대표적인 열의 전달방법이 아닌 것은?

① 전도 ② 흡수
③ 복사 ④ 대류

[해설] **열전달 방법**
① 전도(Conduction)
  물체와 물체가 직접 접촉 열이 전달
② 대류(Convection)
  밀도차에 의한 공기의 순환 열이 전달
③ 복사(Radiation)
  • 복사열이 전자파형태로 열이 전달
  • 지구에 태양열이 전달되는 것 : 복사열.

[해답] ②

07 질식소화와 가장 거리가 먼 것은?

① CO₂ 소화기를 사용하여 소화
② 물분무의 방사를 이용하여 소화
③ 포소화약제를 방사하여 소화
④ 가스 공급밸브를 차단하여 소화

[해설] ④ 가스 공급밸브를 차단하여 소화 – 제거소화

소화원리 ★★자주출제★★
① 냉각소화 : 가연성 물질을 발화점 이하로 온도를 냉각

  물이 소화약제로 사용되는 이유
  • 물의 기화열(539kcal/kg)이 크기 때문
  • 물의 비열(1kcal/kg℃)이 크기 때문

② 질식소화 : 산소농도를 21%에서 15% 이하로 감소

  질식소화 시 산소의 유지농도 : 10~15%

③ 억제소화(부촉매소화, 화학적소화) : 연쇄반응을 억제
  • 부촉매 : 화학적 반응의 속도를 느리게 하는 것
  • 부촉매 효과 : 할론소화약제
    [할로젠족원소 : 불소(F), 염소(Cl), 브로민(Br), 아이오딘(I)]

④ 제거소화 : 가연성물질을 제거시켜 소화
  • 산불이 발생하면 화재의 진행방향을 앞질러 벌목
  • 화학반응기의 화재 시 원료공급관의 밸브를 폐쇄
  • 유전화재 시 폭약으로 화염을 제거
  • 촛불을 입김으로 불어 화염을 제거

⑤ 피복소화 : 가연물 주위를 공기와 차단
⑥ 희석소화 : 알콜, 아세톤 등 수용성인 인화성액체 화재 시 물을 방사하여 가연물의 연소농도를 희석
⑦ 유화소화(에멀전소화) : 제4류 위험물 중 물에 녹지 않는 인화성액체의 유류화재 시 물분무로 방사하여 액체표면에 불연성의 유막을 형성하여 소화

[해답] ④

08 Halon 1211 의 분자식으로 옳은 것은?

① C₂FClBr ② CBr₂ClF
③ CCl₂BrF ④ CBrClF₂

[해설] **할론약제 명명법**
할론 ⓐ ⓑ ⓒ ⓓ
ⓐ-C원자수 ⓑ-F원자수
ⓒ-Cl원자수 ⓓ-Br원자수

할론소화약제

구분\\종류	할론2402	할론1211	할론1301	할론1011
분자식	C₂F₄Br₂	CF₂ClBr	CF₃Br	CH₂ClBr

[해답] ④

09 벤젠에 대한 설명으로 옳은 것은?

① 방향족 화합물로 적색 액체이다.
② 고체상태에서도 가연성 증기를 발생할 수 있다.

③ 인화점은 약 14℃ 이다.
④ 화재 시 CO_2는 사용불가이며 주수에 의한 소화가 효과적이다.

해설 ① 방향족화합물로 **무색액체**이다.
② 고체상태에서도 가연성증기를 발생할 수 있다.
③ 인화점은 약 −11℃이다.
④ 화재 시 **주수소화**는 사용불가이며 포가 효과적이다.

벤젠(C_6H_6)
① 제4류 위험물(인화성 액체)
② 방향족 냄새의 무색투명한 액체
③ 인화점 : −11℃
④ 분말약제, 포말 등의 질식소화가 효과

해답 ②

10 화재분류 중 금속분 화재에 해당되는 것은?

① A급   ② B급
③ C급   ④ D급

해설 **화재의 분류**

종류	등급	색표시	소화방법
일반화재	A급	백색	냉각소화
유류화재	B급	황색	질식소화
전기화재	C급	청색	질식소화
금속화재	D급	−	피복소화
주방화재	K급	−	냉각 및 질식소화

해답 ④

11 질식소화 방법과 가장 거리가 먼 것은?

① 불활성 기체를 가연물에 방출하는 방법
② 가연성 기체의 농도를 높게 하는 방법
③ 불연성 포소화약제로 가연물을 덮는 방법
④ 건조 모래로 가연물을 덮는 방법

해설 **질식소화** : 산소농도를 21% → 15% 이하로 감소
질식소화 시 산소의 유지농도 : 10~15%
① 불활성기체를 가연물에 방출하는 방법
② 가연성기체의 농도를 낮게 하는 방법
③ 불연성 포약제로 가연물을 덮는 방법
④ 건조모래로 가연물을 덮는 방법

해답 ②

12 대기압을 나타내는 단위는?

① mmHg   ② cd
③ dB   ④ Gauss

해설 ① mmHg : 압력 단위
② cd(칸델라) : 빛의 세기 단위
③ dB(데시벨) : 소리의 상대적인 크기를 나타내는 단위
④ Gauss(가우스) : 자기력선속 밀도의 단위

해답 ①

13 연소범위에 대한 설명 중 틀린 것은?

① 상한과 하한의 값을 가지고 있다.
② 연소에 필요한 혼합 가스의 농도를 말한다.
③ 동일 물질이라도 환경에 따라 연소범위가 달라질 수 있다.
④ 연소 범위가 좁을수록 연소 위험성은 높아진다.

해설 ④ 연소범위가 넓을수록 연소위험성은 높아진다.

위험성의 영향인자

영향 인 자	위 험 성
온도, 압력, 산소농도	높을수록 위험
연소범위(폭발범위)	넓을수록 위험
연소열, 증기압	클수록 위험
연소속도	빠를수록 위험
인화점, 착화점, 비점, 융점, 비중, 점성	낮을수록 위험

해답 ④

14 ABC급 소화성능을 가지는 분말소화약제는?

① 탄산수소나트륨   ② 탄산수소칼륨
③ 제1인산암모늄   ④ 황산알루미늄

해설 **분말약제별 적응화재**

종별	제1종	제2종	제3종	제4종
주성분	탄산수소나트륨 $NaHCO_3$	탄산수소칼륨 $KHCO_3$	제1인산암모늄 $NH_4H_2PO_4$	탄산수소칼륨+요소 $KHCO_3 + (NH_2)_2CO$
착색	백색	담회색	담홍색(핑크색)	회색(쥐색)
적응화재	B.C급	B.C급	ABC급	B.C급

해답 ③

15 어떤 기체의 확산속도가 산소보다 4배 빠르다면 이 기체는 무엇으로 예상할 수 있는가?

① 질소
② 수소
③ 이산화탄소
④ 암모니아

해설 기체의 확산속도(그레이엄의 법칙)
두 가지 기체가 퍼지는 확산속도는 그 기체의 밀도(분자량)의 제곱근에 반비례한다.

$$\frac{U_1}{U_2} = \sqrt{\frac{M_2}{M_1}} = \sqrt{\frac{d_2}{d_1}}$$

U_1 : 기체1의 확산속도, U_2 : 기체2의 확산속도
M_1 : 기체1의 분자량, M_2 : 기체2의 분자량
d_1 : 기체1의 밀도, d_2 : 기체2의 밀도

산소와 수소의 확산비

$$\frac{u_1 O_2}{u_2 H_2} = \sqrt{\frac{M_2(2)}{M_1(32)}} = \frac{1}{4}$$

해답 ②

16 할로젠화합물 및 불활성기체 소화약제인 HCFC-124의 화학식은?

① CHF_3
② CF_3CHFCF_3
③ $CHClCF_3$
④ C_4H_{10}

해설 할로젠화합물 및 불활성기체 소화약제의 종류

번호	약제명	화학식
1	FC-3-1-10	C_4F_{10}
2	HCFC BLEND A	HCFC-123($CHCl_2CF_3$) : 4.75% HCFC-22($CHClF_2$) : 82% HCFC-124($CHClFCF_3$) : 9.5% $C_{10}H_{16}$: 3.75%
3	HCFC-124	$CHClFCF_3$
4	HFC-125	CHF_2CF_3
5	HFC-227ea	CF_3CHFCF_3
6	HFC-23	CHF_3
7	HFC-236fa	$CF_3CH_2CF_3$
8	FIC-13I1	CF_3I
9	IG-01	Ar
10	IG-100	N_2
11	IG-541	N_2 : 52%, Ar : 40%, CO_2 : 8%
12	IG-55	N_2 : 50%, Ar : 50%
13	FK-5-1-12	$CF_3CF_2C(O)CF(CF_3)_2$

해답 ③

17 수소 4kg이 완전연소할 때 생성되는 수증기는 몇 kmol인가?

① 1
② 2
③ 4
④ 8

해설 수소의 완전 연소 반응식

$2H_2$ + O_2 → $2H_2O$
$2 \times 2kg$ $2kmol(2 \times 22.4m^3)$
$4kg$ x

$\therefore x = \frac{4 \times 2}{2 \times 2} = 2kmol$

해답 ②

18 Halon 104가 수증기와 작용해서 생기는 유독가스에 해당하는 것은?

① 포스겐
② 황화수소
③ 이산화질소
④ 포스핀

해설 사염화탄소(CCl_4) : CTC(carbon tetra chloride)
① 할론104라고도 한다.
② 공기, 수증기, CO_2, 금속(철)과 반응하여 맹독성가스인 포스겐($COCl_2$)가스가 발생
③ 현재 사용 금지된 할론소화약제이다.

해답 ①

19 연소의 3대 기본요소에 해당되는 것은?

① 가연물, 산소, 점화원
② 가연물, 산소, 바람
③ 가연물, 연쇄반응, 점화원
④ 산소, 점화원, 연쇄반응

해설 연소의 3요소와 4요소
① **연소의 3요소**
  가연물＋산소＋점화원
② **연소의 4요소**
  가연물＋산소＋점화원＋순조로운 연쇄반응

해답 ①

20 산소를 포함하고 있어서 자기연소가 가능한 물질은?

① 나이트로글리세린 ② 금속칼륨
③ 금속나트륨   ④ 황린

해설 ① 나이트로글리세린-제5류(자기반응성)
② 금속칼륨-제3류(금수성)
③ 금속나트륨-제3류(금수성)
④ 황린-제3류(자연발화성)

해답 ①

제2과목　소방유체역학

21 다음 그림과 같은 탱크에 물이 들어 있다. A-B 면(5m×3m)에 작용하는 힘은 약 몇 kN 인가?

① 0.95   ② 10.5
③ 95.5   ④ 955

해설 ① 평면에 작용하는 힘
$F = \gamma \times h \times A$
② 수직면에 작용하는 힘
$F = \gamma \times \bar{h} \times A$
③ AB면에 작용하는 힘
$F = \gamma \times (h + \bar{h}) \times A$
$F = 9.8\text{kN/m}^3 \times \left(4\text{m} + \dfrac{5\text{m}}{2}\right) \times (5\text{m} \times 3\text{m})$
$= 955.5\text{kN}$

해답 ④

22 다음 그림에서 압력차 $P_1 - P_2$는 약 몇 Pa인가? (단, 수은의 비중은 13.6, 물의 비중은 1, 벤튜리 관은 수평으로 놓여 있으며, h는 m단위이다.)

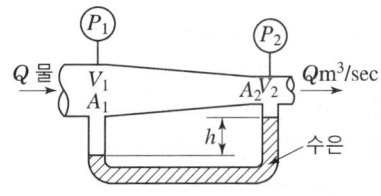

① $1.35 \times 10^4 h$ ② $1.25 \times 10^4 h$
③ $13.25 \times 10^4 h$ ④ $12.35 \times 10^4 h$

해설 **벤튜리관의 압력차**
$$\Delta P = P_1 - P_2 = (\gamma_1 - \gamma_2)h$$
① γ(비중량) = γ_w(물)$9800\text{N/m}^3 \times S$(비중)
② γ_1(수은) = $9800\text{N/m}^3 \times 13.6 = 133280\text{N/m}^3$
③ γ_2(물) = $9800\text{N/m}^3 \times 1 = 9800\text{N/m}^3$
④ $P = (133280 - 9800)h = 12.35 \times 10^4 h$

해답 ④

23 수평 원관 내 층류 유동에서 유량은?
① 관의 길이에 비례한다.
② 점성에 비례한다.
③ 지름의 4승에 비례한다.
④ 압력강하에 반비례한다.

해설 **하겐-포아젤(Hagen-poiseuille) 방정식**
$$\Delta h_L = \dfrac{\Delta P}{r} = \dfrac{128\mu l Q}{r \pi d^4}$$
① $Q = \dfrac{\Delta P \pi d^4}{128 \mu l}$
여기서, Q : 유량(m³/s)
ΔP : 압력차(N/m²)
d : 관내경(m)
μ : 점성계수(N·s/m² = kg/m·s)
l : 배관길이(m)
② 유량(Q)는 지름(d)의 4승에 비례한다.

해답 ③

24 물탱크에서 물의 높이가 4m 일 때, 수심 2.5m 에서 받는 계기압력은 약 몇 Pa 인가?
① 24.5   ② 245
③ 2450   ④ 24500

해설 물탱크이므로 대기압은 작용하지 않는다.
계기압 = 절대압 − 대기압
압력 $P = \gamma \times h$
물의 비중량 $\gamma_w = 9800\text{N/m}^2$
$P = 9800\text{N/m}^3 \times 2.5\text{m} = 24500\text{N/m}^2(\text{Pa})$

해답 ④

25 그림과 같은 중앙부분에 구멍이 뚫린 정지해 있는 원판에 직경 D의 원형 물제트가 대기압 상태에서 V의 속도로 충돌하여, 원판 뒤로 직경 d의 원형 물제트가 V의 속도로 흘러나가고 있을 때, 이 원판이 받는 힘의 크기는 얼마인가? (단, ρ는 물의 밀도이다.)

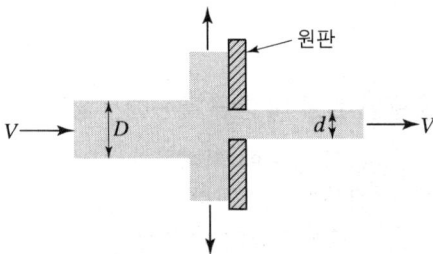

① $\dfrac{\rho \pi V(D^2-d^2)}{16}$ ② $\dfrac{\rho \pi V(D^2-d^2)}{4}$

③ $\dfrac{\rho \pi V^2(D^2-d^2)}{16}$ ④ $\dfrac{\rho \pi V^2(D^2-d^2)}{4}$

해설 $F = \dfrac{\rho \pi V^2(D^2-d^2)}{4}$

해답 ④

26 질소가스가 정상상태, 정상 유동과정으로 가열된다. 이때 입구의 상태는 500kPa, 35℃이고 출구의 상태는 500kPa, 1000℃이다. 운동에너지와 위치에너지의 변화를 무시할 때 질소 1kg당 요구되는 전열량은 몇 kJ 인가? (단, 질소의 정압비열은 1.0416kJ/kg·K이다.)

① 1005 ② 1010
③ 1015 ④ 1020

해설 열량의 계산

$$Q = m C_p \Delta t$$
$$Q = m C_V \Delta t$$

여기서, Q : 전열량(kJ), m : 질량(kg)
C_p : 정압비열(kJ/kg·K)
C_V : 정적비열(kJ/kg·K)
Δt : 온도차(℃)

$Q = m C_p \Delta t$식을 이용하여 풀면
$Q = 1\text{kg} \times 1.0416\text{kJ/kg·K} \times (1000-35)℃$
$= 1005.14\text{kJ}$

해답 ①

27 그림과 같이 지름이 D_1, D_2인 두 개의 동심원 사이에 유체가 흐르고 있다. 유동 단면의 수력직경(hydraulic diameter)을 구하면?

① $D_2 - D_1$
② $(D_2 + D_1)/2$
③ $(D_2 - D_1)/4$
④ $(D_1 + D_2)/4$

해설 수력반경

① 수력반경$(R_h) = \dfrac{A(\text{유동단면적})}{l(\text{접수길이})}$

② 이중관 수력반경(R_h)

$= \dfrac{\text{외경관단면적} - \text{내경관단면적}}{\text{외경관둘레길이} + \text{내경관둘레길이}}$

$= \dfrac{\dfrac{\pi}{4}D^2 - \dfrac{\pi}{4}d^2}{\pi D + \pi d}$

$= \dfrac{\dfrac{\pi}{4}(D+d)(D-d)}{\pi(D+d)}$

$= \dfrac{1}{4}(D-d)$

③ 수력직경과 수력반경 관계
수력직경 $= 4 \times Rh(\text{수력반경})$
수력직경 $= 4 \times \dfrac{1}{4}(D-d) = D-d$

해답 ①

28 온도차이 10℃, 열전도율 10W/(m·K), 두께 25cm인 벽을 통한 열유속(heat flux)과 온도차이 20℃, 열전도율 kW/(m·K), 두께 10cm인 벽을 통한 열유속이 같다면 k의 값은?

① 2
② 5
③ 10
④ 20

해설
① $\dfrac{10 \times 10}{0.25} = \dfrac{20 \times k}{0.1}$
② $400 = 200k$
③ $k = 2$

열유속
단위면적 및 단위시간당의 통과 열량이며 단위는 W/m² 이다.

해답 ①

29 다음 중 동점성계수의 차원으로 올바른 것은? (단, M, L, T는 각각 질량, 길이 시간을 나타낸다.)

① $ML^{-1}T^{-1}$
② $ML^{-1}T^{-2}$
③ L^2T^{-1}
④ MLT^{-2}

해설 동점성계수의 차원
$\nu = \dfrac{\mu}{\rho} = \dfrac{\text{kg/m}\cdot\text{s}}{\text{kg/m}^3} = \text{m}^2/\text{s} [L^2T^{-1}]$

여기서, ν : 동점성계수(m²/s)
　　　　μ : 점성계수(N·s/m² = kg/m·s)
　　　　ρ : 밀도(kg/m³)

해답 ③

30 그림과 같은 상태에서 손실을 무시하고 물의 분출 속도를 구하면 약 몇 m/s 인가?

① 16.2
② 18.8
③ 19.8
④ 22.8

해설
① S_1(물의 비중) × h_1(수두)
　　　　 = S_2(물의 비중) × H_2(물질의 높이)
② S_1(물의 비중) = 1이므로
③ h_1(수두) = S_2(물의 비중) × H_2(물질의 높이)
④ $H = 0.8 \times 10\text{m} + 1 \times 10\text{m} = 18\text{m}$
⑤ $u = \sqrt{2gh} = \sqrt{2 \times 9.8 \times 18} = 18.8\text{m/s}$

해답 ②

31 펌프의 양정 중 실양정을 설명한 것은?

① 펌프의 중심에서 상부쪽으로 송출수면까지의 수직높이를 말한다.
② 펌프의 중심에서 하부쪽으로 흡입수면까지의 수직높이를 말한다.
③ 흡입수면과 송출수면 사이의 수직높이를 말한다.
④ 흡입수면과 송출수면 사이의 수직높이와 손실높이를 더한 높이를 말한다.

해설 ① **실양정** : 흡입액면에서 송출 액면까지의 수직높이(m)
② 실양정 = 흡입양정 + 토출양정

해답 ③

32 오리피스 유량계에서 오리피스의 지름은 3cm, 관의 안지름은 9cm이다. 이 관로에 물을 유동시켰을 때 오리피스 전후에서 압력수두의 차가 12cm이었다. 유량계수가 0.66일 때 유량은 몇 m³/s 인가?

① 7.2×10^{-4}
② 9.3×10^{-4}
③ 1.3×10^{-3}
④ 3.5×10^{-3}

해설 **오리피스의 유량 측정**

$$Q(\text{m}^3/\text{s}) = C_o A_2 \sqrt{2g \dfrac{(\gamma_1 - \gamma_2)}{\gamma_2} R}$$
$$= C_o A_2 \sqrt{2g \Delta H}$$

① $C_o = 0.66$, $A_2 = \dfrac{\pi}{4} \times (0.03\text{m})^2$
② $g = 9.8\text{m/s}^2$, $\Delta H = 12\text{cm} = 0.12\text{m}$

$$Q = 0.66 \times \frac{\pi}{4} \times 0.03^2 \times \sqrt{2 \times 9.8 \times 0.12}$$
$$= 7.2 \times 10^{-4} \text{m}^3/\text{s}$$

해답 ①

33 관내의 유동형태가 급격히 변화하여 물의 운동에너지가 압력파의 형태로 나타나는 현상은?

① 서징현상 ② 수격현상
③ 공동현상 ④ 수축현상

해설 **수격작용** : 배관내 유체의 운동에너지가 압력에너지로 변하면서 배관 벽면을 치는 현상

수격작용 방지대책
① 관경을 크게 하고 유속을 낮춘다.
② 펌프에 프라이 휠을 설치한다.
③ 조압수조(에어챔버) 또는 수격방지기 설치
④ 밸브는 펌프 송출구 가까이 설치하고 적당한 밸브제어
⑤ 배관은 가능한 직선적으로 시공

해답 ②

34 다음 중 체적탄성계수에 대한 설명으로 옳은 것은?

① 길이의 차원을 갖는다.
② 유체의 압축성을 나타내는 물성치이다.
③ 밀도에 대한 동역학적 점성의 비율을 나타낸다.
④ 등압 하의 온도에 따른 유체의 밀도 변화를 나타낸다.

해설 **체적탄성계수**(N/m^2)

$$K = -\frac{\Delta P}{\Delta V/V} = \frac{\Delta P}{\Delta \rho/\rho}$$

압축률(m^2/N)

$$\beta = \frac{1}{K}$$

해답 ②

35 처음에 절대온도, 비체적이 각각 T_1, v_1인 이상기체 1kg을 압력 P로 일정하게 유지한 채로 가열하여 온도를 $3T_1$까지 상승시킨다. 이상기체가 한 일은 얼마인가?

① Pv_1 ② $2Pv_1$
③ $3Pv_1$ ④ $4Pv_1$

해설 ① 압력이 일정하므로(P=일정)

② $\frac{V_1}{T_1} = \frac{V_2}{T_2}$ $\frac{V_1}{T_1} = \frac{V_2}{3T_1}$

③ $\therefore V_2 = 3V_1$

④ 이상기체가 한 일
$W = P(V_2 - V_1) = P(3V_1 - V_1) = 2PV_1$

해답 ②

36 유체의 밀도 $A\text{kg}/\text{m}^3$, 점성계수 $B\text{N}\cdot\text{s}/\text{m}^2$, 동점성계수 $C\text{m}^2/\text{s}$, 속도기울기(du/dy) $D\text{ s}^{-1}$라고 할 때, 각각이 다음과 같을 때 전단응력이 가장 큰 것은?

① $A=1000$, $B=0.001$, $D=0.1$
② $A=1200$, $B=0.001$, $D=0.1$
③ $A=1000$, $C=5\times 10^{-7}$, $D=0.2$
④ $A=1200$, $C=1\times 10^{-6}$, $D=0.1$

해설 ① **전단응력**(τ)

$$\tau = \frac{F(\text{힘})}{A(\text{단면적})} = \mu \frac{du}{dy} = \nu \times \rho \times \frac{du}{dy}$$

$\frac{du}{dy}$: 속도기울기(속도구배), μ : 점성계수

② **동점성계수 계산공식**

$$\nu = \frac{\mu}{\rho} \qquad \therefore \mu = \nu \times \rho$$

※ 밀도 $\text{kg}/\text{m}^3 = \text{N}\cdot\text{s}^2/\text{m}^4$

① $\tau = \mu \frac{du}{dy} = 0.001 \times 0.1 = 1 \times 10^{-4} \text{N}/\text{m}^2$

② $\tau = \mu \frac{du}{dy} = 0.001 \times 0.1 = 1 \times 10^{-4} \text{N}/\text{m}^2$

③ $\tau = \nu \times \rho \times \frac{du}{dy} = 5 \times 10^{-7} \times 1000 \times 0.2$
$= 1 \times 10^{-4} \text{N}/\text{m}^2$

④ $\tau = \nu \times \rho \times \frac{du}{dy} = 1 \times 10^{-6} \times 1200 \times 0.1$
$= 1.2 \times 10^{-4} \text{N}/\text{m}^2$

해답 ④

37 진공 밀폐된 18m³의 방호구역에 이산화탄소 약제를 방사하여, 27℃, 101kPa 상태가 되었다. 이때 방사된 이산화탄소량은 약 몇 kg 인가? (단, 일반 기체상수는 8314J/kmol·K이다.)

① 26.4　　② 29.3
③ 32.1　　④ 35.8

해설 이상기체 상태방정식 ★★★★

$$PV = \frac{W}{M}RT$$

여기서, P : 압력(N/m²(Pa)), V : 부피(m³)
　　　　W : 무게(kg), M : 분자량
　　　　R : 기체상수(N·m(J)/kmol·K)
　　　　T : 절대온도(273+t℃)K

① $W = \dfrac{PVM}{RT}$

② $W = \dfrac{101 \times 10^3 \text{pa}(\text{N/m}^2) \times 18\text{m}^3 \times 44}{8314 \times (273+23)}$
　　　　$= 32.1$kg

해답 ③

38 안지름이 20cm인 관속에 평균유속 2m/s인 물이 흐른다면 관의 길이 100m 사이에서 압력손실수두는 약 몇 m인가? (단, 관마찰계수는 0.05이다.)

① 3　　② 4
③ 5　　④ 6

해설 달시-바이스바하(Darcy-Weisbach) 공식

$$\Delta h_L = f \times \frac{l}{D} \times \frac{u^2}{2g}$$

여기서, Δh_L : 마찰손실수두(m)
　　　　f : 마찰손실계수
　　　　l : 배관길이(m)
　　　　u : 유속(m/s)
　　　　g : 중력가속도(9.8m/s²)
　　　　D : 배관내경(m)

$\Delta h_L = \dfrac{0.05 \times 100 \times 2^2}{2 \times 9.8 \times 0.2\text{m}} = 5.10$m

해답 ③

39 효율이 75%인 원심 펌프가 양정 20m, 유량 0.1m³/s의 물을 송출하기 위한 축동력은 약 몇 kW 인가?

① 16　　② 20
③ 26　　④ 40

해설 펌프의 축동력

$$P(\text{kW}) = \frac{\gamma QH}{E}$$

γ(물비중량) : 9.8kN/m³
Q(유량) : 0.1m³/s
H(전양정) : 20m
E(효율) : 75% = 0.75

$P(\text{kW}) = \dfrac{9.8 \times 0.1 \times 20}{0.75} = 26.13$kW

해답 ③

40 밀도가 1.24kg/m³인 공기가 직경 30cm인 관속을 3kg/s의 질량유량으로 흐르고 있다. 이때 관내의 유량은 몇 m³/s 인가?

① 1.82　　② 2.12
③ 2.42　　④ 2.72

해설 연속 방정식
질량보존의 법칙을 유체유동에 적용한 방정식
① 질량유량($\overline{m}$: kg/s)

$$\overline{m} = A_1 u_1 \rho_1 = A_2 u_2 \rho_2$$

② 중량유량($\overline{G}$: kN/s)

$$\overline{G} = A_1 U_1 \gamma_1 = A_2 u_2 \gamma_2$$

③ 체적유량=용량유량($\overline{Q}$: m³/s)

$$Q = A_1 u_1 = A_2 u_2$$

A : 단면적(m²), U : 유속(m/s)
① 질량유량 식을 이용하여 유속을 구하면
　$\overline{m} = A_1 u_1 \rho_1$
② $3\text{kg/s} = \dfrac{\pi}{4} \times 0.3^2 \times u_1 \times 1.24\text{kg/m}^3$
③ $u = 34.23$m/s
④ $Q = \dfrac{\pi}{4} \times 0.3^2 \times 34.23 = 2.42$m³/s

해답 ③

제3과목 소방관계법규

41 소방행정상 처벌을 하고자 하는 경우에는 소방시설설치 및 관리에 관한 법률에 따라 청문을 실시해야 한다. 해당되지 않는 것은?

① 소방안전교육사 자격의 취소
② 소방용품의 형식승인취소
③ 소방시설 관리업의 등록취소
④ 제품검사 전문기관의 지정취소

해설 소방시설법 제49조 (청문)
① 관리사 자격의 취소 및 자격정지
② 관리업의 등록취소 및 영업정지
③ 소방용품의 형식승인취소 및 제품검사중지
④ 성능인증 및 우수품질 인증 취소
⑤ 우수품질인증의 취소
⑥ 전문기관의 지정취소 및 업무정지

해답 ①

42 다음 중 방염업의 종류에 해당하지 않는 것은?

① 섬유류 방염업
② 합성수지류 방염업
③ 벽지류 방염업
④ 합판 · 목재류 방염업

해설 방염업의 종류
① 섬유류 방염업
② 합성수지류 방염업
③ 합판, 목재류 방염업

해답 ③

43 전문소방시설공사업의 등록기준으로 옳지 않은 것은?

① 주된 기술인력 : 기술사 또는 기계분야와 전기분야의 소방설비기사 각 1명
② 자본금 : 법인 1억 이상
③ 자본금 : 개인 자산평가액 2억 이상
④ 보조기술인력 : 1명 이상

해설 소방시설공사업의 등록기준 및 영업범위 ★★★

종류		기 술 인 력	영 업 범 위
전문		(1) 주인력 : 기술사 또는 기사(기계+전기) 1인 이상 (2) 보조인력 : 2인 이상 법인 : 1억원 이상 개인 : 1억원 이상	• 모든 특정소방대상물
일반	기계	(1) 주인력 : 기술사 또는 기사(기계분야)1인 이상 (2) 보조인력 : 1인 이상 법인 : 1억원 이상 개인 : 1억원 이상	• 연면적 1만m² 미만 • 위험물제조소등
	전기	(1) 주인력 : 기술사 또는 기사(전기분야) 1인 이상 (2) 보조인력 : 1인 이상 법인 : 1억원 이상 개인 : 1억원 이상	• 연면적 1만m² 미만 • 위험물제조소등

해답 ④

44 소방시설업자가 등록한 사항 중 대표자를 변경하는 경우 첨부서류로 옳지 않은 것은? (단, 행정정보의 공동이용을 통하여 첨부서류에 대한 정보를 확인할 수 없는 경우이다.)

① 소방시설업등록증
② 법인등기부등본(법인에 한함)
③ 소방기술인력대장
④ 소방시설업등록수첩

해설 소방시설법 시행규칙 제34조
(등록사항의 변경신고 등)
관리업자는 등록사항의 변경이 있는 때에는 변경일부터 30일 이내에 소방시설관리업등록사항변경신고서를 첨부하여 시·도지사에게 제출하여야 한다.
(1) 명칭·상호 또는 영업소소재지를 변경하는 경우
  소방시설관리업등록증 및 등록수첩
(2) 대표자를 변경하는 경우
  소방시설관리업등록증 및 등록수첩
(3) 기술인력을 변경하는 경우
  ① 소방시설관리업등록수첩
  ② 변경된 기술인력의 기술자격증
  ③ 소방기술인력대장

해답 ③

45 특정옥외탱크저장소의 구조안전점검에 관한 기록은 몇 년간 보존하여야 하는가?

① 10년 ② 15년
③ 20년 ④ 25년

해설 위험물법 시행규칙 제68조
(정기점검의 기록·유지)
1. 제조소등의 관계인이 정기점검 후 기록사항
   ① 점검을 실시한 제조소등의 명칭
   ② 점검의 방법 및 결과
   ③ 점검연월일
   ④ 점검을 한 안전관리자 또는 점검을 한 탱크시험자와 점검에 참관한 안전관리자의 성명
2. 정기점검기록 보존기간
   ① 옥외저장탱크의 구조안전점검에 관한 기록 : 25년
   ② 기타 정기점검의 기록 : 3년

해답 ④

46 특정소방대상물로서 그 관리의 권원(權原)이 분리되어 있는 것 가운데 소방본부장이나 소방서장이 지정하는 특정소방대상물의 관계인은 행정안전부령으로 정하는 바에 따라 해당자를 총괄 소방안전관리자로 선임하여야 하는데 그 특정소방대상물의 기준으로 옳은 것은?

① 지하층을 합한 층수가 5층 이상인 건축물
② 지하층을 제외한 층수가 11층 이상인 복합건축물
③ 지하층을 합한 층수가 11층 이상인 고층건축물
④ 지하층을 제외한 층수가 5층 이상인 건축물

해설 (화재예방법 제35조)
관리의 권원이 분리된 소방안전관리
(총괄소방안전관리자)
(1) **복합건축물**(지하층 제외 **11층** 이상 또는 연면적 **3만**m^2 **이상**)
(2) **지하가**
(3) 판매시설 중 **도매시장, 소매시장 및 전통시장**

해답 ②

47 유치원인 경우 단독경보형감지기를 설치하여야 하는 기준은?

① 연면적 400m^2 미만
② 연면적 500m^2 미만
③ 연면적 600m^2 이상
④ 연면적 800m^2 이상

해설 (소방시설법 시행령 제11조 [별표4])
단독경보형 감지기 설치대상
(1) **교육연구시설** 내에 있는 **기숙사** 또는 **합숙소**로서 연면적 **2천**m^2 **미만**인 것
(2) **수련시설** 내에 있는 **기숙사** 또는 **합숙소**로서 연면적 **2천**m^2 **미만**인 것
(3) 수용인원 **100명** 이상에 해당하지 **않는** 수련시설(숙박시설이 있는 것만 해당)
(3) 연면적 **400**m^2 **미만**의 유치원
(4) 공동주택 중 연립주택 및 다세대주택

해답 ①

48 시장지역 등에서 화재로 오인할 만한 우려가 있는 불을 피우거나 연막소독을 실시하고자 하는 자가 신고를 하지 아니하여 소방자동차를 출동하게 한 자에 대한 과태료 부과금액은?

① 20만원 이하 ② 50만원 이하
③ 100만원 이하 ④ 200만원 이하

해설 기본법 제57조 (과태료)
① 화재로 오인할 만한 우려가 있는 불을 피우거나 연막(煙幕) 소독을 하려는 자는 시·도의 조례로 정하는 바에 따라 관할 소방본부장 또는 소방서장에게 신고를 하지 아니하여 소방자동차를 출동하게 한 자에게는 20만원 이하의 과태료를 부과한다.
② 과태료는 조례로 정하는 바에 따라 관할 소방본부장 또는 소방서장이 부과·징수한다.

해답 ①

49 다음 중 인화성 액체인 것은?

① 과염소산   ② 유기과산화물
③ 질산   ④ 동식물유류

해설 제4류 위험물

위험물		
성질	품명	
인화성액체	1. 특수인화물	
	2. 제1석유류	비수용성액체
		수용성액체
	3. 알코올류	
	4. 제2석유류	비수용성액체
		수용성액체
	5. 제3석유류	비수용성액체
		수용성액체
	6. 제4석유류	
	7. 동식물유류	

해답 ④

50 소방본부장이나 소방서장은 화재예방강화지구 안의 소방대상물의 위치·구조 및 설비 등에 대하여 화재안전조사를 실시하여야 한다. 그 실시 주기는 어떻게 되는가?

① 분기별(3월) 1회 이상
② 월 1회 이상
③ 반년(6월) 1회 이상
④ 년 1회 이상

해설 (화재예방법 제18조) 화재예방강화지구의 지정 등
(1) 지정권자 : 시·도지사
(2) 화재안전조사 : 소방관서장
(3) 화재안전조사 실시주기 : 연1회 이상
(4) 소방훈련과 교육 : 연1회 이상
(5) 훈련 및 교육통보 : 10일 전까지

화재예방강화지구의 지정대상지역 ★★필수암기★★
① 시장지역
② 공장·창고가 밀집한 지역
③ 목조건물이 밀집한 지역
④ 노후·불량건축물이 밀집한 지역
⑤ 위험물의 저장 및 처리시설이 밀집한 지역
⑥ 석유화학제품을 생산하는 공장이 있는 지역
⑦ 산업단지
⑧ 소방시설·소방용수시설 또는 소방 출동로가 없는 지역
⑨ 물류단지
⑩ 소방관서장이 화재예방강화지구로 인정하는 지역

해답 ④

51 화재안전조사 결과 소방대상물의 위치·구조·설비 또는 관리의 상황이 화재나 재난·재해 예방을 위하여 보완될 필요가 있거나 화재가 발생하면 인명 또는 재산의 피해가 클 것으로 예상되는 때에 소방대상물의 개수·이전·제거를 관계인에게 명령할 수 있는 사람은?

① 소방서장
② 안전행정부장관
③ 해당구청장
④ 시·도지사

해설 (화재예방법 제14조)
화재안전조사 결과에 따른 조치명령
소방관서장은 행정안전부령으로 정하는 바에 따라 관계인에게 그 소방대상물의 **개수·이전·제거, 사용의 금지 또는 제한, 사용폐쇄, 공사의 정지 또는 중지**, 그 밖에 필요한 조치를 명할 수 있다.

소방관서장
① 소방청장 ② 소방본부장 ③ 소방서장

해답 ①

52 소방관서장은 화재안전조사를 실시하고자 하는 경우 조사대상, 조사기간 및 조사사유 등 조사계획을 인터넷 홈페이지나 전산시스템 등을 통해 사전에 공개하여야 한다. 이 경우 공개기간은 며칠 이상으로 하여야 하는가?

① 1일
② 3일
③ 5일
④ 7일

해설 (화재예방법 시행령 제8조)
화재안전조사의 방법·절차 등
(1) **소방관서장**은 화재안전조사의 목적에 따라 다음의 방법으로 화재안전조사를 실시할 수 있다.
  ① **종합조사** : 화재안전조사 항목 전부를 확인하는 조사
  ② **부분조사** : 화재안전조사 항목 중 일부를 확인하는 조사
(2) **소방관서장**은 조사계획을 인터넷 홈페이지나 전산시스템 등을 통해 **7일 이상** 공개해야 한다.

해답 ④

53 특수가연물의 저장 및 취급 기준으로 옳지 않은 것은?

① 특수가연물을 저장 또는 취급하는 장소에 품명 및 최대수량을 표기한다.
② 특수가연물을 저장 또는 취급하는 장소에 화기취급 금지표지를 설치한다.
③ 품명별로 구분하여 쌓아서 저장한다.
④ 쌓는 높이는 5[m]이하가 되도록 한다.

해설 특수가연물의 저장 및 취급기준
(화재예방법 시행령 제19조 제2항 [별표3])
(1) 품명·최대저장수량·단위부피(체적)당 질량·관리책임자 성명·직책, 연락처 및 화기취급의 금지표시 설치
(2) 기준(석탄·목탄류의 발전용은 예외)
  ① 품명별로 구분하여 쌓을 것
  ② 저장 기준

구분	높이	바닥면적(m²)
일반기준	10m 이하	50(석탄·목탄류 200) 이하
살수설비, 대형소화기	15m 이하	200(석탄·목탄류 300) 이하

  ③ 최소 6m 이상 간격을 유지(쌓은 높이보다 0.9m 이상 높은 내화구조 벽체 설치 시 예외)
  ④ 쌓는 부분의 바닥면적 사이 간격

구분	쌓는 부분의 바닥면적 사이 이격거리
실내	1.2m 또는 쌓는 높이의 1/2 중 큰 값 이상
실외	3m 또는 쌓는 높이 중 큰 값 이상

해답 ④

54 관계인이 소방시설공사업자에게 하자보수를 요청할 때 소방본부장 또는 소방서장에게 그 사실을 알릴 수 있는데 그 경우에 속하지 않는 것은?

① 규정에 따른 기간 이내에 하자보수계획을 서면으로 알리지 아니한 경우
② 규정에 따른 기간 이내에 하자보수를 이행하지 아니한 경우
③ 규정에 따른 기간 이내에 하자보수이행증권을 제출하지 아니한 경우
④ 하자보수계획이 불합리하다고 인정되는 경우

해설 공사업법 제15조 (공사의 하자보수 등)
관계인은 공사업자가 소방본부장이나 소방서장에게 그 사실을 알릴 수 있는 경우
① 규정에 따른 기간에 하자보수를 이행하지 아니한 경우
② 규정에 따른 기간에 하자보수계획을 서면으로 알리지 아니한 경우
③ 하자보수계획이 불합리하다고 인정되는 경우

해답 ③

55 1급 소방안전관리대상물에 대한 기준으로 옳지 않는 것은?

① 특정소방대상물로서 층수가 11층 이상인 것
② 국보 또는 보물로 지정된 목조건축물
③ 연면적 15000[m²]이상인 것
④ 가연성가스를 1천톤 이상 저장·취급하는 시설

해설 소방안전관리자를 두어야 하는 특정소방대상물
(1) 특급 소방안전관리대상물
  ① 50층 이상(지하층 제외) 이거나 지상 200m 이상 아파트
  ② 30층 이상(지하층 포함) 이거나 지상 120m 이상(아파트 제외)
  ③ 연면적 10만m² 이상(아파트 제외)
(2) 1급 소방안전관리대상물
  ① 30층 이상(지하층 제외) 이거나 지상 120m 이상 아파트
  ② 연면적 1만5천m² 이상(아파트 및 연립주택 제외)
  ③ 층수가 11층 이상(아파트 제외)
  ④ 가연성 가스 1천톤 이상
(3) 2급 소방안전관리대상물
  ① 옥내, 스프링, 물분무등 소화설비 설치대상 (호스릴 방식의 물분무등 소화설비만을 설치한 경우는 제외)
  ② 가연성 가스 100톤 이상 1천톤 미만
  ③ 지하구
  ④ 공동주택
  ⑤ 보물 또는 국보로 지정된 목조건축물

(4) 3급 소방안전관리대상물
   간이스프링클러설비, 자동화재탐지설비 설치 대상

해답 ②

56 소방활동에 필요한 소화전·급수탑·저수조 등의 소방용수시설을 설치하고 유지·관리하여야 하는 자는?

① 소방청장　　② 시·도지사
③ 소방본부장　④ 소방서장

해설 기본법 제10조 (소방용수시설의 설치 및 관리 등)
① 설치·유지 관리자 : 시·도지사
② 수도법 규정에 의한 소화전의 경우 그 소화전의 설치자가 유지·관리

해답 ②

57 특정소방대상물 중 노유자시설에 해당되지 않는 것은?

① 정신보건시설
② 장애인직업재활시설
③ 아동복지시설
④ 노인의료복지시설

해설 노유자시설
(1) 노인 관련 시설 : 노인주거복지시설, **노인의료복지시설**, 노인여가복지시설, 재가노인복지시설, 노인보호전문기관, 노인일자리지원기관, 학대피해노인 전용쉼터,
(2) 아동 관련 시설 : **아동복지시설**, 어린이집, 유치원(병설유치원 포함)
(3) 장애인 관련 시설 : 장애인 거주시설, 장애인 지역사회재활시설, **장애인 직업재활시설**
(4) 정신질환자 관련 시설 : 정신재활시설, **정신요양시설**
(5) 노숙인 관련 시설 : 노숙인복지시설, 노숙인종합지원센터
(6) 사회복지시설 중 결핵환자 또는 한센인 요양시설

해답 ①

58 자동화재탐지설비를 설치할 특정소방대상물의 기준으로 옳지 않은 것은?

① 지정수량의 500배 이상의 특수가연물을 저장·취급하는 것
② 지하상가로서 연면적 $600m^2$ 이상인 것
③ 숙박시설이 있는 수련시설로서 수용인원 100명 이상인 것
④ 장례식장 및 복합건축물로서 연면적 $600m^2$ 이상인 것

해설 (소방시설법 시행령 제11조의 별표 4)
자동화재탐지설비 설치대상
(1) 공동주택 중 아파트등·기숙사 및 숙박시설의 경우에는 모든 층
(2) 층수가 6층 이상인 건축물
(3) 근린생활시설, 의료시설, 위락시설, 장례시설 및 복합건축물로서 연면적 $600m^2$ 이상인 경우에는 모든 층
(4) 목욕장, 문화 및 집회시설, 종교시설, 판매시설, 운수시설, 운동시설, 업무시설로서 연면적 $1000m^2$ 이상인 경우에는 모든 층
(5) 교육연구시설, 수련시설로서 연면적 $2000m^2$ 이상인 경우에는 모든 층
(6) 지하구
(7) 터널로서 길이가 1000m 이상인 것
(8) 노유자 생활시설
(9) 노유자시설로서 연면적 $400m^2$ 이상인 노유자시설 및 숙박시설이 있는 수련시설로서 수용인원 100명 이상인 경우에는 모든 층
(10) 공장 및 창고시설로서 지정수량의 500배 이상의 특수가연물을 저장·취급하는 것

해답 ②

59 다음 중 소방신호의 종류 및 방법으로 적절하지 않은 것은?

① 발화신호는 화재가 발생한 때 발령
② 해제신호는 소화활동이 필요 없다고 인정되는 때 발령
③ 경계신호는 화재발생 지역에 출동할 때 발령
④ 훈련신호는 훈련상 필요하다고 인정될 때

발령

해설 기본법 제18조(소방신호의 목적)
① 화재예방 ② 소방활동 ③ 소방훈련

기본법 시행규칙 제10조(소방신호의 종류)
① 경계신호 : 화재예방상 필요하다고 인정되거나 화재위험경보시 발령
② 발화신호 : 화재가 발생한 때 발령
③ 해제신호 : 소화활동이 필요 없다고 인정되는 때 발령
④ 훈련신호 : 훈련상 필요하다고 인정되는 때 발령

해답 ③

60 소방본부장이나 소방서장이 소방시설공사 완공검사를 위한 현장확인 대상 특정소방 대상물의 범위에 해당하지 않는 것은?

① 운동시설   ② 노유자시설
③ 판매시설   ④ 업무시설

해설 **소방공사업법 시행령 제5조**
(완공검사를 위한 현장 확인 대상 특정소방대상물의 범위)
① 문화 및 집회시설, 종교시설, 판매시설, 노유자시설, 수련시설, 운동시설, 숙박시설, 창고시설, 지하상가 및 다중이용업소
② 스프링클러설비등, 물분무등소화설비(호스릴 방식 제외)가 설치되는 특정소방대상물
③ 연면적 1만m^2 이상이거나 11층 이상인 특정소방대상물(아파트는 제외)
④ 가연성가스를 제조·저장 또는 취급하는 시설 중 지상에 노출된 가연성가스탱크의 저장용량 합계가 1천톤 이상인 시설

해답 ④

제4과목 소방기계시설의 구조 및 원리

61 소화용 설비 중 비상전원을 필요로 하지 아니하는 것은 어느 것인가?

① 옥내소화전설비   ② 스프링클러설비
③ 연결살수설비   ④ 포소화설비

해설 연결살수설비는 펌프가 없으므로 비상전원 및 소화수조가 필요 없다.

연결살수설비의 구성요소
① 연결송수구
② 배관
③ 연결살수헤드

해답 ③

62 물분무소화설비가 설치된 주차장 바닥의 집수관 소화핏트 등 기름분리장치는 몇 m 이하마다 설치하여야 하는가?

① 10m   ② 20m
③ 30m   ④ 40m

해설 **물분무소화설비가 설치된 차고·주차장의 배수설비**
① 차량이 주차하는 장소의 적당한 곳에 높이 10cm 이상의 경계턱으로 배수구를 설치할 것
② 배수구에는 새어나온 기름을 모아 소화할 수 있도록 길이 40m 이하마다 집수관·소화핏트 등 기름분리장치를 설치할 것
③ 차량이 주차하는 바닥은 배수구를 향하여 2/100 이상의 기울기를 유지할 것
④ 배수설비는 가압송수장치의 최대송수능력의 수량을 유효하게 배수할 수 있는 크기 및 기울기로 할 것

해답 ④

63 분말소화약제 동일중량을 저장하는데 저장용기의 내용적이 가장 작게 요구되는 것은?

① 제1종 분말   ② 제2종 분말
③ 제3종 분말   ④ 제4종 분말

해설 저장용기의 충전비(L/kg)

종별	주성분	화학식	충전비
제1종	탄산수소나트륨	$NaHCO_3$	0.80 이상
제2종	탄산수소칼륨	$KHCO_3$	1.00 이상
제3종	제1인산암모늄	$NH_4H_2PO_4$	1.00 이상
제4종	탄산수소칼륨과 요소	$KHCO_3 + (NH_2)_2CO$	1.25 이상

해답 ①

64 의료시설에서 피난교를 설치하여야 할 층은?

① 지하층 이상 ② 1층 이상
③ 2층 이상   ④ 3층 이상

해설 소방대상물의 설치장소별 피난기구의 적응성

구분 \ 층별	1층	2층	3층	4층 이상 10층 이하
노유자시설	미구교다승	미구교다승	미구교다승	구¹⁾교다승
의료시설·근린생활시설 중 입원실이 있는 의원·접골원·조산원			미트구 교다승	트구 교다승
다중이용업소로서 영업장의 위치가 4층 이하인 다중이용업소		미사구완다승	미사구완다승	미사구완다승
그 밖의 것			트공간교 미사구 완다승	공간²⁾ 교사구 완다승

[비고]
1) 구조대의 적응성은 장애인 관련 시설로서 주된 사용자 중 스스로 피난이 불가한 자가 있는 경우 추가로 설치하는 경우에 한한다.
2) 간이완강기의 적응성은 숙박시설의 3층 이상에 있는 객실에 추가로 설치하는 경우에 한한다.

어두문자 암기방법
피난용트랩 ⇒ 트   피난교 ⇒ 교
피난사다리 ⇒ 사   미끄럼대 ⇒ 미
구조대 ⇒ 구   다수인피난장비 ⇒ 다
승강식피난기 ⇒ 승   완강기 ⇒ 완
간이완강기 ⇒ 간   공기안전매트 ⇒ 공

해답 ④

65 이산화탄소 소화설비에서 기동용기의 개방에 따라 CO_2 저장용기가 개방되는 시스템 방식은?

① 전기식   ② 가스압력식
③ 기계식   ④ 유압식

해설 CO_2소화설비의 자동식 기동장치

① 전기식 기동장치
7병 이상의 저장용기를 동시에 개방하는 설비에 있어서는 2병 이상의 저장용기에 전자개방밸브를 부착할 것

② 가스 압력식 기동장치
㉠ 기동용 가스용기 및 해당 용기에 사용하는 밸브는 25MPa 이상의 압력에 견딜 수 있는 것으로 할 것
㉡ 기동용 가스용기에는 내압시험압력의 0.8배 내지 내압시험압력 이하에서 작동하는 안전장치를 설치할 것
㉢ 기동용 가스용기의 체적은 **5L 이상**으로 하고, 해당 용기에 저장하는 질소 등의 **비활성 기체는 6.0MPa 이상**(21℃ 기준)의 압력으로 충전할 것
㉣ 기동용 가스용기에는 충전여부를 확인할 수 있는 **압력게이지를 설치**할 것

③ 기계식 기동장치
저장용기를 쉽게 개방할 수 있는 구조로 할 것

해답 ②

66 포소화설비용 펌프의 성능 및 성능시험에 대한 설명 중 틀린 것은?

① 성능시험배관은 펌프의 토출측 개폐밸브 이전에서 분기한다.
② 유량측정장치는 펌프의 정격토출량의 150% 이상 측정할 수 있는 성능이 있어야 한다.
③ 포소화펌프의 성능은 체절운전시 정격토출압력의 140%를 초과하지 않아야 한다.
④ 정격토출량의 150%로 운전시 정격토출압력의 65% 이상이 되어야 한다.

해설 성능 시험 배관

① 펌프의 성능
㉠ 체절운전 시 정격토출압력의 140%를 초과 금지
㉡ 정격 토출량의 150%로 운전 시 정격토출압력의 65% 이상

용어 설명
• 정격 토출압력 : 소화펌프의 전양정(m)을 전압력으로 환산한 값
• 정격 토출량 : 소화 펌프의 분당 토출량(L/분)

② 성능시험배관 설치위치
   펌프의 토출측에 설치된 개폐밸브 이전에서 분기하여 직선적으로 설치할 것
③ 유량측정장치를 기준으로 전단직관부에 개폐밸브를 후단직관부에는 유량조절밸브를 설치
④ 유량측정 장치
   ㉠ 성능시험배관의 직관부에 설치
   ㉡ 정격토출량의 175% 이상까지 측정할 수 있는 성능

해답 ②

67 하나의 소방대상물 또는 그 부분에 2 이상의 방호구역 또는 방호대상물이 있어 이산화탄소 저장용기를 공용하는 경우에 있어서 방호구역이 4개일 때의 선택밸브는 몇 개 설치하는가?

① 4   ② 3
③ 2   ④ 1

해설 선택밸브는 방호구역마다 설치
∴ $N = 4구역 \times \dfrac{1개}{구역} = 4개$

이산화탄소소화설비의 선택밸브
하나의 소방대상물 또는 그 부분에 2 이상의 방호구역 또는 방호대상물이 있어 소화약제 저장용기를 공용하는 경우에는 다음의 기준에 따라 선택밸브를 설치하여야 한다.
① 방호구역 또는 방호대상물마다 설치할 것
② 각 선택밸브에는 그 담당방호구역 또는 방호대상물을 표시할 것

해답 ①

68 방호대상물 주변에 설치된 벽면적 합계가 20m², 방호공간의 벽면적 합계가 50m², 방호공간 체적이 30m³인 장소에 국소방출방식의 분말소화설비를 설치할 때 저장할 소화약제량(kg/m²)은 얼마인가? (단, 소화약제의 종별에 따른 X, Y의 수치에서 X의 수치는 5.2, Y의 수치는 3.9로 하며, 여유율(K)은 1.1로 한다.)

① 120   ② 199
③ 314   ④ 349

해설 ① 방호공간 1m³에 대한 분말약제의 양(kg/m³)
$Q_1 = \left[5.2 - 3.9 \times \dfrac{20}{50} \right] \times 1.1 = 4.0 \, \text{kg/m}^3$
② 방호공간에 대한 분말약제의 양(kg)
$Q = 30\text{m}^3 \times 4.0\text{kg/m}^3 = 120.0\text{kg}$

분말약제의 저장량(국소방출방식)
다음의 기준에 의하여 산출한 양에 1.1을 곱하여 얻은 양 이상으로 할 것

$$Q_1 = X - Y \dfrac{a}{A}$$

Q_1 : 방호공간 1m³에 대한 분말소화약제의 양 (kg/m³)
a : 방호대상물의 주변에 설치된 벽면적의 합계(m²)
A : 방호공간의 벽면적(벽이 없는 경우에는 벽이 있는 것으로 가정한 당해 부분의 면적)의 합계(m²)
X 및 Y : 다음 표의 수치

종별	X의 수치	Y의 수치
제1종	5.2	3.9
제2종, 제3종	3.2	2.4
제4종	2.0	1.5

해답 ①

69 제연설비에서 배출기의 배출측 풍속의 기준은 초속 몇 m 이하로 하여야 하는가?

① 10   ② 15
③ 20   ④ 25

해설 배출기 및 배출풍도
① 배출기
   ㉠ 배출기와 배출풍도의 접속부분에 사용하는 캔버스는 내열성(석면 재료는 제외)이 있는 것으로 할 것
   ㉡ 배출기의 전동기 부분과 배풍기 부분은 분리하여 설치하여야 하며 배풍기 부분은 유효한 내열처리 할 것
② 배출풍도
   ㉠ 배출풍도는 아연도금강판 등 내식성·내열성이 있는 것으로 할 것
   ㉡ 배출기 흡입측 풍도안의 풍속은 15m/s 이하로 하고, 배출측의 풍속은 20m/s 이하로

할 것
③ 배출풍도의 강판의 두께

풍도단면의 긴변 또는 직경의 크기	강판두께
450mm 이하	0.5mm 이상
450mm 초과 750mm 이하	0.6mm 이상
750mm 초과 1500mm 이하	0.8mm 이상
1500mm 초과 2250mm 이하	1.0mm 이상
2250mm 초과	1.2mm 이상

④ 유입풍도안의 풍속 : 20m/s 이하

해답 ③

70 스프링클러설비 중 화재감지기의 작동에 의해 밸브가 개방되고 다시 열에 의해 헤드가 개방되는 방식은?

① 준비작동식 스프링클러설비
② 습식 스프링클러설비
③ 일제살수식 스프링클러설비
④ 건식 스프링클러설비

해설 ① 습식스프링클러설비
가압송수장치에서 폐쇄형스프링클러헤드까지 배관 내에 항상 물이 가압되어 있다가 화재로 인한 열로 폐쇄형스프링클러헤드가 개방되면 배관 내에 유수가 발생하여 습식유수검지장치가 작동하게 되는 스프링클러설비를 말한다.

② 준비작동식스프링클러설비
가압송수장치에서 준비작동식유수검지장치 1차 측까지 배관 내에 항상 물이 가압되어 있고 2차 측에서 폐쇄형스프링클러헤드까지 대기압 또는 저압으로 있다가 화재발생시 감지기의 작동으로 준비작동식유수검지장치가 작동하여 폐쇄형스프링클러헤드까지 소화용수가 송수되어 폐쇄형스프링클러헤드가 열에 따라 개방되는 방식의 스프링클러설비를 말한다.

③ 건식스프링클러설비
건식유수검지장치 2차 측에 압축공기 또는 질소 등의 기체로 충전된 배관에 폐쇄형스프링클러헤드가 부착된 스프링클러설비로서, 폐쇄형스프링클러헤드가 개방되어 배관내의 압축공기 등이 방출되면 건식유수검지장치 1차 측의 수압에 의하여 건식유수검지장치가 작동하게 되는 스프링클러설비를 말한다.

④ 일제살수식스프링클러설비
가압송수장치에서 일제개방밸브 1차측까지 배관 내에 항상 물이 가압되어 있고 2차 측에서 개방형스프링클러헤드까지 대기압으로 있다가 화재발생시 자동감지장치 또는 수동식 기동장치의 작동으로 일제개방밸브가 개방되면 스프링클러헤드까지 소화용수가 송수되는 방식의 스프링클러설비를 말한다.

해답 ①

71 연결송수관비의 부속장치 및 기구와 관련이 없는 것은?

① 쌍구형 방수구   ② 자동배수밸브
③ 가이드 베인   ④ 체크 밸브

해설 연결송수관설비에는 펌프가 없으므로 가이드 베인(물안내 날개)은 구성요소가 아니다.
연결송수관설비의 구성요소
① 송수구   ② 자동배수밸브
③ 체크밸브   ④ 방수구

해답 ③

72 랙크식 창고에 특수가연물을 저장하는 경우 건물의 각 부분으로부터 스프링클러헤드까지의 수평거리는 얼마인가?

① 1.7m 이하   ② 2.1m 이하
③ 2.5m 이하   ④ 3.2m 이하

해설 스프링클러헤드의 배치기준

설치장소		설치기준
천장·반자· 천장과 반자 사이·덕트· 선반 기타 이와 유사한 부분 (폭이 1.2m를 초과하는 것)	무대부, **특수가연물** 저장취급 장소 및 창고	수평거리 1.7m 이하
	특정소방 대상물 및 창고	기타 구조	수평거리 2.1m 이하
		내화 구조	수평거리 2.3m 이하
아파트		수평거리 2.6m 이하
랙식창고		랙 높이 3m 이하 마다

해답 ①

73 근린생활시설 중 입원실이 있는 의원이 3층에 위치하고 있다. 3층에 피난기구를 설치하고자

하는 데 이에 적응되는 피난기구는?

① 피난사다리   ② 완강기
③ 공기안전매트 ④ 구조대

해설 소방대상물의 설치장소별 피난기구의 적응성

구분	1층	2층	3층	4층 이상 10층 이하
노유자시설		미구교다승		구¹⁾교다승
의료시설·근린생활시설 중 입원실이 있는 의원·접골원·조산원			미트구 교다승	트구 교다승
다중이용업소로서 영업장의 위치가 4층 이하인 다중이용업소			미사구완다승	
그 밖의 것			트공간교 미사구 완다승	공간²⁾ 교사구 완다승

[비고]
1) 구조대의 적응성은 장애인 관련 시설로서 주된 사용자 중 스스로 피난이 불가한 자가 있는 경우 추가로 설치하는 경우에 한한다.
2) 간이완강기의 적응성은 숙박시설의 3층 이상에 있는 객실에 추가로 설치하는 경우에 한한다.

어두문자 암기방법	
피난용트랩 ⇒ 트	피난교 ⇒ 교
피난사다리 ⇒ 사	미끄럼대 ⇒ 미
구조대 ⇒ 구	다수인피난장비 ⇒ 다
승강식피난기 ⇒ 승	완강기 ⇒ 완
간이완강기 ⇒ 간	공기안전매트 ⇒ 공

해답 ④

74 분말소화설비의 배관 방법 중 동관을 사용하는 경우 배관은 최고 사용압력의 몇 배 이상의 압력에 견딜 수 있어야 하는가?

① 0.5   ② 1.5
③ 2.5   ④ 3.5

해설 분말소화설비의 배관 설치기준
① 배관은 전용으로 할 것
② 강관을 사용하는 경우의 배관은 아연도금에 따른 배관용 탄소강관이나 이와 동등 이상의 강도·내식성 및 내열성을 가진 것으로 할 것. 다만, 축압식 분말소화설비에 사용하는 것 중 20℃에서 압력이 2.5MPa 이상 4.2MPa 이하인 것에 있어서는 압력배관용 탄소강관 중 이음이 없는 스케줄 40 이상의 것 또는 이와 동등 이상의 강도를 가진 것으로서 아연도금으로 방식처리된 것을 사용하여야 한다.
③ 동관을 사용하는 경우의 배관은 고정압력 또는 최고사용압력의 1.5배 이상의 압력에 견딜 수 있는 것을 사용할 것
④ 밸브류는 개폐위치 또는 개폐방향을 표시한 것으로 할 것
⑤ 배관의 관부속 및 밸브류는 배관과 동등 이상의 강도 및 내식성이 있는 것으로 할 것

해답 ②

75 소화기 설치시 전시시설에 설치하는 소화기산출방법이다. 다음의 산출방법 중 옳은 것은?

① (당해 용도의 바닥면적/$50m^2$) = 소화기 갯수
② (당해 용도의 바닥면적/$100m^2$) = 소화기구의 능력단위
③ (당해 용도의 바닥면적/$25m^2$) = 소화기 갯수
④ (당해 용도의 바닥면적/$20m^2$) = 소화기구의 능력단위

해설 소방대상물별 소화기구의 능력단위기준

소 방 대 상 물	소화기구의 능력단위
① 위락시설	$30m^2$ 마다 1단위 이상
② 공연장·집회장·관람장·국가유산·장례식장 및 의료시설	$50m^2$ 마다 1단위 이상
③ 근린생활시설·판매시설·운수시설·숙박시설·노유자시설·전시장·공동주택·업무시설·통신촬영시설·공장·창고시설·항공기 및 자동차관련시설 및 관광휴게시설	$100m^2$ 마다 1단위 이상
④ 그 밖의 것	$200m^2$ 마다 1단위 이상

(주) 소화기구의 능력단위를 산출함에 있어서 건축물의 주요구조부가 내화구조이고, 벽 및 반자의 실내에 면하는 부분이 불연재료·준불연재료 또는 난연재료로 된 소방대상물에 있어서는 위 표의 기준면적의 2배를 당해 소방대상물의 기준면적으로 한다.

해답 ②

76 다음 중 스프링클러소화설비의 헤드를 설치해야 하는 장소는?

① 병원의 응급처치실
② 거실
③ 전자기기실
④ 통신기기실

해설 스프링클러헤드의 설치제외 장소
① 계단실 · 경사로 · 승강기의 승강로 · 파이프덕트 · 목욕실 · 수영장 · 화장실
② 통신기기실 · 전자기기실
③ 발전실 · 변전실 · 변압기
④ 병원의 수술실 · 응급처치실
⑤ 펌프실 · 물탱크실 · 엘리베이터 권상기실
⑥ 현관 또는 로비 등으로서 바닥으로부터 높이가 20m 이상인 장소
⑦ 고온의 노가 설치된 장소 또는 물과 격렬하게 반응하는 물품의 저장 또는 취급장소

해답 ②

77 옥외소화전설비의 배관에 있어서 호스는 구경 몇 mm의 것으로 하여야 하는가?

① 65   ② 80
③ 100   ④ 125

해설 옥외소화전설비의 배관 등
① 호스접결구는 지면으로부터의 **높이가 0.5m 이상 1m 이하**의 위치에 설치하고 특정소방대상물의 각 부분으로부터 하나의 호스접결구까지의 **수평거리가 40m 이하**가 되도록 설치해야 한다.
③ 호스는 구경 65mm의 것으로 하여야 한다.

해답 ①

78 차고 · 주차장의 부분에 호스릴포소화설비 또는 포소화전설비를 설치할 수 있는 기준 중 틀린 것은?

① 지상 1층으로서 지붕이 없는 부분
② 고가 밑의 주차장 등으로서 주된 벽이 없고 기둥뿐이거나 주위가 위해방지용 철주 등으로 둘러싸인 부분
③ 옥외로 통하는 개구부가 상시 개방된 구조의 부분으로서 그 개방된 부분의 합계면적이 해당 차고 또는 주차장의 바닥면적의 20% 이상인 부분
④ 완전 개방된 옥상주차장

해설 차고 · 주차장의 부분에 호스릴포소화설비 또는 포소화전설비를 설치할 수 있는 경우
① 완전 개방된 옥상주차장 또는 고가 밑의 주차장으로서 주된 벽이 없고 기둥뿐이거나 주위가 위해방지용 철주 등으로 둘러싸인 부분
② 지상 1층으로서 지붕이 없는 부분

해답 ③

79 소화기를 각 층마다 설치하고자 한다. 대형소화기를 설치하는 경우 소방대상물의 각 부분으로부터 1개의 소화기까지의 보행거리는 얼마 이내로 배치하여야 하는가?

① 10m   ② 20m
③ 30m   ④ 40m

해설 소화기 설치기준
① 각 층마다 설치할 것
② 소형소화기 : 보행거리 20m 이내
③ 대형소화기 : 보행거리 30m 이내

해답 ③

80 계단실 및 그 부속실을 동시에 제연하는 것 또는 계단실만 단독으로 제연하는 경우 방연풍속은 얼마 이상으로 해야 하는가?

① 0.3m/s   ② 0.5m/s
③ 0.7m/s   ④ 1.0m/s

해설 방연풍속의 기준

제연구역		방연풍속
계단실 및 그 부속실을 동시에 제연하는 것 또는 계단실만 단독으로 제연하는 것		0.5m/s 이상
부속실만 단독으로 제연하는 것	부속실 또는 승강장이 면하는 옥내가 거실인 경우	0.7m/s 이상
	부속실이 면하는 옥내가 복도로서 그 구조가 방화구조(내화시간이 30분 이상인 구조를 포함한다)인 것	0.5m/s 이상

해답 ②

소방설비산업기사 - 기계분야
2023년 9월 CBT 시행

본 문제는 CBT시험대비 기출문제 복원입니다.

제1과목 소방원론

01 공기 중의 산소는 용적으로 약 몇 % 정도 인가?

① 15　　　② 21
③ 28　　　④ 32

해설 **공기의 조성**
산소(O_2) 21%, 질소(N_2) 78%, 아르곤(Ar) 1%
- 공기 중 산소의 부피(%) = 21%
- 공기 중 산소의 중량(무게)(%) = 23%

공기의 평균 분자량
$28(N_2) \times 0.7803 + 32(O_2) \times 0.2099 + 40(Ar) \times 0.0094 + 44(CO_2) \times 0.0003$
$= 28.95 ≒ 29$
- 공기의 평균 분자량 = 29
- 증기비중 = $\dfrac{M(분자량)}{29(공기평균분자량)}$

해답 ②

02 산소의 공급이 원활하지 못한 화재실에 급격히 산소가 공급이 될 경우 순간적으로 연소하여 화재가 폭풍을 동반하여 실외로 분출하는 현상은?

① 후래쉬 오버　　② 보일 오버
③ 백 드래프트　　④ 슬롭 오버

해설 ① **백드래프트**(Back Draft) **현상**
화재시 가연성가스가 축적되어 있다가 신선한 공기가 유입되면 폭발적 연소와 함께 폭풍을 동반하며 화염이 외부로 분출되는 현상
※ 발생시기 : 감쇠기
※ 주요 발생원인 : 산소의 공급

② **플래쉬 오버**(flash over) **현상**
화재 시 축적된 열이 실내에 복사열로 방출되어 실내가 화염으로 덮이는 현상
※ 발생시기 : 성장기
※ 주요 발생원인 : 열의 공급

해답 ③

03 제3류 위험물 중 금수성 물질에 해당하는 것은?

① 황　　　② 탄화칼슘
③ 황린　　④ 이황화탄소

해설 ① 황–제2류–가연성고체
② 탄화칼슘–제3류–금수성
③ 황린–제3류–자연발화성
④ 이황화탄소–제4류–특수인화물–인화성액체

탄화칼슘(CaC_2) : 제3류 위험물 중 칼슘탄화물
① 물과 접촉 시 아세틸렌을 생성하고 열을 발생시킨다.

$CaC_2 + 2H_2O \rightarrow Ca(OH)_2 + C_2H_2 \uparrow$
　　　　　　　(수산화칼슘)　(아세틸렌)

② 아세틸렌의 폭발범위는 2.5~81%로 대단히 넓어서 폭발위험성이 크다.
③ 장기 보관 시 불활성기체(N_2 등)를 봉입하여 저장한다.
④ 별명은 카바이트, 탄화석회, 칼슘카바이트 등이다.

해답 ②

04 불타고 있는 유류화재 표면을 포소화약제로 덮어 소화하는 주된 소화법은?

① 냉각소화　　　② 질식소화
③ 연료제거 소화　④ 연쇄반응차단 소화

[해설] **제4류**(인화성액체) **위험물의 소화**
대부분 포소화약제로 질식소화(공기차단)

[참고] 제4류위험물 중 비수용성인 물질은 물로 소화할 경우 대부분 물보다 액체비중이 가벼워 물 위로 연소 유류가 퍼지면서 화재면(연소면)이 확대되어 더 위험하다.

[해답] ②

05 안전을 위해서 물속에 저장하는 물질은?
① 나트륨 ② 칼륨
③ 이황화탄소 ④ 과산화나트륨

[해설] **보호액속에 저장 위험물**
① 석유(파라핀, 경유, 등유) 속 보관
　　칼륨(K), 나트륨(Na)
② 물속에 보관
　　이황화탄소(CS_2), 황린(P)

[해답] ③

06 코크스의 일반적인 연소형태에 해당하는 것은?
① 분해연소 ② 증발연소
③ 표면연소 ④ 자기연소

[해설] **연소의 형태** ★★★ 자주출제(필수암기) ★★★
㉠ 표면연소(surface reaction)
　　숯, 코크스, 목탄, 금속분
㉡ 증발 연소(evaporating combustion)
　　파라핀(양초), 황, 나프탈렌, 왁스, 휘발유, 등유, 경유, 아세톤 등 제4류 위험물
㉢ 분해연소(decomposing combustion)
　　석탄, 목재, 플라스틱, 종이, 합성수지, 중유
㉣ 자기연소(내부연소)
　　질화면(나이트로셀룰로오즈), 셀룰로이드, 나이트로글리세린 등 제5류 위험물
㉤ 확산연소(diffusive burning)
　　아세틸렌, LPG, LNG 등 가연성 기체
㉥ 불꽃연소 + 표면연소
　　목재, 종이, 셀룰로오즈류, 열경화성수지

[해답] ③

07 연소범위에 대한 설명 중 틀린 것은?
① 연소범위에는 상한값과 하한값이 있다.
② 온도가 올라가면 연소범위는 넓어진다.
③ 연소범위가 좁을수록 폭발의 위험이 크다.
④ 연소범위는 압력의 영향을 받는다.

[해설] **위험성의 영향인자**

영향 인 자	위 험 성
온도, 압력, 산소농도	높을수록 위험
연소범위(폭발범위)	넓을수록 위험
연소열, 증기압	클수록 위험
연소속도	빠를수록 위험
인화점, 착화점, 비점, 융점, 비중, 점성	낮을수록 위험

[해답] ③

08 건축물의 주요 구조부에 해당하는 것은?
① 작은 보 ② 옥외 계단
③ 지붕틀 ④ 최하층 바닥

[해설] **건축물의 주요 구조부**
① 내력벽 ② 기둥 ③ 바닥
④ 보 ⑤ 지붕틀 ⑥ 주계단
(어두문자 암기법 : 내주기만하면 바보지)

[해답] ③

09 가연물이 서서히 산화되어 축적된 열에 의해 발화하는 현상을 무엇이라 하는가?
① 분해연소 ② 자기연소
③ 자연발화 ④ 폭굉

[해설] **자연발화**
물질이 공기 중에서 발화온도보다 낮은 온도에서 스스로 발열하여 그 열이 장시간 축적하여 발화점에 도달하여 연소에 이르는 현상

[해답] ③

10 점화원이 될 수 없는 것은?
① 충격마찰 ② 대기압
③ 정전기불꽃 ④ 전기불꽃

[해설] **점화원**(착화원)
① 단열압축 ② 정전기불꽃 ③ 전기불꽃
④ 나화 ⑤ 고온표면 ⑥ 충격마찰
⑦ 복사열 ⑧ 자연발화

[해답] ②

11 LPG의 특성 중 옳지 않은 것은?

① 기체 비중이 공기보다 무겁다.
② 순수한 LPG는 강한 자극적 냄새를 가지고 있다.
③ 상온, 상압에서 기체이다.
④ 액체상태의 LPG가 기화하면 체적이 증가한다.

해설 LPG(Liquefied Petroleum Gas) : 액화석유가스
① 공기 중에서 쉽게 연소폭발한다.
② 주성분은 프로판(C_3H_8) 및 부탄(C_4H_{10}) 이다.
③ 증기는 공기보다 무겁다.(1.5배~2배)
④ 무색 및 무취이다.
⑤ 물에는 녹지 않고 유기용매에 용해된다.
⑥ 석유류, 동식물유류, 천연고무를 용해시킨다.
⑦ 액체상태 LPG는 물보다 가볍다.

해답 ②

12 제3종 분말소화약제의 주성분에 해당하는 것은?

① $NH_4H_2PO_4$
② $NaHCO_3$
③ $KHCO_3+(NH_2)_2CO$
④ $KHCO_3$

해설 분말약제의 주성분 및 착색

종별	주성분	약제명	착색
제1종	$NaHCO_3$	탄산수소나트륨 중탄산나트륨	백색
제2종	$KHCO_3$	탄산수소칼륨 중탄산칼륨	담회색
제3종	$NH_4H_2PO_4$	제1인산암모늄	담홍색 (핑크색)
제4종	$KHCO_3+(NH_2)_2CO$	중탄산칼륨+요소	회색 (쥐색)

해답 ①

13 표준상태에서 44.8m³의 용적을 가진 이산화탄소가스를 모두 액화하면 몇 kg인가?

① 88   ② 44
③ 22   ④ 11

해설 이상기체 상태방정식 ★★★★★

$$PV = \frac{W}{M}RT$$

P : 압력(atm) V : 부피(m^3)
W : 무게(kg) M : 분자량
R : 기체상수(0.082atm · m^3/kmol · K)
T : 절대온도(273+t℃)K

① $W = \frac{PVM}{RT}$

② $W = \frac{1 \times 44.8 \times 44}{0.082 \times (273+0)} = 88.06$kg

해답 ①

14 B급 화재에 해당하지 않는 것은?

① 목탄의 연소   ② 등유의 연소
③ 아마인유의 연소   ④ 알코올류의 연소

해설
① 목탄의 연소-일반화재-A급
② 등유의 연소-유류화재-B급
③ 아마인유의 연소-유류화재-B급
④ 알코올류의 연소-유류화재-B급

해답 ①

15 다음 중 제4류 위험물이 아닌 것은?

① 가솔린
② 메틸알코올
③ 아닐린
④ 트라이나이트로톨루엔

해설
① 가솔린(휘발유)-제4류-1석유류
② 메틸알코올-제4류-알코올류
③ 아닐린-제4류-3석유류
④ 트라이나이트로톨루엔-제5류-나이트로화합물

해답 ④

16 이산화탄소가 소화약제로 사용되는 장점으로 옳지 않은 것은?

① 단위 부피당의 무게가 공기보다 가볍다.
② 화학적으로 안정된 물질이다.
③ 불연성이다.
④ 전기 절연성이다.

해설 이산화탄소 소화약제의 장점
① 단위 부피당의 무게가 공기보다 무겁다.
② 화학적으로 안정된 물질이다.
③ 불연성이다.
④ 전기 절연성이다.

해답 ①

17 인화점(flash Point)을 가장 옳게 설명한 것은?

① 가연성 액체가 증기를 계속 발생하여 연소가 지속될 수 있는 최저온도
② 가연성 증기 발생시 연소범위의 하한계에 이르는 최저온도
③ 고체와 액체가 평형을 유지하며 공존할 수 있는 온도
④ 가연성 액체의 포화증기압이 대기압과 같아지는 온도

해설 ① 연소점 ② 인화점
③ 평형온도 ④ 끓는점

연소점 : 가연물이 연소를 계속할 수 있는 최저온도
인화점 : 가연물을 가열시 점화원의 존재하에 점화가 되는 최저온도
발화점 : 가연물을 가열시 점화원 없이 연소가 시작되는 최저온도

해답 ②

18 0℃ 얼음의 용융잠열과 100℃ 물의 증발잠열을 옳게 나타낸 것은?

① 1cal/g, 22.4cal/g
② 1cal/g, 539cal/g
③ 80cal/g, 22.4cal/g
④ 80cal/g, 539cal/g

해설 열량 계산 공식

$$Q = mc\Delta t$$

여기서, Q : 열량(kcal)
m : 질량(kg)
C : 비열(kcal/kg · ℃)
Δt : 온도차(℃)

① 얼음의 용융잠열(융해잠열)
 = 80cal/g(80kcal/kg)
② 물의 증발잠열(기화잠열)
 = 539cal/g(539kcal/kg)
③ 물의 비열 = 1cal/g.℃(1kcal/kg · ℃)

해답 ④

19 물과 반응하여 가연성인 아세틸렌 가스를 발생시키는 것은?

① 칼슘 ② 아세톤
③ 마그네슘 ④ 탄화칼슘

해설 탄화칼슘 = 카바이트(CaC_2)
① 제3류 위험물(금수성 물질)
② $CaC_2 + 2H_2O \rightarrow Ca(OH)_2 + C_2H_2$
 (탄화칼슘)   (아세틸렌)

해답 ④

20 장기간 방치하면 습기, 고온 등에 의해 분해가 촉진되고, 분해열이 축적되면 자연발화 위험성이 있는 것은?

① 셀룰로이드 ② 질산나트륨
③ 과망가니즈산칼륨 ④ 과염소산

해설 셀룰로이드 : 제5류 위험물
① 무색 또는 황색의 반투명고체
② 물에 불용이지만 알코올, 아세톤에 잘 녹는다.
③ 저장 시 습도가 낮고 온도가 낮은 장소에 저장
④ 온도 및 습도가 높은 장소에서 취급할 때 자연발화의 위험이 있다.
⑤ 충격에 의하여 발화하지는 않는다.

해답 ①

제2과목 소방유체역학

21 그림과 같이 수평관에서 2개소의 압력 차를 측정하기 위해 하부에 수은을 넣은 U자관을 부착시켰다. 이 때 U자관에서 수은의 높이차 $h = 500mm$이었다면 압력차 $P_1 - P_2$는 약 몇 kPa인가?

① 66.6 ② 61.7
③ 60.5 ④ 50.4

해설 압력차 산출 공식

$$\Delta P = (\gamma_A - \gamma_B)R$$

ΔP : 압력차(kN/m^2)
R : 마노미터 읽음(m)
γ_A : 마노미터속의 유체비중량(kN/m^3)
γ_B : 배관속의 유체비중량(kN/m^3)
① $R = 500mm = 0.5m$
② $\gamma_A = \gamma_w \times S_A = 9.8kN/m^3 \times 13.6$
   $= 133.28kN/m^3$
③ $\gamma_B = \gamma_w = 9.8kN/m^3$
④ $\Delta P = (133.28 - 9.8) \times 0.5m$
   $= 61.74kN/m^2(kPa)$

해답 ②

22 성능이 같은 펌프 두 대를 병렬 운전할 경우 옳은 것은? (단, 손실은 무시한다.)

① 유량이 2배로 된다.
② 양정이 2배로 된다.
③ 유량과 양정 모두 2배로 된다.
④ 유량은 2배로 되지만 양정은 반으로 준다.

해설 펌프의 직·병렬 운전

[직렬운전]   [병렬운전]

운전방법	토출양정(H)	토출량(Q)
직렬운전	2H	Q
병렬운전	H	2Q

해답 ①

23 그림과 같이 속도 3m/s로 운동하는 평판에 속도 10m/s인 물 분류가 직각으로 충돌하고 있다. 분류의 단면적이 0.01m²으로 일정하다고 하면 평판이 받는 힘은 몇 N 인가?

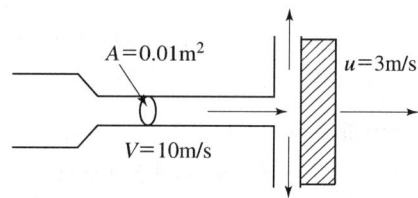

① 98   ② 490
③ 700 ④ 1000

해설 평판에 대한 분류의 상대속도
$V - u = 10 - 3 = 7m/s$
유량계산
$Q = (V-u)A = 7m/s \times 0.01m^2$
  $= 0.07m^3/s$

$$F = \rho Q(V-u)$$

$F = 1000kg/m^3 \times 0.07 \times 7 = 490kg \cdot m/s^2(N)$

해답 ②

24 전양정 20m, 질량유량 150kg/s로 물을 송출할 때 소요되는 펌프의 축동력(shaft power)이 42kW이면 펌프의 효율 (%)은?

① 70   ② 74
③ 76   ④ 80

해설 펌프 축동력

$$L(\text{kW}) = \frac{\gamma(\text{kN/m}^3) \times Q(\text{m}^3/\text{s}) \times H(\text{m})}{E}$$

① $E = \dfrac{\gamma(\text{kN/m}^3) \times Q(\text{m}^3/\text{s}) \times H(\text{m})}{L(\text{kW})}$

② $\gamma_w(\text{물}) = 9.8\text{kN/m}^3$

③ $Q = \dfrac{\overline{m}}{\rho} = \dfrac{150\text{kg/s}}{1000\text{kg/m}^3} = 0.15\text{m}^3/\text{s}$

④ $E = \dfrac{9.8\text{kN/m}^3 \times 0.15\text{m}^3/\text{s} \times 20\text{m}}{42\text{kW}} = 0.7$

$E(\%) = 0.7 \times 100 = 70\%$

해답 ①

25 밑면이 8m×3m, 깊이가 4m인 철제 상자가 물 위에 떠 있다. 상자의 무게를 196kN이라 할 때 이 상자는 물속 몇 m 깊이까지 들어가 있는가?

① 0.83　　② 0.91
③ 0.98　　④ 1.04

해설 부력과 중량(무게)

$$F_B(\text{부력}) = F_w(\text{무게})$$
$$r_{\text{유체}} \times V_{\text{잠긴체적}} = r_{\text{물체}} \times V_{\text{전체체적}}$$

① 상자의 무게 $F_w = 196\text{kN}$

② $\gamma_{\text{유체}} = 9800\text{N/m}^3 = 9.8\text{kN/m}^3$

③ $196\text{kN/m}^3 = 9.8\text{kN/m}^3 \times V_{\text{잠긴체적}}$

④ $V_{\text{잠긴체적}} = 20\text{m}^3$

⑤ $V_{\text{잠긴체적}} = 밑면 \times H(높이)$

⑥ $20\text{m}^3 = 8\text{m} \times 3\text{m} \times H(높이)$

⑦ $H(높이) = \dfrac{20\text{m}^3}{8\text{m} \times 3\text{m}} = 0.83\text{m}$

해답 ①

26 질량보존의 법칙으로부터 유도된 방정식은?

① $\tau = \mu \dfrac{du}{dy}$

② $pv = RT$

③ $\rho_1 A_1 v_1 = \rho_2 A_2 v_2$

④ $\dfrac{p_1}{\gamma} + \dfrac{v_1^2}{2g} + z_1 = \dfrac{p_2}{\gamma} + \dfrac{v_2^2}{2g} + z_2$

해설 연속 방정식
질량보존의 법칙을 유체유동에 적용한 방정식

① 질량유량($\overline{m}$: kg/s)

$$\overline{m} = A_1 u_1 \rho_1 = A_2 u_2 \rho_2$$

② 중량유량($\overline{G}$: kN/s)

$$\overline{G} = A_1 u_1 \gamma_1 = A_2 u_2 \gamma_2$$

③ 체적유량=용량유량($\overline{Q}$: m³/s)

$$Q = A_1 u_1 = A_2 u_2$$

A : 단면적(m²), U : 유속(m/s)

해답 ③

27 다음 중 무차원수에 대한 물리적 의미가 틀린 것은?

① 레이놀즈수 $= \dfrac{관성력}{점성력}$

② 오일러수 $= \dfrac{압력}{관성력}$

③ 웨버수 $= \dfrac{관성력}{점성력}$

④ 코시수 $= \dfrac{관성력}{탄성력}$

해설 무차원수(단위가 없는 수)

무차원수의 명칭	물리적 의미
레이놀드수(Reynold number)	관성력/점성력
프루우드수(Froude number)	관성력/중력
웨버수(Weber number)	관성력/표면장력
코우시수(Cauchy number)	관성력/탄성력
마하수(Mach number)	관성력/탄성력
오일러수(Euler number)	압축력/관성력

해답 ③

28 고체 표면의 온도가 15℃에서 25℃로 올라가면 방사되는 복사열은 약 몇 %가 증가하는가?

① 3.5　　② 7.1
③ 15　　④ 67

해설 $\dfrac{Q_2}{Q_1} = \dfrac{T_2^4}{T_1^4} = \dfrac{(273+25)^4}{(273+15)^4} \times 100 ≒ 115\%$

∴ 15% 증가된다.

① 스테판–볼츠만(stefan-boltzman)의 법칙
$$Q = aAF(T_1^4 - T_2^4)$$
　Q : 복사열(kcal/hr)
　a : 스테판–볼츠만의 상수
　A : 단면적
　F : 기하학적 Factor(상수)
　T_1 : 고온물체의 절대온도($273 + t°C$)K
　T_2 : 저온물체의 절대온도($273 + t°C$)K
※ 복사열은 절대온도 4제곱의 차 및 단면적에 비례

② 열전도율 단위
　kcal/m, hr, ℃ 또는 BTU/ft, hr, °F

해답 ③

29 그림과 같이 출구가 수직방향으로 향하는 원관에서 물이 유출되어 떨어지고 있다. 원관의 내경은 10cm, 출구에서 유속이 1.4m/s 일 때 손실을 무시하면 출구보다 1.5m 아래에서 물기둥의 직경은 약 몇 cm 인가?

① 10　　② 9
③ 7　　④ 5

해설 유량계산
$$Q = uA = 1.4\text{m/s} \times \frac{\pi}{4} \times (0.1\text{m})^2 = 0.01\text{m}^3/\text{s}$$

물기둥의 직경
$$u = \sqrt{2gh} = \sqrt{2 \times 9.8 \times 1.5} = 5.42\text{m/s}$$
$$d = \sqrt{\frac{4Q}{\pi u}} = \sqrt{\frac{4 \times 0.01}{\pi \times 5.42}} ≒ 0.05\text{m} = 5\text{cm}$$

해답 ④

30 이상유체에 대한 설명으로 옳은 것은?

① 점성이며, 압축성 유체
② 비점성이며, 압축성 유체
③ 점성이며, 비압축성 유체
④ 비점성이며, 비압축성 유체

해설 이상유체와 실제유체
① **이상유체** : 비점성이며(마찰손실이 없고) 비압축성인 유체
② **실제유체** : 점성이 있으며(마찰손실이 있고) 압축성인 유체

해답 ④

31 체적 0.5m³, 절대 압력 1300kPa인 탱크에 25℃의 기체 10kg이 들어있다. 이 기체의 기체상수는 약 몇 kJ/kg · K 인가?

① 0.19　　② 0.22
③ 0.26　　④ 0.29

해설 이상기체 상태방정식
$$PV = WRT$$
P : 압력(kPa)　　V : 부피(m^3)
W : 무게(kg)　　M : 분자량
R : 기체상수(kJ(kN · m)/kg · K)
T : 절대온도($273 + t°C$)K

① $p = 1300\text{kPa} = 1300\text{kN/m}^2$
② $V = 0.5\text{m}^3$
③ $R = \dfrac{PV}{WT}$
④ $R = \dfrac{1300\text{kN/m}^2 \times 0.5\text{m}^3}{10\text{kg} \times (273+25)\text{K}}$
　$= 0.22\text{kN} \cdot \text{m/kg} \cdot \text{K} = 0.22\text{kJ/kg} \cdot \text{K}$

해답 ②

32 어떤 유체의 비중량(N/m³)이 A이고 점성계수(N · s/m²)가 B이다. 동점성계수(m²/s)는? (단, g는 중력가속도이다.)

① $\dfrac{Bg}{A}$　　② $\dfrac{B}{Ag}$
③ $\dfrac{Ag}{B}$　　④ $\dfrac{A}{Bg}$

해설 동점성계수
$$\nu(\text{m}^2/\text{s}) = \frac{\mu(\text{점성계수})[\text{N} \cdot \text{s/m}^2]}{\rho(\text{밀도})[\text{N} \cdot \text{s}^2/\text{m}^4]} = \frac{\mu \times g}{\gamma}$$

① $\gamma = \rho \times g$, $\rho = \dfrac{\gamma}{g}$

② $\nu(\text{m}^2/\text{s}) = \dfrac{\mu}{\rho} = \mu \dfrac{g}{\gamma}$

③ $\gamma = A$, $\mu = B$이므로

④ $\nu = \mu \dfrac{g}{\gamma} = \dfrac{Bg}{A}$

해답 ①

33 수조의 수면으로부터 20m 아래에 설치된 직경 4cm의 오리피스에서 1분간 분출된 유량은 약 몇 m³인가? (단, 수심은 일정하게 유지된다고 가정하고 오리피스의 유량계수 $C=0.98$로 하며 다른 조건은 무시한다.)

① 1.46　　② 2.46
③ 3.46　　④ 4.86

해설 **오리피스의 유량 산출 공식**

$$Q = uA = \sqrt{2gH} \times A \times C_o$$

여기서, Q : 유량(m³/s), u : 유속(m/s)
　　　　A : 단면적(m²), D : 내경(m)
　　　　C_o : 오리피스의 유량계수

① $Q = \sqrt{2 \times 9.8 \times 20} \times \dfrac{\pi}{4} \times 0.04^2 \times 0.98$
　　$= 0.02438 \text{m}^3/\text{s}$

② $Q = 0.02438 \text{m}^3/\text{s} \times 60\text{s/min} = 1.46 \text{m}^3/\text{min}$

해답 ①

34 어떤 액체의 체적이 10m³일 때 질량이 8800kg이었다. 이 액체의 비중은 얼마인가?

① 0.88　　② 0.45
③ 0.98　　④ 1.13

해설 **액체의 비중 산출 공식** ★★★

$$S = \dfrac{\gamma(물체)}{\gamma_w(물)} = \dfrac{\rho(물체)}{\rho_w(물)}$$

① $\gamma = 8800\text{kg}/10\text{m}^3 = 880\text{kg/m}^3$

② $S = \dfrac{880\text{kg/m}^3}{1000\text{kg/m}^3} = 0.88$

해답 ①

35 밑면은 한 변의 길이가 1m인 정사각형이고 높이 1.5m 인 직육면체 탱크에 물을 가득 채웠다. 한쪽 측면에 작용하는 힘은 몇 kN 인가?

① 14.7　　② 11.0
③ 22.1　　④ 7.4

해설 **수직면에 작용하는 힘**

$$F = \gamma \bar{h} A$$

① $\gamma(물) = 9.8 \text{kN/m}^3$

② $\bar{h} = \dfrac{1.5\text{m}}{2} = 0.75\text{m}$

③ $A = 1\text{m} \times 1.5\text{m} = 1.5\text{m}^2$

④ $F = 9.8 \times 0.75 \times 1.5 = 11.0 \text{kN}$

해답 ②

36 부차적손실이 $H = K\dfrac{V^2}{2g}$인 관의 상당길이 L_e는? (단, d는 관지름, f는 관마찰계수, K는 부차손실계수)

① $\dfrac{K \cdot d}{f}$　　② $\dfrac{f}{K \cdot d}$

③ $\dfrac{f \cdot K}{d}$　　④ $\dfrac{d}{f \cdot K}$

해설 **상당관길이**(L_e)

$$L_e = \dfrac{Kd}{f}$$

$\Delta h_L(\text{m}) = k\dfrac{u^2}{2g}$ 또는 $\Delta h_L(\text{m}) = f \times \dfrac{l}{D} \times \dfrac{u^2}{2g}$

$\therefore\ k\dfrac{u^2}{2g} = \dfrac{flu^2}{2gD}\quad l_e = \dfrac{Kd}{f}$

※ **상당관길이** : 관부속품을 동일구경, 동일유량에 대하여 같은 크기의 마찰손실을 갖는 직관의 길이

해답 ①

37 다음 설명 중 틀린 것은?

① 흡입배관에서의 마찰손실 수두를 작게 하면 펌프의 공동현상을 방지할 수 있다.
② 배관의 직경을 크게 하고 유속을 낮게 하면

수격작용을 방지할 수 있다.
③ 흡수면에서 최상층 송출 수면까지의 수직거리를 전양정이라 한다.
④ 특성이 같은 원심펌프 2대를 직렬로 설치하면 양정을 높일 수 있다.

해설 ③ 흡수면에서 최상층 송출 수면까지의 수직거리를 실양정이라 한다.

해답 ③

38 다음은 어떤 열역학적 법칙을 설명한 것인가?

> 온도가 서로 다른 물체를 접촉시키면 높은 온도를 지닌 물체의 온도가 내려가고(열을 방출), 낮은 온도의 물체는 온도가 올라가서(열을 흡수) 두 물체는 온도차가 없어지게 된다.

① 열역학 제3법칙 ② 열역학 제2법칙
③ 열역학 제1법칙 ④ 열역학 제0법칙

해설 열역학 법칙
① 열역학 제0법칙(열의 평형법칙)
　열평형상태에 있는 물체의 온도는 같다.
　(온도계의 원리)
② 열역학 제1법칙(에너지보존의 법칙)
　㉠ 열과 일은 서로 교환이 가능하다.
　㉡ 열전달의 총합은 이루어진 일의 총합과 같다.
③ 열역학 제2법칙
　㉠ 열은 스스로 저온에서 고온으로 이동 불가
　㉡ 효율이 100%인 열기관은 없다.
　㉢ 자발적인 반응은 비가역적이다.
　㉣ 엔트로피는 증가하는 쪽으로 흐른다.

해답 ④

39 수평으로 설치된 안지름 D, 길이 L의 곧은 원관 내에 체적 유량 Q의 유체가 흐를 때 손실수두는? (단, 관마찰계수는 f이고 중력 가속도는 g이다.)

① $\dfrac{4fLQ^2}{\pi^2 gD^4}$ ② $\dfrac{8fLQ^2}{\pi^2 gD^4}$

③ $\dfrac{4fLQ^2}{\pi^2 gD^5}$ ④ $\dfrac{8fLQ^2}{\pi^2 gD^5}$

해설 수평원관에서 마찰손실
$$\Delta h_L(\text{m}) = \frac{8fLQ^2}{\pi^2 gD^5}$$

해답 ④

40 공기 1kg을 절대압력 100kPa, 체적 0.85m³의 상태로부터 절대압력 500kPa, 온도 300℃로 변환시켰다면, 상승된 온도는 얼마인가? (단, 공기의 기체상수는 287J/kg·K이다.)

① 0℃   ② 277℃
③ 296℃   ④ 376℃

해설 이상기체 상태방정식
$$PV = WRT$$
P : 압력(kPa)　　V : 부피(m³)
W : 무게(kg)　　M : 분자량
R : 기체상수(kJ(kN·m)/kg·K)
T : 절대온도(273+t℃)K

① $p = 100\text{kPa} = 100\text{kN/m}^2$
② $V = 0.85\text{m}^3$
③ $R = 287\text{J/kg·K} = 0.287\text{kJ/kg·K}$
④ $PV = WRT$ 에서
⑤ $T = \dfrac{PV}{WR} = \dfrac{100 \times 0.85}{1 \times 0.287} = 296\text{K}$
⑥ $t(\text{℃}) = 296 - 273 = 23\text{℃}$
⑦ 상승된 온도 계산
　$\Delta t(\text{℃}) = 300\text{℃} - 23\text{℃} = 277\text{℃}$

해답 ②

제3과목 소방관계법규

41 소방안전관리대상물의 관계인이 소방안전관리자를 선임한 때에는 선임한 날부터 며칠 이내에 관할 소방본부장 또는 소방서장에게 신고하여야 하는가?

① 7일　　② 14일
③ 21일　④ 30일

해설 (화재예방법 제26조) 소방안전관리자 선임신고 등
소방안전관리대상물의 관계인이 **소방안전관리자** 또는 소방안전관리보조자를 **선임한 경우**에는 행정안전부령으로 정하는 바에 따라 선임한 날부터 **14일 이내에 소방본부장 또는 소방서장에게 신고**

(화재예방법 제24조) 소방안전관리자 업무
(1) **소방계획서의 작성 및 시행**
(2) **자위소방대** 및 초기대응체계의 **구성 · 운영 · 교육**
(3) 피난시설, 방화구획 및 방화시설의 **관리**
(4) 소방시설, **소방 관련시설의 관리**
(5) **소방훈련 및 교육**
(6) 화기 취급의 **감독**
(7) 소방안전관리에 관한 **업무수행 기록 · 유지**
(8) 화재발생 시 **초기대응**
(9) 소방안전관리에 **필요한 업무**

해답 ②

42 소화설비, 경보설비, 피난구조설비, 소화용수설비, 소화활동설비 등을 총칭하는 용어로 규정된 것은?

① 방화시설　② 소방시설
③ 소화시설　④ 방재시설

해설 소방시설법 제2조(정의)
① "소방시설"이란 소화설비, 경보설비, 피난구조설비, 소화용수설비, 그 밖에 소화활동설비로서 대통령령으로 정하는 것
② "소방시설등"이란 소방시설과 비상구, 그 밖에 소방 관련 시설로서 대통령령으로 정하는 것
③ "특정소방대상물"이란 소방시설을 설치하여야 하는 소방대상물로서 대통령령으로 정하는 것
③ "소방용품"이란 소방시설 등을 구성하거나 소방용으로 사용되는 제품 또는 기기로서 대통령령으로 정하는 것

해답 ②

43 소방력(消防力)의 기준에 관한 사항으로 옳지 않은 것은?

① 소방기관이 소방업무를 수행하는데 필요한 인력과 장비 등에 관한 기준이다.
② 소방본부장은 관할구역 내의 소방력 확충을 위하여 필요한 계획을 수립 시행한다.
③ 소방자동차 등 소방장비의 분류 · 표준화와 그 관리에 관한 사항이 포함된다.
④ 소방력의 기준은 행정안전부령으로 정한다.

해설 기본법 제8조(소방력의 기준 등)
① 소방기관이 소방업무를 수행하는 데에 필요한 인력과 장비 등에 관한 기준은 행정안전부령으로 정한다.
② 시 · 도지사는 소방력의 기준에 따라 관할구역의 소방력을 확충하기 위하여 필요한 계획을 수립하여 시행하여야 한다.
③ 소방자동차 등 소방장비의 분류 · 표준화와 그 관리 등에 필요한 사항은 따로 법률에서 정한다.

기본법시행령 제2조
(국고보조 대상사업의 범위와 기준보조율)
① 소방활동장비 및 설비의 구입 및 설치
　㉠ 소방자동차
　㉡ 소방헬리콥터 및 소방정
　㉢ 소방전용통신설비 및 전산설비
　㉣ 그밖에 방화복 등 소방활동에 필요한 소방장비
② 소방관서용 청사의 건축

해답 ②

44 다음 중 2급 소방안전관리대상물의 소방안전관리자의 선임대상으로 부적합한 것은?

① 위험물산업기사 또는 위험물기능사 자격을 가진 사람

② 소방공무원으로 3년 이상 근무한 경력이 있는 사람
③ 경찰공무원으로 2년 이상 근무한 경력이 있는 사람
④ 2급 소방안전관리자 시험에 합격한 사람

해설 화재예방법 시행령 제25조 제1항의 별표4 (소방안전관리자의 선임자격)
(1) 특급 소방안전관리자 선임자격
   ① 소방기술사 또는 소방시설관리사
   ② 소방설비기사 : 5년 이상 1급 실무경력
   ③ 소방설비산업기사 : 7년 이상 1급 실무경력
   ④ 소방공무원 : 20년 이상
   ⑤ 특급 소방안전관리 시험에 합격한 사람
(2) 1급 소방안전관리자 선임자격
   ① 소방설비기사 또는 소방설비산업기사
   ② 소방공무원 : 7년 이상
   ③ 1급 소방안전관리 시험에 합격한 사람
   ④ 특급 또는 1급 자격증 발급받은 사람
(3) 2급 소방안전관리자 선임자격
   ① 위험물(기능장·산업기사 또는 기능사)
   ② 소방공무원 : 3년 이상
   ③ 2급 소방안전관리 시험에 합격한 사람
   ④ 「특별조치법」에 따라 선임된 사람
   ⑤ 특급, 1급, 2급 자격증 발급받은 사람
(4) 3급 소방안전관리자 선임자격
   ① 소방공무원 : 1년 이상
   ② 3급 소방안전관리 시험에 합격한 사람
   ③ 「특별조치법」에 따라 선임된 사람
   ④ 특급, 1급, 2급, 3급 자격증 발급받은 사람

해답 ③

45 소방시설설치유지 및 안전관리에 관한 법률시행령에서 규정하는 소방용품 중 소화설비를 구성하는 제품 또는 기기에 해당하지 않는 것은?

① 방염제　　② 소화기
③ 소방호스　④ 송수구

해설 소방시설법 시행령 제6조 [별표 3] 소방용품(제6조 관련)
(1) 소화설비를 구성하는 제품 또는 기기
   ① 소화기구(소화약제 외의 것을 이용한 간이소화용구는 제외)
   ② 자동소화장치
   ③ 소화설비를 구성하는 소화전, 관창, 소방호스, 스프링클러헤드, 기동용수압개폐장치, 유수제어밸브 및 가스관선택밸브
(2) 경보설비를 구성하는 제품 또는 기기
   ① 누전경보기 및 가스누설경보기
   ② 경보설비를 구성하는 발신기, 수신기, 중계기, 감지기 및 음향장치(경종만 해당)
(3) 피난구조설비를 구성하는 제품 또는 기기
   ① 피난사다리, 구조대, 완강기(간이완강기 및 지지대를 포함한다)
   ② 공기호흡기(충전기를 포함한다)
   ③ 유도등 및 예비전원이 내장된 비상조명등
(4) 소화용으로 사용하는 제품 또는 기기
   ① 소화약제(소화설비용에 한한다)
   ② 방염제(방염액·방염도료 및 방염성물질)
(5) 그 밖에 행정안전부령으로 정하는 소방 관련 제품 또는 기기

해답 ①

46 상주 공사감리를 하여야 하는 특정소방대상물의 일반적인 연면적 기준은? (단, 아파트는 제외한다.)

① 연면적 5000m² 이상
② 연면적 1만m² 이상
③ 연면적 2만m² 이상
④ 연면적 3만m² 이상

해설 (공사업법 제9조의 별표3) 상주공사감리 대상

종류	대　　상
상주 공사 감리	① 연면적 3만m² 이상의 특정 소방대상물 (아파트는 제외) ② 지하층을 포함한 층수가 16층 이상으로서 500세대 이상인 아파트
일반 공사 감리	상주공사감리에 해당하지 아니하는 소방시설

해답 ④

47 다음 중 경보설비에 해당하는 것은?

① 무선통신보조설비　② 비상방송설비
③ 비상콘센트설비　　④ 연소방지설비

해설 (소방시설법 시행령 제3조의 별표 1)
소방시설의 종류 ★★★(필수암기)★★★

소방시설	종 류
소화설비	① 소화기구 ② 자동소화장치 ③ 옥내소화전설비 ④ 옥외소화전설비 ⑤ 스프링클러설비등 ⑥ 물분무등 소화설비
경보설비	① 단독경보형 ② 비상경보 ③ **시각경보기** ④ 자동화재탐지 ⑤ 화재알림 ⑥ 비상방송 ⑦ 자동화재속보 ⑧ 통합감시 ⑨ 누전경보기 ⑩ 가스누설경보기

피난구조
설비
	① 피난기구(피난사다리, 구조대, 완강기)
	② 인명구조기구
	  (방열복, 방화복, 공기호흡기, 인공소생기)
	③ 유도등(피난유도선, 피난구유도등, 통로유
	  도등, 객석유도등, 유도표지)
	④ 비상조명등 및 휴대용비상조명등

소화 용수설비	① 상수도소화용수설비 ② 소화수조·저수조 그 밖의 소화용수설비
소화 활동설비	① 제연설비 ② 연결송수관설비 ③ 연결살수설비 ④ 비상콘센트설비 ⑤ 무선통신보조설비 ⑥ 연소방지설비

해답 ②

48 다음 중 개구부에 관한 사항으로 옳지 않은 것은?

① 개구부의 크기가 반지름 30[cm]이상의 원이 내접할 수 있을 것
② 해당 층의 바닥면적으로부터 개구부 밑부분까지 높이가 1.2[m]이내일 것
③ 개구부는 도로 또는 차량의 진입이 가능한 빈터를 향할 것
④ 화재시 건축물로부터 쉽게 피난할 수 있도록 창살 그 밖의 장애물이 설치되어 있지 않을 것

해설 소방시설법 시행령 제2조(정의)
"**무창층**"이란 지상층 중 다음 각 목의 요건을 모두 갖춘 개구부의 면적의 합계가 해당 층의 바닥면적의 30분의 1 이하가 되는 층
(1) 크기는 지름 50cm 이상의 원이 내접할 수 있는 크기일 것
(2) 해당 층의 바닥면적으로부터 개구부 밑 부분까지의 높이가 1.2m 이내일 것
(3) 도로 또는 차량이 진입할 수 있는 빈터를 향할 것

④ 화재 시 건축물로부터 쉽게 피난할 수 있도록 창살이나 그 밖의 장애물이 설치되지 아니할 것
⑤ 내부 또는 외부에서 쉽게 부수거나 열 수 있을 것

해답 ①

49 소방시설의(설계, 감리업 등)에 대한 설명으로 옳은 것은?

① 등록사항의 변경은 소방본부장 또는 소방서장에게 한다.
② 감리결과의 보고는 소방본부장 또는 소방서장에게 공사가 완료된 날로부터 30일 이내에 하여야 한다.
③ 소방감리업자가 등록이 취소된 경우에는 그 처분 내용을 지체 없이 발주자에게 통보하여야 한다.
④ 소방시설의 구조 및 원리 등에서 공법 등에서 특수한 설계인 경우 한국소방산업기술원에 심의를 요청한다.

해설 소방시설업(설계, 공사, 감리)
① 등록사항의 변경은 시.도지사에게 한다.
② 감리결과의 보고는 소방본부장 또는 소방서장에게 공사가 완료된 날로부터 7일이내에 하여야한다.
③ 소방감리업자가 등록이 취소된 경우에는 그 처분 내용을 지체없이 발주자에게 통보하여야한다.
④ 소방시설의 구조 및 원리 등에서 공법이 특수한 설계인 경우 중앙 소방기술 심의위원회에 심의를 요청한다.

해답 ③

50 화재의 예방 및 안전관리에 관한 법령상 도시의 건물밀집지역 등 화재가 발생할 우려가 높은 지역을 화재예방강화지구로 지정할 수 있는 사람으로 옳은 것은?

① 소방청장
② 소방본부장 또는 소방서장
③ 안전행정부장관
④ 시·도지사

해설 (화재예방법 제18조) 화재예방강화지구의 지정 등
(1) 지정권자 : 시 · 도지사
(2) 화재안전조사 : 소방관서장
(3) 화재안전조사 실시주기 : 연1회 이상
(4) 소방훈련과 교육 : 연1회 이상
(5) 훈련 및 교육통보 : 10일 전까지

화재예방강화지구의 지정대상지역 ★★필수암기★★
① 시장지역
② 공장 · 창고가 밀집한 지역
③ 목조건물이 밀집한 지역
④ 노후 · 불량건축물이 밀집한 지역
⑤ 위험물의 저장 및 처리시설이 밀집한 지역
⑥ 석유화학제품을 생산하는 공장이 있는 지역
⑦ 산업단지
⑧ 소방시설 · 소방용수시설 또는 소방 출동로가 없는 지역
⑨ 물류단지
⑩ 소방관서장이 화재예방강화지구로 인정하는 지역

해답 ④

51 소방시설공사업자가 착공신고한 사항 가운데 중요한 사항이 변경된 경우에 변경신고서를 소방서장 또는 소방본부장에게 변경일로부터 며칠 이내에 신고하여야 하는가?

① 30일   ② 14일
③ 10일   ④ 7일

해설 공사업법 시행규칙 제12조(착공신고 등)
① 소방시설공사업자는 소방시설공사를 하려면 해당 소방시설공사의 착공 전까지 소방본부장 또는 소방서장에게 신고하여야 한다.
② 공사업자는 중요한 사항이 변경된 경우에는 변경일부터 30일 이내에 변경된 해당 서류를 첨부하여 소방본부장 또는 소방서장에게 신고하여야 한다.

해답 ①

52 제4류 위험물의 적응 소화설비와 가장 거리가 먼 것은?

① 옥내소화전설비
② 물분무소화설비
③ 포소화설비
④ 할로젠화합물소화설비

해설 인화성액체(제4류 위험물)의 유류화재
제4류 위험물 중 비수용성인 물질은 옥내소화전설비와 같은 봉상으로 소화할 경우 대부분 물보다 액체비중이 가벼워 물 위로 연소 유류가 퍼지면서 화재면(연소면)이 확대되어 더 위험하다.

해답 ①

53 다음의 특정소방대상물 중 근린생활시설에 해당되는 것은?

① 바닥면적의 합계가 1500m^2인 슈퍼마켓
② 바닥면적의 합계가 1200m^2인 자동차영업소
③ 바닥면적의 합계가 450m^2인 골프연습장
④ 바닥면적의 합계가 400m^2인 공연장

해설 근린생활시설
① 수퍼마켓과 일용품등의 소매점으로서 바닥면적의 합계가 1천m^2 미만인 것
② 탁구장, 테니스장, 체육도장, 체력단련장, 에어로빅장, 볼링장, 당구장, 실내낚시터, 골프연습장, 물놀이형 시설로서 바닥면적의 합계가 500m^2 미만인 것
③ 공연장 또는 종교집회장으로서 바닥면적의 합계가 300m^2 미만인 것
④ 의약품 판매소, 의료기기 판매소 및 자동차영업소로서 바닥면적의 합계가 1천m^2 미만인 것

해답 ③

54 소방안전교육사가 수행하는 소방안전교육의 업무에 직접적으로 해당되지 않는 것은?

① 소방안전교육의 분석
② 소방안전교육의 기획
③ 소방안전관리자 양성교육
④ 소방안전교육의 평가

해설 기본법 제17조의2(소방안전교육사)
① 소방청장은 소방안전교육을 위하여 소방청장이 실시하는 시험에 합격한 사람에게 소방안전교육사 자격을 부여한다.
② 소방안전교육사는 소방안전교육의 기획 · 진행 · 분석 · 평가 및 교수업무를 수행한다.
③ 소방안전교육사 시험의 응시자격, 시험방법,

시험과목, 시험위원, 그 밖에 소방안전교육사 시험의 실시에 필요한 사항은 대통령령으로 정한다.

해답 ③

55 소방안전교육사의 배치 대상별 배치기준으로 옳지 않은 것은?

① 소방청 : 2명 이상 배치
② 소방본부 : 2명 이상 배치
③ 소방서 : 1명 이상 배치
④ 한국소방안전원(본원) : 1명 이상 배치

해설 기본법 시행령(제7조의11관련)[별표 2의3]
소방안전교육사의 배치대상별 배치기준

배치대상	배치기준(단위 : 명)
1. 소방청	2 이상
2. 소방본부	2 이상
3. 소방서	1 이상
4. 한국소방안전원	본회 : 2 이상 시·도지부 : 1 이상
5. 한국소방산업기술원	2 이상

해답 ④

56 소방본부장이나 소방서장이 소방시설공사 완공검사를 위한 현장확인 대상 특정소방 대상물의 범위에 해당하지 않는 것은?

① 운동시설
② 노유자시설
③ 판매시설
④ 업무시설

해설 소방공사업법 시행령 제5조
(완공검사를 위한 현장 확인 대상 특정소방대상물의 범위)

① 문화 및 집회시설, 종교시설, 판매시설, 노유자시설, 수련시설, 운동시설, 숙박시설, 창고시설, 지하상가 및 다중이용업소
② 스프링클러설비등, 물분무등소화설비(호스릴방식 제외)가 설치되는 특정소방대상물
③ 연면적 1만m² 이상이거나 11층 이상인 특정소방대상물(아파트는 제외)
④ 가연성가스를 제조·저장 또는 취급하는 시설 중 지상에 노출된 가연성가스탱크의 저장용량 합계가 1천톤 이상인 시설

해답 ④

57 다음 중 종합점검 점검자의 자격에 해당되지 않는 것은?

① 소방시설관리사가 참여한 경우의 소방시설관리업자
② 소방안전관리자로 선임된 소방시설관리사
③ 소방안전관리자로 선임된 소방기술사
④ 소방안전관리자로 선임된 소방설비기사

해설 (소방시설법 시행규칙 제22조의 별표4)
1. 소방시설등 자체점검의 구분과 대상, 점검자의 자격, 횟수

점검구분	점검 대상	점검자의 자격 (주된 인력)	비고
최초점검	소방시설 등이 신설된 경우	• 등록된 관리사 • 선임된 관리사 또는 기술사	60일 이내
작동점검	3급 대상물	• 관계인 • 선임된 관리사 또는 기술사 • 등록된 관리사 또는 특급점검자	연 1회 이상
	1급 또는 2급 대상물	• 등록된 관리사 • 선임된 관리사 또는 기술사	
종합점검	(1) 스프링클러설비설치 (2) 물분무등 소화설비(호스릴방식 제외) 설치 연면적 5천m² 이상 (3) 단란주점영업과 유흥주점영업, 영화상영관·비디오물감상실업·복합영상물제공업, 노래연습장업, 산후조리업, 고시원업, 안마시술소의 영업장이 설치된 연면적이 2천m² 이상인 것 (4) 제연설비 설치 터널 (5) 공공기관 중 연면적 1,000m² 이상 옥내 또는 자동화재탐지설비 설치. 다만, 소방대 근무 공공기관은 제외	• 등록된 관리사 • 선임된 관리사 또는 기술사	연 1회 이상 (특급 반기별 1회 이상)

2. 소방시설등의 자체점검 결과의 조치 등
  (1) "관리업자등"은 점검이 끝난 날부터 10일 이내에 보고서를 **관계인에게 제출**
  (2) 관계인은 점검이 끝난 날부터 **15일 이내에** 보고서에 이행계획서를 첨부하여 **소방본부장 또는 소방서장에게 보고**

해답 ④

58 소방시설 등록사항의 변경시 시·도지사에게 신고해야 할 사항이 아닌 것은?

① 명칭·상호 또는 영업소의 소재지 변경
② 자산규모 변경
③ 기술인력 변경
④ 대표자 변경

해설 (공사업법 시행규칙 제5조) 등록사항 변경신고사항
① 상호(명칭) 또는 영업소재지 변경
② 대표자 변경
③ 기술인력 변경

해답 ②

59 일반음식점에서 음식조리를 위해 불을 사용하는 설비를 설치하는 경우 지켜야 하는 사항으로 옳지 않은 것은?

① 주방시설에 동물 또는 식물의 기름을 제거할 수 있는 필터를 설치하였다.
② 열이 발생하는 조리기구를 선반으로부터 0.6m 떨어지게 설치하였다.
③ 주방설비에 부속된 배기덕트 재질을 0.2mm 아연도금 강판으로 사용하였다.
④ 가연성 주요 구조부를 단열성이 있는 불연재료로 덮어 씌웠다.

해설 (화재예방법 시행령 제18조 별표1)
음식조리를 위하여 설치하는 설비 관리기준
- 배출덕트는 0.5mm 이상의 아연도금강판
- 조리기구는 반자 또는 선반으로부터 0.6m 이상 떨어지게 할 것
- 조리기구로부터 0.15m 이내의 거리에 있는 가연성 주요 구조부는 단열성이 있는 불연재료로 덮어씌울 것

해답 ③

60 다음 중 과태료 부과 대상이 아닌 것은?

① 소방안전관리자를 선임하지 아니한 자
② 소방훈련 및 교육을 실시하지 아니한 자
③ 피난시설, 방화구획 또는 방화시설의 폐쇄·훼손변경 등의 행위를 한자
④ 소방시설 등의 점검결과를 보고하지 아니한 자

해설 ① 소방안전관리자를 선임하지 아니한 경우 : 300만원 이하의 벌금

소방시설법 제61조(과태료)
300만원 이하의 과태료
(1) 소방시설을 화재안전기준에 따라 설치·관리하지 아니한 자
(2) 공사 현장에 임시소방시설을 설치·관리하지 아니한 자
(3) **피난시설, 방화구획 또는 방화시설의 폐쇄·훼손·변경 등의 행위를 한 자**
(4) 방염대상물품을 방염성능기준 이상으로 설치하지 아니한 자
(5) 점검 결과를 보고하지 아니하거나 거짓으로 보고한 자
(6) 지위승계, 행정처분 또는 휴업·폐업의 사실을 특정소방대상물의 관계인에게 알리지 아니하거나 거짓으로 알린 관리업자

해답 ①

제4과목 소방기계시설의 구조 및 원리

61 대형소화기에 해당되는 소화약제량으로 옳은 것은?

① 강화액 : 50L   ② 기계포 : 15L
③ CO_2 : 40kg   ④ 분말 : 30kg

해설 대형소화기의 기준★★★★★

소화기의 종류	소화약제 충전량
물소화기	80L 이상
포소화기	20L 이상
강화액소화기	60L 이상
할로젠화합물소화기	30kg 이상
이산화탄소소화기	50kg 이상
분말소화기	20kg 이상

[쉬운 암기법] 포강물 (2,6,8 못집고)
              분할탄 (2,3,5 집고)

해답 ④

62 66,000V 이하의 고압의 전기기기가 있는 장소에 물분무헤드를 설치할 경우, 전기기기와 물분무헤드 사이에 얼마 이상의 거리를 두고 설치하여야 하는가?

① 0.7m   ② 1.1m
③ 1.8m   ④ 2.6m

해설 66,000V 이하=66kV 이하
70cm 이상=0.7m 이상

물분무 헤드와 전기기기의 이격거리

전 압(kV)	거리(cm)	전 압(kV)	거리(cm)
66 이하	70 이상	154 초과 181 이하	180 이상
66 초과 77 이하	80 이상	181 초과 220 이하	210 이상
77 초과 110 이하	110 이상	220 초과 275 이하	260 이상
110 초과 154 이하	150 이상		

해답 ①

63 포소화설비의 소화수 원액혼합방식 중 원액탱크 내부에 소화수 원액 격막(bladder)을 설치하여 포소화설비 작동시 소화수 자체압력으로 혼합 공급하는 방식은?

① 프레져(pressure) 푸로포셔너 방식
② 프레져사이드(pressure side) 푸로포셔너 방식
③ 밸런스드(balanced) 푸로포셔너 방식
④ 라인(line) 푸로포셔너 방식

해설 **포소화약제의 혼합장치**
① **펌프 프로포셔너 방식**
(pump proportioner type) (펌프 조합방식)
펌프의 토출관과 흡입관 사이의 배관도중에 설치한 흡입기에 펌프에서 토출된 물의 일부를 보내고, 농도 조정밸브에서 조정된 포 소화약제의 필요량을 포 소화약제 탱크에서 펌프 흡입측으로 보내어 이를 혼합하는 방식

② **프레져 프로포셔너 방식**
(pressure proportioner type) (차압 조합방식)
펌프와 발포기의 중간에 설치된 벤추리관의 벤추리작용과 펌프 가압수의 포 소화약제 저장탱크에 대한 압력에 의하여 포소화약제를 흡입·혼합하는 방식

③ **라인 프로포셔너 방식**
(line proportioner type)(관로 조합방식)
펌프와 발포기의 중간에 설치된 벤추리관의 벤추리 작용에 의하여 포소화약제를 흡입·혼합하는 방식

④ **프레져사이드 프로포셔너 방식**(pressure side proportioner type) (압입 혼합방식)
펌프의 토출관에 압입기를 설치하여 포 소화약제 압입용 펌프로 포소화약제를 압입시켜 혼합하는 방식

해답 ①

64 분말소화설비의 배관에 대한 기준이 틀린 것은?

① 동관을 사용하는 경우 최고사용압력의 1.5배 이상의 압력에 견딜 수 있어야 한다.
② 분말소화설비배관은 전용배관으로 한다.
③ 밸브류는 개폐위치를 표시한다.
④ 축압식의 경우 20℃에서 압력이 2.5MPa 이상 4.2MPa 이하인 것에 있어서는 압력배관용 탄소강관 중 이음이 없는 스케줄 20 이상을 사용한다.

해설 분말소화설비의 배관 설치기준
① 전용으로 할 것
② 강관을 사용하는 경우
  ㉠ 아연도금에 의한 배관용 탄소강관
  ㉡ 축압식은 20℃에서 압력이 2.5MPa 이상 4.2MPa 이하인 것에 있어서는 압력배관용 탄소강관 중 이음이 없는 스케줄 40 이상의 것
③ 동관을 사용하는 경우
   고정압력 또는 최고사용압력의 1.5배 이상의 압력에 견딜 수 있는 것을 사용
④ 밸브류는 개폐위치 또는 개폐방향을 표시한 것

해답 ④

65 물분무 소화설비의 소화 특징이 아닌 것은?

① 증기로 되면 체적이 약 1650배로 팽창하고 연소면을 덮어 산소를 차단한다.
② 유면의 표면에 불연성의 유화(에멀젼)층을 만든다.
③ 물방울이 작고 냉각효과가 좋다.
④ 물에 심하게 반응하는 물질에 상당히 효과적으로 제압한다.

해설 물분무소화설비의 소화특징
① 증기로 되면 체적이 약 1650배로 팽창하고 연소면을 덮어 산소를 차단한다.
② 유면의 표면에 불연성의 유화(에멀젼)층을 만든다.
③ 물방울이 작고 냉각효과가 좋다.
④ 물에 심하게 반응하는 물질에는 절대 방사하면 안된다.

해답 ④

66 스프링클러소화설비의 펌프와 토출측의 체크밸브 사이의 입상관에 반드시 설치되어야 하는 것은?

① 압력계   ② 진공계
③ 스트레이너   ④ 압력챔버

해설 스프링클러설비의 배관
① 펌프의 토출 측에는 압력계를 체크밸브 이전에 펌프토출 측 플랜지에서 가까운 곳에 설치할 것
② 흡입 측에는 연성계 또는 진공계를 설치할 것. 다만, 수원의 수위가 펌프의 위치보다 높거나 수직회전축 펌프의 경우에는 연성계 또는 진공계를 설치하지 아니할 수 있다.

해답 ①

67 차고ㆍ주차장의 부분에 호스릴포소화설비 또는 포소화전설비를 설치할 수 있는 기준 중 틀린 것은?

① 지상 1층으로서 지붕이 없는 부분
② 고가 밑의 주차장 등으로서 주된 벽이 없고 기둥뿐 이거나 주위가 위해방지용 철주 등으로 둘러싸인 부분
③ 옥외로 통하는 개구부가 상시 개방된 구조의 부분으로서 그 개방된 부분의 합계면적이 해당 차고 또는 주차장의 바닥면적의 20% 이상인 부분
④ 완전 개방된 옥상주차장

해설 차고ㆍ주차장의 부분에 호스릴포소화설비 또는 포소화전설비를 설치할 수 있는 경우
① 완전 개방된 옥상주차장 또는 고가 밑의 주차장으로서 주된 벽이 없고 기둥뿐이거나 주위가 위해방지용 철주 등으로 둘러싸인 부분
② 지상 1층으로서 지붕이 없는 부분

해답 ③

68 호스릴옥내소화전설비의 노즐선단의 방수량은 몇 L/min 이상인가?

① 60   ② 80
③ 130   ④ 260

해설 **옥내소화전설비**
① 수원의 양

$$Q(\mathrm{m}^3) = N \times 2.6\,\mathrm{m}^3$$
(호스릴 옥내소화전설비 포함)

Q : 수원의 양(m^3),
N : 가장 많은 층의 옥내소화전개수(최대 2개)

② 펌프의 토출량

$$Q(\mathrm{L/min}) = N \times 130\,\mathrm{L/min}$$
(호스릴 옥내소화전설비 포함)

Q : 펌프의 토출량(L/min)
N : 가장 많은 층의 옥내소화전개수(최대 2개)

해답 ③

69 다음은 특별피난계단의 계단실 및 부속실 제연설비에 관한 화재안전기술기준이다. 틀린 것은?

① 제연설비가 가동되었을 때, 출입구의 개방에 필요한 힘은 110N 이하로 하여야 한다.
② 보충량은 부속실의 수가 20 이하는 1개층 이상, 20을 초과하는 경우에는 2개층 이상의 보충량으로 한다.
③ 급기구는 급기용 수직풍도와 직접 면하는 벽체 또는 천장에 설치해야 한다.
④ 급기구는 옥내와 면하는 출입문으로부터 가능한 가까운 위치에 설치하여야 한다.

해설 **특별피난계단의 계단실 및 부속실 제연설비**
① 제연설비가 가동되었을 경우 출입문의 개방에 필요한 힘은 110N 이하로 하여야 한다.
② 보충량은 부속실의 수가 20이하는 1개층 이상, 20을 초과하는 경우에는 2개층 이상의 보충량으로 한다.
③ 급기구는 급기용 수직풍도와 직접 면하는 벽체 또는 천장에 고정하여 설치 할 것
④ 급기구는 옥내와 면하는 출입문으로부터 가능한 먼 위치에 설치할 것

해답 ④

70 바닥면적이 10,000m² 인 방호공간에 폐쇄형 스프링클러 소화설비를 설치할 경우 몇 개의 습식 유수검지장치가 필요한가?

① 3개　② 4개
③ 5개　④ 2개

해설 **폐쇄형스프링클러설비의 방호구역·유수검지장치**
① 하나의 방호구역의 바닥면적은 3,000m²를 초과하지 아니할 것.
② 하나의 방호구역에는 1개 이상의 유수검지장치를 설치할 것

$$N = \frac{10000\mathrm{m}^2}{3000\mathrm{m}^2} = 3.33\text{개}$$

소수점 이하는 무조건 절상 ∴ 4개

해답 ②

71 연결송수관설비의 가압송수장치를 수동스위치의 조작에 의해 기동되도록 하고자 한다. 이때 수동스위치의 설치기준 중 맞는 것은?

① 수동스위치는 감시제어반과 동력제어반에 설치하여야 한다.
② 수동스위치는 감시제어반을 포함하여 2개 이상의 장소에 설치하여야 한다.
③ 수동스위치는 송수구 부근을 포함하여 2개 이상의 장소에 설치하여야 한다.
④ 수동스위치는 3개 이상 설치하여야 한다.

해설 **연결송수관설비**
① 가압송수장치는 방수구가 개방될 때 자동으로 기동되거나 또는 수동스위치의 조작에 따라 기동되도록 할 것.
② 수동스위치는 2개 이상을 설치하되, 그 중 1개는 송수구의 부근에 설치하여야 한다.
　㉠ 송수구로부터 5m 이내의 보기 쉬운 장소에 바닥으로부터 높이 0.8m이상 1.5m 이하로 설치할 것
　㉡ 1.5mm 이상의 강판함에 수납하여 설치할 것. 이 경우 문짝은 불연재료로 설치할 수 있다.
　㉢ 접지하고 빗물등이 들어가지 아니하는 구조로 할 것

해답 ③

72 스프링클러 설비의 배관에 대한 설명으로 틀린 것은?

① 성능시험배관은 펌프의 토출측에 설치된 체크밸브 이전에서 분기한다.
② 습식스프링클러설비 또는 부압식 스프링클러설비 외의 설비에는 헤드를 향하여 상향으로 수평주행배관의 기울기를 1/500 이상으로 한다.
③ 급수배관에 설치되는 탬퍼스위치는 감시제어반 또는 수신기에서 동작의 유무 확인을 할 수 있어야 한다.
④ 주차장의 스프링클러 설비는 습식 이외의 방식으로 한다.

해설 성능 시험 배관
① 펌프의 성능
  ㉠ 체절운전 시 정격토출압력의 140%를 초과하지 않을 것
  ㉡ 정격토출량의 150%로 운전 시 정격토출압력의 65% 이상

  용어 설명
  • 정격 토출압력 : 소화펌프의 전양정(m)을 전압력으로 환산한 값
  • 정격 토출량 : 소화 펌프의 분당 토출량(L/분)

② 성능시험배관 설치위치
  펌프의 토출측에 설치된 개폐밸브 이전에서 분기하여 직선적으로 설치할 것
③ 유량측정장치를 기준으로 전단직관부에 개폐밸브를 후단직관부에는 유량조절밸브를 설치
④ 유량측정 장치
  ㉠ 성능시험배관의 직관부에 설치
  ㉡ 정격토출량의 175% 이상까지 측정할 수 있는 성능

해답 ①

73 호스릴방식의 분말소화설비에 있어서 하나의 노즐에 대한 소화약제의 종별에 따른 기준량으로 적합하지 않은 것은?

① 제1종 분말: 50kg
② 제2종 분말: 40kg
③ 제3종 분말: 30kg
④ 제4종 분말: 20kg

해설 호스릴방식의 분말소화설비
① 수평거리가 15m 이하가 되도록 할 것
② 개방밸브는 호스릴의 설치장소에서 수동으로 개폐
③ 저장용기는 호스릴을 설치하는 장소마다 설치
④ 호스릴 분말소화설비(노즐당)

종 별	저장량(kg)	방사량(kg/min)
제1종	50	45
제2종, 제3종	30	27
제4종	20	18

⑤ 저장용기에는 보기 쉬운 곳에 적색의 표시등을 설치하고, 이동식 분말 소화설비가 있다는 뜻을 표시한 표지를 할 것

해답 ②

74 제연설비에서 배출풍도 단면의 직경이 300mm인 경우에 배출풍도 강판두께 기준은?

① 0.5mm 이상   ② 0.8mm 이상
③ 1.0mm 이상   ④ 1.3mm 이상

해설 배출풍도의 강판두께

풍도단면의 긴변 또는 직경의 크기	강판두께
450mm 이하	0.5mm 이상
450mm 초과 750mm 이하	0.6mm 이상
750mm 초과 1500mm 이하	0.8mm 이상
1500mm 초과 2250mm 이하	1.0mm 이상
2250mm 초과	1.2mm 이상

해답 ①

75 소화기에는 반드시 호스를 부착하여야 한다. 그러나 호스를 부착하지 아니할 수 있는 경우가 있는데 다음 중 호스를 부착하지 아니할 수 있는 경우 중 틀린 것은?

① 소화약제의 중량이 4kg 이하인 할로젠화물소화기
② 소화약제의 중량이 3kg 이하인 이산화탄소소화기
③ 소화약제의 중량이 2kg 이하의 분말소화기
④ 소화약제의 용량이 5L 이하의 액체계 소화약제 소화기

해설 소화기의 형식승인 및 제품검사의 기술기준 (소화기에 호스를 부착하지 아니할 수 있는 경우)

소화기의 종류	중량
할로젠화합물	4kg 이하
이산화탄소	3kg 이하
분말	2kg 이하
액체계 소화약제	3L 이하

해답 ④

76 포소화설비용 송수구의 설치에 대한 설명이다. 틀린 것은?

① 송수구는 소화작업에 지장을 주지 않는 장소에 설치한다.
② 송수구는 송수압력범위를 표시한 표지를 설치한다.
③ 송수구는 구경 40mm 이상의 쌍구형으로 설치한다.
④ 송수구의 자동배수밸브는 배수로 인하여 피해를 주지 않는 장소에 설치한다.

해설 포소화설비용 송수구 설치기준

① 송수구는 화재층으로부터 지면으로 떨어지는 유리창 등이 송수 및 그 밖의 소화작업에 지장을 주지 아니하는 장소에 설치할 것
② 송수구로부터 포소화설비의 주배관에 이르는 연결배관에 개폐밸브를 설치한 때에는 그 개폐상태를 쉽게 확인 및 조작할 수 있는 옥외 또는 기계실 등의장소에 설치할 것
③ 구경 65mm의 쌍구형으로 할 것
④ 송수구에는 그 가까운 곳의 보기 쉬운 곳에 송수압력범위를 표시한 표지를 할 것
⑤ 포소화설비의 송수구는 하나의 층의 바닥면적이 3,000m²를 넘을 때마다 1개 이상을 설치할 것(5개를 넘을 경우에는 5개로 한다)
⑥ 지면으로부터 높이가 0.5m 이상 1m 이하의 위치에 설치할 것
⑦ 송수구의 가까운 부분에 자동배수밸브(또는 직경 5mm의 배수공) 및 체크밸브를 설치할 것. 이 경우 자동배수밸브는 배관안의 물이 잘 빠질 수 있는 위치에 설치하되, 배수로 인하여 다른 물건 또는 장소에 피해를 주지 아니하여야 한다.
⑧ 송수구에는 이물질을 막기 위한 마개를 씌울 것

해답 ③

77 다음 중 피난기구의 화재안전기술기준에 사용하는 용어의 정의에 포함하는 피난기구는?

① 공기안전매트
② 방열복
③ 공기호흡기
④ 인공소생기

해설 용어의 정의

① **피난사다리** : 화재 시 긴급대피를 위해 사용하는 사다리
② **완강기** : 사용자의 몸무게에 따라 자동적으로 내려올 수 있는 기구중 사용자가 교대하여 연속적으로 사용할 수 있는 것
③ **간이완강기** : 사용자의 몸무게에 따라 자동적으로 내려올 수 있는 기구중 사용자가 연속적으로 사용할 수 없는 것
④ **구조대** : 포지 등을 사용하여 자루형태로 만든 것으로서 화재시 사용자가 그 내부에 들어가서 내려옴으로써 대피할 수 있는 것
⑤ **공기안전매트** : 화재 발생 시 사람이 건축물 내에서 외부로 긴급히 뛰어 내릴 때 충격을 흡수하여 안전하게 지상에 도달할 수 있도록 포지에 공기 등을 주입하는 구조로 되어 있는 것

해답 ①

78 불연성가스 소화설비 또는 분말소화설비에서 국소방출방식에 대한 가장 적합한 설명은?

① 고정시킨 분사헤드로 화재가 발생한 방호대상물에만 직접 소화제를 분사하는 방식이다.
② 내화구조 등의 벽으로 구획된 부분을 1개의 방호대상물로 고정시킨 헤드로 직접 소화제를 분사하는 방식이다.
③ 호스의 선단에 취부된 노즐을 이동해서 방호대상물에 직접 소화제를 분사하는 방식이다.
④ 소화약제 노즐 등을 적재한 차량으로 방호대상물에 접근해서 직접 방호대상물에 소화제를 분사하는 방식이다.

해설 용어의 정의

(1) **전역방출방식** : 소화약제 공급장치에 배관 및 분사헤드 등을 설치하여 밀폐 방호구역 내에 소화약제를 방출하는 방식

(2) 국소방출방식 : 소화약제 공급장치에 배관 및 분사헤드를 등을 설치하여 **직접 화점에 소화약제를 방출하는 방식**
(3) 호스릴방식 : 소화수 또는 소화약제 저장용기 등에 연결된 **호스릴을 이용**하여 사람이 직접 화점에 소화수 또는 소화약제를 방출하는 방식

해답 ①

79 지상 5층인 사무실용도의 소방대상물에 연결송수관설비를 설치한 경우 최소로 설치할 수 있는 방수구의 수는? (단, 방수구는 각 층별 1개의 설치로 충분하고, 소방차 접근이 가능한 피난층은 1개층이다.)

① 2개 ② 3개
③ 4개 ④ 5개

해설 연결송수관설비의 방수구 설치기준
(1) 소방대상물의 층마다 설치할 것. 다만, 다음에 해당하는 층에는 설치하지 아니할 수 있다.
 ① 아파트의 1층 및 2층
 ② 소방차의 접근이 가능하고 소방대원이 소방차로부터 각 부분에 쉽게 도달할 수 있는 피난층
 ③ 송수구가 부설된 옥내소화전을 설치한 소방대상물(집회장·관람장·백화점·도매시장·소매시장·판매시설·공장·창고시설 또는 지하가를 제외한다)로서 다음의 어느 하나에 해당하는 층
  ㉠ 지하층을 제외한 층수가 4층 이하이고 연면적이 $6,000m^2$ 미만인 소방대상물의 지상층
  ㉡ 지하층의 층수가 2 이하인 소방대상물의 지하층
(2) 소방차로부터 각 부분에 쉽게 도달할 수 있는 피난층은 설치제외 대상이므로
N = 5개(층당 1개)−1개(피난층) = 4개

해답 ③

80 이산화탄소 소화설비 저압저장용기 방식 중 용기는 자동 냉동기를 설치하여 일정온도 및 압력을 유지하여야 한다.

① −18℃ 이하에서 약 1.2MPa 이상
② −18℃ 이하에서 약 2.1MPa 이상
③ −20℃ 이하에서 약 1MPa 이상
④ −5℃ 이하에서 약 2.1MPa 이상

해설 이산화탄소 저장용기의 설치 기준
① 저장용기의 충전비

저압식	고압식
1.1~1.4	1.5~1.9

② 저압식 저장용기에는 내압시험압력의 0.64배 내지 0.8배의 압력에서 작동하는 안전밸브와 내압시험압력의 0.8배 내지 내압시험압력에서 작동하는 봉판을 설치할 것
③ 저압식 저장용기에는 액면계 및 압력계와 2.3MPa 이상 1.9MPa 이하의 압력에서 작동하는 압력경보장치를 설치할 것
④ 저압식 저장용기에는 용기내부의 온도가 −18℃ 이하에서 2.1MPa의 압력을 유지할 수 있는 자동냉동장치를 설치할 것
⑤ 저장용기는 고압식은 25MPa 이상, 저압식은 3.5MPa 이상의 내압시험압력에 합격한 것으로 할 것

해답 ②

무료 동영상과 함께하는 소방설비(기계분야) 필기

2024

2024년 3월 CBT 시행
2024년 5월 CBT 시행
2024년 7월 CBT 시행

무료 동영상과 함께하는
소방설비(기계분야) 필기

2024

소방설비산업기사 - 기계분야

2024년 3월 CBT 시행

본 문제는 CBT시험대비 기출문제 복원입니다.

제1과목　소방원론

01 위험물안전관리법령상 품명이 특수인화물에 해당하는 것은?

① 등유　　　　　② 경유
③ 다이에틸에터　④ 휘발유

해설 ① 등유-제4류-제2석유류
② 경유-제4류-제2석유류
③ 다이에틸에터-제4류-특수인화물
④ 휘발유-제4류-제1석유류

제4류 위험물(인화성 액체)

구 분	지정품목	기타 조건 (1atm에서)
특수인화물	이황화탄소, 다이에틸에터	• 발화점이 100℃ 이하 • 인화점 -20℃ 이하이고 비점이 40℃ 이하
제1석유류	아세톤, 휘발유	• 인화점 21℃ 미만.
알코올류	C_1~C_3까지 포화 1가 알코올 (변성알코올 포함)	
제2석유류	등유, 경유	• 인화점 21℃ 이상 70℃ 미만
제3석유류	중유, 크레오소트유	• 인화점 70℃ 이상 200℃ 미만
제4석유류	기어유, 실린더유	• 인화점 200℃ 이상 250℃ 미만
동식물유류	동물의 지육 등 또는 식물의 종자나 과육으로부터 추출한 것으로서 1기압에서 인화점이 250℃ 미만인 것	

※ 제4류 위험물은 인화점에 따라 분류한다.

해답 ③

02 어떤 기체의 확산 속도가 이산화탄소의 2배였다면 그 기체의 분자량은 얼마로 예상할 수 있는가?

① 11　　　　　② 22
③ 44　　　　　④ 88

해설 **기체의 확산속도**

$$\frac{u_1}{u_2} = \sqrt{\frac{M_2}{M_1}}$$

u : 확산속도,　M : 분자량
(1) 어떤 기체의 확산속도 $X = 2$
(2) CO_2의 확산속도 = 1
(3) $\dfrac{2}{1} = \sqrt{\dfrac{44}{X}}$
(4) 양변을 제곱하면
(5) $\dfrac{4}{1} = \dfrac{44}{X}$　∴ $X = 11$

해답 ①

03 다음 중 인체에 가장 강한 독성을 가지고 있는 것은?

① 이산화탄소　② 산소
③ 질소　　　　④ 포스겐

해설 **연소시 발생가스** ★★ 자주출제(필수암기) ★★
① 일산화탄소(CO)
　㉠ 인명피해가 가장 크다.
　㉡ 피속의 헤모글로빈과 결합 산소운반 방해
② 이산화탄소(CO_2)
　자체의 독성은 없고 많은 양을 흡입 시 질식사
③ 아황산가스(SO_2)
　황 함유 물질이 완전 연소 시 발생
④ 황화수소(H_2S)
　황 함유 물질이 불완전 연소 시 발생
⑤ 아크로레인(CH_2CHCHO)
　석유제품, 유지류 연소 시 발생
⑥ 포스겐($COCl_2$)
　독성이 가장 크다.

해답 ④

04 제4류 위험물을 취급하는 위험물제조소에 설치하는 게시판의 주의사항으로 옳은 것은?

① 물기주의 ② 화기주의
③ 화기엄금 ④ 충격주의

해설 (위험물법 시행규칙 제28조의 별표 4)
표지 및 게시판
① 제조소에는 보기 쉬운 곳에 "위험물 제조소"라는 표시를 한 표지를 설치
  ㉠ 표지는 한 변의 길이가 0.3m 이상, 다른 한 변의 길이가 0.6m 이상인 직사각형으로 할 것
  ㉡ 표지의 **바탕은 백색**으로, **문자는 흑색**으로 할 것
② 제조소에는 보기 쉬운 곳에 방화에 관하여 필요한 사항을 게시한 게시판을 설치
  ㉠ 게시판은 한 변의 길이가 0.3m 이상, 다른 한 변의 길이가 0.6m 이상인 직사각형으로 할 것
  ㉡ 게시판에는 저장 또는 취급하는 위험물의 유별·품명 및 저장최대수량 또는 취급최대수량, 지정수량의 배수 및 안전관리자의 성명 또는 직명을 기재할 것
  ㉢ 게시판의 바탕은 백색으로, 문자는 흑색으로 할 것
  ㉣ 주의사항을 표시한 게시판을 설치

제1류 위험물 중 알칼리금속과산화물 제3류 위험물 중 금수성 물질	물기엄금
제2류 위험물(인화성고체 제외)	화기주의
제2류 위험물 중 인화성고체 제3류 위험물 중 자연발화성물품 **제4류 위험물** 제5류 위험물	화기엄금

• 물기엄금 : 청색바탕에 백색문자
• 화기주의, 화기엄금 : 적색바탕에 백색문자

해답 ③

05 연기의 농도가 감광계수로 10일 때의 상황을 옳게 설명한 것은?

① 가시거리는 0.2~0.5m이고 화재 최성기 때의 농도
② 가시거리는 5m이고 어두운 것을 느낄 정도의 농도
③ 가시거리는 20~30m이고 연기감지기가 작동할 정도의 농도
④ 가시거리는 10m이고 출화실에서 연기가 분출할 때의 농도

해설 감광계수와 가시거리

감광계수 (m⁻¹)	가시거리 (m)	상 태
0.1	20~30	연기감지기 작동
0.3	5	피난에 지장
0.5	3	어두움을 느끼기 시작
1.0	1~2	거의 앞이 보이지 않을 정도
10	0.2~0.5	화재 최성기

※ 감광계수 : 연기속을 투과한 빛의 양으로 연기의 농도를 광화학적으로 표시하는 방법이다.

해답 ①

06 복사에 관한 Stefan-Boltzmann의 법칙에서 흑체의 단위표면적에서 단위 시간에 내는 에너지의 총량은 절대온도의 얼마에 비례하는가?

① 제곱근 ② 제곱
③ 3제곱   ④ 4제곱

해설 ① 흑체의 정의
입사하는 모든 복사선을 흡수하는 물체, 즉 흡수 능력이 100%인 물체이다.
② Stefan-Boltzman의 흑체 복사에너지
$$E = \sigma A(T^4 - T_o^4)$$
③ 흑체의 방사도
  ㉠ 단면적에 비례
  ㉡ 절대온도의 4승에 비례
  ㉢ 시간에 비례

해답 ④

07 건축물의 주요구조부가 아닌 것은?

① 기둥 ② 바닥
③ 보   ④ 옥외계단

해설 건축물의 주요 구조부

① 내력벽	② 기둥	③ 바닥
④ 보	⑤ 지붕틀	⑥ 주계단

(어두문자 암기법 : 내주기만하면 바보지)

해답 ④

08 가연성 기체와 공기를 미리 혼합 시킨 후에 연소시키는 연소형태는?

① 확산연소 ② 표면연소
③ 분해연소 ④ 예혼합연소

해설 예혼합연소
① 기체 연료 연소 방식이다.
② 미리 연료(기체 연료)와 공기(1차 공기)를 혼합하여 버너로 공급 연소시키는 방식

해답 ④

09 연소 시 분해연소의 전형적인 특성을 보여줄 수 있는 것은?

① 휘발유 ② 목재
③ 목탄   ④ 나프탈렌

해설 연소의 형태 ★★★자주출제(필수정리)★★★
㉠ 표면연소(surface reaction)
숯, 코크스, 목탄, 금속분
㉡ 증발 연소(evaporating combustion)
파라핀(양초), 황, 나프탈렌, 왁스, 휘발유, 등유, 경유, 아세톤 등 제4류 위험물
㉢ 분해연소(decomposing combustion)
석탄, 목재, 플라스틱, 종이, 합성수지, 중유
㉣ 자기연소(내부연소)
질화면(나이트로셀룰로오스), 셀룰로이드, 나이트로글리세린 등 제5류 위험물
㉤ 확산연소(diffusive burning)
아세틸렌, LPG, LNG 등 가연성 기체
㉥ 불꽃연소 + 표면연소
목재, 종이, 셀룰로오즈류, 열경화성수지

해답 ②

10 피난계획의 일반원칙 중 fail safe 원칙에 해당하는 것은?

① 피난경로는 간단명료할 것
② 두 방향 이상의 피난통로를 확보하여 둘 것
③ 피난수단은 이동식 시설을 원칙으로 할 것
④ 그림을 이용하여 표시를 할 것

해설 Fool proof와 Fail safe
① Fool proof
화재 시 사람의 심리상태는 긴장상태가 되어 인간의 행동특성에 따라 행동하는 것을 고려하여 원시적이고 간단명료하게 배려한 대책을 말한다. 피난 또는 유도표지가 문자보다는 색과 형태를 이용한다든가 피난방향으로 문을 열 수 있도록 하는 것이 이에 속한다.
② Fail safe
피난 시 하나의 수단 또는 방법이 고장 등으로 불가능하더라도 다른 방법에 의하여 피난할 수 있도록 고려하는 것을 말한다. 2방향 이상의 피난통로를 확보한다든가 또는 예비 전원을 확보하는 것이 이에 속한다. 작용하는 것

해답 ②

11 제3종 분말소화약제의 열분해시 발생되는 생성물이 아닌 것은?

① NH_3 ② HPO_3
③ CO_2 ④ P_2O_5

해설 분말약제의 열분해

종별	약제명	착색	열분해 반응식
1종	탄산수소나트륨 중탄산나트륨	백색	270℃ $2NaHCO_3 \rightarrow Na_2CO_3+CO_2+H_2O$ 850℃ $2NaHCO_3 \rightarrow Na_2O+2CO_2+H_2O$
2종	탄산수소칼륨 중탄산칼륨	담회색	190℃ $2KHCO_3 \rightarrow K_2CO_3+CO_2+H_2O$ 590℃ $2KHCO_3 \rightarrow K_2O+2CO_2+H_2O$
3종	제1인산암모늄	담홍색	190℃ $NH_4H_2PO_4 \rightarrow NH_3+H_3PO_4$(인산, 올소인산) 215℃ $2H_3PO_4 \rightarrow H_2O+H_4P_2O_7$(피로인산) 300℃ $H_4P_2O_7 \rightarrow H_2O+2HPO_3$(메타인산)
4종	중탄산칼륨 + 요소	회색	$2KHCO_3+(NH_2)_2CO \rightarrow K_2CO_3+2NH_3+2CO_2$

해답 ③

12 정전기의 축적을 방지하기 위한 대책에 해당되지 않는 것은?

① 접지를 한다.
② 물질의 마찰을 크게 한다.
③ 공기를 이온화한다.
④ 공기의 상대습도를 일정 수준 이상으로 유지한다.

해설 정전기 방지대책
① 접지와 본딩
② 공기를 이온화
③ 상대습도 70% 이상 유지
④ 물질의 마찰을 작게 한다.

해답 ②

13 액체 물 1g이 100℃, 1기압에서 수증기로 변할 때 열의 흡수량은 몇 cal인가?

① 439
② 539
③ 639
④ 739

해설 열량 계산 공식 ★★★

$$Q = mC\Delta t + m\gamma$$

여기서, Q : 열량(cal), m : 질량(g)
C : 비열(cal/g·℃), Δt : 온도차(℃)
γ : 증발(기화)잠열(cal/g)
$Q = 1g \times 539 cal/g = 539 cal$

해답 ②

14 다음 중 증기압의 단위가 아닌 것은?

① mmHg
② kPa
③ N/cm^2
④ cal/℃

해설 압력단위
① Pa(N/m^2)
② dyne/cm^2
③ mbar
④ atm
⑤ mH$_2$O(mAq)
⑥ PSI
⑦ mmHg

해답 ④

15 위험물안전관리법령상 위험물에 속하지 않는 것은?

① 경유
② 질산
③ 수산화칼슘
④ 황린

해설 ① 경유-제4류-제2석유류
② 질산-제6류 위험물
③ 수산화칼슘(Ca(OH)$_2$) = 소석회
④ 황린-제3류 위험물

해답 ③

16 연소의 3요소는 가연물, 산소공급원, 점화원이다. 다음 중 산소공급원이 될 수 없는 것은?

① 염소산칼륨
② 과산화나트륨
③ 질산나트륨
④ 네온

해설 ① ② ③는 제1류위험물(산화성고체)로 열분해 시 산소를 방출한다.

연소의 3요소와 4요소
① 연소의 3요소
　가연물＋산소＋점화원
② 연소의 4요소
　가연물＋산소＋점화원＋순조로운 연쇄반응

불활성기체(주기율표의 18족원소)
① 헬륨(He) ② 네온(Ne) ③ 아르곤(Ar)
④ 크립톤(Kr) ⑤ 크세논(Xe) ⑥ 라돈(Rn)

해답 ④

17 ABC급 분말소화기 약제의 주성분에 해당하는 것은?

① NH$_4$H$_2$PO$_4$
② NaHCO$_3$
③ KHCO$_3$
④ Al$_2$(SO$_4$)$_3$

해설 분말약제의 주성분 및 착색 ★★★★(필수암기)

종별	주성분	약제명	착색	적응화재
제1종	NaHCO$_3$	탄산수소나트륨 중탄산나트륨 중조	백색	B,C
제2종	KHCO$_3$	탄산수소칼륨 중탄산칼륨	담회색	B,C
제3종	NH$_4$H$_2$PO$_4$	제1인산암모늄	담홍색 (핑크색)	A,B,C
제4종	KHCO$_3$ + (NH$_2$)$_2$CO	탄산수소칼륨 ＋요소	회색 (쥐색)	B,C

해답 ①

18 포 소화약제에서 포가 갖추어야 할 구비조건 중 틀린 것은?

① 유동성이 좋아야 한다.
② 비중이 커야 한다.
③ 유면봉쇄성이 좋아야 한다.
④ 내유성이 좋아야 한다.

[해설] 포소화약제의 구비조건
① 유동성이 좋아야한다.
② 비중이 작아야한다.
③ 유면봉쇄성이 좋아야한다.
④ 내유성이 좋아야한다.

[해답] ②

19 물분무소화설비의 주된 소화효과로만 나열된 것은?

① 냉각효과, 질식효과
② 질식효과, 연쇄반응 차단효과
③ 냉각효과, 연쇄반응 차단효과
④ 연쇄반응 차단효과, 희석효과

[해설] 물 분무 소화효과
① 냉각 ② 질식
③ 희석 ④ 유화(에멀젼)

[해답] ①

20 할론 1301 소화약제와 이산화탄소 소화약제의 주된 소화효과를 순서대로 가장 적합하게 나타낸 것은?

① 억제소화 – 질식소화
② 억제소화 – 부촉매소화
③ 냉각소화 – 억제소화
④ 질식소화 – 부촉매소화

[해설] 할론소화약제의 소화효과
① 부촉매효과(억제효과)
② 냉각효과

CO_2의 소화효과
① 질식효과 ② 피복효과 ③ 냉각효과

[해답] ①

제2과목 소방유체역학

21 회전수 1000rpm, 전양정 60m에서 $0.12m^3/s$의 물을 배출하는 펌프의 축 동력이 100kW이다. 이 펌프와 상사인 펌프의 크기가 3배이면서 500rpm으로 운전될 때의 축동력을 구하면 몇 kW인가?

① 2037.5   ② 203.75
③ 3037.5   ④ 4037.5

[해설] 펌프의 상사법칙

① 유량 $Q_2 = Q_1 \times \left(\dfrac{N_2}{N_1}\right) \times \left(\dfrac{D_2}{D_1}\right)^3$

② 양정(압력) $H_2 = H_1 \times \left(\dfrac{N_2}{N_1}\right)^2 \times \left(\dfrac{D_2}{D_1}\right)^2$

③ 동력 $P_2 = P_1 \times \left(\dfrac{N_2}{N_1}\right)^3 \times \left(\dfrac{D_2}{D_1}\right)^5$

$\therefore P_2 = 100 \times \left(\dfrac{500}{1000}\right)^3 \times \left(\dfrac{3}{1}\right)^5 = 3037.5 kW$

[해답] ③

22 물이 담긴 탱크의 밑바닥 옆면에 지름 5mm의 구멍이 뚫렸다. 탱크는 오리피스의 단면에 비하여 무한히 크다. 오리피스 중심으로부터 물이 몇 m 높이로 탱크에 담겨 있을 때 10m/s로 물이 분출되겠는가? (단, 오리피스의 속도계수는 $C_v = 0.9$이다.)

① 5.1   ② 6.3
③ 7.5   ④ 8.7

[해설] 유속 및 속도수두

$$U = C_v \sqrt{2gH} \qquad H = \dfrac{u^2}{2gC_v^2}$$

$U = 10m/s$, $g = 9.8m/s^2$, $C_v = 0.9$

$H = \dfrac{10^2}{2 \times 9.8 \times 0.9^2} = 6.30m$

[해답] ②

23 20°C에서 물이 지름 75mm인 관속을 $1.9 \times 10^{-3} m^3/s$로 흐르고 있다. 이때 레이놀즈수는 얼마 정도인가? (단, 20°C일 때 물의 동점성계수는 $1.006 \times 10^{-6} m^2/s$이다.)

① 1.13×10^4 ② 1.99×10^4
③ 2.83×10^4 ④ 3.21×10^4

해설 레이놀드 수

$$Re No = \frac{Du\rho}{\mu} = \frac{Du}{\nu} = \frac{4Q}{\pi D \nu}$$

① $D = 75mm = 0.075m$

② $Re No = \dfrac{4 \times 1.9 \times 10^{-3}}{\pi \times 0.075 \times 1.006 \times 10^{-6}}$
$= 32063.02 \fallingdotseq 3.21 \times 10^4$

해답 ④

24 그림과 같이 고정된 노즐에서 균일한 유속 $V = 40m/s$, 유량 $Q = 0.2 m^3/s$로 물이 분출되고 있다. 분류와 같은 방향으로 $u = 10m/s$의 일정 속도로 운동하고 있는 평판에 분사된 물이 수직으로 충돌할 때 분류가 평판에 미치는 충격력은 몇 kN인가?

① 4.5 ② 6
③ 44.1 ④ 58.8

해설 ① 노즐의 단면적 계산
$Q = uA$에서 $0.2 m^3/s = 40 m/s \times A$
$A = \dfrac{0.2}{40} = 0.005 m^2$

② 유량계산
$Q = A(u_1 - u_2) = 0.005(40-10) = 0.15 m^3/s$

③ 힘 계산공식
$F(N) = Q(m^3/s) \times \Delta U(m/s) \times \rho(kg/m^3)$
$F(N) = 0.15 m^3/s \times (40-10)m/s \times 1000 kg/m^3$
$= 4500N = 4.5 kN$

해답 ①

25 검사면을 통과하는 유동에 대하여 질량유량 (m)을 $m = \rho A V$로 구할 때 필요한 조건이 아닌 것은? (단, ρ는 밀도, A는 유동 단면적, V는 유체의 속도이다.)

① 검사면은 움직이지 않는다.
② 밀도는 일정하다.
③ 검사면이 원형이다.
④ 유동은 검사면에 수직이다.

해설 질량유량의 필요조건
① 검사면은 움직이지 않는다.
② 밀도는 일정하다.
③ 유동은 검사면에 수직이다.

해답 ③

26 온도차이 ΔT, 열전도율 k, 두께 x, 열전달 면적 A인 벽을 통한 열전달율이 Q이다. 동일한 열전달 면적인 상태에서 온도차이가 2배, 벽의 열전도율이 4배가 되고 벽의 두께가 2배가 되는 경우 열전달율은 몇 배가 되는가?

① 4배 ② 8배
③ 16배 ④ 32배

해설 열전달율의 계산

$$Q = \frac{kA\Delta T}{x}$$

여기서, Q : 열전달율, ΔT : 온도차이
A : 열전달 면적, k : 열전도율
x : 전달되는 판의 두께

① 온도차이가 2배 $T_2 = 2T$
② 열전도율이 4배 $k_2 = 4k$
③ 벽의 두께가 2배 $x_2 = 2x$
④ $Q = \dfrac{4kA2T}{2x} = 4Q$ ∴ 4배

해답 ①

27 그림과 같이 물이 흐르고 있는 관에 설치된 시차 액주계를 보고 A, B 두 지점의 압력차를 구하면 약 몇 kPa인가?

① 2.72　　② 6.73
③ 24.7　　④ 52.5

해설 압력차 계산공식

$$\Delta P = P_1 - P_2 = (r_1 - r_2)R$$

① $\gamma_1 = S \times \gamma_w = 13.6 \times 9.8 \text{kN/m}^3$
　　$= 133.28 \text{kN/m}^3$
② $\gamma_2 = 9.8 \text{kN/m}^3$
③ $R = 200mm = 0.2m$
④ $\Delta P = P_1 - P_2 = (133.28 - 9.8) \times 0.2$
　　$= 24.7 \text{kN/m}^2 (\text{kPa})$

해답 ③

28 깊이를 모르는 물속에서 생성된 직경 1 cm의 공기 기포가 수면으로 부상하여 직경 2 cm로 팽창하였다. 기포 내 온도가 일정하다면 물의 깊이는 몇 m인가? (단, 중력가속도는 10m/s², 대기압은 10^5N/m², 물의 밀도는 1000kg/m³로 가정한다.)

① 70　　② 80
③ 90　　④ 100

해설 보일의 법칙

$$T(\text{온도}) = \text{일정} \quad P_1 V_1 = P_2 V_2$$

일정량의 기체가 차지하는 부피는 압력에 반비례한다.

구의 부피

$$V = \frac{4}{3}\pi r^3$$

① 직경 $d_1 = 1cm$ 일 때 $d_2 = 2cm$

② 반지름 $r_1 = 0.5cm$ 일 때 $r_2 = 1cm$
　　$r_1 : r_2 = 0.5 : 1 = 1 : 2$
③ 물속에서 기포부피
　　$V_1 = \frac{4}{3} \times \pi \times 1^3 = \frac{4\pi}{3}$
④ 수면에서 기포부피
　　$V_2 = \frac{4}{3} \times \pi \times 2^3 = \frac{32\pi}{3}$

$$\therefore \frac{V_2}{V_1} = \frac{\frac{32\pi}{3}}{\frac{4\pi}{3}} = 8 \text{배}$$

⑤ 물의 비중량
　　$\gamma_w = \rho g = 9,800 \text{N/m}^3$
⑥ 대기압을 수두로 환산

$$H_a = \frac{P}{\gamma} = \frac{10^5 \text{N/m}^2}{9,800 \text{N/m}^3} = 10.20m$$

⑦ 물의 깊이
　　$H = H - H_a = 8\text{배} \times 10.2m - 10.2m = 70m$

해답 ①

29 무게가 45000N인 어떤 기름의 체적이 5.63m³일 때 이 기름의 밀도는 몇 kg/m³인가?

① 815.6　　② 803.1
③ 792.9　　④ 781.1

해설 ① 비중량 계산

$$\gamma = \frac{W}{V} = \frac{45,000\text{N}}{5.63\text{m}^3} = 7992.90 \text{N/m}^3$$

② 밀도 계산

$$\rho = \frac{\gamma}{g} = \frac{7992.90 \text{N/m}^3}{9.8 \text{m/s}^2}$$
$$= 815.60 \text{N} \cdot \text{s}^2/\text{m}^4 (\text{kg/m}^3)$$

해답 ①

30 지금 200mm인 수평 원관 내를 어떤 액체가 층류로 흐를 때 관 벽에서의 전단응력이 150Pa이다. 관의 길이가 30m일 때 압력강하 ΔP는 몇 kPa인가?

① 70　　② 80
③ 90　　④ 100

해설 전단응력
① 난류 : 점성계수와 속도구배에 비례
$$\left(\tau = \mu \frac{du}{dy}\right)$$
② 층류 : 중심선에서 0이고 반지름에 비례하면서 관벽으로 갈수록 직선적으로 증가
$$\left(\tau = \frac{\Delta P}{l} \cdot \frac{r}{2}\right)$$
$D=200\text{mm},\ r=100\text{mm}=0.1\text{m}$
$\therefore\ \tau = \frac{\Delta P}{l} \times \frac{r}{2}$ $\quad 150 = \frac{\Delta P}{30} \times \frac{0.1}{2}$
$\Delta P = 90000\text{Pa} = 90\text{kPa}$

해답 ③

31 펌프의 이상 현상 중 허용 흡입수두와 가장 관련이 있는 것은?

① 수온상승 현상 ② 수격 현상
③ 공동 현상 ④ 서징 현상

해설 NPSH(흡입수두)와 캐비테이션(공동현상)의 관계
① 캐비테이션 발생한계 : NPSHav = NPSHre
② 캐비테이션 방지 : NPSHav > NPSHre
③ 설계적용기준 : NPSHav ≧ NPSHre × 1.3

해답 ③

32 피스톤과 실린더로 구성된 밀폐된 용기 내에 일정한 질량의 이상기체가 차 있다. 초기 상태의 압력은 2bar, 체적은 0.5m³이다. 이 시스템의 온도가 일정하게 유지되면서 팽창하여 압력이 1bar가 되었다. 이 과정 동안에 시스템이 한 일은 몇 kJ인가?

① 52.1 ② 57.2
③ 62.7 ④ 69.3

해설 등온과정에서 한 일
$$W = P_1 V_1 \ln \frac{V_2}{V_1}$$
① $P_1 = 2\text{bar} \times \frac{101.325\text{kPa}}{1.013\text{bar}} = 200\text{kPa}$
② $P_2 = 1\text{bar} \times \frac{101.325\text{kPa}}{1.013\text{bar}} = 100\text{kPa}$

③ $P_1 V_1 = P_2 V_2$
$200 \times 0.5 = 100 \times V_2$
$V_2 = 1\text{m}^3$
④ $W = 200\text{kPa} \times 0.5 \times \ln\frac{1}{0.5}$
$= 69.3\text{kN} \cdot \text{m}(\text{kJ})$

해답 ④

33 다음 물질 중 비열이 가장 큰 것은?

① 공기 ② 물
③ 콘크리트 ④ 철

해설 물질별 비열

구 분	공기	물	콘크리트	철
비열(kcal/kg℃)	0.24	1	0.22	0.107

해답 ②

34 전양정이 60m이고, 양수량이 0.032m³/s인 원심펌프의 축동력이 22.4kW이다. 이 펌프의 효율은 얼마인가?

① 119% ② 84%
③ 75% ④ 8.6%

해설 펌프의 축동력
$$P(\text{kW}) = \frac{\gamma \times Q \times H}{E}$$
여기서, γ : 비중량(kN/m³,
물비중량=9.8kN/m³)
Q : 유량(m³/s)
H : 전양정(m)
E : 펌프의 효율(%/100)
① $E = \frac{\gamma \times Q \times H}{P}$
② $E = \frac{9.8 \times 0.032 \times 60}{22.4} \times 100 = 84\%$

해답 ②

35 급격 확대관과 급격 축소관에서 부차적 손실계수를 정의하는 기준속도는?

① 모두 상류속도

② 모두 하류속도
③ 급격 확대관 : 상류속도, 급격 축소관 : 하류속도
④ 급격 확대관 : 하류속도, 급격 축소관 : 상류속도

해설 **부차적 손실계수의 기준속도**
① 급격확대관-상류속도
② 급격축소관-하류속도

해답 ③

36 어떤 관 속의 정압(절대압력)은 294kPa, 온도는 27℃, 공기의 기체상수 $R=287J/kg \cdot K$일 경우, 안지름 250mm인 관 속을 흐르고 있는 공기의 평균 유속이 50m/s이면 공기는 매초 약 몇 kg이 흐르는가?

① 8.4   ② 9.5
③ 10.7   ④ 12.5

해설 **질량유량 계산공식**
$$\overline{m} = Au\rho$$
여기서, A : 질량유량(kg/s), u : 유속(m/s)
ρ : 밀도(kg/m³)

① $P = 294kPa = 294 \times 10^3 Pa$
$J = N \cdot m$, $D = 250mm = 0.25m$

② $\rho = \dfrac{P}{RT} = \dfrac{294 \times 10^3 Pa}{287 N \cdot m/kg \cdot K \times (273+27)K}$
$= 3.4146 kg/m^3$

③ $\overline{m} = Au\rho = \dfrac{\pi}{4} \times 0.25^2 \times 50 \times 3.4146 = 8.38 kg$

해답 ①

37 소화설비용으로 많이 사용하는 유량계에 대한 설명으로 잘못된 것은?

① 유량측정 시 플로트의 변동 폭이 클 때는 최고점의 값을 읽는다.
② 유량계 전 후 배관이 관 부속품(밸브 등)이 근접 설치되어 있으면 안 된다.
③ 유량계의 규격 관경과 실제 관경이 일치하는지 확인해야 한다.
④ 유량계의 설치방향과 유동방향이 일치하는지 확인해야 한다.

해설 **유량계의 설치 및 측정**
① 유량측정 시 플로트의 변동 폭이 클 때에는 중간지점의 값을 읽는다.
② 유량계 전후 배관에 관부속이 근접하여 설치하면 안된다.
③ 유량계의 규격과 실제관경의 일치여부 확인
④ 유량계의 설치방향과 유동방향의 일치여부 확인

해답 ①

38 유체에 대한 일반적인 설명으로 틀린 것은?

① 아무리 작은 전단응력이라도 물질 내부에 전단응력이 생기면 정지상태로 있을 수가 없다.
② 점성이 없고 비압축성인 유체를 이상유체라 한다.
③ 충격파는 비압축성 유체에서는 잘 관찰되지 않는다.
④ 유체에 미치는 압축의 정도가 커서 밀도가 변하는 유체를 비압축성유체라 한다.

해설 **유체의 종류**
① 압축성 유체 : 온도나 압력에 따라 밀도가 변화하는 유체(기체)
② 비압축성 유체 : 온도나 압력에 따라 밀도의 변화가 없는 유체(액체)
③ 점성 유체 : 점성을 가지고 있는 유체 즉 전단응력이 발생하는 유체
④ 비점성 유체 : 점성이 없다고 가정한 유체 즉, 전단응력이 발생하지 않는 가상적인 유체
⑤ 이상유체 : 점성이 없고(마찰손실이 없고) 비압축성인 유체
⑥ 실제유체 : 점성이 있고(마찰손실이 있고) 압축성인 유체

해답 ④

39 직경 2m의 원형 수문이 그림과 같이 수면에서 3m 아래에 30° 각도로 기울어져 있을 때 수문의 자중을 무시하면 수문이 받는 힘은 약 몇 kN인가?

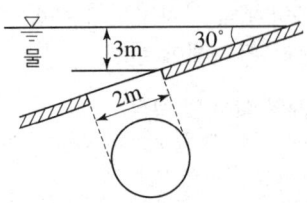

① 106.3　　② 94.2
③ 78.5　　　④ 62.8

해설 수문이 받는 힘

$$F = r\bar{y}\sin\theta\,A$$

① $\gamma_w(물) = 9.8\text{kN/m}^3$, $y = \dfrac{3}{\sin 30°}$

　$\bar{y} = \dfrac{3}{\sin 30°} + \dfrac{2}{2}$, $\theta = 30°$, $A = \dfrac{\pi}{4}\times(2\text{m})^2$

② $F = 9.8\times\left(\dfrac{3}{\sin 30}+\dfrac{2}{2}\right)\times\sin 30\times\dfrac{\pi}{4}\times 2^2$

　 $= 106.34\text{kN}$

해답 ①

40 압력이 100kPa abs이고 온도가 55℃인 공기의 밀도는 몇 kg/m³인가? (단, 공기의 기체상수는 287J/kg·K이다.)

① 12.0　　② 24.2
③ 1.06　　④ 2.14

해설 완전기체방정식

$$PV = WRT \qquad \dfrac{W}{V} = \dfrac{P}{RT}$$

① $\rho(밀도) = \dfrac{P}{RT}$

② $P = 100\text{kPa} = 100\times10^3\text{pa}(\text{N/m}^2)$

③ $1\text{J} = 1\text{N}\cdot\text{m}$

④ $\rho = \dfrac{100\times10^3\text{Pa}}{287\text{N}\cdot\text{m/kg}\cdot\text{K}\times(273+55)\text{K}}$

　 $= 1.06\text{kg/m}^3$

해답 ③

제3과목 소방관계법규

41 전문소방시설공사업의 법인인 경우 자본금기준은 얼마인가?

① 5천만원 이상　② 1억원 이상
③ 2억원 이상　　④ 3억원 이상

해설 소방시설공사업의 등록기준 및 영업범위★★★

종류		기술인력 및 자본금	영업범위
전문		(1) 주인력 : 기술사 또는 기사(기계+전기)1인 이상 (2) 보조인력 : 2인 이상 법인 : 1억원 이상 개인 : 1억원 이상	• 모든 특정소방대상물
일반	기계	(1) 주인력 : 기술사 또는 기사(기계분야)1인 이상 (2) 보조인력 : 1인 이상 법인 : 1억원 이상 개인 : 1억원 이상	• 연면적1만m² 미만 • 위험물제조소등
	전기	(1) 주인력 : 기술사 또는 기사(전기분야) 1인 이상 (2) 보조인력 : 1인 이상 법인 : 1억원 이상 개인 : 1억원 이상	• 연면적1만m² 미만 • 위험물제조소등

해답 ②

42 소방안전관리자를 해임한 경우 해임한 날로부터 며칠 이내에 재선임하여야 하는가?

① 7일　　　② 15일
③ 30일　　 ④ 60일

해설 (화재예방법 시행규칙 제14조)
소방안전관리자의 선임신고 등
관계인은 30일 이내에 선임
① 사용승인일
② 증축공사의 사용승인일 또는 용도변경 사실을 기재한 날
③ 권리를 취득한 날 또는 선임 안내를 받은 날
④ 관리의 권원이 분리되거나 조정한 날
⑤ 해임하거나 퇴직한 날
⑥ 소방안전관리업무 대행이 끝난 날
⑦ 자격이 정지 또는 취소된 날

해답 ③

43 하자보수 대상 소방시설의 하자보수 보증기간이 다음 중 다른 것은?

① 자동소화장치
② 비상경보설비
③ 무선통신보조설비
④ 유도등 및 유도표지

해설 (공사업법 시행령 제6조)
하자보수대상 소방시설과 하자보수보증기간

보증기간	소방시설
2년	① 피난기구 ② 유도등 ③ 유도표지 ④ 비상경보설비 ⑤ 비상조명등 ⑥ 비상방송설비 ⑦ 무선통신보조설비
3년	① 자동소화장치 ② 옥내 ③ 옥외 ④ 스프링클러 ⑤ 간이스프링클러 ⑥ 물분무등 ⑦ 자동화재탐지설비 ⑧ 상수도소화용수설비 ⑨ 소화활동설비(무선통신보조설비 제외)

해답 ①

44 소방업무에 필요한 경비의 일부를 보조하는 국고보조 대상사업의 범위가 아닌 것은?

① 소화활동설비   ② 소방자동차
③ 소방정   ④ 소방전용통신설비

해설 (기본법 제8조) 소방력의 기준 등
(1) 소방력에 관한 기준 : 행정안전부령
(2) 소방장비 등에 대한 국고보조 : 대통령령

국고보조의 대상 및 기준
(1) 소방활동장비 및 설비
　① 소방자동차
　② 소방헬리콥터 및 소방정
　③ 소방전용통신설비 및 전산설비
　④ 그 밖에 방화복 등 소방활동에 필요한 소방장비
(2) 소방관서용 청사의 건축

해답 ①

45 소방안전관리자를 선임하여야 하는 특정소방대상물 중 1급 소방안전관리대상물의 일반적 기준에 해당하지 않는 것은?

① 연면적 15000m² 이상인 것
② 특정소방 대상물로서 층수가 11층 이상인 것
③ 물분무 등 소화설비를 설치하는 특정소방대상물
④ 가연성 가스를 1000톤 이상 저장ㆍ취급하는 시설

해설 소방안전관리자를 두어야 하는 특정소방대상물
(1) 특급 소방안전관리대상물
　① 50층 이상(지하층 제외)이거나 지상 200m 이상 **아파트**
　② 30층 이상(지하층 포함)이거나 지상 120m 이상(**아파트 제외**)
　③ 연면적 10만m² 이상(**아파트 제외**)
(2) 1급 소방안전관리대상물
　① 30층 이상(지하층 제외)이거나 지상 120m 이상 **아파트**
　② 연면적 1만5천m² 이상(아파트 및 연립주택 제외)
　③ 층수가 11층 이상(아파트 제외)
　④ 가연성 가스 1천톤 이상
(3) 2급 소방안전관리대상물
　① 옥내, 스프링, 물분무등(호스릴 방식 제외) 소화설비 설치대상
　② 가연성 가스 100톤 이상 1천톤 미만
　③ 지하구
　④ 공동주택
　⑤ 보물 또는 국보로 지정된 목조건축물
(4) 3급 소방안전관리대상물
　간이스프링클러설비 또는 자동화재탐지설비 설치대상

해답 ③

46 화재의 예방 및 안전관리에 관한 법령상 권원별 소방안전관리자를 선임하여야 하는 특정소방대상물 중 복합 건축물은 지하층을 제외한 층수가 최소 몇 층 이상인 건축물만 해당되는가?

① 6층   ② 11층
③ 20층   ④ 30층

해설 (화재예방법 제35조)
관리의 권원이 분리된 소방안전관리
(총괄소방안전관리자)
(1) 복합건축물(지하층 제외 11층 이상 또는 연면적 3만m² 이상)
(2) 지하가
(3) 판매시설 중 도매시장, 소매시장 및 전통시장

해답 ②

47 화재의 예방 및 안전관리에 관한 법령상 소방청장, 소방본부장 또는 소방서장이 화재안전조사를 하려면 조사대상, 조사기간 및 조사사유 등을 인터넷 홈페이지나 전산시스템 등을 통해 사전에 공개하여야 한다. 이 경우 공개기간은 며칠 이상으로 하는가? (단, 긴급하게 조사할 필요가 있는 경우와 사전에 통지하면 조사목적을 달성할 수 없다고 인정되는 경우는 제외한다.)

① 7
② 10
③ 12
④ 14

해설 화재예방법 시행령 제8조
(화재안전조사의 방법·절차 등)
(1) 화재안전조사 실시 : **소방관서장**
① **종합조사** : 전부를 확인하는 조사
② **부분조사** : 조사 항목 중 일부를 확인하는 조사
(2) 소방관서장은 **조사대상, 조사기간 및 조사사유** 등 조사계획을 인터넷 홈페이지나 전산시스템 등을 통해 **7일 이상** 공개하여야 한다.

해답 ①

48 소방법의 정의에서 소방대상물의 관계인으로 옳지 않은 것은?

① 감리자
② 관리자
③ 점유자
④ 소유자

해설 (기본법 제2조) 용어의 정의
관계인 : 소방대상물의 소유자, 관리자, 점유자
(소+관+점)

해답 ①

49 화재의 확대가 빠른 특수가연물의 품명과 수량의 기준으로 옳지 않은 것은?

① 발포시킨 합성수지류 : 20m³ 이상
② 가연성 액체류 : 2m³ 이상
③ 넝마 및 종이부스러기 : 400kg 이상
④ 볏짚류 : 1000kg 이상

해설 ③ 넝마 및 종이부스러기 : 1,000kg 이상

(화재예방법 시행령 제19조) [별표 2]
특수가연물

품명		수량(이상)
면화류		200kg
나무껍질 및 대팻밥		400kg
넝마 및 종이부스러기, 사류, 볏짚류		1,000kg
가연성고체류		3,000kg
석탄·목탄류		10,000kg
가연성액체류		2m³
목재가공품 및 나무부스러기		10m³
합성수지류	발포시킨 것	20m³
	그 밖의 것	3,000kg

해답 ③

50 건축허가를 함에 있어서 소방본부장 또는 소방서장의 동의를 받아야 하는 건축물 등의 범위에 속하는 것은?

① 승강기 등 기계장치에 의한 주차시설로서 자동차 10대를 주차할 수 있는 시설
② 연면적이 300m²인 업무시설로 사용되는 건축물
③ 차고·주차장으로 사용되는 층 중 바닥면적이 150m²인 건축물
④ 연면적이 200m²인 노유자시설 및 수련시설

해설 (소방시설법 시행령 제7조)
건축허가등의 동의대상물의 범위 등
(1) 연면적 **400m² 이상**
다만, 다음에 해당하는 경우에는 기준 이상
① **학교시설** : 100m²
② **노유자시설 및 수련시설** : 200m²

③ 정신의료기관 : 300m²
④ 장애인 의료재활시설 : 300m²
(2) **지하층** 또는 **무창층** 150m²(공연장 100m²)
(3) **차고·주차장** 또는 주차용도로 사용시설
   ① **차고·주차장** : 200m² 이상
   ② **기계장치**에 의한 **자동차 20대 이상**
(4) **층수가 6층 이상**인 건축물
(5) 항공기격납고, 관망탑, 항공관제탑, 방송용 송수신탑
(6) 공동주택, 의원(입원실, 인공신장실이 있는 것)·조산원·산후조리원, 숙박시설, 위험물 저장 및 처리 시설, 풍력발전소·전기저장시설, 지하구
(7) 노유자시설((1)의 ②에 해당하지 않는 시설)
(8) **요양병원**(의료재활시설은 제외)
(9) **750배** 이상의 **특수가연물**을 저장·취급
(10) **가스시설**로서 지상 노출 탱크 100톤 이상

해답 ④

51 위험물안전관리법상 제1류 위험물의 성질은?

① 산화성액체   ② 가연성고체
③ 금수성물질   ④ 산화성고체

해설 위험물의 분류 및 성질

류별	성 질
제1류	산화성고체
제2류	가연성고체
제3류	자연발화성 및 금수성
제4류	인화성액체
제5류	자기반응성
제6류	산화성액체

해답 ④

52 합성수지류 방염업의 방염처리시설 중 하나 이상의 시설을 갖추어야 하는데 이에 속하지 않는 것은?

① 제조설비   ② 이송설비
③ 성형설비   ④ 가공설비

해설 합성수지류 방염업의 방염처리시설
(1) 제조설비   (2) 가공설비   (3) 성형설비

해답 ②

53 소방청장은 명예직의 소방대원으로 위촉 할 수 있다. 이에 해당되는 사람은?

① 소방기술사
② 소방안전관리자
③ 소방설비기사로서 경력 8년 이상인 사람
④ 소방행정발전에 공로가 있다고 인정되는 사람

해설 (제7조) 소방의 날 제정과 운영 등
소방청장은 다음에 해당하는 사람을 **명예직 소방대원**으로 위촉할 수 있다.
1. 의사상자(義死傷者)
2. 소방행정 발전에 공로가 있다고 인정되는 사람

해답 ④

54 소방시설 설치 및 관리에 관한 법령상 단독경보형 감지기를 설치하여야 하는 특정소방대상물의 기준으로 틀린 것은?

① 수련실내 연면적 2000m² 미만의 기숙사
② 교육연구시설 내 연면적 600m² 미만의 숙박시설
③ 연면적 400m² 미만의 유치원
④ 교육연구시설 또는 수련시설 내에 있는 합숙소 또는 기숙사로서 연면적 2000m² 미만인 것

해설 (소방시설법 시행령 제11조 [별표4])
단독경보형 감지기 설치대상
(1) **교육연구시설** 내에 있는 **기숙사** 또는 **합숙소**로서 연면적 **2천m² 미만**인 것
(2) **수련시설** 내에 있는 **기숙사** 또는 **합숙소**로서 연면적 **2천m² 미만**인 것
(3) **수용인원 100명 이상**에 해당하지 **않는** 수련시설(숙박시설이 있는 것만 해당)
(3) **연면적 400m² 미만**의 유치원
(4) 공동주택 중 연립주택 및 다세대주택

해답 ②

55 소방시설 설치 및 관리에 관한 법상 소방시설 등에 대한 자체점검을 하지 아니하거나 관리업

자 등으로 하여금 정기적으로 점검하게 하지 아니한 자에 대한 벌칙 기준으로 옳은 것은?

① 6개월 이하의 징역 또는 1000만원 이하의 벌금
② 1년 이하의 징역 또는 1000만원 이하의 벌금
③ 3년 이하의 징역 또는 1500만원 이하의 벌금
④ 3년 이하의 징역 또는 3000만원 이하의 벌금

해설 소방시설법 제58조(벌칙)
1년 이하의 징역 또는 1천만원 이하의 벌금
(1) 자체점검을 하지 아니한 자
(2) 소방시설관리사증을 빌려주거나 알선한 자
(3) 동시에 둘 이상의 업체에 취업한 자
(4) 자격정지기간 중에 관리사의 업무를 한 자
(5) 등록증이나 등록수첩을 빌려준 자
(6) 영업정지기간 중에 관리업의 업무를 한 자
(7) 합격표시를 위조 또는 변조하여 사용한 자
(8) 변경승인을 받지 아니한 자
(9) 제품검사표시를 위조, 변조하여 사용한 자
(10) 성능인증의 변경인증을 받지 아니한 자
(11) 우수품질인증 표시를 위조, 변조 사용한 자
(12) 비밀을 다른 사람에게 누설한 자

해답 ②

56 특정소방대상물의 관계인 또는 발주자는 당해 도급계약의 수급인이 도급계약을 해지할 수 있는 경우가 아닌 것은?

① 소방시설업이 영업정지 처분을 받은 때
② 소방시설업이 등록취소 된 경우
③ 소방시설업을 휴업한 때
④ 정당한 사유 없이 20일 이상 소방시설공사를 계속하지 아니하는 때

해설 (공사업법 제23조) 도급계약의 해지
다음의 어느 하나에 해당하는 경우에는 도급계약을 해지할 수 있다.
(1) 소방시설업이 등록취소되거나 영업정지된 경우

(2) 소방시설업을 휴업하거나 폐업한 경우
(3) 정당한 사유 없이 30일 이상 소방시설공사를 계속하지 아니하는 경우
(4) 요구에 정당한 사유 없이 따르지 아니하는 경우

해답 ④

57 소방관서장은 화재예방강화지구 안의 관계인에 대하여 소방상 필요한 훈련 및 교육을 실시하고자 하는 때에는 관계인에게 몇 일전까지 그 사실을 통보하여야 하는가?

① 5일
② 10일
③ 15일
④ 20일

해설 화재예방강화지구의 지정 등(화재예방법 제18조)
(1) 지정권자 : 시 · 도지사
(2) 화재안전조사 : 소방관서장
(3) 화재안전조사 실시주기 : 연1회 이상
(4) 소방훈련과 교육 : 연1회 이상
(5) 훈련 및 교육통보 : 10일 전 까지

화재예방강화지구의 지정대상지역 ★★필수암기★★
① 시장지역
② 공장 · 창고가 밀집한 지역
③ 목조건물이 밀집한 지역
④ 노후 · 불량건축물이 밀집한 지역
⑤ 위험물의 저장 및 처리시설이 밀집한 지역
⑥ 석유화학제품을 생산하는 공장이 있는 지역
⑦ 산업단지
⑧ 소방시설 · 소방용수시설 또는 소방 출동로가 없는 지역
⑨ 물류단지
⑩ 소방관서장이 화재예방강화지구로 인정하는 지역

해답 ②

58 제조소 등의 관계인은 위험물 제조소 등의 화재예방과 화재 등 재해발생시 비상조치를 위해 작성하는 예방규정은 시 · 도지사에게 언제까지 제출하여야 하는가?

① 매년도 10월 30일까지
② 위험물 제조소 등의 허가신청 시 제출
③ 위험물 제조소 등의 사용 시작 전까지 제출
④ 제출의무는 없으며 자체적으로 예방규정 수립

해설 **(위험물법 시행령 제15조)**
관계인이 예방규정을 정하여야 하는 제조소 등
(1) 지정수량 10배 이상 제조소
(2) 지정수량 100배 이상 옥외저장소
(3) 지정수량 150배 이상 옥내저장소
(4) 지정수량 200배 이상 옥외탱크저장소
(5) 암반탱크저장소
(6) 이송취급소
(7) 지정수량 10배 이상 일반취급소

(위험물법 제17조) 예방규정
관계인은 예방규정을 정하여 당해 제조소등의 **사용을 시작하기 전에 시ㆍ도지사에게 제출**하여야 한다. 예방규정을 변경한 때에도 또한 같다.

해답 ③

59 위험물을 취급하는 설비에서 정전기를 유효하게 제거하기 위한 방법으로 거리가 먼 것은?

① 접지에 의한 방법
② 자동적으로 압력의 상승을 정지시키는 방법
③ 공기를 이온화하는 방법
④ 공기중의 상대습도를 70% 이상으로 하는 방법

해설 **정전기 방지대책**
(1) 접지와 본딩
(2) 공기를 이온화
(3) 상대습도 70% 이상 유지
(4) 물질의 마찰을 작게 한다.

해답 ②

60 소방관서 종합상황실의 실장이 기록ㆍ관리하여야 하는 내용에 속하지 않는 것은?

① 재난상황이 발생되지 않도록 하기위한 예방관리업무 규정의 제정
② 하급소방기관에 대한 출동지령 또는 동급 이상의 소방기관 및 유관기관에 대한 지원요청
③ 접수된 재난상황을 검토하여 가까운 소방서에 인력 및 장비의 동원을 요청하는 등의 사고수습

④ 화재, 재난ㆍ재해 그 밖에 구조ㆍ구급이 필요한 상황의 발생의 신고접수

해설 **(기본법 시행규칙 제3조)**
종합상황실의 실장의 업무 등
(1) 재난상황 발생의 신고접수
(2) 사고수습
(3) 지원요청
(4) 재난상황의 전파 및 보고
(5) 현장에 대한 지휘 및 피해현황의 파악
(6) 수습에 필요한 정보수집 및 제공

해답 ①

제4과목 소방기계시설의 구조 및 원리

61 연결 송수관의 송수구, 체크밸브, 자동배수밸브의 설치 순서로 맞는 것은?

① 습식의 경우 송수구, 체크밸브, 자동배수밸브의 순으로 설치
② 습식의 경우 송수구, 자동배수밸브, 체크밸브의 순으로 설치
③ 건식의 경우 송수구, 체크밸브, 자동배수밸브의 순으로 설치
④ 건식의 경우 체크밸브, 송수구, 자동배수밸브의 순으로 설치

해설 **연결송수관설비의 설치 기준**
1. 송수구 설치기준
   (1) 연결송수관의 수직배관마다 1개 이상을 설치
   (2) 송수구의 부근에 자동배수밸브 또는 체크밸브 설치순서
      ① 습식 : 송수구 → 자동배수밸브 → 체크밸브(송자체)
      ② 건식 : 송수구 → 자동배수밸브 → 체크밸브 → 자동배수밸브(송자체자)
2. 배관 설치기준
   (1) 주배관의 구경은 100mm 이상
   (2) **지면으로부터의 높이가 31m 이상인 소방대**

상물 또는 지상 11층 이상인 소방대상물에 있어서는 습식설비로 할 것
3. 방수구 설치기준
   (1) 방수구는 그 소방대상물의 층마다 설치
   (2) 11층 이상의 방수구는 쌍구형
   (3) 방수구의 호스 접결구 설치위치 바닥으로부터 높이 0.5m 이상 1m 이하
   (4) 방수구의 구경 : 65mm의 것
   (5) 방수구는 개폐기능을 가진 것으로 할 것

해답 ②

62 표준형 스프링클러헤드의 감도 특성에 의한 분류 중에서 조기반응(fast response)에 따른 스프링클러헤드의 반응시간지수(RTI)로 적합한 기준은?

① $50(m \cdot s)^{1/2}$ 이하
② $80(m \cdot s)^{1/2}$ 이하
③ $150(m \cdot s)^{1/2}$ 이하
④ $350(m \cdot s)^{1/2}$ 이하

해설 (1) 반응시간지수(RTI)

$$RTI = \tau\sqrt{u}$$

여기서, τ : 감열체의 시간상수(초)
       u : 기류속도(m/s)

기류의 온도, 속도 및 작동시간에 대하여 스프링클러헤드의 반응을 예상한 지수이며 단위는 $(m \cdot s)^{0.5}$이다.

(2) RTI값에 따른 헤드의 분류

종류	RTI값 범위
표준반응형 헤드 (standard response)	81 초과 350 이하
특수반응형 헤드 (special response)	51 초과 80 이하
조기반응형 헤드 (fast response)	50 이하

해답 ①

63 할로겐화합물 및 불활성기체 소화약제의 농도와 관련된 용어 중 NOAEL의 의미는?

① 쥐에 4시간 노출시켰을 때 모두 사망하는 최소 허용농도
② 사망에 이르게 할 수 있는 최소 허용농도
③ 인간의 심장에 영향을 주지 않는 최대 허용농도로서 관찰이 불가능한 부작용 수준
④ 악영향을 감지할 수 있는 최소 허용농도

해설 NOAEL과 LOAEL
(1) NOAEL(No Observed Adverse Effects Level) : 최대무독성량
    시험물질을 시험동물에 투여하였을 때 독성이 나타나지 않은 최대용량
(2) LOAEL(Lowest Observable Adverse Effect Level) : 최소독성용량
    시험물질을 시험동물에 투여하였을 때 독성이 나타나는 최소용량

해답 ③

64 다음 소화기구에 대한 설명 중 틀린 것은?

① 소형소화기는 보행거리 20m 이내가 되도록 배치한다.
② 대형소화기는 보행거리 30m 이내가 되도록 배치한다.
③ 소화기구는 바닥으로부터 1.5m 이하의 위치에 비치해야 한다.
④ 이산화탄소 소화기구는 밀폐된 거실로서 바닥면적이 $20m^2$ 미만의 장소에 설치한다.

해설 이산화탄소 또는 할로겐화합물 소화기구(자동확산 소화기 제외) 설치금지장소
지하층이나 무창층 또는 밀폐된 거실 및 사무실로서 바닥면적이 $20m^2$ 미만인 장소

해답 ④

65 제연설비에 설치되는 다음 기기 중 화재감지기와 연동되지 않아도 되는 것은?

① 가동식의 벽   ② 댐퍼
③ 분배기   ④ 배출기

해설 제연설비
① 가동식의 벽, 제연경계벽, 댐퍼 및 배출기의 작동은 화재감지기와 연동될 것
② 예상제연구역 및 제어반에서 수동으로 기동이 가능할 것

해답 ③

66 분말소화설비에서 축압용가스로 질소가스를 사용할 경우 소화약제 1kg에 대하여 몇 L 이상의 배관청소용 질소가스를 가산하여야 하는가?

① 5　　　　② 10
③ 15　　　④ 20

해설 분말소화설비의 가압용 또는 축압용 가스

구분	질소가스 사용 시	이산화탄소 사용 시
가압용 가스	40L(질소)/1kg(약제) 이상 (35℃, 1기압 기준)	20g(CO_2)/1kg(약제) +배관청소에 필요한 양
축압용 가스	10L(질소)/1kg(약제) 이상 (35℃, 1기압 기준)	20g(CO_2)/1kg(약제) +배관청소에 필요한 양

해답 ②

67 물분무소화설비가 설치된 주차장 바닥의 집수관 소화핏트 등 기름분리장치는 몇 m 이하마다 설치하여야 하는가?

① 10m　　　② 20m
③ 30m　　　④ 40m

해설 물분무소화설비가 설치된 차고·주차장의 배수설비
① 차량이 주차하는 장소의 적당한 곳에 높이 10cm 이상의 경계턱으로 배수구를 설치할 것
② 배수구에는 새어나온 기름을 모아 소화할 수 있도록 길이 40m 이하마다 집수관·소화핏트 등 기름분리장치를 설치할 것
③ 차량이 주차하는 바닥은 배수구를 향하여 2/100 이상의 기울기를 유지할 것
④ 배수설비는 가압송수장치의 최대송수능력의 수량을 유효하게 배수할 수 있는 크기 및 기울기로 할 것

해답 ④

68 연결송수관설비가 설치되는 아파트에 방수구의 적용범위에서 제외될 수 있는 항목은?

① 옥내소화전함이 있는 층
② 아파트 2층
③ 최상층
④ 10층 이하의 층

해설 연결송수관설비의 방수구 설치제외
(1) 아파트의 1층 및 2층
(2) 피난층
(3) 송수구가 부설된 옥내소화전을 설치한 소방대상물(집회장·관람장·백화점·도매시장·소매시장·판매시설·공장·창고시설 또는 지하가를 제외한다)로서 다음에 해당하는 층
① 지하층을 제외한 층수가 4층 이하이고 연면적이 6,000m^2 미만인 소방대상물의 지상층
② 지하층의 층수가 2 이하인 소방대상물의 지하층

해답 ②

69 화재안전기준에 의한 피난기구가 아닌 것은?

① 미끄럼대　　② 피난사다리
③ 구조대　　　④ 엘리베이터

해설 피난기구의 종류
① 피난사다리　　② 구조대
③ 완강기　　　　④ 간이완강기
⑤ 미끄럼대　　　⑥ 피난교
⑦ 피난용트랩　　⑧ 공기안전매트
⑨ 다수인피난장비　⑩ 승강식피난기

해답 ④

70 예상제연구역의 바닥면적이 450m^2이고, 예상제연구역이 직경 40m인 원의 범위를 초과하는 거실의 배출기 최저 풍량은 시간당 몇 m^3 이상이 되어야 하는가?

① 30000m^3　　② 40000m^3
③ 45000m^3　　④ 50000m^3

해설 거실바닥면적 400m^2 이상
1. 직경 40m인 원의 범위 안
　(1) 배출량 40,000m^3/hr 이상
　(2) 제연경계로 구획된 경우

수직거리	배출량
2m 이하	40,000m^3/hr 이상
2m 초과 2.5m 이하	45,000m^3/hr 이상
2.5m 초과 3m 이하	50,000m^3/hr 이상
3m 초과	60,000m^3/hr 이상

2. 직경 40m인 원의 범위를 초과
   (1) 배출량 45,000m³/hr 이상
   (2) 제연경계로 구획된 경우

수직거리	배출량
2m 이하	45,000m³/hr 이상
2m 초과 2.5m 이하	50,000m³/hr 이상
2.5m 초과 3m 이하	55,000m³/hr 이상
3m 초과	65,000m³/hr 이상

   해답 ③

71 물분무 소화설비로서 다음 설명 중 옳지 않은 것은?

① 분사된 물은 표면적이 크기 때문에 열을 흡수하기 쉽다.
② 화원으로 산소공급을 차단하는 질식효과를 가져온다.
③ 분사된 물은 전기적인 절연성이 양호하므로 전기 화재에도 이용 가능하다.
④ 분사된 물은 유화층을 형성하여 유류화재에는 부적당하다.

해설 물분무소화설비의 소화효과
(1) 분사된 물은 표면적이 커 열흡수가 쉽다.
(2) 화원으로 산소공급 차단하여 질식효과가 있다.
(3) 분사된 물은 절연성이 양호하여 전기화재에도 적합하다.
(4) 분사된 물은 유화층을 형성하여 유류화재에 적합하다.

해답 ④

72 폐쇄형 스프링클러 헤드를 사용하는 설비 방식의 종류가 아닌 것은?

① 습식   ② 건식
③ 준비작동식   ④ 일제살수식

해설 스프링클러설비
① 폐쇄형 헤드 : 습식, 건식, 준비작동식, 부압식
② 개방형 헤드 : 일제살수식

해답 ④

73 표준형 스프링클러헤드 보다 기류온도 및 기류 속도가 조기에 반응하여 일정규모 이내의 랙크식 창고를 보호하기 위해 설치하는 헤드로 적합한 것은?

① Residential 스프링클러헤드
② Intermediate Level 스프링클러헤드
③ Dru Type 스프링클러헤드
④ ESFR 스프링클러헤드

해설 ESFR(Early Suppression Fast Response) : 조기반응형헤드
표준형 스프링클러헤드보다 기류온도 및 기류속도에 빠르게 반응하는 헤드

감도에 따른 분류	RTI값 범위
표준반응형 헤드	81 초과 350 이하
특수반응형 헤드	51 초과 80 이하
조기반응형 헤드	50 이하

해답 ④

74 어떤 소방대상물의 지하층에 2개, 1층 2층에 각각 4개, 3층 4층에 각각 3개씩 옥내소화전이 설치되어 있다. 수원의 저수량은? (단, 옥상수조는 생략한다.)

① 5.2m³ 이상   ② 7.8m³ 이상
③ 10.4m³ 이상   ④ 13m³ 이상

해설 옥내소화전설비의 수원의 양
① 29층 이하
$$Q(\mathrm{m}^3) = N_1 \times 2.6\mathrm{m}^3$$
② 30층 이상 49층 이하
$$Q(\mathrm{m}^3) = N_2 \times 5.2\mathrm{m}^3$$
③ 50층 이상
$$Q(\mathrm{m}^3) = N_3 \times 7.8\mathrm{m}^3$$
여기서, Q : 수원의 양(m^3)
N : 가장 많은 층의 옥내소화전개수
(N_1 : 최대2개, N_2, N_3 : 최대5개)
$Q(\mathrm{m}^3) = 2 \times 2.6\mathrm{m}^3 = 5.2\mathrm{m}^3$ 이상

해답 ①

75 포소화설비의 기동장치에 대한 설명으로 틀린 것은?

① 수동식 기동장치의 조작부는 화재시 쉽게 접근할 수 있는 곳에 설치할 것
② 차고에 설치하는 포소화설비의 수동식 기동장치는 방사구역마다 2개 이상 설치할 것
③ 2 이상의 방사구역을 가진 포소화설비에는 방사구역을 선택할 수 있는 구조로 할 것
④ 호스접결구에는 가까운 곳의 보기 쉬운 곳에 "접결구"라고 표시한 표지를 설치할 것

해설 포소화설비의 수동식 기동장치
(1) 직접조작 또는 원격조작에 따라 가압송수장치·수동식개방밸브 및 소화약제 혼합장치를 기동할 수 있는 것으로 할 것
(2) 2 이상의 방사구역을 가진 포소화설비에는 방사구역을 선택할 수 있는 구조로 할 것
(3) 기동장치의 조작부는 화재 시 쉽게 접근할 수 있는 곳에 설치하되, 바닥으로부터 0.8m 이상 1.5m 이하의 위치에 설치하고, 유효한 보호장치를 설치할 것
(4) 기동장치의 조작부 및 호스 접결구에는 가까운 곳의 보기 쉬운 곳에 각각 "기동장치의 조작부" 및 "접결구"라고 표시한 표지를 설치할 것
(5) 차고 또는 주차장에 설치하는 포소화설비의 수동식 기동장치는 방사구역마다 1개 이상 설치할 것
(6) 항공기격납고에 설치하는 포소화설비의 수동식 기동장치는 각 방사구역마다 2개 이상을 설치하되, 그 중 1개는 각 방사구역으로부터 가장 가까운 곳 또는 조작에 편리한 장소에 설치하고, 1개는 화재감지기의 수신기를 설치한 감시실 등에 설치할 것

해답 ②

76 포소화설비의 구성요소가 아닌 것은?

① 자동개방밸브   ② 클리닝 밸브
③ 혼합장치   ④ 고정포방출구

해설 분말소화설비의 구성요소 : 클리닝밸브

포소화설비의 구성요소
① 자동개방밸브   ② 포 혼합장치
③ 고정포방출구   ④ 펌프 및 배관, 헤드

해답 ②

77 의료시설 용도의 소방대상물 3층에 피난기구를 설치할 때에 가장 부적합한 것은?

① 미끄럼대   ② 피난교
③ 피난로우프   ④ 피난용 트랩

해설 소방대상물의 설치장소별 피난기구의 적응성

구분	1층	2층	3층	4층 이상 10층 이하
노유자시설			미구교다승	구[1]교다승
의료시설·근린생활시설 중 입원실이 있는 의원·접골원·조산원			미트구 교다승	트구 교다승
다중이용업소로서 영업장의 위치가 4층 이하인 다중이용업소		미사구완다승		
그 밖의 것			트공간교 미사구 완다승	공간[2] 교사구 완다승

[비고] 1) 구조대의 적응성은 장애인 관련 시설로서 주된 사용자 중 스스로 피난이 불가한 자가 있는 경우 추가로 설치하는 경우에 한한다.
2) 간이완강기의 적응성은 숙박시설의 3층 이상에 있는 객실에 추가로 설치하는 경우에 한한다.

어두문자 암기방법

피난용트랩 ⇒ 트	피난교 ⇒ 교
피난사다리 ⇒ 사	미끄럼대 ⇒ 미
구조대 ⇒ 구	다수인피난장비 ⇒ 다
승강식피난기 ⇒ 승	완강기 ⇒ 완
간이완강기 ⇒ 간	공기안전매트 ⇒ 공

해답 ③

78 물분무소화설비에서 제어밸브의 설치위치 기준은?

① 바닥으로부터 0.1m 이상 0.4m 이하
② 바닥으로부터 0.5m 이상 0.7m 이하
③ 바닥으로부터 0.8m 이상 1.5m 이하
④ 바닥으로부터 1.6m 이상 1.8m 이하

[해설] 물분무 소화설비의 제어밸브
① 설치위치 : 바닥에서 0.8m 이상 1.5m 이하
② 제어밸브라고 표시한 표지설치

[해답] ③

79 소화능력단위에 의한 분류에서 소형소화기를 올바르게 설명한 것은?

① 능력단위가 1단위 이상이면서 대형소화기의 능력단위 미만인 소화기이다.
② 능력단위가 3단위 이상이면서 대형소화기의 능력단위 미만인 소화기이다.
③ 능력단위가 5단위 이상이면서 대형소화기의 능력단위 미만인 소화기이다.
④ 능력단위가 10단위 이상이면서 대형소화기의 능력단위 미만인 소화기이다.

[해설] 소화기의 능력단위 및 보행거리

구 분	소형소화기	대형소화기
능력단위	1단위 이상 대형소화기 능력단위 미만	① A급 10단위 이상 ② B급 20단위 이상
보행거리	20m 이내	30m 이내

대형소화기의 기준 ★★★★★

소화기의 종류	소화약제 충전량
물소화기	80L 이상
포소화기	20L 이상
강화액소화기	60L 이상
할로젠화합물소화기	30kg 이상
이산화탄소소화기	50kg 이상
분말소화기	20kg 이상

[쉬운 암기법] 포강물(2,6,8) 분할탄(2,3,5)

[해답] ①

80 옥외소화전의 호스연결 직관 노즐에서 피토 게이지(Pitot Gauge) 측정결과 0.27MPa의 방수압력이 되었을 때 유량은? (단, 옥외소화전 직관 nozzle 구경은 1.9cm로 한다.)

① 37.735L/min   ② 387.349L/min
③ 38.735L/min   ④ 3.874L/min

[해설] 피토게이지의 방수량 계산

$$Q = 0.653 D^2 \sqrt{10P}$$

여기서, Q : 방수량(L/min)
D : 노즐내경(mm)
P : 방사압(MPa)

① 1.9cm = 19mm
② $Q = 0.653 \times 19^2 \sqrt{10 \times 0.27} = 387.35 \text{L/min}$

[해답] ②

소방설비산업기사 – 기계분야
2024년 5월 CBT 시행

본 문제는 CBT시험대비 기출문제 복원입니다.

제1과목 소방원론

01 불꽃의 색깔에 의한 온도를 측정하였을 때 낮은 온도에서부터 높은 온도의 순서로 나열한 것은?

① 암적색, 백적색, 황적색, 휘백색
② 휘백색, 암적색, 백적색, 황적색
③ 암적색, 황적색, 백적색, 휘백색
④ 암적색, 휘백색, 황적색, 백적색

해설 불꽃의 색과 온도

색	담암적색	암적색	적색	황색	황적색	백적색	휘백색
온도(℃)	500	700	850	1050	1100	1300	1500

해답 ③

02 경유 화재시 주수(물)에 의한 소화가 부적당한 이유는?

① 물보다 비중이 가벼워 물 위에 떠서 화재확대의 우려가 있으므로
② 물과 반응하여 유독가스를 발생하므로
③ 경유의 연소열로 산소가 방출되어 연소를 돕기 때문에
④ 경유가 연소할 때 수소가스가 발생하여 연소를 돕기 때문에

해설 제4류 위험물 중 물에 용해되지 않고 **비중이 물보다 가벼운 물질**의 화재시 물을 방사하면 물위로 연소유가 떠다니면서 **화재면을 확대**할 우려가 있으므로 물을 방사하면 안된다.

해답 ①

03 화재시 온도상승이 100℃에서 500℃로 온도가 상승하였을 경우, 500℃의 열복사 에너지는 100℃의 열복사에너지의 약 몇 배가 되겠는가?

① 18.45   ② 22.12
③ 26.03   ④ 30.27

해설 스테판-볼츠만의 법칙

$$Q = aAF(T_1^4 - T_2^4)$$

열복사량은 복사체의 절대온도차의 4승에 비례하고 열전달면적에 비례한다.

여기서, Q : 복사열(kcal/hr)
a : 스테판-볼츠만의 상수
A : 단면적
F : 기하학적 Factor(상수)
T_1 : 고온물체의 절대온도(273+t℃)K
T_2 : 저온물체의 절대온도(273+t℃)K

$$Q = \frac{T_2^4}{T_1^4} = \frac{(273+500)^4}{(273+100)^4} = 18.4 \text{배}$$

해답 ①

04 밀폐된 화재발생 공간에서 산소가 일시적으로 부족하다가 갑작스럽게 공급되면서 폭발적인 연소가 발생하는 현상은?

① 백드래프트   ② 프로스오버
③ 보일오버   ④ 슬롭오버

해설 백드래프트(Back Draft) 현상 ★★
① 정의 : 화재시 가연성가스가 축적되어 있다가 신선한 공기가 유입되면 폭발적 연소와 함께 폭풍을 동반하며 화염이 외부로 분출되는 현상
② 발생시기 : 감쇠기
③ 주요 발생원인 : 산소의 공급

④ 방지대책
 ㉠ 적절한 배연　㉡ 환기
 ㉢ 폭발력의 억제　㉣ 격리

유류저장탱크의 화재 발생현상
① 보일오버　② 슬롭오버　③ 프로스오버

★★★ 요점정리 (필수 암기) ★★★
- 보일 오버(boil over)
  탱크 바닥의 물이 비등하여 유류가 연소하면서 분출
- 슬롭 오버(slop over)
  물이 연소유 표면으로 들어갈 때 유류가 연소하면서 분출
- 프로스 오버(froth over)
  탱크 바닥의 물이 비등하여 유류가 연소하지 않고 분출
- 블레비(BLEVE)
  액화가스 저장탱크 폭발현상

해답 ①

05 다음 중 Halon 1301의 가장 주된 소화효과는?
① 부촉매효과　② 희석효과
③ 냉각효과　④ 제거효과

해설 ① 부촉매 효과
- 부촉매 : 화학적 반응의 속도를 느리게 하는 것
- 부촉매 효과 : 할론소화약제
  (할로젠족원소 : 플루오린(F), 염소(Cl), 브로민(Br), 아이오딘(I))
② 할로젠원소의 부촉매효과 순서
  I > Br > Cl > F
③ 할로젠원소의 반응력세기
  F > Cl > Br > I

해답 ①

06 다음 중 발화의 위험이 가장 낮은 것은?
① 트라이에틸알루미늄
② 팽창질석
③ 수소화리튬
④ 황린

해설 ① 트라이에틸알루미늄-제3류위험물-금수성
② 팽창질석-소화약제
③ 수소화리튬-제3류위험물-금수성
④ 황린-제3류위험물-자연발화성

해답 ②

07 건축물의 주요구조부가 아닌 것은?
① 내력벽　② 지붕틀
③ 보　④ 옥외계단

해설 건축물의 주요 구조부
① 내력벽　② 기둥　③ 바닥
④ 보　⑤ 지붕틀　⑥ 주계단
(어두문자 암기법 : 내주기만하면 바보지)

해답 ④

08 물의 증발잠열은 약 몇 cal/g인가?
① 79　② 539
③ 750　④ 810

해설 물이 소화약제로 사용되는 이유
- 물의 기화열(539cal/g)이 크기 때문
- 물의 비열(1cal/g℃)이 크기 때문

해답 ②

09 A급화재의 가연물질과 관계가 없는 것은?
① 섬유　② 목재
③ 종이　④ 유류

해설 화재의 분류 ★★★

종류	등급	색표시	주된 소화 방법
일반화재	A급	백색	냉각소화
유류 및 가스 화재	B급	황색	질식소화
전기화재	C급	청색	질식소화
금속화재	D급	–	피복소화

해답 ④

10 연소의 3요소와 4요소의 차이를 제공하는 요소는?
① 가연물　② 산소공급원
③ 점화원　④ 연쇄반응

해설 ① 연소의 3요소
  가연물 + 산소 + 점화원
② 연소의 4요소
  가연물 + 산소 + 점화원 + 순조로운 연쇄반응

해답 ④

11 순수한 액체 탄화수소를 완전 연소시키면 어떤 물질이 발생하는가?

① 산소, 물
② 물, 일산화탄소
③ 일산화탄소, 이산화탄소
④ 이산화탄소, 물

해설 액체탄화수소
① 탄소와 수소로 이루어진 유기화합물의 총칭
② 일반식은 C_nH_m이다.
③ CH로 구성된 탄화수소가 **완전연소**하면 **이산화탄소와 물이 생성**된다.

해답 ④

12 프로판 가스의 증기 비중은 약 얼마인가? (단, 공기의 분자량은 29이고, 탄소의 원자량은 12, 수소의 원자량은 1이다.)

① 1.37
② 1.52
③ 2.21
④ 2.51

해설 증기비중 ★★자주출제★★
- 공기의 평균 분자량 = 29
- 증기비중 = $\dfrac{M(분자량)}{29(공기평균분자량)}$

① 프로판가스의 주성분은 프로판(C_3H_8)이다.
② 분자량 = $12 \times 3 + 1 \times 8 = 44$
③ 증기비중 = $\dfrac{44}{29} ≒ 1.52$

해답 ②

13 부피비로 메탄 80%, 에탄 15%, 프로판 4%, 부탄 1%인 혼합기체가 있다. 이 기체의 공기 중에서의 폭발하한계는 약 몇 vol%인가? (단, 공기 중 단일 가스의 폭발하한계는 메탄 5vol%, 에탄 2vol%, 프로판 2vol%, 부탄 1.8vol%이다.)

① 2.2
② 3.8
③ 4.9
④ 6.2

해설 혼합가스의 폭발한계 ★★

$$\dfrac{V_m}{L_m} = \dfrac{V_1}{L_1} + \dfrac{V_2}{L_2} + \dfrac{V_3}{L_3} + \cdots\cdots + \dfrac{V_n}{L_n}$$

여기서, V_m : 혼합가스의 전체농도(%)
L_m : 혼합가스의 폭발 하한값 또는 폭발 상한값
L : 단일가스의 폭발 하한값 또는 폭발 상한값
V : 단일가스의 부피농도(%)

∴ $L_m = \dfrac{100}{(80/5) + (15/2) + (4/2) + (1/1.8)}$
  $= 3.84\%$

참고 포화탄화수소의 명명법(C_nH_{2n+2})
$n=1$일 때 CH_4 메탄
$n=2$일 때 C_2H_6 에탄
$n=3$일 때 C_3H_8 프로판
$n=4$일 때 C_4H_{10} 부탄
$n=5$일 때 C_5H_{12} 펜탄
[뇌새김 암기법] 메, 에, 프, 부, 펜

해답 ②

14 폴리염화비닐이 연소할 때 생성되는 연소가스에 해당하지 않는 것은?

① HCl
② CO_2
③ CO
④ SO_2

해설 ※ PVC에는 황성분이 없기 때문에 SO_2는 생성될 수 없다.

PVC(poly vinyl chloride)

구성원소가 C, H, Cl로 연소시 발생하는 염화수소(HCl) 가스는 부식성이 강하다.

해답 ④

15 자연발화를 일으키는 원인이 아닌 것은?

① 산화열
② 분해열
③ 흡착열
④ 기화열

해설 자연발화의 형태 ★★★★★
① 산화열에 의한 자연발화
석탄, 건성유, 탄소분말, 금속분, 기름걸레

② 분해열에 의한 자연발화
셀룰로이드, 나이트로셀룰로스, 나이트로글리세린
③ 흡착열에 의한 자연발화
활성탄, 목탄분말
④ 미생물열에 의한 자연발화
퇴비, 먼지

해답 ④

16 제1종 분말소화약제의 주성분은?

① 탄산수소나트륨   ② 탄산수소칼슘
③ 요소   ④ 황산알루미늄

해설 분말약제의 주성분 및 착색★★★★(필수암기)

종 별	주성분	약제명	착 색	적응화재
제1종	$NaHCO_3$	탄산수소나트륨 중탄산나트륨 중조	백색	B,C
제2종	$KHCO_3$	탄산수소칼륨 중탄산칼륨	담회색	B,C
제3종	$NH_4H_2PO_4$	제1인산암모늄	담홍색 (핑크색)	A,B,C
제4종	$KHCO_3$ + $(NH_2)_2CO$	탄산수소칼륨 + 요소	회색 (쥐색)	B,C

해답 ①

17 이산화탄소의 성질에 관한 설명으로 틀린 것은?

① 임계온도는 약 31.35℃이다.
② 증기비중은 약 0.8로 공기보다 가볍다.
③ 전기적으로 비전도성이다.
④ 무색, 무취이다.

해설 CO_2의 물리적 성질
① **무색, 무취**이다.
② 임계온도 : 31.35℃
③ **증기비중은 1.52로 공기보다 무겁다.**
④ **비전도성**이므로 전기화재에 적합하다.
⑤ 허용농도 : 0.5% (5000ppm)
⑥ **삼중점** : 압력 0.53MPa, 온도 -56.3℃에서 고체, 액체, 기체가 공존
⑦ 호흡곤란 : 6% 이상

해답 ②

18 유류화재시 분말소화약제와 병용이 가능하여 빠른 소화효과와 재 착화방지 효과를 기대할 수 있는 소화약제로 다음 중 가장 옳은 것은?

① 단백포소화약제
② 알코올형포소화약제
③ 합성계면활성제포소화약제
④ 수성막포소화약제

해설 (1) **분말약제와 병용이 가능한 포약제**
① Twin 20/20 : CDC(분말)20kg+수성막포20L
② Twin 40/40 : CDC(분말)40kg+수성막포40L

(2) **수성막포 소화약제**
① 불소계통의 습윤제에 합성계면활성제 첨가한 포약제이며 주성분은 불소계 계면활성제
② 미국에서는 AFFF(Aqueous Film Forming Foam)로 불리며 3M사가 개발한 것으로 상품명은 라이트 워터(light water)
③ 저발포용으로 3%형과 6%형이 있다.
④ 분말약제와 겸용이 가능하고 액면하 주입방식에도 사용

해답 ④

19 다음 중 일반적인 소화방법의 분류로 가장 거리가 먼 것은?

① 질식소화   ② 제거소화
③ 냉각소화   ④ 방염소화

해설 소화원리
① 냉각소화 : 가연성 물질을 발화점 이하로 온도를 냉각

물이 소화약제로 사용되는 이유
• 물의 기화열(539kcal/kg)이 크기 때문
• 물의 비열(1kcal/kg℃)이 크기 때문

② 질식소화 : 산소농도를 21%에서 15% 이하로 감소

질식소화 시 산소의 유지농도 : 10~15%

③ 억제소화(부촉매소화, 화학적소화) : 연쇄반응을 억제

• 부촉매 : 화학적 반응의 속도를 느리게 하는 것
• 부촉매 효과 : 할론소화약제
 (할로젠족원소 : 플루오린(F), 염소(Cl), 브로민(Br), 아이오딘(I))

④ 제거소화 : 가연성물질을 제거시켜 소화
- 산불이 발생하면 화재의 진행방향을 앞질러 벌목
- 화학반응기의 화재 시 원료공급관의 밸브를 폐쇄
- 유전화재 시 폭약으로 폭풍을 일으켜 화염을 제거
- 촛불을 입김으로 불어 화염을 제거

⑤ 피복소화 : 가연물 주위를 공기와 차단

해답 ④

20 CO_2소화약제 CO_2사용시 방출 후 방호공간의 산소 부피농도를 구하는 식으로 옳은 식은?

① $\%O_2 = 21\left(\dfrac{\%CO_2}{100}\right)$

② $\%O_2 = 21\left(1 - \dfrac{\%CO_2}{100}\right)$

③ $\%O_2 = 21\left(\dfrac{\%CO_2}{100} - 1\right)$

④ $\%O_2 = 21\left(\dfrac{\%CO_2 \times 21}{100} - 1\right)$

해설 이산화탄소 계산공식

① $CO_2(\%) = \dfrac{21 - O_2(\%)}{21} \times 100$

$O_2(\%) = 21\left(1 - \dfrac{CO_2(\%)}{100}\right)$

② $CO_2(\%) = \dfrac{G_V}{V + G_v} \times 100$

③ $G_v = \dfrac{21 - O_2(\%)}{O_2(\%)} \times V$

여기서, V : 방호구역체적(m^3)
G_v : 방출가스량(m^3)

해답 ②

제2과목 소방유체역학

21 물이 흐르고 있는 관내에 피토정압관을 넣어 정체압 P_s와 정압 P_o를 측정하였더니, 수은이 들어있는 피토정압관에 연결한 U자관에서 75mm의 액면차가 생겼다. 피토정압관 위치에서의 유속은 몇 m/s인가? (단, 수은의 비중은 13.6이다.)

① 4.3 ② 4.45
③ 4.6 ④ 4.75

해설 피토정압관의 유속 ★★★

$$u = \sqrt{2g\Delta h\left(\dfrac{s_0}{s} - 1\right)}$$

여기서, u : 유속(m/s)
g : 중력가속도($9.8m/s^2$)
Δh : 액면차(m)
s_0 : U자관 마노미터 유체의 비중
s : 배관 속 유체의 비중

$u = \sqrt{2 \times 9.8 \times 0.075\left(\dfrac{13.6}{1} - 1\right)} = 4.3m/s$

해답 ①

22 단열 노즐의 출구에서 압력 0.1MPa의 건도 0.95인 습증기(포화증기 엔탈피 : 2706kJ/kg, 포화액 엔탈피 : 418kJ/kg)의 엔탈피는 몇 kJ인가?

① 397.1 ② 2570.7
③ 2591.6 ④ 2988.7

해설 습증기의 엔탈피

$$h = h_1 + (h_2 - h_1) \times \chi$$

여기서, h : 습증기의 엔탈피
h_1 : 포화액 엔탈피
h_2 : 포화증기 엔탈피
χ : 건도

$h = 418 + (2706 - 418) \times 0.95 = 2591.6kJ$

해답 ③

23 가로×세로가 80cm×50cm인 300℃로 가열된 평판에 수직한 방향으로 25℃의 공기를 불어주고 있다. 대류 열전달계수가 25W/m²℃일 때 공기를 불어넣는 면에서의 열전달율은 약 몇 kW인가?

① 2.0　　② 2.75
③ 5.1　　④ 7.3

해설 열전달율의 계산

$$P = kA(t_H - t_C)$$

여기서, P : 열전달율(W)
t_H : 평판의 온도(℃)
t_C : 공기의 온도(℃)
A : 평판의 면적(m²)
k : 열전달계수(W/m² · ℃)

$P = 25 \times 0.8 \times 0.5 \times (300 - 25) = 2750W$
$= 2.75kW$

해답 ②

24 회전수가 1500rpm일 때 송풍기 전압 3.92kPa, 풍량 6m³/min를 내는 팬이 있다. 이때 축동력이 0.6kW라면 전압효율은 대략 몇 %인가?

① 55%　　② 60%
③ 65%　　④ 70%

해설 배풍기의 축동력 계산

$$P(kW) = \frac{Q(m^3/min) \times P_T(mmH_2O)}{102 \times 60 \times E}$$

• 주의 : 축동력은 전달계수를 곱하지 않음

(1) 단위 환산

$P_T = 3.92kPa \times \dfrac{10332mmAq}{101.325kPa}$
$= 399.72mmAq$

(2) 전압효율 계산

$0.6 = \dfrac{6 \times 399.72}{102 \times 60 \times E}$

$E = \dfrac{6 \times 399.72}{102 \times 60 \times 0.6} = 0.6531 = 65.31\%$

해답 ③

25 옥내소화전 노즐전단에서 물 제트의 방사량이 0.1m³/min 노즐 끝부분 내경이 25mm일 때 방사압력(계기압력)은 약 몇 kPa인가?

① 3.27　　② 4.41
③ 5.32　　④ 5.76

해설 노즐에서 유량 계산공식

$$Q = uA = \sqrt{2gH} \times \frac{\pi}{4} D^2$$

여기서, Q : 유량(m³/s)
u : 유속(m/s)
A : 단면적(m²)
g : 중력가속도(9.8m/s²)
H : 압력환산수두(m)
D : 노즐내경(m)

(1) $Q = 0.1m^3/min = 0.1m^3/60s$
(2) $D = 25mm = 0.025m$
(3) 방사압력 계산

$Q = \sqrt{2gH} \times \dfrac{\pi}{4} D^2$

$\dfrac{0.1}{60} = \sqrt{2 \times 9.8 \times H} \times \dfrac{\pi}{4} \times 0.025^2$

$H = 0.58816m$

$P = \gamma h = 9.8kN/m^2 \times 0.58816m$
$= 5.76kN/m^2 (kPa)$

해답 ④

26 표준대기압에서 측정한 용기 내의 압력이 각각 다음과 같다. 압력이 가장 낮은 용기는?

① 진공게이지 눈금이 500mmHg이다.
② 진공게이지 눈금이 100kPa이다.
③ 진공도가 90%이다.
④ 진공도가 0이다.

해설 ① $-500mmHg$
② $-100kPa \times \dfrac{760mmHg}{101.3kPa} = -750.25mmHg$
③ $-760mmHg \times 0.9 = -684mmHg$
④ $-760mmHg \times 0 = 0mmHg$

해답 ②

27 돌연 확대관에서의 손실수두는?

① 압력수두에 반비례한다.
② 위치수두에 비례한다.
③ 유량에 반비례한다.
④ 속도수두에 비례한다.

해설 배관의 축소 및 확대손실

① 관이 급격히 축소하는 경우

$$\Delta H_L(m) = K\frac{u_2^2}{2g}$$

② 관이 급격히 확대하는 경우

$$\Delta H_L(m) = \frac{(u_1-u_2)^2}{2g} = K\frac{u_1^2}{2g}$$

해답 ④

28 소화용수 공급용 배관에서의 압력손실에 대한 설명 중 옳은 것은?

① 완전 난류의 경우 관 마찰 손실수두는 속도에 비례하여 증가한다.
② 동일 유량인 경우는 직경이 큰 관의 압력손실이 더 크다.
③ 관 부속품에 의한 손실수두는 압력수두에 비례하여 증가한다.
④ 수평배관에서의 압력손실 발생은 관의 마찰에 의한 값이 가장 크다.

해설 달시-바이스바하(Darcy-Weisbach) 공식

$$\Delta h_L = f \times \frac{l}{D} \times \frac{u^2}{2g}$$

여기서, Δh_L : 마찰손실수두(m)
f : 마찰손실계수
l : 배관길이(m)
u : 유속(m/s)
g : 중력가속도($9.8m/s^2$)
D : 배관내경(m)

※ 수평배관 마찰손실수두는 직관의 길이에 따라 크게 좌우 된다.

해답 ④

29 물리량을 질량(M), 길이(L), 시간(T)의 기본 차원으로 나타낼 때, 에너지의 차원은?

① ML^2T^{-2} ② $ML^{-1}T^{-2}$
③ $ML^{-1}T^{-1}$ ④ $ML^{-2}T^2$

해설 일률(시간당에너지)

① SI단위에서
  $1J(Joule) = 1N \cdot m = 1kg \cdot m^2/s^2$
  $[ML^2/T^2 = ML^2T^{-2}]$
② 중력단위에서
  $1kgf \cdot m = 9.8kg \cdot m^2/s^2$
  ∴ $1kgf \cdot m = 9.8J$
③ $1W(watt) = 1J/s = 1N \cdot m/s$
   $= 1kg \cdot m^2/s^3$
   $[ML^2/T^3 = ML^2T^{-3}]$

해답 ①

30 체적이 $0.5m^3$인 탱크에 산소가 10kg이 들어 있다. 탱크 내부의 온도가 23℃라면 압력은 약 몇 MPa인가?
(단, 일반기체상수는 8314J/kmol·K이다.)

① 1.452 ② 1.539
③ 1.653 ④ 1.725

해설 이상기체 상태방정식 ★★★★

$$PV = \frac{W}{M}RT$$

여기서, P : 압력($Pa(N/m^2)$), V : 부피(m^3)
W : 무게(kg), M : 분자량
R : 기체상수(J/kmol·K)
T : 절대온도($273+t$℃)K

$1J = 1N \cdot m$

$P \times 0.5 = \frac{10}{32} \times 8314 \times (273+23)$

$P = \frac{\frac{10}{32} \times 8314 \times (273+23)}{0.5} = 1538090Pa$

$P = 1538090Pa = 1538.09kPa = 1.538MPa$

해답 ②

31 보일의 법칙은 이상기체의 어떤 상태량이 일정한 조건에서의 상태변화를 나타낸 것인가?

① 온도 ② 압력
③ 비체적 ④ 밀도

해설 ① 보일의 법칙(T(온도) = 일정)
$$P_1V_1 = P_2V_2$$
② 샤를의 법칙(P(압력) = 일정)
$$\frac{V_1}{T_1} = \frac{V_2}{T_2}$$
③ 보일-샤를의 법칙
$$\frac{P_1V_1}{T_1} = \frac{P_2V_2}{T_2}$$

해답 ①

32 안지름 1000mm의 원통형 수조에 들어있는 물을 안지름 150mm인 관을 통해 평균유속 3m/s로 배출한다. 이 때 수조내의 수면의 강하속도는 몇 cm/s인가?

① 3.24 ② 1.423
③ 6.75 ④ 14.13

해설 ① 배출량 계산
$D = 150mm = 0.15m$
$Q = uA = 3 \times \frac{\pi}{4} \times 0.15^2 = 0.053 m^3/s$
② 원통형수조의 단면적
$D = 1000mm = 1m$
$A = \frac{\pi}{4} \times D^2 = \frac{\pi}{4} \times 1^2$
③ 수면의 강하속도
$u = \frac{Q}{A} = \frac{0.053}{\frac{\pi}{4} \times 1^2} = 0.0675 m/s$
$= 6.75 cm/s$

해답 ③

33 비점성 유체를 가장 잘 설명한 것은?

① 실제 유체를 뜻한다.
② 전단응력이 존재하는 유체흐름을 뜻한다.
③ 유체 유동시 마찰저항이 존재하는 유체이다.
④ 유체 유동시 마찰저항이 유발되지 않는 이상적인 유체를 말한다.

해설 유체의 종류
① 이상유체(비점성유체)
  점성이 없고(마찰손실이 없고) 비압축성인 유체
② 실제유체(점성유체)
  점성이 있고(마찰손실이 있고) 압축성인 유체
※ 이상유체는 점성이 없다. 따라서 마찰손실이 없기 때문에 에너지 손실도 없는 가상적인 유체이다.

해답 ④

34 기준면에서 5m위에 있는 내경 50mm의 소화전 배관으로 분당 0.39m³의 소화용수가 흐른다. 이 배관 속 소화수의 압력이 150kPa이라면 소화수의 전 수두는 약 몇 m인가?

① 5 ② 15
③ 21 ④ 31

해설 베르누이 방정식
$$H = \frac{U^2}{2g} + \frac{P}{r} + Z$$
여기서, H : 전에너지(m)
$\frac{U^2}{2g}$: 속도수두(m)
$\frac{P}{r}$: 압력수두(m)
Z : 위치수두(m)

① 유속계산
$u = \frac{Q}{A} = \frac{0.39 m^3/60s}{\frac{\pi}{4} \times (0.05m)^2} = 3.31 m/s$

② 단위환산
$P = 150kPa = 150kN/m^2$
$\gamma_w = 9.8kN/m^3$
$H = \frac{3.31^2}{2 \times 9.8} + \frac{150}{9.8} + 5 = 20.87m ≒ 21m$

해답 ③

35 펌프의 흡입 이론에서 볼 때 대기압이 100kPa인 곳에서 펌프의 흡입 배관으로 물을 흡수할 수 있는 이론 최대 높이는 약 몇 m인가?

① 5   ② 10
③ 14   ④ 98

해설 $H = \dfrac{P}{\gamma} = \dfrac{100 \text{kN/m}^3}{9.8 \text{kN/m}^2} = 10.20 \text{m}$

해답 ②

36 어떤 유체 2m³의 무게가 18000N일 때, 이 유체의 비중은 약 얼마인가?

① 0.82   ② 0.92
③ 1.01   ④ 9.0

해설 액체의 비중 산출 공식 ★★★

$$S = \dfrac{\gamma(물체)}{\gamma_w(물)} = \dfrac{\rho(물체)}{\rho_w(물)}$$

① $\gamma = \dfrac{W}{V} = \dfrac{18000\text{N}}{2\text{m}^3} = 9000\text{N/m}^3$

② $\gamma_w = 9800\text{N/m}^3$

③ $S = \dfrac{9000\text{N/m}^3}{9800\text{N/m}^3} = 0.92$

해답 ②

37 지름 4cm인 관에 동점성계수 5×10^{-2}cm²/s인 유체가 평균 속도 2m/s로 흐르고 있을 때 레이놀즈수는 얼마인가?

① 14000   ② 16000
③ 18000   ④ 20000

해설 레이놀즈수

$$ReNo = \dfrac{Du\rho}{\mu} = \dfrac{Du}{\nu} = \dfrac{4Q}{\pi D \nu}$$

여기서, D : 내경(m)
  u : 유속(m/s)
  ρ : 밀도(kg/m³)
  μ : 점성계수(N·s/m² = kg/m·s)
  ν : 동점성계수(m²/s)
  Q : 유량(m³/s)

① 단위환산
  $D = 4\text{cm} = 0.04\text{m}$
  $\nu = 5 \times 10^{-2} \text{cm}^2/\text{s} = 5 \times 10^{-6} \text{m}^2/\text{s}$

② 레이놀즈수 계산
  $ReNo = \dfrac{0.04 \times 2}{5 \times 10^{-6}} = 16000$

해답 ②

38 다음 그림과 같은 U자관 차압마노미터가 있다. 압력 차 $P_A - P_B$를 바르게 표시한 것은? (단, γ_1, γ_2, γ_3는 비중량, h_1, h_2, h_3는 높이 차이를 나타낸다.)

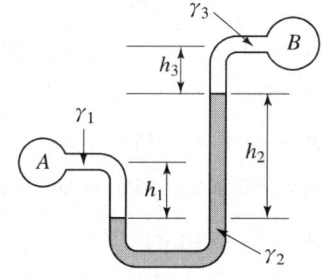

① $-\gamma_1 h_1 - \gamma_2 h_2 + \gamma_3 h_3$
② $-\gamma_1 h_1 + \gamma_2 h_2 + \gamma_3 h_3$
③ $\gamma_1 h_1 + \gamma_2 h_2 - \gamma_3 h_3$
④ $\gamma_1 h_1 - \gamma_2 h_2 - \gamma_3 h_3$

해설

$P_C = P_A + \gamma_1 h_1$
$P_D = P_B + \gamma_3 h_3 + \gamma_2 h_2$
$P_C = P_D$ 이므로
$P_A + \gamma_1 h_1 = P_B + \gamma_3 h_3 + \gamma_2 h_2$
$P_A - P_B = -\gamma_1 h_1 + \gamma_2 h_2 + \gamma_3 h_3$

해답 ②

39 그림과 같이 수평으로 놓여 있는 엘보에 물이 $0.05\text{m}^3/\text{s}$의 유량으로 흐른다. 관의 지름은 10cm, 엘보 입구와 출구의 계기압력은 각각 200kPa, 150kPa일 때 x방향으로 작용하는 힘(R_x)은 약 몇 N인가?

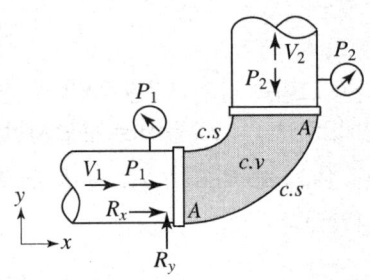

① -1209　② -1538
③ -1889　④ -2108

해설 ① $F_x = P_1 A_1 + \rho Q V(1 - \cos\theta)$
② $P_1 = 200\text{kN/m}^2(\text{kPa}) = 200 \times 10^3 \text{N/m}^2(\text{Pa})$
③ $A_1 = \dfrac{\pi}{4} \times (0.1\text{m})^2$
④ $\rho = 1000\text{kg/m}^3,\ Q = 0.05\text{m}^3/\text{s}$
⑤ $V = \dfrac{0.05\text{m}^3/\sec}{\dfrac{\pi}{4} \times (0.1\text{m})^2} = 6.37\text{m/s}$
⑥ $F_x = 200 \times 10^3 \times \dfrac{\pi}{4} \times 0.1^2 + 1000 \times 0.05$
　　　$\times 6.37(1 - \cos 90°)$
　　$= 1889.30\text{N/m}^2(\text{Pa})$

해답 ③

40 그림과 같은 탱크에 비중이 0.9인 기름과 물이 들어있다. 벽면 AB에 작용하는 유체(기름 및 물)에 의한 힘은 약 몇 kN인가? (단, 벽면 AB의 폭(y 방향)은 2m이다.)

① 185　② 205
③ 315　④ 415

해설 ① 벽면 AB의 길이 계산
$F_{AB} = \sqrt{x^2 + y^2} = \sqrt{2^2 + 2^2} = 2.8284\text{m}$
② 깊이 3m에 의한 작용하는 힘
$F_1 = \gamma h A = \gamma_w \times S \times h \times A$
물의 비중량 $\gamma_w = 9800\text{N/m}^3 = 9.8\text{kN/m}^3$
비중 $S = 0.9$, 높이 $h = 3\text{m}$
면적 $A = 2.8284\text{m} \times 2\text{m} = 5.66\text{m}^2$
$F_1 = 9.8 \times 0.9 \times 3 \times 5.66 = 149.76\text{kN}$
③ 물에 의하여 빗변 작용하는 힘
$F_2 = \gamma \bar{h} A$
물의 비중량 $\gamma_w = 9800\text{N/m}^3 = 9.8\text{kN/m}^3$
$\bar{h} = \dfrac{2\text{m}}{2} = 1\text{m}$
면적 $A = 2.8284\text{m} \times 2\text{m} = 5.66\text{m}^2$
$F_2 = 9.8 \times 1 \times 5.66 = 55.47\text{kN}$
④ 벽면 AB에 작용하는 힘
$F_{AB} = F_1 + F_2 = 149.76 + 55.47 = 205.2\text{kN}$

해답 ②

제3과목　소방관계법규

41 소방시설관리업을 하고자 하는 사람의 행정절차로서 옳은 것은?

① 시·도지사에게 등록하여야 한다.
② 안전행정부장관의 승인을 받아야 한다.
③ 소방청장에게 등록하여야 한다.
④ 소방본부장 또는 소방서장에게 허가를 받아야 한다.

해설 소방시설법 제29조(소방시설관리업의 등록 등)
① 시·도지사에게 소방시설관리업 등록
② 관리업의 등록기준 및 영업범위 : **대통령령**
③ 관리업의 등록에 필요한 사항 : **행정안전부령**

해답 ①

42 방염처리업의 지위를 승계한 자는 누구에게 신고하여야 하는가?

① 시·도지사
② 안전행정부장관
③ 소방청장
④ 대통령

해설 소방공사업법 시행령 제7조 (소방시설업자의 지위승계)
상속일, 양수일 또는 합병일부터 30일 이내에 행정안전부령으로 정하는 바에 따라 **시·도지사에게 신고**

소방시설업의 종류	
(1) 소방시설설계업	(2) 소방시설공사업
(3) 소방공사감리업	(4) 방염처리업

해답 ①

43 위험물제조소 등에서 자동화재탐지설비를 설치하여야 할 제조소 및 일반취급소는 옥내에서 지정수량 몇 배 이상의 위험물을 저장·취급하는 곳인가?

① 지정수량 5배 이상
② 지정수량 10배 이상
③ 지정수량 50배 이상
④ 지정수량 100배 이상

해설 자동화재탐지설비 설치대상 위험물제조소 및 일반취급소
(1) **연면적 500m² 이상**
(2) 옥내에서 **지정수량의 100배 이상**을 취급하는 것(고인화점 위험물만을 100℃ 미만의 온도에서 자동화재취급하는 것을 제외)
(3) 일반취급소로 사용되는 부분 외의 부분이 있는 건축물에 설치된 일반취급소

해답 ④

44 중앙 소방기술 심의위원회의 위원이 될 수 있는 사람은?

① 소방관련 연구소에서 3년 동안 연구에 종사한 사람
② 소방관련 법인에서 3년 동안 업무에 종사한 사람
③ 소방시설관리사
④ 소방관련 학사학위를 소지한 사람

해설 소방시설법 시행령 제22조(위원의 임명·위촉)
중앙위원회의 위원은 과장급 직위 이상의 소방공무원과 다음의 어느 하나에 해당하는 사람 중에서 **소방청장이 임명**하거나 성별을 고려하여 위촉한다.
(1) 소방기술사
(2) **석사 이상**의 소방 관련 학위를 소지한 사람
(3) 소방시설**관리사**
(4) 소방 관련 법인·단체에서 소방 관련 업무에 **5년 이상** 종사한 사람
(5) 소방공무원 교육기관, 대학교 또는 연구소에서 소방과 관련된 교육이나 연구에 **5년 이상** 종사한 사람

해답 ③

45 다음 중 자체소방대를 설치하여야 하는 해당 사업소는?

① 위험물제조소
② 지정수량 3000배 이상의 위험물을 취급하는 제조소
③ 지정수량 3000배 이상의 위험물을 보일러로 소비하는 일반취급소
④ 지정수량 3000배 이상의 제4류 위험물을 취급하는 일반취급소

해설 위험물법 시행령 제18조(자체소방대를 설치하여야 하는 사업소)
(1) **제조소 또는 일반취급소**
취급하는 **제4류 위험물**의 최대수량의 합이 **지정수량의 3천배 이상**
(2) **옥외탱크저장소**
저장하는 **제4류 위험물**의 최대수량이 **지정수량의 50만배 이상**

해답 ④

46 특정소방대상물 중 침대가 있는 숙박시설의 수용인원을 산정하는 방법으로 옳은 것은?

① 해당 특정소방대상물의 종사자 수에 침대의 수(2인용 침대는 2인으로 산정한다)를

합한 수
② 해당 특정소방대상물의 종사자의 수에 객실 수를 합한 수
③ 해당 특정소방대상물의 종사자의 수의 3배수
④ 해당 특정소방대상물의 종사자의 수에 숙박시설 바닥면적의 합계를 3m²로 나누어 얻은 수를 합한 수

해설 **수용인원의 산정 방법**
(1) 숙박시설이 있는 특정소방대상물

침대가 있는 숙박시설	침대가 없는 숙박시설
종사자수+침대 수 (2인용 침대는 2인으로 산정)	종사자수+ (바닥면적합계/3m²)

(2) 숙박시설이 없는 특정소방대상물
① 강의실·교무실·상담실·실습실·휴게실
  바닥면적의 합계를 1.9m²로 나누어 얻은 수
② 강당, **문화 및 집회시설**, 운동시설, 종교시설
  바닥면적의 합계를 4.6m²로 나누어 얻은 수
  (관람석이 있는 경우 고정식 의자를 설치한 부분은 그 부분의 의자 수로 하고, 긴 의자의 경우에는 의자의 정면너비를 0.45m로 나누어 얻은 수)
③ 그 밖의 특정소방대상물
  바닥면적의 합계를 3m²로 나누어 얻은 수
[비고]
1. 바닥면적을 산정할 때에는 복도, 계단 및 화장실의 바닥면적을 포함하지 않는다.
2. 계산 결과 소수점 이하의 수는 반올림한다.

해답 ①

47 대통령령으로 정하는 방염대상물품에 해당되지 않는 것은?
① 암막 ② 블라인드
③ 침구류 ④ 카펫

해설 **(소방시설법 시행령 제31조)**
방염대상물품 및 방염성능기준
(1) 제조 또는 가공 공정에서 방염 처리하여야 하는 물품
  ① 창문에 설치하는 커튼류(블라인드 포함)
  ② 카펫
  ③ **벽지류**(두께가 2mm 미만 종이벽지 제외)

④ 전시용 합판·목재 또는 섬유판, 무대용 합판·목재 또는 섬유판(합판·목재류의 경우 불가피하게 설치 현장에서 방염처리한 것을 포함)
⑤ 암막·무대막(영화상영관과 **가상체험 체육시설업**에 설치하는 스크린을 포함)
⑥ 섬유류, 합성수지류로 제작된 소파·의자 (단란주점, 유흥주점, 노래연습장업)

(2) 건축물 내부의 천장이나 벽에 부착하거나 설치하는 다음의 것
(다만, 가구류와 너비 10cm 이하인 반자돌림대 등과 내부마감재료는 제외).
① **종이류(두께 2mm 이상인 것)**·합성수지류 또는 섬유류를 주원료로 한 물품
② 합판이나 목재
③ 간이 칸막이
④ 흡음재(흡음커튼 포함), 방음재(방음커튼 포함)

(3) 방염성능기준
① 불꽃을 올리며 20초 이내
② 불꽃을 올리지 아니하고 30초 이내
③ 탄화면적 50cm² 이내, 탄화길이 20cm 이내
④ 불꽃의 접촉 횟수 3회 이상
⑤ 최대연기밀도 400 이하

(4) 방염처리 된 제품 사용권장
(소방본부장 또는 소방서장)
① 다중이용업소·의료시설·노유자시설·숙박시설 또는 장례식장에서 사용하는 **침구류·소파 및 의자**
② 건축물 내부의 천장 또는 벽에 부착하거나 설치하는 **가구류**

해답 ③

48 소방시설업에 대한 행정처분 기준에서 1차 처분사항으로 등록취소에 해당하는 것은?
① 소방시설업 등록사항 중 중요사항 변경 신고를 하지 아니하거나 거짓으로 한 때
② 거짓 그 밖의 부정한 방법으로 등록한 때
③ 설계·시공을 수행하게 한 특정소방대상물 관계인에게 통지의무를 불이행한 때
④ 화재안전기준 등에 적합하게 설계·시공 또는 감리를 하지 아니한 때

해설 (공사업법 제9조) 등록취소와 영업정지 등 반드시 영업등록을 취소하여야 하는 경우
(1) 거짓이나 그 밖의 부정한 방법으로 등록한 경우
(2) 등록 결격사유에 해당하게 된 경우
(3) 영업정지 기간 중에 설계·시공 또는 감리를 한 경우

해답 ②

49 소방기본법령상 시·도지사가 이웃하는 다른 시·도지사와 소방업무에 관하여 상호응원 협정을 체결하고자 하는 때에 포함되어야 할 사항이 아닌 것은?

① 소방신호방법의 통일
② 화재조사활동에 관한 사항
③ 응원출동 대상지역 및 규모
④ 출동대원 수당·식사 및 의복의 수선 소요 경비의 부담에 관한 사항

해설 소방업무의 상호응원협정(소방기본법 제8조)
(1) 다음 각목의 소방활동에 관한 사항
   ① 화재의 경계·진압활동
   ② 구조·구급업무의 지원
   ③ 화재조사활동
(2) 응원출동대상지역 및 규모
(3) 다음 각목의 소요경비의 부담에 관한 사항
   ① 출동대원의 수당·식사 및 의복의 수선
   ② 소방장비 및 기구의 정비와 연료의 보급
   ③ 그 밖의 경비
(4) 응원출동의 요청방법
(5) 응원출동훈련 및 평가

해답 ①

50 소방안전관리자에 대한 실무교육의 실시 계획을 매년 수립·시행해야 하는 사람은?

① 소방안전원장   ② 소방본부장
③ 소방청장   ④ 시·도지사

해설 화재예방법 시행규칙 제29조(실무교육의 실시)
(1) **소방청장**은 실무교육의 실시 계획을 매년 수립·시행
(2) **소방청장**은 실무교육 실시 30일 **전까지** 인터넷 홈페이지에 공고하고 **교육대상자에게 통보**
(3) 선임된 날부터 **6개월 이내**에 실무교육을 받아야 하며, 그 이후에는 2년마다 1회 이상 실무교육을 받아야 한다.

해답 ③

51 소방안전교육사 시험은 누가 실시하는가?

① 소방청장   ② 안전행정부장관
③ 시·도지사   ④ 소방본부장

해설 (기본법 제17조의2) 소방안전교육사
① 소방청장은 시험에 합격한 사람에게 소방안전교육사 자격을 부여한다.
② 소방안전교육사는 소방안전교육의 기획·진행·분석·평가 및 교수업무를 수행한다.
③ 소방안전교육사 시험의 응시자격, 시험방법, 시험과목, 시험위원, 그 밖에 소방안전교육사 시험의 실시에 필요한 사항은 대통령령으로 정한다.

해답 ①

52 다음 중 소화활동설비가 아닌 것은?

① 제연설비   ② 연결송수관설비
③ 비상방송설비   ④ 연소방지설비

해설 (소방시설법 시행령 제3조의 별표 1)
소방시설의 종류 ★★★(필수암기)★★★

소방시설	종류
소화설비	① 소화기구 ② 자동소화장치 ③ 옥내 ④ 옥외 ⑤ 스프링클러설비등 ⑥ 물분무등
경보설비	① 단독경보형 ② 비상경보 ③ 시각경보기 ④ 자동화재탐지 ⑤ 화재알림 ⑥ 비상방송 ⑦ 자동화재속보 ⑧ 통합감시 ⑨ 누전경보기 ⑩ 가스누설경보기
피난구조설비	① 피난기구(피난사다리, 구조대, 완강기 등) ② 인명구조기구(방열복, 방화복, 공기호흡기, 인공소생기) ③ 유도등(피난유도선, 피난구유도등, 통로유도등, 객석유도등, 유도표지) ④ 비상조명등 및 휴대용비상조명등
소화용수설비	① 상수도소화용수 ② 소화수조·저수조 그 밖의 소화용수

소방시설	종류	
소화활동설비	① 제연	② 연결송수관
	③ 연결살수	④ 비상콘센트
	⑤ 무선통신보조	⑥ 연소방지

해답 ③

53 위험물 각 유별 저장·취급의 공통기준에 대한 내용으로 옳지 않은 것은?

① 제1류 위험물 중 자연발화성 물품에 있어서는 불티·불꽃 또는 고온체와의 접근·과열 또는 공기와의 접촉을 피하고, 금수성 물품에 있어서는 물과의 접촉을 피하여야 한다.
② 제4류 위험물은 불티·불꽃·고온체와의 접근 또는 과열을 피하고, 함부로 증기를 발생시키지 아니하여야 한다.
③ 제5류 위험물을 불티·불꽃·고온체와의 접근이나 과열·충격 또는 마찰을 피하여야 한다.
④ 제6류 위험물은 가연물과의 접촉·혼합이나 분해를 촉진하는 물품과의 접근 또는 과열을 피하여야 한다.

해설 위험물의 유별 저장·취급의 공통기준(중요기준)
(1) 제1류 위험물은 가연물과의 접촉·혼합이나 분해를 촉진하는 물품과의 접근 또는 과열·충격·마찰 등을 피하는 한편, 알카리금속의 과산화물 및 이를 함유한 것에 있어서는 물과의 접촉을 피하여야 한다.
(2) 제2류 위험물은 산화제와의 접촉·혼합이나 불티·불꽃·고온체와의 접근 또는 과열을 피하는 한편, 철분·금속분·마그네슘 및 이를 함유한 것에 있어서는 물이나 산과의 접촉을 피하고 인화성 고체에 있어서는 함부로 증기를 발생시키지 아니하여야 한다.
(3) 제3류 위험물 중 자연발화성물질에 있어서는 불티·불꽃 또는 고온체와의 접근·과열 또는 공기와의 접촉을 피하고, 금수성물질에 있어서는 물과의 접촉을 피하여야 한다.
(4) 제4류 위험물은 불티·불꽃·고온체와의 접근 또는 과열을 피하고, 함부로 증기를 발생시키지 아니하여야 한다.

(5) 제5류 위험물은 불티·불꽃·고온체와의 접근이나 과열·충격 또는 마찰을 피하여야 한다.
(6) 제6류 위험물은 가연물과의 접촉·혼합이나 분해를 촉진하는 물품과의 접근 또는 과열을 피하여야 한다.

해답 ①

54 다음 중 한국소방안전원의 업무가 아닌 것은?

① 소방기술과 안전관리에 관한 교육 및 조사·연구
② 위험물탱크 성능시험
③ 소방기술과 안전관리에 관한 각종 간행물의 발간
④ 화재예방과 안전관리 의식의 고취를 위한 대국민 홍보

해설 (기본법 제41조) 소방안전원의 업무
(1) 소방기술과 안전관리에 관한 교육 및 조사·연구
(2) 소방기술과 안전관리에 관한 각종 간행물 발간
(3) 화재 예방과 안전관리의식 고취를 위한 대국민 홍보
(4) 소방업무에 관하여 행정기관이 위탁하는 업무
(5) 소방안전에 관한 국제협력
(6) 그 밖에 회원에 대한 기술지원 등 정관으로 정하는 사항

해답 ②

55 소방시설업에 속하지 않는 것은?

① 소방시설설계업 ② 소방시설공사업
③ 소방공사감리업 ④ 소방시설관리업

해설 (공사업법 제2조) 소방시설업의 종류
(1) 소방시설 설계업
(2) 소방시설 공사업
(3) 소방공사 감리업
(4) 방염처리업

해답 ④

56 소방본부장 또는 소방서장의 건축허가동의를 받아야 하는 범위에 속하지 않은 것은?

① 연면적이 400m² 이상인 건축물

② 지하층 또는 무창층이 있는 건축물로서 바닥면적이 100m² 이상인 층이 있는 것
③ 특정소방대상물 중 위험물저장 및 처리시설 및 지하구
④ 항공기격납고, 관망탑, 항공관제탑, 방송용 송수신탑

해설 (소방시설법 시행령 제7조)
건축허가등의 동의대상물의 범위 등
(1) 연면적 400m² 이상
 다만, 다음에 해당하는 경우에는 기준 이상
  ① **학교시설 : 100m²**
  ② **노유자시설 및 수련시설 : 200m²**
  ③ **정신의료기관 : 300m²**
  ④ **장애인 의료재활시설 : 300m²**
(2) **지하층 또는 무창층 150m²(공연장 100m²)**
(3) 차고·주차장 또는 주차용도로 사용시설
  ① **차고·주차장 : 200m² 이상**
  ② **기계장치**에 의한 **자동차 20대 이상**
(4) 층수가 **6층 이상**인 건축물
(5) 항공기격납고, 관망탑, 항공관제탑, 방송용 송수신탑
(6) 공동주택, 의원(입원실, 인공신장실이 있는 것)·조산원·산후조리원, 숙박시설, 위험물 저장 및 처리 시설, 풍력발전소·전기저장시설, 지하구
(7) 노유자시설((1)의 ②에 해당하지 않는 시설)
(8) **요양병원**(의료재활시설은 제외)
(9) **750배** 이상의 **특수가연물**을 저장·취급
(10) **가스시설**로서 지상 노출 탱크 100톤 이상

해답 ②

57 소방안전관리자를 두어야 할 특정소방대상물로서 1급 소방안전관리대상물의 기준으로 옳은 것은?

① 가스제조설비를 갖추고 도시가스사업허가를 받아야 하는 시설
② 가연성가스를 1천톤 이상 저장·취급하는 시설
③ 지하구
④ 문화유산의 보존 및 활용에 관한 법률에 따라 국보 또는 보물로 지정된 목조건축물

해설 소방안전관리자를 두어야 하는 특정소방대상물
(1) 특급 소방안전관리대상물
 ① 50층 이상(지하층 제외)이거나 지상 200m 이상 **아파트**
 ② 30층 이상(지하층 포함)이거나 지상 120m 이상(아파트 제외)
 ③ 연면적 10만m² 이상(아파트 및 연립주택 제외)
(2) 1급 소방안전관리대상물
 ① 30층 이상(지하층 제외)이거나 지상 120m 이상 **아파트**
 ② 연면적 1만5천m² 이상(아파트 제외)
 ③ 층수가 11층 이상(아파트 제외)
 ④ 가연성 가스 1천톤 이상
(3) 2급 소방안전관리대상물
 ① 옥내, 스프링, 물분무등(호스릴 방식 제외) 소화설비 설치대상
 ② 가연성 가스 100톤 이상 1천톤 미만
 ③ 지하구
 ④ 공동주택
 ⑤ 보물 또는 국보로 지정된 목조건축물
(4) 3급 소방안전관리대상물
 간이스프링클러설비 또는 자동화재탐지설비 설치대상

해답 ②

58 소방안전관리자를 선임하지 아니한 소방안전관리대상물의 관계인에 대한 벌칙은?

① 100만원 이하의 벌금
② 300만원 이하의 벌금
③ 1000만원 이하의 벌금
④ 3000만원 이하의 벌금

해설 **화재예방법 제50조(벌칙) 300만원 이하의 벌금**
① 화재안전조사를 정당한 사유 없이 거부·방해 또는 기피한 자
② 명령을 정당한 사유 없이 따르지 아니하거나 방해한 자
③ **소방안전관리자, 총괄소방안전관리자 또는 소방안전관리보조자를 선임하지 아니한 자**
④ 소방시설·피난시설·방화시설 및 방화구획 등이 법령에 위반된 것을 발견하였음에도 필요한 조치를 할 것을 요구하지 아니한 소방안전

관리자
⑤ 소방안전관리자에게 불이익한 처우를 한 관계인
⑥ 업무를 수행하면서 알게 된 비밀을 이 법에서 정한 목적 외의 용도로 사용하거나 다른 사람 또는 기관에 제공하거나 누설한 자

해답 ②

59 소방공사 감리원의 배치기준으로 옳지 않은 것은?

① 연면적이 20만m^2 이상인 특정소방대상물은 소방기술사 1인 이상 배치
② 지하층을 포함한 층수가 40층 이상인 특정소방대상물은 소방기술사 1인 이상 배치
③ 연면적이 3만m^2 이상 20만m^2 미만인 특정소방대상물(아파트제외)은 특급감리원 이상의 소방감리원 1인 이상 배치
④ 연면적이 5천m^2 이상 3만m^2 미만이거나 지하층을 포함한 층수가 16층 미만인 특정소방대상물의 공사현장은 초급감리원 이상의 소방감리원 1인 이상 배치

해설 (공사업법 시행령 제11조의 별표4)
소방공사감리원의 배치기준

감리원의 배치기준		소방시설공사 현장의 기준
책임	보조	
소방기술사	초급	• 20만m^2 이상 • 지하층포함 40층 이상
특급	초급	• 3만m^2 이상 20만m^2 미만 (아파트 제외) • 지하층포함 16층 이상 40층 미만
고급	초급	• 물분무등소화설비(호스릴방식 제외) 또는 제연설비 • 3만m^2 이상 20만m^2 미만 아파트
중급		• 5천m^2 이상 3만m^2 미만
초급		• 5천m^2 미만 • 지하구

해답 ④

60 다음 특정소방대상물 중 노유자(老幼者)시설에 속하지 않는 것은?

① 아동복지시설   ② 장애인거주시설
③ 노인의료복지시설 ④ 정신의료기관

해설 ④ 정신의료기관 - 의료시설

노유자 시설
(1) 노인 관련 시설 : 노인주거복지시설, **노인의료복지시설**, 노인여가복지시설, 재가노인복지시설, 노인보호전문기관, 노인일자리지원기관, 학대피해노인 전용쉼터
(2) 아동 관련 시설 : **아동복지시설**, 어린이집, 유치원(병설유치원 포함)
(3) 장애인 관련 시설 : 장애인 거주시설, 장애인 지역사회재활시설, **장애인 직업재활시설**
(4) 정신질환자 관련 시설 : 정신재활시설, **정신요양시설**
(5) 노숙인 관련 시설 : 노숙인복지시설, 노숙인종합지원센터
(6) 사회복지시설 중 결핵환자 또는 한센인 요양시설

해답 ④

제4과목 소방기계시설의 구조 및 원리

61 폐쇄형 스프링클러 설비의 방호구역·유수검지장치 적용 시 기준이 되는 항목으로 적합하지 않은 것은?

① 하나의 방호구역의 바닥면적은 3000m^2를 초과하지 아니 할 것
② 하나의 방호구역에는 1개 이상의 유수검지장치 또는 일제개방밸브를 설치할 것
③ 하나의 방호구역은 2개 층에 미치지 아니하도록 할 것
④ 하나의 방수구역을 담당하는 헤드의 개수는 50개 이하로 할 것

해설 폐쇄형스프링클러설비의 방호구역·유수검지장치
(1) 하나의 방호구역의 바닥면적은 3,000m^2를 초과하지 아니할 것
(2) 하나의 방호구역에는 1개 이상의 유수검지장치를 설치할 것

(3) 하나의 방호구역은 2개 층에 미치지 아니하도록 할 것
(4) 유수검지장치를 실내에 설치하거나 보호용 철망 등으로 구획하여 바닥으로부터 0.8m 이상 1.5m 이하의 위치에 설치하되, 그 실 등에는 가로 0.5m 이상 세로 1m 이상의 출입문을 설치하고 그 출입문 상단에 "유수검지장치실" 이라고 표시한 표지를 설치할 것. 다만, 유수검지장치를 기계실(공조용기계실을 포함한다)안에 설치하는 경우에는 별도의 실 또는 보호용 철망을 설치하지 아니하고 기계실 출입문 상단에 "유수검지장치실"이라고 표시한 표지를 설치할 수 있다.

해답 ④

62 스프링클러설비의 교차배관의 길이가 18m이다. 배관에 설치되는 행거의 최소 설치수량으로 옳은 것은?

① 1개　　　② 2개
③ 3개　　　④ 4개

해설 $N = \dfrac{18m}{4.5m} = 4개$

배관의 행거 설치기준
(1) 가지배관
 ① 헤드의 설치지점 사이마다 1개 이상의 행거를 설치
 ② 상향식헤드의 경우에는 그 헤드와 행거 사이에 8cm 이상의 간격을 둘 것(단, 헤드간의 거리가 3.5m를 초과시 3.5m 이내마다 1개 이상 설치할 것)
(2) 교차배관
 ① 가지배관과 가지배관 사이마다 1개 이상의 행거를 설치
 ② 가지배관 사이의 거리가 4.5m를 초과하는 경우에는 **4.5m 이내마다 1개 이상** 설치할 것
(3) 수평주행배관
 ① 4.5m 이내마다 1개 이상 설치할 것

해답 ④

63 다음은 제연구역의 크기에 관한 것이다. 하나의 제연구역의 면적은?

① 1000m² 이내　　② 2000m² 이내
③ 3000m² 이내　　④ 4000m² 이내

해설 **제연구역**
(1) 하나의 제연구역의 면적은 1000m² 이내로 할 것
(2) 거실과 통로는 각각 제연구획 할 것
(3) 통로상의 제연구역은 보행 중심선으로 길이가 60m를 초과하지 아니할 것
(4) 하나의 제연구역은 직경 60m 원내에 들어갈 수 있을 것
(5) 하나의 제연구역은 2개 이상 층에 미치지 아니하도록 할 것

해답 ①

64 고정식 할로젠화합물 공급 장치에 배관 및 분사헤드를 고정 설치하여 밀폐 방호구역 내에 할로젠화합물을 방출하는 설비 방식은?

① 전역 방출 방식　　② 국소 방출 방식
③ 이동식 방출 방식　④ 반이동식 방출 방식

해설 **용어의 정의**
(1) **전역방출방식**
　소화약제 공급장치에 배관 및 분사헤드 등을 설치하여 밀폐 방호구역 전체에 소화약제를 방출하는 설비
(2) **국소방출방식**
　소화약제 공급장치에 배관 및 분사헤드를 등을 설치하여 **직접 화점에 소화약제를 방출**하는 방식
(3) **호스릴방식**
　소화수 또는 소화약제 저장용기 등에 연결된 **호스릴을 이용**하여 사람이 직접 화점에 소화수 또는 소화약제를 방출하는 방식

해답 ①

65 물분무소화설비를 설치하는 차고에 기준에 따라 배수설비를 설치할 때 차량이 주차하는 바닥의 기울기는 배수구를 향하여 얼마를 유지해야 하는가?

① 1/100 이상　　② 2/100 이상
③ 1/200 이상　　④ 1/250 이상

해설 **물분무 소화설비의 배수설비 설치기준**
(1) 10cm 이상 경계턱 설치
(2) 40m 이하마다 기름분리장치 설치
(3) $\frac{2}{100}\left(\frac{1}{50}\right)$ 이상 기울기 유지
(4) 최대송수능력의 수량을 유효하게 배수할 수 있을 것

해답 ②

66 옥내소화전설비의 가압송수펌프 주변설비에 대한 내용이다. 옳지 않은 것은?

① 펌프의 토출 측에는 압력계를 설치한다.
② 정격부하운전시 펌프의 성능을 시험하기 위한 배관을 설치한다.
③ 체절운전시 압력의 상승을 위한 순환배관을 설치한다.
④ 기동용 수압개폐장치를 사용할 경우 그 용적은 100리터 이상으로 한다.

해설 **옥내소화전설비의 가압송수장치**
(1) 펌프의 토출 측에는 압력계를 체크밸브 이전에 펌프토출 측 플랜지에서 가까운 곳에 설치하고, 흡입 측에는 연성계 또는 진공계를 설치할 것
(2) 가압송수장치에는 정격부하운전 시 펌프의 성능을 시험하기 위한 배관을 설치할 것. 다만, 충압펌프의 경우에는 그러하지 아니하다.
(3) 가압송수장치에는 체절운전 시 수온의 상승을 방지하기 위한 순환배관을 설치할 것. 다만, 충압펌프의 경우에는 그러하지 아니하다.
(4) 기동용수압개폐장치(압력챔버)를 사용할 경우 그 용적은 100L 이상의 것으로 할 것
(5) 가압송수장치의 체절운전 시 수온의 상승을 방지하기 위하여 체크밸브와 펌프사이에서 분기한 구경 20mm 이상의 배관에 체절압력 이하에서 개방되는 릴리프밸브를 설치하여야 한다.

해답 ③

67 분말 소화설비의 분말 탱크를 평상시 보수 점검했을 때 정상적인 상태로 되어있지 않은 것은?

① 크리닝밸브는 개방되어 있다.
② 배기밸브는 닫혀 있었다.
③ 주개방밸브는 닫혀 있었다.
④ 정압작동 밸브는 정상이었다.

해설 **분말소화설비의 밸브개폐상태**
(1) 크리닝밸브는 평상시 폐쇄되어야한다
(2) 잔압방출 중 밸브개폐상태

폐쇄	개방
① 가스도입밸브	① 배기밸브
② 크리닝밸브	② 선택밸브
③ 주밸브	

해답 ①

68 이산화탄소 소화약제의 전역방출방식에 있어서 심부화재 방호대상물의 고무류, 면화류창고, 모피창고, 석탄창고, 집진설비 등에 대한 CO_2가스의 설계농도와 체적($1m^2$)당 소화약제의 양은?

① 설계농도 50%, 소화약제의 양 1.6kg
② 설계농도 50%, 소화약제의 양 2.0kg
③ 설계농도 75%, 소화약제의 양 2.0kg
④ 설계농도 75%, 소화약제의 양 2.7kg

해설 **전역방출방식의 심부화재인 경우 (이산화탄소소화설비)**

방호대상물	체적계수 (K1 : kg/m^3)	설계농도 (%)	면적계수 (K2 : kg/m^2) (자동폐쇄장치 미설치 시)
유압기기를 제외한 전기설비, 케이블실	1.3	50%	
체적 $55m^3$ 미만의 전기설비	1.6	50%	
서고, 전자제품창고, 목재가공품창고, 박물관	2.0	65%	10
고무류, 면화류창고, 모피창고, 석탄창고, 집진설비	2.7	75%	

해답 ④

69 완강기의 조속기가 견고한 커버로 피복된 이유로서 가장 적합한 것은?

① 화재시의 화열에 직접 쪼이는 것을 방지하기 위하여
② 화재시 주수에 의해 직접 물이 들어가는 것을 방지하기 위하여
③ 기능에 이상을 생기게 하는 모래 따위의 잡물이 들어가는 것을 방지하기 위하여
④ 운반을 쉽게 하기 위하여

해설 **조속기가 견고한 커버로 피복된 이유**
기능에 이상이 생길 수 있는 모래나 기타의 이물질이 쉽게 들어가는 것을 방지하기 위하여

완강기의 구성부품
① 속도조절기 ② 속도조절기의 연결부
③ 로프   ④ 연결금속구
⑤ 벨트

해답 ③

70 거실 바닥면적이 500m²인 예상제연구역의 직경이 35m이다. 1시간당 최저배출량은 얼마 이상인가?

① 2만5천m³ 이상   ② 3만m³ 이상
③ 3만5천m³ 이상   ④ 4만m³ 이상

해설 **거실바닥면적 400m² 이상**
1. 직경 40m인 원의 범위 안
   (1) 배출량 40,000m³/hr 이상
   (2) 제연경계로 구획된 경우

수직거리	배출량
2m 이하	40,000m³/hr 이상
2m 초과 2.5m 이하	45,000m³/hr 이상
2.5m 초과 3m 이하	50,000m³/hr 이상
3m 초과	60,000m³/hr 이상

2. 직경 40m인 원의 범위를 초과
   (1) 배출량 45,000m³/hr 이상
   (2) 제연경계로 구획된 경우

수직거리	배출량
2m 이하	45,000m³/hr 이상
2m 초과 2.5m 이하	50,000m³/hr 이상
2.5m 초과 3m 이하	55,000m³/hr 이상
3m 초과	65,000m³/hr 이상

해답 ④

71 각 층마다 옥내 소화전이 각각 3개소 설치되어 있고 옥상수조가 없는 지상 5층 건물에 저장하여야 할 수원의 유효수량은 얼마인가?

① 2.6m³   ② 5.2m³
③ 7.8m³   ④ 10.4m³

해설 **옥내소화전설비**
29층 이하(20분 기준)의 수원의 양
$$Q(m^3) = N \times 2.6m^3$$
N: 가장 많은 층의 옥내소화전 개수(최대 2개)
$Q(m^3) = 2 \times 2.6m^3 = 5.2m^3$

옥내소화전설비의 수원의 양
① 29층 이하(20분 기준)
$$Q(m^3) = N \times 2.6m^3$$
N: 가장 많은 층의 옥내소화전 개수(최대 2개)
② 30층 이상 49층 이하(40분 기준)
$$Q(m^3) = N \times 5.2m^3$$
③ 50층 이상(60분 기준)
$$Q(m^3) = N \times 7.8m^3$$
N: 가장 많은 층의 옥내소화전 개수(최대 5개)

해답 ②

72 분말소화약제의 가압용가스 용기는 몇 MPa 이하에서 조정이 가능하도록 압력조정기를 설치하여야 하는가?

① 2.5   ② 5
③ 7.5   ④ 10

해설 **분말소화약제의 가압용 가스용기**
① 가압용 가스용기를 3병 이상 설치한 경우에 2개 이상의 용기에 전자개방밸브 부착
② 가압용 가스용기에는 **2.5 MPa 이하**의 압력에서 조정이 가능한 **압력조정기**를 설치

해답 ①

73 호스릴이산화탄소소화설비의 설치기준으로 틀린 것은?

① 노즐은 20℃에서 하나의 노즐마다 60

kg/min 이상의 소화약제를 방사할 수 있어야 한다.
② 소화약제 저장용기는 호스릴 3개마다 1개 이상 설치해야 한다.
③ 소화약제 저장용기의 가장 가까운 곳의 보기 쉬운 곳에 표시등을 설치해야 한다.
④ 소화약제 저장용기의 개방밸브는 호스의 설치장소에서 수동으로 개폐할 수 있어야 한다.

해설 호스릴이산화탄소소화설비 설치기준
① 하나의 호스접결구까지의 **수평거리가 15m 이하**
② 노즐마다 60kg/min 이상의 소화약제를 방사할 수 있는 것으로 할 것
③ **저장용기는 호스릴을 설치하는 장소마다 설치할 것**
④ 개방밸브는 수동으로 개폐할 수 있는 것으로 할 것
⑤ 표시등을 설치하고, 표지를 할 것

해답 ②

74 물분무소화설비의 소화작용이 아닌 것은?
① 연소작용   ② 유화작용
③ 냉각작용   ④ 질식작용

해설 물분무(안개모양)소화설비의 소화효과
① 냉각효과   ② 질식효과
③ 희석효과   ④ 유화(에멀젼)효과

해답 ①

75 간이소화용구에서 삽을 상비한 마른 모래 50L 이상의 것 1포의 능력 단위는?
① 0.5   ② 1
③ 3   ④ 4

해설 간이소화용구의 능력단위

간이소화용구		능력단위
마른모래	삽을 상비한 50L 이상의 것 1포	0.5단위
팽창질석 또는 팽창진주암	삽을 상비한 80L 이상의 것 1포	0.5단위

해답 ①

76 포소화설비의 화재안전기준에서 포 소화약제의 혼합장치방식이 아닌 것은?
① 펌프 프로포셔너
② 프레져 프로포셔너
③ 프레져 아웃 프로포셔너
④ 프레져 사이드 프로포셔너

해설 포소화약제의 혼합장치★★★
① 펌프 프로포셔너 방식
   펌프의 토출관과 흡입관 사이의 배관도중에 설치한 흡입기에 펌프에서 토출된 물의 일부를 보내고, 농도 조정밸브에서 조정된 포 소화약제의 필요량을 포 소화약제 탱크에서 펌프 흡입측으로 보내어 이를 혼합하는 방식

② 프레져 프로포셔너 방식
   펌프와 발포기의 중간에 설치된 벤추리관의 벤추리작용과 펌프 가압수의 포 소화약제 저장탱크에 대한 압력에 의하여 포소화약제를 흡입·혼합하는 방식

③ 라인 프로포셔너 방식
   펌프와 발포기의 중간에 설치된 벤추리관의 벤추리 작용에 의하여 포소화약제를 흡입·혼합하는 방식

④ 프레져사이드 프로포셔너 방식
펌프의 토출관에 압입기를 설치하여 포 소화약제 압입용 펌프로 포소화약제를 압입시켜 혼합하는 방식

해답 ③

77 소화약제로 물을 사용하는 소화설비가 아닌 것은?

① 포소화설비
② 스프링클러설비
③ 이산화탄소소화설비
④ 옥내소화전설비

해설 물을 사용하는 소화설비
① 옥내소화전설비 ② 옥외소화전설비
③ 스프링클러소화설비 ④ 물분무소화설비
⑤ 포소화설비

해답 ③

78 연결살수설비의 송수구 설치에서 하나의 송수구역에 부착하는 살수전용헤드가 몇 개 이하인 것에 있어서는 단구형으로 설치를 할 수 있는가?

① 10개 ② 15개
③ 20개 ④ 30개

해설 연결살수설비의 송수구
① 65mm 쌍구형
② 살수헤드 10개 이하는 단구형

연결살수설비전용헤드 수별 급수관의 구경

부착하는 전용헤드의 개수	1개	2개	3개	4개~5개	6개~10개
배관구경(mm)	32	40	50	65	80

해답 ①

79 폐쇄형스프링클러헤드의 기준이 10개인 장소에 설치해야 하는 가압송수장치의 송수량은 얼마 이상으로 하여야 하는가? (단, 가압송수장치의 1분당 송수량은 폐쇄형스프링클러헤드를 사용하는 설비의 경우이다.)

① 80L/min ② 800L/min
③ 1600L/min ④ 2400L/min

해설 $Q(\text{L/min}) = 10 \times 80\text{L/min} = 800\text{L/min}$

가압송수장치의 송수량
$$Q(\text{L/min}) = N \times 80\text{L/min} \text{ 이상}$$
N : 폐쇄형헤드 기준개수(기준개수보다 적은 경우 설치개수)

해답 ②

80 이산화탄소 소화설비의 설명 중 틀린 것은?

① 기동용 가스용기에는 내압시험압력의 0.8배 내지 내압시험압력 이하에서 작동하는 안전장치를 설치(가스압력식)한다.
② 용기의 밸브는 자동 또는 수동으로 개방되는 것으로서 안전장치가 부착된 것으로 한다.
③ 수동식 기동장치는 전역방출 방식의 경우 방호구역마다 설치한다.
④ 저장용기의 주위온도는 항시 60℃ 이하의 온도를 유지하여야 한다.

해설 CO_2 저장용기 설치기준
① 방호구역 외의 장소에 설치
② 온도가 40℃ 이하이고 온도변화가 작은 곳에 설치
③ **직사광선** 및 **빗물침투** 우려가 없는 곳에 설치
④ 방화문으로 **구획된** 실에 설치할 것
⑤ 용기설치장소에 용기가 설치된 곳임을 표시하는 표지설치
⑥ 용기간의 간격은 점검에 지장이 없도록 3cm 이상의 간격유지
⑦ 연결배관에 **체크밸브**를 설치할 것

해답 ④

소방설비산업기사 – 기계분야
2024년 7월 CBT 시행

본 문제는 CBT시험대비 기출문제 복원입니다.

제1과목 소방원론

01 전기화재를 일으키는 원인으로 볼 수 없는 것은?

① 정전기로 인한 스파크 발생
② 과부하에 의한 발열
③ 절연도체 사용
④ 배선의 단락

해설 전기화재의 원인
① 과부하(과전류) ② 단락 ③ 합선
④ 절연불량 ⑤ 누전

열에너지원의 종류

에너지의 분류	종류
화학적 에너지	연소열, 분해열, 용해열, 반응열, 자연발화, 중합열
전기적 에너지	저항가열, 유도가열, 유전가열, 아크열, 정전스파크, 낙뢰, 정전기
기계적 에너지	마찰열, 압축열, 충격(마찰)스파크
원자력 에너지	핵분열, 핵융합

해답 ③

02 건물 내 피난동선의 조건에 대한 설명으로 옳은 것은?

① 피난동선은 그 말단이 길수록 좋다.
② 피난동선의 한쪽은 막다른 통로와 연결되어 화재로부터 안전한 장소이어야 한다.
③ 2개 이상의 방향으로 피난할 수 있으며 그 말단은 화재로부터 안전한 장소이어야 한다.
④ 모든 피난동선은 건물 중심부 한곳으로 향해야 한다.

해설 피난동선의 원칙
① 피난동선은 그 말단이 **짧을수록** 좋다.
② 피난동선은 가급적 **각각 반대방향**으로 다수의 출구와 연결되는 것이 좋다.
③ **2개 이상의 방향**으로 피난할 수 있어야하며 그 말단은 화재로부터 안전한 장소이어야 한다.
④ 피난동선은 건물 중심부로 향하지 말아야 한다.
⑤ 피난동선은 **수평동선**과 **수직동선**으로 구분한다.

피난대책의 일반적인 원칙
① 2방향 원칙에 따라 피난통로를 확보할 것
② 원시적 방법을 원칙으로 할 것
③ 고정식 설비를 원칙으로 하고 보조적으로 이동식 설비를 고려
④ Fool proof와 Fail safe의 원칙을 중요시 할 것
⑤ 피난경로는 간단하고 명료하게 할 것

해답 ③

03 질소를 불연성 가스로 취급하는 주된 이유는?

① 어떠한 물질과도 화합하지 아니하므로
② 산소와 화합하나 흡열반응을 하기 때문에
③ 산소와 산화반응을 하므로
④ 산소와 같이 공기 성분으로 산소와 화합할 수 없기 때문에

해설 질소(N_2)
질소는 산화반응을 하지만 흡열반응을 한다.
$N_2 + \dfrac{1}{2}O_2 \rightarrow N_2O - 19.5\text{kcal}$

해답 ②

04 액화천연가스(LNG)의 주성분은?

① CH_4 ② H_2
③ C_6H_6 ④ C_2H_2

해설 LPG(액화석유가스)
- 주성분 : 프로판(C_3H_8), 부탄(C_4H_{10})
- 증기비중 : 1.5~2.5
- 누출 시 바닥에 체류한다.

LNG(액화천연가스)
- 주성분 : 메탄(CH_4)
- 증기비중 : 0.55
- 누출 시 천장에 체류한다.

- 공기의 평균 분자량 = 29
- 증기비중 = $\dfrac{M(분자량)}{29(공기평균분자량)}$

해답 ①

05 0℃의 물 1kg을 화염면에 방사하였더니 물의 온도가 80℃가 되었다. 연소열에 의하여 물이 기화되지 않았다면 물이 흡수한 열량은 몇 kcal인가?

① 80   ② 100
③ 539 ④ 8000

해설 필요한 열량

$$Q = mc\Delta t + r \cdot m$$

여기서, Q : 필요한 열량(kcal)
m : 질량(kg)
C : 비열(kcal/kg · ℃)
Δt : 온도차(℃)
r : 기화잠열(kcal/kg)

$Q = 1\text{kg} \times 1\text{kcal/kg} \cdot \text{℃} \times (80-0)\text{℃} = 80\text{kcal}$

해답 ①

06 다음 중 정전기의 축적을 방지하기 위한 가장 효과적인 조치는?

① 수분제거   ② 저온유지
③ 접지공사   ④ 고압유지

해설 정전기 방지대책
① 접지와 본딩
② 공기를 이온화
③ 상대습도 70% 이상 유지
④ 도체물질을 사용

해답 ③

07 할론소화약제가 아닌 것은?

① $C_2F_4Br_2$ ② C_6H_6
③ CF_3Br ④ CF_2ClBr

해설 할론소화약제 명명법
할론 ⓐ ⓑ ⓒ ⓓ
ⓐ : C원자수,   ⓑ : F원자수,
ⓒ : Cl원자수, ⓓ : Br원자수

할론소화약제

종류 구분	할론 2402	할론 1211	할론 1301	할론 1011
분자식	$C_2F_4Br_2$	CF_2ClBr	CF_3Br	CH_2ClBr

해답 ②

08 위험물안전관리법령상 제2류 위험물인 가연성 고체에 해당하는 것은?

① 칼륨   ② 나트륨
③ 질산에스터류 ④ 마그네슘

해설
① 칼륨–제3류–금수성물질
② 나트륨–제3류–금수성물질
③ 질산에스터류–제5류–자기반응성물질
④ 마그네슘–제2류–가연성고체

제2류 위험물의 지정수량

성 질	품 명	지정 수량
가연성고체	황화인, 적린, 황	100kg
	철분, 금속분, 마그네슘	500kg
	인화성고체	1000kg

해답 ④

09 내화건축물과 비교한 목조건축물의 일반적인 화재 특성을 가장 옳게 나타낸 것은?

① 저온단기형   ② 고온단기형
③ 저온장기형   ④ 고온장기형

해설 건축물 구조형태에 따른 화재특징

구 분	목조건축물	내화건축물
연소 형태	고온 단시간형	저온 장시간형
최고 온도	1300℃	1000℃

해답 ②

10 다음 중 HALON 1301의 화학식에 포함되지 않는 원소는?

① 탄소 ② 염소
③ 불소 ④ 브로민

해설 할론소화약제 명명법

할론 ⓐ ⓑ ⓒ ⓓ
ⓐ : C(탄소)원자수, ⓑ : F(불소)원자수,
ⓒ : Cl(염소)원자수, ⓓ : Br(브로민)원자수

할론소화약제

종류 구분	할론 2402	할론 1211	할론 1301	할론 1011
분자식	$C_2F_4Br_2$	CF_2ClBr	CF_3Br	CH_2ClBr

해답 ②

11 제2종 분말소화약제의 주성분은?

① 탄산수소칼륨
② 탄산수소나트륨
③ 제1인산암모늄
④ 탄산수소칼륨+요소

해설 분말약제의 주성분 및 착색 (필수암기)

종 별	주 성 분	약 제 명	착 색	적응화재
제1종	$NaHCO_3$	탄산수소나트륨 중탄산나트륨 중조	백색	B, C
제2종	$KHCO_3$	탄산수소칼륨 중탄산칼륨	담회색	B, C
제3종	$NH_4H_2PO_4$	제1인산암모늄	담홍색 (핑크색)	A, B, C
제4종	$KHCO_3 + (NH_2)_2CO$	탄산수소칼륨+ 요소	회색 (쥐색)	B, C

해답 ①

12 이산화탄소소화약제의 장점이 아닌 것은?

① 소화 후 약제에 의한 오손이 없다.
② 장기간 저장이 가능하다.
③ 겨울에는 동결되어도 가열하여 사용할 수 있다.
④ 자체 압력으로 방출이 가능하다.

해설 액화 CO_2 소화약제의 장점

① 화재 진화 후 약제에 의한 피해가 없다.
② 장기간 저장이 가능하다.
③ 겨울에도 동결되지 않고 대기 방출시 기화가 쉽다.
④ 자체 증기압으로 방출이 가능하다.

CO_2 소화설비의 장·단점

장 점	단 점
① 심부화재에 적합	① 설비가 고압이므로 특별한 주의요구
② 화재 진화 후 깨끗하다.	② CO_2 방사시 인체에 동상우려
③ 증거보존 양호하여 화재 원인조사 쉽다.	③ 인체에 질식우려
④ 비전도성으로 전기화재에 적합	④ CO_2 방사시 소음이 크다.
⑤ 피연소물에 피해가 적음	

해답 ③

13 자신은 불연성 물질이지만 산소공급원 역할을 하는 물질은?

① 과산화나트륨
② 나트륨
③ 트라이나이트로톨루엔
④ 잭트

해설 ① 과산화나트륨(Na_2O_2)-제1류-무기과산화물
㉠ 물과 격렬히 반응하여 산소(O_2)를 방출

$2Na_2O_2 + 2H_2O \rightarrow 4NaOH + O_2 \uparrow$

㉡ 공기 중 이산화탄소(CO_2)와 반응하여 산소(O_2)를 방출

$2Na_2O_2 + 2CO_2 \rightarrow 4Na_2CO_3 + O_2 \uparrow$

㉢ 열분해 시 산소(O_2)를 방출

$2Na_2O_2 \rightarrow 2Na_2O + O_2 \uparrow$

② 나트륨(Na)-제3류-금수성물질
③ 트라이나이트로톨루엔($C_6H_2CH_3(NO_2)_3$)-제5류-나이트로화합물

해답 ①

14 다음은 분말소화약제의 열분해 반응식이다. ( )에 알맞은 것은?

$2NaHCO_3 \rightarrow ( ) + CO_2 + H_2O$

① $2NaHCO_3$ ② $2NaCO_3$
③ Na_2CO_3 ④ $2NaCO_2$

해설 분말약제의 열분해 ★★★★★

종 별	열분해 반응식
제1종	270℃ $2NaHCO_3 \rightarrow Na_2CO_3 + CO_2 + H_2O$ 850℃ $2NaHCO_3 \rightarrow Na_2O + 2CO_2 + H_2O$
제2종	190℃ $2KHCO_3 \rightarrow K_2CO_3 + CO_2 + H_2O$ 590℃ $2KHCO_3 \rightarrow K_2O + 2CO_2 + H_2O$
제3종	$NH_4H_2PO_4 \rightarrow HPO_3 + NH_3 + H_2O$
제4종	$2KHCO_3 + (NH_2)_2CO \rightarrow K_2CO_3 + 2NH_3 + 2CO_2$

해답 ③

15 다음 중 발화온도가 가장 낮은 물질은?

① 이황화탄소 ② 중유
③ 휘발유   ④ 아세톤

해설 제4류 위험물의 발화(착화)온도

물질명	① 이황화탄소	② 중유	③ 휘발유	④ 아세톤
품명	특수인화물	제3석유류	제1석유류	제1석유류
착화점(℃)	100	250~400	300	468

해답 ①

16 다음 중 연소할 수 있는 가연물로 볼 수 있는 것은?

① C   ② N_2
③ Ar   ④ CO_2

해설 가연물이 될 수 없는 조건
① 산화반응이 완전히 끝난 물질
 (H_2O, CO_2, $NaHCO_3$, $KHCO_3$ 등)
② 질소 또는 질소산화물
 (질소는 산화반응을 하지만 흡열반응을 한다.)
 $N_2 + \frac{1}{2}O_2 \rightarrow N_2O - 19.5kcal$
③ 주기율표상 18족(O족) 원소(불활성 기체)
 He(헬륨), Ne(네온), Ar(아르곤), Kr(크립톤), Xe(크세논), Rn(라돈)

해답 ①

17 메탄 80vol%, 에탄 15vol%, 프로판 5vol%인 혼합가스의 연소하한은 약 몇 vol%인가? (단, 메탄, 에탄, 프로판의 연소하한은 각각 5.0, 3.0, 2.1vol%이다.)

① 1.3   ② 2.3
③ 3.3   ④ 4.3

해설 혼합가스의 폭발범위 계산식 ★★

$$\frac{V}{L} = \frac{V_1}{L_1} + \frac{V_2}{L_2} + \frac{V_3}{L_3} + \cdots + \frac{V_n}{L_n}$$

여기서, V : 혼합가스 중 가연성가스의 합계농도
    L : 혼합가스의 폭발한계 값(상한값 또는 하한값)
    $L_1, L_2, L_3, \cdots$: 각 가스성분의 폭발한계 값(상한값 또는 하한값)
    $V_1, V_2, V_3, \cdots$: 각 가스성분의 부피(%)

연소하한계
$$\frac{80+15+5}{L} = \frac{80}{5} + \frac{15}{3} + \frac{5}{2.1}$$
$$\therefore L = 4.28\%$$

해답 ④

18 다음 중 사염화탄소를 소화약제로 사용하지 않는 이유에 대한 설명으로 가장 옳은 것은?

① 폭발의 위험성이 있기 때문에
② 유독가스의 발생 위험이 있기 때문에
③ 전기 전도성이 있기 때문에
④ 공기보다 비중이 작기 때문에

해설 사염화탄소(CCl_4)
① 할론 소화약제(할론104)
② 방사 시 포스겐(맹독성가스) 발생으로 현재 사용 금지된 소화약제

해답 ②

19 가연물에 따른 연소 형태를 틀리게 나타낸 것은?

① 목탄, 코크스 : 표면연소
② 목재, 면직물 : 분해연소
③ TNT, 피크르산 : 자기연소
④ 금속분, 플라스틱 : 증발연소

※ 금속분 - 표면연소
　플라스틱 - 분해연소

연소의 형태 ★★★자주출제(필수정리)★★★

ⓐ 표면연소(surface reaction)
　숯, 코크스, 목탄, 금속분
ⓑ 증발 연소(evaporating combustion)
　파라핀(양초), 황, 나프탈렌, 왁스, 휘발유, 등유, 경유, 아세톤 등 제4류 위험물
ⓒ 분해연소(decomposing combustion)
　석탄, 목재, 플라스틱, 종이, 합성수지, 중유
ⓓ 자기연소(내부연소)
　질화면(나이트로셀룰로오즈), 셀룰로이드, 나이트로글리세린 등 제5류 위험물
ⓔ 확산연소(diffusive burning)
　아세틸렌, LPG, LNG 등 가연성 기체
ⓕ 불꽃연소＋표면연소
　목재, 종이, 셀룰로오즈류, 열경화성수지

해답 ④

20 다음 가스 중 유독성이 커서 화재시 인명피해 위험성이 높은 가스는?

① N_2
② O_2
③ CO
④ H_2

 연소 시 발생하는 각종가스 ★★★자주출제(필수암기)★★★

① 일산화탄소(CO)
　㉠ 인명피해가 가장 크다.
　㉡ 피 속의 헤모글로빈과 결합하여 산소운반 방해
② 이산화탄소(CO_2)
　자체의 독성은 없고 많은 양을 흡입 시 질식사하며 소화약제로도 사용
③ 아황산가스(SO_2)
　황 함유 물질이 완전 연소 시 발생
④ 황화수소(H_2S)
　황 함유 물질이 불완전 연소 시 발생
⑤ 아크로레인(CH_2CHCHO)
　석유제품, 유지류 연소 시 발생
⑥ 포스겐($COCl_2$)
　독성이 가장 크다.

해답 ③

제2과목 　소방유체역학

21 다음 그림에서 A점의 계기 압력은 약 몇 kPa인가?

① 0.38
② 38
③ 0.42
④ 42

액주계의 압력

① 물의 비중량(γ_w) = $9800N/m^3$ = $9.8kN/m^3$
② 그림에서 200mm = 0.2m, 300mm = 0.3m
③ 계기압 = 절대압 - 대기압
④ 계기압은 절대압에서 대기압을 빼 주어야 하므로 그림에서 대기압은 무시하면 된다.
⑤ $P_B = P_C$
⑥ $P_B = P_A + \gamma_1 h_1 = P_A + 9.8kN/m^3 \times 0.2m$
　　$= P_A + 1.96kN/m^2 (kPa)$
⑦ $P_C = \gamma_2 h_2 = \gamma_w \times S_2 \times h_2$
　　$= 9.8kN/m^3 \times 13.6 \times 0.3m = 39.984kPa$
⑧ $P_B = P_C$에 대입하면
⑨ $P_A + 1.96kPa = 39.984kPa$
⑩ $P_A = 39.984 - 1.96 = 38.02kPa$

해답 ②

22 곧은 원관 속의 흐름이 층류일 때에 대한 설명으로 올바른 것은?

① 전단응력이 벽면에서는 0이고 중심까지 직선적으로 변한다.
② 전단응력이 중심을 최고점으로 하는 포물선의 형태를 갖는다.
③ 전단응력이 중심에서 0이고 중심으로부터 벽면까지 직선적으로 증가한다.
④ 전단응력이 전단면에 걸쳐 일정하다.

해설 ① **전단응력**

$$\tau = \frac{F(\text{힘})}{A(\text{단면적})} = \mu \frac{du}{dy}$$

여기서, $\frac{du}{dy}$: 속도기울기(속도구배)
μ : 점성계수

전단 응력은 흐름의 중심선에서 0이고 반지름에 비례하면서 관벽으로 직선적으로 상승한다.

② **속도분포**

속도 분포는 관벽에서 0이고 흐름의 중심선에서 최대가 되며 관벽에서 중심선으로 포물선적으로 상승한다.

해답 ③

23 점성계수 μ의 차원은 어떤 것인가? (단, M은 질량, L은 길이, T는 시간이다.)

① $ML^{-1}T^{-1}$
② $ML^{+1}T^{+1}$
③ $M^{-2}L^{-1}T$
④ $ML^{+1}T^{+2}$

해설 **점성계수의 차원**

$$\mu = \frac{\tau}{du/dy} = \text{kg/m} \cdot \text{s} = ML^{-1}T^{-1}$$

해답 ①

24 한 변의 길이가 10cm인 금속 정육면체가 대류에 의해 열을 외부공기로 방출한다. 이 금속 정육면체는 100W의 전기히터에 의해 내부에서 가열되고 있다. 정육면체 표면과 공기 사이의 온도차가 50℃라면 공기와 정육면체 사이의 대류 열전달 계수는 몇 W/(m²℃)인가?

① 33.3
② 66.7
③ 100
④ 133.3

해설 **열전달계수**

$$h = \frac{Q}{A \times \Delta t}$$

여기서, h : 열전달계수(W/m²℃)
Q : 소비전력(W)
A : 표면적(m²)
Δt : 온도차(℃)

① 정육면체의 표면적 계산
10cm = 0.1m
$A = 0.1\text{m} \times 0.1\text{m} \times 6\text{면} = 0.06\text{m}^2$

② $h = \dfrac{100\text{W}}{0.06\text{m}^2 \times 50℃} = 33.33\text{W/m}^2℃$

해답 ①

25 두 개의 큰 수평 평판 사이에 유체가 채워져 있다. 아래 평판을 고정하고 윗 평판을 V의 일정한 속도로 움질 때 평판에는 τ의 전단응력이 발생한다. 평판 사이의 간격은 H이고, 평판사이의 속도분포는 선형(Couetta 유동)이라고 가정하여 유체의 점성계수 μ를 구하면?

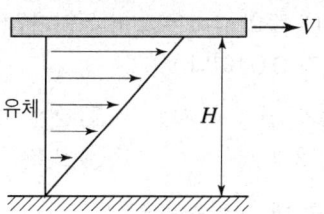

① $\dfrac{\tau V}{H}$
② $\dfrac{\tau H}{V}$
③ $\dfrac{VH}{\tau}$
④ $\dfrac{\tau V}{H^2}$

해설 전단 응력

$$\tau = \frac{F}{A} = \mu \frac{V}{h}$$

여기서, τ : 전단응력, F : 힘, A : 단면적
μ : 점성계수, V : 속도, h : 수직거리

① $\tau = \frac{F}{A} = \mu \frac{V}{h}$ ② $\mu = \frac{\tau h}{V}$

해답 ②

26 물제트가 덮개가 없는 수조내로 유입되어 수조 바닥에 있는 오리피스를 통해 0.003m³/s의 유량으로 방출되고 있다. 수조로 유입되는 물제트의 단면적은 0.0025m²이고, 속도가 7m/s일 때 수조 내의 물이 증가되는 비율은 몇 kg/s인가?

① 14.5 ② 15.5
③ 16.5 ④ 17.5

해설 ① 유입되는 유량
$Q = uA = 7\text{m/s} \times 0.0025\text{m}^2 = 0.0175\text{m}^3/\text{s}$
② 방출되는 유량
$Q = 0.003\text{m}^3/\text{s}$
③ 물이 증가되는 비율
$Q = 0.0175 - 0.003 = 0.0145\text{m}^3/\text{s}$
④ 물의 비중량 $\gamma_w = 1000\text{kg/m}^3$ 이므로
$Q = 0.0145\text{m}^3/\text{s} \times 1000\text{kg/m}^3 = 14.5\text{kg/s}$

해답 ①

27 지름이 240mm인 관로 유동에서 관로의 손실수두가 150m, 관의 길이가 4410m이다. 이 때 관내 물의 유속은 몇 m/s인가? (단, 관 마찰계수가 0.04이다.)

① 2.0 ② 2.2
③ 2.4 ④ 2.6

해설 배관 내 마찰손실(층류)

달시 공식
$$\Delta h_L(\text{m}) = f \times \frac{l}{D} \times \frac{u^2}{2g}$$

$\Delta h_L = 150\text{m}$, $f = 0.04$, $l = 4410\text{m}$
$g = 9.8\text{m/s}^2$, $D = 240\text{mm} = 0.24\text{m}$

① $\Delta h_L(\text{m}) = f \times \frac{l}{D} \times \frac{u^2}{2g}$ 에서

$u^2 = \frac{2gD\Delta h_L}{fl}$ $u = \sqrt{\frac{2gD\Delta h_L}{fl}}$

② $u = \sqrt{\frac{2 \times 9.8 \times 0.24 \times 150}{0.04 \times 4410}} = 2\text{m/s}$

해답 ①

28 다음 중 펌프의 서징현상의 발생조건으로 적당하지 않은 것은?

① 펌프의 양정곡선이 산고곡선이고, 곡선의 산고상승부에서 운전했을 때
② 배관 중에 물탱크가 있을 때
③ 배관 중에 공기탱크가 있을 때
④ 유량조절밸브가 탱크 앞쪽에 있을 때

해설 써징(맥동)현상(Surging) ★★★
펌프 운전 중 주기적으로 운동, 양정, 토출량이 변화하는 현상 즉, 송출압력과 송출유량의 주기적인 변동이 발생하는 현상
① 써징(맥동)현상 발생원인
  ㉠ 펌프의 양정곡선이 산형특성이며 사용범위가 우상특성일 것
  ㉡ 토출측 배관이 길고 중간에 수조, 공기저장기가 있을 때
  ㉢ 토출량 조절밸브가 수조나 공기저장기보다 아래에 있을 때
② 써징(맥동)현상 방지대책
  ㉠ 펌프의 양수량을 증가시키거나 임펠러 회전수를 변화시킨다.
  ㉡ 배관 내 공기제거 및 단면적, 유속, 유량조절
  ㉢ 유량조절밸브는 펌프의 토출측 직후에 설치
  ㉣ 배관 중에 수조나 공기 저장조 제거한다.

해답 ④

29 펌프로 지하 5m에 있는 물을 수면이 지상 40m인 물탱크까지 1분간에 1.5m³을 올리려면 펌프 동력은 약 몇 kW가 필요한가? (단, η = 60%(효율), 관로의 전손실 수두는 9m이다.)

① 22 ② 32
③ 38 ④ 48

해설 **모터동력**

$$P(\text{kW}) = \frac{\gamma \times Q \times H}{E} \times K$$

여기서, Q_1 : 유량(m³/s), H : 전양정(m)
γ : 비중량(물의 비중량=9.8kN/m³)
E : 펌프의 효율(%/100), K : 전달계수

① 전양정 계산: $H = 5 + 40 + 9 = 54\text{m}$
② 펌프동력 계산

$$P(\text{kW}) = \frac{9.8 \times (1.5\text{m}^3/60\text{s}) \times 54\text{m}}{0.6}$$
$$= 22.05\text{kW}$$

해답 ①

30 밑면의 길이가 각각 1m이고 높이가 0.7m인 목재 위에 무게가 1500N인 물건을 올려서 물에 띄울 때, 물 속에 잠긴 부분의 체적은 몇 m³인가? (단, 목재의 비중은 0.6이다.)

① 0.2   ② 0.57
③ 0.7   ④ 1.2

해설 **부력 측정**

$$F_B = \gamma_{\text{액체}} \times V_{\text{잠긴}}$$

여기서, F_B : 부력(N)
$\gamma_{\text{액체}}$: 액체의 비중량(N/m³)
$V_{\text{잠긴}}$: 물속에 잠긴 부피(m³)

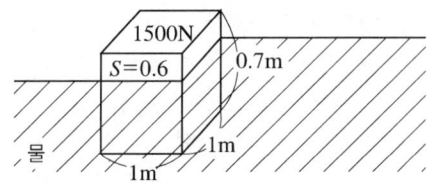

① 물의 비중량 $\gamma_w = 9800\text{N/m}^3$
② ∴ $F_B = 9800\text{N/m}^3 \times V_{\text{잠긴}}$

물체의 무게 계산

$$F_w = \gamma_{\text{물체}} \times V_{\text{전체}}$$

여기서, F_w : 무게(N)
$\gamma_{\text{물체}}$: 물체의 비중량(N/m³)
$V_{\text{전체}}$: 전체부피(m³)

① $\gamma_{\text{물체}} = S(\text{비중})$
　　　 $\times \gamma_w(\text{물의 비중량} : 9800\text{N/m}^3)$

② $F_w = S \times \gamma_w \times V_{\text{전체}}$
　　 $= 0.60 \times 9800\text{N/m}^3 \times (1 \times 1 \times 0.7)\text{m}^3$
　　 $= 4116\text{N}$

③ 전체무게 = 추의 무게 + 나무무게
　　 $F_{WT} = 1500 + 4116 = 5616\text{N}$

④ 부력과 물체의 전체무게는 같으므로
　　 $F_B = F_{WT}$
　　 $9800\text{N/m}^3 \times V_{\text{잠긴}} = 5616\text{N}$

$$V_{\text{잠긴}} = \frac{5616\text{N}}{9800\text{N/m}^3} = 0.57\text{m}^3$$

해답 ②

31 다음 중 열역학 제2법칙을 설명한 것으로 잘못된 것은?

① 열효율 100%인 열기관은 제작이 불가능하다.
② 열은 스스로 저온체에서 고온체로 이동할 수 없다.
③ 제2종 영구기관은 동작물질의 종류에 따라 존재할 수 있다.
④ 열기관에서 일을 얻으려면 최소 두 개의 열원이 필요하다.

해설 **열역학 법칙**

① **열역학 제0법칙(열의 평형법칙)**
　 열평형상태에 있는 물체의 온도는 같다.
　 (온도계의 원리)
② **열역학 제1법칙(에너지보존의 법칙)**
　 ㉠ 열과 일은 서로 교환이 가능하다.
　 ㉡ 열전달의 총합은 이루어진 일의 총합과 같다.
③ **열역학 제2법칙**
　 ㉠ 열은 스스로 저온에서 고온으로 이동 불가
　 ㉡ 효율이 100%인 열기관은 없다.
　 ㉢ 자발적인 반응은 비가역적이다.
　 ㉣ 엔트로피는 증가하는 쪽으로 흐른다.

해답 ③

32 높이 4m에 있는 물의 수압이 7.84×10^5Pa이고, 속도가 10m/s일 때 전 수두는 몇 m인가?

① 69.1   ② 79.1
③ 89.1   ④ 99.1

해설 베르누이의 정리

$$H(\text{m}) = \frac{u^2}{2g} + \frac{P}{r} + Z$$

여기서, H : 전수두(m), $\frac{u^2}{2g}$: 속도수두

$\frac{P}{r}$: 압력수두, Z : 위치수두

$Pa = N/m^2$

① 속도수두 $H = \frac{u^2}{2g} = \frac{10^2}{2 \times 9.8} = 5.1m$

② 압력수두 $H = \frac{P}{r} = \frac{7.84 \times 10^5 N/m^2}{9800 N/m^3} = 80m$

③ 위치수두 $Z = 4m$

④ 전수두 $H = 5.1 + 80 + 4 = 89.1m$

해답 ③

33 초기 상태가 100℃, 100kPa인 이상 기체가 일정한 체적의 탱크에 들어 있다. 이 탱크에 열을 가해 온도가 200℃로 되었을 때 탱크 내의 압력은 몇 kPa인가?

① 45　　② 127
③ 223　　④ 298

해설 샤를의 법칙

$$\frac{P_1 V_1}{T_1} = \frac{P_2 V_2}{T_2}$$

① 탱크이므로 부피변화는 없다(일정)
따라서 $V_1 = V_2$

② $\frac{P_1}{T_1} = \frac{P_2}{T_2}$

$\frac{100}{(273+100)} = \frac{P_2}{(273+200)}$

$P = \frac{100 \times 473}{373} \fallingdotseq 127kPa$

해답 ②

34 그림과 같은 수평 관로계에서 펌프가 물을 0.03m³/s의 유량으로 수송한다. 관로에서의 총손실 수두는? (단, 관의 직경은 150mm, 마찰계수는 0.0173이다.)

① 90.3m　　② 60.5m
③ 54.3m　　④ 32.4m

해설 상당관 길이(L_e)

$$L_e = \frac{Kd}{f}$$

관부속품을 동일구경, 동일유량에 대하여 같은 크기의 마찰손실을 갖는 직관의 길이

배관 내 마찰손실(층류)

달시 공식
$\Delta h_L(\text{m}) = f \times \dfrac{l}{d} \times \dfrac{u^2}{2g}$

① 엘보 2개에 대한 상당관길이 계산
$K = 0.4$, $f = 0.0173$, $d = 150mm = 0.15m$

$L_e = \frac{Kd}{f} = \frac{0.4 \times 0.15m}{0.0173} \times 2개 = 6.94m$

② 총관길이 계산
$l = 800m + 300m + 800m + 6.94m$
$\quad = 1906.94m$

③ 배관 내 유속계산
$Q = 0.03 m^3/s$, $d = 150mm = 0.15m$

$u = \frac{Q}{A} = \frac{0.03}{\frac{\pi}{4} \times 0.15^2} = 1.7 m/s$

④ $\Delta h_L = 0.0173 \times \frac{1906.94}{0.15} \times \frac{1.7^2}{2 \times 9.8}$
$\quad = 32.43m$

해답 ④

35 밑면이 3m×5m인 물탱크에 물이 5m 깊이로 채워져 있을 때, 밑면에 작용하는 물에 의한 힘은 몇 kN인가? (단, 물의 비중량은 9800N/m³이다.)

① 706　　② 714

③ 726   ④ 735

해설 힘과 압력 및 단면적 관계

$$F = PA = \gamma hA$$

① $\gamma = 9800 \text{N/m}^3$, $H = 5\text{m}$
$A = 3\text{m} \times 5\text{m} = 15\text{m}^2$

② 밑면에 작용하는 힘
$F = 9800 \times 5 \times 15 = 735000\text{N} = 735\text{kN}$

해답 ④

36 유체역학 이론에서 에너지 보존법칙과 가장 관련이 있는 식은?

① 베르누이(Bernoulli)식
② 라울(Raoult's)식
③ 달시웨버(Darcy-Weisbach's)식
④ 하젠윌리암(Hazen-william's)식

해설 베르누이의 정리(에너지보존의 법칙 응용)

$$H(\text{m}) = \frac{u^2}{2g} + \frac{P}{r} + Z$$

여기서, H : 전수두(m), $\frac{u^2}{2g}$: 속도수두
$\frac{P}{r}$: 압력수두, Z : 위치수두

연속 방정식(질량보존의 법칙 응용)

① 질량유량($\overline{m}$: kg/s)

$$\overline{m} = A_1 U_1 \rho_1 = A_2 U_2 \rho_2$$

② 중량유량($\overline{G}$: kgf/s)

$$\overline{G} = A_1 U_1 \gamma_1 = A_2 U_2 \gamma_2$$

③ 체적유량 = 용량유량($\overline{Q}$: m³/s)

$$\overline{Q} = A_1 U_1 = A_2 U_2$$

여기서, A : 단면적(m²), U : 유속(m/s)
ρ : 밀도(kg/m³), γ : 비중량(kN/m³)

해답 ①

37 다음 중 이상기체의 내부에너지에 대해 옳은 것은?

① 내부에너지는 압력의 함수이다.
② 내부에너지는 체적의 함수이다.
③ 내부에너지는 온도의 함수이다.
④ 내부에너지는 일정하다.

해설 내부에너지
① 체적과 무관하고 오직 온도에 의하여 결정
② 온도만의 함수이다.

해답 ③

38 그림과 같이 수조차의 탱크 측벽에 지름이 25cm인 노즐을 달아 깊이 $h = 3$m만큼 물을 실었다. 차가 받는 추력 F는 약 몇 kN인가? (단, 노면과의 마찰은 무시한다.)

① 1.79   ② 2.89
③ 4.56   ④ 5.21

해설 추력(힘)

$$F = QU\rho \quad\quad U = \sqrt{2gH} \quad\quad Q = UA$$

① 유속계산
$u = \sqrt{2gh} = \sqrt{2 \times 9.8 \times 3} = 7.6681\text{m/s}$

② 유량계산
$d = 25\text{cm} = 0.25\text{m}$
$Q = uA = 7.6681 \times \frac{\pi}{4} \times 0.25^2 = 0.3764\text{m}^3/\text{s}$

③ 추력 계산
$\rho(\text{물}) = 1000\text{kg/m}^3 = 1000\text{N} \cdot \text{s}^2/\text{m}^4$
$F = Qu\rho = 0.3764 \times 7.6681 \times 1000 = 2886.27\text{N}$
$F = 2886.27\text{N} = 2.89\text{kN}$

해답 ②

39 이상 기체를 등온상태에서 압축시킬 때와 단열상태에서 압축시킬 때의 체적 탄성계수를 순서대로 쓰면? (단, 여기서 P는 압력, v는 비체적, k는 비열비이다.)

① P, kP ② kP, P
③ v, P ④ kv, P

해설 체적탄성계수 K

등온압축	단열압축
$K = P$	$K = kP$

여기서, K: 체적탄성계수, P: 압력, k: 비열비

해답 ①

40 전양정 50m, 유량 1.5m³/min로 운전 중인 펌프가 유체에 가해주는 이론적인 동력은 약 몇 kW인가? (단, 물의 비중량은 9800N/m³으로 계산한다.)

① 12.25   ② 14.25
③ 16.45   ④ 18.35

해설 수동력

$$L(\text{kW}) = \gamma(\text{kN/m}^3) \times Q(\text{m}^3/\text{s}) \times H(\text{m})$$

① $\gamma = 9.8\text{kN/m}^3$, $Q = 1.5\text{m}^3/60\text{s}$, $H = 50\text{m}$

② $L(\text{kW}) = 9.8 \times \dfrac{1.5}{60} \times 50 = 12.25\text{kW}$

해답 ①

제3과목   소방관계법규

41 위험물 제조소에서 "위험물 제조소"라는 표시를 한 표지의 바탕색은?

① 청색   ② 적색
③ 흑색   ④ 백색

해설 (위험물법 시행규칙 제28조의 별표 4)
위험물제조소의 표지 및 게시판
(1) 표지는 한 변의 길이가 0.3m 이상, 다른 한 변의 길이가 0.6m 이상인 직사각형
(2) 바탕은 백색, 문자는 흑색

해답 ④

42 소방본부 종합상황실의 실장이 서면·팩스 또는 컴퓨터통신 등으로 소방청 종합 상황실에 보고하여야 하는 화재의 기준이 아닌 것은?

① 이재민이 100인 이상 발생한 화재
② 사망자가 3인 이상 발생하거나 사상자가 5인 이상 발생한 화재
③ 재산피해액이 50억원 이상 발생한 화재
④ 층수가 5층 이상이거나 병상이 30개 이상인 요양소에서 발생한 화재

해설 소방기본법 시행규칙 제3조
(종합상황실장의 보고대상)
① 사망자 5인 이상 또는 사상자 10인 이상인 화재
② 이재민 100인 이상 화재
③ 재산피해 50억 이상 화재
④ 관공서, 학교, 정부미 도정공장, 국가유산, 지하철, 지하구 화재
⑤ 관광호텔, 층수 11층 이상 지하상가, 시장, 백화점화재
⑥ 1000톤 이상 선박화재

해답 ②

43 소방시설의 종류 중 경보설비가 아닌 것은?

① 단독경보형감지기 ② 자동화재탐지설비
③ 비상콘센트설비 ④ 통합감시시설

해설 ③ 비상콘센트설비-소화활동설비

(소방시설법 시행령 제3조의 별표1)
소방시설의 종류 ★★★(필수암기)★★★

소방시설	종류	
소화설비	① 소화기구	② 자동소화장치
	③ 옥내	④ 옥외
	⑤ 스프링클러설비등	⑥ 물분무등
경보설비	① 단독경보형	② 비상경보
	③ 시각경보기	④ 자동화재탐지
	⑤ 화재알림	⑥ 비상방송
	⑦ 자동화재속보	⑧ 통합감시
	⑨ 누전경보기	⑩ 가스누설경보기
피난구조설비	① 피난기구(피난사다리, 구조대, 완강기 등)	
	② 인명구조기구(방열복, 방화복, 공기호흡기, 인공소생기)	
	③ 유도등(피난유도선, 피난구유도등, 통로유도등, 객석유도등, 유도표지)	
	④ 비상조명등 및 휴대용비상조명등	

소방시설	종류
소화용수설비	① 상수도소화용수 ② 소화수조·저수조 그 밖의 소화용수
소화활동설비	① 제연 ② 연결송수관 ③ 연결살수 ④ 비상콘센트 ⑤ 무선통신보조 ⑥ 연소방지

해답 ③

44 정기점검을 하지 아니하거나 점검기록을 허위로 작성한 관계인으로서 허가를 받은 자에 대한 벌칙은?

① 1년 이하의 징역 또는 1천만원 이하의 벌금
② 2년 이하의 징역 또는 1천만원 이하의 벌금
③ 1년 이하의 징역 또는 2천만원 이하의 벌금
④ 2년 이하의 징역 또는 2천만원 이하의 벌금

해설 위험물법 제35조(벌칙)
1년 이하의 징역 또는 1천만원 이하의 벌금
(1) **탱크시험자로 등록하지 아니하고** 탱크시험자의 업무를 한 자
(2) 정기점검을 하지 아니하거나 점검기록을 허위로 작성한 관계인으로서 **허가를 받은 자**
(3) 정기검사를 받지 아니한 관계인으로서 **허가를 받은 자**
(4) 자체소방대를 두지 아니한 관계인으로서 **허가를 받은 자**
(5) 운반용기에 대한 **검사를 받지 아니하고** 운반용기를 사용하거나 유통시킨 자
(6) 명령을 위반하여 **보고 또는 자료제출**을 하지 아니하거나 허위의 보고 또는 자료제출을 한 자 또는 관계공무원의 출입·검사 또는 수거를 **거부·방해 또는 기피한 자**
(7) 제조소등에 대한 긴급 **사용정지·제한명령**을 위반한 자

해답 ①

45 제1종 판매취급소의 위험물을 배합하는 실의 기준으로 옳은 것은?

① 바닥면적은 $5m^2$ 이상 $10m^2$ 이하로 할 것
② 출입구 문턱의 높이는 바닥면으로부터 0.1m 이상으로 할 것
③ 바닥은 위험물이 침투하지 아니하는 구조로 하고 경사가 없는 집유설비를 할 것
④ 내부에 체류한 가연성의 증기는 벽면에 있는 창문으로 방출하는 구조로 할 것

해설 (위험물법 시행규칙 제37조의 별표 13)
위험물 배합실 기준
(1) 바닥면적은 $6m^2$ 이상 $15m^2$ 이하
(2) 내화구조로 된 벽으로 구획
(3) 적당한 경사를 두고 집유설비할 것
(4) 출입구는 자동폐쇄식의 60분+방화문 또는 60분방화문 설치
(5) 출입구 문턱높이는 바닥면으로부터 0.1m 이상
(6) 가연성 가스 또는 미분은 지붕으로 방출하는 설비를 할 것

해답 ②

46 소방시설공사의 하자보수보증 기간으로 옳은 것은?

① 유도등 : 1년
② 자동소화장치 : 3년
③ 자동화재탐지설비 : 2년
④ 상수도소화용수설비 : 2년

해설 (공사업법 시행령 제6조)
하자보수대상 소방시설과 하자보수보증기간

보증기간	소방시설
2년	① 피난기구 ② 유도등 ③ 유도표지 ④ 비상경보설비 ⑤ 비상조명등 ⑥ 비상방송설비 ⑦ 무선통신보조설비
3년	① 자동소화장치 ② 옥내 ③ 옥외 ④ 스프링클러 ⑤ 간이스프링클러 ⑥ 물분무등 ⑦ 자동화재탐지설비 ⑧ 상수도소화용수설비 ⑨ 소화활동설비(무선통신보조설비 제외)

해답 ②

47 소방시설 관리사의 결격사유가 아닌 것은?

① 피성년후견인
② 금고 이상의 실형을 선고받고 그 집행이 면제된 날부터 2년이 지나지 아니한 사람
③ 행정안전부령에 따라 자격이 취소된 날로부터 2년이 지나지 아니한 사람

④ 금고 이상의 형의 집행유예를 선고받고 그 유예기간이 지난 사람

해설 (소방시설법 제27조) 관리사의 결격사유
(1) 피성년후견인
(2) 금고 이상의 실형을 선고받고 그 집행이 끝나거나 집행이 면제된 날부터 2년이 지나지 아니한 사람
(3) 금고 이상의 형의 집행유예를 선고받고 그 유예기간 중에 있는 사람
(4) 자격이 취소된 날부터 2년이 지나지 아니한 사람

해답 ④

48 이동식난로를 설치할 수 없는 장소로 소방법령상 규정되어 있는 곳이 아닌 것은?

① 학원　　　　② 종합병원
③ 역 · 터미널　④ 고층아파트

해설 이동식난로 설치금지장소
다만, 난로가 쓰러지지 않도록 받침대를 두어 고정시키거나 쓰러지는 경우 즉시 소화되고 연료의 누출을 차단할 수 있는 장치가 부착된 경우에는 그렇지 않다.
① 다중이용업소
② 학원
③ 독서실
④ 숙박업, 목욕장업 세탁업의 영업장
⑤ 의원 · 치과의원 · 한의원, 조산원, 병원 · 치과병원 · 한방병원, 요양병원 · 정신병원 · 종합병원
⑥ 식품접객업의 영업장
⑦ 영화상영관
⑧ 공연장
⑨ 박물관 및 미술관
⑩ 상점가
⑪ 가설건축물
⑫ 역 · 터미널
[뇌새김 암기법] 영독/다공학/의식숙박/상가역

해답 ④

49 소방시설공사업법에 규정된 소방시설업에 속하지 않는 것은?

① 소방시설관리업　② 소방시설설계업
③ 소방시설공사업　④ 소방공사감리업

해설 (공사업법 제2조) 소방시설업의 종류
(1) 소방시설설계업　(2) 소방시설공사업
(3) 소방공사감리업　(4) 방염처리업

해답 ①

50 소방용수시설 중 급수탑의 개폐밸브는 지상에서 몇 m 이상 몇 m 이하의 위치에 설치하도록 하여야 하는가?

① 0.8m 이상 1.0m 이하
② 0.8m 이상 1.5m 이하
③ 1.0m 이상 1.5m 이하
④ 1.5m 이상 1.7m 이하

해설 (기본법 시행규칙 제6조 ②항의 별표 3)
소방용수시설의 설치기준
1. 공통기준
   (1) 주거지역 · 상업지역 및 공업지역에 설치하는 경우 : 수평거리를 100m 이하가 되도록 할 것
   (2) 기타 지역에 설치하는 경우 : 소방대상물과의 수평거리를 140m 이하가 되도록 할 것
2. 소방용수시설별 설치기준
   (1) 소화전의 설치기준 : 상수도와 연결하여 지하식 또는 지상식의 구조로 하고, 소방용호스와 연결하는 소화전의 연결금속구의 구경은 65mm로 할 것
   (2) **급수탑**의 설치기준 : 급수배관의 구경은 100mm 이상으로 하고, **개폐밸브는 지상에서 1.5m 이상 1.7m 이하**의 위치에 설치하도록 할 것
3. 저수조의 설치기준
   (1) 지면으로부터의 낙차가 4.5m 이하일 것
   (2) 흡수부분의 수심이 0.5m 이상일 것
   (3) 소방펌프자동차가 쉽게 접근할 수 있도록 할 것
   (4) 흡수에 지장이 없도록 토사 및 쓰레기 등을 제거할 수 있는 설비를 갖출 것
   (5) 흡수관의 투입구가 사각형의 경우에는 한 변의 길이가 60cm 이상, 원형의 경우에는 지름이 60cm 이상일 것

(6) 저수조에 물을 공급하는 방법은 상수도에 연결하여 자동으로 급수되는 구조일 것

해답 ④

51 협회는 방염처리업 등록을 위해서 제출된 서류를 심사한 결과 첨부서류가 미비 되었을 때 보완을 요청할 수 있는 기간은?

① 7일 이내 ② 10일 이내
③ 14일 이내 ④ 30일 이내

해설 (공사업법 시행규칙 제2조의2)
등록신청 서류의 보관
협회는 소방시설업의 등록신청 서류가 미비되었을 때 **10일 이내**의 기간을 정하여 이를 보완하게 할 수 있다.

해답 ②

52 운송책임자의 감독 또는 지원을 받아 이동·운송하여야 하는 위험물을 나열한 것은?

① 칼륨, 나트륨
② 알칼알루미늄, 알칼리튬
③ 알칼리금속, 알칼리토금속
④ 유기금속화합물

해설 (위험물법 시행령 제19조)
운송책임자의 감독·지원을 받아 운송하는 위험물
(1) 알킬알루미늄
(2) 알킬리튬
(3) 알킬알루미늄 또는 알킬리튬의 물질을 함유하는 위험물

해답 ②

53 특정소방대상물의 소방시설은 정기적으로 자체점검을 하거나 관리업자 또는 기술자격자로 하여금 점검을 받아야 한다. 관계인 등이 점검을 한 경우 그 점검 결과를 누구에게 보고하여야 하는가?

① 소방본부장 또는 소방서장
② 시·도지사
③ 한국소방안전원장
④ 소방청장

해설 (소방시설법 시행규칙 제22조의 별표4)
1. 소방시설등 자체점검의 구분과 대상, 점검자의 자격, 횟수

점검 구분	점검 대상	점검자의 자격 (주된 인력)	비고
최초 점검	소방시설 등이 신설된 경우	• 등록된 관리사 • 선임된 관리사 또는 기술사	60일 이내
작동 점검	3급 대상물	• 관계인 • 선임된 관리사 또는 기술사 • 등록된 관리사 또는 특급점검자	연 1회 이상
	1급 또는 2급 대상물	• 등록된 관리사 • 선임된 관리사 또는 기술사	
종합 점검	(1) **스프링클러설비**설치 (2) **물분무등 소화설비**(호스릴방식 제외) 설치 연면적 **5천m² 이상** (3) **단란주점영업과 유흥주점영업**, 영화상영관·비디오물감상실업·복합영상물제공업, 노래연습장업, 산후조리업, 고시원업, 안마시술소의 영업장이 설치된 **연면적이 2천m² 이상**인 것 (4) **제연설비** 설치 **터널** (5) **공공기관** 중 연면적 **1,000m² 이상 옥내** 또는 **자동화재탐지설비** 설치. 다만, 소방대 근무 공공기관은 제외	• 등록된 관리사 • 선임된 관리사 또는 기술사	연 1회 이상 **(특급 반기별 1회 이상)**

2. 소방시설등의 자체점검 결과의 조치 등
(1) "관리업자등"은 점검이 끝난 날부터 **10일 이내**에 보고서를 **관계인에게 제출**
(2) 관계인은 점검이 끝난 날부터 **15일 이내**에 보고서에 이행계획서를 첨부하여 **소방본부장 또는 소방서장에게 보고**

해답 ①

54 객석유도등을 설치해야 하는 소방대상물이 아닌 것은?

① 사무공간 및 업무시설
② 문화 및 잡화시설

③ 운동시설
④ 종교시설

해설 (소방시설법 시행령 제11조 별표4)
객석유도등 설치대상
(1) 유흥주점영업시설
(2) 문화 및 집회시설
(3) 종교시설
(4) 운동시설

해답 ①

55 전문 소방시설설계업의 등록기준에서 기술 인력의 최소인원 수로 옳은 것은?

① 소방기술사 1명, 소방설비기사 3명 이상
② 소방기술사 2명, 보조기술인력 2명 이상
③ 소방기술사 1명, 보조기술인력 1명 이상
④ 소방기술사 2명, 보조기술인력 3명 이상

해설 소방시설설계업의 등록기준 및 영업범위★★★

종류		기술인력	영업범위
전문		① 주인력 : 기술사 1인 이상 ② 보조인력 : 1인 이상	• 모든 특정소방대상물
일반	기계	① 주인력 : 기술사 또는 기사(기계분야) 1인 이상 ② 보조인력 : 1인 이상	• 아파트(제연설비제외) • 연면적 3만m² (공장 1만m²) 미만 (제연설비제외) • 위험물제조소등
	전기	① 주인력 : 기술사 또는 기사(전기분야) 1인 이상 ② 보조인력 : 1인 이상	• 아파트 • 연면적 3만m² (공장 1만m²) 미만 • 위험물제조소등

해답 ③

56 소방용 기계·기구의 형식승인을 취소하여야만 하는 경우로서 가장 옳은 것은?

① 제품검사시 형식승인 및 제품검사의 기술기준에 미달되는 경우
② 거짓이나 그 밖의 부정한 방법으로 형식승인을 얻은 경우
③ 형식승인을 위한 시험시설의 시설기준에 미달되는 경우
④ 형식승인을 받지 아니한 소방용 기계·기구를 판매한 경우

해설 (소방시설법 제39조) 형식승인의 취소 등
형식승인 취소 또는 6개월 이내 제품검사의 중지
(1) 거짓이나 그 밖의 부정한 방법으로 형식승인을 받은 경우**(취소)**
(2) 시험시설의 시설기준에 미달되는 경우
(3) 거짓이나 그 밖의 부정한 방법으로 제품검사를 받은 경우**(취소)**
(4) 제품검사 시 기술기준에 미달되는 경우
(5) 변경승인을 받지 아니하거나 거짓이나 그 밖의 부정한 방법으로 변경승인을 받은 경우**(취소)**

해답 ②

57 소방공무원이 화재를 진압하거나 인명구조 활동을 위하여 설치·사용하는 소방설비를 무엇이라 하는가?

① 소화용수설비 ② 경보설비
③ 소화활동설비 ④ 피난구조설비

해설 (소방시설법 시행령 제3조 별표1)
소방시설의 종류
(1) 소화설비 : 물 또는 그 밖의 소화약제를 사용하여 소화하는 기계·기구 또는 설비
(2) 경보설비 : 화재발생 사실을 통보하는 기계·기구 또는 설비
(3) 피난구조설비 : 화재가 발생할 경우 피난하기 위하여 사용하는 기구 또는 설비
(4) 소화용수설비 : 화재를 진압하는 데 필요한 물을 공급하거나 저장하는 설비
(5) 소화활동설비 : 화재를 진압하거나 인명구조 활동을 위하여 사용하는 설비

해답 ③

58 위험물 안전관리자가 퇴직한 때에는 퇴직한 달부터 며칠 이내에 다시 위험물 안전관리자를 선임하여야 하는가?

① 7일 이내   ② 15일 이내
③ 30일 이내   ④ 45일 이내

해설 (위험물법 제15조) 위험물 안전관리자
(1) 관계인은 안전관리자를 해임 또는 퇴직시 30일 이내 다시 선임
(2) 관계인은 안전관리자를 선임한 경우에는 14일

이내 소방본부장, 소방서장에게 신고하여야 한다.
- 선임 : 30일 이내   - 선임신고 : 14일 이내

해답 ③

59 비상방송설비를 설치하여야 하는 특정소방대상물에 이를 면제해 주는 기준에 해당 되는 것은?

① 단독경보형감지기를 2개 이상의 단독경보형감지기와 연동하여 설치한 경우
② 아크경보기 또는 전기관련법령에 의한 지락차단장치를 화재안전기준에 적합하게 설치한 경우
③ 비상경보설비와 같은 수준 이상의 음향을 발하는 장치를 부설한 방송설비를 화재안전기준에 적합하게 설치한 경우
④ 피난구 유도등 또는 통로유도등을 화재안전기준에 적합하게 설치한 경우

해설 (소방시설법 시행령 제16조의 별표6)
특정소방대상물의 소방시설 설치의 면제기준

설치가 면제되는 소방시설	설치면제 요건
1. 스프링클러설비	자동소화장치 또는 물분무등소화설비
2. 물분무등 소화설비	스프링클러설비(차고, 주차장)
3. 간이스프링클러 설비	스프링클러설비, 물분무소화설비 또는 미분무소화설비
4. 비상경보설비 또는 단독 경보형 감지기	자동화재탐지설비 또는 화재알림설비
5. 비상경보설비	단독경보형 감지기를 2개 이상의 단독경보형 감지기와 연동하여 설치하는 경우
6. 비상방송설비	자동화재탐지설비 또는 비상경보설비와 같은 수준 이상의 음향을 발하는 장치를 부설한 방송설비
16. 자동화재탐지설비	화재알림설비 스프링클러설비 물분무등소화설비

해답 ③

60 다음 특정소방대상물 중 의료시설과 관련 없는 업종은?

① 요양병원   ② 마약진료소
③ 한방병원   ④ 노인의료복지시설

해설 ④ 노인의료복지시설-노유자시설

(소방시설법 시행령 제5조 별표2) 의료시설
(1) 병원 : 종합병원, 병원, 치과병원, 한방병원, 요양병원
(2) 격리병원 : 전염병원, 마약진료소, 그 밖에 이와 비슷한 것
(3) 정신의료기관
(4) 장애인 의료재활시설

해답 ④

제4과목   소방기계시설의 구조 및 원리

61 다음 중 퓨지블 링크형(fusible link type) 폐쇄형스프링클러헤드의 구성요소와 관계없는 것은?

① 용융메탈   ② 디프렉터
③ 글라스벌브   ④ 프레임

해설 퓨지블링크형 스프링클러헤드
감열체중 이융성금속으로 융착되거나 이융성물질에 의하여 조립된 것을 말한다.
① 용융메탈
② 디플렉터
③ 프레임

해답 ③

62 소화활동 시에 화재로 인하여 발생하는 각종 유독가스 중에서 일정시간 사용할 수 있도록 제조된 개인호흡장비를 무엇이라 하는가?

① 공기호흡기   ② 피난구조설비
③ 제연설비   ④ 소화활동설비

해설 (1) 공기호흡기의 정의
소화활동시에 화재로 인하여 발생하는 각종 유독가스 중에서 일정시간 사용할 수 있도록 제

조된 압축공기식 개인호흡장비
제3조(공기호흡기의 규격) ① 공기호흡기의 최고충전압력은 30MPa 이상으로서 공기용기에 충전되는 공기의 양은 40L/min로 호흡하는 경우 사용시간이 30분 이상 이어야 한다. 이 경우 사용시간은 15분 단위로 증가시켜 구분한다.

(2) 공기호흡기의 규격
공기호흡기의 총 질량은 사용시간을 기준하여 30분용은 7kg, 45분용은 9kg, 60분용은 11kg, 75분용 이상은 18kg 이하이어야 한다.

해답 ①

63 분말소화설비의 구성품이 아닌 것은?

① 정압작동장치   ② 압력 조정기
③ 가압용 가스용기 ④ 기화기

해설 분말소화설비의 구성요소
① 분말약제 저장용기
② 정압작동장치
③ 압력조정기
④ 가압용가스용기
⑤ 배관 및 헤드

해답 ④

64 소화수조 및 저수조에 대한 설명 중 맞는 것은?

① 지표면으로부터 깊이가 7m 이상인 경우는 가압송수장치를 설치해야 한다.
② 지하에 설치하는 소화용수설비의 흡수관 투입구는 그 한 변이 0.8m이상이거나 직경이 0.6m 이상의 것으로 한다.
③ 소요수량이 80m³인 경우 채수구는 3개 이상 설치하여야 한다.
④ 채수구는 지면으로부터 0.5m 이상 1m 이하에 설치한다.

해설 소화수조 및 저수조 설치기준
(1) 지표면으로부터의 깊이가 **4.5m 이상**인 지하에 있는 경우에는 **가압송수장치를** 설치하여야 한다.
(2) 지하에 설치하는 소화용수설비의 흡수관투입구는 그 **한변이 0.6m 이상**이거나 **직경이 0.6m**

이상인 것으로 할 것.
(3) 소요수량이 80m³ 미만인 것에 있어서는 1개 이상, 80m³ 이상인 것에 있어서는 2개 이상을 설치하여야 하며, "흡관투입구"라고 표시한 표지를 할 것
(4) **채수구**는 지면으로부터의 높이가 **0.5m 이상 1m 이하**의 위치에 설치하고 "채수구"라고 표시한 표지를 할 것

해답 ④

65 옥내소화전 노즐의 방출계수(k) 계산에 직접 사용하는 항목으로 적합한 것은?

① 유량, 오리피스구경
② 유량, 방출압력
③ 방출압력, 오리피스구경
④ 방출압력, 방출온도

해설 방수량과 방수압력

$$Q = k\sqrt{10P}$$

여기서, Q : 방수량(L/min), k : 방출계수
P : 방수압력(MPa)
방수량은 방수압력의 평방근($\sqrt{\ }$)에 비례한다.

해답 ②

66 간이스프링클러설비의 배관 및 밸브 등의 설치순서에서 다음 ( )에 가장 적합한 용어는?

> 펌프 등의 가압송수장치를 이용하여 배관 및 밸브 등을 설치하는 경우에는 수원, 연성계 또는 진공계(수원이 펌프보다 높은 경우를 제외한다. 이하 같다.), 펌프 또는 압력수조, 압력계, 체크밸브, ( ), 개폐표시형 밸브, 유수검사장치, 시험밸브의 순으로 설치할 것

① 진공계   ② 플렉시블 조인트
③ 성능시험배관   ④ 편심 래듀샤

해설 간이스프링클러설비의 배관 및 밸브 등의 순서
① 상수도직결형
  수도용계량기 → 급수차단장치 → 개폐표시형 밸브 → 체크밸브 → 압력계 → 유수검지장치 → 2개의 시험밸브
② 펌프 등의 가압송수장치를 설치하는 경우

수원 → 연성계 또는 진공계(수원이 펌프보다 높은 경우를 제외) → 펌프 또는 압력수조 → 압력계 → 체크밸브 → 성능시험배관 → 개폐표시형밸브 → 유수검지장치 → 시험밸브

③ **가압수조를 가압송수장치로 설치하는 경우**
수원 → 가압수조 → 압력계 → 체크밸브 → 성능시험배관 → 개폐표시형밸브 → 유수검지장치 → 2개의 시험밸브

④ **캐비닛형의 가압송수장치를 설치하는 경우**
수원 → 연성계 또는 진공계(수원이 펌프보다 높은 경우를 제외) → 펌프 또는 압력수조 → 압력계 → 체크밸브 → 개폐표시형밸브 → 2개의 시험밸브

해답 ③

67 제연설비의 기준에 대한 설명으로 맞는 것은?

① 배출기의 배출측 풍도안의 풍속은 30m/s 이하로 한다.
② 유압풍도안의 풍속은 25m/s 이하로 한다.
③ 배출기의 흡입측 풍도안의 풍속은 20m/s 이하로 한다.
④ 예상제연구역에 공기가 유입되는 순간의 풍속은 5m/s 이하가 되도록 한다.

해설 **배출풍도**
① 배출풍도의 풍속

흡입측 풍도	배출측 풍도	유입 풍도
15m/s 이하	20m/s 이하	20m/s 이하

② 배출풍도의 강판의 두께

풍도단면의 긴변 또는 직경의 크기	강판두께
450mm 이하	0.5mm 이상
450mm 초과 750mm 이하	0.6mm 이상
750mm 초과 1500mm 이하	0.8mm 이상
1500mm 초과 2250mm 이하	1.0mm 이상
2250mm 초과	1.2mm 이상

③ 예상제연구역에 공기가 **유입되는 순간의 풍속은 5m/s 이하**
④ 유입구의 구조는 유입공기를 **상향으로 분출하지 않도록 설치**
다만, 유입구가 **바닥에 설치되는 경우에는 상향으로 분출이 가능하며 이때의 풍속은 1m/s 이하**

해답 ④

68 소방대상물에 제연 샤프트를 설치하여 건물 내·외부의 온도차와 화재시 발생되는 열기에 의한 밀도차이를 이용하여 실내에서 발생한 화재, 열, 연기 등을 지붕 외부의 루프모니터 등으로 옥외로 배출·환기시키는 방식은?

① 지연방식
② 루프래치방식
③ 스모그타워방식
④ 제3종 기계제연방식

해설 **스모그타워 제연방식**
제연 전용으로 굴뚝(제연샤프트) 또는 환기통을 설치하여 실내공기 부력 또는 지붕상부에 설치된 루프모니터 등이 외부바람에 의하여 회전하면서 생긴 흡인력을 이용하여 제연하는 방식이며 고층빌딩에 적합하다.

제연방식의 종류
① **밀폐 제연방식**
 - 제연의 기본방식이며 개구부를 밀폐제연.
 - 공동주택, 여관, 호텔 등에 적합
② **자연 제연방식**
 발생한 열 기류의 부력 또는 화재 실 외부의 공기흡출효과에 따라 창문 또는 전용배연구로 연기배출
③ **스모그타워 제연방식**
 - 제연전용굴뚝(제연샤프트) 또는 환기통으로 연기배출방식
 - 자연제연의 일종이며 고층빌딩에 적합
④ **기계 제연방식**(강제제연방식)
 연기를 송풍기나 배풍기를 설치하여 강제로 배출

해답 ③

69 다음 ( )안에 맞는 숫자와 용어는?

국소방출방식의 고정포방출구는 방호대상물의 구분에 따라 당해 방호대상물의 높이의 ( )의 거리를 수평으로 연장한 선으로 둘러싸인 부분의 면적을 ( )이라 한다.

① 3배, 방호면적
② 1.5배, 관포면적

③ 1.5배, 방호면적
④ 2배를 더한 길이, 외주선 면적

해설 국소방출방식의 고발포용고정포방출구
(1) 방호대상물이 서로 인접하여 불이 쉽게 붙을 우려가 있는 경우에는 불이 옮겨 붙을 우려가 있는 범위내의 방호대상물을 하나의 방호대상물로 하여 설치할 것
(2) 고정포방출구는 방호대상물의 구분에 따라 당해 방호대상물의 높이의 3배(1m 미만의 경우에는 1m)의 거리를 수평으로 연장한 선으로 둘러싸인 부분의 면적(방호면적) $1m^2$에 대하여 1분당 방출량이 다음 표에 따른 양 이상이 되도록 할 것

방호대상물	방호면적 $1m^2$에 대한 1분당 방출량
특수가연물	3L
기타의 것	2L

해답 ①

70 물분무소화설비의 가압펌프의 동결방지 방법으로 적절하지 못한 것은?

① 펌프의 물을 배수하여 건조한 상태로 유지한다.
② 열선을 설치한다.
③ 보온장치를 설치한다.
④ 실내를 상시 난방한다.

해설 가압펌프의 동결방지방법
① 열선(히팅코일)을 설치한다.
② 보온장치를 설치한다.
③ 펌프실을 상시 난방한다.
④ 소화용수를 부동액으로 사용한다.

해답 ①

71 대형소화기로 인정되는 소화 능력단위의 적합한 기준은?

① A급 10단위 이상, B급 10단위 이상
② A급 20단위 이상, B급 10단위 이상
③ A급 10단위 이상, B급 20단위 이상
④ A급 20단위 이상, B급 20단위 이상

해설 소화기의 능력단위 및 보행거리

구 분	소형소화기	대형소화기
능력단위	1단위 이상 대형소화기 능력단위 미만	① A급 10단위 이상, ② B급 20단위 이상,
보행거리	20m 이내	30m 이내

해답 ③

72 소화기구의 화재안전기준에서 지하층이나 무창층 또는 밀폐된 거실 및 사무실로서 그 바닥면적이 $20m^2$ 미만의 장소에 설치할 수 없는 소화기는?

① 포 소화기
② 분말소화기
③ 강화액 소화기
④ 이산화탄소 소화기

해설 이산화탄소 또는 할로젠화합물 소화기구(자동확산소화기 제외)
지하층이나 무창층 또는 밀폐된 거실로서 그 바닥면적이 $20m^2$ 미만의 장소에는 설치할 수 없다. 다만, 배기를 위한 유효한 개구부가 있는 장소인 경우에는 그렇지 않다.

해답 ④

73 다음 중 통신기기실의 소화설비로 가장 적합한 것은?

① 스프링클러소화설비
② 옥내소화전설비
③ 할론소화설비
④ 옥외소화전설비

해설 통신기기실의 적응소화약제
① 이산화탄소소화약제
② 할론소화약제
③ 할로젠화합물 및 불활성기체 소화약제
④ 고체에어로졸화합물

해답 ③

74 분말 소화설비에 사용하는 소화약제 중 제3종 분말은 어느 것을 주성분으로 한 것인가?

① 탄산수소칼륨
② 인산염
③ 탄산수소나트륨
④ 요소

해설 분말약제의 주성분 및 착색 (필수암기)

종별	주성분	약제명	착색
제1종	$NaHCO_3$	탄산수소나트륨 중탄산나트륨 중조	백색
제2종	$KHCO_3$	탄산수소칼륨 중탄산칼륨	담회색
제3종	$NH_4H_2PO_4$	제1인산암모늄	담홍색 (핑크색)
제4종	$KHCO_3+(NH_2)_2CO$	중탄산칼륨+요소	회색 (쥐색)

해답 ②

75 상수도소화용수설비는 호칭지름 75mm의 수도배관에 호칭지름 몇 mm 이상의 소화전을 접속하여야 하는가?

① 50　　② 65
③ 75　　④ 100

해설 상수도 소화용수 설비
① 호칭지름 75mm 이상의 수도배관에 호칭지름 100mm 이상의 소화전을 접속
② 소화전은 소방자동차 등의 진입이 쉬운 도로변 또는 공지에 설치
③ 소화전은 소방대상물의 수평투영면의 각 부분으로부터 140m 이하가 되도록 설치

해답 ④

76 이산화탄소 소화설비의 저장용기 중 고압식 용기는 최소 몇 MPa 이상의 내압시험 압력에 견디어야 하는가?

① 2.1MPa　　② 3.5MPa
③ 25MPa　　④ 30MPa

해설 이산화탄소 저장용기의 설치 기준
① 저장용기의 충전비

저압식	고압식
1.1~1.4	1.5~1.9

② 저압식 저장용기에는 내압시험압력의 0.64배 내지 0.8배의 압력에서 작동하는 안전밸브와 내압시험압력의 0.8배 내지 내압시험압력에서 작동하는 봉판을 설치할 것
③ 저압식 저장용기에는 액면계 및 압력계와 2.3MPa 이상 1.9MPa 이하의 압력에서 작동하는 압력경보장치를 설치할 것
④ 저압식 저장용기에는 용기내부의 온도가 -18℃ 이하에서 2.1MPa의 압력을 유지할 수 있는 자동냉동장치를 설치할 것
⑤ 저장용기는 **고압식은 25MPa 이상, 저압식은 3.5MPa 이상의 내압시험압력**에 합격한 것으로 할 것

해답 ③

77 피난기구의 설치방법이 잘못 설명된 것은?

① 피난기구는 각 층마다 설치한다.
② 의료시설은 그 층의 바닥면적 500m²마다 설치한다.
③ 숙박시설은 그 층의 바닥면적 600m²마다 설치한다.
④ 판매시설은 그 층의 바닥면적 800m²마다 설치한다.

해설 피난기구의 설치개수
① 층마다 설치할 것
② 피난기구는 기준에 의한 개수 이상을 설치

특수장소	설치개수
숙박시설, 노유자시설, 의료시설로 사용되는 층	500m²마다 1개 이상
위락시설, 문화집회 및 운동시설, 판매시설, 복합용도의 층	800m²마다 1개 이상
아파트	각 세대마다
그 밖의 용도의 층	1,000m²마다 1개 이상

③ 숙박시설(휴양 콘도미니엄 제외)의 경우 추가로 객실마다 완강기 또는 둘 이상의 간이완강기를 설치할 것

해답 ③

78 습식 스프링클러 설비 외의 설비에는 헤드를 향하여 상향으로 수평주행배관 기울기를 얼마 이상으로 해야 하는가?

① 100분의 1　　② 200분의 1
③ 300분의 1　　④ 500분의 1

해설 배수를 위한 기울기 기준
① 습식스프링클러설비 또는 부압식스프링클러

설비 외의 설비
㉠ 수평주행배관의 기울기 : $\frac{1}{500}$ 이상
㉡ 가지배관의 기울기 : $\frac{1}{250}$ 이상
② 물분무소화설비의 배수설비
바닥은 배수구를 향하여 $\frac{2}{100}$ 이상
③ 개방형헤드를 사용 연결살수설비
수평주행배관의 기울기 : $\frac{1}{100}$ 이상

해답 ④

79 스프링클러설비에서 천장부에 폐쇄형 헤드의 배치로 화재시 감열 개방되어 살수시키는 방식에 속하지 않는 것은?

① 습식　　② 건식
③ 반자동식　　④ 준비작동식

해설 **폐쇄형헤드 설치**
① 습식스프링클러설비
② 건식스프링클러설비
③ 준비작동식 스프링클러설비
④ 부압식스프링클러설비
개방형헤드 설치
① 일제살수식스프링클러설비

해답 ③

80 유량을 토출하여 펌프를 시험할 때 성능시험배관의 밸브를 막고 연속으로 운전할 경우 이때 자동적으로 개방되는 것은 어느 부위인가?

① 후드밸브　　② 릴리프밸브
③ 시험밸브　　④ 유량조절밸브

해설 **릴리프밸브(Relief valve)**
펌프의 체절운전 시 체절압력 이하에서 개방되어 과압을 방출하여 배관의 파손 및 펌프의 손상을 방지하는 역할을 한다.

해답 ②

무료 동영상과 함께하는 **소방설비(기계분야) 필기**

2025

2025년 2월 CBT 시행
2025년 5월 CBT 시행
2025년 8월 CBT 시행

무료 동영상과 함께하는
소방설비(기계분야) 필기

소방설비산업기사 – 기계분야
2025년 2월 CBT 시행

본 문제는 CBT시험대비 기출문제 복원입니다.

제1과목 소방원론

01 건축물의 방화계획에서 공간적 대응에 해당하지 않는 것은?

① 특별피난계단 ② 옥내소화전설비
③ 직통계단   ④ 방화구획

해설 ② 옥내소화전설비는 설비적 대응이다.

공간적 대응
① 대항성 대응 : 내화 및 방연성능, 방화구획, 화재방어, 최소화
② 회피성 대응 : 난연 및 불연화, 방화훈련
③ 도피성 대응 : 방재계획, 피난설비(특별피난계단, 직통계단 등)

설비적 대응
① 대항성 대응 : 제연설비, 초기소화설비, 방화문, 방화셔터
② 도피성 대응 : 피난유도설비

해답 ②

02 다음 중 인화점이 가장 낮은 물질은?

① 등유   ② 아세톤
③ 경유   ④ 아세트산

해설 제4류 위험물의 인화점

구분	유별	인화점
등유	2석유류	43~72℃
아세톤	1석유류	-18℃
경유	2석유류	50~70℃
아세트산	2석유류	40℃

해답 ②

03 화재 시 연소물의 온도를 일정 온도 이하로 낮추어 소화하는 방법은?

① 질식소화   ② 냉각소화
③ 제거소화   ④ 희석소화

해설 소화원리
① 냉각소화 : 가연성 물질을 발화점 이하로 온도를 냉각

> 물이 소화약제로 사용되는 이유
> • 물의 기화열(539kcal/kg)이 크기 때문
> • 물의 비열(1kcal/kg℃)이 크기 때문

② 질식소화 : 산소농도를 21%에서 15% 이하로 감소

> 질식소화 시 산소의 유지농도 : 10~15%

③ 억제소화(부촉매소화, 화학적소화) : 연쇄반응을 억제

> • 부촉매 : 화학적 반응의 속도를 느리게 하는 것
> • 부촉매 효과 : 할론소화약제
>   (할로젠족원소 : 플루오린(F), 염소(Cl), 브로민(Br), 아이오딘(I))

④ 제거소화 : 가연성물질을 제거시켜 소화

> • 산불이 발생하면 화재의 진행방향을 앞질러 벌목
> • 화학반응기의 화재 시 원료공급관의 밸브를 폐쇄
> • 유전화재 시 폭약으로 폭풍을 일으켜 화염을 제거
> • 촛불을 입김으로 불어 화염을 제거

⑤ 피복소화 : 가연물 주위를 공기와 차단

해답 ②

04 대체 소화약제의 물리적 특성을 나타내는 용어 중 지구 온난화 지수를 나타내는 약어는?

① ODP   ② GWP
③ LOAEL   ④ NOAEL

해설 ① 지구온난화지수(GWP : Global Warming Potential) 어떤 물질이 기여하는 온난화 정도를 상대적으

로 나타내는 지표의 정의

$$GWP = \frac{어떤\ 물질\ 1kg이\ 기여하는\ 온난화\ 정도}{CO_2 - 1kg이\ 기여하는\ 온난화\ 정도}$$

② 오존파괴지수(ODP : Ozone Depletion Potential)
어떤 물질의 오존 파괴능력을 상대적으로 나타내는 지표의 정의

$$ODP = \frac{어떤\ 물질\ 1kg이\ 파괴하는\ 오존량}{CFC-11\ 1kg이\ 파괴하는\ 오존량}$$

참고 CFC [chloro(C), Fluoro(F), Carbon(C)]

할론 소화약제	오존파괴지수(ODP)
할론 1301	14.1
할론 2402	6.6
할론 1211	2.4

③ NOAEL(No Observed Adverse Effect Level)
심장 독성시험에서 심장에 영향을 미치지 않는 농도
④ LOAEL(Lowest Observed Adverse Effect Level)
심장 독성시험에서 심장에 영향을 미칠 수 있는 최소농도
※ 할로겐화합물 및 불활성기체 소화약제는 GWP가 가능한 작아야 한다.

해답 ②

05 위험물안전관리법령에서 정한 제5류 위험물의 대표적인 성질에 해당하는 것은?

① 산화성   ② 자연발화성
③ 자기반응성   ④ 가연성

해설 위험물의 분류 및 성질

유별	성질
제1류	산화성고체
제2류	가연성고체
제3류	자연발화성 및 금수성
제4류	인화성액체
제5류	자기반응성
제6류	산화성액체

해답 ③

06 Halon 1301에서 숫자 "0"은 무슨 원소가 없다는 것을 뜻하는가?

① 탄소   ② 수소
③ 불소   ④ 염소

해설 할론소화약제 명명법
할론 ⓐ ⓑ ⓒ ⓓ
ⓐC원자수, ⓑF원자수, ⓒCl원자수, ⓓBr원자수

할론소화약제

구분\종류	할론 2402	할론 1211	할론 1301	할론 1011
분자식	$C_2F_4Br_2$	CF_2ClBr	CF_3Br	CH_2ClBr

해답 ④

07 분말소화약제의 주성분인 탄산수소나트륨이 열과 반응하여 생기는 가스는?

① 일산화탄소   ② 수소
③ 이산화탄소   ④ 질소

해설 분말약제의 열분해

종별	약제명	착색	열분해 반응식
1종	탄산수소나트륨 중탄산나트륨 중조	백색	$2NaHCO_3 \rightarrow$ $Na_2CO_3 + CO_2 + H_2O$
2종	탄산수소칼륨 중탄산칼륨	담회색	$2KHCO_3 \rightarrow$ $K_2CO_3 + CO_2 + H_2O$
3종	제1인산암모늄	담홍색	$NH_4H_2PO_4 \rightarrow$ $HPO_3 + NH_3 + H_2O$
4종	중탄산칼륨 + 요소	회(백)색	$2KHCO_3 + (NH_2)_2CO \rightarrow$ $K_2CO_3 + 2NH_3 + 2CO_2$

해답 ③

08 물의 소화효과를 가장 옳게 나열한 것은?

① 냉각효과, 촉매효과
② 질식효과, 촉매효과
③ 냉각효과, 질식효과
④ 냉각효과, 질식효과, 촉매효과

해설 물의 소화효과
① 봉상주수 : 냉각
② 분무주수 : 냉각, 질식, 희석, 유화
※ 부촉매효과(억제효과)-화학적 소화로서 할론소화약제

해답 ③

09 연소의 3대 요소가 아닌 것은?

① 열 ② 산소
③ 연료 ④ 습도

해설 ① 연소의 3요소
　　가연물+산소+점화원
② 연소의 4요소
　　가연물+산소+점화원+순조로운 연쇄반응

해답 ④

10 기체상태의 Halon 1301은 공기보다 약 몇 배 무거운가?(단, 공기는 79%의 질소, 21%의 산소로만 구성되어 있다.)

① 4.05배 ② 5.17배
③ 6.12배 ④ 7.01배

해설 할론1301증기비중

$$S = \frac{148.93}{29} = 5.14$$

① 증기비중

$$S = \frac{M(분자량)}{29(공기평균분자량)}$$

② 할론소화약제

구분\종류	할론 2402	할론 1211	할론 1301	할론 1011
분자식	$C_2F_4Br_2$	CF_2ClBr	CF_3Br	CH_2ClBr
분자량	259.9	165.4	148.93	129.4

③ 할로겐원소 원자량
C(탄소)=12, F(불소)=19
Cl(염소)=35.5, Br(브로민, 취소)=79.9

④ 할론소화약제 명명법
할론 ⓐ ⓑ ⓒ ⓓ
ⓐ : C 원자 수, ⓑ : F 원자 수
ⓒ : Cl 원자 수, ⓓ : Br 원자 수

해답 ②

11 하론 1301소화약제와 이산화탄소소화약제는 소화기에 충전되어 있을 때 어떤 상태로 보존되고 있는가?

① 하론1301 : 기체, 이산화탄소 : 고체
② 하론1301 : 기체, 이산화탄소 : 기체
③ 하론1301 : 액체, 이산화탄소 : 기체
④ 하론1301 : 액체, 이산화탄소 : 액체

해설 ① 이산화탄소(CO_2) 및 할론 소화약제 저장 시 액체 상태로 저장한다.
② 상온 상압에서 상태

할론 소화약제	상태
할론 1301, 할론 1211	기체
할론 2402, 할론 1011	액체

해답 ④

12 화씨온도 122°F는 섭씨온도 몇 ℃인가?

① 40 ② 50
③ 60 ④ 70

해설 화씨온도와 섭씨온도 관계

$$°F = \frac{9}{5}℃ + 32 \quad ℃ = \frac{5}{9}(°F - 32)$$

$$℃ = \frac{5}{9}(122-32) = 50℃$$

해답 ②

13 다음 중 할론소화약제를 할로겐화합물 및 불활성기체 소화약제로 대체하는 주된 이유로 가장 올바른 것은?

① 화재 후 잔재의 처리가 쉽다.
② 오존층의 파괴효과가 적다.
③ 냄새가 거의 없다.
④ 화재를 초기에 진압하기 쉽다.

해설 할론의 지구환경 영향
① 지구환경파괴
② 오존층파괴
③ 지구온난화

ODP(오존파괴지수)

$$\frac{어떤\ 물질\ 1kg이\ 파괴하는\ 오존량}{CFC-11\ 1kg이\ 파괴하는\ 오존량}$$

할론 소화약제	오존파괴지수(ODP)
할론 1301	14.1
할론 2402	6.6
할론 1211	2.4

해답 ②

14 공기 중 위험도 값(H)이 가장 작은 것은?

① 다이에틸에터 ② 수소
③ 에틸렌   ④ 프로판

해설 **폭발범위**(연소범위)

구분	폭발범위(%)
① 다이에틸에터	1.9~48
② 수소	4~75
③ 에틸렌	2.7~36
④ 프로판	2.1~9.5

위험도(Degree of Hazards)

$$H = \frac{U-L}{L}$$

여기서, U : 폭발상한계, L : 폭발하한계

① 다이에틸에터 $H = \dfrac{48-1.9}{1.9} = 24.26$

② 수소 $H = \dfrac{75-4}{4} = 17.75$

③ 에틸렌 $H = \dfrac{36-2.7}{2.7} = 12.33$

④ 프로판 $H = \dfrac{9.5-2.1}{2.1} = 3.52$

해답 ④

15 다음 중 증기비중이 가장 큰 물질은?

① CH_4 ② CO
③ C_6H_6 ④ SO_2

해설

구분	CH_4	CO	C_6H_6	SO_2
물질명	메탄	일산화탄소	벤젠	아황산
분자량	16	28	78	64

증기비중 : 분자량이 클수록 증기비중이 크다.

$$S = \frac{M(\text{분자량})}{29(\text{공기평균분자량})}$$

해답 ③

16 다음 중 위험물안전관리법령상 산화성고체 위험물에 해당하지 않는 것은?

① 과염소산   ② 질산칼륨
③ 아염소산나트륨 ④ 과산화바륨

해설
① 과염소산-제6류(산화성액체)
② 질산칼륨-질산염류-제1류(산화성고체)
③ 아염소산나트륨-아염소산염류-제1류 (산화성고체)
④ 과산화바륨-무기과산화물-제1류(산화성고체)

제1류 위험물 및 지정수량

성질	위험물 품명	지정수량
산화성 고체	1. 아염소산염류	50kg
	2. 염소산염류	
	3. 과염소산염류	
	4. 무기과산화물	
	5. 브로민산염류	300kg
	6. 질산염류	
	7. 아이오딘산염류	
	8. 과망가니즈산염류	1,000kg
	9. 다이크로뮴산염류	

해답 ①

17 용기 내 경유가 연소하는 형태는?

① 증발연소 ② 자기연소
③ 표면연소 ④ 훈소연소

해설 **물질별 연소의 형태**

연소형태	해당 물질
표면연소	숯, 코크스, 목탄, 금속분
증발연소	파라핀(양초), 황, 나프탈렌, 왁스, 휘발유, 등유, 경유, 아세톤 등 제4류 위험물
분해연소	석탄, 목재, 플라스틱, 종이, 합성수지, 중유
자기연소 (내부연소)	질화면(나이트로셀룰로오스), 셀룰로이드, 나이트로글리세린등 제5류 위험물
확산연소	아세틸렌, LPG, LNG 등 가연성 기체
불꽃연소+ 표면연소	목재, 종이, 셀룰로오스류, 열경화성수지

해답 ①

18 보통 화재에서 눈부신 백색(휘백색)불꽃의 온도는 몇 ℃정도인가?

① 600℃   ② 900℃
③ 1200℃ ④ 1500℃

해설 **연소시 색과 온도**

색	암적색	적색	황색	황적색	백적색	휘백색
온도(℃)	700	850	900	1100	1300	1500

해답 ④

19 일반적인 소방대상물에 따른 화재의 분류로 적합하지 않은 것은?

① 일반화재 : A급
② 유류화재 : B급
③ 전기화재 : C급
④ 특수가연물화재 : D급

해설 화재의 분류 ★★자주출제(필수암기)★★

종류	등급	색표시	주된 소화 방법
일반화재	A급	백색	냉각소화
유류 및 가스 화재	B급	황색	질식소화
전기화재	C급	청색	질식소화
금속화재	D급	-	피복소화
주방화재	K급	-	냉각 및 질식소화

해답 ④

20 위험물안전관리법령상 제4류 위험물의 일반적인 특성이 아닌 것은?

① 인화가 용이한 액체이다.
② 대부분의 증기는 공기보다 가볍다.
③ 물보다 가볍고 물에 녹지 않는 것이 많다.
④ 대부분 유기화합물질이다.

해설 제4류 위험물의 공통적 성질
① 대단히 인화되기 쉬운 인화성액체이다.
② 증기는 공기보다 무겁다.
③ 증기는 공기와 약간 혼합되어도 연소한다.
④ 일반적으로 액체비중은 물보다 가볍고 물에 잘 안녹는다.
⑤ 착화온도가 낮은 것은 매우 위험하다.
⑥ 연소하한이 낮고 정전기에 폭발우려가 있다.

해답 ②

제2과목 소방유체역학

21 깃(vane)에 수평으로 유입된 물 제트가 각도 θ 만큼 방향이 변하여 유출될 때 깃이 받는 수직방향(vertical direction) 힘이 최대가 되는 θ는 얼마인가? (단, 중력과 마찰 효과는 무시한다.)

① 30°   ② 45°
③ 60°   ④ 90°

해설

y방향(수직방향)에 받는 힘
$F_Y = \rho QV\sin\theta$에서 $\sin\theta$값이 가장 클 때는 90°일 때이다.

곡면판이 받는 힘
(1) x 방향에 받는 힘 $F_X = \rho QV\cos\theta$
(2) y 방향에 받는 힘 $F_Y = \rho QV\sin\theta$

해답 ④

22 그림에서 수문이 열리지 않도록 하기 위하여 수문의 하단에 받쳐 주어야 할 최소 힘 P는 약 몇 N인가? (단, 수문의 폭은 1m이다.)

① 2640   ② 2940
③ 3540   ④ 5340

해설 수문폐쇄를 위한 최소한의 힘

$$F = \gamma \bar{y} \sin\theta A$$

힘의 작용점인 압력중심

$$y_p = \frac{I_C}{\bar{y}A} + \bar{y}$$

① 수문은 수면에 수직이므로 $\theta = 90°$
  ∴ $\sin 90° = 1$

② $F = 9800 \times \left(0.6 + \dfrac{0.6}{2}\right) \times (0.6 \times 1) = 5292\text{N}$

③ I_C(2차관성모멘트) $= \dfrac{1(\text{폭}) \times 0.6^3(\text{높이})^3}{12}$
  $= 0.018$

④ $\bar{y}$(면적의 도심) $= 0.6 + \dfrac{0.6}{2} = 0.9$

⑤ A(단면적) $= 0.6 \times 1 = 0.6\text{m}^2$

⑥ y_p(압력중심) $= \dfrac{0.018}{0.9 \times 0.6} + 0.9 = 0.93333$

⑦ $\sum M_A = 0$
  $F \times 0.6 - 5292(0.93333 - 0.6) = 0$

⑧ $F = \dfrac{5292(0.93333 - 0.6)}{0.6} = 2940\text{N}$

해답 ②

23 이상기체의 정압변화를 나타내는 것은? (단, P : 압력, V : 부피, T : 온도, k : 비열비)

① $PV^k = $ 일정
② $PV = $ 일정
③ $\dfrac{V}{T} = $ 일정
④ $\dfrac{P}{T} = $ 일정

해설 ① 보일의 법칙(T(온도) $=$ 일정)(정온변화)

$$P_1 V_1 = P_2 V_2$$

② 샤를의 법칙(P(압력) $=$ 일정)(정압변화)

$$\frac{V_1}{T_1} = \frac{V_2}{T_2}$$

③ 보일-샤를의 법칙

$$\frac{P_1 V_1}{T_1} = \frac{P_2 V_2}{T_2}$$

해답 ③

24 액면으로부터 40m인 지점의 계기압력이 515.8kPa일 때 이 액체의 비중량은 몇 kN/m³인가?

① 11.8 ② 12.9
③ 14.2 ④ 16.4

해설 압력과 비중량 관계

$$P = \gamma h$$

여기서, P : 압력(kN/m²(kPa))
  γ : 비중량(kN/m³), h : 수두(m)

① $h = 40\text{m}$, $P = 515.8\text{kPa} = 515.8\text{kN/m}^2$

② $\gamma = \dfrac{P}{h} = \dfrac{515.8\text{kN/m}^2}{40\text{m}} = 12.9\text{kN/m}^3$

해답 ②

25 대기에 노출된 상태로 저장 중인 20℃의 소화용수 500kg을 연소 중인 가연물에 분사하는 경우 소화용수가 증발하면서 흡수한 열량은 몇 MJ인가? (단, 물의 비열은 4.2kJ/kg · ℃, 기화열은 2250kJ/kg이다.)

① 2.59 ② 168
③ 1125 ④ 1293

해설 열량 산출 공식

$$Q = mC\Delta t + r \cdot m$$

여기서, Q : 열량(kcal)
  m : 질량(kg)
  c : 비열(kcal/kg · ℃)
  Δt : 온도차(℃)
  r : 기화열(kcal)

① $m = 500\text{kg}$, $c = 4.2\text{kJ/kg} \cdot \text{℃}$
② $\Delta t = (100 - 20)\text{℃}$, $r = 2250\text{kJ/kg}$
③ $Q = 500 \times 4.2 \times (100 - 20) + 2250 \times 500$
  $= 1293000\text{kJ} = 1293\text{MJ}$

해답 ④

26 압력계가 1275kPa을 지시하고 있다. 이것을 액체가 물인 수두로 나타내면 약 몇 m인가?

① 13 ② 15
③ 130 ④ 150

해설 압력과 수두관계

$$P = \gamma h$$

여기서, P : 압력[kN/m²(kPa)]
γ : 비중량(kN/m³)
(물의 비중량 γ_w : 9.8kN/m³)
h : 수두(m)

$$h = \frac{P}{\gamma_w} = \frac{1275 \text{kN/m}^2(\text{kPa})}{9.8 \text{kN/m}^3} = 130.10 \text{m}$$

해답 ③

27 동점성계수가 6×10^{-5}m²/s인 유체가 0.4m³/s의 유량으로 원관에 흐르고 있다. 하임계 레이놀즈수가 2100일 때 층류로 흐를 수 있는 관의 최소 지름은 약 몇 m인가?

① 1.01 ② 2.02
③ 4.05 ④ 6.06

해설 레이놀즈 수

$$ReNo = \frac{Du\rho}{\mu} = \frac{Du}{\nu} = \frac{4Q}{\pi D \nu}$$

여기서, $ReNo$: 레이놀즈수
D : 관경(m), u : 유속(m/s)
ρ : 밀도(kg/m³)
μ : 점도(kg/m·s)
ν : 동점도(m²/s)
Q : 유량(m³/s)

$$D = \frac{4Q}{ReNo \pi \nu} = \frac{4 \times 0.4}{2100 \times \pi \times 6 \times 10^{-5}} = 4.05 \text{m}$$

해답 ③

28 물이 흐르는 관로상에 피토관을 설치하고 전압과 정압 단자를 수은이 든 U자관의 양측에 연결하였더니 측정되는 수은의 높이차가 49.6mm이었다. 이 위치에서의 유속은 약 몇 m/s인가? (단, 수은의 비중은 13.60이고, U자관 내 물도 고려한다.)

① 2.47 ② 3.50
③ 3.84 ④ 11.12

해설

U자형 피토정압관의 유속

$$V = \sqrt{2gh\left(\frac{S_0}{S} - 1\right)}$$

여기서, V : 유속(m/s)
g : 중력가속도(9.8m/s²)
h : 피토관의 유체높이 차(m)
S_0 : 마노미터 속 유체의 비중
S : 배관 속 유체의 비중

① $h = 49.6\text{mm} = 0.0496\text{m}$
S_0(수은의 비중) = 13.6
S(물의 비중) = 1

② $V = \sqrt{2 \times 9.8 \times 0.0496 \times \left(\frac{13.6}{1} - 1\right)}$
$= 3.50 \text{m/s}$

해답 ②

29 소화용 펌프를 유량 1.5m³/min, 양정 60m, 회전수 1770rpm으로 선정하였으나, 공장배치가 변경되어 양정이 90m가 필요하게 되었다. 이 펌프를 몇 rpm으로 운전하면 변경된 양정에서 거의 같은 효율로 운전될 수 있는가?

① 2073 ② 2168
③ 2230 ④ 2655

해설 상사의 법칙 ★★★★★

$$Q_2 = Q_1 \times \left(\frac{N_2}{N_1}\right) \times \left(\frac{D_2}{D_1}\right)^3$$

$$H_2 = H_1 \times \left(\frac{N_2}{N_1}\right)^2 \times \left(\frac{D_2}{D_1}\right)^2$$

$$P_2 = P_1 \times \left(\frac{N_2}{N_1}\right)^3 \times \left(\frac{D_2}{D_1}\right)^5$$

여기서, Q_1 : 변경 전 유량 Q_2 : 변경 후 유량
H_1 : 변경 전 양정 H_2 : 변경 후 양정
P_1 : 변경 전 동력 P_2 : 변경 후 동력

N_1 : 변경 전 회전수 N_2 : 변경 후 회전수
D_1 : 변경 전 임펠러직경
D_2 : 변경 후 임펠러직경

① $Q_1 = 1.5$, $H_1 = 60$, $N_1 = 1770$
  $H_2 = 90$, $N_2 = ?$

② $H_2 = H_1 \times \left(\dfrac{N_2}{N_1}\right)^2$ 식에 적용

③ $90 = 60 \times \left(\dfrac{N_2}{1770}\right)^2$

④ $N_2 = \sqrt{\dfrac{90 \times 1770^2}{60}} = 2168\text{rpm}$

해답 ②

30 유체의 연속방정식에 대한 설명으로 가장 적절한 것은?

① 뉴턴의 운동법칙을 만족시키는 방정식
② 일과 에너지의 관계를 나타내는 방정식
③ 유선에 따른 오일러 방정식을 적분한 방정식
④ 질량보존의 법칙을 유체 유동에 적용한 방정식

해설 연속 방정식
질량보존의 법칙을 유체유동에 적용한 방정식
① $\overline{m} = Au$ ············ 질량유량
② $\overline{G} = Au\gamma$ ············ 중량유량
③ $\overline{Q} = Au$ ············ 용량유량
여기서, $\overline{m}$: 질량유량, $\overline{G}$: 중량유량
  $\overline{Q}$: 용량유량
  A : 단면적, u : 유속, γ : 비중량

① 에너지보존의 법칙 : 베르누이정리
② 질량보존의 법칙 : 연속방정식

해답 ④

31 이상유체를 가장 잘 표현한 것은?

① 과열유체
② 비점성, 압축성 유체
③ 점성, 비압축성 유체
④ 비점성, 비압축성 유체

해설 이상유체와 실제유체
① 이상유체 : 점성이 없고(마찰전단응력이 없고) 비압축성인 유체(체적변화가 없는 유체)
② 실제유체 : 점성이 있고(마찰전단응력이 있고) 압축성인 유체(체적변화가 있는 유체)

해답 ④

32 계기압력이 1.2MPa이고, 대기압이 96kPa일 때 절대압력은 몇 kPa인가?

① 108 ② 1104
③ 1200 ④ 1296

해설 ① 절대압 = 대기압 + 게이지압(계기압력)
② 절대압 = 대기압 – 진공압
$P_a = 1.2 \times 10^3 \text{kPa} + 96\text{kPa} = 1296\text{kPa}$

해답 ④

33 텅스텐, 백금 또는 백금–이리듐 등을 전기적으로 가열하고 통과 풍량에 따른 열교환 양으로 속도를 측정하는 유속계는 어느 것인가?

① 열선 풍속계 ② 도플러 풍속계
③ 컵형 풍속계 ④ 포토디텍터 풍속계

해설 열선속도계(hot – wire anemometer)
① 백금, 텅스텐, 또는 백금–이리듐으로 만든 가는 선을 두지지대에 연결 후 전기적으로 가열하여 통과 풍량에 따른 열교환 양으로 속도를 측정한다.
② 휘스톤 브리지(Wheatstone bridge) 원리 이용하여 유동하는 유체유속측정

해답 ①

34 안지름이 30cm, 길이가 800m인 관로를 통하여 0.3m³/s의 물을 50m 높이까지 양수하는데 있어 펌프에 필요한 동력은 몇 kW인가? (단, 관마찰계수는 0.03이고, 펌프의 효율은 85%이다.)

① 402 ② 409
③ 415 ④ 427

해설 모터동력

$$P(\text{kW}) = \frac{\gamma \times Q \times H}{E} \times K$$

여기서, γ : 비중량(kN/m³, 물의 비중량=9.8kN/m³)
Q : 유량(m³/s)
H : 전양정(m)
E : 펌프의 효율(%/100)
K : 전달계수

① $Q = 0.3\text{m}^3/\text{s}$
$u = \dfrac{Q}{A} = \dfrac{0.3}{\dfrac{\pi}{4} \times 0.3^2} = 4.24\text{m/s}$

② 배관마찰손실
$\Delta H_L = \dfrac{flu^2}{2gD} = \dfrac{0.03 \times 800 \times 4.24^2}{2 \times 9.8 \times 0.3} = 73.4\text{m}$

③ $H = 50\text{m} + 73.4\text{m} = 123.4\text{m}$

④ $P = \dfrac{9.8 \times 0.3 \times 123.4}{0.85} = 427\text{kW}$

해답 ④

35 날카로운 모서리를 갖는 파이프 입구 영역에서의 부차적 손실계수가 0.5이고 평균 유속이 3m/s라면 입구손실수두는 몇 m인가?

① 0.0235　② 0.230
③ 2.25　④ 230

해설 부차적 손실

$$H = K\dfrac{u^2}{2g}$$

$H = K\dfrac{u^2}{2g} = 0.5 \times \dfrac{3^2}{2 \times 9.8} = 0.230\text{m}$

해답 ②

36 소방차에 설치되어 있는 물탱크에 소화수원으로 2m³이 채워진 상태로 화재현장에 출동하여 구경이 21mm인 노즐을 사용하여 294.2kPa의 방수압력으로 방사할 경우, 물탱크 내의 소화수원이 완전히 소모되는데 약 몇 분이 소요되겠는가?

① 4　② 5
③ 7　④ 8

해설 ① 노즐에서의 방수량
$g = 9.8\text{m/s}^2$
$h = \dfrac{294.2\text{kPa}(\text{kN/m}^2)}{9.8\text{kN/m}^3} = 30.02\text{m}$
$A = 21\text{mm} = 0.021\text{m}$
$Q = uA = \sqrt{2gh}\,A$
$= \sqrt{2 \times 9.8 \times 30.02} \times \dfrac{\pi}{4} \times 0.021^2$
$= 8.4 \times 10^{-3}\text{m}^3/\text{s}$

② 방수 소요시간
$t = \dfrac{2\text{m}^3}{8.4 \times 10^{-3}\text{m}^3/\text{s}} = 238.10\text{s}$
$= 3.87\text{min} \fallingdotseq 4\text{min}$

해답 ①

37 안지름 50mm의 원관에 기름이 2.5m/s의 평균속도로 흐를 때 관마찰계수는 얼마인가? (단, 기름의 동점성계수는 $1.31 \times 10^{-4}\text{m}^2/\text{s}$이다.)

① 0.0013　② 0.067
③ 0.125　④ 0.954

해설 레이놀드 수

$$ReNo = \dfrac{Du\rho}{\mu} = \dfrac{Du}{\nu}\quad\left[\dfrac{\mu}{\rho} = \nu(\text{동점성계수})\right]$$

① $ReNo = \dfrac{Du}{\nu} = \dfrac{0.05\text{m} \times 2.5\text{m/s}}{1.31 \times 10^{-4}\text{m}^2/\text{s}}$
$= 954.20(\text{층류})$

② $f = \dfrac{64}{ReNo} = \dfrac{64}{954.20} = 0.067$

해답 ②

38 냉장고의 내부는 한 변이 2m인 정육면체이며 밑바닥은 완전히 단열되어 있다. 안쪽과 바깥 표면온도가 각각 −20℃와 40℃일 때, 열 부하를 600W 이하로 유지하기 위하여 윗면 및 측면에 사용되는 스티로폼 단열재의 최소두께는 몇 cm인가? (단, 스티로폼 단열재의 열전도율

은 0.030W/(m · K)이다.)

① 2 ② 4
③ 6 ④ 8

해설 열전달율의 계산

$$P = \frac{KA(T_H - T_C)}{L}$$

여기서, P : 열전달율(W/m²)
T_H : 고온의 온도(K)
T_C : 저온의 온도(K)
A : 전달되는 판의 면적(m²)
L : 전달되는 판의 두께(m)
k : 열전도도(W/m · K)

① $L = \dfrac{KA(T_H - T_C)}{P}$

② $K = 0.03\text{W/m} \cdot \text{K}$
$A = 2\text{m} \times 2\text{m} \times 5\text{면} = 20\text{m}^2$,

③ $T_H = 273 + 40 = 313\text{K}$

④ $T_C = 273 + (-20) = 253\text{K}$, $P = 600\text{W}$

⑤ $L = \dfrac{0.03 \times 20 \times (313 - 253)}{600} = 0.06\text{m} = 6\text{cm}$

해답 ③

39 온도 45℃인 CO_2 가스 2.3kg이 체적 0.283m³인 용기에 가득 차 있다. 이 가스의 압력은 약 몇 kPa인가? (단, 이산화탄소의 기체상수는 0.1889kJ/kg · K이다.)

① 488 ② 536
③ 635 ④ 797

해설 완전기체 방정식

$$PV = WRT \qquad P = \rho RT$$

단위 변환 암기사항
① 1kJ = 1kN · m, 1J = 1N · m
② 1kPa = 1kN/m², 1pa = 1N/m²

$P = \rho RT$
$= \dfrac{2.3\text{kg}}{0.283\text{m}^3} \times 0.1889\text{kN} \cdot \text{m/kg} \cdot \text{K}$
$\times (273 + 45)\text{K}$
$= 488.20\text{kN/m}^2 = 488.20\text{kPa}$

해답 ①

40 정지되어 있는 2개의 평행평판 사이의 유체가 한쪽의 평판이 3m/s로 운동하여 유동이 발생하는 경우에 유체내의 전단응력은 몇 Pa인가? (단, 유체의 점성계수는 0.29kg/m · s이고, 평판사이의 높이는 2cm이고, 속도분포는 선형이다.)

① 19.5 ② 20.7
③ 43.5 ④ 180.7

해설 전단응력

$$\tau = \frac{F}{A} = \mu \frac{u}{h}$$

여기서, τ : 전단응력, F : 힘, A : 단면적
μ : 점성계수, u : 속도, h : 수직거리

① $\mu = 0.29\text{kg/m} \cdot \text{s} = 0.29\text{N} \cdot \text{s/m}^2$

② $h = 2\text{cm} = 0.02\text{m}$, $u = 3\text{m/s}$

$\tau = \mu \dfrac{u}{h} = 0.29 \times \dfrac{3}{0.02} = 43.5\text{N/m}^2(\text{Pa})$

해답 ③

제3과목 소방관계법규

41 점포에서 위험물을 용기에 담아 판매하기 위하여 지정수량의 40배 이하의 위험물을 취급하는 장소는?

① 일반취급소 ② 주유취급소
③ 판매취급소 ④ 이송취급소

해설 취급소의 구분
(1) 주유취급소 (2) 판매취급소
(3) 이송취급소 (4) 일반취급소

판매취급소의 구분

취급소의 구분	저장 또는 취급하는 위험물의 수량
제1종 판매취급소	지정수량의 20배 이하
제2종 판매취급소	지정수량의 40배 이하

해답 ③

42 화재, 재난·재해 그 밖의 위급한 상황이 발생한 현장에 소방활동구역을 정하여 그 구역에 출입할 수 있는 사람을 제한하도록 경찰공무원에게 요청할 수 있는 사람은?

① 소방대장 ② 시·도지사
③ 시장·군수 ④ 안전행정부장관

해설 (기본법 제23조) 소방활동구역의 설정
① 소방대장은 화재, 재난·재해 그 밖의 위급한 상황이 발생한 현장에 소방활동 구역을 정하여 소방활동에 필요한 자로서 대통령령이 정하는 자 외의 자에 대하여는 그 구역에의 출입을 제한할 수 있다.
② 경찰공무원은 소방대가 규정에 따른 소방활동구역에 있지 아니하거나 소방대장의 요청이 있는 때에는 규정에 따른 조치를 할 수 있다.

해답 ①

43 도급받은 소방시설공사의 일부를 하도급 하고자 할 때에는 미리 누구에게 알려야 하여야 하는가?

① 한전행정부장관 ② 시·도지사
③ 소방서장 ④ 관계인 및 발주자

해설 공사업법 제22조(하도급의 제한)
(1) 소방시설의 설계, 시공, 감리를 제3자에게 하도급 할 수 없다.(다만, 시공의 경우에는 도급받은 공사의 일부를 다른 공사업자에게 하도급 할 수 있다.)
(2) 하수급인은 하도급 받은 소방시설공사를 제3자에게 하도급할 수 없다.

해답 ④

44 물분무등소화설비를 반드시 설치하여야 하는 특정소방대상물이 아닌 것은?

① 항공기격납고
② 연면적 $600m^2$ 이상인 주차용 건축물
③ 바닥면적 $300m^2$ 이상인 전산실
④ 20대 이상의 차량을 주차할 수 있는 기계식 주차장치

해설 소방시설법 시행령 제11조 [별표4]
물분무등소화설비 설치대상(위험물 저장 및 처리시설 중 가스시설 및 지하구는 제외)
(1) 항공기 격납고
(2) 차고, 주차용 건축물 연면적 $800m^2$ 이상
(3) 건축물의 내부에 설치된 차고 또는 주차의 용도 면적이 $200m^2$ 이상(50세대 미만 제외)
(4) 기계장치 주차시설 20대 이상
(5) **전기실**·발전실·변전실·축전지실·통신기기실 또는 전산실, 그 밖에 이와 비슷한 것으로서 바닥면적이 $300m^2$ 이상인 것

해답 ②

45 산화성 고체이며 제1류 위험물에 해당하는 것은?

① 황화인 ② 칼륨
③ 유기과산화물 ④ 염소산염류

해설 ① 황화인-제2류 위험물(가연성고체)
② 칼륨-제3류 위험물(금수성물질)
③ 유기과산화물-제5류 위험물(자기반응성물질)
④ 염소산염류-제1류 위험물(산화성고체)

제1류 위험물 및 지정수량

성질	위험물 품명	지정수량
산화성 고체	1. 아염소산염류	50kg
	2. 염소산염류	
	3. 과염소산염류	
	4. 무기과산화물	
	5. 브로민산염류	300kg
	6. 질산염류	
	7. 아이오딘산염류	
	8. 과망가니즈산염류	1,000kg
	9. 다이크로뮴산염류	

해답 ④

46 다음과 같이 화재진압의 출동을 방해한 사람에 대한 벌칙은?

모든 차와 사람은 소방자동차(지휘를 위한 자동차 및 구조·구급차를 포함)가 화재진압 및 구조·구급활동을 위하여 출동을 하는 때에는 이를 방해하여서는 아니 된다.

① 3백만원 이하의 벌금
② 3년 이하의 징역 또는 1천5백만원 이하의 벌금
③ 5년 이하의 징역 또는 5천만원 이하의 벌금
④ 10년 이하의 징역 또는 5천만원 이하의 벌금

해설 (기본법 제50조)
5년 이하 징역 또는 5천만원 이하 벌금
① 다음에 해당하는 행위를 한 사람
  ㉠ 화재진압·인명구조 또는 구급활동을 방해하는 행위
  ㉡ 현장에 출동, 출입을 고의로 방해하는 행위
  ㉢ 출동한 소방대의 소방장비를 파손하거나 그 효용을 해하여 화재진압·인명구조 또는 구급활동을 방해하는 행위
② 소방자동차의 출동을 방해한 사람
③ 사람을 구출하는 일 또는 불을 끄거나 불이 번지지 아니하도록 하는 일을 방해한 사람
④ 정당한 사유 없이 소방용수시설 또는 비상소화장치를 사용하거나 소방용수시설 또는 비상소화장치의 효용을 해치거나 그 정당한 사용을 방해한 사람

해답 ③

47 소방관계법에서 건축허가 등의 동의에 관한 설명으로 옳지 않은 것은?

① 사용승인에 대한 동의를 할 때에는 소방시설공사의 완공 검사증명서를 발급하는 것으로는 동의를 갈음할 수 없다.
② 건축허가 등을 할 때에 소방본부장 또는 소방서장의 동의를 받아야 하는 건축물 등의 범위는 대통령령으로 정한다.
③ 건축허가 등의 권한이 있는 행정기관은 건축허가 등을 할 때 미리 그 건축물 등의 시공지 또는 소재지를 관할하는 소방본부장 또는 소방서장의 동의를 받아야 한다.
④ 용도변경의 신고를 수리(受理)할 권한이 있는 행정기관은 그 신고의 수리를 한 때에는 그 건축물 등의 시공지 또는 소재지를 관할하는 소방본부장 또는 소방서장에게 지체 없이 그 사실을 알려야 한다.

해설 소방시설법 제6조(건축허가등의 동의 등)
① 건축물 등의 건축허가 등의 권한이 있는 행정기관은 건축허가 등을 할 때 미리 그 건축물 등의 시공지(施工地) 또는 소재지를 관할하는 소방본부장이나 소방서장의 동의를 받아야 한다.
② 건축물 등의 신고를 수리할 권한이 있는 행정기관은 그 신고를 수리하면 그 건축물 등의 시공지 또는 소재지를 관할하는 소방본부장이나 소방서장에게 지체 없이 그 사실을 알려야 한다.
③ 소방본부장이나 소방서장은 동의를 요구받으면 행정안전부령으로 정하는 기간 이내에 해당 행정기관에 동의 여부를 알려야 한다.
④ 사용승인에 대한 동의를 할 때에는 소방시설공사의 완공검사증명서를 발급하는 것으로 동의를 갈음할 수 있다.
⑤ 건축허가 등을 할 때에 소방본부장이나 소방서장의 동의를 받아야 하는 건축물 등의 범위는 대통령령으로 정한다.

해답 ①

48 제조소 등의 위치·구조 또는 설비의 변경 없이 당해 제조소 등에서 저장하거나 취급하는 위험물의 품명·수량 또는 지정수량의 배수를 변경하고자 하는 자는 변경하고자 하는 날의 며칠 전까지 행정안전부령이 정하는 바에 따라 시·도지사에게 신고하여야 하는가?

① 3일   ② 5일
③ 7일   ④ 14일

해설 (위험물법 제6조)
위험물의 품명, 수량, 지정수량의 배수 변경 신고
(1) 시·도지사
(2) 변경 하고자 하는 날의 1일 전까지 신고

해답 ③

49 소방시설 등의 자체점검 중 종합점검을 실시한 자는 며칠 이내에 그 결과보고서 등을 관할 소방서장 또는 소방 본부장에게 제출하여야 하는가?

① 7일 이내   ② 15일 이내
③ 30일 이내   ④ 60일 이내

해설 (소방시설법 시행규칙 제22조의 별표4)
1. 소방시설등 자체점검의 구분과 대상, 점검자의 자격, 횟수

점검 구분	점검 대상	점검자의 자격 (주된 인력)	비고
최초 점검	소방시설 등이 신설된 경우	• 등록된 관리사 • 선임된 관리사 또는 기술사	60일 이내
작동 점검	3급 대상물	• 관계인 • 선임된 관리사 또는 기술사 • 등록된 관리사 또는 특급점검자	연 1회 이상
	1급 또는 2급 대상물	• 등록된 관리사 • 선임된 관리사 또는 기술사	
종합 점검	(1) 스프링클러설비 설치 (2) 물분무등 소화설비 (호스릴방식 제외) 설치 연면적 5천m² 이상 (3) 단란주점영업과 유흥주점영업, 영화상영관·비디오물감상실업·복합영상물제공업, 노래연습장업, 산후조리업, 고시원업, 안마시술소의 영업장이 설치된 연면적이 2천m² 이상인 것 (4) 제연설비 설치 터널 (5) 공공기관 중 연면적 1,000m² 이상 옥내 또는 자동화재탐지설비 설치. 다만, 소방대 근무 공공기관은 제외	• 등록된 관리사 • 선임된 관리사 또는 기술사	연 1회 이상 (특급 반기별 1회 이상)

2. 소방시설등의 자체점검 결과의 조치 등
   (1) "관리업자등"은 점검이 끝난 날부터 **10일** 이내에 보고서를 관계인에게 제출
   (2) 관계인은 점검이 끝난 날부터 **15일** 이내에 보고서에 이행계획서를 첨부하여 **소방본부장 또는 소방서장에게 보고**

해답 ②

50 소방시설공사업자는 소방시설착공신고서의 중요한 사항이 변경된 경우에는 해당서류를 첨부하여 변경일로부터 며칠이내에 소방본부장 또는 소방서장에게 신고하여야 하는가?

① 7일   ② 15일
③ 21일   ④ 30일

해설 공사업법 시행규칙 제12조 (착공신고 등)
(1) 공사업자는 중요한 사항이 변경된 경우에는 변경일부터 30일 이내에 소방본부장 또는 소방서장에게 신고
(2) 행정안전부령으로 정하는 중요한 사항
   ① 시공자
   ② 설치되는 소방시설의 종류
   ③ 책임시공 및 기술관리 소방기술자

해답 ④

51 함부로 버려두거나 그냥 둔 위험물의 소유자·관리자 또는 점유자의 주소와 성명을 알 수 없어 일정 기간 게시 및 보관 후 이를 매각 또는 폐기하였다. 그 후에 위험물의 소유자가 보상을 요구할 경우 조치사항으로 올바른 것은?

① 매각한 경우에는 소유자와 합의를 거쳐 이를 보상하여야 하나, 폐기한 경우에는 보상하지 않는다.
② 매각한 경우에는 보상하지 아니하나, 폐기한 경우에는 소유자와 합의를 거쳐 이를 보상하여야 한다.
③ 매각하거나 폐기된 경우 보상금액에 대하여 소유자와 협의를 거쳐 이를 보상하여야 한다.
④ 매각하거나 폐기된 경우 보상금액에 대하여 소유자와 협의를 거쳐 보상하지 않는다.

해설 (화재예방법 시행령 제17조)
옮긴 물건의 보관기간 및 보관기간 경과 후 처리 등
(1) **소방관서장**은 옮긴 물건을 보관하는 경우에는 그 날부터 **14일** 동안 그 사실을 공고하여야 한다.
(2) 옮긴 물건 등에 대한 **보관기간**은 공고하는 기간의 **종료일 다음 날부터 7일**로 한다.
(3) 소방관서장은 보관기간이 종료되는 때에는 **매각**해야 한다.
(4) 소방관서장은 매각되거나 폐기된 옮긴 물건의 **소유자가 보상을 요구하는 경우**에는 보상금액에 대하여 **소유자와 협의**를 거쳐 이를 보상하여야 한다.

해답 ③

52 화재안전기준을 달리 적용하여야 하는 특수한 용도 또는 구조를 가진 특정소방대상물 중 원자력발전소, 핵폐기물 처리시설 등에 설치하지 않아도 되는 소방시설로서 옳은 것은?

① 옥내소화전설비 및 소화용수설비
② 옥내소화전설비 및 옥외소화전설비
③ 스프링클러설비 및 물분무등 소화설비
④ 연결송수관설비 및 연결살수설비

해설 (소방시설법 시행령 제16조의 별표6)
소방시설을 설치하지 아니할 수 있는 특정소방대상물 및 소방시설의 범위

구분	특정소방대상물	소방시설
화재 위험도가 낮은 것	불연성 건축재료·불연성 물품 저장 창고	외/살
화재안전기준을 적용하기 어려운 것	세정 또는 충전을 하는 작업장	스/상/살
	정수장, 수영장, 목욕장, 어류양식용 시설	자/상/살
화재안전기준을 달리 적용하여야하는 특수한 용도 또는 구조	원자력발전소, 핵폐기물처리시설	송/살
자체소방대가 설치된 것	자체소방대가 설치된 위험물제조소등에 부속된 사무실	상

외 : 옥외소화전설비 　 살 : 연결살수설비
스 : 스프링클러설비 　 상 : 상수도소화용수설비
자 : 자동화재탐지설비 송 : 연결송수관설비

해답 ④

53 소방관련법에 의한 자동화재속보설비를 반드시 설치하여야 하는 특정소방대상물로 거리가 먼 것은?

① 10층 이하의 숙박시설
② 국보로 지정된 목조 건축물
③ 노유자 생활시설
④ 바닥면적 500m² 이상의 층이 있는 수련시설(숙박시설이 있는 건축물)

해설 자동화재속보설비 설치대상
다만, 방재실 등 화재 수신기가 설치된 장소에 24시간 화재를 감시할 수 있는 사람이 근무하고 있는 경우에는 자동화재속보설비를 설치하지 않을 수 있다.

특정소방대상물	적용 대상
노유자 생활시설	• 모든 특정소방대상물
노유자시설	• 바닥면적이 500m² 이상인 층이 있는 것
수련시설(숙박시설이 있는 건축물만 해당)	• 바닥면적이 500m² 이상인 층이 있는 것
문화유산 중 보물 또는 국보	• 목조건축물
근린생활시설	• 의원, 치과의원 및 한의원으로서 **입원실이 있는 시설** • **조산원 및 산후조리원**
의료시설	• 종합병원, **병원**, 치과병원, 한방병원 및 **요양병원**(의료재활시설은 제외) • 정신병원 및 의료재활시설로 사용되는 바닥면적의 합계가 500m² 이상인 층이 있는 것
판매시설	• **전통시장**

해답 ①

54 화재안전조사 결과에 따른 조치명령으로 손실을 입어 손실을 보상하는 경우 그 손실을 입은 자는 누구와 손실보상을 협의하여야 하는가?

① 소방서장　　② 시·도지사
③ 소방본부장　④ 안전행정부장관

해설 (화재예방법 제15조) 손실보상
소방청장 또는 시·도지사는 화재안전조사 결과에 따른 **조치명령**으로 인하여 손실을 입은 자가 있는 경우에는 **대통령령**으로 정하는 바에 따라 **보상**하여야 한다.

(화재예방법 시행령 제14조) 손실보상
① 소방청장 또는 시·도지사가 시가로 보상
② 소방청장, 시·도지사와 손실을 입은 자가 협의
③ 지급 또는 공탁의 통지를 받은 날부터 30일 이내에 중앙토지수용위원회 또는 관할 지방토지수용위원회에 재결을 신청

해답 ②

55 소방안전관리 업무를 수행하지 아니한 특정소방대상물의 관계인에 대한 벌칙기준은?

① 200만원 이하의 과태료
② 100만원 이하의 과태료
③ 300만원 이하의 과태료

④ 500만원 이하의 과태료

해설 화재예방법 제52조(과태료)
300만원 이하의 과태료
(1) 소방안전관리자를 겸한 자
(2) 소방안전관리업무를 하지 아니한 특정소방대상물의 관계인 또는 소방안전관리대상물의 소방안전관리자
(3) 소방안전관리업무의 지도·감독을 하지 아니한 자
(4) 소방훈련 및 교육을 하지 아니한 자
(5) 화재예방안전진단 결과를 제출하지 아니한 자

해답 ③

56 소방안전교육사를 배치하지 않아도 되는 곳은?

① 소방청
② 한국소방안전원
③ 소방체험관
④ 한국소방산업기술원

해설 기본법 시행령(제7조의11관련)[별표 2의2]
소방안전교육사의 배치대상별 배치기준

배치대상	배치기준(단위 : 명)
1. 소방청	2 이상
2. 소방본부	2 이상
3. 소방서	1 이상
4. 한국소방안전원	본원 : 2 이상 시·도지부 : 1 이상
5. 한국소방산업기술원	2 이상

해답 ③

57 소방관계법에 의한 무창층의 정의는 지상층 중 개구부 면적의 합계가 해당 층 바닥면적의 1/30 이하가 되는 층을 말하는데, 여기서 말하는 개구부의 요건으로 틀린 것은?

① 크기는 지름 50cm 이상의 원이 내접(內接)할 수 있는 크기일 것
② 도로 또는 차량이 진입할 수 있는 빈터를 향할 것
③ 해당 층의 바닥면으로부터 개구부 밑부분까지의 높이가 1.5m 이내일 것
④ 화재 시 건축물로부터 쉽게 피난할 수 있도록 창살이나 그 밖의 장애물이 설치되지 아니할 것

해설 소방시설법 시행령 제2조(정의)
"**무창층**"이란 지상층 중 다음 각 목의 요건을 모두 갖춘 개구부의 면적의 합계가 해당 층의 바닥면적의 30분의 1 이하가 되는 층
(1) 크기는 지름 50cm 이상의 원이 내접할 수 있는 크기일 것
(2) 해당 층의 바닥면으로부터 개구부 밑 부분까지의 높이가 1.2m 이내일 것
(3) 도로 또는 차량이 진입할 수 있는 빈터를 향할 것
(4) 화재 시 건축물로부터 쉽게 피난할 수 있도록 창살이나 그 밖의 장애물이 설치되지 아니할 것
(5) 내부 또는 외부에서 쉽게 부수거나 열 수 있을 것

해답 ③

58 2급 소방안전관리대상물에 두어야 할 소방안전관리자로 선임할 수 없는 자는?

① 소방설비산업기사 자격을 가진 자
② 소방공무원으로 3년 이상 근무한 경력이 있는 자
③ 의용소방대원으로 2년 이상 근무한 경력이 있는 자
④ 위험물산업기사 자격을 가진 사람

해설 (화재예방법 시행령 제25조 제1항의 별표4)
소방안전관리자의 선임자격
(1) 특급 소방안전관리자 선임자격
   ① 소방기술사 또는 소방시설관리사
   ② 소방설비기사 : 5년 이상 1급 실무경력
   ③ 소방설비산업기사 : 7년 이상 1급 실무경력
   ④ 소방공무원 : 20년 이상
   ⑤ 특급 소방안전관리 시험에 합격한 사람
(2) 1급 소방안전관리자 선임자격
   ① 소방설비기사 또는 소방설비산업기사
   ② 소방공무원 : 7년 이상
   ③ 1급 소방안전관리 시험에 합격한 사람
   ④ 특급 또는 1급 자격증 발급받은 사람
(3) 2급 소방안전관리자 선임자격
   ① 위험물(기능장·산업기사 또는 기능사)
   ② 소방공무원 : 3년 이상

③ 2급 소방안전관리 시험에 합격한 사람
④ 「특별조치법」에 따라 선임된 사람
⑤ 특급, 1급, 2급 자격증 발급받은 사람
(4) 3급 소방안전관리자 선임자격
① 소방공무원 : 1년 이상
② 3급 소방안전관리 시험에 합격한 사람
③ 「특별조치법」에 따라 선임된 사람
④ 특급, 1급, 2급, 3급 자격증 발급받은 사람

해답 ③

59 소방안전관리대상물의 관계인은 특정소방대상물의 근무자 및 거주자에 대한 소방훈련과 교육을 실시하였을 때에는 그 실시 결과를 소방훈련·교육 실시 결과 기록부에 기록하고, 이를 몇 년간 보관하여야 하는가?

① 1년   ② 2년
③ 3년   ④ 4년

해설 (화재예방법 시행규칙 제36조)
근무자 및 거주자에 대한 소방훈련과 교육
(1) 관계인은 소방훈련과 교육을 연 1회 이상 실시
(2) **특급 및 1급**은 소방훈련과 교육을 소방기관과 **합동으로** 실시하게 할 수 있다.
(3) 관계인은 결과를 기록부에 기록하고, 2년간 보관해야 한다.

해답 ②

60 소방용수시설의 설치기준에서 급수탑 개폐밸브의 지상으로부터 설치 높이는?

① 1.5m 이상 1.7m 이하의 위치에 설치
② 1.5m 이상 2.0m 이하의 위치에 설치
③ 2.0m 이상 2.5m 이하의 위치에 설치
④ 2.0m 이상 3.0m 이하의 위치에 설치

해설 기본법 시행규칙 제6조 ②항의 별표 3
소방용수시설의 설치기준
1. 공통기준

지 역	거 리
주거지역, 상업지역, 공업지역	100m 이내
그 밖의 지역	140m 이내

2. 소방용수시설별 설치기준
① 소화전의 설치기준 : 상수도와 연결하여 지하식 또는 지상식의 구조로 하고, 소방용 호스와 연결하는 소화전의 연결금속구의 구경은 **65mm**로 할 것
② 급수탑의 설치기준 : 급수배관의 구경은 100mm 이상으로 하고, 개폐밸브는 지상에서 **1.5m 이상 1.7m 이하**의 위치에 설치하도록 할 것
3. 저수조의 설치기준
① 지면으로부터의 **낙차가 4.5m 이하**일 것
② 흡수부분의 **수심이 0.5m 이상**일 것
③ 소방펌프자동차가 쉽게 접근할 수 있도록 할 것
④ 흡수에 지장이 없도록 토사 및 쓰레기 등을 제거할 수 있는 설비를 갖출 것
⑤ 흡수관의 투입구가 사각형의 경우에는 한 변의 길이가 60cm 이상, 원형의 경우에는 **지름이 60cm 이상**일 것
⑥ 저수조에 물을 공급하는 방법은 상수도에 연결하여 자동으로 급수되는 구조일 것

해답 ①

제4과목 소방기계시설의 구조 및 원리

61 제연설비 배출기의 흡입측 풍도안의 풍속으로 옳은 것은?

① 15m/s 이하   ② 18m/s 이하
③ 20m/s 이하   ④ 25m/s 이하

해설 **배출풍도**
(1) 배출풍도의 강판두께

풍도단면의 긴변 또는 직경의 크기	강판의 두께
450mm 이하	0.5mm 이상
450mm 초과 750mm 이하	0.6mm 이상
750mm 초과 1500mm 이하	0.8mm 이상
1500mm 초과 2250mm 이하	1.0mm 이상
2250mm 초과	1.2mm 이상

(2) 배출기의 풍속

구 분	흡입측 풍도 안	배출측
풍속	20m/s 이하	20m/s 이하

유입풍도 등
(1) 유입풍도 안의 풍속은 20m/s 이하
(2) 옥외에 면하는 배출구 및 공기 유입구는 비 또는 눈 등이 들어가지 아니하도록 하고, 배출된 연기가 공기유입구로 순환유입 되지 않도록 해야 한다.

해답 ①

62 물분무소화설비의 화재안전기준에서 물분무소화설비를 한 차고, 주차장에 있어서 수원은 그 저수량이 바닥면적 1m²에 대하여 몇 L/min으로 20분간 방수할 수 있는 양 이상으로 하여야 하는가?

① 10L/min   ② 20L/min
③ 30L/min   ④ 40L/min

해설 물분무설비의 수원의 양

소방대상물	수원의 저수량
특수가연물	바닥면적(m²)(최소50m²)× 10L/m²·분×20min
차고, 주차장	바닥면적(m²)(최소50m²)× 20L/m²·분×20min
절연유 봉입 변압기	표면적(바닥부분제외)(m²)× 10L/m²·분×20min
케이블 트레이, 닥트	투영된 바닥면적(m²)× 12L/m²·분×20min
콘베이어벨트	벨트부분의 바닥면적(m²)× 10L/m²·분×20min

해답 ②

63 그림과 같이 어느 고층건물에 시설된 연결송수관의 체크밸브와 소방대 연결 송수구간에 자동배수(auto drip)장치가 설치되어 있다. 이 장치는 모든 소방대 물의 연결송수관에 거의 필수적인 것이다. 이 장치에 관한 설명으로서 옳은 것은?

① 외부로부터 송수구를 통해 투입되는 이물질(異物質)에 의해 체크밸브와 송수구간의 배관이 막혀있는지 여부를 이 장치에 의해 점검할 수 있다.
② 이 장치는 화재시 소방펌프차로부터 급수될 때의 수격을 완화시켜 주기 위한 것이다.
③ 체크밸브와 송수구 사이에 잔류될 수도 있는 물이 저절로 배수되는 장치이다.
④ 이 장치는 배관내부에 대한 정기적인 통수소제를 위한 것이다.

해설 연결송수구의 자동배수밸브(오토드립장치)
송수구의 가까운 부분에 설치하여 배관 내 잔류할 수 있는 물을 자동 배수하여 **동파방지 및 배관부식 방지**
연결송수관설비의 설치 기준
1. 송수구 설치기준
   ① 연결송수관의 수직배관마다 1개 이상을 설치
   ② 송수구의 부근에 자동배수밸브 또는 체크밸브 설치순서
      ㉮ 습식 : 송수구 → 자동배수밸브 → 체크밸브(송자책)
      ㉯ 건식 : 송수구 → 자동배수밸브 → 체크밸브 → 자동배수밸브(송자책자)
2. 배관 설치기준
   ① 주배관의 구경은 100mm 이상
   ② 지면으로부터의 높이가 31m 이상인 소방대상물 또는 지상 11층 이상인 소방대상물에 있어서는 습식설비로 할 것
3. 방수구 설치기준
   ① 방수구는 그 소방대상물의 층마다 설치
   ② 11층 이상의 방수구는 쌍구형
   ③ 방수구의 호스 접결구 설치위치 바닥으로부터 높이 0.5m 이상 1m 이하
   ④ 방수구의 구경 : 65mm의 것
   ⑤ 방수구는 개폐기능을 가진 것으로 할 것

해답 ③

64 고정식 분말소화약제 공급장치에 배관 및 분사헤드를 설치하여 화재발생부분에만 집중적으로 소화약제를 방출하도록 설치하는 방식은?

① 전역방출방식   ② 국소방출방식

③ 이동식 방출방식 ④ 탱크사이드방식

해설 용어의 정의
(1) 전역방출방식
 소화약제 공급장치에 배관 및 분사헤드 등을 설치하여 **밀폐 방호구역 내**에 분말소화약제를 방출하는 방식을 말한다.
(2) 국소방출방식
 소화약제 공급장치에 배관 및 분사헤드 등을 설치하여 **직접 화점**에 분말소화약제를 방출하는 방식을 말한다.
(3) 호스릴방식
 소화수 또는 소화약제 저장용기 등에 연결된 **호스릴을 이용**하여 사람이 직접 화점에 소화수 또는 소화약제를 방출하는 방식을 말한다.

해답 ②

65 스프링클러설비에서 교차배관은 가지배관 밑에 수평으로 설치한다. 교차배관의 구경은 적어도 몇 밀리미터 이상이어야 하는가?

① 13 ② 25
③ 32 ④ 40

해설 스프링클러설비의 배관설치기준
① 배관의 구경은 수리계산에 따르는 경우 가지배관의 유속은 **6m/s**, 그 밖의 배관의 유속은 **10m/s**를 초과할 수 없다.
② 가지배관의 배열은 다음의 기준에 따른다.
 ㉠ 토너먼트(tournament)배관 방식이 아닐 것
 ㉡ 교차배관에서 분기되는 지점을 기점으로 한쪽 가지배관에 설치되는 헤드의 개수는 **8개 이하로 할 것**
③ **교차배관의 구경은 최소구경이 40mm 이상**이 되도록 할 것
④ 청소구는 교차배관 끝에 개폐밸브를 설치하고, 호스접결이 가능한 나사식 또는 고정배수 배관식으로 할 것
⑤ 하향식헤드를 설치하는 경우에 헤드접속배관은 **가지관상부에서 분기할 것**
⑥ 수직배수배관의 구경은 **50mm 이상**으로 하여야 한다.

해답 ④

66 포헤드의 설치기준 중 다음 ( ) 안에 알맞은 것은?

> 포워터스프링클러헤드는 특정소방대상물의 천장 또는 반자에 설치하되, 바닥면적 (　)m²마다 1개 이상으로 하여 해당 방호대상물의 화재를 유효하게 소화할 수 있도록 할 것

① 4 ② 6
③ 8 ④ 9

해설 포 헤드 설치기준

포 헤드	포 워터스프링클러헤드
9m²마다 1개 이상	8m²마다 1개 이상

해답 ③

67 옥외소화전설비의 유량측정장치는 펌프 정격토출량의 몇 % 이상 측정할 수 있어야 하는가?

① 140 ② 150
③ 175 ④ 185

해설 성능 시험 배관
① 펌프의 성능
 ㉠ 체절운전 시 **정격토출압력의 140%**를 초과 금지
 ㉡ **정격 토출량의 150%**로 운전 시 **정격토출압력의 65% 이상**
② 성능시험배관 설치위치
 펌프의 토출측에 설치된 **개폐밸브 이전**에서 분기
③ 유량측정 장치
 ㉠ 성능시험배관의 직관부에 설치
 ㉡ **정격토출량의 175% 이상** 측정할 수 있는 성능

해답 ③

68 다음의 소화기 압력원 및 방사방식을 설명한 내용 중 적합하다고 볼 수 없는 것은 어느 것인가?

① 이산화탄소 소화기는 자압식이다.
② 분말 소화기는 가압식과 축압식이 있다.
③ 산알칼리 소화기는 전도식과 파병식이 있

다.
④ 할로겐화합물 소화기는 모두 자압식(自壓式)이다.

해설 ④ 할로겐화합물 소화기는 자체 증기압이 낮기 때문에 대부분 질소로 축압한 축압식이 대부분이다.

(1) **자압식**
자체압력에 의하여 약제를 방사하는 방식
(2) **축압식 소화기**
소화기 내부에 불활성 가스(질소등)를 소화약제와 함께 밀봉하여 저장하고, 압축가스의 압력에 의하여 소화약제가 방출되는 방식.
(3) **가압식 소화기(가스가압식)**
소화약제 저장용기와 별도로 압력 가스를 용기 내에 보관하였다가 화재시 가스의 압력에 의해 소화약제를 방출시키는 방식
(4) **전도식 소화기**
탄산수소나트륨 수용액이 충전된 소화기 내에 황산 넣은 유리병을 용기 내부에 매달아 보관
(5) **파병식 소화기**
내부의 황산병이 파괴되어 탄산나트륨수용액과 황산이 화학반응

해답 ④

69 완강기의 속도 조절기에 관한 기술 중 옳지 않은 것은?

① 견고하고 내구성이 있어야 한다.
② 강하시 발생하는 열에 의해 기능에 이상이 생기지 아니하여야 한다.
③ 모래 등 이물질이 들어가지 않도록 견고한 커버로 덮여져야 한다.
④ 평상시에는 분해, 청소 등을 하기 쉽게 만들어져 있어야 한다.

해설 **완강기 및 간이완강기의 구조 및 성능**
(1) **속도조절기·속도조절기의 연결부·로프·연결금속구 및 벨트**로 구성
(2) 강하시 사용자를 심하게 선회시키지 아니하여야 한다.
(3) 속도조절기는 다음에 적합하여야한다.
  ① 견고하고 내구성이 있어야 한다.
  ② **평상시에 분해 청소 등을 하지 아니하여도 작동할 수 있어야 한다.**

③ 강하시 발생하는 열에 의하여 기능에 이상이 생기지 아니하여야 한다.
④ 속도조절기는 사용 중에 분해·손상·변형되지 아니하여야 하며, 속도조절기의 이탈이 생기지 아니하도록 덮개를 하여야 한다.
⑤ 강하시 로프가 손상되지 아니하여야 한다.
⑥ 속도조절기의 풀리(pulley) 등으로부터 로프가 노출되지 아니하는 구조이어야 한다.
(4) 기능에 이상이 생길 수 있는 모래나 기타의 이물질이 쉽게 들어가지 아니하도록 견고한 덮개로 덮여져 있어야 한다.

해답 ④

70 수계소화설비의 가압송수장치인 압력수조의 설치부속물이 아닌 것은?

① 수위계
② 물올림 장치
③ 자동식 에어 콤푸레샤
④ 맨홀

해설 **압력수조 설치부품**
① 수위계   ② 급수관   ③ 배수관
④ 급기관   ⑤ 맨홀   ⑥ 압력계
⑦ 안전장치 ⑧ 자동식 공기압축기
             (자동식 에어 콤푸레샤)

고가수조 설치부품
① 수위계   ② 배수관   ③ 급수관
④ 오버플로우관 ⑤ 맨홀

해답 ②

71 상수도소화용수 설치시 소방대상물의 소화전 설치기준에 맞는 것은?

① 수평투영 반경의 각 부분으로부터 140m 이내마다
② 수평투영 면의 각 부분으로부터 140m 이내마다
③ 수평투영 반경의 각 부분으로부터 140m 이내마다
④ 수평투시도의 각 부분으로부터 140m 이내마다

해설 **상수도 소화용수 설비**
① 호칭지름 75mm 이상의 수도배관에 호칭지름 100mm 이상의 소화전을 접속
② 소화전은 소방자동차 등의 진입이 쉬운 도로변 또는 공지에 설치
③ 소화전은 소방대상물의 수평투영면의 각 부분으로부터 140m 이하가 되도록 설치
④ 지상식 소화전의 **호스접결구**는 지면으로부터 높이가 **0.5m 이상 1m 이하**가 되도록 설치할 것

해답 ②

72 특별피난계단의 계단실 및 부속실 제연설비의 차압 등에 관한 기준으로 틀린 것은?

① 제연구역과 옥내와의 사이에 유지해야 하는 최소차압은 40Pa 이상으로 해야 한다.
② 제연설비가 가동되었을 경우 출입문의 개방에 필요한 힘은 100N 이하로 해야 한다.
③ 옥내에 스프링클러가 설치된 경우 제연구역과 옥내와의 사이에 유지해야 하는 최소차압은 12.5Pa 이상으로 해야 한다.
④ 계단실과 부속실을 동시에 제연하는 경우 부속실의 기압은 계단실과 같게 하거나 계단실의 기압보다 낮게 할 경우에는 부속실과 계단실의 압력차이는 5Pa 이하가 되도록 해야 한다.

해설 **특별피난계단의 계단실 및 부속실 제연설비의 차압 등**
① 제연구역과 옥내와의 사이에 유지하여야 하는 최소차압은 40Pa(옥내에 스프링클러설비가 설치된 경우에는 12.5Pa) 이상
② 제연설비가 가동되었을 경우 출입문의 개방에 필요한 힘은 **110N 이하**
③ 출입문이 일시적으로 개방되는 경우 개방되지 아니하는 제연구역과 옥내와의 차압은 기준에 따른 차압의 **70% 이상**이어야 한다.
④ 계단실과 부속실을 동시에 제연 하는 경우 부속실의 기압은 계단실과 같게 하거나 계단실의 기압보다 낮게 할 경우에는 부속실과 계단실의 압력차이는 **5Pa 이하**가 되도록 하여야 한다.

해답 ②

73 이산화탄소 소화설비의 선택밸브에 대한 설명으로 가장 부적합한 것은?

① 선택밸브는 반드시 수동으로 개방하여야 한다.
② 선택밸브는 방호구역을 선택하기 위한 밸브이다.
③ 선택밸브는 방호구역마다 설치하여야 한다.
④ 선택밸브에는 담당 방호구역을 나타내는 표시를 하여야 한다.

해설 **이산화탄소소화설비의 선택밸브**
① 방호구역 또는 방호대상물마다 설치할 것
② 각 선택밸브에는 해당 담당방호구역 또는 방호대상물을 표시할 것
③ 선택밸브는 자동으로 개방되고 수동으로도 개방되는 것으로서 하여야 한다.

해답 ①

74 분말소화약제의 저장용기에는 저장용기의 내부압력이 설정압력이 되었을 때 주밸브를 개방하는 장치가 필요하다. 이 장치의 명칭은?

① 자동폐쇄장치 ② 전자개방장치
③ 자동청소장치 ④ 정압작동장치

해설 **정압작동장치의 설치목적**
가압용 가스용기로부터 가스가 분말약제저장용기에 유입되어 약제를 혼합유동 시킨 후 설정된 방출압력이 된 후 주밸브를 개방시킨다.

정압작동장치의 종류
① 압력스위치 방식
② 시한릴레이방식
③ 기계적 방식

해답 ④

75 제연설비의 배출풍도에 사용되는 강판은 두께가 몇 mm부터 사용할 수 있는가?

① 0.2mm   ② 0.5mm
③ 0.8mm   ④ 1.0mm

해설 배출풍도의 강판의 두께

풍도단면의 긴변 또는 직경의 크기	강판두께
450mm 이하	0.5mm 이상
450mm 초과 750mm 이하	0.6mm 이상
750mm 초과 1500mm 이하	0.8mm 이상
1500mm 초과 2250mm 이하	1.0mm 이상
2250mm 초과	1.2mm 이상

해답 ②

76 다음 ( )안에 적당한 것은?

> 바닥면적이 60m²인 차고 또는 주차장에 물분무 소화설비를 설치하려고 한다. 이때 수원의 저수량 은 1m²에 대하여 20L/min로 ( )분간 방수할 수 있는 양 이상이어야 한다.

① 10 ② 12
③ 20 ④ 30

해설 물분무소화설비의 수원의 양

$$Q(L) = A(m^2)(최소50m^2) \times K \times 20분$$

여기서, K : 물분무소화설비의 펌프 분당토출량

소방대상물	펌프의 토출량(L/분)
특수가연물 저장, 취급	바닥면적(m²)(최대방수구역기준 최소 50m²)×10L/m²·분
차고, 주차장	바닥면적(m²)(최대방수구역기준 최소 50m²)×20L/m²·분
절연유 봉입 변압기	표면적(바닥부분제외)(m²)× 10L/m²·분
케이블 트레이, 닥트	투영된 바닥면적(m²)×12L/m²·분
콘베이어벨트 등	벨트부분의 바닥면적(m²)× 10L/m²·분

해답 ③

77 포소화약제 혼합장치 중 아래 그림은 어느 방식에 맞는 것인가?

① Line Proportioner 방식
② Pump Proportioner 방식
③ Pressure Proportioner 방식
④ Pressure Side Proportioner 방식

해설 포소화약제의 혼합장치 ★★★

① 펌프 프로포셔너 방식
(pump proportioner type)
펌프의 토출관과 흡입관 사이의 배관도중에 설치한 흡입기에 펌프에서 토출된 물의 일부를 보내고, 농도 조정밸브에서 조정된 포 소화약제의 필요량을 포 소화약제 탱크에서 펌프 흡입측으로 보내어 이를 혼합하는 방식

② 프레져 프로포셔너 방식
(pressure proportioner type)
펌프와 발포기의 중간에 설치된 벤추리관의 벤추리작용과 펌프 가압수의 포 소화약제 저장탱크에 대한 압력에 의하여 포소화약제를 흡입·혼합하는 방식

③ 라인 프로포셔너 방식
(line proportioner type)
펌프와 발포기의 중간에 설치된 벤추리관의 벤추리 작용에 의하여 포소화약제를 흡입·혼합하는 방식

④ 프레져사이드 프로포셔너 방식
(pressure side proportioner type)

펌프의 토출관에 압입기를 설치하여 포 소화약제 압입용 펌프로 포소화약제를 압입시켜 혼합하는 방식

해답 ①

78 어느 밀폐된 실내에 이산화탄소를 방출시켜 실내의 산소농도(체적율)를 14%까지 저하시켰다고 할 때 그 속에 차지하는 이산화탄소의 농도(체적율)는 몇 %가 될 것인가?

① 21% ② 28%
③ 33.3% ④ 40%

해설 이산화탄소의 농도

$$CO_2(\%) = \frac{21 - O_2(\%)}{21} \times 100$$

$$\therefore CO_2(\%) = \frac{21 - 14}{21} \times 100 = 33.33\%$$

참고 Gv (방출된 가스량 : m³)

$$Gv = \frac{21 - O_2(\%)}{O_2(\%)} \times 방호구역체적(m^3)$$

해답 ③

79 대형소화기로 인정되는 소화 능력단위의 적합한 기준은?

① A급 10단위 이상, B급 10단위 이상
② A급 20단위 이상, B급 10단위 이상
③ A급 10단위 이상, B급 20단위 이상
④ A급 20단위 이상, B급 20단위 이상

해설 소화기의 능력단위 및 보행거리

구 분	소형소화기	대형소화기
능력단위	1단위 이상 대형소화기 능력단위 미만	① A급 10단위 이상 ② B급 20단위 이상
보행거리	20m 이내	30m 이내

해답 ③

80 이산화탄소소화설비의 구성 요소가 아닌 것은?

① 정압작동장치 ② 음향경보장치
③ 수동기동장치 ④ 선택밸브

해설 ① 정압작동장치 : 분말소화설비의 구성요소

CO₂ 소화설비의 구성요소
① 소화약제 저장용기 등 ② 기동장치
③ 음향경보장치 ④ 선택밸브
⑤ 제어반등 ⑥ 배관 등
⑦ 분사헤드
⑧ 자동식 기동장치의 화재감지기
⑨ 자동폐쇄장치 ⑩ 비상전원
⑪ 배출설비 ⑫ 과압 배출구

해답 ①

소방설비산업기사 – 기계분야
2025년 5월 CBT 시행

본 문제는 CBT시험대비 기출문제 복원입니다.

제1과목 소방원론

01 다음 중 자연발화의 위험이 가장 높은 것은?

① 과염소산나트륨 ② 셀룰로이드
③ 질산나트륨 ④ 아닐린

해설 자연발화의 형태
① 산화열에 의한 자연발화
 석탄, 건성유, 탄소분말, 금속분, 기름 걸레
② 분해열에 의한 자연발화
 셀룰로이드, 나이트로셀룰로오스, 나이트로글리세린
③ 흡착열에 의한 자연발화
 활성탄, 목탄분말
④ 미생물열에 의한 자연발화
 퇴비, 먼지

해답 ②

02 공기 중에 산소는 약 몇 vol% 포함되어 있는가?

① 15 ② 18
③ 21 ④ 25

해설 공기의 조성
산소(O_2) 21%, 질소(N_2) 78%, 아르곤(Ar) 1%
- 공기 중 산소의 부피(%) = 21%
- 공기 중 산소의 중량(무게)(%) = 23%

공기의 평균 분자량
- 공기의 평균 분자량 = 29
- 증기비중 = $\dfrac{M(분자량)}{29(공기평균분자량)}$

해답 ③

03 CO_2 소화기가 갖는 주된 소화 효과는?

① 냉각소화 ② 질식소화
③ 연료제거소화 ④ 연쇄반응차단소화

해설 CO_2 약제의 소화효과
① 질식효과 ② 피복효과 ③ 냉각효과

해답 ②

04 목조건물의 화재성상은 내화건물에 비하여 어떠한가?

① 고온 장기형이다. ② 고온 단기형이다.
③ 저온 장기형이다. ④ 저온 단기형이다.

해설 건축물 구조형태에 따른 화재특징

구 분	목조건축물	내화건축물
연소 형태	고온 단시간형	저온 장시간형
최고 온도	1300℃	1000℃

해답 ②

05 물이 소화약제로 사용되는 장점으로 가장 거리가 먼 것은?

① 기화잠열이 비교적 크다.
② 가격이 저렴하다.
③ 많은 양을 구할 수 있다.
④ 모든 종류의 화재에 사용할 수 있다.

해설 물이 소화약제로 사용되는 이유
① 물의 기화열(539kcal/kg)이 크기 때문
② 물의 비열(1kcal/kg℃)이 크기 때문
③ 가격이 저렴하다.
④ 많은 양을 구할 수 있다.
※ 물은 A급(일반화재)에 주로 사용한다.
※ 물은 분무상태일 때 C급(전기화재)에 적합하다.

해답 ④

06 할론 1301 소화약제의 주된 소화효과는?

① 기화에 의한 냉각소화 효과
② 중화에 의한 희석소화 효과
③ 압력에 의한 제거소화 효과
④ 부촉매에 의한 억제소화 효과

해설 소화원리

① 냉각소화 : 가연성 물질을 발화점 이하로 온도를 냉각

물이 소화약제로 사용되는 이유
• 물의 기화열(539kcal/kg)이 크기 때문 • 물의 비열(1kcal/kg℃)이 크기 때문

② 질식소화 : 산소농도를 21%에서 15% 이하로 감소

질식소화 시 산소의 유지농도 : 10~15%

③ 억제소화(부촉매소화, 화학적소화) : 연쇄반응을 억제

- 부촉매 : 화학적 반응의 속도를 느리게 하는 것
- 부촉매 효과 : 할론소화약제
  (할로젠족원소 : 플루오린(F), 염소(Cl), 브로민(Br), 아이오딘(I))

④ 제거소화 : 가연성물질을 제거시켜 소화

- 산불이 발생하면 화재의 진행방향을 앞질러 벌목
- 화학반응기의 화재 시 원료공급관의 밸브를 폐쇄
- 유전화재 시 폭약으로 폭풍을 일으켜 화염을 제거
- 촛불을 입김으로 불어 화염을 제거

⑤ 피복소화 : 가연물 주위를 공기와 차단
⑥ 희석소화 : 알콜, 아세톤 등 수용성인 인화성액체 화재 시 물을 방사하여 가연물의 연소농도를 희석
⑦ 유화소화(에멀전소화) : 제4류 위험물 중 물에 녹지 않는 인화성액체의 유류화재 시 물분무로 방사하여 액체표면에 불연성의 유막을 형성하여 소화

해답 ④

07 열전달의 스테판-볼츠만의 법칙은 복사체에서 발산되는 복사열은 복사체의 절대온도의 몇 승에 비례한다는 것인가?

① $\frac{1}{2}$ ② 2
③ 3 ④ 4

해설
① 스테판-볼츠만(stefan-boltzman)의 법칙
$$Q = aAF(T_1^4 - T_2^4)$$
Q : 복사열(kcal/hr)
a : 스테판-볼츠만의 상수
A : 단면적
F : 기하학적 Factor(상수)
T_1 : 고온물체의 절대온도(273+t℃)K
T_2 : 저온물체의 절대온도(273+t℃)K

※ 복사열은 절대온도 4제곱의 차 및 단면적에 비례

② 열전도율 단위
kcal/m, hr, ℃ 또는 BTU/ft, hr, ℉

해답 ④

08 다음 중 물과 반응하여 수소가 발생하지 않는 것은?

① Na ② K
③ S ④ Li

해설
① 금속칼륨 및 금속나트륨, 금속리튬 : 제3류 위험물(금수성)
물과 반응하여 수소기체 발생

2Na + 2H$_2$O → 2NaOH + H$_2$↑ (수소발생)
2K + 2H$_2$O → 2KOH + H$_2$↑ (수소발생)
2Li + 2H$_2$O → 2LiOH + H$_2$↑ (수소발생)

★★자주출제(필수정리)★★
① 칼륨(K), 나트륨(Na)은 석유 속에 저장
② 황린(3류) 및 이황화탄소(4류)는 물속에 저장

② 알킬알루미늄 : 제3류 위험물(금수성)

해답 ③

09 다음 중 독성이 가장 강한 가스는?

① C_3H_8 ② O_2
③ CO_2 ④ $COCl_2$

해설 연소시 발생하는 각종가스
① 일산화탄소(CO)
  • 인명피해가 가장 크다.
  • 피 속의 헤모글로빈과 결합하여 산소운반 방해
② 이산화탄소(CO_2)
  자체의 독성은 없고 많은 양을 흡입 시 질식사

③ 아황산가스(SO_2)
황 함유 물질이 완전 연소 시 발생
④ 황화수소(H_2S)
황 함유 물질이 불완전 연소 시 발생
⑤ 아크로레인(CH_2CHCHO)
석유제품, 유지류 연소 시 발생
⑥ 포스겐($COCl_2$) : 독성이 가장 크다.

해답 ④

10 다음 중 불완전 연소시 발생하는 가스로서 헤모글로빈에 의한 산소의 공급에 장해를 주는 것은?

① CO
② CO_2
③ HCN
④ HCl

해설 연소 시 발생하는 각종가스

★★★매회출제(필수암기)★★★
① 일산화탄소(CO)
  ㉠ 인명피해가 가장 크다.
  ㉡ 피 속의 헤모글로빈과 결합하여 산소운반 방해
② 이산화탄소(CO_2)
  자체의 독성은 없고 많은 양을 흡입 시 질식사하며 소화약제로도 사용
③ 아황산가스(SO_2)
  황 함유 물질이 완전 연소 시 발생
④ 황화수소(H_2S)
  황 함유 물질이 불완전 연소 시 발생
⑤ 아크로레인(CH_2CHCHO)
  석유제품, 유지류 연소 시 발생
⑥ 포스겐($COCl_2$)
  독성이 가장 크다.

해답 ①

11 소화약제로서 이산화탄소의 특징이 아닌 것은?

① 전기 전도성이 있어 위험하다.
② 장시간 저장이 가능하다.
③ 소화약제에 의한 오손이 없다.
④ 무색이고 무취이다.

해설 CO_2의 물리적 성질
① 무색, 무취이다
② 임계온도 : 31.35℃

③ 증기비중은 1.52로 공기보다 무겁다
④ 비전도성이므로 전기화재에 적합하다
⑤ 허용농도 : 0.5% (5000ppm)
⑥ 삼중점 : 압력 0.53MPa, 온도 −56.3℃에서 고체, 액체, 기체가 공존
⑦ 호흡곤란 : 6% 이상

해답 ①

12 분말소화약제 중 A, B, C급의 화재에 모두 사용할 수 있는 것은?

① 제1종 분말소화약제
② 제2종 분말소화약제
③ 제3종 분말소화약제
④ 제4종 분말소화약제

해설 분말약제의 주성분 및 착색 ★★★(필수암기)

종별	주성분	약제명	착색	적응화재
제1종	$NaHCO_3$	탄산수소나트륨, 중탄산나트륨, 중조	백색	B,C급
제2종	$KHCO_3$	탄산수소칼륨, 중탄산칼륨	담회색	B,C급
제3종	$NH_4H_2PO_4$	제1인산암모늄	담홍색 (핑크색)	A,B,C급
제4종	$KHCO_3 + (NH_2)_2CO$	중탄산칼륨 + 요소	회색 (쥐색)	B,C급

해답 ③

13 다음 중 일반적으로 목조건축물의 화재 시 발화에서 최성기까지의 소요시간에 가장 가까운 것은? (단, 풍속이 거의 없을 경우를 가정한다.)

① 1분미만
② 4~14분
③ 30~60분
④ 90분 이상

해설 목조건축물 화재 진행속도
(풍속 3m/s 이하일 경우)

• 목조건축물 화재시 최고온도(약 1300℃)에 도달하는 시간은 약 10분 이내이다.

해답 ②

14 화재의 분류에서 A급 화재에 속하는 것은?

① 유류　　　　② 목재
③ 전기　　　　④ 가스

해설 화재의 분류 ★★★★★

종류	등급	색표시	주된 소화 방법
일반화재	A급	백색	냉각소화
유류 및 가스 화재	B급	황색	질식소화
전기화재	C급	청색	질식소화
금속화재	D급	–	피복소화
주방화재	K급	–	냉각 및 질식소화

해답 ②

15 20℃의 물 1g을 100℃의 수증기로 변화시키는데 필요한 열량은 얼마인가?

① 699cal　　② 619cal
③ 539cal　　④ 80cal

해설 열량 산출 공식
$$Q = mC\Delta t + r \cdot m$$
여기서, Q : 열량(cal), m : 질량(g)
　　　　c : 비열(cal/g·℃), Δt : 온도차(℃)
　　　　r : 기화열(cal)

$Q = 1g \times 1cal/g \cdot ℃ \times (100-20)℃$
　　$+ 539cal/g \times 1g$
　$= 619cal$

해답 ②

16 위험물질의 자연발화를 방지하는 방법이 아닌 것은?

① 열의 축적을 방지할 것
② 저장실의 온도를 저온으로 유지할 것
③ 촉매 역할을 하는 물질과 접촉을 피할 것
④ 습도를 높일 것

해설 위험물의 자연발화 방지대책
① 통풍이나 환기 등을 통하여 열의 축적을 방지
② 저장실의 온도를 낮춘다.
③ 습도를 가능한 낮게 유지한다.
④ 용기 내에 불활성 기체를 주입하여 공기와 접촉 방지

해답 ④

17 단일원소로 구성된 위험물이 아닌 것은?

① 황　　　　② 적린
③ 에탄올　　④ 나트륨

해설 단일원소 화합물 : 한가지 원소로 구성된 물질
① 황(S)　　　　② 적린(P)
③ 에탄올(C_2H_5OH)　　④ 나트륨(Na)

해답 ③

18 다음 중 제3류 위험물인 나트륨 화재 시의 소화 방법으로 가장 적합한 것은?

① 이산화탄소 소화약제를 분사한다.
② 건조사를 뿌린다.
③ 할론 1301을 분사한다.
④ 물을 뿌린다.

해설 Na, K의 소화약제
팽창질석, 팽창진주암, 마른 모래(건조사)
① Na(나트륨), K(칼륨) : 제3류 위험물(금수성 물질)
② Na 및 K는 물과 접촉시 H_2(수소)가스가 발생하므로 물계통의 소화약제는 사용할 수 없다.

해답 ②

19 화재 종류별 표시색상이 옳게 연결된 것은?

① 일반화재-청색　② 유류화재-황색
③ 전기화재-백색　④ 금속화재-적색

해설 화재의 분류 ★★★★★

종류	등급	색표시	주된 소화 방법
일반화재	A급	백색	냉각소화
유류 및 가스 화재	B급	황색	질식소화
전기화재	C급	청색	질식소화
금속화재	D급	–	피복소화
주방화재	K급	–	냉각 및 질식소화

해답 ②

20 휘발유의 인화점은 약 몇 ℃ 정도 되는가?

① -43~-20℃　　② 30~50℃
③ 50~70℃　　　④ 80~100℃

해설 가솔린(휘발유) : 위험물 제4류 제1석유류
① 발화점 : 300℃ 정도
② 인화점이 -43~-20℃로 낮아 상온에서도 매우 위험하다.
③ 연소범위 : 1.4~7.6%

해답 ①

제2과목 소방유체역학

21 동력이 2kW인 펌프를 사용하여 수면의 높이차이가 40m인 곳으로 물을 끌어 올리려고 한다. 관로 전체의 손실수두가 10m라고 할 때 펌프의 유량은 약 몇 m^3/s인가? (단, 펌프의 효율은 90%이다.)

① 0.00294   ② 0.00367
③ 0.00408   ④ 0.00453

해설 펌프의 축동력

$$P(\text{kW}) = \frac{\gamma \times Q \times H}{E}$$

여기서, γ : 비중량(kN/m^3)
   (물의 비중량 = 9.8kN/m^3)
   Q : 유량(m^3/s)
   H : 전양정(m)
   E : 펌프의 효율(%/100)

① $Q = \dfrac{P \times E}{\gamma \times H}$

② $P = 2\text{kW}$, $H = 40 + 10 = 50\text{m}$,
   $E = 90\% = 0.9$

③ $Q = \dfrac{2 \times 0.9}{9.8 \times 50} = 0.00367 \, m^3/s$

해답 ②

22 수평 원형관의 상류측 단면의 안지름이 300mm, 하류측 단면의 안지름이 600mm인 점차확대관이 있다. 상류측 물의 유속이 2m/s일 때 하류측 단면에서의 물의 유속은 몇 m/s인가?

① 0.45   ② 0.5
③ 0.55   ④ 0.6

해설 체적유량(용량유량)

$$u_1 A_1 = u_2 A_2$$

여기서, u : 유속, A : 단면적($\dfrac{\pi d^2}{4}$)

① $u_1 = 2\text{m/s}$, $d_1 = 300\text{mm} = 0.3\text{m}$
   $u_2 = ?$, $d_2 = 600\text{mm} = 0.6\text{m}$

② $u_1 \times \dfrac{\pi d_1^2}{4} = u_2 \times \dfrac{\pi d_2^2}{4}$, $u_2 = \left(\dfrac{d_1}{d_2}\right)^2 \times u_1$

③ $u_2 = \left(\dfrac{0.3}{0.6}\right)^2 \times 2 = 0.5\text{m/s}$

해답 ②

23 토출량이 1.6m^3/min, 전양정이 100m인 펌프의 회전차 회전수를 1000rpm에서 1400rpm으로 증가시키면 동력(kW)과 전양정(m)은 각각 얼마로 늘어나는가? (단, 펌프의 효율은 65%이고, 여유율은 10%이다.)

① 44.3kW, 110m   ② 82.1kW, 120m
③ 121.3kW, 196m ④ 142.5kW, 210m

해설 상사의 법칙 ★★★★★

$$Q_2 = Q_1 \times \left(\dfrac{N_2}{N_1}\right) \times \left(\dfrac{D_2}{D_1}\right)^3$$

$$H_2 = H_1 \times \left(\dfrac{N_2}{N_1}\right)^2 \times \left(\dfrac{D_2}{D_1}\right)^2$$

$$P_2 = P_1 \times \left(\dfrac{N_2}{N_1}\right)^3 \times \left(\dfrac{D_2}{D_1}\right)^5$$

여기서, Q_1 : 변경 전 유량, Q_2 : 변경 후 유량
   H_1 : 변경 전 양정, H_2 : 변경 후 양정
   P_1 : 변경 전 동력, P_2 : 변경 후 동력
   N_1 : 변경 전 회전수, N_2 : 변경 후 회전수
   D_1 : 변경 전 임펠러직경
   D_2 : 변경 후 임펠러직경

① $Q_1 = 1.6\text{m}^3/\text{min} = 1.6\text{m}^3/60\text{s}$
$H_1 = 100\text{m}$, $H_2 = ?$
$N_1 = 1000\text{rpm}$, $N_2 = 1400\text{rpm}$

② $H_2 = H_1 \times \left(\dfrac{N_2}{N_1}\right)^2$
$H_2 = 100 \times \left(\dfrac{1400}{1000}\right)^2 = 196\text{m}$

③ $P_1 = \dfrac{\gamma \times Q \times H}{E} \times K$
$P_1 = \dfrac{9.8 \times (1.6/60) \times 100}{0.65} \times 1.1 = 44.23\text{kW}$

④ $P_2 = P_1 \times \left(\dfrac{N_2}{N_1}\right)^3$
$P_2 = 44.23 \times \left(\dfrac{1400}{1000}\right)^3 = 121.37\text{kW}$

해답 ③

24 열역학 법칙 중 제2종 영구기관의 제작이 불가능함을 역설한 내용은?

① 열역학 제0법칙   ② 열역학 제1법칙
③ 열역학 제2법칙   ④ 열역학 제3법칙

해설 열역학 법칙 ★★★★
① **열역학 제0법칙**(열의 평형법칙)
열평형상태에 있는 물체의 온도는 같다.
(온도계의 원리)
② **열역학 제1법칙**(에너지보존의 법칙)
㉠ 열과 일은 서로 교환이 가능하다.
㉡ 열전달의 총합은 이루어진 일의 총합과 같다.
③ **열역학 제2법칙**
㉠ 열은 스스로 저온에서 고온으로 이동 불가
㉡ 효율이 100%인 열기관은 없다.
(영구기관은 제작이 불가능하다)
㉢ 자발적인 반응은 비가역적이다.
㉣ 엔트로피는 증가하는 쪽으로 흐른다.

해답 ③

25 단면적이 0.15m²인 관내에 유량 0.9m³/s의 물이 흐르고 있다. 관 단면적이 0.1m²로 축소되는 부분에서 손실계수가 0.83이라고 한다. 이 축소관에서의 손실수두는 몇 m인가?

① 1.52   ② 2.38
③ 3.43   ④ 14.94

해설 축소관 손실수두

$$\Delta H_L = k \times \dfrac{u_2^2}{2g}$$

① $u_2 = \dfrac{Q}{A_2} = \dfrac{0.9}{0.1} = 9\text{m/s}$
$k = 0.83$, $g = 9.8\text{m/s}^2$

② $\Delta H_L = 0.83 \times \dfrac{9^2}{2 \times 9.8} = 3.43\text{m}$

해답 ③

26 지름 6cm인 원 관으로부터 매분 4000L의 물이 고정된 평면판에 직각으로 부딪칠 때 평면에 작용하는 충격력은 약 몇 N인가?

① 1380   ② 1570
③ 1700   ④ 1930

해설 운동량 방정식

$$F = \rho Q V$$

① $\rho_w(\text{물}) = 1000\text{kg/m}^3$
$Q = 4000\text{L/min} = 4\text{m}^3/60\text{s}$
$D = 6\text{cm} = 0.06\text{m}$

② $V = \dfrac{4\text{m}^3/60\text{s}}{\dfrac{\pi}{4} \times 0.06^2} = 23.5785\text{m/s}$

③ $F = 1000 \times (4/60) \times 23.5785$
$= 1571.90\text{kg}\cdot\text{m/s}^2 = 1571.90\text{N}$

해답 ②

27 분자량이 35인 어떤 가스의 정압비열이 0.535 kJ/kg·K라고 가정할 때 이 가스의 비열비(K)

는 약 얼마인가?
(단, 기체상수 $R=8.31434kJ/kmol \cdot K$이다.)

① 1.4　　　　② 1.5
③ 1.65　　　　④ 1.8

해설 비열비

$$K = \frac{C_P}{C_P - R}$$

① $C_p = 0.535 kJ/kg \cdot K$
② $R = 8.31434 kJ/kmol \cdot K$
③ $R = \frac{8.31434kJ}{kmol \cdot k} \times \frac{1kmol}{35kg} = 0.2376 kJ/kg \cdot k$
④ $K = \frac{0.535}{0.535 - 0.2376} = 1.80$

해답 ④

28 단단한 탱크 속에 300kPa, 0℃의 이상기체가 들어왔다. 이것을 100℃까지 가열하였을 때 압력 상승은 약 몇 kPa인가?

① 110　　　　② 210
③ 410　　　　④ 710

해설 보일-샤를의 법칙

$$\frac{P_1 V_1}{T_1} = \frac{P_2 V_2}{T_2}$$

① 단단한 탱크이므로 온도상승전과 온도상승 후의 부피변화는 없다.
　$V_1 = V_2, \frac{P_1}{T_1} = \frac{P_2}{T_2}$
② $P_1 = 300 kPa$,
　$T_1 = 273 + 0 = 273K$
　$T_2 = 273 + 100 = 373k$
③ $\frac{300}{273} = \frac{P_2}{373}$, $P_2 = 300 \times \frac{373}{273} ≒ 410 kPa$
④ $\Delta p = 410 - 300 = 110 kPa$

해답 ①

29 비중이 0.88인 벤젠에 내경 1mm의 유리관을 세웠더니 벤젠이 유리관을 따라 9.8mm를 올라갔다. 유리와의 접촉각이 0°라 하면 벤젠의 표면장력은 몇 N/m인가?

① 0.021　　　　② 0.042
③ 0.084　　　　④ 0.128

해설 모세관의 상승높이(h)

$$h = \frac{4\sigma \cos\theta}{rd}$$

표면장력

$$\sigma = \frac{\gamma h d}{4\cos\theta}$$

① $\theta = 0°$, $d = 1mm = 10^{-3}m$
　$h = 9.8mm = 9.8 \times 10^{-3}m$
② $\gamma = \gamma_w \times S = 9800 N/m^3 \times 0.88 = 8624 N/m^3$
③ $\sigma = \frac{8624 \times 9.8 \times 10^{-3} \times 10^{-3}}{4\cos 0°} ≒ 0.021 N/m$

해답 ①

30 [보기] 중 비점성 유체(inviscid fluid)를 모두 고른 것은?

[보기]	ⓐ 뉴톤(Newton) 유체
	ⓑ 표준 상태의 공기
	ⓒ 이상유체

① ⓑ　　　　② ⓒ
③ ⓐ, ⓑ　　　　④ ⓐ, ⓒ

해설 이상유체와 실제유체
① 이상유체 : 비점성이며(마찰 손실이 없고) 비압축성인 유체
② 실제유체 : 점성이 있으며(마찰손실이 있고) 압축성인 유체

해답 ②

31 물과 글리세린과 공기의 점성계수를 크기순으로 바르게 배열한 것은?

① 공기 > 물 > 글리세린
② 글리세린 > 공기 > 물
③ 물 > 글리세린 > 공기
④ 글리세린 > 물 > 공기

점성계수(점도)

구 분	공기	물	글리세린
점성계수(점도) (C_p)	0.018	1	1410

해답 ④

32 그림과 같이 수조에 붙어 있는 상하 두 노즐에서 물이 분출하여 한 점(A)에서 만나려고 하면 어떤 관계의 식이 성립되어야 하는가? (단, 공기저항과 노즐의 손실은 무시한다.)

① $h_1 y_1 = h_2 y_2$ ② $h_1 y_2 = h_2 y_1$
③ $h_1 h_2 = y_1 y_2$ ④ $h_1 y_1 = 2 h_2 y_2$

해설 ① $V_1 = \sqrt{2gh_1}$, $X_1 = V_1 t_1 = \sqrt{2gh_1}\, y_1$
$V_2 = \sqrt{2gh_2}$, $X_2 = V_2 t_2 = \sqrt{2gh_2}\, y_2$
② $V_1 X_1 = V_2 X_2$
③ $h_1 y_1 = h_2 y_2$

해답 ①

33 공동현상(cavitation)의 방지법으로 적절하지 않은 것은?

① 배관을 완만하고 짧게 한다.
② 규정 이상으로 회전수를 올리지 않는다.
③ 펌프의 설치 위치를 가능한 한 높여서 흡입 양정을 높인다.
④ 마찰저항이 작은 흡입관을 사용하여 흡입관의 손실을 줄인다.

해설 **공동현상(캐비테이션) 방지대책**
① 펌프의 설치위치를 수원보다 낮게 설치
② 펌프의 임펠러속도를 감속한다.
③ 펌프의 흡입측 수두 및 마찰손실을 작게 한다.
④ 펌프의 흡입관경을 크게 한다.
⑤ 양흡입펌프를 사용한다.

NPSHav(유효흡입수두)와 NPSHre(필요흡입수두)
① 캐비테이션 발생한계 : NPSHav = NPSHre
② 캐비테이션 방지 : NPSHav > NPSHre
③ 설계적용기준 : NPSHav ≥ NPSHre × 1.3

해답 ③

34 30×50cm의 평판이 수면에서 깊이 30cm 되는 곳에 수평으로 놓여 있을 때 평판에 작용하는 물에 의한 힘은 몇 N인가?

① 341   ② 441
③ 541   ④ 641

해설 **수평면에 작용하는 힘**
$$F = PA = \gamma h A$$
여기서, F : 힘(kN), P : 압력(kN/m^2)
A : 단면적(m^2), γ : 비중량(kN/m^3)
h : 높이(m)

① γ(물) $= 9800$N/m^3, $h = 30$cm $= 0.3$m
$A = 30 \times 50$cm $= 0.3 \times 0.5$m
② $F = 9800 \times 0.3 \times 0.3 \times 0.5 = 441$N

해답 ②

35 온도가 55℃인 평판 위를 흐르는 온도 15℃의 유체가 있다. 평판과 유체 사이의 대류열전달계수(convection heat transfer coefficient)가 70W/(m^2 · K)일 때 평판으로부터 유체로 전달되는 대류 열유속(heat flux)은 몇 W/m^{2}인가?

① 2140   ② 2450
③ 2800   ④ 2950

해설 **고체표면의 열유속**
$$Q = K(T_1 - T_2)$$
$Q = 70$W/m^2 · K$[(273+55)-(273+15)]$K
$= 2800$W/m^2

해답 ③

36 U자관 액주계가 2개의 큰 저수조 사이의 압력차를 측정하기 위하여 그림과 같이 설치되어 있다. 오일 레벨의 차이가 수면 레벨 차이의 10배가 되도록 하는 오일의 비중은?
($h_2 = 10h_1$)

① 0.1 ② 0.5
③ 0.9 ④ 1.5

해설
① $\gamma_1 h_1 = \gamma_2 h_2$
② $h_2 = 10h_1$이므로 $\gamma_1 h_1 = \gamma_2 10h_1$
③ $\dfrac{\gamma_2}{\gamma_1} = \dfrac{h_1}{10h_1} = 0.1$
④ 오일의 비중 : $S_{오일} = 1 - 0.1 = 0.9$

해답 ③

37 부력의 작용점에 관한 설명으로 옳은 것은?
① 떠 있는 물체의 중심
② 물체의 수직 투영면 중심
③ 잠겨진 물체의 중력 중심
④ 잠겨진 물체 체적의 중심

해설 부력과 중량(무게)
$$F_B(부력) = F_w(무게)$$
$$r_{액체} \times V_{잠긴} = r_{물체} \times V_{전체}$$

부력
① 물에 뜨려는 힘을 말한다.
② 부력의 크기는 유체 속에 있는 물체의 부피와 같은 부피를 가진 유체의 무게와 같다
③ 아르키메데스가 발견했기 때문에 여기에 관계된 원리를 아르키메데스의 원리라고도 한다.
④ 부력의 작용점은 잠겨진 물체 체적의 중심과 일치한다.

해답 ④

38 일정한 유량의 물이 층류로 원관 속을 흐른다고 가정할 때 원관의 지름을 2배로 하면 손실수두는 몇 배가 되는가?

① $\dfrac{1}{2}$ ② $\dfrac{1}{4}$
③ $\dfrac{1}{8}$ ④ $\dfrac{1}{16}$

해설 하겐-포아젤(Hagen-Poiseuille)
$$\Delta h_L(m) = \dfrac{\Delta P}{\gamma} = \dfrac{128 \mu l Q}{\gamma \pi d^4}$$

여기서, μ : 점성계수, l : 배관 길이, Q : 유량
γ : 유체의 비중량, d : 배관의 지름

$\therefore \Delta h_L(m) \propto \dfrac{1}{d^4}$ $\therefore \dfrac{1}{2^4} = \dfrac{1}{16}$ 배

해답 ④

39 [보기]에서 제시한 실험관 ⓐ, ⓑ의 명칭을 바르게 나열한 것은?

① ⓐ 오리피스, ⓑ 피토관
② ⓐ 관노즐, ⓑ 벤튜리관
③ ⓐ 위어, ⓑ 벤튜리관
④ ⓐ 벤튜리관, ⓑ 오리피스

해설 오리피스(orifice)
① 유체를 분출시키는 구멍으로, 교축 통로를 말한다.
② 유량을 측정하기 위해서 관로의 중간에 설치하는 트로틀 기구의 하나이다.

피토관(Pitot tube)
유체흐름의 총압과 정압의 차이를 측정하고 그것에서 유속을 구하는 장치이다.

해답 ①

40 원관 내부로 유체가 흐를 때 레이놀즈수가 1000이라면 관에 대한 마찰계수(f)는 얼마인

가?

① 0.032 ② 0.064
③ 0.084 ④ 0.086

해설 층류의 마찰계수(f)

$$f = \frac{64}{Re\,No}$$

$f = \dfrac{64}{1000} = 0.064$

해답 ②

제3과목 소방관계법규

41 하자보수를 하여야 하는 소방시설 중 하자보수 보증기간이 3년이 아닌 것은?

① 자동소화장치
② 비상방송설비
③ 상수도소화용수설비
④ 스프링클러설비

해설 (공사업법 시행령 제6조) 하자보수보증기간

보증기간	소방시설
2년	① 피난기구 ② 유도등 ③ 유도표지 ④ 비상경보설비 ⑤ 비상조명등 ⑥ 비상방송설비 ⑦ 무선통신보조설비
3년	① 자동소화장치 ② 옥내 ③ 옥외 ④ 스프링클러 ⑤ 간이스프링클러 ⑥ 물분무등 ⑦ 자동화재탐지설비 ⑧ 상수도소화용수설비 ⑨ 소화활동설비(무선통신보조설비 제외)

해답 ②

42 소방관계법의 정의에서 곧바로 지상으로 갈 수 있는 출입구가 있는 층을 무엇이라 하는가?

① 지상층 ② 피난층
③ 피난경유층 ④ 피난지역

해설 소방기본법 제2조(정의) (용어의 뜻)
(1) 무창층(無窓層)
 지상층 중 다음 각 목의 요건을 모두 갖춘 개구부(건축물에서 채광·환기·통풍 또는 출입 등을 위하여 만든 창·출입구, 그 밖에 이와 비슷한 것)의 면적의 합계가 해당 층의 바닥면적의 30분의 1 이하가 되는 층을 말한다.
 ① 크기는 **지름 50cm 이상의 원이 통과할 수 있을 것**
 ② 해당 층의 바닥면으로부터 개구부 밑 부분까지의 높이가 **1.2m 이내**일 것
 ③ 도로 또는 차량이 진입할 수 있는 **빈터를 향할 것**
 ④ 화재 시 건축물로부터 쉽게 피난할 수 있도록 **창살이나 그 밖의 장애물**이 설치되지 않을 것
 ⑤ 내부 또는 외부에서 쉽게 **부수거나 열 수 있을 것**
(2) 피난층
 곧바로 지상으로 갈 수 있는 출입구가 있는 층

해답 ②

43 제6류 위험물에 대한 소화설비 중 적응성이 없는 것은?

① 옥내소화전설비
② 스프링클러설비
③ 포소화설비
④ 할론소화설비

해설 제6류 위험물의 적응소화설비
① 옥내소화전설비 ② 옥외소화전설비
③ 스프링클러설비 ④ 포 소화설비
⑤ 물분무소화설비 ⑥ 제3종 분말소화설비

해답 ④

44 한국소방안전원의 업무가 아닌 것은?

① 위험물탱크 성능시험
② 화재예방과 안전관리의식 고취를 위한 대국민 홍보
③ 소방기술과 안전관리에 관한 각종 간행물의 발간

④ 소방기술과 안전관리에 관한 교육 및 조사·연구

해설 기본법 제41조 (소방안전원의 업무)
(1) 소방기술과 안전관리에 관한 교육 및 조사·연구
(2) 소방기술과 안전관리에 관한 각종 간행물의 발간
(3) 화재예방과 안전관리의식의 고취를 위한 대국민 홍보
(4) 소방업무에 관하여 행정기관이 위탁하는 업무
(5) 소방안전에 관한 국제협력
(6) 그 밖에 회원에 대한 기술지원 등 정관으로 정하는 사항

해답 ①

45 정당한 사유 없이 피난시설, 방화구획 및 방화시설의 유지·관리에 필요한 조치 명령을 위반한 경우 이에 대한 벌칙으로 옳은 것은?

① 200만원 이하의 벌금
② 300만원 이하의 벌금
③ 1년 이하의 징역 또는 1000만원 이하의 벌금
④ 3년 이하의 징역 또는 3000만원 이하의 벌금

해설 소방시설법 제57조(벌칙)
3년 이하의 징역 또는 3천만원 이하의 벌금
(1) **조치명령**을 정당한 사유 없이 위반한 자
(2) **관리업의 등록**을 하지 아니하고 영업을 한 자
(3) **형식승인, 제품검사, 합격표시**에 대한 법령을 위반한 자
(4) 거짓이나 그 밖의 부정한 방법으로 **전문기관으로 지정**을 받은 자

해답 ④

46 화재의 예방 및 안전관리에 관한 법령상 화재예방강화지구로 지정할 수 있는 대상지역이 아닌 것은? (단, 소방청장·소방본부장 또는 소방서장이 화재예방강화지구로 지정할 필요가 있다고 별도로 지정한 지역은 제외한다.)

① 시장지역
② 석조건물이 있는 지역
③ 위험물의 저장 및 처리 시설이 밀집한 지역
④ 석유화학제품을 생산하는 공장이 있는 지역

해설 (화재예방법 제18조) 화재예방강화지구의 지정 등
(1) 지정권자 : 시·도지사
(2) 화재안전조사 : 소방관서장
(3) 화재안전조사 실시주기 : 연1회 이상
(4) 소방훈련과 교육 : 연1회 이상
(5) 훈련 및 교육통보 : 10일 전까지

화재예방강화지구의 지정대상지역 ★★필수암기★★
① 시장지역
② 공장·창고가 밀집한 지역
③ 목조건물이 밀집한 지역
④ 노후·불량건축물이 밀집한 지역
⑤ 위험물의 저장 및 처리시설이 밀집한 지역
⑥ 석유화학제품을 생산하는 공장이 있는 지역
⑦ 산업단지
⑧ 소방시설·소방용수시설 또는 소방 출동로가 **없는** 지역
⑨ 물류단지
⑩ 소방관서장이 화재예방강화지구로 인정하는 지역

해답 ②

47 관할구역에 있는 소방대상물, 관계 지역 또는 관계인에 대하여 소방시설 등이 소방 관계 법령에 적합하게 설치·유지·관리되고 있는지 소방대상물에 화재, 재난·재해등의 발생 위험이 있는지 등을 확인하기 위하여 관계 공무원으로 하여금 소방안전관리에 관한 화재안전조사를 하게 할 수 있다. 소방화재안전조사를 실시하는 사람은?

① 소방안전원장
② 시·도지사
③ 시장·군수
④ 소방본부장 또는 소방서장

해설 화재예방법 제8조(화재안전조사의 방법·절차 등)
① **소방관서장**은 화재안전조사를 조사의 목적에 따라 화재안전조사의 항목 전체에 대하여 종합적으로 실시하거나 특정 항목에 한정하여 실시할 수 있다.
② **소방관서장**은 화재안전조사를 실시하려는 경우 사전에 관계인에게 **조사대상, 조사기간 및**

조사사유 등을 우편, 전화, 전자메일 또는 문자 전송 등을 통하여 통지하고 이를 대통령으로 정하는 바에 따라 인터넷 홈페이지나 전산시스템 등을 통하여 공개하여야 한다.

※ 소방관서장 : 소방청장, 소방본부장 또는 소방서장

다만, 다음 각 호의 어느 하나에 해당하는 경우에는 그러하지 아니하다
① 화재가 발생할 우려가 뚜렷하여 **긴급하게 조사할 필요가 있는 경우**
② 화재안전조사의 실시를 사전에 통지하거나 공개하면 **조사목적을 달성할 수 없다고 인정되는 경우**

해답 ④

48 소방용수시설의 설치기준에서 상업지역 및 공업지역에 설치하는 경우 수평거리 몇 m 이하가 되도록 하여야 하는가?

① 300m 이하   ② 200m 이하
③ 140m 이하   ④ 100m 이하

해설 **소방용수시설의 거리기준**

지역	거리
주거지역, 상업지역, 공업지역,	100m 이내
그 밖의 지역	140m 이내

해답 ④

49 소방대상물의 건축허가 등의 동의요구를 할 때 제출해야 할 서류로 틀린 것은?

① 소방시설 설치계획표
② 소방시설공사업등록증
③ 임시소방시설 설치계획서
④ 소방시설의 층별 평면도 및 층별 계통도

해설 **소방시설법 시행규칙 제5조**
(건축허가등의 동의요구)
건축허가등의 동의요구 첨부서류
(1) 건축허가신청서 및 건축허가서 또는 건축·대수선·용도변경신고서 등 **건축허가등을 확인할 수 있는 서류의 사본**
(2) 다음 각 목의 설계도서
 ① **건축물 설계도서(착공신고대상)**
  ㉠ 건축물 개요 및 배치도
  ㉡ 주단면도 및 입면도
  ㉢ 층별 평면도(용도별 기준층 평면도를 포함)
  ㉣ 방화구획도(창호도를 포함)
  ㉤ 실내·실외 마감재료표
  ㉥ 소방자동차 진입 동선도 및 부서 공간 위치도(조경계획을 포함)
 ② 소방시설 설계도서
  ㉠ 소방시설의 계통도
  ㉡ 소방시설의 층별 평면도(착공신고대상)
  ㉢ 실내장식물 방염대상물품 설치 계획(착공신고대상)
  ㉣ 소방시설의 내진설계 계통도 및 기준층 평면도
(3) **소방시설 설치계획표**
(4) **임시소방시설 설치계획서**
(5) **소방시설설계업등록증**과 소방시설을 설계한 기술인력의 기술자격증 사본
(6) 소방시설설계 **계약서 사본**

해답 ②

50 관계인이 예방규정을 정하여야 하는 제조소 등의 기준으로 옳은 것은?

① 지정수량의 10배 이상의 위험물을 취급하는 제조소
② 지정수량의 50배 이상의 위험물을 저장하는 옥외저장소
③ 지정수량의 100배 이상의 위험물을 저장하는 옥내저장소
④ 지정수량의 150배 이상의 위험물을 저장하는 옥외탱크저장소

해설 **(위험물법 시행령 제15조)**
예방규정을 정하여야 하는 제조소 등
(1) 지정수량 10배 이상 제조소
(2) 지정수량 100배 이상 옥외저장소
(3) 지정수량 150배 이상 옥내저장소
(4) 지정수량 200배 이상 옥외탱크저장소
(5) 암반탱크저장소
(6) 이동취급소
(7) 지정수량 10배 이상 일반취급소

해답 ①

51 소방시설업자가 등록사항의 변경이 있을 때에 변경 신고를 하지 않아도 되는 것은?

① 기술인력을 변경하는 경우
② 영업소의 소재지를 변경하는 경우
③ 사무실 임대차계약을 변경하는 경우
④ 명칭 또는 상호를 변경하는 경우

해설 소방시설법 시행규칙 제34조
(등록사항의 변경신고 등)
관리업자는 등록사항이 변경됐을 때에는 변경일부터 **30일 이내**에 소방시설관리업 등록사항 변경신고서에 그 변경사항별로 다음 각 호의 구분에 따른 서류(전자문서를 포함)를 첨부하여 **시·도지사**에게 제출해야 한다.
(1) **명칭·상호 또는 영업소 소재지가 변경**된 경우
  소방시설관리업 등록증 및 등록수첩
(2) **대표자가 변경**된 경우
  소방시설관리업 등록증 및 등록수첩
(3) **기술인력이 변경**된 경우
  ① 소방시설관리업 등록수첩
  ② 변경된 기술인력의 기술자격증(경력수첩을 포함한다)
  ③ 소방기술인력대장

해답 ③

52 소방시설관리사 시험의 시험위원이 될 수 없는 사람은?

① 소방 관련 분야의 석사학위를 가진 사람
② 소방기술사
③ 소방시설관리사
④ 소방위 이상의 소방공무원

해설 소방시설법 제40조(시험위원의 임명·위촉)
소방청장은 관리사시험의 출제 및 채점을 위하여 다음에 해당하는 사람 중에서 **시험위원을 임명하거나 위촉**해야 한다.
(1) 소방 관련 분야의 박사학위를 가진 사람
(2) 조교수 이상으로 2년 이상 재직한 사람
(3) 소방위 이상의 소방공무원
(4) 소방시설관리사
(5) 소방기술사

해답 ①

53 스프링클러설비 또는 물분무등소화설비가 설치된 연면적 5000m² 이상인 특정소방대상물(위험물제조소 등은 제외한다.)에 대한 종합점검을 할 수 있는 자격자로서 옳지 않은 것은?

① 소방시설관리업자(소방시설관리사가 참여한 경우)
② 소방안전관리자로 선임된 소방기술사
③ 소방안전관리자로 선임된 소방시설관리사
④ 기계·전기분야를 함께 취득한 소방설비기사

해설 (소방시설법 시행규칙 제22조의 별표4)
1. 소방시설등 자체점검의 구분과 대상, 점검자의 자격, 횟수

점검 구분	점검 대상	점검자의 자격 (주된 인력)	비고
최초 점검	소방시설 등이 신설된 경우	• 등록된 관리사 • 선임된 관리사 또는 기술사	60일 이내
작동 점검	3급 대상물	• 관계인 • 선임된 관리사 또는 기술사 • 등록된 관리사 또는 특급점검자	연 1회 이상
	1급 또는 2급 대상물	• 등록된 관리사 • 선임된 관리사 또는 기술사	
종합 점검	(1) 스프링클러설비 설치 (2) 물분무등 소화설비 (호스릴방식 제외) 설치 연면적 5천m² 이상 (3) 단란주점영업과 유흥주점영업, 영화상영관·비디오물감상실업·복합영상물제공업, 노래연습장업, 산후조리업, 고시원업, 안마시술소의 영업장이 설치된 연면적이 2천m² 이상인 것 (4) 제연설비 설치 터널 (5) 공공기관 중 연면적 1,000m² 이상 옥내 또는 자동화재탐지설비 설치. 다만, 소방대 근무 공공기관은 제외	• 등록된 관리사 • 선임된 관리사 또는 기술사	연 1회 이상 (특급 반기별 1회 이상)

2. 소방시설등의 자체점검 결과의 조치 등
 (1) "관리업자등"은 점검이 끝난 날부터 10일 이내에 보고서를 관계인에게 제출
 (2) 관계인은 점검이 끝난 날부터 15일 이내에 보고서에 이행계획서를 첨부하여 **소방본부장 또는 소방서장에게 보고**

해답 ④

54 제조소 등이 아닌 장소에서 지정수량 이상의 위험물을 취급할 수 있는데, 시·도의 조례가 정하는 바에 따라 관할소방서장의 승인을 받아 지정수량 이상의 위험물을 며칠이내의 기간 동안 임시로 저장 또는 취급할 수 있는가?

① 100일 이상 ② 60일 이상
③ 90일 이내 ④ 120일 이내

해설 **위험물법 제5조(위험물의 저장 및 취급의 제한)**
다음에 해당하는 경우에는 제조소등이 아닌 장소에서 지정수량 이상의 위험물을 취급할 수 있다.
① 시·도의 조례가 정하는 바에 따라 **관할소방서장의 승인**을 받아 지정수량 이상의 위험물을 **90일 이내의 기간 동안 임시로 저장 또는 취급**하는 경우
② **군부대**가 지정수량 이상의 위험물을 **군사목적**으로 **임시로 저장 또는 취급**하는 경우

해답 ③

55 화재안전조사 결과에 따른 조치명령으로 인하여 손실을 입은 자에 대한 손실보상에 관한 설명이다. 틀린 것은?

① 손실보상에 관하여는 소방청장 또는 시·도지사와 손실을 입은 자가 협의 하여야 한다.
② 보상금액에 관한 협의가 성립되지 아니한 경우에는 소방청장 또는 시·도지사는 그 보상금액을 지급하거나 공탁하고 이를 상대방에게 알려야 한다.
③ 소방청장 또는 시·도지사가 손실을 보상하는 경우에는 공시지가로 보상하여야 한다.
④ 보상금의 지급 또는 공탁의 통지에 불복이 있는 자는 지급 또는 공탁의 통지를 받은 날부터 30일 이내에 중앙토지수용위원회에 재결을 신청할 수 있다.

해설 **화재예방법 제14조(손실보상)**
① **소방청장 또는 시·도지사**가 손실을 보상하는 경우에는 **시가(時價)로 보상**해야 한다.
② 손실보상에 관하여는 **소방청장 또는 시·도지사**와 손실을 입은 자가 **협의**해야 한다.
③ **소방청장 또는 시·도지사**는 보상금액에 관한 협의가 성립되지 않은 경우에는 그 보상금액을 지급하거나 공탁하고 이를 상대방에게 알려야 한다.
④ 보상금의 지급 또는 공탁의 통지에 불복하는 자는 지급 또는 공탁의 통지를 받은 날부터 **30일 이내**에 중앙토지수용위원회 또는 관할 지방토지수용위원회에 **재결(裁決)을 신청**할 수 있다.

해답 ③

56 특정소방대상물에 소방안전관리자를 선임하지 아니한자에 대한 벌칙으로 옳은 것은?

① 300만원 이하의 벌금
② 500만원 이하의 벌금
③ 300만원 이하의 과태료
④ 500만원 이하의 과태료

해설 **화재예방법 제50조(벌칙) 300만원 이하의 벌금**
(1) 화재안전조사를 정당한 사유 없이 거부·방해 또는 기피한 자
(2) 명령을 정당한 사유 없이 따르지 아니하거나 방해한 자
(3) **소방안전관리자, 총괄소방안전관리자 또는 소방안전관리보조자를 선임하지 아니한 자**
(4) 소방시설·피난시설·방화시설 및 방화구획 등이 법령에 위반된 것을 발견하였음에도 필요한 조치를 할 것을 요구하지 아니한 소방안전관리자
(5) 소방안전관리자에게 불이익한 처우를 한 관계인
(6) 업무를 수행하면서 알게 된 비밀을 이 법에서 정한 목적 외의 용도로 사용하거나 다른 사람 또는 기관에 제공하거나 누설한 자

해답 ①

57 제2류 위험물에 속하는 것은?

① 질산염류 ② 황화인
③ 칼륨 ④ 알킬알루미늄

해설 제2류 위험물의 지정수량

성질	품 명	지정수량
가연성고체	황화인, 적린, 황	100kg
	철분, 금속분, 마그네슘	500kg
	인화성고체	1000kg

해답 ②

58 시·도지사가 이웃하는 다른 시·도지사와 소방업무에 관하여 상호응원협정을 체결하고자 하는 때에 포함되어야 하는 사항으로 틀린 것은?

① 화재의 경계·진압활동에 관한 사항
② 응원출동대상지역 및 규모에 관한 사항
③ 출동대원의 수당·식사 등의 소요경비 부담에 관한 사항
④ 지휘권의 범위에 관한 사항

해설 (기본법 시행규칙 제8조) 소방업무의 상호응원협정
(1) 소방활동에 관한 사항
(2) 응원출동대상 지역 및 규모
(3) 소요경비의 부담에 관한 사항
(4) 응원출동의 요청방법
(5) 응원출동 훈련 및 평가

해답 ④

59 방염성능기준 이상의 실내장식물 등을 설치하여야 하는 특정소방대상물에 속하지 않는 것은?

① 숙박시설
② 노유지시설
③ 11층 이상인 아파트
④ 종합병원

해설 (소방시설법 시행령 제30조)
방염성능기준 이상의 실내장식물 설치대상
(1) 근린생활시설 중 의원, 치과의원, 한의원, 조산원, 산후조리원, 체력단련장, 공연장 및 종교집회장
(2) 건축물의 옥내에 있는 시설
  ① 문화 및 집회시설
  ② 종교시설
  ③ 운동시설(수영장은 제외)
(3) 의료시설
(4) 교육연구시설 중 합숙소
(5) 노유자시설
(6) 숙박이 가능한 수련시설
(7) 숙박시설
(8) 방송통신시설 중 방송국 및 촬영소
(9) 다중이용업소
(10) 층수가 11층 이상인 것(아파트 등은 제외)

해답 ③

60 소방시설의 종류 중 경보설비가 아닌 것은?

① 비상방송설비 ② 누전경보기
③ 연결살수설비 ④ 자동화재속보설비

해설 (소방시설법 시행령 제3조의 별표 1)
소방시설의 종류 ★★★(필수암기)★★★

소방시설	종 류
소화설비	① 소화기구 ② 자동소화장치 ③ 옥내 ④ 옥외 ⑤ 스프링클러설비등 ⑥ 물분무등
경보설비	① 단독경보형 ② 비상경보 ③ 시각경보기 ④ 자동화재탐지 ⑤ 화재알림 ⑥ 비상방송 ⑦ 자동화재속보 ⑧ 통합감시 ⑨ 누전경보기 ⑩ 가스누설경보기
피난구조 설비	① 피난기구(피난사다리, 구조대, 완강기 등) ② 인명구조기구(방열복, 방화복, 공기호흡기, 인공소생기) ③ 유도등(피난유도선, 피난구유도등, 통로유도등, 객석유도등, 유도표지) ④ 비상조명등 및 휴대용비상조명등
소화 용수설비	① 상수도소화용수 ② 소화수조·저수조 그 밖의 소화용수
소화 활동설비	① 제연 ② 연결송수관 ③ 연결살수 ④ 비상콘센트 ⑤ 무선통신보조 ⑥ 연소방지

해답 ③

제4과목 소방기계시설의 구조 및 원리

61 어느 층에 있어서도 당해 층의 옥내소화전설비(설치개수가 2개 이상은 2개)를 동시에 사용할 경우 노즐선단의 방수 압력은 얼마 이상이어야 하는가?

① 0.1MPa ② 0.17MPa
③ 0.25MPa ④ 0.35MPa

해설 옥내소화전설비
① 노즐선단에서의 방수압력이 0.17MPa(호스릴 옥내소화전설비를 포함) 이상
② 방수량이 130L/min(호스릴옥내소화전설비를 포함) 이상.
다만, 하나의 옥내소화전을 사용하는 노즐선단에서의 방수압력이 0.7MPa을 초과할 경우에는 호스접결구의 인입 측에 감압장치를 설치

해답 ②

62 다음 중 일제개방형 스프링클러 소화설비에 대하여 적합하게 설명된 것은?

① 부착장소의 온도 제한이 필요하다.
② 헤드의 휴즈블링크에 의해서 작동된다.
③ 일정한 규정에 의하여 설치된 헤드에서 동시에 방수하는 형식이다.
④ 헤드의 입구까지 물이 충진되어 있다.

해설 스프링클러 설비의 종류에 따른 특징

	습식	건식	준비작동식	일제살수식
사용헤드	폐쇄형	폐쇄형	폐쇄형	개방형
1차측 배관	물	물	물	물
2차측 배관	물	압축 공기	대기압상태 (공기)	대기압 상태
감지기	불필요	불필요	필요	필요

해답 ③

63 소화기 설치시 전시시설에 설치하는 소화기산출방법이다. 다음의 산출방법 중 옳은 것은?

① (당해 용도의 바닥면적/50m^2)
  = 소화기 갯수
② (당해 용도의 바닥면적/100m^2)
  = 소화기구의 능력단위
③ (당해 용도의 바닥면적/25m^2)
  = 소화기 갯수
④ (당해 용도의 바닥면적/20m^2)
  = 소화기구의 능력단위

해설 소방대상물별 소화기구의 능력단위기준

소 방 대 상 물	소화기구의 능력단위
① 위락시설	30m^2 마다 1단위 이상
② 공연장·집회장·관람장·국가유산·장례식장 및 의료시설	50m^2 마다 1단위 이상
③ 근린생활시설·판매시설·운수시설·숙박시설·노유자시설·전시장·공동주택·업무시설·통신촬영시설·공장·창고시설·항공기 및 자동차관련시설 및 관광휴게시설	100m^2 마다 1단위 이상
④ 그 밖의 것	200m^2 마다 1단위 이상

(주) 소화기구의 능력단위를 산출함에 있어서 건축물의 주요구조부가 내화구조이고, 벽 및 반자의 실내에 면하는 부분이 불연재료·준불연재료 또는 난연재료로 된 소방대상물에 있어서는 위 표의 기준면적의 2배를 당해 소방대상물의 기준면적으로 한다.

해답 ②

64 구조대의 선정조건 중 적합하지 않은 것은?

① 안전하고 쉽게 사용할 수 있는 제품
② 연속으로 활강할 수 있는 제품
③ 설치하는 장소에 맞는 면밀한 설계에 의해 사용상 결함이 없는 경량으로 만든 제품
④ 강도, 기능보다 설치시간이 가장 짧은 제품

해설 경사하강식구조대의 구조기준
① 연속하여 활강할 수 있는 구조로 안전하고 쉽게 사용할 수 있어야 한다.
② 입구틀 및 고정틀의 입구는 **지름 60cm 이상의 구체가 통과 할 수 있어야 한다**.
③ 포지는 사용 시에 수직방향으로 현저하게 늘어나지 아니하여야 한다.
④ 포지, 지지틀, 고정틀 그 밖의 부속장치 등은 견고하게 부착되어야 한다.
⑤ 경사구조대 본체는 강하방향으로 봉합부가 설

치되지 않아야 한다.
⑥ 경사구조대 본체의 활강부는 낙하방지를 위해 포를 이중 구조로 하거나 또는 망목의 변의 길이가 **8cm 이하인 망**을 설치하여야 한다.
⑦ 본체의 포지는 하부지지장치에 인장력이 균등하게 걸리도록 부착하여야 하며 하부지지장치는 쉽게 조작할 수 있어야 한다.
⑧ **손잡이**는 출구부근에 **좌우 각3개 이상** 균일한 간격으로 견고하게 부착하여야 한다.
⑨ 경사구조대 본체의 끝부분에는 **길이 4m 이상**, **지름 4mm 이상의 유도선**을 부착하여야 하며, 유도선 끝에는 **중량 3뉴턴(N) 이상의 모래주머니** 등을 설치하여야 한다.
⑩ 땅에 닿을 때 충격을 받는 부분에는 완충장치로서 받침포 등을 부착하여야 한다.

해답 ④

65 완강기의 구성요소를 크게 3가지로 분류할 수 있다. 다음 중 완강기의 구성요소가 아닌 것은?

① 속도 조절기   ② 로프
③ 벨트 및 후크   ④ 보호망

해설 **완강기의 구성부품**
① 속도조절기(조속기)
② 속도조절기의 연결부(후크)
③ 로프
④ 연결금속구
⑤ 벨트

해답 ④

66 스프링클러설비의 구성에서 옥내소화전설비와 같은 것은?

① 방수방법
② 가압송수방법
③ 감지기를 이용한 작동
④ 일제개방밸브 사용

해설 **스프링클러설비와 옥내소화전설비**
모두 수계소화설비로서 가압송수장치(펌프등)가 공통적으로 필요하다.

해답 ②

67 다음 중 이산화탄소 소화설비 제어반과 관련된 기능이 아닌 것은?

① 음향 경보의 발령
② 소화약제의 방출
③ 펌프의 작동
④ 소화약제의 방출 지연

해설 **이산화탄소소화설비의 제어반**
제어반은 수동기동장치 또는 화재감지기에서의 신호를 수신하여 **음향경보장치의 작동**, **소화약제의 방출** 또는 **지연** 등 기타의 제어기능을 가진 것으로 하고, 제어반에는 전원표시등을 설치할 것

해답 ③

68 분말 소화설비의 소화약제 중 차고 또는 주차장에 설치할 수 있는 것은 제 몇 종 분말소화약제인가?

① 1   ② 2
③ 3   ④ 4

해설 **저장용기의 충전비**(L/kg)

종별	주성분	화학식	충전비
제1종	탄산수소나트륨	$NaHCO_3$	0.80 이상
제2종	탄산수소칼륨	$KHCO_3$	1.00 이상
제3종	제1인산암모늄	$NH_4H_2PO_4$	1.00 이상
제4종	탄산수소칼륨과 요소	$KHCO_3+(NH_2)_2CO$	1.25 이상

※ 차고 주차장에는 제3종 분말약제를 사용

해답 ③

69 스프링클러 헤드(폐쇄형)를 보일러실에 설치하고자 할 경우 헤드의 표시온도로서 옳은 것은?

① 보일러실의 평균 온도보다 높은 것을 선택한다.
② 보일러실의 최고 온도보다 낮은 것을 선택한다.
③ 보일러실의 최고 온도보다 높은 것을 선택한다.
④ 보일러실의 평균 온도의 것을 선택한다.

해설 폐쇄형 헤드의 표시온도

설치장소의 최고 주위온도	표 시 온 도
39℃ 미만	79℃ 미만
39℃ 이상 64℃ 미만	79℃ 이상 121℃ 미만
64℃ 이상 106℃ 미만	121℃ 이상 162℃ 미만
106℃ 이상	162℃ 이상

- 표시온도 : 화재시 폐쇄형헤드가 작동하는 온도
- 폐쇄형스프링클러헤드는 그 설치장소의 평상시 최고 주위온도에 따라 표에 따른 표시온도의 것으로 설치해야 한다. 다만, **높이가 4m 이상인 공장**에 설치하는 스프링클러헤드는 그 설치장소의 평상시 최고 주위온도에 관계없이 표시온도 **121℃ 이상**의 것으로 할 수 있다.

해답 ③

70 물분무소화설비에 대한 설명이다. 옳은 것은?

① 스프링클러설비와 비교하여 다량의 물로 소화한다.
② 물을 소화제로 사용하므로 전기설비나 알코올과 같은 화재에 부적절하다.
③ 열기의 차폐 및 확대방지 등에 유용하게 사용할 수 있다.
④ 입경이 적어 가벼우므로 도달거리가 길다.

해설 물분무소화설비
① 스프링클러설비와 비교하여 소량의 물로 소화한다.
② 물을 분무상태로 사용하므로 전기설비나 알코올화재에 적합하다.
③ 열기의 차폐 및 확대방지등에 유용하게 사용할 수 있다.
④ 압력이 높으나 가벼우므로 도달거리가 짧다.

해답 ③

71 물분무소화설비 수원의 저수량 기준에 적합하지 않은 것은?

① 콘베이어벨트 등에 있어서는 벨트부분의 바닥면적 1m²에 대하여 10L/min로 20분간 방수할 수 있는 양 이상으로 할 것
② 특수가연물을 저장 또는 취급하는 소방대상물 또는 그 부분에 있어서 그 바닥면적(최대방수구역의 바닥면적을 기준으로 하며, 50m² 이하인 경우에는 50m²) 1m²에 대하여 10L/min로 20분간 방수할 수 있는 양 이상으로 할 것
③ 차고에 있어서는 그 바닥면적(최대방수구역의 바닥면적을 기준으로 하며, 50m² 이하인 경우에는 50m²) 1m²에 대하여 20L/min로 20분간 방수할 수 있는 양 이상으로 할 것
④ 주차장에 있어서는 그 바닥면적(50m²를 초과할 경우에는 50m²) 1m²에 대하여 10L/min로 20분간 방수할 수 있는 양 이상으로 할 것

해설 물분무설비의 수원의 양

소방대상물	펌프의 토출량(L/분)
특수가연물 저장, 취급	바닥면적(m²)(최대방수구역기준 최소 50 m²)×10L/m²·분×20min
차고, 주차장	바닥면적(m²)(최대방수구역기준 최소 50 m²)×20L/m²·분×20min
절연유 봉입 변압기	표면적(바닥부분제외)(m²)×10L/m²·분×20min
케이블 트레이, 닥트	투영된 바닥면적(m²)×12L/m²·분×20min
콘베이어벨트 등	벨트부분의 바닥면적(m²)×10L/m²·분×20min

해답 ④

72 부상지붕구조(플루팅루프) 탱크에 설치하는 고정포 방출구는?

① 특형 ② Ⅰ형
③ Ⅱ형 ④ Ⅲ형

해설 위험물 옥외탱크 고정포 방출구 설치

탱크의 종류	포방출구
콘루프탱크 (고정 지붕구조)	Ⅰ형 방출구, Ⅱ형 방출구 또는 Ⅲ형 방출구, Ⅳ형 방출구
플루팅루프탱크 (부상식 지붕구조)	특형 방출구

해답 ①

73 분말 소화설비 저장용기의 충전비는 얼마 이상으로 하여야 하는가?

① 0.6　　　　　② 0.7
③ 0.8　　　　　④ 0.9

해설 저장용기의 충전비(L/kg)

종별	주성분	화학식	충전비
제1종	탄산수소나트륨	$NaHCO_3$	0.80 이상
제2종	탄산수소칼륨	$KHCO_3$	1.00 이상
제3종	제1인산암모늄	$NH_4H_2PO_4$	1.00 이상
제4종	탄산수소칼륨과 요소	$KHCO_3+(NH_2)_2CO$	1.25 이상

※ 차고 주차장에는 제3종 분말약제를 사용

해답 ③

74 대형소화기의 능력단위를 바르게 설명한 것은?

① A급 5단위 이상, B급 10단위 이상
② A급 10단위 이상, B급 15단위 이상
③ A급 10단위 이상, B급 20단위 이상
④ A급 20단위 이상, B급 30단위 이상

해설 소화기의 능력단위 및 보행거리

구 분	소형소화기	대형소화기
능력단위	1단위 이상 대형소화기 능력단위 미만	① A급 10단위 이상 ② B급 20단위 이상
보행거리	20m 이내	30m 이내

대형 소화기의 기준 ★★★★★

소화기의 종류	소화약제 충전량
물 소화기	80L 이상
포 소화기	20L 이상
강화액 소화기	60L 이상
할로겐화합물 소화기	30kg 이상
이산화탄소 소화기	50kg 이상
분말 소화기	20kg 이상

[쉬운 암기법] 포강물(2,6,8) 분할탄(2,3,5)

해답 ③

75 전역방출 방식의 고발포용 고정포방출구는 바닥면적 얼마마다 1개 이상 설치하는가?

① 500m^2　　　② 400m^2
③ 600m^2　　　④ 300m^2

해설 전역방출방식 고발포용 고정포방출구
① 개구부에 자동폐쇄장치를 설치

② 방호구역의 관포체적 1m^3에 대한 1분당 포 수용액 방출량은 소방대상물 및 포의 팽창비에 따라 다르다
③ 바닥면적 500m^2마다 1개 이상으로 하여 방호대상물의 화재를 유효하게 소화할 수 있도록 할 것
④ 방호대상물의 최고 부분보다 높은 위치에 설치

해답 ①

76 연결송수관 설비에서 가압송수 장치를 하여야 하는 소방대상물의 높이는 얼마인가?

① 50m 이상　　　② 31m 이상
③ 70m 이상　　　④ 100m 이상

해설 연결송수관설비의 가압송수장치
① 지표면에서 최상층 방수구의 **높이가 70m 이상**에 설치
② 펌프의 토출량은 2,400L/min(계단식 아파트 : 1,200L/min) 이상이 되는 것으로 할 것. 다만, 해당 층에 설치된 방수구가 3개를 초과(방수구가 **5개 이상**인 경우에는 5개)하는 것에 있어서는 1개마다 800 L/min(계단식 아파트 : 400L/min)를 가산한 양이 되는 것으로 할 것
③ 펌프의 양정은 최상층에 설치된 노즐선단의 압력이 **0.35MPa 이상**의 압력이 되도록 할 것

해답 ③

77 할론 1301을 국소방출방식으로 방사할 때 분사헤드의 방사압력은 몇 MPa 이상인가?

① 0.1　　　② 0.2
③ 0.9　　　④ 1.05

해설 할론 분사헤드의 방사압력 및 방출시간

종 류	분사헤드 방사압력	방출시간
할론2402	0.1 MPa 이상	10초 이내
할론1211	0.2 MPa 이상	
할론1301	0.9 MPa 이상	

해답 ③

78 연결송수관설비의 방수구 구경은 얼마의 것으로 사용하여야 하는가?

① 40mm　　② 50mm
③ 100mm　　④ 65mm

해설 **연결송수관설비의 설치 기준**
1. 송수구 설치기준
   (1) 연결송수관의 수직배관마다 1개 이상을 설치
   (2) 송수구의 부근에 자동배수밸브 또는 체크밸브 설치순서
      ㉮ 습식 : 송수구 → 자동배수밸브 → 체크밸브(송자체)
      ㉯ 건식 : 송수구 → 자동배수밸브 → 체크밸브 → 자동배수밸브(송자체자)
2. 배관 설치기준
   (1) 주배관의 구경은 100mm 이상
   (2) 지면으로부터의 높이가 31m 이상인 소방대상물 또는 지상 11층 이상인 소방대상물에 있어서는 습식설비로 할 것
3. 방수구 설치기준
   (1) 방수구는 그 소방대상물의 층마다 설치
   (2) 11층 이상의 방수구는 쌍구형
   (3) 방수구의 호스 접결구 설치위치 바닥으로부터 높이 0.5m 이상 1m 이하
   (4) 방수구의 구경 : 65mm의 것
   (5) 방수구는 개폐기능을 가진 것으로 할 것

해답 ④

79 1개층의 거실면적이 400m²이고 복도면적이 300m²인 소방대상물에 제연설비를 설치할 경우, 제연구역은 최소 몇 개로 할 수 있는가?

① 1개　　② 2개
③ 3개　　④ 4개

해설 **제연구역의 개수 계산**

거실 $N = \dfrac{400\text{m}^2}{1000\text{m}^2} = 0.4$ ∴ 1구역

복도 $N = \dfrac{300\text{m}^2}{1000\text{m}^2} = 0.3$ ∴ 1구역

$N_T = 1 + 1 = 2$구역

해답 ②

80 제연설비의 설치장소에 있어서 하나의 제연구역은 직경 몇 m의 원내에 들어갈 수 있어야 하는가?

① 25　　② 30
③ 35　　④ 60

해설 **제연구역 구획기준**
① 하나의 제연구역의 면적은 1000m² 이내
② 거실과 통로는 각각 제연구획
③ 통로상의 제연구역은 보행 중심선으로 길이가 60m를 초과하지 아니할 것
④ 하나의 제연구역은 **직경 60m 원내**에 들어갈 수 있을 것
⑤ 하나의 제연구역은 2개 이상의 층에 미치지 않도록 할 것

해답 ④

소방설비산업기사 - 기계분야
2025년 8월 CBT 시행

본 문제는 CBT시험대비 기출문제 복원입니다.

제1과목 소방원론

01 연소의 3요소에 해당하지 않는 것은?

① 점화원 ② 가연물
③ 산소 ④ 촉매

해설 연소의 3요소와 4요소
① 연소의 3요소
　가연물+산소+점화원
② 연소의 4요소
　가연물+산소+점화원+순조로운 연쇄반응

해답 ④

02 소화(消火)를 하기 위한 방법으로 틀린 것은?

① 산소의 농도를 낮추어 준다.
② 가연성 물질을 냉각시킨다.
③ 가열원을 계속 공급한다.
④ 연쇄반응을 억제한다.

해설 소화방법
① 산소의 농도를 낮추어 질식소화한다.
② 가연성물질을 냉각하여 냉각소화한다.
③ 가열원을 제거하여 제거소화한다.
④ 연쇄반응을 억제하여 억제소화(부촉매소화)한다.

해답 ③

03 위험물안전관리법령상 제1류 위험물의 성질을 옳게 나타낸 것은?

① 가연성 고체 ② 산화성 고체
③ 인화성 액체 ④ 자연발화성 물질

해설 위험물의 분류 및 성질

유별	성질
제1류	산화성고체
제2류	가연성고체
제3류	자연발화성 및 금수성
제4류	인화성액체
제5류	자기반응성
제6류	산화성액체

해답 ②

04 질소가 가연물이 될 수 없는 이유를 가장 옳게 설명한 것은?

① 산화반응 시 흡열반응을 하기 때문에
② 연소 시 화염이 없기 때문에
③ 산소와 반응하지 않기 때문에
④ 산화반응 시 발열반응을 하기 때문에

해설 가연물이 될 수 없는 조건
① 산화반응이 완전히 끝난 물질
　(H_2O, CO_2, $NaHCO_3$, $KHCO_3$ 등)
② 질소 또는 질소산화물
　(질소는 산화반응을 하지만 흡열반응을 한다.)
　$N_2 + \frac{1}{2}O_2 \rightarrow N_2O - 19.5 kcal$
③ 주기율표상 0족 원소(불활성 기체)
　He(헬륨), Ne(네온), Ar(아르곤), Kr(크립톤), Xe(크세논), Rn(라돈)

해답 ①

05 화재종류 중 A급 화재에 속하지 않는 것은?

① 목재화재 ② 섬유화재
③ 종이화재 ④ 금속화재

해설 ① 목재화재-일반화재-A급
② 섬유화재-일반화재-A급

③ 종이화재-일반화재-A급
④ 금속화재-금속화재-D급
※ A급 화재 : 연소 후 재를 남기는 화재

화재의 분류 ★★★★★

종류	등급	색표시	주된 소화 방법
일반화재	A급	백색	냉각소화
유류 및 가스 화재	B급	황색	질식소화
전기화재	C급	청색	질식소화
금속화재	D급	—	피복소화
주방화재	K급	—	냉각 및 질식소화

해답 ④

06 등유 또는 경유 화재에 해당하는 것은?

① A급 화재　　② B급 화재
③ C급 화재　　④ D급 화재

해설 **등유 또는 경유**
① 제4류-제2석유류에 해당
② 석유류 계통으로 인화성액체
③ 유류화재이므로 B급 화재에 해당

해답 ②

07 내화구조의 기준에서 바닥의 경우 철근콘크리트조로서 두께가 몇 cm 이상인 것이 내화구조에 해당하는가?

① 3　　② 5
③ 10　　④ 15

해설 **내화구조 기준**

주요 구조부	내화구조 기준
벽	① 철근 콘크리트조 또는 철골 철근 콘크리트조로 두께가 10cm 이상인 것 ② 골구를 철골조로 하고 그 양면을 두께 4cm 이상의 철망 모르타르 또는 두께 5cm 이상의 콘크리트 블록, 벽돌 또는 석재로 덮은 것 ③ 철재로 보강된 콘크리트 블록조, 벽돌조, 또는 석조로서 철재에 덮은 콘크리트 블록 등의 두께가 5cm 이상인 것. ④ 벽돌조로서 두께가 19cm 이상인 것.
바닥	① 철근콘크리트조 또는 철골·철근콘크리트조로서 두께가 10cm 이상 ② 철재로 보강된 콘크리트블록조·벽돌조 또는 석조로서 철재에 덮은 두께가 5cm이상 ③ 철재의 양면을 두께 5cm 이상의 철망모르타르 또는 콘크리트로 덮은 것

해답 ③

08 적린의 착화온도는 약 몇 ℃인가?

① 34　　② 157
③ 180　　④ 260

해설 **적린(P) : 제2류 위험물(가연성 고체)**
① 황린의 동소체이며 황린보다 안정하다.
② 공기 중에서 자연발화하지 않는다.
　(발화점 : 260℃, 승화점 : 460℃)
③ 황린을 공기차단상태에서 260℃로 가열, 냉각 시 적린으로 변한다.
④ 성냥, 불꽃놀이 등에 이용된다.
⑤ 연소 시 오산화인(P_2O_5)이 생성된다.
　$4P + 5O_2 \rightarrow 2P_2O_5$(오산화인)
⑥ 산화제와 혼합하면 착화한다.

시험에 자주 출제되는 착화온도
① 적린 : 260℃
② 황린 : 50℃
③ 이황화탄소 : 100℃

해답 ④

09 이황화탄소 연소 시 발생하는 유독성의 가스는?

① 황화수소　　② 이산화질소
③ 아세트산가스　　④ 아황산가스

해설 **이황화탄소(CS_2) : 제4류 위험물 중 특수인화물**
① 무색 투명한 액체이다.
② 증기비중(76/29 = 2.62)은 공기보다 무겁다.
③ 연소 시 아황산가스(SO_2) 및 CO_2를 생성한다.
　$CS_2 + 3O_2 \rightarrow CO_2 + 2SO_2$(이산화황=아황산)
④ 저장 시 저장탱크를 물속에 넣어 가연성증기의 발생을 억제한다.

해답 ④

10 유류화재 시 주수소화하게 되면 소화약제인 물이 갑작스럽게 증기화되면서 화재면을 확대시키는 현상은?

① boil over　　② flash over
③ slop over　　④ froth over

해설 유류저장탱크의 화재 발생현상

① 보일오버 ② 슬롭오버 ③ 프로스오버

★★★ 요점정리 (필수 암기) ★★★

- 보일 오버 (boil over)
  탱크 바닥의 물이 비등하여 유류가 연소하면서 분출
- 슬롭 오버 (slop over)
  물이 연소유 표면으로 들어갈 때 유류가 연소하면서 분출
- 프로스 오버 (froth over)
  탱크 바닥의 물이 비등하여 유류가 연소하지 않고 분출
- 블레비 (BLEVE)
  액화가스 저장탱크 폭발현상

해답 ③

11 다음 중 물의 소화효과로 가장 거리가 먼 것은?

① 냉각효과 ② 질식효과
③ 유화효과 ④ 부촉매효과

해설 물분무(안개모양)소화설비의 소화효과

① 냉각효과 ② 질식효과
③ 희석효과 ④ 유화(에멀전)효과

소화원리

① 냉각소화 : 가연성 물질을 발화점 이하로 온도를 냉각

물이 소화약제로 사용되는 이유
• 물의 기화열(539kcal/kg)이 크기 때문
• 물의 비열(1kcal/kg℃)이 크기 때문

② 질식소화 : 산소농도를 21%에서 15% 이하로 감소

질식소화 시 산소의 유지농도 : 10~15%

③ 억제소화(부촉매소화, 화학적소화) : 연쇄반응을 억제
- 부촉매 : 화학적 반응의 속도를 느리게 하는 것
- 부촉매 효과 : 할론소화약제
  (할로젠족원소 : 플루오린(F), 염소(Cl), 브로민(Br), 아이오딘(I))

④ 제거소화 : 가연성물질을 제거시켜 소화
- 산불이 발생하면 화재의 진행방향을 앞질러 벌목
- 화학반응기의 화재 시 원료공급관의 밸브를 폐쇄
- 유전화재 시 폭약으로 폭풍을 일으켜 화염을 제거
- 촛불을 입김으로 불어 화염을 제거

⑤ 피복소화 : 가연물 주위를 공기와 차단
⑥ 희석소화 : 알콜, 아세톤 등 수용성인 인화성액체 화재 시 물을 방사하여 가연물의 연소농도를 희석
⑦ 유화소화(에멀젼소화) : 제4류 위험물 중 물에 녹지 않는 인화성액체의 유류화재 시 물분무로 방사하여 액체표면에 불연성의 유막을 형성하여 소화

해답 ④

12 질산에 대한 설명으로 틀린 것은?

① 부식성이 있다.
② 불연성 물질이다.
③ 산화제이다.
④ 산화되기 쉬운 물질이다.

해설 ① 산화제 : 환원되기 쉬운 물질(산소를 방출하기 쉬운 물질)
② 환원제 : 산화되기 쉬운 물질(산소를 얻기 쉬운 물질)

질산(HNO_3) : 제6류 위험물(산화성 액체)
① 무색의 발연성 액체이며 환원되기 쉬운 물질이다.
② 빛에 의하여 일부 분해되어 생긴 NO_2 때문에 황갈색으로 된다.

$$4HNO_3 \rightarrow 2H_2O + 4NO_2 \uparrow (이산화질소) + O_2 \uparrow (산소)$$

크산토프로테인반응(xanthoprotenic reaction)
단백질에 진한질산을 가하면 노란색으로 변하고 알칼리를 작용시키면 오렌지색으로 변하며, 단백질 검출에 이용된다.

해답 ④

13 목탄의 주된 연소형태에 해당하는 것은?

① 자기연소 ② 표면연소
③ 증발연소 ④ 확산연소

해설 연소의 형태 ★자주출제(필수암기)★

① 표면연소 : 숯, 코크스, 목탄, 금속분
② 증발 연소 : 파라핀(양초), 황, 나프탈렌, 왁스, 휘발유, 등유, 경유, 아세톤 등 제4류 위험물
③ 분해연소 : 석탄, 목재, 플라스틱, 종이, 합성수지, 중유
④ 자기연소(내부연소) : 질화면(나이트로셀룰로

오스), 셀룰로이드, 나이트로글리세린 등 제5류 위험물
⑤ 확산연소 : 아세틸렌, LPG, LNG 등 가연성 기체
⑥ 불꽃연소+표면연소 : 목재, 종이, 셀룰로오스, 열경화성수지

해답 ②

14 다음 물질의 연소 중 자기연소에 해당하는 것은?

① 목탄　　　　　② 종이
③ 황　　　　　　④ TNT

해설 **자기연소**(내부연소)
TNT(Tri Nitro Toluene), 질화면(나이트로셀룰로오스), 셀룰로이드, 나이트로글리세린등 제5류 위험물

트라이나이트로톨루엔[$C_6H_2CH_3(NO_2)_3$] : 제5류 위험물 중 나이트로화합물
톨루엔($C_6H_5CH_3$)의 수소원자(H)를 나이트로기($-NO_2$)로 치환한 것
① 물에는 녹지 않고 알코올, 아세톤, 벤젠에 녹는다.
② Tri Nitro Toluene의 약자로 TNT라고도 한다.
③ 담황색의 주상결정이며 햇빛에 다갈색으로 변색된다.
④ 강력한 폭약이며 급격한 타격에 폭발한다.

$2C_6H_2CH_3(NO_2)_3 \rightarrow 2C+12CO+3N_2\uparrow +5H_2\uparrow$

해답 ④

15 불연성 기체나 고체 등으로 연소물을 감싸서 산소 공급을 차단하는 소화의 원리는?

① 냉각소화　　　② 제거소화
③ 희석소화　　　④ 질식소화

해설 **질식소화**
① 산소농도를 21% → 15% 이하로 감소
② 연소물을 감싸서 산소공급차단
질식소화 시 산소의 유지농도 : 10~15%

해답 ④

16 화재 시 발생할 수 있는 유해한 가스로 혈액 중의 산소운반 물질인 헤모글로빈과 결합하여 헤모글로빈에 의한 산소 운반을 방해하는 작용을 하는 것은?

① CO　　　　　② CO_2
③ H_2　　　　　④ H_2O

해설 **연소 시 발생하는 각종 가스**
★★ 매회 출제 (필수 암기) ★★
① 일산화탄소(CO)
　• 인명피해가 가장 크다. ★
　• 피 속의 헤모글로빈과 결합 산소운반 방해 ★
② 이산화탄소(CO_2)
　자체의 독성은 없고 많은 양을 흡입 시 질식사
③ 아황산가스(SO_2)
　황 함유 물질이 완전 연소 시 발생
④ 황화수소(H_2S)
　황 함유 물질이 불완전 연소 시 발생
⑤ 아크로레인(CH_2CHCHO)
　석유제품, 유지류 연소 시 발생
⑥ 포스겐($COCl_2$)
　독성이 가장 크다.

해답 ①

17 일반적인 열의 전달형태가 아닌 것은?

① 전도　　　　　② 분해
③ 대류　　　　　④ 복사

해설 **열전달의 방법**
① 전도(Conduction)
　물체와 물체가 **직접 접촉**하여 열이 전달
② 대류(Convection)
　밀도차에 의한 **공기의 순환**으로 열이 전달
② 복사(Radiation)
　고온물체의 복사열이 **전자파형태**로 열이 전달
※ 열전달에 가장 크게 기여하는 것은 복사이다.

해답 ②

18 프로판가스의 특성에 대한 설명으로 옳은 것은?

① 누출된 프로판가스는 공기보다 가벼워 천장에 모인다.

② 가스비중은 약 0.5이다.
③ 연소범위는 약 2.1~9.5Vol%이다.
④ 프로판 가스는 LNG의 주성분이다.

해설

1. 프로판(C_3H_8)가스
   ① 프로판가스는 공기보다 무겁다.
   ② 가스비중은 약 1.5이다.
   ③ 연소범위는 2.1~9.5%이다.
   ④ 프로판가스는 LPG의 주성분이다.
2. LPG(액화석유가스)
   ① 주성분 : 프로판(C_3H_8), 부탄(C_4H_{10})
   ② 증기비중 : 1.5~2.5
   ③ 누출 시 바닥에 체류한다.
3. LNG(액화천연가스)
   ① 주성분 : 메탄(CH_4)
   ② 증기비중 : 0.55
   ③ 누출 시 천장에 체류한다.

해답 ③

19 270℃에서 제1종 분말 소화약제의 열분해 반응식은?

① $2NaHCO_3 + 열 \rightarrow Na_2CO_3 + CO_2 + H_2O$
② $2NaHCO_3 + 열 \rightarrow 2NaCO_3 + H_2$
③ $2KHCO_3 + 열 \rightarrow K_2CO_3 + CO_2 + H_2O$
④ $2KHCO_3 + 열 \rightarrow K_2C + 2CO_2 + H_2O$

해설 분말약제의 열분해

종별	약제명	착색	열분해 반응식
제1종	탄산수소나트륨 중탄산나트륨 중조	백색	1차 : 270℃ $2NaHCO_3$ 　$\rightarrow Na_2CO_3 + CO_2 + H_2O$ 2차 : 850℃ $2NaHCO_3$ 　$\rightarrow Na_2O + 2CO_2 + H_2O$
제2종	탄산수소칼륨 중탄산칼륨	담회색	1차 : 190℃ $2KHCO_3$ 　$\rightarrow K_2CO_3 + CO_2 + H_2O$ 2차 : 590℃ $2KHCO_3$ 　$\rightarrow K_2O + 2CO_2 + H_2O$
제3종	제1인산암모늄	담홍색	$NH_4H_2PO_4$ 　$\rightarrow HPO_3 + NH_3 + H_2O$
제4종	중탄산칼륨 +요소	회(백)색	$2KHCO_3 + (NH_2)_2CO$ 　$\rightarrow K_2CO_3 + 2NH_3 + 2CO_2$

해답 ①

20 백 드래프트(back draft)에 관한 설명으로 가장 거리가 먼 것은?

① 공기가 지속적으로 원활하게 공급되는 경우에는 발생 가능성이 낮다.
② 내화조건물의 화재 초기에 주로 발생한다.
③ 새로운 공기가 공급되면 화염이 숨 쉬듯이 분출되는 현상이다.
④ 화재진압 과정에서 갑작스러운 폭발의 위험이 있다.

해설

① **플래쉬 오버(flash over)현상**
  화재 시 발생한 가연성가스가 건물 내 상층부에 체류하다가 연소범위 내 농도가 되면 착화하여 화염으로 쌓이고 상층부의 열이 축적되어 축적된 열이 실내에 복사열로 방출되어 실내가 화염으로 덮이는 현상
  - 플래쉬 오버 발생시기 : 성장기
  - 주요 발생 원인 : 열의 공급

② **백 드래프트(Back Draft) 현상**
  화재시 가연성가스가 축적되어 있다가 신선한 공기가 유입되면 폭발적 연소와 함께 폭풍을 동반하며 화염이 외부로 분출되는 현상
  - 백 드래프트 발생 시기 : 감쇠기
  - 주요 발생 원인 : 산소의 공급

해답 ②

제2과목　소방유체역학

21 대기압 101kPa인 곳에서 측정된 진공압력이 7kPa일 때, 절대압력은 몇 kPa인가?

① -7　　② 7
③ 94　　④ 108

해설 절대압

> 절대압력 = 대기압 + 게이지압(계기압력)
> 절대압력 = 대기압 - 진공압

절대압력 = 101kPa - 7kPa = 94kPa

해답 ③

22 수평면과 45°경사를 갖는 지름 250mm인 원관의 위쪽 출구방향으로 유출하는 물 제트의 유출속도가 9.8m/s라고 한다면 출구로부터의 물 제트의 최고 수직상승 높이는 약 몇 m인가? (단, 공기의 저항은 무시한다.)

① 2.45　　② 3
③ 3.45　　④ 4.45

해설 물 제트의 수직상승높이

$$H = \frac{(V\sin\theta)^2}{2g}$$

여기서, H : 수직상승높이(m)
　　　V : 물제트 유출속도(m/s)
　　　θ : 수평면과의 각도
　　　g : 중력가속도(9.8m/s^2)

$$H = \frac{(9.8 \times \sin 45°)^2}{2 \times 9.8} = 2.45\text{m}$$

해답 ①

23 그림과 같이 관에 시차압력계를 설치하였을 때 점 A에서의 유속은 약 몇 m/s인가? (단, 시차압력계 내부의 유체는 비중 13.6인 수은이고, 관 속을 흐르는 유체는 물이다.)

① 4.28　　② 6.09
③ 7.03　　④ 10.5

해설 시차압력계(정압관)의 유속

$$u = C\sqrt{2gR\left(\frac{S_0}{S}-1\right)}$$

여기서, U : 유속(m/s)
　　　C : 보정계수
　　　g : 중력가속도(m/s^2)
　　　S : 관속 유체의 비중
　　　S_0 : 시차압력계내부 유체비중

① C는 조건에 없으므로 무시한다.
② $R = 150\text{mm} = 0.15\text{m}$, S=물(1), $S_0 = 13.6$
③ $u = \sqrt{2 \times 9.8 \times 0.15 \times \left(\frac{13.6}{1}-1\right)} = 6.09\text{m/s}$

해답 ②

24 분자량이 4이고 비열비가 1.67인 이상기체의 정압비열은 몇 kJ/kmol·K인가? (단, 이상기체의 일반기체상수는 8.314kJ/kmol·K이다.)

① 3.10　　② 4.72
③ 5.18　　④ 6.75

해설 ① 정적비열과 기체상수

$$C_V = \frac{R(\text{기체상수})}{(k-1)M}$$

$$C_V = \frac{8.314}{(1.67-1) \times 4} = 3.10\text{kJ/kmol·K}$$

② 비열비

$$\text{비열비}(k) = \frac{C_P(\text{정압비율})}{C_v(\text{정적비열})} > 1$$

※ 비열비는 항상 1보다 크다.

③ $k = \dfrac{C_P}{C_V}$ 식에 대입 $1.67 = \dfrac{C_P}{3.10}$

④ $C_P = 1.67 \times 3.10 = 5.18$

해답 ③

25 유체의 일반적인 성질로 보기 어려운 것은?

① 변형이 쉽고 정해진 형체가 없다.
② 전단응력을 받으면 연속적으로 변형한다.
③ 정지하였을 때의 전단응력이 운동할 때보다 크다.
④ 일반적으로 압력을 올리면 밀도가 커진다.

해설 유체의 일반적 성질
① 변형이 쉽고 정해진 형체가 없다.
② 전단응력을 받으면 연속적으로 변형한다.
③ 정지하였을 때의 전단응력은 0이다.
④ 일반적으로 압력을 올리면 밀도는 작아진다.

해답 ③

26 너비 2m, 높이 4m인 직사각형 수문이 수면과 수직으로 놓여있다. 수문 위 끝이 수면 아래 2m 지점에 있다면 이 수문에 가해지는 압력중심은 수면으로부터 약 몇 m 지점인가? (단, 대기압은 무시한다.)

① 3.67　② 3.97
③ 4.33　④ 5.55

해설 수문에 가해지는 압력의 중심

$$y_p = \frac{I_c}{yA} + \bar{y}$$

여기서, y_p : 압력의 중심
I_c : 도심에 관한 단면 2차 관성모멘트
$\bar{y}$: 면적의 도심
A : 단면적(너비×높이)

① $A = 2 \times 4 = 8m^2$, $\bar{y} = 2m + \frac{4m}{2} = 4m$

② $I_c = \frac{너비 \times 높이^3}{12}$

$y_p = \frac{I_c}{yA} + \bar{y} = \frac{\frac{2 \times 4^3}{12}}{4 \times 8} + 4 = 4.33m$

해답 ③

27 유속이 2m/s 유로에 설치된 부차적 손실계수(K_L)가 6인 밸브에서의 수두손실은 약 얼마인가?

① 0.523m　② 0.876m
③ 1.024m　④ 1.224m

해설 배관마찰손실수두 및 상당길이

$$\Delta H = K\frac{u^2}{2g} \qquad \Delta H = f \times \frac{l}{D} \times \frac{u^2}{2g}$$

$\Delta H = 6 \times \frac{2^2}{2 \times 9.8} = 1.224m$

해답 ④

28 성능이 같은 2대의 펌프를 직렬로 설치했을 경우, 손실을 무시하면 전 토출량은 어떻게 되겠는가? (단, 1대의 펌프 유량을 Q라 한다.)

① $0.5Q$　② $1Q$
③ $1.5Q$　④ $2Q$

해설 펌프의 직·병렬 운전

운전방법	토출양정(H)	토출량(Q)
직렬운전	2H	Q
병렬운전	H	2Q

해답 ②

29 캐비테이션 방지법에 관한 설명으로 옳지 않은 것은?

① 회전차를 수중에 완전히 잠기게 한다.
② 양흡입 펌프보다는 단흡입 펌프를 사용한다.
③ 펌프의 회전수를 낮추어 흡입비속도를 작게 한다.
④ 펌프의 설치높이를 가능한 낮추어 유효흡입수두를 크게 한다.

해설 공동현상(캐비테이션) 방지대책
① 펌프의 설치위치를 수원보다 낮게 설치
② 펌프의 임펠러속도를 감속한다.
③ 펌프의 흡입측 수두 및 마찰손실을 작게 한다.
④ 펌프의 흡입관경을 크게 한다.
⑤ 양흡입펌프를 사용한다.

NPSH와 캐비테이션의 관계
① 캐비테이션 발생한계 : NPSHav=NPSHre
② 캐비테이션 방지 : NPSHav>NPSHre
③ 설계적응 기준 : NPSHav≧NPSHre×1.3

해답 ②

30 펌프의 축동력에 대한 설명으로 옳은 것은?

① 수동력을 펌프효율로 나눈 값
② 유체에 가한 에너지에서 수력손실을 뺀 값
③ 펌프로부터 유체가 얻어가지고 나가는 동력
④ 구동축에 가한 동력 중 유체에 실제로 전달된 동력

해설 펌프의 동력계산
① 수동력
$$L_W(\text{kW}) = \gamma Q H$$
[주의] 수동력 계산 시 펌프의 효율 및 전달계수 K값은 무시한다.

② 축동력
$$L_S(\text{kW}) = \frac{\gamma Q H}{E} = \frac{L_W}{E}$$
[주의] 축동력 계산 시 전달계수 K값은 무시한다.

③ 모터동력
$$P(\text{kW}) = \frac{\gamma Q H}{E} \times K$$

여기서, γ : 비중량(kN/m^3),
　　　　　물의 비중량 $= 9.8\text{kN/m}^3$
　　　　Q : 유량(m^3/s)
　　　　H : 전양정(m)
　　　　E : 펌프의 효율(%/100)
　　　　K : 전달계수

해답 ①

31 기체를 가역 단열적으로 압축시킬 때 체적탄성계수는? (단, ρ는 밀도, k는 비열비, P는 절대압력이다.)

① $\dfrac{P}{\rho}$　　　　② $\dfrac{1}{P}$
③ P　　　　④ kP

해설 체적탄성계수 K

등온압축	단열압축
$K = P$	$K = kP$

여기서, K : 체적탄성계수, P : 압력, k : 비열비

해답 ④

32 피스톤-실린더로 구성된 용기 안에 들어있는 실린더 내의 가스의 초기압력은 200kPa이고, 체적은 0.1m³이었다. 실린더 밑면을 가열하여 체적이 0.3m³로 변했을 때의 계에의하여 한 일은 얼마인가? (단, 가열과정은 일정한 압력 하에서 진행되었다.)

① 40W　　　　② 40kW
③ 40J　　　　④ 40kJ

해설 기체가 한 일
$$W = P\Delta V$$
$W = 200\text{kPa} \times (0.3 - 0.1)\text{m}^3 = 40\text{kN} \cdot \text{m}$
　$= 40\text{kJ}$

참고 $1\text{kPa} = 1\text{kN/m}^2$　　　$1\text{J} = 1\text{N} \cdot \text{m}$

해답 ④

33 온도 20℃, 압력 400kPa, 기체 15m³을 등온압축하여 체적이 2m³로 되었다면 압축 후의 압력은 몇 kPa인가?

① 2000　　　　② 2500
③ 3000　　　　④ 4000

해설 ① 등온압축이므로 온도가 일정
② 보일의 법칙을 이용
③ $400 \times 15 = P_2 \times 2$
④ $P_2 = \dfrac{400 \times 15}{2} = 3000\text{kPa}$

(1) **보일의 법칙**(T(온도) = 일정)(정온변화)
$$P_1 V_1 = P_2 V_2$$

(2) **샤를의 법칙**(P(압력) = 일정)(정압변화)
$$\frac{V_1}{T_1} = \frac{V_2}{T_2}$$

(3) **보일-샤를의 법칙**
$$\frac{P_1 V_1}{T_1} = \frac{P_2 V_2}{T_2}$$

해답 ③

34 수평원관 유동에 관한 설명으로 옳지 않은 것은?

① 층류 흐름에서 관 마찰계수는 레이놀즈수의 함수이다.
② 층류 흐름일 때 수평원관 속의 유량은 직경에 반비례한다.
③ 층류 유동상태인 직선원형관의 중심에서 전단응력은 0이다.
④ 층류 유동에서 레이놀즈수가 2000일 때 관마찰계수는 0.032이다.

해설 수평원관에서 층류흐름의 유량
[하겐-포아젤(Hagen-poiseuille) 방정식]

$$Q = \frac{\Delta P \pi d^4}{128 \mu l}$$

여기서, Q : 유량(m^3/s), ΔP : 압력차(kgf/m^2)
d : 관내경(m), μ : 점도(kg·m/s)
l : 배관길이(m)

※ 층류흐름일 때 수평원관 속의 유량은 직경의 4승에 비례한다.

해답 ②

35 관 A에는 물, B에는 비중(S_1)0.9인 유체가 차 있고, 액주계 액체의 비중(S_2)은 0.8이다. A에서의 압력을 P_A, B에서의 압력을 P_B라고 할 때 $(P_A - P_B)$는 약 몇 kPa인가?

① -1.47 ② -1.37
③ 1.37   ④ 1.47

해설 액주계의 압력

$$P_B + \gamma_1 h_1 = P_A + \gamma_2 h_2 + \gamma_3 h_3$$

$P_A - P_B = \gamma_1 h_1 - \gamma_2 h_2 - \gamma_3 h_3$
γ(비중량) $= S$(비중) $\times \gamma_w$ (물비중량 : $9.8 kN/m^3$)
$\gamma_1 = 0.9 \times 9.8 = 8.82 kN/m^3$
$\gamma_2 = 0.8 \times 9.8 = 7.84 kN/m^3$
$\gamma_3 = \gamma_w = 9.8 kN/m^3$
$h_1 = 40cm = 0.4m$
$h_2 = 25cm = 0.25m$
$h_3 = 30cm = 0.3m$
$P_A - P_B = 8.82 \times 0.4 - 7.84 \times 0.25 - 9.8 \times 0.3$
$= -1.37 kN/m^2 = -1.37 kPa$

해답 ②

36 단원자 이상기체인 아르곤(Ar)을 상온으로부터 3000K까지 온도를 높일 경우 정압비열의 변화를 바르게 설명한 것은?

① 온도가 높아져도 일정하다.
② 온도가 높아질수록 커진다.
③ 온도가 높아질수록 작아진다.
④ 온도가 높아지면서 커지다 작아진다.

해설 비열
① 정압비열(C_P) : 기체의 압력을 일정하게 유지하면서 가열할 때의 비열
② 정적비열(C_V) : 기체의 체적을 일정하게 유지하면서 가열할 때의 비열

※ $C_P > C_V$ $\dfrac{C_P}{C_V} > 1$

즉, 정압비열은 정적비열보다 항상 크다.
③ 아르곤(Ar)은 온도상승 시 정압비열의 변화는 일정하다.

해답 ①

37 다음 중 열전도계수가 가장 높은 것은?

① 물　　　　② 철
③ 공기　　　④ 구리

해설 열전도계수

구분	① 물	② 철	③ 공기	④ 구리
열전도계수 (w/m·K)	0.56	50	0.02	400

해답 ④

38 동점성계수가 $1.15 \times 10^{-6} \text{m}^2/\text{s}$인 물이 30mm 지름인 원관 속을 흐르고 있다. 층류가 기대될 수 있는 최대의 유량은 몇 cm^3/s인가? (단, 상임계 레이놀즈수는 4000, 하임계 레이놀즈수는 2100이다.)

① 57　　　　② 61
③ 65　　　　④ 71

해설 레이놀드수의 최대유량

$$ReNo = \frac{Du\rho}{\mu} = \frac{Du}{\nu} = \frac{4Q}{\pi D\nu}$$

$$Q = \frac{ReNo\,\pi Dv}{4}$$

$$= \frac{2100 \times \pi \times 0.03\text{m} \times 1.15 \times 10^{-6}}{4}$$

$$= 5.69 \times 10^{-5} \text{m}^3/\text{s}$$

$$Q = \frac{5.69 \times 10^{-5}\text{m}^3}{\text{s}} \times \frac{10^6 \text{cm}^3}{1\text{m}^3} = 57 \text{cm}^3/\text{s}$$

해답 ①

39 물이 내경 10mm인 오리피스에서 유속 40m/s로 방수되고 있을 때 방수량은 약 몇 m^3/s인가?

① 0.0031　　② 0.031
③ 0.31　　　④ 3.1

해설 $Q = uA = 40\text{m/s} \times \frac{\pi}{4} \times (0.01\text{m})^2$
　　　　$= 0.0031 \text{m}^3/\text{s}$

해답 ①

40 그림과 같이 직각으로 구부러진 고정날개에 밀도 ρ인 물분류가 충돌하여 수직 방향으로 분출되고 있다. 분류의 속도는 V, 유량은 Q일 때 고정날개가 받는 충격력의 크기는?

① $\frac{1}{\sqrt{2}}\rho QV$　　② $\sqrt{2}\rho QV$
③ $2\rho QV$　　　　④ $2\sqrt{2}\rho QV$

해설 직각방향 운동량 방정식

$$F_x = \sqrt{2}\rho QV$$

해답 ②

제3과목　소방관계법규

41 위험물 제조소에 환기설비를 설치할 경우 바닥면적이 100m^2이면 급기구의 면적은 몇 cm^2 이상이어야 하는가?

① 150　　　　② 300
③ 450　　　　④ 600

해설 (위험물법 시행규칙 제28조의 별표4)
채광·조명 및 환기설비
① 채광설비
　불연재료로 하고, 채광면적을 최소로 할 것
② 조명설비
　㉠ 가연성가스 등이 체류할 우려가 있는 장소의 조명등은 방폭등으로 할 것
　㉡ 전선은 내화·내열전선으로 할 것
　㉢ 점멸스위치는 출입구 바깥부분에 설치할 것
③ 환기설비
　㉠ 환기는 자연배기방식으로 할 것
　㉡ 급기구는 당해 급기구가 설치된 실의 바닥

면적 150m² 마다 1개 이상으로 하되, 급기구의 크기는 800cm² 이상으로 할 것. 다만, 바닥면적이 150cm² 미만인 경우에는 다음의 크기로 하여야 한다.

바닥면적	급기구의 면적
60m² 미만	150cm² 이상
60m² 이상 90m² 미만	300cm² 이상
90m² 이상 120m² 미만	450cm² 이상
120m² 이상 150m² 미만	600cm² 이상

ⓒ 급기구는 낮은 곳에 설치하고 가는 눈의 구리망 등으로 인화방지망을 설치할 것
ⓔ 환기구는 지붕 위 또는 지상 2m 이상의 높이에 회전식 고정벤티레이터 또는 루푸팬 방식으로 설치할 것

해답 ③

42 위험물제조소 등의 정기점검 대상의 기준이 아닌 것은?

① 지하탱크저장소
② 이동탱크저장소
③ 지정수량의 10배 이상의 위험물을 취급하는 제조소
④ 지정수량의 20배 이상의 위험물을 저장하는 옥외탱크저장소

해설 위안법 시행령제16조
(정기점검의 대상인 제조소등)
(1) 예방규정을 정하여야 하는 제조소등
(2) 지하탱크저장소
(3) 이동탱크저장소
(4) 위험물을 취급하는 탱크로서 지하에 매설된 탱크가 있는 제조소 · 주유취급소 또는 일반취급소

해답 ④

43 소방시설공사업자가 착공신고서에 첨부하여야 할 서류가 아닌 것은?

① 설계도서
② 건축허가서
③ 기술관리를 하는 기술인력의 기술자격증 사본
④ 소방시설공사업 등록증 사본 및 등록수첩

해설 (공사업법 시행규칙 제12조)
착공신고 등 첨부서류
① 소방시설공사업 등록증 사본 1부 및 등록수첩 사본 1부
② 기술인력의 기술등급을 증명하는 서류 사본 1부
③ 소방시설공사 계약서 사본 1부
④ 설계도서 1부
⑤ 소방시설공사 하도급통지서 사본 1부

해답 ②

44 인화성 액체 위험물 옥외탱크저장소의 탱크 주위에는 방유제를 설치하여야 한다. 방유제의 설치높이 기준으로 옳은 것은?

① 1.0m 이상 2.5m 이하
② 1.5m 이상 3.5m 이하
③ 0.5m 이상 3.0m 이하
④ 0.8m 이상 1.5m 이하

해설 인화성액체위험물(이황화탄소를 제외)의 옥외탱크저장소의 방유제
(1) 방유제의 용량

탱크가 하나인 때	탱크 용량의 110% 이상
2기 이상인 때	탱크 중 용량이 최대인 것의 용량의 110% 이상

(2) 방유제의 높이는 0.5m 이상 3m 이하로 할 것
(3) 방유제 내의 면적은 8만m² 이하로 할 것
(4) 방유제 내에 설치하는 옥외저장탱크의 수는 10 이하로 할 것
(5) 방유제는 탱크의 옆판으로부터 거리를 유지할 것

지름이 15m 미만인 경우	탱크 높이의 3분의 1 이상
지름이 15m 이상인 경우	탱크 높이의 2분의 1 이상

해답 ③

45 소방청장, 소방본부장 또는 소방서장("소방관서장")은 관계 공무원으로 하여금 화재안전조사를 하게 할 수 있다. 화재안전조사의 항목이 아닌 것은?

① 소방안전관리 업무 수행에 관한 사항
② 화재의 예방조치 등에 관한 사항

③ 피난계획의 수립 및 시행에 관한 사항
④ 소방대상물 및 관계지역에 대한 강제처분·피난명령에 관한 사항

해설 화재예방법 시행령 제7조(화재안전조사의 항목)
소방청장, 소방본부장 또는 소방서장("소방관서장")은 다음 각 호의 항목에 대하여 화재안전조사를 실시한다.
(1) 화재의 예방조치 등에 관한 사항
(2) 소방안전관리 업무 수행에 관한 사항
(3) 피난계획의 수립 및 시행에 관한 사항
(4) 소화·통보·피난 등의 훈련 및 소방안전관리에 필요한 교육에 관한 사항
(5) 소방자동차 전용구역의 설치에 관한 사항
(6) 감리 및 감리원의 배치에 관한 사항
(7) 소방시설의 설치 및 관리에 관한 사항
(8) 건설현장 임시소방시설의 설치 및 관리에 관한 사항
(9) 피난시설, 방화구획 및 방화시설의 관리에 관한 사항
(10) 방염에 관한 사항
(11) 소방시설등의 자체점검에 관한 사항
(12) 안전관리에 관한 사항
(13) 위험물 안전관리에 관한 사항
(14) 초고층 및 지하연계 복합건축물의 안전관리에 관한 사항
(15) 소방대상물에 화재의 발생 위험이 있는지 등을 확인하기 위해 소방관서장이 화재안전조사가 필요하다고 인정하는 사항

해답 ④

46 소방기계·기구에 대하여 우수품질인증을 할 수 있는 사람은?

① 한국소방안전원장
② 소방본부장 또는 소방서장
③ 시·도지사
④ 소방청장

해설 소방시설법 제43조 (우수품질 제품에 대한 인증)
① 소방청장은 형식승인의 대상이 되는 소방용품 중 품질이 우수하다고 인정하는 소방용품에 대하여 우수품질인증을 할 수 있다.
② 우수품질인증의 유효기간은 5년의 범위에서 행정안전부령으로 정한다.
③ 우수품질인증을 위한 기술기준, 제품의 품질관리 평가, 우수품질인증의 갱신, 수수료, 인증표시 등 우수품질인증에 관하여 필요한 사항은 행정안전부령으로 정한다.

해답 ④

47 자동화재탐지설비의 설치를 면제할 수 있는 기준으로 옳은 것은?

① 자동화재탐지설비의 기능과 성능을 가진 스프링클러설비를 화재안전기준에 적합하게 설치한 경우
② 자동화재탐지설비의 기능과 성능을 가진 제연설비를 화재안전기준에 적합하게 설치한 경우
③ 자동화재탐지설비의 기능과 성능을 가진 연결송수관설비를 화재안전기준에 적합하게 설치한 경우
④ 자동화재탐지설비의 기능과 성능을 가진 개방형헤드를 사용하는 소화설비를 화재안전기준에 적합하게 설치한 경우

해설 소방시설법 시행령 제14조의 별표5
(특정소방대상물의 소방시설 설치의 면제기준)

설치가 면제되는 소방시설	설치면제 요건
1. 스프링클러설비	자동소화장치 또는 물분무등소화설비
2. 물분무등 소화설비	스프링클러설비(차고, 주차장)
3. 간이스프링클러 설비	스프링클러설비, 물분무소화설비 또는 미분무소화설비
4. 비상경보설비 또는 단독 경보형 감지기	자동화재탐지설비 또는 화재알림설비
5. 비상경보설비	단독경보형 감지기를 2개 이상의 단독경보형 감지기와 연동하여 설치하는 경우
6. 비상방송설비	자동화재탐지설비 또는 비상경보설비와 같은 수준 이상의 음향을 발하는 장치를 부설한 방송설비
16. 자동화재탐지설비	화재알림설비 스프링클러설비 물분무등소화설비

해답 ①

48 소방대상물이 있는 장소 및 인근지역으로서 화재의 예방, 경계, 진압, 구조, 구급 등의 소방 활동상 필요한 지역을 무엇이라 하는가?

① 관계지역　　② 방화지역
③ 화재지역　　④ 방화지구

해설 기본법 제2조(정의)
(1) 소방대상물
    건축물, 차량, 선박, 선박 건조 구조물, 산림, 그 밖의 인공 구조물 또는 물건을 말한다.
(2) 관계지역
    소방대상물이 있는 장소 및 그 이웃 지역으로서 화재의 예방·경계·진압, 구조·구급 등의 활동에 필요한 지역을 말한다.
(3) 관계인
    소방대상물의 소유자·관리자 또는 점유자를 말한다.
(4) 소방대(消防隊)
    화재를 진압하고 화재, 재난·재해, 그 밖의 위급한 상황에서 구조·구급 활동 등을 하기 위하여 다음 각 목의 사람으로 구성된 조직체를 말한다.
    ① 소방공무원
    ② 의무소방원(義務消防員)
    ③ 의용소방대원(義勇消防隊員)

해답 ①

49 소방시설업 등록신청서에 첨부하지 않아도 되는 것은?

① 소방시설업 등록신청서
② 기술인력 증빙서류
③ 출자·예치·담보 금액 확인서
④ 과세증명서 사본

해설 (공사업법 시행규칙 제2조)
소방시설업의 등록신청서류
(1) 소방시설업 등록신청서
    ① 신청인의 인적사항이 적힌 서류
(2) 기술인력 증빙서류
    ① 국가기술자격증
    ② 자격수첩 또는 경력수첩
(3) 출자·예치·담보 금액 확인서

(4) 신청일 전 최근 90일 이내에 작성한 자산평가액 또는 기업진단 보고서

해답 ④

50 제4류 위험물을 저장·취급하는 제조소에 "화기엄금"이란 주의사항을 표시하는 게시판을 설치할 경우 게시판의 색상은?

① 청색바탕에 백색문자
② 적색바탕에 백색문자
③ 백색바탕에 적색문자
④ 백색바탕에 흑색문자

해설 1. 위험물제조소의 표지 및 게시판
    (1) 표지는 한 변의 길이가 0.3m 이상, 다른 한 변의 길이가 0.6m 이상인 직사각형
    (2) 바탕은 백색, 문자는 흑색
2. 게시판의 설치기준
    (1) 한 변의 길이가 0.3m 이상, 다른 한변의 길이가 0.6m 이상인 직사각형으로 할 것
    (2) 위험물의 유별·품명 및 저장최대수량 또는 취급최대수량, 지정수량의 배수 및 안전 관리자의 성명 또는 직명을 기재할 것
    (3) 게시판의 바탕은 백색으로, 문자는 흑색으로 할 것
    (4) 저장 또는 취급하는 위험물에 따라 주의사항 게시판을 설치할 것

위험물의 종류	주의사항 표시	게시판의 색
• 제1류(알칼리금속 과산화물) • 제3류(금수성 물품)	물기 엄금	청색바탕에 백색문자
• 제2류(인화성 고체 제외)	화기 주의	적색바탕에 백색문자
• 제2류(인화성 고체) • 제3류(자연발화성 물품) • 제4류 • 제5류	화기 엄금	적색바탕에 백색문자

해답 ②

51 건축허가 등의 동의요구 시 동의요구서에 첨부하여야 할 서류가 아닌 것은?

① 건축허가 신청서 및 건축허가서
② 소방시설 설치계획표
③ 소방시설설계업 등록증
④ 소방시설공사업 등록증

해설 **소방시설법 시행규칙 제3조
(건축허가등의 동의 요구) 첨부서류**
(1) **건축허가서** 또는 건축허가등을 확인할 수 있는 서류의 사본
(2) 다음 각 목의 설계도서
  ① **건축물 설계도서(착공신고 대상)**
    ㉠ 건축물 개요 및 배치도
    ㉡ 주단면도 및 입면도
    ㉢ 층별 평면도
    ㉣ 방화구획도(창호도를 포함)
    ㉤ 실내·실외 마감재료표
    ㉥ 소방자동차 진입 동선도 및 부서 공간 위치도(조경계획을 포함)
  ② 소방시설 설계도서
    ㉠ 소방시설의 계통도
    ㉡ **소방시설별 층별 평면도(착공신고 대상)**
    ㉢ 실내장식물 방염대상물품 설치 계획
    ㉣ **소방시설의 내진설계 계통도 및 기준층 평면도(착공신고 대상)**
(3) 소방시설 설치계획표
(4) 임시소방시설 설치계획서
(5) **소방시설설계업등록증**과 소방시설을 설계한 기술인력의 기술자격증 사본
(6) 소방시설설계 계약서 사본

해답 ④

52 다음 중 유별을 달리하는 위험물을 혼재하여 저장할 수 있는 것으로 짝지어진 것은?

① 제1류-제2류   ② 제2류-제3류
③ 제3류-제4류   ④ 제5류-제6류

해설 **유별을 달리하는 위험물의 혼재기준**

혼재 가능	
↓1류+6류↑	2류+4류
↓2류+5류↑	5류+4류
↓3류+4류↑	

해답 ③

53 소방시설 등의 자체점검 중 종합점검을 실시한 자는 며칠 이내에 그 결과보고서 등을 관할 소방서장 또는 소방 본부장에게 제출하여야 하는가?

① 7일 이내   ② 15일 이내
③ 30일 이내   ④ 60일 이내

해설 **(소방시설법 시행규칙 제22조의 별표4)**
1. 소방시설등 자체점검의 구분과 대상, 점검자의 자격, 횟수

점검 구분	점검 대상	점검자의 자격 (주된 인력)	비고
최초 점검	소방시설 등이 신설된 경우	• 등록된 관리사 • 선임된 관리사 또는 기술사	60일 이내
작동 점검	3급 대상물	• 관계인 • 선임된 관리사 또는 기술사 • 등록된 관리사 또는 특급점검자	연 1회 이상
	1급 또는 2급 대상물	• 등록된 관리사 • 선임된 관리사 또는 기술사	
종합 점검	(1) 스프링클러설비설치 (2) 물분무등 소화설비(호스릴방식 제외) 설치 연면적 5천m² 이상 (3) 단란주점영업과 유흥주점영업, 영화상영관·비디오물감상실업·복합영상물제공업, 노래연습장업, 산후조리업, 고시원업, 안마시술소의 영업장이 설치된 연면적이 2천m² 이상인 것 (4) 제연설비 설치 터널 (5) 공공기관 중 연면적 1,000m² 이상 옥내 또는 자동화재탐지설비 설치. 다만, 소방대 근무 공공기관은 제외	• 등록된 관리사 • 선임된 관리사 또는 기술사	연 1회 이상 (특급 반기별 1회 이상)

2. 소방시설등의 자체점검 결과의 조치 등
(1) "관리업자등"은 점검이 끝난 날부터 10일 이내에 보고서를 **관계인에게 제출**
(2) 관계인은 점검이 끝난 날부터 15일 이내에 보고서에 이행계획서를 첨부하여 **소방본부장 또는 소방서장에게 보고**

해답 ②

54 보일러 등의 위치·구조 및 관리와 화재예방을 위하여 불의 사용에 있어서 지켜야 하는 사항 중 일반음식점에서 조리를 위하여 불을 사

용하는 설비를 설치하는 경우 주방설비에 부속된 배기덕트는 몇 mm 이상의 아연도금강판의 내식성 불연재료로 설치하여야 하는가?

① 0.1mm   ② 0.2mm
③ 0.3mm   ④ 0.5mm

해설 (화재예방법 시행령 제18조 별표1)
음식조리를 위하여 설치하는 설비
① 배출덕트는 0.5mm **이상**의 아연도금강판
② 조리기구는 반자 또는 선반으로부터 0.6m **이상** 떨어지게 할 것
③ 조리기구로부터 0.15m **이내**의 거리에 있는 가연성 주요 구조 부는 단열성이 있는 불연 재료로 덮어씌울 것

해답 ④

55 1급 소방안전관리대상물에 대한 기준으로 옳지 않는 것은?

① 특정소방대상물로서 층수가 11층 이상인 것
② 국보 또는 보물로 지정된 목조건축물
③ 연면적 15000[m²]이상인 것
④ 가연성가스를 1천톤 이상 저장·취급하는 시설

해설 소방안전관리자를 두어야 하는 특정소방대상물
(1) 특급 소방안전관리대상물
  ① 50층 이상(지하층 제외) 이거나 지상 200m 이상 **아파트**
  ② 30층 이상(지하층 포함) 이거나 지상 120m 이상 (**아파트 제외**)
  ③ 연면적 10만m² 이상 (**아파트 제외**)
(2) 1급 소방안전관리대상물
  ① 30층 이상(지하층 제외) 이거나 지상 120m 이상 **아파트**
  ② 연면적 1만5천m² 이상(아파트 및 연립주택 제외)
  ③ 층수가 11층 이상(아파트 제외)
  ④ 가연성 가스 1천톤 이상
(3) 2급 소방안전관리대상물
  ① 옥내, 스프링, 물분무등 소화설비 설치대상 (호스릴 방식의 물분무등 소화설비만을 설치한 경우는 제외)
  ② 가연성 가스 100톤 이상 1천톤 미만
  ③ 지하구
  ④ 공동주택
  ⑤ 보물 또는 국보로 지정된 목조건축물
(4) 3급 소방안전관리대상물
간이스프링클러설비, 자동화재탐지설비 설치대상

해답 ②

56 소방기본법의 목적과 거리가 먼 것은?

① 화재를 예방·경계하고 진압하는 것
② 건축물의 안전한 사용을 통하여 안락한 국민생활을 보장해 주는 것
③ 화재, 재난·재해로부터 구조·구급활동을 하는 것
④ 공공의 안녕 및 질서 유지와 복리증진에 기여하는 것

해설 (기본법 제1조) 기본법의 목적
화재를 예방, 경계하거나 진압하고 화재, 재난, 재해 그 밖의 위급한 상황에서의 구조, 구급활동 등을 통하여 국민의 생명, 신체 및 재산을 보호함으로써 공공의 안녕과 질서유지와 복리증진에 이바지함을 목적으로 한다.

해답 ②

57 위험물 안전관리자에 대한 설명으로 틀린 것은?

① 관계인은 안전관리자가 해임하거나 퇴직한 때에는 30일 이내에 다시 안전관리자를 선임하여야 한다.
② 안전관리자를 선임 또는 해임하거나 퇴직한 때에는 14일 이내에 소방본부장 또는 소방서장에게 신고하여야 한다.
③ 행정안전부령이 정하는 대리자를 지정하여 그 직무를 대행하는 경우 직무를 대행하는 기간은 3개월을 초과할 수 없다.
④ 제조소 등의 관계인과 그 종사자는 안전관리자의 위험물 안전관리에 관한 의견을 존

중하고 권고에 따라야 한다.

해설 위험물법 제15조(위험물안전관리자)
① 관계인은 해임하거나 퇴직한 날부터 30일 이내에 다시 안전관리자를 선임하여야 한다.
② 관계인은 선임한 날부터 14일 이내에 소방본부장 또는 소방서장에게 신고하여야 한다.
③ 대리자가 안전관리자의 직무를 대행하는 기간은 30일을 초과할 수 없다.
④ 제조소등의 관계인과 그 종사자는 안전관리자의 위험물 안전관리에 관한 의견을 존중하고 그 권고에 따라야 한다.

해답 ③

58 소방시설의 종류 중 피난구조설비에 속하지 않는 것은?

① 제연설비   ② 공기안전매트
③ 유도등   ④ 공기호흡기

해설 (소방시설법 시행령 제3조의 별표 1)
소방시설의 종류 ★★★(필수암기)★★★

소방시설	종류
소화설비	① 소화기구 ② 자동소화장치 ③ 옥내 ④ 옥외 ⑤ 스프링클러설비등 ⑥ 물분무등
경보설비	① 단독경보형 ② 비상경보 ③ 시각경보기 ④ 자동화재탐지 ⑤ 화재알림 ⑥ 비상방송 ⑦ 자동화재속보 ⑧ 통합감시 ⑨ 누전경보기 ⑩ 가스누설경보기
피난구조 설비	① 피난기구(피난사다리, 구조대, 완강기 등) ② 인명구조기구(방열복, 방화복, 공기호흡기, 인공소생기) ③ 유도등(피난유도선, 피난구유도등, 통로유도등, 객석유도등, 유도표지) ④ 비상조명등 및 휴대용비상조명등
소화 용수설비	① 상수도소화용수 ② 소화수조·저수조 그 밖의 소화용수
소화 활동설비	① 제연 ② 연결송수관 ③ 연결살수 ④ 비상콘센트 ⑤ 무선통신보조 ⑥ 연소방지

해답 ①

59 소방시설설치유지 및 안전관리에 관한 법령에서 정하고 있는 소화용으로 사용하는 제품 또는 기기에 속하는 것은?

① 피난사다리   ② 소화약제
③ 공기호흡기   ④ 소화기구

해설 소방시설법 시행령 제6조 [별표 3]
소방용품(제6조 관련)
(1) 소화설비를 구성하는 제품 또는 기기
 ① 소화기구(소화약제 외의 것을 이용한 간이소화용구는 제외)
 ② 자동소화장치
 ③ 소화설비를 구성하는 소화전, 관창, 소방호스, 스프링클러헤드, 기동용수압개폐장치, 유수제어밸브 및 가스관선택밸브
(2) 경보설비를 구성하는 제품 또는 기기
 ① 누전경보기 및 가스누설경보기
 ② 경보설비를 구성하는 발신기, 수신기, 중계기, 감지기 및 음향장치(경종만 해당)
(3) 피난구조설비를 구성하는 제품 또는 기기
 ① 피난사다리, 구조대, 완강기(간이완강기 및 지지대를 포함한다)
 ② 공기호흡기(충전기를 포함한다)
 ③ 유도등 및 예비전원이 내장된 비상조명등
(4) 소화용으로 사용하는 제품 또는 기기
 ① 소화약제(소화설비용에 한한다)
 ② 방염제(방염액·방염도료 및 방염성물질)
(5) 그 밖에 행정안전부령으로 정하는 소방 관련 제품 또는 기기

해답 ②

60 소방시설설계업의 보조기술인력으로 등록할 수 없는 사람은?

① 소방설비기사 자격을 취득한 사람
② 소방설비산업기사 자격을 취득한 사람
③ 소방공무원으로 재직한 경력이 2년 이상인 사람
④ 행정안전부령으로 정하여 소방기술과 관련된 학력을 갖춘 사람으로서 자격수첩을 발급 받은 사람

해설 소방공사업법 시행령 제2조 [별표1]
(소방시설설계업의 보조기술인력)
(1) 소방기술사, 소방설비기사 또는 소방설비산업기사 자격을 취득한 사람
(2) 소방공무원으로 재직한 경력이 3년 이상인 사

람으로서 자격수첩을 발급받은 사람
(3) 행정안전부령으로 정하는 소방기술과 관련된 자격·경력 및 학력을 갖춘 사람으로서 자격수첩을 발급받은 사람

해답 ③

제4과목 소방기계시설의 구조 및 원리

61 노유자시설에 설치하는 피난시설로 가장 유효한 것으로 짝지어진 것은?

① 피난교, 승강식 피난기
② 피난용 트랩, 구조대
③ 피난 사다리, 피난 밧줄
④ 피난용 트랩, 피난 밧줄

해설 소방대상물의 설치장소별 피난기구의 적응성

구분 \ 층별	1층	2층	3층	4층 이상 10층 이하
노유자시설			미구교다승	구[1])교다승
의료시설·근린생활시설 중 입원실이 있는 의원·접골원·조산원			미트구 교다승	트구 교다승
다중이용업소로서 영업장의 위치가 4층 이하인 다중이용업소		미사구완다승	미사구완다승	
그 밖의 것			트공간교 미사구 완다승	공간[2]) 교사구 완다승

[비고]
1) 구조대의 적응성은 장애인 관련 시설로서 주된 사용자 중 스스로 피난이 불가한 자가 있는 경우 추가로 설치하는 경우에 한한다.
2) 간이완강기의 적응성은 숙박시설의 3층 이상에 있는 객실에 추가로 설치하는 경우에 한한다.

어두문자 암기방법	
피난용트랩 ⇒ 트	피난교 ⇒ 교
피난사다리 ⇒ 사	미끄럼대 ⇒ 미
구조대 ⇒ 구	다수인피난장비 ⇒ 다
승강식피난기 ⇒ 승	완강기 ⇒ 완
간이완강기 ⇒ 간	공기안전매트 ⇒ 공

해답 ①

62 간이소화용구 중 삽을 상비한 마른 모래 50L 이상의 것 1포의 능력단위가 맞는 것은?

① 0.3단위   ② 0.5단위
③ 0.8단위   ④ 1.0단위

해설 간이소화용구의 능력단위

간이소화용구		능력단위
1. 마른모래	삽을 상비한 50L 이상의 것 1포	0.5단위
2. 팽창질석 또는 팽창진주암	삽을 상비한 80L 이상의 것 1포	0.5단위

해답 ②

63 포소화설비의 혼합방법 중 맞지 않는 것은?

① 프레져 프로포셔너 방식
② 라인 프로포셔너 방식
③ 프레져사이드 프로포셔너 방식
④ 리퀴드 펌핑 프로포셔너 방식

해설 포소화약제의 혼합장치 ★★★
① 펌프 프로포셔너 방식
펌프의 토출관과 흡입관 사이의 배관도중에 설치한 흡입기에 펌프에서 토출된 물의 일부를 보내고, 농도 조정밸브에서 조정된 포 소화약제의 필요량을 포 소화약제 탱크에서 펌프 흡입측으로 보내어 이를 혼합하는 방식

② 프레져 프로포셔너 방식
펌프와 발포기의 중간에 설치된 벤추리관의 벤추리작용과 펌프 가압수의 포 소화약제 저장탱크에 대한 압력에 의하여 포소화약제를 흡입·혼합하는 방식

③ 라인 프로포셔너 방식
펌프와 발포기의 중간에 설치된 벤추리관의 벤추리 작용에 의하여 포소화약제를 흡입·혼합하는 방식

④ 프레져사이드 프로포셔너 방식
펌프의 토출관에 압입기를 설치하여 포 소화약제 압입용 펌프로 포소화약제를 압입시켜 혼합하는 방식

해답 ④

64 다음 중 물분무 소화설비의 소화효과라고 볼 수 없는 것은?

① 냉각작용 및 산소차단으로 인한 질식효과
② 유류화재시 물 분무에 의한 유화(에멀젼)효과
③ 액화 석유가스 화재시 화재제어 및 피연소물의 연소방지효과
④ 제3류 위험물에 대한 연소방지효과

해설 ※ 3류 위험물-금수성
(물과 접촉 시 수소기체발생)

물분무 소화설비의 소화효과
① 냉각효과   ② 질식효과
③ 희석효과   ④ 유화(에멀젼)효과
⑤ 연소방지효과

해답 ④

65 다음 중 물분물등소화설비에 해당되는 설비가 아닌 것은?

① 포 소화설비
② 이산화탄소 소화설비
③ 스프링클러설비
④ 할론소화설비

해설 **물분무등소화설비**
① 물분무소화설비
② 미분무소화설비
③ 포소화설비
④ 이산화탄소소화설비
⑤ 할론소화설비
⑥ 할로겐화합물 및 불활성기체소화설비
⑦ 분말소화설비
⑧ 강화액소화설비
⑨ 고체에어로졸소화설비

해답 ③

66 분말소화 설비의 용기 유니트에 설치되어 있는 밸브가 아닌 것은?

① 클리닝 밸브   ② 안전 밸브
③ 배기 밸브   ④ 시험 밸브

해설 **분말소화설비의 밸브개폐상태**
(1) 크리닝밸브는 평상시 폐쇄되어야한다
(2) 잔압방출 중 밸브개폐상태

폐쇄	개방
① 가스도입밸브	① 배기밸브
② 크리닝밸브	② 선택밸브
③ 주밸브	

해답 ④

67 다음 중 전역방출방식의 분말소화설비에 분말이 방사되기 전에, 당해 개구부 및 통기구를 폐쇄하지 않아도 되는 것은?

① 천장에 설치된 통기구
② 바닥에서 천장까지의 높이의 중간부분에 설치된 통기구
③ 바닥에서 천장까지의 높이의 중간하부에 설치된 개구부
④ 천장으로부터 하부로 1m 떨어진 벽체에 설치된 통기구

해설 **전역방출방식 분말소화설비의 자동폐쇄장치**
전역방출방식의 분말소화설비를 설치한 특정소방대상물 또는 그 부분에 대하여는 다음의 기준에 따라 자동폐쇄장치를 설치해야 한다.
① 환기장치 등을 설치한 것은 소화약제가 방출되기 전에 해당 환기장치 등이 정지될 수 있도록 할 것
② 개구부가 있거나 **천장으로부터 1m 이상의 아랫부분** 또는 **바닥으로부터 해당 층의 높이의 3분의 2 이내의 부분**에 통기구가 있어 소화약제의 유출에 따라 소화효과를 감소시킬 우려가 있는 것은 소화약제가 방출되기 전에 해당 개구부 및 통기구를 폐쇄할 수 있도록 할 것
③ 자동폐쇄장치는 방호구역 또는 방호대상물이 있는 구획의 밖에서 복구할 수 있는 구조로 하고, 그 위치를 표시하는 표지를 할 것

해답 ①

68 가로 세로 30m×30m인 무대부(수평거리 1.7m)에 스프링클러헤드를 부착하고자 한다. 정방형으로 배치하는 헤드의 소요개수는?

① 169개 ② 161개
③ 152개 ④ 144개

해설 ① 정방형 헤드설치의 헤드간의 거리

$$S = 2r\cos 45° \quad r : 수평거리$$

② 스프링클러헤드의 배치기준

설치장소		설치기준
천장·반자·천장과 반자 사이·덕트·선반 기타 이와 유사한 부분 (폭이 1.2m를 초과하는 것)	무대부, **특수가연물** 저장취급 장소 및 창고	수평거리 1.7m 이하
	특정소방대상물 및 창고	기타구조	수평거리 2.1m 이하
		내화구조	수평거리 2.3m 이하
	아파트	수평거리 2.6m 이하
	랙식창고	랙 높이 3m 이하 마다

③ 헤드 소요개수 산출
$S = 2 \times 1.7 \times \cos 45° = 2.4m$
가로열 헤드수 $= 30m \div 2.4 = 12.5$ ∴ 13개
세로열 헤드수 $= 30m \div 2.4 = 12.5$ ∴ 13개
총소요 헤드수 $= 13 \times 13 = 169$개

해답 ①

69 습식스프링클러설비 및 부압식스프링클러설비 외의 스프링클러설비에는 특정한 제외조건 이외에는 상향식스프링클러헤드를 설치해야 하는데, 다음 중 특정한 제외조건에 해당하지 않는 경우는?

① 스프링클러헤드의 설치장소가 동파의 우려가 없는 곳인 경우
② 플러쉬형 스프링클러헤드를 사용하는 경우
③ 드라이펜던트 스프링클러헤드를 사용하는 경우
④ 개방형 스프링클러헤드를 사용하는 경우

해설 **폐쇄형 스프링클러헤드의 설치기준**
① 헤드로부터 **반경 60cm 이상의 공간**을 보유할 것(단, **벽과 헤드간의 공간은 10cm 이상**)
② 헤드와 그 부착면과의 거리는 30cm 이하로 할 것
③ 배관·행가 및 조명기구 등 살수가 방해될 경우 그로부터 아래에 설치하여 살수에 장애가 없도록 할 것
④ 설치장소의 평상시 최고 주위온도에 따라 다음 표에 따른 표시온도의 것으로 설치할 것. 다만, **높이가 4m 이상인 공장 및 창고**(랙크식 창고를 포함)에 설치하는 스프링클러는 그 설치장소의 평상시 최고 주위온도에 관계없이 121℃ **이상**의 것으로 할 수 있다.

최고 주위온도	표시온도
39℃ 미만	79℃ 미만
39℃ 이상 64℃ 미만	79℃ 이상 121℃ 미만
64℃ 이상 106℃ 미만	121℃ 이상 162℃ 미만
106℃ 이상	162℃ 이상

⑤ 습식스프링클러설비 및 부압식스프링클러설비 외의 설비에는 **상향식스프링클러헤드**를 설치

예외인 경우
• 드라이펜던트스프링클러헤드를 사용하는 경우
• 스프링클러헤드의 설치장소가 동파의 우려가 없는 곳인 경우
• 개방형 스프링클러헤드를 사용하는 경우

⑥ 스프링클러헤드의 반사판은 그 부착면과 평행하게 설치할 것

해답 ②

70 옥내소화전함에 설치하는 소방호스의 설치방법으로 가장 적당한 것은?

① 소화전함에 구경 40mm 길이 15m의 소방호스 1본을 설치해야 한다.
② 소화전함에 구경 40mm 길이 15m의 소방호스 2본을 설치해야 한다.
③ 소방호스는 소방대상물의 각 부분에 물이 유효하게 뿌려질 수 있는 길이로 설치해야 한다.
④ 소화전함에 구경 65mm 길이 15m의 소방호스 2본을 설치해야 한다.

해설 옥내소화전방수구 설치기준
① 특정소방대상물의 층마다 설치하되, 해당 특정소방대상물의 각 부분으로부터 하나의 옥내소화전방수구까지의 **수평거리가 25m(호스릴옥내소화전설비 포함)** 이하가 되도록 할 것. 다만, 복층형 구조의 공동주택의 경우에는 세대의 출입구가 설치된 층에만 설치할 수 있다.
② 바닥으로부터의 높이가 **1.5m 이하**가 되도록 할 것
③ 호스는 **구경 40mm(호스릴옥내소화전설비의 경우에는 25mm)** 이상의 것으로서 특정소방대상물의 각 부분에 물이 **유효하게 뿌려질 수 있는 길이**로 설치할 것
④ 호스릴옥내소화전설비의 경우 그 노즐에는 노즐을 쉽게 개폐할 수 있는 장치를 부착할 것

해답 ③

71 연결송수관설비에서 가압송수장치를 설치하여야 하는 소방대상물의 높이는 몇 m 이상이어야 하는가?

① 40m   ② 55m
③ 70m   ④ 100m

해설 연결송수관설비의 가압송수장치
(1) 지표면에서 최상층 **방수구의 높이가 70m 이상**의 특정소방대상물에는 연결송수관설비의 가압송수장치를 설치해야 한다.
(2) 펌프의 토출량은 2,400L/min(**계단식 아파트**의 경우에는 1,200L/min) 이상이 되는 것으로 할 것. 다만, 해당 층에 설치된 방수구가 3개를 초과(방수구가 5개 이상인 경우에는 5개)하는 것에 있어서는 1개마다 800L/min(계단식 아파트의 경우에는 400L/min)를 가산한 양이 되는 것으로 할 것
(3) 펌프의 양정은 최상층에 설치된 노즐선단의 압력이 0.35MPa 이상의 압력이 되도록 할 것

해답 ③

72 피난기구로 노유자시설에 미끄럼대를 설치할 때 사용자의 안전상 보통 지상 몇 층까지 설치하도록 하는가?

① 2층   ② 3층
③ 4층   ④ 5층

해설 소방대상물의 설치장소별 피난기구의 적응성

구분	1층	2층	3층	4층 이상 10층 이하
노유자시설			미구교다승	구[1]교다승
의료시설·근린생활시설 중 입원실이 있는 의원·접골원·조산원			미트구교다승	트구교다승
다중이용업소로서 영업장의 위치가 4층 이하인 다중이용업소				미사구완다승
그 밖의 것			트공간교 미사구 완다승	공간[2] 교사구 완다승

[비고]
1) 구조대의 적응성은 장애인 관련 시설로서 주된 사용자 중 스스로 피난이 불가한 자가 있는 경우 추가로 설치하는 경우에 한한다.
2) 간이완강기의 적응성은 숙박시설의 3층 이상에 있는 객실에 추가로 설치하는 경우에 한한다.

어두문자 암기방법	
피난용트랩 ⇒ 트	피난교 ⇒ 교
피난사다리 ⇒ 사	미끄럼대 ⇒ 미
구조대 ⇒ 구	다수인피난장비 ⇒ 다
승강식피난기 ⇒ 승	완강기 ⇒ 완
간이완강기 ⇒ 간	공기안전매트 ⇒ 공

해답 ②

73 다음은 연결살수설비 살수헤드를 설치하지 않아도 되는 부분이다. 틀린 것은?

① 천장 및 반자가 불연재료 외의 것으로 되어

있고 천장과 반자 사이의 거리가 0.5미터 미만인 부분
② 병원의 수술실, 응급처치실, 기타 이와 유사한 장소
③ 발전실, 변압기, 기타 이와 유사한 전기설비가 설치되어있는 장소
④ 펌프실, 보일러실, 현관 및 로비 높이 10m 이상인 장소등 기타 이와 유사한 장소

해설 **연결살수설비의 살수헤드 면제장소**
① 통신기기실 · 전자기기실 · 기타 이와 유사한 장소
② 발전실 · 변전실 · 변압기 · 기타 이와 유사한 전기설비가 설치되어 있는 장소
③ 병원의 수술실 · 응급처치실 · 기타 이와 유사한 장소
④ 천장 및 반자가 불연재료외의 것으로 되어 있고 천장과 반자사이의 거리가 0.5m 미만인 부분
⑤ 펌프실 · 물탱크실 그 밖의 이와 비슷한 장소
⑥ 현관 또는 로비등으로서 바닥으로부터 높이가 20m 이상인 장소
⑦ 냉장창고의 영하 냉장실 또는 냉동창고의 냉동실
⑧ 고온의 노가 설치된 장소 또는 물과 격렬하게 반응하는 물품의 저장 또는 취급 장소

해답 ④

74 전역방출방식인 경우 할론 2402 소화약제를 방출하는 분사 헤드는 어떠한 상태로 방사 되어야 하는가?

① 무상　　　② 봉상
③ 직사　　　④ 측사

해설 **전역방출방식의 할론소화설비의 분사헤드**
① 가연물이 비산하지 아니하는 장소에 설치할 것
② 할론 2402를 방사하는 분사헤드는 당해 소화약제가 무상으로 분무되는 것으로 할 것
③ 할론 분사헤드의 방사압력 및 방출시간

종류	방사압력	방출시간
할론2402	0.1MPa 이상	10초 이내
할론1211	0.2MPa 이상	
할론1301	0.9MPa 이상	

해답 ①

75 다음 소방 대상물 중 폐쇄형 스프링클러 헤드의 동시방사소요 설치 개수(기준 개수)가 맞지 않는 것은?

① 지하층을 제외한 10층 이하 호텔은 10개이다. (헤드 부착 높이가 8m 미만인 경우에 한함.)
② 지하층을 제외한 10층 이하 백화점은 20개이다.
③ 지하층을 제외한 10층 이하 시장은 30개이다.
④ 지하층을 제외한 11층 이상 아파트는 10개이다.

해설 **헤드의 기준개수(폐쇄형)**

소방대상물			기준 개수
지하층 제외 10층 이하	공장	특수가연물	30개
		그 밖의 것	20개
	근린생활시설 · 판매시설 · 운수시설 또는 복합건축물	판매시설 또는 복합건축물(판매시설 설치 복합건축물)	30개
		그 밖의 것	20개
	그 밖의 것	헤드높이 8m 이상	20개
		헤드높이 8m 이하	10개
아파트			10개
지하층제외 11층 이상 · 지하가 또는 지하역사			30개

※ 아파트 등의 **각 동이 주차장으로 서로 연결된 구조**인 경우 해당 **주차장 부분의 기준개수는 30개**로 할 것

스프링클러설비의 수원의 양
① 29층 이하(20분 기준)
$$Q(\text{m}^3) = N \times 1.6\text{m}^3 \text{ 이상}$$
② 30층 이상 49층 이하(40분 기준)
$$Q(\text{m}^3) = N \times 3.2\text{m}^3 \text{ 이상}$$
③ 50층 이상(60분 기준)
$$Q(\text{m}^3) = N \times 4.8\text{m}^3 \text{ 이상}$$

N : 폐쇄형헤드 기준개수(기준개수보다 적은 경우 설치개수)

해답 ②

76 다음 할로겐화합물 및 불활성기체 소화약제 중 기본성분이 다른 하나는?

① HCFC BLEND A ② HFC-125
③ HFC-227ea ④ IG-541

해설 할로겐화합물 및 불활성기체 소화약제의 종류

번호	약제명		화학식
1	FC-3-1-10		C_4F_{10}
2	HCFC BLEND A		HCFC-123($CHCl_2CF_3$) : 4.75% HCFC-22($CHClF_2$) : 82% HCFC-124($CHClFCF_3$) : 9.5% $C_{10}H_{16}$: 3.75%
3	HCFC-124		$CHClFCF_3$
4	HFC-125		CHF_2CF_3
5	HFC-227ea		CF_3CHFCF_3
6	HFC-23		CHF_3
7	HFC-236fa		$CF_3CH_2CF_3$
8	FIC-13I1		CF_3I
9	불연성. 불활성기체 혼합가스	IG-01	Ar
10		IG-100	N_2
11		IG-541	N_2 : 52%, Ar : 40%, CO_2 : 8%
12		IG-55	N_2 : 50%, Ar : 50%
13	FK-5-1-12		$CF_3CF_2C(O)CF(CF_3)_2$

해답 ④

77 특별피난계단의 계단실 및 부속실 제연설비의 화재안전기술기준상 제연설비에 사용되는 플랩댐퍼의 정의로 옳은 것은?

① 급기가압 공간의 제연량을 자동으로 조절하는 장치를 말한다.
② 제연덕트 내에 설치되어 화재 시 자동으로, 폐쇄 또는 개방되는 장치를 말한다.
③ 제연구역과 화재구역 사이의 연결을 자동으로 차단 할 수 있는 댐퍼를 말한다.
④ 부속실의 설정압력범위를 초과하는 경우 압력을 배출하여 설정압 범위를 유지하게 하는 과압방지장치를 말한다.

해설 플랩댐퍼
① 부속실의 설정압력범위를 초과하는 경우 압력을 배출하여 설정압 범위를 유지하게 하는 **과압방지장치**
② 철판은 **두께 1.5mm 이상**의 열간압연 연강판(KS D 3501) 또는 이와 동등 이상의 내식성 및 내열성이 있는 것으로 할 것

해답 ④

78 제연설비에서 배출기 배출측 풍속은 몇 m/s 이하로 하여야 하는가?

① 5m/s ② 15m/s
③ 20m/s ④ 25m/s

해설 배출기 및 배출풍도
① 배출기
 ㉠ 배출기와 배출풍도의 접속부분에 사용하는 캔버스는 내열성(석면 재료는 제외)이 있는 것으로 할 것.
 ㉡ 배출기의 전동기 부분과 배풍기 부분은 분리하여 설치하여야 하며 배풍기 부분은 유효한 내열처리 할 것.
② 배출풍도
 ㉠ 배출풍도는 아연도금강판 등 내식성·내열성이 있는 것으로 할 것
 ㉡ 배출기 흡입측 풍도안의 풍속은 15m/s 이하로 하고, 배출측의 풍속은 20m/s 이하로 할 것
③ 배출풍도의 강판의 두께

풍도단면의 긴변 또는 직경의 크기	강판두께
450mm 이하	0.5mm 이상
450mm 초과 750mm 이상	0.6mm 이상
750mm 초과 1500mm 이상	0.8mm 이상
1500mm 초과 2250mm 이상	1.0mm 이상
2250mm 초과	1.2mm 이상

④ 배출기의 풍속
 ㉠ **흡입측 풍도안 풍속 : 15m/s 이하**
 ㉡ **배출측 풍속 : 20m/s 이하**
⑤ 유입풍도안의 풍속 : 20m/s 이하

해답 ③

79 소화약제를 이용한 간이소화용구가 아닌 것은?

① 투척용 간이소화용구
② 소공간용 간이소화용구
③ 에어졸식 간이소화용구
④ 충돌식 간이소화용구

해설 소화기구의 분류
(1) 소화기
(2) 간이소화용구
 ① 에어졸식 소화용구
 ② 투척용 소화용구

③ 소공간용 소화용구
④ 소화약제 외의 것을 이용한 간이소화용구
(3) 자동확산소화기

해답 ④

80 콘루프 탱크에 설치하는 포방출구 중 적합하지 않는 것은?

① 특형 방출구
② Ⅰ형 방출구
③ Ⅱ형 방출구
④ 표면하 주입식 방출구

해설 고정포 방출구의 종류

종류	주입법	탱크 종류	특 징
Ⅰ형	상부포 주입법	고정지붕구조(콘루프탱크)	통계단 미끄럼판
Ⅱ형		고정지붕구조(콘루프탱크) 부상덮개부착고정지붕구조	반사판
특형		부상지붕구조(플루팅루프탱크)	금속제칸막이 환상부분
Ⅲ형	저부포 주입법	고정지붕구조(콘루프탱크)	송포관
Ⅳ형		고정지붕구조(콘루프탱크)	격납통 특수호스

※ 수용성 액체용 포소화약제(알콜형포)는 Ⅰ형 포 방출구를 사용

해답 ①

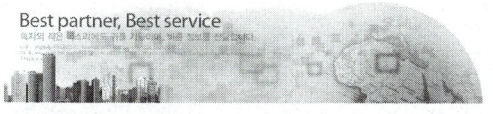

소방설비산업기사 필기 – 기계분야

초판 발행	2010년 2월 10일
개정2판 발행	2010년 12월 10일
개정3판 2쇄 발행	2011년 5월 15일
개정4판 발행	2012년 3월 5일
개정5판 발행	2013년 1월 15일
개정6판 발행	2014년 2월 5일
개정7판 발행	2015년 1월 15일
개정8판 발행	2016년 1월 15일
개정9판 발행	2017년 1월 15일
개정10판 발행	2018년 1월 15일
개정11판 발행	2019년 1월 10일
개정12판 발행	2020년 1월 5일
개정13판 발행	2021년 1월 10일
개정14판 발행	2022년 1월 10일
개정15판 발행	2023년 1월 10일
개정16판 발행	2024년 1월 10일
개정17판 발행	2025년 1월 10일
개정18판 발행	2026년 1월 5일

우수회원인증	
닉네임	
신청일	

필히 (**파랑, 빨강**)볼펜 사용. **화이트** 사용 금지

지은이 ▪ 강석민 · 정진홍
펴낸이 ▪ 홍세진
펴낸곳 ▪ 세진북스

주소 ▪ (우)10207 경기도 고양시 일산서구 산율길 56(구산동 145-1)
전화 ▪ 031-924-3092
팩스 ▪ 031-924-3093
홈페이지 ▪ http://www.sejinbooks.kr

출판등록 ▪ 제 315-2008-042호(2008.12.9)
ISBN ▪ 979-11-5745-734-2 13530

값 ▪ **35,000원**

▪ 이 책의 출판권은 도서출판 세진북스가 가지고 있습니다.
▪ 이 책의 일부 또는 전체에 대한 무단 복제와 전재를 금합니다.

세진북스에는 당신과 나
그리고 우리의 미래가 있습니다.